东南大学规划教材
新工科本研融合教材

土木工程材料学

陈先华　编著

东南大学出版社
SOUTHEAST UNIVERSITY PRESS
·南京·

内容简介

本教材为东南大学规划教材，根据一流专业人才培养目标和本研一体化教学改革要求编写，面向土木工程、道路桥梁与渡河工程、建筑材料等专业的本科生和研究生。全书有九章，内容包括：材料工程应用基础、传统集料和特殊集料、石灰、石膏、硅酸盐水泥、改性水泥、辅助胶凝材料、普通水泥混凝土、高技术混凝土、聚合物混凝土、沥青、沥青混合料。本教材不仅描述材料的宏观物理力学性能，更注重细观甚至微观层面的原理性描述，在加强土木工程材料学中的基础理论、基本概念和基本测试原理的同时，还描述土木工程材料的发展演变，以及材料的实际行为及其与环境的相互作用，并融入国内外标准规范方法的对比。

本教材绘制和精选的插图多达360余幅，表格100余份，并精心设计了300余道课后习题。本书不仅是服务于一流大学卓越人才培养的教科书，亦可供交通基础设施领域的工程师和从事土木工程材料研发的技术人员学习参考。

图书在版编目(CIP)数据

土木工程材料学/陈先华编著.—南京：东南大学出版社，2021.12（2023.9 重印）
ISBN 978-7-5641-9680-6

Ⅰ.①土… Ⅱ.①陈… Ⅲ.①土木工程—建筑材料—高等学校—教材 Ⅳ.①TU5

中国版本图书馆CIP数据核字(2021)第186293号

责任编辑：张新建　封面设计：王玥　责任印制：周荣虎

土木工程材料学
Tumu Gongcheng Cailiaoxue

编　　著：陈先华
出版发行：东南大学出版社
社　　址：南京四牌楼2号　邮编：210096　电话(传真)：025-83793330
网　　址：http://www.seupress.com
电子邮件：press@seupress.com
经　　销：全国各地新华书店
印　　刷：广东虎彩云印刷有限公司
开　　本：787mm×1 092mm　1/16
印　　张：32.75
字　　数：800千字
版　　次：2021年12月第1版
印　　次：2023年9月第2次印刷
书　　号：ISBN 978-7-5641-9680-6
定　　价：98.00元

序

随着“双一流”计划和新工科建设的稳步推进，全国知名高校纷纷启动了人才培养方案的改革，以主动应对新一轮全球化的科技革命与产业变革，支撑服务创新驱动发展、“中国制造 2025”、“交通强国”、“一带一路”等一系列国家战略。“厚基础、宽口径、国际化、挑战性、本研融合”是新培养方案对教材的基本要求。土木工程材料作为核心基础课程，对土木工程相关专业领军人才的培养至关重要。

陈先华教授编著的《土木工程材料学》教材紧扣当前国家领军人才培养的需求，融合以学习者为中心的教育教学改革理念和国际优秀教材的做法，充分吸收学科行业内的最新技术、成果，系统归纳并全新组织土木工程材料的知识体系；按“加工—组织—结构—性能—使用效能—测试表征”的思想，系统阐述材料的工程应用基础，重点描述集料、胶凝材料、混凝土材料的特性、行为机理与设计方法。在内容编排上，不仅介绍土木工程中最常用材料的宏观特性和行为，更注重从细观和微观角度对其作用机理进行有深度的全景式描述。考虑到“三全育人”需要，着力新增我国土木工程材料的发展动态，梳理归纳了胶凝材料、混凝土等的发展演化脉络和最新动态，并强化描述了材料与环境的交互作用、材料与可持续发展等内容，增强学生对土木工程材料科技的兴趣，并为进一步研究和发展新材料提供思路和方法。

该教材由浅入深地介绍土木工程材料的基本原理、基本方法和以问题为导向的基本解决思路，图表丰富，并设计了有难度梯度的复习思考题，可满足不同层次研究型人才的培养需要，是面向新工科和本研贯通培养模式的特色教材。

中国工程院院士

东南大学教授

2021 年 11 月 10 日

前　言

土木工程材料学是有关集料、胶凝材料和混凝土等特定材料知识与应用的学科。传统教材旨在传播与常用土木工程材料的简单物理力学性质及应用相关的知识。进入21世纪以来，土木工程领域进入到新建和功能提升并重的建养阶段，新基建对材料的需求正发生着深刻的变化，新工科背景下材料的研发与应用越来越需要对材料行为机理的深入理解，这不仅需要把握材料的宏观物理力学性能，还要细观甚至微观层面的原理性知识指导。基于规范和试验规程的汇集或简单扩充的做法已难以适应这种新要求，大量碎片化的信息往往让学习者无所适从，易挫伤学习热情，也影响教学效果。

造成上述局面有其客观原因，一方面，材料科学是关于材料的理论科学，只能在有限程度上反映现场工程实际；另一方面，工程师面临的材料问题不仅与材料自身的特性有关，还同材料与结构和环境的复杂相互作用密切相关。众多国际一流大学的人才培养实践表明，运用材料科学的系统思维重建土木工程材料学可有效弥合这个鸿沟。引导学生从材料科学角度理解、认识和运用材料，契合双一流大学的新工科人才培养定位，这有助于他们把握材料的结构与性能之间关系，理解材料的实际行为及其与环境的相互作用，并增强学生对材料学的兴趣、激发创造力。诚如 Jorg Schlaich 教授 1987 年所写："One cannot design and work a material which one does not know and understand thoroughly. Therefore, design quality starts with education." 因此，从某种意义上说，筑路材料学教育关键到未来基础设施的可持续发展。

全书内容可分为4篇。第一篇为材料的工程应用基础，对应教材的第1章。任何时候，关于材料的基础概念和原理性问题都应回看这一章。第二篇为集料，对应教材的第2章。集料是混凝土中的最大组分，混凝土的高性能化和定制化离不开集料的智能选择。本章不仅描述集料的特性，同时还尝试解释集料在混凝土中的作用，从材料学角度为读者提供一个全面、统一的视角。第三篇讲述胶凝材料，对应教材的第3、4、5、8章。胶凝材料可谓土木工程材料的灵魂。正是有了性能优良的胶凝材料，人们才能创造出满足各种性能需求的土木工程结构。第四篇为混凝土类材料，包括水泥混凝土与沥青混合料，对应教材的第6、7、9章。如钢材、玻璃、土工合成材料等材料，是在严格受控条件件的工业产品，本书不作介绍。可持续发展是人类社会的重大课题，充分理解材料与环境的交互作用，对于发展新型耐久和节能环保生态的建筑材料非常重要。这需要引导读者了解材料的发展历史与未来发展的趋势脉络，本教材在相关章节进行了针对性论述。近些年来，国内筑路材料与交通建设企业正逐渐走向国际工程舞台，为适应这种国际化需要，本教材介绍主要材料时会简要比较国内外的多种标准，侧重介绍技术指标的适用性与试验方法的原理，为读者发展新方法提供基本思路。为帮助理解和掌握土木工程材料学的基本概念和原理，本书绘制和精选的插图多达360余幅，表格100余份，并精心设计选编了300余道课后习题。因此，本教材不仅是服务于一流大学卓越人才培养的教科书，对工程师和从事土木工程材料研发的技术人员亦有很强的指导作用。

作者参阅了大量的经典教材、论著和学术论文资料，限于篇幅，参考文献主要列出了教材、专著和报告。在本教材编写过程中，中国工程院院士、资深土木工程材料专家缪昌文教授进行了技术指导并倾情作序，在此谨向缪昌文院士致以衷心感谢！作者的研究生团队和部分选课学生为文稿校对、插图绘制等付出了辛勤劳动，感谢他们的支持！

土木工程材料学及其教育令人着迷，但也面临新的挑战且困难重重。作者真诚地欢迎读者们来信交流（chenxh@seu.edu.cn），并指出本书的错误与不足，以便再版时修订。

陈先华

2020年11月于南京

目　录

绪论 ······ 1

第 1 章　材料的工程应用基础 ······ 7

1.1　材料的变形行为 ······ 7

1.2　流体材料的力学行为 ······ 13

1.3　材料的表面行为 ······ 14

1.4　材料的失效行为 ······ 23

1.5　材料的物理性质 ······ 32

1.6　材料的工程应用 ······ 34

复习思考题 ······ 39

第 2 章　集料 ······ 43

2.1　概述 ······ 43

2.2　原生集料的来源与生产 ······ 46

2.3　集料的采样 ······ 52

2.4　集料的物理性质与表征 ······ 56

2.5　集料的力学特性与表征 ······ 81

2.6　集料的化学性质与耐久性 ······ 88

2.7　特种集料 ······ 96

2.8　填料 ······ 105

2.9　集料的技术标准 ······ 106

复习思考题 ······ 107

第 3 章　气硬性胶凝材料 ······ 112

3.1　胶凝材料概述 ······ 112

3.2 石膏 …… 115
3.3 石灰 …… 121
复习思考题 …… 128

第4章 水泥 …… 129
4.1 硅酸盐水泥的生产 …… 129
4.2 硅酸盐水泥的组成与特性 …… 136
4.3 硅酸盐水泥的技术性质 …… 144
4.4 硅酸盐水泥特性的演变 …… 151
4.5 硅酸盐水泥浆的凝结硬化机理 …… 153
4.6 硅酸盐水泥的改性 …… 168
4.7 铝酸盐水泥 …… 179
复习思考题 …… 181

第5章 辅助胶凝材料 …… 184
5.1 辅助胶凝材料概述 …… 184
5.2 常见辅助胶凝材料的来源与特性 …… 188
5.3 辅助胶凝材料的水化反应 …… 198
5.4 硅酸盐水泥-SCM系统的微结构 …… 204
5.5 SCMs对混凝土性能的影响 …… 206
5.6 混合水泥与多元水泥系统 …… 208
5.7 掺SCMs的混凝土配合比 …… 209
复习思考题 …… 210

第6章 普通水泥混凝土 …… 212
6.1 水泥混凝土技术发展简况 …… 212
6.2 新鲜混凝土 …… 216
6.3 混凝土的早期体积变化 …… 229
6.4 混凝土的微观结构与屈服机制 …… 235
6.5 混凝土的强度特性 …… 243
6.6 混凝土的弹性模量 …… 254

6.7 混凝土的收缩与徐变 …… 257
6.8 混凝土的耐久性 …… 266
6.9 混凝土的配合比设计与质量控制 …… 283
6.10 混凝土的常用外加剂 …… 290
复习思考题 …… 293

第7章 高性能混凝土 …… 298
7.1 概述 …… 298
7.2 高强混凝土 …… 302
7.3 超高强混凝土 …… 304
7.4 纤维加筋混凝土 …… 307
7.5 ECC …… 312
7.6 自密实混凝土 …… 317
7.7 聚合物基水泥复合材料 …… 322
复习思考题 …… 328

第8章 沥青 …… 329
8.1 概述 …… 329
8.2 石油沥青的生产、存储与使用 …… 336
8.3 石油沥青的组成与结构 …… 342
8.4 石油沥青的性能与测试方法 …… 353
8.5 沥青的流变性能 …… 369
8.6 沥青的技术标准 …… 377
8.7 沥青的老化与再生 …… 385
8.8 沥青的改性 …… 390
复习思考题 …… 402

第9章 沥青混合料 …… 405
9.1 沥青混合料的类型与应用 …… 405
9.2 沥青混合料的体积组成与特征参数 …… 414
9.3 沥青混凝土的组成结构与作用机理 …… 425

9.4 沥青混合料的模量特性 …………………………………………………… 444
9.5 沥青混合料路用性能的室内试验评价 ………………………………………… 458
9.6 热拌沥青混合料的配合比设计 ……………………………………………… 476
9.7 沥青混合料的施工质量控制 ………………………………………………… 493
复习思考题 ………………………………………………………………………… 500

主要参考文献 ……………………………………………………………………… 507

绪　论

一、土木工程材料

材料是人类用于经济地制造各种产品、器件、构件和工程构造物的物质。譬如，岩石、泥土，本来只是作为天然物质而存在，但当被人们用于制造混凝土或砌墙时，也就变成了材料，一棵树、一张兽皮，当它们被人们加工并使用时，也就变成了材料。

材料是人类生产和生活的物质基础，人类社会的发展与进步无不受其生产制备材料的能力所驱动。材料的发展推动着人类社会的进步，成为人类文明发展的里程碑。事实上，早期文明的发展直接取决于材料的发展水平，如石器时代、青铜器时代、铁器时代等，均是以材料来命名。而今人类社会已经进入人工合成材料的新时代，各类新材料不断涌现，材料也和能源、信息技术并列成为支撑现代科技的三大支柱。

材料品种繁多，性能多样。通常可根据键合方式将材料分为金属材料、无机非金属材料、有机高分子材料和复合材料，它们多以组成成分命名。在实际应用中，通常还将材料分为结构材料与功能材料两大类。结构材料主要承受荷载，一般用于制造受力构件；功能材料则主要以其特有的物理性能来实现结构的功能需求，通常不以承受荷载为目的。

土木工程材料也称为建筑材料，是人类在建造房屋、道路、桥梁、铁道、机场、码头、水利水电工程等基础设施时所用材料的总称。常用材料有砂、石、石灰、水泥、沥青、钢材、水泥混凝土等。以沥青为胶凝材料制备的沥青混合料在现代道路建设中大放异彩，而以水泥为胶凝材料制备的水泥混凝土则对当前人类生活影响更为显著。水泥混凝土是基础设施领域的顶梁柱，从普通混凝土到高强、高性能混凝土，从素混凝土到钢筋混凝土、预应力混凝土、纤维增强复合材料等，已发展成庞大的谱系，在基础设施领域有着无可替代的优越性。

土木工程结构体量大，对材料的需求量大面广，并且以结构性材料需求量最大。这意味着对材料哪怕仅作出一些微小的改进，如提升性能、提高材料品质的稳定性、节约成本、降低生产制备过程中的能耗与排放等，都能达到非常可观的社会效益与经济收益。因此，学习土木工程材料，不仅要掌握其特性，对材料的性能改进和生产加工工艺的优化也必须给予足够的重视。土木工程构造物是矿产资源的消耗大户，生产和应用土木工程材料的过程中会消耗大量的自然资源和能源，并产生大量的废气、废水、废渣、粉尘和工业噪音，这会对环境造成一定污染。如生产 1 t 水泥需消耗的能量折合标准煤约 180 kg，同时排放出约 1 t 的温室气体二氧化碳。当然，土木工程材料产业同时又是可以利用和消纳工业、农业等多种行业废料的大宗产业。如燃煤电厂排放的粉煤灰，炼铁厂与炼钢厂排放的矿渣，秸秆、稻壳，废旧塑料、汽车轮胎、建筑垃圾等，它们经无害化处理和适当加工后可用于特定场合。

土木工程材料是人类与自然环境之间的重要媒介，直接影响人类的生活和社会环境。不可否认，大量建造的基础设施对经济与社会发展发挥巨大的积极作用，但同时也给人类的生存环境带来不可忽视的消极作用，因为它们一方面改变了局部的地表结构，消耗了大量不可再生资源和能源，并在一定程度上污染了自然环境、破坏了生态平衡。开发高性能、长寿命及全寿命周期成本低的材料，利用新技术改造传统工艺和生产流程等是节约资源、减少污染的最有效途径。通过先进科技改善既有结构中材料的服役状态、延长其服役寿命，发展环境适应型和环境友好型材料，也是实现建筑材料可持续发展的关键所在。

我国是土木工程材料的生产和使用大国，国内的水泥、钢材等基础材料的产量和消耗量连续多年稳居世界第一。但是，我国土木工程材料工业的总体技术水平和发达国家仍有较大差距，主要表现为基础材料多属于中低档水平、高精尖的关键材料依赖进口，材料关键制造技术不够成熟，先进制造装备的核心部分和材料的高端检测设备受制于人。更为突出的问题是，我国单位材料的能源消耗较大、能效相对较低、环境污染严重。我国过去 40 多年来的快速发展与进步是以“高投入、高消耗、高污染、低产出、低效益”得来的，为此也付出了沉重的资源、生态与环境代价。

根据两个一百年的发展目标，在今后相当长时间国内仍处于城镇化、现代化的建设阶段。因此，通过科技进步和系统工程，增强材料和结构的环境适应性与服役寿命，发展以高性能、智能型、长寿命为关键特征的环境适应型和环境友好型材料及其设计建造技术，并从设计、制造、使用、维护直至解体的全寿命周期内逐渐实现材料的减量化、资源化和生态化发展，是实现我国经济与社会可持续发展的必由之路。

二、材料科学与工程

人类使用材料和研究材料技术的活动由来已久，但是之前更多的是一种经验性活动，其作为真正科技，获得材料科学与工程学科名称还是 19 世纪中叶的事。材料科学与工程学科正式得名标志着人类开始把各类材料统一起来考虑，并将材料科学视为自然科学的一个分支，这是材料发展过程中的一次质变。事实上，材料科学与工程学科的成立是材料的发展和科学技术进步的必然结果，同时也为新材料和新结构的发展创造了条件。

材料科学与工程是关于材料的制备与加工工艺、组成与结构、材料的性能和使用效能之间相互关系的知识及应用科学技术，将四要素联结起来便形成经典的四面体模型。师昌绪院士指出，材料的组成/结构并非同义词，即相同成分或组成通过不同的合成、加工方法，可得到不同的结构，因而材料的性能和使用效能也不尽相同。因此，他提出采用五要素的六面体模型描述材料科学与工程。该模型突出了环境因素对工程材料的重要性，并强调了材料理论、材料设计或工艺设计的中心地位。在材料研究的过程中，首先要了解最终用户的需求和加工制造等约束条件。在 1999 年，美国材料研究协会提出了材料研究的金字塔结构，考虑到无论是结构、性能、使用效能还是材料设计等方面，都离不开相应的技术指标或测量方法，因此测量与表征也是材料科学与工程中的重要内容。图 0-1 为上述基本模型的示意图。

材料的性能(properties)是指材料对电、磁、光、热、水、机械载荷等外部刺激的反应，它们主要取决于材料的组成与结构，而组成与结构则决定于材料的成分和制备加工工艺。材料的性能一般可分为力学性能和物理性能。力学性能有时也叫机械性能，是材料在载荷和环境因素(温度、介质)作用下抵抗变形和断裂的能力。对材料的成功使用要求它们能够满足特定的性能要求，而弄清楚材料性能与结构的关系，就可能合成或加工生产出性能更好的材料，并实现按所需性能设计材料。使用效能(performance)是指实际结构中的材料在真实

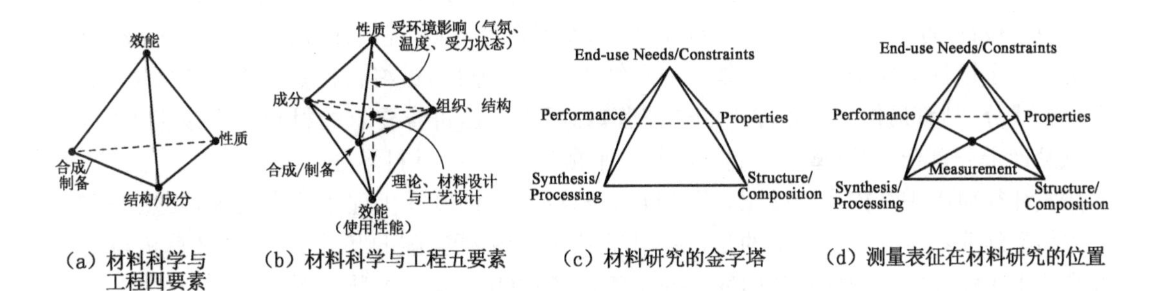

（a）材料科学与工程四要素　（b）材料科学与工程五要素　（c）材料研究的金字塔　（d）测量表征在材料研究的位置

图 0-1　材料科学与工程及材料研究的要素图

服役环境中所表现出的行为，它取决于材料的基本性能，也与在结构中所处的状态有关。材料的使用效能包括环境影响、在结构中的受力状态、可靠性、耐久性、寿命预测、延寿措施等内容。材料制备与加工的结果，使材料具有了一定的化学组成，这是决定材料结构和性能的内在因素。

材料的结构指材料的基本组成单元之间相互吸引和排斥达到平衡时的空间排布。材料的化学成分决定了其物理结构，当化学反应不断进行时，材料的物理结构会随时间不断发生变化。随着科技的进步，人类对材料的观察尺度不断演进，对材料结构的研究也从宏观逐渐向微观不断深入。根据观察尺度，材料的结构通常可分为宏观构造、显微组织和微观结构等多个层次。宏观构造通常是指毫米及以上尺度范围内的结构状态，如材料中的晶粒尺寸、气孔、宏观裂纹等。显微结构是指在目视范围以下用光学显微镜和电子显微镜能观察到的范围，如材料内部的晶体、玻璃相、毛细孔结构和形态、微裂纹等。微观结构是指原子结构、晶体结构、微观缺陷（空穴、间隙原子、位错等）原子分子水平上的结构状态和分布，是由原子的种类及其排列状态决定的。所有尺度的特性均会影响到材料的性能。

在服役期间，包括力、温度、水、辐射及多种腐蚀介质侵蚀等复杂外部环境的综合作用下，材料的性能会随着时间的推移而不断退化。以材料的强度与其所承受的应力为例，设计时会确保其强度有足够的安全储备；但随着时间的推移，外部环境的综合作用会导致材料内部结构不断损伤，材料性能逐渐退化，强度降低。当服役应力与性能的分布曲线相交，在重叠区域极易失效，如图 0-2 所示。因此，工程设计中应确保材料能够在服役环境中存活，并且具有足够的耐久性和经济性。

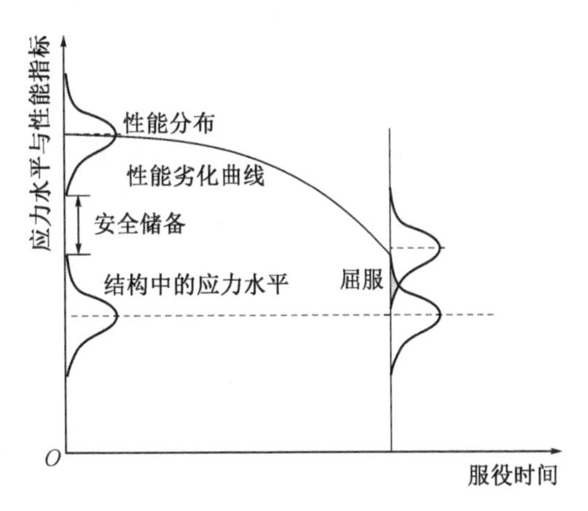

图 0-2　材料的性能劣化与服役应力模型

当然，运用材料建造构件或工程构造物时离不开加工制造。工程师不单单是随便选择通用的加工制备方法，还应根据具体工程所用材料的特点和现场条件选择与之相匹配的机械设备和加工制备方法。有时，加工制备环节甚至是最主要的控制因素，材料必须与之相匹配，但二者之间的合理匹配并非易事。

材料设计的概念始于20世纪80年代，一般可分为量子设计（电子运动引起的多种现象）、原子设计（原子排列）、微观设计（相变、晶界控制等）和宏观设计（从毫米到厘米级）四个层次。量子设计与原子设计是功能材料和纳米技术的基础，最终目标是根据最终需要，设计出合成成分，制订最佳生产和加工制造流程，而后生产出符合要求的材料。应该指出的是，材料设计十分复杂，如模型的建立一般基于平衡态，而实际材料多处于非平衡态。材料的力学性质往往对组织结构十分敏感，而材料的裂纹萌生、扩展等机理还不太明确，要想得到确切的结果绝非易事。可以肯定的是，在材料科学理论不断突破的基础上，通过计算机与人工智能技术等建立完善的材料基因库与知识库，发展更切合实际的物理模型，对于材料设计的终极目标实现具有重要意义，这当然需要应用数学家、物理学家、化学家、材料科学家和工程技术等方面人员的密切合作。

三、土木工程材料学

人们对土木工程材料的认识来源于三方面：首先是基于理论模型，或者前人积累的工程实践与使用经验；其次是通过对试件进行物理力学试验，获得材料有关性质的数据；再者，由于材料科技的发展，获得对材料的物理和化学结构更深入的认识。在工程领域，关于材料的经验、实验技术和材料科学的认识目前仍未能很好地协调整合，这既有碍于对既有材料的认识和高效利用，也不利于新材料的研发和既有材料的增强与性能提升。土木工程材料学就是力图把这几方面的知识贯穿统一起来，使人们对它们的认识系统化，具备一定的材料科学理论基础，掌握常用的应用技术与经验。

作为一名工程师，要熟练地使用土木工程材料，至少需要了解以下三方面的内容：(1)材料的特性及其在工程结构中服役时会呈现什么样的行为；(2)材料为什么会呈现这样的特性和行为；(3)材料的性能是否已充分利用，现有材料能否改进。这些内容涉及的层次如图0-3所示，各层次间有一定的重叠。

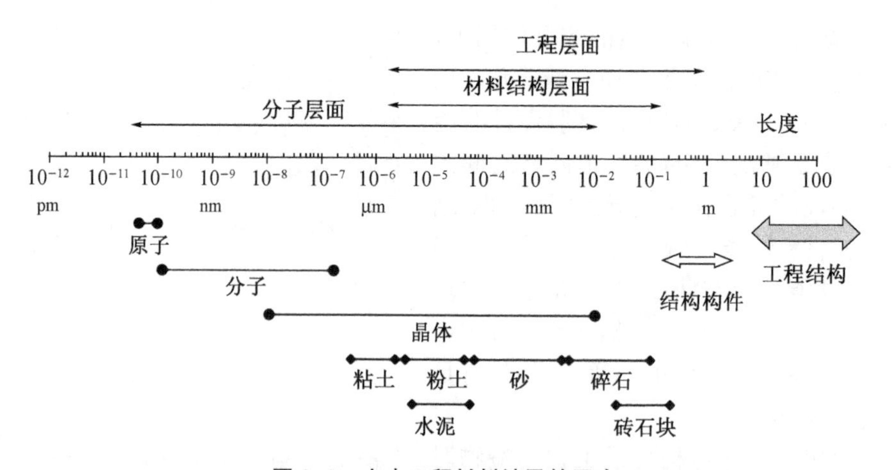

图0-3 土木工程材料涉及的层次

(1) 分子层面

从原子、分子层面来分析材料，基本上属于材料科学的领域，这个范围的粒子大小约为$10^{-10}\sim10^{-3}\mu m$，如硬化水泥石中的C-S-H凝胶、氢氧化钙结晶、C-S-H凝胶孔等。

该层面中测定材料结构的仪器和试验技术已相当先进，如扫描电子显微镜、原子力显微镜、纳米压痕仪、X射线衍射仪等，可对一些金属的位错、水泥水化反应产物的结构、沥青的蜂状结构等进行直接观察，结合分子动力学和断裂力学理论可分析和预测材料的一些工程性质。但是，在多数情况下，从这个尺度得到的信息只能提供一些基本思路，帮助理解特定条件下的作用机制。

(2) 材料显微结构层面

材料的显微结构也称为材料的组织，通俗地讲，组织是指材料内各晶粒或各相组成的图案，其尺寸约为 $10^{-7} \sim 10^{-4}$ m，最小结构尺度大于晶胞尺寸，需借助光学显微镜、中等放大倍率的电子显微镜观察。在该层面，材料一般被视为不同相的组合，不同相之间存在界面，相与相之间通过界面的相互作用使整体呈现出一定的特性。相可以是材料结构内许多可分的个体，如木材的细胞、金属的晶粒、纤维，或者是混凝土中随机分布的砂石材料组分、硬化的水泥石和毛细孔隙等。

组织是材料性能的决定性因素，成分相似而组织结构不同的材料，其性能可能存在显著的差异。在该层面所得到的结果比材料试验结果更具有普遍性，因此，该层面在土木工程材料中非常重要。通过建立多相组合模型，可预测常规试验范围以外的材料特性。这类模型的提出要注意各相的几何形态、性状，以及相界面的影响。①模型必须以颗粒(即分散相)分散在基体(连续相)中的形式建立，要考虑颗粒的形状、表面纹理、不同大小颗粒组成比例和在空间的分布(或组装方式)，以及它们在总体积中所占的比例。②各相的理化状态和性质影响整体的结构和性能，如材料的刚度与各相的弹性模量关系，而材料随时间发生的变形取决于各相的黏度。③相与相之间存在界面，不同相界面处的相互作用以及界面层特性都可能对材料的整体性能起决定性作用，如沥青混凝土的破坏多出现在沥青与集料的界面处，而水泥混凝土中骨料与硬化水泥石之间的界面也是混凝土的薄弱环节。

从显微结构层面研究材料，必须对以上三方面都要有充分了解，首先应获取最小代表尺寸下材料的宏观行为，其次把握各相在材料中的分布状态；然后分别对各相进行实验，掌握其特性；最后进行界面实验，获取界面特性参数。多相模型通常只用于加深对材料特性与行为的理解，有时经过简化可用于指导实际。

(3) 工程层面

在该层面，整个材料被视为均匀连续体，通过试验获得材料整体的平均特性。人们对各种建筑材料的认识通常是该尺度，材料的应用最终也要归结到工程尺度上所呈现的特性。从工程层面去分析材料，其最小尺寸要由能代表其特性的结构无序性最小代表体元决定，其尺度从 10^{-5} mm 到米级不等。只要保证所测试件的体积大于代表体元，就可以认为所测得的数据能够代表该材料。需要注意的是，在试验范围内进行推测，其结果往往是较为可靠的，而利用外推法则有较大风险，有时甚至会带来灾难性后果，因为在试验范围之外，材料的行为不一定仍符合所得到的规律，有时实际行为甚至可能与之完全相反。

四、关于本课程的学习建议

本课程是工程领域的技术基础课，教学目的主要有两方面：为学习交通土建工程、土木建筑工程等基础理论与专业课程之间架起一座有关材料科学知识的桥梁；为以后工作中选用、设计混凝土类材料，分析工程中与材料相关的问题，甚至改良、研发新型材料提供必要的基础知识和思维方法。

与大学物理、化学、高等数学等基础理论课程不同，本课程的突出特点就是与实践联系紧密，不仅强调根据基础理论知识深入分析问题的能力，更强调定性分析事物的能力，以及根据广泛的理论与实践知识综合解决问题和提出新问题的能力。工程材料本身具备多样性、复杂性和较高的变异性，而使用需求与服役环境也复杂多变，这往往会使初学者感到材料课程的不确定性与模糊性。另外，在工程中实现某种功能需求可能存在多种途径，往往不存在精确的唯一解，只有合理与否的解决方案。因此，在本课程的学习过程中，我们应逐渐学会面对不确定的和模糊的问题，从一开始就注重培养分析和解决不确定问题的思维与能力，真正做到举一反三。

工程结构的设计与建造必须在规范的框架体系内开展，这要求材料的性能指标必须满足最低标准的质量要求，并且这些指标均按标准方法进行试验。不同国家的标准、规范和试验规程之间可能存在不少差别，对试验结果进行协调分析是一件非常困难的事。因此，读者在学习相关材料学知识的过程中，应注重相关指标和测试方法反映的基本概念、基本原理的理解与把握。

第 1 章

材料的工程应用基础

土木工程材料多为固态物质。即使是呈液态如石油沥青等，也是在凝固后才有使用价值。不同材料的特性各异，同种材料在不同施工阶段也可能表现出不同的性能。把握材料的物理力学特性、作用机制，以及基本测试方法是开展材料工程应用的基础。

1.1 材料的变形行为

1.1.1 材料的变形响应

材料的力学性能是指材料抵抗变形和断裂的能力。材料的变形反映了其力学行为。通常，材料在受到外力的作用时，内部的原子/分子将发生移位，这导致材料产生形状改变与体积变化，该响应称为变形(deformation)。不同类型的变形产生的物理机理各不相同，而在实际工程中，不同场合对材料的形变要求也不尽相同。对于结构材料，一般要求在外力作用下不发生显著的变形与断裂。

材料的变形响应通常分为可逆变形和不可逆变形。可逆变形指在卸载后变形消失的变形，材料恢复到荷载作用前的形状；不可逆变形则指在卸载后，有残余部分不能恢复，材料不能恢复到荷载作用前的形状。一般地，可逆变形也称为弹性(elastic)变形，而不可逆变形则被称为塑性(plastic)变形。在较小的外力作用下，固体材料首先产生弹性变形，随着外力增加，材料一般会相继发生弹性变形和塑性变形，最后直至断裂。

不同类型的变形也可以根据它们是否与时间相关加以区分。如果材料的变形随着荷载的变化而出现延迟则具有时间相关性(time-dependent)，相反地，当材料的变形响应与荷载变化同步时，则不具备时间相关性。具有时间相关性的变形一般冠以黏性(visco-)。无论弹性还是塑性变形，它们都可能与时间有关，也可能与时间无关。与时间相关的弹性与塑性分别用黏弹性(visco-elastic)、黏塑性(visco-plasticity)和蠕变(creep)表示。蠕变是指材料在恒定荷载作用下其变形随时间增长的现象，蠕变变形通常包括可恢复部分与不可恢复部分。

塑性变形是不可逆的，即使完全卸载后材料也无法恢复到其初始状态。在工程中，材料的弹性变形总是与塑性变形附加在一起的。因弹性部分可恢复，而塑性部分不可恢复，研究材料变形特性时一个重要的工作就是将总变形区分为弹性部分和塑性部分。

结构构件在服役状态下，通常应该避免出现过大的塑性变形。因此，塑性变形的出现可作为构件设计的屈服准则。在另一方面，塑性变形能够增加构件的安全度，因为在材料完全失效前塑性变形是可被量测/监测到的，这就为采取措施争取了时间。

塑性变形是不可逆的，这意味着材料产生塑性变形时，其原子或分子构造必然发生了改变，否则在卸载后就可恢复到初始状态。在足够大的剪力作用下，晶体材料将选择最易滑移的系统，出现晶粒内部的位错滑移，宏观上表现为材料的塑性形变；无机材料中的晶界、非晶界相，以及玻璃、有机高分子材料等非晶态材料则会产生另一种变形，称为黏性流动，宏观上表现为材料的黏性变形，这两种变形均为不可恢复的永久变形。当材料长期受载，尤其是在高温环境中受载时，上述塑性变形及黏性变形将随时间而具有不同的速率，这就是材料的蠕变。材料蠕变的后期要么是蠕变终止，要么出现蠕变断裂。当剪应力降低或温度降低时，塑性形变及黏性流动可能会减缓甚至终止。大多数材料的弹性变形与结合键的伸长有关，晶体中的塑性变形则主要与位错移动有关，多数热塑性聚合物的塑性与彼此缠绕的长链分子之间的相对滑动有关，它具有时间相关性，本质上属于不可逆过程。

1.1.2　应力、应变与材料的应力状态

工程结构构件的尺寸和几何形状复杂，这导致其内部荷载的变化亦相对复杂。确定构件的尺寸需要有能够描述所用材料力学行为的特征参数，这些参数应与几何形状和构件尺寸无关，能够通过标准试验方法测量或确定。这就涉及应力、应变的相关概念。

材料所能承受力的大小取决于荷载作用面积，因此定义应力(stress)为力与作用面积之比。力可分解为垂直和平行于作用面的分力，相应地得到正应力(normal stress)分量和剪应力(shear stress)分量，如图 1-1 所示。

为描述材料内某一点的荷载作用状况，可以想象将其在该点沿切平面切开，为满足材料内力的平衡条件，通过切割传递到被切开平面的应力需要用外应力向量表示，由此可得到微元体的应力张量，它包含如图 1-2 所示的 9 个分量。各面上的应力命名法则如下：用包含两个数字的下标表示，第一个下标代表垂直于切平面的向量，第二个下标代表应力方向，如图所示。因无穷小的材料体元不能传递弯矩，因此，在连续力学中，应力张量是对称的，它仅包含 6 个独立分量，3 个位于矩阵的对角线，3 个位于非对角线。

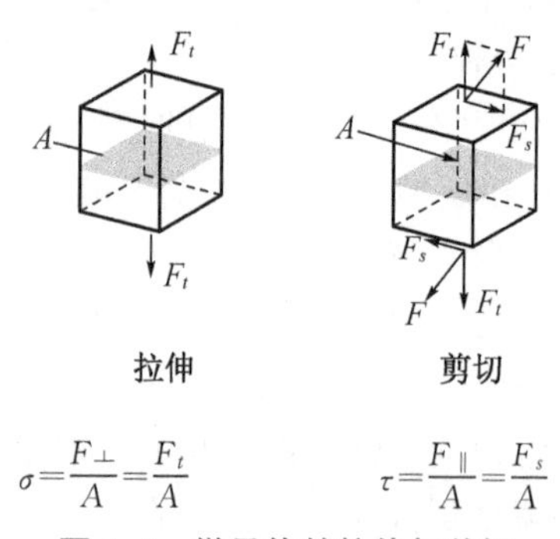

图 1-1　微元体的拉伸与剪切

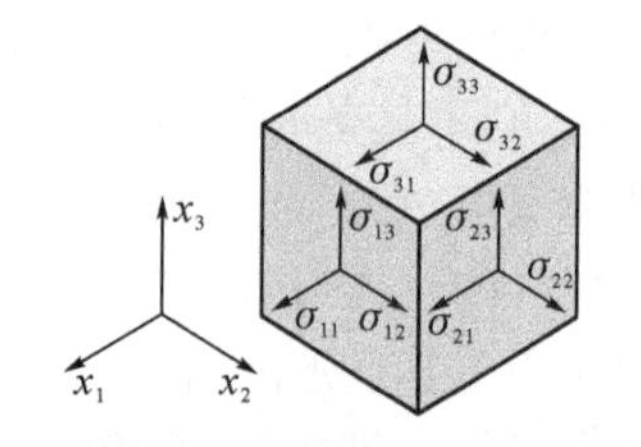

图 1-2　微元体的应力张量示意图

对于任一应力张量，存在一种坐标系，在该坐标系中仅有对角线分量，而非对角线分量均为零。在该坐标系中所有相互垂直面的应力均为正应力，而剪应力为零，它们也称为主应力(principal stress)，该坐标系中的各坐标轴称为应力主轴。主应力一般在下标中用罗马数

字标注，且第一主应力大于等于第二主应力，第二主应力大于等于第三主应力 $\sigma_{\mathrm{I}} \geqslant \sigma_{\mathrm{II}} \geqslant \sigma_{\mathrm{III}}$，有时也用阿拉伯数字表示 σ_1、σ_2、σ_3。

当三个主应力均不为零时，称该点处于三向应力状态。若只有两对平面上的主应力不等于零，则称为二向应力状态或平面应力状态。若只有一对平面上的主应力不为零，则称为单向应力状态。

在许多情况下（如考虑材料的塑性屈服时），需要根据主应力来计算特定坐标系中的剪应力，这就要用到莫尔圆。如图1-3所示，以正应力为横坐标、剪应力为纵坐标来画图，在该图中标示出三个主应力并画三个圆，它们与每两个主应力点两两相切。假定我们在某一特定点上切分材料，每个切割面上的表面牵引都分解为一个正应力和两个剪应力，那么可以把所有可能方向的切割面上的正应力-剪应力对绘制在图中，这样就得到图中的阴影面积。在剪应力最大的切割面上，剪应力值等于第一主应力与第三主应力之差值的一半，而正应力为第一主应力和第三主应力的平均值。如果两个主应力值相同时，莫尔圆退化为一个单圆；若三个主应力均相同，则圆退化为一点，这种应力状态为各向同性的。

当构件受到外力作用时，其内部质点将产生移位。移位有两种类型：构件作为整体产生的刚体移动或刚性旋转，以及内部质点的距离和角度变化。刚体移动或旋转时材料内部质点间的距离和角度均不会发生改变，构件自身并不会变形。为了描述材料的变形，需要了解材料内部质点间的距离和角度的变化量，即应变（strain）。所有应变都可分解为长度的变化量与角度的变化量。正应变为正应力方向的长度变化值与初始长度之比，剪应变为沿剪应力方向的微小变形与垂直方向质点间距之比，如图1-4所示。

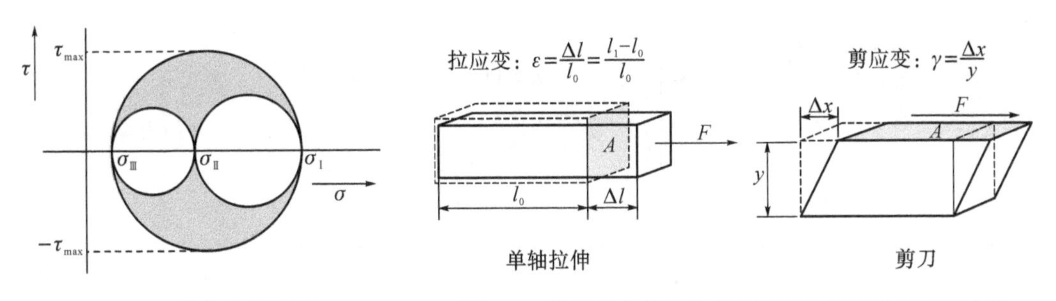

图1-3　主应力莫尔圆　　**图1-4　微元体在拉伸和剪切荷载作用下的形变示意图**

在单轴拉伸试验中，多数材料在荷载方向被拉长的同时，垂直于荷载的横截面积会变小。在单轴压缩试验中，情况则刚好相反。因此，定义材料的泊松比（poisson ratio）为横向应变和轴向应变的比值。

上述应变的定义中仅限于弹性阶段。在塑性变形中，因材料内部的原子或分子发生重新排布，材料无法恢复到初始状态，在此情况下，应根据材料的当前状态来计算应变。例如，一个试件经过拉伸产生塑性变形后再被压缩到初始长度，虽然在宏观上看起来它回到了初始状态（长度），但事实上，并非所有原子都回到其初始位置。这也表明发生塑性变形时，材料的当前状态不仅取决于当前的应变，也与变形历史有关。不将塑性变形与初始长度相关联的更深层次原因还在于，塑性变形通常是大变形，在有多个变形历程的工况中，直接使用初始长度将导致应变结果的错误。因此，为区别起见，通常将根据初始长度计算得到的应变称为名义应变或工程应变 ε，而将根据当前状态的瞬时伸长量与瞬时长度之比所计算得到的应变称为真实应变，记为 φ。相应地，运用变形前的初始面积计算得到的应力称为名义应力，而根据变形时实际横截面积计算得到的应力为真实应力。

$$\varphi=\int_{l_0}^{l_1}\frac{\mathrm{d}l}{l}=\ln\frac{l_1}{l_0}=\ln\left(1+\frac{\Delta l}{l_0}\right)=\ln(1+\varepsilon)$$

一般情况下，真实应变在受拉时(正值应变)小于名义应变，而在受压时(负值应变)则大于后者。多轴状态下，相应的应变张量变为格林应变张量。

1.1.3 应力-应变关系图

不同的材料往往具有不同的应力-应变行为。因此，分析应力-应变曲线，可以了解材料的承载能力和破坏特征，并获取材料的弹性模量、屈服强度、拉伸强度等性能参数，达到正确评价和使用材料的目的。

通过控制温度条件下恒定速率加载的单轴拉伸或单轴压缩试验，可得到材料的载荷-变形曲线。根据载荷-变形曲线可计算得到应力-应变曲线，这种应力-应变曲线通常称为工程应力-应变曲线，曲线的横坐标是工程应变，纵坐标是外加的应力。几种典型材料在单轴拉伸情况下的应力-应变曲线如图 1-5 所示。加载卸载过程中弹性材料与塑性材料的典型应力-应变关系见图 1-6。

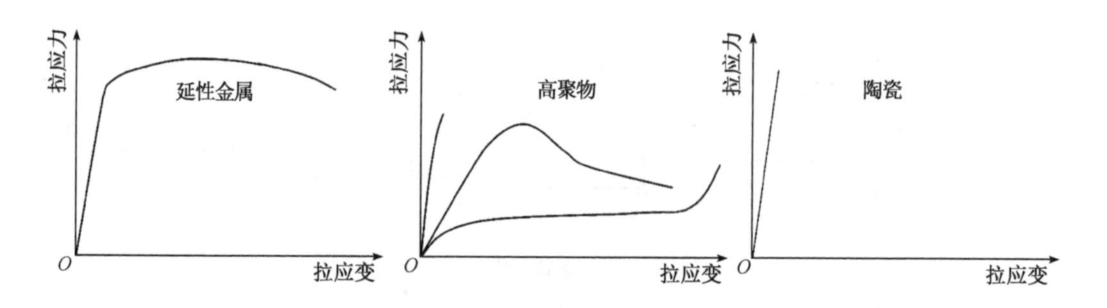

图 1-5 常见材料单轴拉伸时的应力-应变关系图

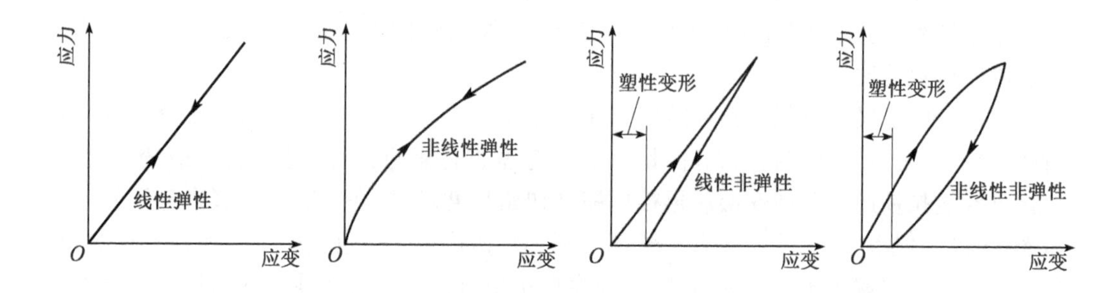

图 1-6 不同特性材料在加载卸载过程中的应力应变关系示意图

多数土木工程材料在拉伸时会依次经历弹性变形、塑性变形和断裂(fracture)三个阶段。在初始受力阶段,试件几乎为纯弹性的,应力-应变曲线的斜率即为杨氏模量 E(拉伸)或剪切模量 G(剪切),二者的关系式为 $E=2(1+\nu)G$;工程中弹性模量 E(拉伸)或 G 也称为材料的刚度(stiffness),它表示材料在外荷载下抵抗弹性变形的能力。三向受压状态下的模量为体积模量 $K=E/(3-6\nu)$。强度(strength)是指材料在外力作用下抵抗塑性变形及断裂的能力,不能与刚度混淆。弹性模量(elastic modulus)是材料在弹性阶段的应力应变比。晶体材料的弹性模量与熔点成正比,主要受材料内部原子和分子的键合控制,而材料的成分和组织对它的影响不大。

根据应力应变曲线起始段所得到的切线斜率最接近弹性模量的定义。但初始切线模量只反映小应力或小应变水平下的力学行为,且难以准确测量,工程中一般不用作结构设计指标。由试件振动基频所确定的动态弹性模量是对初始切线模量的较合理估计。相比而言,割线模量更具实用价值。割线模量即曲线起点与曲线上一点割线的斜率,它考虑了材料的非线性行为,其大小取决于材料所处的应力水平。一般而言,工程中使用割线模量不会产生较大误差,因为在正常工作应力范围内割线模量描述的非线性力学行为与线弹性行为偏差不大。初始切线模量往往偏差较大,因为试验初始阶段试件的固定会产生误差,试件也可能存在裂缝并在荷载作用下导致裂缝闭合而产生误差。

当材料的变形超出其发生弹性极限时,塑性变形开始出现,材料进入屈服状态。多数情况下,材料的屈服点很难被精确地测定。在单晶体中,屈服强度有明确的物理意义,它对应着使位错源启动开始滑移的临界应力,或者对应着施密特定律所说的临界剪应力。而在多晶体中,因晶体位向的差别,各晶粒不可能同时发生塑性变形。当只有少数晶粒出现塑性变形时,在宏观上材料并不会表现出屈服行为。只有当较多的晶粒都产生塑性变形时,宏观的应力-应变曲线才能有所反映,因此工程材料的屈服标准多是条件性的。工程中通常采用三种屈服标准:(1)比例极限:指应力-应变曲线符合线性关系的最大应力,超过此应力即认为材料开始屈服;(2)弹性极限:对试样加载再卸载试验,材料所能够完全恢复弹性的最大应力;(3)条件屈服强度:很多材料没有明显的屈服点,在工程中,一般容许的塑性变形为0.2%,因此,与0.2%的塑性变形对应的应力称为条件屈服强度。当材料开始屈服以后,继续拉伸将产生软化或硬化、颈缩等现象,直至最终断裂。

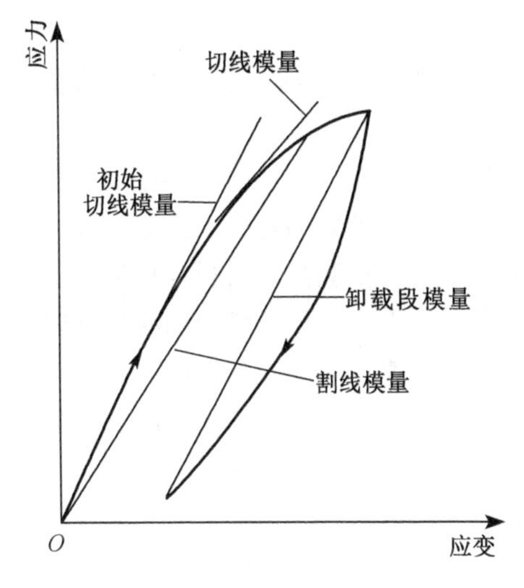

图1-7　非线性材料应力应变关系及几种模量的定义

应力-应变曲线的形状不仅反映了材料的变形过程,还反映了材料的脆性或延性、应变软化、应变硬化等特征。所谓延性(ductility)是指材料在断裂前其内部发展塑性变形的能力。在拉伸试验中,材料断裂时的伸长量越大,延性越大;低延性材料称为脆性材料,如陶瓷、硬岩石等,这类材料在断裂前几乎处于弹性状态,内部发展的塑性变形极小。多数材料在持续受载过程中,当应力超过其屈服强度后,所能承受的应力迅速衰减,试件很快破坏,也即呈现出应变软化的特征。而具有较好延性的材料,如低碳钢,在进入屈服状态仍能承受较大的塑性变形,在最终破坏前所承受的应力仍有增加,这种现象称为应变硬化(图 1-8)。

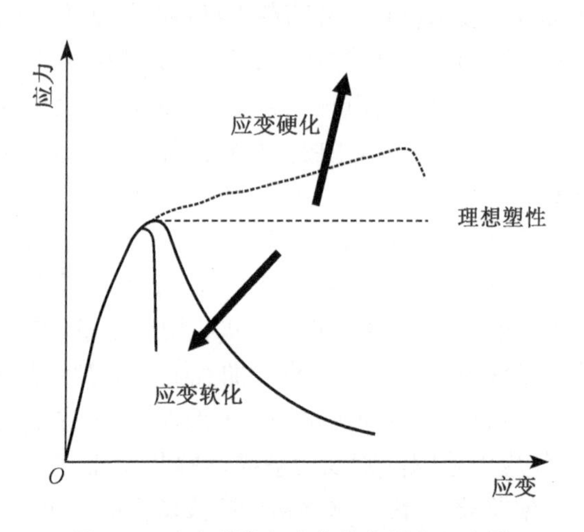

图 1-8　应变硬化与应变软化概念示意图

1.1.4　温度、加载时间和加载速率的影响

所有土木工程材料的力学性能都受温度的影响,通过比较不同温度下的应力-应变曲线可以判断温度的影响程度。除温度外,土木工程材料的响应还受载荷持续时间与加载速率快慢的影响。如黏弹性材料负载越长,变形量或蠕变量越大。事实上,增加荷载持续时间与升高材料的温度会导致相似的材料响应。因此,温度效应和时间效应可以互换,这一概念在试验中非常有用。除了与温度和载荷持续时间有关外,土木工程材料的响应还受到加载速率的影响。以相对较快的速度施加荷载,则材料会表现出更大的刚度。

1.1.5　功和能

能量守恒是自然界的一条普遍规律,也是进行材料力学分析的基础。材料受荷变形的过程,可视为热力学封闭系统,输入系统的能量将引起系统内能量的变化,包括系统内势能(可逆弹性能)即弹性储能的增加,系统损耗的不可逆能量增加,以及系统动能的增加。

功是力与位移的乘积,力-位移曲线下所包围的面积即是外界对试件所做的功,应力-应变图中曲线所包围的面积是使单位体积材料变形或断裂所需的能量,如图 1-9 所示。试样断裂时单位体积材料所吸收的能量,称为断裂能密度。根据试件断裂时应力-应变曲线下所对应的面积,可以判断材料韧性(toughness)的大小。高强度的材料不一定是延性材料,提高强度往往会导致其延性降低。例如,如提高钢的碳含量可提高屈服强度,但会降低延展性。

结合加载卸载试验,可将应力-应变曲线下所包围的面积进一步分为两部分:仅由弹性

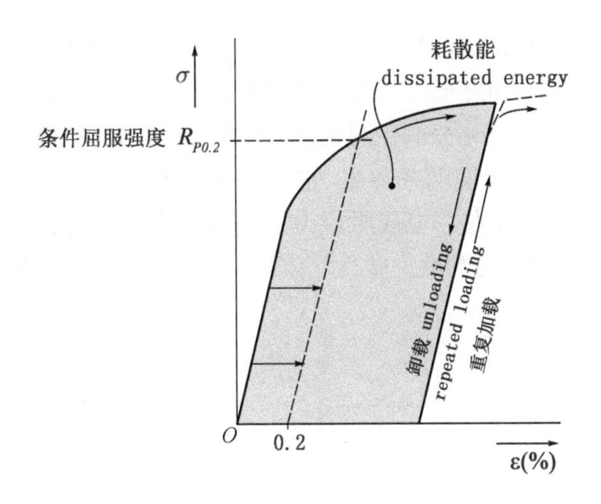

图 1-9　断裂能密度的概念

形变所吸收的能量，是可逆的；由塑性形变所耗散的能量，是不可逆的。

1.2　流体材料的力学行为

乳化沥青或受热状态的沥青、新拌水泥浆和混凝土等均为流体状态，它们的力学行为显著有别于固体状态。黏度(viscosity)也称为黏性系数，是流体的最重要特性参数。流体流动时，因流体与固体表面的附着力和流体内部分子间的相互作用，将不断产生剪切变形，而黏滞性就是流体抵抗剪切变形的能力，因此黏度就是流体黏滞性的度量，其定义式如图 1-10 所示，用以描述流体的内摩擦。剪应力与剪变率(流动速度沿流体厚度方向的变化梯度)成正比的流体称为牛顿流体，二者不成正比的称为非牛顿流体。

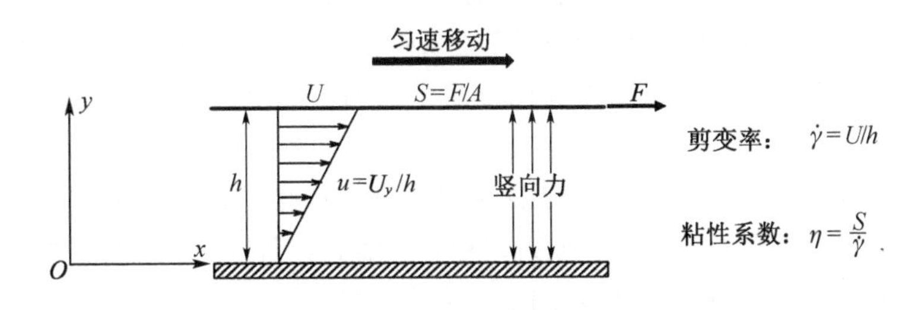

图 1-10　黏度的概念与平板测黏原理

从分子角度看，流体是由大量处于无规则运动状态的分子组成的，其黏度是分子间的引力作用和动量的综合表现。分子间的引力随分子间的距离变化而发生明显改变，而分子的动量取决于运动速度。温度升高会使分子运动加剧，分子间距变大，这样就使得分子的动量增加，而分子间作用力减小，因此流体的黏度随温度的升高急剧下降。

根据流体的黏度-剪变率的关系，可以定义不同的非牛顿行为，如图 1-12 所示。多数流体在高剪应变率时黏度降低，称为剪切变稀或伪塑性(pseudoplastic)，某些流体的表观黏度则随着剪切持续时间的延长而降低，这种行为称为触变性(thixotropic)。触变性通常是可逆的，也即剪切作用停止后，经过充分的恢复时间，液体的黏度将恢复到原来数值或接近原来数值。与伪塑性的相反是剪切增稠或剪胀，它指黏度随剪切速率增加而黏度变大的现象。宾汉姆(Bingham)流体是指存在一定屈服应力的流体。当剪应力超过该屈服值时，流体像牛顿流体一样流动，具有恒定的黏度。塑性流体是屈服应力类型的流体，其黏度随剪切速率降低。

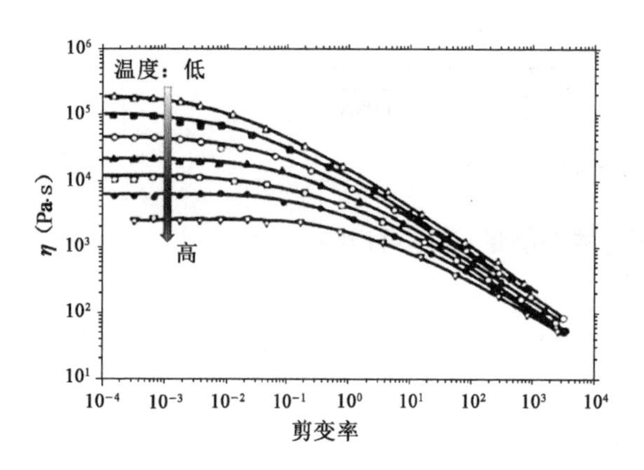

图 1-11　某低密度 PE 在不同温度下的黏度-剪变率曲线

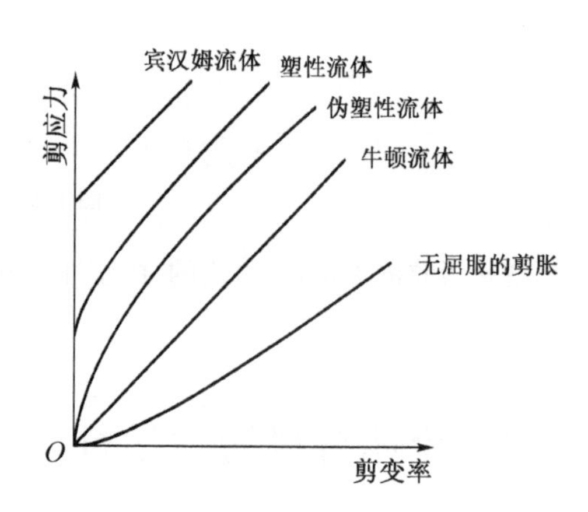

图 1-12　几种常见的流体行为示意图

1.3　材料的表面行为

任何材料都有与外界接触的表面或与其他材料区分的界面(interface)。习惯上把固相或液相(凝聚相)与气相或真空构成的空间区域称为表面，界面则指两个凝聚相(固-固相、液-液相或固-液相)之间的空间区域。表面是一种特定的界面，但出于习惯仍称为表面。

数学上的面没有厚度，而材料学中的表面与界面则指具有一定厚度的空间区域，其厚度有可能从几十纳米到几十微米。在该区域，材料的微观结构与性质均和体相有区别，是固有性能变化的过渡区，界面特性随空间位置的不同可能有更大变化。

表面与界面对材料的很多性能起决定性作用，因为与材料内部相比，表面和界面的微观结构为非正常结构，另外，材料的表面是易受化学变化影响的部分，固体材料的化学反应总是始于表面。表面对材料宏观性能的影响取决于它们在总体材料中所占比例，一般用比表面积表示，也即单位材料所具有的表面积与其质量或体积之比。同一物质只要通过机械或化学的方法处理使其微细化，增加比表面积和表面晶格的畸变程度，就可能大大提高其化学活性。

1.3.1　表面能与表面张力

处于表面的粒子受力情况与内部粒子不同。在固体内部，每个粒子前后左右上下均挤满了其他原子，平均而言，其受到周围粒子的作用是对称均匀的。处于表面的粒子，其前后左右的作用力虽是对称均匀的，但上下的作用力不同，如图 1-13 所示。

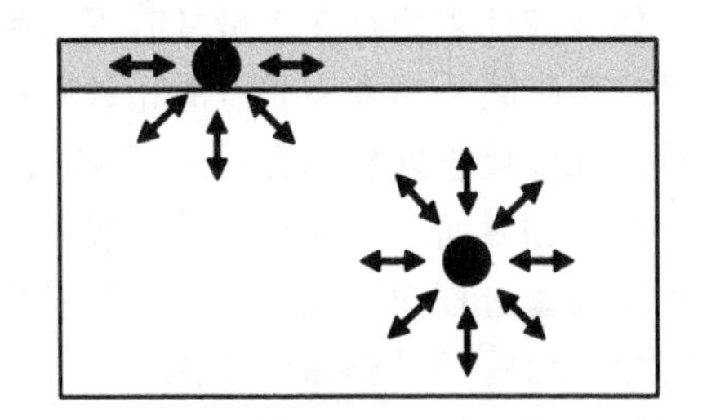

图 1-13　材料表面与内部原子、分子或离子的对称与非对称作用力

处于表面的粒子有一边的力场没有得到满足，故在材料内部有把表面粒子拉向内部的力存在。把一个粒子从内部移到表面，会增大其表面积，这就需要克服体系内部粒子间的吸引力，对体系做功。在温度、压力和组成成分恒定时，可逆地使体系表面积增加时所需做的功称为表面功。环境对体积所做的表面功以表面能的形式储存于表面，所以表面层粒子的能量高于内部的能量，这种表面粒子比体相粒子所多出的能量即称为表面剩余自由能或表面能，量纲为 J/m^2。其热力学定义为恒温、恒容和恒化学势下形成的单位表面积的自由能增量。

界面稳定存在的必要条件是具有一定数量的表面自由能(表面能)。通过外界对它做功输入能量可以使界面扩大，反之，如果界面不具有一定量的正值自由能，就不可能有稳定的边界存在。

液体分子不像气体分子那样可以自由移动，但也不像固体分子在固定位置振动，而是在分子间引力和分子热运动共同作用下形成近程有序、远程无序的结构。因表面分子具有的能量较高，它总是倾向于通过缩小面积来达到最低能量状态，这就形成表面张力效应。表面张力是使物质界面自发收缩的单位长度上的作用力，液体的表面张力垂直于其表面边界，指向物质内部并与表面相切，一般用 γ 表示，量纲为 N/m。表面张力是从力学角度描述界面性质。表面能则是从能量角度描述界面性质，单位表面能是使系统增加单位表面积时，环境需要做的功(非体积功)以 s 表示，国际单位制为 J/m^2。

因液体不能承受剪力，外力做功表现为表面积的扩展，因此液体单位面积的表面能在数值上和表面张力相等。而对于固体，因其表面质点无流动性可以承受剪切应力，外力的作用除了表现为表面积的扩展，有一部分则表现为塑性变形，每增加单位表面积所需的可逆功一般不等于表面张力，其差值与过程的弹性应变有关。

固体物质的粒子不似液体那样容易移动，因此其表面所具有的能量往往高于液体。另外，因固体表面粗糙不平，越是突出的粒子，其力场越难以平衡，表面能量也就越高，因此它们有吸引其他物相分子来降低表面能量的倾向，这种剩余力场就会产生如吸附、润湿、毛细作用、过饱和状态等现象。

任何表面都有自发降低表面能的趋势。在表面张力作用下，液体是以形成球形表面的方式来降低表面能的，而固体由于质点不能自由流动，只能借助粒子重排、变形、极化并引起晶格畸变来降低表面能。

1.3.2 表面吸附

固体或液体表面存在大量具有不饱和链的原子或离子，它们能吸引外来的原子、离子或分子并产生吸附。当表面质点的相邻质点数增加时，其表面能下降。因此，吸附是一个自发的过程。除非处于理想的真空中，否则在干净表面上总是覆盖一层很薄的气体或蒸汽分子。吸附导致在相界面上某种物质的浓度不同于体相浓度。由于固体表面具有较高的表面能，而且加工成型过程中形成的许多晶格缺陷使表面的粒子处于不饱和或不稳定状态，因此在固-液界面上易产生吸附而形成膜。

吸附作用可分为物理吸附和化学吸附两种类型。物理吸附是分子间作用力（范德华力）作用的结果，该作用力较弱，且对温度敏感；另外，物理吸附与解附是完全可逆的。化学吸附实质上是一种化学反应，极性分子的有价电子与基体表面的电子发生交换而产生化学键力，它使极性分子呈现定向排列。化学吸附要比物理吸附稳定得多，基本上是不可逆的，只有在高温下才会解附。

吸附膜的形成改变了固体表面的原有结构和性质。首先，吸附膜降低了固体的表面能，使之较难被润湿，从而改变了界面的化学特性。此外，吸附膜可以通过降低接触界面的表面能而使粘附作用减弱。

1.3.3 表面润湿

固体与液体表面相接触时，也能使固体的表面能降低，该现象称为润湿性。液体的润湿性通常是指它在固体表面的铺展或聚集能力。水在一些材料表面会收缩为球形，呈现如图1-14所示出荷叶效应。而另一些材料如岩石、水泥混凝土等表面遇水时，水会在其表面迅速铺展开，更多的材料表面遇水时则处于中间状态，如图1-15所示。

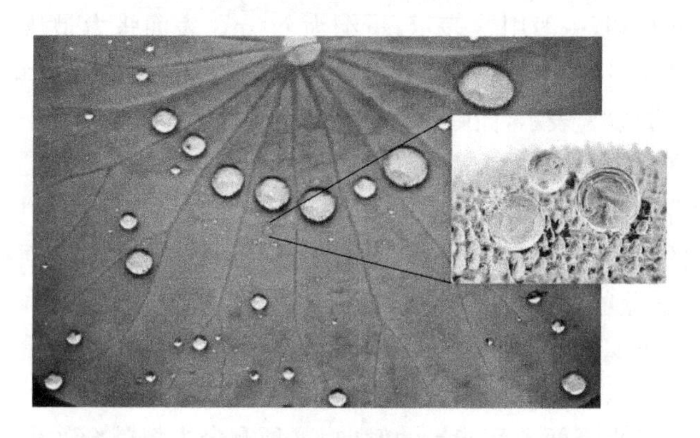

图1-14　荷叶上的水滴及微观上的荷叶效应示意图

图1-15　液体在不同材料表面的可能铺展情况

如前所述，液体的表面张力 γ_{lv} 实质上是液-气界面处所产生的张力，它和固-液界面张力 γ_{sl} 一样均试图使液体缩为球体，而固-气界面张力 γ_{sv} 则力图把液体拉开覆盖固体表面，使固体表面能降低。如图 1-16 所示，定义接触角为固-液-气三相交界点上固-液界面与液-气界面切线之间的夹角，则接触角与表面张力之间的关系如式(1-1)所示：

$$\gamma_{sv} = \gamma_{sl} + \gamma_{lv}\cos\theta \tag{1-1}$$

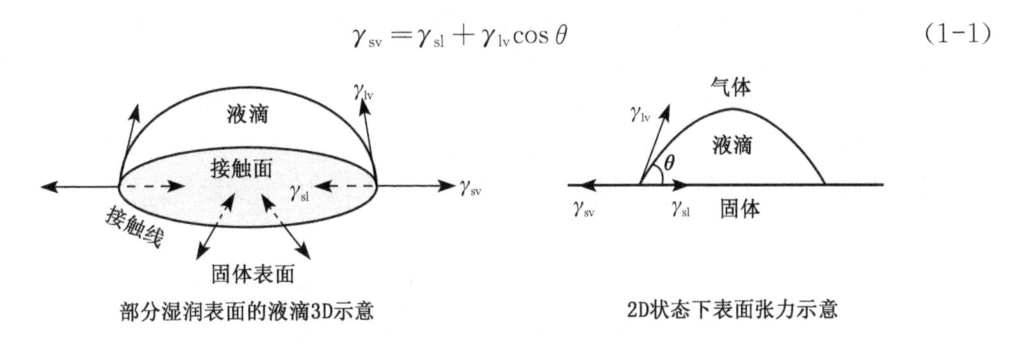

图 1-16　以部分湿润表面为例界面张力和接触角定义

由此可见接触角的大小是由固体和液体的表面张力或表面自由能决定的。

当微量液体与固体表面接触时，液体可能完全取代原来覆盖在固体表面的气体而铺展开，该现象称为润湿(wetting)，也可能形成一个球状液滴，与固体只发生点接触而完全不润湿，更多的时候是处于中间状态。

表面接触角越大，则表示该表面是疏润的，接触角越小则为亲润的。一般地 $\theta < 90°$ 时称为可湿润，$\theta = 0°$ 时为铺展；$\theta > 90°$ 时，称为不可湿润，$\theta = 180°$ 为完全不可润湿。见图 1-17。

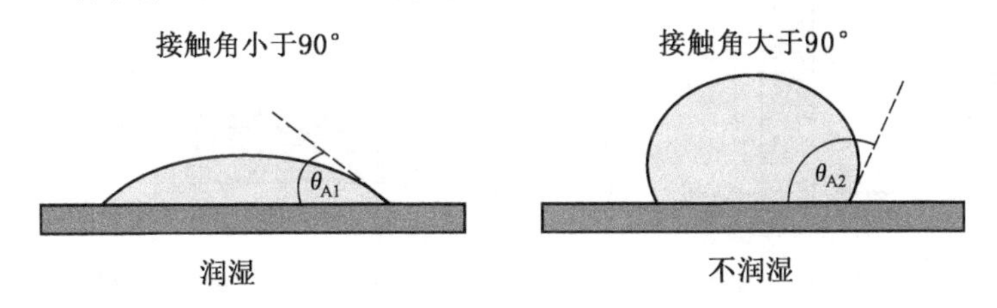

图 1-17　材料的润湿性与接触角

润湿过程的实质是物质界面发生性质和能量的变化。根据润湿方程，材料可润湿的条件为 $\gamma_{sv} > \gamma_{sl}$，这表明低表面张力的液体容易润湿高表面能的物体。当水分子之间的内聚力小于水分子与固体材料分子间的相互吸引力时，材料被水润湿，此种材料为亲水性的(hydrophilic)，称为亲水性材料；而水分子之间的内聚力大于水分子与材料分子间的吸引力时，则材料表面不能被水所润湿，此种材料是疏水性的(或憎水性)(hydrophobic)，称为疏水性材料。考虑到多数液体的表面张力均在 100 N/m 以下，人们常以此为界，将固体材料分为高能固体和低能固体两类。表面张力大于 100 N/m 者为高能表面，它们易被液体所润湿，常见材料有无机材料、金属及其氧化物等；表面张力低于 100 N/m 为低能表面，如有机物，这类材料不易被液体所润湿。当然聚合物的润湿性与其分子极性有关，极性化合物的可润湿性明显大于相应的完全非极性聚合物。高分子固体的可润湿性还与其元素组成有关，当碳氢链中的氢原子被氟原子或氯原子取代时，其润湿性能将明显提升；而附有双亲单分子层的高能表面则因表面活性剂显示出低能表面的性质。带有极性分子基团的材料，对水有较大的亲和能力，可以吸引水分子，或易溶解于水。岩石的润湿性实质上是岩石与流体相互作用下的综合特性，它取决于岩石与流体之间的界面张力和流体中的极性物质在岩石孔隙表面的吸附作用。各相流体在岩石孔隙中的微观分布状态及流动能力，在很大程度上受润湿性的影响。

一般情况下，液体表面是平的，水平液面下所受压力即为外界压力。由于表面张力使界面收缩，弯曲液面曲心一侧的压力总是高于外侧的压力，此压力差 Δp 为弯曲液面的附加压力。附加压力与液体表面张力及弯曲液面曲率半径可用 Young-Laplace 公式表示。弯曲液面有时仅为球面的一部分，有时则呈现其他形状（如椭球面），但附加压力总是指向曲心。当弯曲液面为球面的一部分时，附加压力的大小和方向并不因此而受影响。见图 1-18。

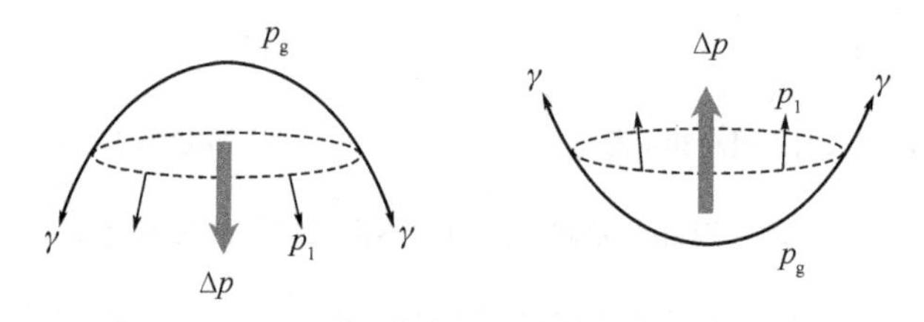

图 1-18　弯曲液面的附加压力

若液体能润湿毛细管管壁（$\theta<90°$），管内液面必呈凹形，将毛细管插入液面时，弯曲液面向上的附加压力会使液面沿毛细管上升一定高度；反之，若液体不能润湿管壁（$\theta>90°$），管内液面必呈凸形，弯曲液面向下的附加压力会使液体沿毛细管下降一定高度。见图 1-19。

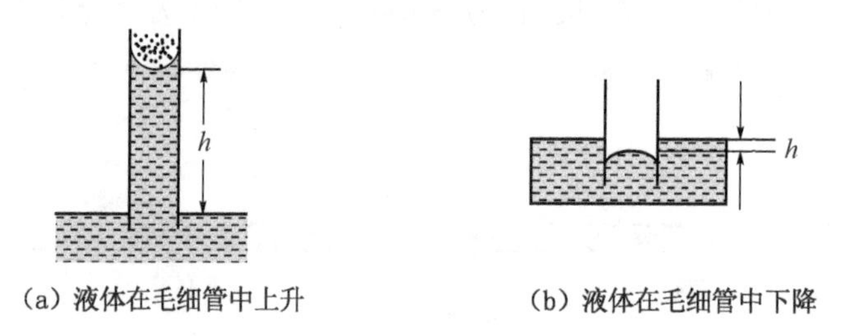

(a) 液体在毛细管中上升　　(b) 液体在毛细管中下降

图 1-19　由附加压力导致的毛细管现象

大多数建筑材料均是能够被水润湿的多孔物质。若材料中的毛细孔半径为 r，因表面张力的存在，水受大小为 $2\pi r\sin\theta$的力作用而上升，在与水的重量相等时达到平衡，如图1-20所示，由此可写出相应的平衡方程，如式(1-2)所示，

$$2\pi r\,\gamma_{lv}\cos\theta=\pi r^2 h\rho g \tag{1-2}$$

根据上述平衡方程，可推算出水在材料中上升的高度为：

$$h=\frac{2\,\gamma_{lv}\cos\theta}{\rho g r} \tag{1-3}$$

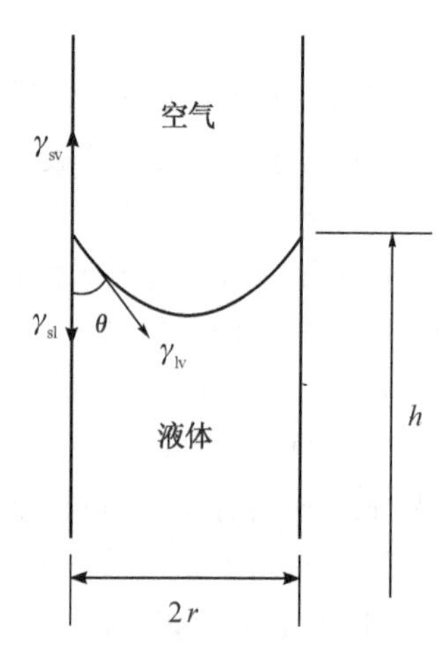

图 1-20　毛细管上升液体的液面平衡状态

由此可知，当孔径很小时，水头高度值将很大，这就解释了多孔材料易吸水的现象。典型的实例如黏土块、砖块和水泥混凝土，它们内部均存在很多微小孔隙，若孔隙完全连通，

则毛细水能达到的极限高度将接近 10 m。在工程中,因材料内部的孔隙并非完全连通,加之受蒸发作用限制,毛细水头实际所能达到的高度远低于理论计算值。但即便如此,毛细现象及毛细水的相变仍是工程材料和结构面临的一个十分重要而棘手的问题。

1.3.4 表面粘附

粘附指两个发生接触的表面之间的吸引,也是表面能的一个重要作用方式。固-液边界膜的结合强度可用粘附功表示,它是指将单位面积的液-固相界面拉开,生成单位面积的气-液表面和气-固表面时所需要的功,记为 W,则粘附功与表面张力间的关系为:

$$W=\gamma_{\mathrm{lv}}+\gamma_{\mathrm{sv}}-\gamma_{\mathrm{sl}} \tag{1-4}$$

而根据式(1-1),$\gamma_{\mathrm{sv}}-\gamma_{\mathrm{sl}}=\gamma_{\mathrm{lv}}\cos\theta$,因此,固液界面的粘附功为:

$$W=\gamma_{\mathrm{lv}}(1+\cos\theta) \tag{1-5}$$

由式(1-4)可知,要增强界面的粘附能力,就需要降低界面张力,提高固相和液相的表面张力。而由式(1-5)进一步可见,胶结料的铺展能力以及它能否完全润湿被胶结物的表面对于界面粘附至关重要,在完全润湿状态下,

$$W=2\gamma_{\mathrm{lv}} \tag{1-6}$$

当固-气表面张力大于液-气表面张力,而为形成两个液气界面所需做的功小于形成一个固-液界面与一个固-气界面所需做功时,在外力作用下易在粘结层内部发生断裂,这就是粘结层材料的内聚破坏。

表面张力也是导致充满稀薄液体的两平板发生粘接的原因。对于如图 1-21 所示的两个圆盘,液膜表面将产生两个曲率半径,r_1 近似等于圆盘半径,凸液面向空气、两圆板之间的液膜形成凹向液体的凹液面,其曲率半径约为薄液层厚度的 1/2,根据 Laplace 公式,液面与它周围环境的压力差为:

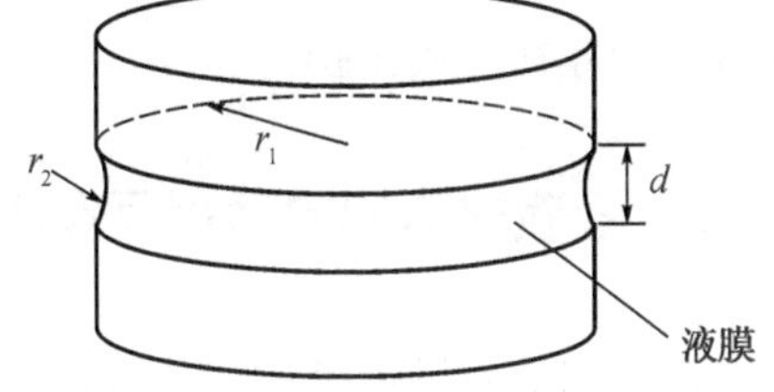

图 1-21 两圆盘间薄液膜的粘结效应

$$p=\gamma\left(\frac{1}{r_1}-\frac{1}{r_2}\right)=\gamma\left(\frac{1}{r_1}-\frac{2}{d}\right) \tag{1-7}$$

当板间的液膜足够薄也即 d 远小于 r_1 时,压力差近似表示为:

$$p=-\frac{2\gamma}{d} \tag{1-8}$$

负号表示液体内部的应力小于外表面。由于压力作用于整个圆盘表面,要将盘分离必须克服该压力,所需拉拔力的大小为:

$$F=\frac{2\pi r_1^2\gamma}{d} \tag{1-9}$$

可见,拉拔力的大小与圆盘的面积成正比,与液膜层的厚度成反比。因此,为确保粘附,

表面应足够平且尽量靠近。这可以解释为何夹薄层水的两块玻璃片难以从垂直方向分开的现象，例如，假定圆盘半径为 100 mm，层间水膜厚度为 0.01 mm，水的表面张力为 0.073 N/m，将含水膜的两块圆盘分开所需要的拉拔力约为 460 N。当然让圆盘滑开则容易得多，因为液膜抵抗剪力的能力很弱。拉拔力的大小还与液体的表面张力成正比，因此，通过提高黏结剂的黏度或采用溶剂蒸发/挥发的方式可提高界面的黏结强度和黏结刚度。

在图 1-21 中，液体是可以润湿圆盘的，因此层间液膜形成的是凹液面。当圆盘不能被液体润湿时，情况则与之相反，层间液膜形成凸液面，要形成薄液层必须用很大的力才能将其中的液体压扁，这个力也与圆盘的间距成反比。所以对于非润湿液体，要将其完全从非润湿固体表面挤出是不可能的，因为间距为零时所需要的力为无穷大。

粘附功可以用分开单位面积粘附表面所需要的能量表示，如图 1-22 所示。如果 A 和 B 两种物质发生粘附，以表面能表示的粘附功为：

$$W_{AB}=U_A+U_B-U_{AB} \qquad (1-10)$$

式中，U_A、U_B 为 A、B的表面能，U_{AB} 为 AB之间的界面能。

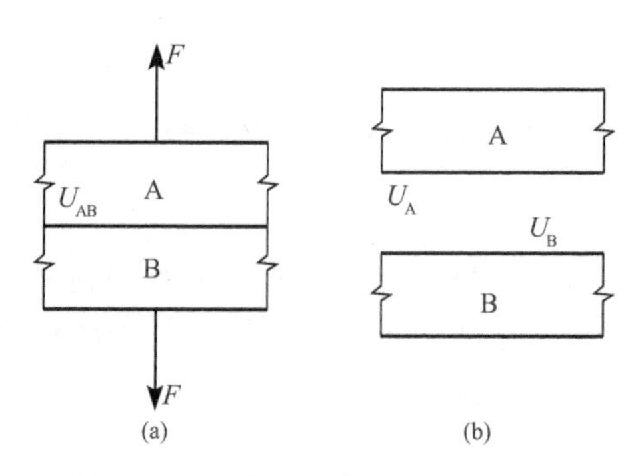

图 1-22 以表面能表示的粘附功

当两相似表面相接触时，因 U_{AB} 较小，此时 W_{AB} 比较大；而当两个完全不相似的表面（通常是两个互不形成化合物或固溶体物质的表面）相接触时，U_{AB} 值较大，此时 W_{AB} 就比较小。因此，相近材料的黏附比非相近材料的黏附更牢固，如金与金，铝与铝这样的延性金属，如果在连接时有足够的塑性变形，排除两层间的吸附气体或可能存在的氧化膜，就会得到牢固的粘附连接而实现冷焊。

1.3.5 固液材料的界面相互作用

固体和液体接触时，因固体表面普遍存在荷电，它导致固-液界面的液体一侧带着相反电荷。固体表面在溶液中荷电后，静电引力会吸引该溶液中带相反电荷的离子。它向固体表面靠拢而聚集在距二相界面一定范围的液体一侧的界面区内，以补偿其电荷平衡，于是构成了液体边界上的双电层，它由两层带电液体组成。图 1-23 为典型的 Stern 双电层结构示意图。其中，紧靠固体表面的液体部分是强吸附于固体表面的离子层，该层不具有流动性，称为紧密层。该层一直延续到滑移面为止。距滑移面较远的区域中，流体离子受静电作用力的影响较小，具有一定的流动性，称为双电层扩散层，其厚度被认为约 3～5 倍于紧密层厚度。滑移面上的电动势称为 ζ 电位/电势。油水接触过程与上述情况类似。

具有胶体结构的材料在土木工程中亦较为常见，它是由高分散度的粒子作为分散相，分散于另一连续相（分散介质）中所形成的复合系统。胶体粒子相互接近时的能量变化及其对胶体稳定性的影响通常用 DLVO 理论描述，该理论由 Deryagin、Landau、Verwey 以及 Overbeek 在 19 世纪 40 年代建立。根据该理论，胶体粒子相互接近时的能量是胶体双电层重叠的电荷排斥能与范德华力叠加作用的结果，如图 1-24 所示。由该图可见，胶体粒子之间存在吸引力与排斥力，这两种作用力的大小决定胶体体系的稳定性：粒子间的吸引力占主

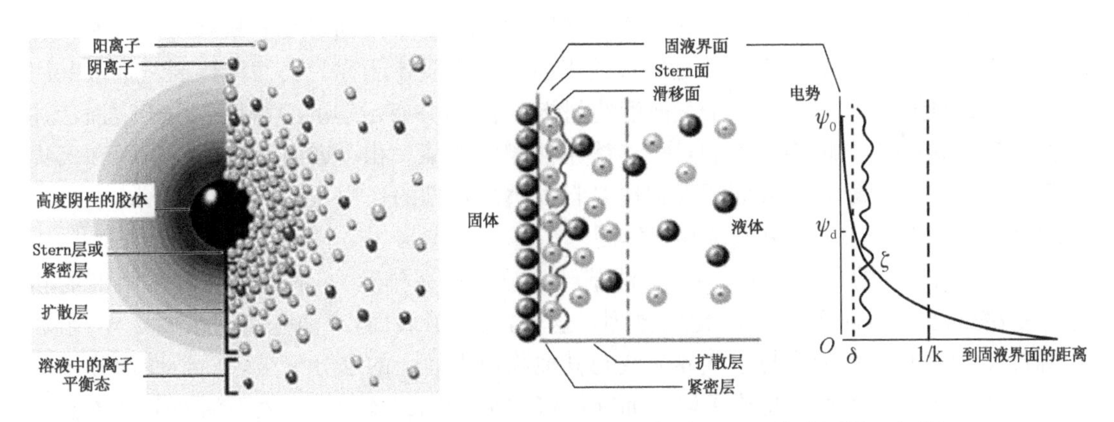

图 1-23　Stern 双电层模型(左图为阴离子型胶体,右图为固体表面带正电荷)

导时,粒子将产生团聚;而当排斥力大于吸引力时,则可避免粒子凝聚而保持胶体的稳定性。根据 DLVO 曲线,当粒子彼此相互靠近时,粒子间首先会产生吸引力,若它们彼此再持续靠近,则将使得粒子之间产生排斥力,若粒子越过排斥能障,则会很快产生团聚。因此,为了增强胶体粒子的分散稳定性,避免粒子团聚,必须提高粒子间排斥力。

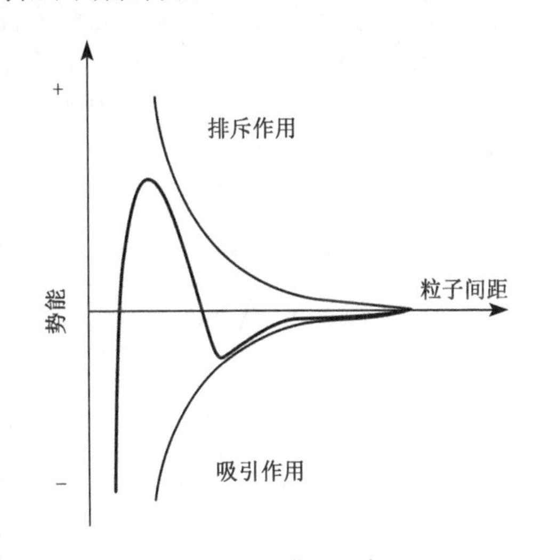

图 1-24　DLVO 曲线示意图

当溶剂中加入溶质时,溶液的表面张力会发生变化。通常,把能显著降低液体表面张力的物质称为该液体的表面活性物质,而仅加入少量就能显著降低溶液的表面张力并改变体系界面状态的物质称之为表面活性剂(surfacant)。如在水中加入无机酸、碱、盐、蔗糖和甘油等,会使水的表面张力略为升高,有机酸、醇、酯、醚、酮等会使其有所降低,加入肥皂、合成洗涤剂则会使其显著下降。溶质在界面层中相对富集或贫乏的现象称为溶液的吸附,前者叫正吸附,后者为负吸附。

表面活性剂都有一个共同的特点,即其分子中含有亲水性的极性基团(头基)和憎水性的非极性基团(尾基)的类似火柴棒的双亲结构,如图 1-25 所示。

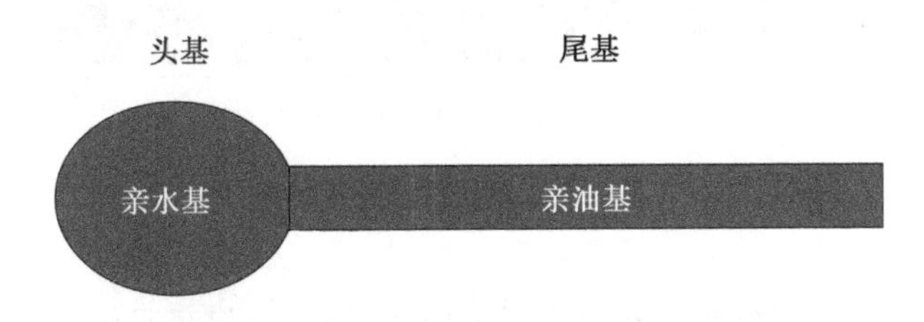

图 1-25　表面活性剂分子的双亲结构示意图

亲水基是极性的水溶性基团,头基可以带电荷,也可以是中性的,可以是-OH、-COOH、$-SO_3Na$ 等小基团,也可以是聚合链。憎水基是长链非极性基团,能溶于油而不溶于水,亦称为疏水基团(-R),一般为长链碳氢化合物,有时也为有机氟、有机硅、有机磷等。虽然很多物质具有双亲结构,但只有亲油基足够长的表面活性物质才能称为表面活性剂。亲水基团必须有足够的亲水性,以保证整个表面活性剂能溶于水,并有足够的溶解度。由于表面活性剂含有亲水基和疏水基,因而它们至少能溶于液相中的某一相。表面活性剂的吸附和聚集现象均是基于疏水效应,即表面活性剂尾基自发逃离水相的作用,这主要是因为水-水分子间的相互作用要强于水-尾基间的相互作用。

当表面活性剂的分子溶于水后,亲油基与水分子存在排斥力,有试图离开水溶液的趋势,并纷纷向水的表面运动,形成定向排列。这样,在溶液表面,亲油基指向水面以外,亲水基指向水面内部,从而使水与空气界面或与其他物质界面上的水分子被表面活性剂分子所代替,这就使水的表面张力急剧下降。而在溶液内部,当浓度较低时,表面活性剂分子会三三两两地将憎水基相聚拢。当浓度达到一定程度时,众多的表面活性剂分子会结合成较大缔合体,称为胶束(micelle),其形状有球状、棒状或层状等。所形成的胶束中,极性亲水基朝外、与水分子相接触,而憎水的非极性基朝内,被包藏于胶束内部,几乎完全脱离了与水分子的接触,可在溶液中比较稳定地存在。表面活性剂在溶液中形成胶束所需的最低浓度,称为临界胶束浓度(critical micelle concentration,CMC)。临界胶束浓度与在溶液表面形成饱和吸附所对应的浓度基本上一致。随着表面活性剂在溶液中的浓度增加,体系的许多性质,如表面张力、电导率、渗透压、去污能力、密度等都会发生变化,且都以临界胶束浓度为分界而出现明显转折,如图 1-26 所示。因此,可通过监测这些性质随表面活性剂浓度变化的规律确定临界胶束浓度的大小。

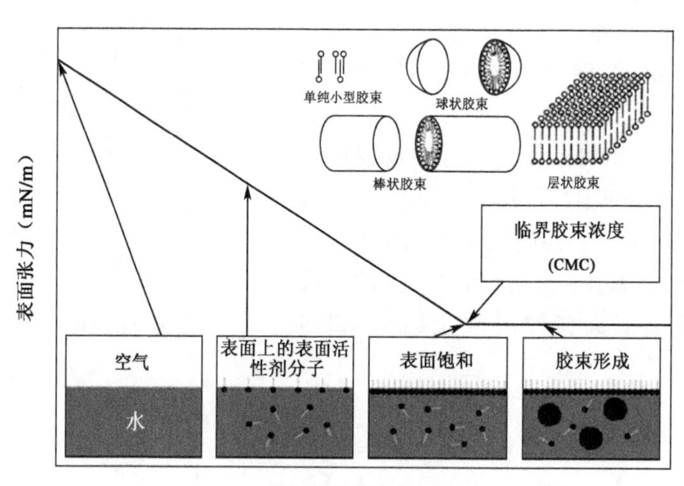

图 1-26　临界胶束浓度概念与胶束的形状示意图

表面活性剂在土木工程材料中有着广泛的应用,如:(1)起润湿作用(渗透作用),用作润湿剂、渗透剂;(2)起乳化、分散和增溶作用,用作乳化剂、分散剂和增溶剂;(3)起发泡、消泡作用,可用作发泡剂和消泡剂;(4)起洗涤作用,用于材料的自清洁表面。

1.4　材料的失效行为

结构工程材料都是在一定的环境和载荷下使用,它们都会遇到强度、破坏以及使用寿命的问题。强度是材料抵抗变形或破坏的能力。破坏现象泛指材料所产生的断裂、疲劳、磨损等物理力学性能的失效行为。

因长时间暴露于不同形式的能量中,材料内部结构可能发生变化。这些变化可能包括残余应力、脆化(韧性降低)、疲劳、蠕变和辐射损伤。在外力和环境因素例如温度、化学作用或辐射综合作用下,材料内部产生损伤,进而导致其宏观力学性能不同劣化、失效和最终断裂/解体。材料的主要失效机理包括疲劳、蠕变、腐蚀、氧化、热脆化和辐射脆化。

1.4.1　材料的理论强度与实际强度

强度指材料在外力作用下抵抗变形及断裂的能力,它通过试验测定,故也称为实际强度。材料的理论强度是克服固体内部质点间的结合力形成两个新表面所需的应力。理论上,根据固体的化学组成、晶体结构可计算出材料的理论强度,但不同的材料有不同的组成与结构,以及不同的键合方式,因此这种理论计算十分复杂,且普适性差。

为了粗略地估计材料的理论强度,根据OROWAN的成果,可用正弦曲线来近似原子间约束力随原子间距的变化曲线,如图1-27所示,得到原子间的应力为:

$$\sigma = \sigma_{th} \cdot \sin \frac{2\pi x}{\lambda} \tag{1-11}$$

式中,σ_{th} 为理论结合强度,λ 为正弦曲线的波长。

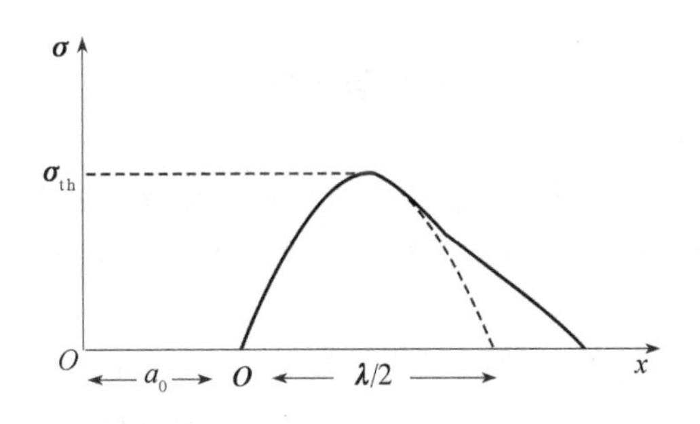

图1-27　原子间约束力和距离的关系

将材料拉断时,产生两个新表面。因此,只有当使单位面积的原子平面分开所做的功,大于产生两个单位面积的新表面所需表面能时,材料才断裂。设分开单位面积原子平面所做的功为W,则

$$W = \int_0^{\lambda/2} \sigma_{th} \cdot \sin \frac{2\pi x}{\lambda} dx = \frac{\lambda\,\sigma_{th}}{2\pi}\left[-\cos \frac{2\pi x}{\lambda}\right]_0^{\lambda/2} = \frac{\lambda\,\sigma_{th}}{\pi} \tag{1-12}$$

设新表面的表面能为γ(注意此处为断裂表面能,非自由表面能),因为$W=2\gamma$,由此可得

$$\sigma_{th} = \frac{2\pi\gamma}{\lambda} \tag{1-13}$$

接近平衡位置的区域,曲线可用直线替代,也即应力应变服从虎克定律

$$\sigma = E\varepsilon = E\frac{x}{a} \tag{1-14}$$

a 为原子间距，当 x 很小时，$\sin\frac{2\pi x}{\lambda} \approx \frac{2\pi x}{\lambda}$。因此材料的理论强度可近似表示为

$$\sigma_{\mathrm{th}} = \sqrt{\frac{E\gamma}{a}} \tag{1-15}$$

可见理论强度只与弹性模量、表面能和晶格距离等材料常数有关。通常，$\gamma \approx \frac{aE}{100}$，因此

$$\sigma_{\mathrm{th}} = \frac{E}{10} \tag{1-16}$$

实际材料中只有一些极细的纤维和晶须的强度接近理论强度，绝大多数材料的实际强度均远低于理论强度，在数值上仅为弹性模量的 1/100～1/1 000，这主要是材料内部存在众多局部缺陷，在荷载作用下局部应力集中所致。

硬度是材料在外力作用下抵抗表面局部变形的能力。硬度与材料的抗拉强度、弹性模量及抗压强度有一定的关联性。材料的强度测试为破坏性试验，而硬度测试具有非破坏性的优点，可在不破坏组件的情况下测量强度，且它仅需要少量材料。硬度可以用多种方法测量，虽然它提供的信息不如拉伸测试准确，不够完整，亦无法提供关键设计数据，但通过材料的硬度，结合经验数据亦可大致估算材料的屈服强度。

1.4.2 材料的损伤与失效

材料破坏过程的本质是其内部微观组织的不均匀性、结构不均匀性和缺陷造成不同程度的微观和细观损伤，在力学过程中逐渐发展最终形成宏观裂纹导致材料破坏的过程。微观损伤一般指 10^{-10} m 量级的缺陷，细观损伤是指 10^{-6} m 量级的缺陷，而宏观损伤则为 10^{-3} m 量级以上的缺陷。材料的破坏与损伤有着密切的联系，毫米级以上的宏观缺陷是由微观损伤和细观损伤扩展聚集演变而成，也即损伤是在载荷和环境综合作用下由材料的微观结构和细观结构中的缺陷而引起的性能逐渐劣化的过程，如图 1-28 所示。不同材料的损伤机制各不相同，同种材料的损伤演变往往又因环境与受力状态而发生改变。研究表明，损伤发展演变所经历的时间占材料总寿命的 80%～90%，而宏观裂纹的形成、扩展和断裂所经历的时间一般只占材料总寿命的 10%～20%，

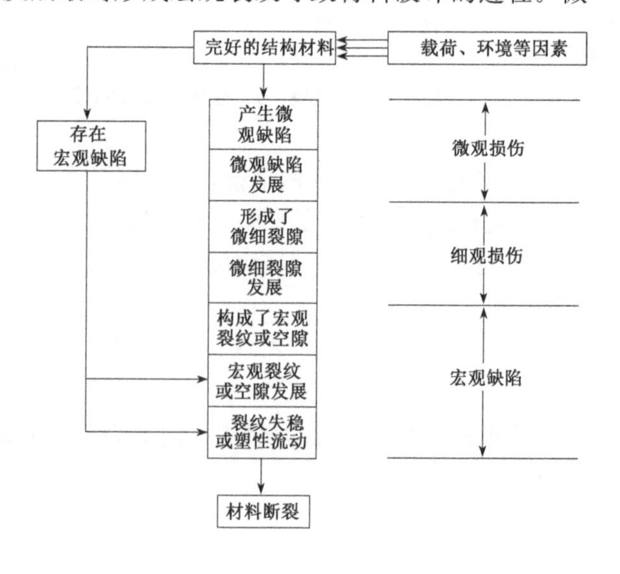

图 1-28　材料的破坏过程示意图

因此材料的损伤发展与演变是材料破坏的先兆。

1.4.3　材料的断裂失效行为

关于材料的失效，传统强度理论认为，荷载作用下材料内部的最大特征应力达到材料的抗力时便发生破坏；它以经验性数据为基础，依据容许应力和安全系数选择材料。材料的强度不仅与载荷水平有关，还与裂纹缺陷的几何形状等有关，这种经验性的直观强度理论不能描述裂纹端部力场的奇异性，无法解释实际强度远低于理论强度的原因以及材料在低应力下断裂的现象。现代断裂力学的发展为材料的定量或半定量寿命估算、选材和研发新材料提供了全新的理论基础。根据现代断裂力学的观点，引起材料断裂的主要成因可分为荷载型断裂、温度型断裂及腐蚀断裂三大类。

一、荷载型断裂

荷载型断裂是由一次性过载或反复荷载作用引起的。过载断裂主要为所受静态或准静态荷载持续增大，且施加的速度相对较快甚至突然变大，材料发生剪切型断裂（韧性断裂）或解理型断裂（脆性断裂）或二者兼有的断裂。剪切型断裂是由最大剪应力面上出现滑移导致的塑性变形引起，它只会出现在延性材料中。多数情况下，剪切型断裂均会伴随着可观的变形，如拉伸试验中出现宏观颈缩与杯锥型断口。解理型断裂多数情况下发生在最大拉应力的垂面上无宏观变形时，陶瓷材料是标准的解理型断裂模式。

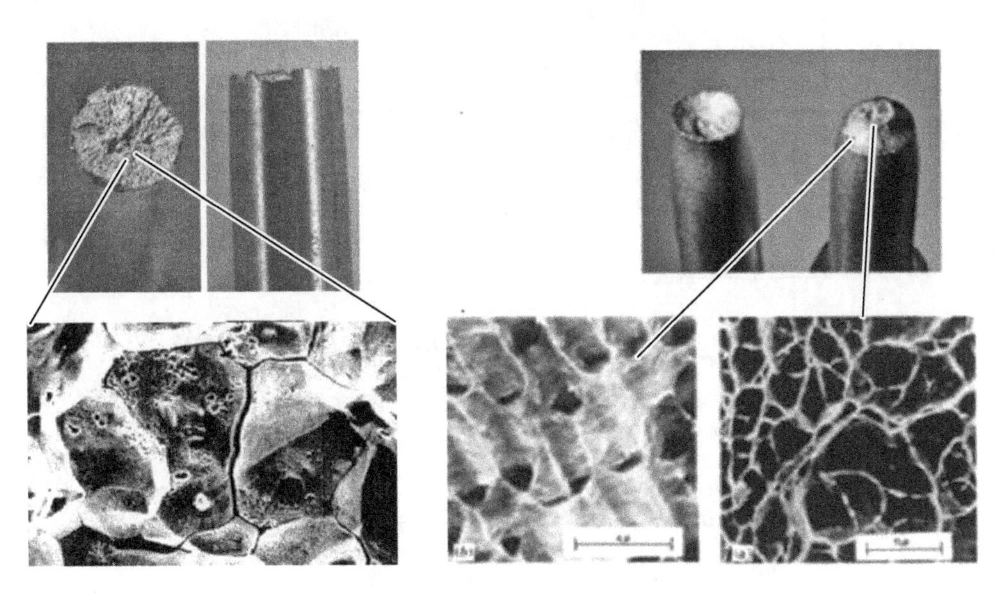

图1-29　钢材脆性断裂与韧性断裂面的宏微观特征

构件内部中常常含有一些宏微观裂纹或类似缺陷，它们可能是因机械瑕疵、制造缺陷所致，或在服役过程中形成的裂纹（如因疲劳、腐蚀产生的裂纹）。颗粒离析也会使裂纹萌生，一方面不规则的颗粒形状（如板状、棒状、片状、具有尖锐的棱角等）易引起裂纹，在另一方面，它们与基体材料（或胶凝材料）的界面也易脱黏分离或破断。因此，仅以屈服强度来进行结构设计是远远不够的,由于缺陷的存在,即便在很小的荷载条件下也可能因裂纹扩展而导致构件失效。如图 1-29 所示。

解决上述问题需要用到断裂力学。断裂力学的主要目标就是预测在什么样的荷载作用下裂纹会萌生。根据含裂纹体的受载和变形情况,裂纹可分为如图 1-30 所示的三种类型。

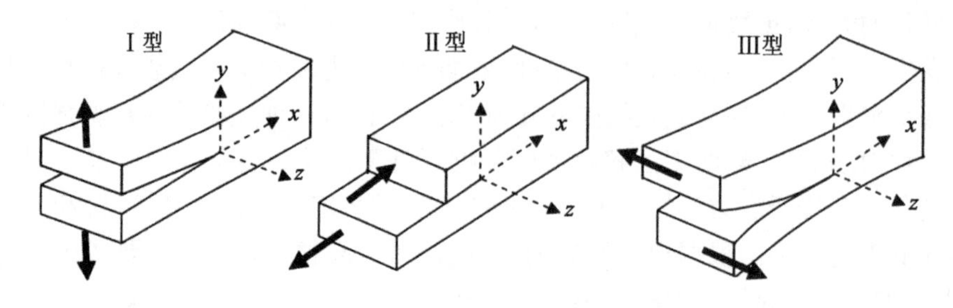

图 1-30 荷载型裂纹的三种形态

(1) 张开型裂纹(拉伸型或Ⅰ型):外加应力垂直于裂纹面,在应力作用下裂纹尖端张开,扩展方向和正应力垂直。

(2) 滑开型裂纹(面内滑移或剪切型或Ⅱ型):外加应力平行于裂纹面,裂纹滑开扩展。

(3) 撕开型裂纹(或Ⅲ型):一个裂纹面在另一裂纹面上滑动脱开,裂纹前缘平行于滑动方向。

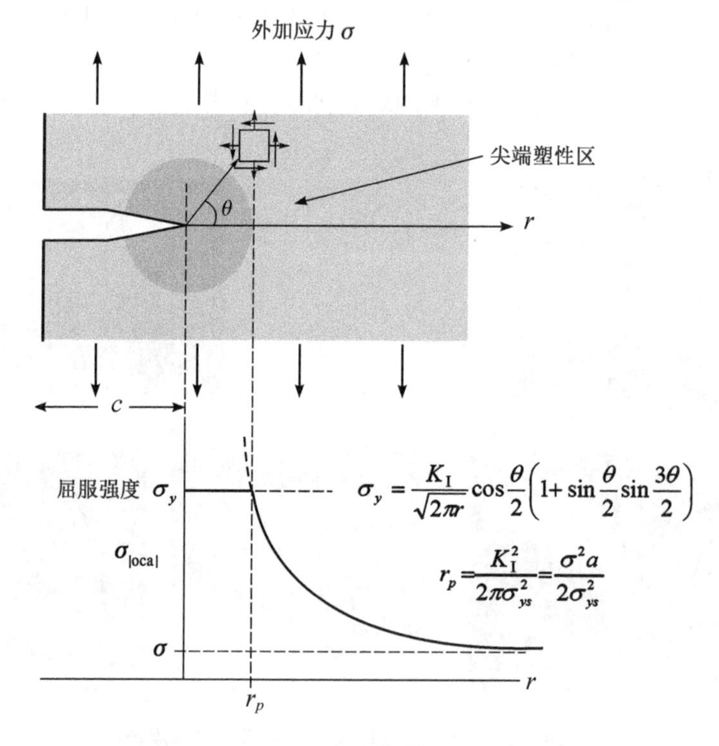

图 1-31 Ⅰ型裂纹尖端的塑性区与应力分布

实际工程中裂纹大多数属于Ⅰ型裂纹,也是最危险的一种裂纹,它最容易引起低应力脆断。当裂纹前沿的塑性区尺寸远小于裂纹尺寸时(图 1-31),可采用基于线弹性断裂力学中的 Griffith-Orowan 的能量理论和 Irwin 的应力强度因子理论结合断裂判据进行分析,单边切口试件受拉时的应力强度因子定义见式(1-17)。对于大范围屈服问题,则可采用裂纹尖端张开位移法(crack tip opening displacement,CTOD)或J积分法来进行研究。

$$K = Y\sigma\sqrt{\pi c} \tag{1-17}$$

式中,Y为与裂纹长度和试件宽度之比值的函数,在小裂纹的情况下,Y取1.1215,σ为试件所受的拉应力,c为裂纹长度。

韧性是材料抵抗裂纹扩展的能力,断裂韧性则指含裂纹材料抵抗快速失稳断裂的能力。坚韧的材料能容忍裂缝的存在,它们可吸收冲击而不会破断,即便过载,它们也会首先产生变形而不是直接断裂,因此,它们具有较大的宽容度。钢材是这种材料,它们具有低成本、高刚度和强度以及高韧性的特点,正是这种无与伦比的特性奠定了钢在结构材料的特殊地位。

高韧性意味着裂纹提前吸收能量。裂纹尖端形成的塑性区越大,断裂韧性越高。随着塑性区内的材料变形,空隙在夹杂中成核并逐渐相互连接,推动裂缝扩展;材料越纯、夹杂越少,韧性就越高。屈服强度越高,其塑性区越小。在具有极高屈服强度的陶瓷中,该区域变得非常小,因此,其内应力可接近理想强度而材料因脆性解理断裂而失效。

二、疲劳与断裂

疲劳是指在材料中的某点或某些点产生应力扰动,且在足够多的反复扰动作用之后形成局部裂纹或完全断裂的发展过程。在此过程中,材料的局部结构产生永久变化。疲劳受载时,材料在远低于屈服应力水平下发生低应力的脆性断裂,称为疲劳断裂。材料发生疲劳断裂瞬间一般并无明显的宏观塑性变形,断裂前没有明显的预兆;引起疲劳断裂的扰动应力通常比材料的强度低得多。在重复荷载作用下,材料的承载能力会下降,即便是延性材料,在屈服时也不会发生较大的塑性变形,这也使得动荷载作用下的循环损伤检测更为困难。

工程构造物所承受的荷载通常具有复杂的时变性,在试验室完全模拟这种情况是非常昂贵和困难且无必要的。研究者通常将疲劳荷载归纳为几种代表性工况,如采用正弦波、三角波或方波等来模拟,这些曲线可用最小应力、最大应力、平均应力、振幅以及作用频率几个参数来表示,如图1-32所示。

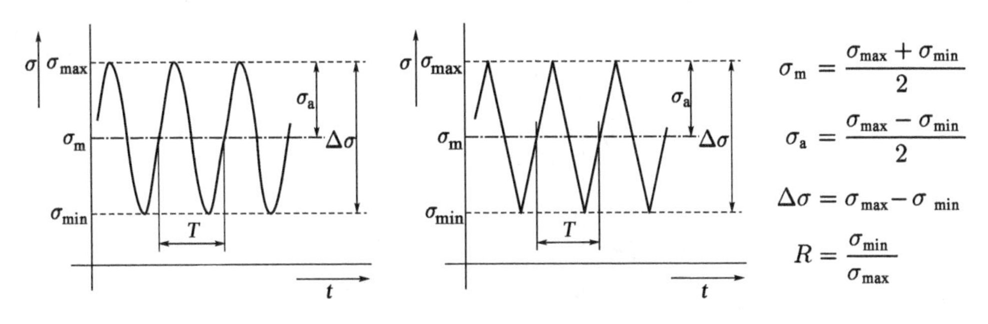

图1-32　典型的疲劳荷载曲线

对于每一组疲劳试验,均可确定出不同应力/应变状态下材料屈服时的循环次数N_f,将N_f与循环应力幅值$\Delta\sigma$绘制在自然坐标或双对数坐标系中即得到所谓的S-N曲线,有时也称为应力-寿命曲线或 Woehler 曲线。一些材料有显性的疲劳极限(fatigue limit 或 endurance limit),也即当应力低于某一阈值时,材料不会出现疲劳失效,其寿命无限长,表现为 S-N 图上有一条水平线,相应的应力水平称为疲劳强度,如图1-33所示。

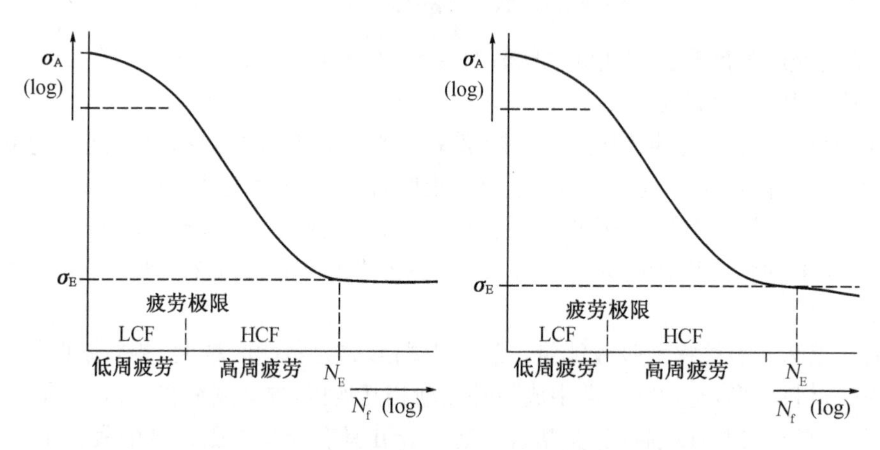

图 1-33 典型的应力-寿命曲线和疲劳极限概念

很多材料的 S-N 曲线中并无水平线出现,在高周区域 S-N 曲线略微倾斜,材料在该区域也会失效,因此它们并无真正的疲劳极限,为确保构件的安全,通常取 10 倍于常用材料的疲劳极限作为其疲劳强度,记为 $\sigma_E(10^8)$。大量试验表明,多数热塑性聚合物的疲劳强度约为其抗拉强度的 1/5～1/4,热固性聚合物的疲劳强度可达其抗拉强度的 0.4～0.5 倍。另外,聚合物的疲劳强度随分子量的增大而提高,随结晶度的增加而降低。

根据 S-N 曲线相应地还可以区分高周疲劳和低周疲劳。对于金属和聚合物来说,低周疲劳区的斜率要比高周区的小得多。由于每次测试材料的离散性,同一应力水平下各试件疲劳失效前的作用次数有较大离散,它们多服从威布尔分布规律;为弄清离散带宽,每组应力水平下的疲劳试件数通常应为 6～10 个,然后再运用统计方法代表建立一定可靠度的 S-N 曲线。

将循环加载过程中的应力和材料的应变响应绘制在同一坐标系下可得到材料的疲劳滞回曲线(图 1-34),这在一定程度上反映了材料在循环荷载作用下所消耗的机械功或能量。

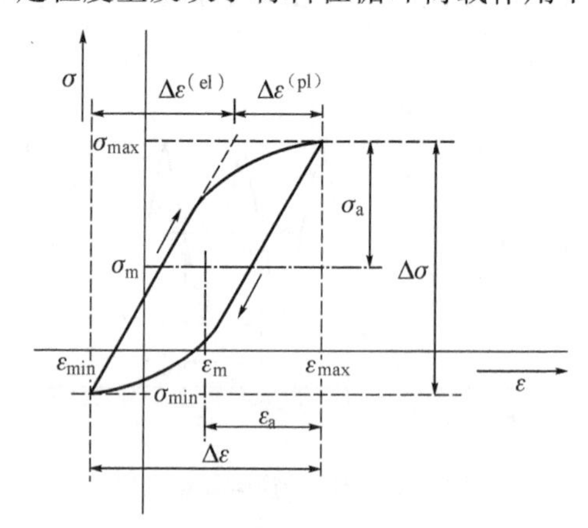

图 1-34 循环加载过程中材料应力-应变滞回曲线

在控制应变的加载模式下，材料可能会出现如图 1-35 所示的循环硬化或者循环软化现象。

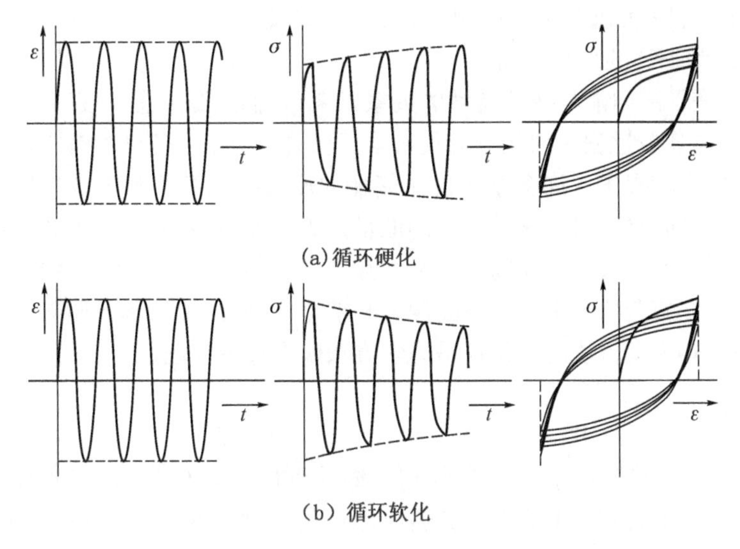

图 1-35　控制应变疲劳试验中循环硬化与循环软化现象

疲劳就是在循环荷载作用下的损伤演变导致裂纹萌生(crack initiation)、裂纹扩展(crack propagation)，直到试件完全断裂的过程。在断裂力学方法中，疲劳是材料初始微裂缝在荷载作用下扩展至破坏的过程。对于一定裂纹开口宽度和长度，可应用断裂力学原理计算裂缝尖端的应力强度因子，它决定了疲劳裂缝的扩展。Paris 法则常常被用来描述连续裂纹的增长规律，如式(1-18)所示：

$$\frac{\mathrm{d}c}{\mathrm{d}N}=AK^{n} \tag{1-18}$$

式中：$\mathrm{d}c/\mathrm{d}N$ 为每个荷载循环的裂纹扩展率，K 为应力强度因子，A、n 为材料参数。

在材料参数 A、n 为已知的情况下，应用式(1-18)所代表的 Paris 法则，可计算出材料的疲劳寿命，如式(1-19)所示：

$$N_{\mathrm{f}}=\int_{c_0}^{c_{\mathrm{f}}}\frac{\mathrm{d}c}{AK^{n}} \tag{1-19}$$

式中：c_0为初始裂纹长度，c_{f}为最终裂纹长度。采用该式计算疲劳寿命时实际上假定 Paris 法则在整个疲劳过程中均成立。

线弹性断裂力学假定裂纹扩展连续，对于脆性材料较为适用。为描述黏弹性材料的裂纹增长过程，Schapery 对 Paris 法则进行了理论修正，并且提出了张开型裂纹增长速率与材料基本特性的关系式，见式(1-20)。Schapery 黏弹性断裂理论的最大优点在于其常数 A 与 n 可从相对较为简单的试验中得到。

$$A=\frac{\pi}{6\sigma_{\mathrm{m}}^{2}I_{1}^{2}}\left[\frac{(1-\nu^{2})D_{1}}{2\Gamma}\right]^{1/m}\left[\int_{0}^{\Delta t}w\ (t)^{n}\,\mathrm{d}t\right] \tag{1-20}$$

式中，对于应力控制模式，$n=2(1+1/m)$；对于应变控制，$n=2/m$。σ_{m}为极限承载力，I_1为裂纹尖端“断裂进程区”的应力积分；ν 为泊松比；$D(t)$为简单蠕变试验中所获得的蠕变柔量，$D(t)=D_0+D_1tm$；m 为蠕变柔量与时间的双对数曲线斜率，即 $m=\text{dlog}D(t)/\text{dlog}Dt$；$\Gamma$ 为使断裂表面增加单位面积所需要的断裂能；$w(t)$为标准化处理后的应力强度因子的波形；Δt 为循环的加载时间。

自 Inglis 发表了滞回能与疲劳特性的关系以来，人们逐渐注意到疲劳损伤的产生、累积以及疲劳破坏都与疲劳过程中的能量吸收与累积有关。根据疲劳试验获得的有关疲劳过程中消耗的机械功，人们提出了许多基于机械能耗的疲劳损伤模型和失效准则。这些损伤模型和失效准则的共同思想是：用某种形式的能量来表征疲劳损伤，当该形式的能量累积达到某个极限值时，材料发生破坏。而随着非平衡热力学、耗散结构理论等非线性基础科学的迅速发展，能量理论在疲劳研究中得到不断深入和细化，人们开始从非平衡热力学的角度重新认识疲劳现象，用热力学方法而不仅仅是力学方法研究疲劳问题。

三、热疲劳

绝大多数材料会热胀冷缩。若膨胀和收缩受到限制，材料内部将产生应力，随着环境温度的周期性变化，材料内部的交变热应力可能导致疲劳破坏，这称为热疲劳。造成材料热疲劳的可能原因有：(1)构件内存在明显的温度梯度或温度差；(2)材料内各相的膨胀系数有差异。热疲劳属于低周疲劳的范围，它和低周疲劳从本质上说都是受恒定范围的应变控制的，但产生的外界条件有所不同，是由温度引起的变形受限所引起的。工程中材料和结构的疲劳往往是热应力和外荷载应力等多种因素叠加的结果。对于塑性材料，受温度反复变化时产生的破坏可采用热疲劳的概念。而对于脆性材料，当材料急冷急热时可能产生热冲击应力，该热冲击应力高速地施加于构件时，易导致材料脆断。

对聚合物黏弹性材料，在循环荷载作用下，其应力应变响应有滞后，这种在变形过程中因内摩擦所引起的能量耗散将产生热量。由于聚合物的导热系数较小，循环荷载作用下所产生的热量不易向周围环境散失，当累积的热量超过散失的热量时，试件的温度将升高。因聚合物的强度、刚度与温度密切相关，当温度升高时材料强度和刚度均会降低，因此当自热温度升高到一定程度时材料将失效。降低应力水平则滞后热也会减少，相应地失效前的循环次数会增加。当疲劳温升足够小不会引发热疲劳时，聚合物会出现与金属类似的机械疲劳破坏。在空气环境中，由于聚合物空间网络结构并不均一，在交变应力下必然产生应力集中而导致局部某些弱链的断裂，这会导致微观损伤的产生。在此过程中，疲劳温升促进了氧化反应和臭氧化反应等力化学反应，这进一步促使微观损伤劣化为裂纹，这种力化学反应会使得材料的疲劳寿命明显降低，而疲劳温升愈显著，力化学反应也愈强烈。事实上，当疲劳过程中的自热温升至足够高时，聚合物将由机械疲劳完全转变为热疲劳破坏。在机械疲劳加载中，形变振幅和频率对疲劳寿命也有较大影响，随着形变振幅的增大，力化学反应的活化能降低，氧化反应容易进行，疲劳寿命降低。一般而言，提高动态疲劳荷载频率将导致疲劳寿命的降低，因为在低频率时，试样的疲劳温升可能通过热传导与环境温度达到热平衡；而在高频率下，由于聚合物的不良导热性，内部温度升高且不能及时传导，热能的累积会促进热老化进程和热降解，必然降低疲劳寿命。另一个值得注意的环境因素是紫外线和臭氧。臭氧能快速与碳碳双键发生反应产生裂纹，且裂纹扩展速度与臭氧浓度成正比，从而降低疲劳寿命。

四、蠕变与断裂

蠕变是在恒载作用下材料发展出与时间相关的塑性变形的现象，蠕变过程实质是黏塑性变形过程。多数土木工程材料的蠕变应变发展曲线及温度或应力水平的影响如图 1-36 所示，蠕变速率随时间和蠕变应变的变化曲线见图 1-37 所示。材料的初始应变包含了与时间相关的弹性应变和塑性应变，随着时间的增加，应变继续增加，应变增长速率则显著下降，因此可将蠕变曲线分为三阶段：减速蠕变（瞬态蠕变）阶段、稳态蠕变阶段和加速蠕变阶段。蠕变断裂通常是发生在颗粒边界而非颗粒内部，这主要是由材料内部的微孔或微裂纹引起的。

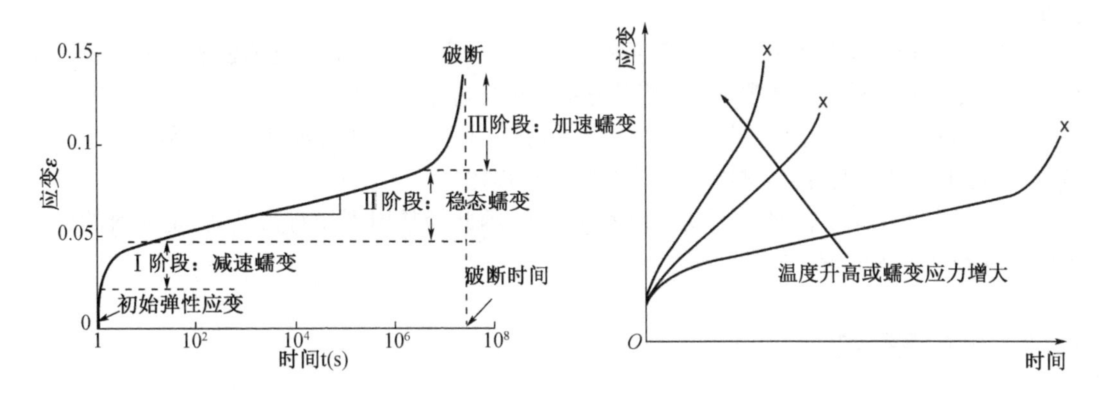

图 1-36　某材料蠕变应变随时间发展规律及主要影响因素

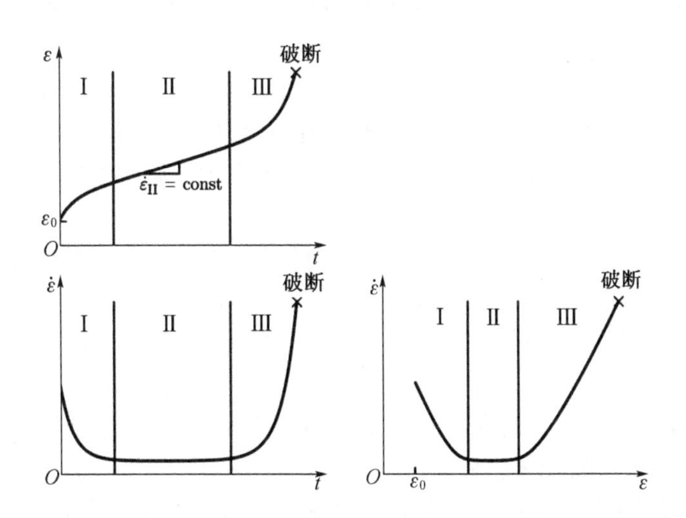

图 1-37　蠕变速率随时间和蠕变应变变化曲线

1.5 材料的物理性质

1.5.1 密度

在许多结构中，材料的自重显著地影响总的设计应力。减轻材料的重量，可以减小结构构件的尺寸。因此，材料的重量是结构设计中重点考虑的因素。而在混合料和混凝土的设计中与生产过程中，需使用组成材料的重量-体积关系来选择混合比例和控制工程质量。

描述重量和体积关系的概念是密度和单位容重。密度 ρ 是每单位体积的材料质量。单位容重 γ 是每单位体积的材料重量，即某材料的单位容重等于密度与重力加速度之积，$\gamma = \rho g$。对集料和混凝土等材料，由于材料中含有孔隙，而颗粒之间还存在空隙，为了表征这些特征，衍生出多种密度定义，这将在后续章节进行描述。

在工程中多用排水法测试不规则物体的体积，因此经常用到相对密度，它是材料的密度与同温度条件下水的密度之比。

1.5.2 热物理参数

应力不是导致应变的唯一因素。一些材料通过应变来响应磁场，该效应被称为磁致伸缩，以应变方式响应静电场的材料则称为压电材料，它们的特征应变与刺激强度有关。这种应变通常都极小但可以高精度地控制，并且可以按极高的频率进行变化，它们多用于精密定位设备与高精度传感器中。

土木工程中更常见的场景是材料因温度变化而出现膨胀或收缩，其变化程度用膨胀系数表示。在外界压强不变的情况下，大多数物质在温度升高时体积增大，温度降低时体积缩小。热膨胀与温度、热容、结合能以及熔点等物理性能有关。影响材料膨胀性能的主要因素为相变、材料成分与组织、各向异性等。

材料的热膨胀源于原子的非简谐振动，固体材料的热膨胀本质可归结为固体中相邻原子间平均距离随温度升高而增大。晶体中两相邻原子间的势能是原子核间距离的函数，势能曲线是一条非对称曲线，如图 1-38 所示。在一定的振动能量下，两原子的距离在平衡位置附近变化，由于势能曲线的非对称性，其平均距离大于平衡距离；在更高的振动能量时，它们的平均距离就更大。由于振动能量随温度升高而增大，所以两原子间的平均距离也随温度升高而增大，结果使整块固体胀大。

固体材料的膨胀系数包括线膨胀系数 α、面膨胀系数 β 和体膨胀系数 γ 三种，它们是单位长度（或单位面积、单位体积）的固体材料，温度升高 1℃时，其长度（或面积、体积）的相对变化量。因对长度的测量难度远小于体积，工程中常采用线膨胀系数来表征材料热膨胀性能，且多采用某一温度区间的平均值来表示，也即单位长度的材料在某一温度区间，温度每

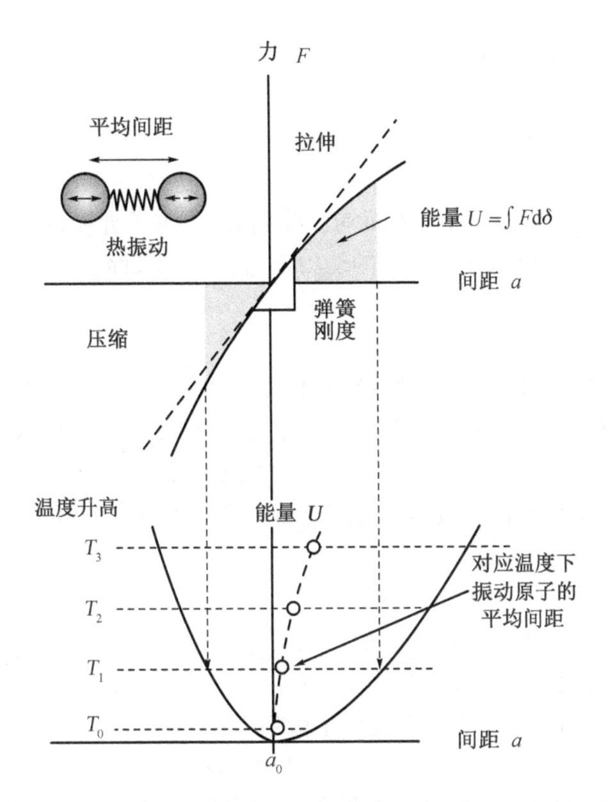

图 1-38　热膨胀的机理：非对称势能曲线中原子非简谐振动

升高一度的平均伸长量，这就是平均线胀系数。对于各向同性固体，α、β、γ 之间的关系可用 $\beta=2\alpha$，$\gamma=3\alpha$ 近似。需注意的是，很多材料的平均线胀系数并非恒定值，如沥青混凝土，在不同的温度区间和不同的降温速率下所测得的系数各不相同。

热应变 ε_T 与材料的热膨胀系数 α 和温度变化幅度 ΔT 线性相关：

$$\varepsilon_T=\alpha\Delta T \tag{1-21}$$

因温度变化导致膨胀变形是结构设计时需要重点考虑的因素。当物体可自由变形或者虽然变形受限但材料的松弛能力较强时，因热胀冷缩在材料内部累积的温度应力并不会导致明显的后果。但是工程结构多由性质不同的材料组合而成，由于各组件的热膨胀系数不同，材料将以不同的速率变形，膨胀系数较小的材料将限制其他材料的变形，这种约束效应将导致材料中的内应力增加，严重时甚至可能直接导致断裂。因此，对于大型建筑、桥梁和混凝土路面等结构，均应设置伸缩缝以适应这种热效应。由不同材料所组成的复合材料和层状复合结构，如路桥隧过渡段、钢桥面上铺设沥青混凝土、焊接结构、高速铁路无砟轨道结构等，材料的热膨胀性质差异将导致差异收缩，这会导致材料分界面上出现剪应力，在设计时宜尽量缩小它们的热膨胀系数差异。当然利用材料的热膨胀性质不同也可以达到提高材料强度的目的，如夹层玻璃即利用了该原理。温度梯度也会在结构中引起应力。结构外部随着环境出现温度变化，内部温度则受影响较小，因此易产生温度梯度。当结构变形受到限制时，材料内部会产生温度应力，这需要通过调控结构的温度梯度和结构尺寸等措施加以考虑。

材料的比热容和导热系数也是重要的热物理参数之一，分别表征材料储存热量和传导热量的能力，限于篇幅，不作详细论述。

1.5.3 材料的表面特性

在服役期间，多数土木工程结构表面均会受到大气、水等介质的长期作用，部分结构还会受到反复磨蚀。材料抵抗腐蚀和磨损的能力都与材料的表面特性有关。

一、腐蚀和降解

所有材料在服役期内都会腐蚀或降解、氧化等变质劣化，这与材料和所处环境的特性有关。保护主体结构材料不因环境而发生明显退化是工程设计的要点，特别是当材料劣化与性能衰退对结构寿命和维护成本有重要影响时。因此，对材料的选择应该综合考虑环境对材料的影响以及阻止材料退化的成本。这就是全寿命周期设计的基本思路。

二、表面纹理

材料和结构的表面纹理指材料的表面起伏，其几何特征波长为数十毫米至数微米甚至纳米，一般分为宏观纹理与微观纹理等尺度。对混凝土材料，集料颗粒的表面纹理会影响局部应力与应变分布，从而对混凝土的性能产生影响。

道路表面需要有一定的表面纹理，为行驶的车辆轮胎提供足够的摩阻力和排水通道。根据现代接触力学的观点，路表纹理是路面抗滑性能的决定性因素，微观纹理决定了路面所能提供的最大抗滑水平；宏观纹理为胎/路接触提供排水通道，决定轮胎滑移时抗滑性能的降幅。在服役期限内，在轮胎与环境的综合作用下，路表纹理并非固定不变，给路面的抗滑提出了挑战。

三、耐磨性

多数土木工程结构对耐磨性与抗滑性的要求不高，但这并不是说它们可以完全忽视耐磨性。路面在其服役年限内必须为汽车的正常行驶提供足够的持久防滑性能，这就要求与汽车轮胎直接接触的路面表层始终具有良好的纹理特性，以及能够抵抗车辆轮胎磨光和磨耗的能力。经常受荷载或水流冲击的结构，如高速铁路的无砟轨道结构、铁道道砟层，以及大坝的消力池中相应的材料，它们都需要具备足够的耐磨性能。

1.6 材料的工程应用

除考虑上述的力学性能与非力学性能等技术指标、确保其满足一定的标准或性能要求外，在材料的选择与设计过程中，还必须考虑经济因素、生产施工工艺与质量控制技术，以及美学等方面的要求。此外，还必须考虑工程材料对环境的影响。在欧美发达国家，可持续发展已经成为工程师职业道德规范的主要内容之一。可持续发展的理念要求当下的设计应考虑满足子孙后代的发展需求，而这与材料的选择密不可分。

材料的工程应用实质上是一个综合系统工程，如图1-39所示。在此过程中，需要综合考虑“测试、材料、结构、施工、成本、环境冲击”等多方面的因素。它也是一个不断增加约束条件对众多材料进行筛选设计和评级的综合决策过程，在特定情况下，一些非技术因素甚至直接决定了方案的选择。

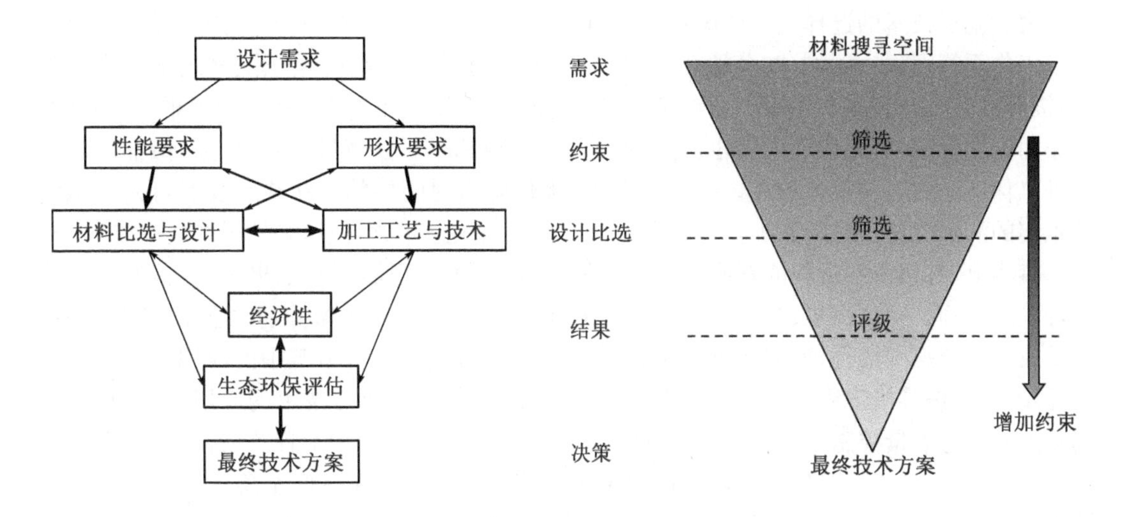

图1-39　材料的工程应用过程示意图

1.6.1　经济因素

选材过程中的经济因素不仅仅指材料的成本，还需要考虑原材料的市场供应情况或可获得性、加工生产与运输成本、贮存成本，以及使用期间的维护成本。

现代高效的运输系统使得材料的可获得性不再是主要问题。但由原材料产地到施工现场的运输仍然是一项较大支出，远距离的运输往往使得当地的集料成本成倍增加。而随着生态环保压力的持续高企，各类混凝土拌和站基本远离市区，混合料成品至施工现场的运距也在增加，这在一方面增加了运输成本，另一方面也对混合料在运输途中的稳定性与均匀性提出了更高的要求，增加了质量风险，从间接上增加了技术成本。

工程中材料类型的选择极大地影响着建造施工的难易程度以及建造成本和时间。例如，现浇钢筋混凝土工程，需搭脚手架、布设模板、绑扎和布设加强筋，然后生产混凝土浇筑振捣成型并养生，最后再拆除脚手架；而预制混凝土构件甚至钢构件则可通过提前预制现场拼接的方式进行施工，无论施工难度与建造周期均大为降低，在桥梁施工中广为运用。

所有材料的性能都会随着时间和使用过程而劣化，这对结构的维护成本和使用寿命都有影响。不同材料性能退化的速率差别可能非常大，由此带来的养护维修成本和附加的社会效应也存在较大差别。因此，在分析材料的经济成本时，除了初始建造成本外，还应开展全寿命周期成本分析。

1.6.2 实施条件

即使某种材料非常适合特定应用场合，现场实施条件也可能会妨碍对该材料的选择。生产方面的约束条件包括工期限制、材料的可获得性，以及将材料制成所需形状和所需规格的能力。施工技术的选择还需考虑现场环境气候，施工装备与人员特点，待成型结构特点及现场工作面等因素。例如，在公路中得到广泛应用、性价比较高的碾压式密级配沥青混凝土，按照现有工艺直接应用于高速铁路路肩和线间的防水封闭时将面临较大困难，因为现场工作面宽度受限，且工作面内固定构造物较多，大型摊铺机与压路机不易作业，摊铺压实质量难以保证。通过调整各构造物的施工顺序、优化防水封闭层的形状或者发展可人工摊铺免压实的沥青混凝土材料和工艺技术等方法可有效解决此难题，但这必然增加建造成本。

事实上，有很多新材料的发明，最初也是为了解决施工限制而发展出来的，譬如浇注式沥青混凝土；而一些材料虽非专门针对施工困难而研制，实践证明却特别适宜于因现场条件受限或要求较高的场合，如泡沫混凝土在拱桥的拱圈与墩台后背填筑中的应用等。与新建工程相比，养护维修工程的约束限制条件往往更多，这会限制成熟技术的应用，也对材料及其施工技术与质量控制提出了更为苛刻的要求。因此，服务于养护工程的新材料应运而生。

不管怎样，施工都是确保工程质量的关键环节。一些材料在室内试验中表现出良好的性能，而在具体工程运用时，却往往因对施工条件把握不充分、施工技术不完善、施工质量控制不严而改变材料的配比、摊铺温度和时间等因素，或者由于施工中出现意外事故导致相应材料和结构未达到设计指标和预定使用性能而使过早失效破坏。因此，系统分析材料和结构的使用条件和实施条件，在此基础上开展针对性的施工工艺研究和施工组织设计，制定合理可行的施工工艺技术、质量标准和现场控制方案，是材料工程应用的关键所在。

随着信息技术、智能传感和智能装备技术的发展，以 BIM 及数字孪生技术为核心、基于信息与传感技术的智能建造和 3D 打印等新技术在工程中逐渐得到应用，它们必将为材料的创新工程应用提供新的动力。

1.6.3 美学特征

材料的美学特征指材料的外观。很多土木工程结构如清水混凝土、城市景观公园中的彩色路面等都对材料的颜色、纹理有一定要求，这有可能会影响材料与施工方案的选择，在材料设计时必须加以考虑。而在一些场合，如隧道出入口、长大纵坡和视线不良路段附近，通过面层材料主动改变道路路面颜色和纹理不仅有美观的效果，还起到警示的效果，有利于交通安全。因此，材料设计中应确保材料的外观特性与结构或总体设计要求相符。

1.6.4 可持续设计

保护生态环境、节约资源和发展循环经济已成为全人类的共同目标，这需要坚持可持续设计的理念。材料是人类赖以生存和发展的物质基础，在可持续发展中，材料是关键和支柱。土木工程师应关注对当前和未来社会需求都有益的设计和施工决策。

可持续材料有两个基本要求，其一不会耗尽不可再生的自然资源，其二使用时对环境无不良影响。在实践中，这两个目标可能都难以实现，但却是我们应该追求的方向。

虽然可持续设计是一种理念，但理念的实施需要直接和可以衡量的行动。我们可以通过多种方式保护自然资源，如减少不可再生材料的使用，减少浪费；通过优化空间结构、缩减结构尺寸和不过度指定性能要求来实现材料的减量化使用；尽可能使用回收材料而非新材料；尽可能使用可再生材料；通过新技术提高材料性能、延长其寿命等。通过以下方式可减少材料对环境的影响：使用低能耗的材料；减少材料的运输；防止建筑垃圾进入垃圾填埋场；提高基础设施的耐久性、增强其抗灾能力、延长其使用寿命；降低与交通工具接触面的滚动阻力；优化单体结构和基础设施网络的空间布局以提高通行服务能力；开展解构设计、在设计和建造时即考虑便于结构报废时材料的重复使用和回收；运用生命周期评估（LCA）和全寿命周期成本分析技术选择对环境损害较小、全寿命周期成本较低的材料。当然，可持续发展不仅取决于技术与创新，其理念的贯彻与实施还有赖于教育以及相关的政策、标准和法规，而且都需要全球视角。这一理念的实施与普及必将和社会的可持续发展互相促进。

1.6.5　变异性

土木工程材料来源广泛，且多数需在工程现场生产制造，其本质上是可变且存在较大波动的。变异性是定义土木工程材料质量的重要参数。测试特定批次的材料时，其变异性源于三种累积效应：材料的固有变异性、取样的代表性以及与测试方式相关的误差。取样和测试设计的目标是使所选择的测试样品能够反应大宗材料的真实状态，并使测试误差最小化，从而获得材料的真实统计特征。

精度和准度的概念对于理解变异性至关重要。精度是指在严格控制的条件下重复测量的可变性。准度是测试结果与真实值的一致性，偏差是估计偏离真实值的倾向。换句话说，偏差是测试值和真实值之间的系统误差。精度和准度之间关系的简单类比如图1-40所示。多数的标准测试方法，都包含对精确度和偏差的描述，以确定试验结果的可接受条件。

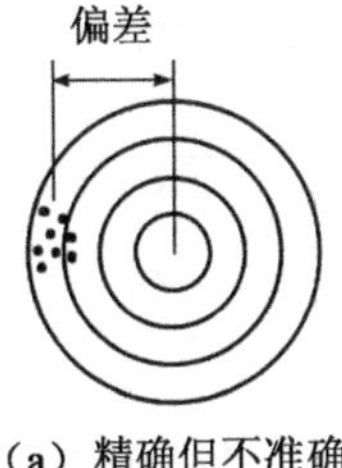

(a) 精确但不准确

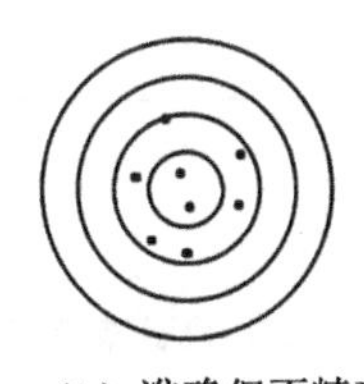
(b) 准确但不精确

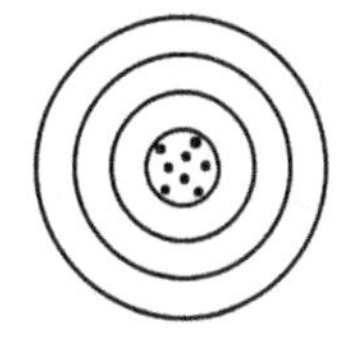
(c) 精确和准确

图1-40　试验的精准性

土木工程材料通常是大批量生产，对整个批次进行完全测试既不可能也无必要。通过测试足够的样品，可以估计整个批次的属性。为了确保测试结果有效，必须随机抽样以保证样本能代表整个批次。量化特征所需的样本量取决于材料性质的变异性和评价所需的置信水平。因此，在土木工程材料试验中，往往需要根据具体工程特点对取样程序和取样方法等作出严格规定。

材料的性质通常用算术平均值和标准差来描述。算术平均值是所有试件测试结果的加和平均,标准差则用于衡量测量结果的分散程度。样品的平均值 x 和标准差 s 的公式为:

$$\bar{x}=\frac{\sum_{i=1}^{n} x_i}{n} \tag{1-22}$$

$$s=\left(\frac{\sum_{i=1}^{n}(x_i-\bar{x})^2}{n-1}\right)^{1/2} \tag{1-23}$$

其中 n 是样本量。随机样本的平均值和标准差分别为群体平均值和标准差的估计值。标准偏差是对精度的测量,标准差越小表示精度越高。

当需要比较两组数据离散度大小的时候,如果两组数据的测量尺度相差太大,或者数据量纲不同,就不能直接使用标准差来进行比较。在这种情况下,为了消除测量尺度和量纲的影响,一般可采用变异系数来表征,变异系数就是标准差/平均值的比值。

材料的很多属性指标均服从一定的概率分布,如强度多符合正态分布,疲劳寿命的试验结果则多符合威布尔分布。任何两个值之间的曲线下面积表示所关注事件的发生概率。以正态分布为例,测试结果落在平均值左右 1 倍标准差之间的概率是 68.3%,落在平均值左右 2 倍标准差的概率为 95.5%,落在平均值左右 3 倍标准差的概率为 99.7%。如果工程师对 20 个混凝土样本进行了测试,其平均值为 22 MPa,标准差为 3 MPa,则统计显示 95.5%的测试值会在 16～28 MPa 之间。为确保工程结果有较高的可靠度,往往要求材料的实际强度测试结果低于设计强度值的概率不超过 5%甚至更低,这就是所谓的特征强度。

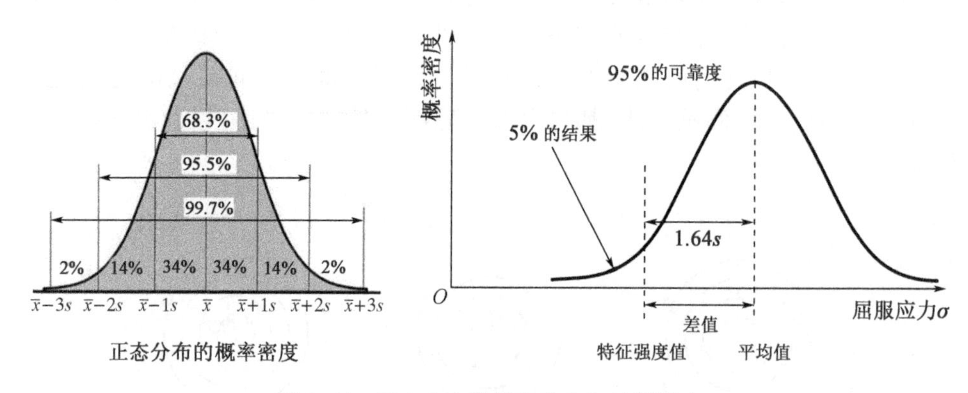

图 1-41　正态分布的概率密度与特征强度

有了特征强度,就可以进一步确定设计容许应力。由于前述的强度数据是基于室内受控条件下制得的小样品,一般情况下它们很少含有明显缺陷或损伤的状态,这实际上代表了材料在接近理想条件下的最好状态。而在实际工程中,结构构件所包含的材料体积巨大,包含生产加工缺陷的可能性较大。因此在设计中应考虑到这种尺寸效应,一般以安全系数计入,故容许设计应力等于特征强度除以材料的安全系数。在欧洲标准 EURO CODE2 中,对于结构混凝土设计,加强钢筋的安全系数取为 1.15,混凝土的安全系数取 1.5。

复习思考题

1-1　简述材料在人类文明进程中的重要性。

1-2　"A good measure of the technological advance of a civilization is the temperature which it could attain."请结合人类对材料的运用历史解释此话的含义。

1-3　简述材料科学与工程经典金字塔模型中四要素的含义及其相互关系。

1-4　某材料的数据如下：密度 $\rho=16.2\ \text{lb/ft}^3$，热传导系数 $\lambda=0.34\ \text{BTU}\cdot\text{in/h}\cdot\text{ft}^2\cdot{}^\circ\text{F}$。请将上述指标换算成标准国际单位制(SI)$\text{kg/m}^3$、$\text{W/(m}\cdot\text{K)}$的物理量。

1-5　若材料受拉伸时体积保持不变且均匀伸长，试推断伸长率与横截面积减小率的关系。

1-6　某钢棒进行拉伸试验，其初始标距长度为 25.0 mm，直径为 5.00 mm，断裂时的直径为 2.60 mm。钢棒的工程应变与工程应力(MPa)数据如下：

应变	应力	应变	应力	应变	应力
0.0	0.0	0.06	319.8	0.32	388.4
0.000 2	42.0	0.08	337.9	0.34	388.0
0.000 4	83.0	0.10	351.1	0.38	386.5
0.000 6	125.0	0.15	371.7	0.40	384.5
0.001 3	170.0	0.20	382.2	0.42	382.5
0.005	215.0	0.22	384.7	0.44	378.1
0.02	249.7	0.24	386.4	0.46	362.0
0.03	274.9	0.26	387.6	0.47	250.0
0.04	293.5	0.28	388.5		
0.05	308.0	0.30	388.5		

(1) 绘制出工程应力-应变曲线。

(2) 根据试验数据确定：

(a) 杨氏模量；

(b) 条件屈服强度；

(c) 抗拉强度；

(d) 伸长百分率；

(e) 截面积减小率。

1-7　借助草图分别描述下列材料的典型拉伸应力-应变行为，并标注：

(1) 高强钢、高屈服钢、中碳钢；

(2) 铝合金、铸铁；

(3) 木材；

(4) 橡胶；

(5) 陶瓷、岩石。

1-8 根据第6题中所画的草图，解释下列名词：

(1) 线性与非线性；

(2) 弹性模量、切线模量、割线模量；

(3) 弹性、塑性、黏弹性；

(4) 脆性、延性。

1-9 回弹模量与韧性有何不同，请用画图解释。

1-10 请用应力应变曲线图描述材料的下列行为，并标注。

(1) 理想塑性；

(2) 脆性材料；

(3) 应力软化；

(4) 应变硬化。

1-11 运用 S-N 图定义材料的疲劳极限。

1-12 画图描述材料的蠕变行为，并在图上标示出相应的指标：

(1) 初始弹性应变；

(2) 蠕变应变；

(3) 弹性恢复；

(4) 蠕变恢复；

(5) 不可逆蠕变。

1-13 请解释固体材料的常见屈服模式，并举出典型的材料实例。

1-14 画图表示流体的下列行为，并在图上标示：

(1) 牛顿流体；

(2) 宾汉姆流体；

(3) 塑性流体；

(4) 剪切变稀；

(5) 剪切变稠。

1-15 推导材料的理论强度与弹性模量的关系。

1-16 增加材料的强度是否会增加其抗裂性？为什么？

1-17 以混凝土为例，简述建立多相模型应注意的关键问题以及模型参数的测试方法。

1-18 请描述固液界面附近的双电层结构，并解释它们是如何形成的。

1-19 何为临界胶束浓度，如何确定？

1-20 画图表示可被水润湿的表面和不可被水润湿表面的接触角。

1-21 解释毛细管张力现象并推导其表达式。

1-22 解释两材料之间的黏附功与其界面能的关系。

1-23 为何聚合物的循环再利用比金属材料更为困难？

1-24 利用互联网检索阅读相关资料，简述如何实现材料的可持续发展。

1-25 利用互联网检索阅读相关资料，举例说明全寿命周期成本分析在材料比选中的重要性。

1-26　何为安全系数，在材料设计中应如何考虑？

1-27　以混凝土为例，简要描述抗压强度试验平均值、强度特征值与容许设计应力之间的关系。

1-28　简要描述建筑材料的变异性，并解释材料试验中精度与准度的概念。

1-29　测试结果通常以最靠近的1 000、100、10、1、0.1、0.01、0.001倍单位取整呈现，这取决于测试指标的变异性与使用目的。根据你的判断，下述指标应如何取整？

(1) 钢拉伸试验中试件的变形(mm)；

(2) 钢的抗拉强度(MPa)；

(3) 铝的弹性模量(MPa)；

(4) 筛分试验中某筛上集料的重量；

(5) 混凝土的抗压强度(MPa)；

(6) 集料的含水量(%)；

(7) 集料的相对毛体积密度；

(8) 拌制水泥混凝土时水与水泥的重量比；

(9) 沥青混合料中的沥青含量(%)；

(10) 沥青混合料弯曲破坏时的应变(m/m)。

1-30　根据图中的百分表及其读数，确定：

(1) 准度；

(2) 灵敏度；

(3) 此表的最大量程；

(4) 上面所提到的三个指标，哪个指标通过标定可以得到改善？

(5) 对于测量仪表来说，以下哪种说法总是正确的：

(a)准确度不可能超过灵敏度；

(b)灵敏度不可能超过准确度。

1-31　评估材料的特性始于选取样品，请问取样时必须保证哪两项因素？如何保证？

1-32 某承包商宣称所生产的混凝土抗压强度平均值为32.4 MPa，标准差为2.8 MPa，业主中心试验室随机抽取了16个样品进行强度复检，测得其平均抗压强度为30.3 MPa，请问中心试验室是否应支持承包商的说法，为什么？（提示：应用统计中的t-检验）

1-33 在沥青路面施工时，每天至少应检测两次沥青含量以确保它符合最低标准限值。某工程中的值为5.5%，容许误差为±0.3%，施工中的实际检测结果如下表：

9月12日	9月13日	9月14日	9月15日	9月16日	9月17日	9月18日	9月19日	9月20日
5.7、5.8	5.3、5.4	5.7、5.6	5.4、5.5	5.3、5.6	5.7、5.1	4.9、6.2	5.0、5.7	5.2、4.8

(1) 计算其平均值、标准差，以及变异系数。

(2) 使用电子表格程序或Matlab等工具，创建质量控制图，并在图上标示目标值及其控制范围，沥青含量是否符合规范要求？

(3) 分析其可能的发展趋势并提出建议。

1-34 运用互联网检索相关信息，分析讨论在月球上建设活动基地时，结构材料所面临可能的挑战和潜在的解决途径。

第 2 章

集　　料

集料是现代混凝土中的最大组分，其品质与特性对混凝土有非常大的影响。传统观点认为，集料是低成本填料，在混凝土中的主要作用是使混凝土具有较好的体积稳定性。研究与实践表明，集料与胶凝材料之间存在复杂的相互作用。混凝土的高性能化离不开集料的智能选择，而集料在混凝土中的作用尚未被完全认识清楚。因此，本章不仅描述集料的特性，同时还尝试解释集料在混凝土中的作用，从材料科学的角度为读者提供一个统一的视角。

2.1 概述

集料(aggregates)是大量碎石、石屑、砂等颗粒材料的统称。《公路沥青路面施工技术规范》(JTG F40)将其定义为“在混合料或混凝土中起骨架和填充作用的粒料”。集料是土木工程中使用量最大的原材料组分之一。除用于建筑回填、路基填筑、过滤层或蓄水层、铁路工程道砟层等无黏结性场合外，在大多数情况下，集料是与胶凝材料一起形成砌体、混合料或混凝土结构。集料在普通水泥混凝土的体积占比约为65%～80%，在沥青混凝土中的体积占比通常在80%以上。沥青混凝土等往往还用到填料(filler)，填料多为石灰石粉，熟石灰、水泥、粉煤灰等有时也被使用。填料的颗粒极细小，具有很大的比表面积，对混凝土的很多性能均存在显著影响。

2.1.1 集料的来源

工程中常用的集料，有的是从自然界获取可直接使用或经简单的破碎加工后使用，有的是由大块岩体经爆破后再经过破碎、整形、筛分等系列工序后方可使用，也有的是由人工合成的满足特殊功能要求的集料，如人工陶粒等，还有一些是由固体废弃物加工处理后得到。通常，可根据其来源将集料分为三大类：

(1) 原生集料

多从天然岩石中获得，如河床中的卵石、砂砾，或天然岩石经破碎、筛分等工序得到，经特殊设计制造的人工陶粒等人造集料亦属于原生集料。

(2) 原生固废集料

指在其他工业或农业加工过程中得到的、尚未用于土木工程的固体副产品，如废玻璃、废钢渣、粉煤灰、污水处理厂的生活污泥，农业生产过程中的稻壳、秸秆等，它们经过特定工艺处理后，所得到的集料亦可用于土木工程结构。

(3) 再生集料

由废旧水泥混凝土、建筑垃圾、废旧沥青路面、废旧塑料、废旧橡胶轮胎等回收去除杂质后再经破碎筛分等处理后得到的集料。

由天然岩石加工而成的原生集料(以下简称,集料)使用量最大,是现代混凝土的重要组成材料,这是本教材中重点讲述的类型。

2.1.2 集料在混凝土中的重要性

虽然集料在混凝土中占比最大,很多工程技术人员仍习惯于把集料仅仅视为一种惰性填料,但这一想法是错误的,必须彻底抛弃。集料是制备混凝土的必备组分,首先在于它能确保混凝土具备足够的体积稳定性。如在水泥浆中掺入集料后,所形成水泥混凝土硬化后的热膨胀系数大幅下降,因含水状态变化所引起材料的体积变形(遇水膨胀或失水收缩)也小得多,且更耐磨耗。由于多数天然岩石的稳定性和耐久性均较强,这有利于增加混凝土的耐久性。另一方面,天然岩石的来源广泛,且基本就地取材,这极大地降低了混凝土的成本。而在掺加集料后,混凝土的密度可以在较大范围内进行调节。集料对混凝土或混合料的可能影响归纳列于表 2-1。集料对沥青混凝土和水泥混凝土的性能均较为显著。因此,需要高度重视集料在混凝土中的作用。

表 2-1 集料的基本性质及其对混凝土或混合料的可能影响

集料的性能		对下列材料的可能影响或重要性		
		普通水泥混凝土	沥青混凝土	路面基层
物理性质	颗粒形状-棱角性	M	V	V
	颗粒形状扁-平细长颗粒	M	M	M
	颗粒尺寸-最大粒径	M	M	M
	颗粒尺寸-级配	M	M	M
	表面纹理	M	V	V
	孔结构、孔隙率	V	M	U
	毛体积密度、吸水率	V	M	M
	耐风化能力	V	M	M
	单位容重、空隙率	V	M	M
	体积稳定性-热	M	U	U
	体积稳定性-干湿循环	M	U	M
	体积稳定性-冻融循环	V	M	M
	受高温影响	U	M	U
	有害物质含量	V	M	M

(续表)

集料的性能		对下列材料的可能影响或重要性		
		普通水泥混凝土	沥青混凝土	路面基层
化学性质	溶解性	M	U	U
	表面电荷	U	V	U
	与有机物质的黏附性(沥青)	U	V	M
	化学活性	V	U	U
	坚固性-化学反应	V	M	M
	表面吸附	M	M	U
力学性质	抗压强度	M	U	U
	弹性模量	M	M	M
	韧性(抗冲击能力)	M	M	U
	抗磨耗能力	M	M	U
	稳定性(劲度、回弹等)	U	V	V
	抗磨光能力	M	V	U

注:V非常重要,M一般重要,U不重要或重要性未知。

2.1.3 集料产业所面临的挑战

环境压力可能是集料产业的最大压力之一。集料加工厂的环境影响主要表现在局部大气环境、水环境和地表自然环境三方面。对大气环境的影响主要源于加工厂和机械的持续噪音和采石厂的间歇性爆破噪声,岩石打眼、机械移动、集料轧制和筛分等过程中产生的粉尘等;采石厂会改变局部地表水的径流和水头,进而影响水资源开发和利用;而对山体岩石的开采会影响局部地表和自然环境。这些影响可通过严格控制生产时间,对爆破作业和重型机械的移动进行限制,采取阻隔噪音和防尘、除尘措施等加以缓解。通过扩充料源、优化生产工艺和提高集料的品质既可提升混凝土的性能和延长结构的使用寿命,还可在更长的时间跨度内实现对集料的减量化使用,这无疑也是降低集料产业对环境影响的重要途径。

为减少集料产业的环保压力,目前国内很多地方都对采石厂和石料加工厂采取了严格控制,这导致很多地区的石料供应短缺,如江苏省内工程用石料需从外地甚至从长江上游如宜昌、重庆等地采购。因为集料是大体积低价值材料,这种长距离运输将导致相关混凝土产品的经济性下降。

当前我国仍处于基础设施快速发展时期,新型城镇化建设和新一轮的交通基础设施提档升级必然会推动对集料的更大需求。寻求工业废渣、废旧塑料橡胶、废旧混凝土、建筑垃圾、隧道弃碴甚至海床砂石料等的高掺量、高值化利用,以及实现天然集料的减量化利用已变得同等重要,这已成为基础设施可持续发展的重大关键问题。在发展新型集料的过程中,应重点关注集料本身的稳定性、与胶凝材料的相互作用,以及对混凝土耐久性方面影响,这可能需要更新现有的评估测试方法、技术标准与规范体系。

总之，优质集料是优质混凝土的必要条件，良好的混凝土可采用非常广泛的料源和多种类型的集料。但岩石作为构成天然集料的最主要来源，在用于混凝土之前，应经过仔细选择和论证，因为它们是变异性非常大的材料，这种变异性不仅影响到集料自身的性能，也会影响混凝土的性能。并非所有料源的集料都可适用于所有类型的混凝土，因此，在针对特定目的或有特定质量要求的混凝土工程中，工程师应进行准确的判断，提出清晰的集料控制标准。在很多工程中，往往会遇到一些不可避免的因素，如集料的运距太远、工程造价受限等，一些低于技术标准的集料可能会被选用。在此情况下，应仔细评估这些集料对混凝土性能和质量的影响。多数情况下，即使集料不甚理想，也可能获得满足性能要求的混凝土。

2.2 原生集料的来源与生产

天然集料的来源相当广泛，但为了节省运输成本，一般都应就地采材，使料源地尽可能靠近需求地。因此，经济运距内的高品质天然砂石对于降低工程建设成本、确保工期目标等来说至关重要。集料来源于地壳的岩石，它们的性能首先受原岩的化学和物理特性控制。很多天然砂砾和河砂等可能仅需简单加工或筛选即可用于工程中，多数集料则需由所开采的硬岩经特定破碎工艺加工而成。无论其来源和加工方式有何不同，集料的性质毫无疑问继承了原岩的特性，并与原岩的暴露环境与风化程度有关。当然，生产加工工艺也对集料的很多性质和质量起着决定性作用。因此，本节将首先介绍原岩的性质和集料的分类，然后介绍料源和集料加工生产方法。

2.2.1 基体岩石

集料的许多属性，如相对密度、强度、硬度、孔结构和渗透性，以及化学和矿物组成等均继承自基体岩石。岩石是自然界产出的，由一种或多种矿物(包括火山玻璃、生物遗骸、胶凝体等)组成的固态集合体。矿物是由地质作用所形成的、具有一定的化学成分和内部结构、在一定物理化学条件下相对稳定的天然结晶态单质或化合物，是岩石的基本组成单位。

岩石作为由成岩矿物在地质作用下按一定的规律聚集而形成的天然固体，有其特定的矿物成分、结构和构造。岩石的结构是指组成岩石的主要物质成分、颗粒大小和形状以及相互结合的情况，如沉积岩有碎屑结构、泥质结构和生物结构等。岩石的构造是指其组成成分的空间分布及其相互间的排列关系，如沉积岩中的层理构造、变质岩中的片理构造等。岩石中的矿物成分、结构和构造等共同决定了岩石的物理力学性质。

1. 岩石的基本类型

按地质成因可将岩石分为火成岩(岩浆岩)、沉积岩或变质岩三大类。

火成岩(igneous rock)由地壳深处或上地幔内的高温熔融岩浆侵入地壳或喷溢地表所形成。地球内部的岩浆是以硅酸盐矿物为主要成分、含有挥发物质的炽热熔融体或固液混合物。熔融的岩浆在遇到空气、水或侵入地壳层时会冷却，在地表冷却时即形成喷出岩

(extrusive igneous rocks)，而在地壳中冷却时则形成侵入岩(intrusive igneous rocks)，它们可进一步分为浅成岩和深成岩。喷出岩的冷却速度通常比侵入岩要快得多，因此，构成喷出岩的结晶度通常不完整，晶体颗粒尺寸通常比侵入岩更细小，且含有更多的气孔或缺陷等。岩浆岩可根据晶体颗粒尺寸和矿物组成分类，粗晶体颗粒大于 2 mm，细颗粒小于 0.2 mm。根据硅酸盐矿物含量从高至低的顺序，通常将岩浆岩分为酸性、中性、基性和超基性岩类。

沉积岩(sedimentary rocks)是地壳表层由风化作用、生物作用及某些火山作用和宇宙作用提供的物质，经搬运、沉积和成岩等一系列地质作用而形成的岩石，它占地表的66%，是地表的主要岩类。沉积岩按成岩条件可分为碎屑岩、黏土岩类和化学与生物化学岩类。组成沉积岩的主要成分为成岩碎屑颗粒和胶结物，胶结物的常见成分有钙质、硅质、铁质以及泥质成分等。沉积岩的物理力学性质不仅与矿物和岩屑的成分有关，而且与胶结物质的性能密切关系。一般地，硅质、钙质的沉积岩胶结强度较大。另外，沉积岩具有明显的层理构造，这使得沉积岩通常具有层状异性或正交各向异性特性。

变质岩(metamorphic rocks)由地壳中已存在的各种岩石，在较高温度、压力和基本保持固态的情况下，经变质重结晶和变形作用所成。变质岩的物理力学性能不仅与原岩性质有关，而且与变质作用的性质和变质程度有关。

这三大类岩石都被成功应用于土木工程中。某种岩石能否用作集料，需要对料源岩石进行一系列的物理、化学测试和岩相学分析，当然对其适用性的最好预测方法还是基于同类或相似工程的服役历史数据进行判断。

2. 主要成岩矿物

组成岩石的矿物有很多种，它们大部分是硅酸盐矿物及碳酸盐矿物。

硅酸盐矿物是由一系列金属阳离子与各种硅酸根络阴离子化合成而的含氧盐类矿物，其种类繁多，占已发现矿物总数的 1/4，分布广泛，是构成三大岩类的主要造岩矿物。硅酸盐矿物结构中的基本构造单元是稳定的$[SIO_4]^{4-}$四面体型的硅酸根离子，它既可孤立地存在，也可通过共用四面体角顶上氧离子的方式彼此相接而形成多种复杂的络阴离子，这些不同形式的络阴离子很大程度上决定了硅酸盐矿物的性状。

硅酸盐矿物包括铁镁矿物和非铁镁矿物两类。铁镁矿物以橄榄石、辉石、角闪石及黑云母四种主要硅酸盐类为代表。其硅氧四面体多半和铁及镁两种阳离子相结合，这两个离子的大小相似。这类矿物颜色比较深暗，比重也较大。非铁镁矿物包括长石类、石英与白云母，不含铁和镁的离子，其主要的阳离子是钾、钠、钙、铝等，所以颜色浅淡，比重也比较轻。

因结晶分异作用，硅酸盐矿物连接方式有岛状(如橄榄石)、环状(如绿柱石)、链状(如辉石、闪石)、架状(如长石族、沸石族、霞石、石榴石)、层状(如高岭石、滑石、蒙脱石、蛭石、云母、绿泥石等)。层状硅酸盐矿物在黏土矿物中分布最多，黏土矿物是指产于黏土和黏土质岩石中，结晶颗粒微细，且化学组分主要为铝、镁或铁质的含水层状结构硅酸盐矿物。层状硅酸盐均呈六方片状或短柱状，有完全解理，颗粒极其微细，具有极大的比表面积甚至呈现出某些纳米效应，最引人注目的是它们的膨润性(因吸水而体积增大的现象)、离子吸附的可交换性、催化性和可塑性。架状硅酸盐矿物的长石族是地壳中分布最广的矿物，约占地壳总重量的 50%，它是绝大多数火成岩、许多变质岩以及某些沉积岩的主要或重要造岩矿物。许多岩石的定名，主要依据就是长石的种类和含量，火成岩中所含长石约占长石总量的 60%，另有30%的分布在变质岩中，尤以结晶片岩和片麻岩中为主，其余10%则主要分布在碎屑岩和泥质沉积岩等岩石中。

碳酸盐类矿物是金属或半金属阳离子与碳酸根相化合而成的含氧盐矿物，其中分布最广的是钙和镁的碳酸盐。碳酸盐矿物的金属阳离子主要是 Ca^{2+}、Mg^{2+}，其次是 Fe^{2+}、Mn^{2+}、Cu^{2+}、Zn^{2+}、Pb^{2+}、Sr^{2+} 等；阴离子部分除 $[CO_3]^{2-}$ 外，有时还有附加阴离子 $(OH)^-$、F^-、Cl^- 等，但以 $(OH)^-$ 为主。此外，一些碳酸盐矿物中还存在结晶水。方解石是由钙离子与碳酸根离子所组成，为自然界最常见的碳酸盐矿物。霰石的化学成分也是碳酸钙，与方解石为同质异形体。当镁完全取代钙时，便形成菱镁矿，镁部分取代钙时形成复盐的白云石 $CaMg[CO_3]_2$。白云石矿物的阳离子有固定的比例，在结构中呈有序分布，与无序的含镁方解石比较，对称性相应降低。碳酸盐矿物中方解石与冷稀 HCl 相遇剧烈起泡，而白云石遇冷稀 HCl 的反应则较为微弱。碳酸盐的硬度不大，无金属光泽，大多数为无色或白色，含铜者呈鲜绿或鲜蓝色、含锰者呈玫瑰色，含稀土或铁者呈黄色或褐色，含钴者呈淡红色。碳酸盐矿物遇盐酸中会有不同程度的溶解。因此，在以碳酸盐矿物为主的石灰岩地区，历经长年弱酸性雨水的侵蚀、溶解下，便发育出独特的喀斯特地形，景色宜人的钟乳石洞穴景观，为人们所津津乐道。

2.2.2 集料的分类

1. 集料的分类方法

材料学中的分类是归纳不同材料间相似属性的科学方法，其目的是将某种材料的认知和经验迁移到另一种类似的材料。集料的分类相对复杂，分类与描述方案通常应包含对集料类型、物理特性的描述和简要的岩石学分类三部分。对集料类型的详细描述包括来源（天然或人工）；如果是天然集料，则是否为轧制的碎石、砾石或砂；砾石或砂是来源于陆地还是海洋、是否经过破碎或部分破碎。物理特性的描述需考虑普适性，常见指标有公称粒径、颗粒形状、表面纹理、颜色、洁净程度以及颗粒表面是否有附着物等，对这些特征应使用简单且有明确定义的指标描述。详细的岩性描述由经验丰富的地质学家完成，可为评估料源和集料的适用性提供依据。在混凝土工程中，使用天然岩石材料而不考虑岩石类型，或者使用未知材料都可能会带来较大风险。但是，岩相检查并不能取代集料的标准测试，因为它并不能判断该集料是否适合预期目的，即便是同一岩性的集料，因产地不同或者生产批次不同，其性能存在较大区别。因此，对于未经试用的料源，即便已获知岩石类型，在未经充分试验和测试之前，不能直接用于工程中。能否用于工程中的最终判据，是集料在混凝土中的表现。从这一点上说，了解集料在既有工程中的使用状况，对于判断集料来源来说极具价值。

2. 集料的工程分类

集料除按来源或基岩性质分类外，在实际工程中，常常根据颗粒大小或单位容重分类。在水泥混凝土工程中，一般用粗集料（coarse aggregates）来描述粒径大于 4.75 mm 的颗粒，也称为碎石，粒径小于 4.75 mm 称为细集料（fine aggregates），也称为砂；沥青混合料中常以 2.36 mm 作为粗、细集料的分界标准，但当混合料的最大粒径较大时，分界标准变为 4.75 mm。

在沥青混合料和高性能水泥混凝土中常常还会用到粒径小于 75 μm(中国、美国等标准)或 63 μm(欧洲标准)的粉末材料,它们被称为填料(filler)。在沥青混凝土中,填料多由优质石灰岩等碱性石料磨制石灰石粉,粉煤灰、消石灰甚至水泥等亦可作为填料用于沥青混凝土。在特定条件下,满足技术要求的沥青拌和楼回收粉尘等也允许使用,但必须与人工磨细的矿粉混合使用,且掺加量不能过大。

绝大多数天然集料的单位容重在 1 500～1 700 kg/m^3 范围,通常将单位容重小于 1 120 kg/m^3 和单位容重大于 2 000 kg/m^3 的分别称为轻集料和重集料。

2.2.3 集料的生产

多数原生集料是由大块硬岩经爆破开采、轧制破碎、筛分等一系列工序加工而成。不同来源的集料所需的加工工序不尽相同,一般包括以下几个阶段:(1)选矿和预处理阶段;(2)运用挤压、击碎、研磨等岩石破碎技术缩小颗粒尺寸;(3)根据颗粒大小区分规格。为确保集料品质的稳定性和减少波动,对集料的装卸、运输、堆存等各个环节均应该进行严格控制。

集料的形状与级配是影响集料和混合料性能的两个重要性质,它们受生产工艺的影响显著。不同类型的混凝土对集料的形状要求有所不同,但总体上,均应严格控制细长扁平等形状不良的颗粒含量。另一方面,一些具有层状结构的岩石,如片岩和板岩,因它们含有特定的劈裂面,在破碎时更易于产生细长或扁平颗粒,因此应尽量避免采用这些岩石生产集料。因破碎与筛分是集料生产中的两个关键工序,在此作简要介绍。

1. 集料破碎

破碎是将大块物体尺寸缩小加工成理想形状的基本机械方法。集料的常用破碎方法有挤压、劈裂、折断、磨削和击碎等,常见破碎设备有颚式破碎机、轧辊破碎机,圆盘或旋转破碎机、圆锥破碎机、反击式破碎机和辊式磨机、球磨机等,图 2-1 为几种常用设备的工作原理示意图。锤式破碎机和反击式破碎机等,以冲击作用为主;颚式破碎机、圆锥破碎机和辊式破碎机等,以挤压作用为主;轮碾机和辊式磨机等,以挤压兼碾磨作用为主;球磨机、棒磨机、振动磨机和喷射磨机等,以磨削兼撞击作用为主。每种破碎设备的适用范围、破碎出来的产品粒度和粒形均不同。颚式破碎机多适用于抗压能力小于 350 MPa、粒度小于 1 500 mm 的物料,对物料的软硬没有要求,其产品粒度较大,针片状含量高,不可直接作为集料使用。反击式破碎机,适用于中碎粒度小于 700 mm 的中软硬度物料,其产品粒度小于 40 mm,产品近似呈立方体、粒形好。圆锥破碎机适用于中碎粒度小于 300 mm 的物料,对物料的抗压能力和软硬没有要求,其产品粒度最小约为 5 mm。一般情况下,粗碎加工采用颚式破碎机、旋转破碎机(破碎比可达 3∶1～10∶1)等,中碎加工采用圆锥破碎机、锤式破碎机、反击式破碎机等,细碎加工采用辊式破碎机等,粉磨加工可采用球磨机、振动磨机、喷射式磨机等。但这也不是绝对的,有的机械既适合粗碎,也适合中碎。

为确保生产颗粒形状良好、品质优良的集料,应根据物料特性(如抗压强度、硬度、断裂韧性、岩石的结构构造、含水率等)和产品质量要求设计合适的破碎工艺,采用多级破碎方法并实现喂料系统的闭路控制、尽量采用较小的破碎比(破碎比即喂料尺寸和出料端产品尺寸之比),并在破碎前清除石屑和细颗粒。当然,对于反击式破碎,即使其破碎比较高,

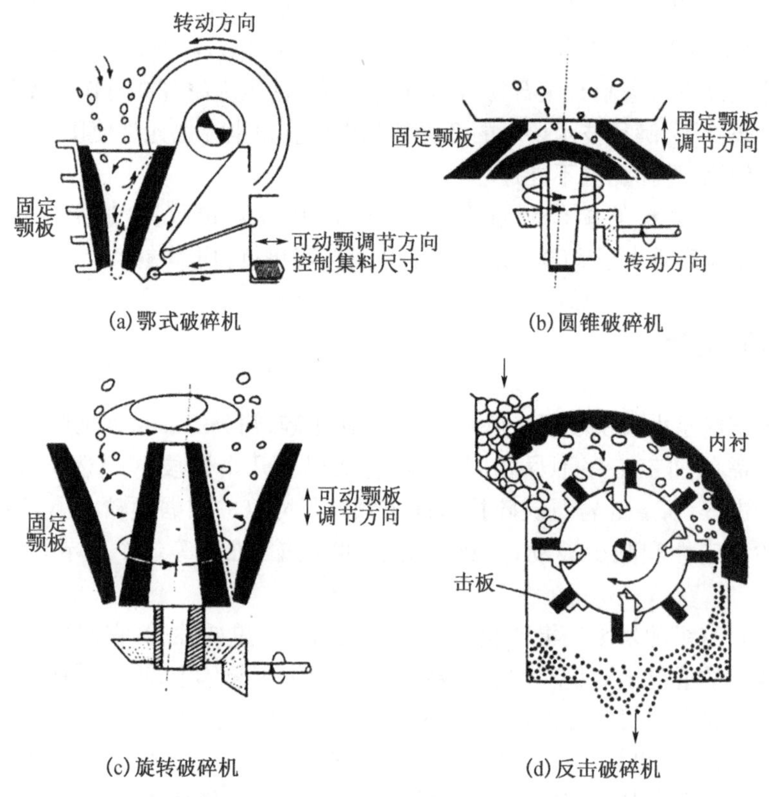

图 2-1 几种破碎机的工作原理图(黑色部分为高强硬质耐磨元件)

亦可获得良好的集料形状。实践表明,较为合适的均一喂料尺寸所获得的颗粒形状也更为规则,更大或更小的尺寸均会使扁平颗粒增加,而反击破碎机、圆锥破碎机和棒磨机可产生粒形更好的产品。破碎好的集料也可能需要冲洗和抽吸等工艺以去除所吸附或夹杂的粉料。

生产粗集料时,一般采用三级破碎作业方式,其目的在于提高目标尺寸的颗粒数量,如图 2-2 所示。第一阶段的破碎被称为一次破碎或粗破,使用的破碎机类型一般为颚式或旋转破碎机,其中大的巨石和破断的岩石材料被破碎至粒径为 40~80 mm。第二阶段破碎称为二次破碎或中碎,经粗破的材料被缩减至满足混凝土的使用要求的尺寸,或为第三阶段的准备。该阶段多用圆锥破碎机或反击破碎机,冲击破碎机更适合采用不易破碎的材料生产具有更好颗粒形状的集料。为获得质量可接受的最终集料产品,有时还需要进行三次破碎,例如,当破碎比小于正常值时,就需要改善颗粒形状,本阶段的设备与二次破碎时的类似。

轧制的细集料也是现代集料加工厂的产品之一,有时称为机制砂。许多地区仍然倾向于未经轧制的细集料(也即天然砂),这往往是因为过去机制砂的质量较差。随着机制砂的产量和品质的显著提高,这一现象正逐渐得到改变。需要特别注意的是,工程中常常提到的石屑与机制砂有着本质的区别。机制砂是按照严格的破碎工艺生产的细集料,它洁净、表面粗糙、棱角性良好。石屑多为集料加工厂边角料的代名词,它是石料破碎过程中表面剥落或撞下的棱角、细粉。石屑的颗粒形状不均匀、粉尘含量高,扁片及碎土比例很大,性能差,且在实际工程中有继续破碎的倾向。很多国家均限制石屑的使用,我国沥青路面施工技术规

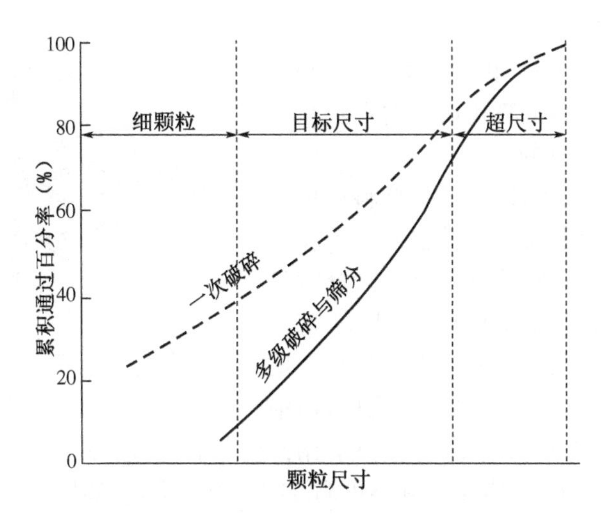

图 2-2 一次破碎与多级破碎的颗粒分布示例

范对石屑的生产中要求采取抽吸的方式控制 0.075 mm 的通过量不得超过 10%,故未对其用量进行限定,但当粗集料为非碱性石料时,要求石屑必须为石灰石质。

与天然砂相比,采用现代化制砂工艺生产的机制砂有较大优势:

(1) 现代化制砂工艺可以生产出颗粒形状相当甚至形状更好的机制砂。

(2) 现代化制砂工艺可产生一致的均匀级配,而自然砂床的砂则可能不是这样的,因为其级配取决于在任何特定时间被开采的砂床层数。

(3) 机制砂被黏土矿物和有机物污染可能性低。基于此原因,规范中机制砂允许的粉料含量更大;当然,当粉料来源于某些页岩,或者基本火成岩中可能包含黏土时应特别注意。

沥青混凝土中通常单独使用机制砂,而水泥混凝土中机制砂常与天然砂混合使用,主要原因在于:

(1) 当机制砂的颗粒形状不甚理想时,与形状较好的天然砂混合,可提高砂的整体质量,这可降低水泥混凝土需水量,对沥青混凝土则可增加可拌和性和压实性。

(2) 有时单独的机制砂无法获得理想的级配,这时混合就是必要的。

(3) 如果一个或其他来源的砂明显便宜,混合天然砂则可降低经济成本。

2. 筛分(Sieve Analysis)

使用带方孔或圆孔的筛子或带肋条的篦子,可将颗粒分离成留在筛网上的筛余部分和“尺寸过小”的通过部分。在筛分过程中,分离很大程度上取决于颗粒大小,也与颗粒形状和筛分持续时间有关,但基本与颗粒密度无关。关于颗粒形状,只有球形颗粒或立方体颗粒可以由单个尺寸如直径或边长定义,但对实际形状各异的集料颗粒来说,这种定义显然这无实际意义。一般认为,不规则颗粒可通过三个正交轴来测量,并以长轴、中轴、短轴表征,如图 2-3 所示。很显然,筛分过程中筛网将仅根据中轴和短轴来定义颗粒尺寸,最大尺寸或最小尺寸均不是决定颗粒的尺寸因素。

关于筛分过程的持续时间,必须考虑颗粒通过筛孔的概率。如图 2-3 所示,对于区域 A 的任何孔径形状,上述粒子在每次出现并通过该区域的概率表示为(A-bc)/ A。因此可见,比筛孔尺寸小很多的颗粒具有非常高的通过概率,它们几乎是一致的、快速地通过筛子;而与筛孔尺寸接近的粒子，当尺寸大于孔径的75%时，其通过概率将显著降低。因此，筛分时必须延长持续时间，使这些略小于筛孔尺寸的颗粒呈现足够的次数，确保其通过筛孔。

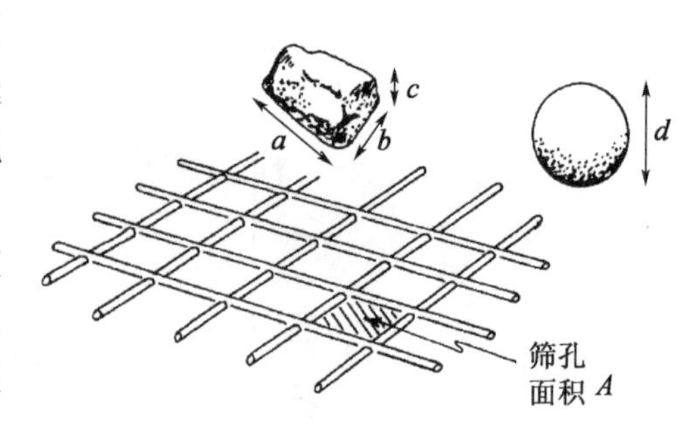

图 2-3　颗粒形状与筛孔的关系

实验室的筛分是一个间歇过程，材料保留在筛上，直到几乎所有筛下尺寸都被去除。工业生产为连续筛分，这将需要较长的筛网。筛分时经常会遇到大颗粒卡粒和粉料糊眼的网眼堵塞问题，如图2-4所示，这将减少可用的筛分区域。比筛孔稍大约1.0～1.5倍的颗粒易卡在孔中，而细颗粒则易因进料中的水分导致团聚絮结并黏附到筛网表面，最终堵塞网眼。这些问题可通过筛网的机械振动来缓解，选择柔性和不可润湿的材料制筛，例如用钢纤维增强的橡胶或聚氨酯制筛也可能是有效的。由橡胶和聚合物（尤其是聚氨酯）模制而成的筛网垫已很常见，实践证明它们具有很高的耐磨性和耐腐蚀性，可有效减少网眼堵塞的倾向且显著降低了噪音水平。

图 2-4　筛分过程中卡粒和网眼堵塞现象

2.3　集料的采样

天然集料是变异性非常大的材料。为确保集料符合预期的使用要求，应经过系统测试，然后再根据其性能确定合适的用途。工程中集料的使用量巨大，往往是数以万吨计，对全部集料进行测试是不可能的，也无必要，一般是按一定的频率采集样品进行测试。因此，确保样品的代表性至关重要，这是开展性能测试的先决条件。若样品不具备代表性，则后续任何测试与评估均没有意义，有时甚至会导致错误的判断。

集料采样时有两种状况需要关注，其一，是否需要相关的岩相学检测，以确定料源矿物成分;其二,从料堆或传送带等大批量集料中选取样品,并对所选样品进行有效的物理力学或化学测试。这两种状况的采样方法不尽相同。前者服务于地质人员或从事混凝土岩相分析的专业人员,多需要小样品进行微观与化学分析;后者服务于工程师或混凝土技术员,需要足够多的样品用于宏观性能试验。

完整的采样系统通常会包括四阶段:(1)制定采样方案;(2)根据标准程序获取和收集样品;(3)测试样品;(4)分析和解释测试结果。在这里仅对阶段(1)和(2)略作说明。

2.3.1 采样计划

采样的目的是从大量材料中获得有代表性的测试对象,从而获取典型批次材料的平均特征,把握材料变异的性质和变异程度。采样方案包括所需样品的数量、大小、采样位置或时间,以及缩减样本的方法。代表性样品有时可采用半客观的经验方法,由主管工程师或地质人员选定;更多时候则应采取随机抽样的方式。基于随机抽样的试验结果可进行统计分析,其基本指标为典型批次材料的平均特征,一般多用概率表示。

2.3.2 采样原则

获取测试样品的目的是要尽可能地取得一批有代表性的材料,但理想的代表性是无法得到的。由天然来源加工的集料,即使是由一个技术先进的供应商或采石场生产,仍然比其他大多数工程材料如钢材、水泥等更易经历持续变异。由于颗粒状的集料在运移过程中易出现粗细颗粒集料相分离的现象,即离析(segregation),避免因离析导致的变异也很重要。因此,良好的采样方案必须确保尽可能获得具有真实代表性的样本,同时还必须避免选择最好的或最差的材料所带来的偏差。如图 2-5 所示。

图 2-5 传送带下料口的粗集料离析示意图

实际采样时,需要在已知可接受的限制范围内获得足够大的样本,但也要小到足以方便处理。表 2-2 列举了常见场合的集料技术。更详细的信息可参阅 JTG E42/T0301、ASTM D3665、ASTM D75、CSA A23.2-1a 或 SAN 5827 等规范。

必须指出的是,并非所有样品都基于随机采样,有时必须人为确定采样时机。例如,在生产的初始阶段、仪器设备变更或者原材料发生变化时,集料的级配都有可能出现波动或变化,因此,必须随时进行控制性抽查,以确保材料在合适的限值内。在正常稳定的连续操作中,必须遵循随机原则。另一些时候则将随机采样与控制性抽查相结合。在随机采样时,不能通过判断材料看起来好与坏来确定取样的时间或取样内容,因为这代表着先行判断和选择,违背了随机原则。

表 2-2　几种场合下集料的取样技术汇总

取样场合	取样要点
集料堆场	从料堆的不同位置至少取 10 份样品，由料堆底部开始自下而上取样。避免在离析区域(最顶端或最底端)或料堆表面取样。
容器中	以均匀间距至少取 8 份样品。取样之前要移除表层 100～150 mm 的集料。
装卸过程中	装车或卸车过程中每四分之一至少取 2 份样品。
运料车上	划分成 3 个面积相等的区域，并在 3 个区域内分别开槽，要求深度大于 300 mm，宽度 300 mm 左右。在槽底等间距取样至少 4 份，取样时将铲子垂直铲入。
传送带上	暂停传送带，取大约 1 m 传送带整个宽度范围内的集料。

2.3.3　取样和试样缩分

为便于集料试验和室内配合比设计，通常需要先从大体积的料堆中获得较多的样品，然后再缩减分量以满足试验检验或混合的需求。从料堆中取样时，因为离析问题，不应从表面、料堆边缘或顶部抽取样品；一般应从料堆的中间某点周围均匀分布的多个点和至少表面 10 cm 以下的部位取样。如果从传送带或放料斗中取样，则当天应增加抽样次数，在进一步减小样品量之前，应重新混合这些样品得到复合样品。但是，如果必须确定生产中的变异性，则应测试每个增加的抽样。表 2-3 给出了一天中所需的增量数，试件的质量取决于集料的最大粒径。表 2-3 可用于从装料斗或从运料车中取样，在这种情况下，宜从当天到达的不同车辆中抽取增量。如果应用于库存取样，可允许将较大的粒径(50 mm 和 64 mm)的最小取样数减少到 10 份，而较小粒径的份数降为 5 份。

表 2-3　大宗集料取样的最小质量要求

主要组分(85%通过率)的最大粒径(mm)	最小取样质量(kg)	最少取样次数(份)	最少送样质量(kg)
>80	50	16	150
50～80	50	16	100
20～50	50	8	50
10～20	25	8	25
<10	10	8	10

从较大粒堆或传送带上获得的样品需要缩减到较小的分量，以供测试用。常用的缩分方法有分料器法和四分法，分别如图 2-6 与图 2-7 所示。详细操作方法可参见 JTG E42/T0301、ASTM D75 (取样集料标准操作规程)、CSA A23.2-1a (用于混凝土的取样集料)或 SAN 5827。

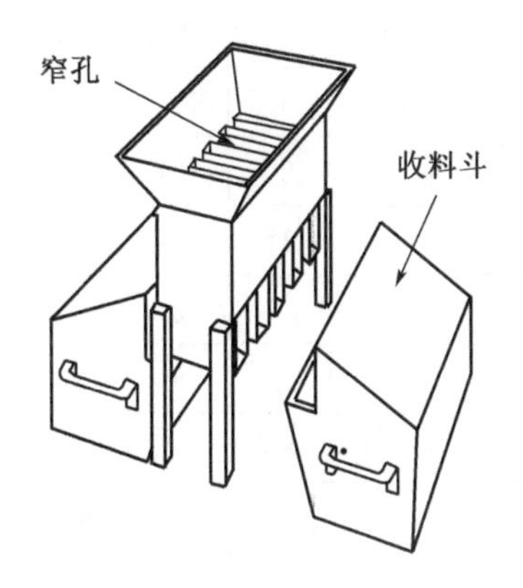

图 2-6　分料器

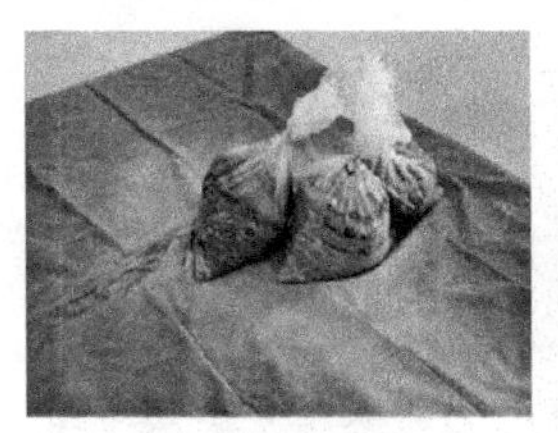
(a)待检样品

(b)预混摊平

(c)大致四等分

(d)取对角样品测试,剩余留样

图 2-7　四分法缩减样品数量步骤示意图

2.3.4　样本大小

统计理论表明,随着样本量的增加,样本测试值落在真值范围的概率也迅速增大,但实际工作总是希望样本量尽可能小。表 2-4 为 JTGE42/T0301 给出的几种不同试验目所需的最小取样质量。

在估计筛分试验所需样本大小时,假定所有颗粒等密度,用公式(2-1)估计:

$$M=\frac{10^{-9}\left[((1/p)-2)v+\sum p_i v_i\right]\rho}{CV^2} \tag{2-1}$$

式中, M 为样本质量(kg), ρ 为颗粒的密度(kg/m^3), CV 为变异系数, p 为所关注颗粒的质量比例, p_i 为第 i 部分颗粒的质量比例, v 为所关注颗粒的平均体积(mm^3), v_i 为第 i 部分颗粒的平均体积(mm^3)。两筛孔间的平均颗粒体积分数与上下两级筛孔的粒径 d_1、d_2 的关系为:

$$v=\frac{d_1^3+d_2^3}{4} \tag{2-2}$$

表 2-4　JTGE 42/T0301 要求的粗集料试验项目的最小取样质量

试验项目	对于下列公称最大粒径(mm)的最小取样量(kg)										
	4.75	9.5	13.2	16	19	26.5	31.5	37.5	53	63	75
筛　分	8	10	12.5	15	20	20	30	40	50	60	80
表观密度	6	8	8	8	8	8	12	16	20	24	24
含水率	2	2	2	2	2	2	3	3	4	4	6
吸水率	2	2	2	2	4	4	4	6	6	6	8
堆积密度	40	40	40	40	40	40	80	80	100	120	120
含泥量	8	8	8	8	24	24	40	40	60	80	80
泥块含量	8	8	8	8	24	24	40	40	60	80	80
针片状含量	0.6	1.2	2.5	4	8	8	20	40			
硫化物、硫酸盐	1.0										

例如，假设某粗集料的粒径在 5～20 mm 之间，所需的样本量如表 2-5 所示，各部分的质量比例亦列出。

表 2-5　某粗集料筛分试验所需样品质量的计算

序号	粒径范围(mm)	质量分数	颗粒平均体积(mm^3)	$p_i v_i$ (mm^3)	取样质量(kg)
1	20～15	0.65	2 843.8	1 848.5	0.9
2	15～10	0.25	1 093.8	273.5	4.6
3	10～5	0.10	281.8	28.1	4.7
$\sum$		1.00		2 150.1	

由表 2-5 可见，10～5 mm 的颗粒占主要地位，因此总样品至少需要 5 kg。公式(2-1)表明，样本大小与所关注的颗粒质量分数密切相关。对于细集料，采用该法所得到的样本量极小，因此在实践中一般不采用，而是根据标准取样方法，一般不少于 100 g。

2.4　集料的物理性质与表征

集料对混凝土的性能有显著影响，要最大限度高效地使用混凝土材料，就不能只满足于了解集料的技术性质，还必须理解它们对混凝土性能的影响。用于混凝土中的集料必须满足洁净度、强度、耐久性、有害物质等方面的最低标准。软弱的、扁平细长的颗粒，会影响与胶凝材料的黏附性，可能发生有害反应的材料，它们均不能应用于混凝土。因此，对任何新料源或者未试用以及未经实践检验料源的集料，均应进行包括岩相学检验在内的系统测试和检验。用标准方法对集料进行测试表征，一方面是为了确保集料满足最低的质量标准，另一方面也是为了在不同集料之间横向比较，方便工程师做出合理的选择。更深层次的原因则是为描述集料在混凝土中的相关行为提供可量化的指标，但这一目标还未完全达到。

2.4.1 集料的孔隙与吸水性

1. 孔隙率

天然岩石是由多种矿物颗粒按不同的排列方式组成的物质，即便是通常被认为非常致密的集料，其内部也存在一定的微孔、毛细管或者微裂隙。集料内部的孔隙，有的与外部完全连通，称为开口孔，另一些则被矿质实体所密封，称为闭口孔，与外部相连通的孔隙能够吸水。相应的体积构成与标记如图 2-8 所示。

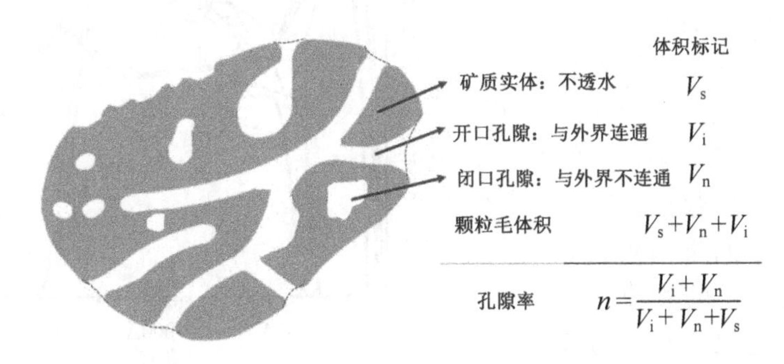

图 2-8 含孔集料横截面示意图（虚线为假定开口孔隙吸饱水后孔口截面的形状）

孔隙率是集料内部孔隙体积与饱水固体总体积之比。孔隙体积包括完全连通孔和非连通孔。测量连通孔隙率时，先将集料在 100～110℃烘干至恒重，再使之吸水饱和，标准饱和时间为浸泡 24 h，有些集料需要浸泡更长的时间，使用真空饱和法则更快。总孔隙率可根据集料的真实密度与毛体积密度计算得出，但对真实密度的测量相对较为复杂，一般需要先将其粉碎成粒径小于 0.3 mm 的石粉。

连通孔与外界相通，这意味着流体如水和沥青可以进入这些孔隙中。当集料内部的绝大多数孔隙是连通孔时，它会对集料的耐久性特别是冻融耐久性产生不利影响，这将在后面专门讨论。在水泥混凝土设计时，应当考虑集料所吸收的水量，因为被细小孔隙吸附的水分，因受到孔壁的约束难以参与水泥的反应，也无法提高混凝土的和易性。孔隙的影响还在于它影响集料的密度进而影响混凝土的密度，而后者与混凝土的强度和刚度间接相关。致密且强度高的集料在混凝土中形成刚性骨架的同时，还可提高混凝土的强度和变形模量，而多孔集料则能降低混凝土的容重并改善其热性能，多孔集料的密度、弹性模量和强度均更低。对于高孔隙集料与轻集料，在进行混凝土配合比设计和施工时均不能按普通程序处理，因为它们很可能会增加混凝土的渗透性，特别是当孔隙相互连通时；而在拌和时未完全饱和的多孔集料将会从混合物中吸收水分，从而导致更弱的多孔界面过渡区并弱化界面黏结。在现代高强混凝土中，往往采用吸水率相对大一些的集料，其目的是为水泥石基体提供潜在的水分，从而强化混凝土的强度增长并降低自收缩。多孔集料也有助于减缓因碱集料反应导致的破坏性膨胀。总之，比常规集料高的孔隙率与吸水率并不一定意味着混凝土强度或耐久性的降低。

集料的孔隙特性对沥青混合料也存在重要影响。一方面，在沥青用量一定时，被集料的连通孔隙所吸收的沥青越多，颗粒间可用的沥青量就越少，后者对沥青混合料的和易性和耐久性等产生显著影响。因此，采用高吸水率的集料制备沥青混合料时需要更多的沥青，这将增加成本。当然，集料孔隙对沥青的吸收相当于沥青锚固在集料中，这在一定程度上促进了沥青和集料间的结合。总体上，对于沥青混凝土来说，最理想的是具有低吸收性的集料。

2. 集料内部孔系统的表征

孔系统可能是表征集料内部结构的最重要指标。孔隙包括与外界相连通的开口孔和被周围固体完全隔离的闭口孔，评估孔隙特征的参数主要有不同类型的孔隙体积和孔隙尺寸。孔隙体积的测量通常有一定误差，而孔隙尺寸的测量则更复杂。大多数集料所包含的孔隙均是连续曲折的变截面系统，这使得定义孔尺寸较为困难。通常谈到孔的尺寸是指与外界相连通的开口孔，其横截面由适当的尺寸参数表征。因此，孔尺寸的定义取决于确定尺寸的实验技术以及如何对该技术进行建模分析。通常，当以尺寸来表征孔时，它们被视为具有特征直径的圆形横截面。孔分布指各种尺寸孔的数量或体积分数，其横坐标为孔径，纵坐标为相应孔的体积分数或数量百分率，如图 2-9 所示。孔径分布一般用压汞法、气体吸附法(BET)测定，更小尺度的孔需用核磁共振冷冻法(NMRC)等测量。

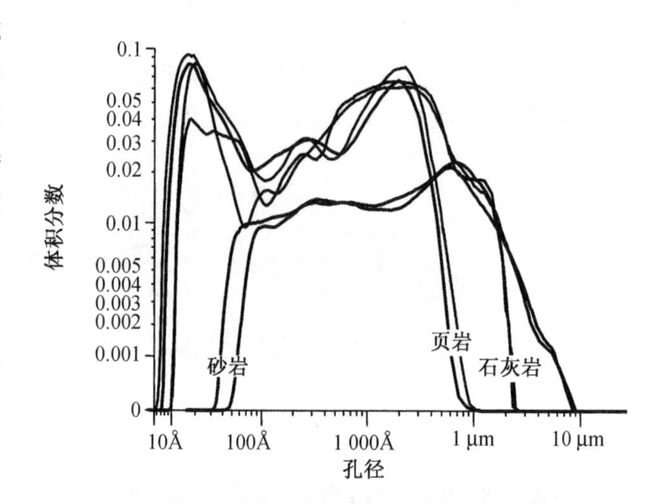

图 2-9　几种岩石的孔径分布(核磁共振冷冻法 NMRC 测定)①

3. 含水状态与吸水率

天然岩石多为亲水性物质，集料表面和材料内与外界连通的孔隙能够吸水。根据连通孔的含水状态及集料表面干湿状态可将集料的含水状态可分为骨干、气干、饱和面干和湿润四种状态，如图 2-10 所示。骨干也称为烘箱干燥(bone dry 或 oven dry)，指在 100℃～110℃温度条件下表面和内部连通孔隙所吸附的水完全蒸发时所处的状态；饱和面干 SSD (saturated surface dry)指集料内部连通孔隙吸水饱和而表面上无自由水的状态；气干指集料与周围的空气湿度达到平衡，而内部部分孔隙被饱和的状态；湿润则指集料内部连通孔隙均吸水饱和，且表面上覆盖一层水膜的状态。

集料的含水状态会影响其密度，因此可采用集料的密度表征特定的含水状态。最常用的含水状态是饱和面干状态。在水泥混凝土拌和物中，处于此状态的集料不会从混合物中吸收水分，因而不会影响和易性，也不会向混合物中释放水分而降低混凝土的强度。粗集料的饱和面干状态可参照 JTG E42/T0304 或 ASTM C127 来获取，对于细集料，程序相对复

① 1 A°$=10^{-10}$m。

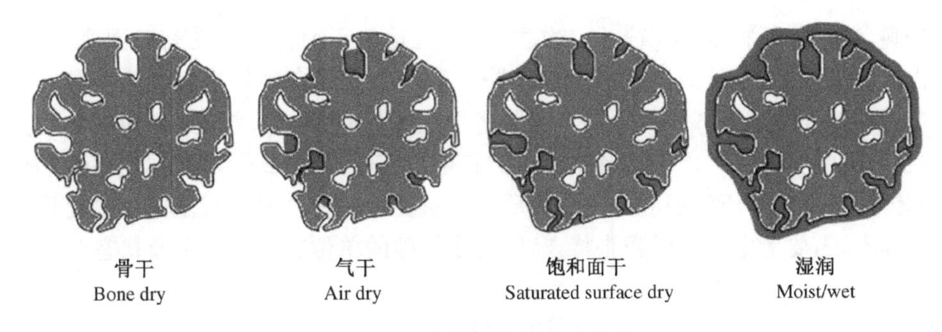

图 2-10 集料可能的含水状态

杂,JTG E42/T0330 和 ASTM C128 给出了经验性做法,如图 2-11 所示。该法仅适用于形状良好的天然砂,对于棱角性较强的机制砂或细颗粒含量较高的砂,因为它不易坍落,不能用此法判断。

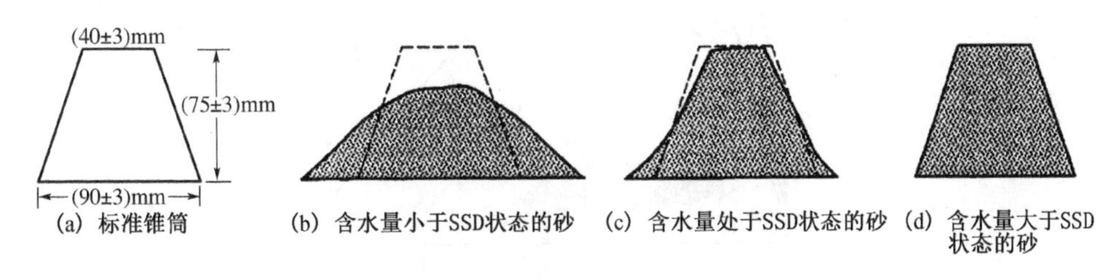

图 2-11 确定砂饱和面干状态的经验方法示意图

吸水率通常定义为集料在饱和面干状态和骨干状态下的质量差($M_{SSD}-M_D$)与其骨干质量(M_D)的百分比,它表征单位质量的集料内部孔隙所能吸收的最大水量。特定应用场合采取体积百分比定义吸水率,得到体积吸水率。当集料的吸水率小于 1%时,对水泥混凝土的收缩和蠕变性能影响极小;当吸水率大于 2%时,可能会导致水泥混凝土出现较大干缩;孔径小于 4 μm 的多孔集料也许会对水泥混凝土的抗冻融循环能力不利,并会增加混凝土的渗透性。在冻结过程中因孔隙水相变时体积膨胀导致集料内部产生较大的附加张力,易引起集料的冻胀破坏。

含水量指集料所含全部水分的质量,包括孔隙内所吸收的水分和表面的自由水。有效吸水率反映了集料由气干状态变为饱和面干状态时所需的水量,而表面自由水量则指集料由饱和面干状态变为表面潮湿状态的水量,在水泥混凝土配合比设计中用于计算由集料带来的额外水量。注意有效吸水率和表面自由水率的分母均为饱和面干质量。有效吸水率与吸水率之比称为饱水系数。饱水系数越大,说明常压下吸水后残留的空间越有限,集料越易被冰胀破坏,因而抗冻性就越差。一般岩石的饱水系数介于 0.5~0.8 之间。

$$有效吸水率=\frac{M_{SSD}-M_{AD}}{M_{SSD}}\times 100\% \tag{2-3}$$

$$表面自由水率=\frac{M_{WET}-M_{SSD}}{M_{SSD}}\times 100\% \tag{2-4}$$

式中,M_{AD}为气干状态的集料质量,M_{SSD}为饱和面干状态的集料质量,M_{WET}为潮湿状态的集料质量。

细集料含水时，其料堆体积往往会发生膨胀，这是由于颗粒堆积受到表面张力的影响，湿砂将占据更大的体积，从而以类似于黏土颗粒絮凝的方式在砂粒之间产生空隙。砂的典型湿胀(bulking)曲线如图 2-12 所示。湿胀量取决于其含水量和级配，在相同的水分含量下，细砂比粗砂湿胀量更大。砂的湿胀将影响其堆积密度，如图 2-13 所示，这也说明使用质量法而非体积法配料对于实现混凝土一贯质量的重要性。在水泥混凝土的配合比设计计算和拌和过程中，需要考虑砂的湿膨胀特点，因为膨松砂的单位容重低于干燥状态。

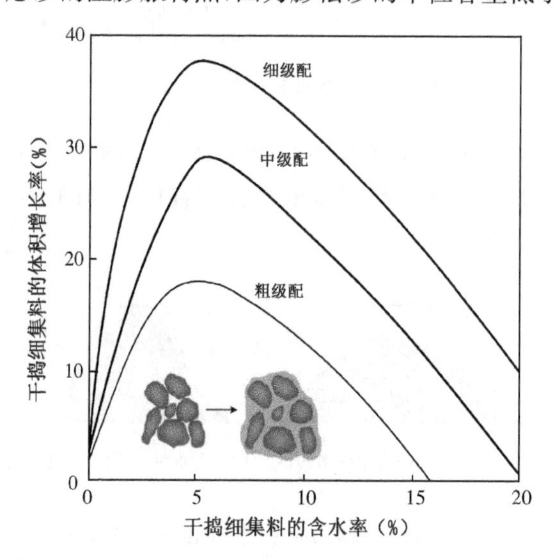

图 2-12 不同级配砂的湿胀行为

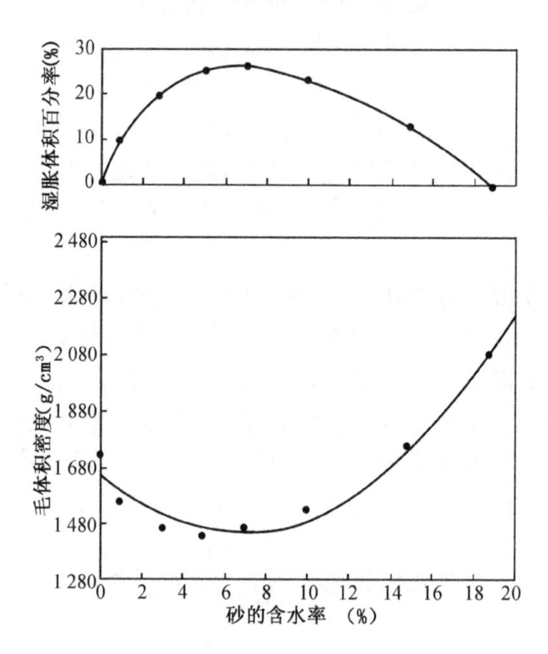

图 2-13 某砂毛体积密度与含水率的关系

对粗集料而言，湿胀通常不是问题，因为在较大的尺寸中，水的表面张力不足以其保持在颗粒间，这也在另一方面说明粗集料保持水分的能力比砂弱得多。

2.4.2 密度与空隙率

密度是一定条件下物质的质量与其自身体积之比，常用国际单位为 kg/m^3 或 g/cm^3。

用集料填充任何形状的体积，均无法做到完全密实，颗粒与颗粒之间必然存在间隙。因此，集料颗粒所占据的空间，可分为由矿物成分占据的矿质实体、集料内的闭口孔隙和开口孔隙以及颗粒空隙，各部分的体积标记如图 2-14 所示，它们可通过不同的密度来表征。

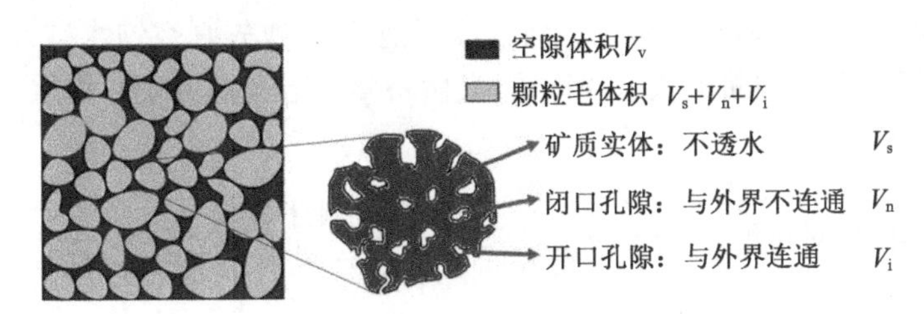

图 2-14 单位空间内各组成体积构成

1. 真实密度

真实密度是排除其内部所有孔隙仅含固体材料的固体密度，也简称真密度或绝对密度。真密度是选择建筑材料、研究岩石风化、评价地基基础工程岩体稳定性以及确定围岩压力时的计算指标，但该密度在土木工程中并不常用。为测量集料的绝对密度，需要将其粉碎至能通过 0.3 mm 筛孔的颗粒以消除不可渗透的闭口孔，然后再用密度瓶法测试。

$$\text{真实密度}=\frac{\text{集料中骨干质量}}{\text{集料中矿质实体的体积}}=\frac{m_s}{V_s} \tag{2-5}$$

2. 表观密度

表观密度(apparent density)指的是包括闭口孔，但不包括开口孔的固体密度，也称为视密度。这两种类型孔的区别在于开口孔在 100～110℃下会失去所被捕获的水分，而闭口孔则不会。表观密度由骨干质量和集料的饱和面干状态下排开水的体积法计算。表观密度易于测定，是混凝土配合比设计中的重要参数。

$$\text{表观密度}=\frac{\text{集料中骨干质量}}{\text{集料中水不能渗透的体积}}=\frac{m_s}{V_s+V_n} \tag{2-6}$$

3. 毛体积密度

毛体积密度(oven-dry density 或 bulk density)指的是包括全部孔隙在内的固体密度。岩石的毛体积密度，它间接反映了岩石的致密程度和孔隙发育程度，多用于评价工程岩体的稳定性及计算围岩压力，可用量积法、水中重法和蜡封法测定。集料的毛体积密度也是配合比设计中的重要计算参数。因受颗粒形状限制，粗、细集料的毛体积密度只适合于网篮法与容量瓶法测定。有时，也可采用集料的饱和面干质量计算，称为饱和面干密度或湿毛体积密度(bulk SSD density)。

$$\text{毛体积密度}=\frac{\text{集料骨干质量}}{\text{颗粒的毛体积}}=\frac{m_s}{V_s+V_n+V_i} \tag{2-7}$$

$$饱和面干密度=\frac{集料饱和面干质量}{颗粒的毛体积}=\frac{m_s+m_i}{V_s+V_n+V_i} \tag{2-8}$$

根据孔隙率与吸水率的定义,可以建立它们与密度的关系式,请读者自行推导。

4. 相对密度

相对密度是材料的密度与同温度条件下水的密度之比,它是密度的相对量度,可以避免每次测量水的温度,英文文献称之为 Specific density/gravity。

粗集料的相对密度和吸水率测试方法可参照 JTG E42/T0304、T0307、T0308 或 ASTM C127 测定。在试验过程中,需先将样品浸泡 24 h 或先真空饱水方式再浸泡 24 h 后在水中称重,然后制造饱和面干状态并称重,最后将样品干燥至恒重并称重。粗集料的相对密度和吸水率按下式计算:

$$毛体积相对密度=\frac{集料的骨干质量}{集料的饱和面干质量-集料在水中称量的质量} \tag{2-9}$$

$$饱和面干相对密度=\frac{集料的饱和面干质量}{集料的饱和面干质量-集料在水中称量的质量} \tag{2-10}$$

$$毛体积相对密度=\frac{集料的骨干质量}{集料的骨干质量-集料在水中称量的质量} \tag{2-11}$$

$$吸水率=\frac{集料的饱和面干重量-集料的骨干重量}{集料的骨干重量}\times 100 \tag{2-12}$$

测量细集料的相对密度和吸水率时,先将试样在水中浸泡 24 h,再将其干燥至饱和面干状态,取 500 g 左右的饱和面干集料放入密度瓶中,将水添加至与密度瓶的恒定体积标记,并再次称重,然后将样品干燥并称重。细集料的相对密度和吸水率按照下式计算:

$$毛体积相对密度=\frac{A}{B+S-C} \tag{2-13}$$

$$表干相对密度=\frac{S}{B+S-C} \tag{2-14}$$

$$表观相对密度=\frac{A}{B+A-C} \tag{2-15}$$

$$吸水率(\%)=\frac{S-A}{A}\times 100 \tag{2-16}$$

其中,A 为试样的烘干质量,B 为充满水的密度瓶的质量,C 为填充饱和面干状态的试样后充满水的密度瓶的质量,S 为饱和面干状态试样的质量。

5. 堆积密度

堆积密度是指在自然堆积状态或外力功作用(如捣/振实),单位容积内的集料质量:

$$\rho_{bulk}=\frac{M}{V} \tag{2-17}$$

堆积密度取决于颗粒的堆积方式、颗粒形状,表面纹理和级配等特征。测量堆积密度和集料颗粒之间的空隙率(参见下文)时,多使用干燥集料。在实践中,堆积密度通常用松装堆积密度(也称为自然堆积密度)和紧装堆积密度这两个指标来表征。松装堆积密度多用于自然状态下堆积的库存评估中。对混凝土或混合料而言,紧装堆积密度更为重要,它代表了压实状态下集料堆积密度的实际上限。紧装堆积密度测试时,一般通过振动或通过圆钢棒分层捣的方式使集料在已知质量和体积的钢容器中处于紧装状态,然后称量其总质量。

在文献中常常还会看到单位容重(bulk unit weight)的概念,其实质为集料的堆积密度与重力加速度的乘积,以重度(力)表示:

$$\gamma = \rho_{bulk} \cdot g \tag{2-18}$$

很多文献经常将堆积密度与单位容重混用,但从严格意义上讲,这并不正确。根据集料的堆积密度,可将集料分为轻集料、普通重度的集料(简称集料)和重集料,如表 2-6 所示。

表 2-6 根据堆积密度的集料分类

分 类		堆积密度 (kg/m³)
轻集料	隔热用集料	96～196
	砌体结构用轻集料	880～1 120
	水泥混凝土用轻集料	880～1 120
	气冷矿渣	>1 120
普通集料		1 200～1 760
重质集料		1 760～4 640

6. 空隙率

集料颗粒形状和尺寸各异,堆积在一起时颗粒之间存在间隙(void)。集料的空隙率就是单位体积内集料颗粒之间的空隙体积,也称为矿料间隙率,如图 2-15 所示。矿料间隙对混凝土非常重要,因为它为胶凝材料提供必要的空间。空隙体积受颗粒形状、尺寸分布(级配)和堆积模式与压实效果等影响,集料的堆积密度与空隙率成反比。

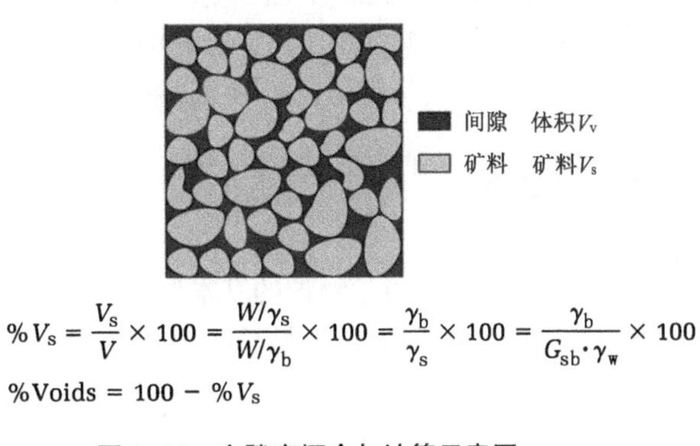

$$\%V_s = \frac{V_s}{V} \times 100 = \frac{W/\gamma_s}{W/\gamma_b} \times 100 = \frac{\gamma_b}{\gamma_s} \times 100 = \frac{\gamma_b}{G_{sb} \cdot \gamma_w} \times 100$$

$$\%\text{Voids} = 100 - \%V_s$$

图 2-15 空隙率概念与计算示意图

级配对空隙率的影响如图 2-16 所示。左侧容器填充有尺寸和形状良好均匀的大颗粒单粒径集料。中间容器盛有相等体积的小颗粒单粒径集料。容器下方的量筒表示填充每个集料样品中的空隙所需的水量,图示前两种情况的水量相同,也即两组集料样品的空隙率相同。当从两个样品中各取一部分混合并放置在右侧容器中时,其下方量筒里的水体积变小,这表明混合矿料的空隙率在减少。进一步调整集料的级配可得到空隙率更小的合成集料,如图 2-16 右侧图所示。由于在混凝土中,空隙体积需要相应的胶浆填充,因此,通过优化级配可降低混合体系的总空隙率，从而降低胶浆的用量获得较好的经济性，这是混合矿料配比设计的重要目标之一。当然确保矿料结构具有较高的稳定性也十分重要，这也是沥青混凝土等配合比设计的重要内容，将在后续相关章节专门论述。

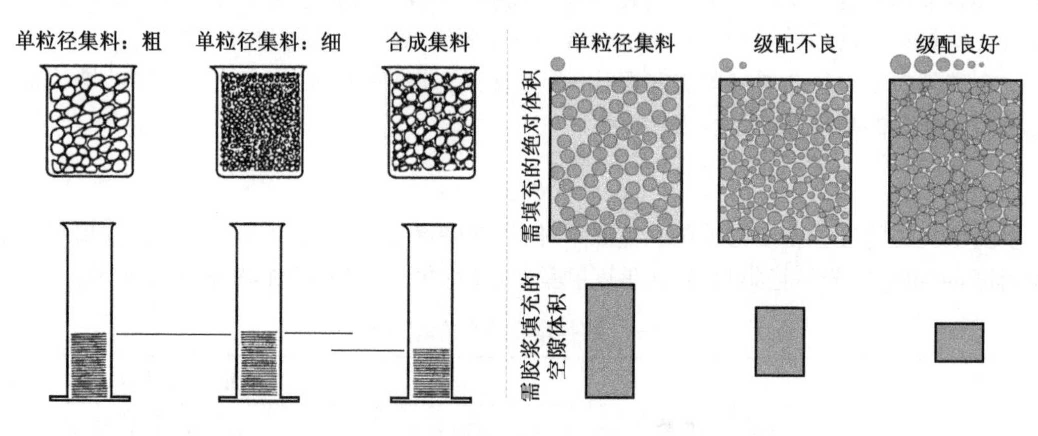

图 2-16 级配对空隙率的影响示例

7. 密度的重要性

多数混合料的设计都是基于各组成材料的密度。粗集料通常采用紧装堆积密度。集料的紧装堆积密度越大，其空隙率越低，填充空隙所需的浆料就越少，这通常意味着更好的经济性，若此时混合物仍能保持足够的工作性，则有利于改善力学性能。在混合料的配合比计算中，也需要用到集料的毛体积密度和表观密度。集料的密度对混凝土密度也有重要影响，因为集料占水泥混凝土体积的75%～80%，而在沥青混凝土中占比更高。混凝土的密度会影响结构恒载，以及水泥混凝土浇注期间的模板压力。硬化水泥混凝土的强度和刚度与其密度间接相关，因此，集料的密度可能会影响上述性能。当然，较高密度的集料不一定会增加混凝土的强度。而一些特定场合如用于辐射屏蔽的混凝土中往往需要更高密度的集料。

2.4.3 颗粒形状

颗粒形状不仅仅指各颗粒的基本形状，还包括棱角性、扁平比等。颗粒形状可根据颗粒的尺寸特性进行量化和表征，如长度、宽度和厚度。相比细集料，粗集料的形状更容易测量。

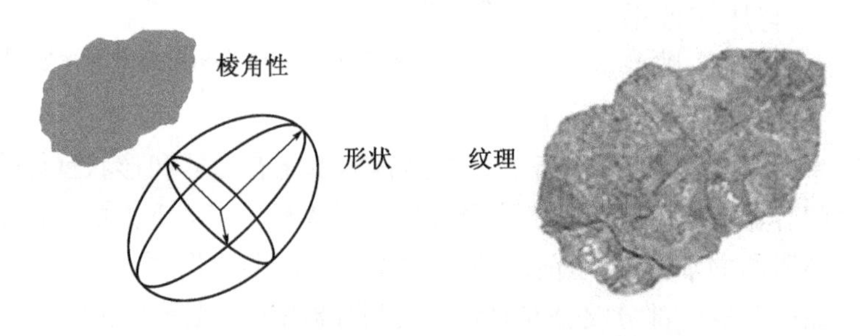

图 2-17 集料颗粒形状、棱角性与纹理的概念示意图

工程中颗粒形状可用球度(sphericity)、光圆度(roundness)等形状因子描述，前两个参数的含义如图2-18(a)所示。球度指颗粒接近球体的程度，而光圆度则是描述边角尖锐程度。形状因子则指颗粒三个轴的相对比例。图2-18(b)提供了一些更为切合实际的标准描述。越接近球体和光圆的集料颗粒，对混凝土拌和物的和易性越有利，且能降低水泥混凝土的需水量与沥青混凝土的沥青用量；水泥混凝土中扁平细长颗粒易在颗粒下方捕获离析的水，从而增加需水量。图2-19提供了描述集料形状的图片示例。

棱角性(angularity)是与光圆度相对的参数，它对混合物的和易性，以及沥青混合料承载能力、塑性变形特性有重大影响。棱角性一般采用集料的空隙率来间接评估，细集料的棱角性还可用单位体积集料从漏斗

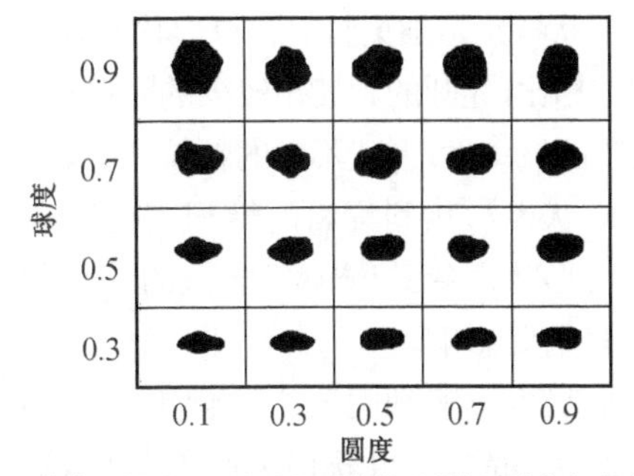

球度(sphericity)：指碎屑颗粒的形状与球体相似程度，为等体积球的名义直径/颗粒外接球之直径；
圆度(roundness)：指颗粒横截面接近理论圆的程度，为角和边的平均半径与内接圆半径之比。

(a)

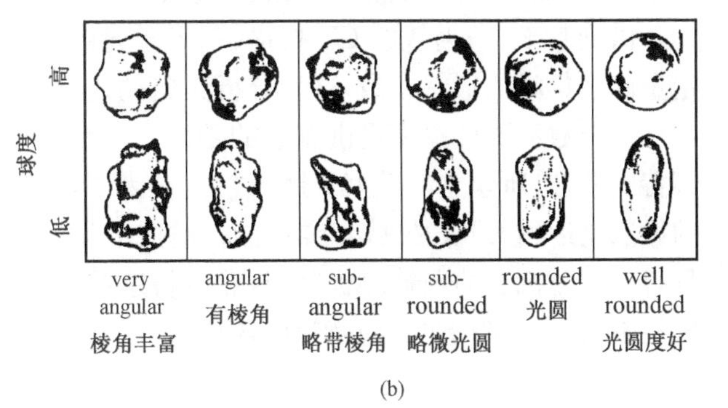

(b)

图2-18 颗粒形状的可视化评估

图2-19 颗粒形状示例

中流出的流动时间表示。在BS812中，空隙率(百分数)与33之差定义为棱角数，其中33代表典型的单粒径、光圆度良好的海滩鹅卵石的空隙率，是空隙率的有效基准值。

扁平细长颗粒是工程中应严格限制的不良颗粒。一般地，颗粒的宽度与厚度比大于等于3称为扁平颗粒；颗粒的长度与宽度比大于等于3的颗粒称为细长颗粒。

颗粒形状特别是细集料的颗粒形状显著影响混凝土拌和物的塑性性能。与扁平的和棱角性丰富的颗粒相比，光圆的和棱角较少的颗粒在塑性状态的混合物中更易于滚动和滑动，这有利于增加混合物的流动性；形状不良的颗粒则会妨碍集料嵌锁状态的形成，并导致压实功增加。

颗粒形状也影响到集料的堆积密度和空隙率，形状不良的颗粒其紧装密度更低，空隙率大。因颗粒形状而导致嵌锁与堆积的综合效应，对水泥混凝土的用水量和沥青混凝土的沥青用量均有重要影响。

集料形状也影响到混凝土的性能。集料的棱角丰富而扁平细长颗粒含量少时，在完全压实的状态下，混凝土可获得更高的强度，这是因为棱角丰富的集料，颗粒相互嵌锁的能力更强，而裂纹被迫沿着集料棱角的复杂曲折路径扩展。在抗弯强度要求高的场合，在混凝土工程中应优选棱角丰富和纹理粗糙的集料，并严格限制扁平细长颗粒含量。当然，另一方面，使用棱角丰富的集料可能会导致混凝土难以压实，或者使胶浆用量过大，因此需要综合平衡。

借助基于X-射线的CT扫描、基于激光的三维立体扫描技术，再联合图像分析技术可定量确定集料的形状参数，这为分析集料的表面特性及在混凝土中的空间分布甚至建立虚拟混凝土数字试件建模提供有效的手段。当然由于颗粒的随机性，基于真实颗粒形状的建模特别复杂，所建立的模型普适性较差。为了降低建模难度，同时也为了增加普适性，通常的做法是运用CT扫描或三维立体扫描技术和球谐函数，分析现有的集料颗粒特征，以生成具有一定随机性的颗粒形状模型，然后将这些数字颗粒随机地结合到更高阶的多粒子仿真模型中，获得混凝土的组成矿料结构。

2.4.4 表面纹理

集料的表面纹理(surface texture)特性是影响混凝土性能的另一个重要性质。集料的表面纹理取决于母岩的硬度、晶粒大小、孔结构，颗粒中易磨耗成分的含量，以及集料的加工方法。纹理通常用粗糙、光滑等词定性描述，几何学角度则常用表面起伏程度(粗糙度)、单位平面投影面积上的实际表面积这两个相互独立的参数定量描述。这些参数可为研究纹理特性提供有价值的信息，但它们与混凝土性能的关联往往难以建立。

纹理是影响接触与摩擦等的重要因素，纹理的可视化与量化研究是评估路表特性的重要工作，在模拟驾驶仿真和真实道路自动驾驶技术中也有应用需求。纹理可采用微米级的三维激光扫描、白光共聚焦显微镜等高精度观测技术获得，并在宏观与微观等多种尺度下进行描述。微观纹理通常也对混凝土的性能产生重大影响。例如，两组宏观纹理相近的集料，因微观纹理不同，集料与胶凝材料间的粘结会有较大变化，这毫无疑问会影响混凝土的强度。

与集料的形状类似，表面纹理也显著地受料源与加工方式的影响。天然砾石的表面相对光滑，而轧制的集料在破碎过程中将形成新的表面，表面的形成与岩石的矿物组成和矿物学特征有关。这些表面可能是如火山玻璃(例如蛋白石)的高度玻璃状和光滑的表面，也可能是如粗粒花岗岩或砂岩破碎后的粗糙纹理。集料表面附有黏土或灰尘等粉状颗粒时，这些粉状颗粒会掩盖微观纹理，若它们过量存在，则将显著增加胶凝材料用量和水泥混凝土的用水量，因为它们易被胶凝材料吸附。

粗糙的纹理使集料的总表面积增加，并且在压实时会增进颗粒之间的摩擦。这些效果往往也会增加混凝土中胶凝材料的需求；对水泥混凝土而言，其拌和用水量也会增加，因为总表面积的增加意味着需要更多的水来润湿集料表面，而在不增加胶凝材料用量时，颗粒间摩擦的增加意味着混合物的流动性降低，甚至有可能会产生干涩发硬的现象。当然，粗糙的纹理有利于集料和胶凝材料之间黏结，并增强混凝土的力学性能。粗糙纹理对沥青混合料也产生类似的影响。为评估集料的形状和纹理对沥青混合料的压实和强度的影响，可参考 ASTM D 3398 所提出的粒子指数法。

2.4.5 级配

级配(gradation)是指不同尺寸颗粒(或孔隙)的组成情况。集料的级配对混凝土拌和物的工作性非常重要。采用级配和形状良好的集料制备混合料时，其工作性会更好，也易于运输、浇注摊铺和压实；而当混合料中级配良好的细颗粒含量足够多时，混合物的黏韧性通常更强，这对胶凝材料含量低的混合物来说特别重要。反之，级配不良的混合物，在施工过程中易出现粗细组分甚至胶凝材料相分离、难以压实等不利状况，进而影响到混凝土服役性能。当然，只要混合物的工作性与混凝土浇筑操作以及结构应用相匹配，即使集料的级配或形状不良，也可能制造出性能良好的混凝土。

集料的常见级配类型如图 2-20 所示。集料的级配决定了必须用胶浆来填充的空隙体积以及需要用胶浆裹覆的表面积。名义单一粒径的集料(图 2-20(a))，其颗粒间包含大量空隙，而连续级配(图 2-20(b))的空隙率通常较低，浆料需求量相对降低。增大集料的最大粒径(图 2-20(c))也可以减少颗粒间的空隙体积。当然，间断级配(图 2-20(d))或细料含量极低的开级配也经常使用(图 2-20(e))。实际上，混凝土拌和物的可塑特性、稳定性主要取决于集料的颗粒形状、表面纹理和级配，以及胶浆的综合影响，很难其中的某一指标分开来加以独立讨论。

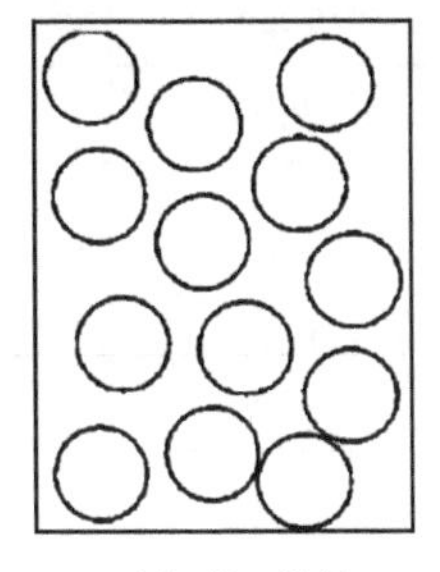
(a) 单一粒径

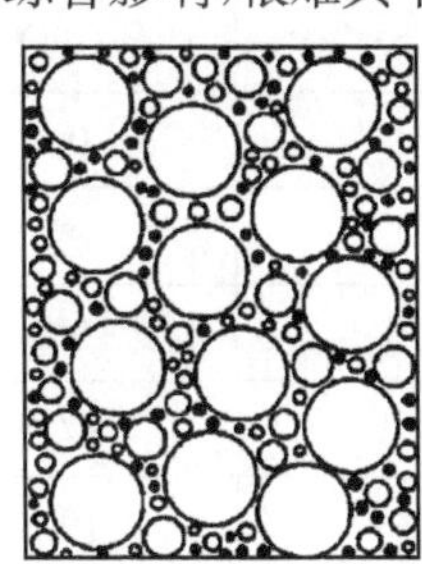
(b) 连续级配

(c) 以小颗粒替换大颗粒

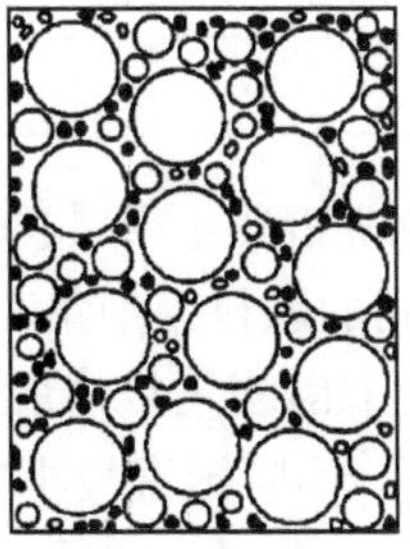
(d) 间断级配

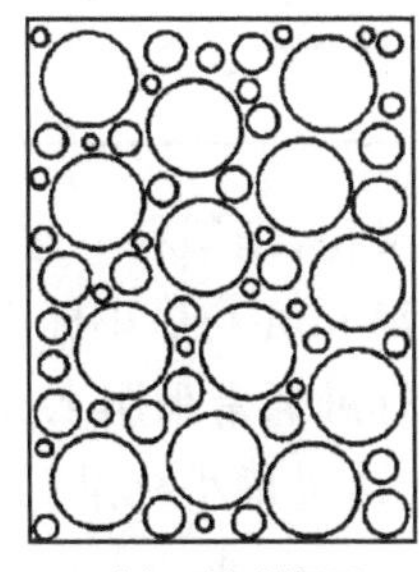
(e) 无细料级配

图 2-20　集料常见级配类型示意图

1. 级配的概念与表征

集料的级配是指集料中各种尺寸颗粒的定量分布，以颗粒通过各级标准筛(方孔筛或圆孔筛)的质量百分率表示，通过筛分试验确定。表 2-7 列出了我国与北美的典型标准筛尺寸，筛孔尺寸范围从 125 mm(或更大)到 0.075 mm。4-200 号筛亦称为 4-200 目筛，该数字表明每平方英寸所含有的筛孔数目。

表 2-7　ASTM 规范与我国国标标准筛尺寸对照表

ASTM 筛号(in)	5	4	3	$2^{1/2}$	2	$1^{1/2}$	—	1	3/4	—	3/8
筛孔尺寸(mm)	125	100	75	63	50	37.5		25.4	19		9.5
GB 筛尺寸(mm)	125	100	75	63	53	37.5	31.5	26.5	19	13.2	9.5
ASTM 筛号	4 号	8 号	16 号	30 号	50 号	100 号	200 号				
筛孔尺寸(mm)	4.75	2.36	1.18	0.6	0.3	0.15	0.075				
GB 筛尺寸(mm)	4.75	2.36	1.18	0.6	0.3	0.15	0.075				

筛分试验时，先将标准筛逐个堆叠，筛孔尺寸从底部到顶部逐级变大，然后称取一定质量的集料样品放置在顶部筛子上，充分摇动或振动筛子，使样品从顶部筛子通过，然后分别称取各级筛上残留颗粒的质量。分计筛余就是各级筛上残留颗粒的质量与试样总质量的百分率，累计筛余百分率就是通不过某号筛的全部颗粒与试样的质量百分率，通不过某号筛的颗粒质量等于在该筛以及大于该筛的各级筛上残留颗粒质量的累加，通过百分率则为通过某号筛的颗粒质量与全部试样的质量百分率。某集料(砂)的典型级配分析如表 2-8 所示。

表 2-8　某集料筛分试验计算示例

筛孔尺寸(mm)	筛余质量(g)	累计筛余质量(g)	分计筛余(%)	累计筛余(%)	通过百分率(%)
9.5	0	0	0.0	0.0	100.0
4.75	0	0	0.0	0.0	100.0
2.36	38	38	9.3	9.3	90.7
1.18	113	151	27.6	36.9	63.1
0.6	79	230	19.3	56.2	43.8
0.3	111	341	27.1	83.3	16.7
0.15	47	388	11.5	94.8	5.2
筛底	22	410	5.4	100	—

根据筛分试验，可定义粗、细集料。通常，在水泥混凝土中，粗集料(也称为碎石)的粒径大于 4.75 mm，反之，4.75 mm 与最小标准筛之间的颗粒为细集料(亦称为砂)。在沥青混凝土中粗、细集料的分界标准通常采用 2.36 mm，当然，当集料的最大粒径较大时，其分界标准为 4.75 mm。填料指能通过最小标准筛的粉末。不同国家最小标准筛的尺寸不尽相同，多数为 75 μm，也有的为 63 μm 或 80 μm。填料含量对混合物的塑性性能影响巨大。由一定含量的石粉而不含黏土矿物质的填料有利于混凝土的性能，过量的黏土类物质则对混凝

土性能有害,例如,蒙脱石吸收大量的水,导致强度降低和干燥收缩量增加。填料的含量可通过水洗沉淀法测定,该方法包括细粒的分散和悬浮物质的测定。因吸附作用,粗集料颗粒表面通常附着一些粉尘,粗、细集料在生产工艺过程中可能还会混入泥块等黏土矿物等,这些粉尘与泥土的存在不仅会增加混合料对胶浆的需求量,并且在拌制中易结团,对混凝土的力学性能与耐久性均十分不利,因此在加工和使用时,应严格控制集料的受污染程度,必要时采取水洗法与风力除尘等方式清除这些非填料类的粉末污染物。

通过筛分试验,可以很容易地确定集料的最大粒径。所谓最大粒径就是指集料的全部颗粒均完全通过的最小筛孔尺寸。在混凝土中,大粒径的集料具有经济优势,因为它们的表面积更小,所需胶凝材料较少。然而,含大粒径集料的混合物,通过障碍的能力和均匀性等更难保证。因此,在结构设计时,往往需要考虑最大粒径的因素。如在钢筋混凝土中,集料的最大粒径一般应不超过最小结构尺寸的 1/4 且小于 3/4 倍的钢筋间距;在沥青混凝土工程中,最大粒径应不超过结构层厚度的 1/3～1/4。另一方面,应尽可能选用较大的最大粒径,因为这可以降低单位体积混合矿料的总表面积,如图 2-21 所示,从而减少胶凝材料的消耗,对水泥混凝土而言,同时也可降低需水量。高强混凝土和路面表层用沥青混凝土中则常常对最大粒径进行更为严格限制,一般其最大粒径不超过 19 mm。

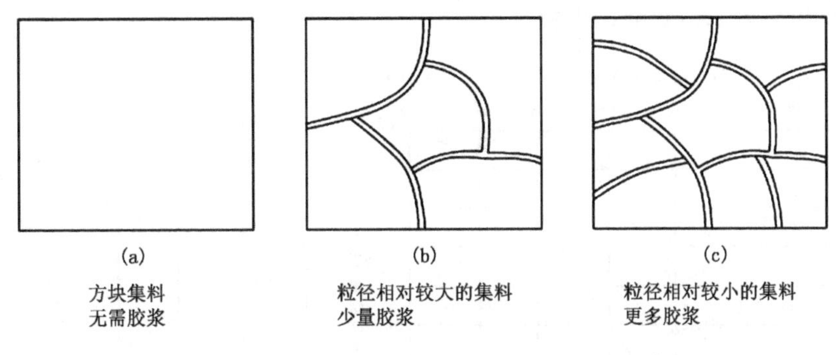

图 2-21 集料最大粒径对胶浆需求量的影响示意图

在工程中,因经常会出现最大粒径与次一级筛孔之间的集料颗粒含量不高的情况。如果严格按照最大粒径选用原则控制可能导致结构尺寸过大而影响经济性,为了避免出现这种状况,此时往往按最大粒径的次级筛孔尺寸进行控制,这就是公称最大粒径的概念。公称最大粒径一般以 10%为限,也即当最大粒径与次一级筛孔间集料的筛余量不超过 10%时,按次一级筛孔尺寸进行控制,否则仍按最大粒径控制。当然,各国规范对此并无一致的标准,如我国通常以 10%为限, ASTM 中以 15%为界限,而加拿大、南非等国则直接规定公称最大粒径为集料最大粒径的次一级筛孔尺寸,在不同国家应用时需要注意其差别。

2. 级配曲线与级配范围

集料的级配可用如表 2-7 所示的表格法表示,而曲线表示法则更为形象直观。级配曲线图通常以筛孔尺寸的对数或幂指数值为横坐标,最大值取最大粒径,最小值取最小标准筛孔尺寸,以对应筛孔下的累计通过百分率为纵坐标,纵坐标范围取 0～100,在此坐标系内用直线段连接筛分试验结果的各点所得到的曲线。规范中通常有级配范围要求,即要求集料或混合料的级配落在规定的区间范围内,将这些级配范围的上下限值绘制在级配图中即得到级配包络线,由此可以很容易地快速判断某种集料和混合矿料是否符合级配要求。如图

2-22 某砂的筛分试验结果和级配包络线示例。由图2-22 可见，样品 A 符合级配要求，而样品 B 位于级配上限的上方，表明该样品更细。从规范角度，该砂是不能接受的，但在试拌之前不必将其排除不用。因为可以将该砂与更粗的砂混合得到符合级配要求的混合砂，直接弃用可能并不是一个经济可行的方法。对于超出推荐级配范围的集料，允许使用的条件是该集料来自同一来源，且有成功的工程经验与相应的性能记录。当无实际工程经验或记录不存在时，如果经充分试验证明使用该集料配制成的混凝土显示出与“可接受”材料相同的属性，则该集料仍可使用。必须强调的是，级配限制过于严格可能会导致工程中无法就近使用当地可用的材料，从而导致工程成本增加。而通过全面测试，可能会发现许多超出级配限制的集料实际上仍可用于工程中。当然，对于普通水泥混凝土来说，它仅对粗集料和细集料的规格有较宽泛的规定，而对沥青混凝土和高性能混凝土，它们对级配要求相对严格得多。当然混凝土的级配首先应满足国家标准要求，但混凝土生产级配的选用应注重参考当地的实践。在工程，使用标准的可接受等级来促进常规混合料设计是必要的，而确保混合料的级配稳定性则更为重要，因为级配对混合料的组装特性和服役性能影响很大。

所谓单粒径并非只有一种尺寸的颗粒，通常会包含少量大于和小于该粒径的颗粒。如图 2-23 所示为某名义粒径为 12.5 mm 的单粒径碎石的级配曲线，该样品中包含少部分粒径大于 19 mm 和小于 12.5 mm 的颗粒。

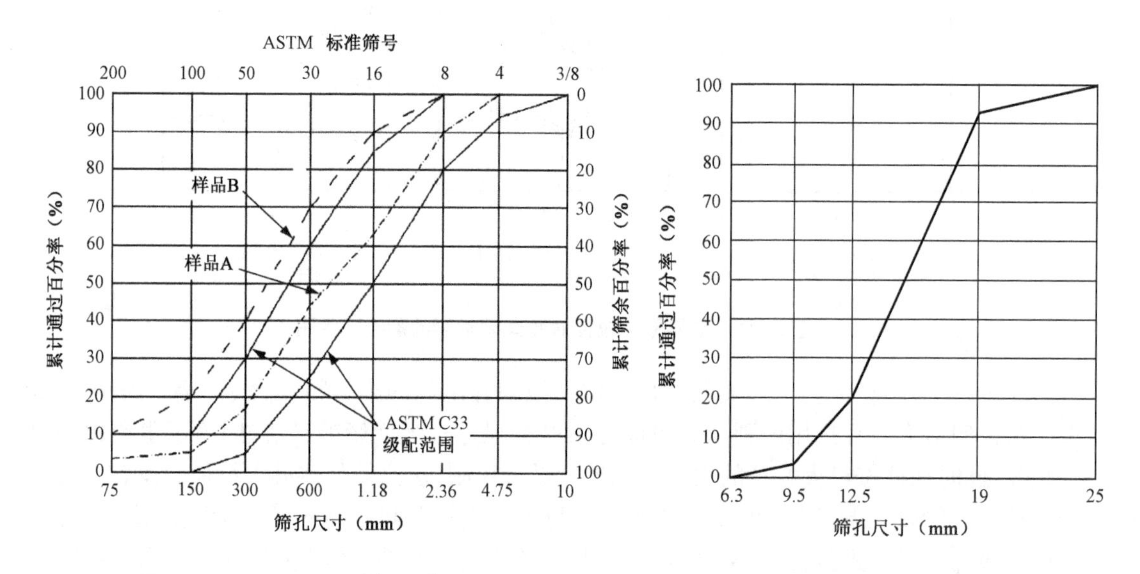

图 2-22　ASTM 天然砂级配范围和两种砂级配曲线

图 2-23　公称粒径为 19 mm 单粒径碎石典型级配曲线

3. 细度模数

在工程中有时亦关注集料的平均粒径，这就要用到细度模数(fineness modulus)的概念。细度模数是一个无量纲的指标，用于表征集料平均粒径的大小。它是指集料在除 75 μm 以上的各级标准筛孔上的累计筛余百分率除以 100 所得的商。一般地，相同细度模数而级配不同的集料，为得到同样稠度的水泥混凝土拌和物，其需水量也大致相同。当然，混凝土的需水量不仅取决于集料的平均粒径，小于 0.3 mm 的细颗粒含量往往也有重要影响。细度模数一般用于评价砂的平均粒径大小，但也可评价所有集料的平均粒径。需注意的是，在我国，细度模量只用于评价砂的相对粗细，因此我国的细度模数计算公式与 ASTM 上存在一定差别，它需要扣除 4.75 mm 筛的累计筛余量，仅适用于集料中不含 4.75 mm 以上的颗粒，这实质是机械套用细集料概念的结果。在 ASTM C136 中，细度模数是自 0.15 mm号筛的各筛累计筛余百分率之和除以 100 所得到的商，没有 4.75 mm 颗粒的限制。

$$M_X=\frac{(A_{0.15}+A_{0.3}+A_{0.6}+A_{1.18}+A_{2.36})-5A_{4.75}}{100-A_{4.75}} \tag{2-19}$$

式中，$A_{0.15}$、$A_{0.3}$、…、$A_{4.7}$分别为 0.15 mm、0.3 mm、…、4.75 mm 各筛上的累计筛余百分率(%)。

在我国，典型级配范围内砂的细度模数在 2.3(细)和 3.1(粗)之间，因此通常将细度模数大于 3.1 的砂称为粗砂，小于 2.3 的称为细砂。ASTM 进一步将细度模数大于 3.5 的砂称为特粗砂，小于 1.0 的称为特细砂；而在英联邦国家中，对于细集料的粗细评价，是根据其 0.6 mm筛的通过百分率来区分。

若以筛孔尺寸为数轴，各级标准筛按从小到大的顺次标记为 1、2、3、…，则根据细度模数的大小可确定其在数轴上的位置，它代表了集料平均通不过的筛子数，也表征了材料的平均粗细程度。很明显，细度模数不同的材料，其级配一定不同，但细度模量相同的材料，其级配未必相同。

4. 间断级配

在很多国家，混凝土一般多采用连续级配的矿料，而一些国家则倾向于采用间断级配。所谓间断级配是指在最大粒径与最小粒径之间缺少某一级或几级尺寸的颗粒时所形成的级配，通常将 2～5 mm 或 5～10 mm 之间的颗粒筛除以实现间断。有时，当可用砂极细且缺少较粗部分时，或者露石混凝土中为获得较均匀的纹理时，也会使用间断级配。对于沥青混凝土，通常将名义上的单粒径碎石与级配良好的细集料联合使用以实现碎石与砂之间的间断，这只需保证碎石部分的最小粒径大于砂的最大粒径，确保它们之间的级配没有重叠即可。

间断级配的材料，其级配曲线中间会存在一段水平线。图 2-24 就是图 2-22 和图 2-23 中所示的砂与碎石以 0.7∶1.0 的质量比(砂∶碎石)混合得到的间断级配，由图中可看到级配的间断。图 2-25 为采用连续级配与间断级配的混凝土横断面和表面照片。由图 2-25 可见，合成矿料的级配对矿料颗粒的空间分布状态和空隙率有重要影响。当然，它们也与胶浆比例和成型方法有关。

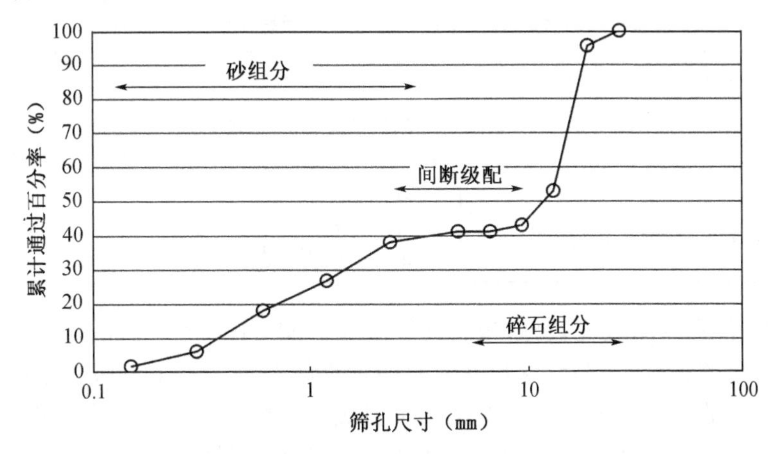

图 2-24　将图 2-22 砂与图 2-23 碎石按 0.7∶1.0 质量比混合得到的间断级配曲线

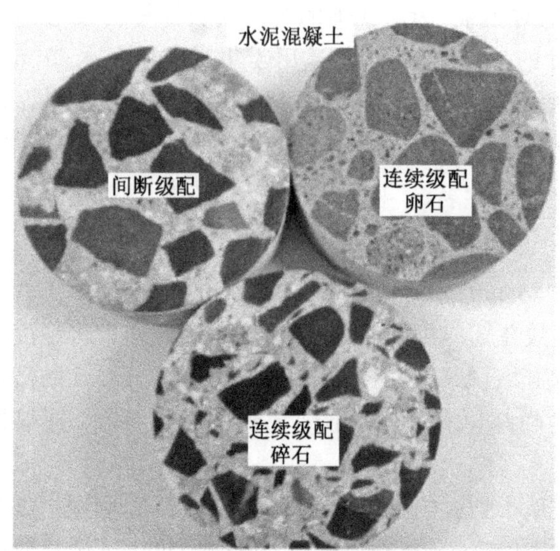

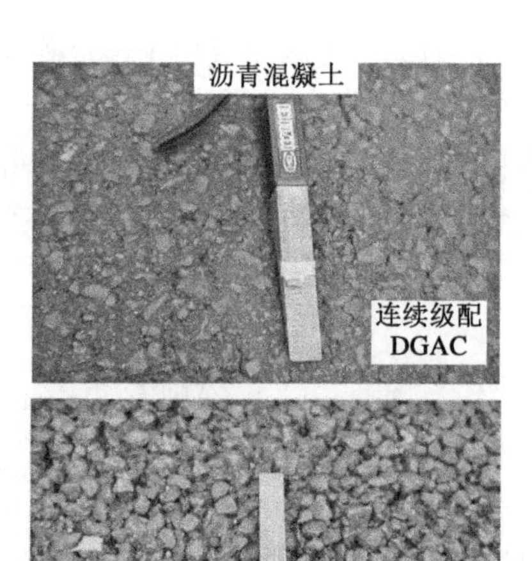

图 2-25　采用连续级配与间断级配混凝土横断面和表面照片

间断级配有不少优点。间断级配可减少集料仓的数量，这在实践中有一定的优势。间断级配更大的优势在于可有效避免粒子干涉现象。当大颗粒的间距太小不足以排布更小颗粒时，会出现粒子干涉现象。但间断级配会影响新拌混合物的流动性，因为使用间断级配的混合料，在拌制和浇注成型时离析的风险相对更高，且压实更为困难。因此，对于流动性要求较高的混合料(如坍落度大于 100 mm 的水泥混凝土)，为控制离析，一般更倾向于使用连续级配的集料，而对于泵送混凝土来说，连续级配更有优势。通常，连续级配的塑性混合物具有更高的内聚力和稳定性，这使其在许多工程中得到应用，但它不一定是最大密度的级配。使用较高密实度的级配意味着集料占据了混合料的大部分体积，这可限制胶凝材料用量，从而降低成本。表 2-9 总结了水泥混凝土使用连续级配和间断级配集料的技术优点。在实际中到底是使用何种级配类型，更多地取决于当地的实践、各自的优点和经济性考量，材料的可获得性与工期、拌和存储运输等方面的要求也许会超出性能要求方面的权重。连续级配与间断级配的沥青混凝土性能差异更大，这将在相关章节进行详述。

表 2-9　水泥混凝土中连续级配和间断级配的技术优点

间断级配	连续级配
• 颗粒间影响小 • 坍落度对含水量较敏感，有助于准确控制用水量 • 干硬性混合料对振动的响应更好	• 高坍落度混合料离析小 • 对小幅含水量变化不敏感，容易满足施工和易性的一致性要求。 • 可泵性好，尤其是在高压条件下 • 集料表面积更大，可提高抗弯强度

除了连续级配和间断级配之外，集料的级配还可能有图 2-26 所示其他类型。如前所述，单一粒径级配的集料，大部分颗粒通过某级标准筛并残留在下一级较小的筛子上。因此，单一粒径集料的大多数颗粒尺寸基本相同，其级配曲线近乎垂直。单粒径集料的渗透性好，但稳定性差，在路面工程中多用于碎石封层。开级配集料中几乎不包含小粒径的颗粒，

因为该部分颗粒会阻塞较大粒径集料之间的空隙；开级配的集料因为颗粒间隙较大，也具有很高的渗透性，但稳定性可能不高。

填料的含量对混合料有重要影响，如表 2-10 所示。对于混合体系，当填料用量达到最大密度所需量时，混合物具有优异的稳定性和密度，但可能存在渗透性不良、内聚力低不易施工等问题，对水泥混凝土而言，其抗冻性可能也较差。

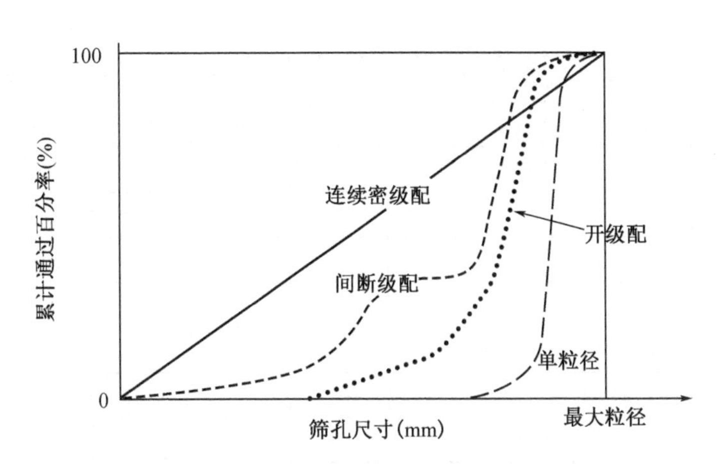

图 2-26　不同级配在 0.45 次幂级配图上的粒径分布

表 2-10　粉料用量对水泥混凝土性能的影响

特　性	无填料(开级配)	良好级配(密级配)	含大量填料
稳定性	中　等	好	差
密实度	低	高	低
渗透性	高	中　等	差
霜冻敏感性	否	可能会	是
施工操作	困　难	中　等	容　易
内聚力	差	中　等	大

5. 混合矿料的级配及相关计算

市场上集料多按规格生产和供应，单一集料的级配往往难以满足混合料的级配要求，通常需要将多种集料混合才能得到符合级配要求的矿料。混合矿料的级配计算，就是在混合矿料级配(也称为目标级配)已知的情况下，根据拟用集料的筛分结果，计算确定出符合级配要求的组成集料初步比例，其计算过程实质是求解如下方程组，

$$P_i = A_i x + B_i y + C_i z + \cdots \tag{2-20}$$

式中，P_i 为通过第 i 级筛孔的混合材料百分率，也即设计级配的目标值；A_i、B_i、$C_i\cdots$ 为 A、B、C 等各集料在第i级筛孔的通过百分率，x、y、$z\cdots$ 为待确定的集料A、B、$C\cdots$的质量比例，其总和为 1。

上述方程组可运用反复迭代的图解法、试算法或规划求解法等进行解算，表 2-11 给出了计算的示例，该表列出了规范所规定的目标级配(取规范的级配范围中值)，确定混合料级配是否满足要求。实践表明，四种集料的混合采用这种方法很容易得到解决，而使用电子表格程序则可简化这些计算。

表 2-11 混合矿料级配计算示例

粒径(mm)	细集料	粗集料 1	粗集料 2	目标级配	[2]×1.0	[3]×0.29	[4]×0.97	[6]+[7]+[8]	[9]/2.26
37.5	100	100	100	100	100	29	97	226	100
20	100	100	93	97	100	29	90.2	219.2	97
14	100	95	20	—	100	27.6	19.4	147	65
10	100	67	3	—	100	19.4	2.9	122.3	54.1
5	100	5	0	45	100	1.5	0	101.5	44.9
2.36	90.7	—	—	—	90.7	—	—	90.7	40.1
1.18	63.1	—	—	—	63.1	—	—	63.1	27.9
0.6	43.8	—	—	23	43.8	—	—	43.8	19.4
0.3	16.7	—	—	—	16.7	—	—	16.7	7.4
0.15	5.2	—	—	4	5.2	—	—	5.2	2.3
<0.150	—	—	—	—	—	—	—	—	—
[1]	[2]	[3]	[4]	[5]	[6]	[7]	[8]	[9]	[10]

当集料的混合比例确定后，可根据组成集料的性质和混合比例来推算混合矿料的性质。混合矿料的细度模数、吸水率等是各组成集料整体性质的简单加权平均值：

$$X = P_1 X_1 + P_2 X_2 + P_3 X_3 \cdots \tag{2-21}$$

其中，X 为混合矿料的特征值，X_1、X_2、$X_3\cdots$ 为集料 1、2、3⋯ 的特征值，P_1、P_2、$P_3\cdots$ 为混合料中集料 1、2、3⋯的质量百分数，其加和为 100。

上述公式适合于料堆中的所有集料均用于混合矿料的情形。有时混合矿料中只用到料堆中的某一部分颗粒，此时就必须考虑每个库存中粗集料或细集料的百分比：

$$X = \frac{x_1 P_1 p_1 + x_2 P_2 p_2 + \cdots x_n P_n p_n}{P_1 p_1 + P_2 p_2 + \cdots P_n} \tag{2-22}$$

式中，X 为混合矿料的特性值，x_i 为料堆 i 的特征值，P_i 为混合料中料堆 i 所占的百分比，p_i 为料堆 i 在特定筛子上残余或通过该筛孔的颗粒百分比。

对于混合矿料的密度或相对密度特性，按以下公式计算得到的：

$$G = \frac{1}{\frac{P_1}{G_1} + \frac{P_2}{G_2} + \frac{P_3}{G_3} + \cdots} \tag{2-23}$$

式中，G 为混合矿料的相对密度，G_1、G_2、G_3 为集料 1、2、3⋯的相对密度；P_1、P_2、$P_3\cdots$ 为混合料中集料 1、2、3⋯的质量百分数，其加和为 100。

6. 级配理论与颗粒堆垛模型

颗粒状材料可按从松散堆积到紧密堆积的各种空间排布堆积在一起，排布效果取决于颗粒的性质，特别是它们的形状、级配、堆垛方式或压实工艺。在理论上，实现颗粒状材料的紧密堆积有两种方式，如图 2-27 所示。

第一种方式为连续级配。首先实现给定大粒径颗粒的最紧密填充，然后确保大颗粒之间的空隙由较小尺寸的颗粒填充，这将导致颗粒尺寸之间的“间隙”变大，因为在一定尺寸的致密填充排列中填充空隙所需的颗粒尺寸明显小于较大颗粒。

第二种方式为间断级配。首先实现给定最大粒径颗粒的最紧密填充，然后由与空隙尺寸相匹配的颗粒填充各粒度的空隙空间，这也可以提供非常紧密而稳定的堆垛效应，此时颗粒的粒径分布为间断级配。

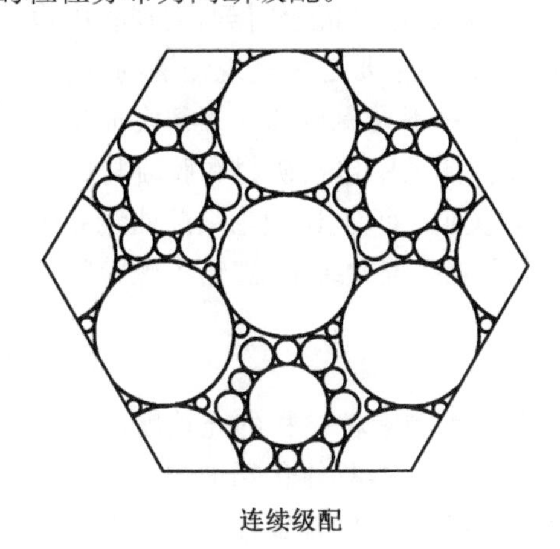

连续级配

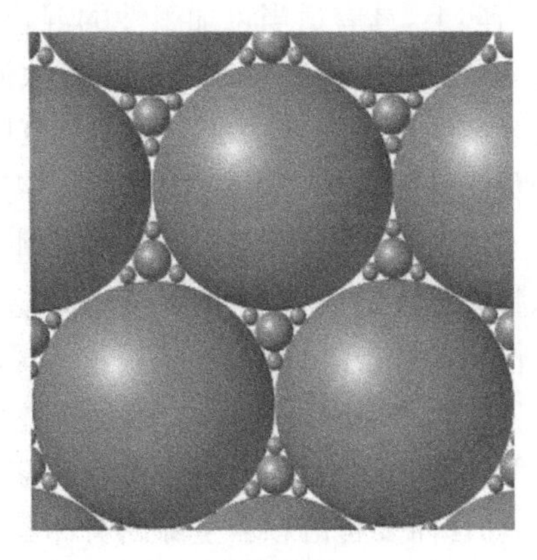

间断级配

图 2-27 两种类型级配密实堆积示意图

(1) Fuller 级配理论

Fuller 与 Thomson(1907)发现符合如式(2-24)所示的椭圆形抛物线的级配曲线所得到的矿料间隙率最小，该曲线也称之为 Fuller 抛物线：

$$P_t = \left[\frac{d}{D}\right]^{0.5} \tag{2-24}$$

该曲线后来经历改进，被推广为如下形式：

$$P_t = \left[\frac{d}{D}\right]^{q} \tag{2-25}$$

式中，P_t 为粒径小于 d 的通过百分率，D 为集料的最大粒径，q 为经验常数，$0 < q < 1$。

根据上述表达式，只要最大粒径以下的所有颗粒尺寸一定，混合物的空隙率仅取决于 q，当 q 趋近于 0 时，空隙率也接近于 0。q 为半经验性值，常用的取值范围约在 0.37～0.8。在设计上希望混合矿料的级配应尽可能密实以使空隙率最小，从而只需少量的胶浆来填充空隙。但是这种做法实际上并不可取。Powers(1968)指出，对于给定的水泥用量与集料最大粒径的组合，Fuller 抛物线级配无法给出最佳级配的预测，因此该级配对于工程师并无多大用处。Mindess 等指出，从新鲜混凝土的工作性考虑，混凝土中需要一定比例的细颗粒，并建议 100 号筛(150 μm)的通过量在 2%～10%，50 号筛(300 μm)通过率为 10%～30%。在 ASTM C33 或 CSA 23.1 中给出的推荐级配曲线均不是抛物线型。另外，随着平均粒径减小，填充密度降低。SHRP 研究表明，q 的最低实用值约为 0.45，该值被美国的 SuperPave 规范所采用。

由于 Fuller 曲线中缺少对最小粒径的控制，这会导致某些混合料的填料用量过高，从而引起不少问题。因此，有学者提出不仅要关注最大粒径，还应关注最小粒径，在此基础上提出了如式(2-26)所示的改进公式：

$$P_{d}=\frac{d^{q}-d_{min}^{q}}{d_{max}^{q}-d_{min}^{q}} \tag{2-26}$$

另有学者亦提出 K 法、K-Pn 法、分形级配理论等，在此不一一叙述。

事实上，具有适当可加工性的混合料可由很多种级配的集料混合得到，而现实中也不存在适合所有情况的理想级配。普通水泥混凝土的级配检验主要是为实现经济的混合，确保胶凝材料的用量与需水量在可接受范围，同时保证混合物不易离析和易于密实成型。而对于现代高性能与超高性能混凝土，均需要严格控制混合体系中包括矿料和胶凝材料组分在内的整体级配，以实现最佳的颗粒堆积；沥青混凝土也类似。但上述理论级配曲线并未充分考虑整体级配的因素，因为大多数理想模型仅考虑了颗粒系统的级配，忽略了颗粒间的复杂相互作用，所采用的颗粒形状也过于简单。

(2) 颗粒堆垛模型

为克服上述缺点，人们开发了许多颗粒堆垛模型来预测颗粒材料的充填度。在这些模型中，往往需要考虑颗粒空隙的分布状态和颗粒间的相互作用，具体包括细颗粒的填充效果(填充到粗颗粒之间的空隙中)；粗颗粒的占据效应(占固体体积代替多孔体积的细颗粒)；细颗粒的松散效应(当将细颗粒推入粗颗粒中的空隙时松散粗颗粒的堆积)；以及粗颗粒的墙效应(破坏粗颗粒边界处的细颗粒堆积)，如图 2-28 与图 2-29 所示。

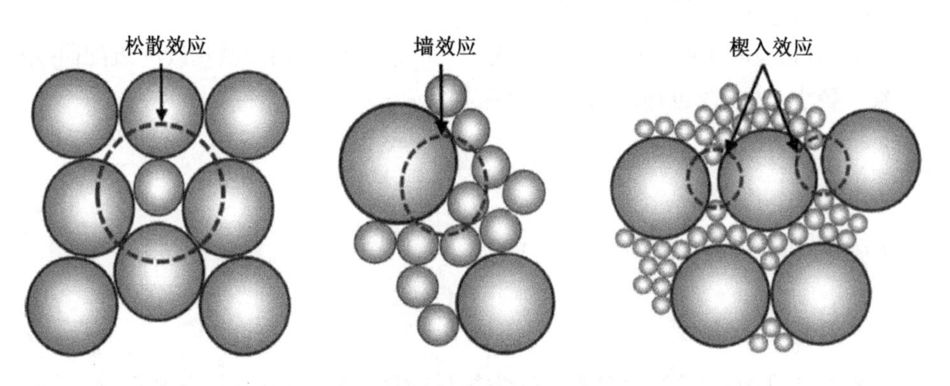

图 2-28　颗粒相互作用示意图

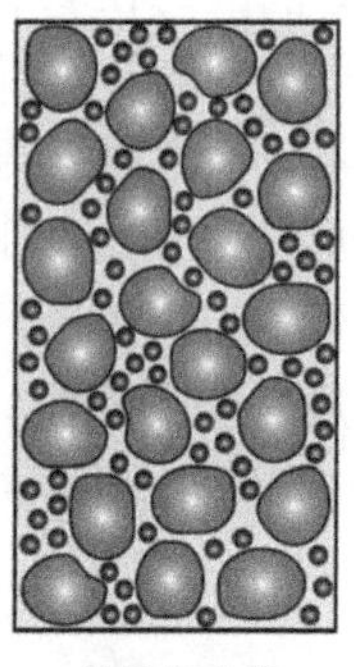
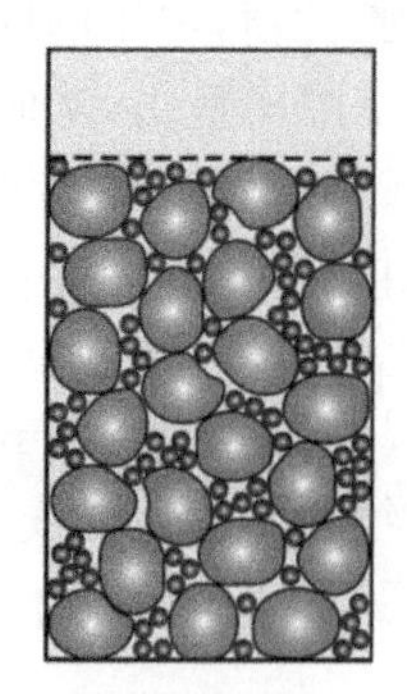
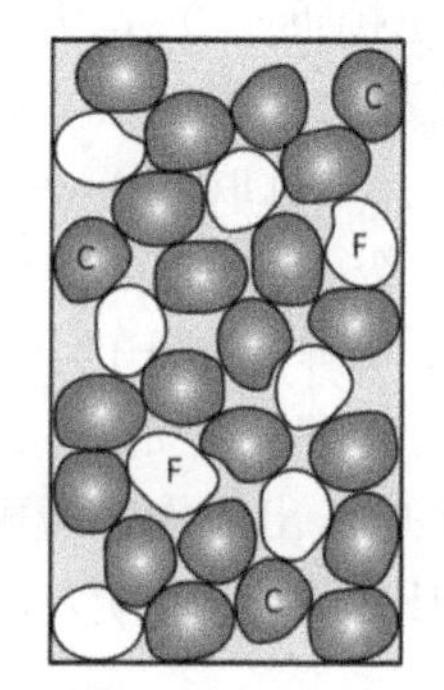

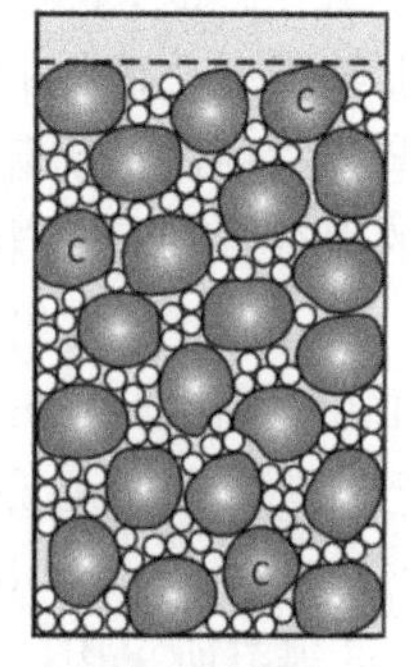

松散混合物　稳定的颗粒结构　以细颗粒替代部分粗颗粒　细颗粒部分替代后的稳定结构

图 2-29　形成稳定结构混合矿料体积变化及细颗粒集料部分替代的效应示意图

最简单的填充模型是关于堆积密度 φ(单位体积内的固体所占体积分数)和空隙率 p(单位体积中空隙所占体积百分率)的关系,$\varphi = 1 - p$。图 2-30 归纳了在水泥混凝土中常用的填充模型。在这些模型中,Powers 模型仅考虑松动效应,Aim 和 Goff 以及 Toufar 等人开发的模型考虑了墙效应,而 De Larrard、Dewar 等人的模型同时考虑了松动和墙壁效应。几乎所有的堆积模型都是基于以下几何关系:

$$\alpha_t = \begin{cases} \dfrac{\beta_1}{1 - y_2} & \text{(a) 粗颗粒主导} \\ \dfrac{1}{1 - (y_2/\beta_1)} & \text{(b) 细颗粒主导} \end{cases} \tag{2-27}$$

式中,α_t为混合物的堆积密度计算值,β_1为第 1 类(粗粒径)颗粒的堆积密度,β_2为第 2 类(细粒径)颗粒的堆积密度,y_1、y_2分别为第 1 类与第 2 类颗粒的体积分数,$y_1 + y_2 = 1$。

式(2-27a)适用于粗颗粒数量在颗粒结构中占主导而细颗粒作为填充粗颗粒物之间的间隙的状况,而式(2-27b)适用于细颗粒数量在颗粒结构中占主导而粗颗粒作为内嵌或悬浮于细颗粒物矩阵中的状况。图 2-31 显示了不同模型所预测的空隙率输出结果。由图 2-31 可见,细颗粒含量对混合体系空隙率的影响呈 V 型分布,空隙率最小的细颗粒含量与粗颗粒的最大粒径有关,这与实测结果具有良好的一致性。

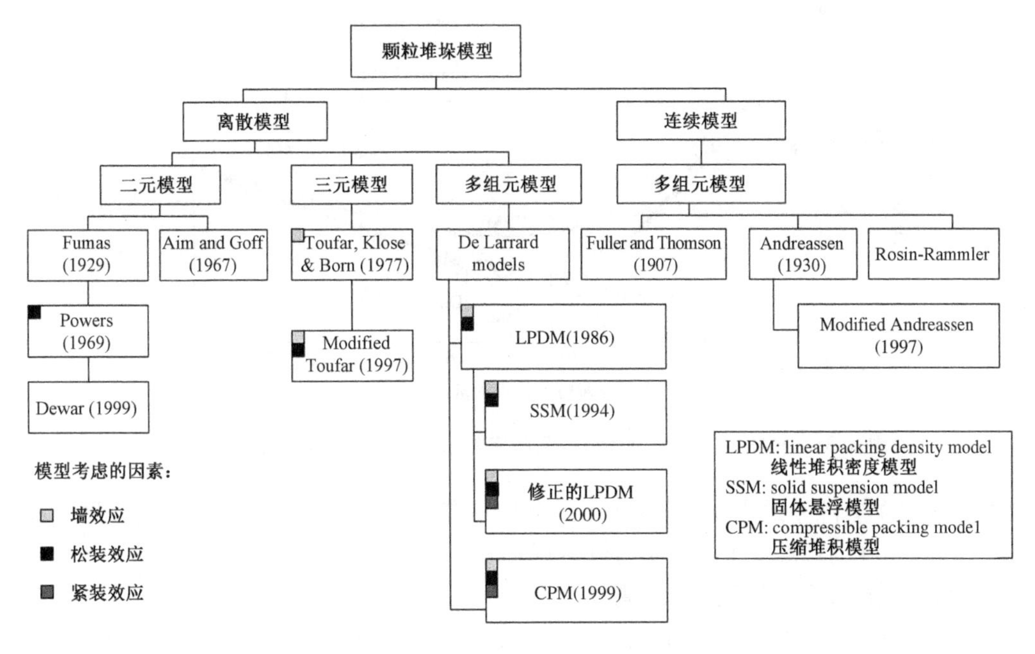

图 2-30　常见颗料堆垛模型

7. 混合料的级配设计与级配评估

在级配设计方面有突出优点的颗粒堆垛模型有 Toufar、Dewar、Larrard 等发展的模型,相应的软件包有 EUROPACK、RENE-LCPC、4C Packing、LISA 等。LPM 模型和 CPM 模型都要求已知全部颗粒材料的粒度分布,它们能计算填充密度,以及与特定压实方法下的压实指数。这些参数旨在评估不同配比的空隙率(或填充密度),由此确定最佳组合

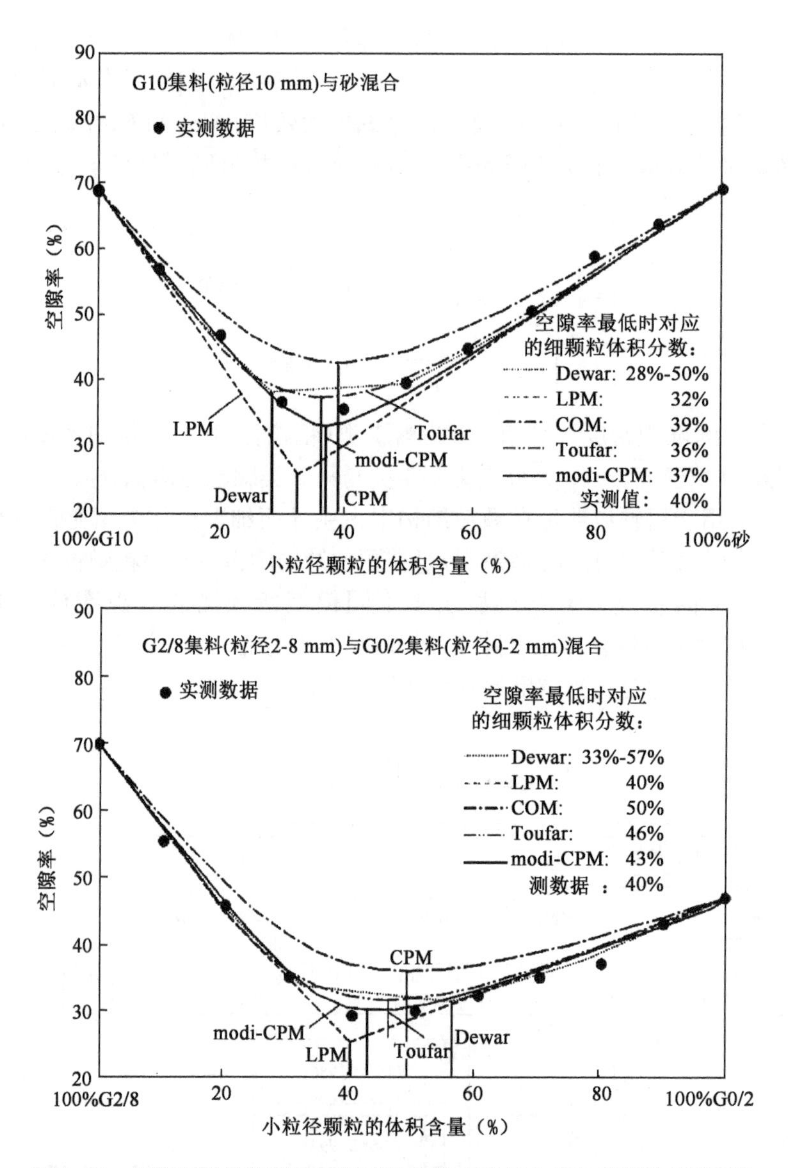

图 2-31　根据不同模型所计算得到的空隙率变化曲线与实测结果的对比

以使混合体系的空隙率最小化，同时确保混合物具有适当的可塑性。这些模型多见于高性能水泥混凝土，在沥青混凝土中尚未得到应用。

8. 颗粒形状、纹理和级配的综合影响

量化颗粒形状、纹理和级配的组合效应，可为工程应用提供可量测的指标，特别是涉及混凝土拌和物的塑性特性时，因为它们可以初步评估新拌混凝土中集料组合的可能性能。由于颗粒间的摩阻力大小和流动能力亦受这种综合效应的影响，因此，通过测量集料通过孔的流速（或单位体积集料经过特定孔的流动时间）或者受控条件集料落入容器中的空隙率，亦可间接反映这种综合效应的影响。在此基础上，再建立这些指标与混凝土设计的参数如标准用水量、沥青用量等的关联，即可评估其对混凝土性能的影响。我国公路工程集料试验规程 JTG E42 采用标准容器中集料的间隙率（T0344）或一定体积的细集料通过标准漏斗流出所需的时间(T0345)来表示这种综合效应的影响,在ASTM中相应的方法为C1252与ASTM D3398。当然,颗粒综合效应对颗粒间摩阻力的影响,也可通过约束试件的贯入试验加以评估,但目前尚未形成标准方法。

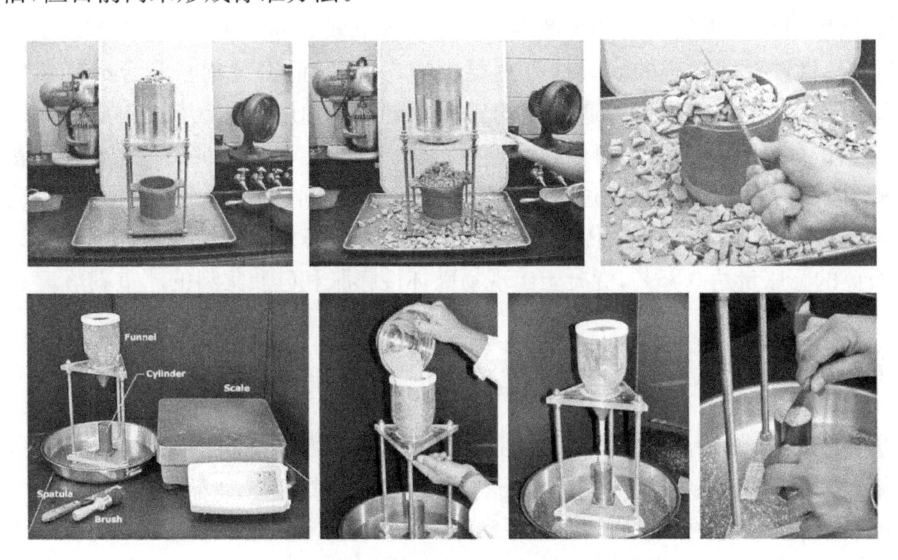

图2-32 粗集料间隙率与砂的流动时间试验照片

2.4.6 集料的体积稳定性

多数材料都呈现出热胀冷缩的特性,而集料则因亲水性和含有孔隙,在含水量或湿度变化时,也会出现收缩和膨胀的动态时变特性。集料的体积稳定性就是指这种膨胀收缩特性,它们对混凝土有着深远的影响。与温度相关的体积稳定性通常采用线膨胀系数来表示,表2-12列举了由多种岩石的线膨胀系数,它们是从母岩上钻取芯样测得的。需要注意的是,当集料存在各向异性时,还应测量体积应变和各方向的膨胀系数。

表2-12 常见岩石线膨胀系数

岩石类型	线胀系数($\times10^{-6}$/℃)	岩石类型	线胀系数($\times10^{-6}$/℃)
石英	9.5~12.8	白云石	7.5~9.5
燧石	13.2	石灰石	6.1~9.9
砂岩	11.7	大理石	4.1
玄武岩	9.3	炉渣	10.6
花岗岩	6.8~9.5		

集料的孔隙对导热率的影响与含水状态有关。干燥孔隙的导热性降低,因为干燥孔隙中充满空气,而空气是良好的隔热体;饱和孔隙也即当孔隙中充满水时,由于水的高导热性,导热率变大。因此,集料的含水量对导热率有很大影响。混凝土的导电性受孔隙率和含水量的影响也很显著,当然也与其矿物组成有相关。石英具有相对较高的电导率,而长石的电

导率则较低。石英岩集料具有高导热系数值(>3.0 W/mK),而基本火成岩和一些石灰岩显示出较低的值(<1.5 W/mK)。因此,如果需要具有高度绝缘性的混凝土,则应使用高孔隙率但相对低吸水率的集料,含闭孔的人工轻集料最容易满足这些要求。

与导热性一样,常规集料的热扩散率主要取决于石英含量。同样,比热容取决于矿物组成。集料的热性能对混凝土的耐火性有重要影响。通常,低密度集料和合成轻集料的绝缘性质和高温下的稳定性都优于普通密度的集料,因而它们比普通密度集料更耐火。天然集料中,碳酸盐的耐火性比硅质集料更好。这是因为,在接近 700~900℃的温度下碳酸盐将煅烧形成热耐性好的氧化钙层,在此过程中伴随着一定的体积收缩并释放出大量 CO_2,这使混凝土绝缘并降低进入构件核心的热传导率。而石英的热膨胀系数比钙质材料高(表 2-12),在 573℃时石英的膨胀量达 0.85%,混凝土出现易破坏性膨胀和硅质集料的严重剥落。

2.4.7 渗透性

渗透性是指材料在压力梯度下输运液体和气体的能力。集料的渗透性很重要,因为它可能影响混凝土的整体渗透性。完整岩石样品渗透率的测量取决于它们样品尺寸,后者决定了所包含内部缺陷的频率。岩石渗透系数的典型值范围覆盖从大约 10^{-10} 到 10^{-14} m/s 几个数量级。表 2-13 列出了常见岩石的测试结果,其中具有相同渗透率的硬化水泥石的当量水灰比(水泥与水的质量比)在 0.38~0.71 之间变化。这表明,通常水灰比范围内的水泥石和岩石具有相似的渗透率范围。普通混凝土对水的渗透率约在 10^{-11} 至 10^{-13} m/s 之间变化,这与岩石的数量级相当,但总体上混凝土具有更大的渗透性。

表 2-13 常见岩石渗透性以及具有同样渗透系数硬化水泥石的水灰比

岩石类型	渗透系数(m/s)	同等渗透系数硬化水泥石的水灰比
黑色火成岩	2.47×10^{-14}	0.38
石英闪长岩	8.24×10^{-14}	0.42
大理石 1	2.39×10^{-14}	0.48
大理石 2	5.77×10^{-14}	0.66
花岗岩 1	5.35×10^{-14}	0.70
砂岩	1.23×10^{-14}	0.71
花岗岩 2	1.56×10^{-14}	0.71

普通集料的渗透性通常低于水泥混凝土,但与水泥石接近。混凝土的渗透性取决于许多因素,集料对水泥混凝土渗透性的影响主要有以下几种方式:(1)在集料表面形成的界面过渡区,该区域的渗透性比硬化水泥石更高,从而增加了整体渗透性;(2)集料阻断了基体水泥石中的毛细孔通道从而影响混凝土的渗透性;(3)集料通过减小浆料的有效面积,从而降低渗透性,这对高水灰比的混凝土渗透性影响尤为明显。因此,提高集料比例会导致混凝土的渗透性随着总孔隙率降低而增加,图 2-33 显示了典型的实验结果。究其原因,集料与水泥石之间存在多孔的界面过渡区,而集料最大粒径越大,界面过渡区的影响越大。

普通水泥混凝土中集料的体积含量在 65%~75%时,这些因素的影响受集料含量的

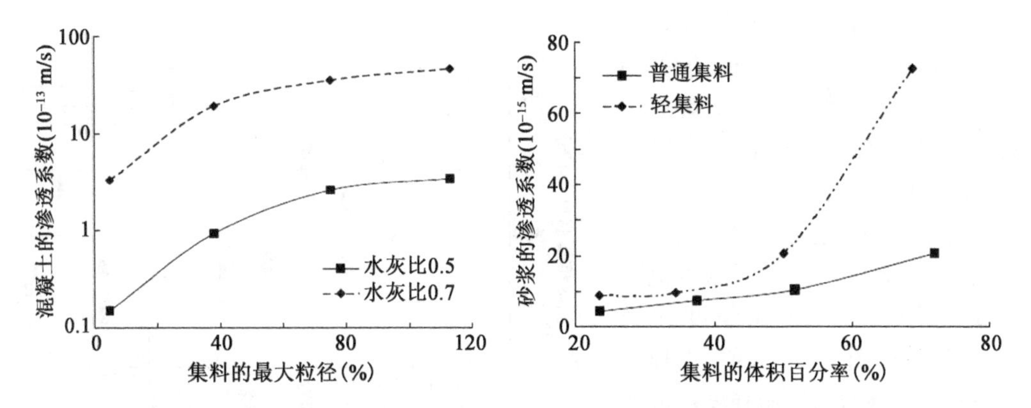

图 2-33 集料最大粒径和体积分数对水泥混凝土和水泥砂浆渗透性的影响

变化不明显。然而,对于低密度的多孔集料,因其渗透系数远高于基体水泥石,轻质混凝土的渗透率会随着其含量的增加而显著增加(图 2-33 左图)。当混凝土中的集料达到临界含量时,界面过渡区会引发渗透。当然,这既非普遍现象也不是不可避免的,因为该区域可以通过使用细微填料或通过在成熟基体中继续致密化处理来加以改善。此外,诸如裂缝和未压实的空隙等宏观缺陷对混凝土渗透性的影响通常远大于集料用量或界面过渡区的影响。

在高性能水泥混凝土中,集料的渗透性更为重要,新的趋势是使用更多具有保湿性的吸水性集料开展内养护,这有利于混凝土的硬化。渗透性对沥青混凝土的影响主要体现在对胶凝材料用量的影响上。

2.5 集料的力学特性与表征

2.5.1 岩石的强度

固体的强度通常采用规则圆柱体、棱柱体或立方体等进行测试。但绝大多数集料的颗粒尺寸较小,无法开展常规的强度测试。在需要评估集料的强度时,只能通过料源岩石强度信息进行判断。有关料源岩石强度的信息,不仅可用于评估新料源,也可为混凝土的多相模型提供必要的参数。

表征岩石特征强度的常用指标有岩芯的无侧限抗压强度和抗拉强度。岩石抗拉强度多基于圆柱或圆饼试件的劈裂试验测得,一般较少使用,而岩芯的无侧限抗压强度则最为常用。更为复杂的试验,如三轴试验等可提供更丰富的信息,但这些信息对集料来说并无太大价值。

如同所有其他天然材料一样,岩石的性质也表示出巨大的变异性,这通常是由于节理和基岩层面的特征,以及诸如裂缝或不均匀性之类的缺陷造成的。图 2-34 为南非常用集料的岩芯无侧限抗压强度测试结果。细晶粒的大体积岩石如安山岩、玄武岩和白云岩,通常具有较高的无侧限抗压强度值。粉砂岩等层状和节理岩石以及粗粒花岗岩等的强度值相对较低。岩石一旦被破碎成颗粒形状，大块岩石中存在的缺陷或裂缝可能就不那么重要了，当然，爆破和应力释放会在集料内部形成固有裂缝，这会影响相应混凝土的强度。

岩石是典型的脆性材料，抗压能力较强，抗拉能力弱，其抗压强度范围约为35～500 MPa，抗拉强度约为0.7～16 MPa。图2-34表明，工程中常用集料的基体岩石抗压强度均可达到普通水泥混凝土的数倍，甚至超过高强度混凝土。基于这一点，可用于制备混凝土的集料类型非常广泛。对普通混凝土来说，制约其强度的因素不大可能是集料的强度不足，除非该集料的抗压强度低于50 MPa。集料强度对于重载交通路段的沥青混凝土面层非常重要；对于高强混凝土，一旦混凝土强度超过80～100 MPa，选择具有更高强度的集料也变得至关重要。

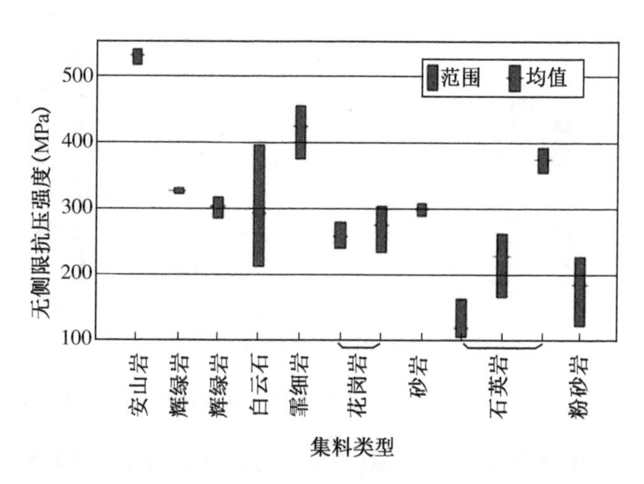

图2-34　常用岩石芯样无侧限抗压强度测试结果

2.5.2　集料的颗粒强度

由于集料以散粒体形式存在，直接测量颗粒强度更为有用。在许多情况下，满足尺寸要求的岩石芯样难以获得，因此也只能测量集料的颗粒强度。实际上，以颗粒形式测得的试验指标已成为集料颗粒强度的标准指标，它们包括：(1)集料压碎值、集料冲击值，它们都是表征颗粒状材料的强度指标；(2)洛杉矶磨耗值，这反映集料颗粒的抵抗冲击和抗磨耗能力；(3)磨光值，主要用于路面表层材料，反应集料被磨光后的抗滑潜力。

压碎值、冲击值与洛杉矶磨耗值试验的通常做法是在约束容器中对粗集料样品进行静力挤压、冲击挤压或磨耗处理，然后筛分，测定经过处理后所产生的破碎细颗粒含量。挤压时可将集料试样加载至预定载荷，或者测量逐级加载逐次筛分测定。影响测量结果的因素有集料形状、扁平比、集料内部的固有缺陷或裂缝，以及材料的固有强度。用这种方式测量的强度也给出了在运输和储存期间材料易碎性等的一些指示，因此，这些指标对集料的生产者也是有用的。当然，这些试验仅可测试粗集料颗粒的相对强弱，材料本身的固有强度未被测量，而压碎值和冲击值试验本质上与集料在混凝土基体中如何作用没有关联。

评估集料强度的另一种间接方法是将集料掺入混凝土中，测试该混凝土的强度，并与使用已知性能集料的混凝土强度进行比较。如果所测得的混凝土强度较低，则可能表明集料的强度和质量较差。这也可通过检查混凝土试样的断面来确认，因为在此情况下断面的集料颗粒通常会出现非常大比例的断裂。

1. 集料压碎值试验

将约2 kg粒径10～13.2 mm的粗集料样品分层装入厚壁钢质圆筒，对样品施加标准载荷(在 10 min 内均匀加载至 400 kN,稳压 5 s 后快速卸载),然后再用 2.36 mm 标准筛进行筛分。集料压碎值 ACV(Aggregate Crushing Value)就是经压碎产生的小于 2.36 mm 颗粒所占样品质量的百分比。较低的压碎值表示集料更不易破碎。集料的压碎值是我国路面工程用集料的主要力学指标,在英国和南非,该方法已被 10%FACT 试验取代,原因在于压碎值对强度较弱的集料(ACV 约大于 25 的集料)不敏感,它们在加载至最大载荷前已被压碎,之后为压实过程。

图 2-35 集料压碎值与 10%FACT 试验用试模和标准筛

10%FACT 试验使用与压碎值测试粒径相同的集料和试验设备,试验模具与标准筛见图 2-35。不同的是,该试验用相同的加载速率对多组样品逐级施加荷载,然后测试各工况下被压碎的细颗粒含量,最后建立压碎值与荷载水平的关系曲线,10% FACT 就是样品中被压碎的颗粒质量达 10% 所对应的荷载值,以 kN 计。该值越大表明集料越强。通常,10% FACT 值小于 50 kN 时表明集料太软弱,不适合于混凝土工程。

2. 集料抗冲击值

该试验也是采用与 ACV 试验的相同样品,在标准装置中用标准重锤从特定高度对样品进行 15 次打击。集料抗冲击值 AIV(aggregate impact value)是冲击荷载作用产生的粒径小于 2.36 mm 的细小颗粒占原始样品的质量百分比。通常认为,AIV 值小于 20%时,表明材料具有较强的抗冲击能力。该试验适用于需进行振动压实施工和服役期间表面受到冲击磨蚀的混凝土工程用集料。

3. 洛杉矶磨耗试验

尽管该试验的标题中包含磨耗二字,但它实际上是集料抗冲击和抗压碎强度的量度,因为该试验中磨耗作用主要涉及颗粒与颗粒、颗粒与钢球之间的相互撞击,以及颗粒与钢容器壁的冲击。颗粒的固有强度、内部固有的缺陷和裂缝,以及颗粒形状都会影响测试结果。稍后将更详细地讨论该方法,但是将其放在此作为粒度强度的测试是合适的。

4. 不同强度试验结果的相关性

欧洲的经验表明,对于压碎值在 14%~30%范围内和 10%FACT 值在 100~300 kN 范围内,它们有着良好的相关性,如式(2-28)所示:

$$ACV = 38 - 0.08 \times (10\%\ FACT) \tag{2-28}$$

对于单轴抗压强度与 10%FACT,它们代表了完全不同的强度试验方法,相关性较弱。目前,尚无 ACV 或 10%FACT 结果与混凝土强度之间的相关性报道,不难想象,它们的相关性无疑也非常弱。但是,即便如此,对于高强度混凝土,仍建议集料的 10%FACT 值不低于 170 kN,相应地,其压碎值应小于 24%。

2.5.3 集料的抗磨耗与磨光特性及硬度

集料抵抗磨损的能力与颗粒硬度有关，通常用抗磨耗性表示。集料在储存、拌和、压实以及服役期间都必须具有能够抵抗破碎、降解和分解的能力。

大多数混凝土工程，基本不需要了解集料的耐磨性和表面硬度。但是，当这些特性可能会影响混凝土特定性能时，把握集料的相关特性至关重要。这些场合涉及暴露于严重磨蚀环境的混凝土结构，例如与交通荷载直接接触的路面、机场跑道、铁路轨道结构，大坝溢洪道、水力消力池，输送包含砾石和淤泥的混凝土运河，繁忙的步行区，以及耐磨地板浇筑物。在生产和运输过程中，集料的耐磨性也是重要的评估因素，因为在这些过程中集料可能会受到较严酷的考验。在混凝土的批量混合、拌和、摊铺、压实成型的施工过程中，脆弱和易碎的集料颗粒可能会破断甚至粉碎，这将影响混合物的和易性并在混凝土中留下潜在缺陷。

对于服役状态的混凝土结构，所含集料颗粒的磨损发生在表面胶浆被移除后或集料出露表面时，磨损形式有摩擦、研磨、刮擦、反复冲击和水力侵蚀等。抗冲击性是一种特殊性质，也被称为集料的冲击韧性，但注意不要与后面讨论的断裂韧性相混淆。工程中一般不会评估单一集料对所有这些作用的抵抗力，实际上多是评估组合材料的耐磨性。仅当集料本身的耐磨损性能很重要时，才需要集料的耐磨性进行评估，并给出标准限值。集料的耐磨性通常采用如下两种试验来测试和评价。

1. 集料的磨耗试验

洛杉矶磨耗试验自 20 世纪 30 年代初以来一直用于评估岩石或粗集料的耐磨性。试验装置如图 2-36 所示。洛杉矶磨耗值 LA 为样品的磨耗损失质量与样品初始质量的百分比，磨耗损失质量为初始质量与排除细粒的最终质量（1.7 mm 筛孔上水洗筛余部分的干质量）之差值。ASTM C131 中涵盖的颗粒尺寸范围为 4.75～37.5 mm，C535 适用于 25～75 mm 的颗粒；JTG E42/T0317 则涵盖了 2.36～75 mm 的集料，按粒度类别分为 7 级。在试验过程中，将集料与一定数量的钢球装进带单短肋条的封闭钢桶中，钢桶按特定速率旋转一定转数；在旋转过程中集料颗粒与钢球随钢桶一起旋转，并在单短肋条转至一定高度后自由下落而形成冲击。该试验具有优于大多数冲击测试的优点，且可测试的样品量更大，因此更具代表性。

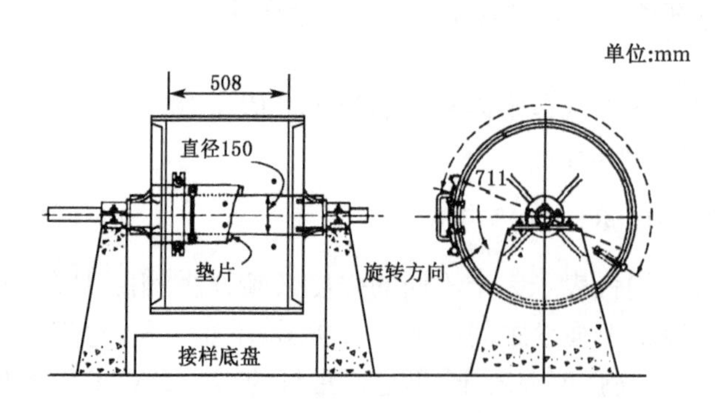

图 2-36 洛杉矶磨耗试验机

一般洛杉矶磨耗值小的集料均坚硬耐磨、耐久性好，而软弱颗粒含量多、风化严重的石料在磨耗过程中粉碎严重。ASTM C33 要求粗集料的 LA 值应不大于 50%，我国公路沥青路面施工技术规范 JTG F40 规定沥青路面用粗集料 LA 不超过 35%，而公路水泥混凝土路面施工技术规范 JTG F30 则未对用于水泥混凝土的集料 LA 值提出要求，仅对粗集料的压碎值 ACV 作了限定。实践表明 LA 值与 AIV 值有良好的相关性，因此 AIV 可视为 LA 试验的可行替代方案，同时也表明 LA 值可评估集料的抗冲击性能。

当然，也有许多学者对洛杉矶磨耗试验提出质疑，他们认为 LA 值仅可反应集料的抗机械破断能力而与混凝土中的行为没有关联，很多不满足 LA 要求的集料仍可能制备出令人满意的混凝土，它们在混凝土生产和压实过程中并不会破碎，而一些符合 LA 要求的集料在混凝土生产过程中反而出现破碎的现象。因此，他们认为使用洛杉矶磨耗试验来评估集料在混凝土的拌和、摊铺和压实过程中的劣化是不合适的。

微迪法尔(Micro-Deval, MD)试验诞生 19 世纪 60 年代，试验过程中可加入水和钢球，旨在综合评估集料的韧性、抗磨耗能力与耐久性，其原理与试件磨光前后的照片如图2-37所示。大量实践表明，Micro-Deval 试验可提供更为可靠的结果，如图 2-38 所示。该试验已成为欧美等国集料磨耗耐久性的标准方法被纳入规范，如 ASTM D6928 ASTM D7428、AASHTO T 327 或 CSA A23.2-23A 等，但我国 JTG E42 中尚未采用此方法。

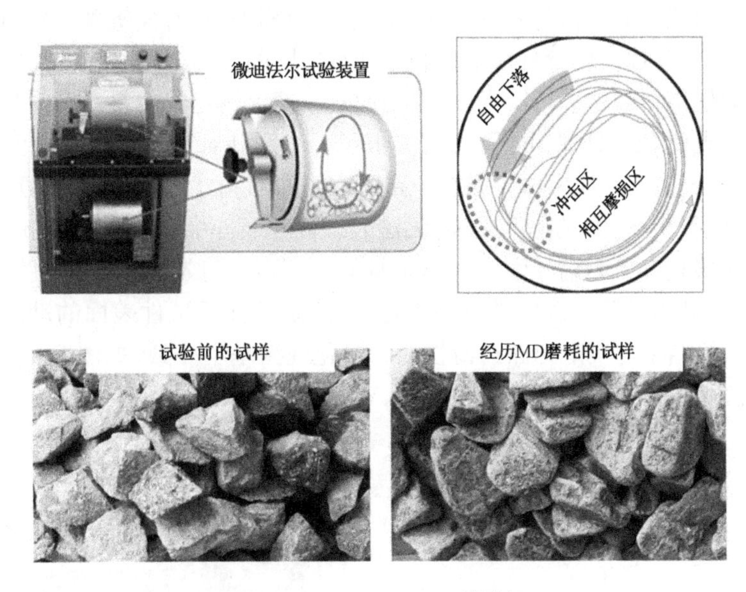

图 2-37　Micro-Deval 试验机

道瑞磨耗试验使用很少，偶尔用于评定路表集料抗车轮磨耗的能力。试验使用可旋转的铸铁或钢研磨平板与细粒石英砂对采用环氧树脂砂浆固定的预排布粗集料进行研磨，装有标准石英砂的旋转钢带对选定的粗集料颗粒进行加速磨损，然后测量平均质量损失，取 3 倍质量损失与集料表干密度之比作为试件的磨耗值指标。

2. 集料的磨光试验

与汽车轮胎直接接触的路表面，应具备足够的抗滑性能。在环境与车轮的综合作用下，路表混凝土会发生磨损和磨光，其纹理不再丰富，这将影响到路面的抗滑性能。混凝土的抗

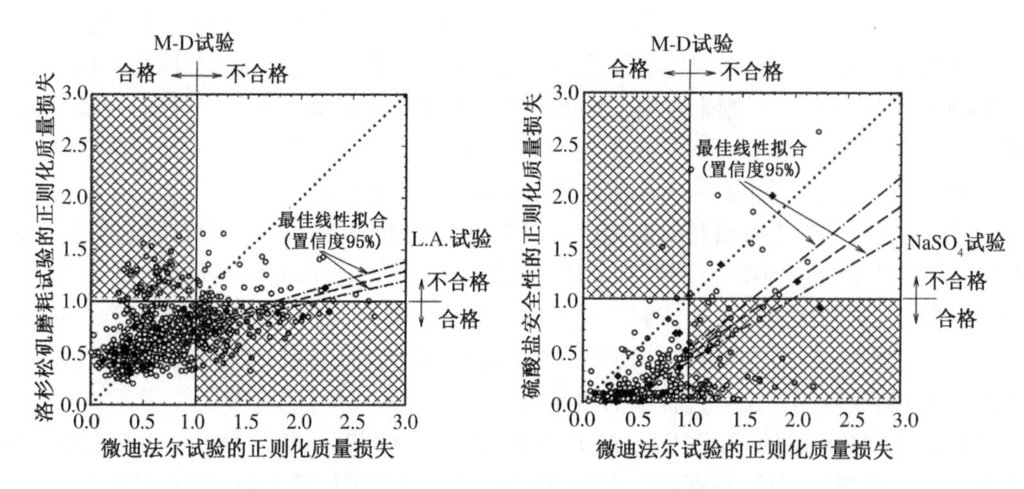

图 2-38　MD 试验与 LA 试验和硫酸盐安定性试验结果相关性比较

磨光能力主要取决于组成集料特别是粗集料的抗磨光性能；因此，评估粗集料的抗磨光性能是路面与机场跑道等表层用集料的重要工作。

材料在动态荷载下的磨损与其微观接触状态密切相关，其磨损机理一般可分为剪断、犁沟效应、研磨效应等多种。现行规范中是利用环氧树脂固结的金刚砂作为摩擦源，在加速磨光机上对密排的粗集料颗粒进行磨光，然后用摆式摩擦仪测定的集料经磨光后的摩擦摆值，称之为集料的磨光值 PSV(Polished Stone Value)。金刚砂对预排布集料的磨光作用不同于橡胶轮胎-路表的灰尘或其他固体小颗粒一路面系统间的相互作用，而摩擦摆值通常认为仅能模拟速度不高于 19 km/h 的胎路摩擦，无法表征高速行车条件下的路面抗滑性能，因此，现有的石料磨光试验多受诟病。学术界越来越倾向于以“橡胶块或原型轮胎的滚动摩擦形式＋石英粉”对集料或混凝土试件进行磨光，然后测定磨光后试件表面的动摩擦系数，这种方式所得到的试验结果与实际道路抗滑性能的演化规律基本一致，如图 2-39 与图 2-40 所示。但目前该法尚未被纳入标准试验方法中。

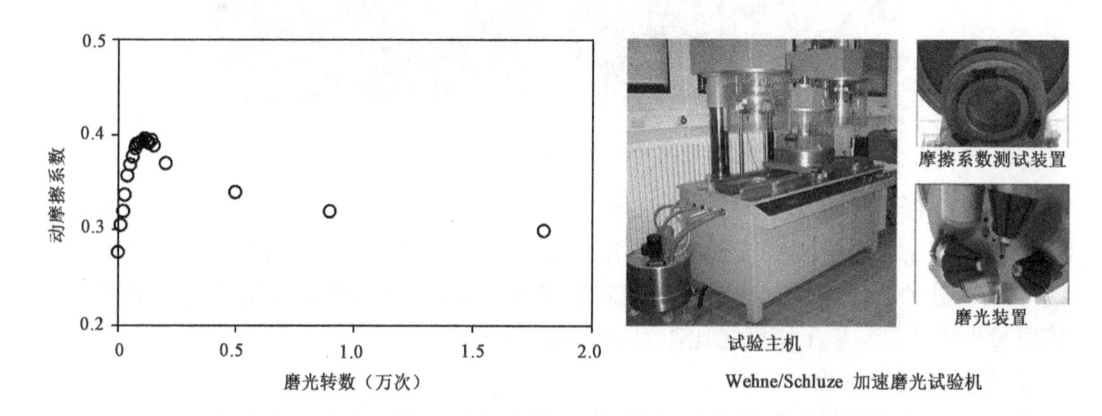

图 2-39　Wehner/Schulze 试验加速磨光试验中某沥青混合料动摩擦系数演化规律

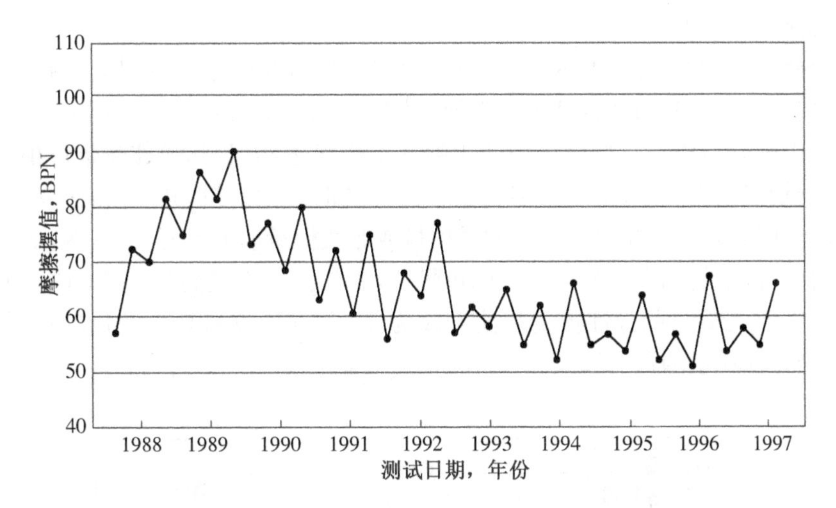

图 2-40 某公路沥青路面抗滑性能长期监测结果

3. 集料的硬度

用于抗磨耗层的集料，其表面硬度也相当重要，它决定了集料的耐磨程度。硬度定义为材料抵抗局部刮擦、或局部压痕的能力。集料的表面硬度取决于集料中各矿物晶体颗粒的硬度，因此可能在整个表面上有较大变化，由粗粒矿物组成的集料表面硬度差异更大。也基于该原因，一些晶粒较粗的集料在研磨条件下易于产生凹陷和划伤。材料的硬度可通过多种方法测量，如维氏硬度、洛氏硬度（用于压痕）、肖氏硬度（反弹）、莫氏硬度（刮擦）等。对集料而言，实用的方法还是通过前面描述的性能试验进行评定。

2.5.4 集料的断裂特性

关于集料断裂特性的测量与表征，目前世界范围内所做的工作都较少，因为这方面的参数通常在实践中无法使用。然而，基于开发混凝土强度和裂缝计算模型方面的需求，同时也为了更好地理解混凝土的复合性质，仍然需要了解集料的断裂特性。

岩石作为脆性材料，其断裂特性可以通过线性弹性断裂力学理论得到的断裂参数来表征。常用的参数有断裂韧性和断裂能，它们多通过带切口试件的慢速加载试验获得。对于集料而言，测量小的离散颗粒的断裂性质相当困难。因此，断裂试验通常在岩芯试样上进行。但读者需明白，基于岩芯的试验结果并不能完全代表集料，因为它们存在明显的尺寸效应。

2.5.5 集料的弹性模量

在工程中通常不关心集料的弹性模量。然而，新的路面力学经验设计法需要对粒料基层的模量进行估计。集料对应力的响应是非线性的，且高度依赖于围压。由于模量用于路面设计，这需根据移动荷载在路面基层所引起的应力大小和持续时间来设计动态加载方式。受约束试样的变形响应可分为可恢复变形（或回弹变形）和永久变形两部分。在计算模量时只考虑弹性部分，也即弹性模量。

集料的弹性模量对混凝土的弹模与强度都有贡献，也是理论计算混凝土弹性模量的必备参数。与集料的强度和断裂特性参数类似，对集料弹性模量的测定通常是基于岩石芯样。在混凝土中，由硬岩制成的集料多数均处于弹性工作状态，因此其弹性模量可根据应力-应变曲线的初始切线斜率确定，但对于多孔集料或非各向同性集料，其应力-应变关系状态则不一定为线性，因此其弹性模量需基于割线模量或弦线模量取值。图 2-41 为南非的几种典型集料压缩弹性模量的测试结果。由该图可见，砂岩的弹性模量高达 116 GPa，约为钢材弹性模量的 60%，而粉砂岩的弹性模量均值则仅为 25.2 GPa，仅略高于硬化的水泥石。目前关于集料拉伸弹性模量的资料极少。

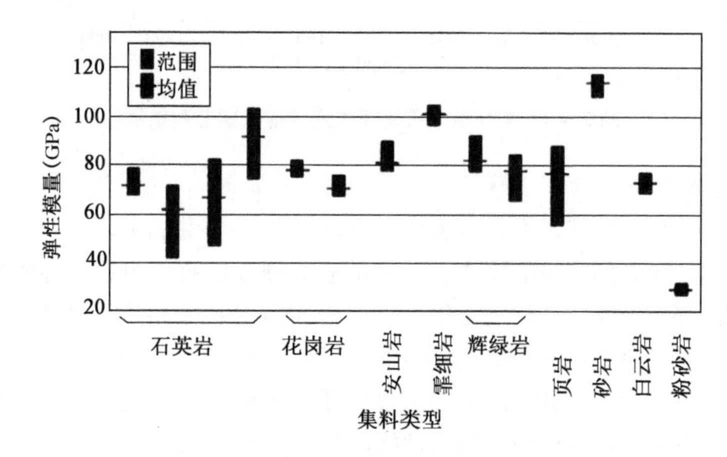

图 2-41　南非常用岩石压缩弹性模量测试结果

集料的弹性模量对混凝土的刚度有重大影响，但集料自身的强度和弹性模量之间并没有明显的相关性。因此，在集料的强度均满足混凝土需求的前提下，可通过优选低弹模的集料，来制备具有更好的回弹性或更有韧性的混凝土，降低混凝土的开裂风险。

在混凝土中，集料所处的应力水平使其产生蠕变的可能性极小，因此，关于集料的蠕变研究极少。当然，在特定情况下，集料可能会对混凝土的蠕变产生重大影响。

2.6　集料的化学性质与耐久性

集料的化学性质和抵抗化学侵蚀的能力在以下工况中十分重要：

(1) 集料成分与胶凝材料高 pH 环境（水泥基胶凝材料）或弱酸性环境（沥青等有机胶凝材料）之间的化学相容性和稳定性。

(2) 集料和水泥石之间可能存在长期化学反应，不利的碱-集料反应即是一例。

(3) 集料需抵抗外部侵蚀的能力，例如耐酸蚀能力、可溶解性等。

(4) 集料组分对水泥水化反应或聚合物固化反应的影响，例如集料中的某些有机或无机物质可能会阻碍凝结硬化过程。

普通水泥混凝土中的化学环境是高浓度碱性离子溶液，随着时间的推移绝大多数材料均会受到这种高碱性环境的影响。实际上，所有集料都与水泥水化产物发生某种形式的化学相互作用。集料与水泥石生成额外的化学键合可能对混凝土有益，但有些集料与水化产物之间会发生破坏性反应，因为反应产物通常会产生体积膨胀，这需要占据比原始反应物更大的体积，从而导致局部开裂等病害，严重影响混凝土的性能。

长期研究以及对很多历史建筑中混凝土的监测结果表明，在大多数情况下，集料和胶凝材料在化学上都是相容的，因为大多数混凝土在很长时间内均表现良好。在水泥混凝土中掺入矿渣、粉煤灰、稻壳灰、微硅粉或天然火山灰的活性混合材料可形成对敏感集料侵蚀性更小的化学环境，从而减少化学相容性问题，因此应鼓励使用这些活性材料。然而，集料或集料中的有害成分与硬化水泥石之间经常出现不相容性现象，这会导致水泥混凝土过早崩解。沥青是呈弱酸性的物质，酸性石料用于沥青混凝土时，将可能出现较严重的黏附性不足，进而引发沥青混凝土的抗水损与耐久性问题，这在工程中需要特别注意。因此，了解集料的化学性质及其与混凝土的相互作用非常重要，这将在混凝土的相关章节中描述。集料损害混凝土耐久性的另一种可能方式是向混合物中提供了有害成分，如可溶性盐、活性矿物质、软弱和易碎颗粒、有机物等，稍后将简要介绍。

2.6.1 集料的化学组成与矿物成分

常用集料的成岩矿物包括浅色系的长石质酸性矿物，如石英和长石，和相对深色的镁铁质碱性矿物，如辉石和角闪石等多种。

某些集料暴露于大气时，会发生氧化、水化或碳酸化等化学反应，这些反应可能都伴随着体积膨胀。混凝土表面局部崩裂、剥落和表面染色即来自这些效应，一个众所周知的例子就是由黄铁矿氧化产生的。当然，这种反应对混凝土造成的损坏通常是有限的，因为嵌在混凝土内部的集料不太可能受到影响。

在混凝土中，不仅集料的化学成分会影响它们与胶凝材料的相互作用，集料的矿物组成和晶体的性质也有重要影响。例如，集料中的二氧化硅多数以稳定的晶体形式（石英）存在，但偶尔也因晶格发生畸变而具有较高自由能和化学活性，使得这种成分更有可能与硬化水泥石反应，最常见的例子是众所周知的碱-集料反应。

2.6.2 集料的反应性

集料与外界侵蚀性介质的反应取决于集料的特性和侵蚀性介质的类型（酸、碱、硫酸盐或其他盐类）。表 2-14 总结了典型类型的集料与侵蚀性介质的相互作用。需强调的是，侵蚀性介质对硬化水泥石的腐蚀通常比对集料的腐蚀要快得多。另一些与集料相关的化学反应则包括集料中无水矿物成分的水化（如存在于钢渣集料中的氧化钙/镁水化）、黏土和其他矿物中的离子交换与体积变化、可溶性成分溶解、含铁化合物的氧化和水化，以及硫化物和硫酸盐的有关反应。这些可通过岩相检查等方法来检测。

表 2-14　不同岩性的集料耐侵蚀能力的描述

类型	酸性火成岩	基性火成岩	沉积岩:硅质	沉积岩:钙质(碳酸盐)	其他
代表岩石	花岗岩、片麻岩、花岗闪长岩、伟晶岩、石英闪长岩、花岗斑岩、流纹岩、粗面岩等	安山岩、玄武岩、闪长岩、白云岩、辉长岩、橄榄岩等	石英岩、砂岩、杂砂岩、长石、燧石等	石灰岩、白云石、大理石	千枚岩、片岩、角页岩、冰碛岩
酸	酸性火成岩集料一般都具有耐酸性	碱性火成岩一般都具有耐酸性能	硅质集料一般都具有耐酸性	易与酸发生反应，可作为酸性条件下的保护集料	对酸的抗性在很大程度上取决于碳酸盐的含量
碱	某些酸性火成岩可能含有易碱化的二氧化硅矿物	此类集料不含游离二氧化硅，因此一般不受碱侵蚀影响	硅质集料容易受到碱侵蚀影响，这取决于二氧化硅矿物的性质	碱侵蚀会影响某些种类的钙质集料，通常为含有黏土的集料，如某些泥质白云石灰岩或泥质钙质白云岩	耐碱性取决于二氧化硅矿物的数量和性质；上述某些岩石类型已被证实容易受到碱侵蚀的影响，特别是细集料
其他	可能对混凝土有害的化学反应包括：(1)无水矿物的水化作用，例如镁(在天然集料中并不常见)；(2)可溶性成分的溶解，例如硫酸盐；(3)铁化合物的氧化和水化；(4)涉及硫化物和硫酸盐的反应；(5)合成矿渣集料中的活性成分或含有金属碎片的集料，集料本身会对混凝土产生有害物质，例如硫酸盐				

2.6.3　集料的坚固性

坚固性 Soundness 从严格意义上讲属于集料的物理性质，此处讨论是因为它与集料的耐久性相关。坚固性大致可定义为集料抵抗因物理条件变化导致体积过度变化的能力，物理条件的变化包括冻融、热胀冷缩，以及交替的干湿变化。它涉及材料的物理能力或物理耐久性，是一种非常重要的性质，坚固性不良的集料会严重损害混凝土的性能。一般应将坚固性和集料发生化学反应所致的体积变化严格区分开来。由物理效应变化导致混凝土出现表面起皮、脱落和开裂形式的病害时，说明混凝土中所用集料的坚固性是有问题的。在混凝土中使用安全性不良的粗钢渣集料，也会导致混凝土表面局部崩裂与剥落，如图 2-42 所示，这是由于未水化的 CaO(石灰)和 MgO(方镁石)缓慢水化生成膨胀性组分所致。

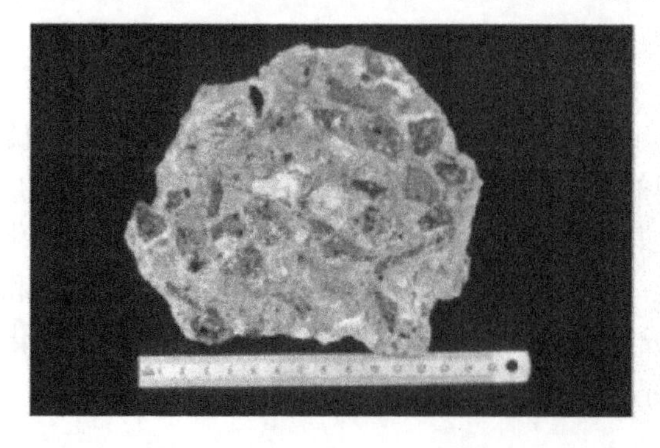

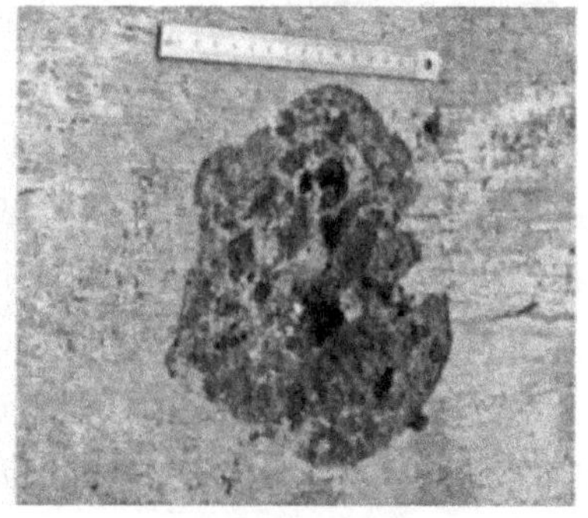

图 2-42　因粗钢渣集料化学反应导致的混凝土表面局部崩裂与剥落

由于定义不明确，坚固性很难测量，而耐久性过程的长期性也使得坚固性的测试更为复杂。因此，规范中常以多种方式间接评估集料的坚固性。例如，先前讨论的集料颗粒强度试验(ACV，10%FACT和AIV)、Micro-Deval测试等。其他间接的坚固性试验将在下面讨论。

1. 耐硫酸盐侵蚀的坚固性

该试验在1931年提出，旨在评估集料抵抗风化的能力，现已在国际上广为应用。试验时先将特定粒径的集料样品经历在饱和硫酸盐溶液中浸泡和烘箱干燥的交替循环(一般为5次)，洗涤烘干后筛分，然后测量其质量损失，坚固性以试样在各筛上的质量损失百分率表示。该试验的原理为，在硫酸盐溶液中浸泡和烘箱干燥的交替循环过程中，硫酸盐晶体在可渗透的孔隙中沉淀结晶，从而对集料孔壁施加膨胀力。试验中可使用硫酸钠或硫酸镁，后者通常在结晶过程中体积膨胀更大，因而更具侵蚀性。对于粒径大于19 mm的粗颗粒部分，通常还要进行目视检查，以描述颗粒分解情况，如剥落、裂开、破碎或颗粒崩解，并将受影响的颗粒数与初始试验时的总颗粒相比较以进行辅助判别。图2-43为某集料在硫酸盐坚固性试验前后的照片对比。

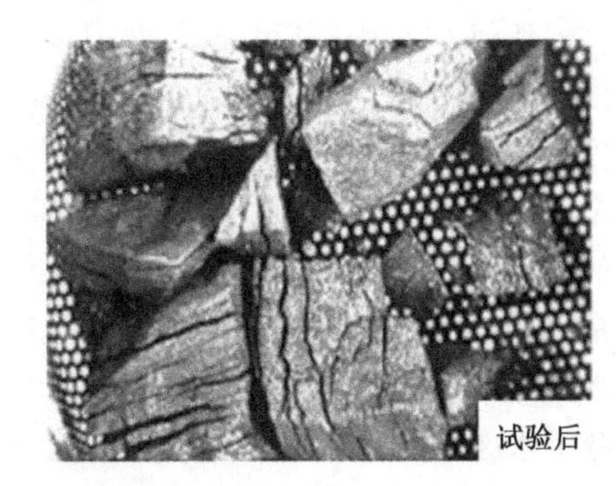

图2-43　某集料在硫酸盐坚固性试验前后照片对比

ASTM C33和我国路面施工技术规范中的硫酸盐坚固性限值列于表2-15中，这种要求仅适用于某些类别的结构物或暴露条件。符合表中限制并不一定能保证在冻融条件下混凝土中集料的满意性能，不符合限值要求的集料也不一定会导致混凝土失效。因此，这些限值仅可视为可能需要进行额外调查(如岩相检查)的指标。硫酸盐坚固性试验代表了一个严峻的环境，并非所有未通过测试的集料都不能用于混凝土。如ASTM标准规范(ASTM C33)允许在混凝土中使用超过测试规定限值的细集料和粗集料，当然，需要充分证明，在类似的使用条件下，该集料在混凝土中拥有令人满意的表现和历史数据记录。

表2-15　不同规范中对集料坚固性的限值

标准类型	5次循环后的最大质量损失(%)	
	粗集料	细集料
JTG F30	Ⅰ级:5，Ⅱ级:8，Ⅲ级:12(硫酸钠)	Ⅰ级:6，Ⅱ级:8，Ⅲ级:10(硫酸钠)
JTG F40	12(硫酸钠)	12(硫酸钠)
ASTM C33	12(硫酸钠)；18(硫酸镁)	10(硫酸钠)；15(硫酸镁)

本试验通过重新浸泡时盐再结晶产生的内部膨胀力模拟水在冷冻时的膨胀。但试验所

涉及的物理作用不仅包括盐结晶的膨胀压力，还包括由于润湿和干燥以及加热和冷却引起的崩解力，这导致试验结果包含了多种复杂的相互作用，与实际冻融所造成的损坏存在较大差别。不少学者均证实硫酸盐坚固性模拟测试与实际材料的原位冻融仅存在有限的相关性。因此，在确定集料的适用性时，不能过分依赖该试验结果。另外，该试验的数据离散度较大，试验方法的精确度相对也较差，这都是该试验的不足，需引起高度重视。事实上，学术界普遍质疑该试验能否充分评估集料抗冻性。很多国家的实践表明，硫酸盐坚固性试验不具有高选择性，试验结果与集料服役性能之间的直接相关性微不足道，当然，它可以粗略地显示受侵蚀性环境影响时集料的物理耐久性。因此，当基于该方法评估集料时，应该通过与具有类似矿物组成和地质历史的集料来进行对比评估，并且与具有经实践证明在使用中坚固性良好的集料进行同比。

2. 冻融作用机制

集料受冻融影响的程度取决于它们的孔隙结构、吸水性和渗透性能。集料冻融损伤的机制主要涉及孔隙水的冻结，某些有害黏土矿物或相关矿物（如亚氯酸盐）的存在也会引起冻融损害。任何多孔固体都可吸水，并因孔隙水的冻结受到膨胀力，膨胀力大小的控制因素是饱和度，因为不完全饱和的孔隙空间可以释放冻结压力。因此，临界饱和度非常关键。临界饱和度是指在孔结构中产生冻结压力时的最低饱和度。液态水冻结产生体积膨胀的物理特性决定了临界饱和度值的大小。孔结构简单的集料，其临界饱和度值约为91.7%，对大多数集料的孔结构更复杂，其临界水平仍接近 90%。

通常，集料中的孔隙比硬化水泥石中的毛细孔大得多，它们很容易被水填充。当孔隙不能抵抗水的冻结压力时，易受冻融损害的集料将吸收足够的水达到上述临界饱和点。集料孔隙系统中水冻结所造成的损坏，可能是由于在冷冻时水的简单膨胀或者凝冰形成引起液体流动的液压，或者两者兼有。对已达到临界饱和状态的集料，冻融损害程度取决于集料的渗透性和其内部流径的长度。从这一点来说，小颗粒的集料不太可能遭受冻融破坏。集料的临界饱和能力和渗透性都是其内部孔径分布的函数，但确切的定量关系尚未建立。在水泥混凝土中，冷冻过程中因体积膨胀，从集料中排挤出的水会通过液压破坏周围的胶浆，因此通常不大可能会造成集料的损坏。

基于这些机制，根据冻融特征可将集料分为三类：(1)孔隙率极低（通常小于约 0.5%）的集料，因冰冻膨胀所产生应变太小不会引起开裂；(2)具有足够低的渗透性和足够长流动路径的集料，在严重饱和的孔隙系统中，能够产生较高的液压，由凝冰前沿的水流产生的液压可使集料产生严重破裂；(3)具有足够高渗透性的集料，能防止液压大到足以使集料破裂（尽管由于该液压压力可能对集料周围的基质造成损坏）。

由上述分析可知，只有当集料达到临界饱和状态时，冻融问题才会显现；而非常小和非常大的孔径都不太可能引起问题。研究表明，集料的耐久性与一定尺寸范围内的孔隙体积有关，该范围下限值所对应的最小孔径约为 0.004～0.04 μm，上限值对应的最大孔径约为 0.1 μm左右。通过建立孔隙体积与孔径大于 0.004 5 μm 孔隙中值的关系，可得到预期耐久系数 EDF(expected durability factor)：

$$\mathrm{EDF}=\frac{A}{\mathrm{PV}}+B\cdot\mathrm{MD}+C \tag{2-29}$$

式中，EDF 为预期耐久系数，PV 为孔径大于 0.004 5 μm 的孔隙总体积，MD 为孔径大于 0.004 5 μm的孔隙体积的中位数，A、B、C 为常数。

当 EDF 小于 40 时，集料将存在耐久性问题。图 2-44 显示了多种集料测试结果得到的 EDF，孔系统特征位于图中曲线上方集料的耐久性差，阴影部分的集料为耐久性较好的集料。当然为更好地理解冻融破坏现象，并量化潜在的冻融耐久性，仍需要更深入的研究。

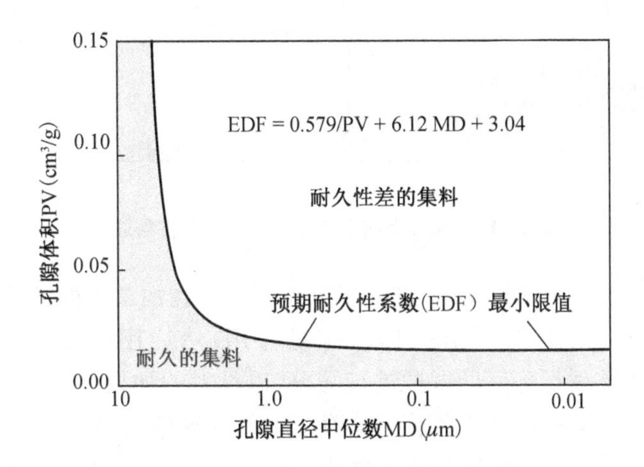

图 2-44　基于预期耐久性系数(EDF)的集料冻融耐久性分类

易冻融的集料主要有多孔燧石、页岩、一些石灰岩(特别是层状石灰岩)和某些砂岩。虽然许多其他耐用的岩石也具有高吸水率，但是实践中抗冻融表现较差的岩石，其共同特征就是它们均具有高吸水率。当然，对冻融而言，重要的不仅仅是总孔隙率，孔隙结构和孔径大小更为关键。孔径尺寸较小的孔隙比同等体积的较大孔隙更具破坏性，因为后者的凝冰压力更易释放。

另外，集料的抗冻融能力还取决于其颗粒尺寸。如前所述，无论何种冷冻速率和集料类型，集料颗粒都存在一个临界尺寸，超过该临界尺寸的颗粒，只要达到临界饱和状态，都将因反复冻融循环而碎裂或崩解失效。颗粒的临界尺寸与水能流到颗粒外部以释放冷冻压力的最长距离有关。因此，细集料通常不会直接导致混凝土的冻融劣化。具有较高的吸水率或孔隙率较大的粗集料颗粒，孔径在 0.1～4 μm 范围内时，最容易饱和并导致冻融损坏。由细小晶粒构成的低渗透性集料(例如燧石)，其临界粒度也许在正常粗集料尺寸的范围内；而由粗晶粒构成的集料，其临界尺寸可能足够大而不会产生冻融破坏。

易受冻融破坏的集料会碎裂或崩解并导致表面剥落与混凝土开裂，特别地，在水泥混凝土路面板接缝和自由边缘上会形成如图 2-45 所示的"D 型裂缝"。这主要是由于在混凝土板一侧因源源不断的湿气补给经反复冷融导致集料从混凝土内的剥离。

3. 冻融试验

尽管硫酸盐坚固试验仍然被包括中国在内的很多国家列为评估集料抗冻性的标准方法，我们仍需要清醒地认识到，基于可溶性盐结晶的模拟作用机理有别于真实的冻融作用，试验精度亦较差，并不适用于冻融评估。

关于冻融环境下集料抗冻融性能的试验方法，可参考 AASHTO T-103 和加拿大标准

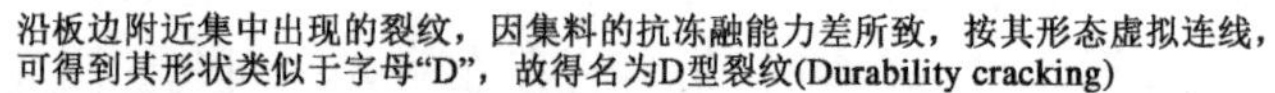

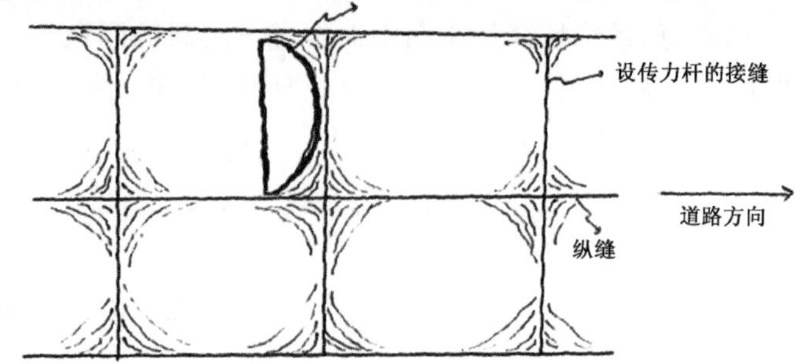

图 2-45　混凝土路面 D 型裂纹(耐久性裂纹)

A23.2-24A，这两个方法中描述非约束集料的冻融试验。在加拿大的试验方法中，饱水的粗集料首先经历－18℃与 20℃的五个循环冻融作用，然后用一系列标准筛(筛孔尺寸 40～5 mm)上对经历冻融循环后的试样进行筛分，以材料的加权平均百分比损失表征坚固性。加拿大的实践表明，多个实验室平行试验结果的变异性明显低于硫酸盐坚固性试验。ASTM C666 提供了评估加气混凝土中集料的抗冻融方法，其冻融条件为 4.4℃和－17.8℃之间的快速冻融循环。JTG E30/T0565 则为在 5℃和－18℃之间的快速冻融循环条件下的水泥混凝土的抗冻性试验方法。当然所有这些测试都是经验性的，不能轻易用作新的或未经验证的料源的接受/拒绝标准，必须结合在混凝土中的表现加以判断。最终，只有令人满意的具体服务记录才能证明总体的耐久性。

2.6.4　集料中的有害物质与盐分

集料中的许多物质可与胶凝材料发生相互作用或引起其他的非预期效果。这些成分可能来自料源自身，如软弱的风化矿物，也可能来自外部材料，如在表面沉积物中存在的有机质废料或残渣，亦可能是在集料生产与储存过程中混入的污染物，如来自储存堆基底的粉尘或与有害物质的沉积，或者是由运输过程中的污染引起，如当运输肥料、泥土的汽车被用于运载集料前未彻底清洗车厢体。通常，这些物质对混凝土用集料是有害的，可能的不利影响包括：

(1) 集料中的软弱成分是颗粒中的薄弱点，会导致颗粒的耐久性差；

(2) 妨碍集料与胶凝材料之间的物理黏结，削弱了其相互作用；

(3) 影响混凝土拌和物的和易性，因为表面的粉尘表面积大，会吸收大量的胶凝材料；

(4) 对水泥水化反应和凝结硬化产生化学干扰；

(5) 改变新拌混凝土的性能，不利于硬化材料的耐久性或强度；

(6) 易吸水膨胀或干燥收缩，有时会引起混凝土的膨胀和开裂。

集料中的有害物质通常涉及特定矿物和岩石、有机物质以及不宜在混凝土中出现的可溶性盐和其他化学物质。表 2-16 列出了有关这些有害物质的分类与测试方法。

表 2-16 集料中有害物质及测试方法索引

有害物质	对混凝土的影响	JTG E42	美国标准
有机杂质	影响水泥混凝土凝结硬化，可能会引发性能劣化	T0314、T0336	ASTM C40 (AASHTO T 21) ASTM C87 (AASHTO T 71)
小于 75μm 的颗粒	影响黏结，会增加胶凝材料用量（和水泥混凝土的需水量）	T0310、T0333	ASTM C117 (AASHTO T 11)
煤，褐煤或其他轻物质	影响耐久性，可能染色及剥落	T0338	ASTM C123 (AASHTO T 113)
软弱颗粒	影响耐久性	T0320	ASTM C235
黏土块和易碎的颗粒	影响工作性与耐久性，可能会导致剥落	T0310、T0335	ASTM C142 (AASHTO T 112)
相对密度小于 2.4 的燧石	影响耐久性，可能会导致剥落	T0337	ASTM C123 (AASHTO T 113) 、C295
碱活性	导致异常膨胀、网裂和剥落	T0324、T0325、T0348	ASTM C227、C289、C295、C342、C586、C1260、C1293、C1567

集料中夹杂的泥土对混凝土的性能影响很大。粗集料中夹杂的泥土，一般可采用水洗筛分方式确定其含量，细集料中的黏土含量通常需要采用砂当量试验检验。图 2-46 是砂当量试验的示意图。将 85 ml 的细集料和絮凝剂样品倒入量筒中并搅拌，以使得样品中的黏土从细集料中分离并在絮凝剂中悬浮；静置一段时间，因细集料比黏土沉淀速度快，在细集料和黏土之间将形成明显的界面；分别测量细集料(h_{sand})顶部和泥土顶部(h_{clay})的高度，二者之比以百分率表示即为砂当量(*SE*)：$SE = 100\ h_{sand}/h_{clay}$。

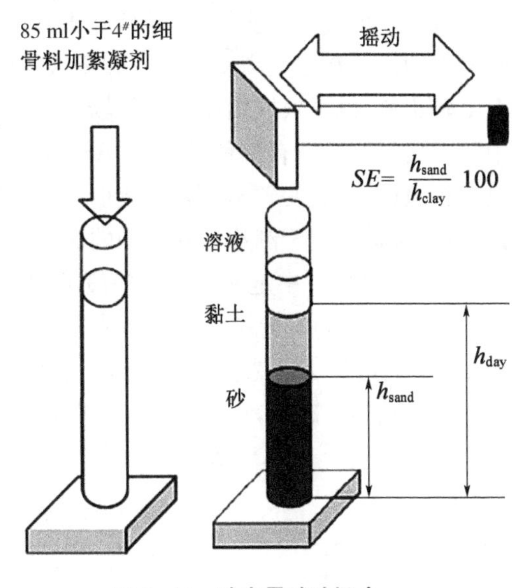

图 2-46 砂当量试验概念

在此有必要提及硫酸盐。天然硫酸盐的最常见形式是石膏($CaSO_4 \cdot nH_2O$)(n 在 0 至 2 之间变化)。石膏只是微溶，而存在集料中的其他硫酸盐如硫酸钠和硫酸镁则是易溶的。硫酸盐会化学侵蚀水泥的水化产物，特别是与水化铝酸钙反应得到三硫型铝酸钙（也称为钙矾石）。这种反应产物的体积膨胀达两倍以上，在硬化混凝土中，该反应所产生的膨胀力将远超混凝土的抗拉强度，从而引起混凝土开裂。当然，溶解度极低的某些硫酸盐如硫酸钡（矿物重晶石），它们不会导致硫酸盐侵蚀。实际上，重晶石是常用于防辐射混凝土中的重集料。受硫酸盐污染的集料是中东和国内很多盐碱地区所面临的主要问题，对这些集料应采取特殊措施并尽可能减少使用。欧洲标准建议天然集料中 SO_3的质量比应不超过0.2%，矿渣和其他人造集料中不超过 0.1%。同样，硫化物也应该受到限制，因为它们易氧化生成硫酸盐。对天然集料，建议的当量含硫量限值为1%，对炉渣和其他人造集料，限值为2%。当然，含有害物质的集料能否用于特定的混凝土结构，这取决于其性质和含量、形式和粒度分布，并且严重依赖于混凝土结构暴露的条件与美学重要性。

在本节结束前，我们再次强调，为确保集料在混凝土中的成功应用，必须正确理解集料的性质，并明白它们的限制。要在混凝土中充分发挥集料潜力，仅仅了解集料本身的性质是不够的，还需要全面评估集料在混凝土中的表现。

2.7 特种集料

本节简要介绍服务于某些特殊需求的集料，以及基于工业固体废弃物或废旧混凝土的再生集料。

2.7.1 轻集料

轻集料也称为轻质集料，是指堆积密度小于1 200 kg/m^3 的天然或人工多孔轻质集料。轻集料的特征在于其高度多孔或蜂窝状的微观结构。它们可以根据来源分为天然轻集料和人工轻集料，也可根据用途和使用场合分为用于结构混凝土、混凝土砌块和用在绝缘混凝土中的轻集料。在所有三种场合中，ASTM 标准都指出，轻集料主要由轻质蜂窝状和颗粒状无机材料组成，这表明软木、锯末、废旧塑料、废旧橡胶等材料被排除在外，但在后面我们将提到，有机材料可用于制造某些类型的混凝土(表 2-17)。

ASTM C330 中定义了以下一般类型的轻集料：

(1) 通过膨胀、造粒或烧结高炉渣、黏土、硅藻土、粉煤灰、页岩或板岩等产品制备。

(2) 通过加工天然材料(如浮石、凝灰岩)制备。

对于混凝土砌块，ASTM C331 清单中增加了由煤或焦炭燃烧的最终产品制成的集料，而对于隔热混凝土，ASTM C332 进一步增加了通过膨胀珍珠岩或蛭石等制备的集料。

表 2-17 轻质集料按材料来源分类

类别	原材料来源	主要品种
天然轻集料	火山爆发或生物沉积形成的天然多孔岩石	浮石、火山渣、多孔凝灰岩、珊瑚岩、钙质贝壳岩等及其轻砂
人造轻集料	以黏土、页岩、板岩或某些有机材料为原料加工而成的多孔材料	页岩陶粒、黏土陶粒、膨胀珍珠岩、沸石岩轻集料、聚苯乙烯泡沫轻集料、超轻陶粒等
工业废料轻集料	以粉煤灰、矿渣、煤矸石等工业废渣加工而成的多孔材料	粉煤灰陶粒、膨胀矿渣珠，自燃煤矸石、煤渣及其轻砂

表 2-18 列出了常用轻集料的一些基本性质。应该注意的是，任何类型的轻集料都会表现出较宽泛的性质，这取决于所采用的加工工艺，以及母体材料的确切来源和性质。相应

地，由轻集料配制的轻质混凝土，其性能范围也非常宽，如图 2-47 所示。

表 2-18 部分轻集料性质

集料种类	干容重（kg/m³）	质量吸水率（%）	来源
膨胀页岩、黏土、板岩	550～1 050	5～15	PN
泡沫矿渣	500～1 000	5～25	S
烧结粉煤灰	600～1 000	14～24	S
剥落蛭石	65～250	20～35	PN
膨胀珍珠岩	65～250	10～50	PN
浮石	500～900	20～30	N
膨胀玻璃	250～500	5～10	S
膨胀聚苯乙烯珠	30～150	—	S
砖瓦砾	～750	19～36	S
普通碎石(用于比较)	1 450～1 750	0.5～2.0	N

注：PN—经过加工的天然材料；N—天然材料；S—合成材料。

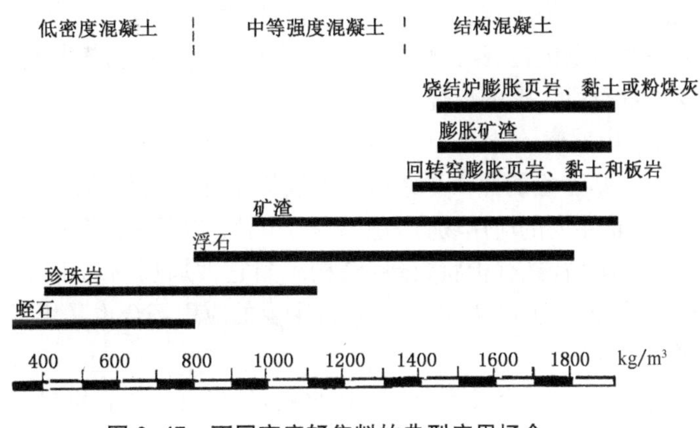

图 2-47 不同密度轻集料的典型应用场合

1. 天然轻集料

天然轻集料是在火山喷发过程中，岩浆经过膨胀和急冷固化后形成的具有多孔结构的玻璃质岩石，如浮石、火山渣、泡沫熔岩和凝灰岩等，它们的主要区别在于孔隙结构不同。浮石(Pumice)一般为浑圆形颗粒，包含互相连通的管状孔隙网络，孔径约 1～10 μm；火山渣往往含有更多的球形空隙；凝灰岩(由火山灰黏合在一起形成)具有不规则的孔结构。可以将这些材料破碎筛分以获得所需的级配。这些材料主要是用于制备轻混凝土，如罗马的万神殿，它的穹顶是包含浮石的混凝土。现存的万神殿建于公元 120 年左右，至今仍在服役，这证明了轻质混凝土的潜在耐久性。需注意的是，火山渣中通常含有泥土、灰尘、硫化物和硫酸盐等对混凝土性能产生不利影响的有害成分，使用前应经过冲洗筛分等处理，硫化物和硫酸盐含量高的轻集料则不应使用于混凝土中。

2. 人工合成轻集料

天然轻集料在地理分布上相当有限，工程中所用的大多数轻集料是经过特殊加工处理后的天然材料或合成材料，它们也称为人造轻集料。其生产原料主要有：(1)天然原料，如黏土、页岩、珍珠岩、蛭石等；(2)工业副产品，如玻璃珠等；(3)工业废料，如粉煤灰、煤渣和膨胀矿渣珠等，生产工艺一般包括原材料加工、成型、焙烧、冷却、筛分等工序。

结构混凝土中最常见的轻集料是烧结的膨胀黏土、板岩或页岩，因为这些原材料较普遍。膨胀黏土、板岩或页岩可视为一类，它们的性能表现基本相同。原料经破碎或研磨后再造粒成所需的尺寸，然后加热到大约 1 000～1 200℃呈部分熔融状态，由于颗粒中自包含的或者人为添加的少量有机材料燃烧快速产生气体，此时材料如爆米花般膨胀至其原始尺寸的几倍。气体在部分熔融体内膨胀的同时，外侧不透水的黏性熔融层阻止了气体过快地逸出，大量气泡被封闭在材料内。最后将包含大量气泡的材料压碎后筛分以获得所需的级配。

膨胀(或发泡)高炉渣通过处理来自高炉的熔融底渣得到。熔融底渣在约 1 500℃的温度下排出，往底渣中注入一定量的水或蒸汽与压缩空气使其被溶融熔渣捕获，得到看起来像浮石的多孔炉渣。然后，将材料压碎并筛分即可。与粒化高炉渣不同，焖料发泡过程使多孔炉渣活性大为降低。如果熔渣是在旋转的滚筒中用水膨胀，然后向空气抛出，则所得产物是粒状膨胀炉渣。这种产品无需破碎，而颗粒表面光滑，密度比发泡高炉渣低得多。

烧结的粉煤灰是通过从粉煤(优选烟煤)燃烧产生的粉煤灰，通过加入水使粉煤灰造粒，然后在约 1 200℃下烧制得到。该温度不足以使颗粒完全熔化，但允许粉煤灰聚结成较大的颗粒。由于粉煤灰本身为细小颗粒，并且通常自身含有足够的碳可降低燃料成本，这使得烧结的粉煤灰成为一种质量优良、经济性好的轻质集料。烧结的粉煤灰包含蜂窝状孔结构，这是由于水的蒸发和自身所含碳的燃烧所致。

珍珠岩是一种火山玻璃，结构中含有约 2%～6%的水。当它迅速加热到约 1 800℃时，水从矿物结构中分离出来，产生的蒸汽导致材料内发展出蜂窝状孔结构。珍珠岩集料的密度非常低，使用极为广泛，最主要的应用场合为用于绝缘隔热，以及保护钢免受火灾的影响。

蛭石是一种黏土矿物，具有板状、分层结构。当它被加热到约 1 000℃时，层间水汽化，使其膨胀(或剥落)，最大膨胀可达 30 倍。它最主要的应用场合也是用于绝缘混凝土。

3. 有机集料

虽然上面引用的 ASTM 定义不包括有机材料，但仍有一些有机材料被广泛使用。

多年来，锯屑一直被用作轻质集料，用于瓷砖和砌块等产品。由于原木屑含有糖、单宁和各种其他有机化合物，这些化合物会干扰水泥的凝固、含水量与耐久性，因此，木屑必须以某种方式进行预处理，以消除这些有害影响。即便如此，木材颗粒在润湿时也会膨胀，这可能导致周围水泥石的开裂。

膨胀聚苯乙烯珠(或其他低密度塑料)实际上是泡沫树脂。虽然生产成本高，且难以均匀地掺入混凝土中，但它们也用于某些应用的绝缘混凝土中，其最大粒径约为 4 mm。大块的泡沫塑料板在道路工程中被经常用于需要减轻恒载的特殊路段，如用于填筑轻质路基或处理桥头跳车的台背回填。

将废旧塑料和废旧轮胎橡胶加工成的不同尺寸规格的粗、细颗粒，如图 2-48 所示，也可作为集料用于混凝土或混合料中，如用于完全替换或部分替换细集料的橡胶混凝土 Rubcrete、多孔弹性路面、用于抑制冰雪的自应力路面等；为了增强基层材料的抗裂性，橡胶颗粒也可掺入半刚性基层材料中部分取代集料。应当指出的是，这些材料的弹性模量通常比基体材料低，它们受应力作用时的变形通常较大，未经表面处理时它们与基体材料的黏结也是个问题，这些都对混凝土的强度、抗裂性和耐久性存在显著的不利影响。

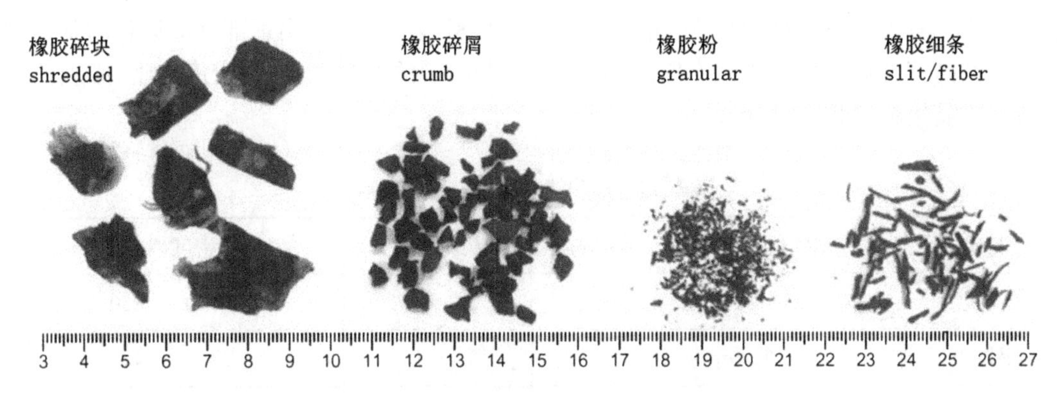

图 2-48 废旧橡胶集料常见颗粒形态

4. 轻集料的测试

上面描述的各种轻质集料,它们的形状和结构都是高度可变的,这取决于特定的材料类型及其加工方式。因此,它们的工程特性也是高度可变的。这意味着很多针对常规集料开发的一些测试方法不再适用,因此有必要对轻集料进行专门的测试。

许多轻集料具有丰富的棱角或形状高度不规则,这可能对拌和物的工作性以及新鲜混凝土的终饰性能和泌水特性不利。在这种情况下,可采取与普通混凝土相同的补救措施,如加大引气量(可高达 10%)、使用矿物掺合物如粉煤灰,或用更光滑的普通砂全部或部分替代细轻质砂。当然,轻集料的级配特性与普通集料的相似,可以通过筛分试验确定。

由于结构多孔,轻集料吸收液体的能力往往很高。在设计含轻集料的混凝土时,需要采用改进的方法,以考虑被吸收部分的影响,因为并非所有被轻集料吸收的混合水都可用于可加工性或水化作用。因此,轻集料混凝土设计的经验性更强。当然具体细节超出了本书的范围,有兴趣的读者可以查阅相关技术指南或工具书。

轻集料的吸水率很难测量,因为它们的高度不规则和囊泡状表面使得难以实现表面干燥与饱和面干状态。还应注意的是,轻集料的相对密度通常会随着集料颗粒尺寸的减小而增加,因此,即便集料的类型不变,其级配的变化预计都会改变吸水率。更为复杂的是,如果轻集料颗粒在混合过程中破裂,它们可能暴露出具有更大吸收性的内部孔隙系统,这将使得有效吸收能力迅速增加从而降低混凝土拌和物的工作性。

使用如洛杉矶磨损试验等常规集料强度的测试方法无法充分估算轻集料的强度。轻集料混凝土的强度与这些试验结果之间无明显相关性。因此,为了评估不同轻集料对混凝土强度的影响,有必要对其他条件相同的混合物进行同比。

在其他方面,轻集料通常可以像普通集料一样进行测试和使用。但在混凝土的混合、运输和浇筑成型期间,轻集料极易产生离析,因此要得到均匀的混合物通常都非常困难。而在混凝土浇注完成后,密度低的轻集料颗粒易向表面浮起,这将对终饰工序形成干扰。所以,在生产和浇筑轻集料混凝土时,需要更加注重细节。

2.7.2 重集料

重集料(也称为高密度集料)主要用于屏蔽辐射的混凝土工程,但它们偶尔也用于配重混凝土中。重集料为相对密度较高的天然或合成材料，表 2-19 列出了部分重集料的基本性质。天然高密度集料可用于生产密度达约 4 000 kg/m³ 的混凝土；在此密度之上，必须使用合成的重质集料，如钢质集料。

表 2-19　屏蔽辐射建议采用的集料

材质	主要化学组成	分类	相对密度	堆积密度(kg/m³)
针铁矿	$Fe_2O_3 \cdot H_2O$	N	3.5～3.7	2 100～2 250
褐铁矿	含杂质的 Fe_2O_3	N	3.4～4.0	2 100～2 400
重晶石	$BaSO_4$	N	4.0～4.6	2 300～2 550
钛铁矿	$FeTiO_3$	N	4.3～4.8	2 550～2 700
磁铁矿	Fe_3O_4	N	4.2～5.2	2 400～3 050
赤铁矿	Fe_2O_3	N	4.9～5.3	2 900～3 200
磷铁	$Fe_2O \cdot P_2O_3$	N	5.8～6.8	3 200～4 150
钢	Fe、C(废钢铁冲屑)	S	7.8	3 700～4 650

注：N—天然，S—人工合成。

在设计屏蔽辐射的混凝土时，必须考虑伽马射线和中子这两种类型的辐射。表 2-20 提供了建议用于辐射屏蔽的集料列表。屏蔽伽马射线，使用普通重质集料即可。快中子的衰减也需要使用高密度材料，而含氢原子的材料对中等和慢速中子的吸收更好。为达到这一目的，混凝土需要约 0.45%的氢含量，相当于约 4%重量的水。但是，完全干燥的混凝土缺少足够的水，因此需要含有一些含氢的集料，含硼元素的集料特别适用此种工况。

表 2-20　一些用于屏蔽辐射混凝土重质集料的基本性能

集料种类		相对密度	屏蔽能力
天然材料	铝土矿	～2.0	快中子(H)a
	蛇纹石	～2.5	快中子(H)
	针铁矿	～3.5	快中子(H)
	褐铁矿	～3.5	快中子(H)
	硼钙石	～2.5	中子(B)b
	硬硼钙石	～2.5	中子(B)
	重晶石	～4.2	伽马射线
	磁铁矿	～4.5	伽马射线
	钛铁矿	～4.5	伽马射线
	赤铁矿	～4.5	伽马射线

（续表）

集料种类		相对密度	屏蔽能力
合成材料	重矿渣	～5.0	伽马射线
	磷铁	～6.0	伽马射线
	硅铁合金	～6.7	伽马射线
	钢打孔或抛丸	～7.5	伽马射线
	硼铁合金	～5.0	中子(B)
	碳化硼	～2.5	中子(B)
	硼熔块	～2.5	中子(B)

注：a—氢中和，b—硼中和。

重质混凝土通常也需要在配合比设计和浇注方面加以特别考虑。重质混凝土混合物往往是粗糙的，因此需使用数量较多且更细的砂，以及比普通混凝土通常更多的胶凝材料来确保工作性和黏结性。因集料的相对密度高，混合物更易离析。粗细颗粒都使用重质集料有助于降低离析倾向，而使用预先排布集料的方式则可最大限度地减少这些混凝土的离析和干燥收缩。除此之外，重质混凝土可按普通混凝土大致相同方式进行配合比设计，它们的强度性质也与普通混凝土的强度性质相似。应该注意的是，一些重质集料如褐铁矿的强度相对较低，另一些高密度集料直接在暴露于外界环境或受磨蚀力作用时耐久性不足。最后强调的是，当使用铁质或钢质集料时，建议在使用前允许略微生锈，以增进它们与水泥石的黏结强度。

2.7.3 工业固废集料

伴随着社会的高速发展，世界各国均产生了数量巨大的工业废料。相比发达国家，工业固体废弃物在我国的情况要严峻得多。长期以来，中国经济的发展都是以较为粗放的资源消耗型模型为主，这导致产生大量的废弃物。据不完全统计，中国每年排放的工业固体废弃物达十几亿 t，其中因拆除建筑产生的固体废弃物达 2 亿 t 以上，新建建筑产生的废弃物约 1 亿 t，另外，还有每年总产出量超过 20 亿 t 以上的尾矿料与大量的煤矸石、钢渣等工业固体废弃物。目前我国对固体废弃物的综合利用率不足 40%，与发达国家的 70%～80%的利用率相距甚远。这些数量巨大的工业固废给企业和当地政府带来沉重的负担，它们占用了大量土地，同时也给当地的生态环境带来了巨大压力，无害化处理需巨额费用。土木工程结构对集料的需求量巨大，解决好固体废弃物的高效综合利用将是当前及未来相当长时间内材料和土木工程领域的重大课题，也是实现低碳绿色和可持续发展的必然选择。

1. 旧水泥混凝土再生集料

再生混凝土集料是从拆除的旧混凝土结构或旧水泥混凝土路面中回收的混凝土，经加工处理后的再生集料。其加工处理过程与天然集料类似，一般涉及：二级破碎、去除污染物质（如钢筋，模板残余物，石膏板和其他异物等）、筛分分级、冲洗和烘干。再生混凝土集料颗粒绝大部分为表面附着部分废旧混凝土的次生集料，少部分为与废旧砂浆完全脱离的原生集料，另有一部分为废旧砂浆颗粒。与原生天然集料相比，再生混凝土集料的棱角更丰富，表面更粗糙多孔，比表面积也更大，针片状颗粒含量通常较低，但其耐磨损性差。因水泥砂浆的吸水性强，加之在破碎加工过程中内部往往会产生大量的微裂纹，再生混凝土集料的孔隙率高，吸水性更大，吸水速率也快得多，极易吸水饱和，而细颗粒再生料的吸水率与吸水速率均远大于粗颗粒。另外，再生混凝土集料的颗粒来源与组成复杂，其强度等性能指标的变异性大。通常，粗颗粒的再生混凝土集料可用于混凝土工程，但需要关注对强度、工作性和耐久性方面的影响。对于细颗粒的再生混凝土集料，通常含有相当数量的旧水泥浆和砂浆，它们往往会增大新混凝土的干燥收缩和蠕变变形，同时导致混合物的稳定性和混凝土的强度问题。因此，RILEM 报告建议任何小于 2 mm 的颗粒应予丢弃。BS 8500-2 则更进一步，不允许在混凝土混合物中使用任何细颗粒的再生混凝土，如表 2-21 所示。

表 2-21　BS 8500-2:2002 中对再生混凝土粗集料和再生集料成分要求

技术指标	再生混凝土粗集料 RCA	再生集料 RA
级配	与 BS EN 126020 中天然集料相同	
最大含石量(%)	5	100
最大细颗粒含量(%)	5	3
密度低于 1 000 kg/m^3 的轻物质最大含量(%)	0.5	1.0
最大沥青含量(%)	5.0	10.0
最大其他杂质(如玻璃、塑料、金属等)含量(%)	1.0	1.0
最大酸溶性硫酸盐含量(%)	1.0	1.0

通常，水灰比相同时，再生集料混凝土的抗压强度可能比天然集料混凝土的抗压强度低 8～10 MPa，该差异可通过小幅降低水灰比来弥补；其他工程特性的影响如表 2-22 所示。

表 2-22　由天然集料及普通砼再生粗集料所制备混凝土的工程性质和耐久性

技术指标	天然集料	再生集料的含量(%)		
		30	50	100
28 d 立方体强度(MPa)	41.5	40.5	37.0	41.0
28 d 抗折强度(MPa)	4.9	4.8	4.6	4.9
弹性模量(GPa)	27.5	28.0	25.5	27.0
干缩应变($\mu\varepsilon$)	565	570	630	639
初始表面吸水率($mL/m^2/s\times10^{-2}$)	29	31	47	35
透气性($m^2\times10^{-7}$)	2.7	3.8	143	6.6
碳化深度(mm)	13.5	13.5	16.5	12.5
磨损深度(mm)	0.61	0.65	1.02	0.72
冻结/解冻耐久性系数(%)	97	98	96	97
氯离子扩散系数($cm^2/s\times10^{-6}$)	1.16	1.17	—	1.05

最新研究成果表明，对于28 d抗压强度在20～40 MPa的中等强度混凝土，就混凝土混合料的工作性和混凝土硬化后的强度而言，使用再生混凝土制成的集料（包括粗集料和细集料）的效果与使用普通天然集料无显著区别。而使用再生混凝土制成的集料替换20%的天然集料时，不单单是强度，还有混凝土的吸水、总孔隙体积和碳化情况甚至相对更优。当然，一般情况下，含再生集料的水泥混凝土其吸水率均高于普通水泥混凝土，但前者的密度也更低。为拓宽再生混凝土的应用范围，可以通过对再生粗集料进行强化和预处理、改善颗粒形状、去除表面附着的水泥砂浆、减小孔隙率等措施来提高再生集料的性能，同时针对再生集料的特性优化含再生集料的混凝土的生产工艺。

旧水泥混凝土能否回收再利用，可根据其来源、使用环境、设计强度等级、暴露条件和碳化程度加以确定。我国《再生骨料应用技术规程》（JTG/T 240—2011）规定，有害杂质含量不足以影响再生集料混凝土使用性能的建筑垃圾均能用于生产再生集料，但下列情况下的建筑垃圾不宜用于生产再生集料：

（1）建筑垃圾来自有特殊使用场合的混凝土（如核电站、医院放射室等）

（2）建筑垃圾中硫化物含量高于600 mg/L；

（3）建筑垃圾已受重金属或有机物污染；

（4）建筑垃圾已受硫酸盐或氯盐等腐蚀介质严重腐蚀；

（5）原混凝土已发生严重的碱集料反应。

当然，与使用新料源的集料类似，在考虑使用再生混凝土时必须谨慎行事，特别是如果再生料的原始来源复杂或未知时。彻底的岩相检查可以发现任何可能由集料中的污染物所引起的碱-集料反应或其他耐久性问题。

值得一提的是，旧水泥路面除了可采用上述方式进行回收利用之外，实际公路工程中，在标高允许的情况下，多采用原位破碎、共振碎石化、打裂压稳方式，将旧水泥路面的混凝土板破碎后形成类似于级配碎石的非黏结性材料基层，然后在其上直接加铺沥青混凝土层，以对旧水泥路面就地利用。

2. 旧沥青路面材料再生

旧沥青路面RAP（reclaimed/recycled asphalt pavement）的再生是指采用机械设备对旧沥青路面或回收沥青路面材料进行处理，并掺加一定比例的新集料、新沥青和再生剂等形成新路面材料的过程。随着我国大量的沥青路面进入大、中修阶段，公路的改、扩建及路面翻修每年都会产生数千万吨废旧沥青混合料。美国、日本、德国等国家的RAP回收利用率基本达到100%，我国的总体回收利用率尚不到50%，且旧料掺量与发达国家也存在差距，当然，这种差距在逐渐缩小。

在沥青路面使用过程中，沥青在自然因素（热、氧、光和水）的作用下，不可避免地会发生老化，结果是沥青混合料的劲度模量增大，变硬变脆。沥青老化会使沥青路面的高温抗车辙性能增强，而对低温和抗疲劳性能造成不利影响；同时老化会使沥青结合料变得干涩硬脆，沥青的黏附性和胶结能力变差。旧料的老化特性受到原路面使用年限、使用环境、层位等因素的影响。传统上，将RAP料视为表面裹覆旧沥青胶浆的“黑石”，利用时基本不考虑旧沥青胶浆的影响，但这显然与实际不符。在含RAP的沥青混合料中，无论是否掺加再生剂，新旧沥青之间均会存在一定的相互作用。对RAP高效利用的关键在于恢复老化沥青的性能，通常可采用掺加部分软沥青或沥青软化剂进行调和来软化旧沥青，或者使用专用再生剂“激活”旧沥青、实现“老化还原”的逆过程。

对旧沥青路面的再生利用一般分为厂拌热再生、就地热再生、厂拌冷再生和就地冷再生四类。沥青路面再生技术的选用，要根据公路等级、路面状况、养护工程性质、交通量情况、施工环境、生产能力等因素，综合考虑和选择。实践表明，利用旧普通沥青混合料进行适合的厂拌热再生，可获得性能相当于甚至高于同等条件下的普通热拌沥青混合料路面。当然，RAP的掺量有非常大的影响。影响掺量的主要因素包括再生剂类型、RAP料的品质和波动范围，后者与道路类型（高速公路，乡村道路等）、回收层位、RAP料中的旧沥青含量、含水量、旧料回收与再加工方式密切相关，而沥青拌和厂的能力与技术水平、当地法规/规范等非技术因素也会影响掺量。通常，旧沥青路面的回收利用价值随着旧沥青含量的增加而增加。因此，源自面层的旧料可能具有更高的价值，高等级公路中的旧料比低等级公路的具有较高的价值。由于RAP的构成是可变的，将其添加到新制造沥青混合料中的过程也具有较大的可变性。但一般认为，回收沥青混合料的前提条件是含有RAP的沥青混合料，其性能至少与回收前的原始沥青混合料性能一样好。

总之，旧沥青路面再生技术是一项系统工程，通过再生不仅可以实现原有材料的再利用，同时可以实现特定路用性能的弥补、纠正甚至提高。再生技术涉及旧路面集料的评价、旧路面沥青的评价、新沥青的选择、再生剂及其添加量的确定、再生机理和再生效果的评价等很多要素。由于RAP颗粒表层部分或全部覆盖着老化程度各异的沥青胶浆，其变异性比普通集料更大，很多标准测试方法并不适用于回收旧沥青混合料的性能评价，在相应的混合料设计时也需要针对性地考虑上述特点。

3. 其他固体废弃物

其他废弃物在工程中的应用较少，但由于经济和环保需求，未来它们的使用可能会增加。

废玻璃不能代替粗集料，因为玻璃颗粒多呈脆性片状，并且在混合过程中易破碎。但是，在某些情况下它可用作细集料，如用于预制混凝土中形成“闪光”表面。然而，它会导致混凝土的抗压强度降低，并且与高碱水泥一起使用时可能特别易受碱-集料反应性的影响。

焚烧炉膛底灰是城市垃圾焚烧的副产品之一。将其用于水泥混凝土时会导致混凝土的强度显著降低，且体积稳定性也存在问题。由于它往往具有高氯含量，不适用于钢筋混凝土或预应力混凝土。因此，焚烧炉膛底灰实际应用受到严格限制，应严禁将其用于混凝土工程中。

在沥青混凝土中，经破碎且存放期超过6个月的钢渣可作为粗集料使用，当然在使用前应进行活性检验，确保其游离氧化钙含量不超过3%，浸水膨胀率不超过2%。

废旧橡胶颗粒已作为填充料在低强度可流动混凝土中得到应用，它使混凝土具有更大的柔韧性和更好的隔热性能。但是，它不太适合普通的结构混凝土。废旧塑料与轮胎橡胶加工而成的粗细颗粒作为集料在路面工程中亦有相关报道，如利用橡胶颗粒优良的弹性特点制备多孔弹性路面和主动破冰的自应力路面，以及为增强基层抗裂性而掺入的半刚性基层材料中，而废旧塑料、橡胶还可作为沥青的改性剂和填充剂。

2.8 填料

填料是通过自身物理特性或表面相互作用改变基质材料物理或化学性质的一类粉末状固体材料。在土木工程材料中，填料指粒径小于0.075 mm（中国、美国等标准）或0.063 mm（欧盟标准）的磨细矿质粉末，如石灰石粉、粉煤灰、矿渣微粉、碳黑等。在混凝土中，填料的主要作用是作为扩展剂和增韧剂与胶凝材料结合形成胶泥，增加胶凝体系的数量、稠度、刚度和稳定性，并作为填充矿物来控制混合物的孔隙结构。有些填料也用于改善胶凝体系的黏附性、抗裂性或耐久性，如英国的沥青使用和规范指南 PD 6691：2010（BSI，2010b），热压沥青混合料建议对于 BS EN 13108-4（BSI，2006），应添加由石灰石、熟石灰或水泥组成的填料，英国国防部规范 DIO 40（国防部，2009b）要求，机场用多孔沥青摩擦层的填料质量在1.5%～2.0%之间，且应为符合 BS EN 459-1 的钙质熟石灰 CL 90-S（氧化钙和氧化镁的特征含量等于或大于90%）中通过0.063 mm 筛的部分或 CL90-S 与石灰石粉的混合填料。

公认对沥青有益的填料包括熟石灰、水泥、石灰石粉（碳酸钙含量高），以及氢氧化钙含量较高的混合填料。石灰石填料因其成本低、可用性广而被广泛使用。由于沥青为酸性物质，一般来说，碳酸盐含量高的骨料（如石灰石）比二氧化硅含量高的骨料更易于沥青黏附，而硅质集料含有高浓度的羟基，对羧酸和水的亲和力更强。沥青中的羧酸组分被这些矿料的表面吸附，形成黏合剂-矿料键。但这些与羧酸的键在水的存在下易发生移置。当混合料中使用熟石灰时，这种移置会减少；使用石灰石填料也有类似效果，但其有效程度低得多。在高性能水泥混凝土中，多采用优质石灰石等加工而成的矿粉，用于调节浆体的黏度、提高混凝土的密实度和早期强度。

在沥青混合料中添加填料可使沥青加劲变硬，混合料的和易性和抗变形性也受到影响。硬化程度是许多特性的函数，欧盟规范 EN 13043 中采用压实干填料的 Rigden 空隙率和软化点增量来表征填料的加劲性能。压实状态下干燥填料的空隙率由在 P.J.Rigden 于1947年提出，故称为 Rigden 空隙率。在该方法中，首先使用标准压实力将干填料试料（10 g）在金属小模具中压实，以建立参考体积密度，然后利用该体积密度和填料的颗粒密度，计算出空隙的体积分数和百分比，以 Vxx/xx 表示。

在沥青中，填充压实干燥矿粉空隙所需的沥青可为结构上被“固定”的沥青（与填料形成胶凝相），超过此值的沥青为自由沥青——它们可覆盖粗骨料并润滑混合物。较高的空隙率会导致更大的硬化效果。法国建议沥青中所用填料的 Rigden 空隙率为 V28/45。在沥青中加入填料后，沥青的软化点通常会增加，因此在 EN 13179-1（BSI，2013b）采用添加填料前后的样品软化点差值来表征其加劲效果。试验中，沥青与填料的体积比按62.5/37.5配制，沥青等级为70/100。在英国，根据 PD 6691（BSI，2010b），在基层和路面联结层高模量沥青混合料中使用填料时，其软化点增量宜保持在8～16℃之间，在有成功使用历史的情况下，可使用软化点增量大于16℃但不大于20℃的填料。EN 13043 规定，在必要时，按 EN 1744 的方法对填料的水溶解度、水敏感性和碳酸钙含量（石灰石粉）进行测定，并确保其满足要求。JTG F40 要求，沥青混合料的矿粉必须采用石灰岩或岩浆岩中的强基性岩石等石料磨细得到的矿粉，矿粉应干燥、洁净，并能自由地从矿粉仓流出，其质量符合表2-23的技术要求。相比之下，我国对矿粉的技术要求较少且偏简单，这种现象应引起足够重视。

表 2-23　沥青混合料用填料技术要求(JTG F40)

技术指标	高速公路、一级公路	其他等级公路	试验方法
表观密度(t/m^3)	≥2.50	≥2.45	T0352
含水量(%)	≤1	≤1	T0103 烘干法
粒度范围，通过量(%) 0.6 mm 0.3 mm 0.075 mm	 100 90～100 75～100	 100 90～100 70～100	T0351
外观	无团粒结块	—	目视检查
亲水系数	<1	—	T0353
塑性指数(%)	<4	—	T0354
加热安定性	实测记录	—	T0355

2.9　集料的技术标准

如同所有材料的标准一样，集料的标准包括质量规格及相应的测试方法。质量规格涉及集料的特性和所需的性能要求，目的在于确保用它们制造的混凝土在全寿命周期内质量可靠。质量规格给出了各种性能指标的限值，它们与集料的标准测试方法密不可分，而测试方法则给出了获取集料特定性能指标值的标准程序。大多数国家都有集料的国家标准与相应的试验方法。在某些情况下，这些标准可能是由其他国家标准中引用或借鉴而来。有兴趣的读者可收集整理中国与各发达国家的相关标准进行比较分析。

集料的测试方法往往在不断修订和改进，而随着技术要求变化，新的测试方法也会被纳入。标准一方面在于确保不可接受的集料不会用于工程中，更重要的还在于确保工程质量。如果指定了不合适的测试方法，或者在非关键场合对质量规格提出过于严苛的要求，则可能会导致工程出现问题。另外，有一些指标与测试方法仍处于初步阶段，由于缺乏应用实践的支持，它们可能过于保守或过于宽松。尽管如此，标准和试验方法代表了普遍的成熟技术，如果使用得当，它们可以传递多年积累的经验。

工程技术标准会不断得到审查和制、修订，集料标准也不例外。因为技术和实践并不是一成不变的，为确保工程质量和良好实践，集料的标准必须跟上技术进步；在实践中贯彻基于科学和实践验证精心编制的标准，可以切实推进该领域的科技进步。环境问题越来越多地给可用料源带来压力，也需要起草、创新标准以满足新的要求，而许多工程纠纷中的诉讼亦要求标准是最新、简洁和明确的。

标准在建筑国际化中也发挥着重要作用。随着建筑日益全球化，在不影响当地实践的情况下起草标准的需求将越来越大。事实上，这是一项非常艰巨的任务，必须考虑当地条件。有很多例子表明，不考虑当地情况直接照搬即便是已成功应用的标准，往往会产生严重后果。集料是变异性较大的材料，过于严格的规格也是不合适的。

无论是性能要求还是测试方法，集料的总体标准应确保它们在混凝土的生产施工中发挥重要作用。集料的标准应面向未来，这种挑战主要源于两个方面：第一，使用与实际服役条件相关的基于性能的规范；第二，允许使用可能不符合当前规范的边角料和再生集料。第一个挑战要求不必要地过度指定技术要求并允许总体使用的创新性和灵活性，后者则是为了适应未来可持续发展的需要。优质的原材料日益短缺，再加上对自然资源开采的环境限制，这将在未来催生再生集料和其他废料的高值化与大掺量使用，虽然目前这些材料在工程中尚不占主流。无论是对工程师和生产者，还是对研究人员或规范制定者，这些问题使得集料在未来仍将是一个富有挑战性的领域。

复习思考题

2-1 岩石按地质成因分为哪三类，请列举不少于5种工程中常用集料的岩石类型。

2-2 集料按其来源如何进行分类？这样做的目的和意义何在？

2-3 简述集料在混凝土中的主要作用。

2-4 请简要说明在下列场合如何对集料进行取样：

(1) 集料传送带；

(2) 集料堆场；

(3) 沥青拌和站的热料仓；

(4) 以编织袋供应的集料。

2-5 试定义集料的粒径及其测试方法。

2-6 试定义集料的饱和面干状态，请设计方案在试验中实现这种状态。

2-7 针对集料，试验室经常开展下列试验，各试验的目的是什么？

(1) 毛体积密度；

(2) 堆积密度；

(3) 棱角性(细集料)；

(4) 针片状(粗集料)

(5) 坚固性；

(6) 砂当量(细集料)；

(7) 筛分；

(8) 压碎值(粗集料)；

(9) 塑性指数(矿粉)；

(10) 洛杉矶磨耗值。

2-8 集料颗粒的形状和表面结构对水泥混凝土和沥青混合料十分重要。

(1) 用于普通水泥混凝土时，希望圆形光滑的集料还是有棱角状的集料？为什么？

(2) 用于沥青混凝土时呢，为什么？

2-9 解释以下术语，并简述其用途。

(1) 吸水率；

(2) 有效吸水率；

(3) 饱水系数；

(4) 集料中的自由水。

2-10 已知三组集料样品的基本信息如下：

指标	A	B	C
湿重(g)	521.0	522.4	523.4
干重(g)	491.6	491.7	492.1
吸水率(%)	2.5	2.4	2.3

确定以下数值：

(1) 含水率；

(2) 每个样品的游离含水量和三个样品的平均值。

2-11 集料样品的湿重为 297.2 g，经烘箱中干燥后，该样品的干重为 281.5 g，已知吸水率为 2.5%，计算原始湿样品中自由水的质量百分率。

2-12 某粗集料饱和面干状态下的样品重 1 000 g，将该样品浸入水中称量时重 633 g，请计算其饱和面干密度(湿表观密度)。

2-13 与题 11 所述的粗集料料堆中取 1 000 g 样品，将该样品浸入水中称量时重 639 g，请计算该集料的含水量。

2-14 将有效吸水率为 0.98%的 1 080 g 碎石与表面含水量为 2.51%的砂加入混凝土拌和物，为保持水灰比不变(水与水泥的质量比)，试计算如何调整所加水的量。

2-15 集料的吸水率可否作为表征其孔隙率的指标？为什么？

2-16 细度模数的用途是什么，它能够完整地描述细集料的性质吗？为什么？

2-17 在拌制混凝土时，使用骨干状态的集料会导致什么结果？

2-18 工程中在大批量使用集料时往往使用质量计量与不用体积，请解释原因。

2-19 在实验室中测定库存粗集料样品的相对密度。测得集料的自然状态下重 5 298 g，烘干后重 5 216 g，水中称重为 3 295 g，饱和面干状态下的重为 5 227 g。

请计算确定集料的毛体积相对密度、表观相对密度，集料的含水率、集料的吸水率。

2-20 底基层集料的目标干密度为 119.7 lb①/ft^3。它将在一个 2 000 ft②×48 ft×6 in 的矩形街道维修区内铺设并压实。库存中的集料含有 3.1%的水分。如果所需压实度为目标的 95%，则需要多少吨集料？

2-21 若捣实后单位质量是 72.5 lb/ft^3，毛体积相对密度为 2.639，计算集料颗粒被压实后的空隙率。

2-22 钢质桶空桶重 20.3 lb，容积 1/2 ft^3，将粗集料装入钢质桶中，用捣棒捣实并称重。上

① 1 lb=0.453 6 kg。

② 1 ft=0.304 8 m。

述试验共进行了三次试验,分别得到重量数据:69.6 lb、68.2 lb、71.6 lb。

(1) 计算捣实后的平均单位容重;

(2) 如果集料的毛体积相对密度为2.620,计算各组试验的集料空隙率。

2-23 对细集料进行相对密度和吸水率试验,称量得集料的饱和面干重500.0 g,水及相对密度瓶的重623.0 g,试样、水及密度瓶总重938.2 g,集料干重495.5 g。

计算细集料的相对密度(毛体积、饱和面干以及表观)和吸水率。

2-24 将两堆集料分别按30∶70的质量比混合,已知两集料的加工断裂面百分率分别为40%、90%,则混合矿料的加工断裂面是多少?

2-25 将两堆集料分别按30∶70的质量比混合,已知两集料的加工断裂面百分率分别为40%、90%,其4.75 mm筛的通过量分别为25%、55%,则该混合矿料中4.75 mm以上颗粒的加工断裂面所占百分率是多少?

2-26 某集料的筛分试验如下,试完成表格空白栏的计算,并将集料的级配绘制于半对数坐标系中。集料的最大粒径与公称最大粒径分别是多少?

筛孔尺寸(mm)	筛余量(g)	累计筛余量(g)	累计筛余百分率(%)	通过百分率(%)
25	0			
9.5	47.1			
4.75	239.4			
2.36	176.5			
0.425	92.7			
0.075	73.5			
底盘	9.6			

2-27 对某集料样品进行筛分试验,得到以下结果:

筛孔尺寸(mm)	筛余量(g)	筛孔尺寸(mm)	筛余量(g)
25	0	1.18	891.5
19	376.7	0.60	712.6
12.	888.4	0.30	625.2
95	506.2	0.15	581.5
4.75	1038.4	0.075	242.9
2.36	900.1	瓷盘	44.9

计算各筛的通过百分率,并分别在半对数级配图和0.45次幂级配图上绘制级配曲线。

2-28　将题 26 与题 27 中的集料按 2∶3(质量比)混合,在 0.45 次幂级配图上绘制所得到的混合料级配。

2-29　两种集料的筛分试验结果见下表,请结合该表回答下列问题:

筛孔尺寸(mm)	26.5	19	13.2	9.5	4.75	2.36	1.18	0.6	0.3	0.15	0.075
集料 A 的通过百分率(%)	100	92	76	71	53	38	32	17	10	5	3.0
集料 B 的通过百分率(%)	100	100	92	65	37	31	30	29	28	21	15.4

(1) 集料 A、B 的最大粒径与公称最大粒径分别是多少?

(2) 集料 A 是连续级配吗,为什么?

(3) 集料 B 是连续级配吗,为什么?

2-30　两种砂在下列各级筛孔的通过百分率如下表,请计算它们的细度模数。

砂编号	在下列各级筛的通过百分率(%)					
	4.75	2.36	1.18	0.6	0.3	0.15
A	97	95	92	85	30	5
B	95	75	45	20	10	3

2-31　两种各 500 g 的砂在下列各级筛孔的分计筛余量如下表,请计算它们的细度模数。

砂编号	在下列各级筛的通过百分率(%)					
	4.75	2.36	1.18	0.6	0.3	0.15
A	15	60	100	105	130	90
B	5	55	70	105	200	65

2-32　在同一张图中绘制连续级配、间断级配、开级配和单一粒径集料的级配曲线,并标注。

2-33　某两组集料的筛分结果如下表,目标级配范围亦列于表中。

指标项目	19	13.2	9.5	4.75	2.36	0.6	0.3	0.15	0.075
目标级配范围(%)	100	80～100	70～90	50～70	35～50	18～29	13～23	8～16	4～10
集料 A 的通过量(%)	100	85	55	20	2	0	0	0	0
集料 B 的通过量(%)	100	100	100	85	67	45	32	19	11

(1) 计算集料 B 的细度模数。(提示:表中 1.18 mm 筛的通过量未给出,需要估计)

(2) 试确定满足级配要求的一种混合比例,在 0.45 次幂级配图上分别绘制出级配范围、集料 A、B 以及混合矿料的级配曲线。

2-34　某承包商在混合料设计时使用了三个料堆来评估不同混合比例的影响,计算确定各混合比例下合成矿料的相对毛体积密度。

材料类型	毛体积相对密度	混合比例(%)		
		A	B	C
轧制的石灰石	2.705	45	55	50
发泡钢渣	2.328	35	20	30
砂	2.613	20	25	20

2-35 给出集料针片状的定义,工程中为何要限制针片状颗粒的含量?

2-36 集料中影响混凝土的典型有害成分或物质有哪些,分别有何不利影响?

2-37 设计电子表格模板,使之能够根据矿料的筛分结果与目标级配范围进行自动配比计算,并0.45次幂级配图或半对数级配图上自动绘制出级配范围与所设计的混合矿料级配曲线。以下表格为示例数据。

筛孔(mm)	通过百分率%							
	4#仓	3#仓	2#仓	1#仓	矿粉	下限	上限	混合矿料
26.5	83.5	100	100	100	100	95	100	
19	30.4	100	100	100	100	75	90	
16	18.3	99.3	100	100	100	62	80	
13.2	5	70	100	100	100	53	73	
9.5	0	53.3	100	100	100	43	63	
4.75	0	12	80	100	100	32	52	
2.36	0	0	30	98.3	100	25	42	
1.18	0	0	5	60	100	18	32	
0.6	0	0	0	40	100	13	25	
0.3	0	0	0	15	98.6	8	18	
0.15	0	0	0	10	93.3	5	13	
0.075	0	0	0	0.1	80	3	7	

2-38 试讨论最大粒径和级配与空隙率的关系。

2-39 试讨论通过级配优化实现集料密实堆积的基本原理。

2-40 集料的强度为何不采用单轴抗压强度进行评估,工程中通常如何评价集料的力学特性?

2-41 集料的耐硫酸盐坚固性与抗冻融破坏能力之间是否等同,为什么?

2-42 无论沥青混凝土还是水泥混凝土,均对集料含泥量进行严格限制,原因是什么?

2-43 试讨论如何在混凝土中发挥集料的骨架作用(不超过4行)。

2-44 试讨论集料行业所面临的挑战与可持续发展的可能途径(不超过6行)。

2-45 请设计试验,评估某废旧材料是否可用于沥青混凝土。

2-46 请设计试验,评估某废旧材料是否可用于水泥混凝土。

2-47 简要描述轻集料与重集料的主要应用场合及使用注意事项。

2-48 试简述集料技术标准的重要性。

第3章

气硬性胶凝材料

胶凝材料(binder)指通过物理或化学作用,能将松散材料胶结形成整体的材料。工程中起胶凝作用的材料,在施工条件下通常为液态或可塑浆体,能够独立凝结硬化,可以包裹粘连固体或沿它们的表面将其连接起来,为整体提供内聚力和抗力。流变性、胶凝特性和稳定性是胶凝材料应具备的重要性质。

胶凝材料在人类发展历史中发挥着重要作用。人类应用胶凝材料始于将黏土等天然材料加水拌制成泥浆,大致经历了石膏-石灰、石灰-火山灰、石灰-糯米浆、硅酸盐水泥的漫长发展过程,很多在远古时代发展的技术至今仍在工程中得到大量应用。正是有了性能优良的胶凝材料,人们才能设计加工出满足各种形状和性能需求的土木工程结构。

3.1 胶凝材料概述

3.1.1 胶凝材料的类型

胶凝材料可分为无机、有机以及复合胶凝材料三大类。无机胶凝材料也称为矿物胶凝材料,工程中常用的有石膏、石灰、水泥等,它们与水混合后形成悬浮浆体,通过水化反应以及水化产物间的物理作用产生胶凝性。有机胶凝材料多为天然或人工合成的高分子化合物,常用的有沥青、热塑性聚合物和热固性聚合物三类。沥青与热塑性聚合物可通过加热、乳化或溶剂稀释等方式获得流动性,在冷却、破乳或溶剂挥发后通过大分子链间的物理作用产生胶凝性。热固性聚合物或自身为液态,或通过溶剂溶解成为液态,与固化剂发生化学交联反应产生胶凝性,典型材料有环氧树脂、环氧沥青等。根据对水的润湿性,也可将胶凝材料分为亲水型和憎水型胶凝材料。有机胶凝材料通常是憎水的,无机胶凝材料则是亲水型的。无机材料必须有足够的水存在时才能通过水化反应产生胶凝作用,但不同产物要求的凝结硬化条件不同。根据凝结硬化条件,可将无机胶凝材料分为气硬性(aerial binders)和水硬性(hydraulic binders)。气硬性指与水化产物只能在空气中凝结硬化并且只能在空气中保持其强度的特性,典型材料有如石膏、石灰、水玻璃等。水硬性是指可自发与水化合,生成产物在水下或空气中均可凝结硬化的特性,典型的材料有各种水泥。

水硬性胶凝材料是使用量最大的胶凝材料,通常含有玻璃态的二氧化硅(SiO_2)、氧化铝(Al_2O_3)和生石灰(CaO)等主要成分,这些化学成分与矿物组成决定了它们与水的反应性,进而决定了产物的胶结性能。水硬性胶凝材料的反应性可分为活性(active)和潜在水硬性的(latent hydraulic)两类。具有活性的水硬性胶凝材料能够与水自发反应,例如水硬性石灰、各类水泥。对于粒化高炉渣、高钙粉煤灰等材料,它们也能与水发生反应,但反应极其微弱,而在有合适的碱性活化剂时水化反应便会显著加快,因此称为具有潜在水硬性。还有一类材料,火山灰等,它们不能自发地与水反应,但在磨细和有氢氧化钙等存在的情况下,也会发生缓慢的水化反应,得到具有水硬性的胶凝产物。因此这类材料所具有的特性称为火山灰性(pozzolanic)。具有火山灰质材料包括天然火山灰或由天然材料经煅烧与急冷等工艺制备得到的材料,如煅烧黏土或页岩、偏高岭土和硅藻土,稻壳灰等,或者粉煤灰和微硅粉等工业副产品。将具有潜在水硬性与火山灰性的胶凝材料与水泥等混合即得到复合水硬性胶凝材料。

3.1.2　无机胶凝材料的演进历程

黏土加水拌和具有较好的塑性,可制成泥墙或胶结土石,这也许是人类早期最主要的天然胶凝材料和建筑材料。但黏土与水的混合物干燥后收缩大,稳定性与耐水性差。在漫长的实践过程中,先民们通过强夯和拌入石灰等方式提高构造物的强度与耐水性,而将切碎的稻草、麻丝、植物荆条等一起拌入可增强抗裂性。这一古老技术目前仍在使用。

石膏的胶凝特性在大约1万到2万年前即被发现。但迄今为止,考古发现人类制造的最古老混凝土是石灰混凝土,它于1985年在以色列被考古学家发现,大致建造于公元前7000年左右。在公元前2500年左右,古埃及的大金字塔建造时使用了石灰砂浆作为胶凝材料。到公元前500年左右,基于石灰浆的建造工艺传入古希腊。古希腊人经常使用石灰作为粘合剂以及渲染材料,用于建造他们的寺庙和宫殿。

我国的考古学家发现,在仰韶文化时期(约公元前5000年至公元前3000年)有使用"白灰面"作为胶凝材料的证据,这是迄今为止被发现的中国古代最早使用的胶凝材料。白灰面因呈白色粉末状而得名,它由姜石磨细而成。姜石是一种二氧化硅含量较高的石灰石块,常存在于黄土中,是黄土中的钙质结核,主要组成成分为碳酸钙,另含有一定量的石英和斜长石等。石灰在我国的使用历史也非常悠久,碳14测定结果表明,黄河流域的龙山时期(公元前2800—公元前2300年)即有石灰烧制和使用的证据。至商朝时,人们已掌握了石灰稳定土的工艺。根据《左传》的记载,宋文公(即位年代公元前611年至公元前588年)的墓穴采用了石灰混凝土。而秦代修建的"驰道"也含有结晶碳酸钙的成分。至公元5世纪魏晋南北朝时期,由石灰、黏土、细砂形成的三合土开始被大量使用。后来,为进一步提高强度、抗裂性和耐久性,在传统三合土的基础上,人们尝试加入了糯米汤、杨桃汁、动物血、麻丝等有机材料。至明代时,根据《天工开物》的记载,还在三合土中掺入陶瓷粉末、冶铁炉渣等材料,而有学者在对清代古建筑中三合土的化学与显微分析时,甚至发现了水化硅酸钙。实践证明,掺入糯米汤等有机物后,硬化石灰浆体的物理性质更稳定,自身强度和黏结强度更高、韧性增强、防渗性也更好,耐久性与兼容性均得到显著提升,现代称之为糯米灰浆。从材料科学观点看,糯米灰浆是一种极为先进的有机-无机复合胶凝材料,它代表了中国古代胶凝材料的最高水平。实际上,糯米灰浆在中国古代有着广泛的应用,现存的许多古建筑,如太和镇古城、开平碉楼、闽西南部土围楼、古长城、南京的明城墙等,均可发现糯米灰浆的踪迹。时至今日,这些古建筑依然坚固,显示了这种材料的优良耐水性与耐久性。因此,糯米灰浆仍是古建筑修复的首选胶凝材料。

火山灰作为胶凝材料的使用历史也很长。火山灰的英语为 pozzolans，该词源于意大利那不勒斯维苏威火山附近一个名叫 Pozzuoli 的小镇。在公元前三世纪左右，罗马人在 Pozzuoli 附近山上开采这种材料时，仅将其视为普通砂子与石灰和水混合。慢慢地匠人们注意到这种混合物具有优良的胶凝特性，硬化后的产物牢固且具有优良的耐水性，于是这种混合物被命名为罗马水泥，并随即被广泛用于建造道路、桥梁、渡槽和港口码头。现代研究表明，pozzolans 实际上并非普通砂子，而是含有大量活性成分的火山灰粉末。当它们与石灰加水一起拌制时，所含的活性二氧化硅和氧化铝可水化形成具有良好水硬性的产物，它们与普通砂石混合所得到的固体材料称为 Roman Concrete(罗马混凝土)。Concrete 源自拉丁语 concretus，就是“共同生长或复合”的意思。在不断的实践中，罗马人完善了火山灰作为胶凝材料的使用工法，在许多现存的著名古罗马建筑中，如罗马城墙、渡槽、庞贝城剧院、万神殿等均可见到这种胶凝材料的身影。万神殿是有史以来最杰出和耐久的混凝土结构之一，它展示了使用简单的材料构筑复杂耐久结构的可能性。万神殿是由抗压强度仅约 10 MPa 的混凝土建造的，但它经受了时间和历史的考验。这也表明，对混凝土结构而言，在合理的结构设计和严格的施工控制条件下，高抗压强度并非保证结构耐久性的必要条件。天然火山灰和具有火山灰性的材料在当代仍被大量使用，而随着技术发展和可持续发展新理念的强化，预计它们会得到更广泛的使用。

罗马人采用天然火山灰与石灰创造出辉煌的建筑，但在中世纪的欧洲，火山灰似乎被有意忽略，此时建筑实践的精细程度要低得多，胶凝材料的质量也在下降。直到 18 世纪，人们才开始尝试去弄清楚为何一些石灰具有水硬性而另一些则不具备。英格兰土木工程之父 John Smeaton 研究发现，含有一定黏土的非纯净软质石灰石是最好的制备原料。他将这种水硬性胶凝材料与从意大利进口的火山灰相结合，用来重建位于英格兰普利茅斯西南英吉利海峡的埃迪斯通灯塔。该工程历时三年完工，并于 1759 年开始运营，是水泥行业的里程碑之一。第一个水硬性胶凝材料的专利在 1796 年由英格兰的 Parker 获得，Parker 称其为罗马水泥。它是通过煅烧含有约 30%黏土的泥质石灰石制成，烧成温度较低，实质仍为天然水泥，与古罗马水泥并不相同。确定生产水硬性石灰时黏土和石灰石最佳比例的真正里程碑式工作始于 Vicat，这些研究结果分别发表于 1818 年和 1828 年。Vicat 指出了石灰石、二氧化硅、氧化铝和氧化铁的含量范围，但未提供确切的比例。此外，Vicat 还进一步证实了 Smeaton 的研究结果，即最好的石灰岩是那些含有黏土的石灰岩。水硬性石灰和天然水泥之间的主要差别是煅烧温度。当然，水硬性石灰可以“块状体”形式水化，而天然水泥必须经过精细研磨粉碎后才能以较快的速度水化。天然水泥磨细后的活性比水硬性石灰强，但比硅酸盐水泥弱。

硅酸盐水泥的开发是科学和工业界不断研究如何生产优质天然水泥的结果。硅酸盐水泥的发明通常归功于英国泥瓦匠 Joseph Aspdin。1824 年，他获得了一项名为 Portland Cement(很多中文文献直译为波特兰水泥，也即通常所说的硅酸盐水泥)的专利，该专利产品加水拌和硬化后，其外观类似于波特兰岛产出的天然石灰石颜色。Aspdin 是首个获得硅酸盐水泥专利的人，但是不少学者认为，根据 Aspdin 的专利无法得到真正的硅酸盐水泥，其实质仍是水硬性石灰。因为只有在足够高的温度下煅烧合适比例的石灰石和黏土的混合物，才能得到硅酸盐水泥中的最重要矿物成分硅酸三钙，而 Aspdin 的专利中所描述的方法达不到那么高的温度。1845年，英国的I. C. Johnson指出“必须将水泥原料烧成至非常高的温度，直到物料接近玻璃化”，这才在技术上为现代意义的硅酸盐水泥生产扫清了障碍。在19世纪中叶，这种水泥刚问世就成为建筑行业的流行选择，并从英国出口到世界各地；大约同一时间在比利时，法国和德国亦开始生产，从此人类开启了硅酸盐水泥时代。硅酸盐水泥大约在1865年开始从欧洲出口到北美，出口到中国的时间也大抵在同期，当时称之为红毛泥、洋灰或士敏土。1876年，中国开始生产水泥，1889年，中国近代第一座水泥厂在唐山建立，1906年唐山成立了启新洋灰股份有限公司。一百多年来，在世界范围内，硅酸盐水泥的生产工艺和性能不断得到改进，迄今水泥品种已多达千种。

纵观无机胶凝材料的演变历程，这是生产与工程实践、科技研究、偶然发现和直觉的综合结果。虽然Joseph Aspdin作为现代硅酸盐水泥的真正发明者存在争议，不可否认，是他首次将Portland和Cement这两个词创造性地联系起来，并获得了首个专利。从历史角度看，硅酸盐水泥的发明并非纯属巧合，而是技术缓慢演化的必然结果。现代硅酸盐水泥是一种包含复杂生产工艺的工业产品，经合理成分设计的石灰石和黏土或页岩的均匀混合物，经1 400～1 500℃高温煅烧至部分熔融状态后再经急速冷却后与石膏共同研磨得到。现代水泥的制造过程已得到了很好的控制。然而，就水泥的性能、一致性和生态影响而言，仍有很大的改进余地，寻求改善制造工艺和提升性能是水泥行业不断发展的主题与挑战。对现代混凝土而言，胶凝材料已不仅仅是硅酸盐水泥，往往还与一种或多种辅助胶凝材料组合使用，这些材料包括但不限于火山灰、粉煤灰、硅粉、高炉矿渣、煅烧的偏高岭石和石灰石粉等。此外，现代混凝土通常含有一种或多种化学外加剂，如引气剂、超塑化剂、缓凝剂、腐蚀抑制剂等。因此，在现代工程中，我们面临的是一个更复杂且尚未被完全理解的胶凝材料系统。

3.2 石膏

石膏是以硫酸钙为主要成分的气硬性胶凝材料，在工程中应用的历史悠久。石膏既可用作胶凝材料，又可用于制作各种建筑制品，以及水泥调凝剂等。石膏的主要优点为原料丰富、生产能耗低、对人体和环境无害、可循环利用等，石膏基建材也是公认的具有良好性能和环境调节功能的绿色环保建材。但石膏浆体硬化后产物的强度较低、耐水性差。当然，通过改性或复配方式可提高其强度，增强耐水性。

3.2.1 石膏的组成与种类

石膏的化学成分为硫酸钙$CaSO_4$和水，在$CaSO_4$-H_2O二元晶体体系中有多种物相，如二水石膏$CaSO_4 \cdot 2H_2O$（生石膏，gypsum）、半水石膏$CaSO_4 \cdot 0.5H_2O$（熟石膏，hemihydrate）和无水石膏$CaSO_4$（anhydrite）。因煅烧温度不同，无水石膏有Ⅰ、Ⅱ、Ⅲ三种形态，其晶体结构基本相同，但致密性逐渐降低，Ⅲ型无水石膏可溶于水（也称为完全脱水石膏dehydrated gypsum，注意不同于天然硬石膏），Ⅱ型不溶于水，俗称死烧石膏，Ⅰ型无水石膏为其高温形式。因晶体结构差异，半水石膏和Ⅲ型无水石膏均有α、β两种晶型，α晶型的晶粒较粗，约为 0.1 mm，β 晶型的晶粒相对较细，约为 0.001 mm。

在$CaSO_4$-H_2O 二元晶体体系中，具有胶凝性亦即在化学上有较强活性的物相为半水石膏，它们是石膏胶凝材料的组分，其中β-$CaSO_4 \cdot 0.5\ H_2O$ 称为建筑石膏，也称熟石膏，α-$CaSO_4 \cdot 0.5\ H_2O$ 为高强石膏，高强石膏的晶粒粒径比建筑石膏大，形成可塑浆体所需的水量较少，硬化后孔隙率低，强度较高。高强石膏主要用于抹灰工程、装饰制品和石膏板，在高强石膏中加入防水剂，可用于湿度较高的环境。β 型半水石膏有时也称为模型石膏，可用于陶瓷的制坯工艺或装饰浮雕。无水石膏的化学活性较低，在特定化学激发剂存在时，其活性有所增强，甚至有一定的水硬性，因此只用于制备无水石膏水泥。在土木工程中，使用最多的是建筑石膏，也就是俗称的熟石膏，主要成分为 β 晶型的半水石膏。

3.2.2　石膏胶凝材料的来源与生产

石膏的来源广泛，包括天然二水石膏（$CaSO_4 \cdot 2H_2O$）、天然无水石膏（主要成分 $CaSO_4$），以及烟气脱硫石膏、磷石膏、硼石膏、芒硝石膏等富含 $CaSO_4 \cdot 2H_2O$ 成分的化工副产品。

天然石膏是一种普遍存在于地壳层内，形似岩石的结晶矿物质，一般呈白色、无色或灰色。通常所说的天然二水石膏也称之为生石膏，是以$CaSO_4 \cdot 2\ H_2O$ 为主要成分的沉积岩，密度约为 2.2～2.4 g/cm^3，是生产石膏胶凝材料的主要原料。纯净的生石膏为外观呈针状、片状或板状的白色或透明无色的矿物。天然无水石膏也称为硬石膏，硬度比生石膏大，密度约为 2.9～3.0 g/cm^3，一般为白色，天然硬石膏的晶体结构比较稳定，溶解度极低，化学活性差，只可用于生产无水石膏水泥。天然石膏中常含杂质，有时会呈灰、褐、黄、红、黑色等颜色。工业石膏的颜色多发黄或发黑，且含较多的工业杂质。

天然石膏和工业石膏的主要成分均为硫酸钙，它们均没有胶凝性，必须经过加热煅烧转变为熟石膏（半水石膏）后才具有胶凝性。生产熟石膏的主要工艺流程为破碎、加热与粉磨。通过调控加热方式和加热温度，可得到不同性质的石膏产品。

在加热煅烧过程中，天然石膏或工业石膏将发生脱水反应和晶型转变。随着温度升高，依次发生如图 3-1 所示的反应。

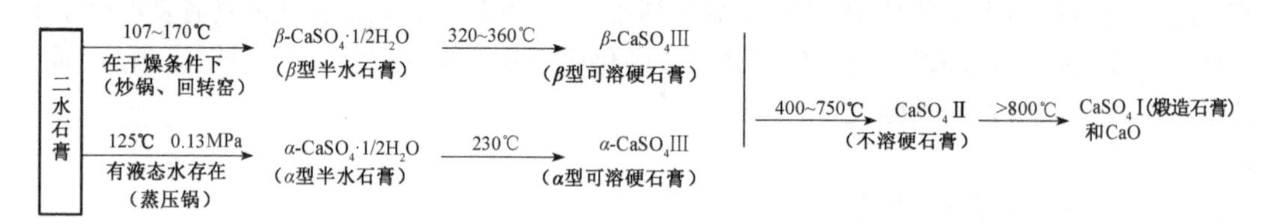

图 3-1　二水石膏在不同加热条件下所得到的产物

当温度升至 65～75℃时，二水石膏开始脱水，在 107～170℃时形成 β 型半水石膏（β-$CaSO_4 \cdot 0.5\ H_2O$，又称熟石膏或建筑石膏）：

$$CaSO_4 \cdot 2\,H_2O \xrightarrow{\text{常压下加热至 107～170℃}} CaSO_4 \cdot 0.5\,H_2O + 1.5\,H_2O \qquad (3\text{-}1)$$

若在具有 1.3 个大气压、124℃过饱和蒸汽条件下的蒸压釜中蒸炼，则得到 α 型半水石膏，它比β型半水石膏晶体要粗、比表面积小，调制可塑性浆体的需水量要少一半，硬化后具有更高的强度和密实度，因此也称为高强石膏。

当温度升高至170～200℃时，石膏继续脱水，半水石膏变为结构基本相同的脱水型半水石膏，而后成为可溶性硬石膏，即Ⅲ型硫酸钙，它与水调和后仍能很快凝结硬化，具有良好的凝结硬化性能。

当温度升至200～250℃时，石膏中只残留少量水；当温度超过400～750℃时，二水石膏完全失去水分，形成Ⅱ型硬石膏，它在水中的溶解度与化学活性极低，也称为死烧石膏，但与石灰等活化剂一起磨细后具有化学活性，因此用于制备硬石膏水泥或无水石膏水泥。

当温度升高至800℃以上时，二水石膏脱水转变为Ⅰ型硬石膏，同时石膏部分分解产出氧化钙。将此温度下得到的产物直接磨细后，其粉末具有一定的化学活性，与水拌和后的凝结速度较慢，抗水性好，耐磨性高，适用于制作地板，因此它也称为地板石膏。当温度超过1 600℃时，全部硬石膏均分解为氧化钙。

3.2.3　建筑石膏浆体的凝结硬化

建筑石膏是将熟石膏磨细而成的白色粉末，密度在2.60～2.75 g/cm^3，堆积密度约为800～1 000 kg/m^3。建筑石膏与适量的水拌和后，形成具有可塑性的悬浮浆体，很快浆体稠度不断增加，逐渐失去可塑性而凝结硬化为固态。随着内部水分的不断蒸发，固体的强度逐渐增长。这就是建筑石膏的凝结硬化过程，其他石膏品种也是如此。

从作用机理上看，石膏浆体的凝结硬化主要是由于半水石膏与水相互作用，还原为二水石膏的“溶解水化-沉淀”物理化学变化过程，其化学反应式如下所示：

$$CaSO_4 \cdot 0.5\,H_2O + 1.5\,H_2O \longrightarrow CaSO_4 \cdot 2\,H_2O + 19.26\text{ kJ} \tag{3-2}$$

半水石膏与水混合后，在水中溶解形成Ca^{2+}、SO_4^{2-}离子，半水石膏在20℃的溶解度约为8.16 g/L，因此溶液很快达到饱和状态，还原反应即在饱和溶液中进行。由于二水石膏在水中的溶解度仅为半水石膏的1/5，所以半水石膏的饱和溶液对二水石膏来说属于过饱和溶液，因此二水石膏很快从过饱和溶液中以胶体微粒的形式析出，这进一步促使半水石膏不断溶解和水化，直至半水石膏完全溶解。

在水化过程中，二水石膏沉淀不断增加，并产生结晶，且随着反应的不断进行，结晶体不断生成和长大，这导致浆体中的游离水分逐渐减少、晶体颗粒间便产生了摩擦力和黏结力，浆体稠度增大并失去流动性，此即石膏的凝结(setting)。待石膏浆体完全失去可塑性后，其晶体颗粒仍在不断发育和连生，逐渐形成相互交错且孔隙不断减小的结构，使浆体逐渐产生强度且强度不断增长直至水分完全蒸发，此即石膏的硬化(hardening)。石膏的凝结和硬化是一个连续的复杂理化过程，它们实际上是交叉进行的。

硬化的建筑石膏浆体是由长约1～1.5 mm的针状二水石膏晶体构成的，其浆体的硬化和强度的增长依赖于二水石膏晶体结构网络的建立。当浆体在空气中硬化时，其中所含水分不但会被半水石膏水化生成二水石膏结晶所消耗，而且还会蒸发，这有利于二水石膏晶体连续结构网络的建立和密实；相反，若浆体在水中就难以建立密实、连续的晶体结构网络。所以，建筑石膏是气硬性胶凝材料，其他品种的石膏凝结机理与之类似。

3.2.4 建筑石膏的技术特性

1. 凝结硬化速度快

建筑石膏的晶粒很小，比表面积较大，在水中的溶解速度、水化生成二水石膏的速度，以及二水石膏的结晶速度均很快，因此，建筑石膏浆体的凝结硬化速度很快，凝结时间较短。自石膏加水拌和至浆体可塑性开始下降的时间称为初凝时间，自加水拌和至浆体的可塑性完全消失的时间称为终凝时间。一般地，在常温下，石膏浆体的初凝时间不超过 10 min，30 min 内即达终凝，可形成较高强度的硬化体；在室内自然干燥条件下，达到完全硬化约需 7 d。这对于普通工程施工操作十分方便，在快速成型、填补、抢修工程等方面有其独特的用途。

建筑石膏的具体凝结时间与煅烧温度、磨细程度和杂质含量等有关，可根据要求采用硼砂、柠檬酸、酒石酸等缓凝剂来延长凝结时间，它们通过增加二水石膏的溶解度或者降低半水石膏的溶解速度，从而有效降低浆体的凝结硬化速度，延长凝结时间。当然，掺入氯化钠、硫酸钠等促凝剂则可达到缩短凝结时间的目的。

2. 凝结硬化时有轻微膨胀

石膏浆体凝结前会出现体积收缩，因为水化产物二水石膏的体积比反应物(1 个半水石膏和 1.5 个水分子)的体积小 10%。而在凝结后，其体积则略有增加，这是因二水石膏为针状晶体，形成空间网络结构时有 0.2%～1.5%的体积膨胀。这种膨胀不仅不会对硬化物造成危害，还能使其表面较为光滑饱满，棱角清晰完整，避免了普通材料干燥时的开裂。因此，石膏浆体可单独使用而无需掺加填料，并能很好地填充模型。硬化后的石膏，表面光滑、颜色洁白，质地细腻，特适合制作建筑装饰品及石膏模型。

3. 硬化产物轻质多孔、强度较低

建筑石膏水化的理论需水量为半水石膏质量的 18.6%。但在使用过程中为了获得良好的流动性，往往需加 60%～80%的水，多余的水分在硬化过程中逐渐蒸发，使硬化产物内部留有大量的连续微孔隙，其孔隙率可达 50%～60%，这也使得其硬化产物的强度较低。硬化石膏的胶结力与强度来自连续结构网络中二水石膏晶体颗粒间和晶体交织点的结合力，该结合力主要是次价键力，它们受水的影响较大，水分子的存在，既削弱了结合力，又引起晶体颗粒的表面与交织点的溶解，所以含水率对硬化石膏浆体的强度有较大影响。当硬化石膏的含水率大于 2%时，其抗压与抗折强度基本变化不大，当含水率低于 2%时，持续干燥会使硬化浆体的强度显著增长；当含水率降至 1%时，其强度增加约 20%，含水量降至0.5%时，强度增加约 40%，而完全干燥时强度达 100%。硬化石膏干燥中损失的水是可逆的，因此当其处于潮湿环境时，它会吸收空气中的水分达到平衡，从而导致强度下降；在水中其强度更低。石膏硬化后的表观密度约为 2.5～2.7 g/cm^3，堆积密度800～1 450 kg/m^3，抗压强度 3～5 MPa。

4. 良好的隔热、吸音和呼吸性能和耐火性

因硬化体中存在大量的微孔，使得其传热性能和对声音的传导或反射能力均显著下降，其导热系数约为 0.1～0.3 W/(m·K)，具有良好的隔热能力与吸声功能。而大热容、高孔隙率和连通微孔结构，也使得石膏具有呼吸水蒸气的功能和良好的湿度调节能力。

硬化产物二水石膏遇到高温或遇火烧时，将会吸收热量释放21%左右的结晶水在表面蒸发形成水蒸气幕，同时在表面生成具有良好绝热性的无水石膏，这可起到阻止火焰蔓延和温度升高的作用，所以石膏有良好的耐火性和防水效果。

5. 耐水性和抗冻性差

硬化后石膏因内部结构多孔而具有很强的吸湿性和吸水性。在潮湿环境中，晶体间的粘结力被削弱，强度明显降低，在水中还会因晶体溶解而引起破坏，在流动的水中破坏更快，硬化石膏的软化系数约为0.2～0.3，耐久性和抗冻性差。而在温度过高的环境中使用时（超过65℃时），二水石膏亦会缓慢脱水分解，造成强度降低。因此，建筑石膏不宜用于潮湿和温度过高的环境中。在建筑石膏中掺入一定的水泥或其他活性掺和材料或有机防水材料，可不同程度地改善建筑石膏制品的耐水性。

6. 良好的装饰性和可加工性

建筑石膏硬化物颜色洁白，其体积略有膨胀，这使得其硬化物的表面光滑饱满、质地细腻，具有良好的装饰性，微孔结构使其脆性有所降低，可锯可钉，加工性强。

建筑石膏在贮运过程中，应防水受潮及混入杂物，其贮存期一般不应超过3个月，超过3个月，强度将降低30%左右。

3.2.5　石膏的工程应用

石膏以其优良的建筑性能、原料储藏量丰富、生产设备简单、生产能耗低等优点，在土木工程中得到较为广泛的应用。石膏的用途大致可分为两大类：第一，生石膏不经煅烧而直接使用，主要用于调节水泥的凝结时间、强化路基填料等；第二为经煅烧制成熟石膏，多用于生产建筑材料、陶瓷模型等。

1. 用作水泥缓凝剂

生石膏用作硅酸盐水泥的缓凝剂，其掺量一般为水泥质量的2%～5%。对矿渣水泥、硫铝酸盐水泥、自应力水泥和膨胀水泥等，石膏更是不可或缺的重要组成材料；石膏还可以作用加气混凝土的调节剂，可增加混凝土的早期强度、减少收缩、提高抗冻性。

2. 用于强化路基填料

联合运用生石膏与水泥来加固软土地基或制备水泥稳定碎石等基层材料，所得材料的强度比单纯掺加水泥时成倍提高，这可节省大量水泥，降低建造成本。对于单纯用水泥稳定效果不好的泥炭质土，使用石膏增强的效果更加突出，这拓宽了水泥稳定土的适用条件。直接用石膏、石灰和粉煤灰生产的稳定材料，其早期强度较高，抗裂性能亦较好，并能节省石灰用量，节约工程造价。石膏还能改良土壤，在碱性或微碱性的盐碱地使用时，可显著降低土壤碱度，对土壤的酸碱度能起缓冲作用、甚至消除土壤碱性。

3. 用于生产石膏制品和石膏胶凝材料

将生石膏煅烧为熟石膏，制成包括建筑石膏、高强石膏、粉刷石膏、无水石膏胶凝材料和石膏复合胶凝材料等。

我国GB/T 9776对建筑石膏的性能进行了规定，并根据2 h抗折、抗压强度评定其等级，具体等级与技术要求见表3-1。

表 3-1 GB/T 9776 中建筑石膏技术要求

技术等级		3.0	2.0	1.6
强度	抗折强度(MPa),不低于	3.0	2.0	1.6
	抗压强度(MPa),不低于	6.0	4.0	3.0
细度	0.2 mm 方孔筛筛余(%),不大于	10		
凝结时间	初凝时间(min),不低于	3		
	终凝时间(min),不大于	30		

当与骨料、填料及添加剂一起混合配制石膏混凝土时,对石膏硬化物的力学强度要求更高,具体可按建材行业标准 JC/T 1025—2007 进行选用。

表 3-2 JC/T 1025—2007 中配制石膏混凝土石膏技术要求

技术指标		R(快凝型)	G(普通型)
细度	1.18 mm 方孔筛筛余(%)	0	
	0.2 mm 方孔筛筛余(%),不大于	1	25
强度	抗折强度(MPa),不低于	5.0	
	抗压强度(MPa),不低于	10.0	
	粘结强度(MPa),不低于	0.70	0.50
凝结时间	初凝时间(min),不低于	5	25
	终凝时间(min),不大于	20	120

3.2.6 其他石膏

1. 高强石膏

高强石膏是将二水石膏在 1.3 个大气压、124℃的蒸压釜中蒸炼得到,主要成分为 α 型半水石膏。它比 β 型半水石膏晶体要粗、比表面积小,调制可塑性浆体的需水量要少一半,硬化后具有更高的强度和密实度,因此称为高强石膏。一般情况下高强石膏 3 h 的抗压强度可达 9~24 MPa,7 d 的抗压强度可达 15~40 MPa。高强石膏多用于抹灰工程、装饰制品和石膏板,在高强石膏中加入防水剂,可用于湿度较高的环境。

2. 硬石膏水泥

天然石膏加热至 400~750℃时即完全失水,成为不可溶的硬石膏$CaSO_4$。硬石膏单独与水拌和无凝结硬化能力。但是磨细后,在激发剂作用下,可恢复胶凝特性。常用的激发剂有硫酸盐激发剂和碱性激发剂,如 5%的硫酸钠或硫酸氢钠与 1%铁矾或铜矾的混合物;1%~5%的石灰或石灰与少量半水石膏混合物、碱性粒化高炉矿渣等。这就是硬石膏水泥。

硬石膏水泥属于气硬性胶凝材料，与建筑石膏相比，它的凝结速度较慢，调制同等稠度浆体所需的水量少，硬化后的孔隙率较小，可用于室内的石膏板和石膏建筑制品，也可用抹面灰浆，具有良好的耐火性和抗酸碱侵蚀能力。

3. 地板石膏

地板石膏又称为高温煅烧石膏，将天然石膏在 800～1 000℃温度下煅烧，所得到的产物经磨细后即为高温煅烧石膏，其主要成分为$CaSO_4$以及生石灰 CaO，CaO 在混合物中起到了碱性激发剂的作用，使高温煅烧石膏在加水拌和后具有凝结硬化能力。高温煅烧石膏硬化后，具有较高的强度和耐磨性，抗水性较好，宜用作地板，故也称为地板石膏。

3.3　石灰

石灰是一种古老的胶凝材料，包括气硬性石灰(quick lime)和水硬性石灰(hydraulic lime)两大类。气硬性石灰简称石灰，在工程中最为常用，它们是由高品质的石灰岩、白云岩等煅烧而成，包括生石灰(主要成分氧化钙/镁)和熟石灰(主要成分氢氧化钙/镁)，通常所说的石灰指生石灰。气硬性石灰的生产工艺简单，原料分布广，成本低廉，在现代交通土建工程中应用极为广泛，本教材将重点介绍。

水硬性石灰是由特定的天然泥灰岩或硅质石灰岩经煅烧、消解、粉碎后得到，主要成分为硅酸二钙、熟石灰、铝酸钙。该型石灰仅欧洲生产，近些年来，开始受到国内工业界的重视。由于生产水硬性石灰的矿物并不常见，且生产工艺较为复杂，本教材仅在介绍气硬性石灰的相关知识时作简要介绍。

3.3.1　石灰的生产

生产石灰的主要原料是石灰石、白云石、白垩等天然岩石，或富含碳酸钙的贝壳等，它们的主要矿物成分为碳酸钙；另一来源为化工副产品，如用碳化钙制取乙炔时所产生的电石渣，其主要成分为氢氧化钙，或氨碱法制碱得到的残渣，主要成分为碳酸钙。

用天然岩石生产石灰的工艺非常简单，将一定尺寸的石灰石在适当的高温下煅烧后即可得到。在此过程中，碳酸钙分解为氧化钙，并释放大量 CO_2，其反应式如下：

$$CaCO_3 \xrightarrow{900℃} CaO + CO_2\uparrow \tag{3-3}$$

碳酸盐的分解是一个可逆反应，需吸收大量的热。为了保证分解反应顺利进行，必须保持较高的反应温度、降低周围介质中 CO_2的分压或减少其浓度，因此在实际煅烧过程中，通常将煅烧温度提高至 1 000～1 200℃以加快石灰石的分解。

原始的石灰生产工艺是将石灰石与燃料(木材)分层铺放，引火煅烧一周即得。现代则采用半机械化或机械化的立窑、回转窑、沸腾炉等设备进行生产。煅烧时间也相应地缩短，用回转窑生产石灰仅需 2～4 h，比用立窑生产可提高生产效率 5 倍以上。

生石灰的主要成分是 CaO，一般呈块状，纯净时为白色，含有杂质时为淡灰色或淡黄色。

块状生石灰是白色的易碎物质，强度约为 3～7 MPa，其比重随着烧成温度的提高而增大、数值约在 3.08～3.30，块灰的堆积密度约 600～1 100 kg/m^3。生石灰的化学活性与其内比表面积密切相关，后者主要取决于烧成温度和煅烧时间。煅烧良好的生石灰，质轻色匀，堆积密度约为 800～1 000 kg/m^3，内部结构疏松多孔，内部孔的比表面积约 8 m^2/g，因此遇水反应强烈，并放出大量热量。烧成温度低于 1 000℃的石灰，加水后可立即消解，而在更高温度下烧成的产品，水化所需时间要长得多。增加煅烧温度、延长煅烧时间会使石灰的活性降低，主要是由于在此过程中石灰收缩减少了表面积。松散的粉状石灰，如果在高于 1 200℃的温度下维持一定时间，就会聚结成团而形成大块晶体，尺寸不断增加，与水的作用面积有限。

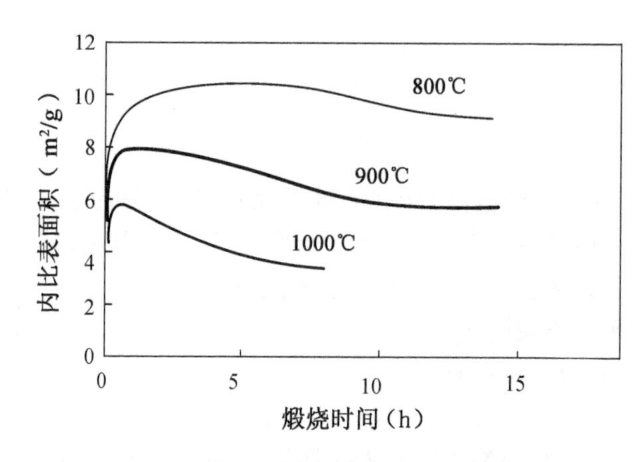

图 3-2　煅烧条件对生石灰比表面积影响

石灰烧制过程中，往往由于原材料尺寸过大或窑内温度不均匀等原因，部分块状石灰内核常残留有未完全分解的石灰石，另有一些石灰则可能出现表面熔融或玻璃状外壳，体积收缩明显，颜色呈灰色甚至黑色，这表明石灰处于欠烧或过烧状态，相应地分别称为欠火石灰和过火石灰。因石灰石无胶凝作用，欠火石灰中有效氧化钙成分低于正火石灰，产浆量较小；过火石灰是由于煅烧温度过高或时间过长，石灰内部孔结构缩坍，而表面则常被黏土杂质融化形成的釉状物包覆，这种石灰的熟化速度远低于正火石灰，一般在正火石灰硬化后仍继续熟化，因熟化与硬化过程中会产生体积膨胀，易导致局部隆起鼓包和放射状裂纹。因此生产时应严格控制煅烧温度和时间，而使用前应将生石灰进行“陈伏”处理。

考虑到生石灰的工业用途，有时还将块状生石灰磨细可得到生石灰粉。块状石灰经磨细后，其活性好，且在磨细过程中过火与欠火颗粒均匀分布于正火石灰中，有利于消除过火石灰的危害。

因自然界的钙镁常以复盐形式存在，这意味着生产原料中多少会含有一些碳酸镁，因此生石灰中还含有次要成分氧化镁。根据氧化镁含量是否超过 5%，石灰分为钙质石灰和镁质石灰两类。常温下，氧化镁和水的反应极为缓慢，这一方面是由于碳酸镁的热分解温度比碳酸钙低、石灰中的氧化镁基本处于过烧状态，另一个重要原因还在于氧化镁和水反应生成的氢氧化镁难溶于水，它会包裹在氧化镁的表面，抑制了氧化镁和水的进一步反应。

除碳酸镁外，生产石灰的原料中常常还含有黏土矿物等杂质。当原料中的黏土杂质含量大于 8%时，煅烧过程中有可能形成具有水化活性的水硬性矿物硅酸钙，从而使所制备的生石灰具有一定的水硬性。天然水硬性石灰是由特定的天然泥灰岩或硅质石灰岩(黏土含量约6.5%～20%),在1 000～1 250℃温度下经煅烧、消解、粉碎得到,主要成分为硅酸二钙、熟石灰、铝酸钙。天然水硬性石灰的水硬性取决于黏土的含量、煅烧温度以及煅烧时间。这种石灰在国内并未得到生产,所需材料依靠从欧洲进口。水硬性石灰生产过程中,所发生的主要反应如下:

(1) 黏土分解:$Al_2O_3 \longrightarrow Al_2O_3 + SiO_2$

(2) 石灰石分解:$CaCO_3 \longrightarrow CaO + CO_2$

(3) 形成硅酸钙与铝酸钙:$CaO + 2SiO_2 \longrightarrow CaO \cdot 2SiO_2$(为主)、另有铝酸钙及极少量的其他组分,约为3%左右的游离CaO未被吸收。

由于$CaO \longrightarrow Ca(OH)_2$有较大体积膨胀,在产物出窑前应使用足够的水使游离CaO消解而不至于使硅酸钙与铝酸钙水化凝结。为了促进水硬性石灰的反应速度,消解后的水硬性石灰还应在粉磨时加入适量石膏以调节浆体的凝结时间。

3.3.2 石灰的熟化

生石灰与水反应,或吸收潮湿空气中的水分,即得到熟石灰,又称消石灰,其主要成分为$Ca(OH)_2$。工程中使用石灰前,一般先加水使之熟化或消解,所得到的熟石灰有三种形态,即石灰稀浆、石灰膏或熟石灰粉,其含水量依次递减。

石灰遇水熟化的反应式如下:

$$CaO + H_2O \longrightarrow Ca(OH)_2 + 64.9\ kJ/mol \tag{3-4}$$

石灰熟化反应非常迅速,反应时放出大量的热,固相体积增大1～2.5倍。煅烧良好、氧化钙含量高的石灰熟化较快,所放热量和体积增大也较多。熟化形成的石灰浆中,石灰粒子形成氢氧化钙胶体结构,颗粒极细(粒径约为1～5 μm),比表面积很大,可达10～30 m^2/g,其表面吸附一层较厚的水膜,可吸附大量的水,因而有较强保持水分的能力,即保水性好。将它掺入水泥砂浆中,配成混合砂浆,可显著提高砂浆的和易性。

$Ca(OH)_2$是一种白色粉末状固体,密度约为2.21 g/cm^3,堆积密度约为400～700 kg/m^3,它能溶于酸、甘油、不溶于醇,微溶于水,在20℃水中的溶解度为0.165 g/mL,它的饱和溶液称为"石灰水",呈碱性。氢氧化钙为强碱,但因在水中的溶解度很小,通常认为是一种二元中强碱;在常温下,氢氧化钙能与玻璃态的氧化硅或氧化铝反应,生成具有水硬性的产物。氢氧化镁是无色六方柱晶体或白色粉末,易溶于酸或铵盐溶液,几乎不溶于水和醇,在20℃的水中溶解度约为0.001 g/L。氢氧化镁为中强碱,但因其溶解度很小,溶液碱性很弱,有时作为弱碱处理。

工地上熟化石灰常用两种方法:消石灰粉法和消石灰浆法。生石灰熟化的理论需水量为其质量的32.1%。由于消化反应放热,使熟化速度加快,一部分水会被蒸发,在温度过高且水量不足时,会造成$Ca(OH)_2$凝聚在周围,阻碍熟化进行。因此实际加水量通常达60%～80%,并采取措施控制温度不至过高,这样可使生石灰充分熟化,又不至于过湿成团,得到消石灰粉,它是$Ca(OH)_2$与适量游离水的混合物。工程中通常采用生石灰分层堆放再淋水的方式制备消石灰粉。将生石灰与3～4倍体积的水混合消化后则可得到具有一定稠度的石灰膏或石灰乳，其中水分约占50%以上，其容重为1 300～1 400 kg/m^3，1 kg生石灰可熟化为1.5～3 kg石灰膏。因生石灰中常常含有欠火石灰和过火石灰，在生产石灰膏时，通常将熟化浆先通过筛网进入储灰池以过滤欠火石灰内核中的石灰石，然后将石灰浆在储灰池中存放2～3周，以使过火石灰充分消解，这一过程称为石灰的陈伏；陈伏期间，石灰浆表面应保持一层清水，以隔绝空气，防止$Ca(OH)_2$的与空气中的CO_2反应碳化。注意，消石灰粉在使用以前，也应有类似石灰浆的陈伏时间。

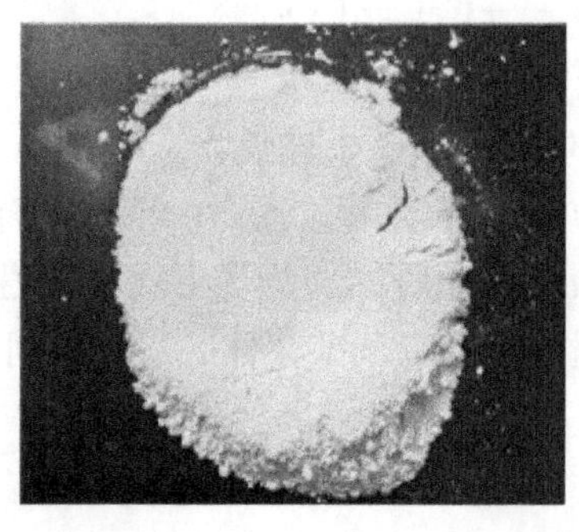

图3-3　块状生石灰、消石灰粉和石灰膏照片

石灰的水化反应速度与煅烧条件、MgO含量和环境温度等因素有关，在工程中可根据要求在水中加入木质磺酸素、磷酸盐、草酸盐等缓凝剂或氯化钠、氯化钙等促凝剂来调节。

需要注意的是，氢氧化钙在大气中400℃温度时可分解为石灰和水蒸气，512℃时的蒸汽压可达1个标准大气压。氢氧化镁的分解温度更低，在350～380℃左右分解所产生的蒸汽压即可达到1个标准大气压。氢氧化镁在高于350℃时分解为氧化镁和水，但只有在1 800℃以上才能完全脱水，因此，它们可用作阻燃剂。

3.3.3　石灰浆的凝结硬化

石灰浆体的凝结硬化机理与石膏浆体不同。无论是采用生石灰还是熟石灰，与水拌和成石灰浆体时，因$Ca(OH)_2$的溶解度相对较大，溶于水形成Ca^{2+}和OH^-离子，因此，石灰浆体的液相是$Ca(OH)_2$的饱和溶液，未溶解的$Ca(OH)_2$微粒表面吸附Ca^{2+}、OH^-离子和水分子，悬浮于液相中。石灰浆体只能在空气中通过结晶和碳化两个同时发生的过程而缓慢凝结硬化，形成胶凝性和强度。

1. 结晶作用

在使用过程中，因游离水分蒸发或被基面吸收，引起石灰浆溶液过饱和，这使$Ca(OH)_2$结晶析出。随着水分不断蒸发，$Ca(OH)_2$晶体不断生长析出并逐渐形成结晶结构网，促进石灰浆体的硬化并产生一定的强度。但此过程中析出的晶体数量少，所以结晶作用产生的强度不高。浆体干燥过程中，因晶粒间毛细水的张力使浆体收缩也会产生一定的强度，但这种贡献较小，且是可逆的，遇水后该部分强度会丧失。

2. 碳化作用

空气中的CO_2气体通过吸附和扩散进入石灰浆体表层，并在液相中与OH^-作用形成碳酸氢根离子HCO_3^-，当表层液相中Ca^{2+}和HCO_3^-达到过饱和时，碳酸钙结晶析出，并逐渐形

成 $CaCO_3$ 膜层，其反应机理为：

$$CO_2 + OH^-(aq) \Leftrightarrow HCO_3^-(aq) + Ca^{2+}(aq) + 2\,OH^-(aq) \longrightarrow CaCO_3 \downarrow + 2\,H_2O \tag{3-5}$$

上述反应式表明碳化作用主要发生在液相中，并由表及里进行。随着时间的推移，浆体表层的 $CaCO_3$ 膜层逐渐增厚，成为紧密硬壳层。生成固相为不溶于水的碳酸钙晶体，体积略有增大，并释放出水分。$CaCO_3$ 晶体相互交叉连生或与 $Ca(OH)_2$ 及砂粒等共生，构成紧密接触的结晶网，使浆体强度进一步提高。但是，由于空气中的二氧化碳含量很低，表面形成的碳酸钙层结构较致密，会阻碍二氧化碳的进一步渗入，因此，碳化过程是十分缓慢的。

熟石灰的碳化反应在空气相对湿度为70%时相对较快，若含水量过低，碳化反应几乎停止；若含水过多，孔隙中几乎充满水会影响 CO_2 的渗透，则碳化作用只在表层进行，遇水甚至还会发生溶解溃散。所以只有在孔壁充水而孔中无水时碳化作用才能进行较快。与结晶作用是自里向外的过程不同，碳化作用是由外而内的过程。由于空气中的 CO_2 浓度低，当表面形成的碳酸钙膜层达到一定厚度时，CO_2 的入渗速度和内部水分蒸发速度进一步降低，这使得氢氧化钙结晶速度和碳化速度均进一步降低，此即石灰浆凝结硬化慢的原因，也是石灰属于气硬性胶凝材料的根本原因。

由此可知，石灰浆体的凝结硬化速度取决于其液相水向外蒸发和空气中 CO_2 气体向里扩散的速度。石灰依靠干燥结晶以及碳化作用而硬化，由于空气中的二氧化碳含量低，且碳化后形成的碳酸钙硬壳阻止二氧化碳向内部渗透，也妨碍水分向外蒸发，因而硬化缓慢，硬化后的强度也不高，浆体表层 $CaCO_3$ 膜层的形成会延缓或阻止 CO_2 气体向内扩散和水的向外蒸发，在处于潮湿环境时，石灰中的水分不蒸发，二氧化碳也无法渗入，硬化将停止。因此，石灰浆的内部主要发生 $Ca(OH)_2$ 的结晶作用，且进行得很慢；加上氢氧化钙微溶于水，所以石灰浆的硬化只能在空气中进行，而且相当缓慢。

石灰中所含的氧化镁也会发生类似的结晶和碳化作用。但是，由于氢氧化镁的溶解度小于氢氧化钙，且在空气中氢氧化镁的硬化主要形成碱式碳酸镁，因此，石灰中氧化镁的存在会影响其硬化速度和硬化后浆体的性能。

水硬性石灰的凝结硬化分两阶段。首先硅酸二钙与铝酸钙水化，生成水化硅酸钙、水化铝酸钙与钙矾石，该反应与水混合后或在水中均可反应，是其水硬性的根本原因。然后是熟石灰的气硬碳化。天然水硬性石灰兼有石灰与水泥的优点，如收缩率小、耐盐、适中的抗压与抗折强度。另外由于天然水硬性石灰的生产过程中无任何外添加物，其水融盐含量很低。相比于气硬性石灰，天然水硬性石灰具有水硬性，凝结速率快等优点。与水泥相比，天然水硬性石灰防水性、透气性和耐侵蚀性等性能优越，制备天然水硬性石灰的原料为低品位石灰石如泥灰岩，白垩质石灰岩等，来源广且价格便宜。

3.3.4　石灰的特点与技术要求

1. 石灰的特点

1. 吸湿性强，可塑性好、保水性好

生石灰是典型的多孔材料，具有非常丰富的内比表面积，吸湿性较强。

生石灰熟化得到的 $Ca(OH)_2$ 颗粒直径约为 1～5 μm，由于颗粒数众多，总表面积极大，其颗粒表面可吸附一层厚水膜，这是消化反应固相体积增加的主要原因。颗粒表面的水膜降低了颗粒间的摩擦，同时可保持水分不泌出，因此加水拌和后浆体具有良好的可塑性和保水性，并且可以摊成极薄的结构层。利用这一性质可将其掺入水泥砂浆中提高砂浆的保水性。

2. 凝结硬化慢、硬化强度低、耐水性差

如前所述，石灰是一种硬化缓慢的气硬性胶凝材料，且硬化强度很低，其硬化过程主要依靠游离水分的蒸发促使 $Ca(OH)_2$ 颗粒结晶以及碳化作用。因此，硬化的石灰浆体是由氢氧化钙和碳酸钙两种晶体构成的多孔固体，其密实度和强度均不高。因 $Ca(OH)_2$ 具有一定的溶解度，受潮后氢氧化钙晶体结构网络遇水会溶解溃散，强度进一步降低。石灰砂浆（石灰：砂＝1：3）28 d 的抗压强度仅为 0.2～0.5 MPa，所以石灰不宜在长期潮湿的环境中使用，也不宜单独用于重要建筑的基础。

3. 硬化过程中体积收缩大、易开裂

石灰在硬化过程中会释放大量水分，因毛细管失水蒸发时会引起显著的体积收缩，易出现网状干缩裂缝。另一方面，氧化镁的存在，会影响硬化后石灰浆体的体积安定性。因此石灰除制成石灰乳作薄层粉刷外，在工程一般不单独使用，多掺入其他材料如砂、纤维等混合使用以控制收缩开裂。

图 3-4　石灰砂浆中裂纹

2. 石灰的技术要求

石灰的质量标准，我国建材行业有《建筑生石灰》(JC/T479)和《建筑消石灰粉》(JC/T481)，而《公路路面基层施工技术细则》(JTG/T F20)则对公路工程用石灰进行了规定。通常根据氧化镁含量将石灰分为钙质石灰和镁质石灰，然后再结合有效氧化钙与氧化镁含量、细度等指标分为三个等级，具体测试方法可依据《建筑石灰试验方法》JC/T478 开展。

无论是生石灰还是熟石灰，起到胶凝材料功能的有效成分是活性氧化钙与氧化镁，也即扣除游离水和结合水的氧化钙与氧化镁成分，因此有效氧化钙与氧化镁含量是评价石灰品质的最主要技术指标。欠火石灰中含有无粘结性的石灰石，而石灰受潮或存放时间太长会吸收空气中的CO_2发生碳化反应最终生成碳酸钙粉末，因此可通过测定CO_2含量评估石灰中碳酸钙的含量。欠火石灰中含有石灰石，而过火石灰的消化反应速度特别慢，为综合反映这两种石灰的数量，可将生石灰按标准方法消化，使浆体通过特定尺寸的标准筛(JTG/T F20为2.36 mm的方孔筛)，称量筛子上残渣的干质量占试样质量的百分率，这就是未消化残渣含量。另外，因细度反映了石灰活性的大小，而石灰粉中可能存在的较大颗粒包括未消化的过火石灰颗粒、含大量钙盐的颗粒以及碳酸钙颗粒或未燃尽的煤渣等，对于生石灰粉或消石灰粉，通常也对其细度进行评定。

生石灰在空气中放置时间过长会吸收水分而熟化成消石灰粉，放出大量的热并产生体积膨胀，而适当条件下消石灰可发生碳化反应形成碳酸钙粉末。因此，生石灰与熟石灰均不宜长期贮存，并在贮存和运输过程中，要防止受潮，同时不能与易燃、易爆和液体物品混装。运至现场的石灰应尽快进行熟化和陈伏处理，使储存期变为陈伏期。

3. 石灰在土建工程中的应用简介

石灰原料分布广泛，生产工艺简单，成本低廉，是最古老的胶凝材料之一。传统上石灰主要用于配制抹面灰浆与建筑砂浆，在现代土建工程中，石灰的使用亦十分广泛。将石灰与粉碎的黏土按1∶2～1∶4的质量比例混合，可制成石灰土；若再加入砂石，可制成三合土，它们具有良好的可塑性，在最佳含水量时夯打可获得最大密度。但这种材料的收缩较大，强度低且强度增长缓慢，耐水性较差。为了克服这些缺点，古罗马人采取了水硬性石灰＋掺火山灰＋海水的做法，而古代中国人则采取了加入糯米汁、桐油和植物筋条等方式，这些措施在现代工程中也得到大量应用。以道路基层材料为例，通常掺入一定的粉煤灰等工业废渣，黏土与粉煤灰颗粒表面少量的活性SiO_2及Al_2O_3可与石灰中的$Ca(OH)_2$缓慢反应，生成不溶于水的水化硅酸钙和水化铝酸钙，将黏土颗粒胶结成整体，它们具有更好的强度、板体性和耐久性。而将糯米汤掺入石灰砂浆形成的糯米灰浆则是一种物理力学性质和耐久性均十分优越的复合胶凝材料，被大量应用于古建筑修复或仿古建筑中。

图3-5 石灰在土建工程中的应用照片

为更好地控制工程质量，将石灰作为激发剂如粒化高炉矿渣、粉煤灰、煤矸石等工业废渣，经组分设计并粉磨可得到无熟料水泥，这种材料与欧盟标准EN459-1中Formulated lime类似。由于这些活性材料无需专门煅烧，可节省能源，减少污染。

复习思考题

3-1 胶凝材料应具备的特征是什么？如何评价某种材料可否作为胶凝材料？

3-2 气硬性胶凝材料与水硬性胶凝材料的本质区别是什么？

3-3 运用互联网查找罗马水泥的相关资料，并简要说明该材料的特性与胶凝机理。

3-4 运用互联网查找糯米灰浆的相关资料，并简要说明该材料的特性与胶凝机理。

3-5 为什么石膏和氧化钙属于气硬性胶凝材料？

3-6 如何改善石膏制品的耐水性？

3-7 根据石膏制品的特点，如何科学有效地将石膏应用于工程中？

3-8 为什么熟石膏与水拌和后能在空气中凝结硬化，而生石膏与水拌和后却不能？

3-9 过火石灰、欠火石灰对于石灰应用有什么样的影响，如何避免或消除？

3-10 气硬性石灰浆体的凝结硬化机理是什么？

3-11 根据气硬性石灰的特性，如何科学有效地将石灰应用于路基工程中？

3-12 何谓有效氧化钙与氧化镁，工程中为何以此作为评价石灰品质的关键技术指标？

3-13 运用互联网检索查阅相关资料，试简述水硬性石灰的生产工艺、特性与凝结硬化原理。

3-14 运用互联网检索查阅相关资料，试分析石灰、粉煤灰稳定土的原理与特性。

3-15 哪些土最适合于用石灰、粉煤灰来稳定，哪些土通常不适合，为什么？

3-16 请列出不少于三种可改善石灰稳定土的耐水性与抗裂性措施。

第4章

水　泥

Cement(水泥)在英文中泛指任何胶凝材料,通常则指具有水硬性的粉末状材料。水泥能与水反应,加水拌和后形成塑性浆体,然后逐渐变为坚硬的石状物。与快硬石灰、石膏等气硬性胶凝材料不同,水泥浆体既可在空气中凝结硬化,也可以在水中凝结硬化并保持其强度,是典型的水硬性胶凝材料。

水泥的品种繁多,化学组分复杂多样,其性能与用途亦非常多样。根据 GB/T4131,水泥可按用途分为通用水泥、专用水泥和特性水泥。通用水泥用于一般土木建筑工程,专用水泥用于专门用途,如道路水泥、油井水泥等,特性水泥则具有比较突出的某种特殊性能,如快硬水泥、膨胀水泥、低热水泥、白水泥等。而根据水泥中所含主要水硬性矿物成分,则可将水泥分为三大系列:以硅酸钙为主的硅酸盐系水泥、以铝酸钙为主的铝酸盐系水泥和以硫铝酸钙为主的硫铝酸盐系水泥。其中,硅酸盐水泥是土木工程中用量最大,使用最广泛的水泥。通常所说的水泥均指硅酸盐水泥,对应的英文名词为 portland cement。

4.1　硅酸盐水泥的生产

硅酸盐水泥是以硅酸钙为主要成分的水泥熟料和适量的二水石膏共同磨细制成的水硬性胶凝材料,有时可能会加入一定量的火山灰质或潜在水硬性的活性矿物材料。通过调整其组成或掺入适量的活性矿物掺和料,可得到一系列适用于不同环境和场合的产品。我国 GB175 将通用硅酸盐水泥分为硅酸盐水泥、普通硅酸盐水泥、矿渣硅酸盐水泥、粉煤灰硅酸盐水泥、火山灰质硅酸盐水泥和复合硅酸盐水泥六大品种,具体如表 4-1 所示。ASTM C150 和 AASHTO M85 则将硅酸盐水泥分为普通型(Ⅰ型)、中等抗硫酸盐型(Ⅱ型)、早强型(Ⅲ型)、低水化热型(Ⅳ型)和高抗硫酸盐型(Ⅴ型)五大类和前三类的引气亚型(在相应罗马数字后加注 A)共计八个品种,掺活性矿物材料的混合水泥则在 ASTM C595 和 AASHTO M240 给出,分为五大类。

表 4-1　GB175 中通用硅酸盐水泥的种类

品种	代号	组分				
		熟料+石膏	粒化高炉矿渣	火山灰质材料	粉煤灰	石灰石粉
硅酸盐水泥	P.Ⅰ	100	—	—	—	—
	P.Ⅱ	≥95	≤5	—	—	—
		≥95	—	—	—	≤5

(续表)

品种	代号	组分				
		熟料+石膏	粒化高炉矿渣	火山灰质材料	粉煤灰	石灰石粉
普通硅酸盐水泥	P.O	≥80 且<95	>5 且≤20			
矿渣硅酸盐水泥	P.S.A	≥50 且<80	>20 且≤50	—	—	—
	P.S.B	≥30 且<50	>50 且≤70	—	—	—
火山灰质硅酸盐水泥	P.P	≥60 且<80	—	>20 且≤40	—	—
粉煤灰硅酸盐水泥	P.F	≥60 且<80	—	—	>20 且≤40	—
复合硅酸盐水泥	P.C	≥50 且<80	—	—	—	—

4.1.1 生产工艺流程

水泥的生产过程大体分为生料制备-熟料烧成-水泥粉磨三个阶段。首先将适当成分的石灰石质、黏土质原料及校正原料按一定比例混合,并磨至一定细度;然后把制得的生料送入水泥窑内煅烧得到以硅酸钙为主要成分的熟料,最后将熟料配以适量的石膏和混合材料磨细即得水泥。现代水泥的总体生产流程如图 4-1 所示。

生料可采用湿法或干法制备,其生产过程非常相似。干法制得粉末状生料,直接喂入回转窑内煅烧成熟料。湿法则是在生料磨内加水将原料磨细成含水量约为 32%~38%的生料浆,再送入窑内燃烧。湿法生产的生料成分易于控制,料浆输送方便,操作简单,但其生产效率较低。另外,由于要蒸发多余的水分需消耗很多热量,每生产 1 kg 熟料,其能耗要比

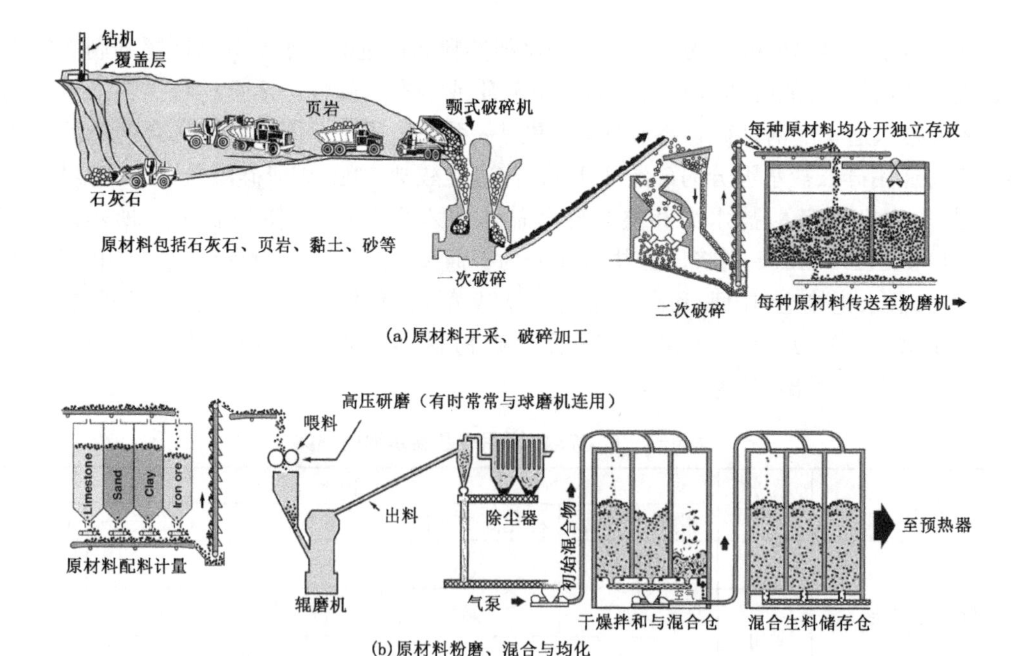

(a) 原材料开采、破碎加工

(b) 原材料粉磨、混合与均化

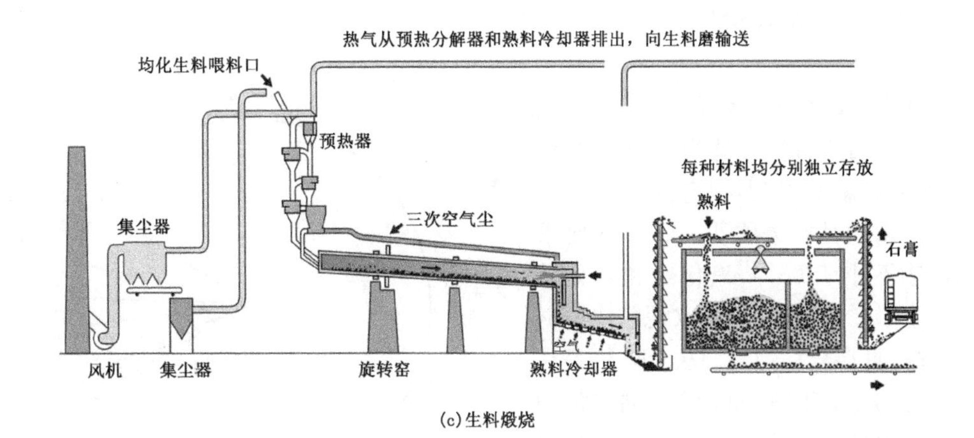

(c)生料煅烧

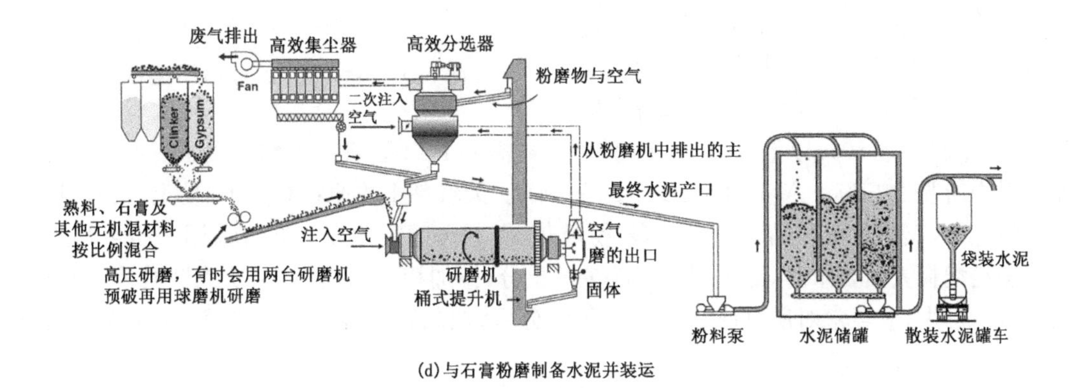

(d)与石膏粉磨制备水泥并装运

图 4-1 现代干法生产硅酸盐水泥流程图(摘译自美国硅酸盐水泥协会 PCA)

干法多出 2 000～3 000 kJ。干法可显著提高工厂生产率和能源利用效率，实际上，带预分解窑的新型干法窑已成为当代水泥工业的主流。图 4-2 为国内某知名水泥厂的全景照片。

图 4-2 某水泥厂全景照片

4.1.2 生产熟料的原材料

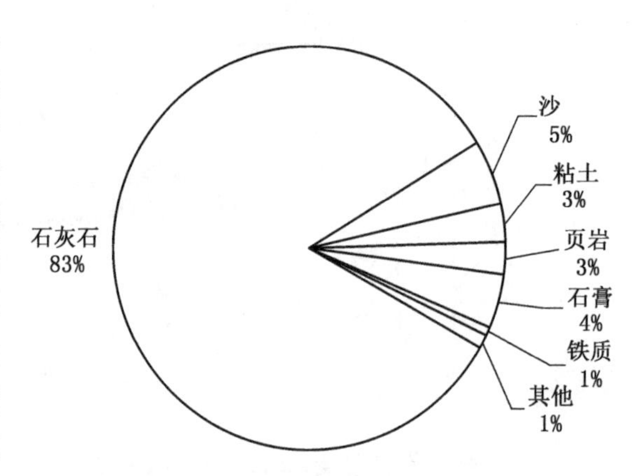

图 4-3 某水泥厂生料成分示意图

硅酸盐水泥熟料由主要含 CaO、SiO_2、Al_2O_3、Fe_2O_3 的原料，按适当比例磨成细粉，烧至部分熔融所得到，以硅酸钙为主要矿物成分的水硬性胶凝物质。GB175 要求硅酸钙矿物不小于 66%，氧化钙和氧化硅质量比不小于 2.0。高品质的水泥需要原材料的纯度高，且混合均匀。湿法可以很容易就得到混合均匀的生料，而干法则通过预均化等处理来保证均匀性。生料中的石灰质原料是指以碳酸钙为主要成分的石灰石、泥灰岩、白垩和贝壳等，用于提供熟料中的氧化钙。石灰石是水泥生产的主要原料(图 4-3)，在生料中占 80%以上，每生产 1 t 熟料大约需要 1.3 t 石灰石。黏土质原料主要提供水泥熟料中所需的 SiO_2、Al_2O_3以及少量的 Fe_2O_3。天然黏土质原料有黄土、黏土、页岩、粉砂岩及河泥等，其中黄土和黏土用得最多，粉煤灰、煤矸石等工业废渣亦可采用。当生料成分不能满足配料方案要求时，必须根据所缺少的组分，掺加相应的硅质、铝质或铁质校正原料。在制造过程中，应经常对所有原材料进行化学分析，控制其纯度和均匀性，以确保水泥品质的稳定。

4.1.3 煅烧进程

所有原材料一经磨细并混合均匀后，即可送入水泥窑内煅烧。现代水泥窑是内嵌耐火砖的圆柱钢筒，横置且带一定倾角，以 60～200 r/h 的速度绕中轴旋转。混合物料以受控的速度顺着窑内壁缓慢地向温度逐渐升高的窑底端移动。在回转窑中，依次出现蒸发脱水、煅烧、烧成和冷却四个进程，如图 4-4 所示。水泥的烧成(clinkering，部分熔融)与烧结(sintering，物料不会发生熔化)和完全熔化(melting)不同。在水泥窑中，生料经煅烧后，约有 1/4 的部分处于熔融状态，它是保持必需化学反应的组分。材料在水泥窑内的时间从 1～1.5 h(干法)至 2～2.5 h(湿法)不等，带预热塔的干法煅烧时间甚至只需 20 min。

窑内废气温度约为 250～450℃，它由窑上端排出，可使生料内的自由水蒸发，在湿法中脱水区约占窑长的1/3～1/2，干法的脱水区长度不到窑长的 1/4。生料一旦失去自由水，很快就被加热至煅烧温度，首先黏土质材料在 500～600℃左右分解，失去结合水，生成具有较强活性的偏高岭土；在 900℃左右，石灰石开始加速分解为氧化钙，大量的 CO_2 被释放，至 1 100℃时，大量石灰石快速分解。煅烧区长度约占窑长的一半，在此区域内将提供化合反应所必需的活性氧化物，其热耗约占湿法生产全过程热耗的 1/3、干法窑热耗的 1/2。在煅烧区，碳酸钙分解所得到的氧化钙和黏土分解所得到的活性氧化硅通过质点间的相互扩散，发生固相反应，形成多种形式的铝酸钙、铁酸钙等中间产物；在煅烧区末端 1 100～1 200℃左

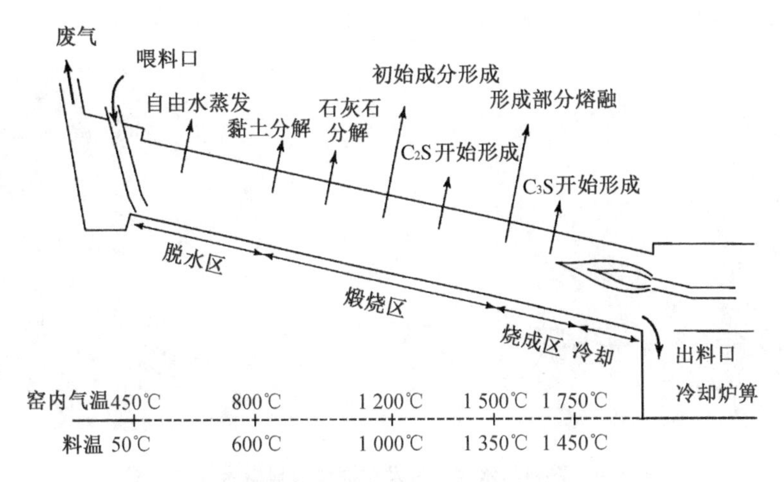

图 4-4 典型回转窑内的温度分布状况与反应示意图

右，发生初始化合反应，大量形成铝酸三钙、铁铝酸四钙和硅酸二钙。物料温度接近 1 300℃时，铝酸三钙、铁铝酸四钙等矿物变成液相，溶解于液相中的硅酸二钙与 CaO 反应生成硅酸三钙。液相的形成是硅酸盐水泥生产的关键，可促进大量生成硅酸三钙。在 1 400～1 550℃的温度区间里，大量硅酸三钙生成。因熔融体含量有限(20%～30%)且极黏稠，最终形成球状烧成物。物料在烧成带的时间约为 10～45 min。随后物料通过火焰下方进入冷却区，温度迅速下降，在 1 300～1 000℃ 熟料开始结晶，部分液相冷却时结晶，部分液相来不及结晶而凝结成玻璃体。熟料冷却时，所形成的矿物还会发生相变，因此冷却速度对水泥的反应性有着极为重要的影响。急冷可防止 C_2S 向无水硬性的 C_2S 晶型转化，同时使熔融的 MgO 和游离的 CaO 来不及结晶而以玻璃化形态存在，这可改善水泥浆体的体积稳定性，还可防止熟料结晶变大或者完全结晶，使水泥更易于水化。图 4-5 给出最终产品形成过程的示意图。

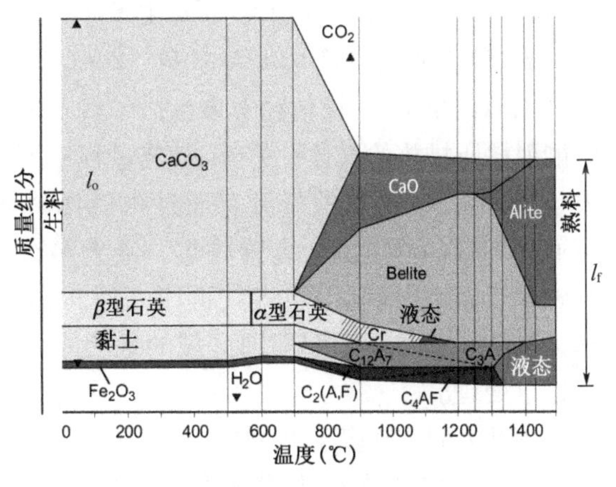

图 4-5 典型回转窑内生料变为熟料的转变过程示意图

从回转窑中出来的熟料为直径 6～50 mm 的黑色多孔球状物(如图 4-6 最左图所示)，其温度仍然很高，需放置在移动的炉箅上用吹冷风或洒水的方式快速冷却，然后再转入球磨机进行粉磨。在球磨机中，所有材料均研磨得很细，几乎所有颗粒都能通过 45 μm 的筛孔，这种灰色细微粉末就是硅酸盐水泥。水泥的细度对水泥水化反应速度、需水量和强度等影响较大，增加细度，可增加水泥的早期强度和放热速度，但相应的能耗也增大。一般地，水泥的细度应确保 0.075 mm 方孔筛上的筛余量应不大于 10%，或者勃氏法测得的比表面积在 300 m^2/kg 左右；为控制水泥的细度，粉磨过程中往往需加入适量的助磨剂。在熟料粉磨时添加少量二水石膏，主要目的是抑制铝酸三钙的早期反应、调节水泥的凝结时间并改善水泥石的收缩和强度发展特性。若不加石膏，磨细的熟料加水后会出现闪凝。

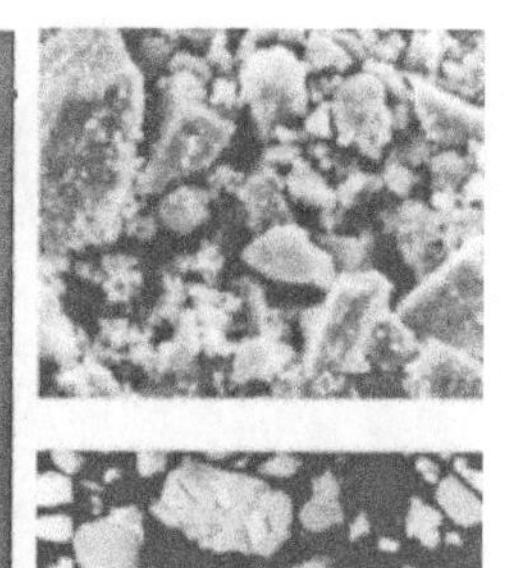

图 4-6　熟料与水泥照片及水泥颗粒显微照片对比图

4.1.4　水泥工业的生态冲击与可持续发展

根据前面的描述，石灰石是水泥生产的主要原料，每生产 1 t 熟料大约需要 1.2～1.3 t 石灰石。根据碳酸钙的分解方程式，可估算出每生产 1 t 熟料大约会排放(1.2～1.3) t×44/100＝(0.53～0.57) t CO_2，而每生产 1 t 熟料约需 100～200 kg 的当量煤，碳燃烧过程中产生的CO_2量约为(0.1～0.2) t×44/12＝(0.37～0.74) t。因此，每生产 1 t 熟料会排放出约 0.9～1.31t 的CO_2。该估算中未包括矿料开采、运输、生料破碎、熟料粉磨等过程中因燃油、电能消耗所排放的气体。另外，燃烧过程中不可避免会有NO_x及SO_3等污染气体和粉尘形成。NO_x及SO_3的排放量只有通过降低熟料烧成温度才能控制，回转窑内产生的粉尘则可通过高效的静电除尘装置收集。绝大多数回收粉尘可再次送入回转窑内制备熟料，但当碱含量很高时，则不能将其再注入回转窑中，必须选择堆场存放作为废弃物料另行处理。为防止因渗漏引起周围区域的地表水污染等问题，必须优先考虑对废弃粉尘进行化学稳定处理。

在过去的 100 多年里，水泥工业取得了很大的进步，现代水泥窑已实现全自动化生产工艺，水泥行业在降低能源需求方面也取得了重大进展。根据 PCA 的统计，自 1972 年起至 2010 年，美国水泥工业的总体能耗水平已经降低 37%，水泥工业的能耗占全国总能耗的 2.4%，相比之下，钢铁厂的能耗占比 11%，而造纸厂达 15%。

当然，硅酸盐水泥熟料的生产仍是一个高能耗过程，主要在于它必须维持足够高的煅烧温度。湿法生产更耗能，因为稀浆中的水分蒸发需要更多的能量。使用预热塔这一高效的热交换装置的能效更高，因为它不仅可以使原料在进入回转窑之前保持干燥，还可完成部分煅烧，这是现代水泥生产经常采用的一种方式。与其他优化的技术措施联合应用，硅酸盐水泥熟料的平均能耗，日本为 4.5 MJ/kg，德国为 4.2 MJ/kg，美国为 5.4 MJ/kg。硅酸盐水泥的理论能耗水平约为 1.7 MJ/kg，而将预热塔和预煅烧塔联合应用甚至可使水泥窑有超过 50%的大幅增产，因此从能耗水平上，现代水泥工业尚有较大的提升空间。

为了进一步减少二氧化碳排放量，推广使用含有粉煤灰等矿物掺和料的混合水泥，或者在混凝土生产时掺入这些矿物掺和料，是当前水泥和水泥混凝土行业的必然选择，而采用诸如流化床等新工艺可提高热量利用率、降低烧成温度，发展土聚水泥(geopolymer materials, Geo-crete)等碱激发胶凝材料也是可选的技术途径。水泥工业在21世纪的成功将取决于它能否以更快的速度适应因可持续发展理念所带来的更为严格的新环境法规。很多技术领先的跨国水泥集团公司已着手新一轮的技术升级与改造，这必将引领和推动水泥行业的技术进步。

从可循环角度看，从波特兰水泥生产至最终凝结硬化的过程并非如石灰或石膏的循环过程，它是一个线性过程，先由黏土和石灰石及少量石膏的均匀混合物转化为多相材料，一旦硬化后就不会恢复到初始的原材料形态。但是，现有的大多数水泥混凝土均可以回收再利用。在更长的时间尺度范围内，水泥混凝土最终也会以石灰石，黏土和石膏的混合物结束，因为这是不同矿物氧化物的稳定形式，如图4-7所示。

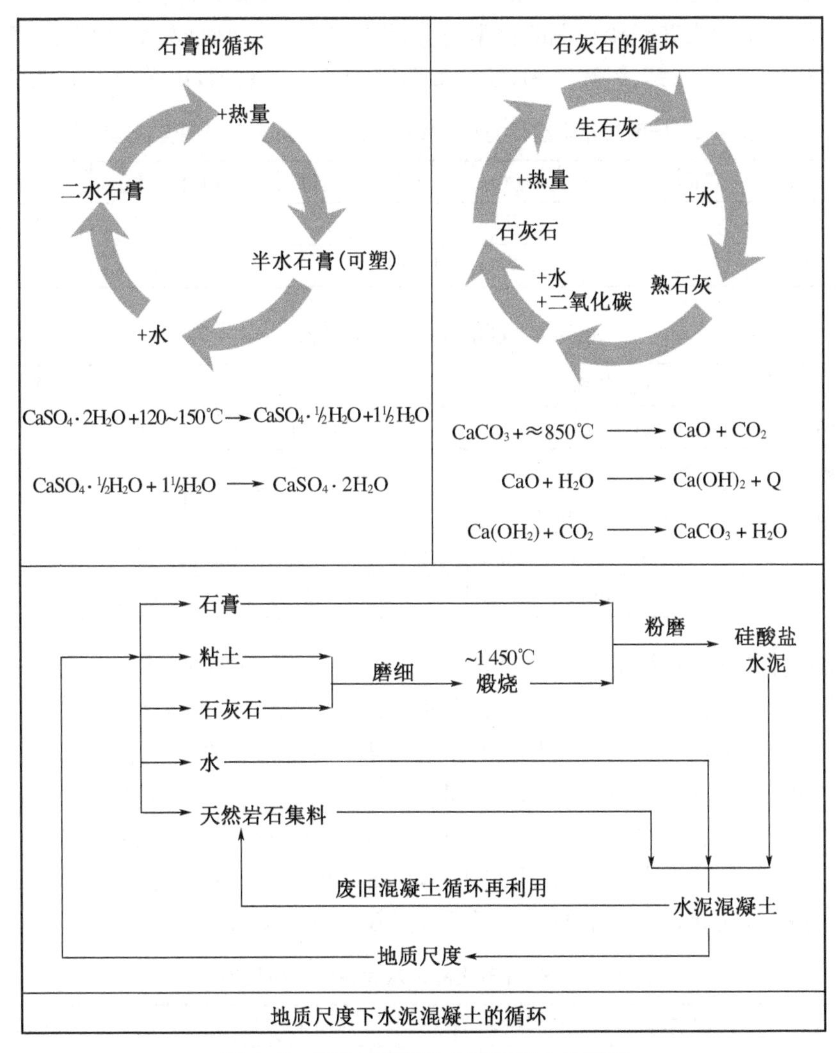

图4-7 石灰、石膏及水泥混凝土的循环

4.2 硅酸盐水泥的组成与特性

4.2.1 化学组成

硅酸盐水泥的成分一般用化学组成和矿物组成来表示。化学组成指水泥中氧化物种类与数量，矿物组成则是由各氧化物之间经反应得到的化合物或含有不同异离子的固溶体和少量的玻璃体。在无机化学中，这些化合物通常以氧化物的形式表示，以各氧化物化学式的首个字母来表示各氧化物，缩写字母相同时(如 SO_3 和 SiO_2 的缩写均为 S)，在字母上用短横线标示非金属氧化物。硅酸盐水泥的化学组分及典型含量范围如表 4-2 所示，其主要矿物成分为硅酸三钙、硅酸二钙、铝酸三钙、铁铝酸四钙和二水硫酸钙，化学分子式见表 4-3。

表 4-2　硅酸盐化学组分的氧化物缩写及其通用水泥典型含量范围

氧化物	SiO_2	CaO	Al_2O_3	Fe_2O_3	MgO	K_2O	Na_2O	SO_3	H_2O	CO_2
简写符号	S	C	A	F	M	K	N	$\bar{S}$	H	$\bar{C}$
含量(%)	60～67	17～25	3～8	0.5～6.0	0.1～4.0	0.2～1.3		1～3	—	—

表 4-3　硅酸盐水泥主要矿物成分

纯净相名称	英文名称	化学分子式	简写	含杂质相名称
硅酸三钙	Tricalcium silicate	$3CaO \cdot SiO_2$	C_3S	Alite
硅酸三钙	Dicalcium silicate	$2CaO \cdot SiO_2$	C_2S	Belite
铝酸三钙	Tricalcium aluminate	$3CaO \cdot Al_2O_3$	C_3A	Celite
铁铝酸四钙	Tetracalcium aluminoferrite	$4CaO \cdot Al_2O_3 \cdot Fe_2O_3$	C_4AF	Ferrite
石膏	gypsum	$CaSO_4 \cdot 2H_2O$	$C\bar{S}H_2$	

为使读者对硅酸盐水泥的矿物组成有一个定性认识，将 ASTM 五大水泥的主要矿物成分的平均值列于表 4-4。需说明的是表中数量加和小于 100，不足部分为杂质含量。在这些水泥中，硅酸盐的含量达 70%以上，因此称之为硅酸盐水泥是顺理成章的事。硅酸盐水泥与 19 世纪化学组分相近的罗马水泥的最大区别在于前者拥有大量 C_3S，这需要水泥窑的温度能够达到 1 450℃以上。我国政府曾大力治理并关停小水泥窑，一方面因为这些小水泥窑的生产效率低、能耗高、污染大，产品品质波动大，更重要的原因则在于很多水泥窑的温度普遍难以达到 1 400℃，这导致产品中的硅酸三钙含量较低且波动大。

表 4-4　ASTM 五大品种水泥各组分典型均值

类型	代码	水泥名称	C_3S	C_2S	C_3A	C_4AF	$C\bar{S}H$	f-CaO	MgO	烧失量
Ⅰ	GU	通用水泥	59	15	12	8	2.9	0.8	2.4	1.2
Ⅱ	MS	中等耐硫酸盐侵蚀水泥	46	29	6	12	2.8	0.6	3.0	1.0

(续表)

类型	代码	水泥名称	C_3S	C_2S	C_3A	C_4AF	$C\bar{S}H$	f-CaO	MgO	烧失量
Ⅲ	HE	高早强水泥	60	12	12	8	3.9	1.3	2.6	1.9
Ⅳ	LH	低热水泥	30	46	5	13	2.9	0.3	2.7	1.0
Ⅴ	HS	高耐硫酸盐侵蚀水泥	43	36	4	12	2.7	0.4	1.6	1.0

因熟料中还含有其他氧化物,上述各化合物并不都是以纯净化合物的状况存在,往往还固溶有其他各种氧化物杂质。故常将它们依照矿物相来命名,如C_3S为阿利特(Alite)矿或A矿,C_2S为贝利特(Belite)矿或B矿,C_4AF为连续固溶体,也称为铁相固溶体(Ferrite)、才利特(Celite)或C矿,熟料中的铝酸钙主要为C_3A,有时还可能有少量七铝酸十二钙。

从反光显微镜下观察水泥熟料结构,六方晶体是阿利特,贝利特是圆粒晶体,通常有双晶条纹,如图4-8所示。填充在A矿与B矿之间的物质通称为中间相,包括铝酸盐和铁酸盐组成不定的玻璃体和含碱化合物;游离氧化钙、方镁石虽然有时会呈包裹体形式存于Alite矿与Belite矿中,但通常是分布在中间相中。中间相在熟料煅烧过程中,开始熔融成液相,冷却时部分液相结晶,部分液相来不及结晶而凝结为玻璃体。在反光显微镜下其间亮的部分是铁相固溶体,称为白色中心相(即无定形的非晶相),暗色的是铝酸盐,称为黑色中心相。

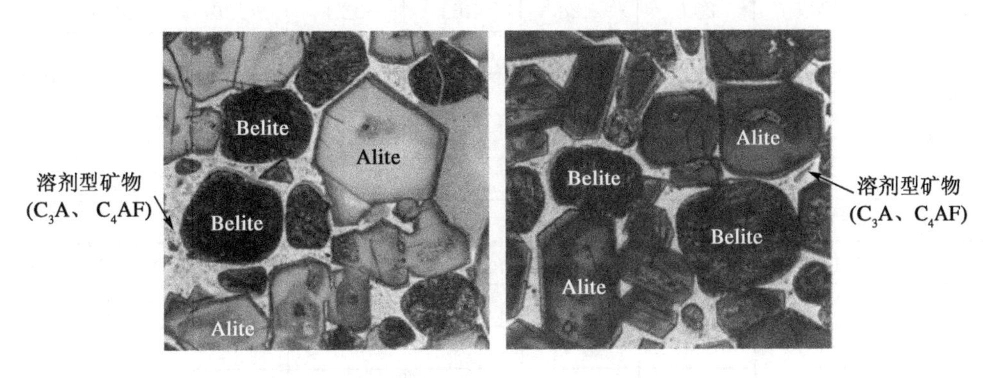

图4-8 两种水泥熟料抛光截面显微照片(试样尺寸均为0.21 mm×0.21 mm)

如前所述,在无机化学中,这些化合物通常都以氧化物的形式来表示。硅酸盐水泥是一种复杂的多相材料,其完整的特征描述涉及多种分析技术。通过直接方法可确定出各组成矿物的含量,如采用岩相分析、XRD(X-Ray Diffraction, X射线衍射)等技术可分析确定硅酸盐水泥熟料的矿物成分,但这些技术非常复杂,需要昂贵的物相分析仪器与专门技能。水泥厂的常规化学分析结果是用各种氧化物表示。因此,通常做法是采用标准方法确定出氧化物成分,然后再运用理论组分化学计量法估算各组分的含量。

根据氧化物组成计算各矿物成分的常用方法有石灰饱和系数法与鲍格法(Bogue)。ASTM C150中提供了简化的鲍格公式,适用于绝大多数分析目的,所述公式如下:

Case A: $A/F \geqslant 0.64$

$$C_3S = 4.071C - 7.600S - 6.718A - 1.430F - 2.852\bar{S}$$

$$C_2S = 2.867S - 0.754\,4C_3S$$

$$C_3A = 2.650A - 1.692F$$

$$C_4AF = 3.043F$$

Case B：　$A/F<0.64$

$$C_3S=4.071C-7.600S-4.479A-2.859F-2.852\overline{S}$$

$$C_2S=2.867S-0.7544C_3S$$

$$C_3A=0$$

$$C_4AF=2.100A+1.702F$$

表 4-5 为一些水泥样品的氧化物等测试结果均值，以及根据鲍格公式估算的矿物成分含量，它们虽然与实际有一定误差，但所得结果基本上能满足生产控制要求。掌握了硅酸盐水泥各组分的含量，就有可能预测水泥的性质。更为重要的是，通过调控组分比例可实现对水泥特性的调整，增强水泥在特定场合的适用性，这就是水泥的改性。

表 4-5　一些典型水泥氧化物等测试结果均值及根据鲍格公式估算的矿物成分含量

技术指标		各水泥的组分含量(%)							
		32.5 号	52.5 号	US Ⅰ型	CA 10 型	CA20M	US Ⅴ型	低碱水泥	白水泥
CaO		64.4	66.2	63.92	63.21	63.42	61.29	65.44	69.5
SiO_2		13.46	8	20.57	20.52	24.13	21.34	21.13	3
Al_2O_3		20.5	20.6	4.28	4.63	3.21	2.92	4.53	23.8
Fe_2O_3		5	6	1.84	2.85	5.15	4.13	3.67	4
MgO		5.21	5.55	2.79	2.38	1.8	4.15	0.95	4.65
K_2O		2.93	3.54	0.52	0.82	0.68	0.68	0.21	0.33
Na_2O		2.09	0.9	0.34	0.28	0.17	0.17	0.1	0.49
Na_2O		0.9	0.69	0.63	0.74	0.3	0.56	0.22	0.06
SO_3		0.2	0.3	3.44	3.2	0.84	4.29	2.65	0.03
烧失量 L.O.I.		0.79	0.75	1.51	1.69	0.3	1.2	1.12	0.07
游离的石灰		1.6	2.4	0.77	0.87	0.4	—	0.92	1.06
不溶物		1.5	—	0.18	0.64	—	—	0.16	1.6
Bogue	C_3S	61	70	63	54	43	50	63	70
	C_2S	13	6.1	12	18	37	24	13	20
	C_3A	8.9	8.7	8.2	7.4	0	0.8	5.8	11.8
	C_4AF	8.9	10.8	5.6	8.7	15	12.6	11.2	1
比表面积 (m^2/kg)		350	570	480	360	340	390	400	460

4.2.2　硅酸盐水泥熟料矿物的水化特性

当水泥与水混合后，浆体将发生一系列物理化学反应并最终形成硬化的石状物。水泥与水的反应称为水化(hydration)，水化过程中新形成的物质称为水化产物，其固体称为硬化水泥石或水泥石 HCP(hydrated cement paste)。

了解各主要矿物的水化特性有助于深入理解硅酸盐水泥的水化特性。熟料矿物或水泥的水化特性通常用水化反应方程及水化速率等表示。水化速率通常以单位时间内的水化程度或水化深度来表示。水化程度是指在一定时间内熟料矿物或水泥发生水化作用的量和完全水化量的比；而水化深度则是指已水化层的厚度。熟料矿物与水反应速率各不相同，主要取决于各单相的内在性质，依次受晶体结构和晶型、异离子以及晶体缺陷等因素所支配。

1. 硅酸盐矿物的水化

硅酸三钙是硅酸盐水泥熟料的主要矿物，含量通常在50%左右，有时高达70%。硅酸三钙常常固溶有少量氧化镁、氧化铝等氧化物，因此也称为Alite矿（A矿），但其主要成分接近纯硅酸三钙。常温下硅酸三钙的完全水化反应大致可用下列方程式描述：

$$2C_3S + 11H \longrightarrow C_3S_2H_8 + 3CH + \sim 380\ kJ \quad (4-1)$$

研究表明，水化硅酸钙固相的 CaO/SiO_2 和 H_2O/SiO_2 的比值并不固定，它们与氢氧化钙的浓度、水灰比、温度与时间，以及有无异离子参与水化等因素均有关系。因此，水化硅酸钙确切的分子式难以写出，通常表示为C-S-H。

硅酸二钙也是硅酸盐水泥熟料的主要矿物，含量约20%左右。硅酸二钙也常常固溶有少量的其他氧化物，称为Belite矿（B矿）。硅酸二钙的水化反应与硅酸三钙极为相似，但 C_2S 水化速率慢得多，约为 C_3S 的1/20，完全水化时的放热量仅为 C_3S 的一半左右。

$$2C_2S + 9H \longrightarrow C_3S_2H_8 + CH + \sim 170\ kJ \quad (4-2)$$

C_2S 与 C_3S 水化所得到的产物均为C-S-H，它们在C/S比和形貌等方面差别不大，但相同份数 C_2S 水化的氢氧化钙产出率仅为 C_3S 的1/3。由于 C_2S 水化速率很慢，其水化产物主要对硬化浆体的后期强度有贡献。

2. 铝酸三钙与铁铝酸四钙的水化

在无石膏存在的情况下，铝酸三钙的水化反应可用猛烈形容，并放出大量的热量。常温下在无石膏参与时铝酸三钙的水化反应如下：

$$3C_3A + 21H \longrightarrow C_4AH_{13} + C_2AH_8 + \sim 1\,160\ kJ \quad (4-3)$$

C_4AH_{13} 与 C_2AH_8 呈六方片状，在常温下均为介稳态，有向 C_3AH_6 等轴晶体转化的趋势：

$$C_4AH_{13} + C_2AH_8 \longrightarrow 2C_3AH_6 + 9H + Q \quad (4-4)$$

上述转变过程随着温度升高而加速。由于 C_3A 的水化热高，因此，上述反应极易发生。同时在温度较高时，C_3A 甚至直接水化生成 C_3AH_6 晶体。

$$C_3A + 6H \longrightarrow C_3AH_6 + Q \quad (4-5)$$

当溶液中的氧化钙浓度达到饱和时，C_3A 还会发生下述反应：

$$C_3A + CH + 12H \longrightarrow C_4AH_{13} + Q \quad (4-6)$$

该反应在碱性溶液中最易发生。处于碱性介质中的 C_4AH_{13} 晶体在室温下能够稳定存在，其数量迅速增多，就足以阻碍粒子的相对移动，这是使水泥浆体产生瞬时凝结的主要原因。

在石膏、氧化钙与水同时存在的条件下，C_3A 会与石膏反应，生成三硫酸水化硫铝酸钙（tricalcium sulpoaluminate hydrate）晶体，通常写作 $C_6A\bar{S}_3 \cdot H_{32}$，或 $C_3A \cdot 3C\bar{S} \cdot H_{32}$。由于其中的铝可以被铁置换而成为含铝铁的硫酸盐相，故也称之为钙矾石ettringite，并以AFt

表示。有的教材中，AFt 中所结合的水分子数写为 30 或 31。钙矾石并非稳定的组分，它在硬化水泥石中的含量越低越好。

$$C_3A+3C\bar{S}H_2+26H \longrightarrow C_6A\bar{S}_3 \cdot H_{32}+\sim 1\,760\ \text{kJ} \tag{4-7}$$

当铝酸三钙尚未完全水化而石膏已消耗完毕时，C_3A 会与 AFt 继续反应生成更为稳定的单硫型水化硫铝酸钙晶体 $C_6A\bar{S} \cdot H_{32}$，也写作($C_3A \cdot C\bar{S} \cdot H_{12}$)，记为 AFm(monosulphoaluminate)。

$$C_3A+C_3A \cdot 3C\bar{S} \cdot H_{32}+4H \longrightarrow 3(C_6A\bar{S} \cdot H_{32})+\sim 1\,150\ \text{kJ} \tag{4-8}$$

铁相固溶体的水化产物与 C_3A 也极为相似，但水化反应速度慢得多，反应放热也低得多。

3. 水泥熟料单矿物的水化特性

硅酸盐中各纯净组分单独水化的放热量见表 4-6，为便于比较，表中同时列出了熟料(无石膏)和水泥浆体中各组分反应的放热量回归分析结果。各主要组分水化的累积放热量与水化程度的发展曲线如图 4-9 与图 4-10 所示。由图可见，C_3A 与 C_3S 反应活性最强，而 C_2S 则相对慢得多。A 矿与 B 矿的水化速度比相应纯净组分的反应速度快得多，而铁相固溶体的反应速度则比 A 矿慢不少。二水石膏的加入会减慢 C_3A 的早期水化速率。一般认为，C_4AF 的反应稍慢于 C_3S，但关于 C_4AF 反应的定量数据很少。

表 4-6　硅酸盐水泥组分完全水化时所产生的热量　　单位：J/g

反应	纯净组分		熟料* 实测值	水泥** 实测值
	计算值	实测值		
$C_3S \longrightarrow$ C-S-H+CH	~380	520	570	490
$C_3S \longrightarrow$ C-S-H+CH	~170	260	260	225
$C_3A \longrightarrow C_4AH_{13}+C_2AH_8$ $\longrightarrow C_3AH_6$ $\longrightarrow$ 钙矾石 $\longrightarrow$ 单硫型水化硫铝酸钙	~1 160 900 1 670 1 150	— 880 1 670 1 140	— 840 — —	— — — 1 170
$C_4AF \longrightarrow C_3(A,F)H_6$ $\longrightarrow$ 钙矾石 $\longrightarrow$ 单硫型水化硫铝酸钙	420 — 730	420 — —	335 — —	— 380 —

注：* 磨细的熟料净浆一年龄期；** 硅酸盐水泥净浆一年龄期，单组分的贡献根据多元线性回归分析确定。

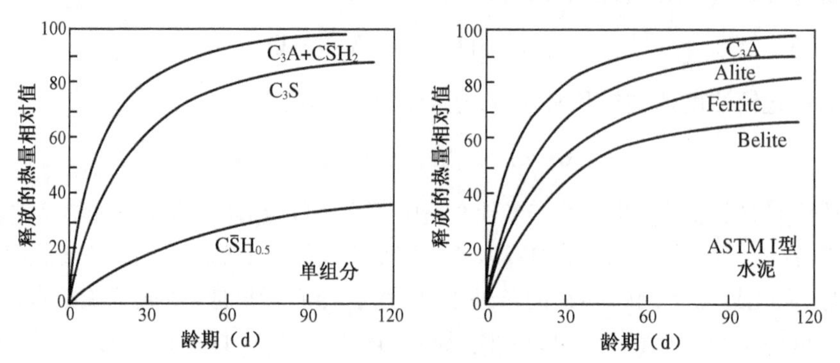

图 4-9　水泥熟料主要成分放热量曲线(以单位 C_3A 完全水化的放热量为 100)

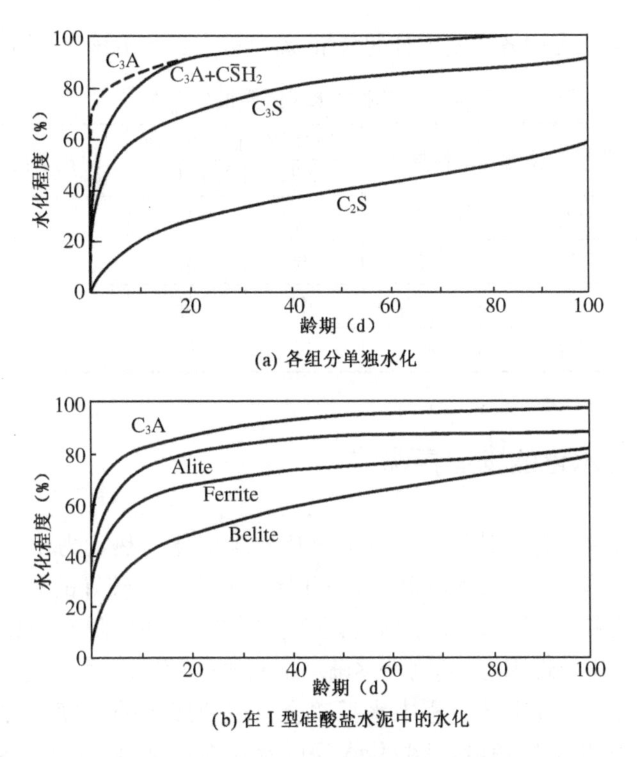

(a) 各组分单独水化

(b) 在Ⅰ型硅酸盐水泥中的水化

图 4-10 硅酸盐水泥主要纯净组分与杂质组分水化反应程度发展曲线

各组分单独水化的强度发展曲线如图 4-11 所示。很明显，硅酸盐矿物的强度贡献最大，最初的三至四周内，强度绝大部分由 C_3S 贡献，后期强度则由 C_2S 和 C_3S 共同贡献。

综上所述，硅酸盐水泥主要矿物组分的水化特性汇总列于表 4-7。由表 4-7 可知，硅酸盐水泥中 C_3S 的含量越大，其水泥浆的水化速率和强度发展越快。C_4AF 对水泥石的抗折强度贡

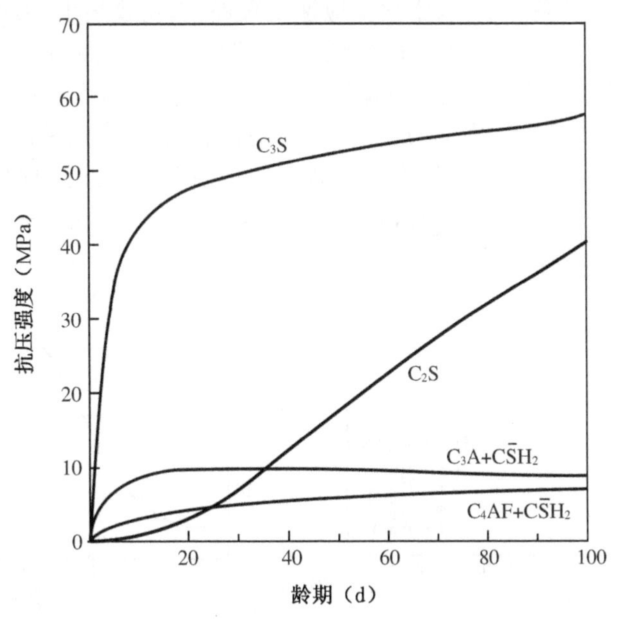

图 4-11 由纯净组分制备浆体硬化物抗压强度增长规律

献大。根据此表，结合水泥中各矿物成分的含量，就可以大致了解该水泥的性能特点。

表 4-7　硅酸盐水泥主要组分特性

组分	水化反应速度	释热量	对水泥石强度的贡献		耐化学侵蚀性	干缩性
			早期	后期		
C_3S	适中	高	高	高	中	中
C_2S	慢	低	低	高	良	小
$C_3A+C\bar{S}H_2$	快	极高	中	低	差	大
$C_4AF+C\bar{S}H_2$	适中	适中	低	低	优	小

4.2.3　硅酸盐水泥水化的物理表现

水泥水化反应背后有着极其复杂多变的物理化学变化与热动力学进程，但水化反应的表观结果往往比较简单。水泥加水拌和后，一开始水泥浆具有较好的黏稠度，在一定时间内可保持较大的流动性和可塑性，然后浆体逐渐变稠凝结，可塑性随时间逐渐降低并丧失，在此过程中浆体不断硬化呈现固态，其刚性逐渐增加机械强度随之发展，且硬化物的强度随着时间的增长而不断变大。在上述过程中水泥浆会有或快或慢的温度上升，且伴随着一定的体积变化。因此，从工程应用角度，硅酸盐水泥的水化多用强度、放热量和体积变化的内在三角形来描述，学会协调处理这三个相伴随发生的现象是科学使用硅酸盐水泥的关键。

水泥砂浆试件在标准养护条件的强度增长规律以及在绝热条件下的早期温度变化规律如图 4-12 所示。硅酸盐水泥的水化反应是一个放热反应，其放热速率的发展情况如图 4-13所示。根据放热速率曲线特征，可将硅酸盐水泥的水化分为五个阶段。第一阶段为初始反应期，一般持续时间约 5～10 min，第二阶段称为潜伏期或诱导期，在初始反应期之后，持续时间约为 1～2 h，在此阶段水化反应速度缓慢、水化放热小；第三、四阶段为加速反应期，主要源于 C_3S 的快速水化而快速释放热量。热量的演变速度呈现一个峰值，之后迅速减少。这种降低对应于水化反应速度的减慢，因为通过溶解/沉淀过程在颗粒表面形成的初始水化物干扰了水向 C_3S 颗粒内部的迁移。因此，此后的水化反应是以扩散过程进行，而不是像峰值的上升阶段那样进行溶解/沉淀过程。在最后阶段，随时间增长仍有少量热量释

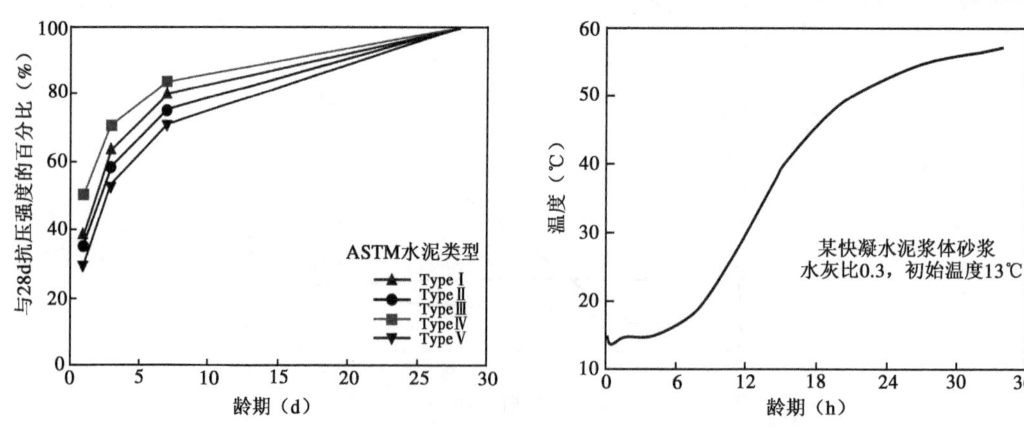

图 4-12　不同类型水泥制备砂浆试件抗压强度与温度增长规律

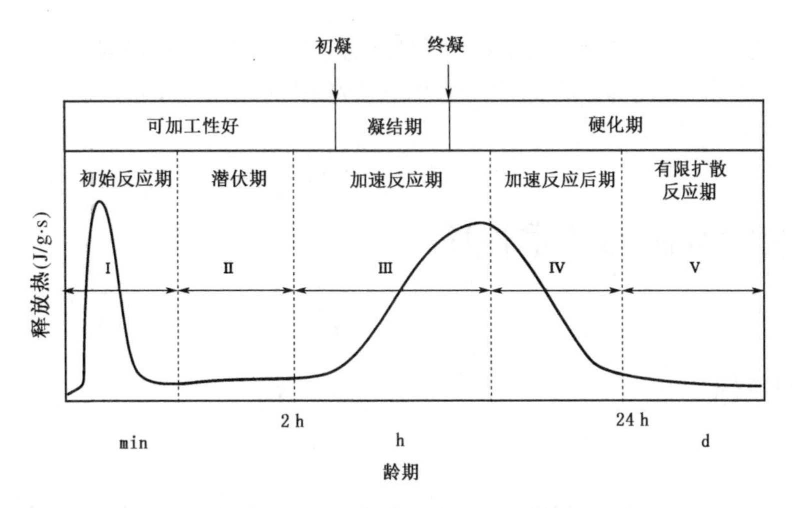

图 4-13 硅酸盐水泥放热速率随时间变化规律及对应反应进程示意图

放，这表明水化反应不会停止，而是以非常缓慢的速度继续。

温度是水泥水化的重要反应动力学因素。如图 4-14 所示，提高温度会加速水泥的早期水化，但后期的水化速率与强度发展均受到一定的影响。由于水化反应是放热反应，硬化过程中水泥浆体或混凝土将被这种内生热量持续加热，而外表面的温度则取决于放热速度与混凝土向环境散失热量的快慢，因此了解水泥水化的放热速率特别是早期放热速率至关重要。在一些场合，如现浇混凝土工程中模板需反复使用时或者低温施工时，需要混凝土更快地获得强度，增加 C_3S 的含量可以达到此目的，而将水泥磨得更细则更为有效。更细的颗粒意味着与水接触的表面积更大，可促进水化，从而获得更快的强度发展。高 C_3S 含量与快速水化的结果均导致很高的放热量，如果该热量无法及时散发，会导致混凝土的温升显著。在浇注大体积混凝土工程时，因混凝土体积大，而表面散热有限，在混凝土内部易形成绝热环境，因此，水化反应的持续放热会导致其内部温度大幅升高。初始阶段的高放热不会立即导

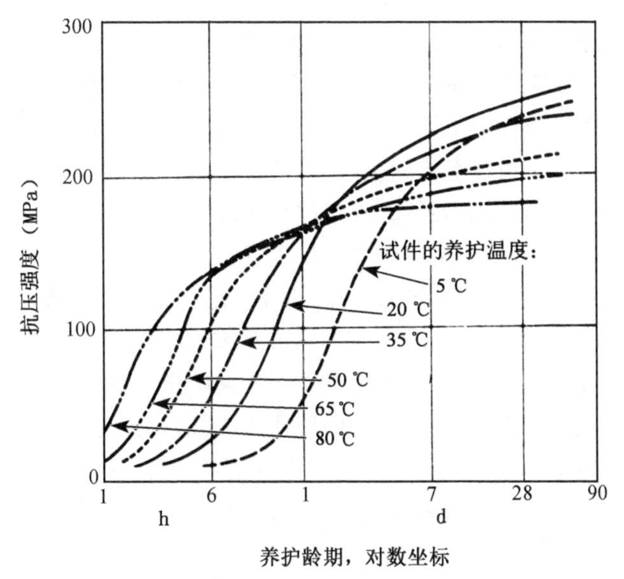

图 4-14 某水泥净浆在不同养护温度下的抗压强度发展曲线

致混凝土的损伤，因为此时混凝土处于相对塑性状态。但混凝土在获得刚度的同时，其外表在逐渐冷却，这将使混凝土内部形成温度应力，如不预先采取防治措施，可能导致混凝土开裂。

4.3 硅酸盐水泥的技术性质

4.3.1 物理指标

1. 细度

水泥是由熟料和石膏共同研磨后得到的无水粉末状物质，含有众多不同尺寸的颗粒。一般用细度表示水泥被磨细的程度或水泥颗粒的分散度，具体指标包括比表面积（即 1 克或 1 千克水泥中所有颗粒的表面积总和）和级配。

水泥的细度对水泥水化反应速度、浆体及硬化水泥石的性能均产生重要影响。首先也是最重要的，水化速率随着细度的增加而增加，并导致更高的早期强度增长率和更快的放热速度。研究表明，直径大于 45 μm 的水泥颗粒，水化困难，而直径在 75 μm 以上的水泥颗粒的水化几乎可以忽略，而粒径在 10 μm 以下的水泥颗粒其水化反应速度很快，粒径在 3～30 μm 的水泥颗粒的反应活性最好。其次，增加细度有利于减少泌水量，但高细度的水泥会导致非加气混凝土需水量增加，这将导致硬化水泥石的干燥收缩量增加。最后，水泥细度过高会降低混凝土抵抗冻融循环的耐久性；细度增加也使得早期与水接触的 C_3A 更多，这意味着需要更大剂量的石膏来进行凝固控制。因此，硅酸盐水泥应具有合理的细度。通常认为，水泥中小于 45 μm 的颗粒应含量在 85%以上，每千克的水泥含有约 7 万亿个水泥颗粒，其比表面积应保持在 300～400 m^2/kg。

如前所述，目前表征水泥颗粒细度的指标包括比表面积和级配。水泥的级配可采用负压筛析法或粒度分析法等测定。不同级配的水泥可能具有相同的比表面积，但比表面积仍被认为是表征水泥细度的最有用指标。需要强调的是，由于水泥颗粒多为不规则形状，不同的测试方法所得到的比表面积并不相同。因此，涉及水泥的比表面积时，均应给出对应的测量方法，而不同方法之间的测试结果不能直接进行比较。当然，任何给定方法都允许在不同水泥之间进行比较，这就为质量控制和研究提供工具。

水泥比表面积的常用测试方法有 Wagner 浊度计法和 Blaine 透气法（勃氏法）。对于 Wagner 浊度计法，根据 ASTM C 115，首先在高玻璃容器中制备水泥煤油浆悬浮液，然后使平行光线穿过容器到达光感元件上，通过测量光强度来确定与光束相交的粒子的横截面积。该方法基于斯托克斯法则，基本假设为：(1) 颗粒为球形，(2) 流体为黏性流体，(3) 小于 7.5 μm的颗粒均按 3.75 μm 的单一尺寸考虑。根据斯托克斯法则，当一个小球体在重力作用下穿过黏性介质时，它最终会获得恒定速度：

$$V=\frac{2g\,a^2(d_1-d_2)}{9\eta} \tag{4-9}$$

其中 g 是重力加速度，a 球体半径，d_1是球体密度，d_2是黏性介质的密度，η 是黏度。根据给定时间内测定的速度等数据，可获得比表面积和粒度分布。

Blaine 透气法是基于多孔床中颗粒表面积与流过床的流体速率之间的关系：

$$S=\frac{14}{D(1-\varepsilon)}\frac{\sqrt{\varepsilon^3 Ai}}{\nu Q} \tag{4-10}$$

其中 S 是比表面积，D 是粉末的密度，ε 多孔床的孔隙率，A 是横截面积，i 是水力梯度，ν 是运动黏度，Q 是流速。

Blaine 方法可参考的标准有 GB/T8074、ASTM C 204、EN196 等，它并非以恒定速率使空气通过床，而是以稳定减小的速率使给定体积的空气通过标准孔隙的床，测量所需的时间 t，然后根据该关系计算比表面积 S：

$$S=K\sqrt{t} \tag{4-11}$$

其中 K 是常数，是将样品与已知表面积的标准样品进行比较后确定。

Wagner 和 Blaine 方法涉及的理论不同，Blaine 法的测试值通常约为 Wagner 法测试值的 1.8 倍。Blaine 法因为简便而更常用，在有争议时，以 Wagner 方法为准。

2. 水泥的密度

水泥的密度并非技术标准中要求的强制指标，但在配合比设计计算时需要用到该参数。硅酸盐水泥的密度与其熟料矿物组成、煅烧程度等有关，其表观相对密度一般在 3.05～3.20之间，配合比计算时通常取 3.10。水泥的堆积密度除与其表观密度和细度有关外，还与处理和储存方式有很大关系。松散状态下水泥的堆积密度约为 1 000～1 100 kg/m^3，紧密时可达 1 600 kg/m^3，计算时通常采用 1 300 kg/m^3。

4.3.2 基于标准稠度水泥净浆的技术要求

1. 标准稠度

水泥净浆的两个常见物理要求——凝结时间和安定性值均取决于纯水泥浆的用水量(或水灰比)。为了使不同的水泥具有可比性，凝结时间和安定性的测试应在标准稠度的条件下测定。因此，有必要首先确定水泥达到标准稠度所需的用水量。这是用标准稠度仪(维卡仪，Vicat)测定的，用标准荷重(300 g 载荷下)下直径 10 mm 的标准试杆 10 s 内在新鲜水泥浆中的刺入深度来间接反应。所谓标准稠度即为试针沉入净浆并距底板 6 mm±1 mm 时的水泥浆稠度，水泥浆在该状态的用水量即为其标准稠度用水量，通常范围为 21%～33%。标准稠度用水量是水泥浆可塑性的量度，但它与水泥的质量无关。标准稠度用水量对试验条件非常敏感，特别是温度和水泥浆浇注到模具中的方式。

标准稠度用水量也可采用代用法确定，在有争议时，以前面所提到的标准法为准。代用法也称为试锥法，分为调整用水量法和不变用水量法两种。调整用水量法是按经验找水，当试锥下沉深度 28 mm±2 mm 时的净浆为标准稠度的水泥净浆；不变水量法的拌和水固定为 142.5 mL，水泥 500 g，按标准程序拌制，测定试锥的下沉深度 S，用经验公式 $P=33.4-0.185S$估算标准稠度用水量。当下沉深度小于 13 mm 时，此法不适用。一般地，为便于快速测得水泥的标准稠度用水量，可先用代用法的不变用水量法估计，然后再用标准法测定实际的标准稠度用水量。

2. 凝结时间

水泥与水混合后，在初始阶段，浆体的流动性或稠度似乎保持相对恒定。实际上，此时浆体的流动性已发生很小的渐变损失，当然通过再混合可得到部分恢复。常温时通常在混合后 2～4 h，浆体开始加速变稠变硬。然而，此时它仍然几乎没有强度，只有在完全凝固(终凝)之后，开始硬化形成固态物才产生一定的强度。在接下来的几天里，水泥石的强度持续快速增长，到 28 d 后增速放缓达到相对稳定状态。

为了使砂浆和混凝土有足够的时间进行拌和、运输、浇筑成型等施工操作，需要对水泥的凝结时间进行限定。在技术标准中，凝结时间包括初凝时间与终凝时间，初凝时间，指浆体自加水拌和至开始失去可塑性所需的时间，终凝时间指浆体自加水拌和至完全失去可塑性，并且已硬化到可承受一定荷载的时间。水泥的初凝通常发生在加水拌和后的 2～4 h，终凝发生在 5～8 h。

试验规程中的凝结时间以标准试针刺入不同龄期的标准稠度水泥浆中特定深度所需时间，这是人为确定的但采用标准化方法测量的指标，并无明确的物理意义。通常具有较高水含量的混凝土凝结得更慢，因此凝结时间的测定必须使用标准稠度的水泥净浆。目前凝结时间测定法有 Vicat 针和 Gillmore 针两种，以 Vicat 针更为常用。凝结时间测试所用的仪器也是维卡仪，与确定标准稠度用水量测试不同的是，测量凝结时间时使用直径为 1 mm 的标准针贯入，每隔 5～15 min 测试一次，初凝时间为试针刺入水泥浆距底板 4 mm 的所需时间。当终凝试针在试件表面的沉入深度为 0.5 mm时，也即不能明显地刺入水泥浆体、试件表面不留下压痕时，自开始拌和至当时的时间为终凝时间。ASTM 五大水泥的凝结时间分布如图 4-15，我国 GB175 要求硅酸盐系水泥的初凝时间均不得低于 45 min，而对硅酸盐水泥(P.Ⅰ、P.Ⅱ型，熟料与石膏含量在 95%以上，仅含不超过 5%的粒化高炉矿渣或石灰石粉)的终凝时间要求不得大于 390 min，对其他掺混合材的硅酸盐水泥的终凝时间则为不超过 600 min。

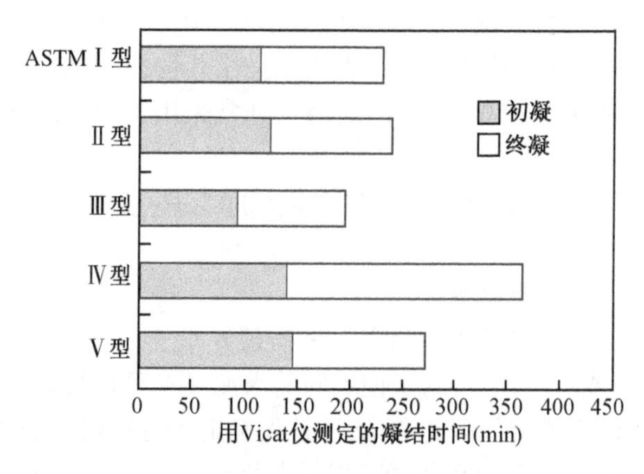

图 4-15 ASTM 五大水泥凝结时间分布

需要注意的是，水泥浆早期可能存在假凝或闪凝现象。假凝是指水泥浆的刚性快速发展而没有大量放热的现象，通过再次拌和可以克服刚性并恢复水泥浆的可塑性，这一恢复过程无需额外加水。闪凝是指水泥浆的刚性快速发展并伴随着相当大热量释放的现象；闪凝是水泥浆的真实凝固，具有不可逆性，再次拌和无法复其可塑性，反而会破坏其已形成的结构。由此可见，尽管假凝可能使处理和浇注混凝土变得困难，但它对混凝土质量几乎没有害处，通过再混合等方式可以克服假凝的问题。闪凝通常会导致严重的事故，发生闪凝的水泥因其凝结时间必然不满足技术要求而为不合格品，不能进入流通领域。

3. 体积安定性

水泥浆体在凝结硬化过程中，其总体体积略有收缩，但绝大部分体积收缩均发生在水泥浆完全硬化之前，总体上较为均匀，也即安定性良好。然而，若水泥中某些物相的化学反应发生在水泥浆硬化后，并伴随不均匀的体积膨胀，即使膨胀速度很慢，也会在硬化水泥石中引起内应力，轻则导致膨胀变形，重则使水泥石开裂甚至失效，这种不均匀的体积变化即为安定性不良，它是由于凝固后某物相化学反应体积变化过大造成的。

导致水泥安定性问题的原因在于熟料中含有过量的 MgO 或游离石灰的缓慢水化作用，以及水泥粉磨时石膏掺量过多导致它们与 C_3A 反应引起的。熟料中的游离石灰与 MgO 均处于过烧状态，它们水化时固相体积变为反应之前 1.98 和 2.48 倍，而过量的石膏在水泥硬化后可继续与水化铝酸钙反应生成水化硫铝酸钙，其体积膨胀亦达到 2.22 倍，因此这三种化学反应都会导致水泥石的膨胀开裂甚至溃散。由于这些反应多在混凝土施工完成之后的数月甚至数年内才开始出现，有必要使用某种形式的加速测试，以作为质量控制措施。在世界范围内人们已经开发了许多方法测试水泥的安定性，其中以沸煮法、压蒸法相对较为常用。基于沸煮的试饼法或雷氏夹法用于检测由过量 CaO 引起的安定性问题，对于过量 MgO 引起的体积安全性，则采用压蒸法使水泥石中的方镁石在较短时间内加速水化，然后再用比长仪测试试件压蒸前后的长度变化。当然压蒸法也可用于检测因过量 CaO 引起的体积安全性。石膏过量引起的危害需要将试件长期浸泡在常温水中才能发现，因此它不适合于快速检验。

需要强调的是，所有这些加速试验显然都无法完全模拟真实使用条件，因为实际工程中的膨胀量可能受许多因素的影响，例如水泥的细度和 C_3A 含量。因此，这些试验只能作为指导，而不能提供给定水泥安定性的绝对表征。当然，它们仍然是水泥工业的常用质量控制手段，因为膨胀量的明显波动意味着水泥制造过程出现了某些异常。

4. 水化热

水化热是水泥水化过程中所释放的热量。水泥水化放热过程可持续很长时间，但大部分热量在最初 3～7 d 内释放。若以水泥凝结硬化三个月所释放的总热量为 100%，则第 1 d 的累计放热量约为 30%，第 3 天接近 70%，第 7 d 达到约 86%，第 28 天增至 95%。水化热与水泥的物相组成和水泥细度密切相关。C_3A 和 C_3S 的水化热较大，放热速度也快，是水泥水化高放热的主要原因。水泥的细度对放热速率有重要影响。水泥越细其水化速率和早期的放热速率越快，但是在很长时间内的总水化热不会有显著变化。

因混凝土本身是热的不良导体，对于大体积混凝土，其内部相当于绝热环境，因水化反应放热，可导致内外温度差可达 50～60℃甚至更高，这将使内部混凝土的体积产生较大膨胀，而外部混凝土随气温降低而收缩，由此在外部混凝土中产生拉应力，严重时会使混凝土开裂。因此，对于大体积混凝土，必须设法减少混凝土发热，如采用低热水泥、控制水泥用量、控制施工浇注速度，同时采取人工降温并应随时监控混凝土早期温度变化。

4.3.3 基于水泥胶砂的技术要求

虽然水泥的某些性能要求使用水泥净浆进行测试，考虑到水泥作为胶凝材料，有些则要求在砂浆上进行测试。由于此类试验结果明显取决于所用砂的类型和水灰比等，为便于比较，基于砂浆试件的试验必须使用满足特定级配要求的 ISO 标准石英砂，采用固定水灰比和固定水泥/标准砂比的水泥胶砂。在中国标准 GB175 与欧洲标准 ENV 196-1 中，水泥与标准砂按 1∶3 比例混合，水灰比为 0.5。ASTM C 109 中，水泥与标准砂之比为 1∶2.75，通用硅酸盐水泥的水灰比为 0.485，而硅酸盐水泥的水灰比为 0.460。

1. 砂浆流动性和保水性

砂浆的流动性指砂浆在自重或外力作用下易于流动的能力。砂浆的流动性不能过大，否则强度会下降并且易出现分层、泌水的现象；流动性过小，则砂浆偏干涩不利于填充和施工操作。与水泥浆一样，砂浆的许多性质如流动性等也取决于其稠度或水灰比(水与水泥的质量比)。砂浆稠度的大小可以用砂浆稠度测定仪的圆锥沉入砂浆内深度表示，以毫米计。圆锥沉入的深度越深，表明砂浆的流动性越大。砂浆的流动性也可用跳桌流动度表示，即在振动状态下单位时间内砂浆的扩展直径来表示，以毫米计。

砂浆的保水性是指砂浆保持水分的能力，它反应新拌砂浆在静置、运输和使用过程中，各组成材料是否容易分离的性能。保水性良好的砂浆，水分不易流失，容易摊铺成均匀的砂浆层，且与基底的粘结好、强度较高。砂浆的保水性用分层度测定仪测定，以分层度表示。砂浆的分层度以 10～20 mm 为宜，分层度过大(＞30 mm)时，保水性差，容易离析，不便于施工和保证质量；分层度过小(＜10 mm)，虽然保水性好，但易产生收缩开裂，影响质量。

2. 砂浆强度测试

强度是结构性材料的首要性能要求，水泥概莫能外。在工程结构中，水泥净浆的使用场合相对极少，通常是与集料一起制备成砂浆或混凝土使用。水泥砂浆和混凝土的强度取决于水灰比、水泥净浆的内聚力，以及净浆与集料颗粒的粘结力，并在一定程度上取决于集料本身的特性。在另一方面，水泥净浆试件的成型和测试比较困难、且试验结果的变异性较大。因此，在水泥强度试验中，采用固定水灰比和固定水泥/标准砂比的水泥砂浆的强度试验来评定水泥的强度等级，并使用标准砂将集料因素的影响降至最低。

由于硬化水泥石的强度随时间增加，且与拌制和养护条件密切相关，因此，强度试验过程中必须严格遵循标准制备条件和养护条件，并指定测试时的龄期。通常，进行强度测试一般指定为 3 d、7 d 和 28 d。对高早强水泥还应测试其 1 d 龄期的强度，而对缓慢水化的低热水泥有时可能要求对 90 d 龄期的强度进行测试。根据水泥的类型，不同龄期指定一个最低值要求。当然，强度随时间的发展曲线很重要，条件允许时应获取其强度曲线而不仅仅是单个龄期的强度值。砂浆的强度可通过压缩、拉伸或弯曲试验测量。水泥石为脆性材料，其抗压强度最高，抗折强度次之，抗拉强度最小，一般只有抗压强度的 1/20～1/10。工程中主要利用水泥石抗压强度高的特点，并以砂浆的抗压、抗折强度划分水泥的强度等级。如 GB175 中根据水泥胶砂的 3 d 和 28 d 抗折、抗压强度对通用硅酸盐水泥进行分级，如表 4-8 所示。代号的含义如下：其中的数字表示 28 d 的抗压强度数值(MPa)，字母 R 表示早强型，其 3 d 的抗压抗折强度比非早强型的要高，具体评定方法请参阅国标。

表 4-8　GB175 关于水泥的强度等级划分

水泥类型	强度等级
硅酸盐水泥	42.5/42.5R，52.5/52.5R，62.5/62.5R
普通硅酸盐水泥	42.5/42.5R，52.5/52.5R
矿渣硅酸盐水泥、火山灰质硅酸盐水泥、粉煤灰硅酸盐水泥	32.5/32.5R，42.5/42.5R，52.5/52.5R
复合硅酸盐水泥	32.5/32.5R，42.5/42.5R，52.5/52.5R

需清楚的是，砂浆的强度试验主要用于水泥的质量控制和强度等级评定，由这些试验测定的砂浆强度不能与用相同水泥制成的混凝土强度直接相关联，混凝土的强度只能通过对混凝土本身进行测定。另外，此处描述的方法与技术要求是为用于普通强度混凝土的水泥而开发的，它们不能保证高强度混凝土的最佳性能。

水泥生产商常常认为这些常规试验是确定其水泥质量的关键试验；但是抗压强度越高并不意味着水泥质量越好。由于具有恒定水灰比的标准化砂浆，其短期强度是水泥熟料中 C_3S 和 C_3A 含量、水泥细度，以及硫酸钙含量的函数，而水泥生产商完全可以通过优化水泥中的硫酸钙含量以形成更多钙矾石、增加水泥的细度来提高初始抗压强度。因此，很多学者认为不应过分强调水泥砂浆立方体抗压强度的重要性，因为工程中提高混凝土抗压强度总是很容易的，只需要降低其水灰比即可，这对混凝土有利。相反地，增加水泥的细度和 C_3A 含量虽然可以非常迅速提高早期强度，但会导致混凝土的耐久性急剧下降。

3. 砂浆含气量

测试砂浆含气量的目的是评估给定水泥样品的加气潜力，具体方法可参阅 JC/T601 或 ASTM C 185，许多国家的规范如 ASTM C 150 等规定了砂浆的最大和最小含气量范围。由于混凝土的空气含量取决于许多因素，因此砂浆含气量的试验结果同样不能等同于用特定水泥制成的混凝土的含气量。

4. 耐硫酸盐侵蚀能力

多数水泥在正常使用环境中都具有良好的耐硫酸盐侵蚀能力。对用于富含硫酸盐的侵蚀性环境，必须确保水泥抵抗硫酸盐侵蚀的能力满足要求。目前尚没有真正适合于评估水泥耐硫酸盐侵蚀能力的方法。ASTM C 452 可提供有用信息，GB/T749 与此类似，但其材料组成参考的是 ASTM C109。该试验测量的是水泥石膏砂浆棒的膨胀，浆体 SO_3 的总含量为 7.0%，使用 ISO 标准砂，砂/(水泥＋石膏)比为 2.75，水灰比 0.485，砂浆试样尺寸为 5 mm×25 mm×280 mm(美国标准为 1 in×1 in×11 in)。试样按标准方式拌制成型养护，然后浸泡在 23℃的水中，在不同龄期内测定试件的长度。以膨胀量表征水泥抗硫酸盐侵蚀的能力，要求 14 d 的膨胀量不超过 0.045%。由于受硫酸盐侵蚀的混凝土其抗折强度会显著降低，因此还可以将砂浆试件分别浸泡在规定浓度的硫酸盐溶液和水中养护至特定龄期再进行抗折试验，以抗折强度之比表征水泥的抗硫酸盐侵蚀能力。

4.3.4 化学指标

对硅酸盐水泥化学组成的要求主要是不溶物、烧失量、SO_3 含量、碱含量和氯离子含量等方面。不溶物指水泥经酸和碱处理后，不能被溶解的残留物，它是水泥中非活性组分的反应。烧失量是指水泥经高温灼烧后的质量损失率，主要由未烧透的生料、石膏中的杂质、掺合料中有杂质，以及存放过程中的风化等原因所致。碱含量指水泥中的 Na_2O、K_2O 的总量，按 $Na_2O+0.658\ K_2O$ 计算值表示；SO_3 用于检验和控制水泥中的石膏掺量，氯离子含量则为避免对钢筋腐蚀作用而制定。水泥化学指标的测试按 GB/T176、JC/T420 进行测试。

4.3.5 工程中水泥的选择原则

在工程中选用水泥时，应先对不同类型的水泥的适用性和市场供应情况进行确认。表

4-9 列出了六大硅酸盐水泥的特性及其适宜的场合。选择水泥时应允许一定的灵活性，一般而言，除非有特殊的性能要求，应尽量使用通用水泥。此外，掺合料或矿物外加剂的使用不能妨碍水泥或混凝土的选用。特定工程中的技术标准应注重对混凝土结构的要求并容许使用多种材料来满足这些要求。在某些情况下，如由国内公司承建的一些海外工程，它们引用的标准可能是美国的 ASTM C150 或 C1157、C595(或 AASHTOM85、M240)、欧洲水泥标准 EN 197 或者加拿大标准 CSA A5、A362 等，而材料可能由国内供应。因试验方法和对所需性质的限定不尽相同，各国的水泥标准之间并没有直接的当量替换关系。因此，最佳的方法是与设计者协商，采用我国的标准对工程技术标准进行修改。

表 4-9　硅酸盐水泥的特性与适宜使用的场合

水泥品种	特性	适宜使用的场合
硅酸盐水泥	1. 早强快硬，抗冻性好，耐磨性和不透水性强 2. 水化热高，耐热性与耐水性差，耐腐蚀性低	1. 快硬早强混凝土工程 2. 配制强度较高的混凝土 3. 道路及低温下施工的混凝土 4. 一般土建工程的混凝土、钢筋混凝土及预应力混凝土 5. 大体积混凝土、地下混凝土及受化学侵蚀与压力水作用的工程，在使用时需掺加一定的辅助胶凝材料
普通硅酸盐水泥	与硅酸盐水泥相比： 1. 早期强度、抗冻性与耐磨性略有降低 2. 耐热性、耐腐蚀性有所增强，水化热有所降低	与硅酸盐水泥基本类似地上、地下及水中的混凝土、钢筋混凝土及预应力混凝土
矿渣硅酸盐水泥	1. 水化热低，抗硫酸盐侵蚀性好，耐热性比 P.O.高 2. 早期强度低、后期强度增长快 3. 抗冻性差，干缩性较大	大体积混凝土，一般地上、地下的混凝土及钢筋混凝土 一般耐热混凝土 蒸汽养护构件 一般耐软水、海水、硫酸盐侵蚀要求的混凝土
火山灰质硅酸盐水泥	1. 水化热低，抗硫酸盐侵蚀性好，抗渗性好 2. 早期强度低、后期强度增长大 3. 需水量大，干缩性较大，抗冻性和耐热性不及矿渣水泥	大体积混凝土 一般地上、地下的混凝土及钢筋混凝土 其他基本同矿渣水泥
粉煤灰硅酸盐水泥	1. 水化热低，抗硫酸盐侵蚀性好，抗渗性好，干缩较小 2. 早期强度低、后期强度增长较快 3. 需水量较小，抗冻性和耐热性较差	地上、地下及水中的混凝土 大体积混凝土 一般混凝土工程
复合硅酸盐水泥	1. 早期强度较高 2. 其他性能与所掺主要混合材的水泥接近	大体积混凝土工程和地下工程 一般混凝土工程

4.4 硅酸盐水泥特性的演变

了解硅酸盐水泥特性的历史演变对于研发耐久性胶凝材料至关重要。本节简要介绍Actin教授的成果。

4.4.1 硅酸盐水泥特性的演变与影响

在过去的一百多年中,硅酸盐水泥的化学组分和矿物组成在不断演变。从化学角度来看,当代水泥富含石灰和氧化铝等氧化物成分,因此富含 C_3A 和 C_3S 这两个对硬化物早期强度贡献最大的物相。在第一次石油危机之后,水泥生产商开始采用富含硫的燃料,而在另一方面,各国对导致酸雨的 SO_3 排放管控更为严格,这些都导致现代水泥熟料中的 SO_3 含量急剧增加。

石油和煤炭公司一直在以较低的价格提供富含硫的燃料,这种燃料很少有工业可以直接使用而无需加装昂贵的脱硫装置。水泥工业是少数可容纳高含硫燃料的工业之一,因为在燃烧过程中产生的 SO_3 可与碱结合并最终被硫铝酸盐捕获。在最近的半个世纪里,熟料中 SO_3 的平均含量在某些情况下从0.5%上升到1.5%,而使用高硫焦炭或煤时,其含量更高。对水泥的最大 SO_3 含量进行限制可控制水泥水化所产生的硫铝酸盐的含量,但由于规范对硅酸盐水泥的最大 SO_3 含量限值未作修改,这导致当代很多水泥中的硫酸钙越来越少。在某些情况下,快速溶解的 SO_4^{2-} 离子浓度不够高时,可能会在低水胶比的混凝土中引起与聚磺酸盐超塑化剂的相容性问题。总之,可以说近半个世纪以来硅酸盐水泥主要特征的变化并不总是有利于混凝土的坚固性和耐久性。

当然,毫无疑问的是,现代硅酸盐水泥的一致性已得到改善,其生产效率越来越高,生产进程亦受到更严格的控制,全球化导致大型水泥公司之间的竞争加剧。在混凝土生产商、预制构件和装配工业化的多重压力下,水泥公司倾向于提高水泥的细度,以及增加 C_3A 与 C_3S 含量以使其产品满足28 d龄期的要求,这导致当代水泥更加"紧张"。富含 C_3A 和 C_3S 的细水泥最大缺点就是浆体的收缩率较高,早期水化热大,这非常容易引起混凝土开裂。由"紧张"水泥制备的混凝土,其28 d时的强度几乎已经达到了最终强度,后期强度的增长潜力有限;而由不太"紧张"水泥制备的混凝土,其抗压强度在28 d后仍然会显著增加,但正是这种后期强度的增加提高了混凝土的耐久性。因此,当代水泥工业采取增加水泥细度以及 C_3S 和 C_3A 含量的做法,对混凝土的耐久性来说是一个错误方向。

硅酸盐水泥特性的另一个隐性变化与水泥颗粒的粒度分布有关。Blaine法仍是评估水泥细度的最实用方法,但它无法考虑粒度分布形状的变化。现代水泥研磨技术完全可以使不同粒度分布的水泥获得给定的Blaine细度。之前的水泥多是在开放系统中被研磨至足够的细度,而现代水泥厂则使用闭合回路系统进行研磨,闭路研磨系统比开放系统的水泥产出量多20%,显著提高了水泥生产过程中效率最低环节的生产率。但也意味着一旦水泥颗粒达到足够小的尺寸,它就从研磨系统中被提取出来,只有较粗的颗粒才会被送回研磨系统。

因此，现代水泥的粒度分布更均匀。在研究现代波特兰水泥的粒度分布时，可经常发现它们的 Rosin-Ramler 数变大，该数大致代表了粒度分布曲线的中间部分的斜率。水泥颗粒尺寸分布的这种差异可以使水泥的"反应性"及其流变行为产生显著差异，其结果是，与之前的水泥相比，当代水泥对泌水和离析更敏感。

最后，现代研磨方式的另一个变化是在球磨机最终研磨之前使用辊压，这导致水泥颗粒在球磨机中的停留时间非常短，因为通过高效空气分离器可从研磨系统中非常快速地提取细颗粒。目前尚无足够的研究来评估这种情况对新鲜和硬化混凝土性能的实际影响。Actin 教授指出，这种变化虽然对水泥的凝结时间和立方体强度指标没有影响(因为它们出厂前已得到调整以满足标准要求)，但工程中应关注这些改变对泌水和离析、坍落度保持和空气捕获等方面的影响。

4.4.2 硅酸盐水泥中的 SO_3 含量及石膏的影响

长期以来，水泥工业和工程中用 SO_3 含量与烧失量 L.O.I.(loss on ignition)来表征硅酸盐水泥中石膏的含量。但这两个指标并不总是合适，因为它们未考虑石膏的形态及掺加方式的影响。

目前在硅酸盐水泥中发现的硫酸钙包括天然硬石膏、二水石膏、半水石膏，完全脱水石膏或合成硫酸钙等多种。如前所述，当只考虑 SO_3 含量时，可以很容易作些调整就能使水泥符合现行标准中的 SO_3 要求。但是，这些硫酸钙的溶解度相差较大，用这些水泥来制备低水胶比的混凝土时，可能遇到严重的流变问题。

二水石膏被用于控制波特兰水泥凝固，但长期以来，很少见到关于添加硫酸钙的讨论。实际上，即使在研磨时加入了足够二水石膏，也不能确定在水泥中会发现相同数量的二水石膏，因为随着研磨机温度的升高，一些二水石膏可能会部分脱水变为半水石膏，有的甚至完全脱水。注意，天然无水石膏是一种天然矿物，尽管具有与完全脱水石膏一样的化学成分，但其矿物结构和溶解速率与完全脱水的石膏无任何关系。为了控制所生产的富含 C_3A 而更细的"紧张"水泥的凝结时间，部分水泥生产商目前使用部分脱水的石膏；在某些硅酸盐水泥中，部分脱水的石膏占石膏量的 30%～40%。

过多的石膏脱水，会导致混凝土拌和时产生"假凝"的现象。假凝出现后，如果对混凝土继续拌和，半水石膏水化期间所形成的二水石膏可以溶解在新鲜混凝土中，因此混凝土可以恢复其可塑性。问题在于面对混凝土刚度快速增加时几乎不可能有时间去区分假凝或闪凝。因此，无论哪种情况发生，最好注入足够多的水并立即清空搅拌器，之后再用砂浆混合器或小型混凝土搅拌机试拌以确定是闪凝还是假凝。如果为假凝，只需要延长混合时间并添加适量的水，加入少量高效减水剂效果更佳。如果确定是闪凝，则必须停止混凝土生产，弃用原有水泥。这类事故会造成非常昂贵的损失，所幸它不会经常发生。

不正确添加硫酸钙会导致流变问题的另一个原因是水泥生产商添加的纯净石膏越来越少，而是掺加了多种来源、溶解度各异的硫酸钙混合物。这种水泥的 SO_3 含量虽然与纯石膏可能相同，但它们在孔溶液中SO_4^{2-} 离子的释放率可能存在较大区别，而这正是影响浆体流变性能的最重要因素，可能会导致混凝土的流变性能大不相同，并且难以控制。

有时水泥厂可能使用天然硬石膏来部分替代石膏。对于水灰比大于 0.5 的混凝土，使用天然石膏对混凝土的凝结时间和流变性能并无太大影响，因为在此情况下，混凝土的流变性能主要受加水量控制。但对低水胶比、高水泥用量的混凝土，因天然硬石膏的溶解度极低，该问题将十分突出，因为其高水泥用量意味着有更多的 C_3A 需要控制，而溶解SO_4^{2-}离子的水更少，结果导致更多的超塑化剂被消耗于对 C_3A 的水化控制，这会导致较大的坍落度损失。

助磨剂等对水泥的特性也存在影响，限于篇幅，本教材不作介绍。

4.5 硅酸盐水泥浆的凝结硬化机理

4.5.1 水化反应与反应进程

水泥水化的外在表象很简单，但它背后有着极其复杂多变的物理化学变化与热动力学进程。为了揭示水化反应，通常采用几种不同的方式。第一种方法为分别研究主要矿物成分各自独立的水化作用，并认为熟料水化等于所有这些成分单独水化反应的总和。该方法一直被广泛使用，但是应该认识到其局限性，因为熟料水化过程中各组分之间会产生一些不可忽略的相互作用和协同作用，例如，已知 C_3A 水化会加速 C_3S 的反应。第二种方法为采用扫描电子显微镜(SEM，scanning electron microscope)观察在特定时间硬化的水泥石、砂浆或混凝土样品新鲜断裂面的结晶物质。该法最大优点是可直接观察水化反应中所形成的晶体，并使得对这些晶体进行微量化学分析成为可能。但这种方法存在两个主要缺点：首先，水化反应必须用丙酮强制中止；其次，在进行 SEM 观察之前样品必须干燥。使用环境扫描电镜则无需干燥样品，但必须在显微镜内建立的缩减真空会对所观察的样品产生扰动，这导致其有效性受到质疑。最新的环境扫描电镜技术则可获得非常真实的观察结果。其他常用的方法包括测试浆体的强度、弹性模量的增长规律，监测孔溶液的电导率变化或不同固化条件下的体积变化，用核磁共振等研究水化物的纳米结构等。

现有硅酸盐水泥水化反应的主要特征及其与混凝土性能的关系如表 4-10 所示。水泥水化涉及一系列耦合的化学过程，每个化学过程的发生速率由过程的性质和该时刻的系统状态决定，这些过程包括：

1. 溶解/解离：涉及分子单元从与水接触的固体表面分离。

2. 扩散：溶液组分通过水泥浆的孔隙体积或沿着吸附层中固体表面输送。

3. 包含表面附着的生长：将分子单元结合到其自吸附层内的结晶或无定形固体的结构中。

4. 成核：当形成固体的体积自由能超过形成新的固液界面的能量损失时，成核作用在固体表面上或在溶液中均匀地引发固体的非均匀沉淀。

5. 络合：简单离子之间的反应，在固体表面形成离子络合物或吸附的分子络合物。

6. 吸附：离子或其他分子单元在界面处的积累，如液体中固体颗粒的表面。

表 4-10　硅酸盐水泥水化反应的主要特征及其与混凝土性能的关系

阶段	放热速度 (J/(g·h))	持续时间	主要的物理化学变化	反应动力学	化学反应	与混凝土性能的关系
初始反应期	约 160	5 ～ 10 min	初始溶解与水化	化学控制，极快	C_3A 的初始快速水化	
潜伏期（诱导期）	约 4.2	1～2 h	继续溶解，凝胶体膜层围绕水泥颗粒生长	溶解与淀析的竞争进程慢	CH 成核	决定初凝时间
加速反应期	峰值约 21	约 6 h 达到峰值	膜层破裂，水泥颗粒进一步消化	化学控制，快	C_3S 的水化	决定终凝时间与初始硬化速度
加速反应后期	稳态约 4.2	在 24 h 内降至稳态	C-S-H 凝胶体逐渐填充毛细孔	化学与扩散控制，慢	C_3S 的水化，AFt 向 AFm 的转变	决定早期强度获得速度
有限扩散反应期	约 4.2	若干年	固相拓扑化学反应	扩散控制，慢	C_3A、C_3S 及其他组分的次生水化	决定后期强度获得速度

这些过程以串联、并联或更复杂的组合方式实现，由于不同工艺的干扰、侵入，以及熟料中不同矿物相之间的相互作用，水泥水化过程的实际图景非常复杂。当然，各矿物相的特定水化反应速率依然清晰可辨，如铝酸三钙水化速度最快，随后是阿利特和铁酸盐，贝利特相显示出最低的水化速率。某一相的水化作用会影响其他水泥成分的过程，这是液相组合物或凝胶状产物在水化水泥颗粒表面上吸附的结果。两种最快速反应的组分 C_3S 和 C_3A 之间发生显著的相互作用。C_3A 与石膏水溶液的反应更快，这意味着 C_3S 水化作用的加速；液相中的SO_4^{2-} 离子不足（相当于过量铝酸根离子的存在）则导致后者在阿利特颗粒表面上的吸附，最终导致的结果使阿利特水化作用被迟滞，这在电导率曲线中有所反应，如图4-16所示。通过 X 射线衍射可检测到 CH 约在硬化 5 h 后才开始出现。C_3S 水化会在液相中产生高浓度的钙离子，当溶液中有足够的SO_4^{2-} 离子存在时，将显著降低 C_3A 的水化速率。在这种情况下，C_3A 晶体表面上结晶不良的钙矾石层显示出对铝酸盐水化的强烈迟滞作用。

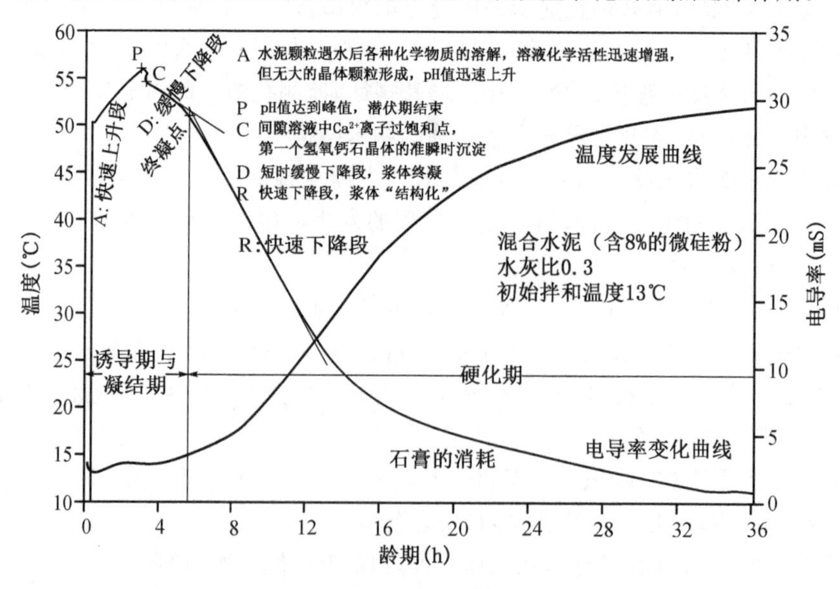

图 4-16　某混合水泥加水拌和后实测浆体电导率和温度变化曲线

水泥与水混合后，因硫酸钙和石灰溶解，液相迅速成为钙离子与SO_4^{2-}离子的饱和溶液，其 pH 值快速增长并接近 12.5，钠离子和钾离子亦被释放到溶液中，能够观察到它们在硬化的 1 d 后达到最大浓度，并在 28 d 内基本保持不变。液相中 Na^+、K^+ 向左移动达到平衡，这最终促使氢氧化钙的溶解度降低，而石膏的溶解度上升。如图 4-17 所示。

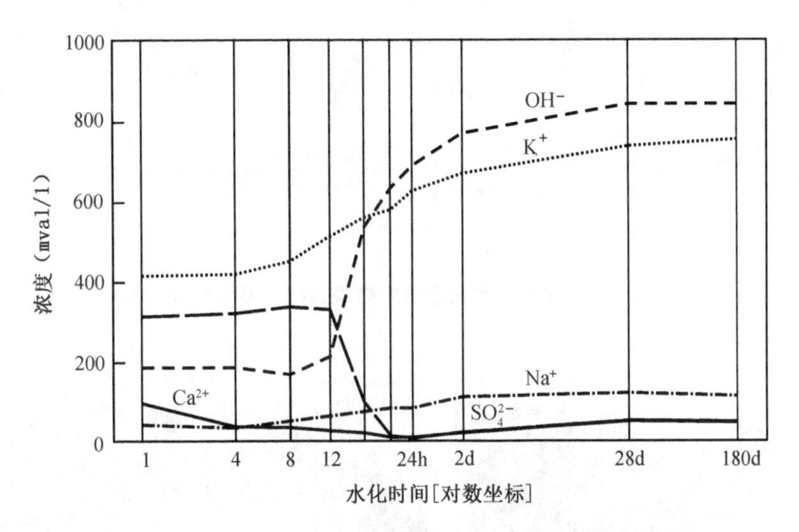

图 4-17 某水灰比 0.65 的水泥浆中液相组成随时间的变化

液相对水泥熟料中特定组分的水化进程起决定性作用，离子浓度特别是 Ca^{2+}、SO_4^{2-} 以及$Al(OH)_4^-$的改变会影响水化速率，而易结晶的水化铝酸盐产物，在液相的影响下其组成和相态各异。液相组成浓度变化的原因可从水泥浆料的体相组成，以及水泥浆多组分溶液中特定相的溶解度和离子活性因子等角度进行解释。在水泥水化过程中，固、液两相总是处于随时间而变的动态平衡中。

利用高分辨率的电子显微镜可观察到形成于诱导期前和诱导期开始时水泥颗粒表面的无定形凝胶状产物裹覆层，它们富含二氧化硅和氧化铝，以及钙离子和硫酸根离子，显著有别于水泥颗粒的矿物组成。棒状 AFt 在与水混合后约 1 h 后出现，它们是由于液相或凝胶外层成核作用而形成的。在诱导后期，反应加速使得 C-S-H 和 CH 大量形成，此时可观察到从水泥颗粒表面辐射生长的纤维状与蜂窝状 C-S-H，通常认为这些形式是因水化样品部分干燥而从 C-S-H 箔叶衍生出来的。随着厚度的增加，C-S-H 作为连续壳层出现，它们包围在水泥颗粒和棒状 AFt 周围，C-S-H 核也可能出现在 AFt 表面。此外，已知石膏可加速 C_3S 和 C_2S 的水化，并且一些SO_4^{2-}可被 C-S-H 所捕获。

C-S-H 壳有很强的内聚力，这些相邻较大水泥颗粒表面的壳控制着浆料的机械性能。约 5 h 后，壳和水泥颗粒之间出现间隙；约 12 h 后，壳厚度增至约 0.5 μm。因此，壳在“外部”生长，并变得可渗透，反应进程转入液相。很多研究者报道在水化的第三阶段完成之前，壳和水泥颗粒之间的间隙形成了自由空间，4 d 后自由空间宽约 3 μm，约 7～14 d 后消失，如图 4-18 所示。不同龄期浆体中 C-S-H 的 SEM 照片如图 4-19 所示。

典型水泥浆体的相组成变化曲线如图 4-20 所示，通过 XRD 等手段可以研究相组成的变化。水泥颗粒的转变方式有多种，这取决于它们的粒径和颗粒内部的矿物组成。最细的

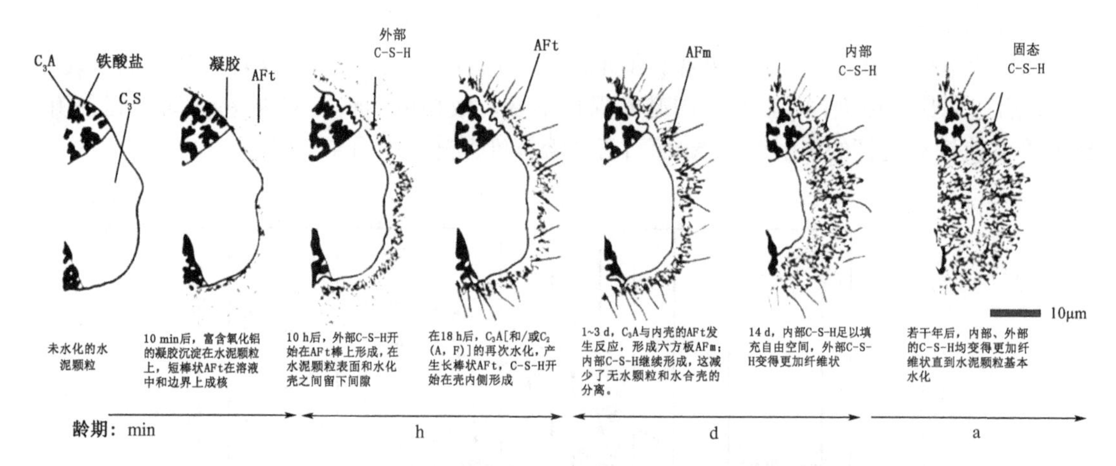

图 4-18　单水泥颗粒水化进程中微观结构的发展情况示意图

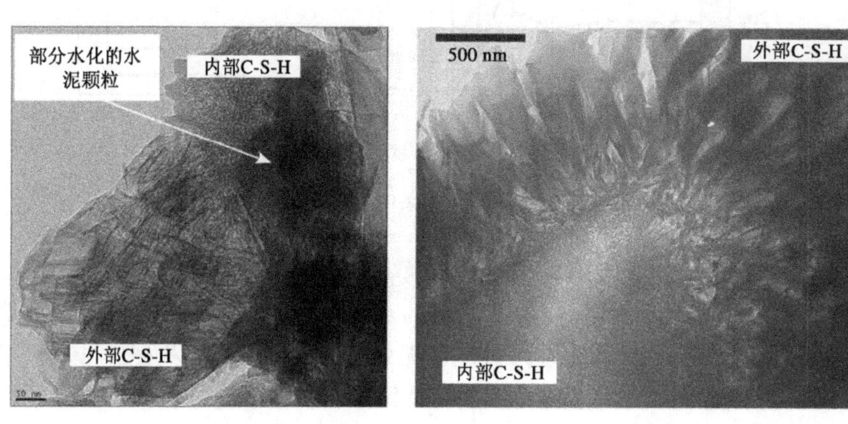

(a) 60 d龄期的水泥浆（水灰比0.45）　　(b) 40 a龄期的C_3S浆料（水灰比0.5）

图 4-19　不同龄期浆体中 C-S-H 的 SEM 照片

颗粒(3 μm 以下)在Ⅱ阶段之前完全溶解并生成外部产物,常沉淀在粗颗粒的壳上。富含 C_3A 的水泥颗粒在无水核和壳之间存在更宽的自由空间。尺寸在 15～20 μm 的颗粒在间隙被水化物填满前的 7～14 d 内将完全水化,并出现直径约为 5 μm 的空芯。在第Ⅲ阶段,CH 在充满水的空间中以六边形板结晶,这使得壳体间的自由体积显著减小。在第Ⅱ和Ⅲ阶段,长针状的 AFt 继续结晶。在 1～3 d 内,C_3A 与水反应,并且在壳内部与 AFt 一起形成 AFm。这一过程伴随着内层 C-S-H 的进一步沉淀,壳的渗透性越来越差,而 AFt 继续在他们外部结晶。大约 14 d 后,颗粒内部未水化部分和壳之间的所有空间均填充有C-S-H,而外部的 C-S-H 转变成多纤维形式。在壳外层也会产生 AFm,与 C-S-H 形成紧密混合物。当内部的阿利特部分和由水化物形成的壳之间的自由空间充满 C-S-H 时,进入稳态水化阶段开始,而 Alite 继续水化,反应界面向水泥颗粒中心移动。稳态阶段的水化反应不大可能发生在液相中,它实际上是一个拓扑化学过程。贝利特水化与阿利特类似,但反应显著滞后,28 d 时的水化程度约为 25%,这相当于阿利特与水反应 1～1.5 d 后的水化程度。铁相体水化反应形成的产物与 C_3A 大体相同。

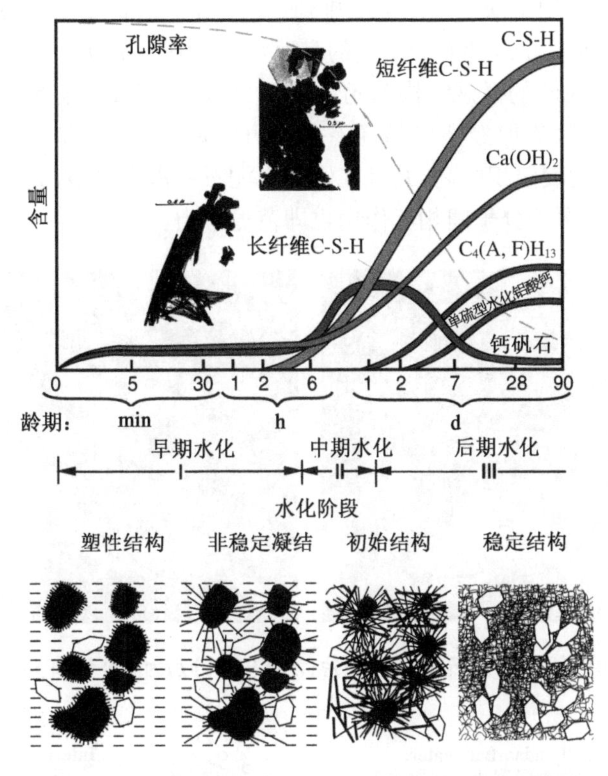

图 4-20　水泥浆体水化进程中的相组成发展示意图

4.5.2　水化产物的特性

水泥的水化产物具有非常多样的性质，了解主要水化产物的行为将有助于把握水泥浆体和硬化水泥石的整体性能。表 4-11 列出了水化产物的重要特性与观察手段。

表 4-11　硅酸盐水泥水化产物的特性与观察手段

水化产物	比重	结晶度	在硬化水泥石中的形态	典型结晶尺寸	观察手段
C-S-H	2.3～2.6*	极差	凝胶，无确定形态	1 μm×0.1 μm 厚度小于 0.01 μm	SEM、TEM
CH	2.24	极好	非多孔	0.01 mm～0.1 mm	OM、SEM
钙矾石	～1.75	好	软长棱柱针状	10 μm×0.5 μm	OM、SEM
AFm	1.95	较好	薄六方板状 不规则玫瑰花形	1 μm×1 μm×0.1 μm	SEM

注：* 与含水量有关，OM—光学显微镜，SEM—扫描电镜，TEM—透射电镜。

1. 水化硅酸钙凝胶体

C_3S 和 C_2S 水化的主要产物均为刚性凝胶物质水化硅酸钙，在完全水化的水泥石中，C-S-H约占 50%～60%的固体体积。在扫描电镜下观察，可发现水化硅酸钙呈云雾状或絮状,如图 4-21 所示。它们是众多扭曲杂乱排列、尺寸约 5～25 nm 的层片构成的超微颗粒,层片最小间距一般不足 2 nm,拥有非常大的表面积(约 100～700 m^2/g),这些超微颗粒在几微米尺寸聚集形成 C-S-H 的微观结构单元。图 4-22 为 Feldman 与 Sereda 提出的水化硅酸钙微观结构单元示意图,其他经典模型还有 Powers-Brunauer 模型、Munich 模型、Taylor 模型等。水化硅酸钙的表面积极高,并且在硬化水泥石中占大多数,是硬化水泥石强度的最主要来源,其强度主要源于分子间相互作用也即范德华力。

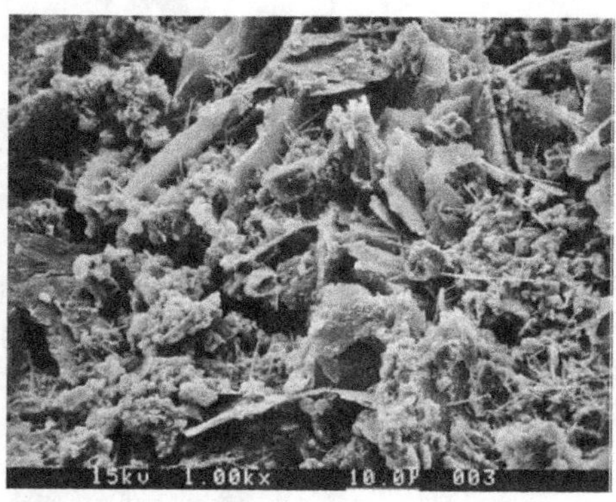

图 4-21 硬化水泥石的 SEM 照片(观察倍率分别为 500 倍和 1 000 倍)

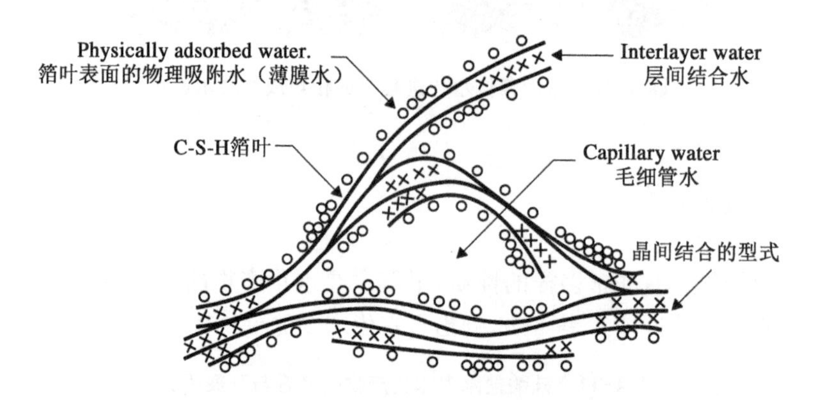

图 4-22 Feldman-Sereda 模型 C-S-H 凝胶微观结构单元

在化学计量计算中,水化硅酸钙常用 $C_3S_2H_8$ 表示,亦有技术文献认为应采用 $C_3S_2H_6$,通常,水化硅酸钙表示为 C-S-H,因为水泥石中水化硅酸钙氧化物组成并没有确定比例,它们随着水化程度(或龄期)、水灰比和温度,以及产品中的杂质氧化物类型和含量的变化而改变,C/S 比通常在 1.5～2.0 之间。C-S-H 中所结合的水分子数变化更大,它不仅取决于上述因素,还与干燥程度有关。由于在 C-S-H 中水有多种存在状态,而水蒸气压力降低会导致水分持续损失,因此在测定 C-S-H 中的含水量时必须定义标准干燥条件。D-干燥指-79℃干冰蒸气压下的真空干燥,D-干燥条件下 C-S-H 中的 H/S 约为 1,而在 11%相对湿度下干燥的 C-S-H 其比值接近 2,在饱和浆体中则接近 4。

2. 氢氧化钙

硅酸钙矿物的水化产物除了 C-S-H,还包括氢氧化钙,CH 在水泥石中约占固体体积的 20%～25%。它们趋向于形成六方板状或柱状、尺寸在几微米量级的大晶体颗粒,如图

4-23所示，具体形貌受结晶时的有效空间、周围产物的水化强度等因素影响。与C-S-H相比，氢氧化钙的表面积非常小，其结果就是源于范德华力的强度发展潜力有限，对水泥浆的强度贡献几乎可以忽略。当然，$Ca(OH)_2$以及少量存在的NaOH和KOH，可为混凝土中的钢筋提供至关重要的保护，因为它们会在孔液体中产生pH值高达13.5的碱性环境。但是，由于氢氧化钙相对于其他水化产物具有较高的溶解度，在有水流动的场合及酸性环境中，CH的存在不利于水泥石的耐久性。

图4-23 铝酸钙和硫酸钙溶液混合所形成单硫型水化物六方晶体和钙矾石SEM照片

硅酸三钙和硅酸二钙的水化反应产物相同，但产出比例不同。C_3S水化产出的C-S-H和CH之间的比例为61/39，而相同份数的C_2S水化，该比例变为82/18，且需水量从23%变为21%。因此，理论上C_2S可使硬化水泥石具有更高的极限强度。然而，C_2S的水化反应速率比C_3S要低得多，加之其含量通常也低于C_3S，所以标准条件下养护28 d的水泥石，其强度主要由于C_3S的水化，而C_2S则主要对后期强度有贡献。

3. 水化硫铝酸钙

在水泥石中，水化硫铝酸钙与水化硫铁酸钙约占固体体积的15%～20%，其抗压强度相对也较低，因此它们在水泥石的结构-性能关系中仅起次要作用。前面已经指出，在水化的早期阶段，液相的硫酸盐/氧化铝离子通常易形成长径比大于10的针形柱状晶体三硫型水化硫铝酸钙$C_6A\bar{S}_3H_{32}$，也称为钙矾石AFt。在强干燥条件下，钙矾石柱状体内的水分子将被移出，结构变为无定形态，而当相对湿度达到60%以上可再水化恢复其结晶性。在普通硅酸盐水泥石中，AFt最终转变为六角形板状的晶体—单硫酸盐水化物$C_4A\bar{S}H_{18}$，AFm。单硫酸盐水化物易受硫酸盐侵蚀。如图4-23。

应该注意的是，钙矾石和单硫酸盐都含有少量的铁离子Fe^{3+}，它和Si^{4+}可以代替晶体结构中的铝离子Al^{3+}，其他一些离子（如OH^-、CO_3^{2-}、Cl^-、$H_2SO_4^{2+}$）亦能部分或全部取代SO_4^{2-}。AFt与AFm形成和转化时常常伴随着明显的体积膨胀，这也是硫酸盐侵蚀的常见原因。而在钙矾石形成过程中所产生的膨胀则是补偿收缩水泥所需要的。

4. 未水化的熟料颗粒

在硬化水泥浆的微观结构中，往往可以发现一些未水化的熟料颗粒，即便在水化后很长时间仍然可见，当然，这取决于水泥的粒度分布和水化程度。如前所述，水泥熟料颗粒尺寸多数在 1～50 μm 范围。随着水化的进行，较小的颗粒因溶解和水化速度较快而很快从系统中消失，而较大的颗粒则逐渐变小。由于浆体中颗粒之间的可用空间有限，水化产物倾向于在水化熟料颗粒附近结晶，这使得它们周围很快形成水化产物的包覆层。在水化后期，因受周围有效空间的限制，未水化的熟料颗粒只能原位水化形成更为致密的水化产物，其形状有时类似于原始熟料颗粒。大颗粒的原位水化一方面导致未水化的熟料颗粒周围可用于水化的自由水量更少，也使得包覆层外的自由水更难向内渗透，这意味着浆体中的大颗粒难以完全水化。因此，工程中的水泥浆体几乎不可能达到完全水化状态。

4.5.3 硬化水泥石的微观结构

尽管水化产物的性质明显影响水化水泥浆的性质，但是如果不了解水化产物如何配合在一起形成胶结基质，则不能正确地理解硬化水泥浆的行为。水泥浆体的微观结构形成过程可用图 4-24 所示。为了简化描述，图中未单独标出硫铝酸盐，而是将其作为 C-S-H 的一部分，尽管它们是单独的结晶相。微观结构发展也可基于 SEM 直接观察，在此不作描述。

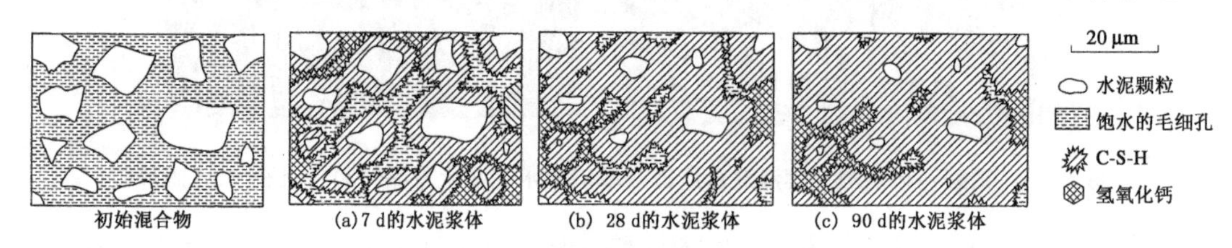

图 4-24 水泥浆体微观结构演变示意图

1. 水泥石中的孔系统

在硬化水泥石中，除了包含前述的水化产物和未水化的水泥颗粒固体外，还含有大量孔隙。根据其尺寸与成孔原因可将这些孔隙分为气泡或空隙(bubble or void)、毛细孔(capillary pore)和凝胶孔(gel pore)，它们的大致尺度如图 4-25 所示，对水泥石性能的影响列于表 4-12。

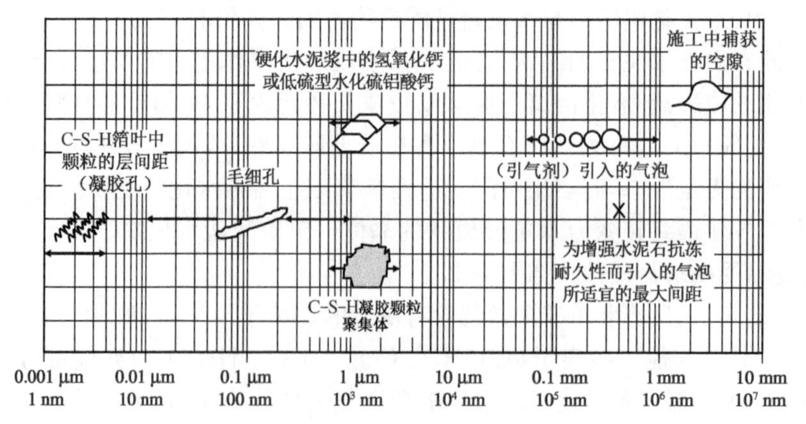

图 4-25 硬化水泥石中固体和空隙大致尺寸范围

表 4-12 硬化水泥石中孔的分类及其对水泥石(HCP)的影响

孔的类型	孔径大小	描述	水的作用	受影响的 HCP 特性
气孔	>0.05 mm	捕获或人工引入	表现为大体积的自由水	强度和渗透性
毛细孔	10～0.05 μm	大孔	表现为大体积的自由水	渗透性、扩散
	50～10 nm	中孔	产生较小的表面张力	无宏观大孔的渗透性，相对湿度在 80%时的收缩
凝胶孔	10～0.2 nm	小的独立	产生较大的表面张力	相对湿度在 80%～50%时的收缩
	2.5～0.5 nm	微孔	强吸附水，无弯液面	所有湿度下的收缩，徐变
	<0.5 nm	层间间隙		

凝胶孔通常指 C-S-H 箔叶中颗粒的层间距，它们约占 28%的凝胶体积，尺寸从0.2 nm 到几纳米不等。这些凝胶孔不会影响混凝土与钢筋的耐久性，因为它们太小而不能大量运输侵蚀性物质。水在凝胶孔中为氢键所固定，只有在特定条件下才可能失去，凝胶孔失水会造成水泥石的干缩和徐变。

毛细孔是未被硬化水泥浆水化固体产物所填充的空间。1 cm^3 的水泥完全水化需要约 2 cm^3 的空间以容纳其水化产物。水泥加水拌和后，水泥浆的总体积在水化过程中基本保持不变，而水泥石的平均密度比未水化的水泥颗粒密度要低得多。因此，水泥的水化过程可视为原来为水泥和水所占空间被越来越多的水化产物取代填充的过程，没有被水化产物和未水化颗粒所填充的空间即构成了毛细孔。毛细孔的尺寸和体积由新拌水泥浆体中未水化水泥颗粒初始间距(主要取决于水灰比)以及水泥的水化程度所决定，毛细孔总体积的计算方法将在后面说明。

在水化充分的低水灰比浆体中，毛细孔的尺寸约为 10～50 nm。对于较高水灰比的水泥浆体，在水化早期及未良好水化时，其毛细孔尺寸可达到 3～10 μm。水泥浆体的孔径分布可用压汞法等测得，典型孔径分布如图 4-26 所示。一般认为，大于 50 nm 的毛细孔对水泥石的强度和抗渗性不利，而小于 50 nm 的毛细孔则对水泥石的干缩和徐变有重要影响。

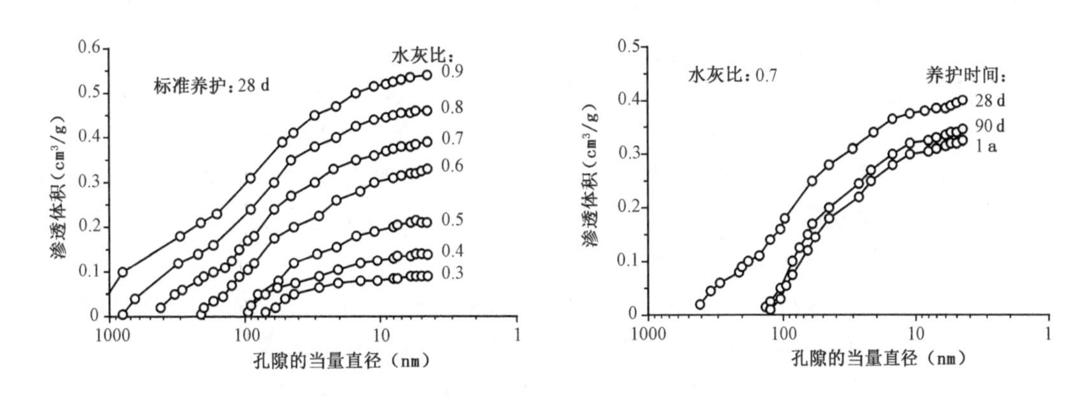

图 4-26 水灰比与养护时间对水泥石中孔隙分布的影响

尺寸达到毫米级的较大气孔通常是因混合过程中捕获或卷入了空气而在压实过程中未被排除的结果，因此称为被捕获或夹带的空穴(entrapped air void)；有时混凝土中粗集料下方易出现水囊，该部分水干燥也会形成较大的孔洞。通过调整混凝土的配合比和选用合适的压实工艺，可以减少被捕获的空气和避免水囊出现。在有较高抗冻要求的场合，可通过在混凝土拌和过程中(或在水泥中)掺加引气剂，从而在水泥浆体中引入直径约0.05～0.2 mm的气泡(entrained air bubbles)，其目的是增强水泥石抵抗冻融循环的能力。有别于相互连通形状不规则的毛细孔，气孔一般为离散分布的封闭球状气泡，且无论是捕获的气孔还是通过引气剂引入的气泡，其尺寸均比毛细孔要大得多，它们都对水泥石的强度和抗渗性有不良影响。另外，读者不能将轻质泡沫混凝土与引气混凝土相混淆。引气混凝土的目的为了增强混凝土的抗冻性，引气混凝土的强度与普通水泥混凝土无显著区别，而轻质泡沫混凝土多用于保温、隔热、减振和减重等功能性场合。

2. 水泥石中的水

自然矿物中的水包括水分子和离子两种存在形式，具体可区分为吸附水、结晶水和结构水三种类型。吸附水以中性的水分子形式存在，它不参与组成矿物的晶体结构，只是被机械地吸附于矿物颗粒的表面或缝隙中，吸附于矿物颗粒表面的称之为薄膜水，吸附于矿物颗粒缝隙间的称之为毛细管水。吸附水比较自由，受环境湿度或温度的影响，可以很容易地自由来往于矿物颗粒表面和裂隙间。结晶水也是以中性水分子形式存在，但在矿物中它们参与组成矿物的晶格，有固定的结构位置，水分子也有一定的数量，与矿物中的其他组分形成简单的比例，如石膏。矿物对这种水的束缚力比较强，一般不能在矿物结构中自由运动，只有在外界条件发生大的改变时，这些水才能从矿物中逸出，如将石膏加热至130℃时，其中的水分子将失去，形成硬石膏。结构水也称为化合水，它并非真正的水分子，而是以 OH^- 或 H_3O^+ 离子的形式参与组成晶体结构，有固定的结构位置和确定的含量比，氢氧化物矿物，如水镁石 $Mg(OH)_2$ 均含有结构水，一些碳酸盐和硅酸盐矿物中也含有此类型的水。它们所受的束缚力远大于结晶水，几乎和矿物结构融为一体。要想使得这些水失去，必须将矿物的晶格破坏，例如在高温条件下受热分解时才能将 OH^- 驱除。存在于沸石族矿物中的水称之为沸石水，它也是以 H_2O 形式存在，但它既不像结晶水那样占据矿物的晶格位置，也不像吸附水存在于矿物的裂隙之间，它存在于沸石的结构孔道中。随着外界条件的轻微变化，这种水可以很容易从结构孔隙中向外面自由运动；层间水是存在于层状硅酸盐矿物结构层间的水，与沸石水类似，它们均是介于结晶水和吸附水之间的一种特殊类型。

在电子显微镜下时，硬化水泥石中的孔隙似乎是空的，这是试样制备时要求进行高真空干燥的缘故。未经处理的水泥石能保持大量水分，其持水量与环境湿度和孔隙率有关。水在水泥石中存在的形式亦有多种，根据其从水泥石中失去的难易程度，可将水泥石中的水划分为毛细管水、物理吸附水(薄膜水)和层间水几种类型。理论状态下完全水化的水泥石中固体、水及中空孔隙相图如图 4-27 所示。

在水泥石中，毛细管水存在于 50 nm 左右的毛细孔隙中。可以认为除了毛细管内壁极薄分子层(15 nm 左右，约 6 个水分子层厚度)的水分子受氢键和表面张力的影响外，毛细管内的所持水体基本不受固体表面张力的影响。因此，常常将毛细管水分为两类：孔尺寸在 50 nm 量级以上的毛细管水可视为自由水，因为它的失去与获得不会影响体积变化；而孔径在 5～50 nm 的较小毛细管中因毛细张力所持的水，其失去是导致水泥石干缩的主要原因。

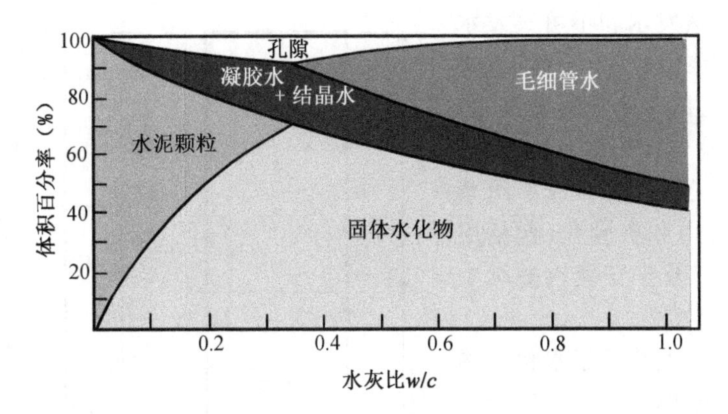

图 4-27　理论状态下完全水化水泥浆中的固体、水及中空孔隙相图

物理吸附水因表面张力被机械地吸附于硬化水泥石中的固体表面，也称为薄膜水或凝胶水。因氢键作用被物理吸附的薄膜水厚度可达约 6 个水分子层，约 15 nm 左右，而超出此范围，吸附作用迅速衰减。物理吸附水的大多数在相对湿度降至 30%左右即可失去。物理吸附水的失去也是导致硬化水泥石干缩的主要原因。

层间水存在于 C-S-H 箔叶层间。如前所述，C-S-H 箔叶层间距通常不足 2 nm，在水化过程中，由于较强的氢键作用，箔叶层间会吸附大量单分子层的水分子。层间水仅在强干燥条件（如相对湿度小于 11%）才会失去，C-S-H 失去层间水时会产生明显结构收缩。

4.5.4　硬化水泥石的宏观性能与微观结构的关系

硬化混凝土的工程性质，如强度、尺寸稳定性和耐久性等，它们不仅受混凝土配合比的影响，水泥浆体的性质也起决定性作用。

1. 强度

水化固体产物的强度主要源于范德华力，在范德华力吸引下，两相邻固体表面产生粘附，作用程度与粘附表面的特性和间距有关。C-S-H 胶团以及晶体尺寸较小的水化硫铝酸钙及六方板状水化铝酸钙都具有巨大的表面积和粘附能力，它们不仅能够彼此粘结牢固，而且能与低表面积的固体牢牢粘结，如氢氧化钙、未水化的水泥颗粒、粗细骨料等，是使水泥石具有胶凝特性的主要原因。

在硬化水泥浆中，C-S-H 凝胶体的层间空间以及在范德华力作用范围内的微小孔隙几乎对强度无害。在荷载作用下，材料内部会产生应力集中效应，必然使破裂面萌发于水泥石中固有的大毛细孔与界面微裂纹处。众所周知，多孔材料的强度与其孔隙率成反比。水泥石中毛细孔体积取决于水灰比和水化程度。当水泥浆开始凝结时，它获得一个基本稳定的体积，其值大致相当于水泥与水的体积总和。如果已知每种化合物的组成和水化部分，则可以使用描述每种矿物成分水化的化学方程计算体积变化来确定浆料中的总孔隙率，但这需要严格定量的化学公式和复杂的计算。T.C.Powers 提出了一套简单的经验方程，如果已知水泥的水化程度，则可以容易地求解方程式。水泥净浆水化前后的体积变化如图 4-28 所示，为简单起见，忽略了微观结构的影响，图中固体水化物包括 C-S-H，CH 和水化铝酸盐和水化硫铝酸盐等所有产物。

水分分为可蒸发水和不可蒸发水两种类型。饱和浆体经D-干燥(或烘箱干燥)时会失去的水称为可蒸发水,当经D-干燥的浆体加热到1 000℃时才会失去的水称为不可蒸发水。可蒸发水包括毛细管内和凝胶孔(包括层间孔隙)中的水以及来自硫铝酸钙中的一些水化水。

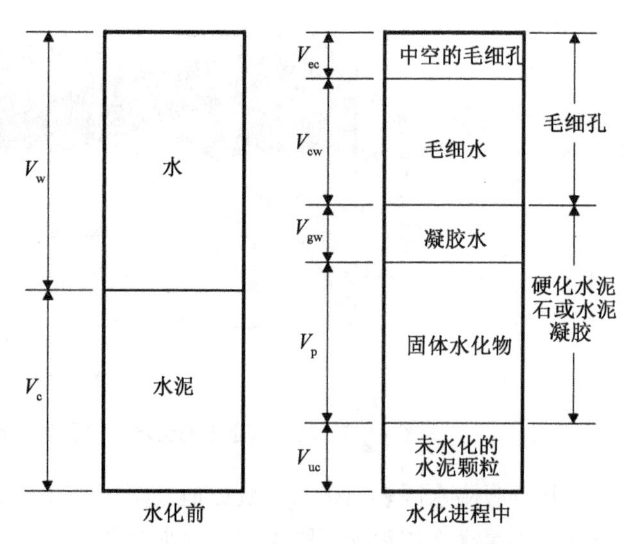

图 4-28　水泥净浆水化前后体积变化示意图

不可蒸发的水大致等于水化产物中化学结合水。浆体中不可蒸发的水量 w_n 与水化程度成正比,而大多数水泥完全水化时,每 1 g 水泥可与约 0.24 g水结合,因此

$$w_n = 0.24\alpha,\ \text{g/g} \tag{4-12}$$

其中 α 是水化程度(即已水化水泥的比例)。

式(4-12)用于通过实验确定 α。与所有水化产物相关的可蒸发水量由这种关系给出

$$w_g = 0.18\alpha,\ \text{g/g} \tag{4-13}$$

其中 w_g 是凝胶水,主要与C-S-H有关。

水化产物(水泥凝胶)的总体积由下式给出

$$V_{hp} = 0.68\alpha,\ \text{cm}^3/\text{g} \tag{4-14}$$

每克水泥的凝胶孔体积(V_g)也由方程式(4-13)确定。因为可蒸发水的密度相对为1.0,故凝胶孔隙率 P_g 可表示为 V_{hp} 的分数

$$P_g = \frac{w_g}{V_{hp}} = 0.26 \tag{4-15}$$

对所有正常水化的水泥,该分数是恒定值。因此,水化石中的约四分之一体积是孔体积。

毛细孔容积由下式给出

$$V_c = \frac{w}{c} - 0.36\alpha,\ \text{cm}^3/\text{g} \tag{4-16}$$

其中 w 是用于拌和用水重量,g。w/c 是水/水泥的重量比,毛细管孔隙率强烈依赖于 w/c。

未水化水泥占据的体积为

$$V_u = (1-\alpha)\,V_c,\ \text{cm}^3/\text{g} \tag{4-17}$$

其中 V_c 是水泥的表观体积(比重的倒数),约为0.32。在水化开始之前,V_u 约等于 V_c。因此,浆料的原始体积为

$$V_p = \frac{w}{c} + V_c, \text{ cm}^3/\text{g} \tag{4-18}$$

随着浆料的 w/c 比增加，其毛细管孔隙率增加。毛细管孔隙率为

$$P_c = \frac{\frac{w}{c} - 0.36\alpha}{\frac{w}{c} + 0.32} \tag{4-19}$$

Power 也使用凝胶/空间比（固空比），这是毛细管孔隙率的一种量度，定义为

$$x = \frac{\text{凝胶的体积（包含凝胶孔）}}{\text{凝胶的体积} + \text{毛细孔的体积}} = \frac{0.68\alpha}{\frac{w}{c} + 0.32\alpha} \tag{4-20}$$

使用公式(4-12)～(4-20)，可以计算不同 α 和 w/c 的浆体组分的体积。这些计算假设没有发生整体膨胀，且浆料是在环境温度或接近环境温度下水化，另外，还假设浆体是在密封状态下水化的；也就是说，在固化过程中没有添加额外的水，也没有因蒸发而损失水分。图 4-27 清楚地显示了 w/c 和 α 对毛细管孔隙率的显著影响。

近些年来，亦有学者提出浆体中的总孔隙率宜用式(4-21)表示

$$P_{tot} = \frac{\frac{w}{c} - k \cdot \alpha}{\frac{w}{c} + 0.32} \tag{4-21}$$

式中 k 为与化学浓度相关的参数，如当自由水被水泥凝胶化学结合时，将导致比体积的下降。结果表明，k 取 0.18～0.19 时，对于水灰比 0.18～1.00、水化程度在 12%～80%范围内浆体，根据该公式计算得到的理论总孔隙率与实测值有非常高的契合度。

对于正常水化的水泥石，Power 表示其抗压强度 f_c 与固空比 x 存在指数关系，$f_c = a x^3$，a 为常数，其值为 234 MPa。假如水化程度一定，则用 Powers 公式可评估水灰比对强度的影响，如图 4-29 所示。图中亦列出了孔隙率与水泥砂浆渗透系数的关系。

一般认为，Powers 公式可用于预测一般水灰比的水泥石强度，而对于低水灰比的水泥石，Powers 的强度预测公式已不适用，此时可采用 Rossler-Older

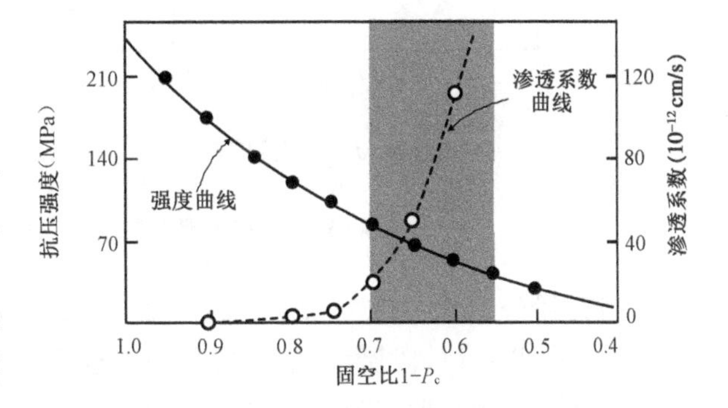

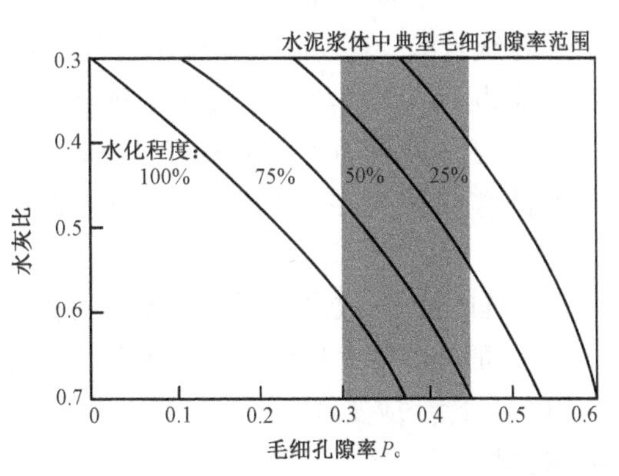

图 4-29 水灰比与水化程度对水泥砂浆抗压强度和渗透性的影响

公式：

$$f_c = f_0(1 - E \cdot P_c) \tag{4-22}$$

式中，f_0 为水泥浆体的本征强度，E 为经验常数，P_c 为毛细管孔隙率。

2. 体积稳定性

饱水的水泥石，在 100% 的相对湿度环境中能够保持尺寸稳定。而在相对湿度低于 100% 的环境中时，水泥石将开始失水，并且体积开始收缩，饱和的水泥石失水过程与相应的体积收缩量的关系如图 4-30 所示。

孔径大于 50 nm 的孔隙所持水分为自由水，它们并不以任何物理-化学键依属于水化产物结构，故而它们消失时几乎不会引起收缩，如图 4-30(a)的 AB 段所示。因此，在相对湿度稍低于 100% 的环境中，饱水的水泥石在发生收缩前将失去数量可观的全部可蒸发水。

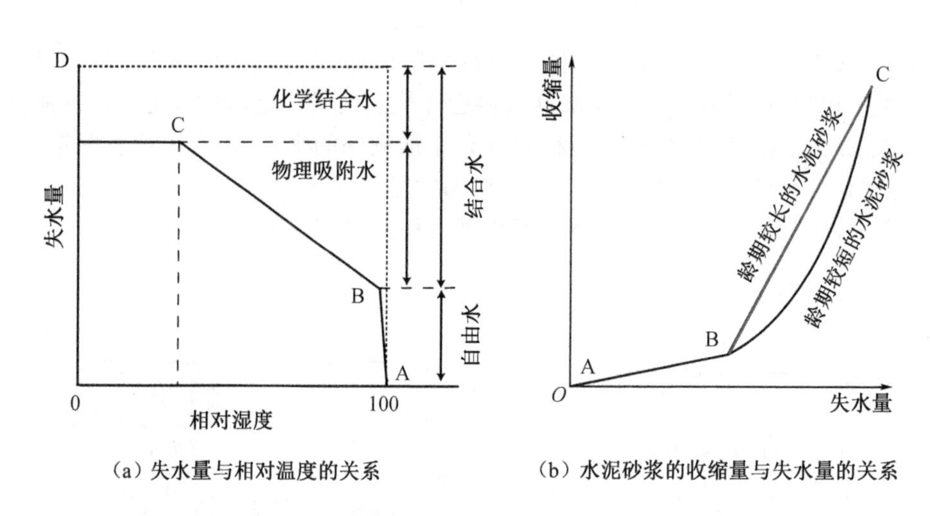

（a）失水量与相对温度的关系　　（b）水泥砂浆的收缩量与失水量的关系

图 4-30　饱和水泥石失水过程及其与收缩量关系示意图

当大部分自由水失去后，继续干燥过程中失水的同时将导致明显的收缩。如图 4-30(a) 曲线中 BC 段所示，这主要是因物理吸附水和微小毛细管水蒸发所致。因为当两固体平面间距极小时，平面间的吸附水会产生分离压力，该吸附水的失去降低了该分离压力并引起系统收缩。C-S-H 凝胶体箔叶层间单分子层的水需要在极度干燥环境中才能失去。这是因为该层水膜与固体表面接触更紧密，且通过弯弯曲曲的毛细孔网络进行物质输运时需要更强的驱动力。而孔径 5～50 nm 的细小毛细孔中持水时会产生静水张力，该部分水的移除时会在毛细孔的孔壁上产生一个指向孔中心的压力，从而引起系统收缩。

值得一提的是，导致水泥石干燥收缩的机制同样会导致水泥石的蠕变或徐变。在徐变情况下，持续的外部应力将成为物理吸附水和细毛细管水的驱动力，因此，即便此时的相对湿度为 100%，徐变应变也会产生。

3. 耐热性

水泥石中的水包括化学结合水（或结晶水）、物理吸附水和自由水等多种形态，其结合强弱相差较大，相应的脱水温度也相差较大。水泥石受热后，在一定温度条件下，其内部的水化物和碳酸盐等水化产物就会发生脱水作用。这些水化物受热后分解成游离生石灰，在空气中遇水后水会发生二次水化作用生成熟石灰，产生膨胀，从而破坏水泥石的结构。

水泥石中各组分脱水和分解温度的基本数据如下：

水化硅酸钙开始脱水温度:160～300℃

水化铝酸钙开始脱水温度:275～370℃

CH 开始脱水温度:400～590℃

碳酸钙开始分解温度:800～870℃

当硬化水泥石温度达到 100～250℃时，由于凝胶体的脱水和部分熟石灰产生的加速结晶，水泥石的密度增加，此时水泥的强度不降反升。但当水泥石的温度达到 250～300℃时，水化硅酸盐和水化铝酸盐开始脱水，此时水泥石的强度就会降低。当加热到 400～1 000℃时，碳酸钙分解，剩余的水分全部失去，水泥石的强度降低更快，甚至完全破坏。事实上，普通水泥石经过 500℃的温度作用后，并在空气中冷却时即会开裂，强度降低，经 900～1 000℃温度处理的试件，在空气中 3～4 周后就会自行崩溃，在湿度较大的环境中溃散得更快。

4. 耐久性

水泥石内部是碱性环境，因此若暴露于酸性环境中就易产生腐蚀，在这些环境中，抗渗性就成为决定耐久性的主要因素。渗透性可定义为液体在一定流体压力下自固体内部穿透流出的难易程度。很显然，固体中微结构的孔尺寸和连续性决定了其渗透性的大小。水泥石的强度与渗透性是一个硬币的两面，它们都与毛细孔隙率或固空比密切相关，图 4-29 所示的渗透性曲线是基于 Powers 的试验结果绘制。

由该图可见，水泥石中的孔隙率超过一定范围后，渗透系数急剧增加，二者呈指数关系。降低孔隙率将使得水泥石中孔隙系统的连通性降低，此时输运进程将受细小毛细孔控制，这种结构对输运性质的影响可用渗透理论描述：低于临界孔隙率时，毛细孔将不会相互连通，高于临界孔隙率时，有限簇毛细孔将连通。由图 4-29 可知，孔隙率达到 25%时渗透系数将急剧变大(对应于水灰比为 0.45、水化程度为 75%的水泥石)，因此实践中常常以 25%的孔隙率作为高质量混凝土的参考依据，并以此确定为达到特定的水化程度以阻断水泥石中的宏观毛细孔所需的建议养护时间，如表 4-13 所示。当然，即便是水灰比高达 0.7，只要水泥石完全水化，它仍能够像致密的玄武岩或大理石那样不渗水。

表 4-13 为阻断水泥石中宏观毛细孔所需达到特定的水化程度与最小养护时间

水灰比	水化程度(%)	养护时间
0.40	50	3 d
0.45	60	7 d
0.50	70	14 d
0.60	92	6 m
0.70	100	1 a
>0.70	100	无法阻断

应该注意的是，C-S-H层间孔和较细小的毛细孔并不会促进水泥石的渗透性，随着水化程度的增加，浆体中C-S-H层间孔和细毛细孔会随之增加，而水泥石的渗透性不升反降，这主要是这些孔并不连续之缘故。对于较粗的毛细孔，在相对湿度为33%时，饱和水泥石中的这些毛细孔中所持水将解附而失去，因此，从实验角度，可以定义相对湿度为33%时，可将饱和水泥石中所失水分作为粗毛细孔的衡量指标，从而得到粗毛细孔隙率的概念，并以粗毛细孔隙率作为衡量渗透性的指标。

4.6 硅酸盐水泥的改性

前面讨论过的水泥是由主要矿物为C_3S、C_2S、C_3A和C_4AF的硅酸盐水泥熟料与石膏共同粉磨得到。为了拓展水泥的品种，适应更多的使用要求，以硅酸盐水泥熟料为基础在粉磨时添加其他矿物材料，或者调整生料成分以在硅酸盐水泥熟料烧成过程中形成其他化合物，它们可以统称为改性硅酸盐水泥。

4.6.1 混合水泥

硅酸盐水泥可与火山灰或高炉渣等一起混合得到与ASTM五大品种水泥中绝大多数性质相近的水泥，这类水泥多用于增强这五大水泥的耐久性和不受五大水泥控制的其他特性，称之为混合水泥(blended cements)。在我国和欧洲国家，混合水泥较为普遍，欧洲的硅酸盐水泥事实上几乎都是混合水泥。在美国，因相应的矿物掺和料通常是在混凝土搅拌时加入，混合水泥并不常用。关于混合水泥，我国及欧美等国均有单独的规范涵盖，这些混合材料的特性将在第六章辅助胶凝材料中详细讨论。

4.6.2 道路硅酸盐水泥

道路硅酸盐水泥是为适应公路与城市道路路面和机场跑道使用要求而生产的硅酸盐水泥。因为道路路面或机场跑道的使用条件对混凝土的抗拉与抗折强度、耐磨性、抗冻性和抗干缩等要求均较高，而铁铝酸四钙的水化产物对硬化水泥石的抗折强度贡献度较高，因此，通过增加硅酸盐水泥熟料中的硅酸三钙和铁铝酸四钙的含量可较好地满足这些要求。GB13693要求道路硅酸盐水泥熟料中的硅酸三钙含量应不低于52%、铁铝酸四钙含量应不低于16%，铝酸三钙的含量要求不超过5%，游离氧化钙含量不低于1.0%。道路硅酸盐水泥中可掺入一定量的活性混合材料，其质量分数一般不超过10%。道路硅酸盐水泥，无论原料与生产方法，和普通硅酸盐水泥相比均无显著差别，仅需根据熟料的矿物成分要求对生料的组成进行适当调制即可。

4.6.3 膨胀水泥

硅酸盐水泥的一个主要缺点在于水泥石在干燥过程中会产生体积收缩，当收缩完全或部分受限时，混凝土可能产生拉伸型裂纹甚至被拉断。这种随机裂缝有碍观瞻且影响结构的整体性，必须在设计和施工中加以控制。对于保水结构或有防水要求的结构，混凝土的抗裂至关重要。浆体早期水化与硬化期间的体积膨胀可用于抵消收缩，但是普通硅酸盐水泥在湿养护过程中的膨胀量极小，只有通过改性技术增强早期膨胀才能控制收缩，这就是膨胀水泥的研发初衷。

膨胀水泥诞生于20世纪30年代，早期美国、法国、日本和苏联等国进行了大量研究，其商业生产始于60年代后期。我国对此研究亦较早，并于70年代起在较大范围内进行了应用。膨胀水泥主要用于抵消干燥收缩的影响，因此也称为收缩补偿水泥。还有一类膨胀水泥，在水化硬化过程中体积膨胀量相对更大，并使结构内的钢筋产生一定伸长而对混凝土产生一定的预压应力，这类水泥称为自应力水泥。膨胀水泥在水化硬化过程中生成膨胀性物质，它们在混凝土中起到填充、堵塞、切断毛细孔的作用，致使水泥石的总孔隙率降低、毛细孔径变小，提高了水泥石的密实性和抗渗性；膨胀混凝土干燥状态下的收缩率比普通混凝土减少近1/3～1/2，这有利于改善混凝土的应力状态，增强混凝土的抗裂性。

1. 矿物组成

理论上，任何能引起大量膨胀反应的材料都可以用于制备膨胀水泥，如基于MgO或CaO的配方。生产膨胀水泥的通常方法是将膨胀组分添加到常规水泥中，或者提高C_3A含量。膨胀水泥在加水拌和后的第一周会水化形成大量的钙矾石，但水泥石的长期性能仍受硅酸钙控制。

根据用于铝酸盐化膨胀组分的性质，ASTM将膨胀水泥分为K、M和S三种变体，它们都必须符合ASTM C845E-1型的要求。K型膨胀组分由硫铝酸钙($C_4A_3\bar{S}$)和硬石膏($C\bar{S}$)组成，与游离石灰一起使用；M型使用铝酸一钙(CA)和石膏；而S型的C_3A含量则通常高达20%(重量比)。我国生产的硅酸盐膨胀水泥，其大致配比为：硅酸盐水泥熟料72%～78%、矾土水泥熟料14%～18%，天然二水石膏7%～10%，生产时先将各原料分别破碎，然后按一定的比例进行混合粉磨。我国的明矾石膨胀水泥则是以硅酸盐水泥熟料为主，铝质熟料(经一定温度煅烧后，具有活性的氧化铝含量超过25%的材料)、石膏(硫酸盐含量以SO_3计不大于8%)和粒化高炉矿渣(或粉煤灰)按适当比例磨细制成；而无收缩快硬硅酸盐水泥则是由优质硅酸盐水泥熟料、二水石膏和经特定温度煅烧得到并粉磨至特定细度的生石灰(膨胀剂)组成，其中可以加入高碱性粒化高炉矿渣。

2. 收缩补偿的原理与膨胀机理

混凝土的潜在膨胀量是通过普通钢筋来加以控制，来自支承基础的摩擦或模板的约束也会对膨胀产生一定限制。钢筋限制了水泥石的总体膨胀，从而将膨胀能转化为混凝土内的轻微预应力，如图4-31所示。

为抵抗膨胀力，钢筋处于张拉状态而混凝土被压缩。所产生的压缩应力约为170～700 kPa，这足以确保混凝土不会因干燥收缩而开裂。确切的预应力值取决于膨胀组分的数量和配筋率。若对混凝土的约束不够，所发展的预应力将无法防止收缩开裂，在极端情况下，由于过

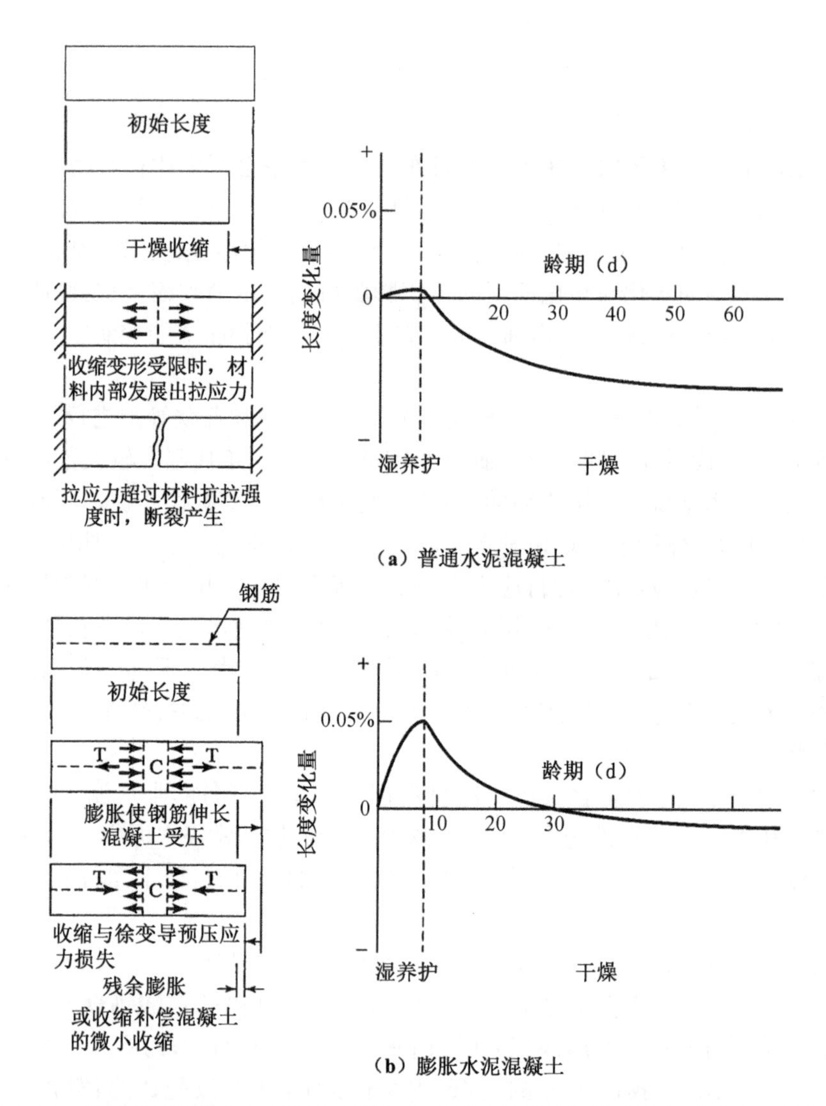

（a）普通水泥混凝土

（b）膨胀水泥混凝土

图 4-31　普通水泥混凝土与膨胀水泥混凝土干燥收缩曲线及膨胀水泥混凝土工作机理

度的内部膨胀，甚至可能导致混凝土自毁；另一方面，预应力超过一定水平后，额外的约束显得多余。预应力仅在钢筋的长度方向和临近钢筋之间发展。因此，正确摆放钢筋的位置对于形成正确的约束来说非常重要，而钢筋位置的不正确则会导致预应力不足及其并发症，如因差异膨胀而产生的翘曲等。

膨胀水泥成功使用的关键在于对水泥水化过程膨胀量的合理控制，这取决于钢筋（配筋率、钢筋位置）、混合料设计（水泥用量、水灰比、水泥细度、外加剂等）、施工操作和养护条件等方面的因素。在钙矾石的形成期间-自加水拌和后的前 7 d 内，必须进行保湿养护，这一点非常关键。因为钙矾石形成需结合大量的水，这些水不能完全由拌和水提供，必须通过湿养护的方式补充水化反应所需要的水。图 4-32 很好地说明了这一点。增加水灰比会减少膨胀量。注意只有当混凝土通过 C_3S 的水化作用获得刚性之后，此时形成的钙矾石才有助于整体体积膨胀和形成预应力状态，当然此时的浆料应有一些可变形性，能够适应有限的体积增加而不会产生裂缝。当混凝土仍处于塑性状态时，在此期间形成的任何钙矾石没什么价值。图4-33中所示的温度对膨胀的影响即是一例。38℃时的水化比21℃快得多，其初期膨胀增长率更快，但最终膨胀量却更低，这主要是因为38℃时，混凝土仍处于塑性状态，而此时已形成大量的钙矾石。增加水泥细度也会导致膨胀量减少，这也是初始水化反应速率较快的结果。外加剂也可能干扰钙矾石的初始形成并因此影响膨胀，特定混合物的效果通常取决于它是否延迟或加速凝固，在使用于混合物时应进行测试。

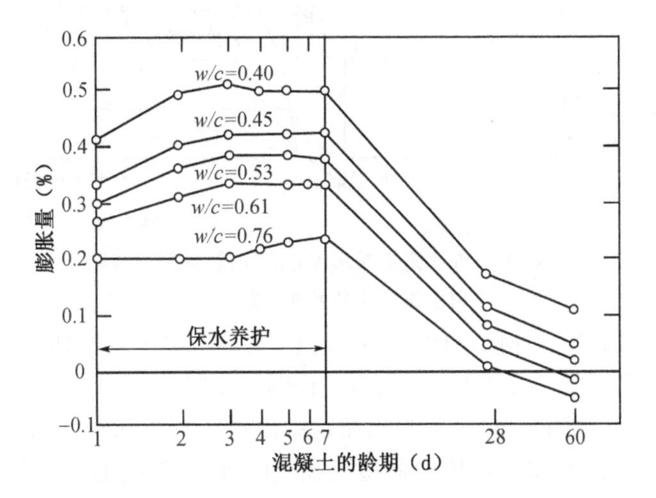

图4-32 水灰比对某型膨胀混凝土线膨胀系数的影响

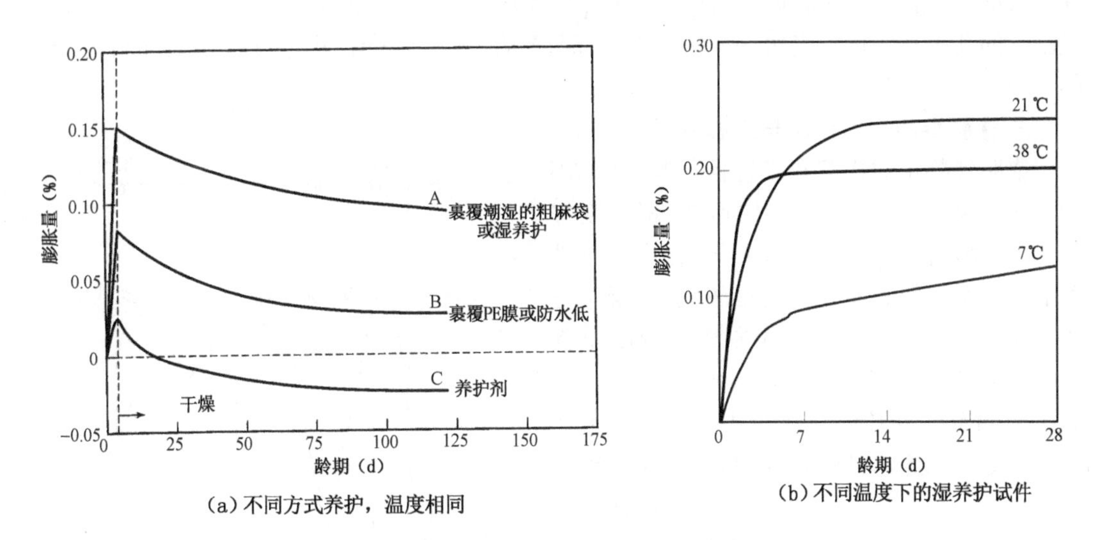

图4-33 养护条件对膨胀水泥混凝土膨胀量的影响

实际上，对于硅酸盐水泥基的膨胀水泥，其膨胀反应主要发生在加水拌和后的24 h至72 h之间，更早的反应过程不会对混凝土的体积增加产生影响。在72 h后发生的膨胀反应显示出下降的趋势，约190 h后浆料的体积应达到稳定状态，否则，混凝土会出现抗压强度降低(图4-34)，体积膨胀过大而开裂甚至自毁等劣化现象。

关于膨胀机制，通常认为源于这四方面：①由各向异性晶体生长产生的结晶压力，②无水相“原位”水化，形成水化相；③钙矾石吸收水分；④渗透压形成。结晶压力的假设基于众

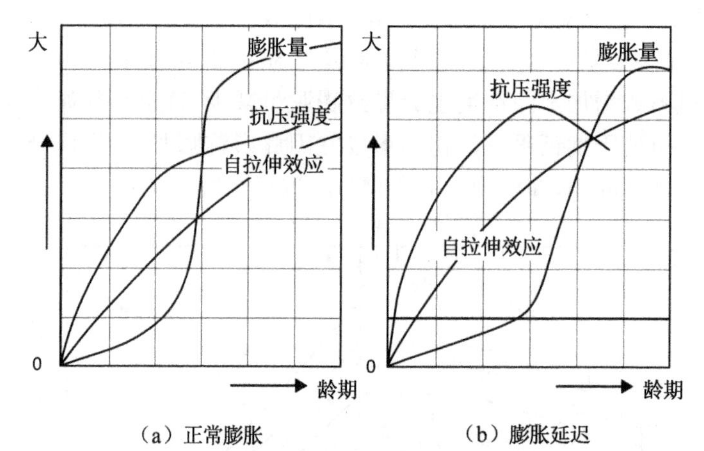

（a）正常膨胀　　　　（b）膨胀延迟

图 4-34　膨胀延迟对水泥石膨胀量、抗压强度与自拉伸效应的发展影响

所周知的在某个方向上各向异性晶体生长的现象，它导致显著的拉伸应力。在石灰和石膏硬化过程已证明了这一点。结晶压力的假设也证明了膨胀水泥石在较大孔径范围内具有较高孔隙率的合理性。在硬化 1 d 后，膨胀水泥石中出现孔径在 0.2～0.8 μm 范围的大孔，且孔隙率较高，这正是适用钙矾石形成的典型孔径范围，而在传统的波特兰水泥中不会出现，如图 4-35 所示。在浆料体积达到稳定状态以后，随着龄期的增加，因膨胀而形成的大孔将逐渐被继续水化的产物胶体相（硅酸盐基由 C-S-H 填充，铝酸钙基则由 AH_3 填充）所填充，混凝土的孔隙率降低。当然，$Ca(OH)_2$ 结晶导致晶粒排斥，会促进毛细孔扩大和新毛细孔的形成。

3. 膨胀混凝土的性能与工程应用

膨胀混凝土的物理和工程性能与 ASTMI 型水泥混凝土相当，但在放热速率、坍落度损失和抗硫酸盐侵蚀性方面有差异，在高温条件下的膨胀水泥的和易性损失量较大，且凝结更快。用 ASTME-1K 型水泥制成的混凝土其 28 d 的抗压强度比同类Ⅰ型水泥混凝土高 3.5～7.0 MPa，在较低的水灰比和较高的水泥含量下更是如此，其原因一般归结于大量钙矾石的形成，但也可能是由于水泥石的微观结构更均匀，因为膨胀水泥混凝土在塑性状态时不会发生泌水现象。泌水现象的减轻是由于水化早期的钙矾石结晶，当然这会导致更大的坍落度损失和更高的需水量。膨胀水泥因具有高含量铝酸盐而通常不耐硫酸盐侵蚀。然而，具有高 $C_4A_3\bar{S}$ 和低 C_3A 含量的特定膨胀水泥仍具有较强的抗硫酸盐侵蚀能力，因为钙矾石在成熟水泥石中保持稳定状态。

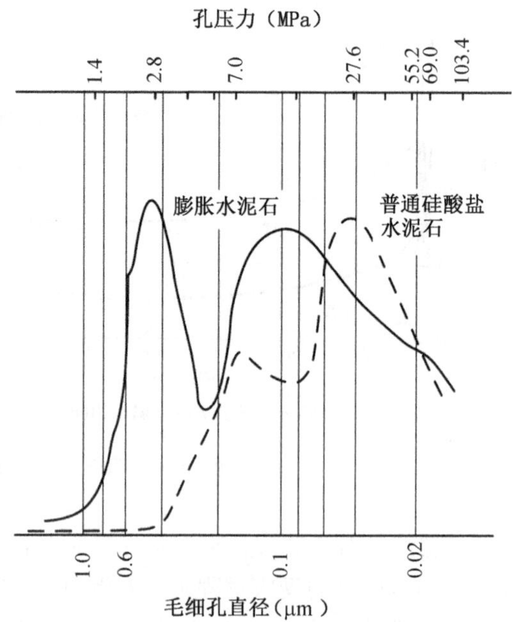

图 4-35　膨胀水泥石中毛细孔及其孔压力分布

膨胀水泥已在多种混凝土结构中得到应用，如芝加哥奥黑尔国际机场的停车楼，使用了约 90 000 m^3的收缩补偿混凝土。运用膨胀水泥可减少或消除普通混凝土路面的胀缩缝，这对于确保路面行驶舒适性和增强路面耐久性具有重要意义，如达拉斯-沃思堡的 Love Field 机场采用 115 000 m^3的收缩补偿水泥混凝土铺设飞行跑道。收缩补偿水泥还可用于对水密性有特别要求的混凝土结构等多方面，不再详述。

4.6.4 自应力水泥

自应力水泥也是一种膨胀水泥，但与一般的膨胀水泥又有所不同，如图 4-36 所示。要成为自应力水泥，膨胀水泥应具备以下几方面的基本条件：

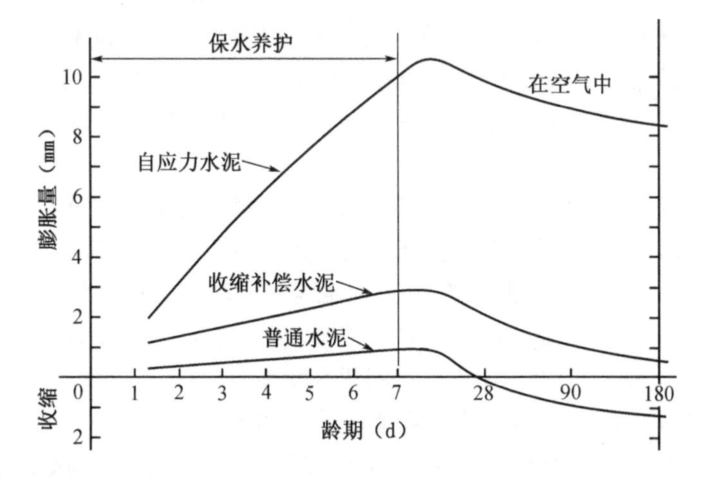

图 4-36 自应力水泥、收缩补偿水泥和普通水泥砂浆体积变化曲线

(1) 有一个适宜于控制的更大膨胀量；

(2) 具有适宜的膨胀速度；

(3) 强度值满足要求：常温水养护前的抗压强度不低于 10 MPa，常温水养护 7 d 后的强度应不低于 15 MPa；

(4) 能够达到最低限度的自应力值，28 d 的自应力值应达到 3.0 MPa 以上；

(5) 与水长期接触时的稳定性好。在允许膨胀期内，膨胀组分应基本耗尽，膨胀基本完成；在服役过程中所增加的膨胀量不得超过 0.15%(砂浆或混凝土)和 0.3%(水泥净浆)。

自应力水泥包括膨胀组分和强度组分。膨胀组分包含石膏和矾土水泥。按水泥的强度组分可以将其划分为硅酸盐型、铝酸盐型和硫铝酸盐型自应力水泥。常用的硅酸盐自应力水泥是以适当比例的强度等级 42.5 以上的普通硅酸盐水泥、高铝水泥和天然二水石膏磨制而得的膨胀性水硬性胶凝材料。此外，还有一种以粒化高炉矿渣为主要成分，加入适量硅酸盐水泥熟料(20%左右)和石膏(以 SO_3计，5%左右)磨细制成的具有低水化热和微膨胀性能的水硬性胶凝材料，称为低热微膨胀水泥。它可用于要求较低水化热和要求补偿收缩的混凝土、以及大体积混凝土，也适用于要求抗渗和抗硫酸盐侵蚀的工程。

通过自应力水泥在材料内部产生预应力的方式比从外部施加机械预应力更难。这要求自应力水泥具有很高的潜在膨胀性，相应地影响膨胀的因素也变得更为重要。为成功使用自应力水泥，务必密切关注约束钢筋的数量和位置、混合料设计和养护条件。此外，自应力水泥能够产生的预应力水平相比物理方式产生的预应力低得多，且可调节范围有限。当然，化学预应力在混凝土压力管、水箱、隧道衬砌和预制建筑构件中也得到了一定应用。

4.6.5 硫铝酸钙水泥

以适当成分的生料（石灰石，铝质材料，如铝质黏土或铝矾土、炼铝工业的废渣-赤泥甚至高铝粉煤灰），经 1 300～1 350℃煅烧至烧结，所得以无水硫酸钙和硅酸二钙为主要矿物成分的水泥熟料，掺加 18%～25%的石膏和一定量的石灰石，磨细后制成的水硬性胶凝材料称为硫铝酸盐水泥，我国的代号为 SAC。硫铝酸盐水泥及其旋窑生产技术是我国于 1973 年发明的，也主要产于我国，年产量约为几百万吨。我国生产的硫铝酸盐水泥系列产品主要有：快硬硫铝酸盐水泥（代号 R.SAC）、低碱度硫铝酸盐水泥（代号 L.SAC）和自应力硫铝酸盐水泥（代号 S.SAC）。

硫铝酸盐水泥的生产工序与硅酸盐水泥类似，但熟料的烧成温度低 200℃，而硫铝酸盐熟料更易粉磨，所以其生产能耗更低，硫铝酸盐水泥的生料中石灰石的含量也低于硅酸盐水泥，生产过程中的碳排放更少，因此，硫铝酸盐水泥是一种环境友好型水泥。

在生产硫铝酸钙水泥时，硫酸钙是作为原料加入至生料混合物中，因此，$C_4A_3\bar{S}$是在回转窑中形成的。这与 E-1(K)型膨胀水泥中的化合物相同，但含量更高。在此过程中还形成硫酸钙（$C\bar{S}$，不溶的硬石膏），$C\bar{S}$也可在研磨过程中加入。表 4-14 中给出了典型快硬水泥的组成，为便于比较，表中列出了 ASTM Ⅰ型硅酸盐水泥的组分。从中可以看出，回转窑内形成的硅酸钙是 C_2S 而非 C_3S，因为C_3S 和$C_4A_3\bar{S}$不能在窑内共存。这些配方中不含游离石灰。在低石灰条件下水化时，所得到的钙矾石为更短和更厚的针状物，这将降低膨胀量并增加强度。

表 4-14 典型快凝水泥主要组分

水泥的组分	不同水泥中各组分的质量百分数(%)		
	硫铝酸盐水泥	氟铝酸盐水泥	ASTM Ⅰ型水泥
C_3S	—	60	55
C_2S	30	5	19
C_3A	—	—	8
C_4AF	5	8	10
$C_4A_3\bar{S}$	55	—	—
$C_{11}A_7 \cdot CaF_2$	—	20	—
全部SO_3	10	10	5

硫铝酸钙水泥浆体的重要水化反应是无水硫铝酸钙的水化，当石膏量充足时，主要形成钙矾石和氢氧化铝；当有氢氧化钙存在时，只形成钙矾石而无氢氧化铝；当石膏不足时，无水

硫铝酸钙直接水化形成单硫型水化硫铝酸钙，其余组分的水化与硅酸盐水泥中的类似。

$$\begin{cases}\text{石膏量充足时：} C_4A_3\bar{S}+2C\bar{S}H_2+38H \longrightarrow C_6A\bar{S}_3H_{32}+4AH_3 \\ \text{有 CH 存在时：} C_4A_3\bar{S}+2C\bar{S}H_2+6CH+74H \longrightarrow 3C_6A\bar{S}_3H_{32} \\ \text{石膏量消耗完毕时：} C_4A_3\bar{S}+12H \longrightarrow C_4A\bar{S}H_{12}\end{cases} \quad (4-23)$$

由于熟料中残留无水石膏，水泥粉磨时又加入二水石膏，因此，早期硫酸盐水泥浆中的石膏量充足，硫铝酸钙主要按式(4-23)的第一个反应式进行水化反应，随着C_2S的水化，水泥浆中有氢氧化钙产生，此时可发生第二个反应，当石膏消耗完成后，可能还会发生第三个反应。因此，硫铝酸盐水泥的水化与其硫酸钙和C_2S的含量有关。硫酸钙的含量越大，形成的钙矾石越多；C_2S的含量越高，形成的C-S-H和钙矾石均较多，且AH_3数量减少。

硫铝酸盐水泥浆体的凝结硬化主要是钙矾石的快速形成与结晶的结果。与硅酸盐水泥浆相比，硫铝酸盐水泥浆的凝结硬化速度较快。当硫铝酸盐水泥与水混合后，水泥熟料颗粒表面很快形成凝胶状钙矾石，这暂时延缓了熟料颗粒的消化，从而保证了水泥浆体在一段时间内的流动性。但由于钙矾石的化学结合水较多，钙矾石凝胶体之间的孔隙较多，随着水逐渐向内部扩散，水化反应将消耗大量的自由水，形成更多的钙矾石交织形成晶体网络，使得水泥浆很快凝结硬化。因此硫铝酸盐水泥的终凝时间较短，与初凝时间的间隔也很短。

硫铝酸盐水泥浆体的强度发展最初类似于氟铝酸盐水泥(参见图4-37)，在拌和后的3 h内可获得超过7 MPa的强度。钙矾石的形成伴随着高放热速率，但如果这种早期的热量可以消散，则随后的C_2S水化不会引起额外的温度升高。由于混合物中氢氧化钙的含量较低，C_2S的存在也将改善水泥石的耐久性，但长期抗硫酸盐性可能不高。另外，硫铝酸钙水泥石的蠕变和干燥收缩率低于ASTM Ⅲ型水泥混凝土。

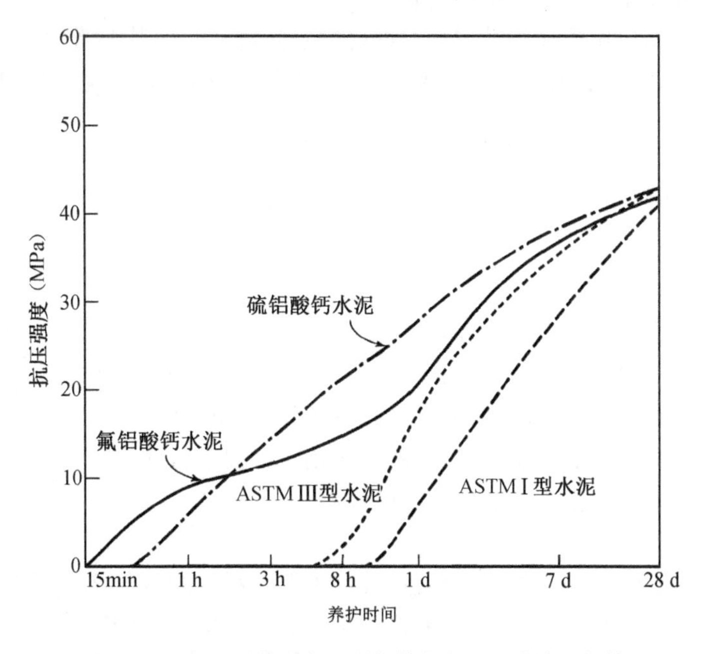

图4-37 由不同快硬水泥制备的混凝土强度发展规律

4.6.6 氟铝酸钙水泥

氟铝酸钙水泥也是一种改性硅酸盐水泥(主要成分见表4-13),其中C_3A被新化合物氟铝酸钙$C_{11}A_7 \cdot CaF_2$所取代。水泥可以直接在回转窑中生产得到,也可以将氟铝酸盐组分与Ⅰ型熟料混合得到。$C_{11}A_7 \cdot CaF_2$的水化反应速度比C_3A快得多。事实上,除非溶液中存在足够的硫酸根离子,否则会因极快的水化速度常常出现闪凝现象。它与硫酸根离子化合形成钙矾石的反应也非常剧烈,由于石膏的溶解速度不能维持足够的硫酸根离子供应,它并不能成功地阻滞氟铝酸钙水泥的凝固。为避免发生闪凝,需要使用更易溶的盐,如半水石膏或硫酸钠等。这些可溶性硫酸盐可将氟铝酸钙水泥的凝固时间控制在2~40 min,用有机缓凝剂柠檬酸等可进一步延长凝固时间。因此,氟铝酸钙水泥也称为调凝水泥。

氟铝酸钙水泥浆凝固后,其强度发展非常迅速,在1 h内可达7 MPa的强度。初始强度上升是由于$C_{11}A_7 \cdot CaF_2$水化形成的钙矾石。一旦该反应减慢,强度发展也随之变慢,直到C_3S开始水化。氟铝酸钙水泥石早期强度所能达到的水平取决于所用氟铝酸盐的量,可通过混凝土的水泥用量或水泥的氟铝酸盐含量两种方式来控制。$C_{11}A_7 \cdot CaF_2$含量为50%(重量比)的水泥,1 h的抗压强度超过20 MPa。高早期强度通常伴随着相对更短的可施工时间。通过使用柠檬酸可延长处理时间,达到指定强度所花费的时间将更长。在适当的处理时间和最小强度发展速率之间的平衡决定了调凝水泥的配方组成。

氟铝酸钙的水化反应会产生大量的热量,其放热量超过了典型的ASTM Ⅲ型水泥。这种高放热率有助于在冬季为混凝土保持足够的温度;但当温度低于4℃,混凝土的强度不会快速增长。含氟铝酸钙混凝土的其他大多数属性与普通硅酸盐水泥混凝土大致相同,但是高铝酸盐含量意味着耐硫酸盐侵蚀能力较低。

调凝水泥的最初应用是作为某屋面板的轻质隔热材料。而其非常快速的强度增长特性表明了它有许多潜在应用场合,如交通基础设施的抢修、预制操作、喷射混凝土和滑模混凝土等。

4.6.7 其他水泥

1. 快凝快硬水泥

快凝快硬水泥通常需要在几个小时内发展出明显的强度,如图4-38所示。对一般工程,在许多情况下,可以通过降低水灰比、提高养护温度和掺加速凝剂来实现快凝快硬目的。在水泥工业中,实现此目标的最简单方式,则是将水泥粉磨至(700~900 m^2/kg)的高细度,或者将速凝剂与水泥一起混合研磨,或两者皆采用。如前节所述,早期形成的钙矾石也提供高早期强度。另外磷酸镁水泥也能达到快凝快硬目标。

2. 白水泥

常用水泥因含有铁质元素而呈灰褐色,去除水泥熟料中的铁元素即可得到白水泥,因此白水泥实际上是具有高C_3A含量且不含C_4AF的硅酸盐水泥。生产白水泥必须使用不含铁元素的黏土(高岭石或瓷土)制备,且通常需要加入铝土矿(氧化铝)来达到所需的氧化铝含量。此外,当原料中含有其他少量元素如锰、铬等金属时,对白度亦有显著影响。白水泥的

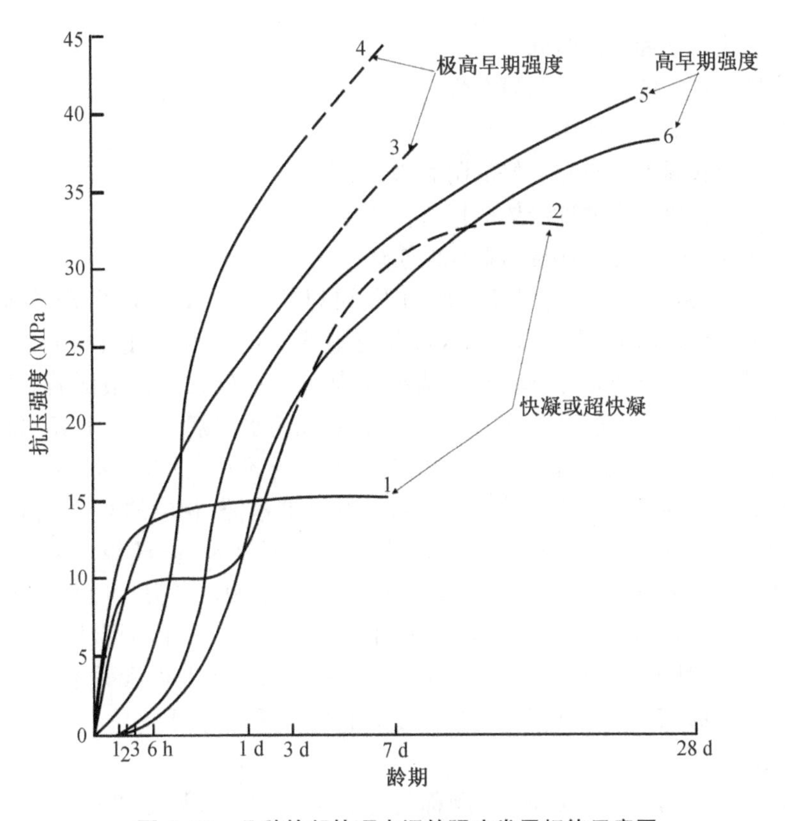

图 4-38 几种快凝快硬水泥的强度发展规律示意图

生产工艺与硅酸盐水泥基本相同，煅烧温度比普通硅酸盐水泥熟料略高，另外，白水泥的粉磨过程必须使用特殊的球磨机来防止磨削过程中的铁元素污染。原材料成本的增加和制造过程的变化使得白水泥成本更高。

3. 砌筑水泥与砂浆水泥

用于铺设砖和砌块的砌筑水泥砂浆对可加工性，可塑性和保水性有特殊要求。为了确保品质的均一性，砌筑水泥（Masonry Cement）的技术标准有 GB/T3183、ASTM C 91 或 CSA A8 等。它们基本上是以活性的混合材料与细分散的增塑材料（如熟石灰、滑石粉、黏土、粉煤灰、矿渣或磨碎的石灰石）为主要原料，加入少量的硅酸盐水泥或混合水泥以及引气剂、防水剂等磨细后的水硬性混合物。这些添加剂使砂浆如油脂般肥厚并具有良好的内聚力，改善其对砖或砌块的粘附性，防止泌水以及因基底材料吸湿造成的水分损失，引气剂还提高抗冻性。GB/T3183 中的砌筑水泥分 12.5 和 22.5 两个强度等级。砌筑水泥与砂浆水泥可用于生产砌筑砂浆、拌制灰泥和拉毛粉饰，但不能用于拌制混凝土。

4. 油井水泥

用于油井灌浆密封的水泥必须在高温和高压下也能缓慢凝固，并且在高腐蚀性条件下保持稳定。油井水泥的主要特征是它必须长时间保持足够的流动性，因为需要将其泵送到深井。钻孔中的温度随着深度的增加而增加，升温速率取决于地热程度，在欧洲约为 33 m /℃，如钻孔深达 6 000 m 油井，其温度达到 200℃，压力达到 140 MPa。为确保水灰比为0.4～0.6 的水泥稀浆能被泵送到钻孔底部，油井水泥应具有的最重要性质包括以下几方面：

(1) 合适的比密度和凝结时间；

(2) 浆体具有良好的流动度与可泵性；

(3) 浆料硬化后的低渗透率；

(4) 对孔套管和周围岩石有良好的附着力；

(5) 保护钢套管免受腐蚀性液体的侵害；

(6) 保护套管免受环孔岩体推力造成的挤压。

在不超过 80℃和 30 MPa 的温度和压力下，可以使用 C_3A 含量达 3%的硅酸盐水泥。在压力达 44 MPa 和高达 100℃的温度下，推荐使用不含 C_3A 和铁相体高达 24%的硅酸盐水泥。C_3S 含量在 48%～65%之间，平均值范围为 50%～60%。在最深的井中，主要基于 C_2S 延长其凝结时间。在上述条件下，只有这种相组成的水泥浆（w/c 为 0.5）能够在不少于 1.5 h 内保持低于 500Pa.s 的流动性。在 ISO I 0426-1 标准中，油井水泥 D 级、E 级、F 级被指定为具有抗硫酸盐侵蚀性的平均值和较高抗侵蚀性的水泥，相应的 C_3A 含量应分别低于 8%和 3%。我国的《油井水泥标准》GB10238 将油井水泥分为 A-H 级八个级别，其类型则分为普通型(O)、中抗硫酸盐型(MSR)和高抗硫酸盐型(HSR)三类。油井水泥通常制备成高含水量的稀浆泵送，为防止水分流失和离析，同时保持可泵送性，通常使用一些细分散材料，如膨润土或其他黏土，和有机增稠剂。对于油井水泥，其重要的参数不是通过贯入试验测量的凝结时间指标，而是变稠时间，这决定了浆料的可泵送时间。

5. 土聚水泥

土聚水泥(geopolymeric cement)也称为地聚合物水泥，源于 20 世纪 70 年代法国 Davidovits 教授研发的新型碱激活无机高聚物胶凝材料，因其水化产物中含有大量与构成地壳中一些含硅铝链相似的“无机聚合物”而得名。它兼具有机高聚物、陶瓷、水泥的优良性能，又具有原材料来源广泛、生产工艺简单、节约能源和环境协调性好等优点。

无机聚合反应是硅铝酸盐矿物在地质化学作用下发生的矿物聚合反应，合成方式则与热固性的有机聚合物类似，其反应产物是一种与地质长石类似的无定形矿物，硅氧四面体和铝氧四面体以解顶相连而形成的具有非晶态和半晶体特征的三维网络状固体，因此被称为无机高聚物胶凝材料或土聚水泥。

任何火山灰质材料或硅铝源原材料，如高岭石、粉煤灰、高炉矿渣微粉等都可以作为无机聚合反应的先驱物质在碱性溶液中解聚溶出，然后再聚合生成土聚水泥。土聚水泥主要由无定形矿物组成，一般包含四种组分：(1)高活性的偏高岭土、粉煤灰、矿渣微粉等火山灰质材料或硅铝质原材料；(2)碱性激活剂(苛性钾、苛性钠、水玻璃、硅酸钾等)；(3)促硬剂(低钙硅比的无定形硅酸钙及硅灰等)；(4)外加剂(主要有缓凝剂等)。

土聚水泥在成型、反应过程中必须有水作为传质和反应媒介，但土聚水泥不存在硅酸钙那样的水化反应；而与高分子聚合物相比，土聚水泥的聚合反应开始前，不存在绝对意义上的单位体。土聚水泥的最终产出物以离子键和共价键为主，范德华键为辅，这明显区别于传统水泥，后者则以范德华键与氢键为主，因此其性能远优于传统水泥。加之其在原料来源、生产能耗、耐久性等方面的诸多优点，已受到越来越多研究机构的重视，有望成为在 21 世纪被大量应用的新型胶凝材料。

4.7 铝酸盐水泥

在土木工程中还有一些使用量较少的其他水泥，如铝酸盐水泥，在此进行简要讨论。

铝酸钙水泥 CAC(calcium aluminated cement)，早期称为矾土水泥，是一定比例的铝矾土和石灰石经煅烧后粉磨得到的一种以铝酸一钙为主要成分的水硬性胶凝材料，也称为高铝水泥 HAC(high alumina cement)。

以铝酸钙为主要矿物的高铝水泥已有近百年的开发应用历史。CAC 最初是作为抗硫酸盐侵蚀水泥开发的，过去主要利用其单一水泥的特性进行使用，如因其具有耐海水侵蚀性而使用于海港工程；利用其快速硬化性能而用于军事抢修工程；利用其耐火耐热性而应用于不定形耐火材料等。随着化学建材的开发，高铝水泥和硅酸盐水泥的复合性能已愈来愈被人们重视，现在主要用于耐火混凝土，以及配制自应力水泥、膨胀剂、加热硬化型水泥等，以及火箭导弹的发射场地等国防工程和紧急抢修工程中。但高铝水泥的水化产物会发生晶形转变而使强度降低。

与硅酸盐水泥生产工艺不同，富含铁元素的铝酸盐水泥生料在回转窑或炉内煅烧至完全熔化，而铁元素含量低的铝酸盐水泥则通过烧结工艺生产，其中生料经过造粒后通过专门设计的回转窑。铝酸钙水泥的主要化学成分是铝酸一钙。表 4-15 中列出了通常存在的化合物，但它们的比例可能因水泥而异，特别是含铁量，不同水泥的铁元素含量可能在 15%～2%之间的很大范围变化。

表 4-15 铝酸盐水泥典型矿物组成 单位：%

组分	成分	富铁铝酸盐水泥	贫铁铝酸盐水泥
含量较多组分	CA	60	70
含量适中	C_2S	10	—
	C_2AS	5～20	5
	CA_2	—	20
含量较少	$C_{12}A_7$ FeO(方铁矿) $C_{12}AF$ Pleochroite(多色矿物)	10～25	<5

铝酸盐水泥浆的凝结硬化也是由于水硬性矿物的水化反应。由于铝酸盐水泥中无石膏，水泥颗粒与水接触后，各种矿物开始溶解、水化，当液相中的离子浓度达到饱和时，析出水化铝酸钙晶体，这些晶体不断生成逐渐形成网络，导致浆体凝结硬化并产生强度。在 CAC 的矿物成分中，铝酸一钙 CA 与七铝酸十二钙 $C_{12}A_7$ 的水化反应速度最快，其次为二铝酸一钙 CA_2，硅铝酸二钙 C_2AS 的活性较小，基本近乎惰性，水化反应速度最慢。铝酸盐水泥的水化反应放热量较大，且放热集中，在加水拌和后的 1 d 内可放出水化总热量的 70%～

80%。铝酸盐水泥的主要矿物为铝酸一钙,浆体的凝结硬化速度主要取决于铝酸一钙及其水化产物。CA、CA_2的水化与温度高度相关,其可能的水化反应与产物见式(4-24)与(4-25),

$$\begin{cases} CA+10H \longrightarrow CA\,H_{10}(\text{温度低于 }20℃) \\ 2CA+11H \longrightarrow C_2A\,H_8+A\,H_3(\text{温度在 }20℃\sim30℃) \\ 3CA+12H \longrightarrow C_3A\,H_6+2A\,H_3(\text{温度高于 }30℃) \end{cases} \tag{4-24}$$

$$\begin{cases} 2C\,A_2+26H \longrightarrow 2CA\,H_{10}+2A\,H_3(\text{温度低于 }20℃) \\ 2C\,A_2+17H \longrightarrow C_2A\,H_8+3A\,H_3(\text{温度在 }20℃\sim30℃) \\ 3C\,A_2+21H \longrightarrow C_3A\,H_6+5A\,H_3(\text{温度高于 }30℃) \end{cases} \tag{4-25}$$

CA 的水化反应集中于早期,5~7 d 后的水化物数量增加很少,CA_2的水化集中于反期,能使水泥石后期强度增加。所得到的水化铝酸钙均为晶体,其中水化铝酸一钙 $CA\,H_{10}$呈针状,水化铝酸二钙$C_2A\,H_8$呈板状,水化铝酸三钙$C_3A\,H_6$呈六方片状,它们相互交织形成骨架网络,所析出的氧化铝胶体及氢氧化铝晶体难溶于水,一般有胶态或微晶形式填充于晶体骨架的间隙中,使得水化的多物相多晶体堆聚结构更加致密。因此,铝酸盐水泥硬化后的水泥石密实度很高,具有很高的强度;由于 CA 水化作用非常迅速。因此,尽管 CAC 的凝固时间与硅酸盐水泥相当,但其早期强度增长非常迅速。在混合后的 24 h 内,混凝土强度可以达到超过硅酸盐水泥 7 d 强度的值(见图 4-39),这代表了极限潜力的四分之三。此外,低环境温度下的强度增长更好,部分原因在于高水化热。

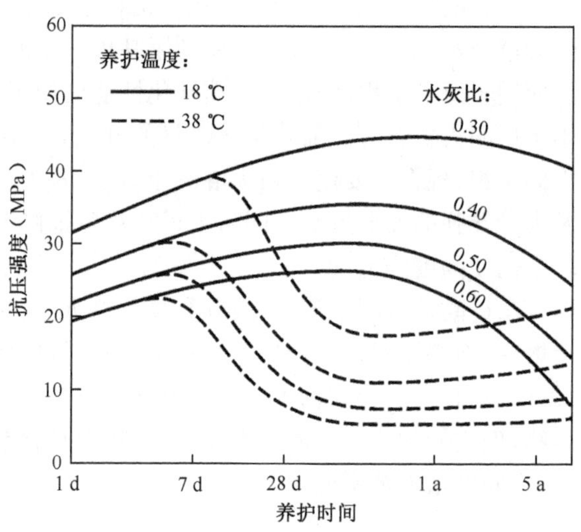

图 4-39 养护温度对铝酸盐水泥混凝土抗压强度的影响

高铝水泥在常温下的水化产物 $CA\,H_{10}$ 和$C_2A\,H_8$都属于介稳产物,它们在温度超过35℃情况下会转变成稳定的$C_3A\,H_6$,在这种晶形转变过程中,温度升高很快,转化的结果使水泥石中析出大量的游离水,孔隙体积增加,强度下降。另外,由于转化过程中的升温很快,水化初期或低温下形成的充填在晶体间的氧化铝凝胶体$Al_2O_3 \cdot aq$,在温度提高后转变为晶体三水铝石($Al_2O_3 \cdot 3\,H_2O$),这也进一步使强度降低。在长期温热环境中,水泥石的强度下降可能引起结构破坏。而即使在 20℃左右的温度下晶形转变也会缓慢进行。这是因为在早期水化过程中热量的快速释放将混凝土的内部温度提高到远高于 30℃并开始转化。一旦$C_3A\,H_6$成核,它就可以在较低温度下继续形成。

高铝水泥石中晶形转换引起的强度损失可以通过两种方式控制。混凝土在 80℃或更高温度下进行湿养护时,$C_3A\,H_6$将直接形成更强的稳定微观结构。若将水灰比控制在 0.4 以下,因晶形转换导致的强度损失将较小(见图 4-39)。这是因为当孔隙率增加时残余的未反应的水泥可以开始水化,从而抵消了强度损失。虽然人们已了解转换的后果以及如何控制转换,但大多数国家仍然禁止一般工程中使用 CAC。它主要用于暴露在高温下的混凝土或砂浆，或用于浇注耐火材料（耐火砖）。由于其高强度增益，特别是在低温下的增益较大，它特别适用于快速修复工程。然而，由于随后发生的晶形转换，这种修复工程并不耐用。因此，单独将高铝水泥用于结构工程，需非常慎重。但是由于高铝水泥的水化产物不出现游离 $Ca(OH)_2$，也不像硅酸盐水泥中存在 C_2S 矿物，因此在用于耐火混凝土时，不会发生如硅酸盐水泥在反复加热和冷却的过程中因 CaO 和 $Ca(OH)_2$ 的反复形成，以及 β-C_2S 的多晶转变而使耐火混凝土产生体积不稳定的弊病。而且高铝水泥具有早强性，在窑炉中施工，可以尽量缩短养护期，因此高铝水泥多应用于耐火材料行业。

高铝水泥和各种石膏的混合物，在加水搅拌后发生反应生成钙矾石。利用上述反应原理可配制石膏矾土膨胀水泥、无水石膏矾土水泥、止水堵漏水泥、自应力水泥和混凝土膨胀剂等。随着石膏形态的不同，膨胀效果也会产生很大区别，使用无水石膏膨胀效果比较好，且容易稳定。半水石膏反应迅速，膨胀量大，且不易稳定。究竟采用哪种类型的石膏，需要根据开发的产品性能要求而定。

高铝水泥加入硅酸盐水泥中，可以加快混合物的凝结时间和促进早强。合理选用添加剂，可确保配制出的水泥浆体既有快凝快硬的性能，还能获得所需要的流动性、保水性、粘结性以及收缩补偿性。因为两种水泥复合后既能保留硅酸盐水泥的后期强度，又能利用高铝水泥的早强特性；既能保留硅酸盐水泥的耐久性，又能克服高铝水泥因水化产物晶形转化而产生的后期强度损失问题；同时还能利用高铝水泥和硅酸盐水泥和石膏共同反应形成钙矾石这一高含水矿物，起到快速硬化、快速吸水、收缩补偿等作用，从而获得良好的砂浆性能。

加热硬化型水泥是一种由硅酸盐水泥、高铝水泥、石膏类、石灰类组成的混合物。由81%～96.5%硅酸盐水泥、10%～2.4%高铝水泥、5%～0.7%无水石膏及半水石膏，以及5%～0.5%石灰所组成的水泥混合物，在加入0.2%～2.0%的碱金属有机碳酸盐，如苹果酸钠、乙二醇酸钠等。这种加热硬化型水泥在加水混合后，在常温下硬化速度迟缓，但经60℃以上加热会急速硬化而形成制品，其反应本质是高铝水泥中的铝酸钙与硅酸盐水泥中的 $Ca(OH)_2$ 和无水石膏或半水石膏在60℃以上急剧反应形成钙矾石。碱金属有机碳酸盐的加入可以改善混合物的加热成型性能，使刚刚加热硬化后的制品的机械强度发挥良好，防止成型物脱模时出现损坏。

复习思考题

4-1 简述硅酸盐水泥熟料的主要矿物成分及其形成过程。

4-2 登录互联网检索相关技术资料，论述水泥工业的环境冲击与潜在的可持续发展措施。

4-3 简述硅酸盐水泥的主要矿物成分对水泥强度发展与水化热等的影响。

4-4 已知某硅酸盐水泥的氧化物分析结果如下，请分析其化合物组成。

(1) C=64.15%，S=21.87%，A=5.35%，F=3.62%，$\bar{S}$=2.53%；

(2) C=64.15%，S=21.37%，A=5.35%，F=3.62%，$\bar{S}$=2.53%；

(3) C=64.15%，S=21.87%，A=6.02%，F=2.63%，$\bar{S}$=2.84%；

(4) C=63.54%，S=23.09%，A=3.61%，F=6.38%，$\bar{S}$=2.29%。

4-5 已知某硅酸盐水泥的化合物组成如下,试估计其完全水化时的放热量。

(1) C_3S=55%, C_2S=24%, C_3A=10%, C_4AF=9%;

(2) C_3S=27%, C_2S=51%, C_3A=7%, C_4AF=13%。

4-6 已知硅酸盐水泥的化合物组成如下,请参考 ASTM 确定各组水泥的类型。

(1) C_3S=55%, C_2S=21%, C_3A=11%, C_4AF=8%, fineness 480 m^2/kg;

(2) C_3S=55%, C_2S=22%, C_3A=10%, C_4AF=8%, fineness 380 m^2/kg;

(3) C_3S=44%, C_2S=34%, C_3A=4%, C_4AF=13%, fineness 370 m^2/kg;

(4) C_3S=30%, C_2S=45%, C_3A=6%, C_4AF=12%, fineness 320 m^2/kg。

4-7 生产硅酸盐水泥时,为何要加入适量的石膏?石膏是如何影响水泥的凝结的?

4-8 简述硅酸盐水泥加水混合后的物理化学变化过程。

4-9 工程应用中,为什么需要了解硅酸盐水泥的化学组成,如何了解硅酸盐水泥的化学组成?

4-10 硅酸盐水泥通常的细度值是多少,细度对水泥的性能有何影响?

4-11 测量硅酸盐水泥的技术指标时,为何要用到水泥净浆与水泥胶浆两种不同的试样?

4-12 试验室测试水泥净浆的凝结时间和水泥砂浆的抗压强度的目的是什么?如何使用这些试验结果?

4-13 导致硅酸盐水泥体积安定性不良的原因与机理是什么?如何检测水泥的安定性?

4-14 简述硅酸盐水泥特性的演变及其潜在的影响。

4-15 试述硅酸盐水泥石强度的主要影响因素及作用机理。

4-16 试述硅酸盐水泥的凝结硬化机理。

4-17 试描述硅酸盐水泥的水化进程及其主要特征。

4-18 C_3A 与 C_4AF 在硅酸盐水泥水化中起什么作用?

4-19 简述水泥浆体产生假凝和闪凝的原因及处理措施。

4-20 简述硅酸盐水泥石的主要物相组成及其微结构和体积构成。

4-21 比较 C-S-H 与 CH 的特性,以及它们对硬化水泥石性能的作用。

4-22 简述硅酸盐水泥石中孔隙系统的特征及其对水泥石性能的影响。

4-23 简述硅酸盐水泥石中孔系统特征的测量方法及存在的问题。

4-24 硅酸盐水泥完全水化的理论水灰比通常为多大,普通强度的混凝土常用的水灰比通常为多大,为何要使用富余的水来拌制混凝土?其影响是什么?

4-25 简述硬化水泥石中水的形态及其影响。

4-26 设想你是工程师,负责某不发达地区的混凝土拌和工作,当地饮用水资源极为匮乏,仅有一些含杂质的水可以利用,那么你将采取哪些试验来评估该水是否可用于混凝土的拌制,具体如何判断?

4-27 查阅相关文献,探讨商品混凝土拌和站的污水处理问题,试给出不少于三种缓解该问题的基本方法。

4-28 已知某水泥浆的水灰比为 0.45,水化程度为 0.8,试计算:

(1) 水化产物的体积;

(2) 毛细孔隙率;

(3) 胶空比;

(4) 当水灰比变为0.3、0.4、0.5、0.6时,各参数值分别是多少?

4-29 在题目4-28中,当水灰比变为0.42,水化程度为0.14时,各个参数值分别是多少?

4-30 硬化水泥石(硅酸盐水泥)易受哪些化学侵蚀,为什么?

4-31 简要描述硬化水泥石(硅酸盐水泥)受硫酸盐攻击时所发生的化学反应。

4-32 简要描述几种膨胀水泥的基本原理。

4-33 膨胀水泥为何需要特殊的养护?

4-34 为什么膨胀水泥混凝土在硬化过程中必须受到约束?

4-35 简述硫铝酸钙水泥与硅酸盐水泥的异同点。

4-36 简述石膏对硫铝酸盐水泥的影响。

4-37 简述土聚水泥的原理,并运用互联网检索技术,讨论土聚水泥的应用场合与发展前景。

4-38 简述铝酸盐水泥的特点。

4-39 简述铝酸盐水泥的水化过程及其水泥石后期强度下降的原因。

4-40 为何工程中不允许将铝酸盐水泥单独用于结构混凝土中?

4-41 在测试水泥浆或水泥砂浆的性质时,为何必须采用标准拌制成型方法、标准养护方法和标准测试方法?

4-42 能否根据对水泥性能的标准测试结果准确预测水泥混凝土的行为,为什么?

4-43 试述钙矾石在水泥基材料中的作用。

4-44 通过互联网检索相关技术资料,简要论述水泥工业协同处理工业固体废弃物的技术途径。

第5章

辅助胶凝材料

辅助胶凝材料 SCMs(supplementary cementing materials)指除水泥熟料外用于水泥或混凝土中，起辅助胶凝作用的粉末状无机矿物材料，它们是当代混凝土的常用组分之一。SCMs 可在水泥出厂前与水泥熟料预混得到混合水泥，称为矿物掺和料，也可在生产水泥混凝土时掺入，在混凝土拌和过程中加入时，称为矿物外加剂(mineral admixture)。

SCMs 多用于调节混凝土的性能，如减少需水量、提高和易性、增加长期强度，以及增强混凝土在恶劣环境中的耐久性等。实际上，高品质粉煤灰、微硅粉等已成为高性能混凝土的必备组分。但需要注意的是，SCMs 基本上是工业副产物或天然产物，其化学成分和品质的波动性可能很大，而硅酸盐水泥则是在受控条件下精心生产得到的工业化产品。因此，SCMs 的运用不当或品质差的 SCMs，都可能对混凝土造成不利影响。

5.1 辅助胶凝材料概述

早在罗马时代，人们就将石灰与天然火山灰材料加水混合制备出具有较高强度和耐久性的水硬性胶凝材料，史称罗马水泥。随着硅酸盐水泥的发明和工业化生产，硅酸盐水泥逐渐取代罗马水泥成为最主要的胶凝材料。出于经济性考虑，人们还会在混凝土中掺入一些如天然火山灰、高炉渣、粉煤灰等。随着实践的深入，人们发现适量使用这些材料可较好地改善混凝土的性能。到了 20 世纪 70 年代，能源成本的飙升进一步刺激了这些材料的使用。而近 40 年来，世界范围内对生态环境的关注则极大地推动了它们的应用。生产水泥需要大量开采矿石，消耗大量能源，并排放出大量温室气体，这造成较大的生态与环境压力；而另一方面，电厂、钢铁等行业产生的大量废料则亟待处理，合理利用它们不仅可减少工业废渣、废液和废气对环境的污染，还可显著降低胶凝材料的单位能耗。因此，辅助胶凝材料也称为低碳胶凝材料，用它们生产的水泥称为低碳水泥。

5.1.1 辅助胶凝材料的类型

SCMs 一般可分为两类，一类是具有一定水硬性或火山灰性的活性材料，另一类则为具有一定细度的惰性填料如石灰石粉、石英粉等，惰性填料主要起促进成核和调节水泥浆稠度的作用，一般不具备化学活性，多用于自密实混凝土，本教材不作叙述。

活性辅助胶凝材料包括火山灰质材料和水硬性材料。常见活性 SCMs 有粉煤灰 PFA (fly ash/pulverised fuel ash)，磨细的粒化高炉矿渣 GGBS(ground granulated blast furnace slag，简称矿渣），硅灰也称为凝聚硅灰或微硅粉 CSF(Condensed silica fume，micro-silica 或 silica fume)，以及各种天然火山灰质材料，如火山灰(natural pozzolan)，煅烧黏土或页岩(calcined clay or shale)、偏高岭土 MK(metakaolin)和硅藻土(diatomaceous earth)，稻壳灰 RHA(rice husk ash)等，如图 5-1 所示，它们的典型氧化物成分和物理性质见表 5-1。

图 5-1 常见的辅助胶凝材料

表 5-1 常见活性粉末材料的典型氧化物成分与物理性质

技术项目		低钙粉煤灰	高钙粉煤灰	GGBS	微硅粉	偏高岭土	硅酸盐水泥
氧化物含量(%)	SiO_2	44～58	27～52	30～37	94～98	50～55	17～25
	CaO	1.5～6	8～40	34～45	<1	<1	60～67
	Al_2O_3	20～38	9～25	9～17	<1	40～45	3～8
	Fe_3O_4	4～18	4～9	0.2～2	<1	5	0.5～6
	MgO	0.5～2	2～8	4～13	<1	<1	0.1～4
粒径范围(μm)		1～80		3～100	0.03～0.3	0.2～15	0.5～100
比表面积(m^2/kg)		350		400	20 000	12 000	350
相对密度		2.3		2.9	2.2	2.5	3.15
矿物学描述		Al—Si 玻璃态，非惰性晶相		Ca—Al—Si—Mg 玻璃态	Si 玻璃态	Al—Si 无定形态	Ca—Al—Si 玻璃态
形态		球状	球状	不规则 棱角丰富	球状	棱角丰富 多孔	不规则
反应性		火山灰性	火山灰性 与水硬性	水硬性	火山灰性	火山灰性	水硬性
颜色		灰	灰至米白色	白色	深灰至黑色	白色	灰色

火山灰质材料实质上是某种硅质或硅铝质材料，它们单独与水拌和时几乎不具备胶凝价值，但磨细后，在常温且有水存在的条件下，可与生石灰或氢氧化钙发生化学反应，生成具有水硬性胶凝能力的产物。因此，通常将这类材料磨细后掺入水泥或水泥混凝土中。常用的火山灰质材料可按来源分为粉煤灰、微硅粉等人工火山灰材料和煅烧黏土和页岩及天然火山灰等天然火山灰质材料。常见胶凝材料在 Cao－Al_2O_3－SiO_2 三相图中的位置如图5-2所示，它们的化学活性见表5-2。需注意的是，磨细的粒状高炉渣、高钙粉煤灰本身就含有较多的氧化钙，因而它们自身就具有一定的水硬性，也即它们在磨细时能直接与水反应自行硬化并获得强度。当然，它们与水泥混合时水化反应会大大加速。因此，这类材料也常与硅酸盐水泥混合使用，并且能大量地替代水泥熟料。

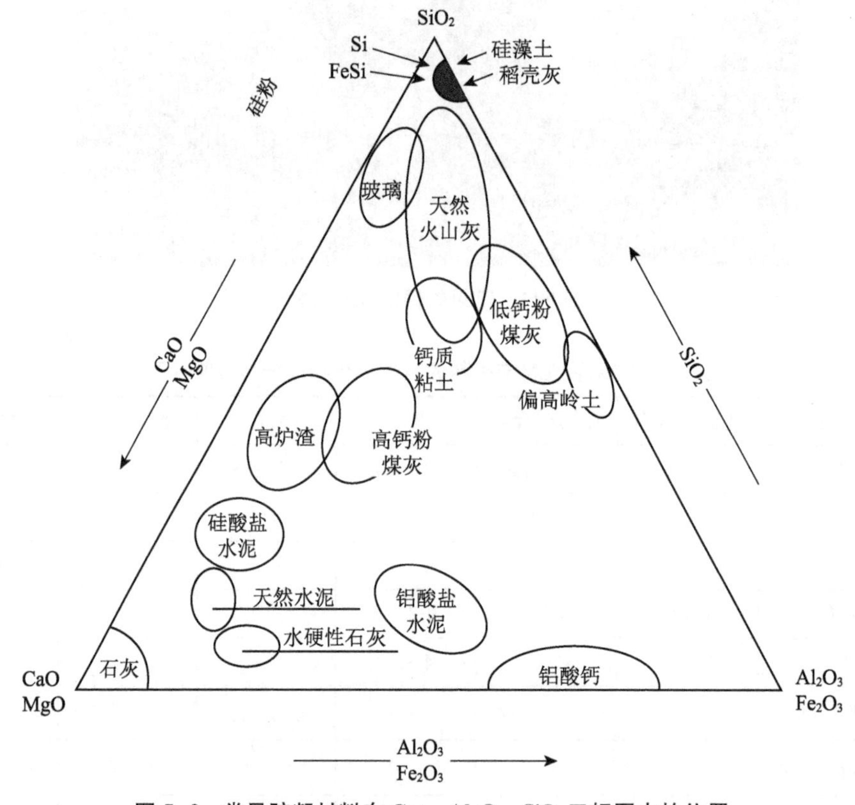

图 5-2　常见胶凝材料在 Cao－Al_2O_3－SiO_2 三相图中的位置

表 5-2　几种辅助胶凝材料的化学反应活性

SCMs 类型	火山灰性	水硬性	氧化钙含量
硅灰	＋＋＋＋＋		低(＜1％)
偏高岭土	＋＋＋＋＋		↓
低钙粉煤灰(F类)	＋＋＋＋		
高钙粉煤灰(C类)	＋＋＋	＋＋	
粒化高炉炉渣	＋	＋＋＋＋	高(＜30％)

活性 SCMs 在混凝土中水化所得的反应产物与水化硅酸钙相似，它们都具有胶凝特性。因此，使用 SCMs 的混凝土，在计算水灰比时，应将活性 SCMs 包括在内，相应地，水灰比变为水胶比 W/CM。当然，工程中可能还使用一些如磨细的石灰石或石英粉等惰性矿物填料，通常认为它们仅起填充和增稠作用，在计算水胶比时不能纳入计算。

SCMs 可以作为单独组分在混凝土拌和时掺入，也可在水泥出厂前，与熟料和石膏混合形成混合水泥。混合水泥是由硅酸盐水泥与一种或多种 SCMs 混合而成的水泥产品，我国和欧盟及美国等都制定了混合水泥的技术标准。

5.1.2　辅助胶凝材料的应用与发展简况

尽管有人声称，最古老的水硬性胶凝材料历史可追溯到六千多年前，由波斯湾的石灰和硅藻土混合而成，但公认的水硬性混凝土诞生于两千多年前的古希腊时代。古希腊人将石灰与圣托里尼岛的火山灰和水混合制成了水硬性胶凝材料，在建于公元前 600 年左右的混凝土结构中可发现这种胶凝材料。该技术随后由希腊传至罗马。在古罗马时代的 600 多年间，人们开发了来源更广的火山灰材料，包括德国的 Rhenish 火山土(也称为粗面凝灰岩)和来自意大利 Pozzouli 村附近的火山灰，现在均称为火山灰质材料，其英文 Pozzolan 即源于此。古罗马人使用火山灰-石灰作为胶凝材料，建造了许多建筑物，很多建筑历经两千多年依然屹立在当地，其中最引人注目的是万神殿。万神殿建于公元 120 年左右，至今仍在服役。如图 5-3 所示。其基底墙壁厚 6 m，由凝灰岩和石灰-火山灰制备的混凝土建造，值得一提的是它拥有直径达 43 m 的半球形穹顶，该穹顶是由火山灰-石灰胶凝材料与浮石拌制的轻质混凝土浇注而成。

图 5-3　万神殿内部构造图

自1824年首个硅酸盐水泥专利问世并工业化生产以来，火山灰-石灰胶凝材料已逐渐被硅酸盐水泥和天然火山灰的混合物所取代，在世界各地的建筑物中被广泛使用。在北美，天然火山灰多用于建造一些大型水坝，首次在硅酸盐水泥混凝土中使用天然火山灰的工程是1910—1912年间建造的洛杉矶渡槽。

人类对石灰-矿渣砂浆的研究始于1774年，但矿渣-石灰水泥的工业化生产则晚了近100年。1865年矿渣-石灰水泥在德国诞生，而该型水泥的首次大型工程应用则是在1889年开始建造的巴黎地铁中。1892年，德国生产出由矿渣与硅酸盐水泥熟料制备的混合水泥，该混合水泥随后传入其他欧洲国家和美国，始建于1930年的帝国大厦，其砌筑砂浆中就使用了掺矿渣的混合水泥。但粒化高炉矿渣在20世纪50年代后期才获得广泛认可，时至今日，它们在混凝土工程中的使用已非常普遍。在北美，粒化高炉矿渣多在生产混凝土时加入，仅少量用于制备混合水泥；而在中国和欧洲，情况则刚好相反。

在上世纪初，粉煤灰用作辅助胶凝材料的可能性就已为人们所知，但到20世纪30年代，燃煤发电厂的粉煤灰才可广泛获得，而直到20世纪中期，学界才开始研究高掺量粉煤灰的使用技术，加州大学伯克利分校在这方面进行了开创性研究，在国内，沈旦申教授是发展粉煤灰应用的先驱。粉煤灰在美国的首个大型工程应用是蒙大拿州的Hungry Horse大坝，该大坝在1948年至1952年间建造。在过去的半个多世纪里，粉煤灰在混凝土中的使用量急剧增长，已成为迄今为止在北美使用最广泛的SCMs。最新资料显示，在美国所生产的混凝土工程中，有一半以上含有一定量的粉煤灰。在北美洲，绝大部分粉煤灰也是作为单独组分在生产混凝土时添加，仅极少部分用于生产混合水泥；而在欧洲和我国，使用含有粉煤灰(或其他SCMs)的混合水泥则相对更为常见。

硅灰是一种相对较新的SCMs，如今已被广泛用于高强混凝土和高性能混凝土。1948年挪威的研究人员发现了硅灰作为混凝土外加剂的潜在用途，它的首次工程应用即发生于1952年，但直到20 a后，硅灰才在斯堪的纳维亚半岛的结构混凝土中得到较广泛的应用。硅灰首次在北美市场的出现也是作为混凝土外加剂，用在暴露于硝酸铵等腐蚀性化合物的混凝土工程中。1983年宾夕法尼亚州Kinzua大坝的修复也使用了硅灰，因硅灰混凝土具有高耐磨性。在加拿大，首个掺硅粉的混合水泥于1982年生产。1986年，多伦多的Scotia Plaza在建造时，联合使用了硅灰与粒化高炉矿渣来制备高强混凝土。在中国和美国，硅灰多作为独立组分在混凝土生产时加入，而在加拿大，硅灰则多用于制备混合水泥。

5.2 常见辅助胶凝材料的来源与特性

5.2.1 天然火山灰质材料

天然火山灰(natural pozzolan)指天然具有火山灰性质的材料或由火山碎屑、燧石和页岩、凝灰岩、硅藻土等天然材料煅烧得到的材料，它们都具有火山灰性质，但矿物组成可能相差非常大，如表5-3所示。

表 5-3　一些天然火山灰质材料的化学成分与含量　　单位:%

材料名称(产地)	SiO_2	Al_2O_3	Fe_2O_3	CaO	MgO	Na_2O	LOI*
Roman tuff(意大利)	44.7	18.9	10.1	10.3	4.4	6.7	4.4
Santorin earth(希腊)	65.1	14.5	5.5	3.0	1.1	6.5	3.5
Rhenishtrass(德国)	53.0	16.0	6.0	7.0	3.0	6.0	9.0
Jalisco pumice(墨西哥)	68.7	14.8	2.3	—	0.5	9.3	5.6
Diatomaceous earth(美国)	86.0	2.3	1.8	—	0.6	0.4	5.2
稻壳灰	92.15	0.41	0.21	0.41	0.45	2.39	2.77
偏高岭土 MK	51.52	40.18	1.23	2.00	0.12	0.53	2.01
Moler(丹麦)	75.6	8.62	6.72	1.10	1.34	1.36	2.15
Gaize(法国)	79.55	7.10	3.20	2.40	1.04	—	5.90

注:LOI 烧失量。

如前所述,尽管火山灰已经使用了数千年,且目前仍在使用,但因产地限制和品质不可控等原因,它们并不像粉煤灰和炉渣等现成的工业副产品那般常用。

1. 玻璃态火山灰

火山灰是火山喷发物之一。在巨大压力作用下,爆发性气体把熔融岩浆喷入大气层并在空中化为细微粒子而形成火山灰;蒸汽岩浆的喷发也会形成火山灰。

火山灰多由 2 mm 以下的碎石与火山玻璃组成,颜色可能呈深灰、浅灰、白和黄等。火山灰微粒中包含火山玻璃、晶体、岩屑等多种成分,因火山玻璃而获得火山灰性。在火山爆炸式喷发过程中,熔融的岩浆在巨大压力作用下,岩浆中的气体迅猛扩散并将岩浆向大气层狂暴释放,经火山口喷出形成岩浆雾,岩浆雾在向空气喷发过程中快速冷却形成火山玻璃。

火山灰的尺寸分布变化很大,其最小颗粒不足 1 μm,化学成分的变化也较大,但主要的反应性成分均为铝硅酸盐玻璃。这种玻璃具有如图 5-4 所示的微孔结构,使得玻璃体火山灰具有非常大的比表面积,这增强了其化学反应性。

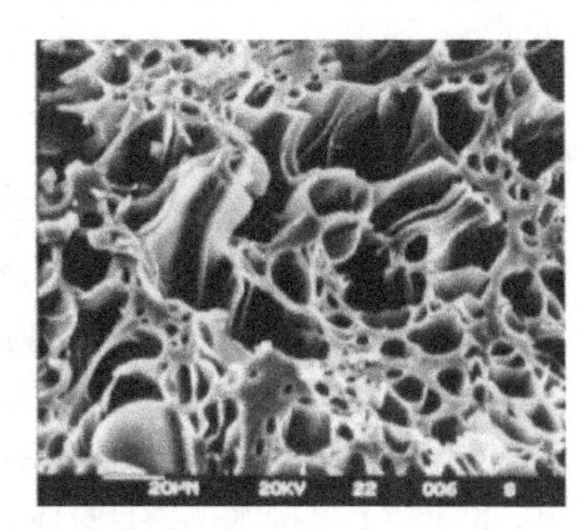

图 5-4　火山喷发时产生浮灰及其 SEM 照片

2. 火山凝灰岩

火山玻璃风化后玻璃体将转变为沸石或黏土矿物。沸石化通常会增强火山灰反应的活性,而转化为黏土矿物的泥质化则会降低火山灰反应活性,为增强其活性,需要对这些矿物进行煅烧或热活化处理。Rhenish 土就是典型的沸石凝灰岩，作为火山灰-石灰胶凝材料已经使用了大约 2 000 a，在莱茵河沿岸的现存古罗马建筑中仍可找到其身影。如今德国仍然将其与硅酸盐水泥混合用于混凝土，并且还制定了相应的标准。

3. 煅烧的黏土和页岩

如上所述，火山玻璃的泥质化将形成活性很低甚至无火山灰性的黏土矿物。但这些黏土矿物在受热时，会经历化学变化和结构改变，随着结合水的失去其结晶网络被破坏，其中的二氧化硅和氧化铝可重新恢复至不稳定的无定形状态，从而增强火山灰反应性。通常，在回转窑中使用 600～1 000℃的温度对黏土矿物进行煅烧即可使之活化。当然，所获得的火山灰性质受黏土物质的矿物组成与煅烧条件等因素控制。

偏高岭土由高岭土(典型化学分子式为$[Si_4]Al_4O_{10}(OH)_8 \cdot nH_2O$ ($n=0$ 或 4))经煅烧活化处理所得到。高反应性偏高岭土是专指经活化处理的高纯度高岭土(也称为中国黏土)，以区别于反应性较低的煅烧混合黏土。偏高岭土的煅烧温度一般都在 650～800℃，通常低于其他黏土和页岩。为增加反应活性，可将煅烧后的材料研磨至 1～2 μm 的细度。偏高岭土的主要化学成分与物理性质请参见表 5-1。一些白度值(黑色为 0，纯白色为 100) 90 以上的偏高岭土，非常适合用于建筑结构。

图 5-5　高岭土及其微观鳞片状结构

4. 硅藻土

硅藻土是一种生物化学沉积岩，主要成分为含水无定形二氧化硅 $SiO_2 \cdot nH_2O$ 的胶体矿物，另含 2%～4%的氧化铝(大多为黏土矿物)和 0.5%～2%的铁氧化物，矿物成分为蛋白石及其变种，其硅质骨架由水生微生物(硅藻)的细胞壁沉积而成。硅藻土呈淡黄色或浅灰色，质地软而轻，易磨成粉末；硅藻土的密度低、孔隙丰富、有粗糙感，有极强的吸水性。硅藻土的表观密度 1.9～2.3 g/cm^3，堆积密度 0.34～0.65 g/cm^3，比表面积 40～65 m^2/g，孔体积 0.45～0.98 cm^3/g，其吸水率为自身体积的 2～4 倍，熔点 1 650～1 750℃，在电子显微镜下可以观察到特殊的多孔构造，如图 5-6 所示。

硅藻土主要分布在中国、美国、日本、丹麦、法国、罗马尼亚等国。我国硅藻土储量约 3.2亿 t，远景储量达 20 多亿 t，主要集中在华东及东北地区，其中规模较大，储量较多的有吉林、浙江、云南、山东、四川等省。纯净的硅藻土具有很高的火山灰反应性，但因其吸附性强，通常混杂有其他黏土矿物。因此，用于混凝土的硅藻土，需要经过煅烧处理。

图 5-6　硅藻土及其 SEM 图片

5. 稻壳灰

稻壳灰 RHA 是由稻壳焚烧产生的。稻壳中含有约 50%的纤维素、25%～30%的木质素、15%～20%的硅以及 10%～15%的水分。稻壳中的纤维素和木质素组分燃烧后，残留灰分中主要成分为无定形二氧化硅，它具有如图 5-7 所示的蜂窝结构。RHA 的火山灰性及其在混凝土中的行为高度依赖于燃烧条件，但目前相关技术仍不成熟。因此，该资源尚未被大量应用。

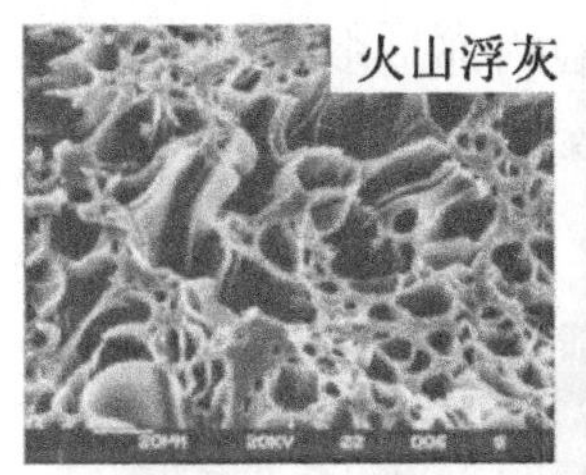

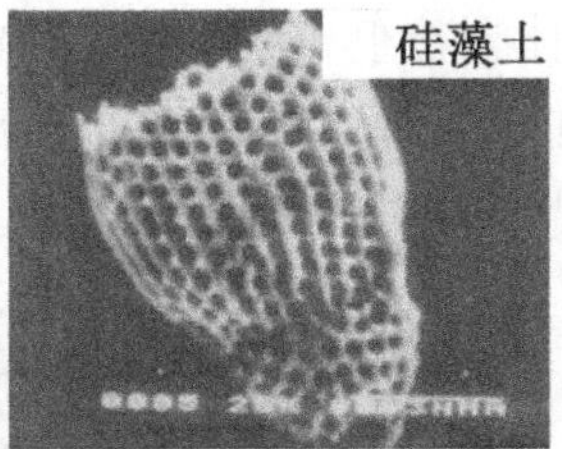

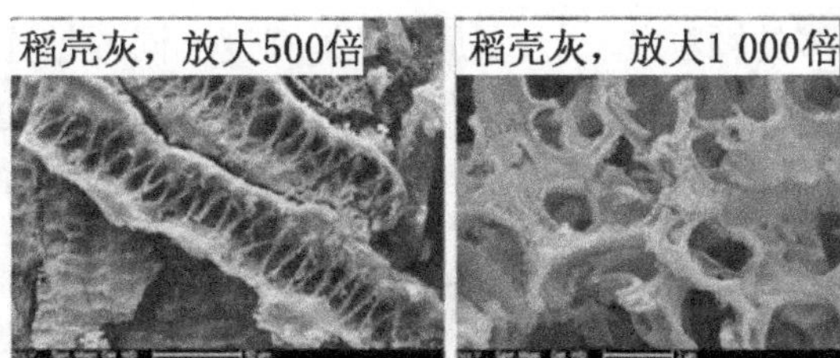

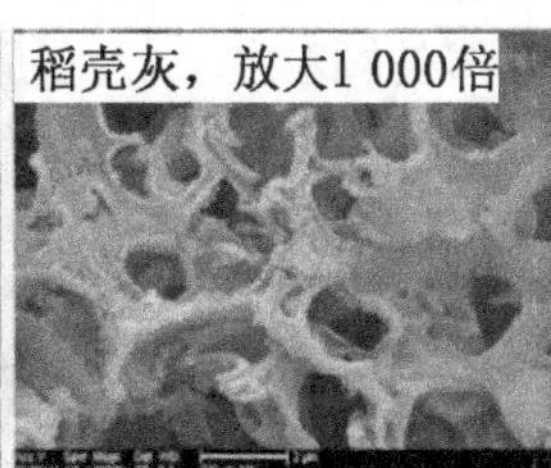

图 5-7　稻壳灰形态及其与火山浮灰和硅藻土微观结构对比图

5.2.2　工业副产品材料

1. 粉煤灰

粉煤灰是从煤燃烧后的烟气中捕获的粉末状颗粒，如图 5-8 所示。它是燃煤电厂排出的主要固体废物，通常每燃烧 4 吨煤就会产生 1 吨粉煤灰。在燃煤电厂，煤粉碎后被吹入炉内燃烧区。在该区域中，煤中的可燃成分（主要是碳、氢和氧）被点燃，在温度达到约 1 500℃时释放大量热量。在此温度下，煤中所包含的不可燃无机矿物（如石英、方解石、石膏、黄铁矿、长石和黏土矿物）熔化形成小液滴，随即被烟气带出燃烧区并急速冷却，当它们飞离炉膛时形成球形玻璃态的灰烬颗粒。使用机械和电气除尘器或袋式除尘器从烟道气中收集到这些固体颗粒即称为粉煤灰。粉煤灰可用作混凝土的辅助胶凝材料，亦可与石灰一起拌和用于稳定土或级配碎石等道路基层材料。较重的未燃尽颗粒会落到炉底，称为底灰或炉膛底灰。底灰通常不适合用作混凝土的胶凝材料，但可用于制造建筑砌块。

粉煤灰的外观类似水泥，颜色在乳白色到灰黑色之间。粉煤灰的颜色是一项重要的质

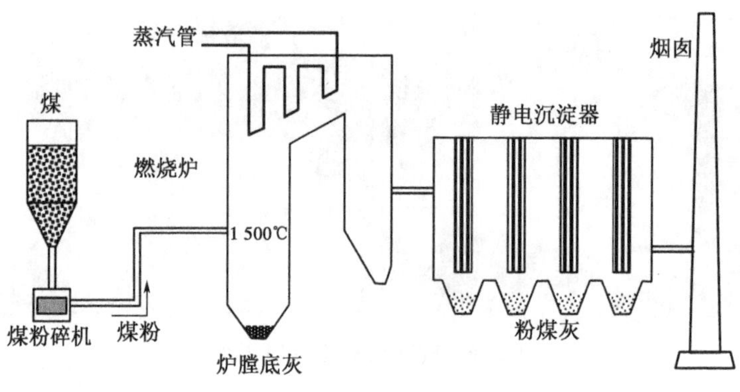

图 5-8　燃煤电厂布置示意图

量指标，可反映含钙量的多少和差异，在一定程度上也可以反映粉煤灰的细度，颜色越深的粉煤灰粒度越细，含钙量也越高。因此，粉煤灰有低钙粉煤灰（ASTM F 类）和高钙粉煤灰（ASTM C 类）之分。低钙粉煤灰是褐煤或次烟煤燃烧后的副产品，颜色偏灰，CaO 含量较低；高钙粉煤灰多是无烟煤燃烧后的副产品，颜色偏黄，CaO 含量较高。

粉煤灰由多种珠状颗粒构成，包括空心玻珠（漂珠）、厚壁及实心微珠（沉珠）、铁珠（磁珠）、炭粒、不规则玻璃体和多孔玻璃体等，如图 5-9 所示。其中不规则玻璃体是粉煤灰中较多的颗粒之一，大多是各种浑圆度不同的粘连体颗粒组成。粉煤灰颗粒内部呈多孔型蜂窝状组织，并且珠壁亦为多孔结构，其孔隙率高达 50%～80%，比表面积较大，具有较高的吸附活性，颗粒的粒径范围为 0.5～300 μm，是一种庞大而无序的人工矿物。

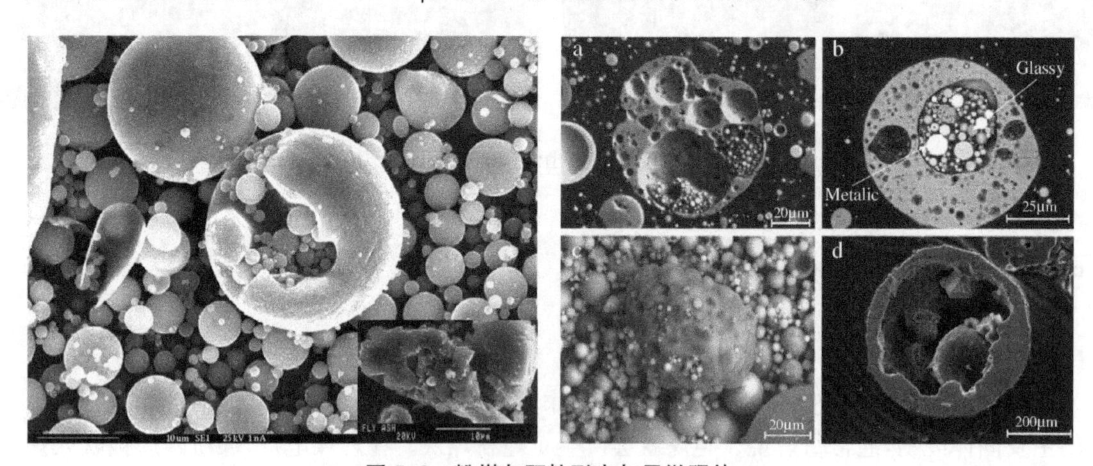

图 5-9　粉煤灰颗粒形态与显微照片

在常温且有水存在时，粉煤灰能与氢氧化钙或其他碱土金属氢氧化物反应，生成具有水硬胶凝性能的化合物，粉煤灰对混凝土性能的贡献受其物理性质、矿物成分和化学性质的影响强烈。粉煤灰中主要氧化物成分包括 SiO_2、Al_2O_3、FeO、Fe_2O_3、CaO、TiO_2、MgO、K_2O、Na_2O、SO_3等（表 5-4）。其化学组成与矿物成分在很大程度上取决于煤的产地和类型，而燃烧条件会影响其细度、颗粒形状等性质，并且不同电厂收集粉煤灰的方法可能也有较大差别。

表 5-4　我国某电厂粉煤灰化学组成的含量范围

成分	SiO_2	Al_2O_3	Fe_2O_3	CaO	MgO	SO_3	Na_2O	K_2O	LOI
质量含量（%）	1.30～65.76	1.59～40.12	1.50～6.22	1.44～16.80	1.20～3.72	1.00～6.00	1.10～4.23	1.02～2.14	1.63～29.97

粉煤灰中活性 SiO_2 与活性 Al_2O_3 都有利于化学反应活性。硫在粉煤灰中一部分以可溶性石膏（$CaSO_4$）的形式存在，它对粉煤灰早期强度的发展有一定作用。钙含量是衡量粉煤灰的重要指标，粉煤灰中的 CaO 可促进水化硅酸钙的形成。通常把 CaO 含量超过 10%的粉煤灰称为 C 类灰，也即高钙粉煤灰，而 CaO 含量低于 10%的粉煤灰称为 F 类灰或低钙粉煤灰。图 5-10 为 ASTM 与 CSA 中粉煤灰的分类示意图。

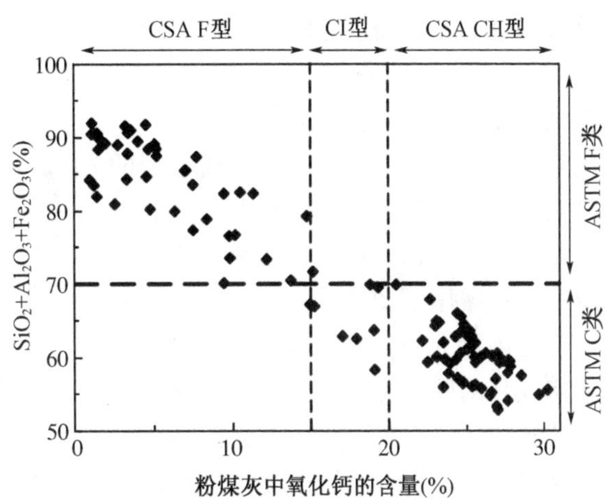

图 5-10　ASTM 与 CSA 中粉煤灰分类示意图

低钙粉煤灰主要由铝硅酸盐玻璃（60%～90%）和含量各异的晶体石英、莫来石、赤铁矿和磁铁矿组成。这些结晶相在混凝土中基本上是惰性的，而玻璃体则需要有碱激发才能反应形成具有胶凝性质的水化物，因此，低钙粉煤灰虽具有火山灰性但无显著的水硬性。高钙粉煤灰除了拥有低钙粉煤灰中的那些成分之外，还包括铝硅酸钙玻璃和石英、莫来石赤铁矿、硫酸钙等结晶相。它们中的一些成分会与水发生反应，再加上含钙玻璃的阴离子团聚合度较低、反应性更强，因此高钙灰具有更快的反应速度，同时显示出火山灰性和水硬性；高钙灰的水化热较低，故高钙灰常用于大体积混凝土中。具有中等钙含量（8%～20% CaO）的粉煤灰在组成和反应性方面介于低钙和高钙粉煤灰之间。

通过 X 射线衍射技术能够准确鉴别出粉煤灰中的晶相物质，如图 5-11 所示。粉煤灰 X 射线图谱中的弥散峰是由玻璃相引起的，它的位置取决于 CaO 的含量。粉煤灰中少量的 MgO、Na_2O、K_2O 等在水化反应中会促进碱硅反应。但游离的 CaO、MgO 含量过高时，则对混凝土的体积安定性有较不利影响。

粉煤灰的品质并不可控，但通过某种筛选方式可以去除其中的一些非反应性成分，这就得到所谓的清洁粉煤灰。清洁粉煤灰中非反应性的结晶颗粒含量低，因而它比未筛选的粉煤灰更具反应性，当然售价也更高。如澳大利亚某发电厂供应的 Pozzofume 清洁粉煤灰，它是一种平均粒径不到 2 μm 的粉煤灰微粉，化学活性极高。当然这种粉煤灰的产出量极低，每年产出量不到 3 000 t。将活性大的天然火山灰与平均粒径在 10～20 μm 之间清洁粉煤灰混合，可得到超级粉煤灰，它是仅次于硅灰的火山灰质材料。当然，通过研磨也可提高粉煤灰的反应性，但是这会使粉煤灰丧失其球形形状优势。

粉煤灰作为辅助胶凝材料在混凝土工程中的应用历程是随着研究和应用的深入而不断发展演化的。早期应用粉煤灰时主要出于环保和经济性考虑，多以粉煤灰取代混凝土中的细骨料或水泥，改善混凝土的和易性。但是，在高效减水剂被广泛应用之前，粉煤灰的应用始终处于较低水平，其掺量也较低，所生产的混凝土存在 28 d 强度低、抗冻、抗碳化性能差等问题，技术效果不理想。因此，当时在工程中粉煤灰的口碑并不好，很多工程技术人员甚至抵制使用粉煤灰。进入 20 世纪 70 年代后，碾压混凝土技术和高效减水剂的普及，为大掺量粉煤灰技术的发展提供了条件，这极大地促进了粉煤灰的工程应用。在碾压混凝土中，粉煤灰的掺入比例可高达 50%～70%，而高效减水剂和粉煤灰的联合使用，可显著降低混凝土的水胶比，这极大地发挥了粉煤灰的潜能，显著提升混凝土的强度并增强其耐久性。在 20 世纪 80 年代，我国在粉煤灰混凝土方向的研究取得重大突破。沈旦申等学者提出了“粉煤灰效应”理论，把粉煤灰对混凝土的效应概括为形态效应、活性效应和微骨料效应。进入 90 年代以后，粉煤灰应用技术日趋成熟，作为现代混凝土常用的 SCMs，粉煤灰已在结构混凝土中得到广泛应用。实践表明，粉煤灰适用于泵送混凝土、大体积混凝土、抗渗混凝土、抗化学侵蚀混凝土、蒸汽养护的混凝土、地下和水下混凝土以及碾压混凝土等。值得说明的是，粉煤灰一般多用于抗压强度低于 100 MPa 的混凝土；对于更高强度的混凝土，使用粉煤灰时必须与硅粉一起联合使用。工程中掺加粉煤灰时一般可采用等质量取代水泥法（早期强度会下降）、超量取代法（保持强度相同，节约细集料用量）或外加法（改善混凝土拌和物的和易性）。

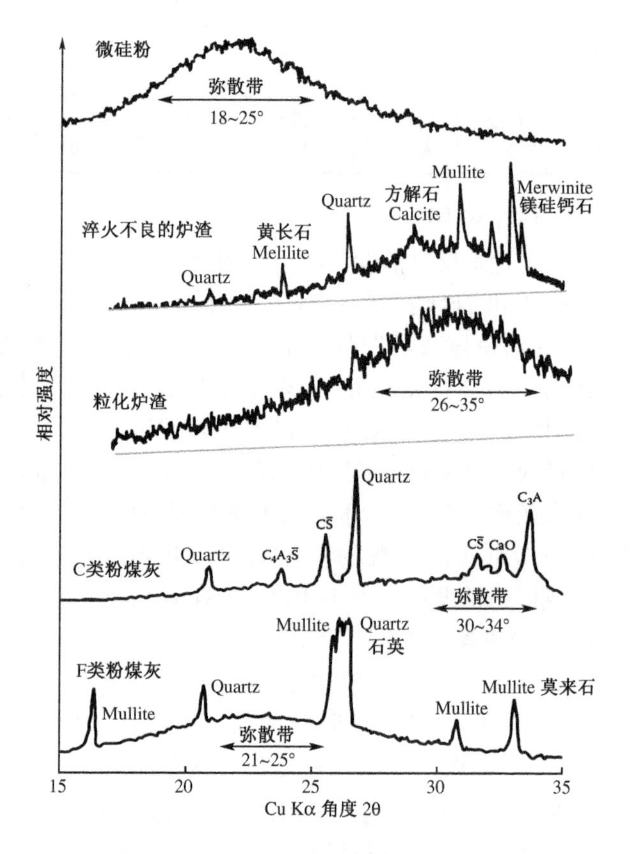

图 5-11　某粉煤灰与炉渣和微硅粉 X 射线衍射(XRD)图谱比较

2. 硅灰

硅灰（silicate fume）也称为凝聚硅灰或微硅粉，是生产硅金属或硅铁合金的工业副产品。它是在 2 000℃的感应电弧炉中还原石英中的硅时，高温下气相的 SiO_2 在低温区凝聚得到的超细非晶态球状颗粒。如图 5-12 所示，在生产硅金属时，高纯度二氧化硅（如石英或石英岩）与木屑和煤（碳）一起在电弧炉中加热至近 2 000℃，大部分 SiO_2 被还原成液态硅金属，剩余约 10%～15%的二氧化硅被部分地还原成 SiO，被废气中的一氧化碳带走。当这些气体从炉中抽出时，SiO 吸收空气中的氧变为 SiO_2。随着烟道中的温度急剧下降，二氧化硅冷凝成石英玻璃微滴，过滤回收即得到粉末状硅灰。硅灰的主要成分为无定形的石英玻璃，含量一般在 85%以上，其他成分如氧化铁、氧化钙等一般不超过 1%，烧失量约为 1.5%～3%。

硅灰由平均直径为 0.1～0.2 μm 极微小的球状玻璃颗粒组成，如图 5-13 所示，其平均粒

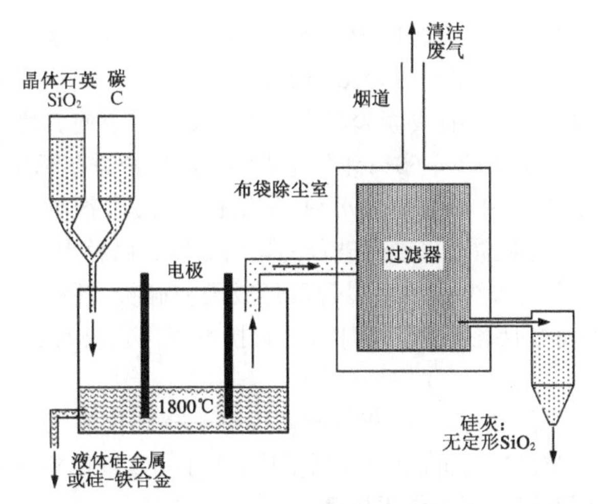

图 5-12　生产硅金属或硅铁合金产生硅灰流程示意图

径仅为硅酸盐水泥或其他 SCMs 的 1/100 左右(图 5-14)，拥有非常大的比表面积，比表面积在 15 000～25 000 m^2/kg。当然，硅灰的比表面积通常采用氮吸收法测量，该法有别于常用的 Blaine 法，它们的测量结果不能直接比较。

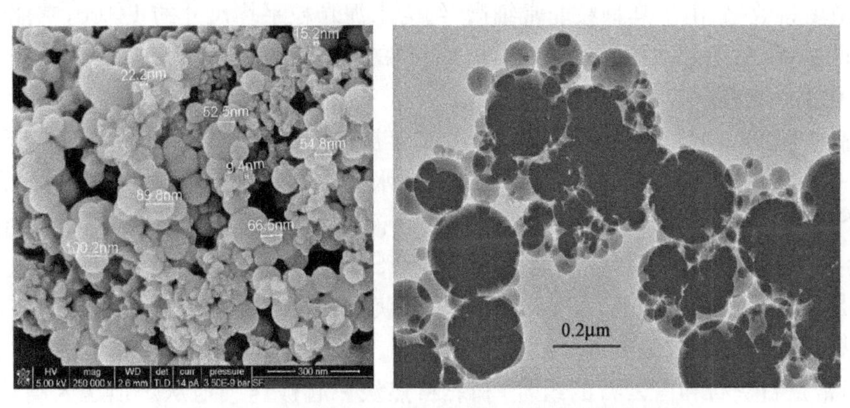

图 5-13　硅灰的纳米扫描电镜与透射电镜显微照片

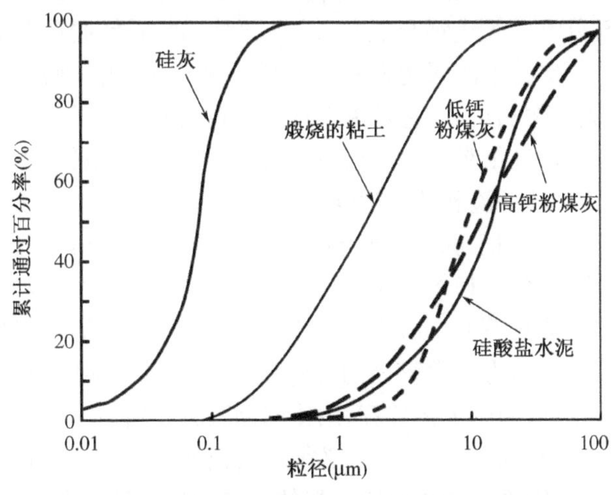

图 5-14　常用 SCMs 与水泥典型粒径分布对照图

硅灰一般为青灰色至黑色，可加工成银白色。硅灰的相对密度约为 2.2，铁含量高时其相对密度可达 2.5，堆积密度在 130～430 kg/m^{3}的范围内。处理这些轻质粉料比较困难，且费用很高。因此，通常将硅灰压缩成凝聚硅灰，即让颗粒结块使其堆积密度提高至 500～700 kg/m^3；另一种方式是将 40%～60%硅灰与水混合配制成硅灰稀浆，其密度约为 1 300～1 440 kg/m^3。混凝土的化学外加剂如减水剂、超塑化剂、缓凝剂等也可加入浆液中。硅灰稀浆能保持稳定，但需要定期搅动以确保硅灰的均匀分散。两种形态的硅灰各有操作优势，且均已成功应用。将硅灰与极少量的水混合可形成硬粒硅灰，硬粒硅灰仅用于生产混合水泥，不能直接作为外掺剂在混凝土生产时加入。直接生产含硅灰的混合水泥，硅灰的质量分数通常为 6.5%～8%。

与粉煤灰类似，在混凝土中掺入硅灰可改善混凝土拌和物的工作性，降低水化热，提高混凝土的抗侵蚀、抗冻和抗渗性，抑制碱-集料反应，并且其效果比粉煤灰要好得多。通常认为，在混凝土中，硅灰可发挥以下的作用机理：

(1) 消除界面过渡区内的氢氧化钙生长并将氢氧化钙转化为水化硅酸钙。硅灰在早期即可与氢氧化钙发生反应生成水化硅酸钙，所以用硅灰取代水泥可提高混凝土的早期强度。

(2) 消除水泥-骨料界面上的许多大孔，使其更致密。

(3) 改善新拌混凝土的流变性能，但此时需要加入少量超塑化剂来实现特定的可加工性。

(4) 微填料效果，由于其颗粒非常细微，约为水泥颗粒平均尺寸的 1/100，它能够填充水泥颗粒的间隙，降低毛细孔的平均尺寸，增加材料的密度并增强其强度。

3. 粒化高炉矿渣

粒化高炉渣 GGBFS 的潜在水硬性在 1862 年被德国的 Emil Langen 发现。1865 年，德国生产出一种石灰-炉渣的水泥，这是 GGBFS 在水泥中的首次使用。1901 年，含有 30%磨细 GGBFS 的“eisenportlandzement”的被生产，而含量高达 85%的“hochofenzement”则诞生于 1907 年。“自 20 世纪 50 年代后期以来，GGBFS 的使用得到广泛认可。”

炉渣是生铁工业的副产品，每生产 1 t 铁，可获得 0.3～1 t 炉渣。粒化高炉渣是由高炉中产生的熔渣经急冷形成的玻璃状物质磨细得到。如图 5-15 所示，冶铁时，铁矿石、废铁、助熔石(通常是石灰石和白云石的组合)和燃料焦炭一起被连续地从炉顶送入高炉，同时热空气自炉膛下部喷射进入炉膛。焦炭在下落过程中被点燃并达到超过 2 000℃的温度，与此同时，石灰石和白云石分解出氧化钙与氧化镁形成助熔剂，它能脱硫和去除其他杂质，然后形成炉渣。在此温度下，矿石中的氧化铁被还原成熔融铁水，由于密度高，铁水下沉到炉子的底部。剩余成分形成熔融的炉渣，它是由来自助熔石的钙和镁等元素、来自铁矿石的氧化铝和二氧化硅矸石，以及来自焦炭的少量灰烬组成的。熔融炉渣的相对密度较小，漂浮在密度较高的铁水上方。熔融的炉渣和液态生铁的温度约为 1 400～1 600℃，它们均以一定的间隔从炉中连续地放出。生铁用于炼钢，副产品炉渣则用于多种场合：(1)将材料倒入沟槽中并使其在空气中自然冷却，得到基本上为结晶态的炉渣，其主要矿物成分为相对稳定的黄长石(钙黄长石 C_2AS 和镁黄长石 C_3MS_2 的固溶体)，几乎无化学活性。结晶态的炉渣在破碎筛分后，可用于建筑回填或作为正常密度的骨料使用；(2)将熔融的炉渣与水混合可生产膨胀炉渣轻质骨料；(3)通过适当的工艺处理，用作辅助胶凝材料。

为了将熔渣转变成具有胶凝性的材料，必须使其快速冷却形成玻璃状结构，在造粒后干燥并研磨成与硅酸盐水泥细度大致相同或更细的粉末。高玻璃体含量是 GGBS 潜在水硬性

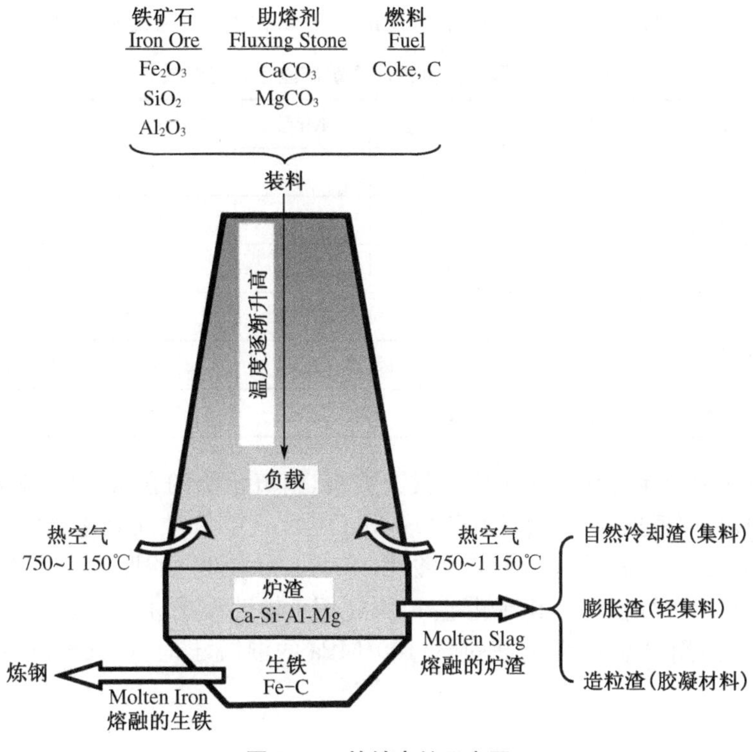

图 5-15 炼铁高炉示意图

的先决条件,但熔融的炉渣只有经水萃快速冷却后才会形成玻璃态结构,这种玻璃虽然具有一定的水硬性,还需进一步粉磨至与水泥相似的细度,才具有足够的反应活性。若炉渣在空气中缓慢冷却,它将形成呈惰性的结晶产物,这种产物没有胶凝价值。需要注意的是,炼钢过程中产生的钢渣,与磨碎的粒状高炉炉渣不同,一般不适合用作混凝土中的胶结材料。

水萃造粒的替代方案是干渣造粒。该过程包括使用高压水喷淋熔渣并通过转速约为 300 r/min 的旋转鼓,该旋转鼓将其摔碎成粒料,如图 5-16 所示。干渣造粒需要的水比湿渣造粒更少,而炉渣的含水量不到 10%甚至更低,在充分控制喷淋水量条件下,研磨前可无需

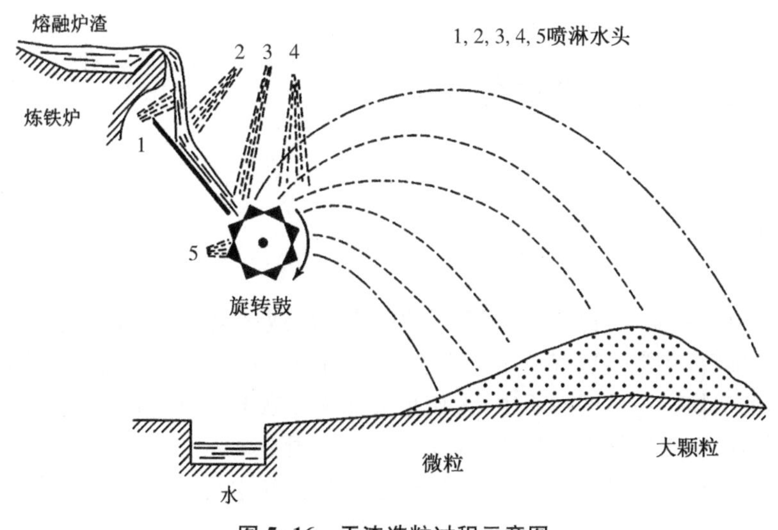

图 5-16 干渣造粒过程示意图

干燥。干渣造粒得到的炉渣多为圆粒，比湿粒造粒更易粉磨，所需能耗更少。

表 5-5　我国部分钢铁厂高炉矿渣主要化学成分　　单位：%

样品	SiO_2	Al_2O_3	Fe_2O_3	MnO	CaO	MgO	S
鞍钢 1	38.28	8.40	1.57	0.48	42.66	7.40	—
鞍钢 2	32.27	9.90	2.25	11.95	39.23	2.47	0.72
宝钢 1	40.10	8.31	0.96	1.13	43.65	5.75	0.23
宝钢 2	41.47	6.41	2.08	0.99	43.30	5.20	—
沙钢	38.13	12.22	0.73	1.08	35.92	10.33	1.10
武钢	38.83	12.92	1.46	1.95	38.70	4.63	0.05

磨细 GGBS 的活性与其矿物成分有很大关系，因氧化物的含量不同，矿渣有碱性、酸性和中性之别，具体根据碱性氧化物（$CaO+MgO+Al_2O_3$）和酸性氧化物（SiO_2）含量的比值来区别，比值大于 1 为碱性，小于 1 为酸性，等于 1 为中性。酸性矿渣的胶凝性差，碱性矿渣的胶凝性好，且比值越大，其活性越好，因此用于辅助胶凝材料的矿渣首选碱性矿渣。与粉煤灰一样，当用于抗压强度超过约 100 MPa 的混凝土时，GGBS 必须与硅粉一起使用。

5.2.3　辅助胶凝材料的掺加方式

SCMs 可在水泥厂与熟料混合得到混合水泥，也可作为矿物外加剂在混凝土生产时直接添加到搅拌机中。只要保证矿物外加剂被充分混合，这两种方式就没有任何区别。当然，这两种掺加方式各有优缺点。在法国和比利时，以混合水泥为主；在德国，混合水泥以 GGBS 为主，粉煤灰则多作为矿物外加剂在混凝土拌和厂掺加；而在我国、美国和加拿大，目前这两种方法都在使用。在不少国家，多种 SCMs 联合使用时，则多以混合水泥的形式出现。

5.3　辅助胶凝材料的水化反应

5.3.1　火山灰反应

如前所述，火山灰质材料是某种无定形的硅质材料或硅铝质材料，它们自身几乎没有胶凝价值，但被磨细后，在常温且有水存在的条件下，可与生石灰或氢氧化钙反应，生成具有水硬性胶凝能力的产物。在早期文明中，人们把天然火山灰与石灰一起加水拌和得到水硬性水泥；而在当代，火山灰质材料多与硅酸盐水泥混合使用。

硅酸盐水泥水化时，硅酸盐矿物水化生成氢氧化钙和水化硅酸钙凝胶体。水化硅酸钙是硬化水泥石中的主要胶凝物质，对水泥石的强度等性能起决定作用，其钙硅比在1.5～2.0左右。溶剂型矿物水化得到水化铝酸盐与水化硫铝酸盐，如AFm、AFt等。

火山灰反应通常需要碱激发，它晚于硅酸盐水泥熟料的水化反应，在硅酸盐水泥-SCMs体系中属于二次水化。发生火山灰反应时，硅酸盐矿物的水化产物氢氧化钙将与火山灰质材料中的活性二氧化硅结合，并吸收部分水分子形成水化硅酸钙凝胶体，如式(5-1)所示。

$$xCH + yS + zH \longrightarrow C_xS_yCH_z \tag{5-1}$$

由于石灰具有一定的溶解度，且易受酸腐蚀，可认为氢氧化钙是水泥石中的薄弱环节。而在火山灰反应发生后，水泥石中的氢氧化钙将被大量消耗，同时水化硅酸钙凝胶体的体积较水化反应前有所增加。因此，火山灰反应不仅减少了硬化水泥石中的易腐蚀组分，还增加了水泥石中的胶凝成分，并使水泥石和混凝土变得更为密实，从而增强水泥石的内在质量。当然，氢氧化钙的消耗会导致水泥石中孔溶液的pH值降低，这对钢筋来说并非好事，因为高碱性环境可为钢筋提供更好的保护。但火山灰反应可使水泥石和混凝土变得更为密实，这降低了混凝土的抗渗性，从而降低了钢筋混凝土易受侵蚀的风险。

通常，由火山灰反应形成的水化硅酸盐凝胶体与硅酸盐水泥熟料中的C-S-H类似，但其C/S比(即式(5-1)中的x/y)略低于硅酸盐水泥熟料的水化产物，当然C/S比随龄期、火山灰质材料的类型和数量而变化。

SCMs中的氧化铝也会与氢氧化钙CH反应，并生成水化铝酸钙、钙矾石、单硫型铝酸钙等。其水化反应可大致表示为：

$$\underset{\text{硅酸盐水泥}}{\text{Portland cement}} + \underset{\text{火山灰质材料}}{\text{pozzolan}} + \underset{\text{水}}{\text{water}} \longrightarrow \underset{\text{水化硅酸钙}}{\text{C-S-H}} + \underset{\text{水化硫铝酸钙}}{\text{sulphoaluminates}} \tag{5-2}$$

偏高岭土与氢氧化钙的反应主要生成C-S-H和C_2ASH_8，另可能有少量的C_4AH_{13}。

$$AS_2 + 3CH + zH \longrightarrow CSH_{z-5} + C_2AS_2H_8 \tag{5-3}$$

以上方程式反应忽略了碱金属氢氧化物的作用。火山灰反应的第一阶段是OH^-离子对玻璃体中的二氧化硅和铝硅酸盐骨架的攻击以及随后的溶解。由于溶液中Na^+和K^+的浓度很高，初始产物很可能是无定形碱金属硅酸盐。然而，体系中钙的丰度和C-S-H的低溶解度意味着碱-硅酸盐相的存在是短暂的。

火山灰性的大小决定了该材料与氢氧化钙反应的能力，首先是材料可以结合的CH总量，其次是与CH发生反应的速率。研究表明，可结合的CH总量取决于火山灰中反应相的性质、SiO_2的含量、CH与火山灰质材料的相对比例，以及养护时间。而与CH的反应速率则取决于SCMs的比表面积、水胶比与温度。

图5-17显示了硬化水泥石或砂浆的CH含量随不同掺量火山灰质材料的变化情况，从中还可看出不同材料的活性差异。由高纯度瓷土制成的高反应性偏高岭土活性最高，仅仅20%的替代率就足以消耗掉硅酸盐水泥在28 d内产生的所有CH。硅灰的反应也很迅速，但反应所需的CH较少，消耗全部CH需要30%的替代水平。低钙粉煤灰的反应速度则慢得多，28 d后CH的消耗量仍非常少。在试验工况下，由于阿利特(C_3S)水化加速，掺20%低钙粉煤灰的硅酸盐水泥在28 d的CH量实际上略有增加。而在180 d后，被粉煤灰水化

消耗的 CH 明显增多。在经历 14 a 后,粉煤灰仍显著地消耗了大量的 CH。

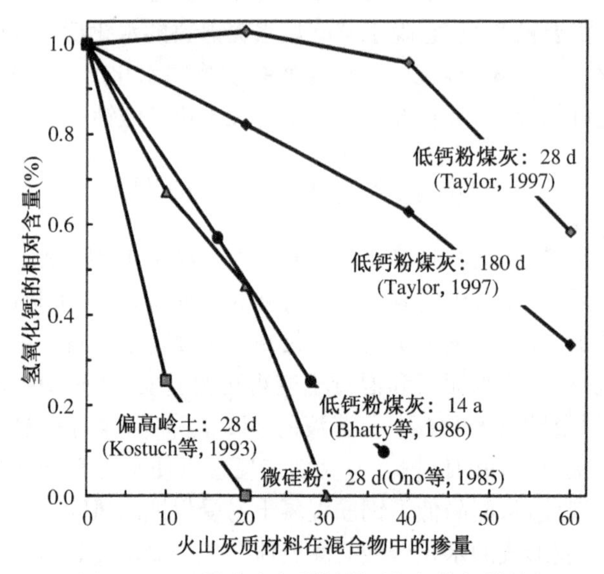

图 5-17　不同火山灰质材料对氢氧化钙的消耗

养护温度对粉煤灰消耗 CH 的速率的影响如图 5-18 所示。养护温度不会显著改变火山灰反应最终消耗的 CH 量,但是升高温度会显著提高反应速率。对于其他火山灰质材料也是如此;与硅酸盐水泥的水化反应相比,火山灰反应的速率对温度的变化更为敏感。

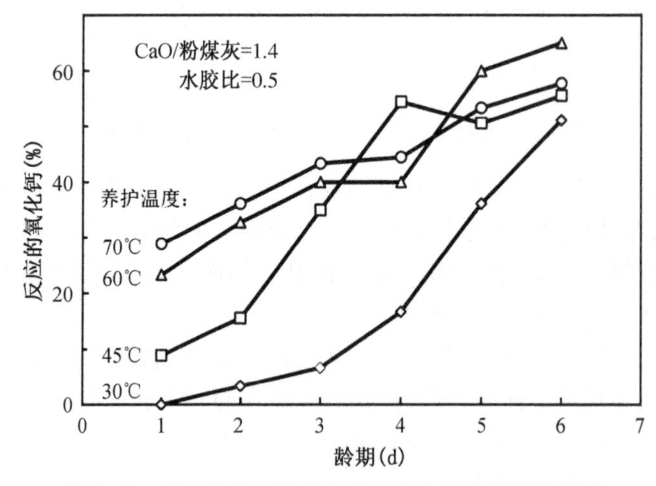

图 5-18　养护温度对粉煤灰的火山灰反应速率的影响

图 5-19 比较了粉煤灰与 C_3S 和炉渣的水化速率。在最初的几天里,粉煤灰几乎没有反应,7 d 中仅有不到 10%的粉煤灰参与了反应。28 d 过后粉煤灰的水化反应速度有所增加,但在 1 a 时仍有大约一半的粉煤灰未水化。高钙粉煤灰同时表现出火山灰和水硬性,其反应速度比低钙灰快,在此不作专门介绍。

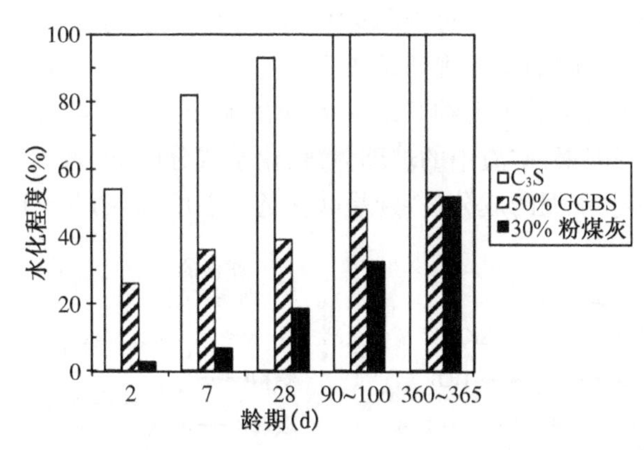

图 5-19　混合水泥中 C_3S、炉渣以及粉煤灰的水化反应程度随时间的发展规律

5.3.2　矿渣的水化

与高钙粉煤灰类似，GGBS 多被认为是具有潜在水硬性的材料而非火山灰质材料。当矿渣与水混合时，表面会发生水化反应，但水化产物在矿渣颗粒的表面上形成富 Si 薄层，这基本上抑制了任何进一步的水化作用，因此矿渣单独水化极为缓慢。使用合适的碱激活剂，可提高矿渣附近的 pH 值(>12)并防止形成不渗透层，从而促使矿渣中的玻璃体继续溶解。常用的碱激活剂包括氢氧化钙、氢氧化钠、氢氧化钾、碳酸钠、硅酸钠等，硅酸盐水泥水化时会释放出以氢氧化钙为主的碱金属氢氧化物，因此它常作为矿渣的高效碱激活剂。

硅酸盐水泥和矿渣混合物的水化产物与纯硅酸盐水泥的水化产物类似，都是 C-S-H、CH、AFm 和 Aft 等。但矿渣的水化反应会消耗部分 CH，因此，掺矿渣的混合物中所形成的 CH 量更低。图 5-20 显示了标准养护条件下不同掺量矿渣制成的硬化水泥石中 CH 的含量。矿渣的存在导致 C-S-H 的 C/S 比降低、Al_2O_3 和 MgO 含量增加，且该效应随着矿渣掺量的增加和随着水化过程的进行变得更为显著。根据 Taylor(1997)，在矿渣掺量为 40% 的硬化水泥石中，直接由纯矿渣水化形成的 C-S-H(炉渣内部产物)的 C/S 比为 1.6，而矿渣

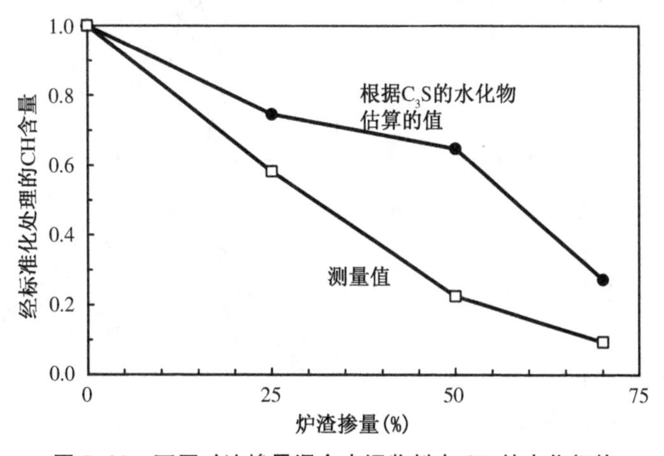

图 5-20　不同矿渣掺量混合水泥浆料中 CH 的变化规律

外部的 C-S-H 的 C/S 比约为 1.8。对于 MgO 含量高的矿渣，可能形成类水滑石相。

矿渣的水化程度随时间的变化规律见图 5-19。虽然矿渣水化速率在早期比粉煤灰快，但明显慢于硅酸盐水泥，1 a 后仍有约 50%未反应的矿渣残留。与硅酸盐水泥混合时，矿渣的反应速率取决于以下因素：矿渣中的玻璃体量、化学成分（碱度）、细度与颗粒形状（取决于粉磨）、矿渣的掺配比例、水泥的成分（特别是碱含量）、温度等（图 5-21）。

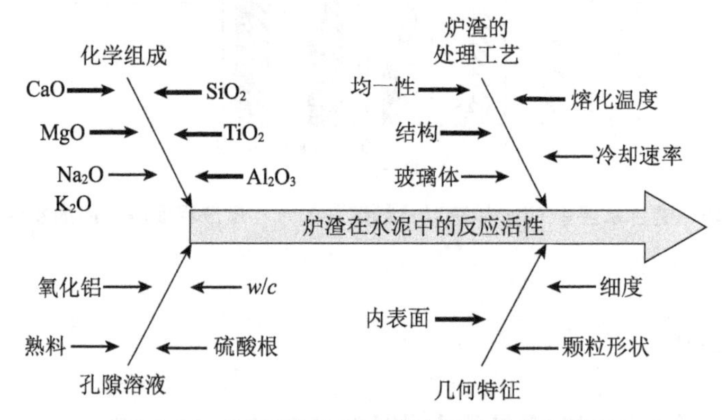

图 5-21　GGBS 在水泥中反应活性影响鱼骨图

粒化高炉矿渣是混凝土的优质矿物外加剂，它不仅可等量取代混凝土中的水泥，而且可使混凝土多方面的性能均得到显著改善，如降低水化热，增强抗渗性和耐化学腐蚀性等耐久性，抑制碱-集料反应以及大幅度提高长期强度等，因此它更适合于大体积混凝土、地下工程混凝土和水下混凝土等。当然矿渣也可用于配制高强度混凝土和高性能混凝土，但一般掺量不宜超过 30%。掺矿渣粉的混凝土允许同时掺入粉煤灰，但粉煤灰的掺量不宜超过矿渣。

5.3.3　辅助胶凝材料对硅酸盐水泥水化反应速度的影响

与硅酸盐水泥混合使用时，辅助胶凝材料可加速 C_3S 的早期水化，这可通过等温量热法测定水化热发展曲线加以评估。如图 5-22 所示，与单纯的 C_3S 水化反应放热曲线相比，掺加火山灰质材料后，多数浆体放热曲线的形状并未改变，而主峰高度增加，这表明大多数火山灰质材料不会显著改变诱导期的长度，但会显著加速 C_3S 的早期水化作用。通常认为，这种加速效应的出现，一方面是由于 C_3S 被 SCMs 部分替代时水与 C_3S 比率增

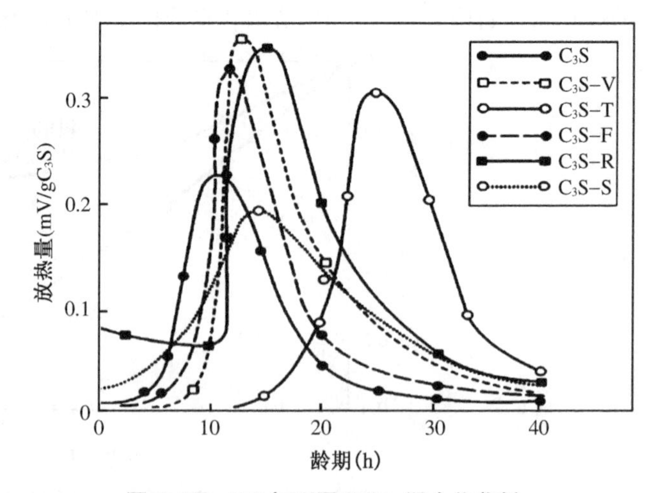

图 5-22　C_3S 与不同 SCMs 混合物浆料水化热发展曲线

加，更为重要的是，微小 SCMs 颗粒提供了形成水化物的成核点。粉煤灰也能加速 C_3S 的水化作用，但它可能会导致诱导期的显著延长，这将延迟混凝土的凝结固化。进一步研究发现，在与 C_3S 混合之前，先用水冲洗粉煤灰可消除这种延迟效果，因此研究者推测这种延迟效应可能与粉煤灰中包含的某些有机成分相关，但作用机制尚不明确。

火山灰反应的水化热一般较低，且放热速度较慢。因此，SCMs 可显著降低水化反应的总热量和反应放热速率，如图 5-23 所示，这可有效避免硬化混凝土的过快升温，特别适合于大体积混凝土以及炎热天气中施工的混凝土工程。

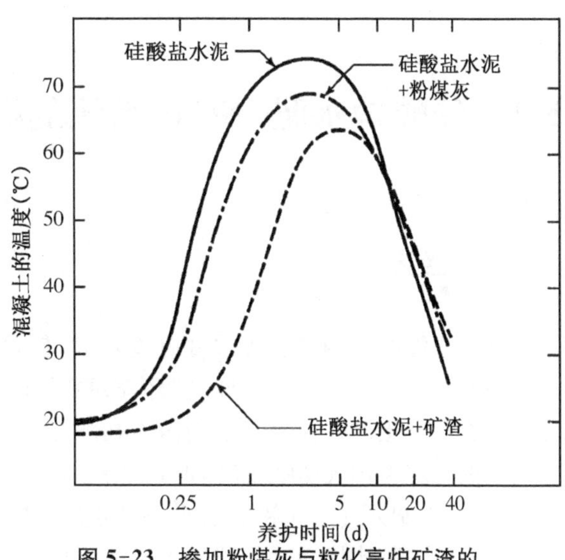

图 5-23　掺加粉煤灰与粒化高炉矿渣的大体积混凝土的温升情况

5.3.4　SCMs 对孔溶液化学组成的影响

硬化水泥石通常含有 20%～30%的孔隙，具体数值取决于初始水胶比和水化程度。饱和水泥石的孔中充满离子溶液，溶液与固体水化物处于平衡状态。了解孔隙溶液的效应对于预防碱-骨料反应，以及了解混凝土腐蚀和物质输运等过程尤为重要。

在混凝土中掺入 SCMs，不仅会改变水泥石中水化物相的组成，孔溶液的化学性质也会发生改变。除某些碱含量较高的粉煤灰外，大多数 SCMs 均会使孔溶液中的碱浓度降低，如图 5-24 所示。孔溶液中的碱浓度随着胶凝材料的碱含量降低而显著下降，而辅助胶凝材料中钙含量的降低和二氧化硅含量的增加也会导致孔溶液的碱浓度进一步下降。其原因在于，有 SCMs 参与水化时，水化硅酸钙的 C/S 比通常较低，这导致水化产物结合碱的能力增加。一般地，具有更大比表面积的 SCMs 可更快地消耗碱，而当 SCMs 中活性二氧化硅含量较高、且钙和碱含量较低时，水泥石中孔溶液碱度的降低最为显著。因此，高钙粉煤灰在降低孔溶液碱度方面不如低钙粉煤灰有效。

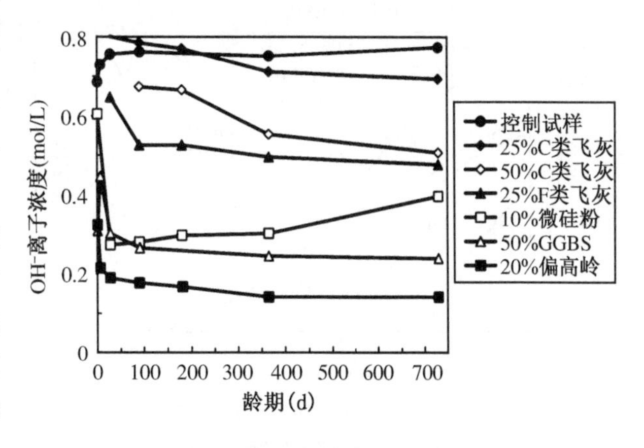

图 5-24　高铝水泥与不同 SCMs 混合物水泥浆料的孔隙溶液OH^-变化曲线

5.4 硅酸盐水泥-SCM 系统的微结构

5.4.1 孔结构

硬化水泥石的内部孔隙尺寸跨度较大，包含大到 10 μm 的毛细孔、小到 10 nm 的凝胶孔、以及小于 0.5 nm 的 C-S-H 凝胶内部的固有孔隙。第 4 章的表 4-11 提供了不同孔隙的分类。在混凝土的孔径分布常用压汞孔隙测定法(MIP, Mercury Intrusion Porosimetry)，更细小的孔隙需用气体吸收法 BET 测定。

图 5-25 显示了 3 d 和 14 d 硅酸盐水泥浆的 MIP 数据。由图 5-25 可知，延长保湿养护时间与降低水胶比均会对孔径分布产生两种影响。首先，毛细孔的总体积会减小，其次，曲线向左移动表明孔结构的细化：大孔体积大为减小，而中孔体积受影响较小。

SCMs 对水泥石孔径分布的影响显著。图 5-26 为掺量为 30%低钙粉煤灰对水胶比为 0.50 的硬化浆体在 28 d 和 1 a 时孔径分布的影响。在 28 d 时，粉煤灰的掺入导致更高的孔隙率和更大的孔出现，而 1 a 以后毛细孔显著减少，并且存在从大孔向中孔的显著转变，长期来看，含粉煤灰的水泥石孔结构比普通水泥石的孔结构更精细。因此，保湿养护对含 SCMs 的混凝土来说至关重要，对于水化反应缓慢的 SCMs 来说更是如此。

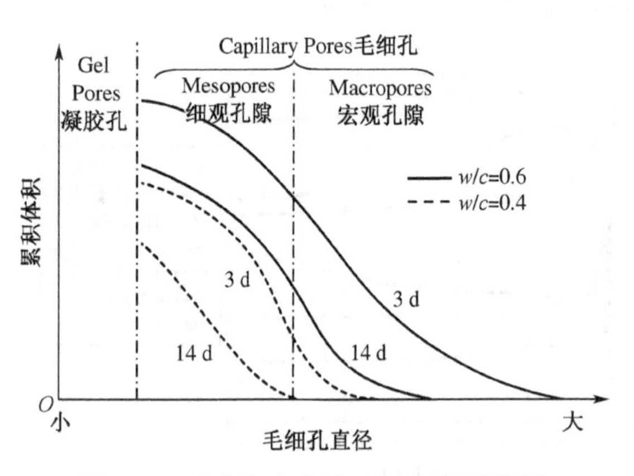

图 5-25 龄期与水胶比对硅酸盐水泥石中毛细孔尺寸分布的影响

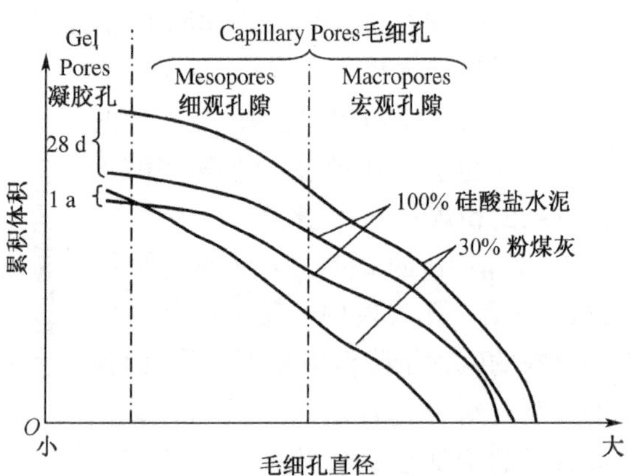

图 5-26 粉煤灰对 28 d 和 1 a 龄期水泥石中毛细孔尺寸分布的影响

图 5-27 显示了硅粉在中等替代水平下的效果。即使替代水平低至 4%，硅灰也会显著改变孔径分布，减少大孔的体积。加入 12%的极细惰性填料-沉淀碳酸钙也可改善孔结构，但相同掺量的硅粉效果更为显著，这表明火山灰反应是孔隙结构细化的主要原因。需要明确的是，掺入硅灰并没有显著改变水泥石的总孔隙率，这可通过测量水泥石的吸水情况进行判断，当然这也说明测量水泥石的孔径分布比测量总孔隙率更为重要。

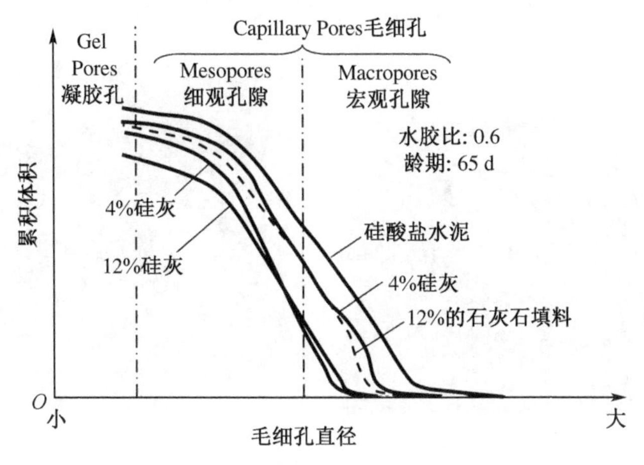

图 5-27　硅粉在中等替代水平下的效果

图 5-28 为含有 20%偏高岭土和含有 40%GGBS 的水泥石孔分布结果。这些材料同样也显著改变了水泥石的孔结构，减少了大孔体积。

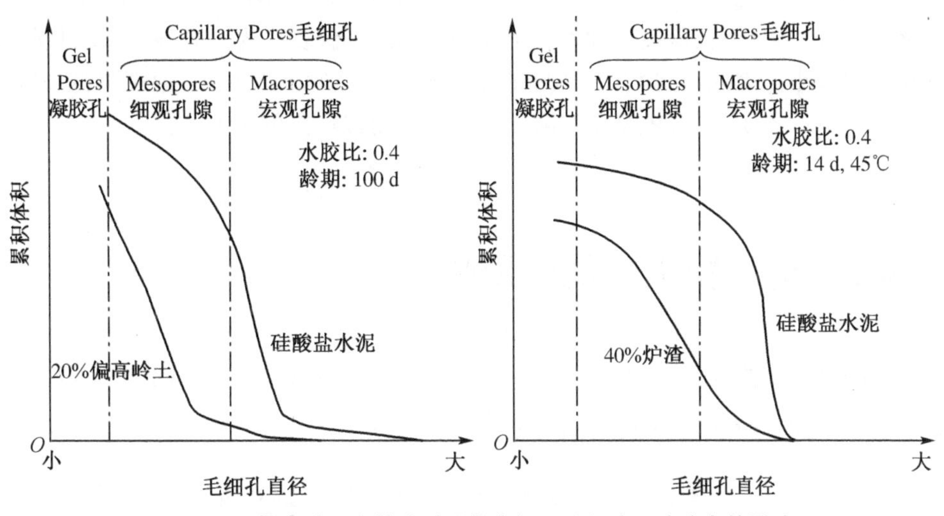

图 5-28　偏高岭土和炉渣对硬化水泥石毛细孔尺寸分布的影响

5.4.2　界面过渡区与孔隙堵塞

普遍混凝土界面过渡区的孔隙率高，且存在数量更多、尺寸更大的氢氧化钙晶体和钙矾石晶体。掺入辅助胶凝材料后，特别是细分散的火山灰质材料如硅灰等，能显著改善集料表面处的颗粒堆积，因 ITZ 内的部分氢氧化钙转化为 C-S-H 凝胶体而使 ITZ 更为致密，进而使混凝土的强度、抗渗性等得以强化。这种强化效果可通过扫描电子显微镜的图像对比分析得到，也可根据掺加 SCMs 前后的高强度混凝土断裂表面的形态加以判断。图 5-29 为硅灰对 28 d 龄期混凝土断裂表面的 SEM 照片。由图 5-29 可见，未掺加硅灰时，高强混凝土的断裂发生在集料颗粒周围，因为 ITZ 是薄弱环节，断裂表面多包含未破碎的集料颗粒，而掺加硅灰后，因为 ITZ 更强，通常会出现集料颗粒破裂的情况。

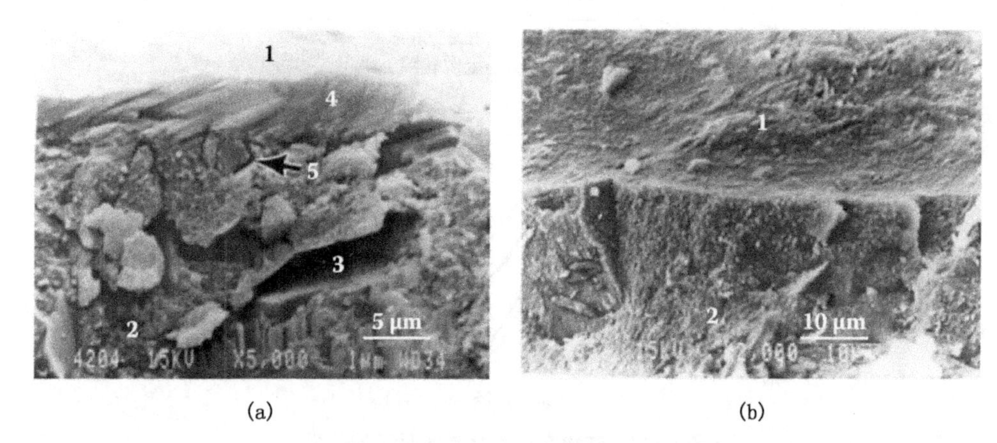

图 5-29　硅灰对 28 d 龄期混凝土 ITZ 的影响(a 未掺硅灰，b 掺硅灰)

(1—集料，2—水泥石，3—孔隙，4—氢氧化钙，5—微裂纹)

与具有相同水胶比和成熟度的硅酸盐水泥石相比，掺入 SCMs 后，水泥石的总孔隙率并不会显著降低，但是火山灰反应会使水泥石的孔结构细化，表现为大孔减小、细孔体积增加和毛细孔体积减小。因此，在含有 SCMs 的水泥石中，毛细孔结构的连通性降低，这将显著改善硬化水泥石的传质特性，也是使混凝土的耐久性得以增强的重要原因。

5.5　SCMs 对混凝土性能的影响

辅助胶凝材料会改变新鲜和硬化混凝土的性能，表 5-6 总结了通常状况下的规律。当然，辅助胶凝材料的效果不仅取决于自身的组成特性、掺量，也与混凝土的其他组分有关。

表 5-6　辅助胶凝材料对混凝土拌和物性能的影响

技术性质		粉煤灰		矿渣	硅灰	天然火山灰质材料		
		F 类	C 类			煅烧的页岩	煅烧的黏土	偏高岭土
新鲜混凝土	需水量	↓	↓	↓	↑	—	—	↑
	和易性	↑	↑	↑	↓	↑	↑	↓
	离析与泌水	↓	↓	↑↓	↓	—	—	↓
	凝结时间	↑	↑↓	↑	—	—	—	—
	含气量	↓	↓	—	↓	—	—	↓
	水化热	↓	↑↓	↓	—	↓	↓	—

（续表）

技术性质		粉煤灰		矿渣	硅灰	天然火山灰质材料		
		F类	C类			煅烧的页岩	煅烧的黏土	偏高岭土
硬化混凝土	早期强度	↓	—	↑↓	↑	↓	↓	↑
	长期强度	↑	↑	↑	↑	↑	↑	↑
	耐磨性	—	—	—	—	—	—	—
	干缩与徐变	—	—	—	—	—	—	—
	渗透性与吸水率	↓	↓	↓	↓	↓	↓	↓
	耐腐蚀性	↑	↑	↑	↑	↑	↑	↑
	碱-硅反应性	↓	↓	↓	↓	↓	↓	↓
	耐硫酸盐侵蚀能力	↑	↑↓	↑	↑	↑	↑	↑
	抗冻融能力	—	—	—	—	—	—	—
	抗除冰盐冻能力	┬	┬	┬	┬	┬	┬	┬

注： ↓降低，↑增加，↑↓也许增加也许降低，—无影响，┬也许降低或无影响。

通常情况下，粉煤灰会降低混凝土的需水量，而矿渣对混凝土的需水量影响较小，硅灰因其比表面积极大而导致混凝土的需水量增加。同样地，使用稻壳灰和硅藻土也会导致混凝土的需水量增加。天然火山灰质材料的类型众多，很难对其需水量的影响进行具体描述。

联合使用硅灰与超塑化剂时，混合物会表现出非常特别的行为。在开始混合时，混合物看起来非常干燥，很快会突然易流动。其原因在于，此时，超塑化剂颗粒不仅使水泥颗粒反絮凝，而且硅灰颗粒已开始取代絮凝水泥颗粒间的水，所释放的水使混合物流动。因此，即便水胶比非常低，混凝土仍可十分容易地浇注，当然这必须等到反絮凝发生后，该反絮凝时间取决于所使用搅拌器的剪切能力。

在混凝土中使用 SCMs 时，通常需根据其碳含量来调整其掺量。通常碳颗粒会捕获有机分子，从而影响预期效果，在引气混凝土中会严重影响所引入气泡系统的稳定性。这对于具有高烧失量的粉煤灰来说尤其重要。

通常，掺 SCMs 的混凝土的坍落度可维持 1～1.5 h，因为其反应性通常低于硅酸盐水泥。对于矿渣，可能需要添加一定量的硫酸钙，该硫酸钙大致等于已被替换的硅酸盐水泥中所含的石膏量，因为当它在混合物中引入水后的第一个半小时内开始反应时，炉渣会消耗一些SO_4^{2-}离子。

当 SCMs 的掺量超过 50%时，体系的水化热会显著降低。当取代率约为 15%～25%时，体系的峰值放热强度也会略有降低。当然，这种降幅不足以在充分降低混凝土内的温度梯度和减少施工期间潜在的温度裂纹方面产生非常显著的效果。

一般而言，除硅灰外，掺加 SCMs 会导致混凝土的早期强度降低。这种早期强度的降低，根据胶凝材料的反应性，可能需一直关注到 7 d、14 d 甚至 28 d。这对很多工程特别是在寒冷天气中施工的工程来说是一个主要缺点。对混凝土的长期强度而言，只要水胶比调整得当且对混凝土进行了充分的保水养护，则可将其调整到所需水平。SCMs 似乎不会显著影响收缩，但含有 SCMs 的混凝土通常比具有相同水胶比的普通混凝土更耐久。其主要原因在于 SCMs 水化过程中将氢氧钙石转化为次生 C-S-H，另一个重要原因还在于它们改变了水泥石的孔结构和孔溶液的化学组成，同时使得 ITZ 更为致密和强韧。孔隙尺寸减小可以降低混凝土的传输特性、渗透性和离子扩散，这些性质控制了化学侵蚀的速率。

有些胶凝材料会改变混凝土的颜色。由于存在非常细的碳颗粒，硅灰和稻壳灰会使混凝土颜色变暗，粉煤灰和 GGBS 易于产生颜色较淡的混凝土。而掺矿渣的混凝土，其浅灰色的外表下，混凝土往往偏青色或浅绿色，具体原因尚未得到公认。

需要强调的是，含 SCMs 混凝土的实际性能在很大程度上取决于混凝土内部水的可获得性，因为火山灰反应的必要条件，不仅要有活性二氧化硅的存在，还要有水参与，而后者往往被忽视。因此，含有 SCMs 混凝土的保水养护对于发挥胶凝材料的潜力至关重要，这是确保其成功使用的关键。

5.6 混合水泥与多元水泥系统

5.6.1 混合水泥

掺和料对混合水泥的影响主要在于它的掺量，掺入方式对混合水泥的影响较小。使用成品混合水泥无需在混凝土预拌厂做额外处理，便于混凝土施工，且混合水泥的品质更容易保证。混合水泥的适宜应用场合与选用原则可参考表 5-7。所选水泥的强度等级应与混凝土强度等级相适应，配置普通混凝土时，宜选用强度等级为混凝土抗压强度 1.5～2.0 倍的水泥，配置高强混凝土时，为混凝土抗压强度的 0.9～1.5 倍。随着混凝土强度等级的不断提高、新工艺和外加剂的采用，高强和高性能混凝土不受此比例约束。GB175、ASTM C595 给出了掺和料的用量范围，它的性能测试方法和指标与 C150 相同。ASTM C1157 给出了混合水泥的性能要求，未限制掺和料用量，未来可能会取代 C150。

表 5-7 常用水泥品种的选用参考表

工程性质		硅酸盐水泥	普通水泥	矿渣水泥	火山灰水泥	粉煤灰水泥
工程特点	大体积工程	不宜	可	宜	宜	宜
	早强混凝土	宜	可	不宜	不宜	不宜
	高强混凝土	宜	可	可	不宜	不宜
	抗渗混凝土	宜	宜	不宜	宜	不宜
	耐磨混凝土	宜	宜	可	不宜	不宜

（续表）

工程性质		硅酸盐水泥	普通水泥	矿渣水泥	火山灰水泥	粉煤灰水泥
环境特点	普通环境	可	宜	可	可	可
	干燥环境	可	宜	不宜	不宜	可
	潮湿环境或水下	可	可	宜	可	可
	严寒地区	宜	宜	可	不宜	不宜
	严寒地区并有水位升降	宜	宜	不宜	不宜	不宜

5.6.2 多元水泥系统

传统上，粉煤灰、矿渣、煅烧的黏土、煅烧的页岩和硅灰等 SCMs 单独与硅酸盐水泥混合配制成混合水泥用于混凝土中。考虑到它们的特性，使用两种及以上的 SCMs 与硅酸盐水泥组合生产混凝土混合物有更多好处。如粉煤灰、矿渣和硅粉混合使用可产生显著的协同作用，首先粉煤灰（和粉磨得较细的矿渣）可抵消硅灰对需水量的增加，F 级粉煤灰（和粉磨得较细的矿渣）补偿了混合水泥与硅粉的高热量释放；硅灰可补偿掺 F 级粉煤灰或矿渣水泥混凝土所导致的早期强度降低，而粉煤灰和矿渣水泥则提高了硅粉混凝土的长期强度发展。使用三元混合物可以获得非常高的氯离子渗透阻力，极大地增强混合体系的耐酸盐侵蚀和防止碱集料反应的能力，对两种不同龄期混凝土的氯离子渗透性的测试结果也证实了这一点，如表 5-8 所示。含有硅酸盐水泥和两种 SCMs 的三元混合物通常用于特殊性能需求的场合，而由硅酸盐水泥和三种 SCMs 组成的四元混合水泥也已被开始得到应用，如硅酸盐水泥＋炉渣＋硅粉、硅酸盐水泥＋粉煤灰＋硅粉、硅酸盐水泥＋炉渣＋粉煤灰＋硅粉等。

表 5-8　实测某二元与三元水泥系统及纯水泥制备混凝土的输运特性

氯离子渗透指标	测试方法	芯样龄期(a)	100%硅酸盐水泥	硅酸盐水泥＋25% GGBS	硅酸盐水泥＋25% GGBS＋3.8% 硅灰
电通量(C)	ASTM C1202	4	2 080	840	380
		8	1 660	835	210
扩散系数($m^2/s\times10^{-12}$)	ASTM C1556	4	13.1	5.2	1.7
		8	6.8	6.3	1.6

5.7 掺 SCMs 的混凝土配合比

SCMs 作为外加剂使用时，常和化学外加剂一起使用，SCMs 的掺量一般表示为混凝土拌和物中总胶凝材料的质量百分比。考虑到辅助胶凝材料对混凝土 28 d 抗压强度的影响，1967 年 Smith 提出了有效胶凝系数的概念，有效胶凝系数的原始定义是，在不改变混凝土性能的前提下，1 份 SCMs 所能代表的水泥份数。根据有效胶凝系数，可以得到有效水胶比

$$有效\ w/c = \frac{w}{c + k \cdot p} \tag{5-4}$$

式中，w，c，p 分别为每立方米混凝土中水、水泥和辅助胶凝材料的用量，k 为辅助胶凝材料的有效胶凝系数。

根据欧盟混凝土标准 EN206-1，粉煤灰的 k 值取决于所用水泥的强度等级，掺入32.5号水泥中取 0.2，掺入 42.5 号水泥时 k 值取 0.4；这些取值适用于粉煤灰/水泥的质量比小于0.33时，也即粉煤灰在总胶凝材料的质量比不超过 0.25，超出该范围时上述公式不再适用。对于硅灰，k 值取决于水灰比，当 w/c 不超过 0.45 时，k 值取 2.0，当 w/c 大于 0.45 时，对于暴露等级为 XC（因碳化引起钢筋腐蚀）与 XF（冻融环境）的应用场合，k 值取 2.0，其他情况下的 k 值取 1.0；上述公式的适用条件为硅灰/水泥的质量比不超过 11%，也即总胶凝材料中硅灰的质量含量不超过 10%。

矿物外加剂的最佳掺量需通过多次试拌确定，试拌的混凝土拌和物应在可能的掺量范围内以确保能建立起强度和水胶比之间的关系，试拌可参考 ACI 211 等进行。试拌应考虑掺合料的相对密度，因为 SCMs 的密度通常与硅酸盐水泥的密度有较大差异。通过试拌得到不同龄期的强度结果，每一龄期混凝土应满足特定的要求。

复习思考题

5-1　简述辅助胶凝材料水硬性与火山灰性的差别。
5-2　简述火山灰反应与粒化高炉矿渣反应的区别。
5-3　为何某些 C 类粉煤灰具有胶凝特性，这有何优点？
5-4　微硅粉与 F 类粉煤灰的最重要差别是什么？
5-5　使用粉煤灰对改善新拌混凝土的性能有何好处？
5-6　熔融的高炉渣为何要造粒？
5-7　简述粒化高炉矿渣在硅酸盐水泥混凝土中的作用机理。
5-8　为什么粒化高炉矿渣比粉煤灰更能增强混凝土的抗硫酸侵蚀能力？
5-9　简述微硅粉在硅酸盐水泥混凝土中的作用机理。
5-10　简述辅助胶凝材料在使用过程中的注意事项。
5-11　简述掺加辅助胶凝材料对硅酸盐水泥水化反应的影响。
5-12　简述掺加辅助胶凝材料对硅酸盐水泥石微结构的影响。
5-13　简述长时间保湿养护对掺辅助胶凝材料的重要性。
5-14　为何有抗冻要求的混凝土工程不建议使用掺 GGBS、粉煤灰或火山灰等。
5-15　试讨论粉煤灰与矿渣对混凝土的工作性、强度、体积安全性和耐久性的影响。

5-16 请为下列工程应用选择合适的混合水泥：(1)大体积混凝土工程；(2)中等硫酸盐侵蚀环境；(3)高硫酸盐侵蚀环境；(4)防止ASR的保护层；(5)钢筋混凝土。

5-17 简述含多种辅助胶凝材料的多元复合水泥的潜在优点。

5-18 提出一种含SCMs的高流动性、高早期强度混凝土配制方案，并说明其原理。

第6章

普通水泥混凝土

水泥混凝土的多功能性、耐用性、可持续性和经济性使其成为世界上使用最广泛的建筑材料。经合理设计与施工的水泥混凝土结构在整个使用寿命期间都坚固耐用，具有很强的环境适应性和耐久性，且几乎不需要维护。工程中各种先进水泥混凝土的使用已相当普遍，它们是传统技术的衍生物和进一步发展。因此，对普通水泥混凝土的了解仍然必不可少。

6.1 水泥混凝土技术发展简况

6.1.1 混凝土的基本概念

混凝土(concrete)是指由胶浆把砂、石等散粒体集料胶结形成整体并硬化后的固态人造石状物，汉字"砼"即为混凝土的简写。混凝土的品种繁多，通常可根据胶凝材料的类型进行分类命名，如石灰混凝土、石膏混凝土、水泥混凝土、聚合物混凝土、沥青混凝土等。水泥混凝土的胶浆为各种类型的水泥和一定比例的水组成，有时还加入辅助胶凝材料与外加剂等。

自加水拌和后，水泥混凝土处于可塑的黏稠状态，随着时间的推移，逐渐凝结硬化为具有良好整体性的固体状态。一般情况下，如非特别指出，混凝土均指处于硬化状态的水泥混凝土，而处于可塑状态的混凝土则采用新拌混凝土或新鲜混凝土等称谓以示区别，英文多用 fresh concrete 表示。本教材采用新鲜混凝土的说法。新鲜混凝土相当于初生婴儿，在浇注成型完成后一段时间内需要小心养护，以促进混凝土强度发展和控制早期体积变化。如图 6-1 所示。

混凝土具有典型的多成分、多相和多尺度特性，按原材料组成在宏观上可视为水泥砂浆与粗集料的混合物，而水泥砂浆则由水泥净浆与细集料组成，如图 6-2 所示。水泥净浆是水泥、辅助胶凝材料、外加剂与水的混合物，在混凝土中起粘结、涂层和润滑的功能。

通过调整原材料及组成比例，可以在非常宽的范围内调节混凝土的流动性和物理力学性能，如新鲜混凝土可以非常干硬，也可以做到依靠重力自由流动，硬化后混凝土的抗压强度范围从 0.5 MPa 到超过 300 MPa 均可调节。混凝土是一种低成本的建筑材料，它可与钢筋等具有优良抗拉性能和韧性的材料近乎完美地协同工作，并为它们提供良好的保护；正确设计和建造的混凝土结构具有很强的环境适应性和耐久性，且所需维护工作较少。这些特点使得混凝土易于加工成所需要的形状，并可根据使用需求进行定制化生产，这是其他材料

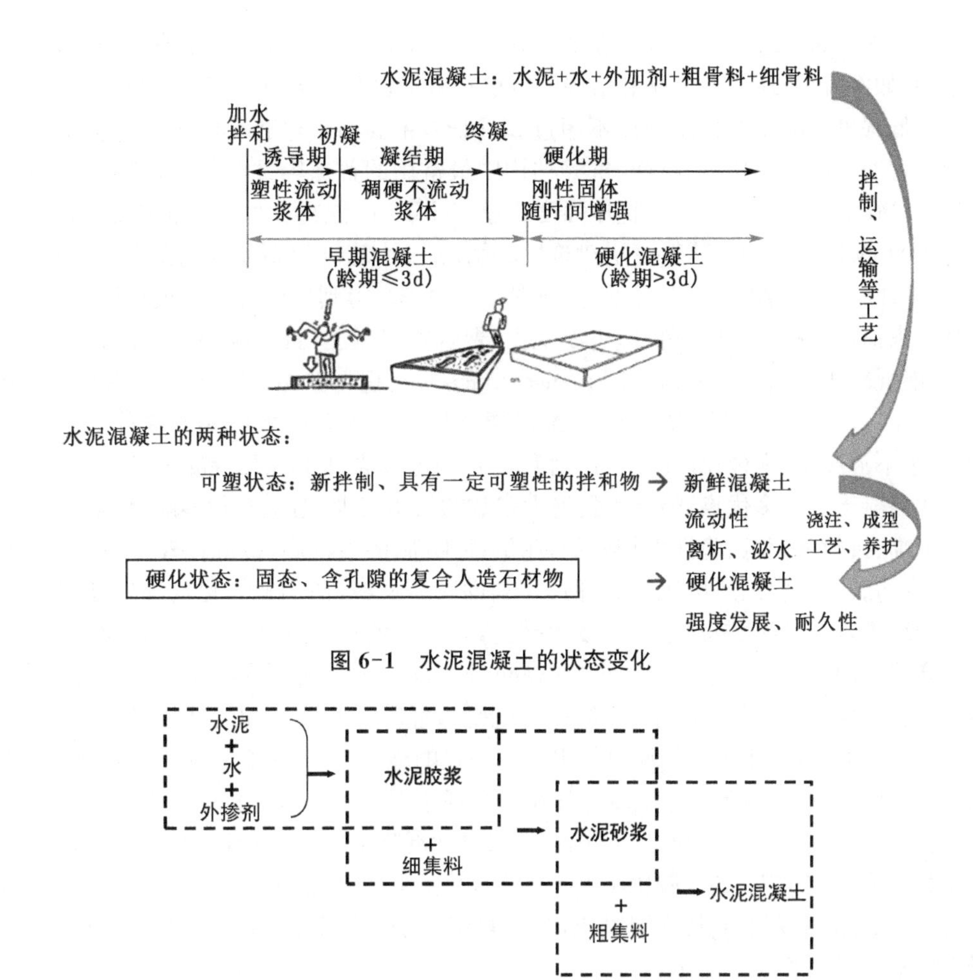

图 6-1　水泥混凝土的状态变化

图 6-2　水泥混凝土材料的多层次性

难以企及的优点。水泥生产是资源和能源密集型过程，但从更大尺度来看，混凝土是一种环境影响极低的建筑材料，是建筑和基础设施可持续发展过程中不可或缺的绿色材料。

6.1.2　混凝土的多样性

自硅酸盐水泥问世以来，特别是随着钢筋混凝土与高效减水剂等里程碑技术的突破，人们已研发出许多类型与谱系的混凝土技术，加之其在成本方面的竞争优势，这使混凝土具有很多其他建筑材料所难以匹敌的广泛用途。

为便于应用，在工程中通常采取某种标准对混凝土进行分类。混凝土的密度和抗压强度均可在非常宽的范围内进行设计和调节。根据单位容重或表观密度，可将混凝土分为超轻质混凝土、轻质混凝土、普通容重混凝土和重质混凝土四类。超轻质混凝土的表观密度约为 300～1 200 kg/m^3，只能用于建造非承重的结构构件。轻质混凝土的表观密度约为 1 200～1 800 kg/m^3，可用于构建结构构件或非承重的结构构件。普通容重混凝土通常指表观密度约 2 400 kg/m^3 的混凝土，它是修筑基础设施最为常用的混凝土。重质混凝土的表观密度多在 2 800 kg/m³以上(有学者认为应达 3 200 kg/m³以上),多用于建造需要防辐射的特殊结构,如医院检查室、核电站和防爆的重要军事工程等。抗压强度也是混凝土的常用分类指标。低强度混凝土的抗压强度不超过 20 MPa,主要用于建造大体积混凝土结构、道路路基等。普通混凝土是房屋、路面、桥梁结构中最常用的普通容重混凝土,其抗压强度通常在 20～60 MPa。一般认为,28 d 抗压强度超过 60 MPa 的混凝土为高强度混凝土(有文献认为应超过 80 MPa),可用于建造高层建筑柱、桥塔和剪力墙。超高强度混凝土多指抗压强度超过 120 MPa 或 150 MPa 的混凝土,目前在工程中尚未得到广泛应用。也可以根据其最重要的特征来命名混凝土,如白色/彩色混凝土、聚合物混凝土、自密实混凝土、活性粉末混凝土、高性能混凝土(HPC, high performance concrete)、超高性能混凝土(UHPC, ultra-high performance concrete)、轻质混凝土、纤维混凝土和收缩补偿混凝土;或按功能命名,如泡沫混凝土、水下混凝土、大体积混凝土、预制混凝土、喷射混凝土和碾压混凝土等,不一而足。

普通混凝土有很多优点,能够满足绝大多数的使用需求,但也有很多缺点,如需要养护、比强度不高、抗拉强度低、脆性大易开裂,耐磨性不高,渗透性高,抗冻性较差等。通过降低水胶比(水与胶凝材料的质量比),合理选用辅助胶凝材料,使用超塑化剂等外加剂,掺加各种类型的纤维,以及优化制备工艺等技术措施,可以有效克服普通混凝土的这些缺点,这就形成了高技术混凝土或先进的混凝土(advanced concrete)。所谓高技术混凝土是符合特殊性能组合和均匀性要求的混凝土,通俗地讲就是指混凝土某些方面的性能显著优于通常所生产的普通混凝土,采用传统的原材料组成和一般的施工方法,未必总能大量地生产出这种混凝土。需要注意的是,高技术混凝土使用与普通水泥混凝土基本相同的水泥、砂石等原材料;为确保新拌混凝土的流动性与工作性、以及硬化混凝土的物理力学性能与长期耐久性,高技术混凝土通常采用较低的水胶比(0.18～0.45),并使用高效塑化剂和足够数量的辅助胶凝材料。关于辅助胶凝材料和高技术混凝土,本教材将分别在第 5 章和第 7 章中进行专门介绍。混凝土技术发展如图 6-3 所示。

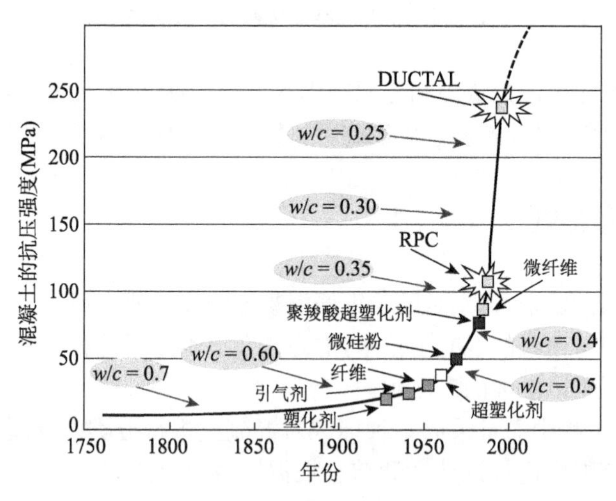

图 6-3 混凝土技术发展曲线

自 20 世纪 90 年代以来,在寻找新型高技术混凝土时,人们发明了掺加短钢纤维的活性粉末混凝土 RPC(reactive powder concrete)和掺加聚乙烯醇(PVA)纤维的工程水泥基复合材料 ECC(engineered cementitious concrete)。这两种新型混凝土的显著特征在于,除了高耐久性之外,RPC 具有 200 MPa 以上的超高抗压强度,而 ECC 则拥有比普通混凝土变形能力高 100~300 倍的超高延展性和应变硬化特征,因此也被称为可弯曲的混凝土。基于 ECC 的设计原理,我国学者发展了具有超高韧性的混凝土,并在工程中得到较大规模的应用。进入 21 世纪后,混凝土的多功能化和智能化设计理念逐渐受到重视,人们发展出了自修复混凝土、自清洁混凝土、导电混凝土等新型高技术混凝土,它们的工程化应用尚在积累之中。

6.1.3 混凝土的二元性

制备混凝土的各种原材料自混合起,就如同诞生的新生生命,随着龄期的增长,混凝土由最初的可塑状态逐渐凝结硬化,其根本原因在于水泥的水化反应。如第四章所述,水化反应是极其复杂多变的物理化学变化和不断演进的热动力学过程。到目前为止,人们仍只是了解水化进程的大致轮廓。而辅助胶凝材料和各种化学外加剂的引入,使得现代胶凝系统变得更为复杂。从技术角度看,水在混凝土中的作用也非常复杂,因为水不仅直接参与水化反应,也决定了新鲜混凝土的流变行为。正是水泥与水的初始反应使新鲜混凝土拥有了初始工作性和抵抗离析与泌水的能力。初始工作性是新鲜混凝土极其重要的特征,它决定了混凝土的运输、浇注和密实成型等工序的难易程度。此外,混凝土在凝结硬化过程中存在一定的体积变化,而水化反应放热会导致体系温度上升,这会影响到水化产物微结构的发展进而影响混凝土的力学性能和耐久性。在工程应用层面,无论是从强度还是从耐久性角度看,混凝土的流变性、体积变化和内部温度发展规律都是工程中应重点关注的内容。总之,硅酸盐水泥的水化既是一个极为复杂且不断演化的化学进程,其外在表现为新鲜混凝土的凝结硬化和硬化物力学强度增长等非常简单的动态物理变化;而混凝土的生产制备与成型过程又相对较为简单,即便未系统学习过混凝土相关知识的人,参照既有的经验都可能制备出满足多数普通用途的混凝土。因此,混凝土是由简单技术和非常复杂科学的完美结合体,这种二元性既是混凝土大获成功的关键,也是其不足之处,因为目前这一复杂科学仍未被真正掌握。

6.1.4 优质混凝土的特征

如前所述,正确设计和建造的混凝土结构在其整个使用寿命期间都具有很强的环境适应性和耐久性,这表明混凝土的生产与施工相当重要。与钢、水泥等建筑材料在几乎完全受控条件下的生产不同,多数混凝土工程均是现场拌和、现场施工的原位制造过程,即便是商品混凝土,其浇注、成型、养护等也都是在现场非严格受控条件下进行的,加之组成原材料特别是集料的多样性与变异性,这些特点都决定了混凝土的品质可能存在较大的变异性。从某种意义上说,即使混凝土的配合比设计合理,其最终质量几乎完全取决于混凝土生产、浇注和成型及养护等关键工艺。因此,针对所设计混凝土的特性和现场条件,确定合适的施工工艺和质量标准,开展精细化施工并进行全过程动态质量控制,是生产优质混凝土的必备条件。若不了解混凝土的行为特性或施工组织与质量管理不当,即便使用与优质混凝土完全相同的成分,也完全可能生产出品质不良的混凝土。这也从另一方面说明制造优质混凝土并非易事。

何为优质混凝土？考虑到混凝土自拌和成型至服役状态的过程，通常可从两个方面进行衡量。首先，新鲜混凝土能满足混合、运输、浇注成型和养护等方面的施工要求。混凝土的流动性应与施工机具设备和现场条件相匹配，无需过度压实即可密实成型，并且具有足够的内聚力，在运输和铺设过程中能够抵抗离析、泌水、流浆等现象，各组分在空间的宏观分布均匀。其次，硬化过程中不会产生过量的不均匀体积变化，硬化后具有合适的力学强度、抗变形能力和优良的耐久性，能满足使用要求。这两方面的要求可能存在矛盾或冲突，在考虑混凝土配合比设计时往往需要均衡考虑。

总之，混凝土的性能与工艺、组成材料的特性与混合比例、养护的充分性有关。许多具有不同技能的人在整个生产过程中都会接触到混凝土，最终产品的质量取决于他们的工艺。为此，在施工前应对劳动力进行充分的培训。如果不精细控制这些因素，它们可能会对新鲜混凝土和混凝土硬化物的性能均产生不利影响。

6.2 新鲜混凝土

新鲜混凝土指经充分拌和后尚未丧失可塑性的混凝土拌和物。混凝土的可塑性对混凝土的运输、浇注成型、密实和表面性质都很重要，因为这会影响到施工工艺和设备。新鲜混凝土的性质会影响硬化混凝土的性质。为了确保硬化混凝土的均匀性与稳定性，新鲜混凝土必须能够满足以下要求：

1. 易于拌制、运输和输送；
2. 各批次之间的混凝土拌和物具有较好的一致性；
3. 具有与施工现场条件相适应的流动性，能密实地填充设计形状；
4. 可被充分压实，并且在压实过程中无需消耗过多的能量；
5. 在拌和、运输、浇筑期间不出现组分分离，如离析、泌水等现象；
6. 通过模具或者涂抹等表面处理方式，能够正确地成型。

压实对于确保硬化混凝土的长期性能至关重要，适当的压实可从混凝土中排除多余的空气并使混凝土更密实，混凝土的抗压强度和耐久性亦随其密实度的增加而增加。新鲜混凝土的试验主要是作为质量控制措施进行的，因为新鲜混凝土性质的变化意味着混合料发生了变化。当然，某些测试结果亦可用于对后续硬化混凝土行为的估计。

6.2.1 工作性的概念

工程中使用工作性(workability)来表示本节前面所提到的各种属性，不少文献也称为和易性。ASTM 对工作性的定义为"the property determining the effort required to manipulate a freshly mixed quantity of concrete with minimum loss of homogeneity (uniform). The term manipulate includes the early-age operations of placing, compacting, and finishing. ",Mindess 等(2003)认为，工作性是"the amount of mechanical work, or energy, required to produce full compaction of the concrete without segregation”。前者强调均一性,后者强调压实的作用和稳定性的重要性。在中文文献中,工作性通常表述为“在现有施工条件下,混凝土拌和物易于施工操作并获得质量均匀、密实、稳定的性能”。可以看出,这些表述都是主观和定性的。实际上,工作性并非混凝土的内在基本属性,因为它还与混凝土应用场景有关,必须与施工时的环境气候、混凝土结构类型,以及施工中的输送、浇注、压实等工艺相关联才有意义。例如,在大体积基础中很容易浇注而不会离析的混凝土,用于薄层结构构件时其工作性可能并不能满足要求;采用高频振动器能够密实成型的混凝土,当使用手动夯实时工作性显然难以满足要求。因此,工作性可理解为在特定施工工艺与设备条件下,新鲜混凝土能够充分填充所需的形状,并且形成质量均匀、密实、稳定结构的性能。

从工程应用与测试角度看,新鲜混凝土的工作性,至少包含三个不同方面的性质:(1)流动性,混凝土易于流动成型和填充所需的形状;(2)易密性,表明混凝土在特定工艺条件下易于压实,空气易于排出;(3)稳定性或黏聚性,混凝土在浇筑和密实成型期间保持稳定、连续、均匀的状态,且不发生明显离析和泌水现象,这主要取决于混凝土的内聚力。这三方面的性质往往相互矛盾,在实际工程中需要均衡兼顾。工作性在混凝土技术中的重要性显而易见,它直接关系到施工难易程度和工程品质,是必须满足的关键属性之一。难于浇注和成型的新鲜混凝土,在硬化阶段不可能产生预期的特征强度和耐久性。

6.2.2 工作性的测量

为了实现浇注与密实成型,在施工过程需要引发混凝土流动,这取决于水泥浆的流变性质和颗粒间的摩擦,以及混凝土和模板间的外部摩擦。从流变学角度看,混凝土的工作性可用稠度(consistency)和内聚力(cohesiveness)这两个参数描述。稠度用于描述新鲜混凝土流动的难易程度,而内聚力则描述混凝土保持各组分处于均匀、稳定状态的能力,也称为黏聚力。由于流动性是影响混凝土性能及施工工艺的最主要因素,目前对工作性的评估以测试流动性(稠度)为主,辅助以其他方法并结合经验评价新鲜混凝土的黏聚性与抗离析能力等。新鲜混凝土的稠度可通过坍落度试验、密实因子试验、维勃稠度或扩展度试验等经验方法来测量,其中坍落度试验和维勃稠度试验在世界范围内得到普遍认同。

1. 坍落度试验

坍落度试验因其简便易行而被世界各国广泛采用,该法由美国 Chapman 首先提出,试验测试装置为中空的圆台形模具—坍落度筒。试验过程如图 6-4 所示,首先将刚拌好的新鲜混凝土按等体积分三层装入已润湿的坍落度筒并分层插捣,刮去顶层多余的混凝土并清除筒边底板上掉落的混凝土,然后在 5～10 s 内将模具垂直平稳提起,迅速测量筒高与坍落后混凝土试体的高度差,即得到坍落度(slump)。从混凝土浇筑到提起筒的最长间隔时间不应超过 150 s。一般认为,坍落度试验适用于集料的最大粒径不超过 40 mm 且坍落度值在 10～220 mm 的混凝土。对坍落度大于 220 mm 的混凝土,多用混凝土铺展后的平均直径来表征,此即坍落扩展度。而坍落度值小于 10 mm 的混凝土,则采用维勃稠度试验测定。

坍落度间接反映了普通混凝土抵抗自重作用引起剪切流动的能力。试验过程中可能会

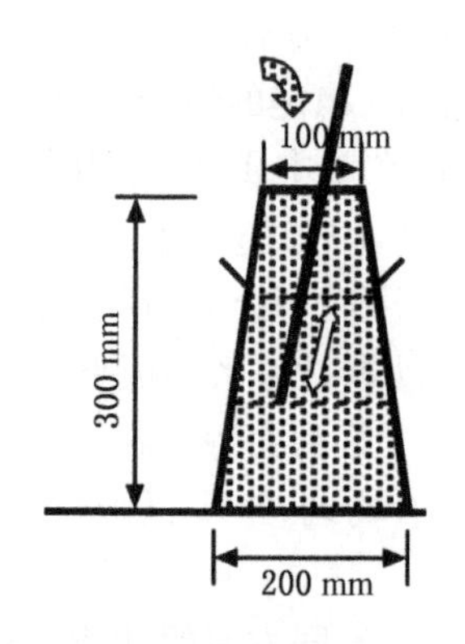

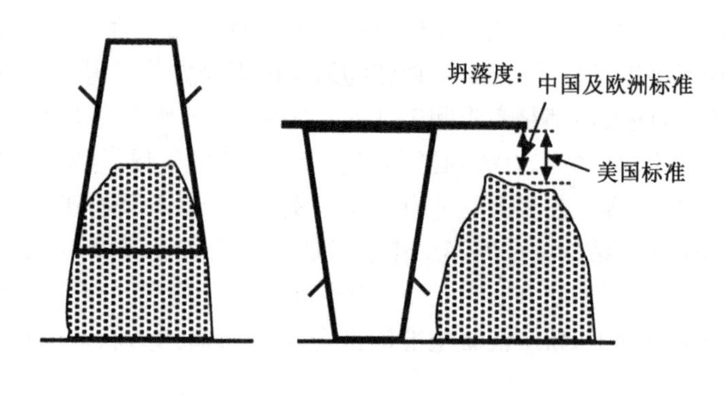

(1) 分三层浇注混凝土并插捣25次，然后刮去顶层多余的混凝土并清除筒边底板上掉落的混凝土　(2) 在5~10s将模具垂直平稳提起　(3) 测量高度差

图 6-4　坍落度试验

出现如图 6-5 所示三种不同情形的坍落。真实坍落是试件所呈现的均匀沉降与变形，没有任何离析。剪切坍落通常表明混凝土缺乏黏聚力，这种现象多见于干硬性混凝土或易离析的混凝土，表明其和易性差、不适合浇筑。崩落坍落多因混凝土中浆体稠度过稀所致。当然，许多高性能混凝土的设计坍落度约为 200 mm，它们在坍落度试验中必然会出现崩落坍落现象。而对于普通混凝土，若锥体一侧出现明显的崩坍或剪切现象，则表明在试验过程中出现重大失误，应重新取样进行试验。

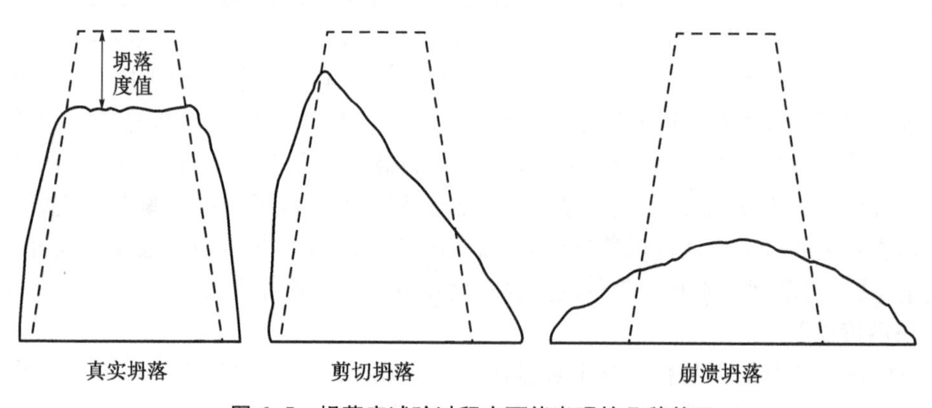

图 6-5　坍落度试验过程中可能出现的几种状况

坍落度是经验性指标，且与工作性的定义无关，因为工作性的定义中涉及压实混凝土所需的能量。相同性质、不同原材料组成的混凝土，它们的工作性可能相差很大，却可能测量出相同的坍落度。当然，坍落度相近的混凝土可以按相同的方式施工。因此，工程中通常将新鲜混凝土按坍落度值进行分级(表 6-1)，这样就可以根据构件的截面尺寸、钢筋疏密及捣实方法来选择合适的坍落度(表 6-2)。更重要的是，坍落度测试是一个有效的质量控制方法，因为坍落度的变化通常表明，集料、水或外加剂的用量发生了变化，这些信息提示人们在必要时采取补救措施。

表 6-1　新鲜混凝土坍落度分级

级别	名称	坍落度(mm)
T1	低塑混凝土	10～40
T2	塑性混凝土	50～90
T3	流动性混凝土	100～150
T4	大流动性混凝土	≥160
T5	流态混凝土	200～220

表 6-2　普通混凝土工程浇筑时坍落度选择范围

结构种类	坍落度(mm)
基础或地面等的垫层、无配筋的大体积结构或配筋稀疏的结构	10～30
板、梁或大型及中型截面的柱子等	30～50
配筋密列的结构(薄壁、斗仓、筒仓、细柱等)	50～70
配筋特密的结构	70～90
泵送混凝土	80～180

注:1. 本表所给范围适用于机械振捣,人工捣实时坍落度值可适当增大;
2. 曲面或斜面结构混凝土的坍落度应根据实际情况另行确定。

2. 维勃稠度试验

维勃稠度试验(Ve-be 试验)由瑞典工程师 V. Bahrner 开发。试验装置由一个振动台,一个圆柱形平底锅,一个坍落度筒和一个连接在自由移动杆上的玻璃或塑料盘组成。维勃稠度试验的关键步骤如图 6-6 所示。试验前首先将容器内壁润湿,将坍落度筒放置在平底锅正中心,分三层将新鲜混凝土均匀装入筒内,然后垂直提起筒,并把透明圆盘转至混凝土顶面,降下圆盘使其轻轻接触混凝土锥体顶部,拧紧定位螺丝放松导杆上的紧固螺丝;最后开启振动台,自振动台开启至透明圆盘完全被水泥浆覆盖所需的时间即为混凝土的维勃稠度,精确至 1 s。通过观察振动后粗骨料的分布,可以很容易地区分混凝土的内聚特性,因此 Ve-be 试验可用于对新鲜混凝土内聚力的评估,这一点是坍落度试验所难以做到的。

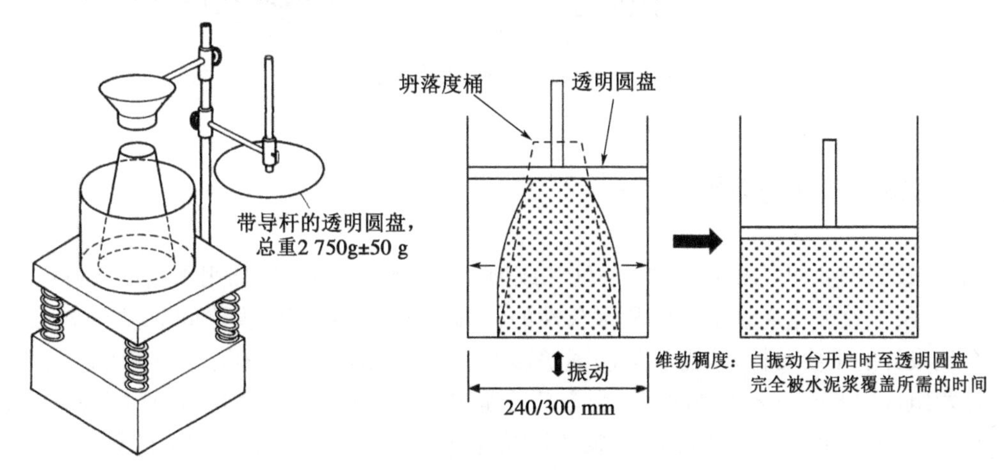

图 6-6　维勃稠度试验装置及维勃稠度定义示意图

通常，维勃稠度越小的混凝土，其坍落度值通常越大，但它们的相关性并不显著。一般认为，维勃稠度试验适用于集料的最大粒径不超过 40 mm、维勃稠度为 5～30 s 的混凝土。根据维勃稠度值，也可对混凝土进行分级，如表 6-3 所示。

表 6-3　新鲜混凝土维勃稠度分级

级别	名称	维勃稠度(s)
V0	超干硬性混凝土	≥31
V1	特干稠性混凝土	30～21
V2	干稠混凝土	20～11
V3	低塑混凝土	10～5
V4	塑性混凝土	≤4

集料的最大粒径超过 40 mm 或维勃稠度超过 30 s 的混凝土可采用如图 6-7 所示的密实因子试验测试，更大流动性的混凝土则可采用扩展度试验（见第 7 章自密实混凝土）。

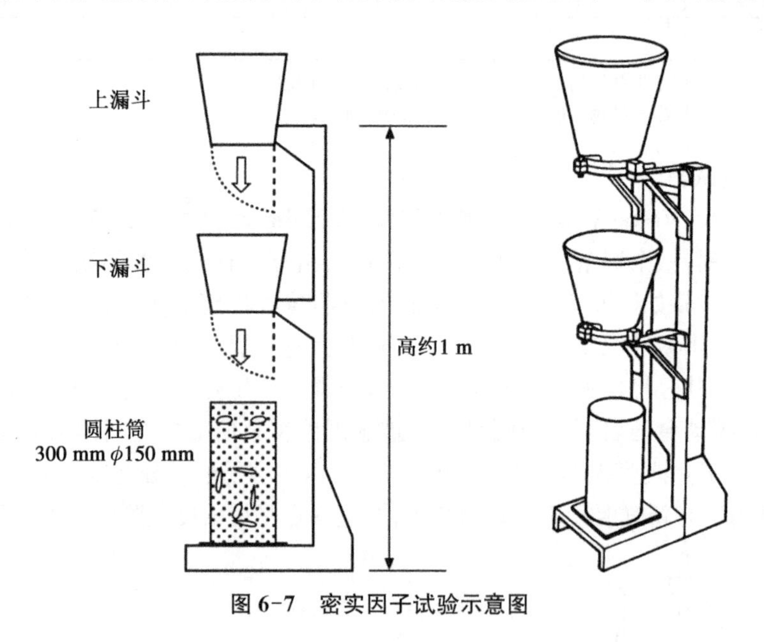

图 6-7　密实因子试验示意图

6.2.3　影响工作性的因素

通常，较低稠度的混凝土更易于浇注和成型，但是单纯地通过增加用水量以获得更高稠度的做法，将导致硬化混凝土强度和耐久性的损失。在工作性与强度之间取得平衡是混凝土配合比设计的重要目标，这需要正确理解影响混凝土工作性的因素。大多数混凝土拌和物的体积组成中 65%～80%为集料，剩余部分是水泥浆，而水泥浆中 30%～50%的体积由水泥组成，其余为水。无论水泥浆、砂浆还是混凝土，它们都是包含大量颗粒的悬浮液，这些颗粒的尺寸和形状各异、且密度均比水大。对于细小的水泥颗粒来说，表面张力的影响显著，但对集料来说，它们的流动阻力主要源于颗粒之间的干涉和摩擦。因此，混凝土的流变学行为十分复杂。

1. 用水量

混凝土的用水量是指在拌制单位体积混凝土时所加水的质量，也称为单位体积用水量，它是影响混凝土工作性的最重要因素。水是水泥水化的必需组分。然而，由于流动性要求，生产混凝土时所加水量通常远高于化学反应所需的水。额外的水将填充颗粒间隙并润滑固体颗粒。如图6-8所示增加用水量将增加混凝土流动性，使之更容易填充和压实，但过多的水会降低混凝土的内聚力，这不仅易导致泌水和离析，而且会导致硬化后强度降低。

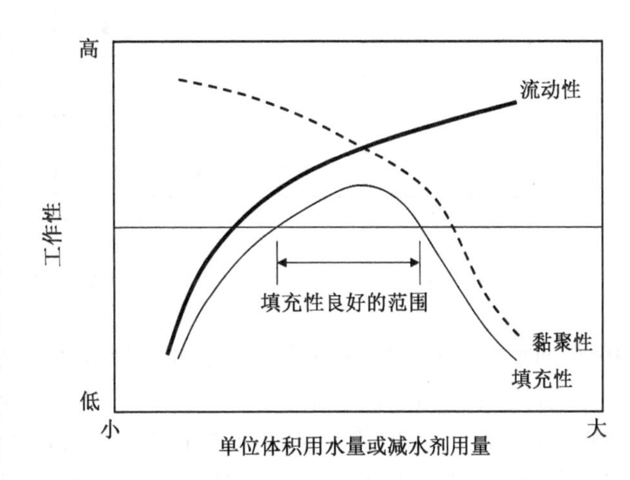

图6-8　单位体积用水量对混凝土工作性影响示意图

一般而言，颗粒材料都需要一定量的水才能实现可塑性。首先，颗粒表面必须有足够的水吸附以润湿颗粒。其次，颗粒之间的间隙内必须有水，额外的水为颗粒提供润滑作用。很显然，具有较高比表面积的较细集料需要更多的水来润湿和润滑，因此，级配越细，为维持必要的可塑性所需要用水量越大，当然其保持水分的能力也更强，可为混凝土提供更好的可塑性。在水泥一定的情况下，浆体体系的比表面积主要取决于级配。因此，讨论混凝土用水量的影响需考虑矿料级配因素。实践表明，当集料的种类和级配及混凝土工作性要求一定时，混凝土的用水量与浆/集料比或拌和物的水泥用量无关；换个角度说，当集料及其用量一定时，若水泥用量变化不超过50～100 kg/m^3，而单位体积的用水量不变，则新鲜混凝土的坍落度可大致保持不变，这就是常说的固定用水量定则。在进行混凝土配合比设计时，通过固定单位体积用水量，在一定范围上下浮动水泥用量，就可以配制出不同强度而坍落度相近的混凝土，这为混凝土的配合比设计提供了方便。

2. 集料的影响

集料主要通过以下两方面的因素对工作性产生重要影响。首先是混凝土中集料含量，通常用集浆比表示，也即集料与水泥净浆的质量或体积比；其次是细集料与粗集料的比例，用砂率表示，也即单方混凝土中砂占砂石材料总质量的百分比。水灰比固定时，增加集浆比将降低工作性；而使用的集料级配越细，体系比表面积越大，此时往往需要更多的水泥。细集料含量不足时，混合物会变得粗涩，此时粗集料容易同浆体分离甚至溃散。混合料中的砂浆含量不足时也易导致稳定性问题。而细集料较多时，混合料的工作性会更好，但混凝土的抗渗透性与经济性均可能变差。因此，在混凝土中通常存在一个合理砂率范围，在此范围内，保持用水量和水泥用量一定时，可使混凝土获得较好的流动性，且具备足够的黏聚性，如图6-9所示。图6-10为最大粒径20 mm、坍落度在60～180 mm的混凝土，根据砂在0.6 mm筛上的通过量以及水灰比所确定的合理砂率的经验诺模图。

当然，仅考虑集浆比与砂率是不够的。由于集料尺寸分布的差异，不同砂的细度模数不

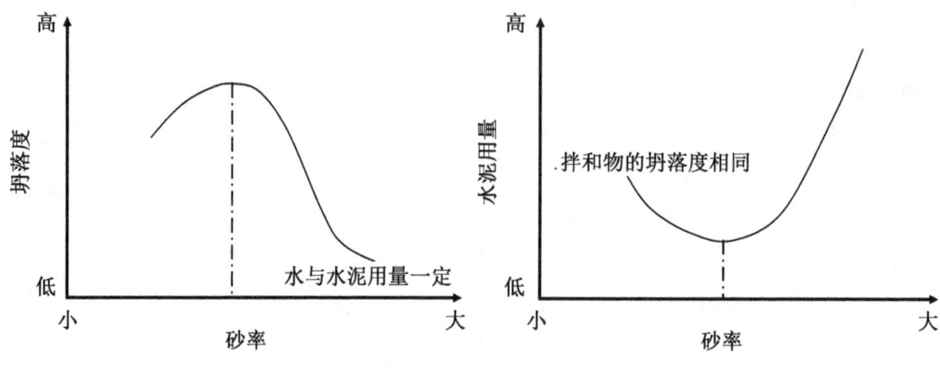

图 6-9　一定条件下砂率对混凝土坍落度和水泥用量影响示意图

尽相同，而集料最大粒径、颗粒形状和表面纹理显然也会影响到体系的总表面积和空隙率，因此它们都影响混凝土的工作性。因球形颗粒可起到球轴承的作用，因此所采用的集料越接近球形，混凝土的工作性就越好；而棱角丰富的集料则因颗粒间具有较强的机械互锁作用而导致混合物的内摩擦增加。此外，球形颗粒的比表面积更小，所需裹覆砂浆的量更少，从而可余下更多的砂浆，这同样也有助于提高混凝土的工作性。当粗集料中含有扁平或细长颗粒时，砂、水泥和水的量必须增加，因为这些颗粒的运动相对困难。因此，卵石混凝土的流动性往往优于碎石混凝土，如图 6-11 所示。此外，集料的孔隙率也影响工作性。若集料的吸水率较大，在单位体积用水量一定的情况下，能提供流动性的水就更少。因此，配合比设计时需要区分集料的总含水量和自由含水量。

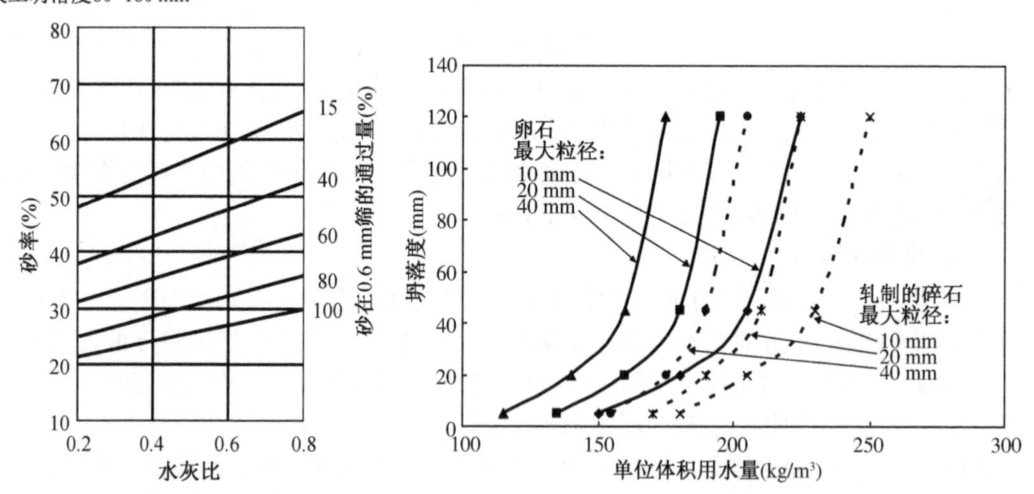

图 6-10　制备坍落度为 60～180 mm 的混凝土时砂率与水灰比的经验关系

图 6-11　普通混凝土坍落度与单位体积用水量关系

3. 水泥用量与水泥特性

水泥浆在混凝土中具有三种功能：粘结剂、涂层和润滑剂。水泥用量影响新鲜阶段的混凝土工作性、快速水化阶段的热释放速率，以及硬化阶段的体积稳定性。水泥用量以两种方式影响混凝土的和易性。首先,水泥和水的用量固定也即水灰比固定时,水泥用量越大,混凝土中的总水量就越多;因此,混凝土的稠度将得到提高。其次,对集料颗粒而言,水泥浆起着涂层和润滑的作用,并填充集料颗粒间隙。在普通混凝土中,水泥用量较低的混凝土往往会干硬生涩、均匀性和密实性也较差,高水泥用量则意味着有更多的浆体起润滑作用从而可改善混合物的稠度。最后,不增加用水量时,随着水泥用量的增加,水灰比降低,这提高了水泥浆的稠度和黏度,而对于相同的水灰比,水泥用量越高,可加工性越好。

水泥特性对工作性的影响要比集料特性小得多。保持水灰比不变时,增加水泥的细度可以提高混凝土的内聚力,这有利于减轻离析和泌水,但混凝土的流动性会降低。当水泥用量很高或者所采用的水泥非常细时,混凝土往往具有优异的内聚性甚至表现出较强的黏滞性。高早强水泥因其细度增加,比表面积较大,水化速度较快,其需水量也更大。当运至现场的混凝土温度很高,由于水化和水分蒸发更快速,可能会造成非常大的工作性损失,极端情况下甚至会出现闪凝现象。

4. 外加剂

通常可使用较细的矿物外加剂来改善混凝土的工作性。减水剂、引气剂和缓凝剂等也能提高混凝土的工作性。引气剂增加了水泥浆的体积,而空气的引入降低了混凝土的稠度,也减少了泌水和离析,增加了体积的内聚力,因此引气剂常用于低水泥剂量的大体积混凝土中。

应该指出的是,外加剂与不同的水泥和集料的相互作用可能存在较大差别,在某些情况下可能会加剧工作性的损失。在高性能混凝土中使用大剂量的高效减水剂时,必须解决水泥与高效减水剂的相容性问题,这只能通过实验室和现场试验来确定。

矿物掺合料对工作性的影响主要取决于其类型。石灰石粉通常用于调节浆体的黏度,而粉煤灰因具有球形和玻璃状表面可使混凝土的流动性有较大改善。使用微硅粉代替部分水泥时,由于它们的表面积非常大,这会减少用于润滑的水量,降低混凝土的流动性。

5. 环境条件

新鲜混凝土在混合之后的相当长一段时间内仍保持可塑状态,但其工作性会持续降低。导致这一状况的主要原因有:(1)如果集料在混合之前为非饱和状态,则它们会吸收体系中的水;(2)施工过程中水会蒸发;(3)早期 C_3S 和 C_3A 的水化反应作用会消耗部分水;(4)外加剂(特别是增塑剂和超塑化剂)与水泥之间的相互作用在减弱。

新鲜混凝土工作性降低的速度主要受水泥的水化速率和水分的蒸发速率所支配。较高的温度会使蒸发速率和水化速率变大,因此,工作性会随着环境温度的升高而降低。采用坍落度表征的工作性,其坍落度损失随着时间的推移而近似呈线性发展,在拌和后的 0.5～1 h 内的损失值最大。新鲜混凝土的坍落度损失是正常现象,因为它是由水泥浆的逐渐凝结硬化所引起的,这与水化产物的形成有关。坍落度损失随着温度的升高、初始坍落度和水泥用量的增加而变大。碱含量较高而硫酸盐含量较低的水泥,其坍落度损失较快。当混凝土的温度较高或使用了促凝剂时,坍落度损失会更快,混凝土的凝结时间亦会缩短。由于浇筑时的坍落度至关重要,因此在实际工程中进行混凝土配合比设计时,必须考虑混凝土的坍落度损失,而对于异常的环境条件,还应加强现场测试以确定混合物的可使用性。

如果混凝土设计不当,在浇筑之前可能需要额外加水进行再搅拌,以恢复其工作性。仅补充蒸发损失的水,通常不会对硬化后强度产生显著影响,因为这并未改变混凝土的水灰比。经验表明，在加水重新拌和时若所加水量控制在初始水灰比的 5%以内，不会对混凝土 28 d 的抗压强度造成明显损失，但混凝土的抗渗性和耐久性会受到影响。因此，出现较明显的坍落度损失时，绝大多数情况下都不允许单纯加水复拌，应同步增加水泥以保持水灰比不变。

6.2.4 离析和泌水

黏聚性或内聚力是混凝土工作性的重要方面。黏聚性良好的混凝土，自拌和好后至捣实完成，各组分能均匀稳定地分散而不会出现某一组分富集的现象。由于各种原材料的密度和颗粒大小有差异，在重力和外力作用下，它们有相互分离而形成不均匀分布的趋势，这种趋势称为离析性。混凝土的离析(seggregation)一般表现为两种形式，其一为粗颗粒的分离，其二为水和水泥浆的分离析出。通常所说的离析多指粗颗粒从混合物中分离与集中的现象，而水和水泥浆的富集现象则用专有名词泌水(bleeding)进行指代。

粗颗粒比细颗粒更易沉降和沿斜面滑动，而不恰当的浇筑或振动也容易使粗集料与砂浆分开。因此，以下工况中混凝土的离析风险会增加：(1) 粗集料最大粒径较大，在 25 mm 以上，用量更多；(2) 粗集料的密度高于细集料；(3) 细颗粒物料的含量较少；(4) 集料形状多变，从光滑、圆润到粗糙甚至扁平细长状都有；(5) 混合料过湿或过干。

泌水可以描述为在混凝土凝结后硬化前，水的向上运动。水通常是混凝土组成材料中最轻的组分，易与其余混合物分离。泌水作为一种特殊形式的离析，往往是由于混合体系中颗粒沉降引发持水能力下降所致，一般出现在混凝土浇注后 2 h 左右。在混凝土结构中，通常在粗集料或钢筋底部以及混凝土构件的上表面易出现泌水现象，如图 6-12 所示。

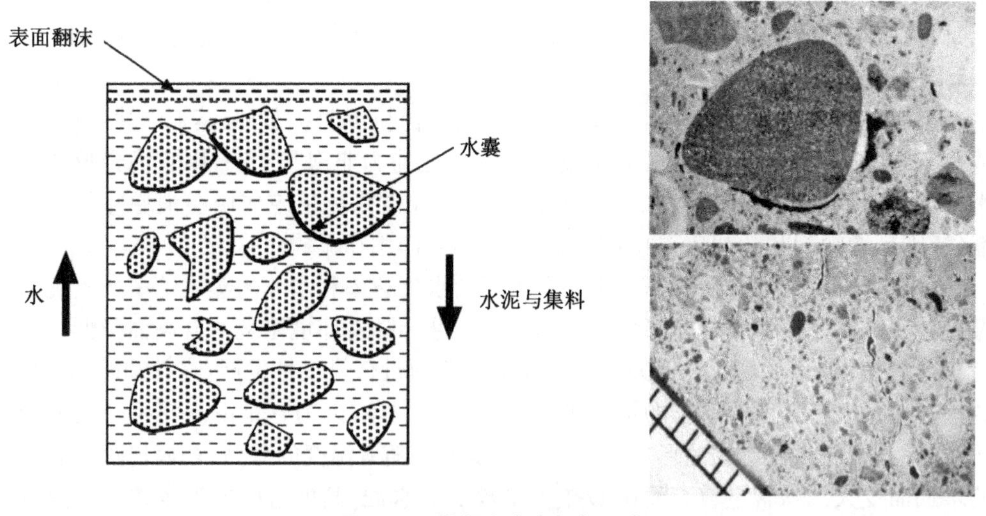

图 6-12 混凝土中离析与泌水

水泥浆沿混凝土浇注层厚度的分布如图 6-13 所示。混凝土上表面出现薄层水或浮浆是泌水的最常见形式，它导致混凝土结构的浅表层富含水泥浆且浆体局部水灰比更高，最终使得硬化后的表面层孔隙率变大、强度降低、耐久性下降。在粗集料颗粒或钢筋下面则可能会形成水囊，并最终形成较大的气孔或空洞，这会在混凝土中留下受力薄弱区，并减弱了水泥石基体与粗骨料和钢筋的界面粘结。在表面出现薄层水时，细集料浮沫可能也会被带到表面，水化产物中的氢氧化钙则会表面层结晶并导致碳酸钙出现，该现象称为翻沫(craze)或起皮(laitance)，这使得硬化混凝土表面易形成粉化层，而混凝土在翻沫和塑性收缩的共同作用下更易破坏，如图 6-14 所示。因此，当发现混凝土出现翻沫或起皮现象时，应该在其完全凝固前，采用刷洗或冲洗表面等措施及时去除翻沫层。

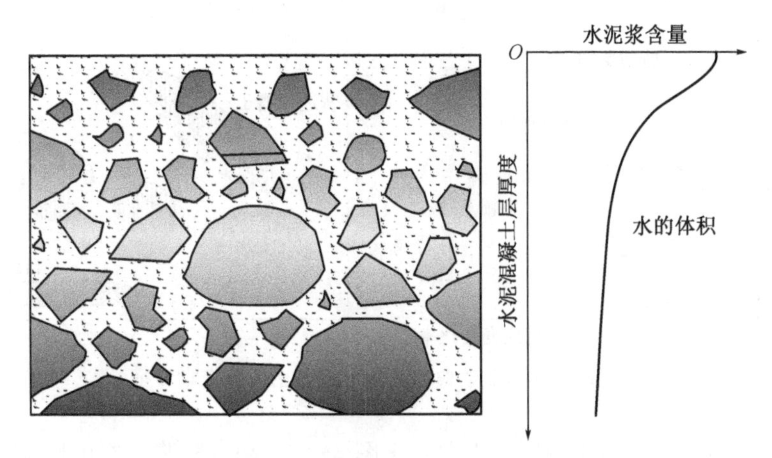

图 6-13　水泥浆沿混凝土层厚分布示意图

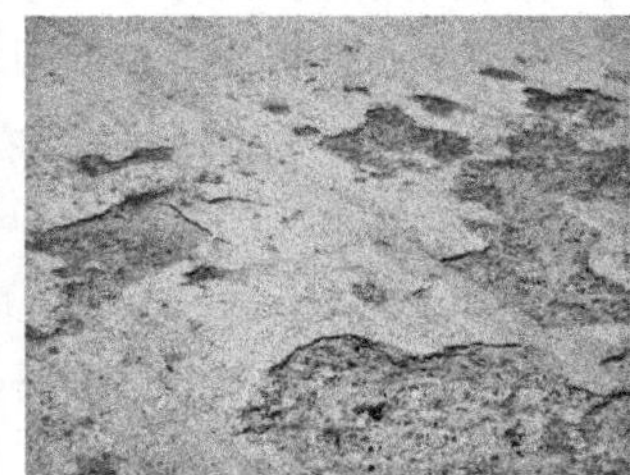
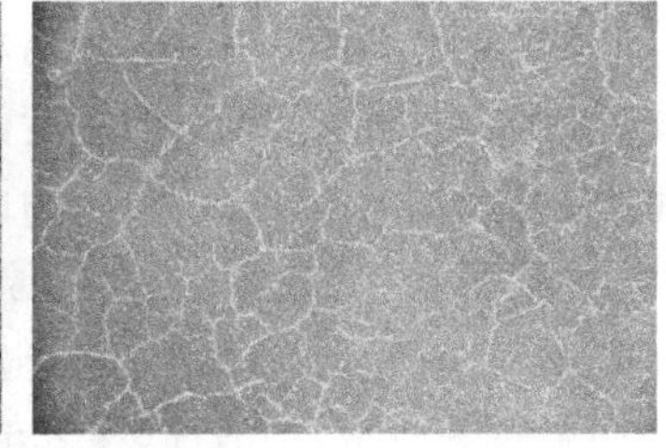

图 6-14　混凝土浮浆与表面翻沫、起皮和塑性收缩裂纹

一般地，控制混凝土泌水的最重要措施是增加混合体系的持水能力，如调整集料的级配，适当增加砂的用量或使用一些更细的砂，适当增加水泥用量，选用相对细一些的水泥、采用粉煤灰或较细的辅助胶凝材料替换部分水泥。其次，在保证工作性的前提下，尽可能减少用水量。引气剂对控制混凝土的泌水非常有效，但对强度和耐久性可能有不利影响。提高水泥的水化反应速度，如使用碱性含量高或 C_3A 含量高的水泥或使用 $CaCl_2$ 作为外加剂来提高水泥的水化速率也可减少泌水的产生，但这种措施可能有其他不良影响，在实际工程中一般不提倡使用。

6.2.5　新鲜混凝土的流变学特征

从流变学角度看，新鲜混凝土的工作性由稠度和内聚力两部分组成。其流变行为可用如图 6-15 中左图所示的宾汉模型近似地表述。宾汉模型需用到屈服应力和塑性黏度这两个特征参数。屈服应力是新鲜混凝土在外力作用下产生塑性变形前所能承受的最大应力，也称为新鲜混凝土的屈服强度，它主要取决于体系内各粒子间的附着力和内摩擦力，塑性黏度反映了混合体系的变形流动速度与所受作用力的关系。几种混凝土在屈服应力和塑性黏度平面上的位置如图 6-15 中的右图所示。低屈服应力和低塑性黏度意味着新鲜混凝土更易于流动。当然，在浇注和振动成型时，混凝土会表现出一定的触变性。

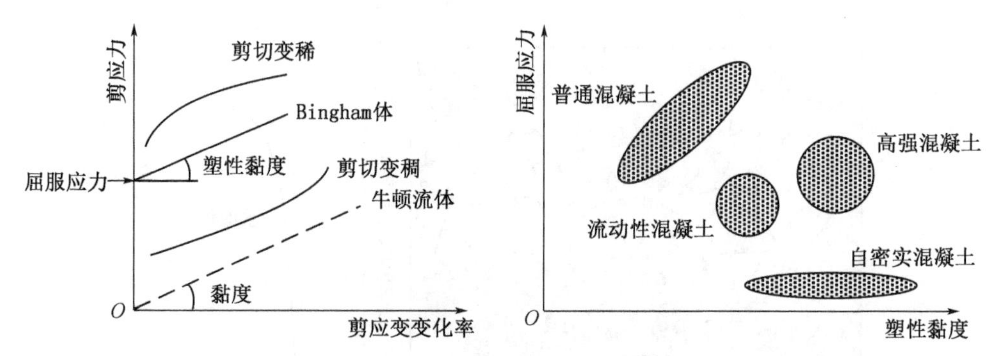

图 6-15　典型流动曲线及几种混凝土的流变学特征

屈服应力和塑性黏度的影响因素汇总列于图 6-16。来自胶浆材料的影响如图 6-16 中左图所示。保持其他组分的比例不变时，增加用水量会使得屈服应力和塑性黏度同时降低；增加水泥浆的含量通常会导致塑性黏度增加而屈服应力减小，也就是混凝土的流动性增强但也变得更黏稠；使用粉煤灰与粒化高炉矿渣等辅助胶凝材料替换部分水泥时通常都会导致屈服强度降低，但对塑性黏度的影响与所用材料的类型有关。引气剂通过小气泡的润滑降低了塑性黏度，但对屈服应力的影响基本很小。减水剂与超塑化剂的加入会使得屈服应力显著降低，一般而言，不改变原有水灰比时，普通减水剂对塑性黏度的影响较小，而超塑化剂可会导致其塑性黏度增加，这对自密实混凝土来说特别有用。矿料的主要影响如图 6-16 中右图所示，一般地，在其他条件不变时，增加砂率会增加屈服应力，并可能导致塑性黏度降低，而选用棱角丰富的轧制集料会增加屈服应力与塑性黏度。

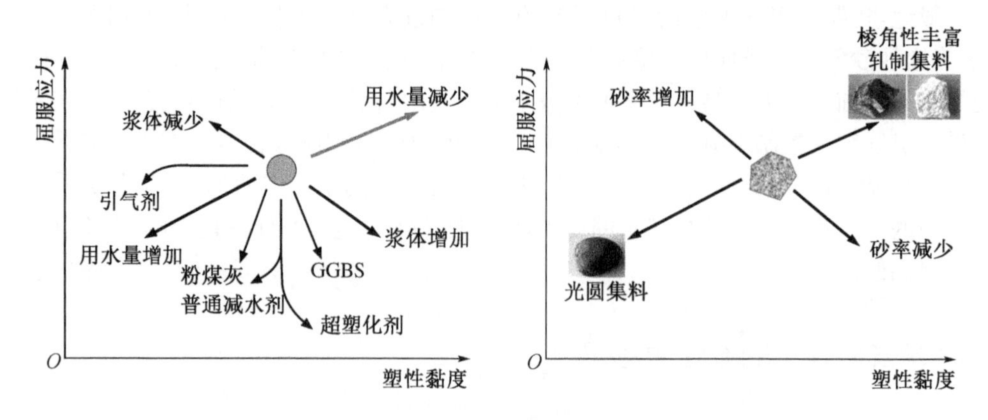

图 6-16　原材料组成对混凝土流变学特征参数的影响示意图

新鲜混凝土流变行为的测试表征是混凝土材料科学的重要问题。目前测试混凝土流变行为的代表性方法有回转黏度法、提升球体型黏度计法、剪切试验法和滑移阻力试验法等，这些方法在技术上都存在不少难点，并不完善。需要说明的是，工程中常用的坍落度、压实试验、球形贯入试验等测试方法几乎都完全是经验性的单点测试法，不能用于流变学指标的表征，且各测试值与宾汉模型参数之间的相关性也很差。这些经验方法所得到的结果甚至无法直接进行相互的横向比较，因为它们事实上测量的是不同侧面的工作性质。当然，也正由于它们能从不同角度提供工作性的信息，因此可用于质量控制。还有，现有的工作性测试方法都只适用于流动性相对较窄的范围，对整个混凝土谱系来说，其流动性的范围非常宽泛，没有哪种方法能适用如此宽泛的范围。

6.2.6　新鲜混凝土的凝结

混凝土的凝结指新鲜混凝土开始失去可塑性发展出一定的刚度至完全失去可塑性的过程，这与水泥凝结的定义相类似。混凝土的凝结也可定义初凝点和终凝点两个节点，混凝土到达初凝点时开始失去可塑性或开始发展出刚度，而到达终凝点的混凝土则完全失去可塑性并开始发展出强度，如图 6-17 所示。硬化指混凝土发展有效的可测量强度过程，二者都受水泥持续水化反应控制，但凝结先于硬化，可以将凝结视为流动状态和刚性状态之间的过渡时期。一般地，初凝时间约为新鲜混凝土施工时间的极限，终凝时间约为硬化开始的时间。但是这两个时间不完全对应于混凝土性质的具体变化。

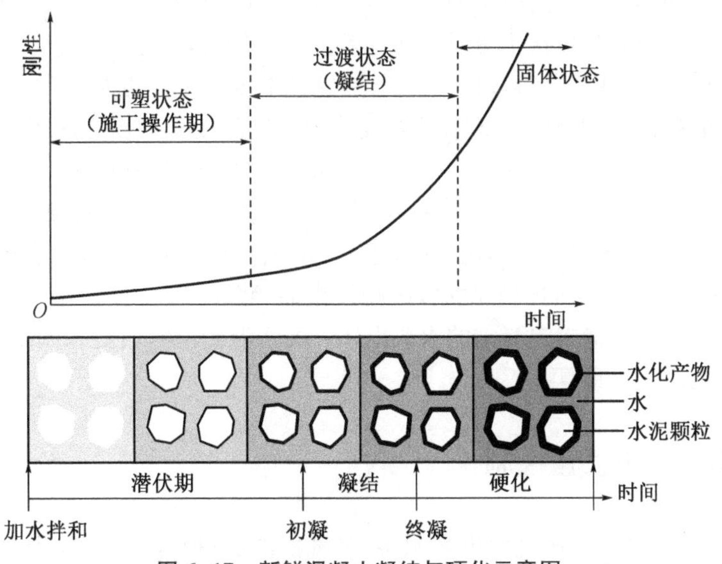

图 6-17　新鲜混凝土凝结与硬化示意图

凝结时间是混凝土施工和质量控制中的重要参数，多用于规划拌和、运输、浇注捣实及终饰等工艺，并用于判断缓凝剂或促凝剂的效果。另外，凝结时间也影响脱模时间。混凝土的凝结时间主要取决水灰比，与水泥的凝结时间相关性较小。

混凝土的凝结时间通过贯入试验确定，试验仪器如图 6-18 所示。试验时先将刚拌制好

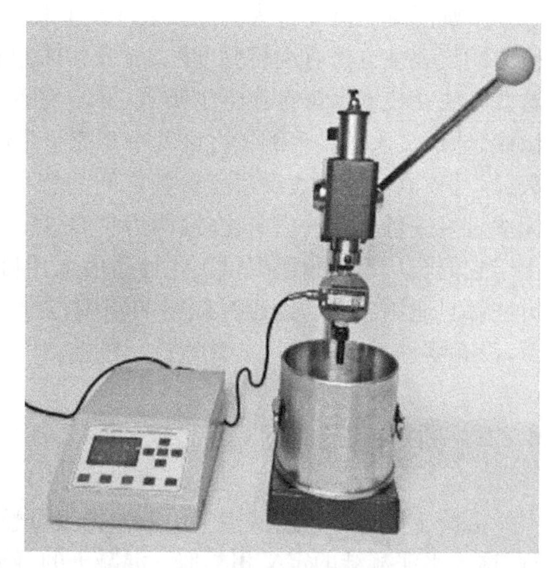

图 6-18　混凝土凝结时间测定仪

的混凝土通过 4.75 mm 筛孔，使用过筛后的砂浆制备贯入试件，然后采用一定规格的标准试针对砂浆试件进行加载，测量试针在砂浆中贯入阻力，并记录贯入阻力随时间发展的曲线。所谓贯入阻力等于贯入压力除以针头的面积，试针在砂浆中的最大贯入深度为 25.4 mm。凝结时间自水泥与水接触的瞬间开始计时，初凝和终凝时间是贯入阻力分别为 3.5 MPa 和 28 MPa 的时间。凝结时间一般通过线性回归方法确定，即将贯入阻力与所对应的时间分别取对数，建立线性回归方程，再根据回归参数反算出贯入阻力分别为 3.5 MPa 和 28 MPa 时所对应的时间。凝结时间也可用绘图拟合方法确定。同为测定凝结时间，混凝土与水泥的测试方法有很大区别。首先，对水泥而言，它使用标准稠度的水泥净浆进行测定，而混凝土则使用具有不同水灰比、通过 4.75 mm 筛网的水泥砂浆进行测试；其次，水泥的凝结时间根据标准 Vicat 针（恒重）的贯入深度判断，而混凝土的凝结时间则根据对持续加载作用下压头贯入砂浆时所受的阻力曲线确定。

与水泥的凝结时间类似，混凝土的凝结时间也是根据经验标准（贯入阻力达 3.5 MPa 和 28 MPa 时）所确定的结果，该结果受试验操作者的影响较大，而通过筛分方式从新鲜混凝土中得到砂浆组分的方式并非易事，对于流动性较差的混凝土来说更是如此。因此，不少研究者尝试通过监测混凝土的温度、电导率或声波传播速度的变化等新方法来判断混凝土的凝结状态，推定凝结时间。这些方法已在一些特别重要的工程中得到应用。

混凝土的异常凝结是一个较为棘手的问题，工程中可能会遇到假凝和闪凝两类问题。假凝是混凝土在混合后短时间内迅速变硬，通过再搅拌可恢复流动性，而后混凝土仍可正常凝结的现象。闪凝则是真正的快速凝结，闪凝发生后，浆体已发展出一定强度，进一步拌和无法中断凝结过程，只会造成混凝土的永久损坏。关于混凝土的假凝和闪凝原因，请参考水泥的异常凝结，在此不再重复。

6.2.7　新鲜混凝土的质量控制

工程中所用的混凝土多按批次生产制备，各批次的原材料组分在数量和质量上都可能发生变化。因此，测试新鲜混凝土的首要因素就是确保样品的代表性。在取样时首先应确保它们不被污染，并且在取样期间未发生离析。同时应在尽可能短的时间（通常不超过 15 min）内完成取样工作，因为混凝土的工作性会随时间损失。此外，还要保证不同批次的混凝土之间保持合理的均匀性，以及同批次不同部分的混凝土具有较低的变异性。

新鲜混凝土在施工过程中不可避免会捕获空气，所捕获的空气将以气泡的形式存在于水泥浆中或被集料颗粒截留，其总体积可达混凝土体积的 5%甚至更多。这些气泡多呈不连续的离散分布状态，尺寸通常较大，它们会影响硬化混凝土的强度和抗渗性等。在工程实践中，对于特定的混凝土，为了增强混凝土的抗冻性和改善新鲜混凝土的工作性，有时会使用引气剂人为引入特定尺寸的微小气泡，这些引入的气泡量过多时也会导致混凝土的密度下降，进而可能影响混凝土的力学性能和耐久性等。因此，含气量是新鲜混凝土质量控制的重要指标。目前用于测量混凝土含气量的方法有重量法、体积法和压力法等，它们测量的都是总含气量，无法区分引入的空气和捕获的空气。另外，这些试验只适用于测定新鲜混凝土中的含气量，硬化混凝土的孔隙率并不能据此判断。

6.3 混凝土的早期体积变化

在加水拌和后的 3～12 h 内，因水泥的水化反应较快，新鲜混凝土易出现泌水和水分急剧蒸发现象，引发失水收缩变形。在达到一定成熟度之前，因技术措施不当或施工缺陷易使混凝土受到扰动，这会对混凝土造成永久性损害。因此，了解混凝土的早期行为至关重要。一般地，国际上公认的早期多指混凝土的龄期在 1～3 d 之内。在此期间，混凝土可能表现出泌水、离析、塑性收缩、自收缩等行为。泌水与离析在前面已经论述过，在此讲述塑性收缩、自收缩及可能的控制措施。

6.3.1 塑性沉降与塑性收缩

塑性沉降与塑性收缩是浇注后几小时之内出现混凝土表面的不均匀变形，因为此时混凝土内部仍处于塑性状态，故称为塑性沉降与塑性收缩。

塑性沉降(plastic settlement)指在浇注完成后不久，因密度差异，骨料会下沉水分上浮，在此过程中因钢筋或侧面模板的阻碍，这些部分就会形成与周围混凝土的沉降差，这种沉降直至混凝土硬化后才停止。当差异沉降产生的拉应力大于沉降部分的混凝土拉应力时，受阻碍部分的混凝土顶部将产生表面裂纹。混凝土尚处于塑性状态时，若混凝土中的固体颗粒沉降可以无阻碍地自由进行，则浇筑混凝土的厚度和体积会减小但不会开裂。但是，来自钢筋或粗颗粒集料的阻碍与限制，可能导致塑性沉降裂缝的发生。约束越靠近表面，形成沉降裂缝的可能性越大，因此钢筋保护层越薄，开裂风险越高。实践表明，当保护层厚度达到或超过 6 cm 时，就不太可能形成沉降裂缝。沉降收缩是因混凝土各组分的差异沉降所致，但蒸发速率和混凝土的泌水倾向会影响裂缝的严重程度。裂缝的数量主要受约束的影响，而与钢筋直径和混凝土工作性的关系不大。塑性沉降裂缝通常分布在混凝土表面层，深度通常约 30～50 mm、长度为 300～450 mm，裂纹通常彼此平行，间距几厘米到十几厘米不等，反映出钢筋的布局；伴随着塑性沉降裂缝出现，钢筋下方可能形成新月形水囊或缝隙，这些水囊或缝隙使钢筋与混凝土之间的粘结面积减少，如图 6-19 所示。沉降裂缝的存在使得水和相关侵蚀性介质能够快速到达钢筋表面，这将极大地影响混凝土结构的耐久性。

塑性收缩(plastic shrinkage)是混凝土在终凝前仍处于塑性状态时，因表面水分蒸发失水引起毛细管压力而产生的表面收缩。水作为混合物中密度最小的组分，在刚浇注的新鲜

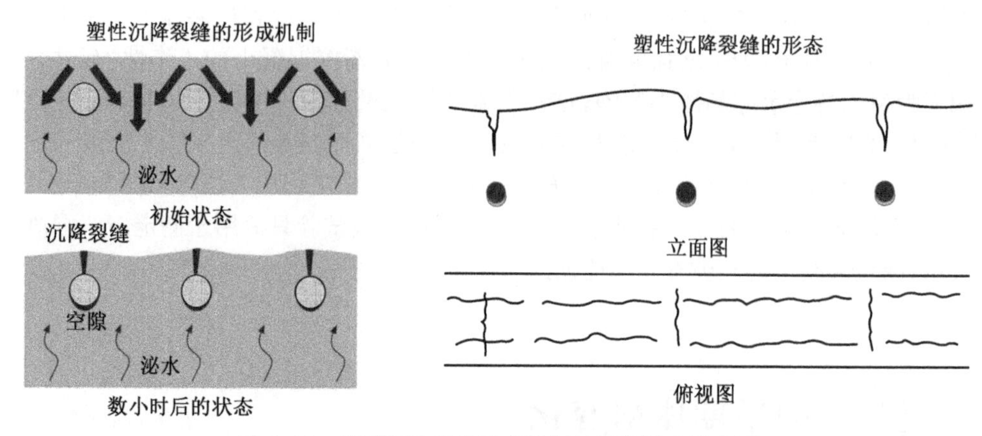

图 6-19 塑性沉降裂纹形成机制与裂缝形态示意图

混凝土中可相对自由地向上移动。由于蒸发作用，塑性状态的混凝土表面会损失水分，在无充足水分补给时，混凝土即产生表面收缩，过量收缩会在混凝土中形成短的斜向平行裂纹或网状龟裂，如图 6-20 所示。在高风速、低湿度、较高气温和混凝土的温度较高等情况下，水分蒸发速度较快，表面极易产生不规则的塑性收缩裂纹；塑性收缩开裂的持续时间较短，并且在路面、桥面、楼板和地面等有较大暴露面的板状结构中最为普遍。

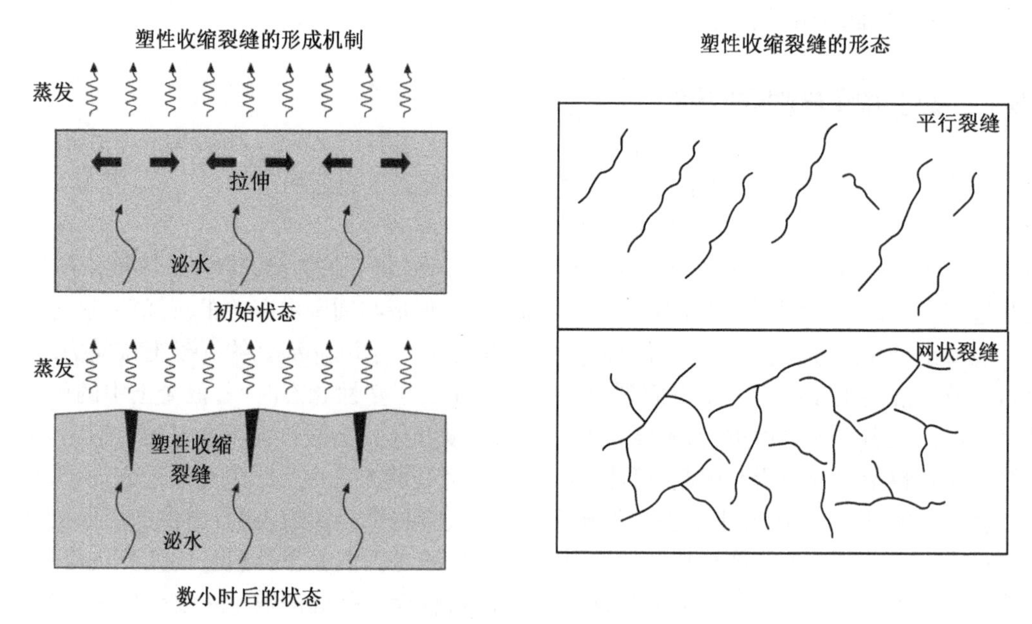

图 6-20 塑性收缩裂纹形成机制与裂缝形态示意图

塑性收缩主要源于塑性状态下混凝土表面失水干燥的物理作用，由表面张力引起。当表面干燥时，在固体颗粒之间形成弯月面，毛细管张力使固体颗粒彼此靠近从而形成收缩。塑性收缩量的大小受到表面损失水量的影响，该水量由混凝土的温度和气温、环境相对湿度和风速决定，其中环境条件(相对湿度、风速、气温)是最主要的影响因素，图 6-21 为混凝土表面蒸发速率的诺模图，无实测数据时可参考此图。

水分的损失并不意味着塑性收缩必然发生,只有当表面层的水分蒸发率超过混凝土内部水向表面的迁移速率(即水分泌出率)时,混凝土的表面层才开始试图收缩。纯水泥浆的塑性收缩通常都超过 6 000 με,而新鲜混凝土的塑性收缩一般在 2 000 με 左右。由于混凝土在塑性收缩过程中会受到收缩量更小的下层体积限制,模板、内部钢筋或基底摩擦也会形成部分约束,这会导致表面层中产生拉应力;而处于塑性状态的混凝土强度极低,因此易在表面产生裂缝。这种现象类似于黏土的干燥收缩。但读者不应将塑性收缩与硬化混凝土的干燥收缩相混淆,因为前者通常在混凝土浇注完成后的 1～6 h 产生,而混凝土出现干燥收缩裂缝的时间则晚得多。塑性收缩裂纹与塑性沉降裂缝也有着明显的不同。塑性收缩裂缝在素混凝土和钢筋混凝土中均可能形成。塑性收缩裂纹通常并不会平行于混凝土表面层中的钢筋或出现在结构刚度突变处(如桥面翼缘附近),其裂缝长度从 50 mm 到 3 m 不等,宽度通常约 0.5 mm 左右,且在混凝土厚度方向 20～50 mm 范围内迅速变窄,通常不会贯穿整个结构厚度。在某些情况下,收缩裂缝的宽度可达 3 mm,且裂缝会贯穿构件的整个厚度。塑性收缩裂缝的图案通常与浇注方向成 45°角,并且多条裂缝彼此平行,裂缝间距并不固定,最大可达 1～2 m。塑性收缩开裂严重时也可能形成随机分布的不规则网状裂纹(见图 6-20)。塑性收缩裂缝的一个显著特征是它们通常不会延伸到板坯的边缘,因为边缘部分可不受约束地收缩。

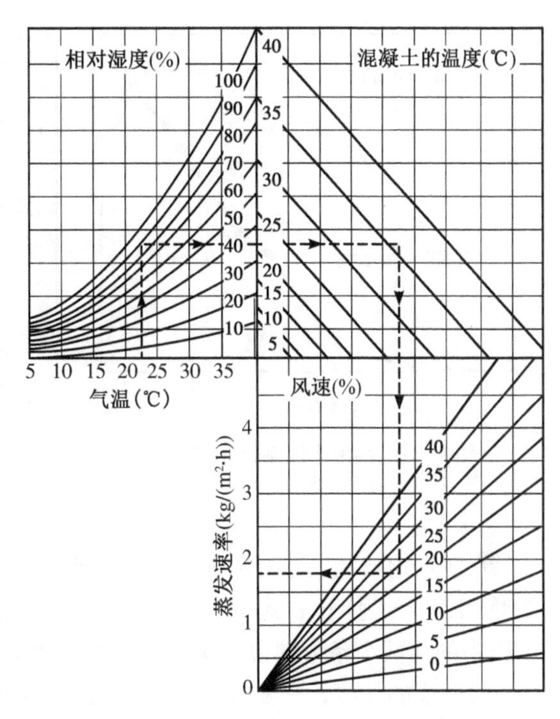

图 6-21　混凝土表面蒸发速率诺模图

防止塑性收缩开裂的最有效方法是在施工期间遮挡混凝土的表面使其免受风和阳光的影响,并在施工完成后立即覆盖表面以降低蒸发速率。调整混凝土的配合比,特别是加入引气剂,也能显著减少塑性收缩。工程中最简单的处理方式则是在混凝土尚处于塑性状态时对其表面进行再加工。总之,沉降收缩是因混凝土各组分的差异沉降所致,而混凝土的塑性收缩,以及后面将要谈到的自收缩和干燥收缩都是由于水分的消耗或散失所致。它们不同于化学收缩和碳化收缩等化学反应引起的体积减小,由物理作用导致的这些开裂现象一般都可以通过合适的施工养护加以缓解甚至消除。

6.3.2　化学收缩与自收缩

化学收缩指因水泥的水化反应导致浆体绝对体积减小的现象。硅酸盐水泥浆的化学收缩发展曲线如图 6-22 所示。

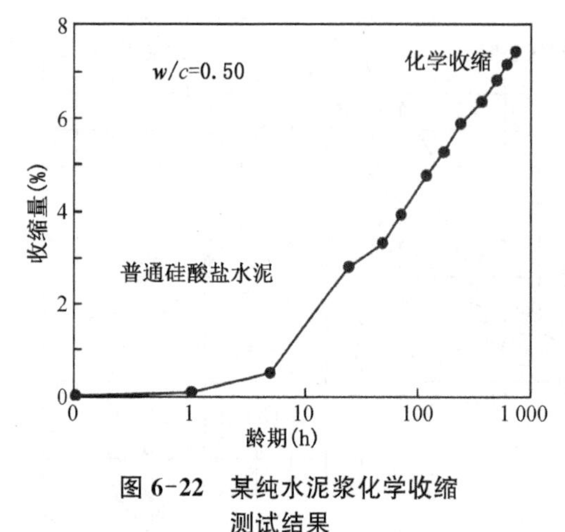

图 6-22　某纯水泥浆化学收缩测试结果

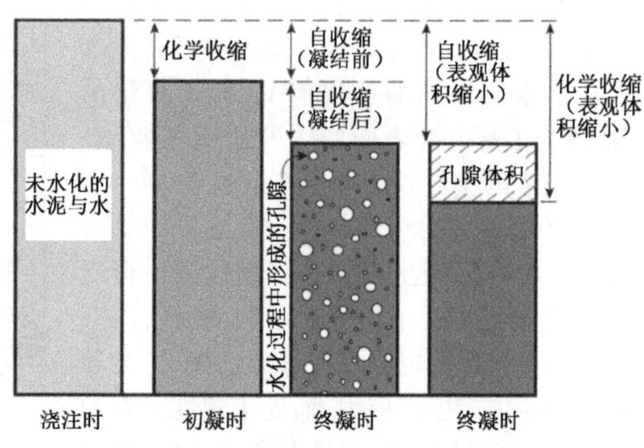

图 6-23　水泥净浆凝结过程中体积变化示意图（未按比例标示）

水泥水化产物的绝对体积小于水化前水泥与水的总体积，这可通过计量化学式来简要说明。以 C_3S 为例，如式(6-1)所示，完全水化时，C_3S 得到的产物体积缩小 16.5%。图 6-23 中的前两个条形图说明了塑性状态下水泥浆体积的这种变化，其中浆体体积不包括混合期间形成的孔隙。只要水泥持续水化，化学收缩就会在微观尺度上继续发生。初凝后，水泥浆体不能像塑性状态那样变形。因此，进一步的水化和化学收缩将在微观结构中形成孔隙来补偿应力(图 6-23)。这种体积变化大部分发生在内部，仅仅增加了孔隙的体积，而不会引起混凝土构件的宏观体积变化或改变其外观尺寸。

$$
\begin{gathered}
C_3S + 5.2H \longrightarrow C_{1.75}SH_{3.9} + 1.3CH \\
72.8\ \mathrm{cm^3} + 93.6\ \mathrm{cm^3} \longrightarrow 95.9\ \mathrm{cm^3} + 42.9\ \mathrm{cm^3} \\
166.4\ \mathrm{cm^3} \longrightarrow 138.8\ \mathrm{cm^3}
\end{gathered} \tag{6-1}
$$

自收缩(autogenous shrinkage)是指混凝土作为封闭系统与外界无任何交换(特别是无水分向周围环境迁移)时，水泥水化反应引发混凝土内部自干燥而导致的混凝土宏观体积减小。混凝土水化反应时会消耗混凝土内部结构中毛细孔水，从而引发混凝土内部自干燥，导致混凝土发生宏观体积变化。这种变化是肉眼可见的混凝土结构尺寸变化，它在混凝土初凝后开始发生，在混凝土硬化后的几周内均会持续，在凝结硬化的头几天变化最为显著。

封闭状态下混凝土内部相对湿度随水化反应而降低的现象称为自干燥。自收缩源于水泥水化引起的自干燥，是化学收缩的结果，化学收缩是自收缩背后的驱动力。无论水灰比多大，水泥水化过程中发生的化学收缩因浆料的骨架结构和集料的限制而形成非常细小的孔隙。这种细小孔隙会迫使粗毛细管中所含的水排出，其结果就是，粗糙的毛细管干燥，而混凝土的质量不变。而正是封闭系统中水的这种内部运动导致粗毛细孔的干燥和毛细孔网络内弯液面的出现。随着水化反应的发展，更多的水从毛细网络系统中排出，使得弯液面更精细并在更细的毛细管中形成，因此，在这些弯液面的孔壁上产生的毛细压力变得越来越大，从而使混凝土的表观体积收缩。当水化反应停止时，因封闭系统中不再形成弯液面，自收缩也会停止。当外部水可用时，自收缩也不会发生。水泥浆的自收缩与化学收缩之间的关系如图 6-24 与图 6-25 所示。水泥浆处于塑性阶段时，表观体积变化或自收缩基本相同，体积绝对值降低。当水化产物形成骨架结构时，骨架可抑制自收缩。在混凝土中，由于集料颗粒的限制和支撑，自收缩导致的宏观体积收缩更小。

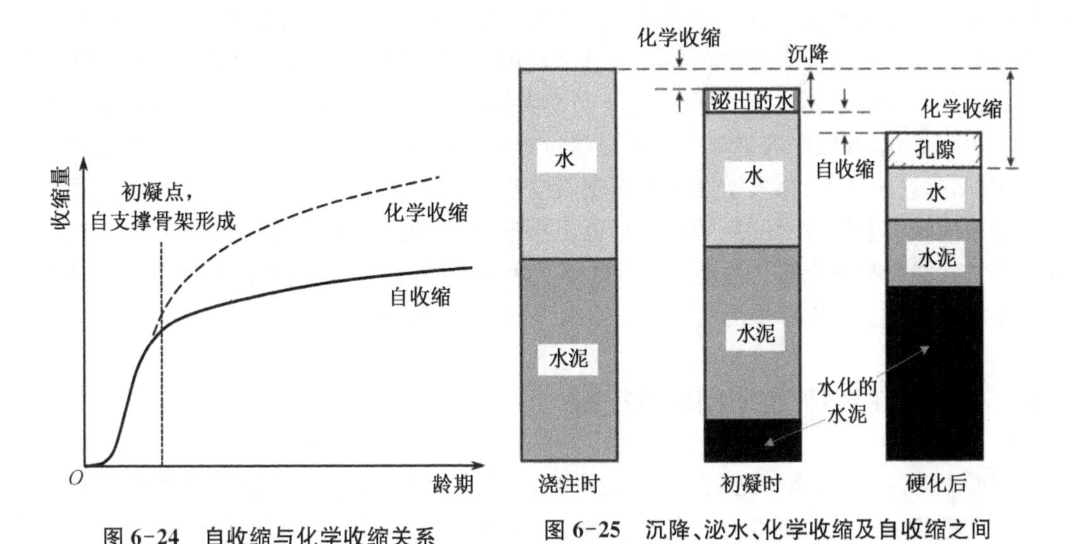

图 6-24 自收缩与化学收缩关系

图 6-25 沉降、泌水、化学收缩及自收缩之间体积关系示意图(未按比例标示)

当有外部水源供应时，水泥浆发生绝对体积收缩，所产生的细小孔隙会吸收较大毛细管中的水，而较大的毛细孔则从外部水源获取等量的水。在此情况下，毛细孔网络内不会形成弯液面，因此水泥浆的表观体积不但不会收缩，反而会膨胀。当然，有外部水源时，浆料中的局部，因化学收缩产生的纳米孔隙会使局部毛细管网络断开连接，这部分混凝土仍相当于封闭系统，在水化过程中依然会产生一些自收缩，表现为局部体积收缩。毛细管系统和纳米孔隙之间断开的原因，可能是一些细小的毛细管被水化产物填充，而水化的水来自外部，也可能是由于扩散过程中水化浆体的膨胀所致。

一般认为，只要混凝土的水胶比较大，如超过 0.50，自收缩就不会造成有害影响，因为这种混凝土具有较粗大的毛细孔系统，毛细水很容易从被化学收缩引起的纳米孔隙中排出，而粗大毛细管中的弯液面所产生的毛细管张力非常弱，由此导致的自收缩可忽略不计。降低水灰比、提高水泥细度和增加水泥用量都会导致混凝土的自收缩量增加。实践中发现，水灰比低于 0.42 的混凝土，其自收缩现象最为突出，这一现象已成为当代混凝土的重要问题。随着高效减水剂的应用，混凝土的水胶比更低，混凝土内初始毛细孔网络的体积以及毛细孔径均大大减小，每单位体积内有更多的水泥颗粒水化，因此，在水化的早期阶段即产生很大的拉力。而将硅灰掺入混凝土中则进一步扩大了这个问题。当混凝土尚未形成足够强的拉伸强度时，水胶比越低，封闭系统中的自生收缩越早越大。高强度、低水胶比(小于 0.30)的混凝土会经历百万分之四至十万分之四的自收缩，对水灰比为 0.30 的混凝土，其自收缩能达到干燥收缩量的一半。而当水胶比降低至 0.19 且掺有硅灰时，混凝土的自收缩甚至占总收缩量的 75%左右。在某些情况下，自收缩可能大于后期出现的干燥收缩。

不了解自收缩的机理及其控制方法，在工程中可能会引发灾难性后果。很多混凝土工程结构在早期均出现了严重的网状裂缝，这使得侵蚀介质可以很容易到达混凝土内部的钢筋表面。因此，必须采取一切必要措施来防止或尽可能地控制早期自收缩的发展。当然我们也应学习如何利用后期自收缩发展所带来的一些积极效果。从耐久性的角度来看，让水泥石中的弯液面适当发育非常重要。这些弯液面将在毛细孔网络中形成“空气塞”，可显著降低混凝土的吸水和渗透性。事实上，混凝土的自收缩行为和调控是世界性的热门议题。产生自收缩的必要条件是内部存在可继续水化的胶凝材料，充分条件是混凝土中的水分无法满足内部水化的需要。在工程中，对于易受大量自收缩影响的混凝土，在浇筑完成后应立即进行表面雾化，并保湿养护至少 7 d，以尽量减少裂缝发展。从技术角度来看，调节混凝土中的浆料含量、水灰比、掺入粉煤灰和石灰石粉均可降低混凝土的自收缩；而减缩剂通过降低水的表面张力及凹流面的接触角来降低毛细压力，也可达到降低自收缩的目的。充分的保水养护则能从根本上减小混凝土的自收缩。因此，除外部保水养护外，在混凝土中掺入饱水轻集料的方式也可以降低混凝土的自收缩，这就是所谓的内养护技术。

6.3.3 混凝土的养护与早期裂纹控制

混凝土的泌水、沉降和化学收缩都具有自发倾向，无法避免，但塑性阶段的开裂却是应该且能够避免的。早期混凝土产生裂纹的主要原因是失水过快或混凝土凝结过快、塑性收缩和凝结速度不协调。生产高质量的混凝土不仅取决于混凝土的配合比，施工过程中确保结构中混凝土质量均匀、密实，且能得到充分的养护也至关重要，若对混凝土拌和、装卸和浇筑不够重视，即便好的混合料设计也可能生产出劣质混凝土。要确保混凝土的性能，就必须对其进行适当养护，以促进水化反应。养护期内充足的水分供应可将混凝土的孔隙率降到某一水平，这既保证了混凝土的强度和耐久性，又能大幅减少因收缩引起的混凝土体积变化。在工程中，因为混凝土未达到设计强度而导致结构失效的情况极为罕见，但在拆除模板时混凝土的强度不足则往往会引发问题。实际上，在冬季施工中，过早停止湿养护并拆除模板导致强度不足而造成损失的工程案例相当普遍。混凝土需要足够的时间来发展强度，即使采用良好的养护方法，在拆模前也应检查混凝土的实际强度。由于养护不足造成混凝土的耐久性受损则是一个更普遍且更隐蔽的问题，因为这实际上缩短了结构寿命，但它们无法不像弹性模量或强度那样可以立即检测或判断。因此，在混凝土浇注完成后，必须进行充分的养护与保护。不同工况下混凝土的最小养护时间可参考表 6-4 选用。

表 6-4 混凝土的最小养护时间

水泥类型	浇注完成后环境状态	混凝土表面温度	
		5～10℃	大于 10℃
硅酸盐水泥，耐硫酸盐侵蚀的硅酸盐水泥	一般 较差	4 d 6 d	3 d 4 d
其余水泥，以及掺加 GGBS 和粉煤灰的混凝土	一般 较差	6 d 10 d	4 d 7 d
所有水泥	良好	无需特殊养护	

混凝土养护的方法有很多，总体上可分为保水养护和密封养护两类，前者提供额外水分并防止水分流失，后者仅阻止水分流失。保水养护可以通过围水、喷洒、喷雾等方式给混凝

土供水，或通过使用饱和覆盖物完成。无论采用哪一种方式，保水养护都应在诱导期结束前即初凝前 1 h 左右开始。这对保持混凝土中的水(间隙水)作为一个连续的液体系统是必要的，使外部水可以更容易进入混凝土内部因自干燥而变空的毛细管通道。若保水养护延迟，毛细管孔隙就会产生弯液面，水将不易完全渗入混凝土，此时可能会导致局部部位出现自干燥和自收缩。

如前所述，保水养护因其可以使混凝土免受自干燥，因而比密封养护好。对于低水灰比混凝土(水灰比小于 0.40)，因自干燥会迅速发生，保水养护尤为重要。密封养护的效率很大程度上取决于覆盖层的厚度和覆盖层的完整性，并应在薄膜之间适当重叠搭接以防水分损失。

6.4　混凝土的微观结构与屈服机制

6.4.1　单轴压缩时混凝土的应力应变曲线

混凝土是主要的结构性材料，抗拉强度很小，主要用于受压结构，因此了解混凝土在压缩荷载作用下的应力-应变行为具有重要意义。不同水灰比的普通混凝土单轴压缩试验应力-应变曲线如图 6-26 所示。图中混凝土仅水灰比不同，其余条件均相同。在应力约达到混凝土 30%的极限应力前，应力应变基本保持线性，之后进入非线性状态，每单位应力导致的应变增量逐渐变大；当应力达到至极限应力的约 70%之后，非线性更加明显，试件很快破坏，它们破坏时的压应变随着强度的增加而略有增加，但基本保持在 0.001 5～0.002 之间。图 6-27 比较了水泥石和混凝土在相同龄期的压应力-应变曲线，试件的水灰比分别为 0.5 和 0.7，为便于比较，根据各自的强度对应力进行了标准化。图 6-27 表明，水泥石具有明显的延性，比混凝土有更大的高应力区。对水泥石而言，低水灰比的水泥石其峰值应力所对应的破坏应变更小，这刚好与混凝土相反。

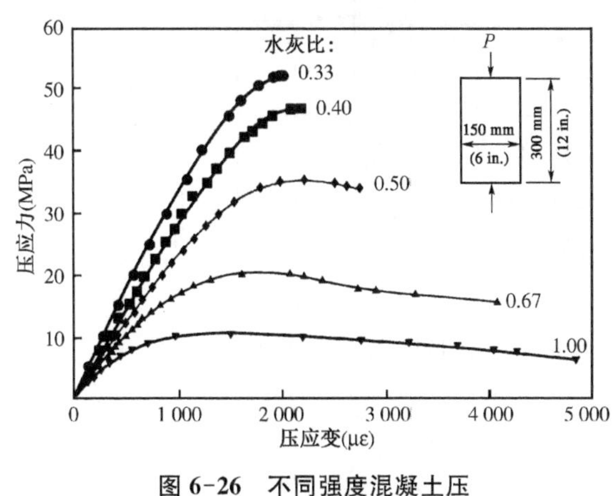

图 6-26　不同强度混凝土压应力-应变曲线

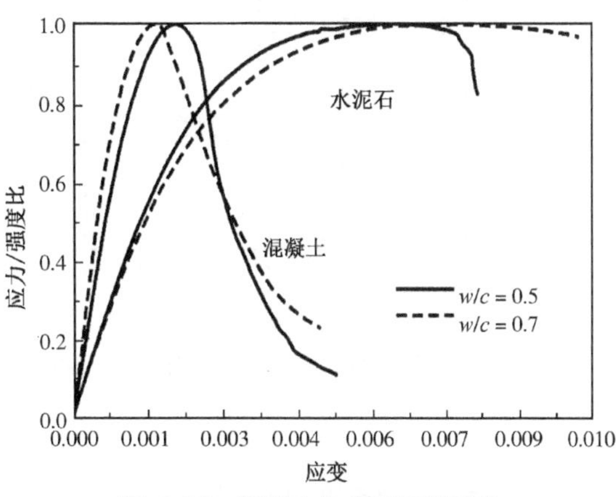

图 6-27　混凝土与水泥石规则化应力-应变曲线

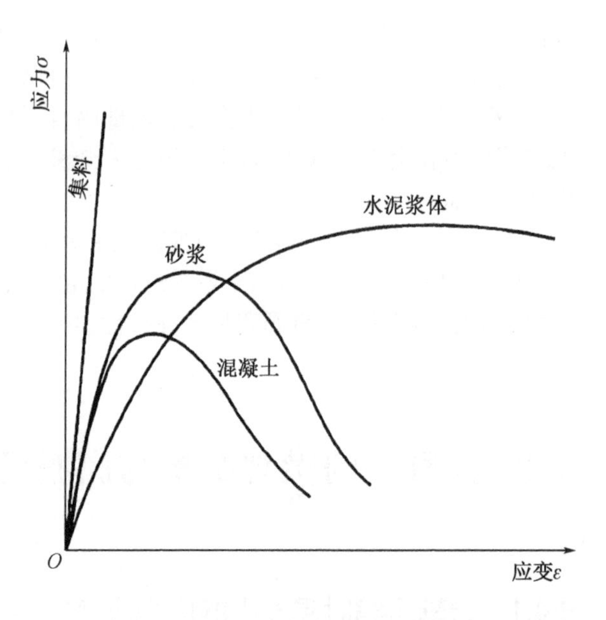

图 6-28　混凝土、砂浆、水泥石和粗集料典型应力-应变曲线

结合砂浆及基于岩芯的单轴压缩试验结果，将它们汇总列于一张图中（图 6-28），可说明混凝土组分间相互作用的复杂性。粗集料是一种线弹性脆性材料，其强度明显高于混凝土。水泥石的弹性模量较低，但抗压强度高于砂浆和混凝土。砂浆由水泥浆与细集料组成，增加细集料后其弹性模量增加，但强度减小。往砂浆中掺入粗集料即构成了混凝土，其弹性模量几乎不受影响，但混凝土的抗压强度明显减小。总体而言，混凝土的力学行为与砂浆类似，但与水泥浆和集料明显不同。水泥石具有明显的延性，比混凝土的强度更高。然而，与混凝土不同，低水灰比的水泥石虽然强度高，其极限应变也更小。导致混凝土和水泥石之间力学行为差异的主要原因是由于集料颗粒附近存在应力集中现象，导致部分水泥石受到远比名义应力更高的应力作用，混凝土还表现出较大的各向异性，这导致横向拉伸应力的增加。受压混凝土试件的光弹测试结果也证实了这一点，如图 6-29 所示，混凝土试件表面的局部应力和应变与名义上施加的应力和应变有很大的不同，局部应变约为平均应变的 4.5 倍，而局部应力约为平均应力的两倍以上。最大应变发生在水泥石与集料之间的接触区域，此即早期微裂缝形成的主要原因。因此，混凝土的应力响应不仅取决于各组分的力学性质，还受组分间相互作用的影响。

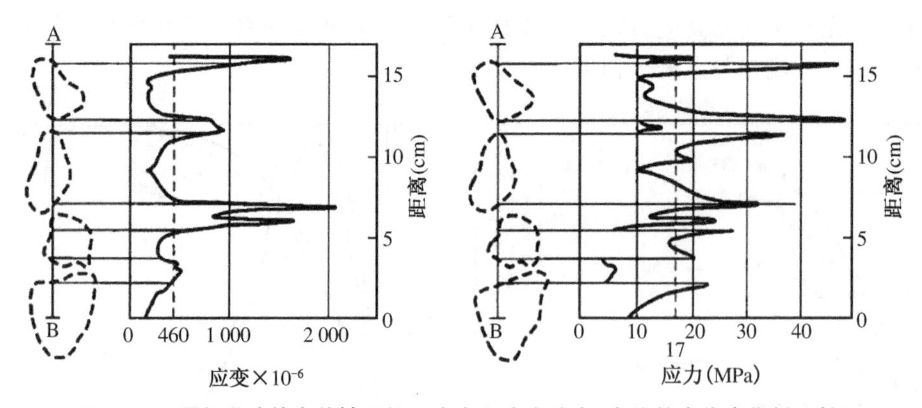

图 6-29　混凝土试件在单轴压缩下应变和应力分布（虚线轮廓代表集料颗粒）

6.4.2　混凝土的细观结构

混凝土是典型的多尺度材料。它的结构不能在单一尺度水平上进行表征。通常，可以

通过宏观视觉、岩相学观察、扫描电子显微镜 SEM 和原子力显微镜 AFM 等纳米尺度来研究和表征混凝土的结构，如表 6-5 所示，结构的每个级别对应于长度尺度的特定范围。

表 6-5　混凝土结构层级与观测方法

尺寸水平	放大倍数	观察方法	相关结构
宏观尺度	1～10	裸眼或手持式放大镜	粗集料与空隙的细节
岩相学尺度	25～250	光学显微镜	细集料、空隙，以及水泥石和裂纹的某些特征
中等放大倍率	2 500～2 000	抛光表面的背散射 SEM	水泥石颗粒、砂及毛细孔的空间位置与排布
高放大倍率	2 000～20 000	断裂表面的二次电子扫描电镜	单个水泥石颗粒及其他物质内部结构细节
纳米尺度	100 000	AFM、TEM	C-S-H 的某些细节

在宏观尺度，混凝土可视为集料颗粒分散在水泥石基体中的两相混合材料，其力学性能和输运性质（扩散性、渗透性）主要取决于水灰比。对一般工程应用而言，两相模型已经足够精确。但从细观尺度看，两相材料在空间上的非均匀随机分布，以及材料内的毛细管、空隙（含气或含水溶液）、微裂纹等内在缺陷对混凝土的性能都起着不可忽视的影响。

集料多为亲水性颗粒状材料，其物理力学性能与水泥石有较大区别。在硬化过程中，水化产物的结晶凝聚必然受到集料颗粒的阻碍与约束，因此，集料颗粒表面附近的水泥石结构不同于远离集料的水泥石。事实上，只有将水泥石-骨料的界面视为混凝土中的单个物相（第三相）时，才能解释混凝土的许多行为。

基于纳米压痕的微观力学试验证实了混凝土中第三相的存在。图 6-30 为集料与水泥胶浆界面附近的微观硬度变化曲线示意图。由该图可见，自集料表面向外，微硬度曲线在出现陡降后再逐渐回升至一定水平，这表明在集料和块状基质之间存在相对软弱带。采用背散射扫描电镜可观察到与集料的相邻区域中存在更多的暗区，这表明该区域存在更多的孔隙。进一步的研究表明，该区域内硬化水泥石的组成结构与远离该物理界面处的水泥石有明显不同，主要体现为：该区域内未水化的水泥颗粒较少，水化产物的空隙率较高且空隙尺寸更大，水化硅酸钙凝胶体的含量较低，而氢氧化钙和钙矾石晶体的含量较高，且晶体颗粒较大、多呈定向排列。

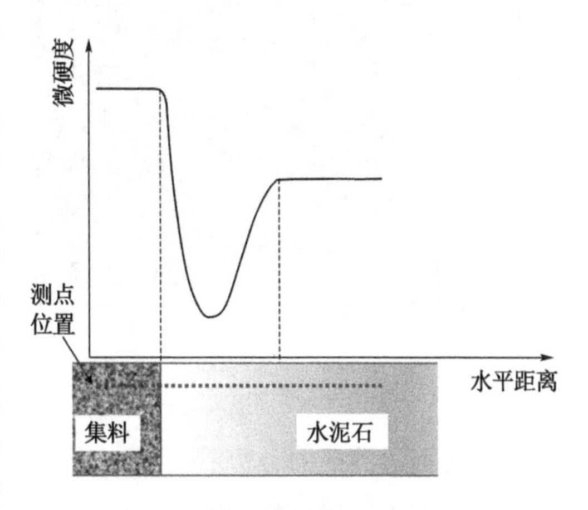

图 6-30　集料-水泥石系统横截面上的微硬度分布示意图

该相被称为混凝土的界面过渡区 ITZ（Interfacial Transition Zone），它通常存在于较大集料的周围，是厚约 10～50 μm 的非均匀薄壳层，该层通常比混凝土的其他两相都弱，对混凝土力学行为的影响远大于它在混凝土中的体积分数。

6.4.3 界面过渡区的微观结构、影响与调控

1. 界面过渡区的微观结构

如前所述，过渡区的存在可通过微观力学方法或 SEM 直接观察法来证实。但即使借助最先进的微观测试技术，解释过渡区的微观结构形成机制也非易事。下面基于 Meso 的工作简要介绍混凝土界面过渡区的形成机理。

在新压实的混凝土中，亲水的集料总是试图吸水而形成水膜，这导致较大颗粒表面的局部水灰比高于远离集料的区域。在水化进程中，浆体溶液中的多种离子浓度很快达到临界饱和状态并形成微溶于水的氢氧化钙与钙矾石。由于集料表面的局部区域溶液较多，大骨料附近的氢氧化钙和钙矾石可以生长为尺寸更大的晶体。与此同时，更多的水蒸发，会使该区域内形成比基质水泥浆或砂浆更多的孔隙骨架，而集料墙效应将使得板状氢氧化钙晶体朝着远离集料的方向生长。此外，随着水化反应的持续进行，结晶性差的 C-S-H 以及次生的较小的钙矾石与氢氧化钙晶体开始填充由较大的钙矾石和氢氧化钙晶体框架间的空隙。这将使局部更致密并因此改善过渡区的强度。混凝土中界面过渡区的结构如图6-31所示。相比于水泥石基质，界面过渡区中氢氧化钙与钙矾石的比例高，而水化硅酸钙凝胶体占比小，孔隙率也更高，且孔隙尺寸也更大。由于硬化水泥石与集料在弹性模量、热膨胀系数，以及对水分变化的响应上均有较大的差异，因此在界面过渡区内实际上还存在很多微小的粘结裂纹。

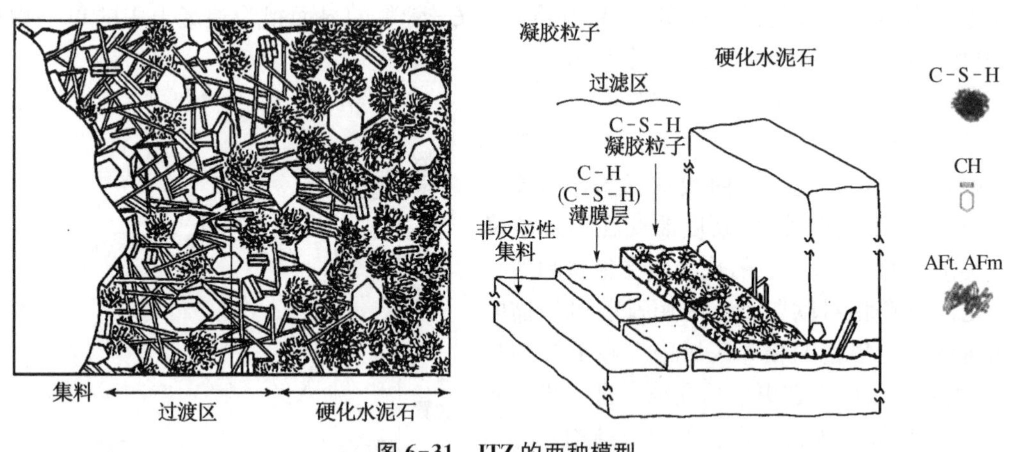

图 6-31　ITZ 的两种模型

2. 界面过渡区的影响

尽管 ITZ 的厚度仅约 10～50 μm，它在水泥浆体内却占了相当大的面积和体积。一般混凝土内集料颗粒间的平均间距约 75～100 μm。假设 ITZ 厚度为 40 μm，则 ITZ 在水泥基体中占到了 20%～40%，可见它们对混凝土的影响相当大。界面过渡区中氢氧化钙与钙矾石的比例高，而具有更大表面积的水化硅酸钙凝胶体占比小。大的氢氧化钙晶体粘结能力较弱，不仅因为其表面积小，相应地范德华力也更弱，而且其定向生长的板状结构特征也提供了易于劈裂或滑动的层面。除此之外，该区域的毛细孔体积更大，且存在微小的粘结裂

纹。因此,界面过渡区是混凝土中的最薄弱环节。

界面过渡区不仅制约了混凝土所能达到的最高强度,也导致混凝土的明显非线性行为。研究表明,界面过渡区内集料与水泥石粘结强度的变化对抗压强度的影响幅度约为10%~15%,对抗拉强度的影响则可达40%。过渡区中微小粘结裂缝的扩展并不需要很高的能量,当混凝土的应力水平超过弹性极限后,混凝土内单位应力的增加将导致更大增量的应变,这使混凝土表现出明显的非线性行为。在应力水平超过70%的强度后,砂浆基质中大孔隙处的应力集中将变得很大,足以在该处引发应变局部化。随着应力的进一步增加,基体裂缝在该局部区域内逐渐扩散,并与来自过渡区的裂缝相连。然后裂缝系统变得连续,材料破裂。由于裂纹方向通常与压缩载荷平行,如果加载压板对混凝土试样几乎没有约束,则在压缩荷载作用下,基体裂纹的形成和延伸需要相当大的能量。另一方面,在拉伸载荷下,裂缝迅速传播且压力水平低得多。这就是为什么混凝土在拉伸时以脆性方式失效但在压缩时相对坚韧的原因,也是混凝土的拉伸强度远低于抗压强度的原因。

虽然集料在混凝土中的体积占比达60%~85%,但过渡区对混凝土的刚度或弹性模量有很大影响。过渡区是块状基质和集料颗粒这两相组分之间的桥梁,过渡区中的空隙和微裂纹阻碍了应力传递,而界面多孔特性导致较大变形发生,因此,混凝土的刚度比集料要低得多。

过渡区也影响混凝土的耐久性。预应力混凝土和钢筋混凝土构件经常由于钢筋腐蚀而失效。钢筋腐蚀速率受混凝土渗透性的影响很大。钢筋与粗骨料表面的界面过渡区中存在大量的微孔隙和微裂纹,这使得混凝土更具渗透性,这使得各种腐蚀性介质可以更容易地渗透到混凝土中并引起钢筋的腐蚀。

3. 增强界面过渡区的方式

在普通混凝土中,由于界面过渡区的抗裂能力比集料和水泥石基质都要低,它比另两相材料更易断裂,且断裂多发生在界面区内部距集料表面约10~20 μm处。但要提高混凝土的强度,必须同时增强水泥石基质和界面过渡区,特别是增强界面过渡区内水泥石基质与集料间的粘结强度。虽然降低水灰比可达到这个目的,但是降低水灰比对水泥石基质的影响比界面过渡区大得多。降低水灰比并不是增强ITZ的有效方式,因为它并不能使ITZ更加致密。提升ITZ强度的最有效方法是使用10%~15%的微硅粉等质量替代水泥。因为微硅粉能消除ITZ内的较大孔隙,使其结构更加均匀,而它所具有的火山灰反应可以消耗过渡区内的氢氧化钙或者将其转变为水化硅酸钙;微硅粉特有的微填料效应也能改善新鲜混凝土的流变性能,减少内部泌水。因此,使用微硅粉能增进水泥浆-集料之间的粘结并使界面过渡区更加密实。当然使用表面活性剂和水玻璃之类的化学添加剂等,以及特定的浆体成型工艺也能相对经济地提升界面粘结性能。

对普通混凝土而言,单纯提高ITZ强度(或者说粘结强度)并不能显著改善混凝土的力学行为。因为更好的界面粘结强度能一定程度上提高混凝土强度,却也增加了混凝土的脆性,这两种效应基本相互抵消。但是,对于高强混凝土、超高强混凝土或者纤维增强的高性能混凝土,要充分发挥其性能,通过增强ITZ性能来改善粘结强度就显得非常重要。

6.4.4 混凝土的破坏模式与屈服机制

1. 单轴荷载作用下的破坏

混凝土在单轴荷载作用下的破坏模式如图 6-32 所示。值得说明的是，在理想的纯压缩状态下，材料不会出现所谓的压缩屈服，因为压应力只会让材料的分子结构更紧密。一般认为混凝土受压破坏本质是在纵向压力作用下引发的横向拉伸破坏。普通混凝土的泊松比约 0.2，试件压缩过程中内部会产生与轴线垂直的拉应力，由于混凝土的抗拉性能相对较弱，正是这些拉应力导致了试件的开裂和破坏。有学者认为混凝土的破坏并不是由极限拉应力控制，而是极限拉应变，约为 $1\sim2\times10^{-4}$。这可以解释当侧向应变达到极限值时受压圆柱的劈裂破坏。因此，混凝土破坏准则最好同时指定极限应力和极限应变。也有研究者提出了其他破坏准则，但没有一个能完美地描述混凝土的破坏过程。最有可能的是，混凝土的破坏准则应该是某种能量准则，因为开裂过程中的能量应该是可以定义的。

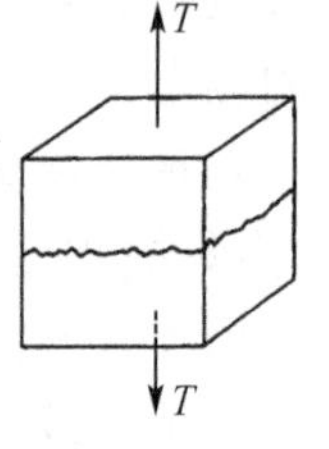

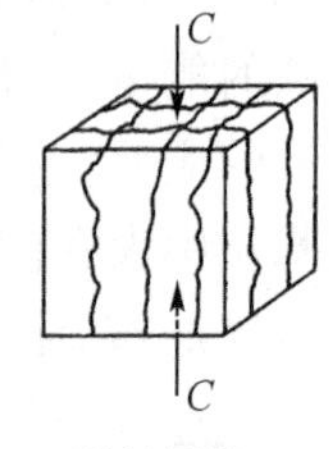

图 6-32 混凝土在单轴拉伸与单轴压缩状态下的破坏模式

如前所述，混凝土可视为由骨料、硬化水泥石以及存在于二者之间的界面过渡区组成的复合材料，材料内部存在大量的微裂缝和缺陷，这些微裂纹大部分是存在于界面过渡区的粘结裂纹。在单轴压缩试验中，在混凝土的弹性极限区域，压缩荷载并不会导致粘结裂缝的数量增加。当混凝土所受承的压应力达其强度的 30%～50%时，混凝土开始软化，ITZ 内的微裂纹开始稳态扩展，但此时砂浆中一般不会发展出裂纹；当压应力超过 50%强度以后，ITZ 内的微裂纹迅速增长，随着应力的增加，混凝土的体积压缩量呈线性增长。当应力增加至约 75%的抗压强度时，ITZ 内的裂纹与砂浆内的裂纹开始桥接，某些集料颗粒附近的多条粘结微裂纹将汇集形成一条连通的裂纹，此后裂纹开始失稳扩展，这对混凝土受压时的侧向应变和体积应变产生显著影响。在砂浆微裂缝扩展的同时，泊松比显著增大，如图 6-33 所示。75%的抗压强度值代表了裂纹失稳性发展的开始，因此也称为临界应力。当内应力大于临

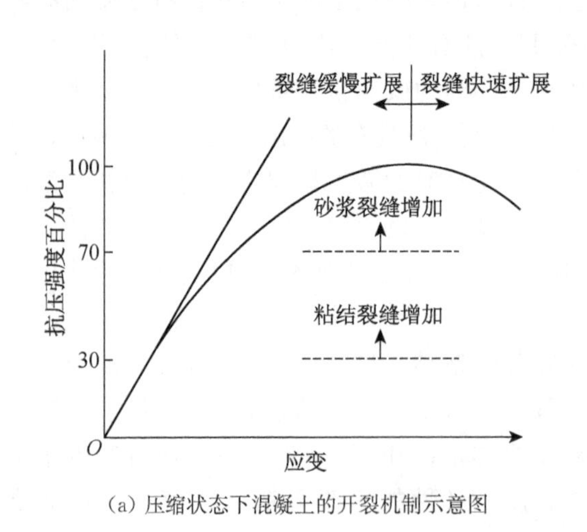

(a) 压缩状态下混凝土的开裂机制示意图

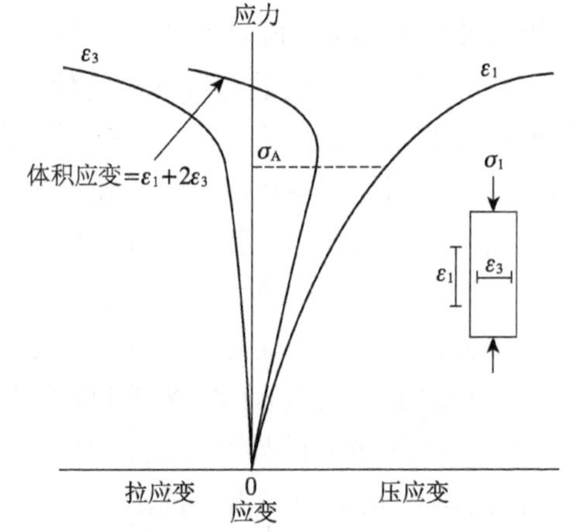

(b) 压缩状态下混凝土的应力-应变行为

图 6-33 典型混凝土单轴压缩状态下的应力应变曲线

界应力 σ_A 后，横向应变（拉）ε_3 与竖向应变（压）ε_1 的比值快速增长，受压混凝土的总体积也开始增加。显然，这是由于裂缝的大量增加所造成的。

由于混凝土的高度异质性，混凝土内的局部应力和应变与名义上的平均值有较大差别。局部应变可能是平均应变的 4～5 倍，而局部应力则可能是平均应力的两倍多，最大应变多出现在水泥石基质与集料之间的界面过渡区。由于集料的强度通常都高于基体水泥石，因此在压缩荷载作用下，普通混凝土各相的失效顺序可能为：①界面拉伸粘结失效，②界面剪切粘合失效，③水泥石拉伸失效，④偶然的集料失效。需要指出的是，高强混凝土中的裂纹扩展过程与普通混凝土有显著区别。由于界面区得到了强化，在受压破坏时，高强混凝土中首先出现砂浆裂纹，然后扩展到达界面区，最后穿越粗集料。因此，高强混凝土的破坏主要是由砂浆裂纹和粗集料的穿筋破坏扩展连接所致。（参见图 7-6）

2. 多轴应力状态下的破坏

实际结构中混凝土可能处于多轴应力状态，这可以通过对混凝土板或棱柱体试件进行垂直加载，并对试件的侧向变形进行约束来模拟。

对强度为 18～60 MPa 的混凝土进行双轴加载，将其标准化后得到双轴应力状态下的比强曲线，如图 6-34 所示。双轴压应力会导致峰值应力对应的应变增大。在双轴强度比为 0.5 时强度最高，在双轴应力接近相等时反而减小。在双轴拉压状态下，随着拉应力 σ_2 与压应力 σ_1 之比增大，强度和峰值拉压应力对应的应变减小。在双轴拉伸状态下，混凝土的抗拉强度不受多轴应力状态影响。混凝土在双轴应力状态下的破坏模式取决于加载模式。在双轴压缩下，主要的破坏模式是拉伸破坏，裂缝平行于双轴应力的平面。在受拉压时，破坏主要是由垂直于双轴平面和主拉应力方向产生的裂缝所致。在双轴拉伸条件下，裂缝与主拉应力方向垂直，当双轴拉伸应力相等时则没有优先方向。

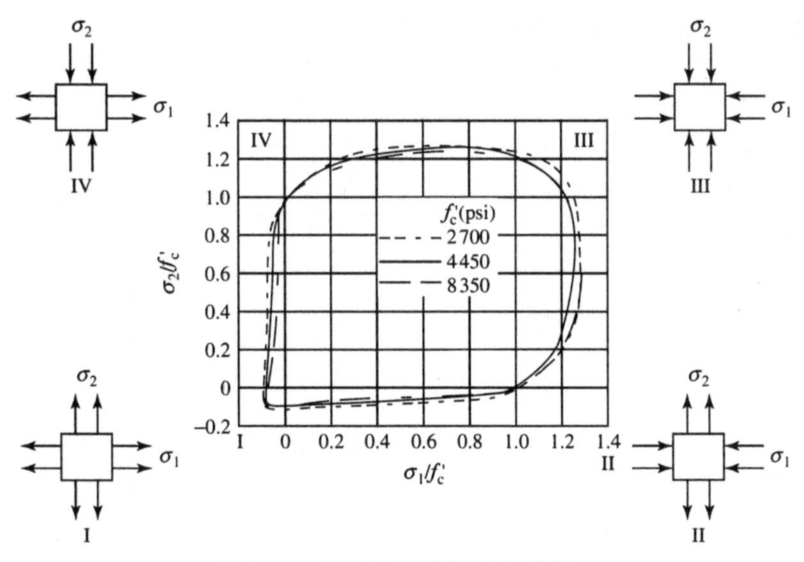

图 6-34　混凝土在双轴应力下的行为

钢筋混凝土与钢管混凝土处于三轴约束状态。三轴试验采用受侧向围压的圆柱体进行试验，沿圆柱轴线施加主压应力。三轴压缩试验中混凝土的纵向应力-应变曲线如图5-35 所示。混凝土的三轴抗压强度和峰值压应力所对应的应变随围压的增加而增大。

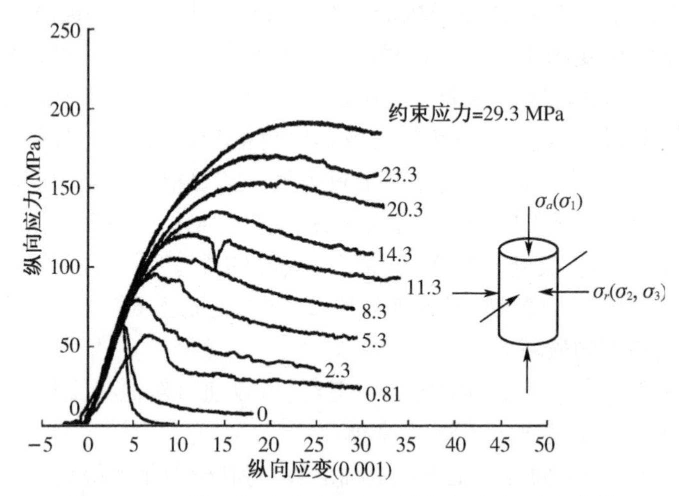

图 6-35　三轴压缩试验中混凝土的纵向应力-应变曲线

在单轴压缩试验中，试件在宏观破坏后基本丧失了抵抗荷载的能力，表现为压应力达到峰值后迅速衰减。而在三轴压缩试验中，因围压的存在，试件破坏后仍有一定的抵抗外荷载的能力，这称为混凝土的残余强度。混凝土的残余强度随围压的增大而增加，表现在三轴压缩应力-应变曲线上，应力到达峰值后，继续加载压应力曲线趋向于几乎恒定的应力。典型的三轴破坏和残余强度包络图如图6-36所示。

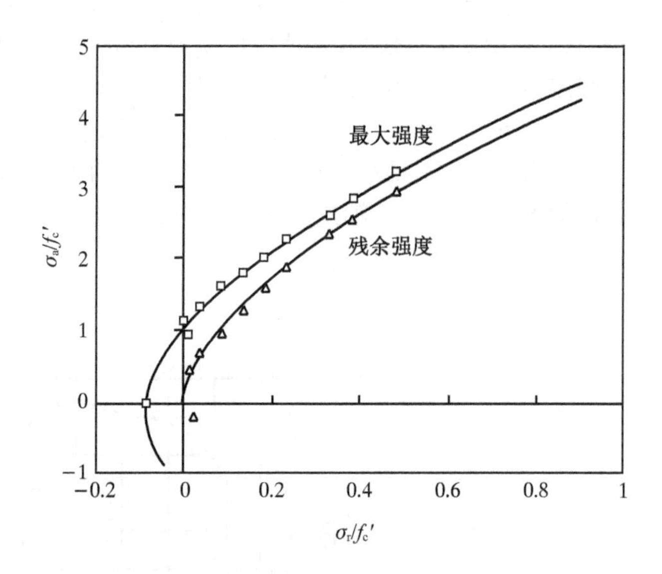

图 6-36　三轴压缩试验中混凝土的最大强度和残余强度包络图

混凝土在三轴应力状态下的破坏模式与围压有关。当约束应力不超过约15%单轴抗压强度时，混凝土的主要破坏模式为纵向劈裂，这与单轴压缩试验中相同。而在更高的围压下，混凝土的损伤是高度分散的，很少有局部破坏。粗颗粒集料会加剧多轴效应，因此，在双轴和三轴压缩条件下，集料含量的增加导致混凝土的强度增幅更大。无论是拉伸还是压缩，多轴应力状态都比水泥石强度对混凝土强度的影响更大。但研究表明，混凝土的压缩破坏似乎受水泥浆的强度控制，而拉伸破坏则主要受界面过渡区强度的影响。关于混凝土在多轴应力状态下的行为，包括应力历史、加载速率和应力顺序等的影响，仍需进一步的深入研究。

6.5 混凝土的强度特性

混凝土作为结构性材料，主要功能就是承受荷载，因此，强度是重点关注的技术性质，也是结构设计和工程质量控制的重要依据。混凝土的强度指标有抗压强度、抗拉强度、抗折强度、抗剪强度和粘结强度等，以抗压强度在工程中的应用最为普遍，其原因在于：(1)抗压强度测试相对容易，成本低；(2)普遍认为，混凝土的多数重要性能与抗压强度直接相关，当然这个观点并不总是正确；(3)因抗拉强度很低，混凝土主要用于受压结构，因此抗压强度在工程中非常重要；(4)结构设计规范主要是基于混凝土的抗压强度。

6.5.1 混凝土的抗压强度

混凝土的抗压强度通过单轴压缩试验测定。该试验结果对试验过程非常敏感，必须严格按照标准程序制作和养护试件，并按标准程度进行测试。中国和欧盟国家通常采用边长为150 mm的立方体试件，在垂直于其浇筑方向进行抗压试验，北美洲的标准抗压试件是长径比为2∶1的圆柱体，通常直径为150 mm，试验在径向加压。采用立方体试件进行试验时可避免封盖或打磨，这是立方体试件的主要优点。立方体试件的主要缺点是承压板和试件端面的摩擦力对试件形成很大的约束(三轴受压)，而长径比较大的圆柱形试件则不会，这将导致立方体试件的抗压强度高于圆柱体试件。一般地，立方体试件强度和圆柱体试件强度可按1.25倍进行转换，当然这一比值并非定值，对强度较低的混凝土该比值约为1.3，对高强度混凝土则约为1.04。

根据GB 50010，我国混凝土强度等级按照立方体抗压强度标准值确定。所谓立方体抗压强度标准值是指按标准方法制作和养护的边长为150 mm的立方体试件，在28 d龄期用标准试验方法测得的具有95%保证率的抗压强度值。混凝土的强度等级用符号C与立方体抗压强度标准值(单位MPa)表示，从C15～C80，以5 MPa为级差，共划分为14个等级。需要注意的是，立方体抗压强度只是进行施工质量控制和强度等级评定时所采用的指标，它不能直接用于混凝土结构设计。在实际工程中，混凝土结构形式极少为立方体，为了使所测得的混凝土强度接近于实际结构，在钢筋混凝土结构计算中，往往采用的是混凝土的轴心抗压强度，也即基于截面尺寸为150 mm×150 mm，高300 mm的棱柱体试件的抗压强度标准值。同批次混凝土，其轴心抗压强度的数值约为立方体抗压强度的0.7～0.8倍。

混凝土单轴抗压强度试验看起来非常简单，但试验结果会受到许多因素的影响。即使是组分相同的混凝土按相同的工艺制备和养护，试验过程中的差异也可能导致测试结果呈现非常大的变化，这可从端面摩擦状况、试件形状和加载速率三方面进行分析。

1. 端面摩擦与试件形状的影响

抗压试验假定试件处于单轴受压状态，这属于理想状态，试验过程中承压板与试件端部接触面必然会产生摩擦。由于钢与混凝土的弹性模量和泊松比存在差异，加载过程中两者横向变形并不协调，因此它们之间的相对移动产生了摩擦。承压板通过这种摩擦抑制了试件端部的横向扩展，并在试件端部形成横向约束应力，即产生围压的效果。围压(其中还包含了剪应力)的约束效应与试件内各截面到端部的高度均成反比，在距离试件端部约($\sqrt{3}/2$)倍直径(或立方体边长)的高度内约束效应将衰减至零。当然，端部摩擦约束效应引起的应力分布取决于试件的端部条件和测试混凝土的类型。一般来说，对于受端部约束的试件，长径比超过 3 时已经能够近似确保试件的中心部分处于单轴受压状态。

试件中心截面受端部约束效应会影响破坏时的形态，如图 6-37 与图 6-38 所示，并导致所测得的抗压强度值明显高于真实值。立方体试件中心截面处在端部约束的影响范围，试件中心基本处于三向受压状态，因此，其破坏后往往出现相对完好的锥形(或金字塔形)块。对于长径比为 2 的圆柱体试件，其中心部分处在真正的单轴受压状态，其余的部分则处于三轴应力状态。试件的长径比越小，中心部分受影响越大。因此，立方体试件和长径比小于 2 的圆柱体试件受约束效应更为显著，其测试值通常比长径比等于 2 的标准圆柱体更高。在试件端部涂厚油脂的方式可降低端部摩擦所带来的约束效应，使测试值更接近真实值，此时试件可能会产生垂直劈裂破坏。然而，通常情况下，减摩材料并不能完全消除端部约束作用。因此，抗压试验中试件的破坏是多种力组合的结果。

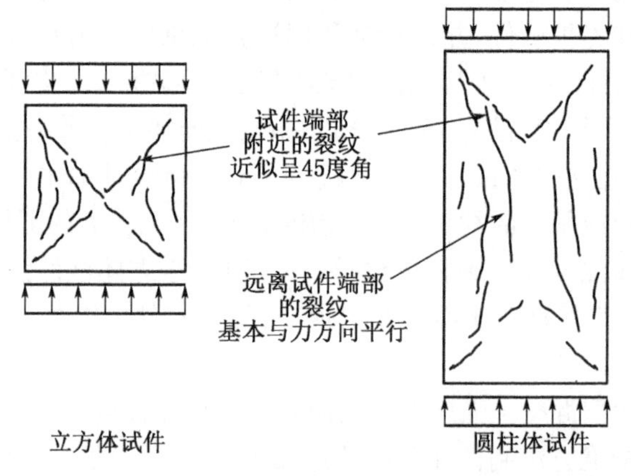

图 6-37 不同形状试件在端部有摩擦受压缩破坏时的形态

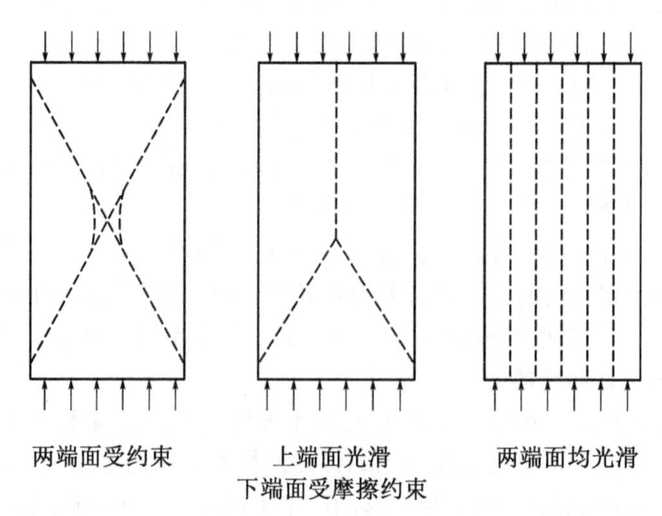

图 6-38 端部约束条件对圆柱体混凝土试件受压破坏模式的影响

现场芯样的长径比通常小于2。对于这些非标准试件，ASTM C 42提出了修正系数的概念，如表6-6所示，将实测强度值乘以根据表6-6所得到的修正系数，就可以相互比较。对长径比超过2的芯样，在测试前按标准长径比对试件进行切割即可。

表6-6　非标准长径比圆柱体试件的抗压强度修正系数(ASTM C42)

长径比	2.00	1.75	1.50	1.25	1.00
修正系数	1.00	0.98	0.96	0.93	0.87

关于试件形状的影响，立方体试件因受约束效应更显著，其测试值通常比标准圆柱体更高，因此要比较强度值，试件的形状必须保持一致。试件形状保持不变时，随着试件尺寸的增加，在每个试件内缺陷分布的差异将变得越来越小，混凝土的实测强度和变异性均会减小。但这并不意味着试验中必须采用非常大的尺寸，因为无论哪种形状，基于室内小尺寸试件的测试结果都不能真正代表结构中混凝土的强度，它只能给出比较性的数据。

2. 加载速率

一般来说，加载速率越高，测得的强度就越高，如图6-39所示。造成这种情况的原因可能是较低的加载速率下亚临界裂缝可不断扩展，从而导致内部产生更大的缺陷，因此断裂时的极限应力降低。另一方面，在较低的加载速率下混凝土易产生蠕变行为，这将导致给定荷载下应变量的增大。ASTM建议以0.15～0.34 MPa/s的速率对圆柱体试件加载，BSI建议的加载速率为0.2～0.4 MPa/s，我国立方体试件的加载速率约为0.25 MPa/s。

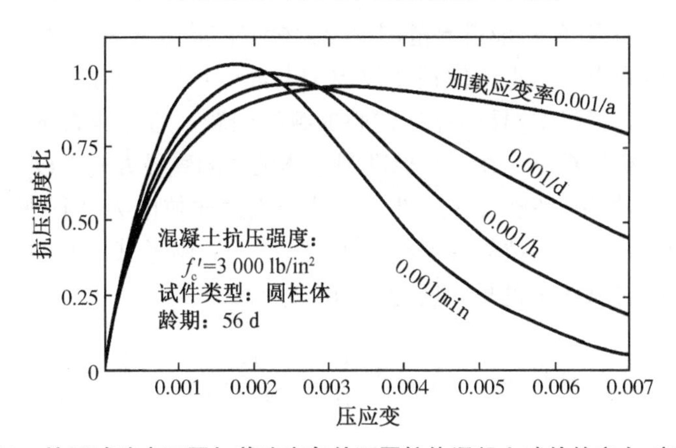

图6-39　抗压试验中不同加载速率条件下圆柱体混凝土试件的应力-应变曲线

内应力超过临界应力水平时，混凝土将显示出时间相关的断裂行为，换句话说，即使不增加荷载而仅维持其应力水平，混凝土也会破坏，破坏出现的时间与该应力水平密切相关。根据Rusch、Domone等学者的成果，如图6-40所示，在压缩状态下混凝土的长期屈服极限约为短期屈服强度的80%，拉伸状态下这一比例更低。

6.5.2　混凝土的抗拉强度

混凝土的单轴拉伸应力-应变曲线与单轴压缩状态下相类似，但拉伸时裂纹的扩展速度非常快，因此，混凝土在拉伸状态下表现出相对更脆的断裂行为。混凝土的受拉破坏主要受

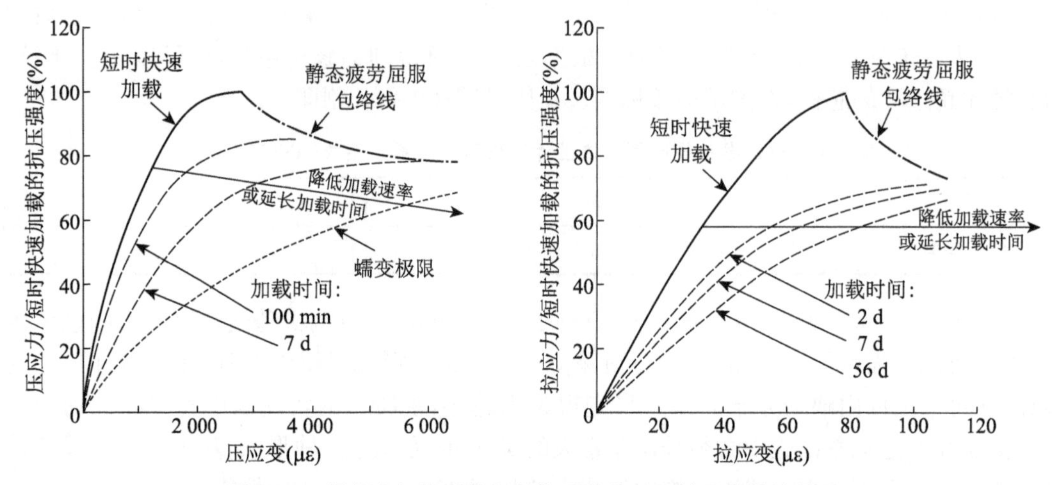

图 6-40　混凝土短期受载与长期受载状况下的强度转换关系

微裂缝以及界面过渡区控制。拉伸状态下，裂缝在混凝土中扩散时，其前端经常由多个分支裂缝组成，随着拉伸变形的增大最终汇聚成一条微裂缝。因砂浆、集料、ITZ 的抗拉强度差异，破裂面可能是粗糙的，也可能是光滑的。当集料与 ITZ 强度比较低时，其破裂表面相对比较平滑。随着集料相对强度的增加，这会导致混凝土的抗拉强度和断裂性能增大，破裂表面会逐渐变得粗糙。

关于混凝土的抗拉强度，目前世界范围内尚无标准试验方法来直接测量，这主要是受夹持试件过程中的次应力影响。将试件粘在拉拔头上进行直接拉伸试验也是常采用的方式，但该法多见于研究而非工程中，且仍存在偏心加载的问题。通过劈裂试验来估计混凝土的抗拉强度则在工程中更为常用。在一个标准圆柱体试件的直径方向上以 0.7～1.3 MPa/s 的速度(ASTM C493)施加压荷载，可在试件中心处产生横向拉应力，因此劈裂试验也称为间接拉伸试验。这种方式比直接拉伸更容易实施，当然，压头附近试件的内应力也非常复杂。

如图 6-41 所示，加载线上的单元所受到的应力如下：

$$\text{垂直压应力}\ \sigma_c = \frac{2P}{\pi LD}\left[\frac{D^2}{r(D-r)} - 1\right] \tag{6-2}$$

$$\text{水平拉应力}\ \sigma_t = \frac{2P}{\pi LD} \tag{6-3}$$

其中 P 是所施加的压荷载，L 为圆柱体长度，D 为直径，r 为应力单元到圆柱体顶部的距离。

沿着试件直径方向的拉应力分布如图 6-41 右侧所示曲线。加载端与支承端附近试件的压应力非常大，但在试件中间直径长度的三分之二范围内拉应力接近均匀。由于混凝土的抗拉强度比抗压强度小得多，试件会因受拉而发生劈裂破坏，此时所受的压荷载远小于试件受压破坏时的荷载，因此可以采用劈裂试验估算混凝土的抗拉强度。

也可以采用立方体试件进行劈裂试验，通过两个半球形压条沿立方体试件的两个相对表面的中心线进行加载来实现。立方体试件的劈裂结果与圆柱体试件一致性好，其水平拉应力为：

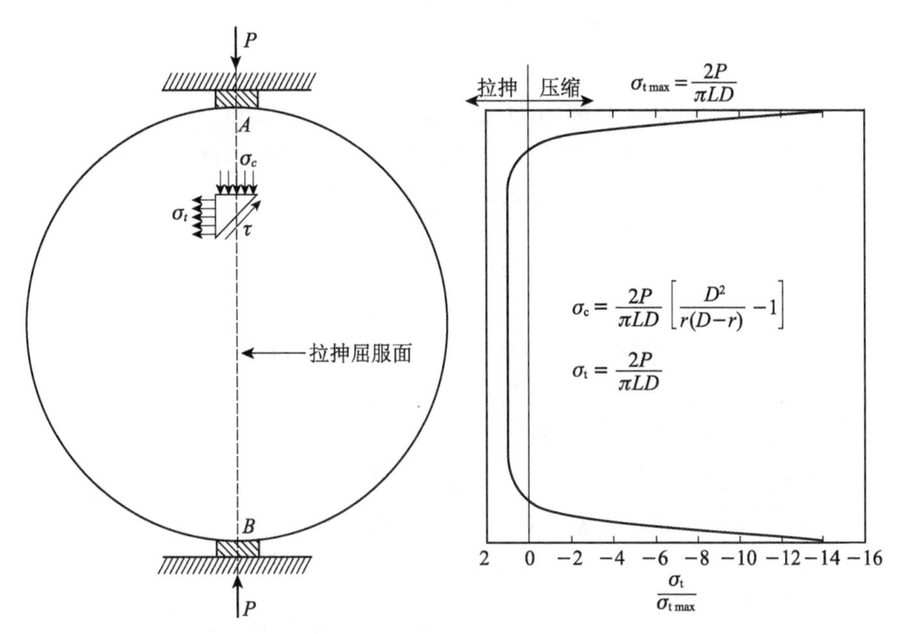

图 6-41 两平板间受压圆柱体试件沿直径的应力分布

$$\sigma_t=\frac{2P}{\pi a^2} \tag{6-4}$$

其中 a 为立方体的边长。

混凝土的劈裂强度值通常比直接拉伸强度值高 5%～12%，但二者没有简单的折算关系。另外，劈裂拉伸试验结果受试件尺寸以及加载压条的宽度和类型等影响较大。

混凝土的抗折强度多采用棱柱体试件的四点弯曲加载方式获得，如图 6-42 所示，棱柱体试件尺寸 150 mm×150 mm×500 mm，可以是按标准方式制作并养护得到的试件，也可以是从硬化混凝土中切割得到的小梁。浇筑成型的试件，一般选择在与浇注顶面垂直的侧面进行加载，以保证加载面平整且上下平行。试件的加载速度在 860～1 200 kPa /min 之间。理论最大抗弯拉强度或断裂模量 R（或 f_r'）可用三分点加载下简支梁弯曲公式进行计算，即：

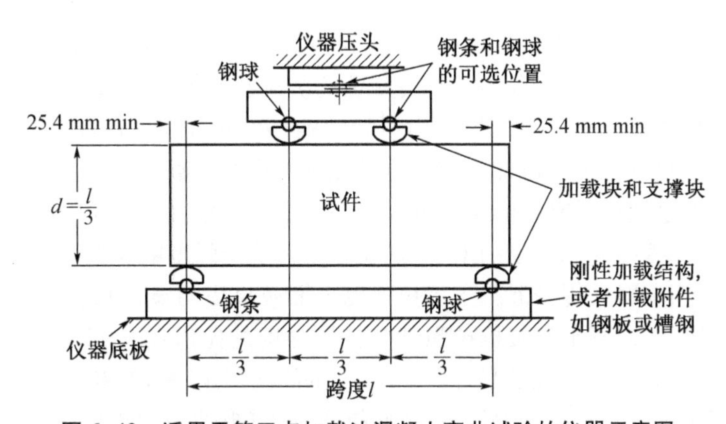

图 6-42 适用于第三点加载法混凝土弯曲试验的仪器示意图

$$R=\frac{Pl}{bd^2} \tag{6-5}$$

其中 P 是最大总荷载，l 是试件跨度，b 是试件宽度，d 为试件高度。

式(6-5)只适用于试件在两加载点间断裂的情况。如果梁的断裂位置在这些点的 5% 跨度范围内，则按式(6-6)计算，否则试验结果无效：

$$R=\frac{3Pa}{bd^2} \tag{6-6}$$

其中 a 为断裂点与最近的支撑点之间的平均距离。

需要注意的是，三分点弯曲试验会高估混凝土的抗拉强度，有时甚至超过了真实抗拉强度的 50%～100%，主要原因在于弯曲公式假定应力在横截面上呈线性分布。对非线性的混凝土，这一假设并不正确。研究结果表明，混凝土接近破坏时，其截面高度的应力分布更类似于抛物线，而非直线，如图 6-43 所示。当然三分点弯曲试验仍十分有用，因为工程中混凝土构件往往处于弯曲而非轴向拉伸状态，采用弯曲试验能更好地反应混凝土结构服役状态。目前该试验被广泛应用于公路路面和机场跑道等混凝土工程结构设计与质量控制。

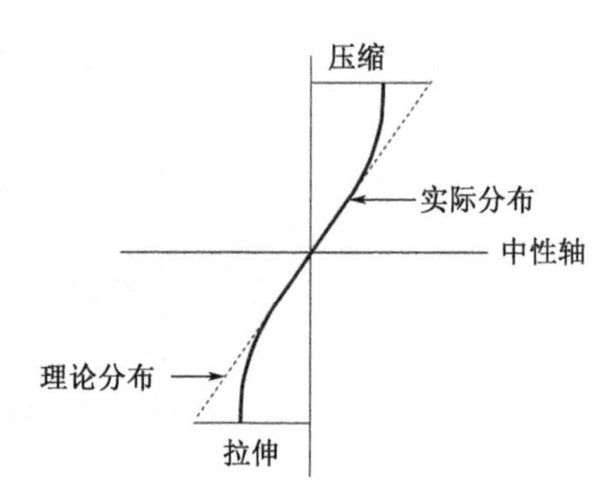

图 6-43　受弯混凝土沿深度的应力分布

采用中心点加载方式进行弯曲试验，所得到的强度值比三分点加载更高，而测试结果的分散性更小。但中心点加载无法排除横截面上剪应力的影响，不能替代三点加载法。弯曲试验比直接拉伸试验测得的强度值更高的另一个原因就是在直接拉伸下试件的全部体积都处于受力状态，而在弯曲试验中，只有在梁底部附近的小部分材料承受较高的应力作用。因此，如果按照最薄弱粘结理论，在弯曲试验的混凝土中找到一个足够脆弱的单元的概率明显减小了。这也解释了为什么中心点加载比三点加载试验得到的强度值更高。

6.5.3　混凝土强度之间的换算

混凝土的抗拉强度远低于其抗压强度，因为在受拉条件下裂缝更容易扩散。结构设计中一般不考虑混凝土的抗拉强度，但了解混凝土的抗拉性能仍十分重要，因为混凝土中的裂缝就是由荷载或环境作用下产生的拉应力所导致的。而对处于弯曲状态的混凝土构件，弯曲强度和弯曲模量是进行结构设计与施工质量控制的重要参数。

由于抗压强度是硬化混凝土的主要性能，了解抗压强度和抗拉强度间的关系显得颇为重要。总的来说，随着龄期和强度的增加，抗拉强度与抗压强度的比值(f'_t/f'_c)会逐渐降低。相比于抗压强度，粗集料在提升混凝土抗拉强度方面效果更明显，因此 f'_t/f'_c同样受集料种类影响。一般情况下，混凝土直接抗拉强度与抗压强度的比值在 0.07～0.11 之间。而劈裂抗拉强度 f'_{sp}一般比直接抗拉强度高，因此 f'_{sp}/f'_c的值也会略高，约在 0.08～0.14 之间。弯曲试验结果比直接拉伸试验结果大得多，因此抗弯强度(弯曲极限强度 f'_r)与抗压强度的比

值 f'_r/f'_c 相应也较大，在 0.11～0.23 之间。

ACI 规范中描述抗弯强度和抗压强度的表达式为：

$$f'_r=0.6\sqrt{f'_c} \tag{6-7}$$

但是大数据分析结果表明劈裂抗拉强度 f'_{sp} 和抗弯强度 f'_r 的最佳拟合表达式中 f'_c 的幂次应略大于 0.5，即：

$$f'_{sp}=0.305f'^{0.55}_c,\ f'_r=0.438f'^{2/3}_c \tag{6-8}$$

6.5.4　影响混凝土强度的主要因素

影响混凝土强度的因素有很多，前面讨论了试验因素对混凝土抗压强度测试值的影响，本小节从原材料与环境因素方面讨论。

1. 水灰比

混凝土的强度很大程度上取决于水泥石的强度，后者受水泥石的毛细孔隙率或胶空比控制，胶空比等指标很难测量，无法用于普通混凝土的配合比设计。由于任意水化程度下正常硬化混凝土的孔隙率取决于水灰比，可以认为，在指定龄期内正常硬化的普通混凝土，其强度主要取决于水灰比。基于此，在实践中通常将混凝土的强度与水灰比进行关联。

1919 年 Abrams 根据大量试验结果提出混凝土 28 d 的抗压强度 f_c 与 w/c 满足指数方程：

$$f_c=\frac{a}{b^{w/c}} \tag{6-9}$$

后来不少研究者对此进行了修正。1930 年，Bolomey 建立了混凝土 28 d 的抗压强度与水泥的强度和灰水比的关系式，如式(6-10)所示，这就是被各国所广泛应用的水灰比定则。

$$f_c=A\cdot f_{ce}\left(\frac{c}{w}-B\right) \tag{6-10}$$

式中，f_{ce} 为水泥的实际强度，缺乏实测数据时，可根据水泥的强度等级和富余系数相乘得到；A 与 B 为经验常数。

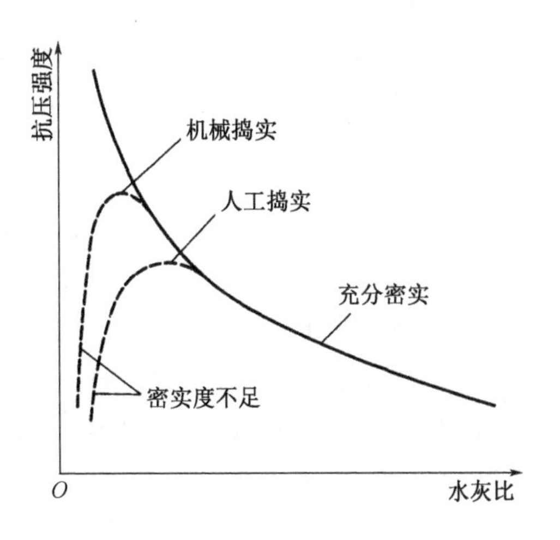

图 6-44　抗压强度与水灰比之间的关系

一般认为，对普通水泥混凝土来说，在正常的水灰比范围内使用水灰比定则估计其强度值是足够精确的。但水灰比定则并非一个真正严格准确的定律，因为它未考虑混凝土的水化程度、含气量等因素的影响，亦未考虑低水灰比时成型因素的影响。如图 6-44 所示，未充分捣实的混凝土含有较大的空隙，从而导致强度较低，这在水灰比较低时经常出现。因此，一般认为，低水灰比时，该定律不再适用。此外，对于集料最大粒径或集料含量显著异于普通混凝土的混合物，如水泥净浆和砂浆或者大体积混凝土，水灰比定则也不适用，简单套用水灰比来进行非常规混凝土的设计可能导致严重的错误。

还有一点需要强调的是，由于水灰比能衡量混凝土中总孔隙率的大小，因此水灰比可视为特定生产工艺和养护条件下混凝土中水泥石强度的决定性因素，但混凝土内孔隙大小与分布情况、界面过渡区等微观结构特性同样对混凝土的强度有着显著的影响，这些因素显然不仅仅取决于水灰比。超塑化剂的运用、水灰比的降低和微硅粉等辅助胶凝材料的加入，不仅降低了混凝土的总孔隙率，还减小了硬化水泥石内部最大可测孔隙的尺寸，并对界面过渡区产生显著影响，而这正是高技术混凝土中经常采取的手段。因此，通常认为水灰比定则也不适用于高技术混凝土。

虽然混凝土设计中通常会指定水灰比，但是当混凝土制备完成后其真实水灰比通常还存在很大的不确定性。在正常情况下，只有坍落度试验用于测试混合物中是否有额外的水，无论是集料中的水还是故意加入的水都可以使混凝土更容易处理。因此，有人建议混凝土按性能标准进行分级，而不规定水灰比设计，但这实际上意味着在强度的基础上设计混凝土，由于耐久性试验花费高、耗时长，常规工程中难以运用，而混凝土强度的变化规律与其耐久性的变化并不总是吻合。因此 Mindess 等知名学者认为，这种做法其实是一种倒退。在工程中，通过使用更细的水泥、某些外加剂和特殊养护技术都可以实现较高的 7 d 或 28 d 的抗压强度，但这些龄期的抗压强度并不能代表混凝土的真正质量。因此，除非能够开发出一些更可靠的混凝土性能的确定方法，否则无论是从强度还是从耐久性角度看，水灰比仍然是保证混凝土性能的最佳指标。

2. 龄期与成熟度

混凝土的强度虽然由毛细孔隙控制，但仍不足以在任何给定的龄期下预测混凝土的强度，因为水化率取决于水泥的特性和养护条件。强度增长的速率也取决于初始水灰比，低水灰比混凝土的强度增长速度比高水灰比混凝土要快得多。水泥的水化受时间和温度的影响，因此混凝土强度的增长主要也受这两个因素控制。为了综合考虑时间（龄期）和温度的影响，人们提出了成熟度的概念。所谓成熟度 maturity 就是混凝土的养护时间 t 和混凝土养护温度 T 之乘积的函数（例如成熟度等于 $f(T\times t)$），或者定义为混凝土在指定温度下的等价龄期。对于任何特定的混合料，不管养护时间和温度的组合函数是什么样的，相同成熟度的同批次混凝土将具有大致相同的强度。

成熟度的常用定义式由 Nurse-Saul 提出，如式(6-11)所示：

$$M(t)=\sum(T_a-T_0)\Delta t \tag{6-11}$$

其中 $M(t)$ 是龄期 t 的成熟度；Δt 为时间间隔，以天或小时为单位；T_a 为每个时间间隔内的平均混凝土温度，以℃或℉为单位；T_0 为基准温度，以℃或℉为单位。在该定义式中，必须建立测量温度的基准点，具体方法请参见 ASTM C 1074 和 C 918。

另一种定义成熟度的方法是将成熟度表示为特定温度 T_s（以天或小时为单位）下的等效年龄 t_e。基于反映化学反应速率与温度关系的 Arrhenius 公式，Freiesleben，Hansen 和 Pederson 提出了以下表达式：

$$t_e=\sum e^{-Q\left(\frac{1}{T_a}-\frac{1}{T_s}\right)}\Delta t \tag{6-12}$$

普遍认为公式(6-12)的等效龄期概念比公式(6-11)的时温关系更具有代表性，但无论如何定义成熟度，都可建立它与混凝土强度的经验回归公式。通常情况下，混凝土的强度与成熟度的半对数值线性相关，如图6-45所示，由此得到广泛认可的半对数线性模型：

$$S_m = a + b\log m \tag{6-13}$$

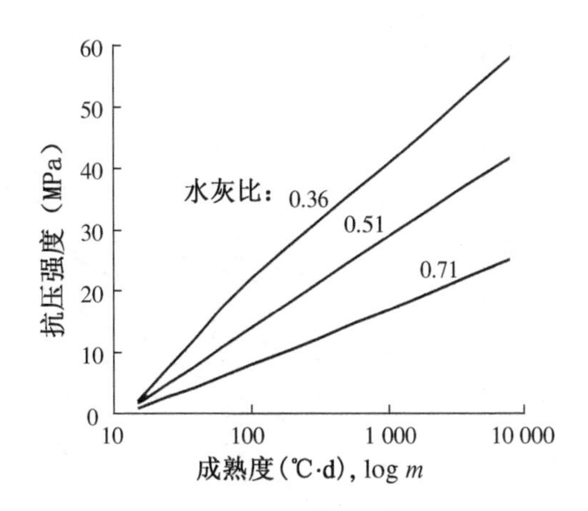

图6-45　某混凝土抗压强度与成熟度半对数值的关系

其中 S_m 是成熟度 m 时的抗压强度

成熟度 m 可用式(6-11)中的 $M(t)$ 或式(6-12)中的 t_e 来表示。当以等效龄期 t_e 表示 m 时，a 代表在特定温度 T_s 的某一天中混凝土的强度。当以 $M(t)$ 表示 m 时，a 没有物理学意义。a 和 b 随着所用材料以及混合比例的变化而变化。在一系列给定的材料中，a 易受水灰比影响，而 b 不会。常数 a 和 b 可以在试验开始时根据材料的类型确定。之后 a 可以基于早期圆柱体试件强度来重新计算。因此，对于被测混凝土，其后期混凝土强度 S_m 可以通过以下公式进行推定：

$$S_M = S_m + b(\log M - \log m) \tag{6-14}$$

其中 M 是后期的成熟度，S_M 是在成熟度 m 时的强度。

与单纯地根据龄期预测混凝土强度的经验回归公式相比，使用成熟度的概念更为合理，因为它综合考虑了时间和温度这两个影响水泥水化的最重要因素，但该法也存在诸多缺陷。首先，成熟度函数中未考虑养护过程中湿度的影响，而这一因素实际上不容忽视；当养护期间的温度变化较大时，使用成熟度指标预测也会导致较大误差。很显然，混凝土强度的增长是一个非常复杂的过程，任何人都不能将基于经验回归的公式视为某种物理定律。

当然，相比于龄期，成熟度概念更合理，它可用于事后推定结构中混凝土之前某个龄期的强度。这可以通过后期测量芯样强度，然后使用某一个成熟度函数来估计其较早期的强度。此外，成熟度概念还可用于估计在低于正常温度时合适的混凝土拆模时间。

3. 水泥

普通混凝土的强度主要取决于水泥石的强度和界面粘结强度，两者除受水灰比控制外，还与水泥的矿物成分和细度密切相关。水泥石的强度主要来自硅酸三钙(早期强度)和硅酸二钙(后期强度)的水化。

水泥细度对混凝土强度发展的影响也相当大，因为水化速率通常随着细度的增加而增加，并导致混凝土强度增长更快。图6-46为某水灰比为0.4的混凝土不同龄期的强度随水泥细度的变化情况。通常，水泥的最大粒径约为50 μm，有约10%～15%的水泥颗粒不到5 μm。显然，直径小于3 μm的颗粒对1 d强度影响最大，而3～30 μm的颗粒主要影响28 d强度。尽管更多的细颗粒可促进强度的快速发展，但工程中应避免使用极细的水泥。颗粒很细时，混凝土的需水量变大，而水泥易结块团聚，这将可能导致局部水灰比过高，并在后期会产生显著收缩。另一方面，有证据表明，直径大于60 μm的颗粒对强度几乎没有帮助。

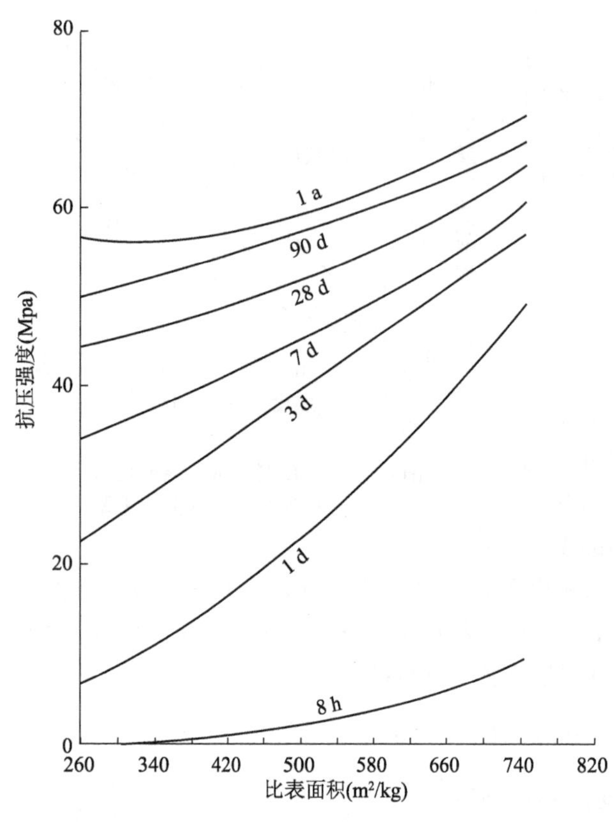

图 6-46　水泥细度对混凝土强度的影响(水灰比 0.4)

必须认识到,水泥固有的变异性加剧了混凝土强度的变异。据估计,水泥质量的变异引起的混凝土强度变化幅度可达5%以上,对高强混凝土的影响更大。为确保工程可靠度,在配合比设计时应采用更高的平均强度作为混凝土的设计强度。

4. 矿物掺和料

使用矿物掺和料可改变硬化水泥浆体的结构,并可能改变界面过渡区的结构。对普通强度混凝土而言,以粉煤灰和高炉矿渣部分替代水泥,混凝土早期强度的增长可能会变慢,而长期强度会增加。火山灰、微硅粉等通常用来提高混凝土的强度,即使在水灰比不变的情况下也有效果。微硅粉不仅能与水泥石中的氢氧化钙结合,还可填充水泥颗粒的间隙,减少可能引起裂缝的缺陷区域。微硅粉的火山灰反应和填料效应也可以增加混凝土强度并大大降低界面过渡区的孔隙率。掺加少量磨细的石灰石粉也可增强 ITZ 并使混凝土更加密实,这对混凝土的强度与抗渗性能均有促进作用,它是由微集料效应、微晶核效应以及其特定的化学活性(与含铝相反应碳铝酸盐等)综合作用的结果,因此石灰石粉常用于高强混凝土中。

5. 化学外加剂

化学外加剂通常对混凝土强度的影响很小,除非它们能影响混凝土的水灰比或空隙率。如引气剂增加了混凝土的空隙率可能会降低混凝土的强度。但是引入的气泡可能降低了混凝土的用水量,对低水泥用量的混凝土,在保持工作性不变时使用引气剂其强度反而增加。在混凝土中使用减水剂与超塑化剂,即使保持水灰比不变,混凝土的强度都会增加。这是因为它们可以使水泥颗粒分散均匀从而水化程度更高,同时减水剂还可消除混凝土内的大空隙,减少了内部缺陷。促凝剂与缓凝剂对混凝土强度增长速率的影响很大。需要强调的是,混凝土早期强度增长率的下降通常会导致更高的长期强度,而初期强度的快速增加则往往会导致混凝土的长期强度降低。

6. 集料

虽然水灰比是影响混凝土强度的最重要因素,但集料的因素也不能忽略,特别是它们对混凝土拉伸和断裂性能的影响。对于普通混凝土,最重要的参数是集料的形状、纹理和最大粒径。集料的强度本身并不那么重要,因为集料通常比水泥石强得多。但对轻集料或高强混凝土而言,集料的强度则十分重要,因为这些混凝土中水泥石的强度相对于集料来说已经很高。

集料的表面纹理会影响集料与水泥石的粘结以及微裂缝产生所需的应力。因此，集料的表面纹理可能影响应力-应变曲线的形状，但对混凝土抗压强度值影响不大。由于表面纹理会影响混凝土的抗拉强度和抗弯强度，混凝土弯曲和抗压强度之间的比值取决于集料的类型。在混凝土的断裂行为中，集料的类型是主导因素。在低水灰比时，碎石由于与水泥浆粘结较好，可以提高混凝土强度，但这种效应随着水灰比的增大会逐渐消失，如图 6-47 所示。然而，如果考虑混凝土的工作性，这两种集料的差异就变得无足轻重，因为光滑集料的需水量较低，这可降低水灰比，从而弥补粘结强度较低的影响。

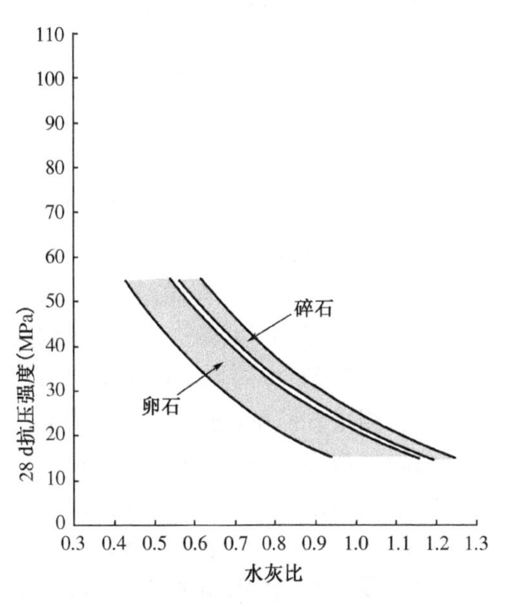

图 6-47　卵石与碎石对普通混凝土 28 d 抗压强度的影响

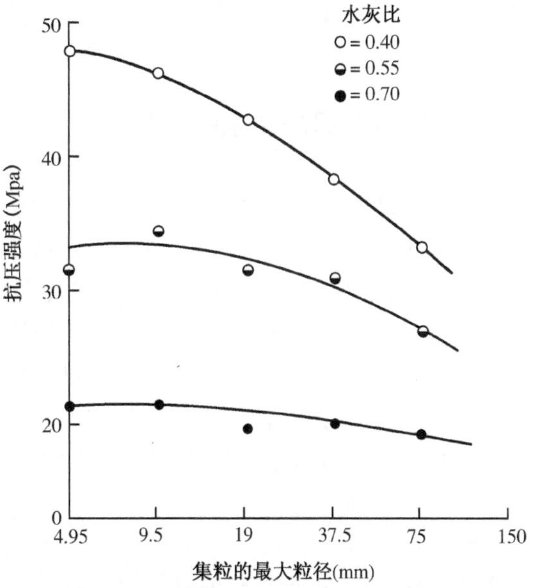

图 6-48　最大粒径对三种不同水灰比的普通混凝土 28 d 抗压强度的影响

较大粒径的集料对强度的影响是多方面的。在压缩状态下，大颗粒易产生较大的应力集中，从而导致抗压强度降低。此外，较大的集料颗粒能抵抗水泥浆体的体积变化，这可能会引起水泥石中出现附加应力，从而导致混凝土强度降低。图 6-48 显示了最大集料粒径对三种不同水灰比的混凝土强度的影响。图中所示的混凝土，其工作性随着粗集料尺寸的增加而增加。然而，如果在水泥用量不变的情况下降低含水量，则粗集料粒径对强度的负面影响是可以抵消的。集料粒径较大的混凝土更易离析从而表现出更大的变异性。

在通常含量范围内，集料体积分数的改变会影响浆集比从而对混凝土的强度产生较大影响。在保持混凝土工作性不变时，混凝土的强度主要取决于水泥用量，因为随着集料最大粒径的增大，混凝土的需水量也会减少。这对素混凝土和加气混凝土都是适用的。使用更大粒径的集料和增加粗集料含量通常会导致混凝土的拉伸强度和断裂能增加，这是因为裂缝桥接的倾向更大，同时裂缝在集料颗粒周围传递的路径更长。但是在断裂时集料的力学性能更为重要，强度较高的集料能显著提升混凝土的断裂性能。

6.6 混凝土的弹性模量

弹性模量是材料在弹性阶段的应力应变比。从材料的弹性特性可衡量其刚性，而通过刚度变化可以推断材料在环境与荷载作用下的损伤程度。尽管混凝土表示出非线性行为，其弹性模量的大小决定了与环境效应引发的应力水平。弹性模量也是混凝土结构计算的必备参数。

6.6.1 混凝土弹性模量的测量

根据弹性模量的定义，应力应变曲线起始段的切线斜率与此最为接近。但初始切线模量只反映小应力或应变下的力学行为，一般不用作混凝土结构的设计指标。由试件振动基本频率确定的动态弹性模量是对初始切线模量的较合理估计。考虑到试验误差，通常取混凝土应力-应变曲线上应变等于 0.000 05 处的斜率值作为弹性模量，并以该应变作为弦线模量的下限点，弦线模量和割线模量的上限点都是 40%抗压强度所对应的点。相比于初始切线模量，弦线模量是一种相对比较保守的模量值，且更容易测量。但是，弦线模量低估了应力水平超过 40%抗压强度时混凝土产生的附加应变。当附加应力较小时，某点的切线模量反而能更好地描述混凝土的力学响应。弹性剪切模量 G 不是通过直接测量得到的，而是根据弹性关系由 $G=E/(2(1+\gamma))$ 求出。通过逐级加载卸载方式得到的模量为回弹模量。在动态荷载作用下，得到材料的动态弹性模量。与混凝土强度受加载速率的影响相同，混凝土的弹性模量测试值随加载速率的增大而增大，一般地，动态条件下的测试结果比静态条件下的模量高 20%～30%，当然具体幅度取决于混凝土的强度。动态弹性模量可在耐久性试验或原位测试中初步判断混凝土的安定性。当需要考虑结构所承受动态荷载作用如地震或冲击时，采用动态模量值更为合理。

6.6.2 混凝土弹性模量的理论预测

混凝土的弹性模量与抗压强度和密度有关。因此影响强度的因素理论上也会影响模量，其中最主要的因素是孔隙率。研究表明，水泥浆的弹性模量与胶空比的三次方成正比，可用毛细孔隙率表示成：

$$E_p = E_g (1 - P_c)^3 \tag{6-15}$$

其中 E_p 水泥浆的弹性模量，E_g是零孔隙硬化水泥石的弹性模量，P_c为毛细孔隙率。类似的关系也适用于剪切模量 G。对普通的硅酸盐水泥，E_g大约为 29 GPa，G_g约为 12 GPa。

混凝土的弹性模量为各相弹性特性的函数。通常可将混凝土视为由基体水泥石和集料组成的两相复合材料。两相材料最简单的连接方式为并联和串联。并联模式(Voigt)下两相材料处于等应变条件，而串联模式下(Reuss)两相材料则是等应力条件，这两种状态分别

表 6-7　普通混凝土及其组分的弹性模量

材料	普通混凝土及其组分的弹性模量范围(GPa)	
	普通集料	轻集料
集料	70～140	14～35
水泥石	7～28	7～28
普通混凝土	14～42	10～18

对应了弹性模量参数的上限解与下限解。当然这两种极端情况都是不符合实际,因为混凝土的各组分不可能处在等应力或者等应变条件下。等应力模型会导致其弹性模量被低估约10%,而等应变模型则会高估其模量。因此研究者们提出了新的模型,典型的有 Hirsch、Counte、Hashin-Shtrikman 等模型。表 6-8 列出了几种简单的两相模型,其中 x 和 $1-x$ 分别是材料属于上下限解的比例,一般 x 可取 0.5。图 6-49 为几种常用模型的预测结果对比。

表 6-8　预测混凝土弹性模量的常见两相模型

模型名称	模型名称与结构*	模型特性	模量预测公式**
并联模型		等应变模型,上限解。用于嵌入硬质基质的软颗粒,例如低密度集料混凝土	$E_c = V_p E_p + V_a E_a$
串联模型		等应力模型,下限解。用于嵌入软基质的硬颗粒,例如普通密度集料混凝土	$\frac{1}{E_c} = \frac{V_p}{E_p} + \frac{V_a}{E_a}$
Hirsch 模型		Voigt 与 Reuss 串联	$\frac{1}{E_c} = x\frac{1}{V_p E_p + V_a E_a} + (1-x)\left(\frac{V_p}{E_p} + \frac{V_a}{E_a}\right)$
Counto 模型		一般适用于集料密度全范围	$\frac{1}{E_c} = \frac{1-\sqrt{V_a}}{E_p} + \frac{\sqrt{V_a}}{(1-\sqrt{V_a})E_p + \sqrt{V_a}E_a}$

注: * 模型结构中,阴影部分代表碎料,空白面积代表水泥石基体;
** E_p、E_a分别为水泥石和集料的弹性模量;V_p、V_a水泥石基体和集料的体积分数。

鉴于两相模型未考虑第三相 ITZ 的影响，基于混凝土的特点，人们发展三相甚至更多相的弹性模量预测模型。当然，更全面地描述混凝土的力学行为，不仅要考虑界面过渡区的影响，还要考虑集料相的形状、级配、空间分布等因素。近几十年来，基于平均意义上的细观力学原理，人们发展了许多新的模型，用于预测混凝土的弹性模量，较为成熟的方法有 Eshelby 等效夹杂理论、Mori-Tanaka 方法、稀疏分布模型、自洽方法等。其中，自洽方法建立在混凝土内部应变能等价的前提下，既满足应力平衡的条件，又符合基体间变形连续性的要求，可相对更为精确地预测混凝土弹性模量。

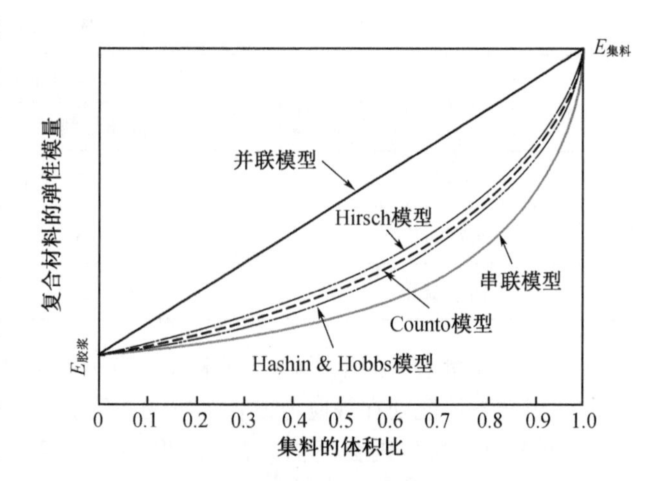

图 6-49 常用理论模型的预测结果对比

6.6.3 混凝土弹性模量的实际预测

理论模型可用于描述弹性模量的影响因素并帮助我们理解混凝土的力学行为，但不能直接用于结构设计。在结构设计中，混凝土的弹性模量必须基于已有实测信息，如根据混凝土强度和密度等进行预测。

基于大量试验结果，很多规范均给出了混凝土弹性模量的经验公式。ACI 318 使用的经验公式为：

$$E_c = 0.043 w_c^{1.5} \sqrt{f'_c}\ \text{MPa} \tag{6-16}$$

其中 E_c为割线弹性模量(应力为 45%强度处)，w_c为混凝土的单位质量(kg/m^3)，f'_c为标准圆柱形试件(150×300 mm)的抗压强度(MPa)。

在 BS8110 中，弹性模量可根据立方体抗压强度值 f_c 估算，公式为：

$$E_c = 9.1 f_c^{0.3}\ \text{MPa} \tag{6-17}$$

上述公式适用于普通混凝土(密度约为 2 320 kg/m^3)，对于密度在 1 400～2 320 kg/m^{3}的混凝土，经验公式变为：

$$E_c = 1.7\rho^2 f_c^{0.33} \times 10^{-6}\ \text{MPa} \tag{6-18}$$

式中，ρ 为混凝土的密度，单位为 kg/m^3。

值得一提的是，水分对模量的影响较大，并且有别于它对强度的影响。一般地，饱和混凝土的强度会低于干燥混凝土，而模量却正好相反。与含水率相比，混凝土的弹性模量受集料含量和性能的影响要大得多。

结构设计中也会用到泊松比，该参数通过在单轴压缩试验或劈裂试验同时测试纵横向应变再结合定义式计算得到。静态荷载作用下混凝土的泊松比一般在 0.15～0.2 之间，饱水混凝土的泊松比则在 0.2～0.3 之间，高强混凝土的泊松比一般较低。采用动态方法确定的泊松比值一般偏大，均值约为 0.24。

6.7　混凝土的收缩与徐变

体积稳定性通常指材料在较长时间内保持其大小、形状和尺寸的能力。体积稳定性良好的材料通常不会出现结构性问题。在服役期内，混凝土即使未受外荷载作用，其总体体积与局部体积都会发生变化，表现为收缩和徐变，这主要是环境因素、内部水化作用和自重的综合作用所致。混凝土的收缩变形可能是整体或局部的，按原因可分为塑性收缩、化学收缩、自收缩、干燥收缩、碳化收缩和温度收缩等。塑性收缩、化学收缩、自收缩多发生于极早龄期的混凝土，此前已专门论述。徐变是在自重或恒定外载荷长时间作用下导致混凝土的累积体积变化或变形如图 6-50 所示。当然，把握混凝土在外载荷作用的瞬时弹性或非弹性变形也很重要。

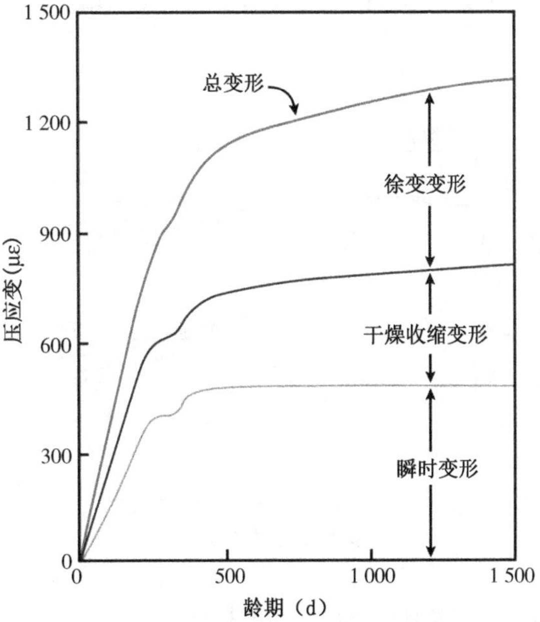

图 6-50　某高层建筑钢筋混凝土柱的应变发展曲线

为方便起见，体积变化的大小通常用线性长度而不是体积单位表示。单位长度变化通常表示为 m/m 或 ft/ft 或百分比。通常混凝土的体积变化很小，而单位长度变化从大约十万分之一到万分之一。

6.7.1　混凝土的干燥收缩

干燥收缩专指硬化状态的混凝土，指硬化混凝土因失水干燥引发的体积减小。混凝土收缩时会在混凝土内部产生应力。以圆柱体自由试件为例，由于混凝土表面干燥更快，其内部与外部必然存在差异收缩，这种差异会在混凝土中形成内部压缩和外部拉伸的不均匀的应力分布，如图 6-51 所示，这种差异分布也称为收缩的自平衡应力。自平衡应力可能对弯曲强度和劈裂强度测量值有一定影响。自平衡应力的存在将导致混凝土的真实弯曲强度下降，而使劈裂试验测试值增

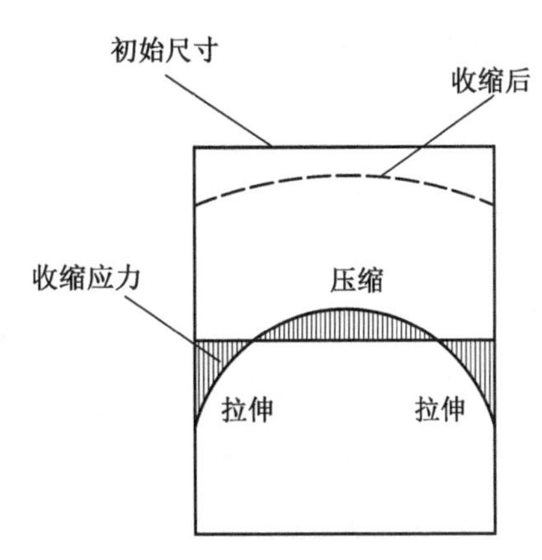

图 6-51　收缩在圆柱体混凝土件的引发自平衡应力示意图

加。除了通过差异收缩建立的自平衡应力之外，如果构件在发生收缩的方向上受限，则在构件内部将产生较大的拉伸应力。由于收缩引起的拉伸开裂可发生在受限制的任何构件中，因此必须对其进行严格控制。

保湿养护的混凝土，由于凝胶体中胶体粒子表面吸附水膜的增厚，胶体粒子间的距离增大，混凝土会产生微小的膨胀，这种湿胀对混凝土无不利影响；当混凝土在空气中硬化时，首先失去自由水，继续干燥时导致混凝土产生收缩变形，如图 6-52 所示。干燥收缩后的混凝土若再吸水时，其收缩变形大部分可以恢复，但有 30%～50%是不可逆的，并且随着干湿循环的交替不可恢复的收缩量也会逐渐增加，如图 6-53 所示。

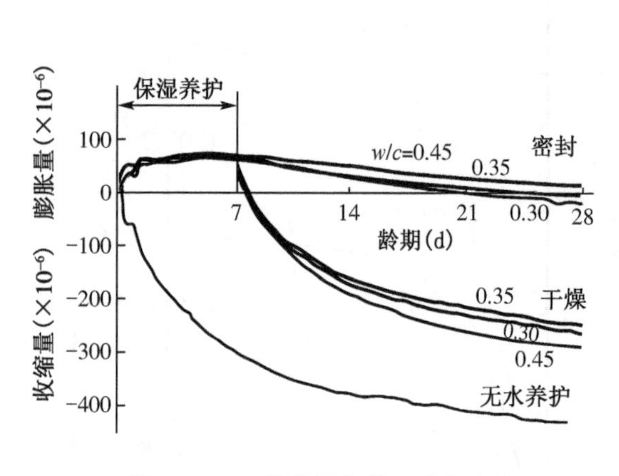

图 6-52　不同养护条件下混凝土的体积变形发展曲线

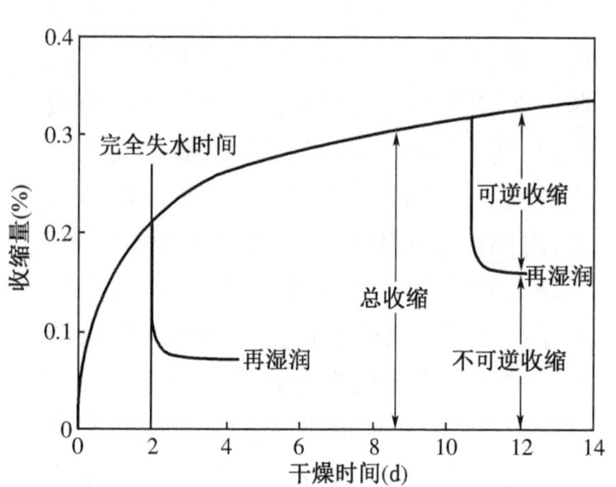

图 6-53　某砂浆试件不可逆收缩与总收缩量随干燥时间的发展曲线

1. 混凝土干燥收缩的机理

通常认为，造成混凝土干燥收缩的机制有四种：分离压力、毛细张力、表面能变化和层间水迁移。混凝土干缩是多重因素交互作用的结果，到底哪种机理起主要作用，主要取决于干燥条件与内部相对湿度分布。通常认为，在内部相对湿度较高的区间，分离压力与毛细孔张力占主导。当然不同的研究者看法各异，表 6-9 列出了一些学者所主张的收缩机制与对应的相对湿度范围。

表 6-9　不同研究者提出的混凝土干燥收缩机制汇总

收缩机制	机理提出者	相对湿度范围(%)
分离压力	Powers(1965) Wittman(1968)	0～100 40～100
毛细管张力	Powers(1965) Ishai(1965) Feldman 与 Sereda(1970)	60～100 40～100 30～100
表面能(表面张力)	Ishai(1965) Wittman(1968) Feldman 与 Sereda(1970)	0～40 0～40 30～100
层间水移动	Feldman 与 Sereda(1970)	0～40

分离压力与C-S-H表面的吸附水有关。在所有相对湿度下，C-S-H都会吸水，所吸收的水随着湿度的增加而变厚。C-S-H凝胶骨架组装成形过程中，范德华力会吸引邻近的粒子并使它们的相邻表面保持密切接触。而当相对湿度超过100%时，表面可形成连续水膜，如图6-54所示。当两层的间距因范德华力而受限制时，则C-S-H表面之间吸收的水分子会产生压力，从而导致膨胀。这种压力称为分离压力。当系统的相对湿度降低时，相应地分离压力会降低，并且相分离的表面将再次通过范德华力更加靠近，并导致体积或收缩的减小。当相对湿度高于75%时，分离压力在收缩中起重要作用，而相对湿度低于45%时，分离压力对收缩没有影响。

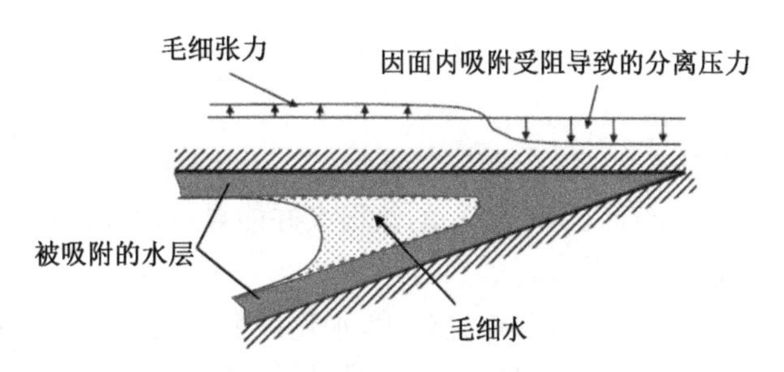

图6-54 硬化水泥石毛细孔中水产生的作用力示意图

引起混凝土失水收缩的第二个机制是毛细管张力效应，这与干燥过程中毛细管中水的弯液面有关。混凝土在失水前，毛细孔中液体处于静力平衡状态。随着水分蒸发，弯液面下降且其曲率变大，液体表面张力增加，这导致固相产生等量的静水压力，使得毛细管壁更加靠近，宏观表现为体积的缩减。毛细管中弯液面形成的张力效应可通过开尔文方程和拉普拉斯方程导出，开尔文方程如式(6-19)所示：

$$\ln(RH) = -\frac{2\sigma}{r}\frac{M}{vRT}\cos\theta \tag{6-19}$$

式中 RH 为相对湿度，σ 为与空气接触界面上水的表面张力，M 是水的摩尔质量，θ 是水与固体的接触角，r 是孔的半径，v 是水的密度，R 理想气体常数，T 表示开尔文温度。

根据拉普拉斯方程

$$\Delta p = p_c - p_v = \frac{2\sigma}{r}\cos\theta \tag{6-20}$$

式中 p_c 是孔隙中水的毛细管张力，p_v 是蒸汽压力，Δp 是吸水压力。

将开尔文方程代入拉普拉斯方程，可得式(6-21)。

$$\Delta p = -\frac{vRT}{M}\ln(RH) \tag{6-21}$$

由式(6-21)可见，吸水压力随着内部湿度的降低而增加，相应地对孔壁的压缩作用也更强。对一些低水胶比和失水现象较严重的混凝土，因其毛细管可能无法稳定地存在，采用该公式预测时会有较大的偏差。

在相对湿度大于50%时，固体表面失水，并不会引起表面自由能的改变。当相对湿度低于45%时，吸水压力将不存在，因为此时分离压力和毛细管力已不复存在。继续干燥时固体表面将仅失去厚度一至两个分子层的强吸附水，此时固体的表面自由能开始显著增加。液滴由于其表面张力(表面能)而处于流体静压力下。这种压力可以描述为

$$p_{\text{mean}} = \frac{2\gamma S}{3} \tag{6-22}$$

其中 p_{mean} 是平均压力(J/m^2)，S 表示固体的比表面积(m^2/g)。C-S-H 的比表面积约为 400 m^2/g，因此 p_{mean} 的值很大并能导致固体的压缩变形。这就是因表面能变化导致干缩的机制。

层间水迁移理论认为，水化硅酸钙凝胶、硫铝酸钙等具有层状结构，随着环境相对湿度降低，混凝土由外向内形成能量梯度，驱使层间水向外层迁移导致收缩变形。层间水迁移引起混凝土的体积缩减是影响混凝土干缩的重要原因，但普遍认为只有当相对湿度低于 11% 时，迁移才会发生，而通常情形下，混凝土结构的层间水不会失去。

需要说明的是，上面讨论的干燥收缩机制主要用于解释可逆的干燥收缩。可逆意味着在干湿循环过程中结构不会发生不可恢复的变化，这实际上是不可能的，至少对首个干湿循环来说是如此。首个干湿循环会增加孔隙率，使之前未相互连通的毛细孔相互连通，这会降低毛细管张力效应，而彼此靠近的表面上因强吸附水或层间水的移动，会在内部粒子间形成一些新的链合，这导致更为稳定的状态和系统总表面能的降低。不可逆干缩与养护温度、干燥历程等密切相关，它可能源于不稳定的无定形 C-S-H，目前相关研究有待深入。

2. 混凝土干燥收缩的主要影响因素与控制

混凝土的干缩与组成材料及其配合比、几何尺寸等密切相关，最终干燥收缩量主要取决于混凝土的初始含水量和周围环境的相对湿度。收缩应变与时间有关，约 90% 的最终收缩量发生在第一年。随着混凝土表面积与体积比的增加，收缩的速率和总收缩量均会增加，这是因为表面积越大，水分蒸发的速度就越快。普通混凝土构件的收缩应变值范围为 0.000 4～0.000 7，而钢筋混凝土构件收缩应变在 0.000 2～0.000 3 之间，这意味着配筋有助于减少收缩。

(1) 骨料的含量与刚度。骨料在混凝土中形成骨架，可抑制收缩，因此混凝土的干燥收缩量远小于纯水泥石。水泥净浆的干燥收缩可达 4.0 mm/m，而一般混凝土的干燥收缩约为 0.3～0.6 mm/m。混凝土中骨料含量越高，骨料的刚度越大，混凝土的干燥收缩值越小，它们之间存在经验关系：

$$\varepsilon_{\text{pcc}} = \varepsilon_{\text{hcp}}(1 - V_{\text{agg}})^n \tag{6-23}$$

式中，ε_{pcc}、ε_{hcp} 分别为混凝土和水泥石的收缩量，V_{agg} 为混凝土中集料的体积分数，n 是与集料弹性模量和泊松比密切相关的常数，通常取值范围约为 1.2～1.7。由式可知，混凝土中集料体积分数的变化对混凝土的干燥收缩量有较大影响，而卵石和砂岩制备的混凝土干燥收缩量通常均较大。当然，即便是同一类岩石，由于产地不同，所得到的混凝土干燥收缩量差别都很大。因此，根据试验结果无法得到石料类型与混凝土干燥收缩的通用关系式。

(2) 水泥的用量、细度与品种。水泥用量越多，水泥石含量越多，干燥收缩越大；增加用水量和水灰比均会导致混凝土的干燥收缩量增大，如图 6-55 所示；水泥的细度越大，混凝土的用水量就越多，相应的干燥收缩也越大，如微硅粉混凝土。使用火山灰质材料时会导致混凝土的用水量增加，因此干燥收缩量较大，而使用粉煤灰时，干燥收缩量会减少。

（3）施工与养护。混凝土捣固得愈密实，其干燥收缩值愈小。混凝土养护湿度越高，养护时间越长，就越有利于推迟混凝土干燥收缩的产生和发展，避免混凝土在早期产生较多的干燥收缩裂纹。采用普通蒸养也可以减少混凝土的干燥收缩，压蒸养护的效果更为显著。

（4）构件的几何形状。试件或构件的表面积与体积之比值越大，干燥收缩值也会越大，混凝土内部湿度扩散的路径越长，干燥速率越低，混凝土的干燥收缩值越小。

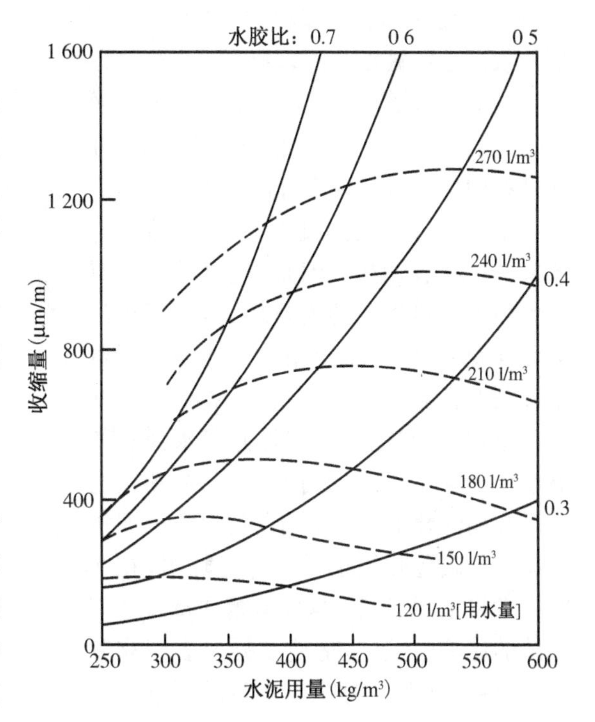

图 6-55　水泥用量与水胶比对干燥收缩的影响诺模图

了解了混凝土干燥收缩的影响因素，在工程中就可从以上几方面采取相应的措施，以减少或抑制混凝土的干燥收缩。实践证明，使用膨胀混凝土或收缩补偿混凝土是很好的解决方案。减少收缩的另一种有效方法是使用钢筋。钢筋不会干燥收缩，它通过与混凝土的粘结来抑制混凝土的收缩。在约束过程中，钢筋中产生压应力，混凝土中产生拉应力，两者的合力是平衡的。在使用钢筋来减少收缩时，必须注意混凝土中产生的拉应力水平，以确保其不超过拉伸强度。在钢筋截面积一定时，较细的钢筋优于粗钢筋，而弥散式分布的钢纤维则使混凝土具有更好的抗开裂能力和断裂韧性。实际上，工程中经常使用纤维来抑制收缩。在混凝土中添加纤维，不仅可以减少收缩，更重要的是，由于混凝土和纤维之间的粘合，还可以控制收缩裂缝宽度。对早期收缩裂缝的控制，经常使用聚合物纤维。近些年来，使用减缩剂来控制收缩率也受到重视。混凝土的减缩剂一般为聚醚、聚醇、低聚烷基环氧化合物。减缩剂可以降低水泥石中孔溶液的表面张力，进而减小在不饱和毛细孔中因弯液面引发的内外压力差，从而降低混凝土的早期收缩。但一些减缩剂会明显影响水泥的早期水化过程，影响混凝土早期力学性能的发展而导致强度折减，而且减缩剂往往与其他外加剂之间还可能存在相容性问题，加之减缩剂普遍较贵，这都导致减缩剂在实际工程中未得到大范围的应用。

6.7.2　混凝土的碳化收缩

混凝土的碳化收缩指大气中的二氧化碳在潮湿条件下与混凝土中的水化产物发生化学反应而伴随的体积收缩。碳化收缩只有在湿度约 45%～70%的情况下才会显著发生，如图 6-56 所示。混凝土的碳化收缩是由表及里的缓慢发展过程，碳化速度取决于混凝土的含水量、周围介质的相对湿度以及二氧化碳的浓度。

碳化首先发生于氢氧化钙与CO_2之间，反应生成碳酸钙。氢氧化钙的浓度降低使水泥石的碱度下降，继而有可能使C-S-H与CO_2缓慢反应生成C/S比更低的水化硅酸钙和碳酸钙，并使钙矾石分解，在此过程中伴随着出现不可逆的体积收缩。

密实度较高的混凝土，其碳化收缩一般仅发生在表面层。但是，随着辅助胶凝材料特别是粉煤灰的大量掺入，混凝土的碳化问题不容忽视。碳化收缩本身对混凝土开裂的影响不大，因为它一般仅发生在表面层，其主要危害是它降低了水泥石的碱度而不利于钢筋的防腐。当然，碳化与干燥收缩的叠加有可能引起混凝土的严重开裂。但碳化收缩也并不全是坏事，在实践中常将预制混凝土构件暴露在富含二氧化碳的环境中，这就是使混凝土表面充分碳化收缩，以提高构件在干湿循环过程中的体积稳定性。

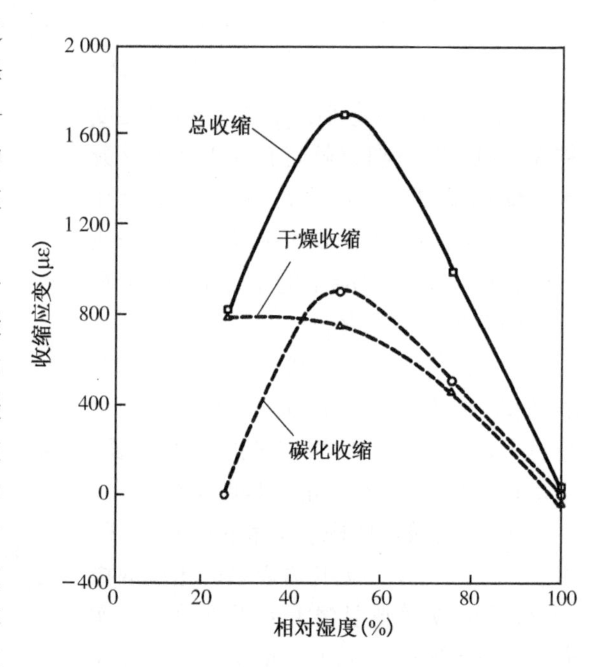

图 6-56　某砂浆在不同相对湿度下的干燥收缩与碳化收缩

6.7.3　混凝土的温度变形

如同绝大多数建筑材料，混凝土也具有热胀冷缩的特性。随着温度的下降而发生的体积收缩变形即为混凝土的温度收缩。混凝土温度收缩的大小与其热膨胀系数、混凝土内部的最高温度和降温速率等因素有关。高强混凝土早期水化的速度快，水化放热量大，温度收缩应力大，与普通混凝土相比更容易发生温度收缩开裂。混凝土的线收缩系数与其组成材料特性与比例以及混凝土的含水量相关，通常可按下式估算其大小：

$$\alpha_c = \alpha_{hcp} - \frac{2V_g(\alpha_{hcp} - \alpha_g)}{1 + n + V_g(1 - n)} \tag{6-24}$$

式中，α_{hcp}、α_g 分别为硬化水泥石与集料的线收缩系数，V_g 为混凝土中集料的体积分数，n 为硬化水泥石与集料的劲度比或弹性模量比。α_{hcp} 与 n 均与含水量有关。

通常，水泥石的线收缩系数约为$(15\sim20)\times10^{-6}$/℃，集料的线收缩系数与岩石类型有关，多数在$(4\sim12)\times10^{-6}$/℃之间。因此，混凝土的线收缩系数约为$(6\sim12)\times10^{-6}$/℃，设计中通常取0.000 01/℃，即温度升高1℃，长1 m的混凝土膨胀或收缩量可达0.01 mm。因此，对于纵长混凝土结构，如挡土墙或水泥混凝土路面，为降低混凝土干燥收缩和温度变形的危害，在结构构造中均应设置胀缝与缩缝，并在混凝土中配置足够的钢筋以约束体积变形。

6.7.4　混凝土的徐变变形

1. 混凝土的徐变

蠕变指恒定载荷作用下材料的变形随时间不断增长的现象，在混凝土工程中通常称为徐变。混凝土的典型徐变曲线如图 6-57 所示。混凝土试件的总变形包括瞬时变形和徐变应变，混凝土徐变变形的增长速率通常随时间不断减小并逐渐达到稳态，混凝土极限徐变量的约 75%发生在第一年。混凝土的徐变一般比同应力下的弹性应变大 2～4 倍。

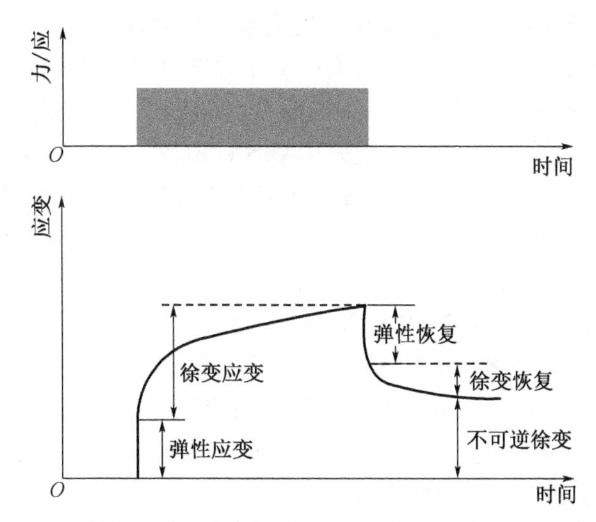

图 6-57　静态蠕变试验与卸载过程中混凝土的变形曲线示意图

通常认为，混凝土的徐变与干缩是两个有内在关联且有很多相似之处的现象。徐变应变与干缩应变随时间发展的曲线极为相似且量级相当，它们都包含相当大比例的不可恢复变形。影响收缩的因素也会以同样的方式影响徐变。如同干缩过程中一样，徐变主要源于水泥石，在徐变过程中，集料对水泥石的徐变起限制作用。

徐变也是典型的与时间相关的行为。当材料表现出与时间有关的行为时，它会以多种方式影响结构的行为。徐变的产生可减小或消除混凝土内的应力集中，使混凝土内部的应力分布更为均匀，对大体积混凝土，徐变还能抵消因干燥收缩和温度变形所引起的部分应力。徐变对钢筋混凝土和预应力混凝土的影响表现在以下几方面：

(1) 由于徐变效应，钢筋混凝土结构的长期变形可能明显大于短期变形。例如，由于徐变的延迟效应，钢筋混凝土梁的长期变形可能比初始变形大 2～3 倍。因此，在设计过程中梁必须具有足够的刚度，以确保梁体变形满足长期要求。对于大型结构，还需要检查结构不同部位的长期差异徐变，以确保结构变形的协调。

(2) 对预应力混凝土，混凝土的徐变和预应力钢筋的松弛均会导致预应力损失，收缩和蠕变引起的预应力损失百分比可高达 60%。因此，在设计预应力结构时必须考虑到这一点，以确保所施加的预应力足够。即便如此，在某些情况下，还必须对预应力钢筋进行再次张拉以补偿由徐变引起的应力损失。

(3) 对钢筋混凝土柱，徐变可能导致混凝土和钢筋中的应力发生显著的重新分布。由于徐变仅发生在混凝土中，而钢筋不产生徐变，因此徐变过程中钢筋将被压缩而混凝土被拉伸，也即在混凝土中会产生拉应力，而钢筋中则产生压应力。因此，在徐变的影响下，混凝土中的压应力水平会降低，而钢筋的压应力水平则会增加。这种应力重新分布可能导致钢筋中的最终压应力比初始应力值高 2～3 倍。为了防止钢筋中因徐变产生的过高的压应力而导致屈服，在设计过程中必须予以充分考虑，以避免使结构处于危险之中。

此外，在设计中还应考虑由于收缩和徐变引起的构件不对中或长度缩短。否则，建筑净空可能会受到影响。

2. 混凝土的徐变机理

大多数材料的原子或分子在荷载作用下发生重新排列时需要一定时间，这导致蠕变行为。例如，当聚合物承受应力时，聚合物链有产生相对滑动的倾向，链从一个状态(即给定的排列)变化为另一个状态需要一定的时间。当受载时间较长时，链将产生更多运动，从而导致蠕变。对于混凝土，通常认为，徐变主要是由 C-S-H 凝胶层中所吸收的水分子位置重排引起的。徐变应变源于浆料微体积的变形，称为徐变中心，它具有更高的能量。由于外源激励的影响，徐变中心从相对高能态通过较高能量的中间态向相对低能态转变时，徐变中心将变形。徐变中心穿过中间状态的能力取决于中间状态的能量水平和来自外源的能量输入。这些外源激励包括温度、应力(应变能)和含水量的变化。在混凝土中，徐变中心的性质涉及在剪切应力下相邻 C-S-H 颗粒之间的黏性流动或滑移。滑动的容易程度和滑移大小取决于颗粒间的相互作用类型。如果颗粒间为化学键联接，则不会发生滑移。若颗粒间靠范德华力联接，则在某些条件下可能发生滑移。例如，当在 C-S-H 颗粒之间存在足够厚度的水层时，水会降低范德华力并导致颗粒之间发生滑移。

在混凝土中，吸附水从纳米级微孔中扩散到 C-S-H 层间也会导致徐变。分离 C-S-H 颗粒的吸附水膜厚度取决于系统处于平衡状态时的相对湿度。相对湿度为 100%的饱和水泥石，其平衡厚度约为 5 个水分子厚度(约 1.3 nm)。如果两相邻 C-S-H 颗粒的距离小于 2.6 nm，水将把 C-S-H 颗粒推开而达到平衡厚度。如果颗粒位置是固定的，则此时将产生分离压力。因此，纳米尺度孔隙中水的平衡状态由应力和水膜厚度组合确定。在受到外部应力时，施加在水上的分离压力会增加，这使得吸附水必须降低厚度以维持平衡，同时，额外的水从纳米孔扩散到无应力的毛细孔中。该过程导致混凝土的整体变形或徐变。只要毛细孔可以从纳米孔中吸收扩散的水，徐变就能在 100%RH 的饱和样品中发生，这也称为基本蠕变。当外部相对湿度小于 100%时，由于水发生扩散和蒸发，将发展出干燥徐变。干燥徐变比基本蠕变大得多，因为纳米孔隙中水的减少包括干燥与扩散两种机制，这比单一扩散要快得多。

3. 影响徐变的重要因素

通常，混凝土的徐变速率(也即在给定应力水平下的应变增加率)随着施加的应力而增加。徐变行为通常是非线性的。在室温和小于混凝土强度的 50%工作应力水平下，可近似认为混凝土的徐变应变与徐变应力线性相关。蠕变的时间相关性行为可视为热激活过程，并用如式(6-25)所示的率相关过程理论进行描述：

$$\varepsilon_{cr} = C \cdot \sin h \frac{V\sigma}{RT} \tag{6-25}$$

式中，C 为常数，V 为激活体积，R 为气体常数，T 为温度(绝对温标)，σ 为蠕变应力。

如前所述，混凝土的徐变与干缩是两个有内在关联且有很多相似之处的现象，导致混凝土干燥收缩增大的因素也会以同样的方式影响蠕变的参数。因此，除了受应力水平和龄期影响外，影响混凝土徐变的主要因素有：(1)水灰比，水灰比越高，吸附的水越多，徐变量越高。(2)骨料特性，由于收缩和蠕变均来自水泥浆，集料对浆料起抑制作用，较硬的集料将提供更高的抑制效果，较高的体积分数都会使得混凝土的徐变量均变小，因此导致更小的徐变。(3)理论厚度，理论厚度为与大气接触的截面积与半周长之比。由图 6-58 可见，截面积相同的结构，理论厚度越大意味着与大气的接触面越小。这意味着，水从内部迁移到大气中的距离更长，扩散或迁移更加困难。因此，理论厚度越大徐变和收缩越小。(4)温度，在温度不高于 80℃ 时，徐变量随温度的升高基本上呈线性增加，80℃ 时的徐变量约为室温下(20℃)徐变量的 3 倍，更高温度下的徐变缺乏数据。(5)相对湿度，相对湿度越高，干燥收缩与徐变越低，这是因为空气相对湿度的增加会减缓水分迁移的相对速率。

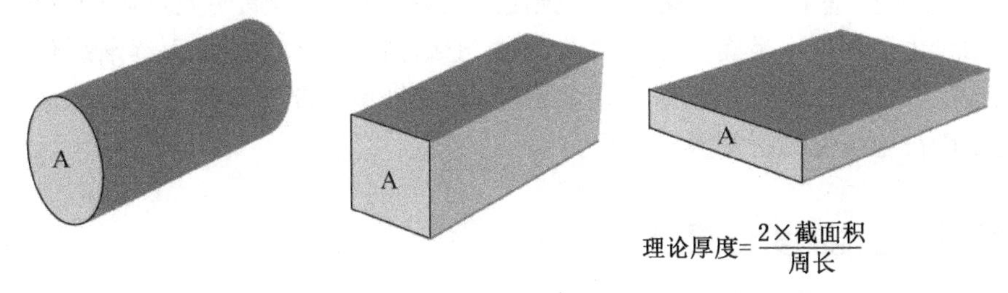

图 6-58　具有相同截面积而周长不同的三种构件示意图

以上总结了混凝土徐变的影响因素。我们知道，蠕变变形通常分为可恢复部分和不可恢复部分。持续加载 200 d 的混凝土试件，卸载后约有 10%～20%的变形可恢复，这表明混凝土的不可恢复徐变在整个徐变过程中占主导。这一点在预测混凝土在不同应力水平下的徐变时非常关键。徐变恢复受时间、温度和相对湿度等因素影响强烈，当然它也与混合料的配合比如水灰比、集料比例等相关。可恢复蠕变随时间的延长在经历初始快速增长阶段后很快进入稳态并且不随时间而变化，而不可恢复部分则随受载时间的延长而不断增长。

6.7.5　混凝土收缩与蠕变的预测

评估混凝土收缩开裂与徐变风险时需要合理的预测模型。目前，国内外关于混凝土干缩预测模型有很多，较有代表性的有 ACI 209 经验公式，如式(6-26)所示：

$$C_t=\frac{t^{0.6}}{D+t^{0.6}}C_{\mathrm{u}} \tag{6-26}$$

其中 C_t 是加载后时间 t(以 d 为单位)的蠕变系数，它等于加载后时间 t 的蠕变应变与该荷载水平下混凝土瞬时的弹性应变之比；D 为常数，取值范围通常为 6～30，对于受载前保湿养护 7 d 的普通混凝土或蒸汽养护的混凝土，$D=10$；C_{u} 为最终蠕变系数，其值的范围为 1.30～4.15，一般建议取 2.35。该公式对多数混凝土结构来说可提供足够准确的估计值。

其他代表性的模型有 GL2000 模型、CEB-FIP 模型、中国建筑科学院的估算方法以及王铁梦的估算方法等。它们都是利用数学统计方法对试验数据回归分析得到的经验或半经验模型。它们的参变量大都基于环境的相对湿度值，而非混凝土内部某点的相对湿度值，得到的本质上是构件的平均收缩估计，无法得到混凝土结构全域的时空分布收缩场。在选用这些模型时务必清楚其缺陷，并根据试验结果校准模型参数。

6.8 混凝土的耐久性

混凝土结构的耐久性是指混凝土构件及其结构系统在一定时间内维持原始形状、质量、安全性和适用性的能力。耐久性良好的混凝土结构，在 50～100 a 的设计使用期内，能够抵抗环境的风化作用、化学侵蚀、磨损与可能的荷载作用等并维持足够的服务水平。世界范围内，普通混凝土主要基于 28 d 龄期的抗压强度来设计，由于设计具有足够高的安全系数，混凝土结构很少由于强度不足而失效。然而，混凝土结构因耐久性不足而逐渐恶化甚至过早地失效的现象在各国比比皆是。据不完全估计，全球每年需要投入数万亿美元进行维护修复才能将基础设施恢复到正常服务水平。

6.8.1 混凝土性能的劣化原因

导致混凝土性能劣化的原因可分为三类：物理，化学和机械原因。物理原因包括表面磨损、湿度和正负温交替变化、结构温度梯度及高温的影响，或者骨料与水泥石的差异热膨胀/收缩等。如正负温交替引起的孔隙水冻结-融化和除冰盐的作用，以及开裂的影响，这些体积变化通常是由于温度和湿度梯度、孔溶液中盐分结晶、结构荷载导致的变形，受限收缩，以及暴露于火灾等因素所致。化学降解通常是水泥石的内部或外部受侵蚀的结果。水泥石内部为碱性环境，在水分存在时它会与酸反应，其结果会使水泥石弱化，并且水泥石中的化学成分可能被浸出。影响混凝土耐久性的最常见化学原因包括：(1)水泥石组分的水解；(2)碳化；(3)阳离子交换反应；(4)多种反应会形成膨胀性产物，如硫酸盐侵蚀、碱集料反应、钢筋锈蚀等。机械原因包括表面磨损、冲击和过载。在大多数情况下，混凝土的性能退化是环境与荷载耦合作用的结果。实际混凝土结构所面临的耐久性问题主要包括钢筋的腐蚀、冻/融损伤、盐蚀，碱-集料反应和硫酸盐侵蚀。这些攻击均会导致混凝土开裂和剥落。

6.8.2 影响耐久性的内在因素

混凝土的耐久性是一个综合性概念，其内涵丰富，通常可从抗渗性、抗冻性、抗侵蚀性、抗碳化性、抗碱-集料反应能力、抗氯离子渗透性、抗磨耗性等方面来衡量，它们决定着混凝土经久耐用的程度。从作用机理上看，混凝土的耐久性劣化进程主要取决于水、气以及侵蚀性介质在混凝土中的渗透和迁移速率，即与混凝土的渗透性和扩散性密切相关，它们均受混凝土的孔结构特性控制。

1. 混凝土的渗透系数

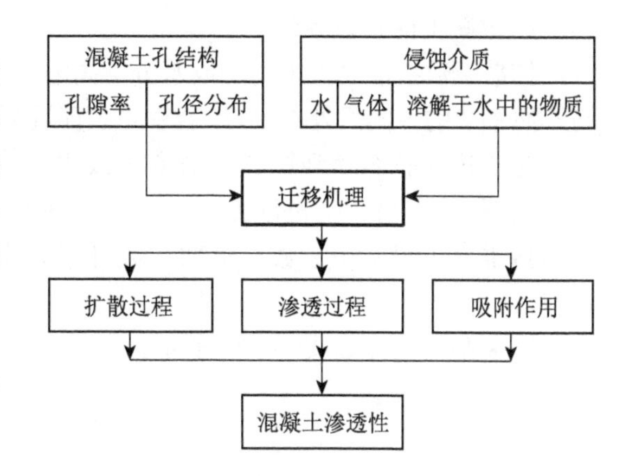

图6-59 影响混凝土耐久性的内在条件和迁移机理

渗透性用于衡量流体通过多孔材料的难易程度。对于各向同性介质,它定义为单位水力梯度下的单位流体流量。透过混凝土的水流服从达西定律。根据Darcy定律,在稳态条件下,平衡流的渗水速率可表示为:

$$\frac{\mathrm{d}q}{\mathrm{d}t}=K\frac{\Delta HA}{L} \tag{6-27}$$

式中 $\frac{\mathrm{d}q}{\mathrm{d}t}$ 是渗水速率(m^3/s),K 是渗透系数(m/s),ΔH 是压力梯度(mH_2O),A 是试样的表面积(m^2),L 是试样的厚度(m)。

由式(6-27)可知,当试件尺寸和两侧水压差一定时,渗水速率和渗透系数成正比,所以常用渗透系数来表示混凝土抗渗性的大小。根据大量的试验结果,混凝土对水的渗透系数可用下式表示:

$$K=c\frac{p\,r^2}{\eta} \tag{6-28}$$

式中,c 为孔的水力半径(孔隙体积/孔隙内表面积)(m),p 为总孔隙率(%),η 为流体的黏度(Pa·s)。

如前所述,混凝土的渗透性是其内部孔隙的函数。内部孔隙通常用总孔隙率和孔隙分布表示。混凝土由集料、水泥石以及二者之间的界面过渡区组成。表6-10列举了水泥石、普通集料和普通混凝土的渗透系数范围。成熟的水泥石虽然总孔隙率不小,但渗透系数较小,与普通集料的渗透系数处于同一量级。0.1 μm孔径通常被认为是有害孔隙的下边界。由于渗透性受相互连通的毛细孔网络控制,而水泥石中大部分孔隙的孔径小于0.1 μm并且隐藏于C-S-H颗粒中,这意味着水不易在极微小的凝胶孔内移动,因此水泥石的渗透系数低。而随着水化作用的进行,相互连通的孔隙被C-S-H的形成所阻挡,毛细管网络变得越来越曲折。而混凝土虽然是由渗透系数均很小的水泥石和集料组成,其渗透系数则比水泥石和骨料高一到两个数量级,这主要是界面过渡区的存在所致。

表6-10 普通水泥混凝土渗透系数范围

材料类型	孔隙率(%)	平均孔径	渗透系数(m/s)
水泥石	~20	~100 nm	$\sim6\times10^{-9}$
普通集料	3~10	~10 μm	$1\sim10\times10^{-9}$
水泥混凝土	20~40	nm~mm	$100\sim300\times10^{-9}$

2. 混凝土的扩散系数

扩散系数指混凝土中离子或水分由高浓度侧向相对浓度较低侧的迁移速率。渗透系数与扩散系数的不同之处在于，渗透率是表征混凝土内部的孔隙充满水时水流量的参数，而扩散率是描述在孔隙达到饱和之前离子或水蒸气迁移的参数；另外，渗透率和扩散率之间，一个是压力差，另一个是浓度差。当然二者彼此相关，如果其中一个参数是已知的，则可以间接推导出另一个参数。扩散系数可用Fick定律描述。Fick定律包括第一定律和第二定律。

Fick第一定律如式(6-29)所示：

$$J=-D\frac{\partial C}{\partial x} \tag{6-29}$$

式中，J 为流体扩散率或传质率($kg/m^2\cdot s$)，D 为扩散系数(m^2/s)，C 为特定离子或气体的浓度(kg/m^3)，x 为高浓度侧到低浓度侧的距离(m)。

Fick第二定律如式(6-30)所示：

$$\frac{\partial C}{\partial t}=D\frac{\partial^2 C}{\partial x^2} \tag{6-30}$$

对于半无限平面，Fick第二定律的解为：

$$C(x,t)=C_0-(C_0-C_i)\times\left[1-\mathrm{erf}\left(\frac{x}{2\sqrt{D_e t}}\right)\right] \tag{6-31}$$

式中，$C(x,t)$ 为深度 x 处暴露时间为 t 时的氯离子或气体浓度(kg氯离子/kg混凝土)，C_0 为暴露表面的边界条件(质量百分率，%)，C_i 为暴露表面混凝土薄片中所测得的初始氯离子浓度(质量百分率，%)，即由于原材料中带入的氯离子浓度(%)，x 为至暴露表面的深度(m)，D_e 为有效氯离子扩散系数(m^2/s)，t 为暴露时间(s)，erf是标准误差函数，其表达式如下：

$$\mathrm{erf}(z)=\frac{2}{\sqrt{\pi}}\int_z^0\exp(-y^2)\mathrm{d}y \tag{6-32}$$

通常认为，有效氯离子扩散系数与龄期的关系符合以下规律：

$$D_e(t)=D_0\left(\frac{t}{t_0}\right)^{-n} \tag{6-33}$$

式中，D_0 为参考时间 t_0(通常为28 d)的氯离子扩散系数，t 为混凝土的龄期，n 为老化系数，$0\leqslant n\leqslant 1$。

Fick第二定律在混凝土中的应用是基于以下三个假定：(1)混凝土材料是匀质的，内部的孔隙分布均匀；(2)氯离子不与材料发生反应；(3)材料的氯离子扩散系数恒定。同时假定混凝土是半无限均匀介质，氯离子在混凝土中的扩散是一维扩散行为，浓度梯度仅沿着暴露表面到钢筋表面的方向变化，它实质上描述的是一种稳态扩散过程。

3. 渗透系数与扩散系数测量与控制

渗透系数和扩散系数适用于不同的状况。当水流经混凝土或在水力梯度下从一个部件流到另一个部件时，渗透性是控制参数。当离子、水分或气体移动通过混凝土(无论干燥还是湿润)，或者离子(例如氯化物)移动通过孔溶液时，该过程由扩散(或扩散系数)控制。注意，扩散系数随着扩散物的不同而变化。一般而言，由于渗透率和扩散率都与混凝土的孔隙结构有关，因此低渗透率的混凝土也具有低扩散性。降低渗透率和扩散性的方法通常有助于增强混凝土的耐久性，如降低水胶比以降低毛细管孔隙率、增加水泥用量以确保混凝土具有足够的稠度并充分压实、合理养护以减少表面裂缝等措施。

混凝土的渗透系数常采用稳流法和渗透深度法测定。稳流法适用于渗透率相对较高的混凝土，而渗透深度法适合渗透率极低的混凝土。值得说明的是，即使是使用相同的设备对同一批拌制、养护至相同龄期的混凝土试件进行测试，渗透性测试结果的离散度都可能很大。测定混凝土的扩散系数时，常选择氯化物作为扩散介质。选用氯离子的主要原因，一方面在于氯化物会导致钢筋腐蚀，另一方面还在于氯离子的半径仅为 181×10^{-12} m，满足扩散的需求。评估混凝土中氯离子扩散的方法有两种，第一种为快速渗透性测试，具体可参见 ASTM C1202，另一种是扩散单元测试方法。后一种方法更接近氯离子渗透的实际情况，可获得扩散系数，但更费时费力。

需要注意的是，工程中普通混凝土的抗渗性通过抗渗等级而非渗透系数表征和评定。所谓抗渗等级就是指混凝土试件在有压水作用下不渗水的最大水压力。试验采用 185 mm×175 mm×150 mm 的圆台形试件，按标准方法成型并养护至 28～60 d 龄期内进行试验，每组 6 个试件，从圆台试件底部施加水压力，每隔 8 h 增加 0.1 MPa，当有 4 个试件不渗水时记录此时的最大水压力值。我国混凝土的抗渗等级分 P4、P6、P8、P10、P12 五个等级，P 后面的数字除以 10 表示混凝土不渗水时所能抵抗的最大静水压力值(MPa)。有抗渗要求的混凝土，试验水压力等级应比设计抗渗等级高一个等级，也即高 0.2 MPa。高强混凝土的渗透性则通过氯离子渗透性评价，其评价标准见表 6-11，具体试验方法可参考 ASTM C1202。

表 6-11 根据氯离子渗透性对混凝土的分类

渗透量(C)	＜100	100～1 000	1 000～2 000	2 000～4 000	＞4 000
氯离子渗透性	可忽略不计	极低	低	适中	高
典型混凝土	聚合物混凝土；掺 10%～15%硅粉的砼	低水胶比，掺 5%～10%微硅粉	低水胶比	水灰比 0.5～0.6	水灰比大于 0.6

6.8.3 混凝土的开裂

裂缝是影响混凝土耐久性的另一个重要因素。带裂缝的混凝土其渗透性和扩散性明显更高，这会加速混凝土的劣化。混凝土作为一种准脆性材料，在许多工况中都易出现开裂。裂缝可能是由于较低的拉应力引发的内部微小裂纹，也可能是因环境不利作用、不良的施工作业、细节或结构设计错误而导致较大、较宽、较深的裂缝。在极端情况下，因裂缝的存在，混凝土的结构完整性会受到严重影响。在通常情况下，裂缝不会影响钢筋混凝土的承载能力，但由于它为侵蚀性介质提供快速进入混凝土内部的通道，从而影响混凝土的耐久性。表6-12列出了由于混凝土材料和周围环境中的相互作用而可能发生的裂缝类型，表6-13列出了混凝土结构中的常见裂缝与成因，图6-60以混凝土桥梁为例说明了混凝土结构常见的开裂类型与裂缝部位。

表6-12　与环境交互作用而产生的混凝土开裂

组分	类型	劣化原因	环境因素	控制变量
水泥	安定性不良 温度开裂	体积膨胀 温度应力	湿度 温度	f-CaO、f-MgO、C-S-H 水化热、冷却速率
集料	碱-集料反应 D型裂纹	体积膨胀 静水压力	湿度 冻融循环	水泥石中的碱、矿物组成 吸水率与最大粒径
水泥石	塑性收缩 干燥收缩 硫酸盐攻击 热膨胀	塑性状态失水 硬化后失水 体积膨胀 体积膨胀	风速、气温、相对湿度 相对湿度 硫酸根离子 温度变化	砼的温度，表面覆盖 配合比设计、干燥速率 配合比设计、胶凝材料类型 温升，变化速率
混凝土	塑性沉降	钢筋阻碍	风速、气温、相对湿度	坍落度、保护层厚度
钢筋	电化学腐蚀	体积膨胀	氧气、湿度	保护层厚度、砼的渗透性

表6-13　混凝土结构的常见裂缝类型与成因

裂缝特征	开裂原因	标示
大裂缝、不规则且经常有高差	支撑不足、过载	地基上的混凝土板、结构混凝土
大裂缝、间距规则	收缩裂纹、干缩裂纹	地基上的混凝土板、结构混凝土、大体积混凝土
粗的不规则网裂	碱-集料反应	凝胶的挤出
细的不规则网裂	过度泌水、塑性收缩	收光过早，过度涂抹
板表面的细裂纹，彼此大致平行	塑性收缩	与风向垂直
与靠近伸缩缝处的板边平行的裂缝(D型裂缝)	含水量过高，集料多孔	混凝土中的集料因冻融崩解导致混凝土板劣化
钢筋上方与其平行的裂缝	塑性沉降裂缝	结构板中靠近上表面的钢筋附近的混凝土塑性固结
沿钢筋方向开裂，且常伴有锈斑	钢筋锈蚀	有氯离子时会进一步恶化

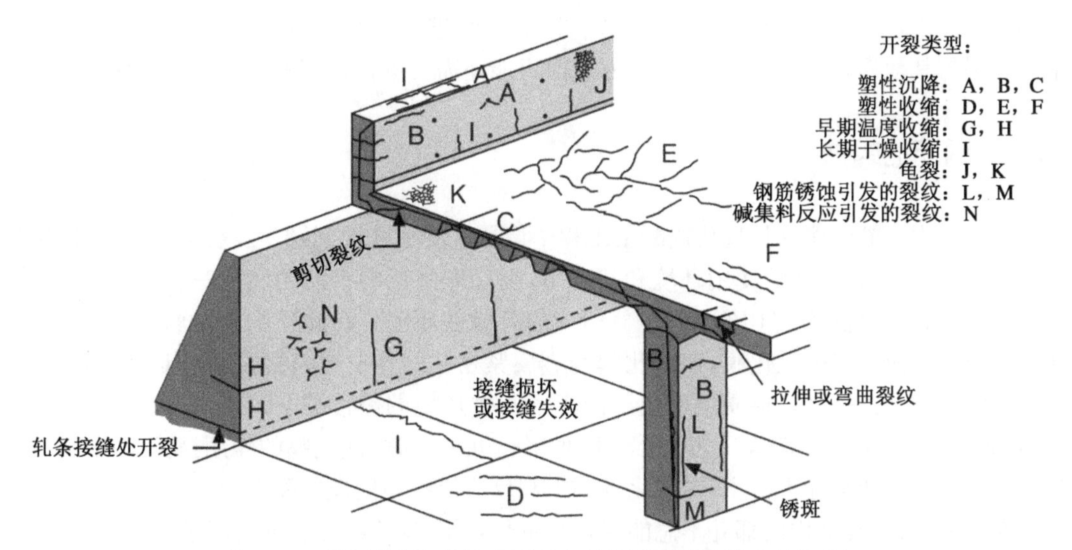

图6-60　混凝土桥梁结构中可能出现的裂缝位置及成因示意图

在大多数情况下，裂缝起源于内部，并在混凝土中形成微裂纹网络。在混凝土结构外表面出现可见裂缝之前，其内部损坏可能已相当大。在其他情况下，例如在湿度和温度变化中，结构中可能发生局部的大裂缝。裂缝可用于帮助确定混凝土劣化的原因，因为在许多情况下会产生特定的裂缝模式。在正常环境条件下能够抵抗开裂的混凝土，在灾难性条件下(例如火灾)可能不会保持完整。

混凝土的开裂控制在设计和施工阶段均应充分考虑。多数情况下，预先仔细评估混凝土的服役环境，识别出潜在风险，就可以通过合理选材来避免混凝土开裂。常用的措施有，根据环境特点选用安定性更好的水泥，通过选择合适品种的水泥或辅助胶凝材料并控制水胶比，把握地下水的离子构成以防止出现严重的硫酸盐侵蚀等。

混凝土的化学侵蚀均涉及水分的侵入，无论它是作为侵蚀剂的载体或作为破坏性反应的参与者。因此，在混凝土的配合比设计和施工实践中，都应采取预防措施防止水进入混凝土内部，这能够有效增强混凝土的耐久性。通过使用足够但不过量的胶凝材料、适当降低水胶比，合理地开展浇注、密实、表面收光等工艺，以及及时充分的保湿固化，可以确保获得低渗透性的混凝土。对于严酷服役环境的混凝土结构，在其表面使用涂层类的密封剂(如聚四氟乙烯等)亦非常有效，密封材料可在混凝土表面形成一道不透水的防水保护层，或者渗入混凝土的浅表层阻断其中的毛细孔隙。当然这些涂层类材料的长期防护效果值得关注。

干燥收缩裂缝和温度型裂缝均是混凝土结构的整体变形或差异变形受约束时在材料内部发展出的拉伸应力所致，导致这种整体与差异变形的因素有不均匀干燥、温度降低，以及结构内温度场和水分场的不均匀分布。这类收缩和温度裂缝均可采取类似于控制弯曲裂缝的方式，通过优化钢筋布置减少宽大裂缝的数量并减小缝宽，使混凝土的裂纹变为数条缝宽较窄的细裂纹。裂缝越细小，对耐久性的影响就越小。在严重暴露环境下，一般认为缝宽小于0.10 mm的裂缝是可以接受的。

早期保养与预防性维护对于维持混凝土结构的整体性和确保混凝土结构的耐久性至关

重要。一旦发现混凝土开裂或其他可见病害,应及时进行防水封闭和修复处理。对于较严重的开裂与其他病害,在确定修复处治方案前可能还需要进行详细的调研分析与评估。

6.8.4 钢筋的腐蚀

混凝土中钢筋的腐蚀是现代混凝土工程中最严重的耐久性问题。经合理设计和正确施工的混凝土结构,在正常的使用环境和状态下,设计寿命期内钢筋的腐蚀一般都不成问题,因为混凝土为其提供了 pH 值达 12.5～13.5 的高碱性环境。在此环境中钢筋被钝化,即钢筋的表面会形成一层薄氧化膜,该氧化膜与金属紧密粘结在一起,可防止金属进一步锈蚀。但氧化膜的完整性及其保护质量取决于混凝土基体环境的碱性或 pH 值大小,而钝化膜在 pH 值低于 11.5 左右即变得不稳定,当 pH 值降至 9～10 时,钝化膜的作用被完全破坏。混凝土中可溶性碱盐会随水析出,二氧化碳的中和反应等都会使碱度降低,同时混凝土在服役期间亦不断劣化,其结构内部并不总能保持高碱性环境,这将导致钢筋的腐蚀。

钢筋锈蚀的外观表现为混凝土表面出现锈斑、裂纹和剥落,这是由于所形成的锈蚀产物体积增加和锈的浸出。钢筋锈蚀时,其有效截面积会减小,同时导致局部的应力集中。如果不及早修复,将发生腐蚀损坏,且腐蚀会加速发展(图 6-61),钢筋上方的混凝土内将形成平行的纵向裂缝,混凝土保护层则会分层和剥落,钢筋与混凝土的界面粘结被破坏(图 6-62),逐渐地钢筋将进一步暴露且横截面持续减少;在受到冲击荷载或反复荷载作用下,锈蚀处易产生疲劳,这将使结构疲劳强度大大降低,最终可能会导致重大的结构损坏和安全隐患。在全球范围内,每年为修复因钢筋腐蚀引起的损坏花费的代价非常大。深入了解导致混凝土中钢筋锈蚀的原因及其作用机理机理,对于预防混凝土中的钢筋腐蚀和既有工程结构病害的修复处治至关重要。

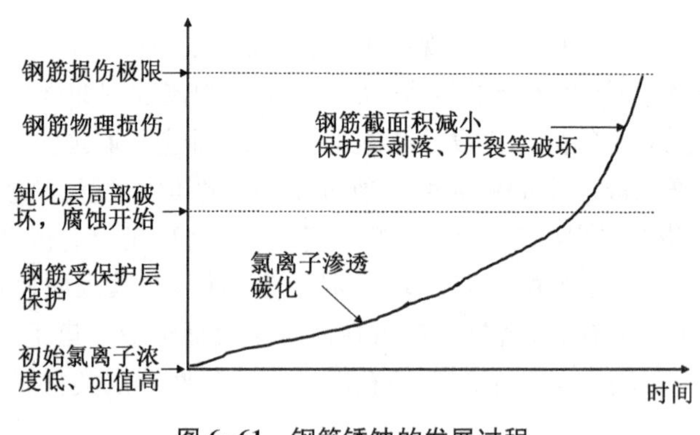

图 6-61 钢筋锈蚀的发展过程

1. 钢筋腐蚀的类型

钢是以铁、碳两种元素为主的合金,在冶炼过程中可能会从原料、炉气及脱氧剂中混入一些硅、锰、钒、钛等微量元素和氧、氮、硫、磷等有害杂质。钢筋混凝土结构用钢筋主要由碳素结构钢和低合金高强度结构钢轧制而成。混凝土中钢筋锈蚀的原因主要有两种:由氯化物引起的锈蚀和由碳化引起的锈蚀。氯化物引起的锈蚀是由钢表面钝化膜的局部破坏导致的,碳化引起的锈蚀则是由混凝土中性化导致内部环境钝化性降低的一般破坏。

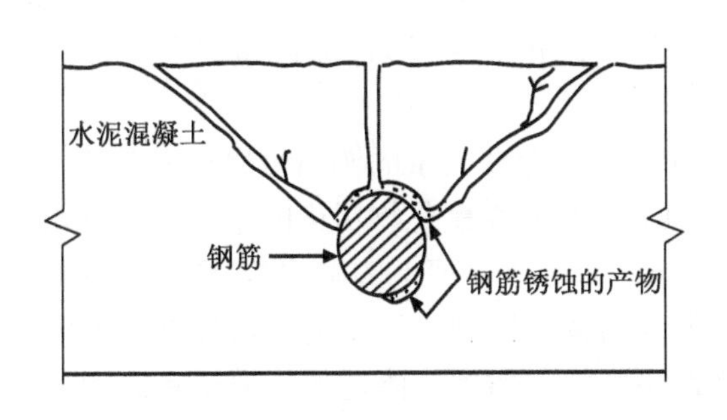

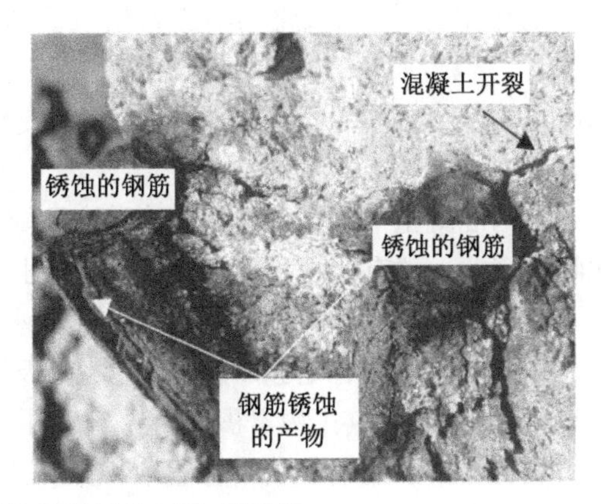

图6-62 钢筋混凝土中钢筋锈蚀导致的开裂、剥落等

空气中二氧化碳的体积含量约为0.03%，在常压条件下，CO_2 在水中的溶解度为0.000 54 g/L，产生的碳酸溶液pH值为5.7。有些地下水因含有较多的二氧化碳，其酸性也较强，pH值可达3.8。河水的pH值一般不低于5.5，若该值低于5.5，则可能存在其他有机酸。在理想状态下，二氧化碳与氢氧化钙反应生成不溶性碳酸钙。但在碳酸的作用下，碳酸钙能转变成可溶的碳酸氢钙，而碳酸氢钙又能与氢氧化钙反应生成碳酸钙，这种循环反应可用下式表示：

$$CO_2 + H_2O \longrightarrow H_2CO_3$$
$$H_2CO_3 + Ca(OH)_2 \longrightarrow CaCO_3 + H_2O$$
$$H_2CO_3 + Ca(OH)_2 \longrightarrow Ca(HCO_3)_2,$$
$$Ca(HCO_3)_2 + Ca(OH)_2 \longrightarrow 2CaCO_3 + 2H_2O$$

碳酸与氢氧化钙反应生成碳酸氢钙的反应为可逆反应，即反应会随着条件的不同向左或向右进行。当溶液中含有碳酸时反应向右进行。若二氧化碳的供给中断，反应就会向左进行，并产生碳酸钙沉淀，直至溶液中的碳酸氢钙达到稳定的平衡状态。

当空气中的二氧化碳向混凝土内部扩散时，在一定的相对湿度条件下，会与混凝土中的水化产物氢氧化钙反应生成碳酸钙。碳化会引起混凝土的收缩，并且可能导致混凝土强化，本身不是问题。但是，混凝土的碳化消耗了氢氧化钙，会使得局部混凝土的碱值由12～14降至8～9，这改变了钝化环境，使得钢筋更容易腐蚀。当碳酸盐渗透穿过钢筋覆盖层并且周围存在氧气和水分时，钢筋将发生腐蚀。因此，钢筋混凝土的碳化深度是保护钢筋的重要因素；碳化越深，钢的腐蚀风险就越大。碳化的第二个结果是以氯铝酸钙水化物形式结合的氯化物和与水化相结合的其他氯化物可能由于碳化而被释放出来，这使得孔隙溶液更具侵蚀性。碳化速率通常以μm/a计，碳化渗入混凝土的深度与时间的平方根成正比。一般认为，碳化速率低于2 μm/a对混凝土的腐蚀影响可忽视不计，低于2～5 μm/a的影响较小，在5～50 μm/a之间的影响中等，碳化速率在50～100 μm/a时影响较高。超过100 μm/a时对混凝土的腐蚀影响非常大，这种状况在非常潮湿的环境中有可能发生。在高质量混凝土中，相对湿度(RH)低于80%时，碳化引起的腐蚀速率可忽略不计。注意纯水对混凝土也有溶解侵蚀作用，由于纯水可溶解氢氧化钙达1.2 g/L，它会使氢氧化钙从混凝土中析出；在流水的作用下，因氢氧化钙不断析出也会降低混凝土的碱度，并最终导致混凝土的溶解侵蚀损坏。碱金属氢氧化物也容易从混凝土基体中析出，这对混凝土的性能虽然没有直接影响，但也会降低混凝土基体的碱度，易使钢筋失去钝化层保护，进而使氯离子锈蚀作用加剧。

结构混凝土中氯化物引起的腐蚀主要是由于基质中存在大量的游离氯离子引起的。氯化物的来源一般有两种，其一可能是混合时由外加剂组分、受氯化物污染的集料或混合水带入，其二可能是服役期间从外部来源（如海水、盐雾或混凝土路面上的除冰盐）渗透到混凝土中。在混合阶段即有足够的氯化物时，在极早期就会发生腐蚀。而氯化物由外部环境渗透到混凝土中时，在氯化物累积达到一定水平之前不会发生腐蚀。渗透的氯离子首先通过混凝土覆盖层扩散到钢筋表面并逐渐积累。当氯离子浓度达到每立方米混凝土 0.6～0.9千克时，它们即可溶解保护性氧化膜，此时钢筋上形成的钝化膜被局部击穿，发生氧化并形成原电池，局部活动区域表现为阳极，而剩余的被动区域成为阴极。

阳极和阴极分离对腐蚀模式有显著影响。在与阳极区域相邻的混凝土中，铁离子的浓度增加，导致 pH 下降并且允许形成可溶性氯化铁络合物。这些配合物可以从钢筋中扩散开来，使腐蚀继续进行。离开电极一段距离，其中的 pH 和溶解氧浓度较高，复合物分解，氢氧化铁沉淀，氯化物自由迁移回阳极并与钢筋进一步反应。因此，该过程变为自催化并使腐蚀坑沿深度而非沿钢筋表面横向扩散。随着钢的氧化状态增加，腐蚀产物的体积扩大。如果形成 FeO，则 Fe 的单位体积可以加倍。最终腐蚀产物 $Fe(OH)_3 \cdot 3H_2O$ 的单位体积相当于原始 Fe 的 6.5 倍。如此大的膨胀会对周围的混凝土施加很大的环向应力，进而导致混凝土产生裂缝和剥落，与此同时发生的是钢筋的截面积变小。随着时间的推移，由于混凝土失去与钢筋的粘结，或者是钢筋截面积的显著减少，混凝土会出现结构性损坏，最终混凝土结构的完整性被破坏并可能导致整个建筑物的失效。如图 6-63。

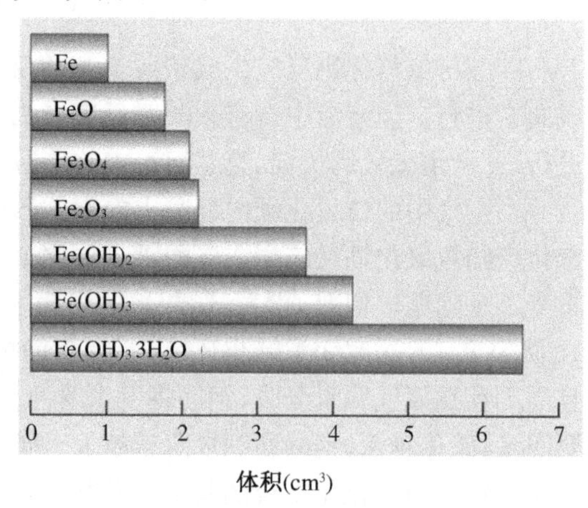

图 6-63　钢筋锈蚀产物体积变化示意图

氯化物引起的腐蚀是局部的穿透性攻击。混凝土中氯离子的阈值浓度，即高碱度条件下能破坏钢筋表面保护层的氯离子浓度临界水平，是 pH 值的函数。它取决于游离氯化物与 pH 的比率，而不仅仅是由腐蚀产生的游离氯化物浓度决定。通常认为，当氯化物含量在水泥质量的 0.2%～0.4%时，混凝土即存在腐蚀的风险。因此，大多数规范和指南都规定了混凝土中氯化物的总含量，要求氯化物含量应小于 0.2%。对于既有混凝土结构，通过实验可测定混凝土的总氯化物含量，而水泥中的氯化物含量无法确定。因此，评估现有结构中的氯化物时，通常以单位体积混凝土的氯化物重量来规定氯化物的临界水平，大多数要求在 0.6～1.2 kg/m^3。

在正常大气环境下，氯化物引起的腐蚀速率可能小到每年仅几十微米，也可能大到每年几毫米。高腐蚀率总是出现处于高含氯量且潮湿环境的混凝土结构中，例如桥面、海工挡土墙和墩柱。当温度升高时，腐蚀速率也增加。一旦结构开始发生氯化物引起的腐蚀，即使在正常大气暴露的条件下，它也会在相对短的时间内导致钢筋横截面减少至不可接受的水平。氯化物诱导腐蚀可忽略不计的最小相对湿度远低于碳化诱导腐蚀的下限。温度和湿度对氯离子渗透的腐蚀速率的影响是它们对钢筋/混凝土界面的电化学反应作用，以及它们对阳极和阴极间离子传输的影响实现的。人们一直认为混凝土电阻率与中等或低温下的腐蚀速率密切相关。在湿度和温度的给定条件下，混合水泥的电阻率较高，这导致其腐蚀速率更低。

2. 钢筋腐蚀的机理

钢筋在混凝土中的腐蚀是一种电化学过程，包括氧化和还原反应，其中金属铁转化为更大体积的腐蚀产物氧化铁。该过程与阳极和阴极区域及其电位差有关，这是由周围液体介质中的不均匀性，或者由于钢本身所引起。电位差则是由于混凝土保护层的结构和成分（如孔隙率和钢筋下空隙的存在或由于碳化造成的碱度差异）的固有变化，以及与钢筋相邻部分之间的暴露条件的差异（如混凝土部分浸没在海水中，部分暴露在潮汐区）所导致的。通常，促使腐蚀电池的形成因素来自三方面：(1)两种不同材料（例如钢筋和铝导管）之间有接触；(2)钢筋表面特征的显著变化，包括成分差异、局部冷加工造成的残余应变，应力等；(3)不同浓度的碱、氯、氧等。宏电池中发生腐蚀的条件有四个：阳极、阴极、电解质和金属路径。阳极是发生氧化的电极，氧化涉及电子的损失和金属离子的形成，在阳极发生腐蚀。阴极是发生还原的电极，还原是化学反应中电子的增益。电解质是化学混合物，通常是液体，含有在电场中迁移的离子。自由电子传播到阴极，在那里它们与电解质的成分如水和氧结合形成羟基离子。阳极和阴极之间的金属路径对于阳极和阴极之间的电子移动是必不可少的。氧气、水和电位差是钢筋锈蚀的三个必要条件。混凝土中钢筋的锈蚀过程如图 6-64 所示，阳极，阴极和金属路径均在同一钢筋上，电解质是钢筋周围混凝土中的水分。如果除去任何一种组分，腐蚀将停止，这就为腐蚀控制提供了基础。作为一种特殊条件下的电化学过程，它的产生与否，主要取决于钢筋保护层混凝土的质量及保护层的厚度。

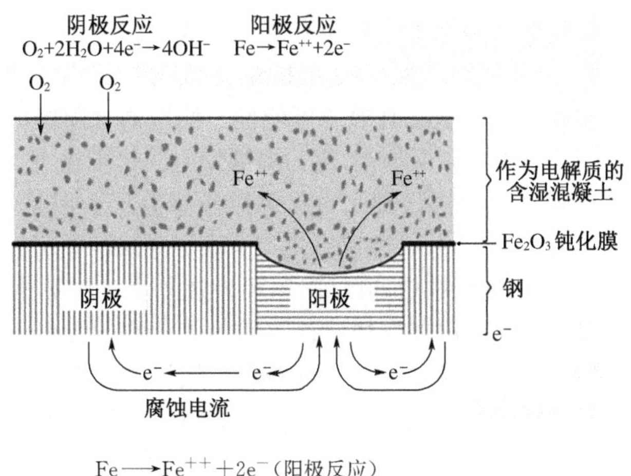

$Fe \longrightarrow Fe^{++}+2e^-$（阳极反应）

$4e^-+O_2+2H_2O \longrightarrow 4(OH)^-$（阴极反应）

$Fe^{++}+2(OH)^- \longrightarrow Fe(OH)_2$（铁氧化）

$4Fe(OH)_2+2H_2O+O_2 \longrightarrow 4Fe(OH)_3$（铁氧化）

图 6-64　混凝土中钢筋锈蚀机理示意图

3. 钢筋腐蚀的检测与预防

由于严重腐蚀对结构非常危险,工程师会尝试检测钢筋腐蚀以便做出维护决策。钢筋腐蚀的常用检测方法有目视检查、半电池电位测量、超声波、磁扰动/磁通和声发射技术等。在这里简要介绍半电池电位测量、声发射和涡流探测法这三种检测技术。

半电池电位测量(ASTM C876)使用标准参考电极和电压表测量钢筋的腐蚀电位。一端与被测钢筋相连,另一端连接到参考电极,该参考电极与混凝土表面接触。在进行测量之前,应将接触区域弄湿。可根据读数推断出腐蚀的可能性。该法的最大缺点是半电池电位高度依赖于测量时混凝土干湿的状况。潮湿混凝土的测量值与干燥混凝土有明显差别。

声发射(AE, acoustic emission)技术是相对较新的方法,在钢筋的腐蚀检测也有成功应用。其原理是,当钢筋出现后,因腐蚀产物的膨胀,钢筋和基体混凝土之间的界面处将形成微裂纹;部分能量以发射声波形式释放,用声发射探头可灵敏地检测发射源位置与强弱。声发射探测法是利用传感器接收钢筋锈蚀引起周围混凝土开裂释放的弹性应力波,从而确定钢筋发生锈蚀膨胀的确切位置。但它存在的问题是很难避免其他声波发射的干扰,故很难建立钢筋腐蚀活性高低与声波发射强度的相关性。

涡流探测法通过测定励磁电流与发生在钢筋中次生波的相位关系来判断钢筋锈蚀状况,它是将一台电磁装置放在混凝土结构表面,使其中一段钢筋达到磁饱和,钢筋腐蚀引起的钢筋截面积损失会使磁场中出现某些异常,经分析即可判断钢筋截面积的损失率。

考虑到钢筋腐蚀的危害,人们发展了多种技术来保护钢筋。为防止混凝土腐蚀,其氯化物含量必须控制在 0.6 kg/m^3 以下。在此情况下,保持钢筋周围保护层的完整性,就可以确保钢筋基本不会被腐蚀。在大多数情况下,工程中采用被动方法来控制腐蚀,如规定最小混凝土保护层厚度,优化混凝土性能(设计强度或最大水灰比)和控制混凝土的最大允许裂缝宽度。显然,混凝土的质量是控制碳化和氯化物侵入速率的最重要参数,也是防止钢筋腐蚀的重要方式。因此,提高混凝土的质量是主要的保护方法。

从钢筋的腐蚀机理看,阻止钢筋腐蚀的根本做法在于切断腐蚀电池各组成部分的关联。很明显,混凝土中的电解质是由潮湿条件和现有空气组成的。通过提高混凝土的整体密实度或运用表面浸渍处理等方式使钢筋保护层更密实,可大大降低水分和空气进入混凝土内部的风险,这将减少形成电解质和钢筋腐蚀的可能性。使用牺牲阳极的阴极保护法也可保护钢筋。例如,使用锌作为阳极可以保护钢,因为腐蚀发生在锌阳极上。镀锌钢是提供钢筋耐腐蚀性的良好手段,它既可作为牺牲型又可作为阻隔型涂层。但是,与其他金属涂层一样,镀锌层会随着时间的推移而腐蚀,腐蚀速率决定了涂层厚度的损失量与有效时间。其他保护策略包括增加混凝土中钢筋保护层的厚度,用环氧涂层处理钢筋、使用不锈钢和阻锈剂等。需要注意的是,在钢筋表面使用环氧树脂涂层后可能会影响混凝土与加强筋之间界面粘结性能。阻锈剂不仅可用作新结构的预防措施,而且还可用作现有结构的预防和修复表面施加的混合物。阻锈剂可分为:(1)吸附抑制剂,它们特别作用于腐蚀过程的阳极或阴极上的部分反应;(2)成膜抑制剂,或多或少地阻挡表面;(3)钝化剂,有利于钢的钝化反应。因此,阻锈剂的机械作用不是对抗均匀腐蚀,而是用于因氯离子的存在或 pH 值的下降而抵抗被动金属的局部点蚀。在混凝土中的阻锈剂以两种不同的方式起作用:延长腐蚀开始时间、降低去除钝化后的腐蚀速率。通常认为,阻锈剂更为可靠,因为将抑制剂添加到混合物中更容易且更安全。一些实验室测试表明,某些腐蚀抑制剂不会显著改变氯离子含量,但会降低腐蚀速率。自20世纪90年代以来，纤维复合材料被引入混凝土中以取代钢筋。这类材料通常由连续纤维(碳、玻璃、玄武岩、芳纶)作为增强材料和聚合物(环氧树脂，聚酯)作为基质制成，它们无腐蚀风险，高强度，还具有良好的抗疲劳性能、弹性变形大，部分纤维还具有高电阻及低磁导性，它们的缺点就是价格很高，较脆、断裂应变性能较差、徐变(松弛)值较大，热膨胀系数较大，对温度较为敏感。另外，玻璃纤维筋的抗碱化性能亦较差。

6.8.5 碱-集料反应

碱-集料反应AAR(alkali-aggregate reaction)指水泥石中的碱性氧化物(氢氧根离子)与某些类型集料间的化学反应，该反应会生成膨胀性产物，结果导致混凝土局部过度膨胀甚至崩裂。AAR的类型有碱-碳酸盐反应和碱-硅酸盐反应两种，碱性氧化物与白云石集料的反应被称为碱-碳酸盐反应ACR(alkali-cabonate reaction)，碱-硅酸盐反应ASR(alkali-slica reaction)是水泥石中的碱性氧化物与集料中的无定形或结晶性差的二氧化硅时发生的反应。

众所周知，水泥熟料中含有少量的Na_2O(氧化钠)和K_2O(氧化钾)。由于Na_2O和K_2O的分子量分别为62和94，通常根据相同的碱度将K_2O折算成0.658倍的当量Na_2O，然后以当量Na_2O占水泥质量的百分比表示水泥中的碱含量。水泥的碱含量通常在0.4%～1.6%的范围内，具体取决于制造原料，并且在一定程度上也与制造过程密切相关。在混凝土中，碱还可能来自粉煤灰或粒化高炉矿渣等辅助胶凝材料。高碱混凝土孔溶液中氢氧根离子的浓度比低碱混凝土约高出10倍，比饱和氢氧化钙溶液高15倍。在水泥石中，Na_2O和K_2O形成氢氧化物并将pH值从12.5提高到13.5，而这些氢氧化物的浓度随着碱含量的增加而增加。在这种高碱性溶液中，在某些条件下，二氧化硅可与碱发生化学反应。在该反应中，水泥石中的碱金属氢氧化物附着在二氧化硅上形成体积更大的凝胶，同时通过渗透和膨胀吸收游离水并继续膨胀，从而使混凝土基质破坏。膨胀凝胶产物的形成给混凝土施加了内应力，导致非约束表面出现网状裂缝，但在钢筋、预应力或荷载施加的约束条件下裂缝可能呈现出定向特征。由碱-硅反应引起的劣化会导致结构丧失完整性。

碱-集料反应必须同时具备三个条件：

(1) 有水存在。水是反应介质，如果没有水，则没有膨胀反应；

(2) 水泥的碱含量超过0.6%，如果碱含量(Na_2O和K_2O)小于0.6%，则不会反应，含有超过3 kg/m^3碱的混凝土可认为具有高碱含量；

(3) 集料中有易受氢氧根离子攻击的活性矿物成分，如含有无定形或结晶性差的二氧化硅的集料(如某些燧石、蛋白石、鳞石英、方石英、玉髓、火山玻璃和一些泥质石灰石)，或者白云岩集料。

混凝土的孔隙率也是决定AAR危害程度的重要因素，因为孔隙可以减轻因AAR生成的膨胀产物导致混凝土中的内部应力。ASR只能在潮湿的环境中发生，事实上已经观察到在相对湿度低于80%～90%的环境中，碱金属和活性集料可以共存而不会造成任何损害。在混凝土中当量碱含量小于3 kg/m^3时，AAR的危害基本可以忽略。

由于火山灰反应会消耗氢氧根离子，这降低了水泥浆孔隙溶液中OH^-的浓度，因此使用辅助胶凝材料可以防止ASR造成的损坏。含有火山灰、灰烬或高炉矿渣的水泥石，其孔溶液 pH 值较不掺前低，掺硅灰的 pH 值降幅更大。而含火山灰或高炉矿渣的水泥石，其较低的渗透性会减慢碱的输运速度，这亦有助于降低 ASR 损坏。最后，辅助胶凝材料的水化产物在一定程度上会结合碱离子，阻止它们与二氧化硅发生反应。通过在混凝土混合物中添加亚硝酸钙，可以显著提高混凝土对 ASR 的抵抗力。然而，其作用机制尚不清楚。

温度也会影响碱-硅反应。通常，ASR 随温度升高而增加。但碱-硅反应的发展通常都极为缓慢，可能在长达数年甚至数十年后才可能显示出效果。因此，由碱-硅反应引起的裂缝通常需要许多年，并且通常在混凝土表面上突然出现。必须始终考虑深穿透裂缝对钢筋的耐久性和由碱反应的膨胀效应所引起的自应力影响。这在钢筋混凝土构件的受限部分中可能是有利的，而在预应力结构中则可能是灾难性的。

目前人们基本可以确定哪些集料在混凝土中易发生 AAR，但它们是否必然会导致过度膨胀尚不能预测。由于 AAR 可导致混凝土结构显著劣化和损坏，为了最大限度地降低 AAR 的风险，人们提出许多措施，以下措施被证明是可靠有效的。

(1) 当水泥的碱含量超过 3 kg/m^3 时，严格避免使用含反应性矿物的集料。

(2) 当集料的活性二氧化硅含量高时，使用含有足量粉煤灰或粒化高炉矿渣的低碱硅酸盐水泥或混合水泥。

(3) 尽可能保持混凝土干燥，使其相对湿度低于 80%。由于在施工现场对水泥和骨料类型的选择通常非常有限，并且混凝土周围的环境显然难以改变，降低 AAR 风险的唯一有效方法就是控制水分在混凝土中的迁移。控制混凝土中的水分扩散有两种途径，其一是控制每个骨料周围的局部水分扩散，即控制骨料与周围水泥石之间的水分交换；其二控制水分进出混凝土构件表面的扩散活动。

(4) 使用局部扩散控制表面涂层。控制水分的局部扩散非常重要，因为 AAR 恰好发生在集料的表面边界，反应环约在 300 μm 的范围内。基于结晶技术的局部扩散控制涂层技术虽不能完全消除 AAR，但可减少 AAR 和减慢反应速率，从而有效避免膨胀引起的有害损坏。

(5) 使用全局扩散控制涂层，该技术包含依靠光固化的新型疏水性涂料，将其涂在混凝土构件的表面进行整体防护，减少水分扩散。所形成的涂层具有极高的防水与抗渗性，并且可以在紫外线下固化，具有优异的耐久性。另外，它不含挥发性有机化合物，环保效果好。

(6) 使用硝酸锂、硝酸钙或其他硝酸盐与锂化合物可以控制 AAR 引起的损害。

6.8.6 冻融引起的劣化

混凝土是多孔材料，硬化的水泥石与界面过渡区里存在着孔径从几纳米至几十微米的毛细孔隙与极细微的凝胶孔。它们的含水状态对硬化混凝土的抗冻融性很重要，冻融循环引起的混凝土损坏主要发生在处于饱水状态的毛细孔中，表现为混凝土表面层的崩解、剥落和粉化。特别地，在水泥混凝土路面板接缝和自由边缘上会形成如图 2-45 所示的 D 型裂缝。这是由于在混凝土板的一侧因源源不断的湿气补给而反复冷融导致集料从混凝土内的剥离。

冰冻和融化引起的混凝土劣化与混凝土中水的存在有关，但不能简单地运用水结冰时的体积膨胀来解释。因为混凝土中孔隙水的冻结是一个渐进的过程，这一方面是由于混凝土的传热效率较低，部分原因还在于混凝土中的孔隙水并非纯净水，而是具有不同离子浓度的多种盐溶液。孔隙水冻结的温度还是孔尺寸的函数，随孔径的减小而降低，而混凝土内部的孔径范围很广。因此，混凝土中孔隙水的冻结并没有固定的凝固点。冻结一般始于较大的毛细孔，并且逐渐向中等毛细孔中过渡，最后在较小的毛细孔中结束。对于饱和的水泥石，大于 0.1 mm 的孔隙中的游离水在 0℃～－10℃之间冻结，孔径在 0.1～0.01 mm 中的毛细水在－20℃～－30℃之间冻结。凝胶孔非常细小，在高于－78℃条件下不会有冰核的形成，因而凝胶孔基本上不会有结冰现象，不存在冻融循环；但在较低温度下，凝胶孔中的水会向毛细孔中扩散，这样会使得毛细孔中冰的体积增加，并产生额外的膨胀。

冷冻始于外层和最大的孔隙中，并且只有在温度进一步下降时才会延伸到混凝土内部和较小的孔隙中。在水结冰的相态改变过程中，约产生 9%的体积增加。随着环境温度的下降，冷冻逐渐向混凝土内部发生，而毛细孔中未冻结的水将承受因冰的体积膨胀产生的液压。如果没有足够的空间释放该压力，混凝土内部将产生拉应力，这可能导致混凝土局部失效。在随后的解冻中，由冰保持的膨胀得以维持。在再次冷冻期间，膨胀进一步发生。因此，重复的冷冻和解冻循环具有累积效应。混凝土的冻害实际上是孔隙水反复冻结和融化导致，很少因单次冻结所致。冻融循环作用是导致寒冷地区混凝土退化的重要因素。冻融循环期间，混凝土还可能面临除冰盐（如钙和氯化钠）的影响。除冰盐虽然能够降低水的凝冰点，但是由于盐的吸湿特性导致混凝土饱和度增加，而盐浓度梯度会导致混凝土逐层冻结进而产生差异应力，孔隙中过饱和溶液的盐结晶亦会产生不利影响，再加上温度冲击的影响，冻融循环与除冰盐的耦合作用对混凝土的不利影响比单纯的冻融循环作用大得多。

此外，还有两种物理进程会导致毛细管中未冷冻水的液压增加。首先，由于凝胶水和冰之间存在热力学不平衡，凝胶水扩散到毛细管中会导致冰晶生长，从而导致液压增加；第二，由于原始溶液中水的冻结，局部溶质浓度增加，这引起渗透压力增加并导致液压增大。重复的冷冻和解冻循环导致损坏自混凝土的暴露表面逐渐向深度扩展，轻则表现为表面剥落，严重时则会导致混凝土完全崩解。由于冻融循环破坏的关键在于毛细孔中充满了水，因此，一般而言，长时间处于湿润状态的混凝土结构更容易受霜冻影响，在完全饱和的孔隙系统中则会产生更严重的后果，如导致混凝土开裂、崩解甚至粉化。

通常，在冻融循环过程中混凝土的质量会损失，动态模量亦会降低，因此，以这两个指标为衡量冻融损坏程度的指标，则混凝土的抗冻性可表征为达到给定降解水平之前混凝土可以承受的冻融循环次数。混凝土的抗冻融循环能力与硬化水泥石的强度、变形能力和徐变等性质有关，但主要影响因素是水泥石的饱和度和孔结构。混凝土的饱和度低于某个临界值时，冻融导致的损坏就较小，而干燥混凝土则没有冻融损坏的风险。充分密闭空间的临界饱和度为 91.7%，但对于混凝土而言，由于其多孔结构特征，其临界饱和度与孔结构系统、均匀性和冷冻速度有关。在冻结孔隙的附近如果有足够的空间能容纳被排出的水，则可有效消解凝冰过程中的液压；如果硬化水泥石中孔隙形成极薄的层状时，就不存在临界饱和度。在工程中，为了防止反复冷融导致的损坏，在混凝土生产时常掺入适量的引气剂，以在混凝土内部引入近似球形且直径约为 50 μm、间距通常不大于 200 μm 的离散气泡系统。常用的引气剂包括松香树脂、烷基苯磺酸盐、脂肪醇硝酸盐类、皂类、甲基纤维素醚等多种，实际选用时应通过试验确定其性能和适宜的用量，并确保各组分之间具有良好的相容性。引气剂一般以溶液形式直接加到混凝土搅拌机中进行分散混合，加入时机对引气效果非常重要。

由于在冻融循环中对混凝土产生的破坏作用包括水冻结时的膨胀,因此若额外的水可以很容易地逃逸到邻近的气孔中,则可以认为膨胀不会引起混凝土的损坏。但必须注意的是,应使最初的毛细孔体积达到最小,这样未冻结水的体积就不会超过气孔体积,这意味着在混凝土中掺入引气剂时,还需要混凝土有较低的水灰比。较低的水灰比也保证了混凝土具有较高的强度,可更好地抵御由冻结引起的破坏力。一般地,有抗冻要求的混凝土,其水灰比应低于 0.5,一些厚度较薄的混凝土结构水灰比应低于 0.45。另外,在暴露于冻融循环前,应确保混凝土的抗压强度达到 24 MPa 以上。

如前所述,掺加引气剂的硬化混凝土,其实际含气量及其气泡间距受很多因素影响,采用适宜的刚性泡沫颗粒则可避免这一缺陷。如已经工业化生产的可压缩空心塑料微珠,其直径 10～60 μm,比引入的气泡体积更小一些,在混凝土中掺入水泥石体积 2.8%左右的微珠时,其平均间距约 70 μm,这比引气剂通常 250 μm 的间距低得多,可为混凝土提供良好的抗冻融循环能力。实际上,空心塑料微珠的掺入还可改善混凝土的工作性。当然,因微珠的密度极少,仅 45 kg/m^3左右,其分散性和在搅拌过程中的稳定性需要格外注意。

6.8.7 硫酸盐侵蚀引起的降解

硫酸盐侵蚀是导致混凝土耐久性恶化的主要因素之一。硫酸盐会与水泥浆中的一些水化产物反应生成膨胀性产物,易导致混凝土膨胀、开裂剥落等损坏,进而使混凝土结构失去完整性和稳定性。

硅酸盐水泥本身含有硫酸盐,它以二水石膏作为缓凝剂。然而,在大多数情况下,硫酸盐来自混凝土外部,它们可能来自土壤、地下水、海水和被污染的集料。钠、钾、镁和钙的硫酸盐溶液是常见的硫酸盐形式,它们会使混凝土严重变质,我国西南和西北地区,地下水和土壤中硫酸根离子的含量较高,更应引起重视。混凝土混合物中的总硫酸盐含量是硫酸盐接触程度的控制因素。混凝土中可接受的硫酸盐浓度约为水泥重量的 4%。通常认为,硫酸根离子可与氢氧化钙和水化铝酸钙反应,形成石膏和钙矾石。硫酸盐还可与水泥中的铝酸三钙(C_3A)反应形成钙矾石。硫酸盐侵蚀的反应类型有以下几种:

(1) 水泥石中的氢氧化钙转化为硫酸钙晶体,体积膨胀达 2 倍以上,这导致膨胀和破坏。

$$\underset{(33.2\ ml/mol)}{Ca(OH)_2} + SO_4^{2-} + 2H_2O \longrightarrow \underset{(74.2\ ml/mol)}{CaSO_4 \cdot 2H_2O} + 2OH^-$$

(2) 水化铝酸钙和铁酸盐转化为硫铝(铁)酸盐。这些反应的产物比原始水化物占据更大的体积,导致膨胀和破坏。

$$\underset{(\sim 150\ ml/mol)}{C_3A} + \underset{(74.2\ ml/mol)}{3CaSO_4} + 32H_2O \longrightarrow \underset{(312.7ml/mol)}{3CaOAl_2O_3 \cdot 3CaSO_4 \cdot 32H_2O}$$

(3) 水化硅酸钙的分解

当只有硫酸钙存在时,仅会发生(2)的反应,而有硫酸钠存在的情况下,(1)和(2)都可能发生。硫酸钠首先与氢氧化钙反应生成石膏,然后与水化铝酸钙或未水化的 C_3A 反应生成钙矾石,具体如下列方程式所示:

$$CH + N\overline{S} + 2H \longrightarrow C\overline{S}H_2 + NH$$
$$3C\overline{S}H_2 + C_3A + 26H \longrightarrow C_6A\overline{S}_3H_{32}$$
$$3C\overline{S}H_2 + C_4AH_{13} + 14H \longrightarrow C_6A\overline{S}_3H_{32} + CH$$

而有硫酸镁存在时，上述三种反应均有可能会发生。这意味着除了与CH反应首先生成石膏，接着与C_3A形成钙矾石之外，硫酸镁还可以直接与C-S-H反应，如下式所示：

$$C_xS_yH_z + xM\overline{S} + (3x + 0.5y - z)H \longrightarrow 3C\overline{S}H_2 + MH + 0.5yS_2H$$

硫酸镁可以直接与C-S-H反应的原因在于，Mg^{2+}能和Ca^{2+}离子很好地结合，因为它们具有相同的价态和相似的离子半径，这导致硫酸镁和C-S-H凝胶之间的反应。

从不同硫酸盐的反应机理可以推断，腐蚀的严重程度取决于硫酸盐的类型。硫酸钙与钙矾石发生膨胀反应，会产生比石膏更大的膨胀效应。而水化产物中的钙矾石很大一部分都存在于界面过渡区，因而这种膨胀效应会导致粘结损失。硫酸钠也与氢氧化钙反应形成石膏，这降低了水泥石的强度和硬度。硫酸镁反应形成石膏并使C-S-H不稳定，而C-S-H是水泥石强度的主要来源。因此，硫酸镁攻击对混凝土的破坏作用最大，硫酸钠次之，最低的为硫酸钙。

一般来说，石膏和钙矾石的形成是造成混凝土膨胀的原因。硫酸盐侵蚀引起的膨胀可导致混凝土开裂。当混凝土开裂时，其渗透性增加。侵蚀性介质通过裂缝更容易渗透到混凝土内部，从而加速劣化过程。由硫酸盐侵蚀引起的混凝土劣化是物理和化学过程的复杂现象。硫酸盐侵蚀还表现为由于水化产物之间的内聚力丧失以及水化产物与混凝土中集料颗粒之间的粘结力丧失而导致水泥浆强度的逐渐丧失。

受硫酸盐侵蚀的混凝土外观呈白色。通常，损坏从边缘或角落开始，然后是渐进式开裂、剥落。硫酸盐侵蚀的速率也随着硫酸盐浓度和补充速率而增加（例如，由于更快的补充速率，硫酸盐侵蚀混凝土在地下水中更快）。对混凝土耐硫酸盐侵蚀能力的测试通常将样品储存在硫酸钠、硫酸镁溶液或两者的混合物中进行。可以通过润湿/干燥循环来加速测试，这将导致孔中的盐结晶。受侵蚀的影响可以根据试件的尺寸变化、强度损失、动态弹性模量变化和重量损失等指标来估计。在ASTM C1012-04中将充分水化的砂浆试件浸入硫酸盐溶液中，以过度膨胀作为硫酸盐侵蚀的失效标准，该方法适用于砂浆，而不适用于混凝土。此外，该方法需要持续的时间通常长达数月。作为替代方案，ASTM C452—89规定了一种加速模拟方法，根据14 d龄时的膨胀来判断，这是在原始砂浆混合物中加入一定量的石膏来加速与C_3A的反应，但这种方法不适合与混合水泥一起使用。

混凝土耐硫酸盐侵蚀的能力主要取决于混凝土的渗透性、扩散性、水泥及辅助胶凝材料的类型和用量。低渗透性和扩散性可降低硫酸盐向内部结构的渗透，这为混凝土提供了最佳防御。与降低铝酸钙含量的方式相比，降低水胶比的措施对于提高混凝土抗硫酸盐性能更为有效。为了实现低渗透性和低扩散性，应尽可能降低水胶比，并掺加具有火山灰性的辅助胶凝材料，通过火山灰反应来降低混凝土中CH含量和改善水泥石的孔结构。硫酸盐侵蚀的严重程度主要取决于C_3A的含量，C_4AF也有一定影响。耐硫酸盐侵蚀的水泥中C_3A含量很低，因此膨胀反应的可能性较小，且对硫酸盐侵蚀具有更好的抵抗力。减少混凝土中的CH和水化铝酸钙的含量也有助于提高其抗硫酸盐侵蚀能力。含有火山灰材料或高炉矿渣的混合水泥显示出更强的耐硫酸盐侵蚀能力。例如，低钙粉煤灰是一种有效的混合材料，可用于对抗混凝土的硫酸盐侵蚀。掺入微硅粉则可大大增强混凝土的抗硫酸盐侵蚀性，其主要原因是微硅粉的掺入极大地降低混凝土的渗透性。因此，微硅粉和粉煤灰的混合利用是生产高性能混凝土的上佳选择。用高硅质天然火山灰或低氧化铝含量的粉煤灰或矿渣制成混凝土时，只要选定的混合材料比例能够确保大多数游离氢氧化钙可在水化过程中被消耗完，则混凝土也能够抵抗硫酸盐的侵蚀。当然，在非常严重的硫酸盐侵蚀环境中，应使用除硅酸盐水泥以外的水泥，如硫酸盐水泥和高铝水泥。硫酸盐水泥对硫酸盐具有非常高的耐受性。需要强调的是，高铝水泥不能用于连续温暖、潮湿的条件下，亦不能用于水化热不易消散的大体积结构。高压蒸汽养护可改善混凝土对硫酸盐侵蚀的抵抗力，这是由于在此养护条件下水化铝酸钙(C_3AH_6)变为反应性较低的物相，同时多数氢氧化钙与二氧化硅的反应得以被消耗。

6.8.8 海洋环境中混凝土的耐久性

海洋环境的基础设施如跨海桥梁、海底隧道、石油平台和码头的耐久性问题更为复杂。海洋环境可分为海洋大气区、飞溅区、潮汐区、海水全浸区、深水区和海泥区等多种工况，海洋大气区发生海洋大气腐蚀，腐蚀量随时间几乎成线性增加，但随高度而降低。在飞溅区、潮汐区的腐蚀问题复杂得多，飞溅区的供氧充足、干湿交替；海泥区氧分不足，腐蚀反应较慢，但可能存在腐蚀电池或微生物腐蚀。对混凝土结构而言，飞溅区和潮汐区的海洋环境最为恶劣，因为该区域内混凝土的侵蚀由化学和物理机制的多种类型侵蚀组合而成，如图6-65所示。潮汐区对混凝土的侵蚀可能包括：(1)物理侵蚀，(2)盐结晶压力，(3)硫酸盐侵蚀产物的浸出，(4)寒冷地区的冻融，以及(5)氯化物渗透。潮汐区指平均高水位和平均低水位之间的范围。在该区域中易发生钢筋锈蚀和混凝土的剥落。钢筋锈蚀是混凝土结构恶化的最常见机制。海洋环境中钢筋的腐蚀主要是由于氯化物渗透导致钢筋表面膨胀。

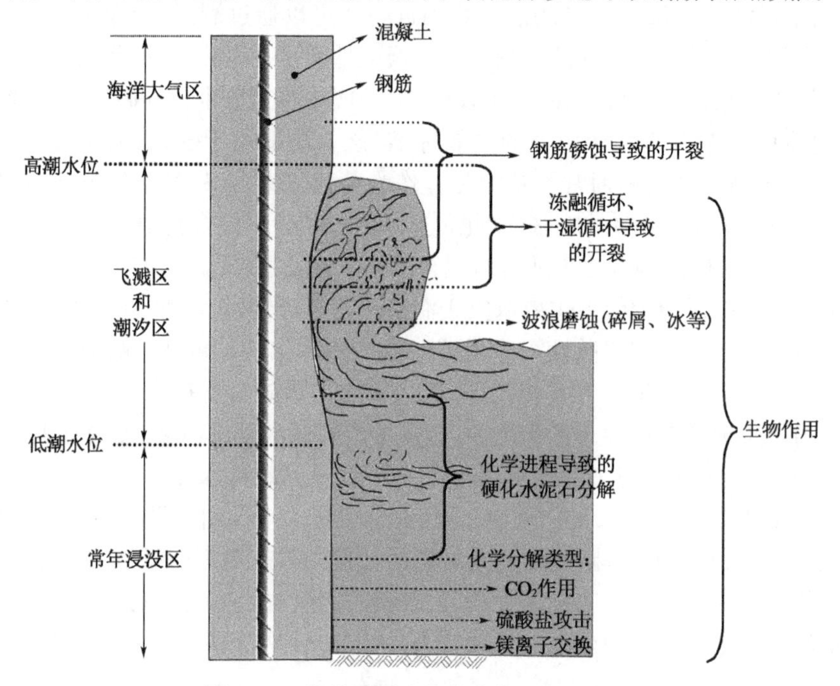

图6-65 海岸混凝土结构劣化机制示意图

另外，在潮汐区域内的混凝土结构会因水中可能存在的固态碎屑反复撞击而产生磨损。波浪和潮汐的交替运动也加速了混凝土的劣化。高速波浪冲击、表面层的凹陷和不规则纹理可导致海洋混凝土结构中的空穴现象。如果表面不规则点处的绝对压力接近水的蒸汽压力，则会形成微小气泡并迅速坍塌。这些气泡的坍塌可以产生具有极高速度的微小水射流，并产生强烈的冲击波飞溅到混凝土表面。这种效果对高强度混凝土具有极大的破坏性。因空穴引起的劣化能够导致混凝土被撕裂。在海平面以上的混凝土中则发生循环干燥和毛细吸力，与此同时，水将可溶盐带入混凝土中。随后的蒸发导致这些盐在孔中结晶，产生可导致微裂纹的应力。低潮线下方是连续浸入的区域。一般来说，与在潮汐区或飞溅区域暴露的混凝土相比，此深度范围内的钢和混凝土结构所受侵蚀不算严重。

海洋环境中硫酸根离子会与混凝土中 C_3A 和 C-S-H 同时发生反应，导致钙矾石的形成。幸运的是，石膏在氯化物存在下可溶，从混凝土中浸出时不会产生膨胀，而表现为组分逐渐散失，这与其他环境中的硫酸盐侵蚀完全不同。为了研究海洋环境中混凝土结构的劣化机理，可在实验室中进行模拟实验。为了获得更真实的信息，应该在真实海洋环境进行暴露试验。

提高海洋环境中混凝土的耐久性的关键在于使用低渗透性的混凝土，并限制水泥的 C_3A 含量，或使用火山灰替代部分水泥。混凝土的渗透性是影响海洋环境中混凝土性能的最重要因素。低渗透性可以减少盐、硫酸盐和水的渗透；此外，低渗透性混凝土通常具有高强度和对海洋环境的良好抗侵蚀性。海水引起的恶化速度取决于混凝土吸收的海水量，因此所有能获得较低渗透率的因素都有助于改善混凝土结构对海水和海洋环境的抵抗力。由于水中的盐会导致钢筋的腐蚀，因此海洋环境中的钢筋混凝土结构通常需要 50～75 mm 的致密混凝土保护层。对于海洋结构，应优先使用矿渣水泥，粉煤灰水泥或火山灰水泥或在混凝土中掺入这类辅助胶凝材料。因为缓慢水化的火山灰反应会消耗大量的氢氧化钙并产生大量的二次 C-S-H，结果使混凝土具有更为致密的细孔结构，这大大降低了硫酸盐和氯离子的输运速率。为避免 ASR，建议水泥用量不低于 400 kg/m^3，水灰比不超过 0.4，水泥中铝酸三钙的含量应低于 12%，合适含量为 6%～10%，同时应采用不含活性二氧化硅的优质骨料。

6.8.9 多因素引起的混凝土劣化

在工程实践中，混凝土结构暴露于多种不利因素的复杂环境中，不同因素的耦合作用导致混凝土劣化加剧。上述海洋工程中的混凝土结构就在同时承受物理侵蚀、氯化物扩散和硫酸盐侵蚀等多种作用。由于混凝土结构同时必须承受机械载荷，因此，研究混凝土结构在机械荷载耦合效应和环境因素综合作用下的劣化机理更为现实，这需要了解混凝土结构在力学、物理和化学等多场作用下的复杂时变与多尺度交换特性，该方向已成为混凝土材料研究人员和工程界都十分关注的热点与前沿课题。

6.9 混凝土的配合比设计与质量控制

混凝土工程质量是否优良，其中一个重要的因素就是所设计的混凝土能否满足施工和使用要求。这可以通过选择合适的原材料和优化原材料的组成比例来保证，也即混凝土的配合比设计。混凝土的配合比是指每立方米混凝土中各组成材料的用量质量比例，配合比设计是由两个相互关联的步骤组成：(1)根据使用环境和市场供应情况选择合适的原材料；(2)优选确定各种组成原材料的比例，以尽可能经济地拌制出具有适当的工作性、强度和耐久性的混凝土。对于具体工程，还可能需要根据服役环境考虑其他标准，例如设计目标是使收缩和徐变最小，或者是适应特殊化学环境等等。混凝土的配合比设计在很大程度上仍然是一个经验性的过程。而且，虽然混凝土的许多性能都很重要，大多数方法都是基于在给定的工作性和龄期下达到规定的抗压强度进行设计。其基本假设，就是只要混凝土的工作性与规定龄期的抗压强度能满足要求，其他性质就能够自动满足要求。

6.9.1 配合比设计的基本准则

1. 经济性

混凝土的建造成本由材料成本和施工成本组成。除了一些较特殊的混凝土，施工成本在很大程度上取决于所生产混凝土的类型和质量要求。因此，在确定不同混合料的相对成本时，可以只分析材料成本。水泥比集料贵得多，尽量减少水泥用量是降低混凝土成本的最重要因素；而使用大粒径集料，优化粗细集料的比例，必要时使用合适的外加剂，可以得到满足施工要求的最小坍落度。降低水泥用量除了可降低成本外，通常还能减少混凝土的收缩量，降低水化热。但是水泥用量太低，混凝土的早期强度就会明显降低、新鲜混凝土的均匀性亦可能存在问题。由于混凝土固有的变异性，所配置的混凝土平均抗压强度必须高于结构设计所要求的抗压强度值。因此，混合料的经济性应与预期的质量控制程度相关。

2. 工作性

新鲜混凝土必须能够在可用的设备条件下相对较容易地运输、浇注成型和捣密实，基本无离析和泌水，有足够的终饰性能。决定普通混凝土工作性大小的主要因素是单位体积用水量，而单位体积用水量主要取决于集料的特性。通常，骨料的粒径越大，混凝土的需水量越小；骨料的级配良好，颗粒堆积状态下的空隙率低，粗细集料的比例即砂率合适时，需水量也越少。在条件许可时，应尽可能选择较小的坍落度，因为坍落度越小，用水量越少，这不仅可节约水泥，也有利于混凝土的长期性能，同时还有利于控制离析与泌水。需要重新设计混合料时，宜通过增加砂浆含量来改善工作性，而不是简单地添加更多的水或细料。任何时候都绝不能使用单纯加更多水的方式来使工作性满足要求，因为这会显著降低混凝土的强度和耐久性。

3. 强度和耐久性

一般来说，在设计使用年限内混凝土结构需要持续承受荷载和环境作用，混凝土结构设计规范通常会对混凝土的最低抗压强度值提出要求，所配置的混凝土平均抗压强度必须高于结构设计所要求的抗压强度值。水灰比定则是绝大多数混凝土配合比设计的基础，而混凝土的耐久性主要通过限制混凝土的最大水灰比和最低水泥用量加以保证，确保这些要求不相互矛盾是非常重要的。需要注意的是，混凝土 28 d 抗压强度只是施工质量控制和快速检验的需要，并不一定是最重要的。实际工程中可能会用其他龄期的强度控制设计。特定使用工况中的混凝土可能还需要满足某些如耐冻融和化学侵蚀等耐久性要求，这可能会对水灰比或水泥含量提出进一步的限制，并且可能涉及外加剂的使用。

4. 关于混凝土配合比设计的新论述

普通混凝土可视为由水泥、粗集料、细集料和水组成，混合料的设计就是选择合适的集料和水泥，在给定坍落度与强度要求下，确定各组成材料的最佳相对比例和的水泥要求。在现代混凝土设计中，还应充分考虑以下几点：首先，可经济地获得哪些集料，或者说配合比设计应因地制宜，尽可能使用可用的集料而非刻意寻找理想的集料；其次，混凝土应具备哪些特性；必须认识到，没有一种所谓的理想混凝土能够满足所有目标，因此，在混凝土设计时，应针对具体工程项目条件、结构特点和功能需求确定所设计混凝土的性能要求；第三，提供这些性能的最经济方法是什么，这需要充分把握不同方案的成本，有时甚至是全寿命周期成本。普通混凝土设计时并不会专门开展矿料的级配设计，但对高强度混凝土与高性能混凝土而言，矿料的级配设计也是十分重要。

使用理想材料生产出具有所需强度的优质混凝土并不是混凝土配合比设计所追求的主要目的。优秀混凝土设计的实际价值在于，它引导工程师选择可用材料，以合适的组成比例，生产出符合使用需求的经济型混凝土。混凝土配合比设计的首要任务是选择适宜的集料，其次是确保新鲜混凝土的工作性，最后才是强度与耐久性方面的要求，设计中应确保混凝土的各项性能达到均衡。当然，施工是确保混凝土工程质量的关键环节，必须确保所设计的混凝土被正确地浇筑、密实成型和养护，否则再完美的混合料也不能正常发挥作用。

6.9.2　配合比设计方法与流程

混合料设计的主要目标是确定水灰比与单位体积用水量以及集料的级配。对普通水泥混凝土而言，水灰比、砂率、单位体积用水量是混凝土配合比的三个设计参数。

1. 混凝土配合比设计参数

(1) 水灰比

水灰比，即配置每立方体混凝土所用水与水泥的质量比。1930 年，Bolomey 将混凝土的抗压强度与水泥的强度和水灰比建立了关系式，这一公式经过修订后为各国所广泛采用。

$$f_{cu,0}=A f_{ce}\left(\frac{c}{w}-B\right) \tag{6-34}$$

式中，$f_{cu,0}$ 为混凝土在标准养护条件下 28 d 龄期的抗压强度，f_{ce} 为水泥的实际强度，缺乏实测数据时，可根据水泥的强度等级和富余系数相乘得到；A 与 B 为经验常数，一般应根据本单位的历史资料统计确定，也可根据国家规范选用。我国普通混凝土配合比设计规程(JGJ55)推荐的取值如表 6-14。

表 6-14　普通混凝土配合比设计规程(JGJ55)推荐的经验常数

集料种类	A	B
碎石	0.53	0.20
卵石	0.49	0.13

由于实际施工过程中混凝土的强度值总是存在波动，通常认为混凝土的抗压强度值服

从正态分布规律。为了确保混凝土的强度满足设计要求，所配制混凝土的强度平均值必须以足够高的保证率高于设计强度值，一般工程中要求混凝土的强度保证率不低于95%。确定混凝土的配制强度还应考虑施工单位的质量管理水平即强度标准差，如图6-66所示。因此，混凝土的配制强度均值与设计强度之间的关系式为：

$$f_{cu,0}=f_{cu,k}+1.645s \tag{6-35}$$

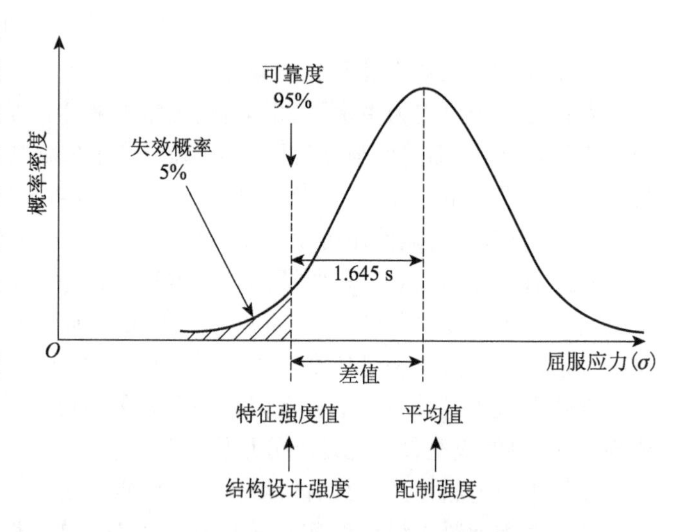

图6-66　混凝土配制强度与设计强度的关系

式中，$f_{cu,k}$为混凝土的设计强度值(MPa)，s为混凝土的强度标准差，根据施工单位同类混凝土不少于30组试件的统计资料计算确定。对于强度等级不大于C30的混凝土，当强度标准差计算值小于3.0 MPa时，按3.0 MPa计；对于强度等级在C30～C60之间的混凝土，强度标准差计算值小于4.0 MPa时，按4.0 MPa计。当缺少同一品种混凝土近期强度资料时，强度标准差可按表6-15取用。

表6-15　混凝土强度标准差取值表

混凝土的强度等级	≤C20	C25～C45	C50～C55
强度标准差取值(MPa)	4.0	5.0	6.0

因此水灰比为：

$$\frac{w}{c}=\frac{Af_{ce}}{(f_{cu,k}+1.645s)+ABf_{ce}} \tag{6-36}$$

(2) 砂率

所谓砂率即单位体积混凝土中细集料(砂)用量占集料总用量(砂石材料)的质量百分率。当集料确定以后，合成矿料的性能主要取决于粗、细集料的组成比例。混凝土的砂率影响工作性，特别是新鲜混凝土的稳定性或黏聚性，砂率必须与水灰比相协调。通常水灰比增加，砂率也相应增加，以保证有足够多的表面吸附水分、避免出现泌水或流浆现象。

(3) 单位体积用水量

水灰比决定了水泥浆的稠度，在水灰比和集料种类与组成比例确定的情况下，新鲜混凝土的性能主要取决于水泥浆与集料的组成比例，即浆集比。在混凝土的配合比设计中，采用单位体积用水量表示这种比例关系。根据固定加水量法则，当骨料的种类和组成比例确定后，在一定的水灰比范围内(通常为0.4～0.8)，新鲜混凝土的工作性主要取决于单位体积用水量，而受其他因素的影响很小。在水灰比一定的情况下，若新鲜混凝土的工作性(坍落度或维勃稠度)已知，则根据固定加水量法则可以确定出单位体积用水量。而新鲜混凝土的坍落度可根据结构构件的种类、截面尺寸、钢筋的疏密和施工方式选定，具体请参见表6-2。

2. 混凝土拌和物的质量与体积关系

混凝土拌和物的总体积等于各组成材料与含气量的体积之和,因此

$$\begin{cases}\dfrac{m_c}{\rho_c}+\dfrac{m_w}{\rho_w}+\dfrac{m_s}{\rho_s}+\dfrac{m_g}{\rho_g}+\dfrac{m_{adm}}{\rho_{adm}}+\alpha=1\\ \beta_s=\dfrac{m_s}{m_s+m_g},\ \dfrac{w}{c}=\dfrac{m_w}{m_c}\end{cases} \tag{6-37}$$

式中,m_c、m_w、m_s、m_g、m_{adm} 分别为每立方米混凝土拌和物中水泥、水、砂、碎石和外加剂的用量(kg/m^3),ρ_c、ρ_w、ρ_{adm} 分别为水泥、水与外加剂的密度(kg/m^3),ρ_s、ρ_g 为砂与碎石的表观密度(kg/m^3),α 为混凝土的含气量。由于机械拌和等原因,新拌混凝土中通常会含有一定量的气泡,并占据一定的体积。当不使用引气型外加剂时,可取 $\alpha=1\%$,当使用引气型外加剂时,则需要根据外加剂说明或测试结果确定。

质量法也称为假定密度法,配制 1 m^3 混凝土所用各种原材料的总质量就是混凝土的湿表观密度 ρ_{cp},因此,

$$\begin{cases}m_c+m_w+m_s+m_g+m_{adm}=\rho_{cp}\\ \beta_s=\dfrac{m_s}{m_s+m_g},\ \dfrac{w}{c}=\dfrac{m_w}{m_c}\end{cases} \tag{6-38}$$

质量法和体积法都可以用来计算混凝土的配合比。一般认为,体积法更为准确,但需要事先掌握所用原材料的密度数据;而质量法则无需组成材料的密度资料,但需要首先确定一个适宜的混凝土湿表观密度值,如果施工单位已积累有由常用材料组成的混凝土的湿表观密度数据,亦可得到准确的结果。

3. 我国普通水泥混凝土配合比设计

水泥混凝土配合比设计的好坏,直接影响着水泥混凝土的工作性能与使用性能。配合比设计是一个复杂的反复校正过程。JGJ55 将普通水泥混凝土配合比设计分为四个阶段进行设计,不同的设计阶段所需要考虑的影响因素不同,具体如表 6-16 所示。

表 6-16 JGJ55 中混凝土配合比设计阶段与目标

设计阶段	目标	基本步骤
初步配合比设计	根据经验关系确定试拌比例	了解具体工程状态、原材料的情况,施工工艺与水平等方面的资料; 根据工程要求确定混凝土的最大粒径和坍落度; 根据最大粒径和坍落度确定混凝土的单位体积用水量; 根据混凝土的设计强度、水泥的实际强度结合水灰比定则计算水灰比; 查表检验水灰比与水泥用量是否满足耐久性要求; 根据最大粒径和水灰比确定砂率; 运用体积法或质量法计算砂石用量
基准配合比设计	检验试拌混合料的工作性	当检验发现工作性不满足时,应在保证水灰比不变的条件下,调整水泥浆的数量,直至满足为止。在进行坍落度试验时还应观察其保水性与黏聚性,以决定是否需要调整砂率,重新计算并再次试拌和测试

（续表）

设计阶段	目标	基本步骤
实验室配合比设计	检验基准配合比的抗压强度和湿表观密度	在基准配合比的基础上，保持单位用水量不变，以±0.05或0.10的幅度变化水灰比，制作强度试件并检验其工作性和湿表观密度，建立水灰比-强度曲线，据此确定实验室配合比的水灰比，重新计算混凝土的配合比；根据湿表观密度实测与计算值（各组成材料单位方用量之加和）确定配合比校正系数（实测值/计算值）以及二者差值与计算值之比，当比值超过2%时，各材料单方用量应乘以校正系数。
工地配合比设计	根据集料的实际含水量状况修正	根据集料的实际含水量状况，对实验室配合比中的砂石材料与加水量进行修正

6.9.3 混凝土的质量控制与质量评估

1. 混凝土的质量控制

质量控制与验收试验是土木建筑施工过程中不可或缺的部分。基于试验结果反馈的信息，可进行调整和控制。在评价配合比设计、试配和浇注施工等过程进行控制和评估试验时，都必须依据以往的施工经验和可靠性进行判断。验收规范往往只对最终状态和性能提出要求，也就是说不管采用何种施工方法，都需要达到其最终状态和性能，验收时根据物理性能试验结果和对混凝土性能的评估进行检查。这类规范对于过程指标并没有验收限制。

混凝土的强度、耐久性和其他机械性能不应被视为“基本的”或“固有的”材料性能，因为试件的几何形状、试件制备方法、含水率、温度、加载速率，甚至测试仪器型号和夹具等都会影响测试结果。因此，进行质量控制时，应尽量使用标准试验方法。必须强调的是，一般的混凝土试验并不是直接用混凝土结构进行试验，而是用一个很小的同类混凝土样品，用来代表结构中混凝土的性能。但这种代表性往往只能反应材料的性能，不能直接用于结构服役状态的判断。

2. 混凝土的无损检测方法

自20世纪40年代末以来，人们已经开发了很多无损检测方法，用于快速检测和评定混凝土强度等质量特性。无损检测方法并不能直接测量混凝土的强度，而是通过与其他某些属性的相关性来间接估计混凝土的强度。因此，这些无损检测方法主要用于分析不同结构部分的混凝土质量差异，以及确定需要仔细检查的结构部位，仔细检查的项目包括钻芯取样、岩相学分析或微观分析等。

最常见的无损检测方法是使用施密特回弹锤进行回弹试验。回弹法是用弹簧测量一定质量的钢锤对混凝土表面进行垂直冲击后的回弹，通过回弹硬度和强度之间的经验关系评价混凝土的质量。回弹值反映了混凝土的表面硬度，混凝土的表面硬度越大，回弹值也越高。由于混凝土的表面硬度与其抗压强度之间存在一定的相关性，因此可根据回弹值的高低来推算混凝土的强度。混凝土的回弹结果受混凝土表面平整度、混凝土的含水量、温度、构件的刚度、表面碳化程度、冲击方向等因素的影响。对于大型和重型构筑物、道路及机场等混凝土工程，应选用冲击能力为29.04 J的大型回弹仪，实际应用时还需要以大量试验数据为基础建立测强曲线或相应的经验公式。普遍认为回弹试验可用于检查混凝土的均匀性，或者在不同混凝土之间进行对比分析，但从绝对意义上来说它只能粗略地表示混凝土强度。

贯入阻力试验通过一个由给定能量驱动的钢探针测量混凝土的贯入阻力。最常见的装置是温莎探针，它是一个由火药驱动的驱动装置，可以将探针射入混凝土，测量穿透深度并与强度相关联。由于这种技术在混凝土中有相当大的穿透，表面纹理和碳化作用比先前描述的回弹试验影响要小的多。然而，混合比例和材料性能仍然很重要，并且必须对所讨论的材料进行校准。

拉拔试验即测定在浇筑过程中或浇筑完成后将钢筋从混凝土中拔出所需的力。该法提供了一种测量混凝土抗剪强度的方法，且可与任意系统测得的抗压强度相关联。该方法经济迅速，虽然在试件上留下了孔洞需要修复，但仍然优于上面提及的方法，因为它可以测量更厚更大的混凝土试件。现浇法需要提前设计好方案以便在现场浇筑时可以插入构件，后浇法则相反，可以之后再插入部件，故可用来测试已有结构。

脉冲混凝土内压缩波的脉冲速度与其密度和动态弹性模量、泊松比有关。由于脉冲速度是取决于材料的弹性性质而不是其几何形状，故超声脉冲法是一种评估混凝土质量的非常简便的方法。超声波一般可分为纵波 P(压缩波，质点振动方向与波传播方向一致)、横波 S(剪切波，质点振动方向与波传播方向垂直)、瑞利波 R(表面波，介质质点受交变表面张力作用，向前传播的同时绕平衡位置作椭圆振动形成的波形)和兰姆波 L(板波，纵波与横波的特殊组合波形，传播范围仅限于厚度为波长级的板形区域)。应用于材料检测的机械波主要为纵波 P，横波 S 和表面波 R。在同一介质中，不同类型的波具有不同的波速。通常情况下，纵波波速大于横波，横波波速又大于表面波。对于给定类型的波，它们在不同介质中传播的波速与介质的密度、弹性模量、泊松比等密切相关。从一种介质传播至另一种介质时，将发生反射、折射或绕射，其传播方向、波形和能量等都将发生变化。超声波在介质中传播时，其能量会随着传播距离的增加而衰减。混凝土是一种非均质材料，其内部的固液气三相的分布复杂，各项具有不同的声阻抗，因此超声波在混凝土中传播的能量衰减要比在相同声径的金属材料中大得多，它们在混凝土中传播主要发生吸收衰减和散射衰减。影响脉冲速度的因素有接触面光滑度、传播路径长度、温度、混凝土的含水量、配筋情况、混凝土的强度等。超声脉冲法检测混凝土缺陷就是利用超声脉冲波在混凝土中传播的声时(声速)、振幅、频率等声学参数的相对变化，来判断混凝土的内部缺陷。目前超声波法主要应用于混凝土的裂缝深度、不密实区、空洞、混凝土结合面的质量、表面损伤层状况，以及弹性模量等方面的检测，用于评估混凝土的密实度与均匀性。

冲击回波法是使用瞬态应力波来确定混凝土构件内缺陷的方法。简单来说就是当混凝土表面受到机械冲击时，P 波、S 波和 R 波会在混凝土中传播。当遇到内部缺陷的边界时 P 和 S 波便会反射回来，故可以根据这些波的位移来确定构件的厚度(或长度)、缺陷的位置和构件不连续性。研究与大量实践已经证明，混凝土中的空洞、蜂窝、分层、表面裂缝深度以及结构厚度检测方面，冲击回波法十分有效。ASTM 即采取冲击回波法作为测量混凝土板厚度的标准方法。该方法包含两个步骤，首先利用两个距离已知的接收传感器测量纵波传播时间，以确定它在混凝土中的波速；然后通过冲击回波获得纵波频率，利用频谱分析确定混凝土板的厚度，具体信息请参见 ASTM C1383。

还有许多检测技术能够提供混凝土的信息，限于篇幅，在此仅简要列举几种。X 射线和 γ 射线都能在一定程度上穿透混凝土，因此，X 射线主要用于实验室中确定混凝土的结构的裂纹、集料的空间分布等信息，γ 射线多用于确定钢筋位置和测量混凝土的厚度。中子后向散射法可用于测量含水量，中子活化分析法可用于确定水泥含量；许多磁性装置可用来确定钢筋保护层的厚度和钢筋的位置。通过岩相分析和显微镜观测抛光的混凝土界面来确定空隙系统的特性，运用点计数法确定硬化混凝土中空隙的位置和体积。探地雷达用于检测路面厚度、脱空等。

6.10 混凝土的常用外加剂

外加剂是混凝土中除水泥、水、粗集料和细集料之外，额外加入到混凝土中以赋予新拌混凝土或硬化混凝土特定性能的成分。在混凝土中使用外加剂的主要原因有：

1. 降低混凝土施工成本；
2. 相比其他方法，外加剂能够更有效地实现混凝土的某些性能；
3. 为了确保在恶劣气候条件下混凝土在拌和、运输、浇筑、养护过程中的质量；
4. 在混凝土作业中应付某些紧急情况而掺加。

混凝土外加剂一般分为化学外加剂和矿物外加剂两大类。通常所说的外加剂指化学外加剂，品种非常多。它们在水泥混凝土中的掺量通常不超过水泥质量的 5%，工程中应用十分广泛，已成为混凝土的第五组分。矿物外加剂是在配制混凝土时加入的具有一定细度或活性的矿物类产品，也称为辅助胶凝材料，是混凝土的第六组分，本教材将在第六章进行专门介绍。本节介绍几类常用的化学外加剂。

6.10.1 减水剂

减水剂是混凝土最常用的外加剂之一，用于改善混凝土的工作性，同时保证混凝土的质量。减水剂增加了水泥颗粒在塑性混合料中的流动性，使得在较低用水量时也能实现混凝土的和易性。减水剂是当前混凝土外加剂中品种最多、应用最广的一种外加剂。按照减水效率，减水剂可分为普通减水剂、高效减水剂和超塑化剂。

在水泥的研磨过程中，水泥颗粒表面产生静电荷。不同电荷的吸引，这将导致水泥颗粒团聚或“絮凝”，从而有损和易性。减水剂是具有双亲结构的表面活性剂，它通过两种作用来实现其功能。(1)吸附—分散作用：加入水泥浆体后，减水剂的憎水基团定向吸附于水泥颗粒表面，亲水基团指向水溶液，形成定向排列，这抵消了水泥颗粒表面的静电吸引，使颗粒因带同种电荷而相互排斥从而打破絮凝结构，实现更好的分布，并释放出絮凝体内包裹的游离水。(2)润滑作用：减水剂在水泥颗粒表面吸附定向排列，其亲水基带负电荷，极性强，很容易与水分子中的氢链缔合，从而在水泥表面形成一层溶剂化水膜，它不仅阻止了颗粒接触也起到润滑作用。由于分散与润滑作用，浆料中水泥颗粒的分散更均匀，水化亦更均匀，浆体的黏度更低，强度也可能增加。

减水剂可以间接用来增加混凝土的强度。由于减水剂可增加和易性，我们可以利用这种现象来减少用水量，从而达到降低水灰比和增加强度的目的。实际上可以用减水剂来完成三个不同的目标：

（1）在不改变混凝土中其他材料用量的情况下加入减水剂，坍落度将会增加。

（2）采用减水剂降低水的用量，使水泥用量保持不变，可以提高混凝土的强度。

（3）可以降低水泥用量。在保证坍落度不变时使用减水剂，可降低用水量，为保证混凝土强度不变，此时需同步降低水泥用量，以保持水灰比不变。因此，可节约水泥。

超塑化剂是减水效率远超普通减水剂的高性能减水剂，它可以大大增加新拌混凝土的流动性，或在给定稠度条件下减少用水量。例如，在 75 mm 坍落度的混凝土中加入超塑化剂，可以将坍落度提高到 230 mm，或者保持原坍落度不变使混凝土的用水量降低 12%～30%，从而大大提高混凝土的强度。现在，使用超塑化剂，可以相对容易地生产出约 70～80 MPa 乃至更高抗压强度的高强度混凝土，而超塑化剂也已成为高强与高性能混凝土的必备组分。

当使用超塑化剂时，新鲜混凝土可以在 30～60 min 内维持较好的和易性，随后和易性快速下降。在工厂生产时，超塑化剂通常用以保证混凝土的稠度。必要时可以在现场添加，但需确保充分混合。混凝土的凝固时间与减水剂类型、用量以及混凝土中使用的其他外加剂的相互作用等因素有关。

6.10.2 缓凝剂

缓凝剂主要用于延长混凝土的凝结时间，使新鲜混凝土较长时间保持可塑性，以便浇注。在炎热天气施工和大体积混凝土施工时，掺缓凝剂不仅可延长捣实时间，也延缓了水泥的水化放热，可减少因水化热产生的温度应力型裂缝。需要长距离运输或使用管道法施工、填石灌浆法施工、制备露石混凝土，以及进行滑模法施工等混凝土工程中也需要用到缓凝剂。

缓凝剂可分为有机与无机两类。无机缓凝剂包括硼砂、氯化锌磷酸盐等，它们可在水泥粒子表面形成难溶性膜以阻碍水泥的水化，但它们的缓凝作用不稳定，因此不常使用。常用的有机缓凝剂有糖类、羟基羧基盐类、多元醇类等，其中蜜糖缓凝效果最好。多数有机缓凝剂通常具有亲水的活性基团，因此往往兼具减水效果。有机缓凝剂的作用机理是缓凝剂分子会吸附在水泥表面，形成单分子吸附膜层阻碍并抑制水分向水泥颗粒内部渗透，使水泥初期水化速度变慢。多数混凝土缓凝剂中含有糖分，糖是多羟基水化合物，亲水性强、吸附在水泥颗粒表面后，使水泥颗粒表面的水化物膜大大增厚，使颗粒间的凝聚力小于其分散作用力，从而使水泥水化延缓。缓凝剂的效果不仅与缓凝剂的类型与掺量有关，温度的影响也较为明显。缓凝剂在混凝土中的掺量通常在 0.1%左右，具体掺量需根据缓凝剂的类型结合混凝土试验确定。掺量过高时会使混凝土长时间不凝固甚至引发工程事故。

缓凝剂的使用通常不会影响混凝土的后期强度，但会降低混凝土早期(1～3 d)的强度。此外，一些缓凝剂引入空气并改善和易性。有些缓凝剂增加初凝时间，但是会缩短初凝和终凝之间的时间差。缓凝剂的实际作用效果与材料和工作条件均有关。因此，缓凝剂的使用必须在设计过程中进行试验评估。

6.10.3 早强剂

早强剂用于促进混凝土早期强度的发展，使得混凝土的早期强度比普通混凝土发展得更快，而不改变其后期强度。早强剂一般用于减少施工开始前的时间、缩短硬化时间、增加强度增长速率、堵塞泄漏等工况。前三个原因特别适用于在寒冷条件下进行的混凝土作业。增加的早期强度有助于保护混凝土免受冻结，并且快速的水化速率产生的热量可以降低冻结的风险。

早强剂的主要品种有氯盐类、硫酸盐类以及有机胺类等多种。氯化钙($CaCl_2$)是使用最为广泛的加速剂。氯盐是强电解质，溶于水后将全部电离为离子，氯离子吸附于水泥颗粒表面，增加水泥颗粒的分散度，加速水泥初期的水化反应。由于溶液中大量的钙离子与氯离子的存在，它们与 C_3A 和 CaO 反应生成大量不溶物，这些生成物使水泥浆中的固相比例增大，促使水泥凝结硬化。混凝土的初凝和终凝时间均随氯化钙用量的减少而降低。一般而言，混凝土的初凝时间在 3 h 左右，终凝时间约为 6 h，加入水泥重量 1%的氯化钙可将初凝和终凝时间缩短一半，氯化钙用量 2%时可将凝结时间降低到原来的 1/3。与相同温度下的普通混凝土相比，加入氯化钙的混凝土具有更高的早期强度。

通常，以下混凝土工程中应注意不能使用氯化钙：预应力混凝土、混凝土中含有嵌入的铝管(当铝与钢接触时应注意)、可能存在碱—集料反应的混凝土、与含硫酸盐的水或土壤接触的混凝土、在炎热天气下施工的混凝土以及大体积混凝土，可使用非氯化钙如三乙醇胺，硫氰酸钠，甲酸钙或硝酸钙类的促进剂，当然，条件允许时也可采取如高强水泥、增加水泥含量、提高养护温度等替代措施。

6.10.4 引气剂

引气剂(air entrainment)在混凝土中产生许多均匀分布、稳定而封闭的微小气泡，以便在冷冻时水有膨胀的空间。引气剂的掺量在 0.002%～0.1%，可使混凝土中的引气量达到 3%～5%。混凝土毛细孔中的水分冻结，通常会以如下三种机制导致混凝土内应力的发展：

(1) 临界饱和—冻结后，水的体积将增长 9%。如果饱和度超过 91.7%，体积增加将会在混凝土中产生应力。

(2) 液压—冷冻水将未冷冻的水吸入，混凝土孔隙中的未冷冻水产生应力，大小取决于流动长度，冷冻速率，渗透率和孔中盐的浓度。

(3) 渗透压力—水从凝胶移动到毛细管，以满足热力学平衡和碱浓度平衡。空隙允许水从层间水化空间和毛细管流入空隙，在那里它可以在不损坏试件的情况下冷冻。

内部应力会降低混凝土的耐久性，特别是发生冻融循环时。通过在混凝土中引入近似圆形且直径约为 50 μm、间距不大于 200 μm 的离散气泡系统可大幅消散冻结压力，有效减轻这种影响，这就是引气剂的机理，是混凝土技术的一大进步。引气剂引入的气泡直径范围在 0.01～1 mm 之间，绝大多数小于 0.1 mm，气泡之间相互独立，气泡总体积约占混凝土体积 1%～7.5%，严重霜冻条件下的混凝土每立方米应含有约 140 亿个气泡。混凝土的抗冻能力随着空隙尺寸的减小而提高，空隙较大时，强度降低的幅度也较大。

引入空气可提高混凝土对冻融循环、除冰剂和盐类、硫酸盐和 ASR 等的抵抗能力，还能增加混凝土的和易性，但也会降低混凝土的强度。对于中等强度的混凝土而言，通过降低水灰比和增加水泥，可以降低对强度的影响。但使用引气剂的混凝土难以达到高强度。

引气剂的主要类型有由动植物油脂中提取的脂肪酸盐、树脂的碱盐，以及硫酸化和磺化有机化合物的碱金属盐等。所有引气剂均为疏水（憎水）的表面活性剂，即具有长链式大分子结构，通过降低水的表面张力，引气剂增强了引入空气的能力。而大分子的另一端则指向空气，这样在搅拌时形成的气泡就能够被稳定住；气泡由表面活性剂所包裹，并且相互排斥，也就防止了气泡的聚积，并使气泡均匀分散于水泥浆体中。实际选用时应通过试验确定其性能和适宜的用量。引气剂一般以溶液形式直接加到混凝土搅拌机中进行分散混合。加入引气剂的时间对于保证均匀分散及充分的混合都非常重要。导致气泡不稳定的因素有三方面。其一，在混凝土输送和密实过程中，较大的气泡因浮力作用上浮并从混凝土表面逸出，这对混凝土的抗冻融循环能力没有影响，且由于大气泡的减少，有助于混凝土强度的提高。第二，小气泡因承受较大压力作用而破裂，这是不可避免的，可能也是缺少 10 μm 以下气泡的原因，会对混凝土的抗冻融能力有不利影响。第三为气泡的歧化，也即小气泡与大气泡聚合，这与气体的溶解度和气泡尺寸都有关系，大气泡的形成增加了气泡间距，对混凝土的抗冻融循环能力不利。此外，由于大气泡承载的压力小于小气泡，聚合后气泡的体积会增大，这也是有时在硬化混凝土中引气体积比新拌混凝土中高的原因，这种总气体体积的增加对混凝土的强度有不利影响。引气剂可掺入各种水泥，但与粉煤灰共同使用时可能会存在困难，其主要原因是粉煤灰中含有未燃烧完全的碳，这种活性炭具有高吸附作用，会吸收引气剂，活性炭分布不均匀会影响气泡分布的均匀性，从而降低引气剂的有效性，并会导致混凝土性能的下降。减水剂无引气作用，但减水型引气剂的引气效果通常更佳，高效减水剂的掺入可能会使气泡尺寸变大，气泡间距也会增大。一般认为，只要气泡间距不大于 250 μm 即可。当然不管使用哪种方案，都必须确保各组分之间具有良好的相容性。

复习思考题

6-1 试解释水泥混凝土的二元性的含义。

6-2 水泥混凝土已成为现代土木工程结构中的最重要建筑材料，试分析原因。

6-3 试简述水泥混凝土的主要缺点及可能的解决措施。

6-4 简要描述优质混凝土的基本特征。

6-5 试简要描述新鲜混凝土的稠度、内聚力、离析和泌水。

6-6 简述测定新鲜混凝土工作性的常用方法及其适用条件。

6-7 混凝土的工作性为何会随时间损失？

6-8 简述固定加水量法则及其意义。

6-9 工程中选择混凝土坍落度的根据是什么？

6-10 试述影响新鲜混凝土工作性的主要因素，以及相应的改善措施。

6-11　新鲜混凝土的离析与内聚力是什么关系？

6-12　借助草图，描述离析、泌水、塑性沉降及塑性收缩现象与后果。

6-13　简述降低混凝土离析与泌水的常用措施。

6-14　试述混凝土的早期体积变化与控制措施。

6-15　为什么说养护对混凝土非常重要？常用的养护方法有哪些？

6-16　混凝土中界面过渡区是如何形成的，主要特征有哪些？

6-17　界面过渡区对混凝土的性能有何影响，如何调控或改善界面过渡区？

6-18　为何现代混凝土技术重视界面过渡区，如何证明界面过渡区的存在？

6-19　试述混凝土内部结构的多尺度特性。

6-20　新鲜混凝土的含气量如何测定？为什么要在现场而不是在拌和站测定？

6-21　我们所说的混凝土养护是指什么，如果混凝土不养护又会发生什么？

6-22　绘图说明连续保湿养护及只保湿养护 3 d 的混凝土抗压强度随龄期的发展规律。

6-23　为什么多余的水对新鲜混凝土有害，而在终凝后对混凝土有利？

6-24　试在一张图中描述高水灰比与低水灰比的混凝土在单轴压缩时的应力应变关系，并简述水灰比对应力-应变关系的影响。

6-25　试讨论混凝土抗压强度试验的意义，给出普通混凝土抗压强度的一般范围，绘图描述标准养护时间条件下混凝土的抗压强度与水灰比之间的关系。

6-26　混凝土抗压强度试验的标准试件尺寸是多少，如果使用较小的尺寸，哪种尺寸试件所得到的抗压强度值更高，为什么？哪种尺寸所获得的强度更接近实际混凝土结构？

6-27　若混凝土抗压强度为 45 MPa，其半径为 5 cm，高度为 15 cm，试计算其所能承受的最大荷载(假定安全系数取 1.2)。

6-28　为什么混凝土的抗拉强度远低于抗压强度？

6-29　混凝土弯曲试验的目的是什么，它们与混凝土的抗压强度之间有什么样的关系？

6-30　根据下图单轴压缩试验中不同水灰比的混凝土的典型应力应变曲线回答以下问题：

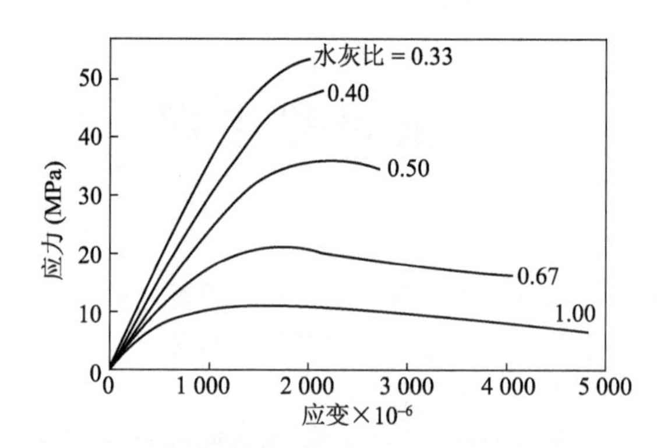

(1) 确定各水灰比所对应的混凝土抗压强度；

(2) 确定各水灰比下 40% 的抗压强度所对应的割线模量；

(3) 画图表示割线模量与抗压强度的关系；

(4) 根据 ACI 公式估算混凝土的弹性模量，在(3)的同一张图中将该弹性模量标示出来；

(5) 比较两种模量的差异并给出自己的建议或意见。

6-31　在混凝土的强度范围内，其泊松比是否保持稳定，为什么？

6-32　影响混凝土强度的主要因素有哪些？

6-33　试讨论混凝土的尺寸效应。

6-34　试讨论加载速度对水泥混凝土强度的影响并简要解释其原因。

6-35　三分点弯曲试验与中点弯曲试验相比的优势是什么？

6-36　利用现有混凝土两相结构的串联与并联弹性模型，推导考虑界面过渡区的三相结构弹性模量模型。假设界面过渡区的体积分数为 1%，并联与串联模型中混凝土的弹性模量分别为 80 GPa、50 GPa，集料与硬化水泥石的弹性模量分别为 100 GPa、30 GPa，试计算集料的体积分数与界面过渡区的弹性模量。

6-37　某收缩补偿混凝土试件尺寸为 0.25 m×0.25 m×2.5 m，内含 12 根直径为 12 mm 的平行布置钢筋。在湿养护期间试件产生膨胀。假设混凝土与钢筋的弹性模量分别为 15 GPa、200 GPa，在混凝土的自由膨胀应变为 0.000 3 时，在混凝土与钢筋中产生的应力分别是多少？试件长度的变化有多大？

6-38　试讨论混凝土成熟度的概念。

6-39　混凝土收缩的类型有哪些？收缩是如何影响混凝土的质量与混凝土结构的服务行为的？

6-40　试述混凝土干燥收缩的机理。

6-41　徐变是如何影响混凝土的质量与混凝土结构的服务行为的？

6-42　绘制在干燥环境中混凝土的压应变随时间的变化曲线，荷载工况：在 t_1 时刻向混凝土试件单轴压缩荷载并保持该荷载水平，至 t_2 时荷载移除；(1) 应力水平为 20%的抗压强度；(2) 应力水平为 50%的抗压强度。

6-43　借助草图描述收缩应变与徐变应变随时间的发展规律，并定义弹性恢复与徐变恢复。

6-44　试述混凝土耐久性的含义。

6-45　试述影响耐久性的主要因素。

6-46　试述冻融循环对饱水混凝土的损坏机理。

6-47　试述硫酸盐侵蚀引起混凝土劣化的机理

6-48　试述碱集料导致混凝土劣化的机理。

6-49　试述导致混凝土开裂的可能原因。

6-50　试述钢筋混凝土中钢筋锈蚀的原因、检测方法及预防措施。

6-51　混凝土设计时应遵循的基本准则是什么？

6-52　将 1 800 g 吸水率为 1.3%的砾石与 1 200 g 含水率为 2.51%的砂加入某混凝土拌和物，为保证拌和物的水灰比不变，试确定水的调整量。

6-53　某混凝土的配合比为 1∶0.4∶1.8∶2.5，其胶凝材料由 90%的硅酸盐水泥与 10%的微硅粉组成，微硅粉以稀浆的形式提供，含水量为 50%。混凝土同时使用 0.35%的缓凝剂与 1.5%的超塑化剂。缓凝剂与超塑化剂的固含量为 35%与 40%，现需要拌制 100 kg 混合料，试计算需要加入的水量。

6-54　某混凝土的水泥∶砂∶碎石的配合比为 1∶1.5∶2，其中三种材料的毛体积相对密度分别为 3.15、2.5、2.7。已知拌和物的含气量为 4.8%，凝胶空间比为 0.72，试计算该混凝土的水灰比。

6-55　某材料工程师为评估一种外加剂对混凝土抗压强度的影响，分别测试了10个不含外加剂的砂浆立方体和10个使用外加剂的砂浆立方体的抗压强度。不使用外加剂的抗压强度分别为25.1、24.4、25.8、25.2、23.9、24.7、24.3、26、23.8和24.6 MPa。使用外加剂的抗压强度分别为25.3、26.8、26.5、24.5、27.2、24.8、24.1、25.9、25.3和25 MPa。使用T检验，当显著性水平为0.05时，加入外加剂的水泥砂浆抗压强度是否提高了？若显著性水平为0.10呢？

6-56　混凝土设计强度为40 MPa，确定满足下列要求的平均抗压强度，并按ACI的方法估计其弹性模量：

(1) 新拌和站，标准差未知；

(2) 22个试样的标准差 S 为3.4 MPa；

(3) 拌和站 S 为2.8 MPa；

(4) 拌和站 S 为4.2 MPa。

6-57　某混凝土坍落度为75 mm，水灰比为0.50，砂率为35%，砂的细度模数为2.4，粗集料的毛体积密度为2 600 kg/m^3，试计算每立方米混凝土所需的粗集料重量；为增强抗压强度，调整拌和物配合比，水灰比降为0.45，则粗集料的掺加量是需要增加、减少还是保持不变，请解释原因。

6-58　混凝土拌和设计，拌制1立方混凝土需要干燥碎石1 173 kg，干燥砂582 kg，水157 kg，已知现场可获得的碎石含水率为0.8%、吸水率为1.5%，砂的含水率为1.1%、吸水率为1.3%，则采用现场材料拌制混凝土时，每立方混凝土所需加入的碎石，砂和水的质量分别是多少？

6-59　根据下述工况设计混凝土：

(1) 设计环境：

暴露于冻融环境和受除冰盐影响的桥梁墩台混凝土；

设计强度24.1 MPa，最小尺寸300 mm，钢筋的最小间距64 mm，钢筋保护层的最小厚度为64 mm，统计结果表明混凝土抗压强度标准差为2.4 MPa(试样数量超过30个)，目标含气量6%，仅允许使用引气剂。

(2) 可用材料

水泥：ASTM V型水泥；

引气剂：每100 kg水泥每1%的含气量的引气剂用量为6.3 ml/1%/100 kg；

粗集料：卵石，公称最大粒径25 mm，毛体积相对密度2.621，吸水率0.4%，干捣单位容重1 681 kg/m^3，含水率1.5%；

细集料：天然砂，毛体积相对密度2.572，吸水率0.8%，含水率4.0%，细度模数2.60。

6-60　在什么情况下需要引气剂？为什么？讨论说明引气剂是如何发挥其作用的。

6-61　如何使用减水剂来实现以下功能？

(1) 提高强度；

(2) 改善和易性；

(3) 提高经济性。

6-62　一种混凝土混合物每立方英尺含下列成分：25 kg水泥，11 kg水，不含外加剂，下表列出了混合物中一些成分的变化。请在表格中指出在每种情况下工作和易性、极限抗压强度将如何变化(增加、减少还是大致不变)?

水泥(kg)	水(kg)	外加剂	会发生什么变化	
			和易性	抗压强度
25	15	无		
28	11	无		
25	11	减水剂		
25	8	减水剂		
25	11	超塑化剂		
25	11	引气剂		
25	11	早强剂		

6-63　评估某减水剂效果的试验结果如下表所示。

项目	无减水剂	加入减水剂		
		案例1	案例2	案例3
水泥用量(kg/m^3)	400	400	400	360
用水量(kg/m^3)	200	200	160	180
坍落度(mm)	50	100	50	50
28 d时抗压强度(MPa)	31	31.5	35	31.3

(1) 分别计算3种情况下的水灰比。

(2) 使用减水剂,在不改变和易性的情况下,如何提高混凝土的抗压强度?参考表中相应的案例。

(3) 使用减水剂,如何在不改变抗压强度的前提下改善和易性?参考表中相应的案例。

(4) 使用减水剂,怎样在不改变和易性或强度的前提下降低成本?(假定少量加入减水剂的成本低于水泥成本)参考表中的适当情况。

(5) 总结减水剂对混凝土可能产生的影响。

6-64　列举混凝土使用无损检测技术的可能原因,并列举不少于三种常用无损检测技术。

6-65　无损检测结果与强度的相关程度非常重要,试分析原因。

6-66　作为负责设计混凝土混合料的材料工程师,在以下工况中你将会使用哪种外加剂?

(1) 有大量新拌混凝土,但工地上的工作由于下雨而不得不停下来;

(2) 预计需要更多的时间来完成混凝土的浇筑;

(3) 处于冰冻环境中的混凝土结构;

(4) 配筋较密的混凝土工程;

(5) 运输时间较长的混凝土工程;

(6) 需要尽快开放的混凝土工程,但对长期强度不一定有很高的要求。

6-67　在工程中是否会出现在混凝土中同时使用速凝剂与缓凝剂的情况,为什么?

第7章

高性能混凝土

高性能混凝土就是在某些方面的性能显著优于平常所生产的水泥混凝土。本章主要描述在当代应用相对较为广泛的高性能混凝土，包括高强混凝土、超高强混凝土、自密实混凝土、纤维加筋混凝土等，简要介绍高性能混凝土的一些基本准则、行为特性和可能的应用场景。

7.1 概述

7.1.1 高性能混凝土的概念

高性能混凝土 HPC(high performance concrete)也称为高技术混凝土，与普通混凝土相对应。HPC 的定义最早出现于 20 世纪 90 年代，1998 年美国混凝土协会将高性能混凝土定义为“符合特殊性能组合和匀质性要求的混凝土，采用传统的原材料组成和一般的拌和、浇筑与养护方法，未必总能大量地生产出这种混凝土”。换句话说，高性能混凝土就是在某些方面的性能显著优于平常所生产的混凝土；或者说，当混凝土的某些特性是为某一特定的用途和环境而定制时，即可视为高性能混凝土。我国著名的混凝土科学家、已故的中国工程院院士吴中伟教授认为，高性能混凝土是在大幅提高混凝土性能的基础上，采用现代技术制作的一种新型高技术混凝土，它以耐久性为主要设计指标，针对不同用途对下列性能有侧重点地加以保证：耐久性、施工性、适用性、强度、体积稳定性和经济性。目前虽然没有高性能混凝土的确切定义，但普遍认为，高性能混凝土能在多种性能和均匀性上满足特定的需求组合，而这些组合需求采用常规原材料和通常的拌和、浇注成型与养护方法往往难以达到。这些需求包括：(1)高强度，(2)高早期强度，(3)高强度模量，(4)低渗透性与扩散性，(5)优良的耐化学侵蚀能力，(6)高抗磨耗性，(7)高抗冻融与耐盐蚀能力，(8)高耐久性和更长的使用寿命，(9)足够的韧性和抗冲击能力，(10)优良的体积稳定性，(11)优良的工作性、便于浇注和密实成型且不易离析。

需要注意的是，高性能混凝土所使用的水泥、水、砂和石等原材料与普通水泥混凝土基本相同，为确保新鲜混凝土的工作性，以及硬化混凝土的物理力学性能与长期耐久性，通常采用较低的水胶比(0.18～0.45)，并使用高效塑化剂和足够数量的矿物外加剂。由于高性能要求和配制特点，原材料和施工过程中原本对普通混凝土影响不明显的因素都可能会对高性能混凝土产生显著影响。因此，高性能混凝土对原材料、配合比设计与工艺设计的要求更为严格，并且必须以最高工业标准进行拌和、浇注、密实成型和养护等施工和质量控制。

HPC 一般具有较高的强度，但强度并不总是它的首要考虑因素，普通强度的混凝土如果具备良好的耐久性和较低的渗透性就可认为具备高性能，而具有较高强度的混凝土未必就是高性能混凝土。综合国内外的共识，高性能混凝土必须同时具备高耐久性（低渗透性、高抗侵蚀能力、高环境适应性）、高体积稳定性（低收缩、低徐变、高弹模）、良好的施工性和适当的强度。对施工人员来说，将水泥、水、砂石材料放在一起简单拌和、浇注成想要的形状，然后它就自行硬化，这使混凝土看起来非常简单，不需要了解其他的知识。混凝土的这种施工简便的特性，使得它们成为被大量使用的建筑材料，也因此经常被认为其科技含量不高。但现代混凝土是真正意义上的“高科技”材料，因为我们可以按需制备混凝土。关于混凝土的真相亦非常复杂。人类制造先进混凝土的能力取决于我们对混凝土物理化学性质等作用机制的了解程度，以及对混凝土材料的微观甚至纳米结构的调控能力。当然，就如同混凝土本身具有时间相关性一样，高技术混凝土的内涵很显然也随着时代的发展而不断演进。很显然，100 a 前被视为“先进的”混凝土材料，现代看起来已十分普通了，就如 100 a 后再看现在所谓的先进混凝土一样。

7.1.2　高性能混凝土的原材料组成

如前所述，高性能混凝土使用与普通水泥混凝土基本相同的水泥、水、砂、石等原材料，而水胶比通常更低，且辅以高效塑化剂和足够数量的矿物外加剂，如图 7-1 所示。为制造真正的高性能混凝土，必须严格控制所有原材料的品质，如水泥及 SCMs 的矿物组成与粒径分布、化学外加剂的化学组成及其相容性、集料特性等。施工是确保工程质量的最后关键环节，即使选用了优质原材料并设计良好，若混凝土未被正确拌和、浇注成型、终饰与养护，最终都可能导致混凝土的性能受到重大影响甚至达不到技术要求，严重时甚至直接导致工程失败。因此，严格的全过程质量控制对于高性能混凝土至关重要。

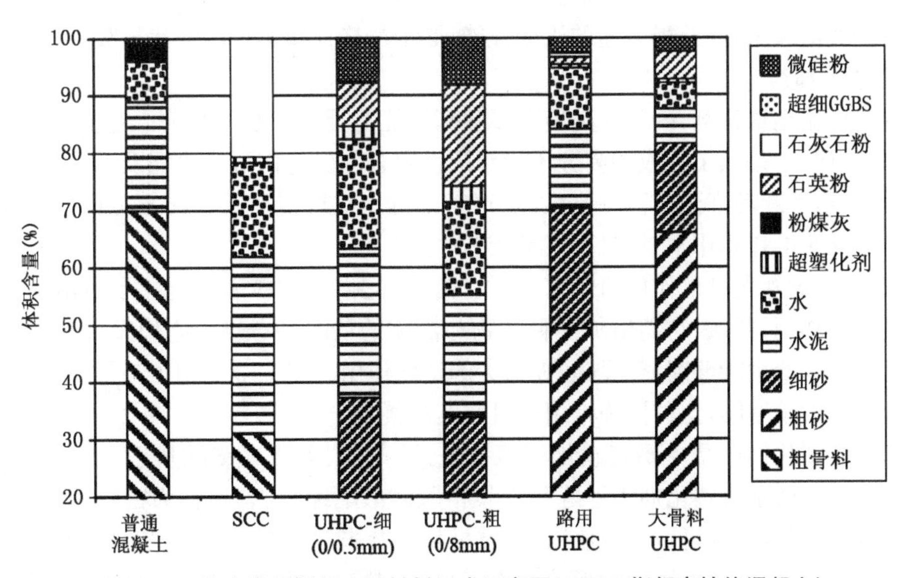

图 7-1　工程中常用混凝土原材料组成示意图（UHPC 指超高性能混凝土）

1. 硅酸盐水泥

硅酸盐水泥的主要矿物成分为 C_3S、C_2S、C_3A、C_4AF，但我们应清醒地认识到以下重要的事实：

(1) 水泥熟料中包含 5%～8%的杂质，这些杂质包括强碱(钠、钾)、硫酸盐、镁、锰、铁、钛或其他元素，其确切类型与含量取决于原材料的来源，；

(2) 所形成的矿物并非纯净的化合物，而是夹杂了很多别的离子，这与生料成分有关；

(3) 不同的矿物成分并不会形成单独的颗粒，每个水泥颗粒中均含有多种矿物成分。

对普通混凝土来说，上述因素并不是特别重要，因为普通混凝土的性能，无论是新鲜状态或是硬化后的性能，都可以根据集料类型、水泥用量和水灰比作出良好的预测，而无需了解水泥的详细化学组成。但对于高性能混凝土，了解这些信息至关重要，因为几乎所有的高性能混凝土都会同时使用 SCMs 与化学外加剂。这些更为复杂的混合物，其行为更易受水泥中的微量组分以及水泥的矿物组成和化学组成的影响。而水泥与超塑化剂之间的相容性问题，以及与其他外加剂之间的不利相互作用，也会给高性能混凝土的配合比设计造成非常大的困难。

知名的高性能混凝土科学家 Äitcin 教授指出，近半个世纪以来的现代水泥相对更为“紧张”，很多用当代水泥制备的混凝土其整体耐久性比 20 世纪 60 年代之前所生产的混凝土要差。导致这一普遍现象的直接原因在于建筑行业对更快强度增长率的需求驱动，因为更快发展的早期强度意味着能更早撤除模板和缩短工期，从而获得更好的施工经济性。而在水泥工业中，更快的强度增长率主要是通过将水泥粉磨得更细和增加铝酸三钙的含量来实现。这些措施将导致早期水化热更高，并极大地增加温缩和温胀风险，也使混凝土的脆性更大。

2. 集料

普通混凝土对集料的特性也不敏感，只要它们符合一般的级配范围要求和质量标准、且不易发生如碱-骨料反应或碱-碳酸化反应等即可。即便集料不符合某些级配要求，采用它们仍然能够生产出品质合乎要求的混凝土。对高性能混凝土而言，集料的性质变得非常重要。如超高强混凝土所用集料必须足够强韧以确保它们不会成为限制混凝土强度的因素，而对于自密实混凝土，为获得合适的流变性能，必须严格控制集料的形状与级配。

3. 化学外加剂

此处仅讨论超塑化剂，因为它是绝大多数高性能混凝土的必备组分。超塑化剂在 20 世纪 60 年代被研发，是人工合成的高分子量水溶性聚合物。它们可被水泥及 SCMs 颗粒表面吸附，从而使这些颗粒在悬浮液中高效地分散。因此，在维持足够混凝土工作性的同时，可大大降低混凝土的拌和用水量，且引气量较低。

通常认为，超塑化剂的作用机理有三种。首先，它们在颗粒表面建立了负电荷，使颗粒产生相互排斥作用；其次，它们增加了颗粒物与液相的粘附性；最后，它们发挥着位阻效应，被吸附的聚合物产生能够削弱颗粒间吸引力的定向作用。图 7-2 给出了超塑化剂与黏度调节剂联合工作的示意图，这种措施常用于自密实混凝土。

现有的超塑化剂产品主要有磺化三聚氰胺系、萘系、木质素磺酸盐系及聚羧酸系四大类。磺化三聚氰胺系超塑化剂为甲醛与三聚氰胺磺酸酯缩聚物(也称为密胺树脂)，是第一种商用高效减水剂，至今仍被大量使用，其质量与性能非常可靠。萘系超塑化剂为甲醛与磺化萘的缩聚物，多以钠盐或钙盐的形式存在，其中钠盐产品更为常用，因为它的价格没有钙

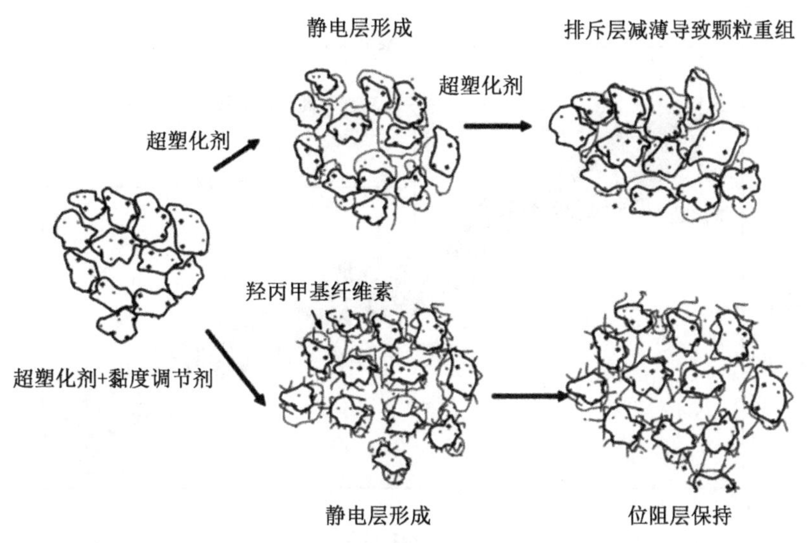

图 7-2 黏度调节剂与超塑化剂联合工作机理示意图

盐版的贵；钙盐版的萘系超塑化剂不含任何形式的氯离子，多用于核工业的钢筋混凝土或预应力混凝土中，以保护钢筋免受氯离子渗透引起的钢筋锈蚀。无论钠盐还是钙盐的萘系超塑化剂，都没有磺化三聚氰胺系的超塑化剂贵。木质素磺酸盐系超塑化剂的减水效果远没有前两种显著，因此并不单独使用，通常是与前两种超塑化剂复配使用。聚羧酸系列超塑化剂是在21世纪初研发的新型超塑化剂，它们是分子结构中含羧基的接枝共聚物，其结构由带游离的羧基阴离子团的主链和聚氧乙烯基侧链组成，呈梳子形状，如图7-3所示，因此也称为梳状超塑化剂。与萘系和密胺系超塑化剂相比，聚羧酸系超塑化剂能在更长的时间内维持新拌混凝土的流动性，并且不会过分阻滞混合物的凝固，这特别适合制备自密实混凝土。

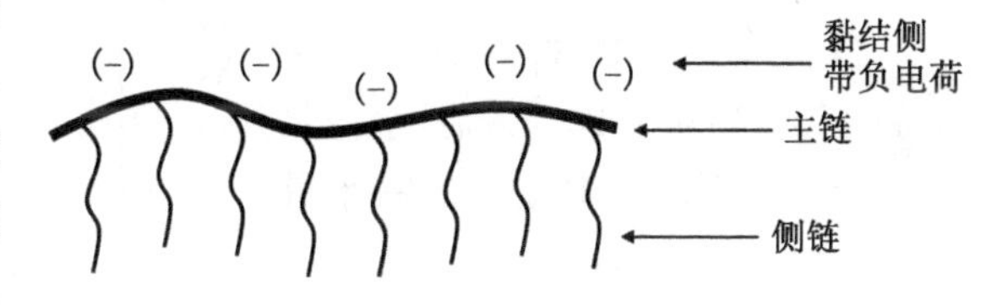

图 7-3 梳状超塑化剂结构示意图

需要指出的是，并不是所有的超塑化剂都能以同样的方式与水泥及SCMs产生相互作用，其主要原因在于，不同水泥中的杂质元素与含量不尽相同，这也导致超塑化剂的使用效果难以预测。因此，工程中必须依靠试错方式来确定最佳组合。

4. 矿物外加剂

辅助胶凝材料SCMs已成为当代混凝土的常见成分。目前绝大多数混凝土都至少包含了一种矿物外加剂，以粉煤灰、粒化高炉矿渣和硅灰最为常用。如前所述，真正意义上的先进混凝土，不仅仅是强度严格受控，其流变学特性与耐久性均应达到严格的标准并受控。

需要注意的是，粉煤灰与GGBS也经常用于普通混凝土，这主要是因为它们比水泥便宜得多，而硅灰则比水泥贵得多，不会用于普通混凝土中。通常粉煤灰或者GGBS不能单独用于强度超过100 MPa的混凝土中，它们必须与硅灰一起混用。而对极高强度的混凝土或低渗透性混凝土，硅灰通常与优质粉煤灰和GGBS中的一种或两种联合使用。

硅灰最常用于高强与超高强混凝土，是制造抗压强度超过100 MPa的混凝土的必备组

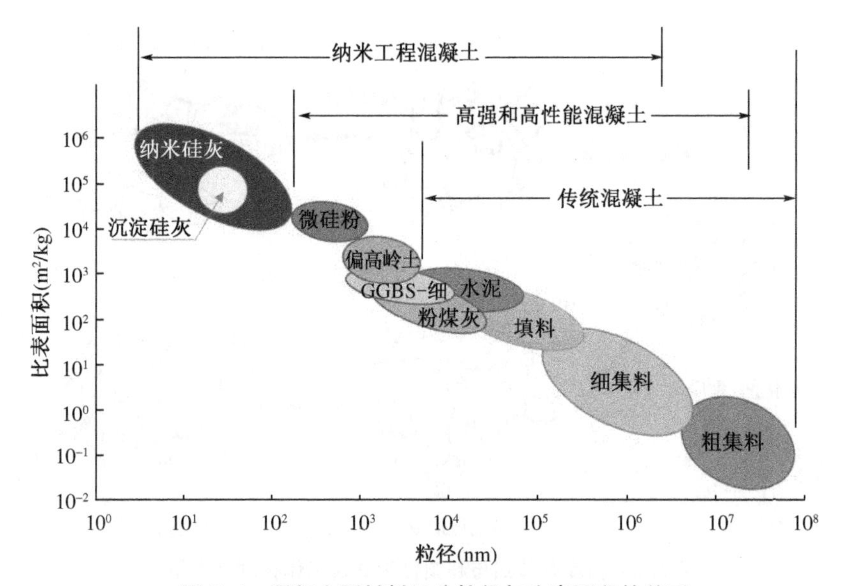

图 7-4　混凝土原材料组分粒径与比表面积的关系

分。对于设计抗压强度为 60～100 MPa的混凝土,掺加硅灰时可以使混凝土很容易达到强度要求。硅灰的主要作用机制如图 7-5 所示,具体机制详细描述请参见第 6 章。

硅灰取代水泥的掺量一般在 5%～15%,当超过 20%以后,水泥浆将变得极为黏稠。混凝土的需水量随硅灰的掺入而增加。因此,当掺入硅灰时,必须同时使用减水剂或高效减水剂,以确保获得最佳效果。

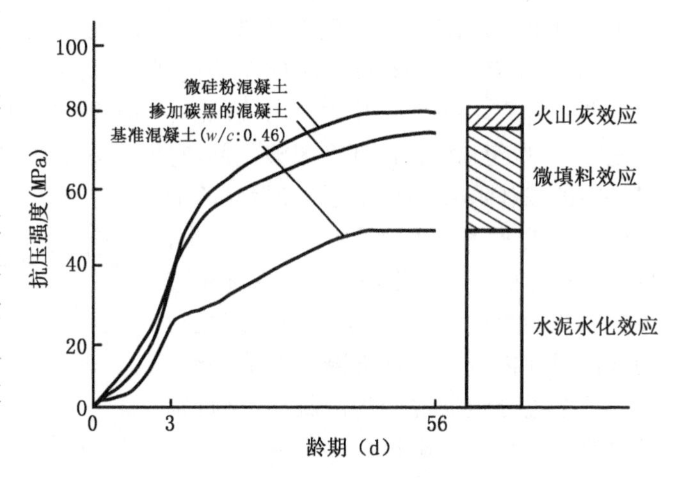

图 7-5　硅灰的微填料效应与火山灰效应示意图

7.2　高强混凝土

在世界范围内,关于高强混凝土的最低强度要求并没有确切的标准。工程结构对混凝土材料的强度需求随着历史的发展在不断演进,它因建筑物高度、跨度、结构复杂程度等而变化。一般地,以社会平均水平制备的混凝土材料所能达到的强度为基准。在我国,强度等级超过 C60 级的混凝土视为高强混凝土,有学者认为应超过 80 MPa。当然,如前所述,这种混凝土的耐久性必须满足特定要求,否则不能视为高性能混凝土。因为根据水灰比定则和凝胶空间比规律,通过单纯地降低水胶比可以很容易地增加混凝土的强度,虽然水灰比定则并不适合于配制高强混凝土。对高性能混凝土而言，更重要的是增强耐久性，并确保具有足够的工作性。因此，在制造高强度混凝土时，基本措施是将水胶比降至约 0.2～0.3，为应对新鲜混凝土的工作性特别是流动性的极大损失，往往通过添加超增塑剂和增加水泥用量加以克服。超塑化剂的静电排斥或空间位阻效应可将水泥颗粒在水溶液中分散更均匀，并将原本被水泥颗粒团簇锁住的水释放出来，达到改善新鲜混凝土工作性的目的。在水胶比不变时，增加水泥用量也增加了混合物中水的总量，这将提供更多的浆料来润滑颗粒，从而进一步增强混凝土的工作性。另一个关键因素则源于 SCMs，特别是硅灰。硅灰的填充效应与增强效应使得水泥石与界面过渡区的强度、密度和微结构都同时得到改善，并消耗大量氢氧化钙，从而增强高强度混凝土的整体耐久性。为增进混凝土的均匀性，高强混凝土用粗集料应为轧制的坚硬石料，且最大粒径一般不得超过 10 mm。高强混凝土的配合比设计也更复杂，因为原本对普通混凝土影响很小的因素此时可能会被放大，因此在设计时必须考虑更多的变量及其相互作用，施工时也需要格外小心。表 7-1 给出了两种混凝土的典型配比，这些配比设计是根据经验得来，因为目前并未形成广为接受的设计程序。

表 7-1　普通混凝土与高强混凝土的典型配比

混凝土类型	水泥	硅灰	水	砂	碎石	外加剂
普通水泥混凝土	1	—	0.5	1.5	2.4	—
高强混凝土	0.9	0.1	0.3	1	1.8	超塑化剂

高强混凝土具有较高的早期强度和后期强度，它的破坏模式也与普通强度混凝土有较大不同(图 7-6)。在单轴压缩试验中，高强混凝土试件通常会出现穿透骨料的垂直裂缝，且表现出更脆的断裂模式和更小的体积膨胀；对于普通混凝土，因骨料的抗压强度高于水泥石，而水泥石及界面过渡区中存在众多的微裂纹，主要裂缝的断裂面通常会绕过粗骨料。研究表明，高强度混凝土的均匀性提高，过渡区的孔隙率大大降低，以及因收缩导致的微裂纹和与荷载相关的微裂纹数量更少是导致这种差异的主要原因。

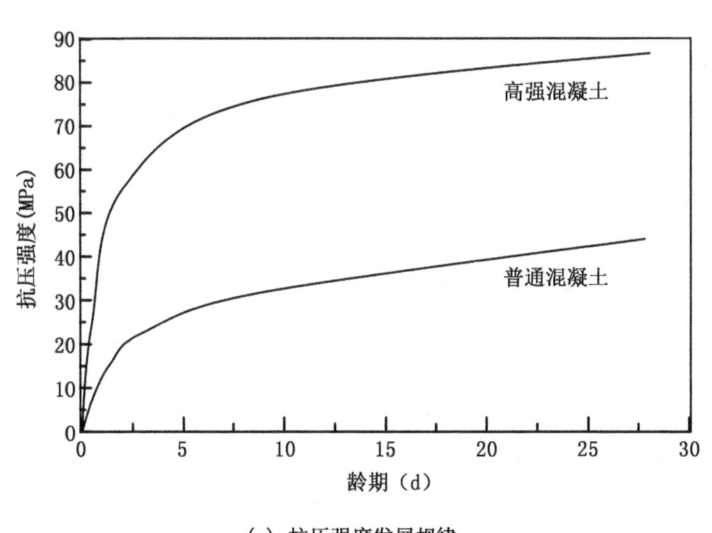

(a) 抗压强度发展规律

高强混凝土

普通混凝土

(b) 屈服模式

图 7-6　高强混凝土和普通混凝土强度发展规律与屈服模式

7.3 超高强混凝土

超高强混凝土通常指抗压强度在 120 MPa 以上的混凝土，它具有比强度高、承载能力大、耐久性优异等优点，能够满足土木工程轻量化、高层化、大跨度、重载化及超长使用寿命和耐久性等要求，是现代混凝土技术发展的主要方向之一。

超高强混凝土典型代表技术有活性粉末混凝土 RPC（reactive powder concrete）与超细致密颗粒系统 DSP（densified system with ultrafine particles）和压实加筋复合材料 CRC（compacted reinforced composite），本节进行简要介绍。宏观无缺陷水泥基复合材料 MDF（cementitious macro defect free (MDF) materials）的抗压强度可达 600 MPa 以上，它是聚合物与水泥复合的材料，将在后续小节介绍。

7.3.1 超高强混凝土的基本原理与特性

RPC 与 DSP 等超高强混凝土的特征在于它们均具有极低的水胶比（0.12～0.22），都使用硅灰和超塑化剂、纤维含量高，严格限制集料的最大粒径和固体颗粒材料品质，在生产和浇注成型阶段亦进行非常严格的质量控制。这些措施导致超高强混凝土的造价十分昂贵。然而，它们的高耐久性与独特的形状适应性确保了它们的使用价值。超高强混凝土的典型配比见表 7-2。

表 7-2 超高强混凝土的典型配比

	水泥	水	超塑化剂	硅灰	细砂	石英粉	钢纤维*
No.1	1	0.28	0.060	0.33	1.43	0.3	0.018
No.2	1	0.15	0.044	0.25	1.10	—	0.015

*：钢纤维用量数值为体积比。

综合国内外实践来看，超高强混凝土的工程特性源于以下原则的应用：(1)剔除粗骨料，且集料的最大粒径一般不超过 2 mm，这可增加材料的均匀性并减少因大颗粒引起的应力集中现象；(2)通过优化所有颗粒材料的级配来增加基体的密实性；(3)采用更高掺量的硅灰以消除界面过渡区的影响；(4)限制砂的用量，防止砂粒在硬化水泥浆中相互接触；(5)水泥应足量以确保拌和水完全被水泥颗粒约束，未水化的水泥颗粒则充当填料；(6)通过特殊的热处理工艺来改善浆体的机械性能，从而改善硬化水泥石的微观结构；(7)硬化过程中通过强力挤压以消除夹带的空气和因化学收缩产生的孔隙，通常采用的挤压应力水平约为 1 d 抗压强度的 80%，以消除初次自收缩。

在超高强混凝土中，由于没有粗骨料，低水胶比和超塑化剂的分散效果，使材料更均匀，大量胶凝材料的掺入使得砂和浆体间没有明显的过渡区。硅灰的火山灰反应降低了氢氧钙石的存在，而特殊的制备工艺也进一步降低了混凝土的总孔隙率（1%～3%），并使得毛细孔隙率占比急剧下降，一般不超过总孔隙率的10%，孔隙中以直径约2.5 nm的孔占多数。上述微观结构特征是超高强混凝土低吸水性、低透气性和低氯化物扩散性的根本原因。普通混凝土、高强混凝土及超高强混凝土的特点见表7-3所示。

表7-3　普通混凝土、高强混凝土及超高强混凝土的特点

指标项目	普通混凝土	高强混凝土	超高强混凝土
抗压强度(MPa)	<60	60～100	>120
水灰比	>0.5	～0.3	<0.2
化学外加剂	非必须	减水剂或高效减水剂	高效减水剂
矿物外加剂	非必须	通常为粉煤灰+/硅灰	必须使用硅灰，有时亦加入填料
纤维	可选	可选	必须
引气措施	必须	必须	非必须
加工方式	传统	传统	热处理与压力处理
氯离子扩散系数(m^2/s)	1.00×10^{-12}	0.60×10^{-12}	0.02×10^{-12}

不掺加纤维时，超高强混凝土比普通混凝土脆得多，这可从单轴压缩的应力-应变曲线上看出。如图7-7所示，超高强混凝土的应力到达峰值荷载后，其应力响应比普通混凝土陡得多。为了克服其脆性，必须加入足量的纤维，这一点至关重要。加入一定量的纤维后，其抗弯强度可达50 MPa，会显示出一定的延性甚至应变硬化特性。

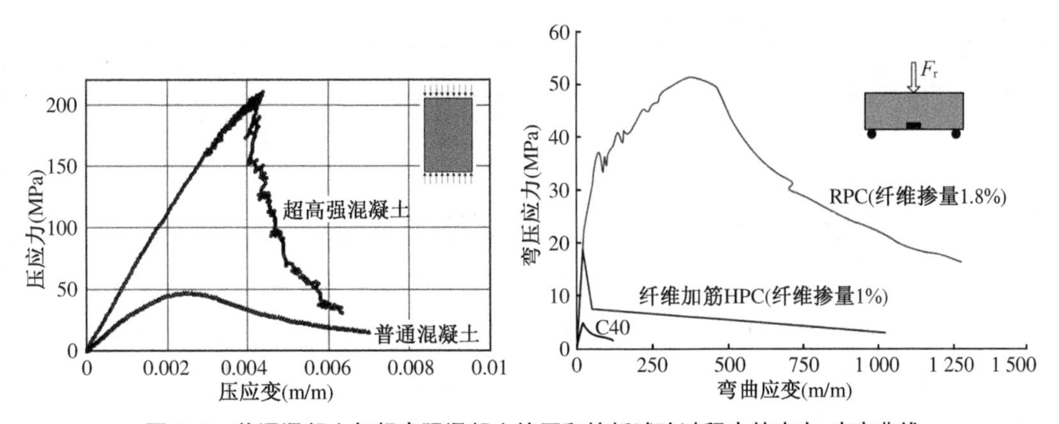

图7-7　普通混凝土与超高强混凝土抗压和抗折试验过程中的应力-应变曲线

7.3.2　活性粉末混凝土RPC

活性粉末混凝土RPC(reactive powder concrete)是一种典型的超高强混凝土。在当前最好的技术水平下，其抗压强度已超过600 MPa、抗折强度超过100 MPa。

RPC最初由法国布依格公司前科学总监皮埃尔·理查德开发，是理查德在为法国陆军研究如何增加军用火箭中颗粒状固体燃料的紧密堆积之后所取得的成果，他将该紧密堆积

设计的优化原则应用于混凝土中。RPC 的显著特性是通过对混凝土混合物的精细控制，特别是对所有固体材料的级配进行严格控制，使混合物接近最佳密度；去除粗骨料，使用极低的水胶比，同时保持最粗的颗粒彼此不接触以避免应力集中，这正是 Richard 在开发 RPC 时的基本想法。RPC 中无粗集料，最大集料颗粒尺寸仅为 0.3 mm，这样确保能得到更为均匀的材料。为了增加材料的延性，往往还掺入直径约 0.2 mm 细钢纤维，其体积率不超过 5%。典型 RPC 的材料组成与力学性能见表 7-4。必须强调的是，为获得更高强度，需要对混凝土采取特殊的加热养护处理。

表 7-4　两种强度典型 RPC 材料组成与力学性能

技术项目		RPC200				RPC800	
		不掺纤维		掺加纤维		掺石英粉	掺钢砂
原材料组成比例	水泥	1	1	1	1	1	1
	硅灰	0.25	0.23	0.25	0.23	0.23	0.23
	细砂 150～600 μm	1.1	1.1	1.1	1.1	0.5	—
	石英粉 d50=10 μm	—	0.39	—	0.39	0.39	0.39
	钢砂 d<800 μm	—	—	—	—	—	1.49
	超塑化剂	0.016	0.019	0.016	0.019	0.019	0.019
	钢纤维掺量(纤维长度)	—	—	0.175(12 mm)		0.63(3 mm)	
	水	0.15	0.17	0.17	0.19	0.19	0.19
处理工艺	成型压力(MPa)	—	—	—	—	50	50
	热处理温度(℃)	20	90	20	90	250～400	250～400
力学性能	轴心抗压强度(MPa)	170～230				490～680	650～810
	弹性模量(GPa)	54～60				65～75	
	弯曲强度(MPa)	30～60				45～141	
	断裂能(J/m²)	20 000～40 000				1 200～20 000	

尽管 RPC 不含任何粗骨料，理应称之为砂浆，但理查德仍称之为混凝土。其原因在于，为提高其强度和韧性而在混凝土中加入长 12 mm 的细钢纤维，骨料中最粗颗粒与钢纤维长度的比例因子约为 40 倍，这与普通钢筋混凝土中最粗颗粒与钢筋长度的比例因子接近，因此，从力学角度来看，这种纤维增强砂浆在微观尺度上像钢筋混凝土一样工作。

7.3.3 DSP 与 CRC

DSP 由荷兰的奥尔堡波特兰水泥公司首先研发，它也是一种超高强水泥基材料，由硅酸盐水泥、10%～50%的硅灰、1%～4%高效减水剂组成，水胶比 0.12～0.22。DSP 具有高抗压强度，使用普通骨料的 DSP 抗压强度可达 130 MPa，而使用高强骨料时，其强度可达 270 MPa 以上。DSP 非常致密，其氯离子扩散系数比普通水泥石低一个数量级；DSP 的抗冻性也非常好，在严格的冻融试验条件下，DSP可保持9个月，而使用高效减水剂、水胶比为0.25的优质混凝土则在两周内失效。当然DSP的脆性明显高于普通水泥石，且强度越高越脆。

通过在DSP基体中添加较高掺量(3%～12%)的钢纤维和配置普通钢筋可大大改善其力学性能，尤其是断裂性能。当钢纤维的体积用量达到4%～6%时，复合材料表现出应变硬化行为，这就得到压实加筋复合材料CRC(Compacted Reinforced Composite)，它由丹麦的BACHE在上个世纪80年代开发。与RPC不同，CRC还采用间距很密的传统钢筋进行加筋。最初，CRC仅用作有腐蚀性环境的混凝土表面层，后来用于替代橡胶和钢作为容器和反应器的衬里材料，它还用于生产模具和工具。预计未来，CRC将在建筑和道路快速修复材料、海洋工程混凝土结构、军事工程、辐射屏蔽结构、对防火与耐腐蚀等级有较高要求的结构，危险废物处理工程等领域得到广泛应用。

7.4 纤维加筋混凝土

纤维加筋混凝土FRC(fibre reinforced concrete)多指在生产水泥砂浆或水泥混凝土时加入离散的短纤维所形成的复合材料，如图7-8所示。人类使用纤维对材料进行加筋的历史可追溯到一万多年前，从很多古迹和文献中可以发现，先民们学会了使用稻草、荆条或麻丝等与泥巴拌和增加其抗裂性。1874年，纤维加筋混凝土的首个专利由A.Bernard获得，1918年H.Alfsen获得了用钢纤维混凝土制作管道的专利。但直到20世纪60年代，得益于James Romualdi的工作，钢纤维混凝土的行为特性和作用机理才被人们所深入理解。随后纤维混凝土技术与应用都得到了飞速发展。前面所描述的超高强混凝土CRC是纤维加筋混凝土的一个特例，其纤维含量高于传统纤维混凝土。传统纤维混凝土的纤维体积含量不超过1%，目前传统纤维混凝土的使用规模仍在逐年增长。FRC的使用并不是为了取代传统混凝土中的钢筋，因为纤维与钢筋在混凝土中的功能并不相同。在混凝土中使用加强钢筋的目的在于增加结构构件承载能力，而掺入离散纤维则是为了控制基体材料的裂缝与增加韧性。

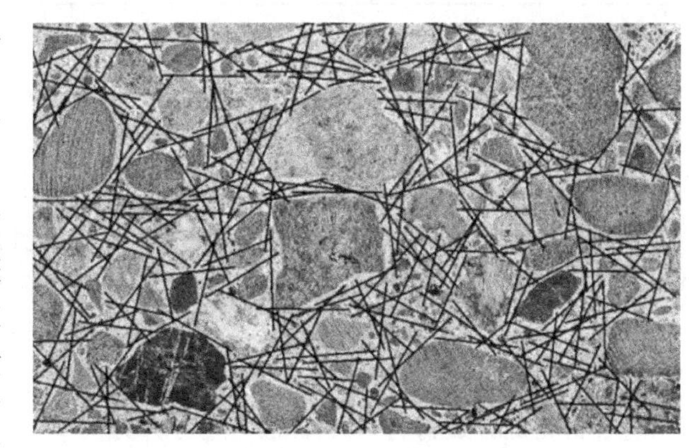

图7-8 某钢纤维混凝土抛光断面照片

目前市场上供应的商业纤维品种非常多，最常用的有钢纤维、聚丙烯、纤维素、碳纤维、玻璃纤维、聚乙烯醇纤维。近些年来，经表面改性的玄武岩纤维也得到一定程度的应用。不同类型的纤维物理力学性质各不相同，如表7-5所示，它们的长度与长径比、形状、表面状况也不一样。这些特征会影响纤维与基体之间的结合、对裂缝的抑制能力和对基体的增强作用，从而影响纤维增强水泥基复合材料的整体性能。

表 7-5 不同类型纤维的典型特性

纤维类型	直径 (μm)	相对密度	抗拉强度 (GPa)	弹性模量 (GPa)	断裂伸长率 (%)	泊松比
钢纤维	5～500	7.80	0.5～2.0	210	0.5～3.5	0.3
耐碱玻璃纤维	9～15	2.54～2.6	2.0～4.6	70～80	2.0～5.3	0.22
尼龙	23	1.14	1.0	5.2	20	
聚乙烯纤维	20～1 000	0.96	0.08～0.6	5	12～100	0.29～0.46
聚丙烯纤维	20～200	0.9	0.5～0.75	5～77	8.0	0.29～0.46
芳纶	10～20	1.45	2.9～3.4	60～140	2.0～3.6	
聚脂纤维	10～80	1.2～1.38	0.2～1.2	10～18	10～50	
木纤维	—	1.2	0.3～2	10～40	—	
竹纤维	50～400	1.5	0.3～0.5	33～40	—	
碳纤维	9	1.74～1.99	1.4～3.2	230～600	0.4～1.0	0.2～0.4
玄武岩纤维		2.6～3.05	3～4.8	79～110	3.1	
水泥石基体	—	2.5	3.7×10^{-3}	10～45	0.02	0.2

7.4.1 纤维的功能与影响

素混凝土是脆性材料，它的抗拉强度与断裂时的极限拉伸应变很低。为了克服这些不足，可在混凝土基体中加入离散的短纤维。加入纤维后，多数情况下会使混凝土的抗拉强度增加，但纤维的加入并不是为了增强其抗拉强度，而是为了阻滞混凝土中微裂纹的产生和扩展，并增强混凝土的韧性。也就是说，纤维的功能是控制混凝土的开裂行为。当混凝土基体开裂后，通过裂缝处纤维的桥接作用，可以使混凝土在开裂后仍具有一定的延性，由此来控制复合材料的开裂行为。纤维的功能可分为两类：收缩裂缝控制和力学性能增强。对于收缩裂缝控制，通常会添加少量的低模量和低强度纤维来抑制早期收缩并控制收缩裂缝。为了提高力学性能，则需采用较大掺量的纤维来提高材料的抗冲击性，并改变失效模式。虽然纤维可以改善水泥基材料的力学性能，但应充分认识到，纤维增强方式并不能替代传统的配筋等。

单根纤维所能承受的最大拉应力取决于与基体的界面粘结强度和它的长径比：

$$\sigma_f = \tau \frac{L}{d} \tag{7-1}$$

式中，τ 为与基体的界面粘结强度，d 为纤维的直径，L 为纤维的长度，$L<L_c$。L_c为纤维的临界长度。当 $L<L_c$时，纤维将因界面脱粘而产生拔出破坏；当 $L>L_c$时，纤维自身将产生拉断破坏。纤维的长度应大于集料的最大粒径。

很显然，断裂面上纤维的取向将影响加筋效果。理想状态是纤维与混凝土所受拉应力的方式平行，这在实际上往往难以保证。纤维加筋混凝土的最终抗拉强度与基体及纤维的关系可用下式表示：

$$S_c = AS_m(1-V_f) + BV_f\frac{L}{d} \tag{7-2}$$

式中，S_c、S_m 分别为复合材料和基体的抗拉强度，A 为常数，B 为取决于界面粘结强度和纤维取向的参数，V_f 为纤维的体积分数，也即纤维体积与 FRC 总体积之比。在纤维体积比较低时，纤维主要有助于复合材料断裂前吸收更多的能量。而较高的纤维体积分数，可提高复合材料的抗拉强度，并改变其破坏模式。

反复强调的是，纤维并非钢筋的替代品，因为二者在混凝土中的功能不同。混凝土中的钢筋主要承受拉应力与剪应力，其目标在于增加结构构件的承载能力，而纤维主要用于控制基体材料的裂缝。在有冲击荷载、抗震等级较高的结构中，纤维多作为一种辅助材料与钢筋联合使用，用于增强混凝土结构抵抗冲击荷载和抗爆的能力。

7.4.2　纤维掺量的影响

纤维添加量对 FRC 的力学性能和失效模式有显著影响。根据纤维在混凝土中所占的体积分数，FRC 可分为低掺量 FRC、中等掺量 FRC 和高掺量 FRC 三类。不同类型纤维的高、中、低体积分数分类标准并不相同，对钢纤维而言，分别为 0.1%～1.0%、1.0%～2.5%、3.0%～20.0%。以钢纤维混凝土 SFRC 为例，低掺量(<1%)的钢纤维混凝土 SFRC 利用纤维来减少收缩裂缝。中等掺量(1%～2.5%)的 SFRC 其断裂模量、断裂韧性和抗冲击性等都得到改善，可用作结构构件的二次加固，或用于结构中的裂缝宽度控制。高掺量 FRC 也称为高性能纤维混凝土 HPFRC(high performance FRC)，它们表现出明显的多点开裂和应变硬化行为。常见的 HPFRC 有 SIFCON(渗浆纤维混凝土，浆料中含有 5%～20%的钢纤维)、SIMCON(渗浆非编织纤维网混凝土，浆料中含有 6%的钢纤维)、以及使用更细掺量达 5%～10%钢纤维的 CRC、纤维增强 RPC、纤维增强 DSP、纤维增强 MDF 等。HPFRC 的拉伸应变能力通常约为 1.5%。

表 7-6　SIFCON 与普通 FRC 的性能比较

技术指标	SIFCON	普通 FRC
抗压强度(MPa)	80～160	30～60
抗折强度(MPa)	25～60	5～15
压折比	约 3∶1	4∶1～5∶1
屈服应变	0.02～0.08	0.005～0.01
弹性模量(GPa)	3～6	3～6

普通纤维混凝土的纤维体积分数很低，如 0.5%钢纤维或 0.05%聚丙烯纤维，纤维的功能仅在材料中形成主裂纹后才能显现。此时混凝土与素混凝土相似，受拉时仍只有一条主裂纹，并呈现应变软化特征。当然因纤维的掺入，混凝土所消耗的总能量和韧性均显著增加，这可根据复合材料的应力-应变或载荷-位移曲线下的面积判断。只要纤维不断裂，纤维

与基体脱黏和拔出过程中就会消耗大量能量。而随着纤维体积分数的增加，基体和纤维之间通过黏合的相互作用，可能会推迟第一个主裂纹的形成，从而可以增加复合材料的表观拉伸强度。

当纤维掺量达到一定量之后，纤维/基体相互作用可使材料表现出应变硬化和多次开裂行为，并且复合材料的失效模式由准脆性断裂变为韧性断裂。这不仅显著提高了复合材料的韧性，还可显著提高拉伸强度，并改善混凝土的抗弯性能。然而，纤维对抗压强度的贡献很小，在较低的体积分数下，几乎没有影响。因此，为了提高抗压强度而加入纤维是不值得的。纤维对复合材料力学性能的增强效果依次为：韧性＞拉伸强度＞拉伸强度＞抗压强度。

纤维掺量的增加还可改变复合材料的破坏模式。通常，纤维混凝土的拉伸响应可分为应变软化或应变硬化两类。应变软化型 FRC 所使用的纤维掺量通常较低，是目前最大量使用的类型。图 7-9 为纤维掺量较低的 FRC 的拉伸响应曲线。

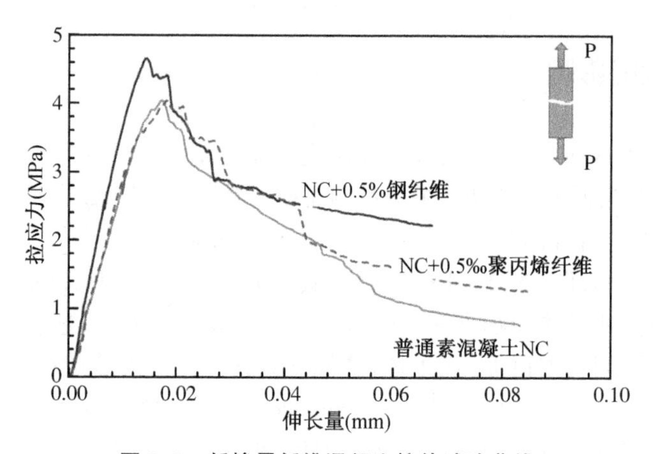

图 7-9　低掺量纤维混凝土拉伸试验曲线

由图 7-9 可见，虽然所有试样在达到峰值载荷后都表现出软化行为，但载荷-变形曲线所包围的面积不同，纤维增强试样比普通混凝土试样消耗了更多的能量。对于应变软化型 FRC，其失效形式通常表现为试样中仅形成一条主裂纹，且断裂过程可分为四个阶段：线性弹性阶段(峰值载荷的 0～35％)、随机分布的损伤阶段(35％～80％的预峰值载荷)、微裂纹定位阶段，以及主裂缝扩展阶段(80％的峰值负荷之后)。

当使用高掺量的短纤维或预对齐排布的连续纤维时，可获得具有多点开裂特征的破坏模式。图 7-10 显示了单轴拉伸试验下短钢纤维增强混凝土的试验结果及掺量对破坏模式的影响。随着纤维掺量的增加，破坏前应力-应变曲线所包围的面积增大，拉伸强度亦有所增加，而失效模式也由应变软化转变为应变硬化。尽管传统 FRC 经历峰值荷载之后，仍显示出一定的承载能力(图 7-9)，并且脆性明显小于素混凝土，但它们仍属于应变软化材料。因为在持续荷载作用下，其承载力衰减迅速，并很快因出现一条主裂纹而屈服。HPFRC 则显示出完全不同的应力-应变形为。在持续拉伸荷载或弯曲荷载作用下，它所能承受的应力水平在持续增加，变形也在快速增加，这就是明显的应变硬化行为，在此过程中伴随着多点开裂现象。因此，HPFRC 具有超高的断裂韧性，这对需要承受地震荷载及其他动态荷载的结构来说具有特殊的应用价值。

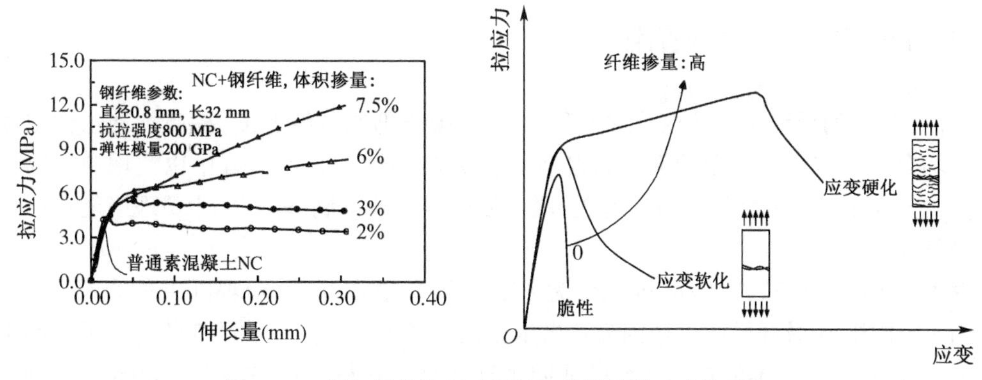

图7-10　增加纤维掺量对混凝土单轴拉伸响应的影响

为分析HPFRC的破坏过程，以高掺量的钢纤维混凝土为例，可将其单轴拉伸应力-应变曲线大致分为四个阶段，如图7-11所示。曲线上的B点称为屈服点，表明基体对张力容量的贡献达到最大值。OA段为复合材料的弹性阶段，直到基体中开始出现几条不可见随机微裂纹为止。AB段中随机分布的微裂纹开始局部化，在应力达到B点试件中形成第一个宏观可见的裂纹。BC段为基体中陆续出现的宏观裂纹均匀化过程，由第一条主裂纹处的纤维带来的增量载荷通过界面粘结作用转移回基体，并且再次在基体中发展出拉应力。当拉应力超过基体的拉伸强度时，将在基体中新增一条裂纹。随着荷载持续增加，多次开裂过程将持续直至达到最小裂缝间距，在该最小裂缝间距处，从纤维束传递回基质的拉应力小于基质的拉伸强度。该过程中细小的基体裂纹呈现均匀分布。第四阶段从C到D，在这个阶段，基体不再进一步开裂，额外的负荷仅由纤维承担，直至因纤维被拉断或被拔出而失效。

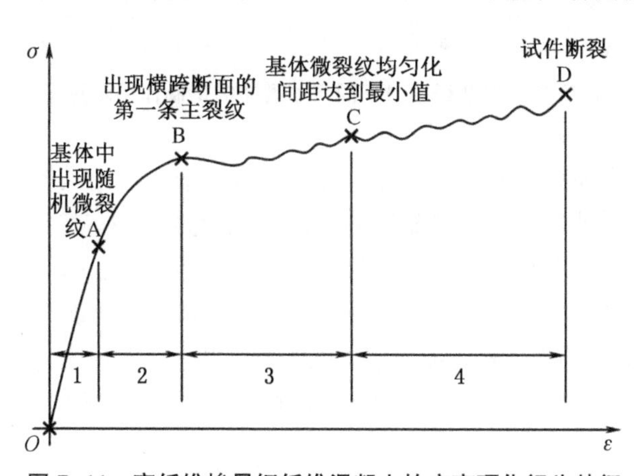

图7-11　高纤维掺量钢纤维混凝土的应变硬化行为特征

为了确保HPFRC获得多点开裂和应变硬化行为，在选择纤维时必须满足两个基本要求。首先，纤维应足够强，能够承受基体初裂时横向裂纹位置的总载荷。其次，纤维-水泥界面处的粘结应足够强，可将所承受的力从纤维转移到基体，从而在基体中形成拉伸应力。

7.4.3 纤维加筋混凝土的应用

目前,FRC 的使用量虽然在持续上升,但一般限于抑制裂缝宽度、提高抗冲击性或动态载荷等场合。FRC 应用受限的部分原因是由于成本高昂。目前,工程中以使用单一物性的纤维为主。由于纤维的特性与材质有关,联合使用多种纤维制备混合 FRC 理当能更好地发挥不同纤维的优势。

根据纤维的直径和长度,可将其分为宏观纤维和微观纤维,宏观纤维的直径在 0.2～1 mm 的范围内,而微纤维的直径则为几微米至几十微米。不同尺寸纤维的约束可抑制不同尺寸的裂缝,对混杂纤维的初步研究已证明了这种复合材料的良好潜力。如图 7-12 所示,同时掺入微观和宏观纤维时,微观纤维可抑制微裂纹的发展,而宏观纤维则可以控制宏观裂纹的传播。从某种意义上讲,CRC 就是使用混合纤维的极端例子。当然如何保证纤维的均匀分散仍然是个大问题。

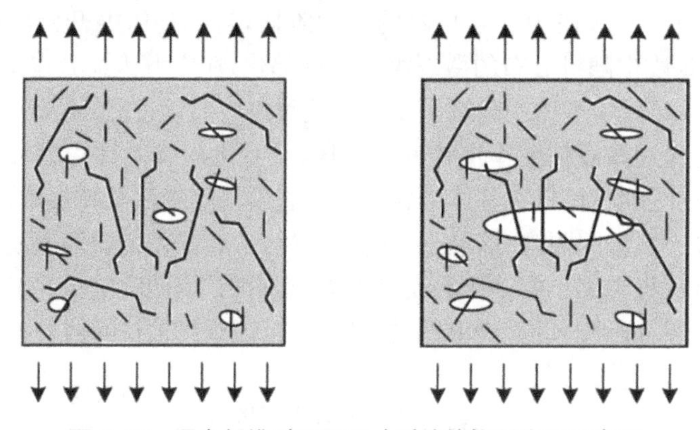

图 7-12　混杂纤维对不同尺寸裂纹的抑制作用示意图

添加纤维可以大大提高混凝土的抗冲击性,因此,纤维混凝土是增强混凝土抵抗冲击荷载和抗爆能力的最有效措施之一。需要清楚的是,纤维混凝土是应变率敏感的材料,室内试验通常是在较低的应变率水平下进行测试的,而在很多实际工况中,动态冲击的应变率要远高于室内试验水平。如何根据低应变率下的测试结果来量化并预测材料在高应变率下的行为,进而发展出针对动态冲击荷载 FRC 的合理设计公式是尚未解决的技术难题。对于一些需要进行防爆和抗冲击保护的高价值结构来说,这是一个值得深入研究的领域。

7.5 ECC

ECC 是 engineered cementitious composite(工程化水泥基复合材料)的缩写,由密西根大学的 Victor LI 教授命名。它是一种高延性纤维增强水泥基复合材料,国内有学者称之为超高韧性水泥基复合材料 UHTCC(ultra high toughness cementitious composite)或为高延性水泥基复合材料 HDCC(high ductility cementitious composite)等。从严格意义上讲，ECC也属于纤维加筋混凝土，但普通纤维混凝土的应变硬化特性高度依赖高掺量纤维，而ECC则不是靠纤维掺量来保证应变硬化特性，它采用表面经特殊处理的聚乙烯醇纤维PVA，其体积含量仅为2%左右。实际上，ECC的设计原理基于乱向短切纤维增强水泥基复合材料的纤维桥接方法，按基于能量原理的稳态裂缝扩展准则和基体初裂应力不超过纤维桥接应力的强度准则进行系统的细观力学设计和控制纤维的最低临界体积掺量。

表 7-7　Victor LI 教授给出的 ECC 基本性能参数

抗压强度(MPa)	初裂强度(MPa)	抗拉强度(MPa)	拉应变(%)	弹性模量(GPa)	泊松比	抗折强度(MPa)	密度(g/cm^3)
20～95	3～7	4～12	1～8	18～34	0.20～23	10～30	0.95～2.3

ECC的变形能力极为优异，控裂性能突出，其室内薄板试件拉伸断裂时的拉伸应变在3%～8%，为普通混凝土的300～600倍，是普通纤维混凝土100～300倍。它具有可与金属相比拟的弯曲变形能力，且变形过程存在明显的弯曲-硬化现象，如图7-13所示。在薄板试件的四点弯曲试验中，ECC的极限挠度超过22 mm，是普通混凝土的几十倍。因此ECC也称为可弯曲混凝土。与HPFRC不同，在持续荷载作用下，ECC中的裂纹宽度很快达到最大值并稳定在约60 μm的极低水平，裂纹间距约1～3 mm。相比于宏观裂纹，这种细微裂纹对于混凝土的耐久性较为有利。

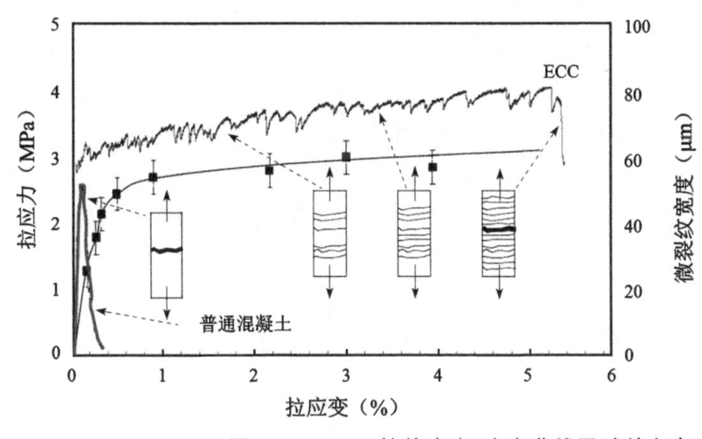

宏观裂缝出现前的试件照片

图 7-13　ECC 拉伸应力-应变曲线及试件多点开裂状态

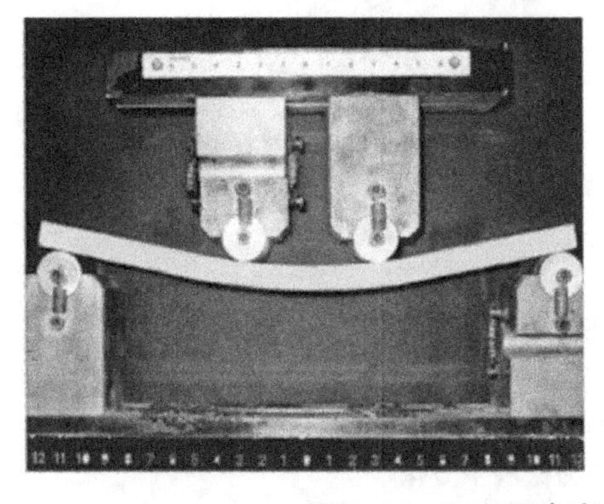

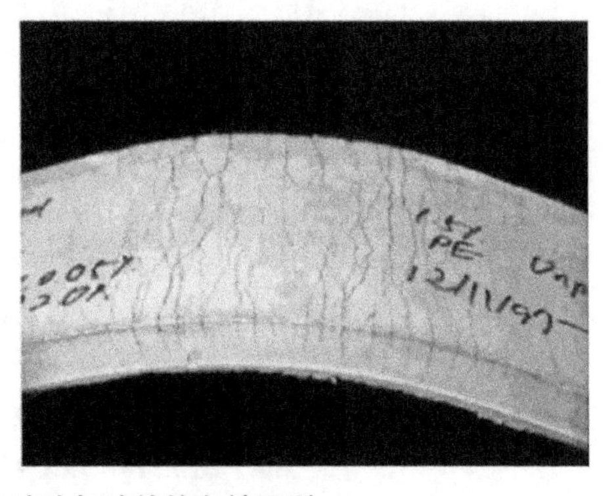

图 7-14　ECC 四点弯曲试验与试件的多缝开裂

干燥收缩会造成水泥基材料的开裂，ECC也不例外。ECC的干燥收缩比同等环境条件下的普通混凝土高了约80%，但由于ECC内部纤维的粘结作用，这种较高的干燥收缩并不会使ECC产生很大的收缩裂缝。圆环试验结果表明，ECC的干燥收缩裂纹宽度亦能稳定地保持在60 μm以下，干缩裂纹数量众多且分布较均匀，而普通混凝土则会形成一条主收缩裂缝，且最大裂缝宽度超过1 mm。这主要是因为纤维的桥联和阻裂作用，使得ECC试件内部的应力能稳定地传递并扩散，而ECC的干燥收缩变形远小于它的拉伸变形能力，因此它始终处于应变-硬化阶段，不会产生过大的裂缝。对裂纹宽度的控制能力实际上是ECC材料自身的一种属性，它不因结构尺寸的变化而改变，这完全有别于普通混凝土，这对于结构裂缝的控制有极大的价值。此外，在受循环荷载作用时，ECC中的裂纹宽度也基本保持不变。图7-15所示为普通混凝土和ECC无接缝桥面连接板在疲劳加载情况下的裂纹宽度发展情况。经10^6次循环后，普通混凝土连接板的裂缝宽度超过0.6 mm，而ECC连接板裂纹宽度则始终保持在50 μm左右。

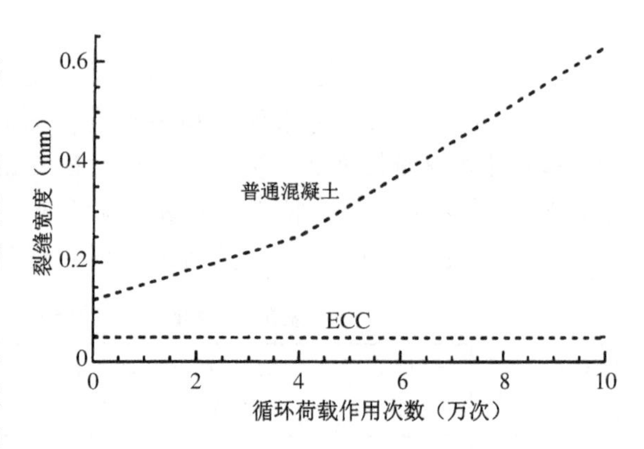

图7-15　疲劳加载条件下连接板裂纹宽度发展

应变硬化是指在单轴拉伸时，当材料开裂以后，应力可以持续增长而拉应变能继续保持的现象。ECC材料具有应变硬化特性和多缝开裂现象，这近似于金属材料的应变硬化，ECC的应变硬化实质上是指由多缝开裂而形成的表观应变硬化，因此也称为“伪应变硬化”。多缝开裂现象是指ECC在受拉产生初始裂纹后，继续加载时新的裂纹持续不断地生成，它们最终大致平行，裂纹间距大致相等。随着众多密集而细小的微裂纹产生，形成了一块近似均匀的变形区域，因此可以用应变代替裂纹张开位移来表示材料的变形，如图7-16所示。

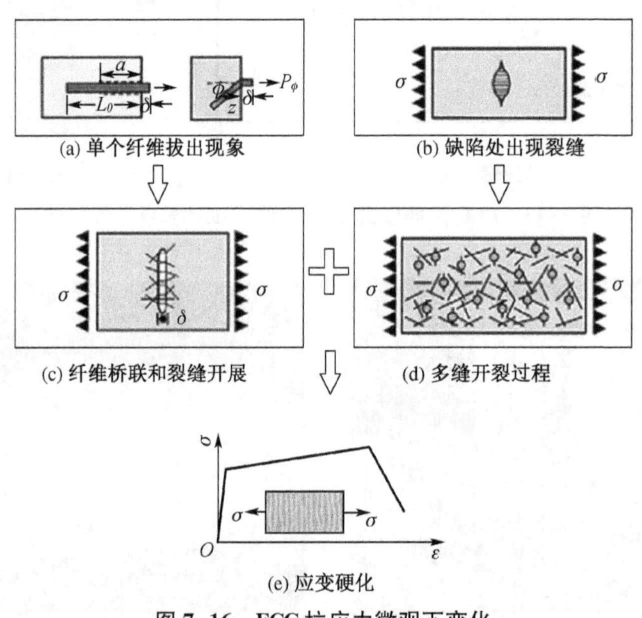

图7-16　ECC拉应力微观下变化

多缝开裂是ECC的最基本特性，其中纤维分布和基体缺陷分布这两个微观参数至关重要。前者控制着裂纹面上纤维的“桥联”作用，而后者决定达到纤维极限“桥联”应力时裂纹的数量。

对于单根纤维，其拔出行为受纤维自身特性和界面情况控制，纤维桥联力（开裂应力小于桥联应力）由穿过裂纹面的纤维提供。裂纹的发展受到纤维桥联力的影响，在周围应力一定的情况下，裂纹平滑稳定地发展。多条裂纹的发展实际上反映了基体缺陷在尺寸和空间上的发展，直到桥联应力到达极限值。ECC正是满足上述要求，表现出多缝开裂和应变硬化的特性，从而具有不同于普通水泥基材料的众多特殊优点：

(1) 抗疲劳能力强，特别适用于需承受反复荷载作用的结构，如桥面板、桥梁连接板、飞机跑道和铁轨枕木等。

(2) 有很强的变形能力。ECC的极限拉应变可达3%左右，极限拉伸应变是普通混凝土的250～400倍，是钢筋屈服应变的15～25倍，破坏时材料的平均裂纹间距在0.8～2.5 mm之间，裂纹宽度约在50 μm以内，实现了裂缝的无害化分散。

(3) 抗爆、抗冲击性能好(表7-8)。ECC在冲击和爆炸荷载作用下，基体中分布的纤维产生“桥联”效应，起到耗能、缓冲和连接各个碎片的作用，使得ECC适用于军事工程等特殊领域。

表7-8 不同类型的混凝土抗冲击试验结果

试件材料种类	普通混凝土	钢纤维混凝土	ECC
抗压强度(MPa)	39.2	43.5	35.4
初裂时的冲击次数(次)	201	471	236
破坏时的冲击次数(次)	210	1 113	10 045
破坏时的裂缝条数(次)	3	6	22
初裂后吸收的能量(J)	181	12 939	197 688
破坏吸收的总能量(J)	4 233	22 431	202 444
破坏形态	普通混凝土	钢纤维混凝土	可弯曲混凝土ECC

(4) 裂缝控制效果好、自愈能力强于普通混凝土，耐久性好。ECC的多缝开裂特性可以把裂缝宽度控制在0.1 mm以下，这在一定程度上可阻止外界物质侵入的作用，减轻内部钢筋的锈蚀，提高结构的耐久性。

(5) 对初始缺陷不敏感，抗剪、抗弯承载力高。ECC中纤维呈乱向均匀分布，可很好地适应弯矩和剪力作用的复杂应力状态，提高结构承载力，减小截面尺寸。

(6) 抗震性能好。ECC耗散能量的能力强，它通过大变形、多缝开裂和应变硬化耗散能量，是一种很好的抗震消能材料，用于梁柱关键节点位置，可提高结构的抗震性能，亦可用于修筑高速公路的柔性防撞护栏等。

(7) 抗渗性好,抗冻融能力与抗碳化能力也优于普通混凝土,在带裂缝工作时尤为突出(图 7-17),因此,特别适用于隧道的防水衬砌等。

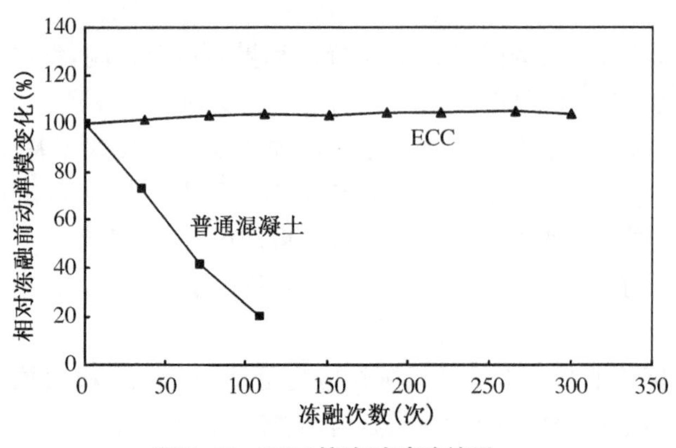

图 7-17　ECC 抗冻融试验结果

(8) 耐火性好。在遭遇火灾时,ECC 中的纤维起到了融化吸热的作用,并且形成导气通道,导出 ECC 中的高温水汽,这可避免因水汽积聚造成局部爆裂,从而提高材料的耐火性能。因此,ECC 适用于外包防火结构。

ECC 起初是用聚乙烯纤维 PE 作为增强材料,1997 年密西根大学的 Victor LI 等人使用聚乙烯醇纤维 PVA 代替 PE 纤维,所制备的 ECC 性能同样优异且成本仅为原来八分之一,随后 PVA 逐渐取代 PE。目前应用最为广泛的 PVA 纤维,其纤维直径 39 μm、长度 12 mm,抗拉强度 1 600 MPa,弹性模量 40 GPa,相对密度 1.3,纤维表面经特殊处理。在拉伸和剪切荷载作用下,ECC 均显示出超高韧性、高延性、多点开裂与应变硬化特征。需要指出的是,与传统纤维增强混凝土中需要强化纤维与基体之间的粘结强度不同,为确保高延性,用于 ECC 的 PVA 纤维必须进行特殊表面处理,其目的在于降低纤维与基体之间的粘结强度,使之与基体的初始断裂强度相匹配,以满足 ECC 的强度准则。专用油剂的涂覆量则根据设计所需的极限拉应变确定,如图 7-18 所示。

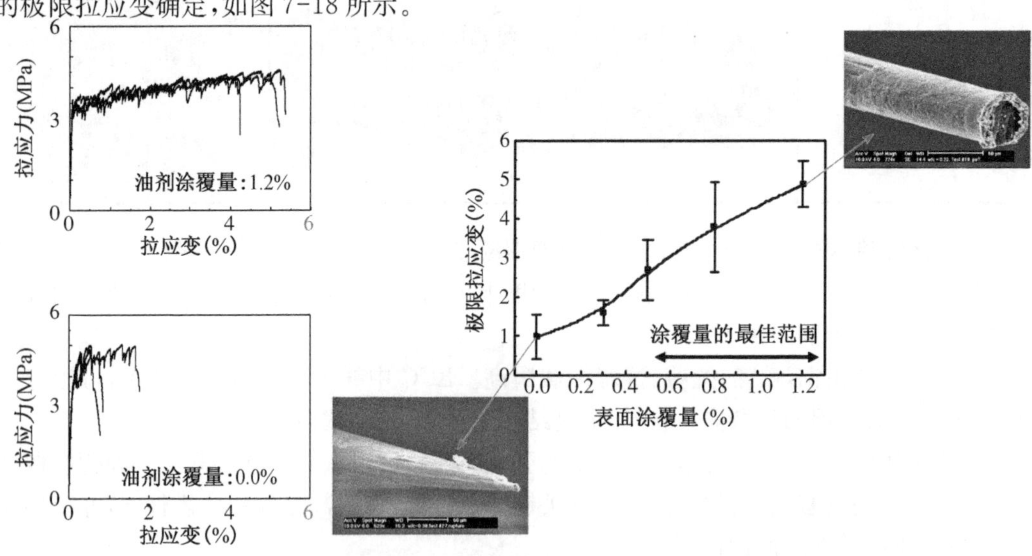

图 7-18　纤维表面油剂涂覆量对 ECC 极限拉应变的影响

得益于其超高的韧性和变形能力，ECC具有优良的抗冲击性能、抗疲劳性能、较高的抗折强度和抗冻融破坏能力，同时具有一定的自愈合和自我修复能力，新型ECC材料如超高强ECC、自密实ECC、含ECC的功能梯度复合结构等正不断涌现。ECC材料已经从试验室走向实际工程，桥梁工程是目前ECC应用较多的领域。具有先锋性质的工程应用有2002年美国密歇根州的Curtis公路桥梁面板维修，2005年5月日本北海道江别市美原大桥主桥桥面板使用了钢/ECC组合材料等。毫无疑问，ECC的建造成本依然十分昂贵。但从全寿命周期成本角度看时，ECC将变得极富有竞争力。当然，ECC进入大规模工程化应用仍需要时间。另外，ECC的应变硬化与多点开裂的特性随时间的演变规律，以及ECC材料和结构的长期耐久性等也需要更多的研究与工程验证。

7.6　自密实混凝土

自密实混凝土SCC(Self-Compacting Concrete或Self-Consolidating Concrete)是一种高流动性混凝土。自密实意味着新鲜混凝土具有很高的流动性和优良的通过间隙能力与填充能力，可在自身重力驱动下充填任意形状的模板并达到密实状态而无需要外部振动等，且无明显的离析与泌水现象。

自密实混凝土在20世纪80年代由日本东京大学的Okamura教授所发明。最初是为满足不易压实的梁柱节点的加固抗震需求而开发的。目前SCC在世界范围内已得到普遍应用，因为它既可配制成普通强度的混凝土，也可制备成高强混凝土，甚至还可用于纤维混凝土。SCC适用于预制混凝土生产，也适用于现场混凝土浇筑作业，并使建筑自动化成为可能。SCC具有施工快捷、噪音低、成型性好、能效高等优点。SCC优异的工作性在许多现代特殊结构如大型薄壁、钢筋布置密集等浇筑、振捣特别困难的结构中体现出巨大的优越性，使混凝土材料可用于原本无法用混凝土建造的结构中，并显著提升了超大型结构的施工效率。因此，SCC符合4E(energy source, environment, efficiency, economy)发展的基本原则，它不仅适应了现代混凝土工程超大规模化、复杂化的要求，也为混凝土走向绿色化、高性能化提供了技术保障，是混凝土技术的一次重要革新。自密实混凝土比普通混凝土的成本高得多，但其施工也简便得多，可大幅降低施工过程中的劳动力消耗，特别适用于配筋很密的钢筋混凝土工程，这种结构在抗震工程及其他复杂结构中经常使用。

7.6.1　自密实混凝土的配制原理

设计良好的自密实混凝土拥有优异的流动性，屈服应力较低，同时又有足够的塑性黏度(如图7-19所示)，在施工过程中不易出现离析与泌水现象，浇注时有较大内聚力的黏性水泥浆能带动骨料一起流动，填充模板内空间。自密实混凝土的配制原理其实十分简单，主要是通过精心选择超塑化剂与黏度调节剂、矿物掺合料，以及配合比设计实现。在不特别改变拌和用水量的情况下，大幅提高细颗粒含量，同时使用更大剂量的超塑化剂和胶浆量来实现。典型自密实混凝土的材料组成中，其细集料与粗集料之比约为1.0～1.3，而普通水泥混

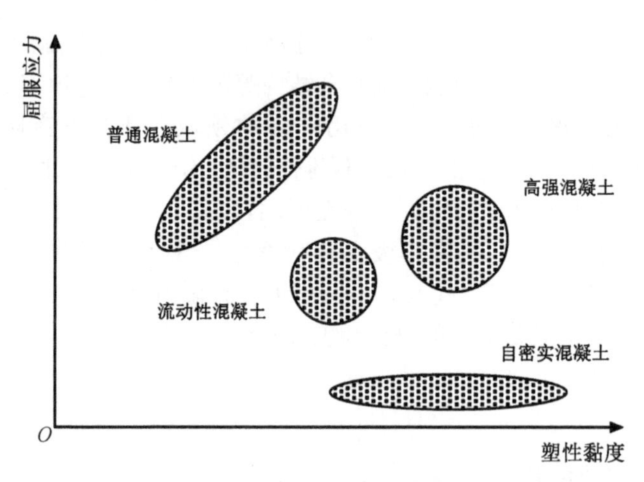

图 7-19　几种混凝土的流变学特征

凝土中，这一比例约为0.75；自密实混凝土中小于 0.125 mm 的细颗粒含量很高，这一般通过掺加 SCMs 来实现。

自密实混凝土的水与粉末材料的比值较低，为了确保拌和物具有良好的可加工性，必须确保浆料含量足够高。所增加的浆料用于补充减少的粗骨料体积，并确保混合体系的黏度。通常，SCC 中的粉料(水泥与辅助胶凝材料)总用量达到 400 kg/m^3 或更高，而用水量则一般在 130～190 kg/m^3。高流动性由超增塑剂实现，并且通过添加黏度调节剂或石灰石等填料粉末使新鲜的混凝土获得合适的内聚力。

新鲜的自密实混凝土必须具有以下性质：

(1) 高流动性和填充模板的能力：能够流进任意形状的模板并可完好地包裹钢筋而无需外界振动，能完全填充模板；

(2) 高通过能力：能通过模板和排布紧密的钢筋间的狭窄空间，能完好地包裹钢筋，且不会出现阻塞和离析现象；

(3) 抵抗离析的能力：无论是在流动过程中，还是在静止状态，都不应该发生离析。

上述目标通过合理选材和混合料配合比设计实现。所需的高流动性，通过以下方式获得：严格限制粗骨料含量、使用超塑化剂。水胶比的降低与较低的粗骨料含量确保混凝土具有较强的抵抗离析能力。高流动性与高抵抗离析的能力使得制造自密实混凝土成为可能。

降低粗骨料含量对于 SCC 来说必不可少，因为这可降低集料颗粒间的碰撞和接触的频率，减少由颗粒相互作用和剪切作用引起的粗颗粒摩擦，从而可提高新鲜 SCC 的变形能力和流速。虽然粗骨料的含量降低，但 SCC 中砂率的比例变大，达 0.50 以上，因此集料总含量较普通混凝土略有增加。砂率的增加有助于保持混凝土的中等黏度，以避免剪切应力的局部增加并改善可变形性。

SCC 拌和物是典型的悬浮-密实结构，粗、细集料等悬浮在液相水泥浆体中。在这种悬浮-密实结构中，需要平衡流动性并确保颗粒不离析，这通过合适的水胶比与浆体含量加以保证。浆体量过少时，粗骨料将不能悬浮其中，骨料之间容易咬合接触，屈服应力过大，则会造成新拌混凝土不具有良好的流动性；浆体量过多时，会因为屈服剪应力过小，容易导致离析现象的发生。因此，与常规混凝土混合物相比，SCC混合物的浆料体积亦有所增加。SCC混合物浆料体积的增加是通过增加粉末含量和较低的水胶比来实现的，其总含水量与典型的传统混凝土混合物相比几乎保持不变，其水胶比约为0.30～0.45。

超塑化剂可以大幅降低SCC的屈服应力，但对黏度的影响有限。黏度调节剂则可显著提高SCC的凝聚力。黏度调节剂通常是水溶性聚合物，可溶解在水中并吸附水泥颗粒。聚合物具有较强的持水能力并为骨料提供足够的黏合力。

为使新鲜混凝土达到合适的性能，EFNARC建议在初估混凝土配合比时遵循以下原则：

(1) 水和粉末材料的体积比，0.8～1.1；

(2) 全部粉末(水泥、SCMs)含量，400～600 kg/m^3；

(3) 粗骨料在混凝土中的体积比，28%～35%；

(4) 单位体积用水量小于200 kg/m^3；

(5) 剩余体积全部由细料填充。

当然，这些值可以也必须根据硬化混凝土的强度与耐久性要求来修改。如果采用初估的新拌混合物或者硬化混凝土的性质不满足要求，则应通过调整辅助胶凝材料或填料的类型和用量、调整塑化剂的类型及剂量，或者加入黏度调节剂等措施来加以改变。

SCC的配合比设计原理虽然十分简单，但配合比设计需考虑的因素远比普通混凝土复杂，到目前为止国内外尚未形成统一的SCC设计方法。为了使混凝土获得自密实的性能，在确保拌和物的屈服应力降低至合适范围的同时，还要确保它具有足够的塑性黏度，以保证骨料能够稳定地悬浮于水泥浆中。因此，SCC配制成功的关键法则就是保持混凝土拌和物流动性与黏聚性的和谐统一。

7.6.2 自密实混凝土的测试方法

SCC与传统混凝土的主要区别在于拌和物的工作性。由于SCC具有非常大的流动性，传统用于评估塑性混凝土工作性的方法已不再适用于SCC。因此，从SCC的发明开始，许多研究都集中于新鲜SCC的性质评估。为检测SCC拌和物的工作性能，人们发展了许多经验性的测试方法，其中较有代表性的方法有坍落扩展度试验、V型漏斗试验、J环试验、L型仪试验等。值得说明的是，到目前为止，关于SCC的标准测试方法尚未得到广泛认可。因此，无论自密实混凝土的配合比设计还是施工质量控制，很多都是基于经验方法。

1. 坍落扩展度试验

坍落扩展度试验是测量SCC流动性最常用的测试方法。所用设备和试验程序类似于坍落度试验，它们的主要区别有以下三方面：(1)SCC拌和物浇筑到坍落度锥形筒时不允许夯实；(2)扩展度试验测量的是SCC拌和物扩展为公称直径为500 mm的圆形结构(称为T500)所需的时间。通常，SCC的T500应小于8 s。(3)在提升坍落度锥体后，还应测量SCC拌和物所能达到的最大当量直径。SCC的扩展直径应为500～800 mm。此外，试验时还通过目视检查拌和物的流动情况对SCC的黏聚力作出判断。扩展后越接近圆形则表明其均匀性越好，中心无石子堆积现象且石子分布越均匀则表示拌和物抗离析及稳定性更好，如图7-20中的左图所示。若SCC的黏聚力不足，则粗骨料将会在中心区域富集，最外圈上会出现一层薄砂浆，如图7-20中的右图所示。

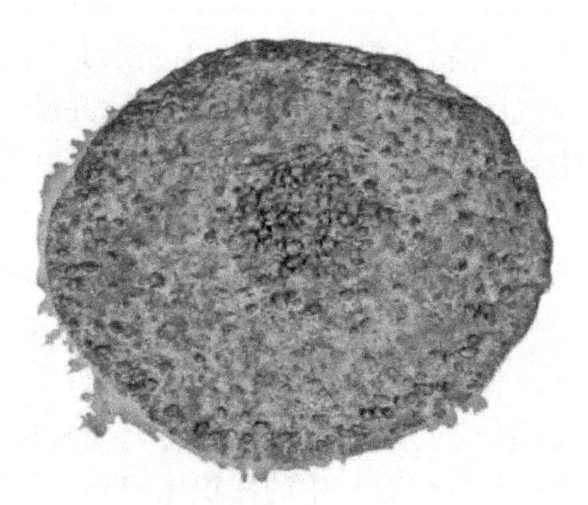

图 7-20　坍落扩展度试验中可能出现的情形

2. V-漏斗试验

V-漏斗试验由 Ozawa 等人提出，用于评估 SCC 通过一个狭小空间的能力。如图7-21所示，V 型漏斗是底部带仓门的 V 形型容器。试验时，先关闭底部仓门，将 SCC 缓慢倒入 V 型漏斗，待完成填满足并抹平上表面后，打开仓门使 SCC 自由流出。从打开仓门到混凝土完全流出的时间即为 V-漏斗时间。一般认为，SCC 的 V-漏斗时间范围宜在 6～12 s，也有研究者认为不大于 25 s 即可。

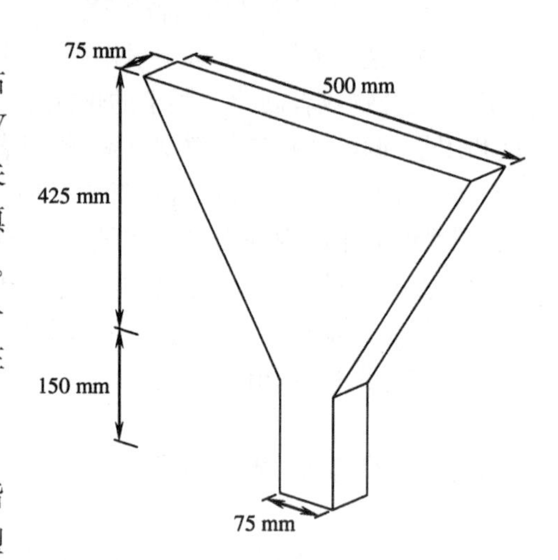

图 7-21　V-漏斗试验装置示意图

3. J 环试验

J 环试验也是日本研究人员开发的(J 环即指日本环)，用于评价 SCC 穿过钢筋网的能力。典型的 J 形环如图 7-22 所示。多根直径 12 mm 的普通圆钢棒沿着圆形钢环的圆周等间距固定，用于模拟工程中钢筋的阻碍作用，钢环外径 360 mm，内径 300 mm，厚度 30 mm，J 形环中钢筋的间距则从 30～120 mm 不等，主要根据实际工程中钢筋的最小间隙确定。通常，因钢筋的阻碍，J 形环附近的离析相对严重。因此试验时应目视检查离析现象。

图 7-22　SCC J 环试验及 J 环试验中可能出现的情形示意图

J形环通常与坍落扩展度试验一起使用，在进行坍落扩展度试验时将环放在锥形筒外围即可。根据通过J形环后SCC的流量减少与无J形环阻碍时的自由坍落度流量可判断SCC的工作性，一般要求SCC的流量差不超过50 mm。SCC的可通过性则根据J形环内外之间混凝土高度差来表示，通常要求内外高差不超过10 mm，也有认为不超过15 mm即可。

4. L盒试验

L盒测试用于评估SCC的流动性和通过能力。典型装置如图7-23所示。它包括一个带滑动闸门的垂直隔室和一个水平槽。垂直隔室高400～600 mm，内腔宽150～300 mm、厚60～100 mm。水平槽长600～710 mm。水平槽中部靠近滑动闸门处还有一排等间距布置的普通圆钢棒用于模拟构件中钢筋对拌和物的阻碍作用。圆钢棒通常使用三个13 mm的普通圆形钢筋，其中心间距通常为53 mm，也可根据实际工程中钢筋的净间距来确定。

L盒测试用于评估SCC的流动性和通过能力。若混凝土具有足够的流动性和通过性，它将以一定的高度到达水平槽的端壁。在混凝土的流动停止后，测量端壁处和垂直隔室中混凝土的高度h_1、h_2。比值h_1/h_2称为阻塞比，通常阻塞比应不低于0.80。另外，测量浆料通过水平通道中两个固定点的时间差亦可推断混凝土稠度高低。

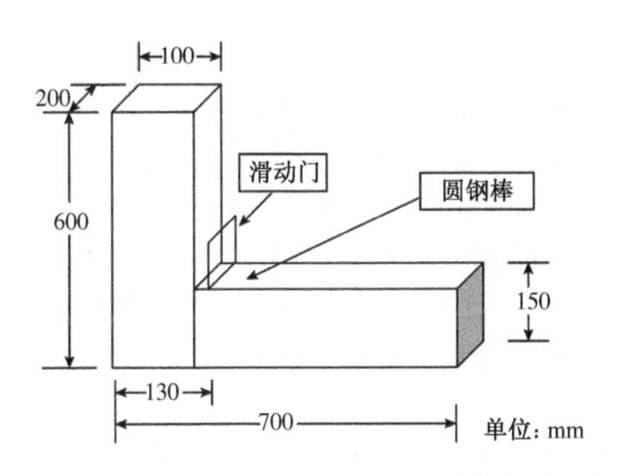

图7-23　L盒的构造及试验中SCC的粗骨料阻塞情况

7.6.3　SCC的工程应用

SCC自问世不久即进行了全面的试验和示范，最著名的工程为日本明石海峡大桥的两个锚碇建造，共计使用SCC达60万m^3，这也是迄今为止最大的单体工程应用案例。在中国，SCC的应用也十分广泛，如中央电视台的新大楼建造时使用了C60钢纤维增强SCC、国家奥林匹克体育场—鸟巢中心使用了C50的SCC、宝泉蓄水工程的辅助大坝建设、向家坝水电站的沉箱倒装施工等。在我国的高铁工程中，SCC已取代传统的CRTS-Ⅰ型和CRTS-Ⅱ型无砟轨道结构中的水泥乳化沥青砂浆充填层，由此发展出具有完全自主知识产权的CRTS-Ⅲ型无砟轨道结构。从应用角度看，如能实现低成本化，SCC与ECC等技术的联用必将带来混凝土技术新的飞跃。

7.7 聚合物基水泥复合材料

聚合物基水泥复合材料是一种相对较新的建筑材料，其使用始见于20世纪50年代。聚合物主要以三种方式用于混凝土生产：(1)作为浸渍剂渗透水泥混凝土构件以增强其性能，称为聚合物浸渍混凝土PIC(Polymer Impregnated Concrete)；(2)作为胶凝材料直接取代水泥，称为聚合物混凝土PC(Polymer Concrete)，这种材料中可使用水泥作填料，但因未加水因此混凝土中不含水泥石；(3)作为外掺剂与水泥、水、砂、石等原材料一起拌和并最终凝结硬化，称为聚合物改性混凝土PMC(Polymer Modified Concrete)，此类聚合物主要是胶乳，因此也被称为乳胶改性混凝土LMC(Latex Modified Concrete)。在道路工程中，多孔沥青混合料灌注水泥浆(或聚合物水泥砂浆)得到的复合材料常用于重载抗车辙路段，该材料的成型方法和特性均与上述三类复合材料有较大差别。限于篇幅，本教材中不作介绍。

7.7.1 聚合物浸渍混凝土

聚合物浸渍混凝土PIC是将硬化后干燥的水泥混凝土浸渍在可聚合的低分子单体或预聚体中，使之渗入混凝土的孔隙中，然后使用蒸汽或红外加热器原位加热养护所得到的复合材料。常用的浸渍剂有甲基丙烯酸甲酯、苯乙烯、聚酯-苯乙烯、环氧树脂-苯乙烯等。PIC的制造工序分五步：(1)预制混凝土构件；(2)干燥预制件；(3)排空预制件连通孔隙中的空气；(4)使低黏度单体或预聚物-单体混合物扩散入连通孔隙并使之饱和；(5)加热原位使之聚合。浸渍单体多采用真空压浆方式，完全浸渍需要复杂的设备来干燥混凝土，该过程耗时很长。

聚合物渗入混凝土内部孔隙后，可提高混凝土的密实度，并增进水泥石与集料间的黏结力，而渗填在孔隙中的聚合物形成连续的三维网络亦起到立体增强作用。浸渍后混凝土的抗压强度可提高2～4倍，抗拉强度增加近3倍，抗冻融能力和耐磨性能亦显著提升，如表7-9所示。由于混凝土在浸渍前为干燥状态，浸渍后几乎不产生干缩，因此其徐变量减少近90%，但混凝土常温和低温时的脆性亦增大，而高温时因聚合物软化其变形量也会增加。PIC的渗透率和扩散性极低，具有优异的耐化学性和优异的耐久性。但因聚合物的成本高，且加工工艺复杂，因此PIC非常昂贵，在工程中的应用极其有限。目前PIC主要用于要求高强度、高耐久性、低渗透性的特殊结构工程，如高压输气或输液管道、高压容器、海水储罐、海水淡化厂和蒸馏水厂的结构构件、隧道衬砌，以及为改善耐久性而对桥面板部分深度浸渍等。

表7-9 不同聚合物浸渍混凝土的性能

技术指标	基准混凝土	苯乙烯浸渍	MMA浸渍
抗压强度(MPa)	37	70	127
弹性模量(MPa)	25 000	52 000	43 000

(续表)

技术指标	基准混凝土	苯乙烯浸渍	MMA 浸渍
抗拉强度(MPa)	2.9	5.9	10.6
弯曲强度(MPa)	5.2	8.2	16.1
吸水率(%)	14	6	4
抗磨耗性(mm)	1.26	0.93	0.37
抗冲刷能力(mm)	8.13	0.23	0.51
渗水系数(mm/a)	0.16	0.04	0.04
热传导系数 (kJ/(m·h·℃)@23)	1.98 × 4	1.94 × 4	1.88 × 4
线胀系数($\times 10^{-6}$cm/(cm·℃))	7.25	9	9.48
冻融循环(冻融循环次数/质量损失%)	490/25.0	620/0.5	750/0.5
耐硫酸盐侵蚀性(300 d,膨胀量%)	0.144	0	0

7.7.2 聚合物混凝土

聚合物混凝土或聚合物砂浆是以聚合物为唯一胶凝材料的混凝土,也被称为树脂混凝土或塑料混凝土。这类复合材料中有时用水泥作为填料,但因体系中不含水分,故水泥不会水化,因此,该类材料不属于水泥基复合材料。最常用的聚合物体系包括环氧树脂与改性环氧树脂、不饱和聚酯、呋喃树脂、乙烯基树脂、聚氨酯、聚酯-苯乙烯和甲基丙烯酸甲酯(MMA)、沥青及改性沥青等。需要说明的是,根据聚合物混凝土的定义,沥青混凝土也是一种聚合物混凝土,但本节所述的很多内容并不适用于沥青混凝土,原因在于,绝大多数沥青及改性沥青均为热塑性材料,不存在固化反应,沥青混凝土的强度形成机理与技术性质也显著区别于常用的聚合物混凝土,因此通常所说的聚合物混凝土均不包括沥青混凝土。

聚合物混凝土要求填料和骨料不含水分、对单体的聚合反应或树脂的固化反应无不利影响,填料和骨料应具有适当的颗粒形状和级配,对浆液的吸收量小,强度满足混凝土的要求。聚合物混凝土配制时通常会使用消泡剂、浸润剂、增塑剂、偶联剂、促进剂等外加剂,也可能使用纤维类材料进行增韧。

在聚合物混凝土中,用作胶凝材料的聚合物组分最终全部参与固化反应,完全固化后混凝土中无连通的毛细孔,因而具有优良的抗渗、抗冻融特性。聚合物的固化反应比水泥的水化反应快得多,在较低温度下亦可固化,因而聚合物混凝土的强度发展比水泥混凝土快得多,其 24 h 的强度一般可达到最终强度的 80%以上。聚合物混凝土的抗压强度主要取决于聚合物类型、集料种类与级配,一般可达 30~180 MPa,未增韧时的抗折强度可达 14~30 MPa 左右,劈裂强度在 10 MPa 左右,其弹性模量可以在很宽的范围内调整。聚合物混凝土通常具有较优异的抗疲劳性能,但在明显低于抗压强度的应力水平下,可能产生蠕变破坏;其蠕变约为水泥混凝土的 2~3 倍,而二者的比徐变(徐变与抗压强度之比)相当;其线膨胀系数通常为钢或混凝土的 1.2~3 倍。与水泥混凝土相比,聚合物混凝土受温度的影响大,抗耐老化(主要是热老化和紫外线老化)和耐火能力也更低。聚合物是化学上较不活泼的材料,大多数 PC 都耐酸、碱、盐等侵蚀,但遇氧化性较强的硝酸、铬酸时会发生腐蚀,另外,聚合物混凝土易受有机溶剂侵蚀,会产生溶胀甚至破坏。在固化前的聚合物混凝土与大多数材料均具有良好的黏附性,是一种优良的快速修复材料。

与 PIC 相比,聚合物混凝土与聚合物砂浆由于其相对简单的生产工艺而备受关注,是一种前景广阔的材料,可用于混凝土桥面、路面和高速铁路无砟轨道结构等工程的快速和永久性修复,它还被成功地应用于预制构件。桥面加铺层是聚合物混凝土材料应用最为广泛的领域之一。聚合物混凝土薄加铺层(TPCO,Thin Polymer Concrete Overlay)的施工时间比浸渍部分深度混凝土所需的时间要短得多,且施工也更简便,已在世界范围内得到广泛应用。最常用的 TPCO 体系有环氧树脂(包括改性环氧-氨基甲酸酯)、聚酯-苯乙烯和甲基丙烯酸甲酯(MMA)。适当的表面处理、干燥和温暖的天气、以及良好的工艺控制,加上具有低模量和高伸长率的树脂通常能够确保 TPCO 成功。另外,聚合物混凝土非常适合于 3D 打印技术,这将为建造构型更复杂、品质更均匀稳定、更坚固耐用的结构提供可能。

7.7.3 聚合物改性混凝土

聚合物改性混凝土 PMC 也称为聚合物水泥混凝土,它是在水泥混凝土拌和过程中加入水溶性聚合物颗粒或聚合物胶乳制备得到。加入聚合物后,混凝土强度、变形能力、粘结性能、防水性能和耐久性均有所改善,具体改善程度与聚灰比(固体聚合物与水泥类胶凝材料之质量比)、聚合物的品种等密切相关。

PMC 中聚合物的主要成分是聚合物乳胶和消泡剂、稳定剂等添加剂。用于 PMC 的聚合物应该对水泥水化无负面影响,能耐受水泥水化的高碱性环境,且有良好的机械稳定性与储存稳定性,成膜性好,最低成膜温度低,与水化产物和骨料黏结良好,引气量低。聚合物的组成和乳液中的其他组分对改性混凝土的强度、刚度、耐水性和耐候性等性能有显著影响。通常聚合物的玻璃化温度越高,PMC 的抗压强度也越高,而其玻璃化温度越低,则混凝土的抗渗性越好。低分子量的乳化剂对聚合物的耐水性有一定负面影响,反应性乳化剂有更好的耐水效果,消泡剂用量过大时则对聚合物的界面黏结作用有负面影响。

混凝土改性用聚合物有四种形态,如图 7-24 所示。相应地,聚合物混凝土可分为聚合物乳胶混凝土 LMC、可再分散聚合物粉末混凝土、水溶性聚合物混凝土和液态树脂混凝土。最常用的聚合物胶乳是苯乙烯-丁二烯橡胶(SBR),聚丙烯酸酯(PAE)和聚乙烯-乙酸乙烯酯(EVA)、乳化沥青、改性乳化沥青、水性环氧树脂等。

常用的水溶性聚合物有聚乙烯醇、聚丙酰胺、丙烯酸盐、纤维素衍生物、呋喃苯胺树脂等,用于水下不分散混凝土、可泵送混凝土和自密实混凝土中。它们主要是作为黏度调节剂或增黏剂,主要用于改善水泥砂浆和混凝土的工作性,因为它们可提高水相的黏度,增进混凝土的稠度、避免或减轻混凝土的离析与泌水,而又不影响其流动性。聚合物乳液是由聚合物胶乳与水组成的悬浮体系,其固体含量通常在 50%左右,乳胶粒径约为 0.05~0.25 μm,多通过聚合物单体在水中的乳化和聚合来制备,几种常用聚合物乳液的基本性质如表 7-10 所示。值得一提的是,与常用的聚合物乳液相比,乳化沥青与改性乳化沥青的液滴直径比普通聚合物胶体分子大得多。可再分散的聚合物粉料,一般由聚合物乳液经喷雾干燥而成,通常

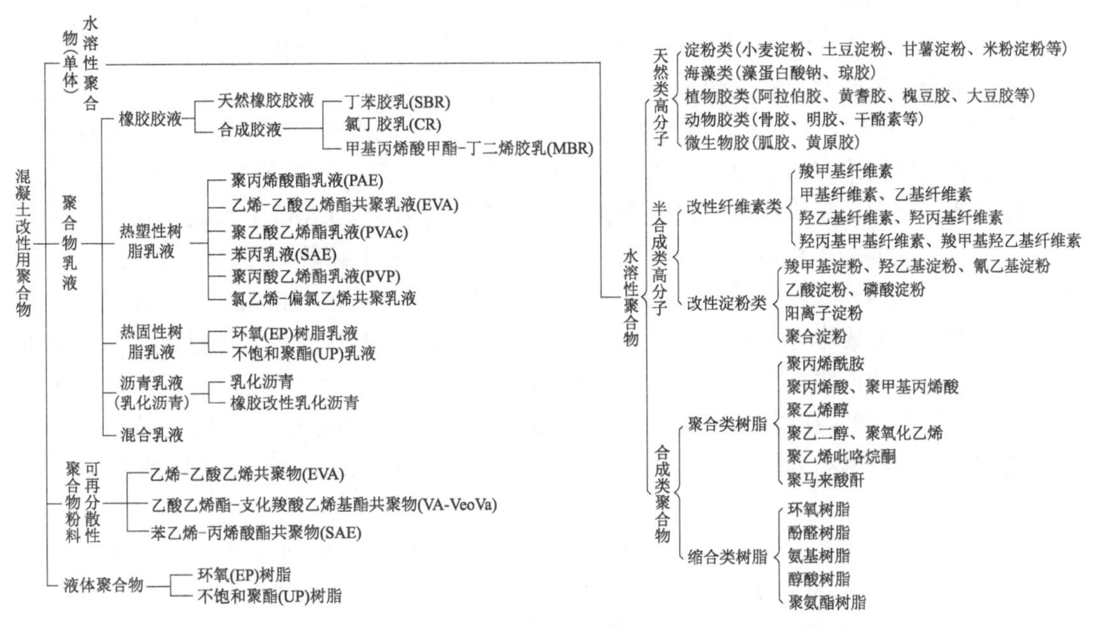

图 7-24 混凝土改性用聚合物的类型

与水泥和集料一起干混，然后在现场加水湿拌使用。在加水拌和期间，可再分散的聚合物粉末会再分散或再乳化。可再分散的聚合物粉末的一般优点是它们易于应用，但是，它们的性能与分散性不如聚合物胶乳。环氧树脂、不饱和聚酯树脂等液体聚合物，与水泥混合时还需要加入固化剂。将液体聚合物用于水泥砂浆和水泥混凝土改性时，必须选用能在有水状态下固化的系统。液体聚合物与水泥砂浆或混凝土混合后，聚合物的固化反应和水泥的水化应同时进行，从而形成聚合物与水泥石凝胶的互穿网络结构，这可提高混凝土的性能。与聚合物乳液改性相比，因聚合物不亲水，分散更为不易，而使用液体聚合物时聚合物的用量要更多，这导致液体聚合物改性混凝土的工艺更复杂，造价也更高，因此，其应用亦相对较少。

表 7-10 几种常用聚合物乳液的基本性质

聚合物乳液类型	缩写	固含量(%)	黏度(Pa·s)	最低成膜温度(℃)	pH
苯乙烯-丁二烯	SB	47	20～50	12	10
丙烯酸共聚物	PAE	47	20～100	10～12	9～10
苯乙烯丙烯酸共聚物	SA	48	75～5 000	10～18	6～9
聚乙酸乙烯酯	PVA	55	1 000～2 500	15	4～5

乳胶改性水泥混凝土的加工工艺与传统水泥混凝土相当。但一般要求在 5～30℃之间进行加工。由于聚合物乳胶容易夹带空气，因此拌制时需添加合适的消泡剂，同时应严格控制混合速度和时间，混合和浇铸通常应在 1 h 内完成。聚合物乳胶材料的附着力很强，因此，模板表面应涂抹高效脱模剂，同时在浇注完成后必须立即清洗浇注设备。乳胶改性水泥混凝土的保湿养护时间不宜过长，正常仅需 1 d 的保湿养护，然后使其在空气干燥以促进胶乳成膜，待干燥后即可正常使用。

在正常生产和施工条件下，LMC 的性能主要取决于聚合物的类型和含量。聚灰比是决定 LMC 配方的主要参数。添加聚合物乳胶还具有一定的减水与防止离析的效果；因此，可适当降低聚合物胶乳水泥砂浆的水灰比，以实现相同的可加工性。通常，胶乳改性混凝土的聚合物/水泥比为 5%～15%，水灰比为 0.3～0.4。LMC 中的水灰比通常小于 0.4，且许多工程中的胶乳固体与水泥质量比为 15%左右，而砂率通常在 45%左右，比普通水泥混凝土高。

胶乳改性水泥的反应涉及水泥的水化作用和胶乳的聚结。LMC 中水泥的水化反应和反应进程与常规混凝土相同。随着水泥的水化，胶乳开始失水破乳，乳胶颗粒彼此靠近，随着持续干燥失水，颗粒最终聚结成薄膜，以半连续塑料薄膜覆盖在水化物和聚集体表面。当乳胶颗粒聚结并形成半连续膜时，水分被保持在水泥颗粒周围，这允许水泥继续水化并减少了对外部保湿固化的需要。该过程发生于材料初凝后。对于许多砂浆应用来说，材料是用一些特殊乳胶配制的，在凝结后不需要外部养护，而对于大多数混凝土应用，正常的养护程序是使用潮湿的粗麻布和聚乙烯薄膜等进行 1 d 保湿养护，然后养护至 LMC 在空气干燥为止。

为了保证胶乳体系的稳定性，防止胶乳凝结或分层，通常在制备胶乳时会加入表面活性剂，有时甚至还加入偶联剂等化学助剂。表面活性剂的存在让混合物拌和时易捕获大量空气，砂浆引入的空气量约为 5%～9%，混凝土约为 4%～6%。因此，必须在胶乳中还应加入消泡剂以控制 LMC 或改性砂浆中的空气含量。

胶乳对在塑性阶段和硬化阶段 LMC 都会产生影响。在塑性阶段，胶乳和消泡剂的组合特性将导致一些空气被引入在混合物中。夹带的空气充当润滑剂，因此可改善混合物的工作性，而表面活性剂的分散作用进一步强化了这种效果。

胶乳改性混合物的凝结时间通常受水泥的水化作用控制。然而，由于胶乳干燥和由混合物表面蒸发水引发的成膜，LMC 的可加工时间可能比普通水泥混凝土短得多。胶乳含量过高或过度收光会在 LMC 表面形成硬皮胶层并易会被撕裂，而普通水泥混凝土则不会出现此现象。在硬化阶段，胶乳的存在使得材料的粘结性能、抗拉性能、韧性、抗渗透性以及抗冻融能力等均得到全面提升。在 LMC 中，聚合物颗粒可填满混凝土中较大的孔隙。与常规混凝土的孔体积相比，LMC 中大于 200 nm 的孔体积减小，但 75 nm 以下的孔体积增加，总孔隙率则随着聚灰比的增加而降低，因此，LMC 抵抗水、气体和氯离子扩散能力以及抗碳化性能均得到显著改善。由于 LMC 的密实度增加，加之聚合物的高拉伸强度并且可增进水泥-集料的界面黏结，因此，LMC 的抗拉伸和弯曲能力通常可得到显著改善，抗压强度也有所增加。LMC 的弹性模量约为 $10 \sim 30 \times 10^3$ MPa，低于传统混凝土或砂浆，泊松比则相当。因孔隙率降低，LMC 具有更强的抗冻融能力和耐磨性。其耐化学性取决于聚合物的性质、聚合物/水泥比和化学侵蚀介质的类型。大多数 LMC 易遭受有机酸或无机酸尤其是硫酸盐侵蚀，对有机溶剂的耐受性也较差。LMC 材料的力学性能受温度影响显著，主要表现为温度升高时强度损失较快，在高于聚合物的玻璃化转变温度时，这种趋势更为明显。

胶乳对黏结强度的改善使得 LMC 成为一种理想的修复材料，因此常用于钢筋混凝土中厚度大于 30 mm 的保护层修复，以及混凝土路面与桥面的修补。LMC 也用于矿山、隧道等工程中的应急混凝土浇筑，以及工业地板接头和某些高强预制品中。作为超薄功能层，LMM(胶乳改性砂浆)已被用于地下室和外墙，游泳池表面、混凝土路面和船甲板上的防滑表面以及钢材上的保护涂层。事实上，多数采用 LMC 加铺层的混凝土桥面和公路路面、停车场铺装服役超过 20 a 而状态仍然良好，在美国，数以万计的桥梁都采用乳胶改性混凝土进行保护，这些加铺层也持续服役了 20 多年。如果待修复层的厚度不足 30 mm，则需要用到胶乳改性砂浆 LMM。需要指出的是，LMC 与 LMM 对高温较为敏感。在气温超过 30℃和快速干燥的条件下，胶乳体系会结皮或甚至表面成块。对于水下工程来说，应尽量避免使用 LMC，因为它需要空气干燥。总之，乳胶改性混凝土 LMC 可以说是最广泛使用的 PMC。它比 PC 便宜并且更容易使用，尽管强度和耐久性不是那么高。

用于裂缝修补和注浆修复的低黏度环氧树脂和高分子量甲基丙烯酸酯（HMWM）代表了最新的聚合物应用，如何将其与 LMC 结合值得研究。由聚合物和硫磺制成的硫磺混凝土因其高强度和耐腐蚀性，以及可消纳工业废料硫也受到关注，目前主要用在有较高耐酸性的设施中作为保护层。使硫进入熔融状态是应用最大的障碍之一，因为硫在高温下会散出类似臭鸡蛋般难闻的气味。预制硫成分似乎很有希望，但该技术目前尚未受到太多关注。

7.7.4 宏观无缺陷材料 MDF

MDF 水泥是由英国化学公司 ICI 于 1982 年发明的。术语“宏观无缺陷”暗示了浆料中不存在如常规混合浆料中相对大的内部空隙等缺陷，这些缺陷因捕获的空气和不充分的分散引起，在基体中充当裂缝引发剂并降低强度。根据 Griffith 断裂理论，材料中的最大裂缝尺寸是决定材料强度的主要因素之一。因此，若材料中无大孔隙或缺陷，就意味着更高的强度。

MDF 是聚合物水泥基复合材料，其组成原材料是水泥（铝酸钙水泥或波特兰水泥）、超塑化剂（主要有甘油，约占水泥质量的 1%）；水泥质量 1%～8%的水溶性聚合物（如聚乙烯醇或聚乙烯醇缩乙醛，非水溶性聚合物—酚醛树脂）以及水，水灰比 0.1～0.2。聚合物提供必要的内聚力并实现水泥颗粒的紧密堆积。最近的研究表明，聚合物不仅仅是一种流变助剂，它还与水泥发生化学作用产生粘弹性材料而形成粘性面团，使浆料易于成形。为除去夹带的空气，使浆料无大的缺陷，MDF 采用双辊混炼后再在适度的压力（7～10 MPa）下成型，所得到的制品具有极高的抗压强度和较高的抗弯强度。研究表明，使用冷压工艺制备的 MDF，其 8 d 的抗压强度可达 204 MPa；热压工艺可制得抗压强度高达 670 MPa 的硬化浆体，其抗折强度可达 100～300 MPa，弹性模量 50 GPa 左右。MDF 的微观结构非常致密，水泥颗粒紧密堆积并通过聚合物基体结合在一起。SEM 结果表明，未水化的水泥颗粒与聚合物基体之间存在一层厚约 0.25 μm 的界面层，界面层由纳米尺寸的$CaAl_2O_5 \cdot 8H_2O$晶粒分散在被 $Al(OH)_3$所交联的聚乙烯醇基质中。通常认为聚合物颗粒与水泥水化产物之间会形成离子型键合等化学作用，而 XPS 测试分析表明，界面层内存在 AL－O－C 的化学键，可以认为聚合物与水泥浆体间发生了化学反应。MDF 的耐水性极差，泡水 3 周后，其强度永久损失率达到 2/3，即使再干燥后强度也无法恢复，这极大地限制了 MDF 的应用。一般认为 MDF 耐水性差是由于水溶性聚合物的吸水软化和膨胀，但确切的机理尚不清楚。改善 MDF 耐水性的主要做法有：减少水溶性聚合物的用量，并在 MDF 成型后设法使所用的水溶性聚合物交联失去水溶性；对 MDF 的表面进行防水涂层处理；使用非水溶性聚合物来制备 MDF；利用粉煤灰等 SCMs 替换 50%～90%的水泥。这些改善措施的实际效果在此不赘述。

复习思考题

7-1　试述高性能混凝土与普通混凝土的异同点。

7-2　什么特性使得硅灰成为强度超过 90 MPa 的混凝土的必备组分?

7-3　普通混凝土和高强度混凝土的主要区别是什么?

7-4　在工程中使用高强混凝土替代普通混凝土有哪些优点和不足

7-5　为什么高强混凝土能比普通混凝土更快获得长期强度?

7-6　用于测试普通混凝土抗压强度的标准方法,是否可以直接应用于高强或超高强混凝土的测试? 为什么?

7-7　在生产高强度混凝土时,往往使用低水灰比,而对普通混凝土则不建议使用低水灰比,请解释原因。

7-8　超高强度和高强度混凝土的可能实现途径。

7-9　DSP 与 MDF 分别代表什么? 它们有什么相似之处和不同点?

7-10　为什么 MDF 还没有在工程中被大范围应用?

7-11　为什么要在混凝土中加入纤维,它们与在混凝土中配筋的目的有何不同。

7-12　纤维是如何影响混凝土的裂纹扩展行为的?

7-13　哪些因素会影响纤维增强混凝土的性能?

7-14　在何种情况下需要在混凝土中联合使用纤维与钢筋。

7-15　针对某纤维供应商宣称的一种全新改进型纤维,你将如何评估这种纤维?

7-16　将聚合物加入混凝土有哪些常见方法? 聚合物改性混凝土的主要应用是什么?

7-17　请为具有应变硬化行为的纤维增强混凝土设计 2～3 种合适的应用场景,并解释原因。

7-18　在南沙岛礁附近围海造岛,你会建议使用何种混凝土方案?

7-19　ECC 设计的力学原理是什么?

7-20　为什么 ECC 可以承受很大的变形而不会崩溃?

7-21　定义 SCC 以及 UHS-SCC。

7-22　SCC 如何实现高流动性?

7-23　如何改善 SCC 的黏度或粘结性?

7-24　列出两种常见类型的 SCC 并讨论它们之间的差异。

7-25　列举一些 ECC 与普通混凝土相比具有明显优势的例子。

7-26　简要描述 LMC 与 PIC 在成型技术与混凝土性能方面的差异。

7-27　水在养护过程中和养护后对 LMC 的性能有何影响?

7-28　讨论实现混凝土的绿色化与增强耐久性的途径。

第8章

沥　青

石油沥青是一种古老的防水防腐和胶凝材料，是包含复杂无定形碳氢化合物的憎水型有机材料，其化学组成和结构与油源和生产工艺均有关。沥青结构的复杂程度远超人类合成的聚合物，到目前为止，人类尚未能获知其准确的结构。黏稠沥青在常温下为固态或半固态黏稠物，在低温下表现出脆性。随着温度升高，黏稠沥青依次经历黏弹态、黏弹塑态与黏流态，在加热至软化温度以上约100℃时具有较好的施工性能。以黏稠沥青为胶凝材料的沥青混凝土是现代高等级公路的最重要路面材料。

8.1　概述

沥青在英文中指 bitumen，它源于拉丁语 gwitu-men，后缩写为 bitumen 并传入法语然后再传入英语。5 000 多年来，人们一直在使用沥青作为防水材料和粘结剂。人类使用沥青的最早记录为公元前 3800 年左右幼发拉底河下游的古代苏美尔人和古埃及人的木乃伊制作。而据史料记载，在巴比塔的建造过程中，人们用沥青制备砂浆。应该指出的是，史料中所说的沥青多为较黏稠的原油或石油沥青矿经简单熬制后的浓缩物。我国也是较早发现和利用石油的国家之一，在公元前 11 世纪～公元前 8 世纪，《易经》中就有了“泽中有火”的记载，表明我国在 3 000 多年前就发现油气苗在大自然中的燃烧现象。至公元 11 世纪，北宋沈括在《梦溪笔谈》中首次命名了“石油”，并提出了“此物后必大行于世，自予始为之，盖石油至多，生于地中无穷”的论断。人类第一条由沥青铺筑的路面出现在约公元前 600 年前的巴比伦，但该技艺很快失传。直到 19 世纪，随着石油工业的快速发展，人们才又开始用沥青来筑路。自第二次世界大战后，随着石油沥青筑路技术的迅速发展，沥青混合料逐渐成为高等级公路路面的最主要筑路材料，并且在市政道路、机场跑道、停机坪、港口码头、铁路道床、水利工程和建筑防水等基础设施工程中也得到广泛的应用。

8.1.1　沥青的来源与基本性质

沥青是成分复杂的碳氢化合物，外观为棕褐色至黑色，可溶于苯及二硫化碳等溶剂，常温下多呈半固态至固态。沥青来源一般可分为地沥青(bitumen)、焦油沥青(tar pitch)两大类。地沥青可以从自然界直接获得或由原油经过简单的加工处理得到，包括天然沥青和石油沥青两类。焦油沥青是木材、泥炭、页岩、煤等有机物经过加热干馏浓缩后的黑色黏稠态至固态产物，常见焦油沥青由煤炼焦产生的煤焦油进一步加工得到。一般情况下，如非特别指出，通常所说的沥青指常温下为黏稠态的石油沥青；对于其他沥青，在沥青之前加上字头以示区别，如煤沥青、湖沥青等。在英文文献中经常会看到 Asphalt、bitumen 等词，国内一般都译作沥青，而在欧洲的技术文献中，Asphalt 多指沥青混合料或沥青混凝土，而 bitumen 指沥青或沥青胶结料。Tar 一般译作焦油，Pitch 为热解沥青，如 Coal Tar 煤焦油，Coal tar pitch 煤焦油沥青或煤沥青。

天然沥青指湖沥青（产于南美特立尼达湖和北美地区）、岩沥青、超硬沥青等。湖沥青是最广泛使用和最知名的天然沥青。最著名的湖沥青来源于特立尼达(Trinidad)岛上由天然沥青矿床组成的沥青湖。该湖约 35 ha，深约 90 m，估计沥青矿储量超1 000 万 t。将取自该湖的天然沥青矿加热至约 160℃使所含的水分蒸发，接着将熔融态材料通过筛网，去除其中的粗糙组分后即得到精炼湖沥青 TLA (Trinidad lake asphalt)，也称为 Trinidad e'pure'。以重量百分比计，TLA 中含有的沥青组分约为 54%、极细的矿物质约 36%，另含 10%的有机物质。TLA 常温时的硬度大，抗老化性能与耐候性能优良，但价格远超石油沥青，因此一般不单独用于拌制沥青混合料。由于 TLA 与石油沥青的相容性好，它常作为改性剂，用于提高石油沥青的抗老化能力与调节其劲度等。除精制 TLA 外，世界范围内的天然沥青还有如岩沥青（即由沥青浸渍的页岩油精炼浓缩而成，如布敦岩沥青，我国新疆、美国 Utah 州、法国、意大利等多地均有类似矿床）、黑沥青(gilsonite)、辉沥青等。这些沥青比 TLA 更硬，它们含有更多的无机矿物质，在甲苯中的溶解度较石油沥青低得多，因此也不能单独作为胶结料使用，多作为沥青的改性剂。

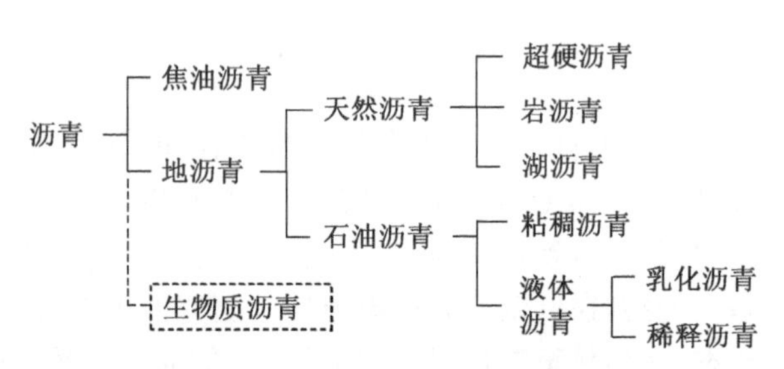

图 8-1 沥青的来源与基本种类

石油沥青是石油工业的副产品，原油蒸馏分馏提取轻质组分后得到渣油，然后再采用适当的工艺对其进行处理后得到符合性能标准的产品。多数石油沥青在常温下为黏稠状态，少量呈液态，它们在常温下有较大流动性。石油沥青有着优秀的粘结性和防水、防腐与绝缘特性，变形能力与耐久性优良，可加工性好，在工业、农业、土木工程、建筑、水利、交通基础设施等许多领域均得到广泛应用。据不完全统计，石油沥青的应用场合超过 200 种，在放射性核废料的稳定处理中也得到广泛应用。根据 IAEC 的统计数据，在过去的近半个世纪里，超过 20 个国家将核废料或放射性废液置于 180～200℃的熔融沥青中，待其冷却后再进行填埋处理。在核辐射下沥青会分解为 H_2、CH_4、CO_2 等。与水泥稳定相比，沥青稳定可处理的核废料与放射性废液的活度范围更广、对核废料的包容性更大，无论污泥的种类和性质如何，均可得到性能稳定的固化体。所生成的固化体空隙小、致密度高，难于被水渗透，抗浸出性好，通常比采用水泥稳定的浸出率低 2 个数量级，且运行费用和处理费用更低。沥青固化处理后随即就能硬化，快速高效。当然，由于沥青的导热性不好，加热蒸发的效率不高，倘若污泥中所含水分较大，蒸发时会有起泡和雾沫夹带现象，容易排出废气引发污染。因此，对于水分含量较大的污泥，在进行沥青稳定之前，要通过分离脱水的方法使水分降到 50%～80%。另外，由于沥青具有可燃性，加热蒸发时应注意避免沥青过热而燃烧。

焦油沥青是木材、煤等加热干馏浓缩后得到的黑色黏稠态至固态产物，如由煤焦油干馏浓缩可加工得到煤焦油沥青。煤焦油的比重大于水，具有一定可溶性和特殊的臭味，可燃并有腐蚀性。煤焦油所含的化学成分多达上万种，主要为苯、甲苯、二甲苯、萘、蒽等芳烃，芳香族含氧化合物（如苯酚等酚类化合物），以及含氮、含硫的杂环化合物等多种有机物。煤焦油加工过程中，经过干馏去除液体馏分以后得到的残余物称之为煤焦油沥青，简称煤沥青。我国生产煤沥青的原料主要为高温焦油，其干馏温度达到1 000℃。煤沥青是煤焦油的主要成分，约占其总量的50%～60%，一般认为煤沥青的主要成分为多环、稠环芳烃及其衍生物，具体化学组成十分复杂，且原煤煤种和加工工艺不同也会导致成分的差异。煤沥青的现行国家标准为GB/T 2290—2012，根据其软化温度分为软化点为65～75℃的软煤沥青，软化点为75～90℃的中温煤沥青和软化点高于90℃的高温煤沥青三类。煤沥青在室温下多呈黑色有光泽的脆性块状物，有臭味，熔融时易燃烧，并产生有毒气体。煤沥青与矿质集料的黏附性较好，但其温度稳定性较低，耐候性较差（冬季脆，夏季易软化）且易氧化老化。和石油沥青相比，煤沥青在质量和耐久性方面均有明显差距，但由煤沥青与石油沥青两者混合后得到的混合沥青性能优于各自单独使用。需要指出的是，煤沥青中含对人体有害成分较多，尤以苯并芘等致癌性多环芳烃居多，2017年世界卫生组织国际癌症研究机构公布的致癌物清单初步整理参考中，煤沥青被列入一类致癌物（对人致癌性证据充分）清单。实际上，很多国家已禁止将煤沥青用于土木建筑工程中。

近些年来受到重视的生物质沥青是一种具有胶凝特性的新型材料，它是生物质原料或地沟油等在高温无氧条件或高压下以特定工艺液化并浓缩后得到的产物。目前生物质沥青的工业化制备技术尚未成熟，其使用性能与石油沥青相比仍存在差距。因此，生物质沥青一般不单独使用，而是作为石油沥青的增量剂、改性剂和再生剂。

8.1.2 沥青产品的类型与应用

沥青作为一种工程材料，根据用途可分为道路沥青、建筑沥青和专用沥青三大类。道路沥青主要用于路面建设和养护，其生产方法因原料而异，对于低蜡的环烷基原油，往往可直接将其减压渣油用作道路沥青，而石蜡基原油，则需要采用溶剂脱沥青等工艺，才能从其减压渣油中制取道路沥青；为了改善某方面的性能，有时还需要进行浅度氧化或者调合。建筑沥青多用于各种建筑结构部件的密封和防水，也用于生产建筑或防潮用的包装纸和油毡等制品。建筑沥青多由减压渣油经氧化加工制成，对这类沥青的要求为硬度大、耐温性好，有良好的黏结性和防水性能，并有较好的抗氧化性和抗热老化能力，以保证能够较长时间使用而不致因老化变脆而开裂。专用沥青指用于绝缘、油漆、管道防腐等专门用途的沥青，其品种非常多。本教材中所述沥青为道路沥青。

根据常温时的物态和稠度，可将石油沥青产品分为黏稠态和液态两种物态。液体沥青和黏稠沥青的划分，多数国家都是以针入度300(0.1 mm)为界限，少数国家以针入度500(0.1 mm)为界限。黏稠态沥青即通常所说的石油沥青及其改性沥青，是沥青产品中最为常用的胶结料，它们在常温下为固态或半固态，在不加热时很难作为胶凝材料使用。为克服黏稠沥青需加热使用的特性，人们发展了液体沥青产品，包括稀释沥青和乳化沥青两类。稀释沥青（cutback）主要是利用稀释剂将黏稠沥青溶解稀释而得到的沥青，乳化沥青（emulsified bitumen）则是将加热至合适温度的黏稠沥青与含表面活性剂及相关助剂的水溶液通过高速剪切的胶体磨制备得到的沥青乳液。液体沥青在常温下呈液态或乳液态，黏度较低，可以不加热或仅需稍微加热即可使用，因此使用十分便利。但是，采用液体沥青所制备的混合料，无论力学性能还是耐久性均与黏稠沥青在加热状态下制备的沥青混合料有较大差距。

沥青类型和等级的选用取决于工程结构类型和所在区域的气候条件，表 8-1 总结了沥青在道路工程中的常用场合。黏稠沥青通常用于生产热拌沥青混合料 HMA（hot mix asphalt）。HMA 可用于公路与市政道路、桥梁、机场、港口码头、停车场及公园的铺面工程结构、铁道工程的道床或基层、水利大坝的防渗心墙等，也可用作为沥青路面和水泥路面的修补和修复。液体沥青多用于路面结构的功能层，如黏层、透层、封层，在路面养护工程中的使用面则更广，可用于雾封层、密封层、薄层罩面和微表处，以及路面再生等。液体沥青可与集料直接混合以生产冷拌沥青混合料，冷拌沥青混合料通常用于应急性快速修补，以及 HMA 难以获得时的基础和底座稳定，也可用作低等级道路的铺面。

表 8-1　沥青在路面工程中的应用

类型	基本描述	典型应用场景
热拌沥青混合料	黏稠沥青与精心设计级配的矿料	路面面层、基层，铁路道床、桥面铺装
冷拌沥青混合料	集料与稀释沥青/乳化沥青的混合	修补，低等级路面，沥青稳定基层
冷再生沥青混合料	乳化沥青、再生剂与 RAP 及部分新矿料	应急性快速修补、低等级道路的铺面
雾封层	在路表喷洒稀释沥青、乳化沥青等	现有路面防水密封
透层	基面喷洒液体沥青实现防水渗透和稳定	柔性路面建设
粘结层	沥青混凝土之间喷涂乳化沥青或热沥青	面层与基层或桥面之间
碎石封层	在摊铺或洒布的碎石层上喷布乳化沥青	新建路面功能层，低等级公路路面
稀浆封层	乳化沥青与细骨料和水的混合物	低等级公路的路面重铺
微表处	阳离子慢裂乳化沥青、细骨料、填料、水和添加剂的混合物	路表功能性恢复、防水密封，车辙修复
养护膜	慢凝乳化沥青	水泥混凝土的养护

1. 黏稠沥青

黏稠沥青指常温下呈现半固态至固态的石油沥青与改性沥青，美式英语中用 asphalt cement 表示。石油沥青简称沥青，是指由原油经蒸馏分馏后得到的渣油直接炼制的符合标准的直馏沥青或调和沥青，以及从减压渣油经溶剂脱沥青或氧化后得到的氧化沥青。为了改善沥青或沥青混合料的性能，可在沥青中掺入天然沥青、塑料、橡胶、树脂或其他填料等外掺剂，并通过物理或化学方法使之均匀、稳定地混合分散，所得到的混合产物即为改性沥青。为了与改性沥青相区别，工程技术人员也常常将改性前的石油沥青称为基质沥青。

优良的防水性与热塑特性使得沥青的使用场合非常广泛。当温度升高至软化点以上约 100℃时，黏稠沥青变为黏性流体，可与集料等混合和摊铺压实；而冷却后即变为具有较强耐久性和疏水性的固态物。温度对沥青影响很大，在低温下沥青变硬变脆，在高温下变软。在双对数坐标下，一定温度范围内，沥青的黏度与温度呈线性关系，如图 8-2 所示，沥青的温度敏感性可用该直线的斜率绝对值表示，直线越陡，表明沥青的温度敏感性越高。基质沥青的温度敏感性与其化学组成与结构密切相关，但可使用改性剂来调节其温度敏感性。

对沥青混合料而言，使沥青的黏度处于最佳范围是确保其发挥性能的关键。若沥青的黏度高于最佳范围，则混合料易发生低温开裂，而当沥青的黏度低于最佳范围时，在高温或重载作用下混合料将容易产生流动，这导致结构中易出现永久变形，而混合料内部各组分的重分布也使得混合料的抗裂性受到严重影响。因此，在具体工程中，应根据工程所在地区的环境气候条件选择合适的沥青，确保在服役环境条件下，沥青的黏度处于最佳范围内，如图8-3所示。一般地，寒冷地区宜使用低温变形能力好的软质沥青，炎热地区使用硬质沥青。对于高等级公路或重载交通路段、机场跑道、夏季高温或高温持续时间长的地区、山区及丘陵地区的上坡路段，以及交叉路口、公交站台、服务区、停车场等汽车会频繁起步与制动的路段，宜采用常温与高温黏度均较大的沥青；而冬季寒冷的地区、交通量小的公路宜选用常温黏度适中低温黏度大的沥青。当然，对于多数应用场合，当对沥青的高温和低温要求出现矛盾时，应优先考虑满足高温性能的要求。

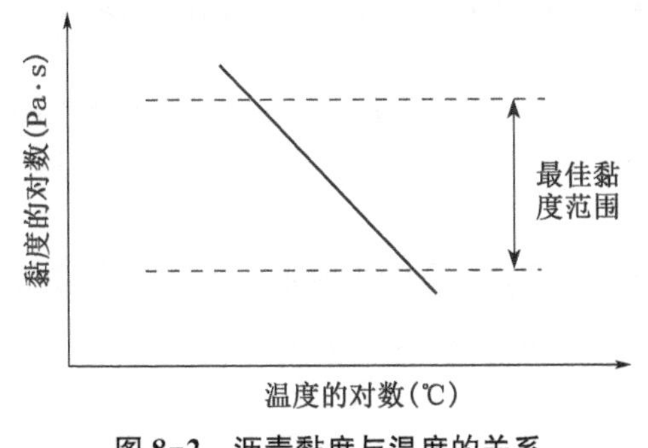

图8-2　沥青黏度与温度的关系

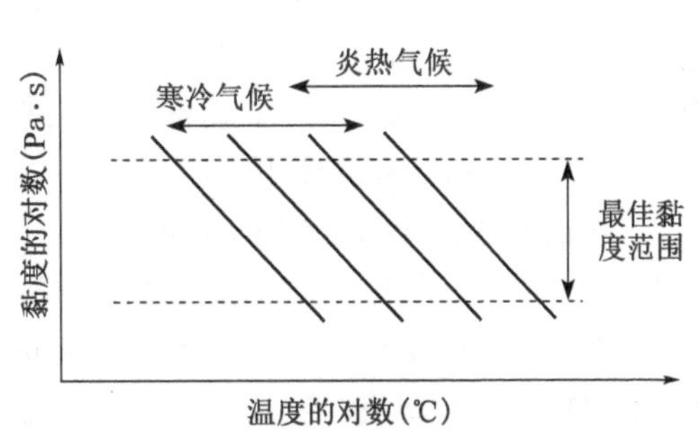

图8-3　根据气候选择沥青等级示意图

2. 稀释沥青

稀释沥青多指用低分子量的烃类溶剂将黏稠沥青稀释得到的沥青产品，也称溶剂沥青，美式英语中用 asphalt cutback 表示。稀释沥青在常温时的黏度低，流动性好，在使用时无需加热，因此特别适用于透层、粘层，以及无加热条件的沥青混合料工程应用。

稀释沥青在使用过程中，溶剂会挥发，沥青分子会逐渐絮结成膜，此过程称为稀释沥青的凝结。根据凝结速度的快慢，稀释沥青可分为快凝（RC，rapid curing）、中凝（MC，medium curing）与慢凝（SC，slow curing）型三类。稀释沥青的凝结速度和所用稀释剂的挥发性与沸点有关。快凝型稀释沥青通过将稠度较大的沥青溶解在高挥发性、沸点在170℃以下的碳氢化合物如汽油中制备，它最短可在5～10 min内完成凝结。中凝型稀释沥青使用中等稠度的沥青和较不易挥发的中沸点（170～300℃）碳氢化合物如煤油等制备，其凝结一般需要几天。慢凝型稀释沥青可能是天然的，或者含有重质油的残留液体，以及由重质油稀释黏度较低的沥青制备，它可能需要长达几个月才能完成凝结。由原油蒸馏直接获得的残留沥青与裂解沥青相当于慢凝稀释沥青，在多数情况下，它们需经过特殊工艺加工后方可使用。快凝稀释沥青多用于黏层/透层油洒布、碎石封层或微表处；中凝与慢凝稀释沥青则用于拌制沥青混合料。除了凝结速度差别外，ASTM根据60℃的运动黏度（mm^2/s）对稀释沥青进行分级，将其分为30、70、250、800和3 000五个等级，数值越大表示黏度越高，具体规格可参ASTM D2026、D2027和D2028。因此，在欧美国家，稀释沥青由字母（RC、MC或

SC)指定类型,后面的数字表示其等级。例如,MC-800是运动黏度等级为800 mm^2/s的中凝型稀释沥青。稀释沥青的溶剂主要包括汽油、柴油、煤油等较低分子量的烃类溶剂,不同种类溶剂的性能各不相同。通过改变溶剂类型及其与基质沥青比例可生产出不同等级的稀释沥青。

在过去的公路建设中,稀释沥青因其便利性使用较广。但随着原油成本的升高,使用昂贵的烃类溶剂不再具有成本优势,而在使用时稀释沥青中烃类溶剂的挥发会导致一定的空气污染并可能引发火灾等安全隐患,这些都限制了稀释沥青的使用,实际上很多国家已禁止使用稀释沥青。由于溶剂具有挥发性,稀释沥青属于易燃易爆的危险材料,在制作、贮存、运输和使用的全过程均必须通风良好,并有专人负责;为了确保安全,制作稀释沥青时基质沥青的加热温度严禁超过140℃,稀释沥青的贮存温度不得超过50℃。

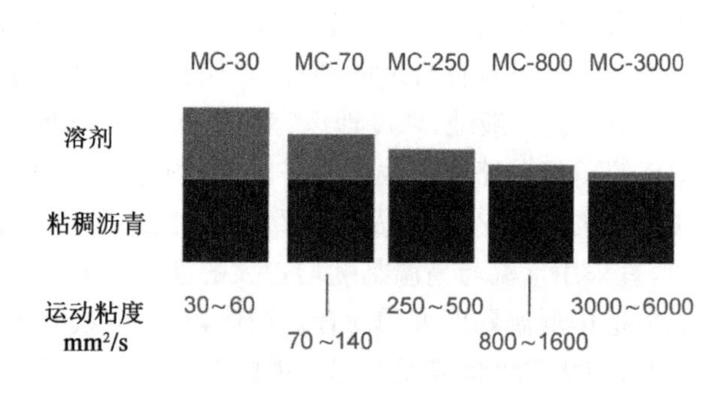

图8-4 溶剂沥青的性能等级(以中凝稀释沥青为例)

3. 乳化沥青(emusified bitumen)

用溶剂溶解沥青的替代方法就是将沥青分散在水中,如图8-5所示。沥青经高速机械剪切作用被切割成微米级的小颗粒,在一定时间内可稳定地分散在含有乳化剂的水溶液中,形成水包油(O/W)型或油包水(W/O)型乳状液。

通常所指的乳化沥青是水包油(O/W)型乳化沥青,由约50%～70%的沥青、30%～50%的水,以及乳化剂和稳定剂等助剂组成。乳化剂的类型较多,包括无机胶体和有机表面活性剂等,基本上都是表面活性材料。通常含有机表面活性剂的乳化沥青多呈乳液态,而以无机胶体为乳化剂的乳化沥青则呈膏状体,也称为厚质乳化沥青,道路工程中的乳化沥青以乳液态为主。乳化剂分子具有典型的双亲结构,头部为带静电荷的亲水基,尾部为亲油基,与沥青的亲和力强。因带电性不同,乳化沥青可分为阳离子乳化沥青、阴离子乳化沥青、非离子乳化沥青、两性离子乳化沥青。阴离子型乳化剂的原料易得,来源广泛,是乳化沥青出现后最初40 a内广泛应用的乳化剂类型,常用的阴离子型乳化剂有羧酸盐(R-COONa)、硫酸酯盐($R-OSO_3Na$)、磺酸盐($R-SO_3Na$),磷酸酯盐($R-OPO_3Na$)等,造纸废液中因含有大量木质素磺酸(红液)或碱木素(黑液),经简单处理和化学改性后亦可用作为乳化剂。阴离子乳化沥青能较好地包裹中性骨料,如硅石、砂岩、石英石,但由于其中的沥青微滴带负电荷,与潮湿状态下普遍带负电荷的石料接触后,因同性相斥,沥青微滴不能尽快、牢固地附着在矿料表面,这影响其路用性能。阳离子型乳化剂是目前生产乳化沥青广泛应

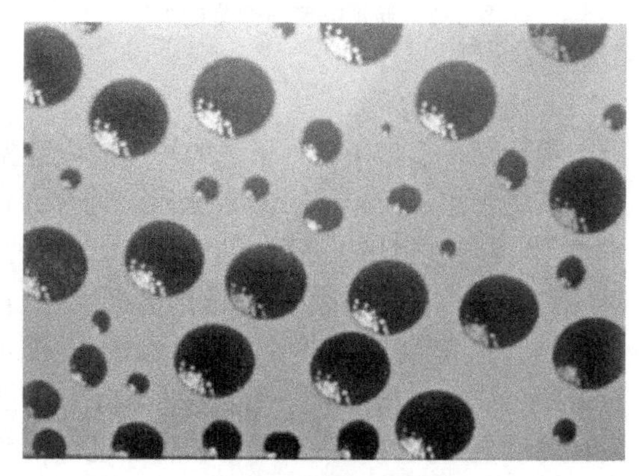
图8-5 水介质中的乳化沥青颗粒放大图

用的乳化剂类型,主要类型有脂肪胺和季铵盐等,其亲油基大多数是由直链烷基、环烷基或烷基苯基组成,亲水基多数由胺基构成。与阴离子乳化沥青相比,阳离子乳化沥青可显著增加与矿料表面的黏附力,与各种矿料的裹覆性均较好,且稳定性较好。非离子型乳化剂以脂肪酸的酯类、醚和醇等为主,在水中不分解或电离,且不受水的硬度和 pH 值影响,其稳定性高,但相应乳化沥青的破乳速度极为缓慢,且与石料的结合力较弱。因此,非离子型乳化剂一般不单独用于制备乳化沥青,而是作为助剂与其他乳化剂配合使用,达到控制破乳速度、改善稀浆混合料的和易性等目的。两性离子型乳化剂有如黏土、天然膨润土和动物胶等,实际用得极少。

将沥青微滴引入有乳化剂的水溶液中时,乳化剂的尾部将附着在沥青上,头基的电荷会引起沥青微滴之间相互排斥,从而使它们在水中保持分离。由于沥青的密度与水非常接近,因此沥青微滴不易浮起或下沉。当沥青乳液与集料混合或洒布在材料表面时,随着水分的蒸发和被部分吸收,沥青微滴将聚结并逐渐形成沥青膜。沥青微滴与水之间的分离现象称为破乳。破乳过程通常包括:(a)沉淀或乳化,当液滴密度大于水相的密度时出现沉淀,反之则进行乳化;(b)沥青微滴的颗粒絮凝;(c)絮凝颗粒聚结成膜。乳化沥青的破乳时间取决于乳化剂的类型与乳化剂浓度,相应地乳化沥青分为快裂(RS, rapid-setting)、中裂(MS, medium-setting)和慢裂型(SS, slow-setting)乳化沥青。快裂型乳液在 5～10 min 内固化,中裂乳液固化时间在几个小时左右,慢裂乳液往往需要几个月才可固化。在道路工程中,快裂型乳化沥青主要用于贯入式路面、表面处治,或作为黏层油用;中裂型乳化沥青用于拌和沥青混合料;慢裂型乳化沥青多用于透层油、稀浆封层。

我国公路沥青路面施工技术规范(JTG F40)根据乳化沥青的用途、乳液所带电荷和破乳速度对乳化沥青进行分类,具体如表 8-2 所示。如喷洒用 P 指代,拌和用 B 指代,电荷特性分别以 C、A、N 指代阳离子、阴离子型和非离子型,最后的数字表示其破乳速度的快慢,1 表示为拌和和封层用,2 为透层油或基层封水养护用,3 为黏层用。

表 8-2 JTG F40 中乳化沥青品种及其适用范围

类型	品种代号	适用范围
阳离子乳化沥青	PC-1	表面处治、贯入式路面、下封层
	PC-2	透层油、半刚性基层养生用
	PC-3	黏层油
	BC-1	稀浆封层、冷拌沥青混合料
阴离子乳化沥青	PA-1	表面处治、贯入式路面、下封层
	PA-2	透层油、半刚性基层养生用
	PA-3	黏层油
	BA-1	稀浆封层、冷拌沥青混合料
非离子乳化沥青	PN-2	透层油
	BN-1	与水泥稳定集料同时使用(基层路拌或再生)

在 ASTM 和欧洲标准中,阴离子乳化沥青分别用字母 RS, MS 或 SS 指代,阳离子乳化

剂，则其名称之前需要加上一个字母 C，例如，阳离子快裂乳化沥青被标记为 CRS。在字母后面用带短横线的数字 1 或 2 来表示乳液的黏度大小，1 代表可正常流动，2 代表缓慢流动。表 8-3 为 ASTM D244 沥青乳液等级和类型，其详细性能规范请参见 ASTM D977。

表 8-3　ASTM D244 中乳化沥青的等级

电荷	等级	破乳速度	25℃乳液黏度(mPa.s)	残留物针入度(10^{-1}mm)
阴离子	RS-1	快凝	20～100	100～200
	RS-2	快凝	75～400(50℃)	100～200
	MS-1	中凝	20～100	100～200
	MS-2	中凝	⩾100	100～200
	MS-2h	中凝	⩾100	60～100
	SS-1	慢凝	20～100	100～200
	SS-1h	慢凝	20～100	60～100
阳离子	CRS-1	快凝	20～100	100～250
	CRS-2	快凝	100～400	100～250
	CMS-2	中凝	50～450	100～250
	CMS-2h	中凝	50～450	60～100
	CSS-1	慢凝	20～100	100～250
	CSS-1h	慢凝	20～100	60～100

乳化沥青使用时一般无需加热，可以直接与集料拌和，或直接涂布于物体表面，其施工方便，可节约能源、减少污染，同时也减少了沥青的受热次数。因为可以冷施工，乳化沥青对施工环境和施工机具的要求更低，可施工季节更广。基于上述优点，除了广泛地应用在道路工程外，乳化沥青还被广泛应用于建筑防水、金属材料表面防腐、农业土壤改良及植物养生、铁路道床、沙漠固沙等方面。

8.2　石油沥青的生产、存储与使用

石油沥青是石油工业的副产物，它由原油残渣经适当处理后得到。世界上的原油有 1 500 多种，按关键组分可分为石蜡基、石蜡-中间基、环烷基及环烷-中间基原油，其中适宜直接生产沥青产品的有近 260 种，它们多为环烷基或中间基的原油，以沙特阿拉伯的中质原油、阿拉斯加北坡原油、伊朗、科威特、阿曼等地产出的原油为主。国内主要油田所产原油 70%～80%属于石蜡基原油，仅有的一些含硫或低硫环烷基、中间基原油主要集中在辽河、胜利、新疆和大港油田，其蜡含量也不低。自 20 世纪 80 年代以来，在辽宁、新疆及近海大陆架油田中发现了能够生产优质石油沥青的稠油资源，如辽河油田欢喜岭稠油、新疆克拉玛依稠油、胜利油田单家寺稠油、渤海绥中 36-1 稠油。但其资源有限，难以满足国内

建设需求。

判断原油是否适合于生产沥青的经验方法还有两种。一种是通过原油中的沥青质(A)和胶质(R)的总含量与蜡(W)含量之比(A+R)/W进行判断，一般来说，其比值应大于0.5，否则不适合生产沥青。第二种是根据原油中大于500℃的馏分渣油中H、C原子比值判断，H/C低于1.6时，该渣油不适合生产道路沥青。当然判断一种原油是否适合于生产沥青，不仅涉及实验室对原油进行评价，还涉及沥青的生产工艺，只有结合生产实际，才能够完全搞清楚该原油生产沥青的可能性。

8.2.1 石油沥青的生产方法

石油沥青由原油蒸馏分馏后的剩余残渣加工得到，其产量约为原油质量的2%～4%。石油沥青的生产工艺主要有蒸馏法、溶剂脱沥青法、氧化法、调和法及其组合，如图8-6所示。

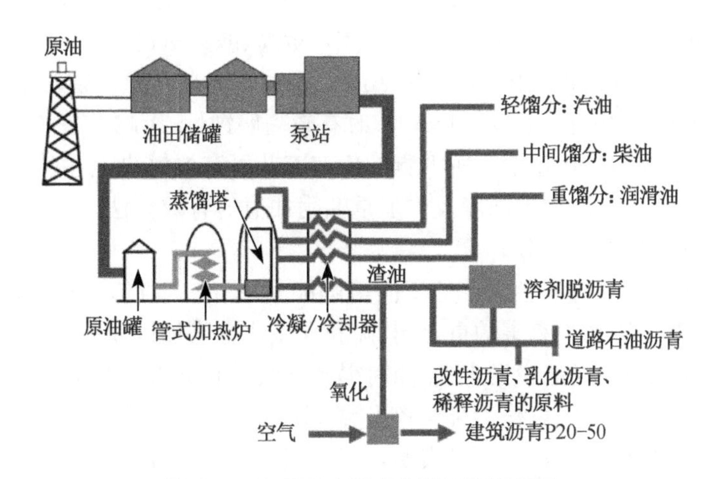

图8-6　生产石油沥青典型工艺流程图

1. 蒸馏法

在炼油厂内采用塔式蒸馏器对原油进行加热汽化、冷凝，可使不同沸点范围的轻质馏分如汽油、煤油、柴油等从分馏塔顶部和侧线分别抽出，而原油中的高沸点组分则得以浓缩在减压塔底部形成渣油。通过调整蒸馏设备的操作参数，可使得常减压装置的渣油符合某种道路沥青规格，该产品称为直馏沥青，否则称之为减压渣油。减压渣油可用作调和沥青或溶剂脱沥青的原料。用蒸馏法直接得到的沥青大部分都用于铺筑道路，它们的加工最简便、生产成本最低，约占沥青总产量的70%～80%。

沥青是原油中沸点最高的组分。蒸馏就是将原油加热，使部分组分汽化后再冷凝而实现的分离过程。要得到分离度好的产品就要采用精馏工艺，这是在蒸馏的基础上，将蒸馏生成的蒸汽抽出后冷凝，再将冷凝液部分或全部送回，迎着上升气流逆向接触的回流过程。通过回流操作可以使上升气流中的高挥发组分进一步富集，从而实现高效分离的目的，与此同时下降液流中低挥发组分的浓度也得到提高。在原油蒸馏中，由于高沸点组分在高于380℃

便会剧烈分解，只有在低于大气压力下进行蒸馏，才能使高沸点组分在低于常压的沸点温度下汽化蒸出。因此，工业生产中最常用的是常压蒸馏和减压蒸馏。

石油沥青多通过减压蒸馏生产，原油的密度越大，减压要求越高。为生产出符合要求的道路沥青，可采用大塔径、三级抽真空、低速转油线、压力降较小的大通量规整填料等方式以实现高真空环境；在操作上根据加工原油的不同性质采用湿式（向减压塔底和炉管注入蒸汽）或干式（不注入蒸汽）的方式，提高减压塔的拔出深度，增加减压油渣的稠度。随着原油重质化、劣质化，深拔工艺易导致裂解汽化，这会破坏沥青质量。另外用蒸馏法生产的沥青，其组成调整困难，这些都是蒸馏法生产沥青的工艺难点。

2. 溶剂脱沥青法

有些原油用减压蒸馏得不到符合针入度要求的沥青产品。例如阿曼原油经减压蒸馏后，其减压渣油的针入度在 300 以上，得不到符合要求的道路沥青；有些原油的蜡含量较高，用蒸馏法直接生产道路沥青时，沥青中的蜡含量亦较高。在这些情况下，选用溶剂脱沥青工艺生产沥青便是合理的选择。此外，随着全球经济的快速发展，社会对轻质油品、清洁燃料油的需求快速增长；而随着原油开采量的增加，原油品质越来越差，趋于劣质化、重质化，主要表现为原油密度大、黏度高、重金属含量高、硫含量高、酸含量高、胶质和沥青质含量高、残炭高，这给原油的加工带来较大困难。这些劣质、重质原油在高温蒸馏时易发生裂解，使设备操作不稳定；原油中的硫在温度超过 240℃时有较高腐蚀性，影响设备的使用寿命，易耽误工厂生产，增加生产成本。运用溶剂脱沥青的生产工艺可有效解决上述问题。实际上，溶剂脱沥青工艺是提高减压渣油加工深度及增加重油附加值的有效方法之一。它通过溶剂的作用得到脱沥青油和脱油沥青组分。

溶剂法是利用溶剂对渣油各组分的不同溶解能力，把减压渣油中很难转化的沥青质和稠环化合物，以及对下游加工有害的重金属、硫和含氮化合物加以脱除。通过该工艺从渣油中分离出富含饱和烃与芳烃的脱沥青油，同时得到含胶质和沥青质浓缩物的脱油沥青组分。前者残炭值和重金属含量低，可作为催化裂化或润滑剂生产的原料；后者通过调和、氧化等方法，可以生产各种规格的沥青。研究表明，溶剂法脱蜡效果也比较明显。

溶剂脱沥青工艺最早用于生产高黏度的高级润滑剂，逐渐发现还能够生产催化原料和高质量的道路沥青。溶剂脱沥青的关键是选择合适的溶剂。溶剂的选择对产品性能、装置灵活性和经济性有很大影响。目前工业上最合适的渣油脱沥青溶剂是 C3～C5 的轻质烃类，在适应的温度和压力下可脱除渣油中的沥青质，它们的相对分子量越低，选择性越好，但对渣油的溶解能力越差。我国常采用的溶剂是丙烷和丁烷，少数采用戊烷。丙烷多用于制取润滑剂原料，但由于溶剂的溶解能力和操作条件的限制，丙烷脱沥青软化点不高、针入度偏大，难以达到道路沥青规格要求；丁烷或戊烷多用于生产催化原料，既提高了抽出油收率，也提高了沥青的软化点。

实践证明，几乎所有原油的残渣都可以通过溶剂抽提或者溶剂抽提与氧化、调和相结合的方式，生产出各种牌号的道路沥青。改变溶剂抽提过程中的剂油比、温度、溶剂组成等参数，可以调节抽提深度。不同的抽提深度所得到的沥青和沥青调和料性质有较大差别。剂油比不仅影响抽出油的质量和收率，也影响经济性，一般剂油比控制在 4∶1～8∶1。

3. 氧化法

氧化法就是将软化点低、针入度及温度敏感性大的减压渣油或脱油沥青的调和物，在特定温度下通入空气，使之氧化，从而改变其组成，使软化点升高、针入度和温度敏感性降低，以达到沥青规格和使用性能的要求。对软化点要求较高的建筑沥青，或者采用蒸馏工艺较难得到的硬质沥青，以及沥青在感温性、高温稳定性等方面较差时，均可采取氧化工艺生产。

由于渣油组成的复杂性，在高温下吹入热空气时，不仅会发生氧化反应，还包括脱氢和聚合等多种复杂反应。在氧化过程中，空气中的氧与渣油或沥青分子反应，形成了羟基、羧基、羰基和酯类结构等，其中生成酯类的氧元素约占60%，主要副产品是二氧化碳、水和一些轻质烃，另还有碳-氧键和碳-碳键形成。在所提及的官能团中，酯类官能团特别重要，它们连同碳-碳键的直接形成，有助于形成更高分子量的物质，导致沥青质含量增加，饱和烃、芳烃和胶质减少。换句话说，酯类和碳-碳键的直接形成是所需的反应，所有其他反应都是不期望出现的甚至是不良反应。

随着氧化程度的加深，C/H比增大，沥青的氧化反应主要表现为缩合脱氢，与氧分子化合生成水，这并非氧原子加到沥青分子中的反应。在胶体分散体系上，由于作为分散相的沥青质增加，饱和烃和芳烃的减少，使得分散介质的溶解能力不足，而氧化过程使分子聚集成网络结构，使得沥青由溶胶型逐渐向溶胶-凝胶型和凝胶型转化。由于氧化过程中有正碳离子生成，增加了沥青性质的不稳定。同蒸馏工艺一样，氧化沥青的性质对原料的依赖性较强，大量研究表明，虽然氧化沥青性质能够满足指标要求，但其使用性能较差。

沥青氧化是一个复杂的非均相反应体系，氧化程度的主要影响因素是氧化温度、氧化风量和氧化时间。通常以生产建筑沥青的氧化工艺条件作为基准，氧化温度和氧化时间低于它的称为浅度氧化或半氧化，反之称为深度氧化。生产道路沥青时选用较低的氧化温度，以抑制组分过多地转化为沥青质，确保成品具有溶胶-凝胶型结构，提高其耐老化性能。当生产软化点高的沥青时，采用提高氧化温度或延长氧化时间的方法；当生产针入度指数较高或弹塑性较大的沥青时，采用调整原油中组分比例或催化氧化的方法。因此，在氧化温度、时间、风量三个条件中找到最佳平衡点，使产品的针入度满足指标要求的前提下，延度下降最少，针入度比提高更多，是生产优质沥青需重点解决的问题。

4. 调和法

相比于从原油中分馏出的其他组分，沥青是价值较低的工业副产品，对大型炼油厂来说，它不可能为了满足沥青的要求而轻易改变其生产工艺流程。即使是专业的沥青生产厂商，大批量生产沥青时也不可能在生产中频繁改变生产条件。解决此困局的唯一办法就是用调和法生产沥青。所谓调和法是指按沥青质量或胶体结构的要求来调整沥青组分之间的比例，得到满足使用要求的产品。调和法使用的原料组分可以是同一种原油或不同原油加工所得的中间产品，这扩大了原料来源，可增加生产的灵活性。

调和法主要依据沥青中各组分对沥青性质的贡献，按规范的质量标准将不同沥青（甚至组分）重新混合起来。从应用角度，根据沥青的溶解-选择性吸附特性，可将沥青分为饱和分(S)、芳香分(A)、胶质(R)、沥青质(A)四种组分，另一些原油中可能含有蜡。一般认为，沥青质是液态组分的增稠剂，胶质对于改善沥青的延度有显著效果，芳香分对沥青质有很好的胶溶作用，饱和分则是软化剂。各组分对沥青性质的影响如表8-4所示。

表 8-4　各组分对沥青性质的影响

组分	感温性	延度	高温黏度	对沥青质的分散度
饱和分	好	差	低	差
芳香分	好	—	好	好
胶质	差	好	低	好
沥青质	好	较差	高	—
蜡	差	差	低	—

按照胶体结构理论，沥青是由固态的沥青质为核心吸附部分胶质分子形成的大分子胶团，分散在液态的饱和分和芳香分中的胶体物质。沥青的性能与这四种组分的相对比例和胶体结构密切相关。一般认为，当饱和分：芳香分：胶质：沥青质的比例处于8%～15%：30%～55%：25%～45%：1%～10%范围时，沥青的综合性能较好。作为软化剂的饱和分与芳香分中固体烃类含量的增加会对沥青结构和性能产生很大影响。蜡的存在会干扰沥青的胶体结构，改变胶胞的形成。蜡结晶会使沥青的流变性能、黏附性和热稳定性变差，故应予限制。

由于上述SARA组分在生产中基本无法直接得到，因此沥青的调和并不是采用四组分调和。在实际生产中，调和沥青往往是通过软质组分和硬质组分相互调和得到，例如在硬沥青中加入糠醛油、用溶剂法得到的脱油沥青与润滑油精制得到的抽出油调和、用脱油沥青与减压油渣调和、用半氧化沥青与抽出油或渣油调和等，这些都可以获得质量较好的沥青。硬质组分多为经溶剂法工艺得到的脱油沥青、经减压深拔得到的沥青、减压油渣经氧化或半氧化处理得到的沥青。软质组分多为原油的减压渣油和炼油过程的副产物，如加工润滑油时从溶剂精制过程中得到的抽出油，从催化裂化过程中得到的油浆等。采用调和法时，炼油厂通常只需生产针入度值相差较大的软质组分与硬质组分，其他针入度等级的沥青通过调和得到。对于同一原油、同一种方法生产的沥青，调和沥青的针入度的对数是各组分针入度对数的线性函数：

$$\log P = a \log P_A + (1-a) \log P_B \tag{8-1}$$

式中，P 为调和沥青的针入度，P_A、P_B 分别为A、B组分的针入度，a 为调和比，A组分在调和沥青中的质量分数。

不同油源、不同制造方法的沥青，它们在胶体结构上互不相同，调和的规律性较差。因此，实际应用中，四组分的比例只能是调和的初步依据，要想得到性能适合的沥青产品，还需要通过大量实验加以确认。值得一提的是，在旧沥青路面回收再利用过程中，新鲜沥青与老化沥青的融合度是影响旧料性能再生的关键因素之一，其过程与调和法有相似之处，当然影响因素也更多。

8.2.2　石油沥青的储运与使用

1. 沥青的交付、储存和处理温度

正常操作条件下，长时间储存或再加热，石油沥青的性能均不会发生显著改变。然而，因过热等错误操作或使材料反复暴露于易氧化的环境，会对沥青的性质产生不利影响，并可能影响到沥青混合料的长期性能。沥青的老化是与温度、在空气中的暴露时间、沥青的表面积与体积比、加热和循环方法及其持续时间等有关。沥青通常储存于具有较大的高度/直径比的立式圆筒专用储罐中，储罐带保温加热和循环回流装置。在正常存储温度和存储期内，沥青在罐中的老化硬化都不显著。但是，当材料需长时间储存时，应采取降低温度、间歇使用罐内循环等措施，并在使用前对沥青进行测试，以确保其品质符合要求。

沥青应在尽可能低的温度下储存和处理，这些温度根据沥青的温度-黏度曲线确定。液态沥青的混合和转移等正常操作的温度一般可按高于最低泵送温度 10～50℃控制，但不允许超过 230℃的最高安全处理温度。为了防止沥青的老化，沥青在温度已升高的储罐中的滞留时间应尽量短，且储罐内的再循环亦应尽量减少。若沥青必须长期储存，则应确保沥青的温度不高于软化点 20～25℃，如果可能，应停止罐内循环。

当需要对大储罐内的沥青进行再加热时，必须注意缓慢地间歇性加热沥青，以防止产品在加热管或盘管周围局部过热。当沥青可以流动时，宜尽早开启罐内循环装置，以进一步降低局部过热的可能性。

对于聚合物改性沥青和其他改性沥青，因改性剂种类和改性工艺不同，这可能需要针对性地设计储存方式和储存、泵送温度。另外，几乎所有的改性沥青均应考虑储存期间发生分层离析的风险。

热沥青取样时应注意安全，因为溢出物和材料飞溅可能导致灼伤或烫伤。因此，取样时必须穿戴适当的防护服。采样区域应光线充足，并有安全出入口。取样时尽量从储罐中部取样，确保样品的代表性。对于存储时间较长或经历反复高温加热的改性沥青，宜采取分层取样的方式，掌握储罐内沥青是否产生离析。

超过 50%的沥青相关事故均发生在沥青交付期间。严格按照操作规范作业，可有效预防和减少事故的发生频率。

2. 防水与防火管理

在非受控条件下，确保水与热沥青隔离至关重要。因为沥青具有优良的起泡性，水与温度较高的热沥青一接触即汽化，在该过程中体积膨胀最大可达 1 673 倍，这会导致喷溅、起泡，甚至使热沥青沸腾，当然这与水量有关。

沥青燃烧需要很高的温度，其自燃温度约 400℃。尽管沥青存储和使用的温度远低于自燃温度，但偶尔也可能发生火灾。主要原因在于，沥青中的微量硫化氢在低氧含量条件下可与铁质储罐顶部和壁上的铁锈反应，形成自燃性氧化铁。这种材料容易与氧反应，当罐体中的含氧量突然增加时即可能自燃，并引燃罐顶部和壁上的含碳残留物，严重时甚至会导致火灾或引发爆炸。因此，沥青罐中的检修孔应保持关闭，并严格控制进入罐顶的通道。

遵循安全规程可大大降低火灾风险。为防止发生火灾，必须对相关人员进行培训，并配备齐全防火设施。干化学粉末、泡沫汽化液体或惰性气体灭火器，雾化喷嘴软管和蒸汽喷枪适用于扑灭小火灾。任何情况下均不得使用喷水射流的方式，因为这可能会让沥青发泡体积迅速增大从而导致火势蔓延。在罐顶部基本完好的情况下，注入蒸汽或雾可以扑灭罐内部的火苗，但是，这种方法只有经过严格培训的操作人员才可使用。因为水在与热沥青接触时会引起沥青发泡，这可能导致溢出，造成额外的危险。

3. 沥青的健康与安全风险

沥青在服役状态下可视为惰性材料，对人类健康无任何危害。但在需要加热到较高温度的应用场合，如储存、运输与拌和黏稠沥青时，需要注意安全风险防控。着火燃烧是一个即时风险，在处理热沥青时必须遵循安全操作规程并采取防护措施。石油沥青是烃的复杂混合物，没有固定的熔点。沥青烟雾或可见的排放物通常在约 150℃开始产生，之后每增加 10～20℃，所产生的烟雾量就会增加一倍。沥青烟雾主要由少量碳氢化合物和微量硫化氢组成。另外还含有微量多环芳烃化合物 PAC，更确切地说是多环芳烃 PAHs，已知其中一些具有三至七个(通常为四至六个)稠合环的会导致或可能导致人类的癌症。当然，这些致癌物质的浓度极低，如苯丙芘含量约为 0.1～27 ppm，低于烤肉或烤香肠中的含量(50～90 ppm)。根据国内外沥青拌和厂附近的空气监测结果，每 1 000 m^3空气中的苯丙芘含量约为 8～20 g，而天然气发电站的相应水平在 100 g 左右，柴油机的排放水平约为5 000 g，家用燃煤锅炉则更高。与这些场合相比，在沥青拌和厂的苯丙芘气体排放是微不足道的。

在 2017 年世界卫生组织国际癌症研究机构公布的致癌物清单初步整理参考文件中，将以下三种工况职业暴露的致癌物环境分为两类，第一类标记为 2A 组，对人类致癌性证据有限、对实验动物致癌性证据并不充分；第二类标记为 2B 组，对人类致癌性证据不足，对实验动物致癌性证据充分：

(1) 采用氧化沥青进行屋面防水施工，职业暴露于氧化沥青及其排放环境(2A 组)；

(2) 浇注式沥青混合料施工，职业暴露于硬沥青及其排放环境(2B 组)；

(3) 职业暴露于直馏沥青及其排放环境(2B 组)。

因此，石油沥青并非危险物质，但是关于沥青在施工过程中对健康、安全和环境风险的信息，以及如何降低这种潜在风险的措施，材料供应商均应在材料安全数据表(MSDS)中给出。一般地，避免沥青过热以降低烟气排放和注意通风是控制有害物浓度的最有效方法。

石油沥青在加热过程中会产生极微量的硫化氢。硫化氢浓度达到 500 ppm 即能致命，这在封闭的空间如储罐的顶部积聚时需要特别关注。因此，定期检测大型沥青储罐中的硫化氢浓度至关重要。在生产聚合物改性沥青时，常使用硫作为交联剂以增加混合体系的稳定性，硫化氢可能在改性沥青的整个供应链中均会产生，加强硫化氢的管理尤为重要。

关于石油产品的环境影响和碳足迹的研究有很多，其中 Eurobitume(Eurobitume, 2012)编制的沥青生命周期清单报告被广为引用。该报告由专家根据相关国际标准编制，详细介绍了典型的欧洲炼油厂生产沥青的排放和资源使用情况，建议有兴趣的读者查阅。

8.3 石油沥青的组成与结构

石油沥青是由许多高分子碳氢化合物及其非金属衍生物组成的复杂混合物，它们的组成、结构和性质由原油的化学成分和生产加工方法共同决定。对沥青组成结构的研究可按两种技术途径展开，其一为直接对沥青进行化学分析，测定化学元素，通过红外光谱(IR)、核磁共振(NMR)、凝胶渗透色谱(GPC)、紫外(UV)光谱、气相色谱-质谱(GC-MS)等技术分析沥青的官能团结构、平均分子量与分子结构等方面。其二为采用特定的分离方法先将沥青分离为多种组分,然后对各组分进行化学分析,并研究各组分对沥青性质和路用性能的影响。另外,通常还运用差热分析DTA(differential thermal analysis)、差示扫描量热分析DSC(differential scanning calorimetry)研究沥青的热状态变化特别是玻璃化转变温度、热分解性等。化学分析测试中获得的信息有助于了解沥青的性质,但沥青是原油中最复杂的馏分,化学组成并不能反应沥青的物理性质差异,它们与沥青性能的关系难以建立。随着近现代分离技术的发展和应用,石油沥青组成与结构的研究逐渐深入。基于这些研究成果,人们构建了多种微观结构模型,为沥青生产工艺设计和很多性能的预测提供了支撑。

8.3.1 石油沥青的化学组成

石油沥青的主要元素为碳和氢,另有少量硫、氮、氧等杂原子,以及钒、镍和铁等微量金属元素,如表8-5所示。杂原子平均含量约5%,最大可达14%,主要集中于相对分子质量大、无挥发性的胶质和沥青质中。金属元素的分布取决于原油来源,因此它们可用于识别油源。

表8-5 石油沥青元素组成的典型范围

元素	碳	氢	氮	硫	氧	镍	钒
含量单位	%	%	%	%	%	10^{-6}	10^{-6}
含量范围	80.2～88	8.0～11	0～6	0～6	0～1.5	10～139	7～1 590
平均值	82.8	10.2	0.7	3.8	0.7	83	254
元素	铁	锰	钙	镁	钠	H/C	
含量单位	ppm	ppm	ppm	ppm	ppm	H/C	
含量范围	5～147	0.1～3.7	1～335	1～134	6～159	1.42～1.50	
平均值	67	1.1	118	26	63	1.47	

通常认为,沥青的分子基团以这三类结构为主:(1)直链或支链的脂肪族结构、烯烃结构;(2)不饱和环或芳香结构;(3)具有最高氢碳比的饱和环及其支链结构,如图8-7所示,分子内的原子通过强共价键黏合在一起。氮、硫、氧等杂原子和金属元素的含量虽低,但它们影响分子间的相互作用和沥青性质。杂原子的分布在分子中引起不对称的电荷分布或极性。该极性增加了分子间的相互作用和缔合,它们可能在分子的极性部分之间以中等强度的静电力的形式发生,或者通过分子中非极性部分之间的弱力—范德华力发生,可促进形成更大的键合或分子缔合。因此,升高温度或外加应力比分子内共价键更能弱化这些分子间键的影响。氧化会显著改变沥青的分子结构并增加分子的极性,促进分子间的更大缔合,导致更脆的沥青结构。分子间的缔合水平影响沥青对温度变化和对剪切应力变化的敏感性,这正是沥青的温度敏感性与应力敏感性的根源。

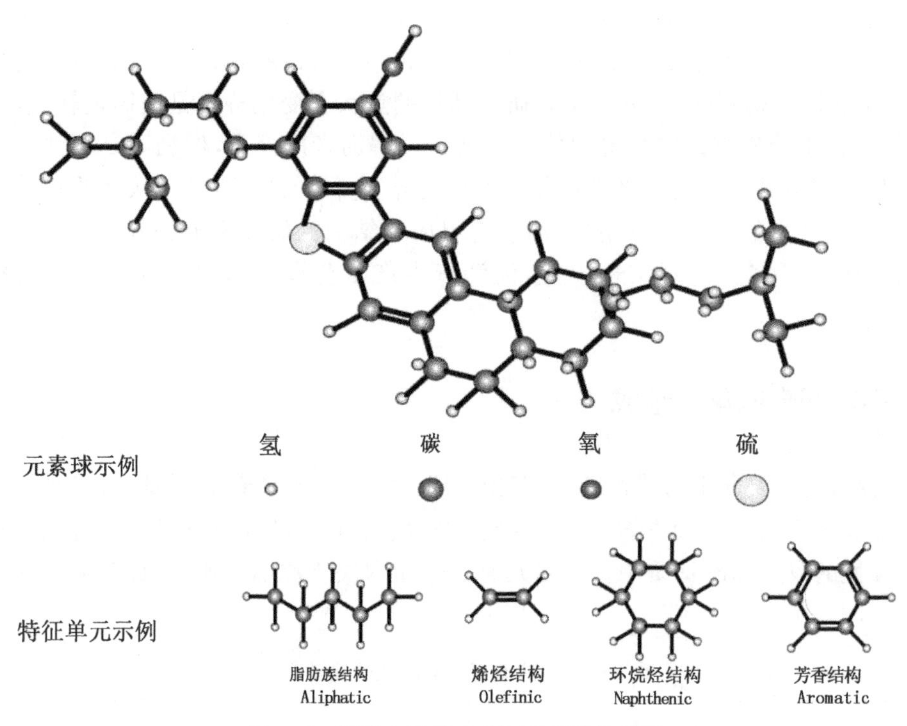

图 8-7　沥青中的基本分子单元结构示例

8.3.2　沥青的分离方法

沥青的化学成分与分子结构极其复杂，对沥青进行完整的化学分析是非常费时费力的。即便能开展此项工作，尝试在化学成分与沥青性质之间建立关联的做法也不具备可操作性和应用价值，因为许多化学元素组成相近的沥青，其性质表现出非常大的差异，而性质相近的沥青，其化学组成也可能存在较大差别。由于沥青化学组成与结构的复杂性，现代分析技术尚不能把沥青分离为纯粹的化合物单体，实际生产与应用中也无没必要。从工程应用角度，多将沥青分离为几个组分进行分析。所谓组分就是运用某种分离技术，将石油沥青分离得到的若干个化学物理性质相近的、且与工程性质密切关系的成分或化合物组。通过寻找各组分与沥青性质的关系，就有可能根据沥青胶结料的技术要求对炼油厂的工艺进行设计，生产出符合预期标准的沥青，并建立其性能预测模型。

分离技术是将混合物分为几种化学成分和物理性质彼此不同的组分的技术。常用的沥青分离技术有基于选择性溶解和选择性吸附的溶解-吸附法、色层分析法、吸附色谱法(adsorption chromatography)、亲和色谱法(affinity chromatography)和凝胶渗透色谱法GPC(gel-permeation chromatography)等多种。不同分离技术所得到组分的性质和数量都会有所不同。因此，沥青中各组分的名称和定义多数是条件性的。

利用正戊烷或正庚烷等作为沉淀剂，可将沥青分为不溶性的沉淀物-沥青质(asphaltene)和可溶的软沥青质(maltene，也称为可溶质)两部分。关于沥青质与软沥青质，国际上尚无统一的分析方法和确切定义。一般认为，原油或沥青中不溶于非极性的小分子正构烷烃而溶于苯的物质称为沥青质，剩余部分为软沥青质。

沥青质是石油和沥青中相对分子质量最大、极性最强的非烃组分。沥青质的沉淀最为简单。由于沥青质不溶于低分子量饱和烷烃，通常可用碳原子数为3～10的直链烷烃作为沉淀沥青质的溶剂，以正戊烷或正庚烷最为常用。沥青质的产出率是沉淀溶剂的函数。随着所用烷烃链长度的增加，烷烃的溶解度参数从丙烷到正癸烷一直增加，因此沥青质的产出率不断降低。使用正庚烷作为溶剂时，不同石油沥青的沥青质的产出质量百分率约为4%～25%。氧化老化沥青的产量更高。除了受沉淀溶剂影响外，沥青质的产出率也与每克沥青的溶剂用量、温度、接触时间以及用于洗涤沉淀沥青质的方法等试验参数相关。沥青质含量提供了关于沥青性质的重要信息。具有高沥青质含量的沥青几乎总是含硫量较高，并且更容易发生氧化硬化。沥青质在常温下为黑色、易碎的固体，是构成沥青黏度的重要组分，但不同沥青的沥青质含量与沥青黏度的直接相关性并不高。沥青质比母体沥青更具芳香性，含有更高浓度的氮、氧和硫。因此，沥青质比母体沥青的极性更强。

可溶质中实际还含有较低分子量的沥青质，以及一系列被称为“油”的烃类化合物，如烯烃、环烷烃和石蜡等。采用溶解-吸附法可将石油沥青分离为沥青质、树脂和油分三个组分，如表8-6所示。对石蜡基或中间基沥青，往往还有可能从油分中分离出石蜡。溶解-吸附法的操作简单，耗时较短。但是，它会消耗大量溶剂，这些废液需要妥善处理。

表8-6 溶解-吸附法得到的常用石油沥青各组分性状

组分	质量含量(%)	外观特性	平均比重	平均分子量(g/mol)	在沥青中的主要作用
油分	45～60	无色至淡黄色液体，可溶于大多数溶剂，不溶于酒精	0.7～1.0	100～500	流动性好，黏度低，温度敏感性大，决定沥青流动性
树脂	15～32	红褐色至黑褐色黏稠半固体，多呈中性，少量呈酸性	1.0～1.1	600～1 000	可塑性好，温度敏感性适中，决定沥青可塑性与黏附性
沥青质	5～30	黑褐色至黑色粉末，加热后不脆化、焦化分解为焦炭	1.1～1.5	1 000～6 000	温度敏感性低，决定沥青黏度与脆性

色谱分析法的原理是把少量的烃类混合料通过充有吸附剂的垂直柱，然后用适当的溶剂使烃从吸附柱中排出。色谱技术可快速获取基于化学类型或分子大小分类的馏分，然后可以通过其他方法研究获得的馏分的性质。在此基础上，人们合理解释了沥青的许多性质。

8.3.3 基于选择性吸附-色谱分离技术的沥青组分及其特性

选择性吸附-色谱分析法最初由L.W.Corbett提出，按沥青中化合物的化学组成结构进行分离，将沥青分为饱和分(saturates)、芳香分(aromatics，环烷芳香分)、胶质或树脂(resins，极性芳香分)和沥青质(asphaltenes)四种组分，也称为SARA法或四组分分析法。SARA与沥青的性能关系更为密切，在世界范围内得到公认，被纳入很多国家规范。

SARA法分离沥青时，首先将沥青试样用正庚烷沉淀，析出沥青质；再将可溶分吸附于氧化铝谱柱上，先用正庚烷冲洗得到饱和分，继而用甲苯冲洗得到芳香分；最后用甲苯-乙醇、甲苯、乙醇冲洗得到胶质。对于含蜡沥青，可将分离得到的饱和分、芳香分以丁酮-苯为脱蜡溶剂，在−20℃下冷却分离固态烃烷，确定含蜡量。石油沥青按四组分分离法的过程、各组分的性状与典型分子结构分别见图8-8、表8-7和图8-9。

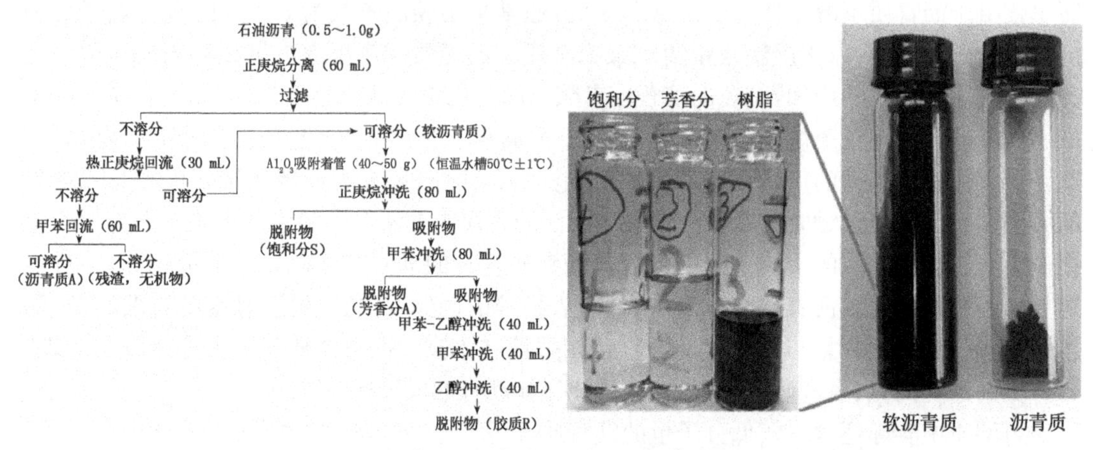

图8-8　石油沥青SARA分析流程示意及某沥青组分照片图

表8-7　某85/100号石油沥青各组分性状(Corbett, 1969)

组分	质量含量(%)	外观特性	平均比重	平均分子量(g/mol)	Hansen溶解度($MPa^{0.5}$)	主要化学结构
饱和分	5～20	无色液体	0.89	650	15～17	烷烃，环烷烃
芳香分	30～45	黄色至红色液体	0.99	725	17～18.5	芳香烃，含S衍生物
胶质	30～45	棕色黏稠液体	1.09	1 150	18.5～20	多环结构，含S、O、N衍生物
沥青质	1～20	深棕色至黑色粉末	1.15	3 500	17.6～21.7	缩合环结构，含S、O、N衍生物

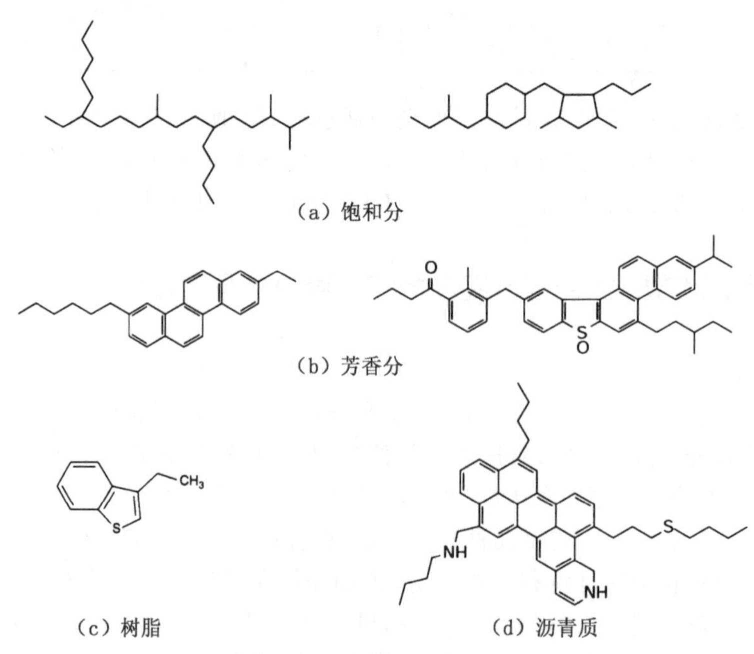

(a) 饱和分

(b) 芳香分

(c) 树脂　　(d) 沥青质

图8-9　SARA分离法得到的各组分典型分子结构片段示意图

1. 沥青质

沥青质是沥青中平均分子量最大的组分,它们的确切性质取决于分离溶剂的类型和溶剂与沥青的体积比。如果使用的溶剂量较少,则可溶质组分中的一部分树脂会吸附在沥青质表面上,从而得到更多的沥青质。尽管沥青质因提取方法而变化,但它们的外观为深棕色至黑色固体,在室温下易碎。沥青质的相对密度大于 1.00,相对分子质量一般都在 1000 g/mol以上。沥青质具有复杂的化学组成,但主要由缩合芳烃组成,包括氮、氧、硫,以及金属元素镍和钒等杂原子的配合物。杂原子的出现和沥青质聚集产生强烈的分散作用,是沥青的稳定性和活性的重要原因,对沥青的黏附和内聚力亦十分有利。沥青质在 X 射线衍射谱图上在 $2\theta \approx 26^{\circ}$ 处有类似于石墨衍射谱图中的尖锐峰存在,这表明沥青质中有类似于石墨的有序排列结构。进一步研究表明,沥青质分子为部分有序的似晶结构,它以稠合芳香环为核心的单元薄片之间由于分子内或分子间芳香环 π 电子运动的重叠而配合形成,如图 8-10 所示。

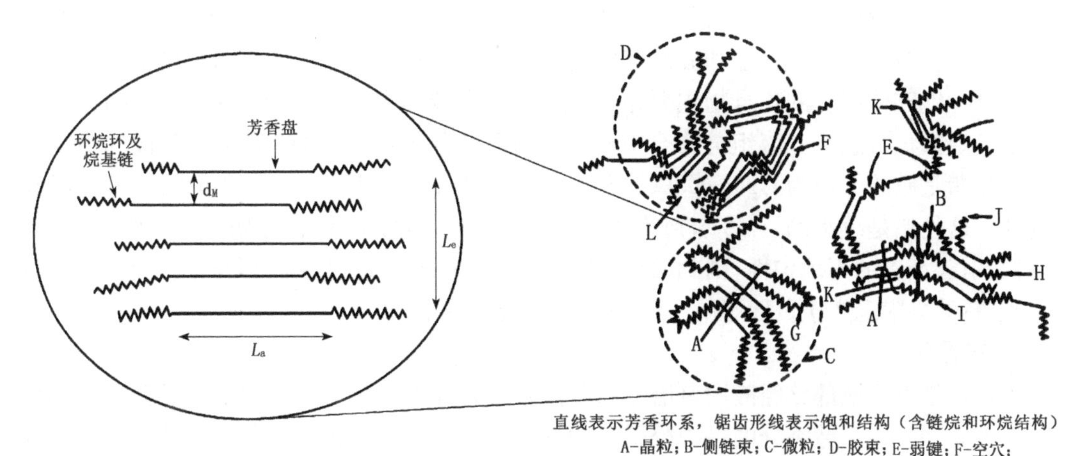

直线表示芳香环系,锯齿形线表示饱和结构(含链烷和环烷结构)
A-晶粒;B-侧链束;C-微粒;D-胶束;E-弱键;F-空穴;
G-分子内堆簇;H-分子间堆簇;I-胶质;J-单片;K-石油卟啉;L-金属

图 8-10 T.F.Yen 提出的沥青质超分子结构模型

似晶结构中芳香盘的平均直径 L_a 约在 0.8～1.5 nm 之间,晶胞高度 L_e 大多在 2.0 nm 左右,似晶微粒中相叠的芳香盘平均层数 Ne 大多在 5～6 之间,层间距略大于石墨,约为 0.36 nm。因此,沥青质在理论上可视为通过硫化物键合的异原子芳族大环结构聚合而成的副产物,显著特征为具有高弯曲柔韧性的囊泡。囊泡是由高浓度的含极性杂原子官能化合物,如高度缩合的可极化芳族环特别是稠合芳族结构与脂肪族部分,以共价键形式键合到该多芳族核心上卷曲形成的。沥青质没有固定的熔点,加热时通常先膨胀,在超过 300℃的温度时分解成气体和焦炭。沥青质正常存放时,在苯溶剂中的溶解度会随时间逐渐下降,在阳光下存放时,被苯溶解的能力会下降得更快,沥青在服役期间的老化、开裂与沥青质的这种老化有密切关系。沥青质具有极强的着色能力,是沥青颜色的来源,彩色沥青的常用制备方式就是脱除其中的沥青质。沥青质对沥青的感温性有积极的影响,它使沥青在高温时仍具有较大黏度,因此沥青质是优质沥青必备的组分之一,而沥青质含量越低的沥青改性难度也越大。

2. 胶质

胶质也称为树脂，是可溶质部分经液固色谱分离出饱和分与芳香分后，再用甲苯-乙醇冲洗所得到的组分。胶质通常为棕褐色黏稠性状的半固体或固体，相对密度接近1.00(0.98～1.08)，相对分子质量大约在500～2 000 g/mol左右，其化学组成和性质介于沥青质和油分之间，但更接近沥青质。胶质的着色能力仅次于沥青质。它能溶于大部分常用的有机溶剂，但不溶于乙醇或其他醇类。

胶质在沥青中占比较大，其分子结构中含有相当多的稠环芳香族和杂原子的化合物，属于沥青中的强极性组分。胶质的最大特点是化学稳定性差。在吸附剂的影响下，在室温或稍稍加热时，胶质即可发生氧化、磺化、加热缩合等反应，部分变为沥青质。胶质是沥青质的扩散剂或胶溶剂，正是由于胶质的强极性，使得它具有很好的黏附力，胶质的存在可使沥青具有良好的塑性和黏附性，并能提高其变形能力、改善沥青的抗裂性。此外胶质对沥青的黏弹性、形成良好的胶体溶液等方面都有重要作用。

3. 饱和分

饱和分是可溶质中最先从液固色谱柱上分离出来的组分，从庚烷的色谱柱解吸得到，在室温下为无色或浅色液体。饱和分的玻璃化转变温度较低，约－70℃，它的黏度低于同温度下芳香分。饱和分所含的化合物主要是含饱和直链与支链的脂肪族有机物，所含的饱和环与单环芳烃数量可忽略。该组分常含0～15%的可结晶蜡质烃，这些分子通常被称为微晶蜡。微晶蜡是碳原子数为C15～C57、含很少支链或无支链的烷烃，以及少量的异链烷烃和环烷烃。这种蜡是疏水的，当冷却到约20～50℃以下时，在沥青中结晶为较大的平板状和针状结构，引起沥青的不均匀性，因此，蜡对沥青的高温性能与低温性能均会产生不利影响，对沥青-集料的黏附也产生负面影响，且会显著降低沥青的内聚力。

4. 芳香分

芳香分是可溶质部分经液固色谱分离出饱和分与芳香分后，再用甲苯冲洗得到的组分，为深棕色黏稠液体。芳香分的平均分子量约570～980 g/mol，是沥青中分子量最低的环烷芳族化合物。芳香分是非极性的，其H/C比约1.4～1.6，由连接到不饱和环系统(芳烃)的非极性碳链组成。芳香分在沥青中含量较高，其玻璃化转变温度约为－20℃。

胶体结构理论认为，沥青是由芳香分与饱和分形成增塑油、分散由胶质包裹着沥青质的大分子胶团而得到的胶体结构。芳香分可通过裂化和环烷烃的氢化、脂肪族化合物的芳构化、以及不饱和分子的脱烷基化等反应得到。这些化合物的烃骨架是轻微脂肪族的，环烷烃氢化脱离轻度稠合的芳香环和非芳香环，环可以封闭硫、氧和氮的杂原子，这赋予链的弱极性。芳香分对许多高分子烃和非烃类有很强的溶解能力。因此，芳香分是胶溶沥青质分子胶团的主要组分，也是优质沥青不可缺少的组成部分。

5. 蜡

蜡是指原油、渣油及沥青在冷冻时，能结晶析出的、熔点在25℃以上的固体部分，其中主要是熔点较高的烃类混合物，常温下以固体形式存在。蜡是一种组成与性质都不固定的物质，测定方法不同，得到的结果也就不相同。石油中的蜡有石蜡和地蜡之分，石蜡通常主要是从高沸点石油馏分(350～550℃或更高)得到的，地蜡是从原油蒸馏所得的浅渣油料经溶剂脱蜡、蜡溶剂脱油和精制而得的微细晶体，因此沥青中的蜡主要是地蜡。蜡对沥青的流变性、低温性能、耐高温性能和沥青与集料的界面性能等均有较大影响。沥青中的蜡主要存在于液体分散相中，当它以溶解状态存在时，会降低分散相的黏度，因为液态蜡的黏度仅为10～30 mPa.s。当蜡以结晶态存在时，则会使沥青的结构具有屈服应力，会使沥青变得更不易变形和流动，增加沥青低温下的脆性。当蜡以松散粒子形式存在时，则类似于沥青中加入了矿粉而使沥青黏度增大。由于蜡对温度敏感，蜡含量增加时，沥青常温下的黏度会增加，而接近蜡的融化温度时，反而会降低其黏度，使得沥青的温度敏感性变大。蜡的结晶网络会促使沥青向凝胶型胶体结构发展，但胶体系统不稳定。因此，含蜡量高的沥青具有明显的触变性。另外，由于蜡的存在，石油沥青与集料的黏附性显著降低。实践证明，沥青中较高的蜡含量会使其针入度降低、软化点升高、低温延度大大减小，用其铺设的路面冬季易开裂、寿命短。因此工程中应严格限制沥青的含蜡量。

8.3.4 石油沥青的胶体结构模型

石油沥青究竟是属于分子层次上均匀分布的真溶液，还是属于胶体分散体系，长期以来存在争议。支持胶体结构的研究者认为，沥青的胶体结构，是以固态超细微粒的沥青质为分散相，通常是若干个沥青质聚集在一起，吸附极性半固态的胶质而形成“胶束”，分散在液态的饱和分和芳香分中。在此分散体系中，胶束的大小从几十纳米至几百纳米，其相对质量由几万到几十万不等。从胶束中心到分散介质，其组成是逐渐变化的，如图 8-11 所示。

组成沥青的四种组分，从沥青质到胶质、芳香分和饱和分，它们的极性是渐变的，并没有明显的分界线。只有当各组分的化学组成和相对含量相匹配时，才能形成稳定的胶体。胶质对于沥青质在体系中的分散是必不可少的，它起着胶溶剂作用，使胶团胶溶、分散于液态的分散介质中，并阻止沥青质分子之间的进一步缔合形成更大的团块而聚沉。胶质含量不足，或者胶质的结构与沥青质存在较大差别、相互作用力不够强，都会影响体系的稳定性。而当分散介质的芳香度不足或黏度过低时，也会破坏分散体系，导致沥青质聚沉。需要指出的是，石油沥青作为胶体分散体系的稳定性是相对的，一旦所处的环境(温度和压力等)发生变化，有其他物质加入，或者与性质不匹配的油料相混合，这种相对稳定状态即有可能被破坏，从而发生相分离现象，出现黏滞的沉积物。使用大量低分子正构烷烃稀释沥青以测定沥青质含量的方法，正是利用了这种性质。该法采用降低分散介质的芳香度与黏度的手段，使胶束中的溶剂化层破坏，从而使沥青质相互缔合成更大的聚集体而沉淀分离为单独的一相。

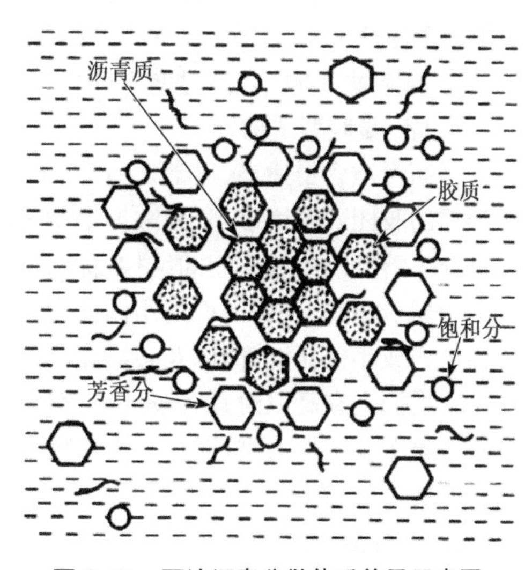

图 8-11 石油沥青分散体系单元示意图

根据胶体理论，沥青中各组分的彼此结合是以沥青质为核心，树脂吸附于其表面逐渐向外扩张，并溶于液态的油分(饱和分与芳香分)中，形成以沥青质为核心的分子胶束，无数胶团通过油分结合成胶体结构。各组分的相对含量不同，可使沥青形成不同的结构形式和物理状态，从而表现为不同的胶体结构。通常可将沥青的胶体结构分为溶胶型、凝胶型和介于两者之间的溶凝胶型，如图 8-12 所示。

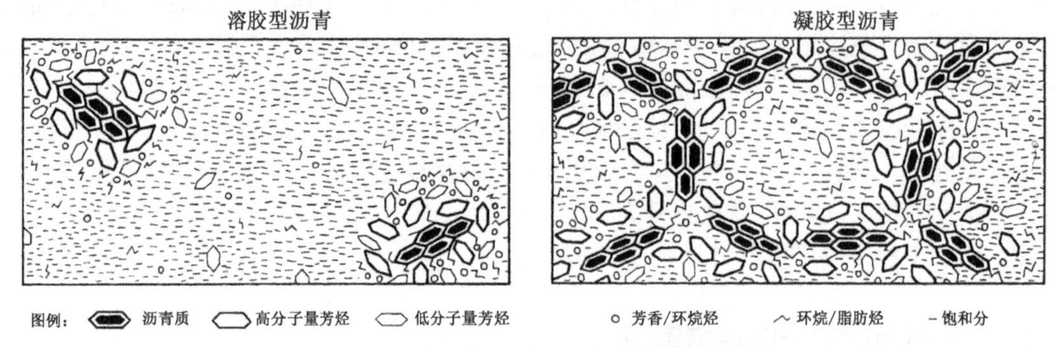

图 8-12 溶胶型与凝胶型沥青胶体结构示意图

1. 溶胶型结构

当沥青中沥青质分子量较低，并且含量很少(通常在 10%以下)，同时有一定数量的芳香度较高的胶质时，胶团能够完全胶溶分散在液态的芳香分和饱合分中。此时胶团相距较远，它们之间相互吸引力极低，胶团因此可在分散介质黏度允许范围内自由运动。这种胶体结构的沥青，称为溶胶型沥青。溶胶型沥青的流动性和塑性较好，开裂后自行愈合能力较强，但温度稳定性较差，温度稍高即会流淌。通常，大部分针入度较大的直馏沥青都属于溶胶型沥青。溶胶型沥青在较高温度下可视为牛顿流体。

2. 溶-凝胶型结构

当沥青质含量适当(通常认为 15%～25%之间)，且有数量较多芳香度较高的胶质时，这样形成的胶团数量增多，胶团浓度增加，胶团距离相对更近，从而形成一定的吸引力。这是一种介乎溶胶与凝胶之间的结构，称为溶-凝胶结构。这种结构的沥青，称为“溶-凝胶型沥青”。修筑现代高等级沥青路用的沥青，都应属于这类胶体结构类型。通常，环烷基稠油的直馏沥青或半氧化沥青，以及按要求组分重新组配的溶剂沥青等，往往能符合这类胶体结构。这类沥青在高温时具有较低的感温性，低温时又具有较好的形变能力。沥青的流动曲线大多属于伪塑性流型，即剪应力与剪变率的比值并非常数，随着剪变率(剪应力)的增大，黏度随之降低。

3. 凝胶型结构

沥青中沥青质含量很高(＞30%)，并有相当数量芳香度高的胶质来形成胶团时，沥青中胶团浓度增加，它们之间相互吸引力很强，使胶团靠得很近，形成空间网络结构。此时，液态的芳香分和饱和分在胶团的网络中成为分散相，连续的胶团成为分散介质。这种胶体结构的沥青，称为凝胶型沥青，这类沥青的弹性大、黏性较高，温度敏感性较小，开裂后自行愈合能力较差，流动性和塑性较低。多数凝胶型的氧化沥青或硬煤沥青均属于宾哈姆流体。某些凝胶型沥青具有触变性，它们在强烈的剪应力作用下，会产生胶体结构改变、黏度减小，甚至变为牛顿型溶胶；当静置一段时间后，它又会恢复为凝胶状态，黏度增加。当然，多蜡沥青一般也具有明显的触变性。

沥青的胶体结构与其工程性能有密切的关系。沥青在使用中的老化变质，究其原因是化学组分发生变化而使其胶体结构变化所致。沥青老化后针入度降低、软化点升高、延度减小,化学组分的主要变化是芳香分缩合成胶质、胶质缩合成沥青质,使得体系沥青质的含量增多。由于分散相的增多和分散介质胶溶能力的减弱,导致沥青的胶体稳定性下降,使用性能变差。胶体结构类型可根据流变学方法和物理化学方法判断,这些方法相对较为复杂,经验表明,通过沥青的针入度指数PI值,可间接推定沥青的胶体结构,PI<−2为溶胶型,PI>2为凝胶型,介于二者之间的为溶凝胶型。

8.3.5 沥青的微结构模型

沥青的结构在很长时间以来一直被视为胶体结构。然而,胶体理论不足以解释沥青的化学物理关系,包括不能解释沥青为何不存在橡胶弹性以及凝胶平台等现象。不少学者主张应采用高分子溶液理论解释沥青的行为。美国战略公路研究计划项目(SHRP, Strategic Highway Research Program)发展了沥青的微结构模型,该模型通过更严格和更基础的分析技术如尺寸排阻SEC和离子交换色谱法IEC等了解SARA组分的相互作用和对沥青性能的贡献,通过核磁共振测定其化学性质,然后确定其结构变化如何改变沥青的流变学行为。沥青的色谱分离证明了组分的不同化学功能,沥青质和分散介质(饱和分和芳香分)是不相容的。根据高分子溶液理论,以沥青质为内核外层包裹胶质的大分子胶团,通过胶体溶液的形成和分子间连续体的溶解来形成稳定的体系,所述分子间力从胶体的核心延伸到溶剂中。研究表明,沥青分子间作用力包括伦敦分散、偶极-偶极或Keesom相互作用、氢键和π-π键,它们对沥青的物理性质很重要。

根据SHRP的成果,石油沥青应视为分子量与分子极性变化非常大的烃分子均匀分布的复杂溶液,这些分子约一半为极性的,一半为中性的。非挥发性极性组分彼此非常靠近,它们通过各种非共价键相互作用,键能分布相对均匀,最大键能约125 kJ/mol。因此,尽管该系统中没有真正的相,但是连接到某些烃上的多个含硫、氮或氧的官能团赋予氢键的酸性或碱性行为,并使极性相反的分子形成偶极键。极性分子因此相互作用,并能通过芳香环的π-π键或通过脂族部分之间的分散相互作用,在非极性脂族部分内形成局部浓度或初级微观结构。在适当的条件下,微结构可能缔合成弱极性-极性键的链和连续的三维网络,如图8-13所示,从而减少了沥青的自由体积。这种三维结构每个分子至少需要两个连接点。这可能是通过官能团的偶极相互作用来实现,但更可能是跨越多功能分子(例如两性分子),即具有高芳香度的分子来实现,除了通过氢键相互作用外,还可通过π-π键缔合。因此,极性分子的芳香特性在微观结构中特别重要。分子中杂原子类型与位置控制着分子极性并影响其平面性,直接影响微结构网络的形成。

图8-13 SHRP提出的沥青微结构模型

分子间的电动力相互作用从根本上定义了沥青的性质。极性组分间的强分散力赋予沥青的弹性和深颜色，而它们与非极性化合物的相互作用则赋予沥青的黏性特性。在特定条件下，这些相互作用推动极性分子簇的形成，它们以离散岛或交联链的形式在非极性部分中溶剂化。当温度升高时，低极性分子的缔合减少，高极性分子解离，材料变得不那么黏稠。降低温度则促进沥青分子间形成更大关联，进而导致更高的流动阻力。极性分量具有矩阵结构，每个基质均包含高极性的芳香结构核(沥青质)，被带有支链的吸附树脂和溶剂包围，如图 8-14 所示。相对非极性的溶剂为可溶质，由游离树脂(未吸附沥青质)和油分组成，油分主要由非极性脂肪族和饱和分子组成。

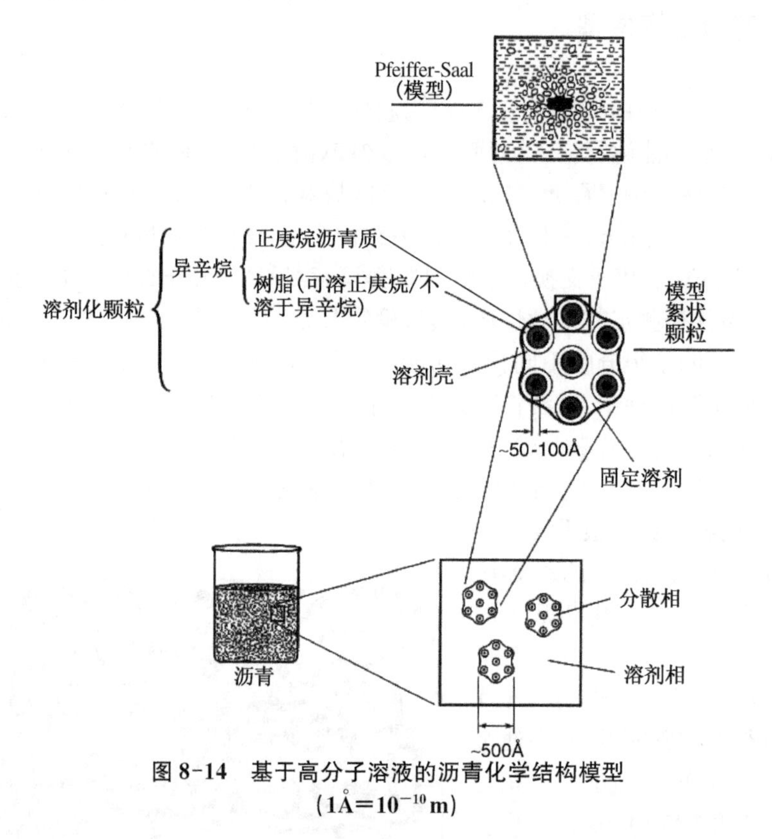

图 8-14　基于高分子溶液的沥青化学结构模型
($1Å=10^{-10}m$)

石油沥青作为高分子溶液的显著特征就是它对电解质具有较大的稳定性，即加入电解质不会破坏高分子溶液。高分子溶液具有可逆性，随沥青质与软沥青质相对含量的变化，高分子溶液呈现稀或稠的特点。较浓的高分子溶液，沥青质含量多，表现为凝胶；较稀的高分子溶液，沥青质含量少，软沥青质含量多，表现为溶胶；介于二者之间的为溶凝胶型结构。沥青质的含量，以及沥青质与软沥青质之间的溶解度参数差，在很大程度上决定了高分子溶液的稳定性。通常，沥青质含量很低、且沥青质与软沥青质之间的溶解度参数差值很小时，即可形成稳定的溶胶；而当沥青质含量增加，且沥青质与软沥青质之间的溶解度参数差值仍较小时，沥青逐渐变为稳定的凝胶；当沥青质含量很高，且沥青质与软沥青质之间的溶解度参数差值又较大时，则形成沉淀型凝胶。高分子溶液理论是一个新的视角，这种理论较好地解释了沥青的黏弹性行为与温度敏感性，目前已初步应用于沥青老化和再生机理的研究。

需要强调的是，理解沥青的化学成分、微观结构和流变性质之间关系的最终目标是指导新型沥青及其改性沥青的研发与设计。目前关于胶体模型和相分离的争论仍普遍存在，沥青微结构模型的有效性也受到质疑。原子力显微镜和环境扫描电镜 ESEM、甚至冷冻电镜等可为深入理解沥青的微观结构提供更为直接的证据。如图 8-15 所示，AFM 能够观察到沥青表面起伏的典型蜂状结构特征，在 ESEM 中，通过射线辐照使沥青中的油分挥发，可观察到极性分子的连续纤维状网络。由于沥青本身为复杂的无定形混合物，而微观观察结果得到的往往并非沥青的整体形态，将这些结果与沥青的微观力学特性相关联仍需要大量的研究和实证。但可以肯定的是，仅仅根据沥青的组分特性而不考虑它们的微观结构是无法全面预测沥青的性质。因此，深入理解沥青的化学组成和微观结构非常重要。

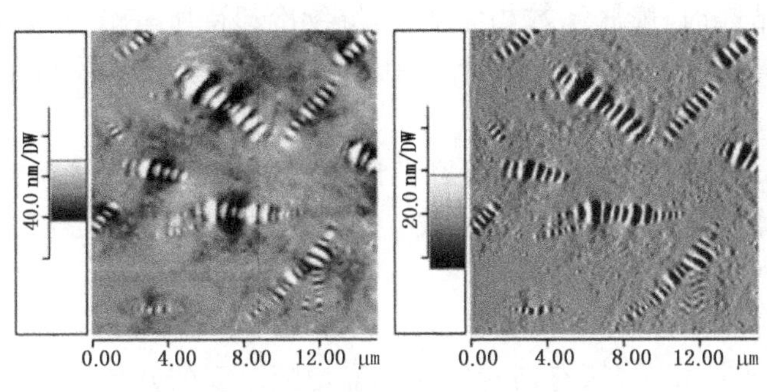

(a) 原子力显微镜视野中某沥青表面的蜂状结

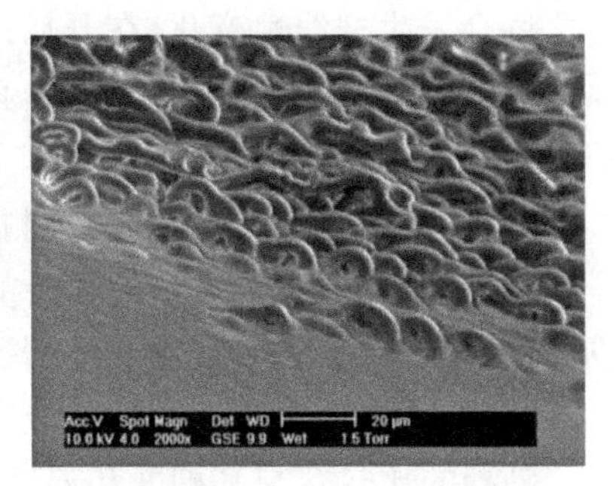

(b) 某沥青经短时辐射后出现纤维网络结构

图 8-15　AFM 与 ESEM 中所观察到的沥青特征结构

8.4　石油沥青的性能与测试方法

8.4.1　沥青的基本物理性质

1. 密度与膨胀系数

密度是沥青的基本物理参数，在进行重量和体积之间换算时，如设计沥青生产装置、沥青贮运和沥青混合料设计时都要用到。沥青的密度一般指在规定温度(15℃)下单位体积沥青的质量。在应用时多采用相对密度。沥青的相对密度约为 0.97～1.03，与化学组成特别是芳香族含量密切相关，通常芳香族成分的含量越高，密度越大。根据 SARA 分析方法，一般认为，沥青质含量越高，沥青密度越大；饱和分、芳香分、蜡的含量越高，沥青密度越小。沥青的密度与四组分含量之间有良好的线性关系，可采用如下经验公式进行近似估计：

$$\rho_{沥青} = (1.06 + 8.5 \times 10^{-4} A_T - 7.2 \times 10^{-4} R - 8.7 \times 10^{-5} A - 1.6 \times 10^{-3} S) \times \rho_{水} \tag{8-2}$$

式中，S、A、R、A_T 分别为饱和分、芳香分、胶质和沥青质的含量，$\rho_{水}$ 为水的密度。

沥青的密度随着含硫量的增加而增大，但目前未发现其显性的定量关系。沥青的密度受温度的影响很大，总体上，随着温度降低，沥青会产生收缩，密度变大。

密度的倒数为比容，即单位质量物质所占有的容积。沥青的比容随温度升高而增大，在沥青贮罐的设计和将沥青用作填缝、密封材料使用时需考虑此参数。比容与沥青的体积膨胀特性密切相关。沥青的体积膨胀系数随品种不同有所变化，一般在 0.000 2～0.000 62 mL/(mL·℃)范围，多数石油沥青的体积膨胀系数通常在 0.005 5～0.000 62 mL/(mL·℃)，体积膨胀系数与沥青的稠度无关。含蜡量较高的沥青，其比容和体积膨胀特性随温度的变化较为复杂，因为结晶状态的蜡和溶解状态的蜡的相对密度相差较大，液态蜡的比容比结晶态蜡的比容大 0.14 mL/g。因此，含蜡沥青的温度-密度曲线在蜡的熔点和结晶点温度之间会发生非线性变化，在开始结晶时，膨胀系数相应增大；继续冷却待所有蜡全部结晶，曲线的斜率又与开始结晶的斜率接近。在实际计算中，蜡的体积膨胀系数可取 6×10^{-4} mL/(mL·℃)。

沥青的体积膨胀系数可通过测定不同温度下的沥青密度计算确定，因体积膨胀系数是线膨胀系数的三次方，由此可计算得到沥青的线膨胀系数。沥青的体积膨胀系数越大，沥青混合料高温泛油、低温收缩开裂的风险就越大。

2. 热物理参数

沥青的比热容与其稠度和温度密切相关，所有沥青的比热容均随温度的升高而线性增大，而随密度的增加而减小。15℃时，沥青的比热容约为 1.6～1.8 J/(g·℃)，温度每升高 1℃，比热容约增加 $1.50\sim2.68\times10^{-3}$。沥青的导热率与比热容和密度成反比，而温度对沥青热导率的影响基本可忽略不计；不同品种的沥青，其热导率一般在 2.08～10.45 W/(g·K)，在使用温度范围内可在 9.0～10.45 取值。晶体蜡的热导率为 13.96 W/(g·K)，当沥青中的蜡结晶时，由于它将形成所谓的开放结构，可认为对沥青的热导率无明显影响。沥青的导热系数在应用温度范围内一般可取 0.52～0.58 kJ/(m·℃·h)，虽然温度对沥青的导热系数有影响，但相对集料的导热系数可忽略这种影响。

3. 介电常数

介电常数是介质作用于电容器时的电容与真空电容的比值。介电常数对用于电器绝缘方面的沥青具有重要意义。TRRL 认为根据沥青的介电常数可间接推定路用沥青的耐候性，而高分子材料则可根据介电常数判别其极性强弱，这为配制聚合物改性沥青判断沥青与聚合物改性剂的相容性提供了衡量标准。软沥青的介电常数小于硬质沥青。随温度的升高，沥青的导电性迅速增大，电阻急剧下降，介电常数增加。多数沥青的介电常数在 2.6～3.0内。通常，介电常数大于 3.6 的高分子材料为极性物质，小于 2.8 的为非极性物质，介于二者之间的为弱极性物质。因此，沥青为非极性或弱极性物质。双酚 A 环氧树脂的介电常数为 3.9，因此，环氧树脂与沥青不相容，在配制环氧沥青时，需要采用中间介质的方式解决二者的相容性。

4. 表面张力与亲水性

沥青在常温下的表面张力约为 $20\sim40\times10^{-3}$ N/m，且其表面张力随温度的增加而基本呈线性下降。沥青与水的界面张力约为 $25\sim40\times10^{-3}$ N/m，当向沥青或水中加入如磷酸盐或含有- COOH、- OH 基之类的化合物时，混合体系的界面张力可下降至 5×10^{-3} N/m 左右。

石油沥青是憎水性材料，几乎完全不溶于水，且本身构造致密，具有良好的防水性。

8.4.2 沥青的黏滞性

黏滞性也称为黏稠度，是衡量沥青在外力作用下，抵抗变形的能力。沥青的黏滞性与油源特性、加工方法和化学组分密切相关，不同沥青的黏滞性变化范围很大。沥青在常温下呈黏稠状态，无论哪种沥青，其黏稠度均随温度的增加而呈现非线性下降，温度升高时沥青会逐渐软化甚至自由流淌，温度降低则逐渐变硬变脆。沥青的黏滞性通常可采用绝对指标或相对指标来表示，而通过测定不同温度条件下的技术指标可评价沥青的温度敏感性。

1. 沥青的黏度

沥青的黏度反映了沥青抵抗剪切变形的能力。流体黏度的经典定义就是使单位面积的流体产生单位剪应变率时所需要施加的剪应力，如式(8-3)所示。

$$\eta = \frac{\tau}{\dot{\gamma}} = \frac{F/A_s}{du/dy} = \frac{F/A_s}{v/h} \tag{8-3}$$

沥青的黏度指标包括动力黏度 η 与运动黏度 μ，动力黏度可理解为：当两个液体层的面积各为 1 cm^2，相距 1 cm，相对移动速度为 1 cm/s，此时液体所产生阻力的达因数。因此，动力黏度的单位为达因・秒/平方厘米，通常称为 Pa・s。运动黏度是动力黏度与同温度、同压力下流体的密度之比。动力黏度与运动黏度一般可采用真空毛细管黏度计来测定，毛细管径一般分 0.125、0.25、0.50、1.00、2.00 mm 五种规格，管径越细，所适应的黏度越小。一定体积的液体通过毛细管时所需要的时间为 t，将时间乘以毛细管常数即可得到运动黏度。对于 60℃或 135℃的运动黏度，通常取用逆流式毛细管黏度计测定，常用的黏度计为坎-芬式黏度计(Cannon-Fenske viscometer)，可测量范围为 30～100 000 mPa・s。

沥青在自重或外加压力下流过毛细管，其流速取决于黏度的大小，这就是毛细管测量沥青黏度的原理。对于长度为 L、半径为 r 的毛细管，两端压差为 P 时，流经毛细管的沥青体积为 V，所用时间为 t 时，沥青在毛细管内流动时的体积速度 V/t，相当于剪切速率；液体在毛细管内流动的驱动力为 P，相当于剪应力，记重力加速度为 g，沥青的密度为 ρ，根据 Poiseuille 方程，

$$\frac{V}{t} = \frac{\pi r^4 P\rho g}{8l\eta} \tag{8-4}$$

从而可得到动力黏度 η 与运动黏度 μ 的表达式，

$$\eta = \frac{\pi r^4 Pg}{8lV} t = C \cdot \rho t$$

$$\mu = \frac{\eta}{\rho} = \frac{\pi r^4 Pg}{8lV} t = C \cdot t \tag{8-5}$$

式中，C 为毛细管常数，$C = \frac{\pi r^4 Pg}{8lV}$。

根据 Poiseuille 方程，流体流过的体积与压力成正比。若以 V/t 和 P 为坐标作图，就得到剪切速率和剪应力的关系曲线，称为流动曲线。对于牛顿流体，流动曲线为通过原点的直线，黏度就是曲线与横轴 P 之间的夹角的余切，它为恒定数据与 P 的大小无关。

毛细管黏度计单次试验可得到的数据量少，试验过程复杂，试管清洗困难，一定管径的黏度计所适用的黏度范围相对较窄。为克服上述缺点，实际工程中常采用旋转黏度计(图 8-16)测试沥青的动力黏度。旋转黏度计适用范围宽，测量方便，易得到大量数据，被广泛用于沥青等非牛顿流体的表观黏度测量中。在道路工程中，通常所采取的旋转黏度计为同心圆筒式旋转黏度计，纺锤形轴浸没在恒定温度试样中，并以一定速度旋转，通过测定转轴的扭矩和转角来计算沥青的黏度。记同心圆筒式的固定半径为 R，内筒旋转半径为 r，长度为 l，旋转角速度为 ω，内筒上面的联接弹簧可以测定因旋转而产生的力矩 M，设剪应力为 τ，剪切速率为 $\dot{\gamma}$，根据 Couette-Margules 公式可得到沥青的动力黏度

图 8-16　毛细管黏度计与旋转式黏度计

$$\eta=\frac{\tau}{\dot{\gamma}}=\frac{M/2\pi l\, r^2}{\widetilde{\omega}\, R^2/R^2-r^2}=\frac{R^2-r^2}{2\pi l\, R^2 r^2}\cdot\frac{M}{\widetilde{\omega}} \tag{8-6}$$

对于非牛顿流体，其黏度不是一个常数，而是随着剪切速率的变化而改变。大多数沥青均为伪塑性流体，其黏度随剪切速率的增加而减少，也即出现剪切变稀现象，如图 8-17 所示，在剪应力或剪切速率极低时黏度接近常数(第一牛顿流区域)，在剪应力或剪切速率非常高的情况下黏度亦接近常数(第二牛顿流区域)，但其值很低。部分沥青可能呈现出胀塑性流体行为，也即其黏度随剪切速率的增加而变大；含蜡量较高的凝胶型沥青则表现出宾汉流动的行为。对于伪塑性和胀塑性流体，常用指数方式处理剪切速率和剪变率的关系。

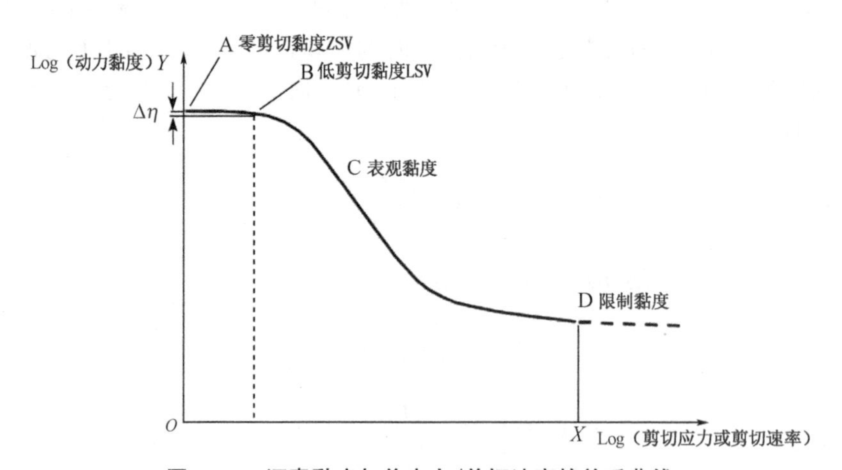

图 8-17　沥青黏度与剪应力/剪切速率的关系曲线

$$\tau=K\left(\frac{\mathrm{d}u}{\mathrm{d}r}\right)^{c} \tag{8-7}$$

式中，c 称为流动指数，对于伪塑性流体，$c<1$，胀塑性流体 $c>1$，当 $c=1$ 时为牛顿流体。

根据黏度的定义，可得到伪塑性流体和胀塑性流体的黏度为：

$$\eta_a = \frac{\tau}{\dot{\gamma}} = \frac{K\left(\frac{du}{dr}\right)^c}{\frac{du}{dr}} = K\left(\frac{du}{dr}\right)^{c-1} \tag{8-8}$$

这样得到的黏度称为表观黏度。从上式可知，沥青的表观黏度不再是一个定值，而是随剪切速率的改变而变化，剪变率越高，黏度越小，也即出现剪切变稀现象(图 8-17)。

沥青的剪切速率与剪应力的关系如前所述，两边取对数后可得，

$$\log\frac{du}{dr} = k + \frac{1}{c}\log\tau \tag{8-9}$$

记 $p=\frac{1}{c}$，它实质为以 $\log\tau$ 与 $\log\frac{du}{dr}$ 为坐标时得到的直径斜率，通常称之为可塑性指数，也是衡量非牛顿流体行为的指标。

由于表观黏度与剪应力或剪切速率相关，而在极低的剪应力或剪切速率下，沥青的黏度基本保持不变，也即零剪切黏度 ZSV(zero shear viscosity)是材料的固有属性。研究表明，ZSV 较好地体现了沥青特别是改性沥青抵抗外力加载时的流变变形能力，可表征沥青在实际服役温度条件下的高温性能。欧盟标准中已采用 ZSV 与低剪切黏度 LSV(low shear viscosity)作为新一代的沥青标准试验方法。它们都可采用旋转黏度计或动态剪切流变仪测定。欧盟规范中的零剪切黏度试验本质上是给定应力条件下的蠕变试验，应力扫描条件见表 8-8。首先测定黏度-剪应力/剪应变的关系曲线，取曲线平台区或剪切速率为 1.0×10^{-2}/s 所对应的黏度为零剪切黏度。低剪切黏度 LSV 则是先将沥青在 0.1 Hz 频率、0.1 应变幅度(有些可能更小)的振荡条件下从高温到低温进行温度扫描，计算等温黏度 EVT1；并在 EVT1 条件下，按照 1 Hz、0.3 Hz、0.1 Hz、0.03 Hz、0.01 Hz、0.003 Hz 进行频率扫描，通过黏度 $\eta-\log f$ 曲线外推得到。

表 8-8　ZSV 沥青应力扫描条件

应力 σ (Pa)	时间 t (min)	累计时间 t^* (min)	黏度 η (Pa・s)
10	100	100	由最后 20 min 计算得到
20	50	150	由最后 10 min 计算得到
50	20	170	由最后 4 min 计算得到
100	10	180	由最后 3 min 计算得到
200	5	185	由最后 1 min 计算得到
500	2	187	由最后 24 s 计算得到
1 000	1	188	由最后 12 s 计算得到

2. 沥青针入度

由于黏稠沥青黏度的测试过程相对复杂，对试验设备的要求较高，工程中多采用针入度评价其相对软硬程度。针入度(penetration)是标准重量和标准形状的锥尖型试针在一定时

间和温度条件下垂直穿入沥青试样的深度(单位为 0.1 mm),如图 8-18 所示。标准试验温度 25℃,试针荷重 100 g,贯入时间 5 s,具体实验步骤可参考 T0604—2011。针入度反映沥青在一定条件下的软硬程度,黏稠度越大的沥青其针入度值越小。针入度试验简便快速,对试验仪器的要求相对简单,因此针入度试验在工程中应用广泛,也是很多国家用于沥青分级的关键指标。对于黏度较低的液体沥青和煤沥青等,很多规范则采用恩氏标准黏度计法测量。恩氏黏度是 200 mL 的沥青通过标准尺寸的短管流入量瓶中所需的时间,以秒表示。

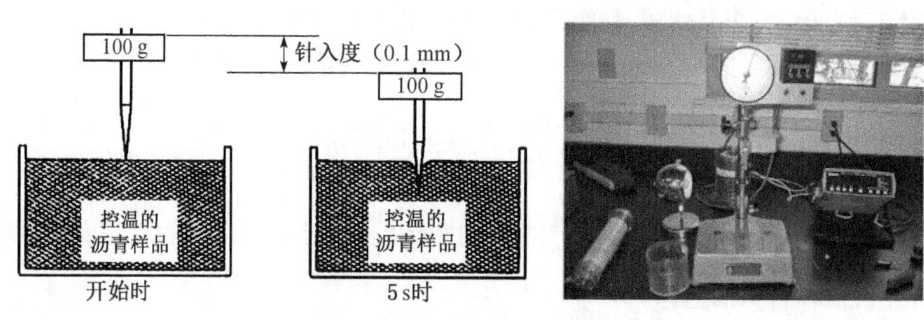

图 8-18　沥青针入度试验

针入度是间接表征沥青黏稠度的指标,它与沥青的黏度之间存在某种关系。早期很多研究者通过试验提出了针入度与黏度的经验公式,如式(8-10)所示 Saal 公式。

$$\eta = AP^{-2.25} \tag{8-10}$$

式中,P 为针入度,单位 0.1 mm,η 为相同温度下的沥青黏度,单位为 mPa·s,A 为经验常数,不同沥青的取值范围约为 $8.52\times10^{6}\sim1.58\times10^{11}$。

需要指出的是,针入度指标仅用于评价沥青的相对软硬程度,它与沥青的实际路用性能并没有直接联系。在同一温度下针入度相同的两种沥青,其黏度可能存在很大差别,这种差别在应用于改性沥青的评价时可能会更大。因此,在工程中,针入度指标及基于针入度分级的体系仅可用于对沥青的分级或经验判断沥青的性能。

8.4.3　沥青的特征转变温度

黏稠沥青在常温下为具有较好黏弹性的半固体或固体,受热后沥青逐渐软化成黏度较低的液体;而将沥青逐渐降温冷却时,沥青则呈现类似弹性甚至脆性。由黏弹态向黏流态转变的温度称为黏流化温度;而当温度降至某一临界温度时,沥青则会变得脆硬,沥青的这种转变与熔融玻璃冷却时的现象类似,故称之为玻璃化转变温度。沥青的特征温度区间就是沥青的黏流化温度与玻璃化温度之差,这两个特征温度是工程中选用沥青的重要指标。

由于沥青为复杂的无定形高分子物质,在加热过程中沥青并没有明显的熔点或状态发生急剧转变,在正常使用温度范围内对沥青不断加热时它将逐渐软化进入熔融状态。因此,为了使所测得的结果可以相互比较,应在固定的、严格条件下测定沥青的黏流化温度。沥青的黏流化温度一般采用如图 8-19 所示的环与球法测定。所谓环与球法就是将沥青试样浇注在规定尺寸的铜环内,上置直径 9.53 mm、重量(3.5±0.05)g 的标准钢球,将环与球置于水或甘油等加热介质中，以(5±0.5)℃/min 的恒定升温速度对介质加热；在此过程中，沥青逐渐软化；当软化到一定程度时，沥青的内摩擦力不足以支撑钢球的重量时，下部裹着沥青的钢球开始从环上下落；当钢球下沉达到规定距离(2.54 cm)时，加热介质的温度即为沥青的黏流化温度，工程中通常称之为软化点。软化点可提供胶结料高温性能的信息。值得说明的是，很多聚合物改性沥青产品的软化点很高，而在使用过程中仍存在高温稳定性问题，这也说明采用软化点评价聚合物改性沥青的耐热性时存在缺陷，需要寻找替代方法。

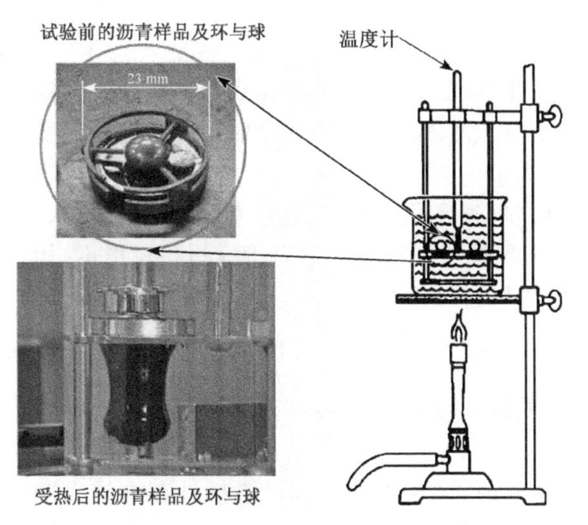

图 8-19　沥青软化点试验

图 8-20　Fraass 脆点仪中薄钢片

沥青发生玻璃化转变时，它的许多性质如热膨胀系数、比热和黏度等均随之变化，若以这些性质对温度作图，在某一温度时，就会看到曲线的斜率发生拐折，此时的温度称为玻璃化温度。沥青的玻璃化转变是一个非热力学平衡的体积松弛过程，玻璃化前后并没有性能的突变，而是随着温度改变而逐渐改变。因此，沥青的玻璃化转变温度并非恒定不变的，它与降温速率、测试时的压力等密切相关，降温速率越快，压力越大，转折点温度越高。测量沥青玻璃化温度的方法有膨胀系数法、差热扫描法、差热分析法等。由于这些方法在工程中同样难以推广使用，规范中通常用脆点(breaking point)来进行评估。脆点是关系到石油沥青低温流变性的重要指标，它可以和沥青的低温路用性能相关联。实际上，脆点是不同沥青具有相等柔量时的温度。在许多北方国家的沥青标准中列入了沥青脆点的指标，用以评价沥青的低温性能。由于沥青在低温下会变硬变脆，当涂在金属片上的沥青在特定条件下，被冷却和弯曲而出现裂纹时的温度称为 Fraass 脆点，因为该方法由 A.Fraass 于 1937 年开发。脆点试验的准确性很大程度上取决于涂片技术(图 8-20)，而该测量过程中弯曲器的弯曲速度和降温速度都是人工控制的，试验精度较差；自动脆点仪则实现了检测的自动化，大大提高了测试的精度。

沥青的软化点与脆点随其组成不同有较大差异，工程中常把软化点与脆点间的温度差来评价沥青的工作温度区间。在实际应用时，总希望沥青具有较高的软化点和较低的脆点，也就是说希望沥青有较宽的黏弹性范围，该值越大，表明沥青的工作温度范围越大，在实际使用时的温度稳定性越好。为达到此目标，常常需对沥青进行改性，以扩展其工作温度区间。研究表明，沥青受热熔化时，在低于软化点约 8.5℃时，不同沥青具有相同的黏度，其值约为 1.0－1.3×10^5 Pa・s；在软化点温度下，不同沥青的针入度约为800(0.1 mm) 左右。而在脆点温度附近，绝大多数沥青的针入度均为 1.2(0.1 mm)左右。因此，沥青的软化点可视为沥青在一定条件下的等粘温度，用以评价沥青的高温稳定性，软化点越高意味着沥青的等粘温度高，混合料的高温稳定性好，而脆点则可视为沥青的等劲度温度。

8.4.4 沥青的温度敏感性

温度敏感性是指沥青的特性随温度升降而变化的现象。沥青的软化点与玻璃化转变温度(或脆点)从某种意义上也反映了沥青的感温性，更为普通的做法则是根据沥青的黏稠度随温度变化规律来评价。

在半对数坐标下，沥青的黏稠度与试验温度之间通常呈为线性关系，如式(8-11)所示，该直线的斜率即反映了沥青感温性的大小。由于黏稠度指标包括绝对指标与相对指标，相应地可得到黏度-温度指数、针入度-温度指数等指标。

$$\log Y = AT + K \tag{8-11}$$

式为，Y 为黏度或针入度，A 为黏度-温度指数或针入度-温度指数，T 为温度，K 为回归常数。

A 在数值上的微小变化，如从 0.015 变为 0.06 时，两种沥青的温度敏感性存在较大差别，这在实际工程中不利于比较和判断。为克服这一问题，Pfeiffer 与 Van Doormaal 等人提出了针入度指数 PI(penetration index)的概念，他们假设一种墨西哥 200 号道路沥青的 PI 值为 0，并假定感温性最小的沥青的 PI 值为 20，感温性最大的沥青 PI＝－10，同时将 A 放大 50 倍，从而建立 PI 与 A 的关系，如式(8-12)所示。

$$\frac{20 - \mathrm{PI}}{10 + \mathrm{PI}} = 50A \tag{8-12}$$

由此，得到 PI，

$$\mathrm{PI} = \frac{30}{1 + 50A} - 10 = \frac{20 - 500A}{1 + 50A} \tag{8-13}$$

A 值的计算可根据三到五个不同温度下的针入度试验结果，按式(8-11)的半对数公式进行线性回归得到。由于多数沥青在软化点温度时的针入度约为 800 左右，因此，也可采用沥青在 25℃的针入度值和沥青的软化点值按式(8-14)直接计算 A，

$$A = \frac{\log P_{25} - \log 800}{25 - T_{\mathrm{R\&B}}} \tag{8-14}$$

当然 PI 也可以直接查诺模图得到，如图 8-21 所示。

沥青的针入度指数越大，温度敏感性越低。PI 值理论范围为－10～20，但对绝大多数沥青来说，其值在－2.8～8。直馏沥青的 PI 值约为－2～1，氧化沥青的 PI 值为 3～6，道路沥青的 PI 值在－1.2～0.5，聚合物改性沥青的 PI 值约为－1～1。一般认为，针入度指数不仅可表示沥青的感温性，还可用于判断沥青的胶体结构类型，PI＜－2 的沥青属于溶胶型结

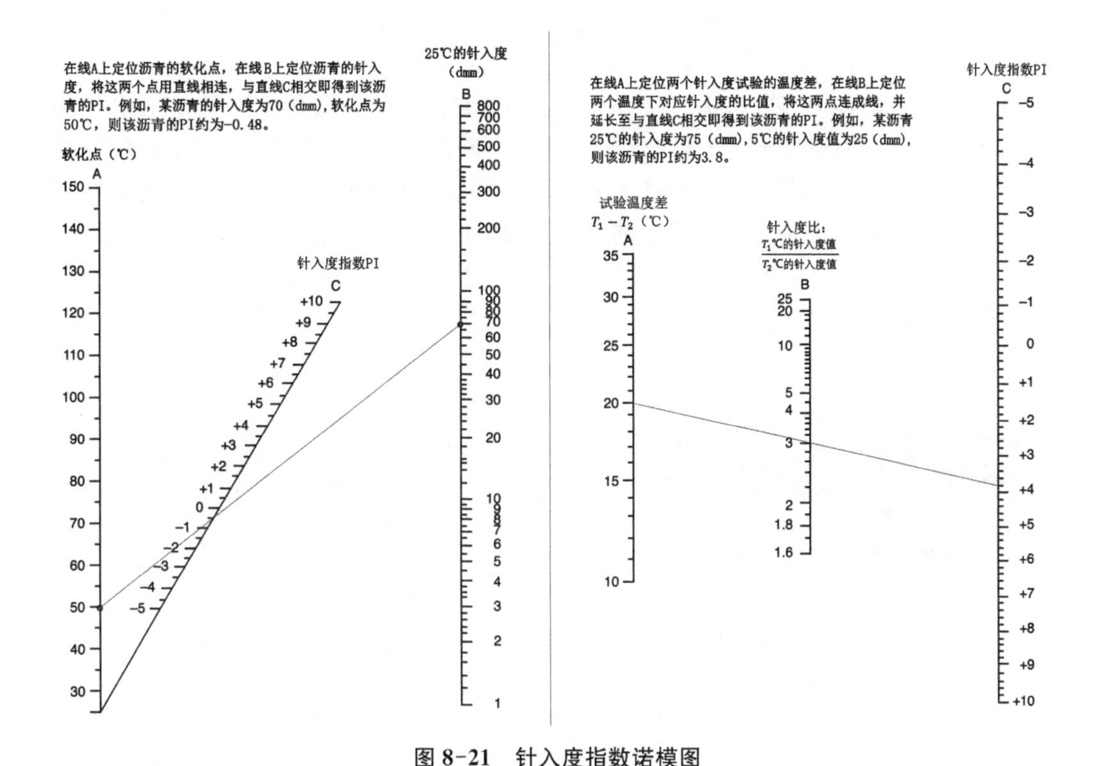

图 8-21 针入度指数诺模图

构，PI＞2 的为凝胶型结构，介于其间的为溶-凝胶结构。

PI 指标的一个缺点是它利用相对较小温度范围内沥青性质的变化来表征沥青全温度域的敏感性，这在极端温度可能会产生误导。另外，针入度作为经验性指标并不能表征沥青的绝对黏度。因此，PI 仅可用于对沥青温度敏感性的初步判断，准确把握沥青的温度敏感性还应通过测量沥青的劲度或黏度值随温度的变化来评估。

8.4.5 沥青的变形能力

沥青在外力作用下产生变形而不致破坏的能力称为沥青的塑性，它表示了沥青开裂后的自愈能力以及受机械力作用后产生形变而不破坏的能力。沥青的塑性与黏滞性、温度和沥青膜厚度有关。一般地，沥青的塑性随温度的升高而变大，随温度的降低而减小；沥青的塑性也与沥青膜的厚度有关，沥青膜越厚，塑性越大。温度降低时，沥青黏度增加，变形能力下降，同时会变硬变脆。

沥青的塑性一般可用延度来表征。延度(ductility)是在一定温度条件下，以一定速度拉伸标准的 8 字型沥青试件至材料断裂时的长度，以 cm 记。通常试验温度为 25℃(基质沥青)、15℃(改性沥青)，拉伸速度为 5 cm/min±0.25 cm/min。具体可参照 T 0605—2011。

延度反映沥青的柔韧性，沥青的延度越大，柔韧性越好，如果沥青在较低温度条件下仍具有较大的延度，则其抗裂性就越好。延度是剪切面上剪应力大于沥青内聚力时的断裂长度，随温度而变化，不同沥青的变化规律也不一样，它反映了沥青的黏弹性质。因此，沥青延度与其黏度和组分关系密切。优质石油沥青 25℃的延度通常在 150 cm 以上，15℃延度一般都超过 100 cm，而在 15℃以下，延度急剧下降，在 0℃以下，不同沥青的延度差别较小，因此工程中通常用 10℃或 5℃延度评价沥青的低温变形能力。

聚合物改性沥青在拉伸时，由于聚合物胶团与沥青之间的黏结摩擦作用，以及分子间的相互缠绕，制约了沥青的变形，沥青产生单位变形时所消耗的能量更大，不同聚合物改性沥青被拉裂时的延度可能相差不大，而断裂前所消耗的能量则可能差别很多。通过在常规延度仪上加装力传感器，记录试验过程中的拉力-变形曲线，即可比较不同聚合物改性沥青之间的这种差别，这就是测力延度试验。测力延度试验所用试件形状如图 8-22 所示，它用直线侧模替换延度试模的中间部分即可。

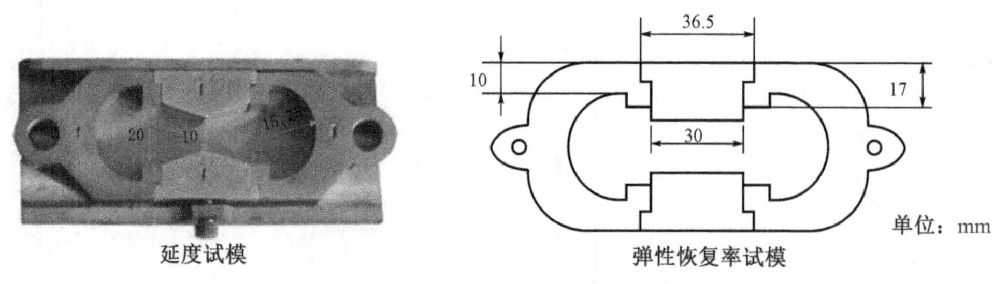

图 8-22　沥青延度试件与测力延度试模比较

测力延度试验可获得试样的拉力-变形曲线(图 8-23)，从中不仅可得到沥青的延度指标，还可获得峰值力，以及沥青断裂时所消耗的能量(拉力-变形曲线与横轴所包围的面积)，该能量实际表征了沥青的黏韧性大小，因此，研究此曲线的形状和面积对于评价改性沥青的性能具有重要意义。

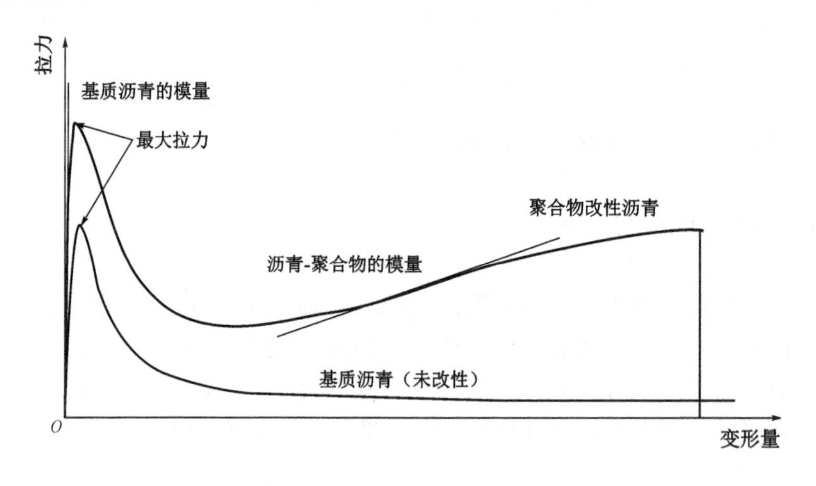

图 8-23　沥青的测力延度试验曲线

当然对于沥青的黏韧性，还可通过黏韧性试验测定，它是将半球圆头浸入热沥青试样，待沥青冷却至试验温度(通常为 25℃)后，再以 50 cm/min 的速度拉伸半球圆头至 30 cm 时停止试验，试验过程中测量并记录荷载与变形。根据曲线计算曲线特征段落与横轴(变形)所包围的面积，得到试件的黏韧性和韧性参数，如图 8-24 所示。

普通沥青的塑性较大，在很小的外力下即产生明显的塑性变形。聚合物改性沥青的弹

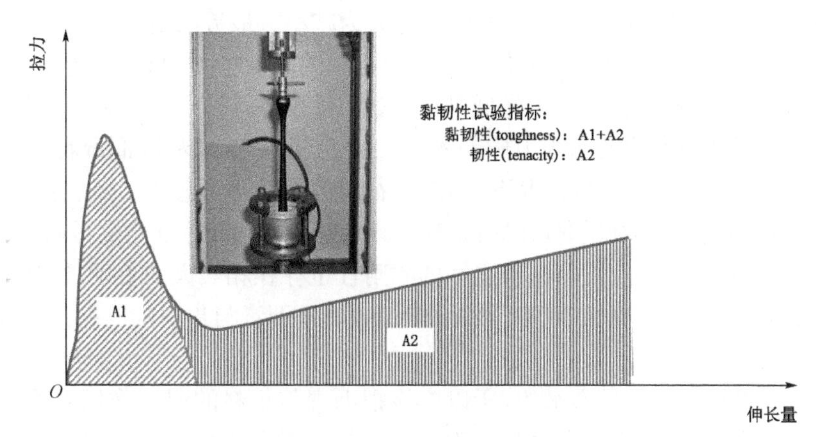

图 8-24 沥青黏韧性试验拉力-伸长量曲线及黏韧性指标计算示意图

性极限相对较大。在弹性极限范围内，聚合物改性沥青的形变大小与外力成正比，在外力作用停止时，变形一般都能消失，若超过弹性极限，则会出现明显的塑性变形。弹性好的改性沥青，在外力作用下所产生的变形能够逐渐回复，残余变形小。因此常采用弹性恢复率表示改性沥青的弹性，通常是在 15℃温度下进行拉伸至 10 cm，然后用剪刀将试件从中剪断，使之回弹，10 min 后量取回弹后的长度，计算出弹性恢复率。

8.4.6 沥青与集料的黏附性

沥青与集料之间的黏附性是指沥青与集料之间的相互吸附作用。黏附性、内聚力和沥青的黏度是三个不同的概念。内聚力有时也称为自黏力，指沥青抵抗外力破坏的能力，实质为沥青自身内部的黏结能力。黏度则是沥青在剪切力作用下抵抗流动的能力。一般而言，沥青的内聚力与黏度正相关。沥青与集料的黏附性是决定沥青与集料混合体系整体性能和耐久性的关键。当水透过沥青膜扩散至沥青/矿物基质界面，或集料内部所含水分由毛细孔渗至集料表面时，由于集料对水的亲和力更强，沥青将被置换，沥青与集料的黏附作用受到损失，混合物的抗水损性能降低。

根据分子吸附理论，沥青与矿质集料在黏附过程中，可能存在物理吸附与化学吸附两种分子作用。当沥青中含有的表面活性物质，例如阴离子型的极性基团或阳离子型的极性化合物与一些含有重金属或碱土金属氧化物的石料接触时，由于分子力的作用，就有可能在界面上生成皂化物，这种化学吸附的作用力强，与集料黏附牢固。沥青与酸性石料骨料接触时则不能形成化学吸附，它们通过范德华力形成物理吸附，这种吸附是可逆的，产生的附着力要小得多。另外，由于多数集料都非完全致密的结构，其表面存在一些与外界连接的毛细管网络，在毛细管作用下，沥青中的低分子烃类和其他轻质组分可能产生选择性扩散，这对沥青与骨料的黏附性也有一定贡献。

当沥青与集料相接触时，沥青首先将骨料表面润湿，润湿能力主要取决于集料、沥青的表面张力，以及集料/沥青的界面张力。只有当集料与沥青的表面张力之差大于集料/沥青的界面张力时，沥青才能完全润湿集料。沥青的表面张力大致为 $20 \sim 40 \times 10^{-3}$ N/m，随温度的升高略微线性下降。一般认为，沥青的表面张力主要是由于沥青中极性很大的沥青质存在的缘故。去除沥青质后,沥青的表面张力将大为减小。最近的研究表明,沥青质中含有的钒-卟啉络合物为表面活性物质,它使沥青具有很大的表面张力,当从沥青质中去除钒-卟啉络合物后,沥青质的表面活性大为降低,同时表面张力也迅速下降。除此之外,沥青的种类与软化点的高低对沥青的表面张力影响不大。因此,沥青对集料的润湿程度实际上主要取决于集料的表面张力。在多数情况下,沥青与石料的接触均不理想,当沥青的黏度较大或石料表面有水或存在粉尘等杂质时,在集料表面易形成气泡或空隙,这严重影响黏附性。由于集料的品种繁多,性状各异,它们与沥青之间的黏附性也存在相当大的差别,这都会对沥青混合料的整体性与耐久性产生重大影响。因此,工程中确保沥青与集料的匹配是一个非常重要的问题。

由于大多数矿物集料都是亲水的,所以应该把沥青与集料的湿润作用看作是沥青-水-集料三相共存的体系,沥青和水在集料表面的湿润过程是黏附中心的选择性竞争过程。此外,还有渗透到集料内部毛细管的水分,它在沥青与集料吸附的当时可能作用并不明显,但随着时间的延长也会慢慢渗出到沥青与集料的界面上,水分会沿着集料表面流动使沥青与集料相分离。在沥青与集料之间为非化学吸附时,这种现象会经常出现,因此,对于沥青混合料,为确保黏附性,在与沥青拌和前,应将集料烘干。

加热一方面可消除集料中所含水分对沥青-集料黏结界面的影响,另一方面也降低了沥青的表面张力,使得沥青对集料的表面润湿变得更为容易,这也是热拌沥青混合料的耐久性普遍优于冷拌沥青混合料的主要原因。当然,沥青薄膜的厚度对黏附作用也有重要影响。对于理想平面而言,黏附力随着薄膜厚度的变小而增加,但覆盖层变薄后容易出现不完全润湿现象,反而又破坏了黏附层。因此,如何选择合适的沥青用量以确保集料表面的沥青膜具有合适的厚度也是沥青混合料设计中的重要方面。

影响沥青与集料黏附的一个重要因素是水。大多数试验旨在测量因黏附不足导致的剥离现象,因为集料表面沥青的剥离与路面剥落破坏直接相关。因此,对水的敏感性或对剥离的抵抗力被认为是沥青黏附能力的一个良好指标。大多数方法测量材料浸水前后力学性能(如混合刚度)的比值,而不是对黏附属性进行直接测量。以目前我国规范的水煮法为例,将集料浸入热沥青中使其表面完全被沥青膜包裹,待其冷却后,将其放入保持微沸的水中煮3 min,然后观测沥青的剥落情况并按表8-8评定沥青与集料的黏附性等级。图8-25为裹覆有同种沥青的不同岩性集料水煮后的照片。

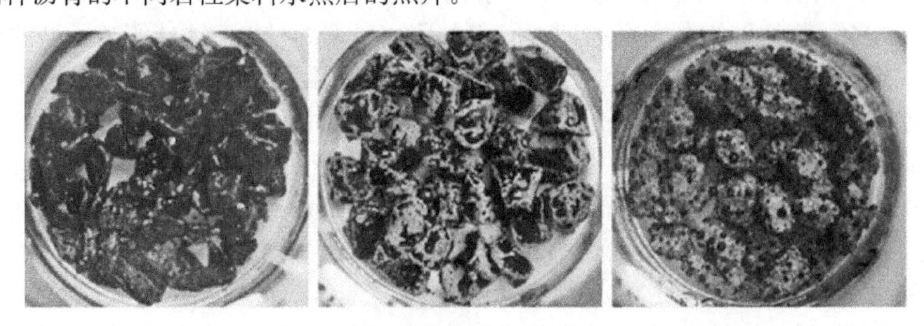

图8-25 裹覆有同种沥青的不同岩性集料水煮后的照片

由于水煮法的结果受水中升腾气泡的影响较大,且与实际应用工况有较大出入,很多国家倾向于采用水浸法,不同国家技术规范的主要差别在于热水的温度和浸泡时间略不有同。

我国的现行规范中，水浸法评估沥青与集料的黏附性的基本步骤为：将预热的集料与热沥青按100∶5.5的比例拌和，然后选20颗集料置于玻璃板上待其冷却后连同玻璃板一起放入80℃热水中浸泡30 min，然后评定剥离面积并根据表8-9评定等级。

表8-9 T0616中沥青与集料黏附性等级的评定

水煮后集料表面沥青膜剥落情况	黏附性等级
沥青膜完整，剥离面积百分率接近于0	5
沥青膜少部分为水所移动，厚度不均匀，剥离面积百分率小于10%	4
沥青膜局部剥离明显，集料表面大部分残留有沥青，剥离面积百分率小于30%	3
沥青膜极不完整，集料表面局部残留有沥青，剥离面积百分率超过30%	2
沥青膜完全为水所移动，集料基本裸露，沥青与集料基本完全分离	1

除了水煮法和水浸法之外，还有许多试验已经被纳入标准，用于测量沥青-粗集料或沥青-矿料混合体系的黏附性与水敏感性，如松散沥青混合料的旋转瓶试验(EN 12697-11，JTG E20/T0675)，沥青混合料试件的饱水间接拉伸试验(EN 12697-12)、浸水压缩试验(ASTM D1075，AASHTO T165)、AASHTO T283等。

沥青混合料是含有砂、碎石、矿粉和沥青(有时还可能含有改性剂)组成的复合混合物，沥青混合料中的黏合行为是非常复杂的，这种复杂性使测量结果的解释变得十分困难。由于沥青与集料的黏附性是界面性质，许多测量附着力的试验实际上是从动力学角度评估剥离，也就是测量沥青胶结料从集料表面剥离的速率。虽然这一特性有助于识别混合物的水敏感性以及何时出现黏附失效，但它与沥青/集料间的黏附性是不同的。更为科学的方式是测量集料与沥青吸附相关的参数，如表面能等，并研究各组分的贡献，但现有的规范中不包含这些测试方法，因为它们太复杂、耗时或需要昂贵的设备。

8.4.7 沥青的抗老化性质

沥青的耐久性指沥青抵抗环境与荷载综合作用下保持的组成、结构与理化性质稳定的性质。因环境作用导致沥青的组成结构或理化性能不可逆变化称为老化。因老化使沥青变硬变脆，有时亦称为硬化。

1. 沥青的老化进程

用于拌制沥青混凝土的石油沥青，在全寿命周期内经历从炼油厂(或大型油库)-工地沥青贮罐-沥青拌和楼-道路工程的过程，这些过程中沥青所经受的温度和时长不同，沥青的存在状态也有较大区别。通常情况下，沥青从炼油厂到工地的过程中无需考虑老化问题，因为在此过程中沥青以大体积方式存在，受热温度一般不会太高，且与空气的接触面极小。因此，从炼油厂(或大型油库)-工地贮罐阶段的老化影响基本可以忽略，沥青可视为处于未老化状态。未老化沥青的黏度决定了生产过程中沥青混合物的拌和温度和可加工性。在施工时，为了确保良好的施工操作性和对集料的完整裹覆，沥青需要加热至软化点以上约100℃，并以雾状物喷入搅拌缸内，与温度更高的集料一起拌和约45～70 s(包括沥青注入所需的时间)，形成沥青混合料，然后再运抵施工现场，在通常不超过4 h的时间内完成摊铺和碾压工作，得到沥青混凝土结构层，待其自然冷却后即达到服役状态。因此，在全寿命周期内，沥青所的老化可分为短期老化和长期老化两个阶段。不同阶段的老化发展速度不同。通常用老化指数表征沥青的老化程度。老化指数定义为老化前后某个基本指标（如黏度、模量或针入度）的比值。图 8-26 中为道路石油沥青全寿命周期内不同阶段的老化指数随时间的发展规律示意图。

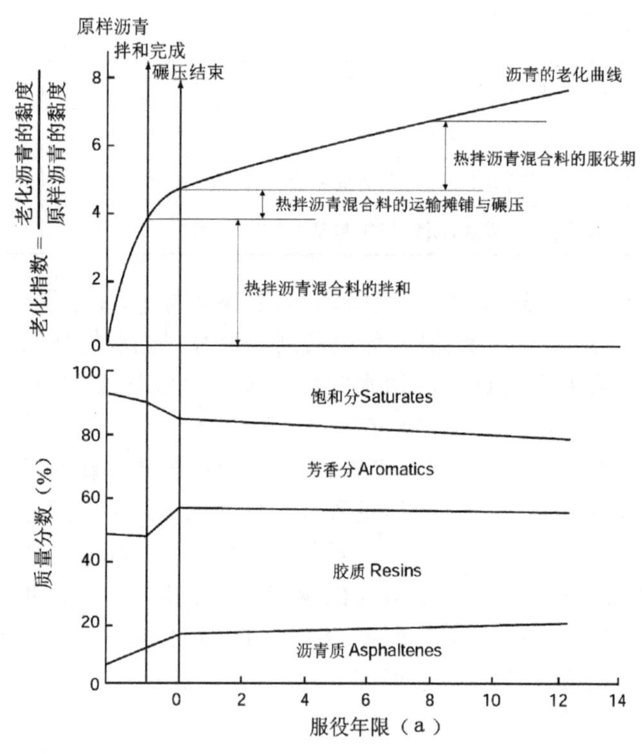

图 8-26　某沥青老化发展进程及相应的组分变化示意图

沥青的短期老化指从沥青拌和厂开始加热沥青、生产沥青混合料，至混合料运输到施工现场，直到摊铺、压实完成的施工期间内所发生的老化，是施工期间的老化。由于沥青混合料的拌和过程中需要加热，且从出厂至摊铺过程中沥青混合料一直处于较高的温度，这一过程有可能长达 3～6 h，在此期间高温易使沥青中轻质组分蒸发，并促进氧化反应的发生，使沥青变硬变脆。虽然短期老化仅持续几个小时，但挥发物的损失和氧化程度显著提高，其主要原因在于：(1)高拌和温度，(2)因集料外表面裹覆沥青胶结料，在松散混合物状态时存在大量的暴露表面积，而在被摊铺压实成薄层结构状态前，松散混合料一直处于很高的温度。短期老化的主控因素是沥青的加热温度、沥青混合料的拌和温度以及自拌和至摊铺的持续时间。在实际工程中，往往会出现因天气变化、施工中断等非正常因素影响导致沥青反复加热的情况，此时还应关注贮罐内沥青的老化，对聚合物改性沥青尤其应引起足够重视，因为它还可能引起聚合物改性剂与基质沥青的离析。

长期老化指服役期间在光、热、水等综合作用下沥青胶结料的组分结构和性状变化现象，氧化老化是沥青长期老化中最重要的原因。沥青混合料在服役期间的老化是一个相对缓慢的过程，它与沥青混合料的类型、沥青膜厚度、结构层位及所处的环境等因素密切相关。

2. 沥青的加速老化评估方法

老化使沥青变硬变脆，是导致沥青路面开裂等病害的重要因素。由于短期老化对沥青的性能影响显著，而长期老化则是一个相对缓慢的过程，需要在实验室进行模拟老化过程，以对沥青的短期老化与长期老化性能进行快速评估。多年来人们已开发了几种加速试验方法，包括用于模拟短期老化的薄膜烘箱试验（TFOT）、旋转薄膜烘箱（RTFO）试验和用于模拟长期老化的压力老化容器（PAV）试验。传统针入度体系的规范中，沥青的抗老化性能是通过薄膜烘箱试验（TFOT）或旋转薄膜烘箱试验（RTFOT）前后沥青常规性质的变化进行表征。在性能分级体系的规范中，还要求测试老化后沥青的系列流变学指标。

薄膜烘箱或旋转烘箱用于模拟沥青在热拌沥青混合料生产拌和过程中沥青的性质变化过程，反映沥青热拌过程中与氧气接触引起的老化和受热引起轻质组分挥发导致的沥青硬化现象。进行薄膜烘箱试验时，先将约 50 mL 的沥青样品放入直径 140 mm 的不锈钢平底圆盘并使之布满盘底，然后将两个或更多容器放入托架上，如图 8-27 所示，托架以 5～6 r/min 的速度在 163℃ 的烘箱中旋转 5 h。TFOT 于 1959 年被 AASHTO 采用，并在 1969 年通过 ASTM（ASTM D1754）作为评估沥青拌和过程老化的方法。在薄膜烘箱试验中，沥青胶结料置于缓慢转动的浅碟型钢盘上，因为沥青的表面积-体积比相对较小，沥青膜厚度约为 3.2 mm，而在老化期间钢盘里的沥青处于相对静止状态，因此该试验中沥青的老化往往仅发生在浅表，这与现场情况不太吻合。此外，一些聚合物改性沥青还可能会出现稳定性与均匀性问题，因为长时间的高温作用可能导致改性剂与基质沥青的离析。

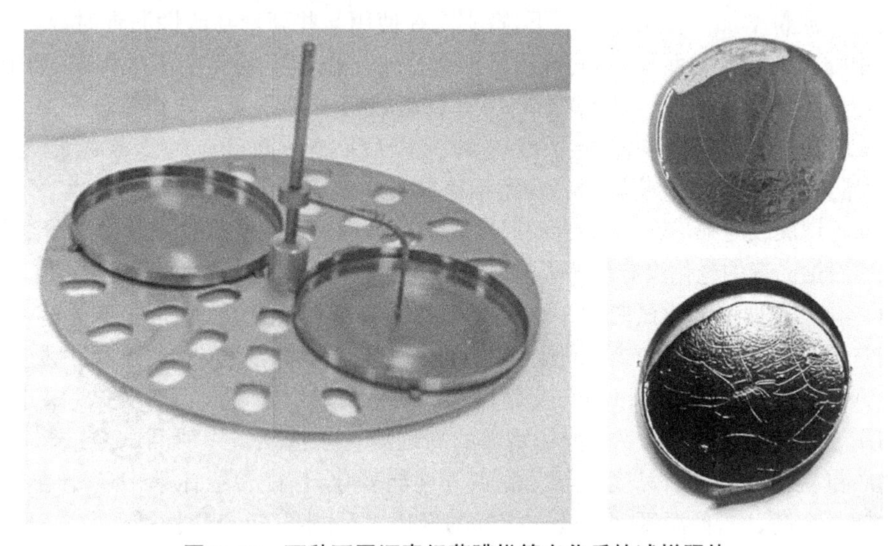

图 8-27　两种不同沥青经薄膜烘箱老化后的试样照片

旋转薄膜烘箱测试（RTFOT）是模拟沥青短期老化最常用的试验之一。该试验用于测量热空气对沥青薄膜的影响，旨在模拟沥青胶结料在混合、运输和压实过程中的硬化。如图 8-28 所示，往直径 64 mm、高 140 mm 的开口玻璃瓶中装入约 35 mL 沥青，然后使盛样瓶在架子上就位。试验时，旋转架以 15 r/min 的转速旋转，同时以 4 L/min 的流量往烘箱内持续注入热空气流。旋转有助于沥青膜自身流动，从而避免仅表面被氧化的情况，而 RTFOT 试验中沥青膜厚度更薄，只有 5～10 μm，这与沥青混合料拌和时的情形更为接近，且试验时间可以大为缩短。因此，在很多国家，旋转薄膜烘箱试验已逐渐取代薄膜烘箱试验，成为评价沥青短期老化的标准试验方法。当然不同规范中的测试条件有所不同，但通常为 75 min@163℃(EN 12607-1)或 85 min@163℃(T 0610、ASTM D2872，AASHTO T240)，对于改性沥青，因其黏度较大不易流动，试验温度通常需达到 180℃。

图 8-28　旋转薄膜烘箱、玻璃瓶及老化后的沥青试样照片

在 RTFOT 试验期间，样品可能会因轻质组分的蒸发而损失部分质量，也可能由于氧化反应而表现为质量增加。在某些情况下，特别是在使用某些高聚物改性沥青时，会出现沥青从玻璃瓶中溢出的问题。此外，不同等级的沥青在给定温度下的黏度不尽相同，而 RTFOT 却是在恒定温度下进行的，这意味着不同沥青在旋转瓶中膜厚度可能相差较大。为克服这些不足，在欧洲，有研究机构提出了改进的 RTFOT(M-RTFOT)。该试验与标准的 RTFOT 相同，只是在烘箱老化期间将一组钢棒放置在玻璃瓶的内部。其原理为钢棒产生剪切力以将沥青铺展成薄膜，从而使沥青膜厚度在试验过程中尽可能保持一致。试验结果表明，钢棒对普通石油沥青的老化没有显著影响，但该方法尚未被任何国家纳入规范之中。

压力老化容器加速老化试验用于试验室模拟沥青的长期老化，它是在压力容器中用高温和压缩空气对沥青进行加速老化(图 8-29)，用于模拟沥青在道路使用过程中发生的氧化老化。PAV 试验时应采用经 TFOT 或 RTFOT 试验的残留物，再经 PAV 试验老化后得到的残留物用于估计使用 5～15 a 的现场路面的物理或化学性质。一般测试经过模拟老化后的残留物质量变化、针入度、黏度、延度、脆点等性能变化，性能分级体系中还要结合原样沥青与老化样品在高、中、低温区间流变学指标的变化，以评定其抗老化性能。

压力老化时，首先将试件进行短期老化，然后将经短期老化的残留物放入 PAV 中的金属托盘上，在天然含有氧气的空气存在下，使样品在一定温度和压力下保持一段时间，老化温度可根据气候条件而变化。在 Superpave 规范中，PAV 试验使用经旋转薄膜烘箱老化后的沥青，试验温度控制在 90～110℃，空气加压至 2.1 MPa，持续时间 20 h。我国 JTG F40/T0630 的方法和试验参数与此相同。在英国，标准压力老化的试验温度为 85℃，而持续时间变为 65 h，因此也称为 PAV85。

PAV 的托盘架可放 10 个与 TFOT 试验中相同的钢质平底盘，每个托盘装 50 g 沥青，因此，该方法一次可测试较多的沥青样品。与 RTFOT 类似，PAV 的条件是标准化的，这有

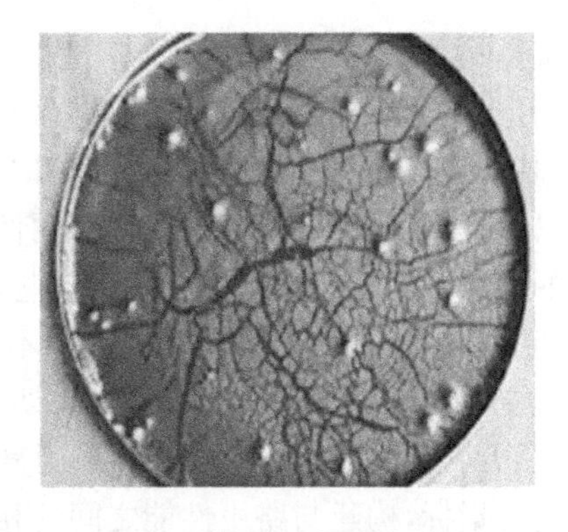

图 8-29 模拟长期老化的压力老化容器及经压力老化后的某沥青试样照片

助于对沥青结合料的分级和相对比较。但是，不同工程的暴露条件、混合料类型、温度等相差很大，因此对具体工程应用而言，很难将 PAV 老化与该法所声称的实际 5～15 a 老化对应起来。通常认为，PAV 老化方法还存在如下问题：在试验过程中使用高压，未考虑蒸发老化，因此不能充分表征沥青的老化机制；该方法也是在静态条件下进行，一些聚合物改性黏合剂易离析；而与较低温度相比，在较高温下老化可能会改变沥青氧化的化学性质。此外，一些批评认为，高温和高压可能引发某些特殊的化学反应，这些反应通常不会发生在典型工作环境的实际路面中。

8.5 沥青的流变性能

如前所述，沥青为温度敏感型材料，在全温度域范围内，沥青的流变学行为可分为高温黏性区、中温黏弹性区间、低温线弹性甚至脆性等多个特征区间，如图 8-30 所示。在低温或短时受载(高频加载)时沥青多表现出线性行为，基质沥青在高温和缓慢受载的联合作用下也可能表现出线性行为，因为此时材料近乎牛顿流体。在中等温度和中等加载速率条件下，沥青主要表现出非线性行为，这正是实际工程中沥青经常面临的工况。

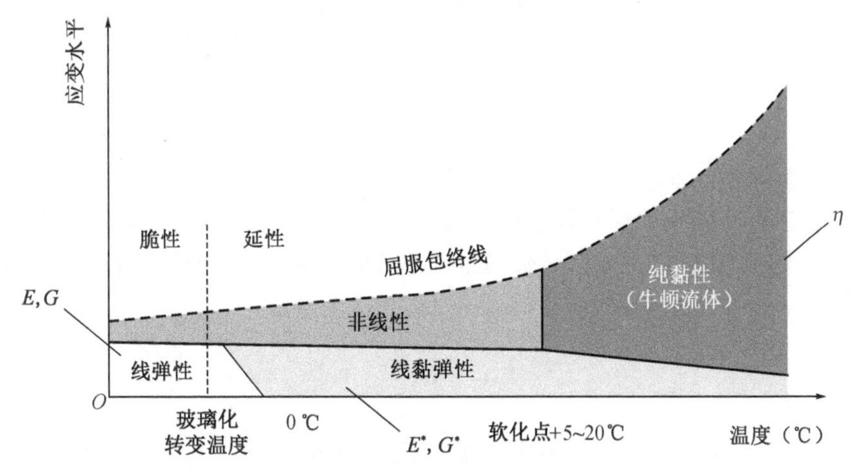

图 8-30 全温度域下沥青的力学行为与应变水平关系示意图

沥青是一种黏弹性材料，其力学性能随荷载作用时间、温度甚至荷载水平的变化而变化。在给定的温度和荷载时间下，线性区域内的黏弹特性可分为弹性部分与黏性部分两部分，以反映沥青抗变形能力的复数模量和反映黏弹性的相位角这两个指标来表征。传统的针入度、软化点和延度等指标与沥青路用性能的相关性不高，也无法获知沥青的复数模量与相位角的信息。因此，一般认为，基于这些传统的试验指标来指导沥青的选择和预测沥青的路用性能并不科学。为克服上述缺点和不足，需充分把握沥青在全温度域的流变特性。评估沥青流变学特性的常用方法有动态剪切流变仪试验(DSR)、弯曲梁试验(BBR)、直接拉伸试验(DTT)等，它们由 SHRP 提出，采用复合剪切模量、相位角、蠕变劲度、蠕变变形速率及破坏应变等指标，构建与路用性能之间的相关性。在沥青的黏滞性小节中，已阐述了对沥青黏度的测试，在此介绍在路面服役温度范围内沥青的流变特性与测试方法。

8.5.1 沥青的黏弹性特性

由于实际结构中的沥青混合料多承受动态荷载作用，因此掌握沥青材料的动态力学行为十分重要。在较小的正弦交变剪切应力作用下，沥青试件的剪应变呈现滞后的交变正弦响应，如图 8-31 所示。某时刻的复数剪切模量为该时刻的动态剪应力与动态剪应变之比值。剪应变相对于剪应力的相位滞后通常用角度表示，数值上等于滞后时间和旋转频率的乘积。弹性材料的应变响应无滞后，相位角为零，理想黏性材料的应变响应与应力完全相反，相位角等于 90°。沥青在低温时接近弹性材料，高温时接近黏性材料，因此其相位差在 0～90°之间。

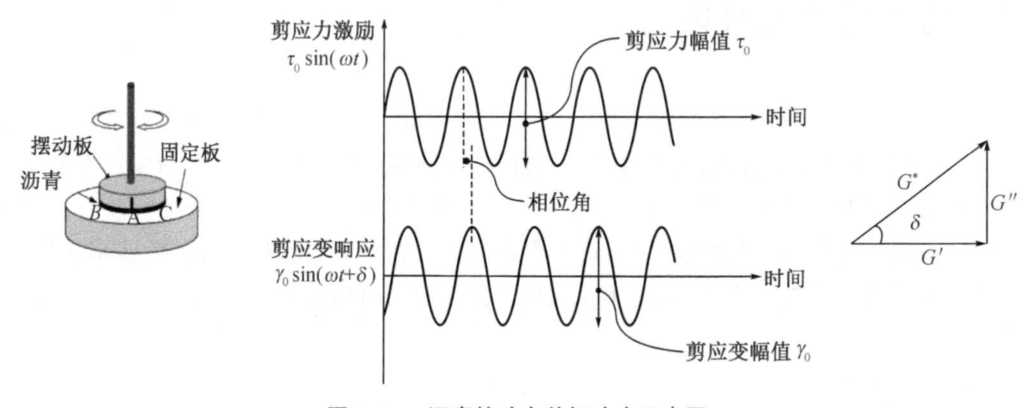

图 8-31 沥青的动态剪切响应示意图

1. 沥青的黏弹性基本参数

在较小应变水平下，沥青是线性黏弹性材料，从动态剪切试验中获得复数模量 G^*，可以确定剪应力和剪应变之间的关系。复数模量的绝对值 $|G^*|$ 称为动态剪切模量，它在数值上等于动态剪应力峰值除以其所对应的可恢复剪切应变峰值：

$$|G^*|=\frac{\tau_0}{\gamma_0} \tag{8-15}$$

复数剪切模量在数学上可表示为实部和虚部两部分：

$$G^*(\omega) = G'(\omega) + iG''(\omega) \tag{8-16}$$

通常将 G' 称为复数模量的储能模量或弹性分量，并将 G'' 称为损失模量或黏性分量，相位角 δ 为 γ_0 滞后于 τ_0 的角度，它们的相互关系如下：

$$\begin{cases} G^*(\omega) = G'(\omega) + iG''(\omega) = |G^*|\cos\varphi + i\,|G^*|\sin\delta \\ \tan\delta = G''(\omega)/G'(\omega) \end{cases} \tag{8-17}$$

式中：$\delta = \omega\Delta t$；Δt 为同一周期内剪应变与剪应力峰值的时间差；ω 为角频率；i 为虚数。

一般认为，动态剪切流变试验（图 8-32）可评价沥青胶结料在 5～85℃的黏弹特性，它通过测定不同温度下的复数剪切模量和相位角的关系来表征。需要注意的是，当沥青胶结料中含有颗粒物时，颗粒直径不应超过 250 μm，否则将严重影响测试结果。

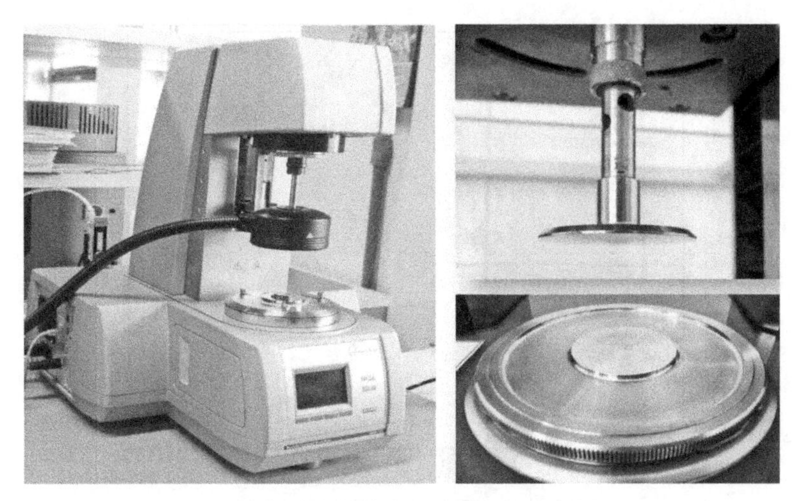

图 8-32　动态剪切流变仪(DSR)

2. 沥青全温度域的流变特性表征

沥青材料的流变特性与加载频率（时间）和温度均相关。根据黏弹性力学理论，可采用时间-温度等效原理，将不同温度下的试验结果通过主曲线的形式在时域或者频域内进行表征。以动态剪切流变试验为例，在不同温度下得到的动态剪切模量可沿着频率坐标轴（对数坐标）进行水平平移叠合得到一条光滑的曲线（等温线），这就是该特征温度条件下沥青全频域范围的主曲线，如图 8-33 所示。

主曲线中的频率（时间）通常用缩减频率（时间）表示：

$$\log f_r = \log f + \log a(T) \tag{8-18}$$

式中：f_r 表示缩减频率(Hz)，f 表示试验频率(Hz)，$a(T)$表示移位因子。

利用时间-温度等效原理可将移位因子表示为：

$$G(f,\ T) = G(fa(T),\ T_r) \tag{8-19}$$

其中 T 为试验温度，T_r 为参考温度，G 为模量（动态模量、储存模量或损失模量）。

确定的沥青材料，其移位因子通常只与温度有关，也即：

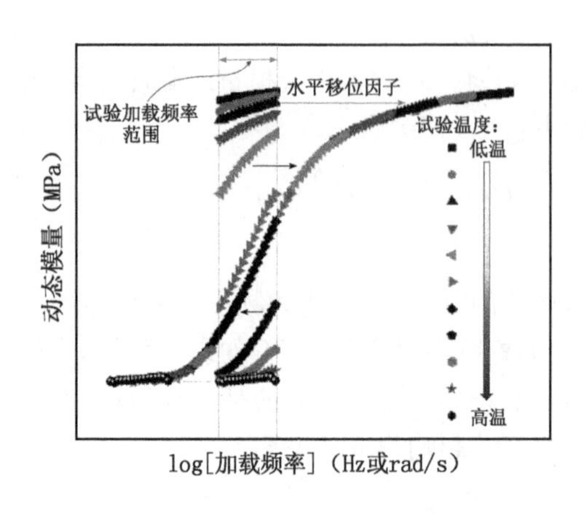

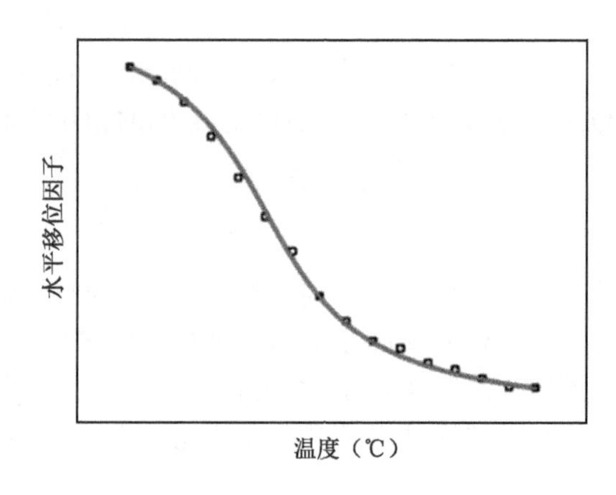

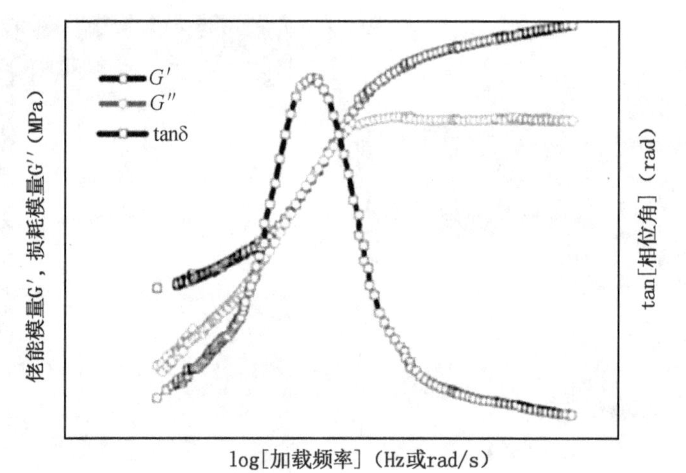

图 8-33　沥青及沥青混合料复数模量与相位角主曲线示意图

$$a_T = a_T(T, T_r) \tag{8-20}$$

目前最常用的移位因子方程是 WLF 方程，它是描述黏弹性材料移位因子与温度之间的半理论半经验关系：

$$\log a(T) = -\frac{C_1(T - T_r)}{C_2 + (T - T_r)} \tag{8-21}$$

其中，C_1 与 C_2 是只与材料种类有关的常数。

WLF 方程原则上只适用于玻璃态转化点温度(Tg)～Tg＋100℃左右的温度范围内，低于玻璃态转化点温度时，宜采用 Arrhenius 公式：

$$\log a(T) = \frac{-E_a}{2.303R}\left(\frac{1}{T} - \frac{1}{T_r}\right) \tag{8-22}$$

式中，E_a 为活化能，R 为气体常数。

Arrhenius 公式只需确定活化能这一常量。对沥青而言，在温度低于软化点时，其活化能通常保持稳定，因此，对于软化点以下的温度范围，Arrhenius 公式均适用。

沥青及沥青混合料模量主曲线通常用以下方程表示：

$$G^* = G_e^* + \frac{G_g^* - G_e^*}{\left[1 + (f_c/f_r)^k\right]^{me/k}} \tag{8-23}$$

其中，$G_e^* = G^*(f \to 0)$ 表示平衡复数模量；$G_g^* = G^*(f \to \infty)$ 表示玻璃态复数模量；f_c 表示与试验频率有关的位置参数；f_r 表示缩减频率；k，m_e 表示与曲线形状有关的无量纲参数。

相应的相位角主曲线方程多表示为：

$$\delta = 90I - (90I - \delta_m)\left\{1 + \left[\frac{\log(f_d/f_r)}{R_d}\right]^2\right\}^{-m_d/2} \tag{8-24}$$

其中，δ_m 表示相位角常量；f_r 表示缩减频率；f_d 表示与试验频率有关的位置参数；R_d，m_d 表示与曲线形状有关的无量纲参数；对于沥青胶结料，当 $f > f_d$ 时 $I=0$，当 $f < f_d$ 时 $I=1$；对于沥青混合料，$I=0$。

除了主曲线，流变行为还可用 Cole-Cole 图与 Black Space 图描述。图 8-34 所示为沥青混合料单轴动态压缩试验结果。Cole-Cole 图以储存模量为横坐标，以损失模量为纵坐标，用于表示沥青中弹性成分和黏性成分之间的关系。Black Space 图则以复数模量为横坐标，以相位角为纵坐标，通常试验结果应在图中呈现出一条光滑的曲线。当曲线有错位时，说明时间-温度等效法则在该处不适用，这种情况通常出现于沥青质含量较高的沥青中。由于这两种图中并不涉及加载频率与试验温度，因此它们也可用于评估试验数据的质量。

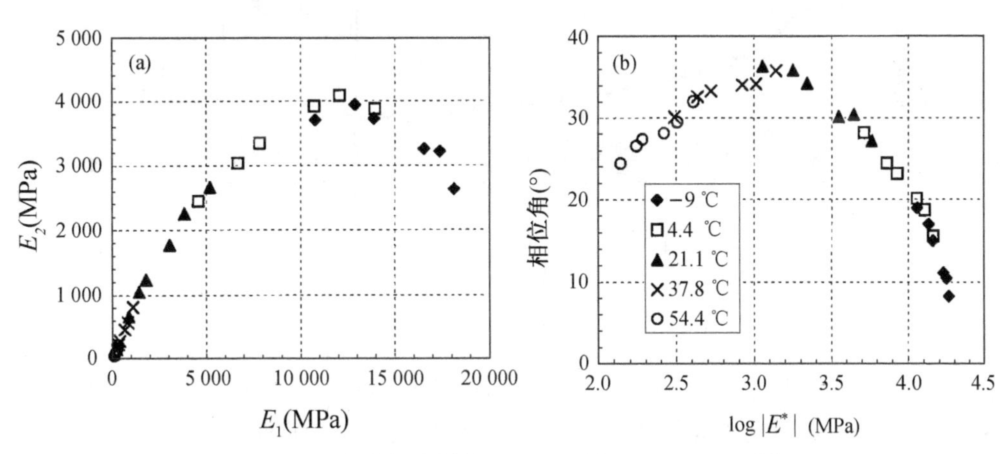

图 8-34 沥青混合料的 Cole-Cole 图与 Black Space 图

3. 沥青的动态蠕变性能

路面的永久变形与沥青的高温蠕变特性密切相关。复数剪切模量 G^* 是材料重复剪切变形时总阻力的度量，相位角则表征了材料可恢复与不可恢复变形的相对比例。因此，在 Superpave规范中用车辙因子 $|G^*|/\sin\delta$ 来表征沥青抵抗永久变形的能力，该参数越大表明沥青产生永久变形的趋势越小。研究与实践证明，$G^*/\sin\delta$ 与未改性沥青中的永久变形趋势存在良好的相关性，但对于改性沥青，由于它表现出明显的非线性流变行为，这种相关性较差。基于此，国际道路工程界正在研究替代方法，如用多重应力蠕变恢复试验

(MSCRT)或零剪切黏度取代 $|G^*|/\sin\delta$ 指标。ZSV 在前述小节已进行了描述，在此简要描述 MSCRT 试验。

MSCRT（Multi-stress Creep-Recovery Test）使用动态剪切流变仪在特定温度下对沥青进行反复加载卸载的动态蠕变，其加载方式区别于 DSR 试验的连续正弦波，每个测试循环是在正弦波加载 1 s 后零应力 9 s 以使沥青变形恢复，如图 8-35 所示，试验同时通过施加不同的应力水平来评估沥青的应力敏感性。试验选用 25 mm 平行板模具，首先以较低的剪应力(0.1 kPa)水平对沥青试件加载 20 次蠕变/恢复循环(前 10 个周期调节样品，后 10 个进行测试)，然后将剪应力增加至 3.2 kPa 并重复 10 个循环。根据试验结果，评估沥青胶结料的可恢复和不可恢复蠕变百分比，如图 8-36 所示。多重应力水平下的不可恢复的蠕变柔量可以作为沥青的永久变形和应力敏感性的指标。

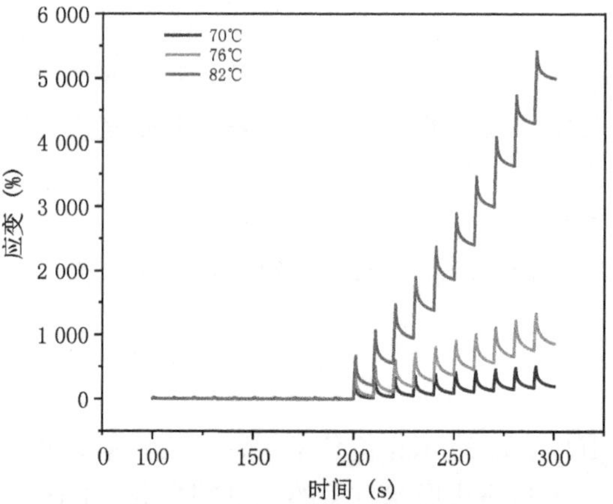

图 8-35　某沥青试件在三种温度条件下的 MSCRT 试验曲线

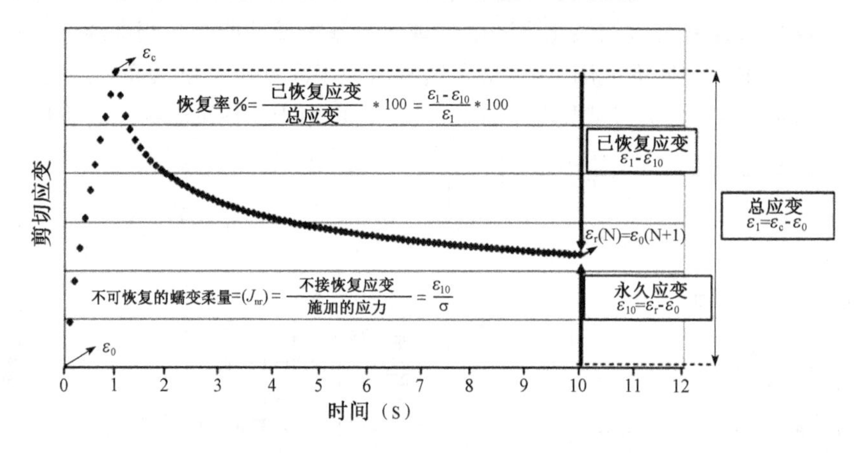

图 8-36　MSCRT 试验参数的定义示意图

MSCRT 对改性沥青而言有很好的区分度，已被 Superpave 的沥青胶结料规范采用，欧洲亦计划在聚合物改性沥青规范采用此指标。我国最新沥青与沥青混合料试验规程中已将该法列为标准方法，但沥青结合料的技术标准中尚未纳入相应的指标。对未改性的基质沥青而言，它们在中等应力/应变条件下的应力/应变敏感性较低，而在蠕变恢复条件下也不会表现出显著的恢复，因此，没有必要对基质沥青开展 MSCRT 测试。

4. 沥青的抗疲劳性能

疲劳是指在重复荷载作用下材料劲度下降的现象，沥青混合料的疲劳通常认为是由于混合物中的胶结料或沥青砂浆中微裂缝扩展的结果。路面的疲劳损坏不仅取决于荷载水平，还与材料的变形恢复能力有关。一般认为材料的弹性分量越大，其变形恢复能力越强，疲劳性能越好，因此 SUPERPAVE 规范中采用 $|G^*|\cdot\sin\delta$ 作为材料的疲劳因子，要求经短期老化和长期老化试件的疲劳因子不低于 5 000 MPa。由于 DSR 试验中摆动板以固定角频

率(10 rad/s,约等于 1.59 Hz 的频率)和较小的摆幅摆动,疲劳因子并不能真实反映疲劳损伤过程。为了评价沥青胶结料在循环荷载作用下的抗损伤能力并预测沥青的疲劳寿命,人们提出了线性振幅扫描(linear amplitude sweep),简称 LAS,也称为快速疲劳试验。LAS 基于黏弹性介质连续损伤理论,通过 DSR 平台进行试验,操作简单,试验周期短,可实现疲劳损伤的量化,已被纳入 AASHTO 的规范(TP 101-12)。

LAS 试验使用 DSR 通过在循环载荷下系统增加的载荷幅度来评估沥青的疲劳行为,试验包含频率扫描(frequency sweep)和振幅扫描(amplitude sweep)两部分。试验选用8 mm直径的平行板模具,首先对沥青进行频率扫描(0.2 Hz、0.4 Hz、0.6 Hz、0.8 Hz、1.0 Hz、2.0 Hz、4.0 Hz、6.0 Hz、8.0 Hz、10 Hz、20 Hz、30 Hz),以确定损伤参数。然后在控制应变的条件下以 10 Hz 的频率在振荡剪切中进行幅度扫描。在 3 100 次加载循环过程中,应变从 0.1%线性增加到 30%,总测试时间为 310 s。在每 10 个载荷循环(1 s)对应的相位角和复数剪切模量处,记录峰值剪切应变和峰值剪切应力。

沥青的疲劳行为采用黏弹性连续体损伤(VECD)模型进一步评估。LAS 具体参数的计算过程如下所述:

将储存模量 $G'(\omega)$ 与角频率 ω 两者取对数后根据数据进行线性拟合得到斜率 m:

$$\lg G'(\omega)=m(\lg\omega)+b \tag{8-25}$$

记参数 $\alpha=1/m$,试验中的损伤累积量按以下的计算方法:

$$D(t)\cong\sum_{i=1}^{N}\left[\pi I_D\gamma_0{}^2(G^*\sin\delta_{i-1}-G^*\sin\delta_i)\right]^{\frac{\alpha}{1+\alpha}} \tag{8-26}$$

式中,$|G^*|(t)$ 为振幅扫描测试得到的复合动态剪切模量;I_D 为 1%应变区间内的初始值;γ_0 为给定数据点的应力应变;t 为测试时间。

对于给定时间 t 上的每一个数据点,记录 $|G^*|\sin\delta$ 和 $D(t)$ 的数值,每个数据点 $C_{(t)}$ 与 $D(t)$ 都满足下式:

$$|G^*|\sin\delta=C_0-C_1(D(t))^{C_2} \tag{8-27}$$

其中,参数 $C_0=1$,参数 C_1 与 C_2 由幂律线性化导出:

$$\log(C_0-|G^*|\sin\delta)=\log(C_1)+C_2\cdot\log(D(t)) \tag{8-28}$$

损伤破坏 D_f 被定义为 $D(t)$ 峰值应力对应 $|G^*|\sin\delta$ 衰减量达到 35%时的数值:

$$D_f=(0.35)\left(\frac{C_0}{C_1}\right)^{\frac{1}{C_2}} \tag{8-29}$$

沥青黏弹性连续介质损伤模型的参数(A_{35} 和 B)计算记录如下:

$$A=\frac{f(D_f)^k}{k(\pi I_D C_1 C_2)^\alpha} \tag{8-30}$$

式中,$f=10$ Hz;$k=1+(1-C_2)\alpha$;$B=2\alpha$。

最终建立沥青的疲劳模型为:

$$N_f=A_{35}(\gamma_{max})^{-B} \tag{8-31}$$

式中，γ_{max} 为实际荷载下路面所产生的最大应变。

几种改性沥青在不同工况下的 LAS 试验结果如图 8-37 所示。

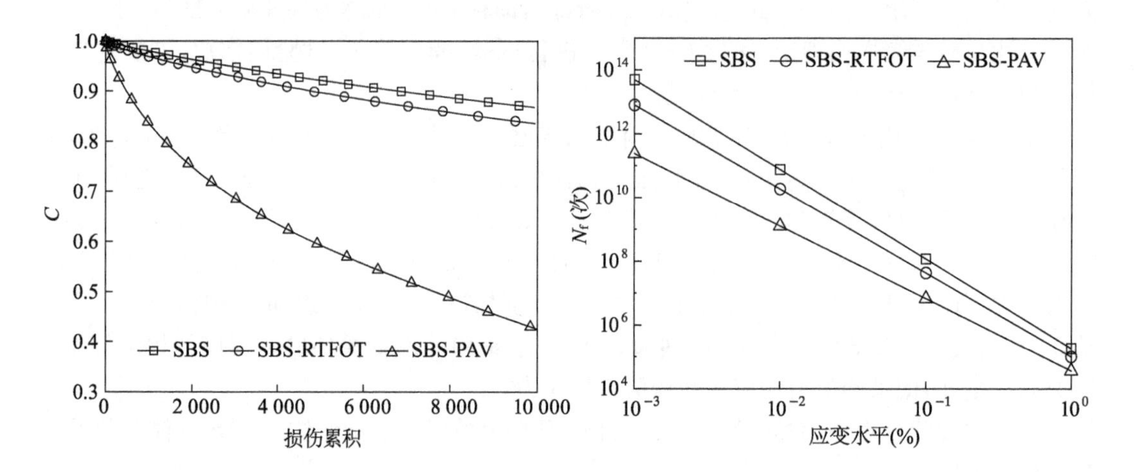

图 8-37　某 SBS 改性沥青及经短期(RTFOT)与长期老化(PAV)作用后试样的 LAS 试验结果

黏弹性连续介质损伤模型得到的材料参数在不考虑测试温度或加载方式的前提下可以准确地预测沥青混合料的损伤演化。这就使一组条件下的测试结果能够预测在多种环境(不同温度、不同荷载)条件下材料的行为，使得在实验室测得的材料抵抗损伤的能力可以更有效地应用于实际工程。当然，单独进行沥青的疲劳测试并不可靠，因为沥青具有一定的微裂纹愈合能力，疲劳测试中的间歇期会改善混合料的疲劳寿命。另外，疲劳开裂风险与沥青的老化程度有关，因此通常要对经过老化处理的沥青、沥青胶浆、沥青砂浆或沥青混合料进行综合疲劳评估。

8.5.2　低温线弹性行为

1. 低温弯曲梁流变试验(BBR)

弯曲梁流变试验(BBR，beam bending rheology)用于测定低温时沥青的劲度，如图 8-38 所示，它主要测定沥青的蠕变劲度(S)和劲度变化率(m)。通过测定沥青小梁试件在蠕变荷载作用下的劲度就可以确定沥青的性质。沥青的蠕变劲度越大，材料愈呈现出脆性，劲度变化率越大，则沥青的松弛能力越强，意味着沥青路面在温度发生变化时的内应力越易消散，从而减少路面的温度开裂风险。因此，Superpave 规定路面实际的气候条件下所选用沥青的蠕变劲度 S 不超过 300 MPa、m 值不小于 0.3。

试验过程中监测试件的变形随时间发展的曲线 $\delta(t)$，根据第 8、15、30、60、120 和 240 s 所对应的变形量来计算蠕变劲度，

$$\delta(t)=\frac{PL^3}{48I}D(t) \tag{8-32}$$

式中，P 为所施加的荷载，L 为支点间距，$I=bh^3/12$，惯性矩，b 为梁宽，h 为梁高，$D(t)$ 为蠕变柔量。

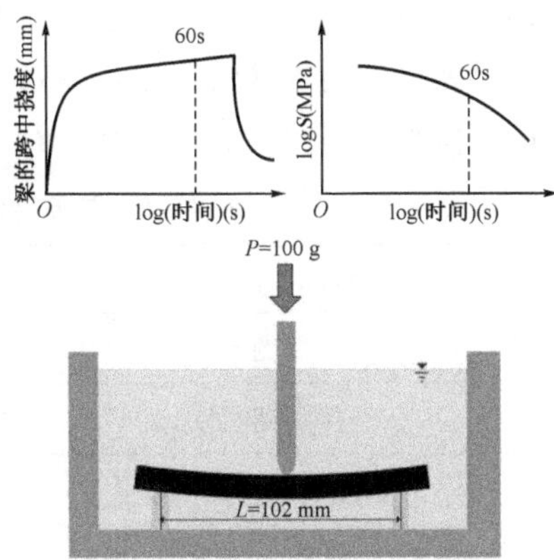

图 8-38 弯曲梁流变试验

蠕变劲度为蠕变柔量的倒数，也即，$S(t)=1/D(t)$，而根据经典梁理论，劲度可按下式计算：

$$S(t)=\frac{PL^3}{4bh^3}\frac{1}{\delta(t)} \tag{8-33}$$

最大弯曲应力与弯曲应变分别为：$\sigma_{\max}=3PL/2bh^2$，$\varepsilon_{\max}=6\delta(t)h/L^2$。

BBR 用于评价沥青胶结料低温下的性能。研究表明，在低温条件下，劲度模量与时间在双对数坐标系中符合二次多项式，也即，

$$\log S(t)=A+B\log(t)+C\,(\log(t))^2 \tag{8-34}$$

由此可得到双对数坐标系中曲线随时间的变化率，此即为蠕变曲线的斜率，因此，

$$m(t)=\frac{\mathrm{d}\log S(t)}{\mathrm{d}\log(t)}=B+2C\log(t) \tag{8-35}$$

2. 直接拉伸试验(DT)

直接拉伸试验(DT，direct tensile test)测试沥青在低温时的拉伸破坏应力和应变，哑铃试件质量约 2 g，长 40 mm，有效标距长度 27 mm，截面积 36 mm，以 1 mm/min 速度拉伸哑铃状试件直至破坏。同 BBR 一样，DTT 试验也是为保证沥青在低温下抵抗变形的能力达到最大。通常沥青出现脆性破坏时的应变不大于 1%，为确保实际工程中沥青不会发生脆性破坏，通常要求沥青的拉伸应变不小于 1%。

8.6 沥青的技术标准

8.6.1 沥青的规范体系

1. 制定沥青技术标准的基本原则

制定沥青的规范，首先要确定材料性能所需的物理特性。因此，了解沥青在沥青混合料

中的作用是十分重要的。而规范也应集中反映沥青的特性，同时还应包含某些可能与材料性能不直接相关的附加属性要求，如材料的安全性、方式、储存与使用方式等，以提供关于材料应用的重要实用信息。表8-10汇总列出了与沥青混合料性能相关的胶结料性能。

表8-10 与沥青混合料性能相关的胶结料性能

沥青混合料的性质	相关的沥青胶结料的性质
剥落	黏附性
拌和期间硬化	短期老化
服役期间的路面老化	长期老化
抗水损害能力	黏附性、黏度
耐磨损性和抗裂性	内聚力，低温变形能力
低温抗裂性	流变学失效特性，低温变形能力
抵抗疲劳开裂	疲劳属性
防爆防燃	燃点
抗车辙能力	高温流变特性
承载能力	劲度模量
抗离析能力	短期老化后的剪切黏度
刚度特性	动态模量
结构强度	抗拉试验
施工和易性	黏温特性、贮藏稳定性

由于沥青是典型的温度敏感型材料，沥青规范通常在特征温度区间描述沥青的特性，如图8-38所示，并要求沥青在施工时和服役期内可能的温度区间范围均满足技术要求。施工温度关系到沥青泵送、拌和、摊铺和碾压过程，应确保此温度区间内沥青的黏度能够满足施工要求，这需要评估温度-黏度曲线、储存稳定性等。路面的服役温度通常可分为高、中、低温三个区间。当服役温度接近沥青软化点时，沥青易软化甚至流动，在荷载作用下易引发混合料产生永久变形甚至流动性破坏，此温度区间一般认为可达40～85℃。当服役温度接近沥青的脆点时，沥青变硬变脆，自身产生收缩，且变形能力急剧下降，此时可能导致沥青混合料的收缩开裂，此温度区间上限一般认为低于0℃，下限为极端最低的环境温度。在中间温度范围，沥青的主要破坏模式由荷载反复疲劳作用所致引起的，因此在此区间范围内应重点关注沥青胶结料的劲度和抗疲劳性能。

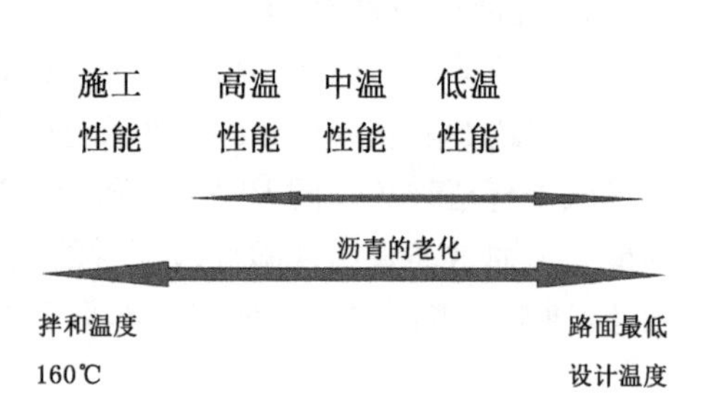

图8-39 沥青性能技术体系

沥青作为温度敏感型的憎水型碳氢化合物，除汽车荷载的反复作用外，在施工和服役过程中还受自然环境(水、热、气、太阳辐射等)的综合作用。因此,试验时通常需将试样经历某种形式的老化或特殊工况的模拟作用,以评估其影响。

沥青的温度敏感性和荷载敏感性均较强,且在温度、水、太阳辐射等综合作用下材料会发生老化,因此,具体工程项目应用时应充分考虑路面使用寿命期间遇到的环境和交通状况。由于不同地区的环境与交通状况相差较大,单一沥青不可能完全适合在路面使用期间可能遇到的环境条件。为此,规范不仅要列出沥青的性能指标,还要列出适合所需性能的不同等级沥青及其性能标准。

2. 世界范围内沥青胶结料分级的标准体系

多年来,人们发展了不同的方法对沥青进行分级,主要是基于沥青的流变学与力学性能进行分级,并假定这些性能与路用性能相关。在世界范围内常见的道路沥青分级体系有三类,即针入度分级体系(P 级)、60℃黏度分级体系(AC,包括基于原样沥青的分级和以及基于老化残留物的黏度分级)和按性能分级的体系(PG)。包括中国和日本在内的大多数亚洲国家、欧洲和非洲国家、阿根廷、巴西等采用针入度分级体系,澳大利亚、新西兰、智利、墨西哥等采用 60℃黏度分级体系,路用性能分级的国家主要为美国、加拿大,我国很多工程中的改性沥青也参考了 PG 分级体系。

8.6.2 基于针入度分级的技术标准

在针入度分级体系中,沥青的牌号根据沥青 25℃时的针入度值命名,如 ASTM D946、欧洲,我国国标、行标等,均以沥青的 25℃针入度值作为石油沥青产品标号的主要依据。表 8-11 为公路沥青路面施工技术规范 JTG F40 中所列的道路石油沥青标号,同时按照针入度指数 PI、软化点、60℃黏度、延度(10℃、15℃)、蜡含量,以及短期老化后的沥青技术性能指标将道路石油沥青分为 A、B、C 三个等级。

一般认为,按针入度分级的主要优点有三方面:首先,25℃的温度基本反映了多数沥青路面通常服役温度,而针入度则间接反映了沥青的黏度,因此它可以反映沥青在使用温度下的性能;其次,沥青针入度测试方法简单,仪器造价低,操作方便,体系完善;最后,通过测定不同温度下的针入度,可以确定沥青的温度敏感性。但针入度试验是经验性试验,不能像黏度那样直接表征沥青的稠度;在试验过程中试针下降时所产生的剪切速率很高,而沥青属于非牛顿流体,其实测黏度值与剪切速率有关;对于针入度不同的沥青,测定过程中剪切速率也不同;另外,单一温度的针入度无法反映沥青在使用温度区间内的性能。实践表明,传统针入度指标体系多数技术指标与路用性能的关联性均较差,根据这些指标无法对沥青混合料的路用性能进行准确预测,另外,它们在评估改性沥青混合料往往会导致很大的误差。

8.6.3 基于黏度分级的技术标准

为克服针入度分级的缺点,在上个世纪 60 年代黏度分级被提出,它以沥青在 60℃的动力黏度(真空减压毛细管法)为主要分级指标。表 8-12 为 ASTM D3381 关于 60℃黏度分级的道路石油沥青标号及对应的针入度。

表 8-11 JTG F40 中道路石油沥青的技术要求

指标	单位	等级	沥青标号																	试验方法[1]
			160 号[4]	130 号[4]	110 号			90 号					70 号[3]					50 号[3]	30 号[4]	
针入度(25℃，5 s，100 g)	0.1 mm		140～200	120～140	100～120			80～100					60～80					40～60	20～40	T 0604
适用的气候分区[6]			注[4]	注[4]	2－1	2－2	3－2	1－1	1－2	1－3	2－2	2－3	1－3	1－4	2－2	2－3	2－4	1－4	注[4]	附录 A[6]
针入度指数 PI[2]		A	－1.5～＋1.0																	T 0604
		B	－1.8～＋1.0																	
软化点(R&B)不小于	℃	A	38	40	43			45			44		46		45			49	55	T 0606
		B	36	39	42			43			42		44		43			46	53	
		C	35	37	41			42					43					45	50	
60℃动力粘度[2]不小于	Pa·s	A	—	60	120			160			140		180		160			200	260	T 0620
10℃延度[2]不小于	cm	A	50	50	40			45	30	20	30	20	20	15	25	20	15	15	10	T 0605
		B	30	30	30			30	20	15	20	15	15	10	20	15	10	10	8	
15℃延度不小于	cm	A，B	100															80	50	
		C	80	80	60			50					40					30	20	
蜡含量(蒸馏法)不大于	%	A	2.2																	T 0615
		B	3.0																	
		C	4.5																	
闪点　不小于	℃		230					245					260							T 0611

(续表)

指标	单位	等级	沥青标号							试验方法[1]
			160 号[4]	130 号[4]	110 号	90 号	70 号[3]	50 号[3]	30 号[4]	
溶解度　不小于	%		99.5							T 0607
密度(15℃)	g/cm³		实测记录							T 0603
TFOT(或 RTFOT)后[3]										T 0610 或 T 0609
质量变化　不大于	%		±0.8							
残留针入度比(25℃)不小于	%	A	48	54	55	57	61	63	65	T 0604
		B	45	50	52	54	58	60	62	
		C	40	45	48	50	54	58	60	
残留延度(10℃)不小于	cm	A	12	12	10	8	6	4	—	T 0605
		B	10	10	8	6	4	2	—	
残留延度(15℃)不小于	cm	C	40	35	30	20	15	10	—	T 0605

注：1. 试验方法按照现行《公路工程沥青及沥青混合料试验规程》(JTJ 052—2000)规定的方法执行。用于仲裁试验求取 PI 时的 5 个温度的针入度关系的相关系数不得小于 0.997。
2. 经建设单位同意，表中 PI 值、60℃动力粘度、10℃延度可作为选择性指标，也可不作为施工质量检验指标。
3. 70 号沥青可根据需要要求供应商提供针入度范围为 60～70 或 70～80 的沥青，50 号沥青可要求提供针入度范围为 40～50 或 50～60 的沥青。
4. 30 号沥青仅适用于沥青稳定基层。130 号和 160 号沥青除寒冷地区可直接在中低级公路上直接应用外，通常用作乳化沥青、稀释沥青、改性沥青的基质沥青。
5. 老化试验以 TFOT 为准，也可以 RTFOT 代替。
6. 气候分区见附录 A。

表 8-12　道路石油沥青产品命名规则(60℃黏度分级,ASTM D3381-13)

项目	AC-2.5	AC-5	AC-10	AC-20	AC-40
60℃黏度(Pa·s)	25±5	50±10	100±20	200±40	400±80
25℃针入度(0.1 mm),不小于	200	120	70	40	20

以黏度分级取代针入度的原因有二：一是以理性客观的黏度试验代替经验性的针入度试验；二是60℃更接近炎热夏季路面的最高温度。因为黏度是流体的固有性质,用不同温度下的黏度可表征沥青的感温性,而以接近于沥青路面的最高服役温度试验能更好地体现高温性能要求；另外,真空减压毛细管法的精度较高,规格指标重叠少。但该法也存在以下缺点：

(1) 按60℃黏度分级,忽视了低温和常温下沥青的性能；

(2) 试验仪器较复杂,时间较长,条件控制严格,不宜在现场使用；

(3) 同一黏度级别的沥青经薄膜烘箱后黏度可能相差较大,而该体系没有考虑沥青拌和施工过程中的热老化。

由于沥青路面成型时沥青经历了施工期的热老化,因此,ASTM D3381还以薄膜烘箱处理后的沥青黏度进行分级(AR分级),如表8-13所示。AR体系表征了沥青热拌后的性质,但它的实验设备较多,实验时间较长,并且同样没有考虑沥青常温和低温条件下的性能。

表 8-13　道路石油沥青 AR 分级标准(RTFOT 残余物 60℃黏度分级,ASTM D3381)

项目	AR-1000	AR-2000	AR-4000	AR-8000	AR-16000
60℃黏度(Pa·s)	100±25	200±50	400±100	800±200	1 600±400
25℃针入度(0.1 mm),不小于	65	40	25	20	20

8.6.4　基于路用性能的分级标准

基于路用性能的分级标准旨在建立沥青流变特性与路面使用性能之间的相关性,以SUPERPAVE的PG分级较有代表性。该体系选择在高温、中温、低温下进行试验,就是根据路面在不同温度下的破坏机理确定的,如图8-40所示。温度高于100℃的区间,是沥青泵送、拌和、摊铺和碾压的过程,在PG规范中采用135℃的黏度表征沥青的施工性能。性能分级标准与其他分级标准相比有不少优点。首先,它考虑了加载速率对沥青胶结料性能的影响,其次,试验是在沥青施工和服役的工作温度下开展；最后,在性能分级标准

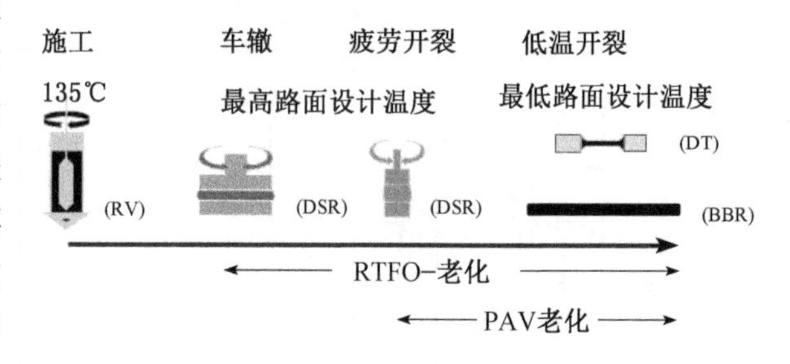

图 8-40　SuperPave 路用性能分级的基本思想

中,能够获得多种不同温度条件下的流变学参数而非经验参数,这些流变学参数可与沥青混合料路用性能建立关联。而针入度分级和黏度分级中试验温度多数与现场工作环境的温度无关。

在路面工作温度较高(一般为45～85℃)时,沥青路面的破坏主要是车辙引起的,在该温度区间内,不光要测定沥青黏度,还要分析沥青的黏性部分和弹性部分对车辙的贡献,因此需要确定复数模量和相位角。高的复数模量对抗车辙性能有利,它代表着较强的抗变形能力;较小的相位角也是有利的,它代表着弹性部分对抗变形能力的贡献较大。在PG规范中采用动态剪切流变仪(DSR)测定旋转薄膜烘箱或薄膜烘箱试验前后沥青抗车辙因子 $G^* \cdot \sin\varphi$,在频率10 rad/s下最小值不低于1.0 kPa。

在中等温度下,沥青具有明显的黏弹性特性,这一温度区间内路面的损坏主要是由疲劳引起的。对于黏弹性材料,复数模量和相位角对表征沥青的疲劳性能具有重要意义,这是因为路面的破坏不仅取决于荷载产生的应力和应变,还取决于可恢复变形占总变形的比例。在该温度区间内,较软的材料和高弹性材料对抗疲劳性能是有利的,因为高弹性具有很好的弹性恢复能力。车辙和疲劳与加载速率是有关的,因此在确定复数模量和相位角的测定条件时,要模拟道路使用过程中荷载的加载速度。在PG规范中通过测定压力容器老化(PAV)试验后沥青的抗疲劳因子 $G^*/\sin\varphi$,在频率10 rad/s下最大值不超过5 000 kPa。

在低温区域内,沥青路面的损坏主要是由于温度收缩引起的。随着温度的降低,沥青的劲度逐渐增加,从而使得沥青在产生一定收缩应变时具有较大的收缩应力,进而引起路面开裂。但这种应力可以通过沥青的黏弹性释放,因此要确定沥青的低温抗裂性能,只测定沥青的硬度或黏度是不够的,还需要分析沥青在低温下的劲度和应力释放的速率,在一定温度条件下,低的劲度和高的释放速率对抗低温开裂性能是有利的。在PG规范中采用BBR和DT表征沥青的低温抗裂性能。

沥青使用过程中的老化使得沥青特性与路面使用性能的相关性复杂化。使用过程中的老化主要是沥青与氧气接触发生老化,这一氧化过程改变了其流变特性。随着沥青的老化,流变曲线变得平缓,说明复数模量和相位角随温度或荷载的施加速度变化较平缓。并且在整个温度区间内具有较大的复数模量和较小的相位角,这对抗车辙性能是有利的;对低温抗开裂性能是不利的;对于抗疲劳开裂性能,复数模量的增加是不利的,而相位角的降低是有利的,其综合效应取决于沥青路面的类型和疲劳破坏的形式。在PG规范中,沥青老化采用旋转薄膜烘箱试验(RTFOT)和压力容器老化试验(PAV),大量研究结果表明,前者模拟了沥青在拌和过程中的老化,后者模拟了在使用条件下的老化。

为了确保沥青混合料的路用性能,每一种沥青必须同时满足永久变形、疲劳、温缩开裂等方面的要求,其技术要求见表8-14。不同级别的沥青,控制这些要求的实验温度也不相同,其选择是根据路面所处的环境条件为依据。PG规范中沥青所满足的温度是路面最高和最低设计温度,PGXX-YY,XX代表平均7 d的路面最高设计温度,-YY代表路面最低设计温度,例如PG64-28表示该沥青满足64℃下的永久变形,以及−28℃低温收缩开裂要求,并且满足25℃中等温度条件的抗疲劳要求。不同等级沥青高温和低温的温度间隔为6℃,其中高温等级自52～82℃共6个等级,低温等级自−16～−40℃共5个等级,如图8-41所示。

表 8-14 SuperPave 沥青胶结料性能试验与技术要求汇总

对应状态	施工	永久变形(车辙)		疲劳开裂	低温开裂	
试验	RV	DSR	DSR	DSR	BBR	DT
老化状态	无	无	RTFOT	RTFOT+PAV	RTFOT+PAV	
试验温度	135℃	T_{max}	T_{max}	$0.5\times T_{max}+T_{min}+4$	$T_{min}+10$	$T_{min}+10$
示例：PG64-22		64℃	64℃	25℃	−12℃	−12℃
指标	黏度	$\|G^*\|/\sin\theta$	$\|G^*\|/\sin\theta$	$\|G^*\|\times\sin\theta$	s，m	ε_f
技术要求	≤3 Pa·s	≥1.0 Pa·s	≥2.2 Pa·s	≤5 000 kPa	$s\leqslant 300$ MPa $m\geqslant 0.3$	≥1.0%

注：T_{max}— 平均 7 d 的最高路面温度；T_{min}— 路面最低温度。

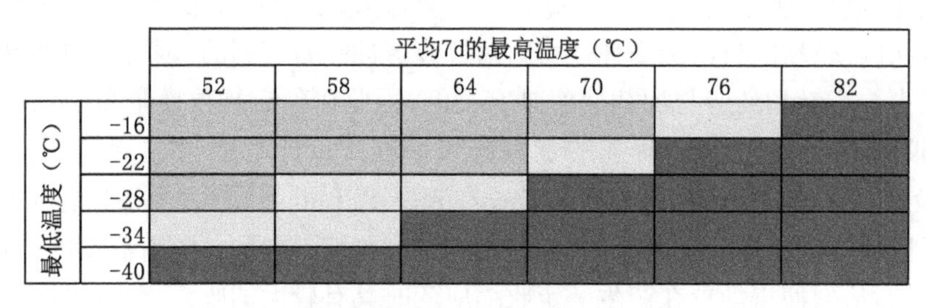

图 8-41 SuperPave PG 分级命名规则

路面设计温度根据当地的气象信息计算得到。假设路面设计最高和最低温度与年份之间遵循正态分布，如图 8-42 所示。在这个例子中，连续 7 d 的路面最高温度气温平均值为 56℃，标准偏差为 2℃。类似地，一天中路面最低温度的平均值为−23℃，标准偏差为 4℃。由于正态分布曲线下的面积代表概率，因此可以计算出满足先前假设概率的温度范围。例如，在−23℃和 56℃之间的温度范围内，高低温可靠度达 50%。通过将路面最低温度减去两倍的标准差，并将路面最高温度加上两倍标准差，−31℃和 60℃之间的范围可以达到 98%的可靠度。在选择沥青时，设计人员应选择最符合可靠度要求的标准 PG 等级。这种“舍入”通常导致比预期更高的可靠度，如图 8-42(b)所示。请注意，根据具体的路面条件，高温、低温等级的可靠度不需要完全相同。

尽管 PG 规范是对针入度等级的重大改进，但这种方法存在两个主要缺点。首先，对 PG 规范的一个普遍批评是它基于在不同临界条件下使用较低应力或应变水平的胶结料刚度。虽然刚度(甚至与时间相关的劲度)可表征材料的载荷变形或应力-应变响应，但它并不表征材料的失效极限。一些研究表明，性能等级非常相似的沥青，其失效特征可能并不相同；更尖锐的批评则认为，在特定温度和老化条件下所测得的流变性质不能完全反映混合料中沥青的性能。基于此，新的 PG 规范中已纳入 MSCRT、LAS 等试验指标的技术要求。

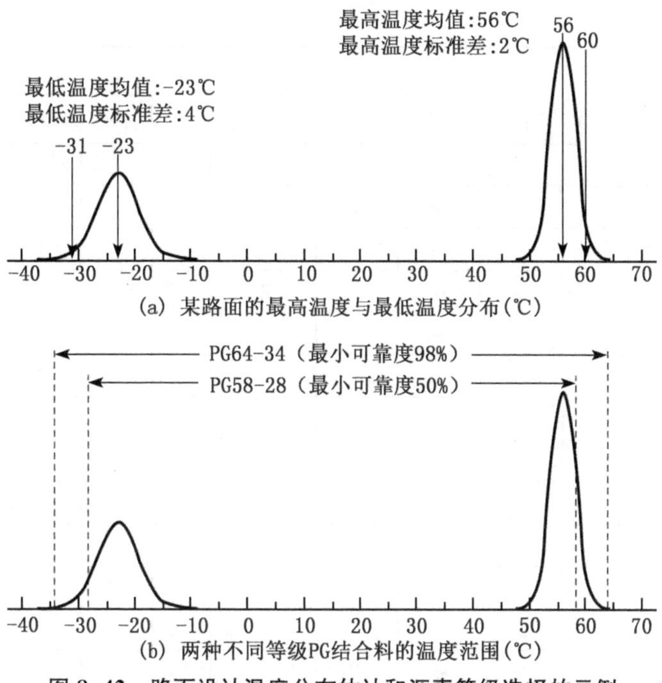

(a) 某路面的最高温度与最低温度分布(℃)

(b) 两种不同等级PG结合料的温度范围(℃)

图 8-42 路面设计温度分布估计和沥青等级选择的示例

8.7 沥青的老化与再生

石油沥青通常具有较好的耐候性,但作为含多种复杂组分的碳氢化合物,在施工和服役期间,因风雨、阳光、紫外线和温度变化等自然条件和荷载的综合作用,它们会发生一系列的物理及化学变化,这导致沥青变硬变脆,甚至不能继续发挥其黏结与密封作用。随着时间推移,沥青的理化性质和相态结构发生不可逆变化的现象称为老化。了解沥青的老化对于理解沥青在其生命周期的行为与变化非常重要,这也助于旧沥青的再生利用。

8.7.1 沥青老化的机理

沥青的老化行为已为人们所熟知,目前已知多达 15 种因素会影响沥青的老化,详见表 8-15。老化过程中沥青材料的组成与结构经历着复杂的物理和化学变化,物理变化主要表现为分子结构重排、轻组分被吸附和受热挥发等,而化学反应对沥青老化起主导作用。

表 8-15 沥青的老化机制

老化机制	影响因素					老化发生位置	
	时间	热	氧气	太阳光	β、γ射线	表面	混合料内部
暗处氧化	※	※	※			※	
直接光氧化	※	※	※	※		※	

（续表）

老化机制	影响因素					老化发生位置	
	时间	热	氧气	太阳光	β、γ射线	表面	混合料内部
蒸发	※	※				※	※
反射光氧化	※	※	※	※		※	
光化学反应(直射光)	※	※		※		※	
光化学反应(直射光)	※	※		※		※	※
聚合	※	※				※	※
原位老化或物理硬化	※	※				※	※
油的渗出	※	※				※	※
核能所致的改变	※	※			※	※	※
水的作用	※	※	※	※		※	※
固体吸收	※	※				※	※
被结构固体吸收	※	※					
化学反应	※	※				※	※
微生物作用所致的劣化	※	※	※			※	※

不同类型沥青老化过程中发生的化学反应多有差异，但主要反应为氧化、脱氢缩合、加聚及降解等，表现为沥青中含氧官能团不断增多，从而生成不同的化学组分（图 8-43），并导致沥青的相态结构和物理性能发生变化，进而影响沥青的宏观路用性能。在这些老化机制中，最主要的作用为氧化、挥发、自然硬化、油的渗出等。因此，通常将沥青老化的物理化学

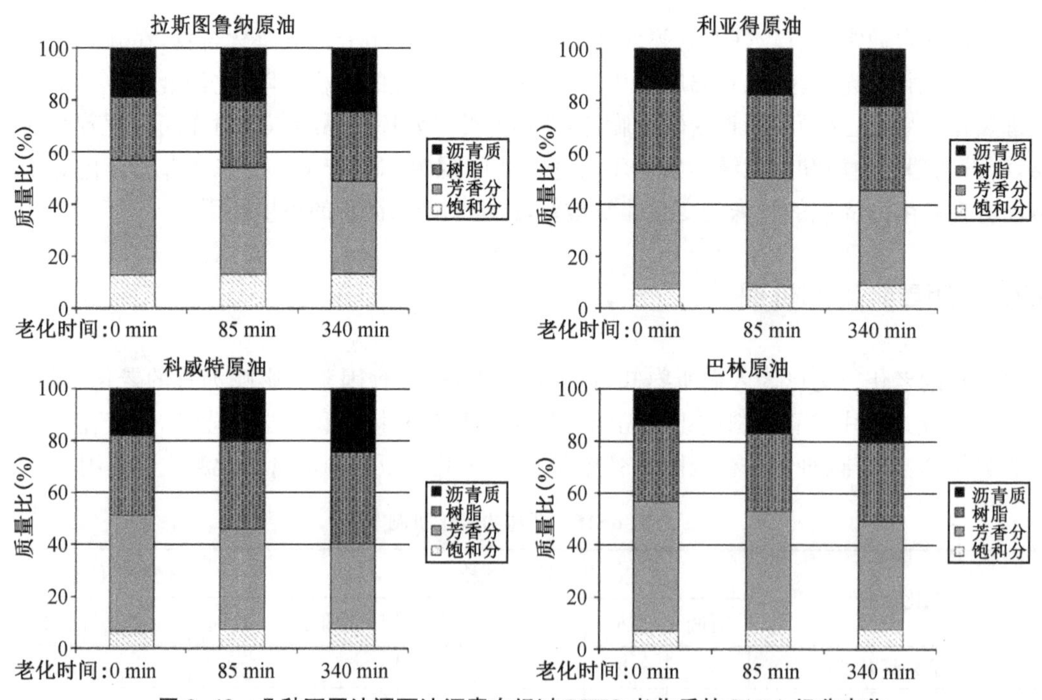

图 8-43　几种不同油源石油沥青在经过 RFTO 老化后的 SARA 组分变化

作用机制概括为蒸发损失、自然硬化和渗流硬化和光氧老化四大类。

蒸发损失是指沥青中轻质组分的蒸发导致沥青变硬、质量变轻的现象。挥发性成分的蒸发会留下较高黏度的沥青，这种现象在高温下非常明显，它可能对沥青起积极或消极作用。另外，在雨水作用下，沥青中存在的微量可溶质也会被冲洗掉。

自然硬化则是指沥青在环境温度中自然产生的硬化现象，它主要是由于沥青分子的重新定位和蜡质成分的缓慢结晶所致，又称为物理硬化；物理硬化一般是可逆的，通过升高温度和搅拌可使沥青又恢复到原来的黏度。

渗流硬化是指沥青中的轻质油分渗透到基底材料（防水密封）或矿质集料（沥青混合料）中引起沥青膜硬化的现象，这种作用主要与沥青所含烷基烃部分低分子量组分的数量、沥青质的数量与类型，以及基底材料或矿质集料的孔隙特性有关。

氧化老化是指在太阳辐照、热、压力等综合作用下，沥青吸收空气中的氧分子引发的化学反应，这是沥青老化变质的主要原因。在沥青与空气接触过程中，沥青组分中的自由基团（沥青所含的芳族化合物和树脂组分中的不饱和键）在一定条件下会吸收空气中氧气，形成极性含氧基团，如羟基、羧基、羰基和酯类结构等，并逐渐联结成更大更复杂的分子，使沥青变稠变硬，延展性下降。氧和沥青的反应几乎可以在全温度范围内进行，但在温度低于80～100℃时的氧化速度极其缓慢。升高温度和增加表面积会大大促进沥青氧化速度。同样，沥青的组成也会影响氧化速率，富含沥青质的沥青更容易老化。在大气环境中，沥青的温度与及其与氧接触的时间对氧化老化程度起决定性作用。因此，在沥青混合料施工过程中，应严格控制沥青的加热和沥青混合料的出料温度，并以尽可能低的加热温度和较短的施工时间和较密实的混合料状态作为控制目标，以最大程度减少氧化。

在实际工程中，沥青的老化往往是上述多种机制综合作用的结果，例如高温下烃类物质的挥发、分子间键的断裂形成新的分子结构和氧化。与高温耦合的氧化可以破坏和改变强共价键，导致分子极性增加，并因此增加这些分子之间的缔合。

8.7.2 老化对沥青结构和性能的影响

在储存期间，沥青通常以较高温度（约100～135℃）在大体积沥青贮罐中存放数天甚至数周。而在通常的沥青混合料施工过程中，沥青以更高的温度（基质沥青约145℃、SBS改性沥青约175℃）以雾状液滴形态喷入沥青混合料拌和缸内，与更高温度的石料拌和约60 s，然后以混合料的形态运至现场摊铺碾压至自然冷却。在路面服役过程中，混合料中的沥青以薄膜状态工作。在沥青混合料中，沥青暴露于空气中的程度通常取决于混合料的空隙率。在压实良好的密实型沥青混合料中，沥青的老化量相对较小，而具有大空隙的沥青混凝土，例如多孔沥青混凝土，老化行为会更为显著。由于沥青分子结构中存上着一些稳定性较大的自由基，即使在不见光的情况下，暴露于空气中的沥青仍可能发生暗处氧化，生成含氧化合物及高分子缩合产物，当然，由于氧分子难以穿透沥青膜，故而这种氧化通常仅发生在沥青与空气的接触面上。而当沥青完全暴露在可见光和空气中时，其氧化速度比在暗处相对快一些。研究与工程实践表明，在沥青膜较厚的情况下，一般光氧化作用深度仅可达沥青表面约4～10 μm的浅表层。因此，从增强沥青混合料耐久性的角度来看，增加沥青膜的厚度或提高混合料中的沥青用量具有显著的效果。

在老化过程中，沥青组分发生迁移，胶体结构会发生改变，这导致其黏度增大，流变指数减小，并引起沥青物理力学性质的变化。沥青老化的通常规律是：针入度变小、延度降低、软化点和脆点升高，沥青变硬、变脆、延伸性降低，易开裂和丧失黏结力等。对于沥青的流变性能而言，老化后复数模量通常会变大，表明抗高温变形能力得到增强，而相位角通常会变小，表明老化后沥青的黏性成分减少，弹性能力增强。因此，老化后沥青的抗车辙因子会变大，也即老化后沥青抵抗高温永久变形的能力得到增强。而沥青的疲劳因子通常会随着老化而增大，这表明老化后沥青的抗疲劳开裂能力会变差。

石油沥青老化反映在物质组分上的变化则是饱和分变化不大、胶质与芳香分减少、沥青质增加。从微观尺度来看，老化后沥青的分子结构也发生了变化，羰基—C═O(酯，酮等)和亚砜基—S═O是氧化老化过程中形成的主要官能团。老化作用的结果表现为沥青中高分子量的组分含量增加。通过红外光谱测试，分析特征吸收峰位置、吸收峰强度等可定量判断上述官能团含量的变化。羰基的吸光度反映了测试样品中羰基浓度的大小，沥青老化程度越大其羰基浓度越高。

关于沥青老化对性能的影响机理，目前通常也采用两种理论进行解释。第一种是“组分迁移理论”，该理论认为沥青老化的总体趋势是小分子量化合物向大分子量化合物转化，高活性、高能级的组分向低活性、低能级的组分转移，这使得各组分间比例不协调，导致沥青性能下降。第二种是“相容性理论”，该理论从热力学角度出发，认为老化使得沥青高分子溶液体系中各组分的相容性下降，组分间的溶解度参数值增大，破坏了其结构体系的稳定性。

8.7.3 旧沥青的再生

沥青的再生通常分为热再生和冷再生两种途径，并可进一步细分为厂拌再生或就地再生。热再生实际是沥青老化的逆过程，通过调整旧沥青的流变行为达到再生的目的，也就是调节旧沥青的黏度，使之降低至所需的黏度范围，并在此基础上添加一定的集料、外加剂，形成新的沥青混合料。冷再生指旧沥青混合料作为新的集料加以再生利用，加入胶结料后形成具有一定强度的材料。在过去的十几年中，温拌再生技术的应用也非常普遍。温拌再生通常在工厂进行，该过程与厂拌热再生的方法非常相似，但与热再生相比，沥青混合料的拌和出料温度约低20～50℃。

旧沥青的再生过程就是通过重新调整旧沥青的相容性或各组分含量，使之达到目标水平。再生方法包括加入新沥青和相应的再生剂。有时可在再生的同时对旧沥青加以改性。

再生剂是能将旧沥青的物理和化学性质改善至满足规范要求的有机材料。再生剂的主要作用为：(1)调节旧沥青的黏度，使旧沥青过高的黏度降低，达到沥青混合料所需的黏度。使过于脆硬的旧沥青混合料软化，以便在机械加热的作用下，充分分散、渗透，和新沥青及新集料均匀混合以达到再生的目的。(2)渗入旧沥青混合料中和旧沥青充分交融，使在老化过程中凝聚起来的沥青质重新溶解分散，调节胶体结构，从而达到改善沥青流变性能的目的。

再生效果的评价方法目前主要有两类。一类是宏观性能评价方法，通过与老化前的原样沥青对比，确定再生沥青宏观性能指标的恢复程度。另一类是基于组分的评价方法，即对再生沥青的组分进行分析，通过对比再生前后的沥青各组分含量变化，对再生效果进行评价。目前对再生剂主要有如下方面的技术要求：

(1) 黏度：再生剂需要在施工前或拌和时喷洒于旧料上，因此再生剂必须具有可喷洒性和很强的渗透能力，可以渗透到旧沥青中并与其充分融合。一般来说，黏度越低，再生剂的渗透能力越强，所以再生剂首先必须具备低黏度。但低黏度往往也意味着易挥发性，若低黏度的油分过多，则在施工拌和以及后续使用过程中的挥发也更大，所以再生剂的黏度也不能太低，应根据旧料的老化情况匹配合适黏度的再生剂。

(2) 溶解分散能力：老化导致沥青组分的重质化，再生剂应具有足够溶解和分散沥青质的能力。芳香分具有溶解和分散沥青质的能力，而饱和分则相反，是沥青质的促凝剂。因此，再生剂中芳香分的含量多少是衡量再生品质的重要指标之一。一些规范就明确规定了芳香分的含量范围以及饱和分的含量上限值。

(3) 表面张力：沥青质在弱极性溶剂中的溶解程度与这些溶剂的内压力有关。由于各种溶剂的分子体积相差不大，故可用表面张力近似地说明溶剂的内压力。也就是说可用表面张力这一指标反映再生剂对沥青质的溶解能力。

(4) 耐热性与耐候性：同沥青一样，再生剂也会经历短期老化以及长期老化，这对再生沥青的抗老化能力影响很大。因此，再生剂应具有良好的抗老化能力。

(5) 施工安全性：从施工安全的角度考虑，再生剂应具有较高的闪点和燃点。在施工喷洒和拌和过程中不产生闪火或烟雾现象，也不产生对人体有害的物质。

冷再生一般采用改性沥青或改性乳化沥青。乳化沥青冷再生混合料适用于高等级路面的柔性基层或低等级道路的面层。在进行旧沥青混合料和乳化沥青的室内试验评价时，应确定再生剂是否适用于该沥青混合料。不同类型和用量的乳化沥青，都应通过旧沥青混合料与新集料试配来确定最佳的组合。当材料级配确定后，就可以选择乳化沥青的等级和类型。中裂沥青乳液适用于开级配或粗级配的集料，慢裂乳化沥青具有较大的拌和能力，通常用于稳定密集配或细料含量较高的集料。冷再生过程中往往还需要添加一定量的水泥。

沥青泡沫化是一种常用于沥青混合料生产的温拌措施，也常用于旧沥青混合料的冷再生。泡沫沥青是在一定压力条件下，将加热熔融的沥青和冷水在专业的设备内混合、膨胀，形成的沥青气泡，泡沫沥青混合料的生产原理如图 8-44 所示。泡沫沥青并不改变沥青本身

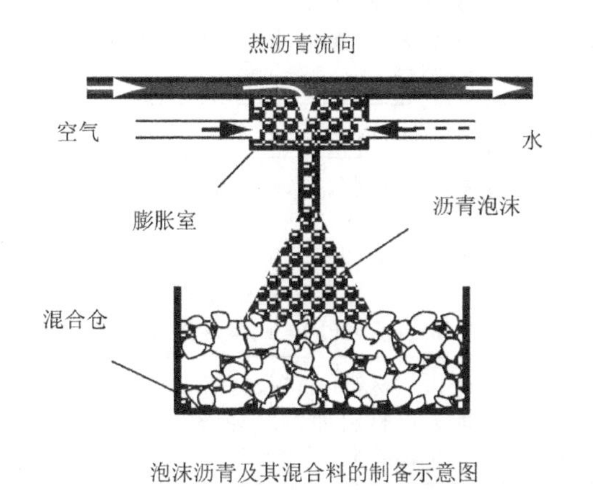

泡沫沥青及其混合料的制备示意图

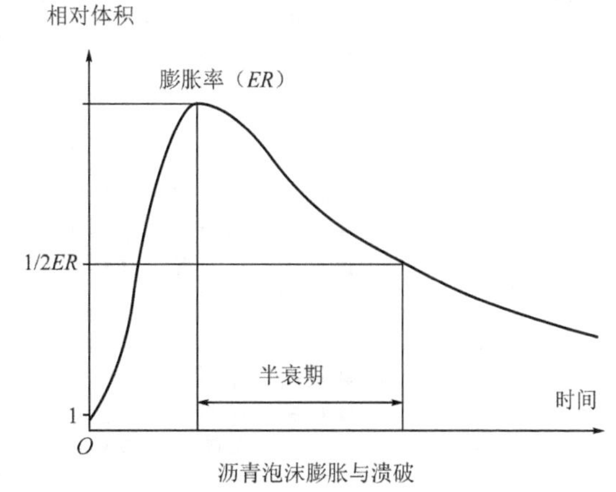

沥青泡沫膨胀与溃破

图 8-44 泡沫沥青生产及相关指标的概念

的各种化学性质，仅是利用汽化阶段沥青体积增大，黏度暂时降低的有利条件，在不增加沥青用量的情况下，可以有效地增大沥青对集料的裹覆面积，改善沥青与集料拌和的和易性，减小沥青混合料中自由沥青膜的厚度，提高沥青混合料的质量。不同于常规热拌沥青混合料以及乳化沥青混合料的制备过程，泡沫沥青冷再生混合料必须在现场进行沥青发泡和混合料的生产，生产过程中须通过膨胀率和半衰期两指标来评价和控制泡沫沥青的发泡特性。影响沥青发泡的因素包括：含水率、温度、沥青类型、气压及添加剂等。

8.8 沥青的改性

人类利用各种改性剂对沥青进行改性已经有很久的历史。早在1873年Samue Wgite就申请了有关在沥青中加入1%的天然橡胶对沥青改性的专利，虽然这一专利产品没有在实际应用中使用，但法国在1902年就用改性沥青铺筑了道路。此后，技术人员一直试图在沥青中加入添加剂或改性剂，改善沥青某一特性。近半个世纪以来，世界范围内改性沥青的研究、生产和应用达到了前所未有的高潮。这样做的原因，一是由于沥青本身性质的变化，自1973年以来，传统的固定供油方式有所变化，许多炼油厂从固定的沥青生产油源变为多种油源，而对许多轻质组分的过度分离也导致沥青的黏附性与内聚力下降，这样就难以保证所生产的沥青都能达到规格要求的指标，因此需借助于改性以确保沥青满足技术要求；二是道路的发展对路面提出了新的要求，如交通量增加，轴载加重，因资金短缺倾向于铺筑薄的面层，长寿命路面与功能型路面的建设需求等，这需要增加沥青的性能。常用的沥青改性性剂如表8-16所示。

表8-16　石油沥青的常用改性剂

基本类型	常用目标	常用材料
粉末颗粒	■ 沥青加劲 ■ 调节矿料级配规范 ■ 增加稳定性、增加内聚力与黏附性 ■ 实现特定功能(如自清洁、自修复)	■ 矿物填料如石灰石粉、熟石灰、水泥、粉煤灰、硅藻土等 ■ 碳黑、碳纳米管 ■ 纳米二氧化钛、封装修复剂的微胶囊
增量剂	■ 取代部分20%~35%沥青(质量比)	■ 硫磺、木质素
橡胶、塑料及其合金化产物	■ 增加沥青混合料高温劲度、模量 ■ 增加中温弹性，提高抗疲劳能力 ■ 减少热拌沥青混合料在低温时劲度，从而增加抵抗低温开裂的能力	■ 天然橡胶、合成橡胶、再生胶、共聚合物 ■ 聚乙烯/聚丙烯、乙烯丙烯酸酯共聚物、乙烯-醋酸乙烯共聚物(EVA)、聚氯乙烯(PVC)、聚烯烃等
纤维	■ 提高热拌沥青混合料抗拉强度 ■ 提高沥青混合料稳定性 ■ 吸油稳定而且不显著增加车辙变形	■ 天然材料：石棉、岩棉 ■ 人造材料如聚丙烯、聚酯、玻璃丝、矿物纤维、纤维素等

抗剥落剂用于改善沥青和集料之间的粘结力，特别是对于水敏感的混合物。石灰是最

常用的抗剥落剂,其可作为填料或以石灰浆加入,并与集料混合。水泥可用作石灰的替代品。

8.8.1 聚合物沥青改性技术概述

现代道路具有交通密度大、车辆轴载重、荷载作用间歇时间短以及交通渠化等特点,这些客观因素都对沥青路面的高温抗车辙、低温抗裂以及抗水损害能力提出了更高的要求。因此,在技术标准中,必须提高沥青的流变性能,改善沥青与集料的黏附性,延长沥青的耐久性。当改性剂添加到基质沥青中时,其化学结构、物理性质和力学性能会发生改变。由于沥青胶结料是沥青路面具有黏弹性行为的主要原因,因此它在决定路面性能的许多方面,特别是抗变形和开裂方面发挥了重要作用。通常,沥青路面产生的应变主要是由于随着加载时间和温度而增加的黏性流动。许多沥青改性剂的主要作用之一是提高沥青的高温抗变形能力,而不会在其他温度下对沥青或沥青的性质产生不利影响。这通过以下两种方法来实现。第一种方法是使沥青变硬,以降低沥青的总黏弹性响应。增加沥青的模量也可增加沥青路面的动态刚度,这将提高材料的荷载传递能力,增加结构强度并延长路面的预期使用寿命;或者,使路面结构具有相同的强度而减薄结构层厚度。第二种方法是增加沥青的弹性组分,减少黏性组分,增加沥青的弹性组分将改善沥青的柔韧性。改性剂通常用于改善沥青的一种或多种主要性能。从流变学角度而言,理想的改性剂在低温和中温域内可以适当降低沥青的弹性并提高其黏性,以保证其具有足够的低温抗裂能力与抗疲劳开裂能力,而在高温下又可以提高沥青的模量以取得令人满意的抗永久变形能力,如图 8-45 所示。

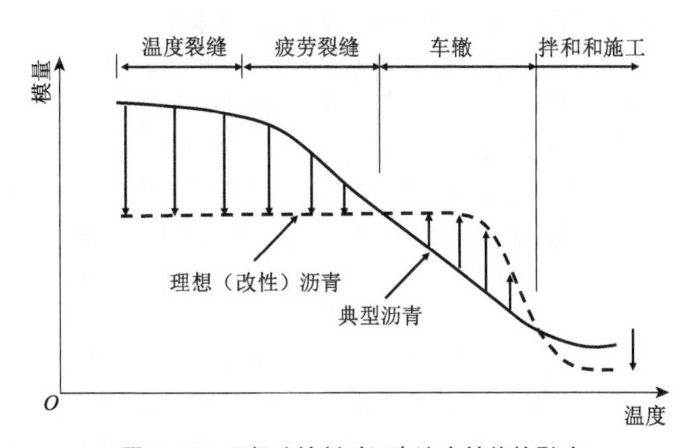

图 8-45 理想改性剂对沥青流变性能的影响

通常可将沥青改性剂分为聚合物和非聚合物两大类。非聚合物类改性剂可分为粉末状颗粒(如硫黄、炭黑、软木灰等)、天然沥青(如湖沥青、岩沥青等)、纤维(如聚酯纤维、玻璃纤维、玄武岩纤维、钢纤维等)、抗剥离剂(如有机胺类、金属皂类),主要改性目的是提高沥青与石料的黏附力,以及增强沥青混合料的高温稳定性,对沥青路面的低温性能、抗疲劳开裂、抗水损害等也可能具有改善作用。

聚合物是目前应用和研究最为广泛的沥青改性剂。常用于道路沥青改性的聚合物主要包括以下三类：

(1) 树脂：聚乙烯(PE)、聚丙烯(PP)、乙烯——醋酸乙烯(EVA)等等。它们所组成的改性沥青性能，主要是提高沥青的黏度，改善高温抗流动性，同时可增强沥青的韧性，但对低温性能改善有时并不明显。

(2) 橡胶：丁苯橡胶(SBR)、氯丁橡胶(CR)、橡胶粉等。橡胶类改性沥青具有良好的低温抗裂性能和较好的粘结性能。

(3) 热塑性弹性体：苯乙烯丁二烯嵌段共聚物(SBS)、苯乙烯-异戊二烯-苯乙烯(SIS)、苯乙烯-聚乙烯/丁基-聚乙烯(SE/BS)等。热塑性弹性体的加入可使改性沥青具有良好的温度稳定性，明显提高基质沥青的高低温性能，降低温度敏感性，增强耐老化耐疲劳性能。

改性沥青通常是将改性剂采用一定的生产工艺加入到基质沥青中，使之均匀稳定地分散于沥青之中，因此良好的改性工艺是改性剂发挥应有改性效果的保证。聚合物改性沥青的加工可分为干法与湿法两种。干法是在沥青混合料拌和时直接将基质沥青、改性剂、集料拌和，通过拌和过程实现沥青改性的效果，无需预先制备成品改性沥青，因此干法工艺其实是生产改性沥青混凝土，而非改性沥青。干法优点是简便，避免长时间导致的离析，但与沥青之间溶胀难以充分，分散的均匀性亦不易保证，但可能增强沥青与集料的黏结。而湿法则是指在工厂或施工现场将改性剂与基质沥青预混制得成品改性沥青，然后再与集料拌和后使用。湿法是常用的改性沥青生产工艺，具体的生产方法又包括以下两类：

(1) 直接混溶法

采用直接混溶法制作改性沥青的常用共混设备有搅拌机和胶体磨两种。由于改性剂分子和化学结构不同，在沥青中的溶解速度差异很大。对于 SBS、PE 等改性剂，不宜采用螺旋叶片搅拌设备，而对于 EVA、APAO 等改性剂，则可以采用。

对不宜采用螺旋搅拌法生产改性沥青的聚合物，需要采用胶体磨或高速剪切设备，在高温高速运转状态下将改性剂研磨成很细的颗粒以增加沥青与改性剂的接触面积，从而促进改性剂的溶胀，使改性剂与沥青更好地混溶。一般需要经过改性剂的溶胀、分散磨细、继续发育三个过程。每一阶段的工艺流程和时间随改性剂、沥青和加工设备的不同而异。改性剂经过溶胀后，更易剪切磨细，经过一段时间的继续发育，改性沥青体系可以更加稳定。直接混溶法是制作改性沥青的主要方式，可固定工厂化生产或采用移动式设备。

(2) 母料法

预先制作改性剂浓度较高的改性沥青母体，运到工地现场经稀释后使用，即改性沥青的母料制作方法，用于母料制作的高浓度改性沥青在常温下一般呈固态，运输和储存较为方便，施工现场采用简单的搅拌设备即可实现母料与沥青的混溶，母体生产改性沥青的过程有两个关键因素要注意，一是改性沥青母料的稳定性问题，二是改性沥青母料与掺配沥青的相容性和稳定性。

8.8.2 聚合物与石油沥青间的相容性及其评价方法

聚合物与石油沥青之间的相容性是选择适宜共混方法的重要依据，也是决定共混物形态结构和性能的关键因素。了解聚合物与石油沥青之间的相容性是研究聚合物改性沥青的基础。所谓相容性，从热力学观点讲，是指石油沥青与一种或数种聚合物改性剂按任意比例相混合均能形成稳定均匀的热力学平衡状态的能力；从加工工艺上讲，则是指石油沥青与聚合物共混过程中，相互分散的能力以及共混后各组分相对稳定的程度。

根据热力学第二定律，聚合物与石油沥青等温混合的共混体系在相容过程中，其体积自由能的变化遵循 Gibbs 公式：

$$\Delta G_{\mathrm{m}} = \Delta H_{\mathrm{m}} - T\Delta S_{\mathrm{m}} \tag{8-36}$$

式中：ΔG_{m} 为摩尔混合自由焓，ΔH_{m} 为摩尔混合热，ΔS_{m} 为摩尔混合熵；T 为绝对温度。

只有 $\Delta G_{\mathrm{m}} < 0$ 时，混合才能自发进行。而混合体系的稳定条件为 $\Delta G_{\mathrm{m}} = 0$。当体系的熵增大时，即当 $\Delta S_{\mathrm{m}} > 0$ 时，聚合物分子之间的相互作用能小于沥青分子间的相互作用能，二者能自动相溶解，且释放出能量，形成热力学稳定体系。当聚合物分子间的相互作用能大于沥青分子间的相互作用能，即 $\Delta H_{\mathrm{m}} > 0$ 时，要达到相容的目的，就必须向体系中注入能量，即该体系只有吸收热量才能实现共溶。由于聚合物与沥青之间的混合熵很小，所以仅当聚合物与石油沥青之间存在很强的相互作用或者组分自身链段之间的斥力大于组分之间链段的斥力时，才可能完全相容。真正能满足热力学相容条件形成稳定体系的聚合物改性沥青共混体系极小，大多数聚合物与石油沥青在热力学上不相容或只有部分相容性。

在重力场的作用下，随着时间的推移，聚合物改性沥青两相显微结构中的聚合物和沥青会发生相分离，相分离趋势可以用热储存稳定性实验考察。聚合物改性沥青的稳定性与沥青的来源、聚合物种类及其含量密切相关，聚合物含量较低时(如 3%)，聚合物颗粒分散在沥青连续相中，随聚合物含量的增加，逐渐出现聚合物的连续相。除聚合物和沥青两相的性质外，改性沥青的储存稳定性随聚合物添加量的增加而减弱。相分离指数和显微镜得到的显微结构的比较结果表明，在一定的聚合物含量情况下，聚合物在沥青中的分散程度越好，热储存时相分离的倾向就越小。

聚合物改性剂与基质沥青的相容性决定了聚合物改性沥青相容体系的稳定性。改性沥青相容体系的稳定性有两个含义，一个是体系的物理稳定性，即在热储存过程中聚合物颗粒与沥青相不发生分离或离析，第二是化学稳定性，即在热储存过程中随时间的增加改性沥青的性能不能有明显的变化。改性沥青的相容性和稳定性，通常都需要通加入适宜的助剂实现。而通常意义的稳定性则指改性沥青的贮存稳定性。实际上，影响贮存稳定性的因素很复杂，除了改性剂的剂量及贮存期的温度外，贮存稳定性还受沥青质的分子量和含量、沥青的芳香度、聚合物改性剂的分子量和结构等因素的影响。

热力学上相容意味着分子水平上的均匀。但就实际意义而言，相容是指在实际测定条件下所表现的均匀性，它是分散程度的一种量度，与测试方法密切相关。均相与多相只具有热力学统计的意义，是否均相，还取决于鉴定的标准—空间尺度和时间尺度。

研究聚合物改性沥青的相容性方法有很多，主要有以下几大类。工程中常采用软化点差来快速判断聚合物改性沥青的存储稳定性。

(1) 热力学方法：即根据溶解度参数及 Huggins-Flory 相互作用参数判断；就聚合物与石油沥青的关系而言，当二者的溶解度参数相差不大于 1.5 时，一般都有较好的相容性。欲使聚合物与石油沥青以任意比例相容，对溶解度参数匹配的要求则苛刻得多。其临界值，即开始发生相分离的临界值与聚合物的分子量有关。分子量越大，临界值越小，一般工业生产的聚合物的分子量都很大，因此完全与石油沥青相容的聚合物极少。

（2）玻璃化转变法：根据共混物的玻璃化转变温度判断。测定玻璃化温度的方法有很多，如体积膨胀法、动态力学法、示差扫描量热法（DSC）、介电松弛法、热—光分析法、辐射发光光谱法等。其中体积膨胀法是测定共混物玻璃化转变温度的传统方法，而动态力学法与DSC及介电松弛法则是较为先进和通用的方法，特别是DSC法，因其所需的试样量很少，测量速度快，灵敏度较高，应用最为广泛。

（3）红外光谱法：根据比较共混物与各组分混合之间的红外吸收光谱判断。任何一种具有特征分子结构的聚合物均有一典型的红外吸收光谱图，谱图中各特征吸收带表征其所含有的基团类别。据此可采用红外光谱法判断共混物的相容性。红外光谱法研究共混物相容性的原理为：对于相容的共混体系，由于异种聚合物分子之间存在较强的相互作用其所产生的光谱相对于两相的光谱带产生较大的偏离，由此表征相容性的大小。当前主要应用先进的傅立叶变换红外光谱仪（FTIR）来研究聚合物共混体系的相容性。

（4）黏度法：利用共混物的溶液黏度判断；

（5）其他方法：利用高倍电子显微镜直接观察共混物的形态结构的显微观测法和核磁共振的方法观测其形成结构等；显微分析技术也可应用于估计聚合物与石油沥青之间的混溶性，但主要是用于测定其形态结构。显微镜法分为光学显微镜法（OM）、扫描电子显微镜法（SEM）和透视电子微镜法（TEM）三种。其中荧光显微观测与扫描电镜是近些年发展起来的较为常用的方法。

8.8.3 聚合物改性沥青的增容措施

对于聚合物改性沥青的组成设计，即选择什么改性剂与基质沥青、改性剂相对分子质量大小、改性剂的掺量比例等都对相容性有不同程度的影响。一般地设计时可遵循以下原则：

（1）溶解度参数相近原则：聚合物与沥青相容的基本条件为二者的溶解度参数相差不大于1.5。相对分子质量越大其差值应越小。笠原等人的研究结果表明，聚合物的溶解度参数与所用沥青中沥青烯的溶解度参数相近时，二者有较好的相溶性。但溶解度参数相近原则仅适用于非极性体系。

（2）极性相近原则：即体系中各组分的极性越相近，则其相容性越好。

（3）结构相近原则：体系中各组分的结构相似，则相容性就好所谓结构相近，是指各组分的分子链中含有相同或相近的结构单元。

（4）结晶能力相近原则：当共混体系为结晶聚合物时，多组分的结晶能力即结晶难易程度与最大结晶相近时，其相容性就好，而晶态/非晶态、晶态/晶态体系的相容性较差，只有在混晶时才会相容，如PVC/PA、PE/PA体系。非晶态体系如PP/PE、PS/PPO等相容性较好。

（5）表面张力相近原则：体系中各组分的表面张力越接近，其相容性越好。共混物在熔融时，与乳状液相似，其稳定性及分散度受两相表面张力的控制。表面张力越相近，两相间的漫润、接触与扩散就越好，界面的结合也越好。

（6）黏度相近原则：体系中各组分的黏度相近，有利于组分间的浸润与扩散，形成稳定的互溶区，所以，相容性就好。

由于大多数聚合物之间以及聚合物与沥青之间的相容性较差，这往往使共混体系难以达到所要求的分散程度，即便借助外界条件，使两种聚合物在共混过程中实现均匀分散，也会在使用过程中出现分层现象，导致共混物性能不稳定和性能下降。进一步解决这一问题的办法需用所谓增容的措施。增容的作用有两方面的含义：一是使聚合物与沥青之间易于相互分散以得到宏观上均匀的共混物；另一方面则是改善聚合物与沥青之间相界面的性能，增加相间的黏合力，从而使共混物具有长期稳定的优良性能。产生增容作用的方法有：增加聚合物分子的溶胀效应、加入增容剂，加入大分子共溶剂，在聚合物组分之间引入氢键或离子键以及形成互穿网络聚合物等。

1. 增加聚合物分子的溶胀效应

聚合物改性剂—石油沥青为部分相容体系。沥青中的饱和分、芳香分等轻质组分能够渗透至高分子网络中，使改性剂微粒产生溶胀。扩散到沥青中的高分子链段可使部分沥青组分成为内含溶剂，改性剂微粒的相体系增大，在分子力长程效应下，微粒间的作用力增加。所以，改性剂溶胀得愈充分，体系的相容性和稳定性就愈好。改性剂的溶胀与时间、温度、改性剂的粒度与剂量、沥青的胶体结构等密切相关。改性剂粒子愈细小，在沥青中的分布受到影响均匀，则愈有利于沥青中能起溶剂作用的组分向改性剂高分子网络中渗透，也就愈有利于改性剂粒子的溶胀。温度升高时(过高的温度将加速沥青老化)会加速改性剂分子的振动和松弛，同时也加快了沥青中分子的运动速度，更有利于油分进入高分子网络。聚合物的溶胀需要较长时间，所以，延长高温持续时间将使改性剂粒子溶胀更为充分。改性剂的溶胀程度还与改性剂粒子的剂量有关。

2. 加入增容剂法

增容剂是指与两种聚合物组分都有较好相容性的物质，它可降低两组分间界面张力，增加相容性，其作用与胶体化学中的乳化剂以及高分子复合材料中的偶联剂相当。增容剂必须同时具有被增容聚合物所包含的化学基团，对所增容的聚合物有较大的亲和力和极性相近，这样才能达到较好的增容效果。

例如：在 APP(无规聚丙烯)-PE(聚乙烯)改性沥青和 PP(聚丙烯)-PE 改性沥青中，为了提高 APP 与 PE 和 PP 与 PE 的相容性，可加入乙烯丙烯嵌段共聚物来进行增容。因为该共聚物的分子链中同时存在丙烯与乙烯的链节，其极性同乙烯和丙烯相近，对二者有较好的亲和力与增容效果。

3. 混合过程中化学反应所引起的增容作用

在高速剪切混合机中，聚合物的大分子链会发生自由基裂解和重新结合，在强力混合聚烯烃时也发生裂解的现象，形成少量嵌段或接枝共聚物，从而产生增容作用。为提高这一过程的效率，有时也加入少量过氧化物之类的自由基引发剂。

在混合过程中使共混物组分发生交联作用也是一种有效的增容方法，交联可分化学交联和物理交联两种情况。例如在 NR(天然橡胶)-PVC(聚氯乙烯)石油沥青中，PVC 分子结构上含有一个氯原子，属于极性化合物，石油沥青为非极性有机物，二者的溶解度参数相差较大，为互不相容材料；NR 与石油沥青的极性相差较小，相容性较好。要制成稳定的 NR-PVC-石油沥青共混体系，必须加入增容剂。已知 MMA(甲基丙烯酸甲酯)在引发剂(偶氮二异丁腈)和活化剂(三缩乙二胺)的作用下，可接枝至 NR 上，形成 NR-g-MMA 接枝共聚物，而 MMA 同 PVC 有较好的相容性。因此，可通过混炼母体法、熔融搅拌法等工艺制成稳定的NR-g-MMA-PVC-沥青共混体系。该体系具有较好的粘结性、弹性、耐热性,机械强度也较高,属于热塑性弹性体沥青。

4. 聚合物组分与石油沥青之间引入相互作用的基团

通过在聚合物组分中引入离子基团或离子-偶极的相互作用或利用电子给予体和电子接受体的络合作用等实现增容。目前已有关于通过化学反应形成网状结构的研究和商品改性剂产品的报道。这种网状结构的形成过程伴随着沥青与聚合物之间化学反应的发生。沥青与聚合物的反应从小分子量的聚合物开始,反应交联后分子量增加,形成沥青-聚合物结构。在这一过程中,聚合物和反应剂的加入量是最关键的,有研究结果表明,加入3% SBS时,沥青的可反应点正好保证形成沥青-聚合物键或沥青-沥青键,从而进一步的反应不会再继续发生。这一过程形成的沥青-聚合物结构起到了分子量和结构相差较大的沥青和聚合物的表面活性剂作用,促使沥青和聚合物形成稳定的网状结构,并且这种网状结构是不可逆的。

5. 共溶剂法和IPN法

两种互不相容的聚合物常可在共同溶剂中形成真溶液。将溶剂除去后,相界面非常大,以致很弱的聚合物—聚合物相互作用就足以使形成的形态结构稳定。以石油馏分为主的溶剂对普通橡胶及石油沥青均具有良好的溶解作用,这些溶剂可以在改性沥青制备过程中非常稳定,对沥青的低温柔性并没有不良的影响。具有良好的溶解作用的溶剂和普通的橡胶碎片共同混合,降低了橡胶的内聚力,然后,将这些混合物送入橡胶密炼机进行混合密炼,密炼过程中加入沥青,以这种工艺可以制得浓度超过50%的橡胶改性沥青。

互穿网络聚合物(IPN)技术是产生增容作用的新方法。其原则是将两种聚合物结合成稳定的相互贯穿的网络,从而产生明显的增容作用。

8.8.4 几种改性沥青简介

1. SBS改性沥青

苯乙烯丁二烯嵌段共聚物(SBS)属于热塑弹性体聚合物,目前广泛用于改性沥青,可大幅改善沥青材料的低温开裂性和高温稳定性。共聚物中苯乙烯称为硬段,丁二烯称为软段。SBS高分子链具有串联结构的不同嵌段,即塑性段和橡胶段,形成类似合金的组合结构,其结构可分为线形和星形。SBS的改性效果与SBS的品种、分子量密切相关。星形SBS对沥青的改性效果优于线形SBS,但星形SBS改性加工困难,且易引起相容性不良等问题。为此SBS改性沥青的重点在于提高SBS与基质沥青的相容性,这可通过SBS改性技术实现,具体途径有以下两类:(1)化学交联改性技术,即通过单质硫、有机硫化物、过氧化物、酚醛树脂等实现接枝、环氧化、硫化,以促使改性剂与基质沥青间达到稳定的互溶共混目的;(2)物理改性技术,如与其他高聚物或填料共混复合,以及力化学改性、表面改性等。

共聚物中苯乙烯与丁二烯的相对分子质量差异较大,这使得SBS无论在稀溶液、浓溶液及固态凝聚(集)态都呈现微相分离结构,意味着软段和硬段互不相容,硬聚苯乙烯链段分子缔合进入刚性端基范围,这种缔合作用类似于物理的交联或结合,并且较长时间保持在一起,与中间基封闭的聚丁二烯软橡胶聚合物化学结合在一起。这种微相分离状态,对改性沥青性能的改善是有利的,在较高温度下,SBS的加入增加了沥青的黏度,补偿了因温度升高引起沥青黏度的下降,改善了基质沥青的温度敏感性:当温度降低后,SBS嵌段物形成胶束或微球状,降低了沥青的黏度,抵消了低温时黏度的急剧增加,SBS的柔韧性改善了基质沥青低温性能。

SBS的分子量越大,改性效果越明显,但加工难度越大,沥青中芳香分含量高时则较易加工。各种型号的SBS中苯乙烯含量高的能显著提高改性沥青的黏度、韧性和韧度。作为一种热塑性弹性体,SBS兼具橡胶与塑料的特性,加热熔融后易与沥青共混,冷却后可以恢复其弹性体特性,而且SBS在道路使用温度范围内具有相当高的机械强度和弹性,在拌和温度下黏度较低,掺量较高的SBS可形成网状结构,从而改变沥青的力学性能。高掺量SBS是制备高黏改性沥青常用方法,但SBS高掺量与改性沥青的高性能之间并不能划等号,其挑战在于SBS掺量达到某一临界水平后分散性难以保证,这导致加工困难,在混合体系中易分层,当然由此带来的高成本也是一个重要原因。因此,目前高掺量的SBS及TPS改性沥青仅在排水沥青混合料中得到应用。

虽然SBS改性剂能有效改善基质沥青的耐老化性能,但SBS本身的耐老化性能并不是非常强,随着使用年限的增加,在自然环境因素作用下,SBS改性沥青也将发生不同程度老化,其改性作用也会日益减小。因此对SBS改性沥青的再生利用是当前国际所面临的重大课题。除添加再生剂实现组分调和等方式外,借助γ射线等技术,有望实现老化SBS改性沥青路面的原位再生技术。

2. SBR改性沥青

丁苯橡胶(SBR)是较早开发的沥青改性剂,由丁二烯与苯乙烯的单体聚合后再接枝苯乙烯而形成的高分子聚合物,其性质与天然橡胶相类似,因此被列为橡胶类聚合物,具有优良的耐老化、耐磨和易加工等特点。SBR的性能与结构随苯乙烯与丁二烯的比例和聚合工艺而变化,选择改性剂时应通过实验加以确定。SBR改性剂能显著提高沥青的低温延度,对于沥青混合料的低温抗裂性有显著的提升作用,在提高沥青混凝土的低温抗裂性方面有明显的优势。同时国内SBR资源丰富,且其价格相对SBS等改性剂来说更便宜。

目前常采用SBR胶乳、胶粉或SBR沥青母体作为改性剂。SBR胶乳是采用乳液聚合法生产的,其生产过程是以苯乙烯和丁二烯两种单体分散在含有皂类乳化剂的水溶液中,并加入引发剂,在40～60℃或4～10℃下乳液聚合而成。随着合成橡胶生产技术水平的不断提高,目前出现了SBR胶粉(粉末丁苯橡胶)改性剂,它是在低温聚合生产胶乳的基础上经过破乳、脱水、干燥等工艺处理后再添加其他如抗老化剂等成分生产而成的。SBR胶粉改性剂产品的出现使SBR改性沥青生产工艺得到改进,通过适宜的混合方式将SBR胶粉直接混入到热沥青中,生产出合格的SBR改性沥青产品。与SBR胶乳相比,SBR胶粉改性沥青的生产工艺简单,产品质量稳定,生产出的改性沥青产品的低温性能与高温稳定性均较好。而SBR胶粉改性沥青的温度敏感性也更低,并且增加了与石料的黏附性。

3. 橡胶沥青

随着国内外汽车保有量的迅速上升,大量废旧汽车轮胎所带来的黑色污染(与塑料所的白色污染相对应)问题也日益严重,实现对废旧橡胶轮胎的无害化高值化综合利用是国内外所面临的共同问题。将废旧轮胎粉碎掺入沥青是道路工程中最为常用的方式。由废旧轮胎常温破碎而成橡胶粉,其主要成分为经硫化处理的天然橡胶和合成橡胶,同时还含有大量炭黑、可塑剂和纤维等材料。它们具有橡胶材料的低弹模、高弹性、变形恢复能力强等共同特点，相对密度约1.2左右，不溶解于沸腾的苯、甲乙酮、乙醇-甲苯混合物等有机溶剂但可吸收这些溶剂分子而产生溶胀。

橡胶沥青是通过一定的生产工艺将废旧轮胎加工而成的橡胶粉加入沥青当中，形成一种以橡胶粉为改性剂的改性沥青。橡胶沥青中掺入的橡胶粉含量可达20%左右，能够极大地消耗利用废轮胎，减少环境污染、节约工程材料、降低改性沥青的生产成本。而黏弹性性能较好的较高掺量橡胶粉的加入，也赋予改性沥青以优良的变形能力、黏弹性和温度稳定性，同时还使路面具有较好的行驶舒适性并降低胎路噪音。因此在道路工程中广受重视。橡胶沥青主要用于断级配、开级配混合料以及应力吸收层、碎石封层等。

橡胶沥青是胶粉和石油沥青的共混物，在施工温度下，存在着具有明显黏弹性特征的、溶胀后的固态或半固态胶粉颗粒，可起到填充和骨架干涉的双重作用。对于连续级配的沥青混合料，由于集料间隙分布均匀、间隙小，较难容纳胶粉颗粒，胶粉的填充效果差、干涉作用强，混合料往往出现沥青用量低、混合料压实困难等现象。而间断级配的沥青混合料，其矿料间隙率大，间隙集中，能够发挥胶粉的填充作用，减小胶粉的干涉作用，因此橡胶沥青多用于断级配、开级配混合料。

橡胶沥青的黏度大，混合料在高温时不会出现沥青析漏现象，即使采用较高的沥青含量也无需添加纤维稳定剂；高沥青用量也增强了沥青混合料的抗裂性能，提高疲劳性能；橡胶沥青混合料具有较好的高温稳定性、水稳定性及路面抗滑性能。在达到相同使用性能的情况下，与常规沥青相比，还可以减薄沥青厚度。

将橡胶沥青应用于柔性夹层可有效吸收层间应力，防止裂纹向其上结构层的传播，显著减缓路面的反射裂缝，这就是路面结构中常用的应力吸收层(SAMI)。因此，橡胶沥青特别适用于解决半刚性基层路面、水泥混凝土路面罩面层的反射裂缝问题。

橡胶沥青可采用干法或湿法制备，以湿法工艺最为普遍，它采用高温剪切与较长时间的溶胀发育工艺制备橡胶沥青。随着胶粉掺量的增加，混合体系的黏度迅速增大，而混合体系的黏附性并不会显著增加，因此传统工艺生产橡胶沥青，其胶粉掺量很难突破25%，这也是目前众多橡胶沥青的胶粉含量多在15%～20%左右的根本原因。为了提高胶粉与沥青的相容性，可对废旧轮胎胶粉进行降解、表面活化等处理，包括机械力化学法、超声等物理法、化学接枝法、生物法、超临界二氧化碳再生技术等方法。使橡胶中的碳碳双键与沥青中活性官能团(H、N、S)发生动态硫化反应，最终实现橡胶颗粒的微米级分散，这是我国橡胶沥青目前最为常用的橡胶沥青改性稳定技术。但动态硫化技术无法生产高黏度改性沥青，不能实现饱和橡胶改性沥青的稳定化，更无法对低芳香分的沥青，如克炼沥青的改性。采用PE、松香、SBS等高分子聚合物、生物油或纳米有机蒙脱土等与废旧胶粉复配混合是制备高黏高弹橡胶沥青的常用手段，但SBS等本身与基质沥青的相容性就存在问题，这种简单的复配实际使得改性沥青的相容性与稳定性问题变得更为复杂。

橡胶沥青与温拌技术的结合，有望进一步提高胶粉的掺量，缓解橡胶沥青生产过程中的异味，或者克服胶粉掺量较高的橡胶沥青施工和易性方面的不足，这些均有助于橡胶沥青技术的推广应用。但现有温拌橡胶沥青技术大多是传统橡胶沥青与温拌技术的简单叠加，缺乏清晰的材料学科设计思路。在应用过程中，需重点关注温拌剂对橡胶粉溶胀发育特性以及橡胶沥青性能的影响，以切实搞清楚其作用机理。

根据上海交通大学和东南大学的成果，在中等温度条件下使用橡胶浅度裂解液化方式使轮胎橡胶的交联网络发生变化，先断裂侧链再断裂主链以溶出NR、SR使其变为分子量约1万左右的饱和分，部分释放出轮胎橡胶中的活性填料，然后通过力化学反应性将橡胶与活性填料(炭黑、陶土等)预混合调节混合粒子的密度使之与基质沥青更为相近，再以密炼方式对SBS与浅度裂解的橡胶进行耦合反应，然后使橡胶颗粒表面结构细化。可增强体系的稳定性，实现高掺量橡胶沥青的高性能化、稳定化与定制化生产。所生产的橡胶沥青其服役温度条件下的黏度同媲美TPS+SBS复合改性得到的高黏沥青，而施工温度下的黏度更低，所需的施工温度也更低，这不仅有效解决了橡胶沥青的异味和拌铺与压度困难的施工问题，成本也得到显著降低。

4. 环氧沥青

环氧沥青是由一定比例的环氧树脂、固化剂和石油沥青配制的改性沥青，在充分混合并固化后得到的热固性产物。环氧沥青混合料具有卓越的抗疲劳性能与耐蚀性，且具有抗压与抗拉强度高、韧性和耐水性好、温度敏感性低等显著优点，其低温变形能力与热塑性聚合物改性沥青相当，是桥面铺装和超重载交通路面、机场跑道和永久路面的理想材料。南京长江二桥的钢桥面铺装在国内首次采用这项技术，其桥面铺装层厚度5 cm，自2001年3月正式通车以来，全桥仅部分车道在2020年秋季经历过一次中修。

环氧沥青一般由环氧树脂、固化剂及相应助剂和石油沥青组成，它们通常为双组分或三组分形式，环氧树脂多作为原材料组分单独提供。以双组分提供时，固化剂与相应的化学助剂可预先与沥青混合均匀，典型产品有美国和多数国产环氧沥青产品。固化剂与相应的化学助剂也可作为独立组分，在现场施工时先也环氧树脂混合，再与沥青混合后注入拌和楼，典型产品日本TAF环氧沥青。在沥青基质中，环氧树脂在固化剂作用下形成网络状高分子聚合物，使沥青由热塑性转变为热固性材料。

环氧树脂是含有两个或两个以上环氧基、聚合度不高的化合物，是一种优良的胶黏材料。环氧树脂的主要类型有双酚A型环氧树脂、酚醛环氧树脂、脂环族环氧树脂、脂肪族环氧树脂。双酚A型环氧树脂是我国目前大规模生产的主要品种，其由环氧氯丙烷缩聚而成，为淡黄色至棕色的透明黏性液体或固体，平均分子量在350～7 000范围内。双酚A型环氧树脂性能稳定，即使加热到200℃也不会发生变化。一般来讲，环氧树脂的分子量越大，黏度越大，环氧值越小，颜色也越深；分子量越小，颜色越淡，流动性越好。就环氧树脂的固化物性能而言，低分子量的环氧树脂固化物强度高于高分子量的环氧树脂固化物强度，但是高分子环氧树脂的缠联性能较好，固化物的韧性也比较好。以环氧树脂的成本来说，低分子量的环氧树脂纯度低，透明度差，但其价格也低得多。

环氧树脂本身是热塑性的低分子线性聚合物，必须加入固化剂将环氧树脂中的环氧基打开，发生交联反应，形成网状立体结构的大分子，才能成为不溶于水、不再熔化的固化物。在固化过程中，树脂内部产生一定的内聚力，对胶结物产生较强的粘结力，从而将胶结物联结成整体，形成结构强度。固化剂的性质对环氧树脂固化物的粘结强度和物理性质有很大的影响，因此固化剂也是关系到环氧沥青性能优劣的技术关键。固化剂按分子结构分为三类：(1)碱性固化剂，如多元胺、改性脂肪胺、胺类加成物；(2)酸性固化剂，如酸酐；(3)合成树脂类，如含活性基团的聚酰胺、聚酯树脂、酚醛树脂等。固化剂按固化反应的温度分为：(1)低温固化剂；(2)常温固化剂；(3)中温固化剂；(4)高温固化剂。选择固化剂时应考虑固化剂与环氧树脂发生化学反应后，能否满足力学强度的要求；固化物应具有良好的韧性，在工作状态下不致发生脆裂破坏；固化剂反应条件能适应沥青混合料拌和、摊铺、碾压工艺过程；固化剂来源广泛、采购方便；固化剂应无毒或基本无毒，不影响操作人员的健康。与热塑性聚合物改性沥青类似，极性的环氧树脂与非极性的基质沥青之间的相容性是首先需要解决的关键问题，而环氧树脂与固化剂发生固化反应获得的交联网络结构及其形成方式对环氧沥青相态结构的影响，也是环氧沥青生产需要考虑的关键技术，它们决定了环氧沥青的物理力学性能、施工性能和耐久性。材料比例、固化条件和固化进程控制等是确保环氧沥青的关键性能关键，也是优化环氧沥青关键施工工艺的重要依据。环氧沥青的固化进程可通过监测环氧沥青的黏温黏时曲线间接表征，也可通过实时红外光谱分析、差热分析、热重分析和介电分析等手段研究固化反应特性。

环氧沥青作为一种典型的高性能热固性改性沥青，很多性能均远优于热塑性改性沥青，但其成本相对较高，对施工的要求十分严苛，目前在国内仅用于正交异性钢桥面以及特大跨径大桥的桥面铺装等特殊路段。随着长寿命路面和全寿命周期成本理念的不断深入，预计环氧沥青将在机场、特重载交通和渠化交通现象明显的路段、以及永久路面中逐渐得到应用。

5. 纳米粉体改性沥青

纳米材料具有小尺寸效应、表面与界面效应以及量子尺寸效应，这些基本特点表现在宏观物理性能上，可以使沥青材料的性能产生突变。在实际应用中，沥青材料可以通过纳米粉体复配来提高其弹性模量、屈服应力等力学性能。纳米改性沥青之所以不同于其它改性沥青，其根本原因在于纳米改性沥青是从微观结构上改变沥青的性能。微观结构是宏观性能的决定因素，因而纳米改性沥青能够从根本上大幅度改善沥青性能，这是其他沥青改性方法所不能比的。常用的纳米改性材料有纳米 ZnO、纳米 TiO_2、纳米 $CaCO_3$、纳米 Fe_3O_4、纳米 SiO_2、纳米硅酸盐、碳黑、碳纳米管等材料。纳米改性剂可以通过对紫外线的吸收和散射，从而降低紫外光对沥青材料的破坏，从而达到改善耐光氧老化的目的。而纳米 TiO_2 主要是用于实现尾气降解以及自清洁表面等特殊功能。

当前的纳米材料改性沥青主要有两大类。一类是有纳米材料参与的复合型改性沥青，比较常见的复合类型是纳米材料和聚合物的复合改性。这类复合改性沥青在高温稳定性、低温抗裂性及温度敏感性等方面都比基质沥青或聚合物改性沥青有优势。另一类只加入纳米材料一种改性剂，制备单一的纳米改性沥青。这种单一的纳米改性沥青一般用来研究探讨纳米材料对沥青的作用效果，能够比较直观地反映出纳米改性材料的特点。与有机纳米材料和金属纳米材料相比，无机非金属纳米材料有明显优势，一方面，其与沥青成分的化学结合性较强，另一方面，其具有更出色的抗氧化性能、绝热性能、耐磨性能、高温力学性能等与沥青材料产生互补，改善材料各种使用性能。所以，从目前来看，无机非金属纳米改性沥青仍是该领域的热点研究方向。

6. 离聚物改性沥青

传统聚合物如 SBS、PE 等与沥青共混时的相容性较差，在受热时易发生相分离也即材料离析和存储稳定性问题，这会影响聚合物改性沥青的使用和长期性能。从热力学角度与大量实验表明，氢链作用、电子给体-受体作用均可增进共混体系的相容性。离子交联型聚合物(ionic polymer)又称离聚物/离聚体(ionomer)或聚合物盐(polymer salt)，是指含有少量(≤15%mol,也有以10%mol为界)离子基团的聚合物,其离子基团伴随有抗衡离子(反离子)的存在并通过共价键连接到非离子性聚合物主链上。自1950年由Goodrich公司合成首个离聚体以来,它就以其优越的力学性能的离子传递性受到高度重视。至上世纪80年代初,人们发现了离聚体对共混体系的相容性具有极大的改善效果。因为离聚体内含有少量的离子基团,共混时它们能在两种聚合物间引入某些特殊的离子相互作用,从而使得原本不相容的共混体系变得相容或相容性大大提高。一般的离子基团为$—COO^-$、$—SO^{-3}$、$—PO_3^{2-}$等阴离子以及铵和吡啶鎓等阳离子,相应的抗衡离子可为碱金属、碱土金属、过渡金属等阳离子及氟、氯、溴及甲苯磺酸根等阴离子。根据离聚物中所含离子的不同,离子与高分子主链的结合可能是离子链或配位链,对于低价金属(碱金属或碱土金属),其和主链上的反离子基团形成离子链;对于高价金属,其一般和主链同时形成离子链和配位链。由于静电相互作用及与非离子性主链的不相容性,离聚物中的阴、阳离子对会相互聚集并与主链产生微相分离形成离子簇。正是离子簇的存在赋予离聚体以特别的性质。离子簇会使邻近的聚合物链运动能力受到限制,形成物理交联点。由于离子相互作用具有动态可逆性,即这些物理交联点能够较在一定的条件下被破坏与重建,从而赋予了离聚物材料在被破坏之后无外加修复剂的条件下也可实现自修复的特性(图8-45)。此外,不同离子簇的密度可实现多重时间尺度上的重建与修复,从而使得离聚物特别适合用作自修复材料。通过FTIR、NMR等比较共混前后光谱谱带的变化,可推测出离子基团发生了什么作用,从而找出提高共混相容性的根本原因。

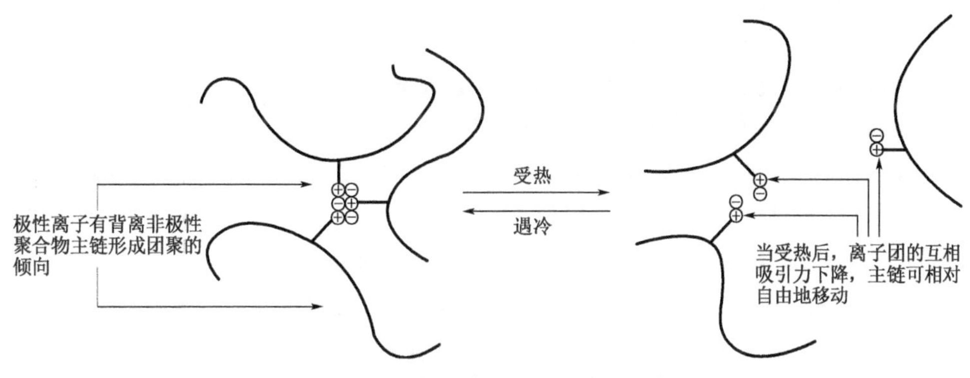

图8-46 离聚物基本结构与特性示意图

东南大学的研究结果表明,沙林树脂(EMAA)可改善沥青的高温稳定性,提高改性沥青的稳定性和抗热老化能力,并且使得沥青的温度敏感性降低,但EMAA改性沥青常温时的弹性恢复率低于同掺量的SBS改性沥青。但目前关于离聚物改性沥青的成果的工程应用尚待深入。由于自修复功能对提高材料的使用寿命及安全性具有重要意义,而离聚物的独特自修复特性和可显著增进共混体系的相容性离聚物材料,随着长寿命路面与永久路面技术的推进,以及商业化离聚物的品类日益增加,预计离聚物在未来的改性沥青中将会得到更广泛的应用。

复习思考题

8-1　简述天然湖沥青、煤沥青和石油沥青的异同点，并设计方案区别上述三类沥青。

8-2　简述黏稠沥青、乳化沥青和稀释沥青的异同点。

8-3　请分别列举稀释沥青与乳化沥青的组成原材料。相比于稀释沥青，实践中通常更倾向于使用乳化沥青，可能的原因是什么？

8-4　讨论黏稠沥青、乳化沥青和稀释沥青的主要用途与应用场合。

8-5　以表格形式描述SARA法得到的沥青四组分对沥青高温黏度、延度和感温性的影响；

8-6　简述石蜡对沥青性能的影响。

8-7　简要描述沥青的胶体结构，相应类型与特性，以及胶体结构的判别方法。

8-8　有两种沥青，沥青A的沥青质含量极高，沥青B的沥青质含量极低，则：

(1) 哪种沥青的劲度更低，为什么？

(2) 使用同样的集料与完全相同的级配与这两种沥青分别制备沥青混合料，其沥青用量也相同，则这两种沥青混合料的可能差别是什么，原因又是什么，它们在实际道路中使用时最可能出现的问题分别是什么？

(3) 如果这两种沥青均来自同一油源，且只有一种沥青是氧化沥青，那么哪种沥青是氧化沥青，为什么？

8-9　沥青的三大指标表征沥青哪些方面的特性，为什么说软化点也反映了沥青黏度特性？

8-10　定义沥青的温度敏感性，并设计方案测定表征沥青的温度敏感性。

8-11　在实际工程中如何根据感温性选择沥青？

8-12　假设已知两种沥青胶结料的黏温曲线，对于结合料A，其适宜拌和的温度范围为150～160℃，结合料B的适宜拌和温度范围为180～190℃，则它们是否都为聚合物改性沥青？为什么？如何为这两种沥青选择合适的压实温度？

8-13　简述沥青技术标准中应考虑的主要因素，以及现有沥青技术标准体系的类型。

8-14　针对沥青，工程中常常开展下列试验，其目的是什么？

(1) 闪点试验；

(2) 溶解度试验；

(3) 旋转薄膜烘箱试验；

(4) 旋转黏度试验；

(5) 针入度试验；

(6) 动态剪切流变试验；

(7) 黏附性试验。

8-15　结合润湿理论，简述沥青与集料的黏附机理，并设计试验评价沥青与集料的黏附性。

8-16　简述沥青生命周期内的老化历程以及老化对沥青性能的影响。

8-17　设计试验方案，评估不同老化进程对沥青性能的影响。

8-18　简述沥青改性的基本途径和关键问题。

8-19　列举液体沥青的可能应用场合。

8-20　简要描述乳化沥青的凝结过程及其影响因素。

8-21　设计试验方案，测试评价乳化沥青的性能。

8-22　设计实验方案评价沥青在全温度域的感温性。

8-23　简述沥青的时温等效原理，并设计试验方案验证该原理。

8-24　简述沥青混合料动态模量主曲线的构造方法以及S型主曲线各参数的物理含义。

8-25　简述沥青混合料相位角主曲线的构造方法。

8-26　运用 Cole-Cole 图描述温度、加载频率和老化对沥青的影响。

8-27　运用 Black-space 图中描述温度、加载频率和老化对沥青的影响。

8-28　请分别简述沥青的拌和温度高于或低于根据黏温曲线所确定的推荐温度时的风险。

8-29　列举你所了解的沥青流变学指标及其适用场合。

8-30　用 LTPPBind 在线软件估计以下地区路面服役温度范围，并选定适合的沥青 PG 等级。

(1) Houston, Texas (Bush Intercontinental Airport)；

(2) Anchorage, Alaska (Anchorage International Airport)；

(3) New York, New York (New York JF Kennedy Airport)。

8-31　某工程师想确定沥青样品是否为 PG58-28，那么他应该在何种温度下开展下列试验。

(1) 为车辙分析开展的 DSR；

(2) 为疲劳开裂分析而开展的 DSR；

(3) BBR。

8-32　根据下表的数据确定沥青的 PG 等级，请列出全部的计算过程，并将结果与 Superpave 的技术要求进行对比。

试验项目	试验结果
原样沥青	
闪点，℃	278℃
黏度(135℃)	0.490 Pa·s
DSR@82℃	$G^* = 0.82$ kPa, $\delta = 68°$
DSR@76℃	$G^* = 1.00$ kPa, $\delta = 64°$
DSR@70℃	$G^* = 1.80$ kPa, $\delta = 60°$
经旋转薄膜烘箱老化的沥青	
DSR@82℃	$G^* = 1.60$ kPa, $\delta = 65°$
DSR@76℃	$G^* = 2.20$ kPa, $\delta = 62°$
DSR@70℃	$G^* = 3.50$ kPa, $\delta = 58°$

（续表）

试验项目	试验结果
经旋转薄膜烘箱老化与PAV老化后的沥青	
DSR@34℃	$G^* = 2\,500$ kPa，$\delta = 60°$
DSR@31℃	$G^* = 3\,700$ kPa，$\delta = 58°$
DSR@28℃	$G^* = 4\,850$ kPa，$\delta = 56°$
BBR@-6℃	$S = 255$ MPa，$m = 0.329$
BBR@-12℃	$S = 290$ MPa，$m = 0.305$
BBR@-18℃	$S = 318$ MPa，$m = 0.277$

8-33　设计试验方案，评价服役温度条件下沥青高中低温流变行为。

8-34　以SBS为例，简述聚合物对石油沥青的改性机理及增容措施。

8-35　运用互联网检索相关资料，简述橡胶沥青的特点，并与SBS改性沥青进行比较。

8-36　运用互联网检索相关资料，简述热固性聚合物改性沥青的特点，并与SBS改性沥青进行比较。

8-37　结合已有知识与互联网检索技术，简述纳米改性沥青的作用机理。

8-38　结合已有知识与互联网检索技术，简述增加沥青胶结料劲度模量的可能途径。

8-39　结合已有知识与互联网检索技术，简述降低沥青胶结料温度敏感性的可能途径。

第9章

沥青混合料

沥青混合料是以沥青为胶凝材料、将集料胶结而成整体的材料总称，它们是现代道路中最重要的高等路面材料。集料与沥青这两相材料的物理力学特性有着根本性的差别，通常集料的硬度与刚度均较大，而沥青则柔韧易变形，且受温度影响非常大。沥青的性质与用量、矿料级配与组成比例是决定沥青混合料的性能重要因素；绝大多数沥青混合料中含有一定的空隙，空隙特征与空隙率也对沥青混合料的性能存在重要影响。当然，沥青混合料的空隙率也受混合料类型、沥青用量和成型工艺控制。

9.1 沥青混合料的类型与应用

9.1.1 石油沥青筑路技术发展简介

沥青混合料常用于铺筑道路。沥青筑路技术的发展，经历了由简单的非拌和层铺方式，不断演进为严格控制矿料级配和沥青用量的机械化拌和、摊铺与压实的现代高等筑路方式。在此过程中，人们发展出种类繁多、性质各异的沥青混合料，如连续密级配沥青混凝土、沥青玛蹄脂碎石、大粒径沥青碎石、多孔沥青混合料、浇注式沥青混凝土等，以及与之相匹配的施工装备与施工技术。

早期修筑沥青路面，主要为解决砂石路面晴天扬尘、雨天泥泞的通车问题。由于缺乏大型拌和摊铺设备，在早期路面施工时多在原有砂石路面上按照“浇洒沥青、撒布集料并碾压成型”的单层或多层铺筑法，或者按“摊铺压实碎石、浇洒沥青、撒布细嵌缝料”的顺序分层施工并在最上层再铺筑封层并经简单压实形成简易式沥青路面，通常称为沥青表面处治和沥青贯入式路面。沥青表面处治的厚度约1.5～3 cm，多用于三级、四级公路的面层和旧沥青面层上的罩面或抗滑、防水、改善平整度等表面功能的恢复；沥青贯入式路面的厚度通常为4～8 cm，多用作基层、联结层、或二级以下公路面层。

沥青表面处治按嵌挤原则修筑而成。为保证良好的嵌锁作用，同一层石料的颗粒尺寸应均匀，同时所用的沥青必须具有足够的黏度以防止石料松散。沥青表面处治宜在干燥和较热的季节施工，并在雨季及日最高温度低于15℃到来之前半个月结束；在施工完毕后，必须经过行车特别是夏季行车的压密作用，以使石料稳定就位，并同沥青粘结牢固。沥青表面处治属于古老的黑色路面施工方法，仅需要沥青洒布车和压路机即可完成具有造价低、施工工艺简单、进度快的特点，但是需要经验丰富、技艺熟练的技工实施，对材料要求严格。沥青表面处治也是我国早期沥青路面的主要类型，已为性能更好的沥青混凝土所替代，现在仅在一些经济欠发达地区的低等级公路有少量应用。事实上，层铺法修筑的沥青表面处治作为路面结构层的做法已被淘汰，而作为路面功能层（封层）的使用则越来越多。我国公路沥青路面施工技术规范(JTG F40)中所说的封层是指为封闭表面空隙、防止水分侵入而在路面面层或基层上铺筑的厚度通常为 1～2 cm 沥青混合料薄层，铺筑在路面面层顶面的称为上封层，在面层下、基层顶面的称为下封层。常用的下封层有石屑封层、同步加纤碎石封层等。上封层有稀浆封层(slurry seal)、微表处(micro-surfacing)等，其主要作用是降低车轮磨耗、增强抗滑与平整度，改善行车条件，雾封层(fog seal)则是由热沥青或乳化沥青、水性环氧沥青等以在一定压力下喷洒后成膜的防水结构，多用于既有沥青路面的整体防水封闭，是公路养护中常用的手段。为防止对路面抗滑性能的影响，雾封层施工过程中有时还加入少量金刚砂等细集料，此即含砂雾封层。

沥青贯入式路面也是早期沥青路面的主要形式，它采用较粗的集料分层摊铺压实，然后分层洒布沥青与细集料或砂作为嵌缝料或封面料，最大厚度可达 4～8 cm，特别适合于缺乏沥青拌和机及摊铺机等时的沥青路面施工。该型路面可充分利用粗集料之间的嵌挤，通常具有较强的抗车辙能力。但是，相比沥青表面处治，它属于多孔结构渗水性较大，沥青用量大，且矿料与沥青在空间分布的均匀性差，施工变异性大、质量管理较困难，所以一般用作简易路面。我国现行沥青路面施工技术规范中规定沥青贯入式路面仅适用于三级及三级以下公路，尤其是在经济相对不够发达的西部地区的简易公路、乡村道路。对沥青贯入式路面来说，施工的关键是按要求的数量均匀撒布集料和喷洒沥青，然后就是加强压实。当然此种路面还需要行车过程中汽车的重复碾压才能逐渐稳定。因为贯入式路面施工时，一般采用钢筒式压路机碾压，它无法很快形成稳定的嵌挤模式，粗集料需要在汽车轮胎的作用下达到一个稳定的位置，并且使沥青在集料之间重新发布。当然沥青在此过程中会逐步向上富集形成泛油，所以对于沥青贯入式路面，在使用过程中还必须不断注意撒布细集料或砂进行养护，防止泛油导致使用性能下降。

图 9-1　低等级公路中层铺法施工形成简易沥青路面

沥青表面处治与沥青贯入式碎石的施工均较简便，不需要复杂的机具，但其施工质量同操作者的技术水平与经验有很大关系，材料的均匀性、稳定性与可靠性波动大；因沥青对集料颗粒无法形成完整的沥青膜裹覆，实际空隙率无法控制，其整体性能与耐久性有待提高。

稀浆封层是由适当级配的石屑或砂、填料（水泥、石灰、粉煤灰、石粉等）与符合要求的乳化沥青、外掺剂和水按一定比例拌和施工时呈流动状态的沥青混合料，将其均匀摊铺在路面上得到，将稀浆封层中所用的乳化沥青替换为聚合物改性乳化沥青（主要为 SBR 改性乳化沥青），即得到微表处。从矿料级配范围来看，国际上稀浆封层与微表处的级配范围基本上是一样或相近的，在配合比设计方法与相关指标上也基本一致。当然它们在施工机械、施工工艺和质量要求方面存在一定差别。因此，JTG F40 认为这是两种完全不同的类型并分别命名。在我国，微表处主要用于高速公路及一级公路的预防性养护以及修补轻度车辙，也可用于新建公路的抗滑磨耗层；而稀浆封层一般用于二级及以下公路的预防性养护或新建公路的下封层。但由于微表处与稀浆封层的主要功能仍然是封闭水分、抵抗车辙磨耗和恢复路表功能，这与沥青表面处治较为接近，因此 JTG F40 将它们都归为沥青表面处治。但从严格意义上讲，这两种材料与层铺法得到的沥青表面处治无论是施工成型方式还是路用性能之间均存在较大差别，将它们视为一类材料并不合适。

现代意义的沥青混合料是由集料和填料组成的符合一定级配要求的混合矿料，与适量的沥青及其他外掺剂，经特定工艺拌和得到的混合物。因此，稀浆封层与微表处虽然是按基于能得名，其实质均是现代意义的沥青混合料。根据是否添加矿粉填料及集料级配比例是否严格，通常将沥青混合料进一步分为沥青混凝土（AC，asphalt concrete）和沥青碎石（AM，asphalt macadam），它们在密实成型冷却后即形成板体性好的混凝土。沥青碎石多是以大粒径碎石颗粒为主，细颗粒含量和沥青用量均较少；其矿料级配可为连续型级配，也可采用间断级配，总体上以粗骨料形成嵌挤状态为原则，我国现行规范 JTG F40 中所列的连续级配密实型沥青碎石（ATB，asphalt treated base）、间断级配开放型沥青碎石（ATPB，asphalt treated permeable base）、开级配排水磨耗层（OGFC，open grade friction course）和间断级配半开放型沥青碎石 AM 等，传统方式施工的沥青表处、沥青贯入式亦属于此类。沥青混凝土混合料是用由粗、细集料与填料组成的符合严格级配要求的混合矿料，和沥青按特定工艺拌和得到的混合料。与沥青碎石混合料相比，沥青混凝土混合料级配要求较严格，细颗粒含量和沥青用量相对较高，所承受的荷载主要通过沥青砂浆传递。当然，有一类沥青混合料兼具这两种特点，即粗骨料形成嵌挤结构，沥青砂浆含量亦相对较高使得沥青混合料同时也较为密实，这种混合料称之为沥青玛蹄脂碎石混合料 SMA，在美国为 Stone Matrix Asphalt，欧洲国家则多以 Stone Mastic Asphalt 指代。以上介绍的沥青混合料命名是基于俗成习惯约定，并非严格的材料学分类。实际上，世界范围内并没有非常一致的沥青混合料分类标准和分类方法。

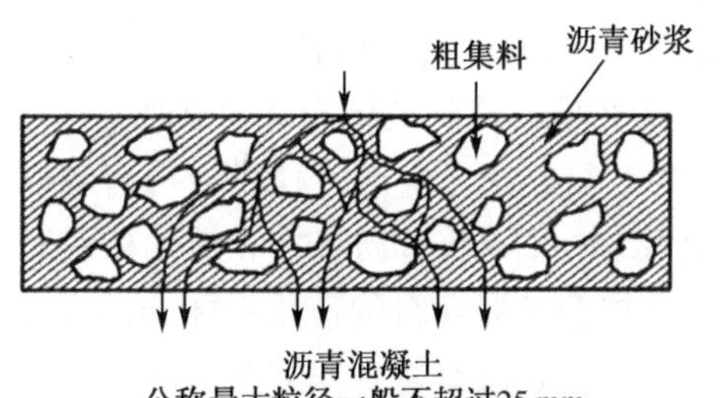

沥青混凝土
公称最大粒径一般不超过25 mm
粗集料含量低不能形成嵌挤骨架
沥青砂浆含量高、空隙率相对较低
荷载主要通过沥青砂浆传递

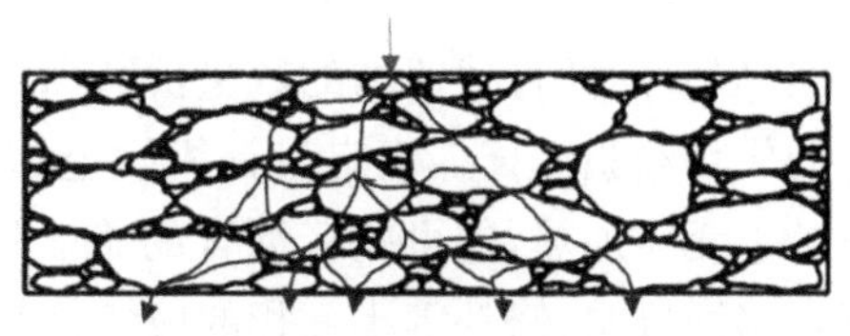

沥青碎石
公称最大粒径一般较大
粗集料含量高形成嵌挤骨架
沥青砂浆含量低、空隙率相对较大
荷载主要通过粗集料骨架传递

图 9-2　沥青混凝土与沥青碎石基本区别示意图

9.1.2 现代沥青混合料的生产与应用

沥青混合料可采用黏稠沥青或液体沥青进行拌制，使用黏稠沥青时需要将沥青加热至软化点以上约 100℃的温度，集料加热至沥青软化点以上约 120℃的温度，而使用液体沥青时则可常温拌和或仅需加热至不高于 80℃的温度。因此，根据沥青混合料的拌和温度可将沥青混合料分为冷拌沥青混合料(CMA, cold mixed asphalt)和热拌沥青混合料(HMA, hot mixed asphalt)，以及拌和温度比热拌沥青混合料约低 20～50℃的温拌沥青混合料(WMA, warm mixed asphalt 和拌和温度约在 60～100℃的半温拌沥青混合料(S-WMA, Semi-Warm Mixed Asphalt)，如图 9-3 所示，其中热拌沥青混合料是目前使用量最大的沥青混合料。沥青混合料拌和温度的降低可通过以下措施实现：(1)采用常温下呈液态或乳液状态的稀释沥青或乳化沥青等替换黏稠沥青；(2)使用沥青发泡技术；(3)采用聚合物或表面活性剂等手段降低沥青在施工温度区间的黏度。温拌沥青混合料最初是为了解决热拌沥青混合料冬季施工或长距离运输等现实问题而产生的，这将在后面进行专门介绍，此处不展开描述。

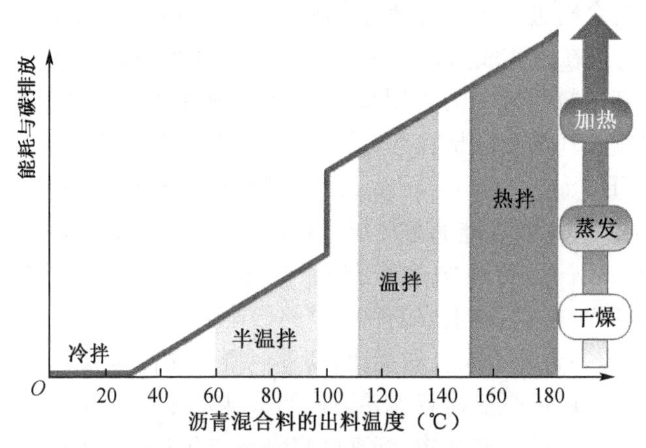

图 9-3 沥青混合料拌和温度分类

冷拌沥青混合料是指在常温下或加热温度很低的条件下拌和、碾压的沥青混合料，其胶结料多采用稀释沥青、乳化沥青或改性乳化沥青等。采用乳化沥青为结合料，可拌制成乳化沥青混凝土混合料与乳化沥青碎石混合料，以乳化沥青碎石居多。冷拌沥青混合料的矿料级配通常可参照热拌沥青混合料的级配使用，沥青的添加量则以热拌沥青混合料的沥青用量为基准，以实际沥青残留物的数量折减 10%～20%推算得到液体沥青的添加量，然后再根据已有的成功经验经试拌确定设计级配范围和施工配合比。生产冷拌沥青混合料时，沥青和集料基本无需加热，这可减轻沥青的施工期老化，并且降低对沥青拌和楼的依赖程度，常用于沥青路面坑洞、修补等小面积的应急修复。冷拌沥青混合料的使用性能与压实度、空隙率的关系非常密切，但目前冷拌沥青混合料的碾压工艺并没有得到很好的解决。另外，冷拌沥青混合料的内部空隙结构与热拌沥青混合料有较大差别，在沥青破乳絮凝期间的水分蒸发或溶剂挥发会留下较多的微细通道，而沥青与集料的界面黏附性通常也低于 HMA，这导致同样级配的冷拌沥青混合料，其空隙率比热拌沥青混合料大，透水性强，耐久性差。因此，冷拌沥青混合料一般多用于道路的联结层或整平层，在表面层使用时需铺筑上封层，且所有工序必须在上冻前完成。在实际工程中，为增强冷拌沥青混合料的强度与抗车辙性能，可掺入1%左右的水泥以等质量替换矿粉，但需要关注它们对沥青混合料抗裂性能的影响。

热拌沥青混合料是指采用黏稠沥青作为胶结料，与符合一定级配要求的矿料，在高温加热的条件下采用适当工艺拌制得到的均质混合物。热拌沥青混合料包括热拌热铺与热拌冷铺两类。采用热拌热铺的沥青混合料一般采用常温时较为黏稠的沥青拌制，出厂运抵现场后即进行机械化摊铺与压实成型，所得到的沥青混合料结构整体性与耐久性更佳，被广泛应用于高等级公路和城市干道、停车场、机场道面、水利工程（沥青混凝土防渗心墙等）等。热拌冷铺沥青混合料一般用于路面养护，其拌和工艺与热拌热铺的混合料相类似，区别在于拌和好的混合料并不直接运往现场，而是不采取任何保温措施将其存放起来，在需要时运至现场直接摊铺压实。为了保证常温下能够实现摊铺压实，热拌冷铺的混合料往往需要采用常温下黏度较小的沥青，对矿料的级配也有相对较特殊的要求，但即便如此，热拌冷铺方式得到的沥青混凝土，无论其均匀性还是基本物理力学性能均无法与热拌热铺得到的沥青混凝土相媲美。随着溶剂沥青与乳化沥青技术的不断进步，热拌冷铺混合料在工程已极少使用。

如上所述，热拌热铺沥青混合料的使用量最大，通常所说的沥青混合料均指热拌热铺沥青混合料。沥青混合料的矿料级配包括连续级配与间断级配两种类型，而根据其空隙特征则可分为密实型（基本无连通空隙，空隙率3%～6%）、开放型（包含大量连通空隙，空隙率18%以上）和过渡型（部分文献中称为半开级配，部分空隙连通，空隙率6%～12%），同时根据集料的公称最大粒径将沥青混合料分为粗型、细型，如表9-1所示。它们成型后的材料分布状态如图9-4所示。各类型混合料的推荐级配如表9-2所示。

表9-1 公路沥青路面施工技术规范 JTG F40 对热拌沥青混合料分类

密实状态	密实型			过渡型	开放型		公称最大粒径（mm）	最大粒径（mm）
级配类型	连续级配		间断级配					
混合料类型	沥青混凝土	沥青稳定碎石	沥青玛蹄脂碎石	沥青稳定碎石	排水式沥青碎石基层	排水式沥青磨耗层		
特粗式	—	ATB-40	—	—	ATPB-40	—	37.5	53
粗粒式	—	ATB-30	—	—	ATPB-30	—	31.5	37.5
	AC-25	ATB-25	—	—	ATPB-25	—	26.5	31.5
中粒式	AC-20	—	SMA-20	AM-20	—		19	26.5
	AC-16	—	SMA-16	AM-16	—	OGFC-16	16	19
细粒式	AC-13	—	SMA-13	AM-13	—	OGFC-13	13.2	16
	AC-10	—	SMA-10	AM-10	—	OGFC-10	9.5	13.2
砂粒式	AC-5	—	—	AM-5	—	—	4.75	9.5
空隙率	3%～5%	3%～6%	3%～4%	6%～12%	>18%	>18%		

表 9-2 JTG F40-2004 中给出的几种常用沥青混合料推荐级配范围

沥青混合料类型		通过下列筛孔(方孔筛,mm)的质量百分率(%)														
		53	37.5	31.5	26.5	19	16	13.2	9.5	4.75	2.36	1.18	0.6	0.3	0.15	0.075
连续密级配沥青混凝土	AC-25			100	90～100	75～90	65～83	57～76	45～65	24～52	16～42	12～33	8～24	5～17	4～13	3～7
	AC-20				100	90～100	78～92	62～80	50～72	26～56	16～44	12～33	8～24	5～17	4～13	3～7
	AC-16					100	90～100	76～92	60～80	34～62	20～48	13～36	9～26	7～18	5～14	4～8
	AC-13						100	90～100	68～85	38～68	24～50	15～38	10～28	7～20	5～15	4～8
	AC-10							100	90～100	45～75	30～58	20～44	13～32	9～23	6～16	4～8
	AC-5								100	90～100	55～75	35～55	20～40	12～28	7～18	5～10
沥青玛蹄脂碎石	SMA-20				100	90～100	72～92	62～82	40～55	18～30	13～22	12～20	10～16	9～14	8～13	8～12
	SMA-16					100	90～100	65～85	45～65	20～32	15～24	14～22	12～18	10～15	9～14	8～12
	SMA-13						100	90～100	50～75	20～34	15～26	14～24	12～20	10～16	9～15	8～12
	SMA-10							100	90～100	28～60	20～32	14～26	12～22	10～18	9～16	8～13
开级配排水磨耗层	OGFC-16					100	90～100	70～90	45～70	12～30	10～22	6～18	4～15	3～12	3～8	2～6
	OGFC-13						100	90～100	ti0～80	12～30	10～22	6～18	4～15	3～12	3～8	2～6
	OGFC-10							100	90～100	50～70	10～22	6～18	4～15	3～12	3～8	2～6
密级配沥青稳定碎石	ATB-40	100	90～100	75～92	65～85	49～71	43～63	37～57	30～50	20～40	15～32	10～25	8～18	5～14	3～10	2～6
	ATB-30		100	90～100	70～90	53～72	44～66	39～60	31～51	20～40	15～32	10～25	8～18	5～14	3～10	2～6
	ATB-25			100	90～100	60～80	48～68	42～62	32～52	20～40	15～32	10～25	8～18	5～14	3～10	2～6
开级配沥青稳定碎石	ATPB-40	100	70～100	65～90	55～85	43～75	32～70	20～65	12～50	0～3	0～3	0～3	0～3	0～3	0～3	0～3
	ATPB-30		100	80～100	70～95	53～85	36～80	26～75	14～60	0～3	0～3	0～3	0～3	0～3	0～3	0～3
	ATPB-25			100	80～100	60～100	45～90	30～82	16～70	0～3	0～3	0～3	0～3	0～3	0～3	0～3
半开级配沥青稳定碎石	AM-20				100	90～100	60～85	50～75	40～65	15～40	5～22	2～16	1～12	0～10	0～8	0～5
	AM-16					100	9～100	60～85	45～68	18～40	6～25	3～18	1～14	0～10	0～8	0～5
	AM-13						100	90～100	50～80	20～45	8～28	4～20	2～16	0～10	0～8	0～6

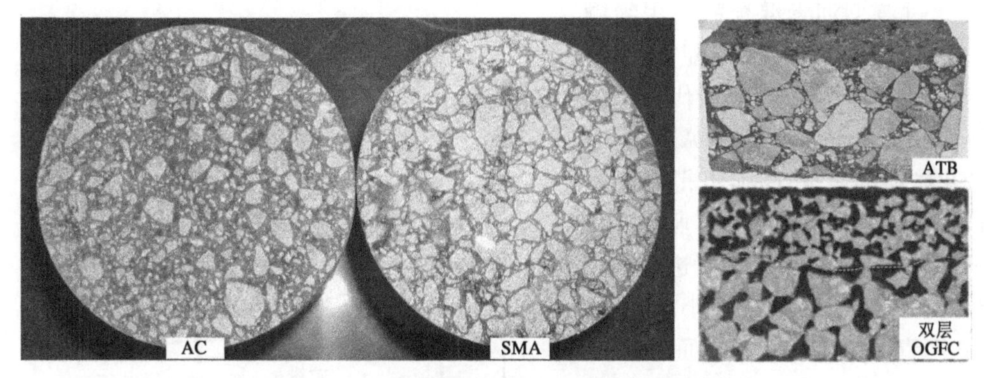

图 9-4 几种常用沥青混凝土混合料横截面照片

密实型沥青混合料的空隙率通常不高于6%，它们可按照连续级配或间断级配设计。按连续级配设计的密实型沥青混合料包括多用于面层的AC型混合料（很多外文文献用DGAC，Dense Grade Asphalt Concrete）和多用于基层的ATB混合料（Asphalt Treated Base）。ATB的公称最大粒径比AC大，通常超过26.5 mm，当其公称最大粒径超过37.5 mm时，也称为大粒径碎石沥青混合料LSAM（Large Stone Asphalt Macadam）。沥青玛蹄脂碎石SMA（Stone Matrix Asphalt或Stone Mastic Asphalt）是按嵌挤密实原则设计的间断级配沥青混合料，其显著特点为粗集料含量较高、中间粒径集料的含量较少，以确保颗粒能够形成空间点对点接触，并避免中间尺寸颗粒对粗颗粒骨架的干涉或排挤效应，同时采用较高含量的沥青胶浆或沥青砂浆填充骨架间隙以使混合料结构达到密实状态，如图9-5所示。

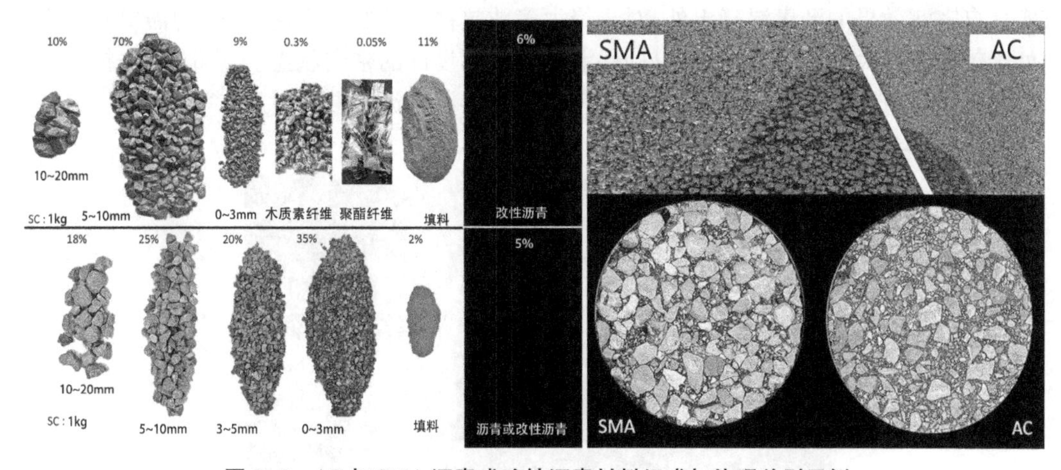

图 9-5 AC与SMA沥青或改性沥青材料组成与外观差别示例

进一步增加间断级配沥青混合料中的粗颗粒含量，并减少细颗粒、矿粉和沥青用量，即可得到开级配沥青混合料。开级配沥青混合料的空隙率一般在18%以上，因混合料内部空隙与外界相互连通，它们具有很高的渗透性。典型开级配沥青混合料有开级配抗滑磨耗层（OGFC，open grade friction course）与沥青稳定透水基层（ATPB，asphalt treated peamable base），二者的主要差别在于最大粒径，用于磨耗层的OGFC公称最大粒径通常不超过

16 mm。过渡型沥青混合料采用细颗粒与填料含量极低的间断级配，压实后空隙率约为6%～12%，典型代表为沥青碎石（asphalt macadam, AM）。因此，变化矿料的组成比例，可得到沥青混合料的连续谱系，如图9-6所示。在图9-6中，可增加一个维度以进一步反映混合料公称最大粒径的大小。通常，粗粒式沥青混合料多用于路面中下层或基层、或铁道工程的底砟层，中粒式与细粒式用于路面的中上面层或铁道工程的防水封闭层，砂粒式多用于局部维修，或路面结构中的防水封闭与应力吸收功能层，亦可用于结构防水与慢行道等场合。当然，在实际工程中，对沥青混合料级配类型和最大粒径的选择往往还要考虑服役环境、性能要求与结构层厚度，以及当地的施工技术水平等因素。

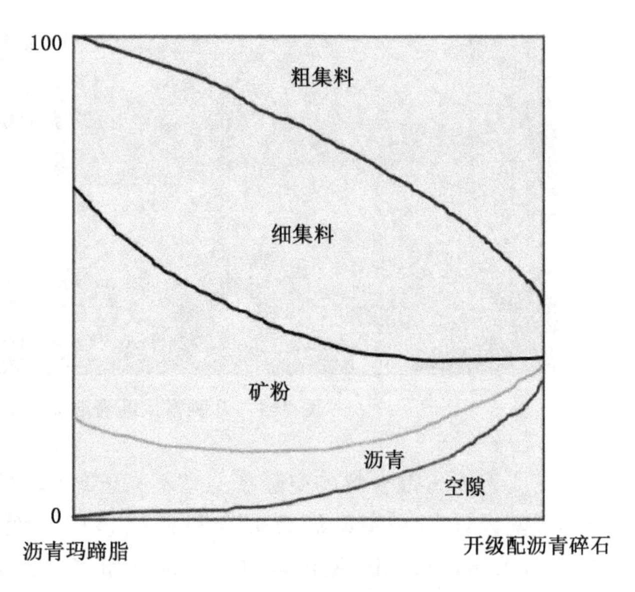

图9-6　沥青混合料材料组成与空隙的关系

沥青混合料的主要工艺特点为热拌热铺的工厂化与自动化作业。沥青混合料拌和机可分为连续式和间歇式拌和机。在我国，热拌沥青混合料多采用强制间歇式拌和机进行生产拌制，摊铺多采用履带式沥青混合料摊铺机，它通常带有可加热的振动式熨平板和自动找平装置，以确保摊铺时的预压实和整形功能，如图9-7所示。混合料摊铺完成后，除极少数能够实现自密实效果的沥青混凝土外，对于绝大多数热拌热铺的沥青混合料，均需要在混合料仍处于较高温度时进行反复碾压，以确保混合料达到设计的密实状态。因此，根据摊铺后是否需要碾压，热拌沥青混合料又可分为碾压式与非碾压式沥青混合料两大类。

图9-7　碾压式沥青混合料的卸料摊铺

碾压式沥青混合料，常用类型有AC、SMA、ATB、ATPB、AM等。它们均需要在合适的温度下，以特定工艺完成摊铺与压实工作，以排除混合料中的空气，并使矿料稳定就位，形成平整、均匀、稳定的结构。常用的压路机有橡胶轮胎压路机和钢轮振动压路机，如图 9-8 所示。关于摊铺机、压路机的工作原理，有兴趣的读者可参阅相关机械手册。

图 9-8 某热拌沥青混合料工程碾压过程照片

非碾压式沥青混合料富含沥青玛蹄脂或沥青砂浆、粗颗粒含量相对较少，因而在施工温度下具有一定的流动性，主要依靠自身流动性达到设计的密实状态，基本无需外力压实。如在国内特大跨径钢桥中得到大量应用的浇注式沥青混合料(英国称为 Mastic Asphalt，德国称为 Gussasphalt)，以及我国公路沥青路面施工技术规范中的砂粒式沥青混合料均属于此类。这类材料在组成上的显著特点是沥青用量高、细集料(及矿粉)含量高，其拌和工艺、运输工具等也与碾压式沥青混凝土有显著差别。以浇注式沥青混合料为例，如图 9-9 所示，混合料生产时采用沥青拌和机进行粗拌，以实现组成矿料和沥青的加热与用量控制，然后再转入专用精拌运输车(guss-cooker)进行保温拌和，摊铺时混合料应具有优良的流动性和黏韧性。拌制好的浇注式沥青混合料可采取机械或人工摊铺，其摊铺机也与普通摊铺机不同。

图 9-9 某浇注式沥青混凝土工程施工关键装备照片

对碾压式沥青混合料而言，现场摊铺工艺和压实工艺决定了沥青混凝土的最终状态。因此，在材料配比确定后，选择合适的摊铺、压实工艺并根据现场情况进行动态调整相当重要，而施工现场需要有较长较宽的工作面以便大型机组连续作业。而非碾压式沥青混凝土主要依靠自身流动性达到密实状态，无需专门碾压，在原材料及其配比一定的情况下，混合料的流动性主要取决于拌和工艺。因此，非碾压式沥青混合料对现场工作面的大小无特殊要求，施工也更简便，特别适合于施工场地受限的场合应用。

对于热拌热铺的沥青混合料而言，确保混合料在合适的温度范围内完成摊铺与稳定成型工作至关重要。正常施工条件的沥青混凝土工程，其混合料的出厂温度可按沥青软化点约增加 100℃控制即可。但是，当混合料的运距较远，或运输时间过长、施工环境温度较低时，为了降低施工风险，宜考虑采用沥青发泡技术、特种添加剂(高温降黏剂)或者低能耗沥青等技术措施，降低热拌沥青混合料的出厂温度，以扩展热拌沥青混合料的可施工时间、降低现场摊铺与压实成型过程中温度下降过快和温度离析的风险，这就是沥青混合料温拌技术的初衷。不同温拌措施的技术特点、关键工艺与质量控制方法各不相同，需结合实际工程特点和技术经济性综合考虑。当然，温拌技术以热拌沥青混合料为基础，所生产的沥青混合料，其性能应与热拌沥青混合料相当。

无论热拌、温拌还是冷拌沥青混合料，在拌制沥青混合料的过程中均可使用旧沥青路面回收料(RAP，reclaimed asphalt pavement)，其再利用途径可分为简单的再利用与功能再生两种方式。前者将回收料视为包裹沥青的“黑色集料”加以再利用，再生则往往需添加调和油、软化剂，或其他功能助剂以恢复 RAP 料中旧沥青的性能，再生是工程中最为常用的方式。具体工程中的再生利用方式通常分为厂拌冷再生、厂拌热再生、现场冷再生、现场热再生以及现场全厚式再生利用等多种方式。无论哪种方式，所制备得到的沥青混合料关键路用性能都应接近或达到采用新鲜沥青和矿料拌制的热拌沥青混合料。

9.2 沥青混合料的体积组成与特征参数

沥青混合料的体积特性指沥青混合料中各组成材料与混合料之间的体积关系。表征体积特性的参数有很多，它们并不是表征沥青混合料的力学性能与耐久性的直接指标，但这些性能与体积指标之间的关系密切。相比于多数路用性能指标，体积参数的测试简单易行，对试验设备要求不高，因此，体积参数常用于混合料的配合比设计和施工质量控制。现有的沥青混合料设计实质上是通过调整混合矿料的级配和组成比例与优化沥青用量来使混凝土的路用性能得到满足的体积设计过程。

9.2.1 沥青混合料的质量-体积构成与基本体积参数

在多数设计方法中，沥青含量、空隙率、矿料间隙率与沥青饱和度等均被视为与沥青混凝土的路用性能与耐久性相关的关键体积指标。沥青含量多指混合料中沥青在混合料中的质量百分率，空隙率则为沥青混合料中空隙体积占试件毛体积的百分率。矿料间隙率定义为沥青混合料中矿料颗粒的间隙(即未被矿料所占据的体积)占混合料毛体积的百分比,而沥青饱和度则是指矿料间隙被沥青的填充程度,也称为沥青填隙率。

当集料颗粒被沥青裹覆时,由于集料中存在一定量的与外界连通的孔隙,它们可能会吸收一部分沥青,集料中连通孔隙所能吸收沥青的能力取决于沥青的黏度、集料的类型和孔隙特性,以及温度与持续时间;而剩余部分的沥青胶结料则形成沥青膜包裹于颗粒表面,被集料吸收的沥青不能发挥颗粒润滑与胶凝作用,而未被吸收的沥青则能够发挥颗粒润滑与胶凝作用,称之为有效沥青,如图 9-10 所示,为便于比较,图中亦将表观体积列出。

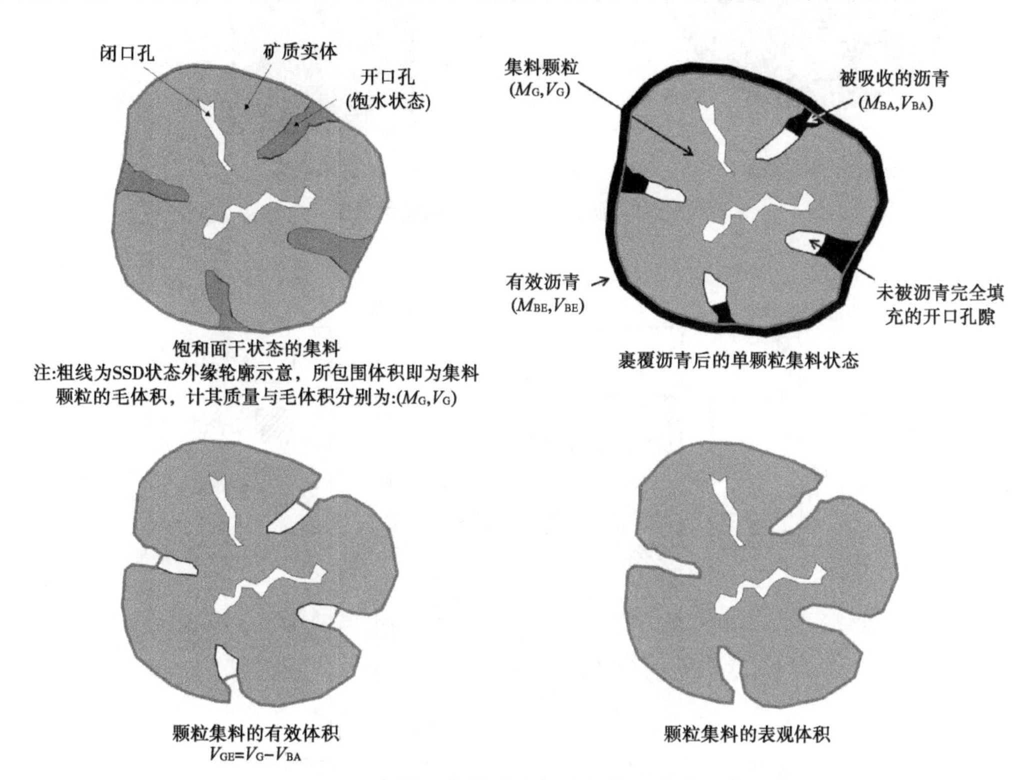

图 9-10　裹覆沥青的单颗粒集料体积构成示意图

在混合料的矿料间隙体积中,一部分体积为未被集料所吸收的有效沥青所填充,另一部分则为空气。在压实过程中,集料颗粒体积并不会变化,集料也不会固结,绝大多数混合料中所采用沥青的体积均小于矿料的间隙体积,也即包裹着沥青的集料颗粒之间必定会存在空隙。因此,沥青混合料的体积构成上可分为四部分:集料(毛体积)、被吸收的沥青,有效沥青和空隙,如 9-11 图所示。由于被吸入集料连通孔隙的沥青体积并不影响集料颗粒间的空隙,对沥青混合料的强度与耐久性等贡献基本可忽略不计。

为了确定各体积参数的关系,首先定义各组成部分的质量与体积参数,如图 9-12 所示。

根据图 9-12 所示的质量组成与体积组成关系,可得到沥青混合料的一系列体积参数。

沥青混合料的毛体积密度为

$$\rho_{mb}=\frac{M}{V}=\frac{M_B+M_G}{V_{mm}+V_A}=\frac{M_B+M_G}{V_B+V_{GE}+V_A}=\frac{M_B+M_G}{V_{BE}+V_G+V_A}$$

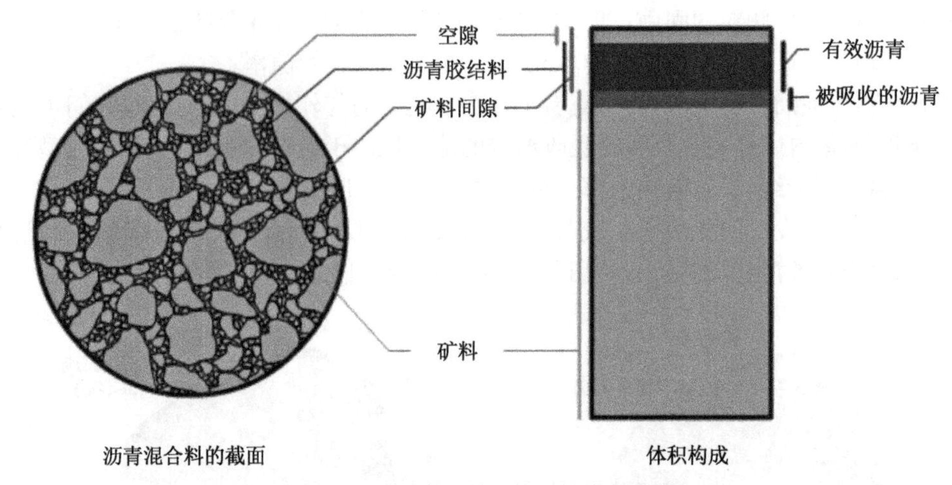

图 9-11　沥青混凝土体积构成示意图

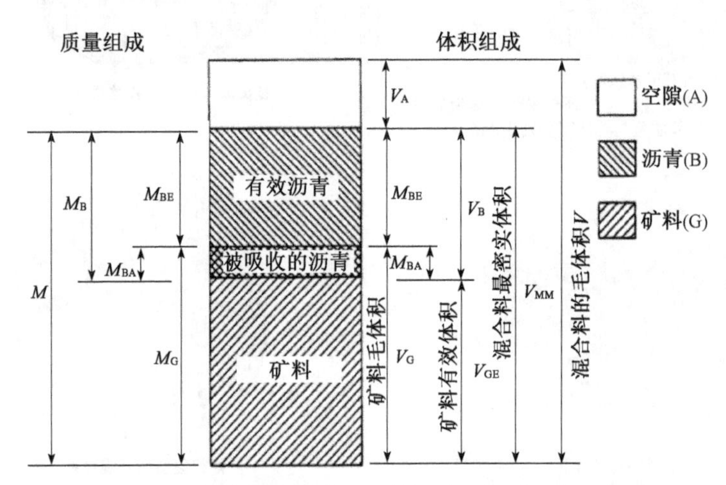

图 9-12　压实沥青混合料质量组成与体积组成示意图

沥青混合料的最大理论密度(零空隙)为

$$\rho_{mm}=\frac{M}{V_{mm}}==\frac{M_B+M_G}{V_B+V_{GE}}=\frac{M_B+M_G}{V_{BE}+V_G}$$

沥青混合料中沥青含量为

$$P_b=\frac{M_B}{M}\times 100=\frac{M_B}{M_B+M_G}\times 100(\%)$$

沥青混合料中有效沥青含量为

$$P_{be}=\frac{M_{BE}}{M}\times 100=\frac{M_{BE}}{M_B+M_G}\times 100(\%)$$

沥青混合料中被吸收的沥青量为

$$P_{ba}=\frac{M_{BA}}{M}\times 100=\frac{M_{BA}}{M_B+M_G}\times 100(\%),\ P_{be}+P_{ba}=P_b$$

沥青混合料中矿料的质量分数为

$$P_s=\frac{M_G}{M}\times 100=\frac{M_G}{M_B+M_G}\times 100(\%),\ P_s+P_b=100$$

沥青混合料中矿料的有效密度为

$$\rho_{GE}=\frac{M_G}{V_{GE}}\times 100=\frac{M_G}{V_G-V_{BA}}$$

沥青混合料的空隙率为

$$VV=\frac{V_A}{V}\times 100(\%)$$

沥青混合料的矿料间隙率为

$$VMA=\frac{V_A+V_{BE}}{V}\times 100=\frac{V_{mm}-V_G+V_A}{V}\times 100(\%)$$

沥青混合料的沥青饱和度为

$$VFA=\frac{V_{BE}}{V_A+V_{BE}}\times 100=\frac{VMA-VV}{VMA}\times 100(\%)$$

部分设计规范如我国公路沥青路面施工技术规范以及美国 Superpave 规范中亦特别强调粉胶比，其含义为沥青混合料中小于 0.075 mm 的填料颗粒与有效沥青的质量比。

9.2.2 空隙率

空隙率(VV)是沥青混合料体积参数的关键指标之一。空隙率主要受级配类型与集料特性、沥青用量、压实温度和压实工艺影响。在相同的成型条件下，沥青混合料的空隙率随沥青含量的增加而不断减小；而当材料组成等其他条件不变时，在压实温度条件下，空隙率随压实功的增加而降低。

空隙显著影响沥青混合料的物理力学性能与耐久性。通常，当 VV<3%时，沥青路面的车辙和泛油的风险增加。当 VV>5%时，沥青混合料的抗冻融能力与抗疲劳性能、路面结构强度下降较快。当 VV>7%～8%时，沥青混合料的渗透性剧增，这易导致路面早期水损害，路面结构的耐久性显著降低。当 VV=8%～12%时，由于混合料中空隙虽多，但尚未连通，渗进的水分停留在路面的空隙中难以排除，沥青路面易处于饱水状态，车轮荷载将在路面沥青混凝土层中产生很大的动水压力，容易导致冲刷、坑塘、松散等较严重的水损害。因此 VV=8%～12%被称为最不利空隙率，在工程中应当避免。当 VV>15%时，由于沥青混合料中的多数空隙已相互连通，雨水渗入后，可沿路拱坡度迅速从连通空隙中横向排除。与较低空隙率的连续密级配沥青混凝土相比，开级配的沥青混合料虽然空隙率较高，但它的粗颗粒能够形成嵌挤互锁结构，而通过增加沥青的黏度和其他改性措施，混合料具有更为优良的抗变形能力，这就是通常欧洲所说的多孔沥青混合料(porous asphalt, PA)，在我国与美国也称之为开级配抗滑表层 OGFC 或排水式沥青碎石基层 ATPB。多孔沥青混合料的设计空隙率往往达到 18%～24%，这不仅可保证优良的渗水排水抗滑功能，而且能显著降低交通噪音。

密实型沥青混合料包括连续级配沥青混凝土、Superpave沥青混合料、SMA等，在使用过程中应从高温抗变形特性与防止路面渗水两方面考虑，对沥青混合料的空隙率进行限定。空隙率的最高限值对于控制渗透系数、防止黏聚破坏和确保耐久性来说至关重要，而设置空隙率的最低限值也十分必要。最小空隙率首先是为了确保混合料在压实过程中不泛油，其次是防止运营期间混合料产生明显的稳定性问题，因为高温时沥青易软化变形，混合料中应有足够的空间，能容许这种小变形的产生而不致出现明显的塑性变形或流动。很多规范要求密实型沥青混合料的设计空隙率为3%～5%，而路面施工的空隙率则按不超过6%～7%控制，这主要就是考虑到交通荷载的二次压密作用。

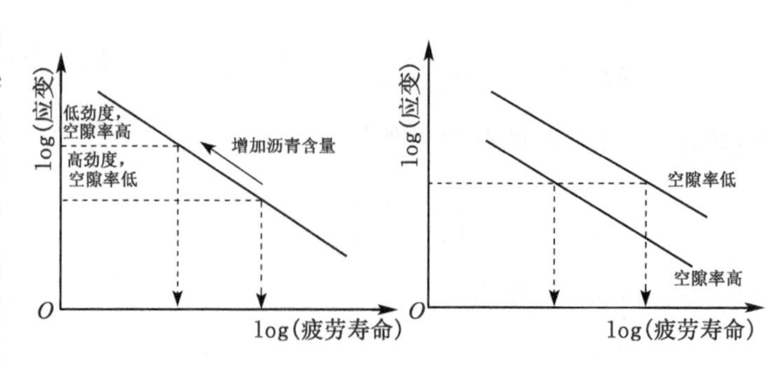

图9-13　空隙率对沥青混合料疲劳寿命的影响

空隙率反映了沥青混合料中的空隙总量，但并不能反应空隙的大小与空间分布等特征信息，而后者显著影响混合料的渗透性与抗冻融能力等性能。研究表明，沥青混合料的空隙大小服从威布尔分布，而空隙在混合料厚度方向的分布并不均匀。实际施工条件下沥青混合料的空隙率沿结构厚度方向多呈"C"型分布，如图9-14所示，这主要是因上下表面层温度散失过快所致。混合料的类型、结构厚度、混合料的出料温度、压实成型工艺及现场环境条件等均会对空隙大小与空间分布产生影响。目前，关于空隙的不均匀分布对混合料路用性能影响，以及如何通过优化材料设计、生产与压实工艺和现场施工管控等技术措施减少这种不均匀性等方面的研究成果尚在积累之中。当然，大量实践表明，适当增加摊铺层厚度(如采取双层摊铺方式)、采取温拌措施等可有效控制空隙沿厚度方向分布的不均匀程度。从室内成型试件与现场芯样的比较情况看，旋转压实试件和现场芯样的空隙分布偏差较小，而击实法所得到的试件空隙沿试件高度方向分布更不均匀，与目标空隙率的偏差大，因此旋转压实是公认更为合适的室内试件成型法。

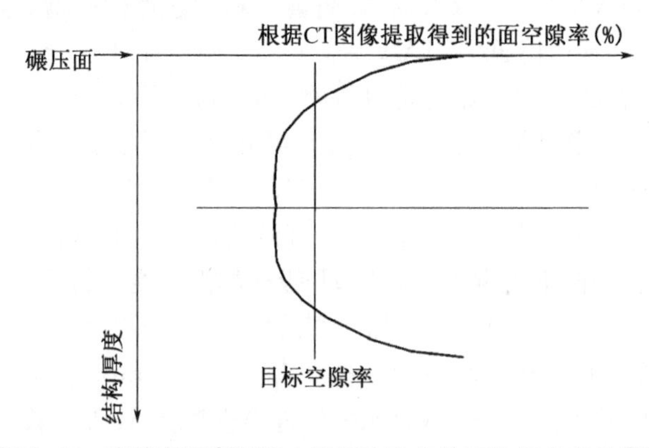

图9-14　空隙在沥青混凝土层厚度方向的不均匀分布示意图

9.2.3 矿料间隙率与沥青饱和度

矿料间隙率也是沥青混合料的重要体积参数。混合矿料应该有足够的间隙，以确保沥青用量处于合理范围，使得沥青混合料既具有良好的耐久性，又有足够的剩余空隙保证良好的高温稳定性。根据VMA的组成来看，混合料具有较大的VMA值意味着其空隙率大或者沥青用量高，也可能二者兼有，这易导致混合料在荷载作用下易于产生永久变形、高温稳定性较差且混合料在施工时可能易于离析。相反地，较低VMA的混合料意味着较低的沥青用量，或者混合料被压实后的空隙率极低，或者二者兼而有之；这种混合料因沥青膜厚度较薄耐久性往往较差、在低温下易开裂，且往往因过度压实会出现泛油。因此多数设计方法中会给出VMA的推荐范围，以确保沥青混合料的性能满足要求。规定VMA的最低值就是确保有足够的沥青包裹集料，并在温度升高沥青体积膨胀时有相应的空间允许沥青能够迁移而不至泛油。实际上，VMA自20世纪60年代就开始广泛应用，对VMA的基本要求源于Mcleod(1956)，如早期的SuperPave规范即按集料公称最大粒径规定了最小VMA值(目标空隙率5%)，至Superpave 2001版以目标空隙率为4%对VMA的最小值要求进行了修订，2017版则保持2001版的基本要求，如表9-3所示。我国沥青路面施工技术规范JTG F40中对连续密级配沥青混凝土与沥青稳定碎石ATB的VMA提出了相应的要求，具体如表9-4所示；对沥青玛蹄脂碎石混合料SMA，JTG F40仅规定其VMA不小于17.0，对OGFC则未提出最小值要求。需要强调的是，VMA在数值上是混合料中空隙率与有效沥青体积的加和，有时候区分这两部分也很重要，这就涉及沥青填隙率或沥青饱和度VFA。

表9-3 SuperPave与AI等对热拌沥青混合料矿料间隙率的最小值要求

<table>
<tr><td colspan="2">公称粒径(mm)</td><td>4.75</td><td>9.5</td><td>12.5</td><td>19</td><td>25</td><td>37.5</td></tr>
<tr><td rowspan="2">VMA(%)</td><td>Mcleod(1959)</td><td>17.8</td><td>16.2</td><td>15.0</td><td>13.7</td><td>12.5</td><td>11.5</td></tr>
<tr><td>SuperPave(2017)</td><td>16.0</td><td>15.0</td><td>14.0</td><td>13.0</td><td>12.0</td><td>11.0</td></tr>
</table>

表9-4 JTG F40对热拌沥青混合料矿料间隙率的最小值要求

<table>
<tr><td colspan="2">混合料类型</td><td colspan="6">连续密级配沥青混凝土 AC</td><td colspan="3">沥青稳定碎石 ATB</td></tr>
<tr><td colspan="2">公称粒径(mm)</td><td>4.75</td><td>9.5</td><td>13.2</td><td>16</td><td>19</td><td>26.5</td><td>26.5</td><td>31.5</td><td>37.5</td></tr>
<tr><td rowspan="5">设计空隙率(%)</td><td>2</td><td>15.0</td><td>13.0</td><td>12.0</td><td>11.5</td><td>11.0</td><td>10.0</td><td colspan="3" rowspan="2"></td></tr>
<tr><td>3</td><td>16.0</td><td>14.0</td><td>13.0</td><td>12.5</td><td>12.0</td><td>11.0</td></tr>
<tr><td>4</td><td>17.0</td><td>15.0</td><td>14.0</td><td>13.5</td><td>13.0</td><td>12.0</td><td>12.0</td><td>11.5</td><td>11.0</td></tr>
<tr><td>5</td><td>18.0</td><td>16.0</td><td>15.0</td><td>14.5</td><td>14.0</td><td>13.0</td><td>13.0</td><td>12.5</td><td>12.0</td></tr>
<tr><td>6</td><td>19.0</td><td>17.0</td><td>16.0</td><td>15.5</td><td>15.0</td><td>14.0</td><td>14.0</td><td>13.5</td><td>13.0</td></tr>
</table>

如第2章中所述，矿料堆积的紧密程度主要取决于其级配、颗粒形状、表面纹理三方面的因素，压实方法也对最终堆积状态产生重要影响。这意味着，VMA不仅与集料的公称最大粒径有关，还与混合料的级配、矿料颗粒形状、表面纹理等密切相关，并且受压实方法影响。根据VMA的定义式，VMA是混合料的空隙率与有效沥青体积之和，因此VMA不单

单是集料组装颗粒间隙的反应，还与沥青用量密切相关。从混合料设计角度来看，当组成原材料确定以后，VMA 只取决于混合矿料的组成比例与沥青用量；而当混合矿料的组成比例也确定以后，由于沥青混合料的毛体积密度随沥青用量的增加出现上凸型变化趋势，这使得 VMA 随沥青用量的增加通常呈现先减小后增大的趋势，如图 9-15 所示。在 VMA 曲线拐点左侧的混合料沥青用量稍低，高温稳定性更好，而右侧的混合料沥青用量略高，相应的低温性能与抗疲劳性能可能更优，设计时可根据实际情况选择。

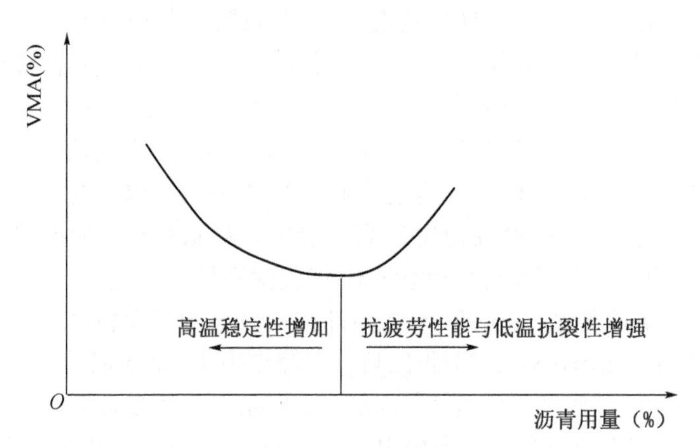

图 9-15　一定范围内 VMA 与沥青用量的关系及其对混合料关键性能的影响示意图

VMA 与沥青混合料路用性能的定量关系，有不少研究成果。如 NCHRP 的 9-25 与 9-31 项目基于 Westrack、MnRoad 及 NCAT 试验路发展了车辙率模型，如式(9-1)所示：

$$\mathrm{RR}=\frac{12\,500\ \mathrm{VMA}^{3.24}}{|G^*|^{1.08}\ S_{\mathrm{a}}^{2.16}G_{\mathrm{sb}}^{2.16}\ N_{\mathrm{des}}^{0.65}\left[\dfrac{100-\mathrm{VV_f}}{100-\mathrm{VV_D}}\right]^{18.6}} \tag{9-1}$$

式中，RR 为车辙率(mm/m/ESALs$^{1/3}$)；$|G^*|$ 为沥青胶结料的动态剪切模量(MPa)，7 d 平均最高路面温度时距路表 50 mm 处的温度作为试验温度；S_{a} 为矿料的比表面积(m^2/kg)；G_{sb} 为矿料的毛体积相对密度，N_{des} 为沥青混合料的设计旋转压实次数，$\mathrm{VV_f}$ 为路面的实际空隙率(%)，$\mathrm{VV_D}$ 为沥青混合料的设计空隙率(%)。

关于 VMA 与沥青混合料其他路用性能的定量关系，请读者自行检索。需要注意的是，这些回归模型的普适性通常较低，在引用模型时务必小心。

沥青饱和度指在沥青混合料中，矿料间隙被沥青所填充的程度。通常认为，沥青饱和度会影响沥青混合料的高温与疲劳性能。在《公路沥青路面设计规范》(JTG D50-2017)中，验算路面结构中沥青混合料层的弯曲疲劳寿命时，即考虑了沥青饱和度的贡献。VFA 的主要作用是防止沥青用量过大或过小，但由于 VFA 与 VMA 和 VV 有关，并非独立变量，在很多时候，使用 VFA 控制沥青用量是多余的。

9.2.4　沥青含量与集料吸收率

沥青含量是最重要体积参数之一，通常用混合料中沥青的质量百分比表示。合适含量的沥青是沥青混凝土优良性能的基本条件。沥青含量过低会使得混合料很干涩难以摊铺压实，且在服役期间易产生疲劳开裂和其他耐久性问题。沥青过多则不经济，并且使得沥青混凝土易产生车辙和推挤等病害。典型的沥青混合料，其沥青含量约为3%(贫油基层)~6%(表面层或富油基层)，具体含量根据抗车辙性能、耐久性与抗疲劳性能等确定。

如前所述，沥青含量通常用沥青与混合料总质量的百分比表示。也就是说，某沥青含量为5.2%的沥青混合料，每吨混合料中含有52 kg沥青。用重量法表示沥青含量有两个问题。首先也是最重要的，只有沥青的体积而非质量才是反应沥青混凝土的性能指标，而以质量表示的沥青含量则是沥青体积含量与集料毛体积密度的函数。假设有两种沥青混凝土，它们的空隙率均为4%，沥青的体积含量均为12%。其中一组矿料为表观相对密度为2.5的石灰岩集料，另一组为相对密度达3.2的致密辉绿岩集料。假如沥青没有被集料所吸收(这个假设并不合理，后面会专门讨论)，则由石灰岩集料制备的沥青混凝土，以质量表示的沥青含量为5.35%，而由辉绿岩集料组成的沥青混凝土则为4.23%。也就是说，以质量表示的沥青含量相差超过1%，虽然它们所含沥青的体积含量相同。为了避免该现象，很多机构都规定以质量表示的沥青含量，其最低值应根据矿料的表观密度选取。也即，沥青用量的最小值为矿料密度的函数。用质量百分率表示沥青含量的第二个问题在于，绝大多数集料都会吸收沥青。被集料表面微孔所吸收的沥青，可能会增进沥青与矿料的黏附，但不会对混凝土的耐久性产生显著贡献。不同品质的集料对沥青的吸收量差别很大，这主要与集料的孔隙特性有关。致密的火成岩，如辉绿岩、玄武岩也许仅能吸收10%~20%的沥青，而多孔砂岩与矿渣所吸收的沥青量则可能占到混凝土总质量的1%~4%。总沥青含量是指必须添加到混合料中的沥青量，以保证满足要求的混合料性能。而有效沥青是沥青没有被集料吸收的部分，也即沥青有效地在集料表面形成沥青膜的部分。因此，有效沥青含量指混合料中未被集料所吸收的沥青质量百分率，在数值上等于总沥青含量减去被吸收沥青的含量。例如，混凝土的总沥青用量为5.3%，被集料吸收的沥青含量为0.5%，则有效沥青含量为4.8%。如果混合料的设计沥青体积含量为11%，未包括被集料吸收的1%沥青体积，那么总沥青的体积含量应为12%。

有效沥青含量是影响沥青混凝土抗疲劳性能和耐久性的最主要因素。一般地，沥青路面的疲劳寿命与耐久性均随着有效沥青含量的增加而增加。由于有效沥青含量在数值上等于矿料间隙率减去空隙率之差，配合比设计时多通过控制VMA和混合料的设计空隙率来保证。如前所述，过分增加VMA或者降低空隙率都有可能导致沥青混凝土抗车辙性能的下降，因此，无论对于VMA还是空隙率，都必须设置一个合理的上下限范围。对于密级配混合料，为增强抗疲劳能力与耐久性，设计上一般可允许VMA比规范值有不超过1%的增加；而对于SMA，由于它本身就具有很高的VMA，因此混合料通常都具有优异的抗疲劳性能。当设计空隙率一定时，有效沥青含量随着VMA的变大而增加。通常，公称最大粒径小的沥青混合料拥有更大的VMA，因此与公称粒径更大的沥青混合料相比，它们具有更好的抗疲劳性能与耐久性。混合料的压实水平和设计空隙率也会影响疲劳寿命与耐久性。HMA的抗疲劳性能随着压实功的增加而提高，混合料的抗渗性能随着现场空隙率的降低而迅速下降，相应地，胶结料老化与水分渗透扩散的概率更小，这有助于增强耐久性。

了解混合料中集料吸收沥青的能力对于确定最佳沥青含量至关重要。混合料中必须添加足够的沥青以保证集料吸收后集料表面仍有足够厚度的沥青薄膜。因此，在确定混合料的沥青含量时，集料的吸收率是需要考虑的重要因素。集料的表面积与最佳沥青用量之间的关系受填料用量的影响显著，填料用量的变化将导致混合料性能发生显著变化。但是，在混合料中填料过少或过多时，随意调整填料用量均可能会使情况恶化。此时正确的做法是，进行适当的取样和测试，找出变异的原因，并在必要时重新设计矿料级配。

理论上，表征沥青含量的最有效方式是以体积法定义的有效沥青含量，因为这可以避免上述的两个问题。但是，有效沥青体积含量只能通过精度并不高的体积法确定，而沥青拌和厂通常是设计采用质量法来控制沥青用量。基于这些原因，很多机构都规定了最小沥青用量，同时根据集料的相对密度采用表格或者公式进行修订。当然，由于集料对沥青的吸收率不仅与集料的类型和孔隙特性密切相关，还与沥青的黏度、温度和加热持续时间有关。因此，即便集料的类型一定，也没有简便的方法可准确估计集料对沥青的吸收率。基于此，实践中常常通过同时限制空隙率和矿料间隙率来控制混合料的有效沥青体积含量。

9.2.5 沥青膜厚度

沥青膜指裹覆在集料颗粒表面的完整沥青涂层，通常用混合料的平均膜厚度 $FT_{mean}(\mu\varepsilon)$ 表征，其定义为单位重量的混合料中有效沥青的体积(m^3/kg)与矿料比表面积(m^2/kg)之比，如式(9-2)所示。沥青膜厚度是与混凝土路用性能密切相关的一项重要指标——沥青膜较薄时，沥青混合料脆性大且易出现耐久性问题，而膜较厚的沥青混合料则易出现车辙与推挤等病害。

$$FT_{mean}=\frac{P_{be}}{SA_s \cdot P_s \cdot G_b}\times 1\,000(\mu\varepsilon) \tag{9-2}$$

式中，P_{be} 为混合料中有效沥青的含量(%)，SA_s 为矿料的比表面积(m^2/kg)、由实测法或经验模型预估计算得到，P_s 为集料在混合料中的质量百分率(%)，G_b 为沥青的相对密度。矿料的比表面积通常根据经验公式推算得出，在条件许可时宜通过试验测定。

沥青膜厚度其实是一个颇具争议的概念。许多研究者反对使用该术语，因为在混合料中中，沥青是作为单一的连续相将矿料胶结在一起的，并不存在所谓的薄膜状态，目前亦无物理方法能够将裹覆有完整沥青膜的单一集料从压实状态的混合料中分开。当然，这些批评并不否认沥青膜厚度对混合料路用性能的重要影响。基于这一原因，不少研究者建议工程师与技术人员使用沥青胶浆的表观膜厚度替代沥青膜厚度。

表观膜厚度就是指沥青胶浆(沥青＋填料)的体积与混合料中除填料以外的全部集料颗粒的总比表面积之比。NCHRP567 认为，表观膜厚度与混合料的路用性能特别是抗车辙性能密切相关：降低表观沥青膜厚度会增强沥青混凝土的抗车辙能力，表观膜厚度超过 9～10 μm 时易产生过量车辙。然而，沥青混合料的抗车辙能力与膜厚度的关系仅仅是一种间接而有用的关系。其原因在于，沥青混合料的抗车辙能力随着 VMA 的降低和集料细度模数的增加而增强，而降低沥青含量会导致 VMA 降低，因此降低表观膜厚度会增强混合料的抗车辙能力。其他重要路用性能与表观膜厚之间的关系也非常重要，但不像其与抗车辙性能之间的关系那么直接。另外，膜厚度的测定非常困难，因此，多数设计方法均未采用沥青膜厚度作为沥青混合料设计指标或控制其性能。

尽管压实沥青混凝土中很难物理区分出沥青膜，在未压实的松散沥青混合料中，沥青膜的物理意义还是很明确的。集料表面的沥青膜还有着一项非常重要的功能——它们对集料颗粒起着润滑作用、使混合料易于摊铺和压实。表观沥青膜太薄的HMA将很难被摊铺均匀且难以压实，这易导致离析和高空隙率，最终导致路面易透水、松散和表面开裂。当然，这一关系也非直接关系，沥青混凝土耐久性的缺失多是由于离析与压实不良导致，压实不良则往往是由于松散混合料的膜厚较薄、工作性不良引发。虽然到目前为止，HMA的工作性与表观膜厚度的关系仍未建立，很多研究机构还是提出了最小膜厚度的范围。一般认为，表观膜厚度低于6～7 μm的HMA将难以摊铺和压实，表观膜厚度在7～9 μm的HMA既具有良好的工作性，又具有良好的抗车辙能力；设计沥青混合料时应尽量避免沥青表观膜厚度低于6 μm或者大于10 μm。

综上所述，沥青表观膜厚度可作为设计和分析沥青混合料性能的潜在有用工具。当然，有关表观膜厚度与路用性能指标之间的关系都是间接的，而对混合料矿料组分良好控制也会使得混凝土的性能提高，这些措施与表观膜厚度无关。从某种意义上讲，控制混合料的VMA、VV以及集料的级配等更为重要，选择特定表观膜厚度时必须确保VMA、VV和集料的级配均满足要求。

9.2.6 沥青混合料的相对密度

相对密度是指某种材料的密度(毛体积密度或表观密度等)与进行测试时常压条件下同温度下水的密度之比，无量纲。沥青混合料的相对密度与其路用性能之间并无直接关联，但是，了解相对密度的测试、计算以及它们在体积分析中如何使用是至关重要的，这些参数是沥青混合料的配合比设计和分析混合料体积特性的重要参数。

混合料毛体积密度指包含空隙在内的单位毛体积试件所具有的干重量，其标准测试程序是在空气中与水中分别称量沥青混合料试件的重量，按式(9-3)计算得到相对毛体积密度 G_{mb} 。根据试件的吸水率大小，实验室可能采取两种略微不同的测试方法。对于吸水率小于2%的试件，采用饱和面干法，而高吸水率的试件，则在称量水中重之前需要先对试件进行封蜡处理。

$$G_{mb}=\frac{\text{试件干重}}{\text{试件饱水重}-\text{试件水中重}} \tag{9-3}$$

在工程中，可基于室内制作的沥青混合料试样或现场沥青混凝土芯样，采用表干法、网篮法或体积法测定沥青混凝土的毛体积相对密度。当试件的吸水率超过2%时，需要在试件表面进行封蜡处理，其计算过程相对复杂，因为需要考虑封蜡的质量与体积，具体细节可参考JTG E40 T0707或AASHTO T275。

对于室内配制的沥青混合料，其最大理论相对密度 G_{mm} ，可采用真空饱水后的排水法测定。首先，将沥青混合料拌和好，将其摊在平板上，待其自然冷却后将其中的结团料分开，以防止中间存在封闭空隙，称量松散混合料的干重量，然后将其放入真空容器中使之吸水饱和，最后再用排开水的方法称量所排开水的重量，并按式(9-4)计算最大理论相对密度。

$$G_{mm}=\frac{\text{松散料干重}}{\text{松散料干重}-\text{饱水松散料排开水的重量}} \tag{9-4}$$

无条件测试时或对于现场芯样，其最大理论相对密度可根据基本概念按式(9-5)计算得到，

$$G_{mm}=\frac{100}{\frac{P_b}{G_b}+\frac{P_s}{G_{se}}} \tag{9-5}$$

式中，P_s、P_b 分别为矿料和沥青的含量，$P_s+P_b=100$，G_b 为沥青的相对密度，G_{se} 为混合矿料的有效相对密度。

由于最大理论密度的测试相对繁琐，在配合比设计中，往往只测试一种沥青用量 P_{bi} 的沥青混合料的最大理论密度 G_{mmi}，推算出混合矿料的有效相对密度 G_{se}，然后再根据上式计算其他沥青用量(或油石比)条件下的沥青混合料的最大理论密度。

$$G_{se}=\frac{P_{si}}{\frac{100}{G_{mmi}}-\frac{P_{bi}}{G_b}},\ G_{mmj}=\frac{100}{\frac{P_{bj}}{G_b}+\frac{P_{sj}}{G_{se}}} \tag{9-6}$$

式中，$P_{si}+P_{bi}=P_{sj}+P_{bj}=100$。

9.2.7 沥青混合料的体积分析

沥青混合料的空隙率可直接根据其定义进行计算：

$$VV=100\times\left(1-\frac{G_{mb}}{G_{mm}}\right)(\%) \tag{9-7}$$

在沥青混合料中，记混合矿料的毛体积相对密度为 G_{sb}，则矿料间隙率为

$$VMA=100\times\frac{\frac{100}{G_{mb}}-\frac{P_s}{G_{sb}}}{\frac{100}{G_{mb}}}=100-\frac{G_{mb}}{G_{sb}}\cdot P_s(\%) \tag{9-8}$$

混合矿料的毛体积相对密度可根据所有组成矿料的质量分数 P_1、P_2…P_n 与相应的毛体积相对密度 G_{b1}、G_{b2}、…G_{bn} 计算得出，具体如下式所示：

$$G_{sb}=\frac{P_s}{\frac{P_1}{G_{b1}}+\frac{P_2}{G_{b2}}+\cdots+\frac{P_n}{G_{bn}}} \tag{9-9}$$

相应地，沥青饱和度为：

$$VFA=\frac{VMA-VV}{VMA}\times 100(\%) \tag{9-10}$$

为了估计被吸收的沥青量以及沥青膜的厚度，需要用到混合矿料的有效相对密度 G_{se}。G_{se} 指矿料的干燥质量与矿料有效体积之比，所谓有效体积就是矿料的表观体积与不能被沥青所填充的剩余开口孔的体积之和。由于集料的开口孔隙不可能完全被沥青填充，因此，矿

料的有效相对密度大于毛体积密度而小于表观相对密度，这从图 9-10 中也可直观看出。

$$G_{se}=\frac{100-P_b}{\frac{100}{G_{mm}}-\frac{P_b}{G_b}} \tag{9-11}$$

被吸收沥青的百分率指被集料所吸收的沥青与集料总质量的百分率，记为 P_{ba}，该部分沥青对混合料的性能贡献通常忽略不计。

$$P_{ba}=100\times\left[\frac{1}{G_{sb}}-\frac{1}{G_{se}}\right]\times G_b(\%) \tag{9-12}$$

有效沥青含量为沥青混合料中，扣除被集料所吸收的沥青之后的剩余沥青质量占混合料总质量的百分率，记为 P_{be}。

$$P_{be}=P_b-\left[\frac{P_{ba}}{100}\times P_s\right](\%) \tag{9-13}$$

计算出有效沥青含量后，在混合矿料比表面积已知的情况下，可估算出沥青膜的平均厚度，即有效沥青的体积与全部毛体积集料颗粒的表面积之比。从某种意义上说，沥青膜的平均厚度是一个非常直观有用的参数，特别是在沥青混凝土的细观力学建模时尤为重要。不少学者主张以沥青膜厚度替代 VMA，他们发展了沥青膜厚度的估算公式，并建立沥青膜厚度与相关路用性能指标的关系模型，有兴趣的读者可自行查找相关文献。但读者必须明白，这些估算公式往往存在非常大的误差，主要原因在于对集料颗粒的表面积测试非常困难，而单一的平均膜厚亦无法真实反映集料表面纹理影响。

另外，VV、VMA 等指标均是根据相关密度的测试结果计算得出，不同方法所得到的密度指标在数值有不少差异。一般而言，对于所测得的密度结果，水中重法＞表干法＞体积法。由于不同批次甚至同一批次之间的沥青混合料试件也存在差别，这可能导致这些体积指标的计算结果可能存在较大变异。因此，在应用中应根据沥青混合料的吸水率大小选择合适一致的密度测试方法，并严格控制误差。

9.3　沥青混凝土的组成结构与作用机理

9.3.1　沥青混凝土的组成结构

材料的结构是指材料的基本组元达到稳定状态时的空间分布状态。沥青混凝土是由符合一定级配要求的粗、细集料、填料与适量沥青以特定的方式制备成型的人工石状物。为增强或改善混合料的性能，有时还掺入如纤维、高模量剂等外加剂。从原材料组成看，可将沥青混凝土视为粗集料均匀分散在沥青砂浆中的混合物，沥青砂浆由沥青胶浆与细集料组成，而沥青胶浆则由沥青与填料及外加剂组成，如图 9-16 所示。表面裹覆着沥青胶浆的粗细颗粒随机分布于被充填的空间内，混凝土中通常还含有一定的空隙，因此是由颗粒相与胶凝材料相和空隙组成的复合材料。沥青胶浆在混合料生产、摊铺和压实过程中起着涂层和润滑剂的作用，在服役状态下，则发挥着粘合胶凝功能。毫无疑问，沥青（及具有胶结作用的外加剂）与填料的比例是除材料特性之外决定沥青胶浆稠度和服役期间胶浆劲度的关键因素，而沥青胶浆的含量则会对热拌沥青混合料的工作性、沥青混凝土的高温稳定性与耐久性等产生重要影响。

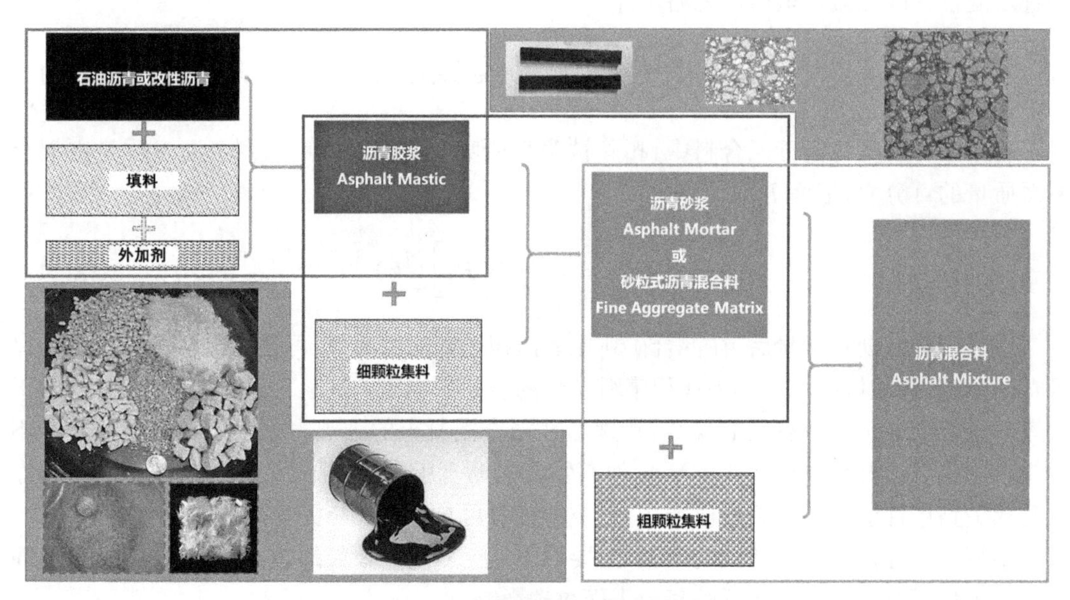

图 9-16　沥青混凝土材料组成的多层次性

在宏观尺度上，将沥青混凝土视为含有一定数量空隙的均匀混凝土材料，以粗颗粒集料为分散相，均匀分散在由细颗粒集料与沥青组成的沥青砂浆或沥青胶浆中。粗集料颗粒与沥青砂浆的相对比例，以及颗粒级配共同决定了颗粒在连续基体中的分布状态和空隙大小。根据颗粒在连续基体中的分布状态和空隙大小，可将常用的沥青混合料分为悬浮-密实型、骨架-空隙型和骨架-密实型三种典型结构，表 9-5 为各结构的典型特征汇总。

表 9-5　沥青混合料的组成结构类型

结构类型	基本特征描述	空隙状况	代表材料
悬浮-密实型	连续级配，裹覆沥青胶浆的粗颗粒彼此分离悬浮于沥青砂浆中	少量空隙，基本不相互连通	AC
骨架-密实型	间断级配，粗颗粒集料与砂浆含量较高，中间尺寸的颗粒较少，裹覆沥青胶浆的粗颗粒形成石-石接触的嵌挤状态，颗粒间隙基本由砂浆填充	少量空隙，基本不相互连通	SMA
骨架-空隙型	间断级配，粗颗粒含量较高，中间尺寸的颗粒与细颗粒及沥青含量均较少，裹覆沥青胶浆的粗颗粒形成石-石接触的嵌挤状态，颗粒间隙基本无砂浆或胶浆填充	大量空隙，多数相互连通	OGFC

沥青混合料的密实状态，可简单理解为混合料的毛体积中被各组成材料填充的程度，完

全密实状态就是沥青混合料理论最大密度所能达到的状态，这在实际工程中难以达到且没有必要。实际上，即便是按密实原则设计的沥青混合料，为确保沥青混合料的稳定性与耐久性，其目标空隙率也不能低于某一限值。实践表明，沥青混合料的空隙率超过某一阈值后，其渗透性将会剧增，当然不同沥青混合料的空隙率阈值不尽相同。因此，可根据渗透性将沥青混合料进一步区分，基本不渗水的视为密实型，反之视为空隙型，具体区分标准可参照现行验收标准的渗水系数或压实度进行判断。

沥青混合料的矿料结构是指全部矿料颗粒在混合料内部空间的相对位置关系。与密实的含义相比，矿料结构的含义更为宽泛。图 9-17 显示了具有不同颗粒相互作用的砂-石二元系统混合物。这些范围从完全由砂构成的混合物到砂-石混合物，其中粗骨料颗粒占据的体积分数越来越大，直至完全由粗骨料组成不含砂的混合物。混合料的稳定性与承载力主要取决于能够构成连续矩阵与承载组件的集料类型。实践表明，只有当大于特定粒径、棱角性丰富的颗粒相互间形成嵌挤互锁结构时，颗粒才不易发生偏转或相互错动，因而具有足够的传荷能力与稳定性。尺寸较小的颗粒尽管也能形成嵌挤结构，但它们的整体抗流动性差，传荷能力与稳定性不高，因此，由较小尺寸的颗粒形成的矿料结构并非有效骨架。以上分析表明，只有具有特定尺寸的颗粒彼此抵近且形成嵌挤互锁结构时才能形成有效骨架状态。换句话说，沥青混合料中矿料的骨架需由一定规格的粗颗粒组成，通常简称为粗颗粒骨架，它们不一定以 2.36 mm 为分界线。SMA 与多孔沥青混合料都可归为粗集料-砂组，后者更接近只含粗骨料的沥青混合料类型，仅由粗骨料组成的沥青混合料也称为涂层碎石(Coated Macadams)，目前已很少使用。

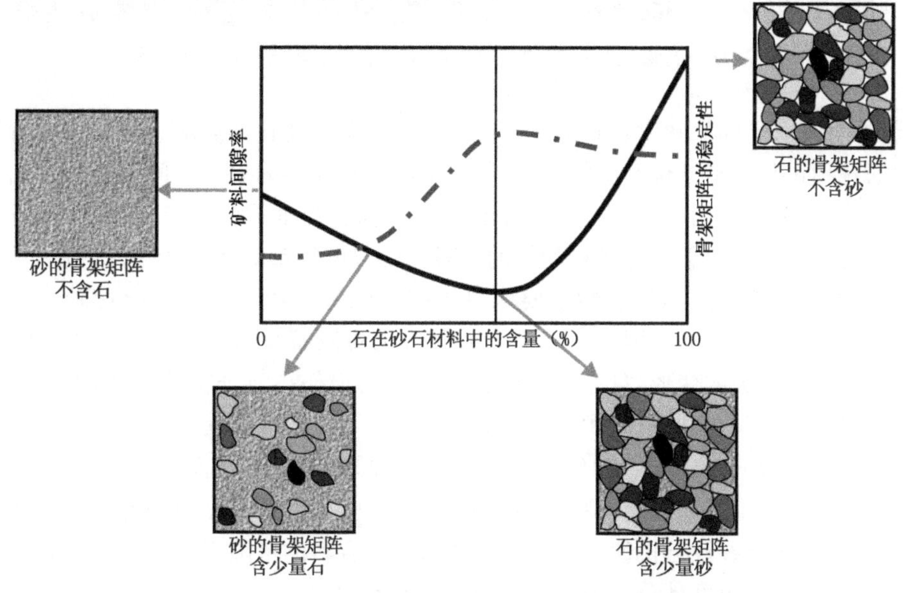

图 9-17　砂-石二元系统的骨架类型及其稳定性示意图

沥青混合料形成粗集料骨架的首要条件在于，存在数量占显著优势的粗颗粒，其次小于该粒径的颗粒以及沥青不会形成对它们的干涉。以上两条，缺少任何一条均难以形成粗骨架，这表明要在沥青混合料中形成粗骨架，必须对矿料的级配和沥青用量均进行严格限定。

为便于分析和理解，可将沥青混合料中的集料分为主动颗粒与被动颗粒两类。主动颗粒就是在混合料中能够形成矿料骨架并承受较多荷载的颗粒，而不能形成集料骨架的颗粒则称之为被动颗粒，它们主要起填充作用。为形成具有较高承载力的稳定骨架，主动颗粒不仅应具有近似立方体的颗粒形状和丰富的表面纹理，同时还应具有较高的强度与硬度。对于已形成粗颗粒骨架的沥青混合料，被动颗粒用于填充主动颗粒的间隙，要求其粒径应小于颗粒间隙的当量尺寸，以避免对主动颗粒形成干涉；否则粗颗粒骨架将受到破坏，形成如连续密级配沥青混合料的悬浮型结构，如图 9-18 所示。因此，骨架型结构的沥青混合料级配要求较为严格，而悬浮型结构的沥青混合料组成矿料的级配要求相对较为宽松，可视为只含有被动颗粒而不含主动颗粒的沥青混合料。与骨架型沥青混合料主要依靠粗颗粒骨架传力的机制不同，悬浮型沥青混凝土更多的是依靠劲度相对较小的沥青砂浆来实现荷载传递。因此，它对集料的力学强度与颗粒形状的要求也相对宽松，当然棱角性丰富的被动颗粒对于形成沥青砂浆基质的稳定性依然有利。

图 9-18　沥青混合料中的矿料骨架及主动颗粒与被动颗粒示意图

矿料本身具有足够的硬度且其力学性能基本不受温度变化的影响。但对于沥青混合料而言，因沥青用量与矿料结构类型的差异，其承载能力在不同的温度区间可能表现出不同的作用机制。主动颗粒间因相互嵌挤作用而有较高的承压与抵抗剪切流动的能力，虽然颗粒表面裹覆了薄层沥青，但总体上矿料骨架的承载力受温度的影响相对较小。因此，骨架型沥青混合料的抗压能力与高温稳定性主要取决于矿料的骨架状态及其与沥青砂浆的相对比例，且通常会高于悬浮型沥青混合料。沥青砂浆或沥青胶浆具有一定的变形柔韧性和温度敏感性，能够承受较大的变形，且有较强的松弛能力与损伤自愈合特性，是沥青混合料低温抗裂性与抗疲劳性能的主要贡献源，混合料中沥青砂浆的比例及其性能则决定了沥青混凝土低温抗裂性与抗疲劳水平，如图 9-19 所示。通过调整砂浆中沥青胶浆的含量，优化沥青和填料的组成比例、增进沥青与矿料的界面相互作用，强化沥青胶结料的低温变形能力等可显著提升沥青砂浆抗裂性与抗疲劳性能。当然沥青混合料的空隙以及沥青与矿料的相互作用对沥青混合料在全温度域范围的性能都产生重要影响。

需反复强调的是，混合矿料的级配与合适的沥青用量只是形成矿料骨架的必要条件。沥青混凝土的空隙特征与各组成材料的最终分布状态不仅取决于原材料比例与矿料的颗粒特性，混合料的制备工艺、摊铺与碾压工艺亦有着至关重要的影响。因此，对沥青混凝土工程而言，设计合适的施工工艺并在施工时严格控制现场压实度与均匀性亦非常重要。

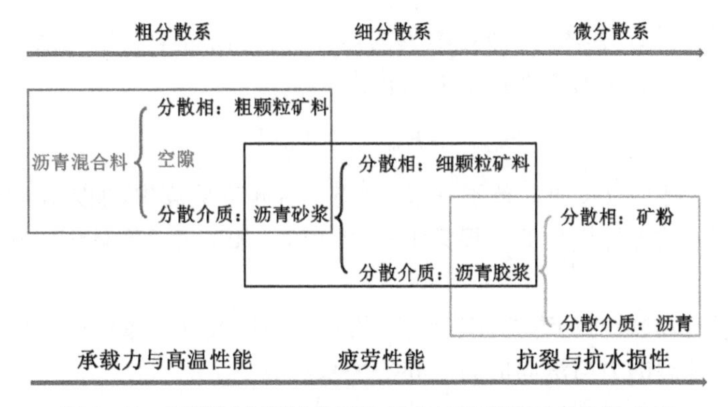

图 9-19 沥青混合料结构层次与关键路用性能的定性关系

9.3.2 填料与沥青的相互作用

除极少数沥青混合料外，绝大多数沥青混合料均会使用一定含量的填料。填料颗粒尺寸在 0.075 mm 以下，拥有非常大的比表面积，对沥青有较强的吸附作用，它们极大地改变了沥青的物理力学性能。在沥青混合料中，宜将沥青与填料作为一个整体也即作为沥青胶浆来看待。因此，沥青混凝土可视为离散的粗、细集料以及特定的空隙分散在连续的沥青胶浆中的复合材料，沥青胶浆在混合料生产、摊铺和压实过程中还起着涂层和润滑剂的作用。

在沥青胶浆中，填料以两种不同的方式与沥青发生相互作用。首先，填料颗粒具有较强的吸附作用，相当于沥青的增稠剂。由于填料拥有比粗、细集料大得多的比表面积，填料的加入极大地增大了混合矿料的总表面积；为获得较好的施工和易性，这必然要求沥青用量同步增加，从而有助于改善混合料的抗疲劳性能与抗裂性等。其次，填料对沥青有加劲作用，并可降低沥青的温度敏感性。填料与沥青的物理化学相互作用也会对沥青混合料的全局行为产生重要影响。事实上，有些类型的填料，如熟石灰能够显著改变沥青的化学行为。

填粒与有效沥青的比例(也称为粉胶比)对沥青胶浆的稠度和劲度均产生显著影响，表 9-6 列出了几种描述沥青胶浆黏度或剪切模量的模型。理想的物理加劲是确保沥青胶浆既耐久又具有足够的抗车辙与抗裂能力。

表 9-6 沥青胶浆黏度的常见关系模型

模型提出者	模型关系	参数含义
Heokelom 与 Wijga(1971)	$\eta=\eta_0\left(1-\dfrac{\phi}{\phi_m}\right)$	η_0 为沥青的黏度 ϕ 为矿粉的体积分数 ϕ_m 为矿粉的最大包装系数
Lesuer(2009)	$[\eta]=\dfrac{2}{\phi_m}$	
Nielsen 模型	$G_C=G_0\left(\dfrac{1+AB\phi}{1-B\varphi\phi}\right)$	$A=K_E-1$，K_E 为爱因斯坦常数 $B=\dfrac{m-1}{m+A}$，$m=\dfrac{G_F}{G_0}$ G_F、G_0 分别为矿粉与沥青的剪切模量 $\varphi=1+\dfrac{1-\phi_m}{\phi_m^2}\phi$

为了分析填料的加劲作用，可假定填料为球体，且与沥青不发生相互作用，由于其刚度远大于沥青，因此沥青胶浆的弹性模量可简化为

$$E_{\text{mastic}} = E_{\text{bitumen}}/(1 - V_f) \tag{9-14}$$

式中 V_f 为矿粉的体积分数，通常范围 0.25～0.5。由此可估算出，加入矿粉后，不考虑其相互作用时，沥青胶浆的弹性模量即可提升 1.3～2.0 倍。如考虑真实环境中颗粒的相互作用，则倍数将更大。

为量化分析矿粉颗粒对沥青的强化作用，可以假定断裂面沿着球面扩展，沿 φ 到 $\pi/2$ 积分，可得到使界面断裂的力与法向应力之间的关系：

$$F = \int \sigma_{\text{fb}} r \, \mathrm{d}\theta 2\pi r \cos\theta / \sin\theta = 2\pi r^2 \sigma_{\text{fb}} \ln\left(\frac{r}{z}\right) \tag{9-15}$$

Z 在 $0 \sim r$ 之间的概率相当。

因此，积分得到作用于平均面积上的平均力为

$$\text{平均力}\ F = \int 2\pi r^2 \sigma_{\text{fb}} \ln\left(\frac{r}{z}\right) \mathrm{d}z / r = 2\pi r^2 \sigma_{\text{fb}} \tag{9-16}$$

平均面积为 $S = \int 2\pi(r^2 - z^2) \mathrm{d}z / r = 2\pi r^2/3$。

沿颗粒表面的断裂面上的平均正应力为：$F/S = 3\sigma_{\text{fb}}$

断裂面上的总平均正应力为

$$3V_{\text{f}}\sigma_{\text{fb}} + (1 - V_{\text{f}})\sigma_{\text{fb}} = (1 + 2V_{\text{f}})\sigma_{\text{fb}} \tag{9-17}$$

V_{f} 的值通常在为 0.25～0.5 左右，因此，矿粉的加入可使得混合体系的强度增加 1.5～2.0 倍。由于真实状态的矿粉颗粒并非理想球体，实际强化效应会更大。

在沥青混合料中，填料可能通过以下方式对沥青混合料产生重大影响：(1)粒径小于骨料颗粒间沥青膜厚度的填料，发挥着沥青增量剂的作用。极细的填料会使混合物表现得好像存在更多的粘合剂一样，这可能会导致沥青混合料的稳定性下降或产生累积永久变形，以及出现表面泛油或局部油斑等问题。(2)粒径大于沥青膜厚度的填料颗粒类似于起填充作用的集料，它与沥青形成胶泥，并参与填充空隙。(3)过多的填料会使胶泥变硬并增加开裂风险。(4)填料和沥青之间的亲和力会影响混合物的耐久性，特别是水敏感性。(5)沥青和填料的适当比例及其性能会影响 AC、SMA 以及浇注式沥青混合料的可加工性，并进而影响其最终密实度。

苏联的 Л.А.列宾捷尔认为，沥青在矿粉表面会因化学组分重新排列形成一层溶剂扩散结构膜，此膜内的沥青称为结构沥青，其受集料的约束力强，黏度较高，黏附力较强，且不能自由移动；远离矿粉表面沥青则与矿料不发生相互作用，仅将分散的矿粉颗粒黏结在一起，称为自由沥青，如图 9-20 所示。若颗粒之间的接触处由结构沥青所联结，则颗粒间可获得较大的黏着力，反之，当颗粒之间接触处为自由沥青联结时，颗粒间的黏着力较低。由于矿料对沥青的化学吸附是有选择性的，沥青与填料之间的相互作用程度不仅取决于沥青的化学组成与结构，还受填料的矿物成分、孔隙结构以及颗粒的表面特性等控制，同时也受矿粉颗粒间距的影响。试验表明，钙质矿料对沥青的吸附性强于硅质矿料。

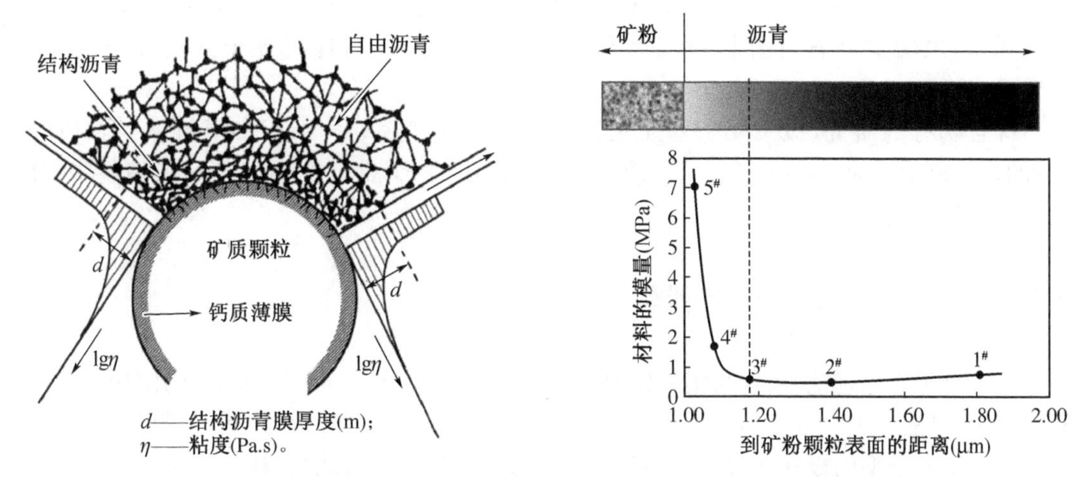

图 9-20 矿粉与沥青相互作用示意图以及基于纳米压痕试验的结构沥青厚度估计

结构沥青的厚度可基于纳米压痕试验结合对试验反算出的材料模量变化进行估计。如图 9-20 所示,自矿粉颗粒表面向外,沥青的模量随着距离的增加迅速衰减,呈现 L 型变化,自矿粉表面在矿料表面材料的模量急剧下降段可视为结构沥青。

在工程应用中,关于自由沥青与结构沥青的体积分数,可结合干燥填料压实状态的空隙率进行估计,压实状态下刚好填充填料颗粒间隙的胶结料可视为结构沥青,除此之外的沥青视为自由沥青。沥青胶浆中的自由沥青含量越低,胶浆的劲度增长越快。有学者基于改进的 Rigden 方法,将自由沥青的最小量定义为沥青砂浆体积含量的 30%。在该水平下,填料颗粒悬浮于粘结剂中,彼此不产生接触。图 9-21 说明了将空隙逐渐填充到压实填料中的过程。沥青本质上起着两个作用:(1)润滑剂的作用,使颗粒的迁移更容易,(2)漂浮作用,使颗粒悬浮。当沥青用量一定时,混合料中自由沥青含量取决于压实填料中的空隙。当沥青混合料中组分比例固定时,可以通过采用低空隙率的填料来增加自由沥青的含量,反之亦然。影响干压实填料中空隙率的主要因素有填料的粒形、粒度大小与粒度分布、表面结构等。对压实填料中空隙率的最终要求需从以下几方面考虑:

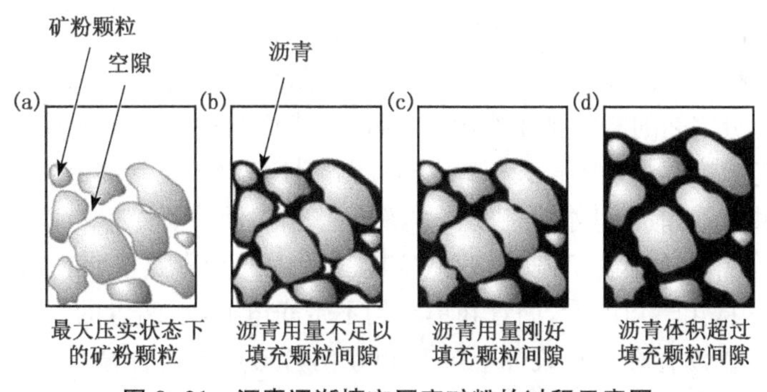

图 9-21 沥青逐渐填充压实矿粉的过程示意图

(1) 空隙率不能太高(防止全部胶结料都变成结构沥青或导致沥青用量过高),并为其余的矿料留出足够的胶结料,以防止沥青砂浆过于干涩、过硬而易于开裂和水损害。

（2）空隙率也不能太低，过低意味着有过量的自由沥青存在，给混合料的稳定性带来较大风险，也增加沥青混合料对温度和荷载的敏感性，同时还可能导致泛油与析漏等风险。

综合既有的研究，按 EN1097－4 法测试 Rigden 空隙率时，干压实填料中空隙（体积比）的合理范围应为 28%～45%。而使用安德森提出的 Rigden 方法时，干压实填料中空隙的最大含量不应超过 50%（v/v）。

9.3.3 沥青与集料的黏附与剥离

根据分子吸附理论，沥青与集料的黏附作用主要是由分子间相互作用力引起的。在黏附过程中，可能产生两方面的分子作用力。当沥青中含有的表面活性物质，如阴离子型的极性基团或阳离子型的极性化合物，与某些含有重金属或碱土金属的石料接触时，其界面上可能生成皂类化合物从而形成很强的化学吸附作用；而通常情况下，沥青与集料间的吸附是以范德华力为主的物理吸附，该吸附作用力小得多，并且是可逆的。另外，由于集料的孔隙特性，在毛细作用下，沥青中的低分子烃类和其他组分的选择性扩散也有助于沥青与集料的黏附。沥青具有吸收和输运水的能力，该能力与沥青组成结构有关，并且随着沥青的氧化而进一步变化。实践与研究表明，水可以在沥青或沥青胶泥中扩散并滞留，这将大大改变沥青结合料的流变性。将石灰直接添加到沥青中或将集料用石灰水浸泡预处理后，沥青混合料的抗冻融能力与耐水性会得到极大改善。其原因在于，石灰与沥青特定化学组分的相互作用不仅阻止了对水分敏感的键合形成，而且使更多的抗性键（例如与沥青中的氮化物）得以扩散。使用石灰的另一个好处在于，它与可被进一步氧化的化合物反应或吸附，并因氧化而增加黏度。

一般认为，集料对沥青-集料界面附着力的影响大于胶结料的影响。沥青与集料的黏附主要是通过沥青中的极性成分与集料活性组分的氢键、范德华力或静电力实现的。亚砜和羧酸基团对集料的亲和力最大。但在有水存在时，亚砜和羧酸基团易于水解，而酚基团和氮碱所提供键合能力更为持久。芳烃对集料表面的亲和力比极性基团小得多。富含碱金属的表面比富含碱土金属的表面更易于脱粘，因为后者会与酸和其他基团与沥青形成不溶于水的盐；硅质骨料表面的剥离可能与水溶性阳离子和硅铝酸盐的存在有关；其机理可能是盐的溶解、因碱土金属阳离子的增溶而产生的高 pH 环境导致二氧化硅的解离、带负电荷的集料与沥青表面离子组分之间的静电排斥作用，以及沥青表面酸性阴离子和骨料表面的碱金属阳离子之间形成的皂液溶解。某些石灰石的优异抗剥离性是由于在集料上的钙点与沥青之间形成了不溶于水的共价键，但当其水溶性较高时，钙质集料表面的沥青亦会发生剥离。

导致沥青混合料的水损害机制有多种，实际工程中的沥青路面水损害往往是多个进程的协同作用结果。从化学角度看，沥青和集料均不带净电荷，但两者的组分均具有不均匀的电荷分布。某些极性沥青在集料表面上与其相互伤可形成不溶性盐，因而具有较强韧和防潮的粘结性。亚砜和羧酸对集料表面具有更大的亲和力，但它们最容易溶于水。沥青-集料的键合受到集料矿物成分、集料表面吸附的阳离子以及表面纹理和孔隙率等的影响。沥青与集料的黏附很大部分源于物理吸附，沥青和集料之间的良好化学键合并不能最大程度地减少水损害。因此，沥青必须能够润湿和扩散至集料表面。完全润湿的基本条件为集料的表面张力超过沥青的表面张力与沥青/集料界面处的表面张力之和。该过程取决于混合温度下的沥青流变性质，以及集料的表面特性、表面孔结构和矿物组成。沥青与集料的黏结能力是动态和变动不居的，并且会随着时间而变化。由于大多数集料都是亲水的，宜把沥青与集料的润湿作用看作是沥青-水-集料三相共存的体系中，沥青和水在集料表面进行黏附中心的选择性竞争过程。对沥青混合料而言，为确保沥青与集料的黏附，集料被充分干燥非常必要。当集料未被充分干燥时，虽然其表面已经干燥，集料内部毛细孔内仍存有水分。在沥青与集料拌和时，这些毛细水可能并不会明显影响黏附，但在沥青混合料的服役过程中，这些水分可能会慢慢渗出至沥青与集料的界面，并沿集料表面流动从而导致沥青与集料的分离。沥青的输水特性也可能导致水分从外界进入沥青与集料的界面，从而导致沥青与集料的分离。因此，对沥青混合料而言，水损害不仅仅指沥青-集料界面上的黏结失效，因水分渗透而使沥青胶泥的内聚强度减弱也是水损害的重要原因。由于水分可扩散至沥青胶浆中，且无论沥青混合料还是沥青胶浆均可以容纳大量的水。这种渗入内部的水会削弱沥青混合料的稳定性，使其更易于损坏。总之，水分对界面黏附和沥青内聚性能均存在有害影响，进而影响沥青混合料的性能。

9.3.4 沥青混合料在全温度域的破坏模式

沥青混凝土可视为由非黏结性的矿料结构、沥青砂浆和空隙组成的复合材料，它继承了沥青胶浆对温度、加载速率和应力水平均相关的黏弹塑性特性，矿料结构和空隙特性也对混凝土的整体性能产生重要影响。在全温度区间内，沥青路面的力学类病害包括温度收缩开裂、疲劳开裂、车辙等，它们与环境温度和沥青混合料所处的应变水平均密切相关，如图9-22所示。在水、温度以及太阳辐照等综合作用导致的沥青混合料水损害与耐久性问题在全温度区间内均可出现，它们涉及复杂的物理化学作用，在此不作描述。本节主要从宏细观力学角度描述沥青混凝土的力学行为与破坏机理。

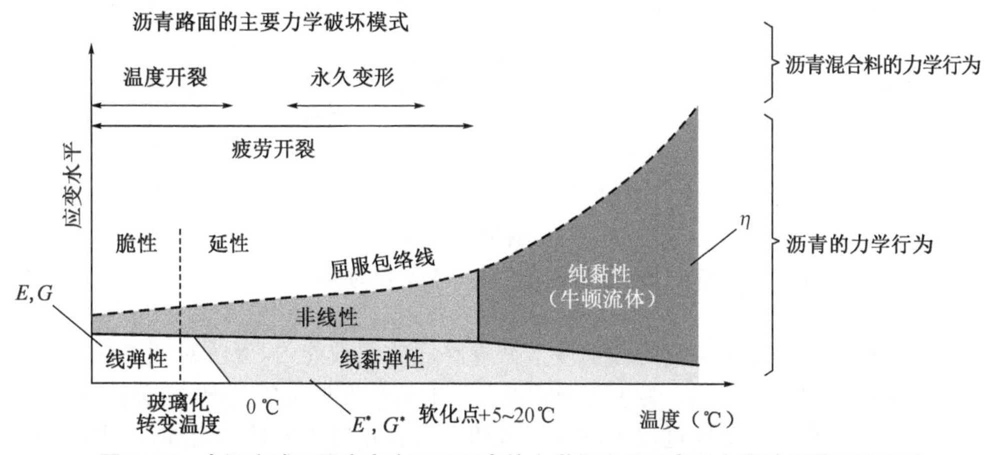

图9-22 全温度域不同应变水平下沥青的力学行为及沥青混合料破坏模式示意图

在高温季节里，在环境与外荷载的耦合作用下，沥青路面易出现泛油，以及车辙、推挤、拥包等高温稳定性病害。沥青路面的泛油病害可能原因有沥青偏软、沥青用量过多、空隙率不足等，面层沥青混凝土的推挤、拥包、搓板则可能是沥青混凝土的抗剪强度不足，而面层的车辙则多是压实作用、不可逆的塑性变形累积与轮迹带下混凝土产生较大的横向剪切流动变形的综合结果，后者对路面的使用寿命和行车安全性与舒适性均产生重大不利影响。沥青混合料在高温条件下的破坏多采用摩尔-库仑强度准则进行描述，根据结构中沥青混凝土所处的应力状态运用摩尔圆包络线进行判断。沥青混凝土的摩尔圆包络线为各应力圆的公切线，通过不同围压下的三轴试验确定。应力状态位于包络线下方的混凝土不会出现剪切破坏，反之则会因抗剪强度不足而出现剪切破坏。根据摩尔-库仑准则，沥青混合料的抗剪强度取决于所受正应力、沥青混合料的内摩擦角 φ 和黏聚力 c，如式(9-18)所示，其中内摩擦角 φ 和黏聚力 c 也称为沥青混合料抗剪强度特征参数。

$$\tau_{\max}=c+\sigma_f\tan\varphi \tag{9-18}$$

混凝土中胶浆的内聚力或黏附力不足，以及矿料结构的稳定性不足均可能导致沥青混凝土的抗剪强度不足。一般认为，沥青胶浆的黏滞性以及胶浆在沥青混合料中的比例是影响沥青混合料黏聚力的最重要因素，沥青混合料的黏聚力与沥青胶浆的黏滞性正相关，而胶浆量对黏聚力的影响则多呈单驼峰形状，适当沥青用量的混合料黏聚力最强。沥青混凝土的嵌锁力或内摩擦角大小主要取决于混合矿料的级配组成、颗粒形状与表面纹理特性等，沥青胶浆的黏滞性与胶浆在混合料中比例也对其产生重要影响，如图 9-23 所示。

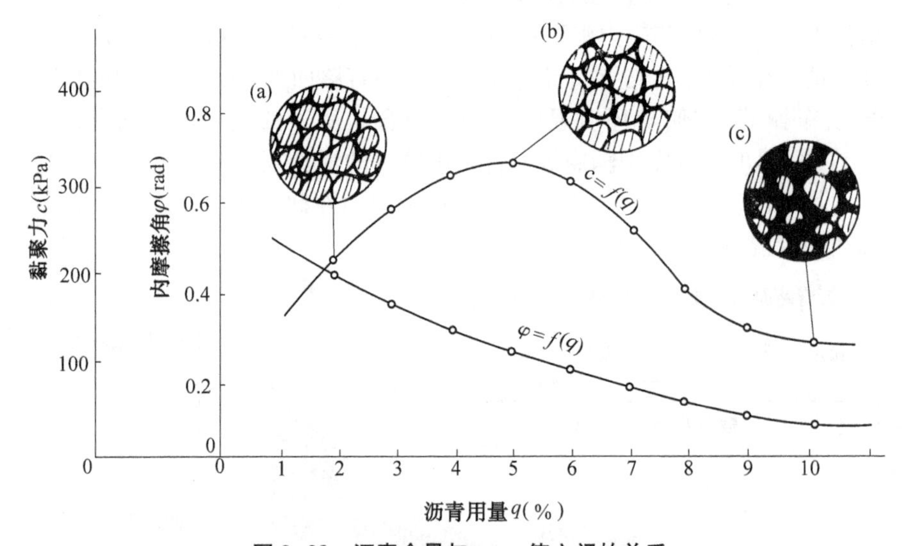

图 9-23　沥青含量与 c、φ 值之间的关系

基于抗剪强度仅可分析特定荷载条件下沥青路面的承载能力，无法对沥青混凝土抵抗累积永久变形的能力进行预测。为预测沥青混合料的永久变形发展情况，需关注轴向应变、径向应变及体应变在三轴试验过程中的变化规律。随着正应力的持续增加，沥青混凝土经历先剪缩后剪胀直到破坏的过程，其应变指标的变化如图 9-24 所示。

由于沥青混凝土在高温和低加载速率下呈现出不可忽视的黏性与塑性，了解其蠕变特性对于构建沥青混凝土永久变形的预测模型十分重要。沥青混合料的唯象学特征蠕变曲线如图 9-25 所示。在荷载作用下，沥青混凝土的应变包括瞬时应变(弹性应变与塑性应变)以

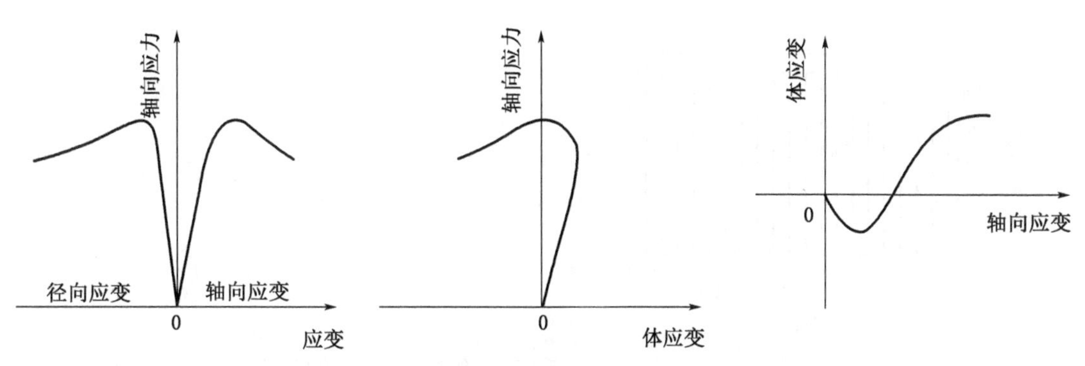

图 9-24 三轴加载过程中沥青混合料的特征应变变化规律示意图

及与时间相关的应变(黏弹性应变与黏塑性应变)。除了弹性应变及时完成恢复外,黏弹性应变需要足够的时间才能完全恢复,黏塑性应变与塑性应变则不可恢复。因此,在卸载后的一定时间内,仅部分黏弹性应变得到恢复,黏塑性应变、塑性应变与残余黏弹性应变构成了第一次加载卸载过程中的永久应变。也即沥青混合料的永久变形包括未及时恢复的残余黏弹性变形、黏塑性变形与塑性变形三部分。在反复加载卸载中,塑性变形不断累积,其表现出明显的三阶段特性,如图 9-26 所示。

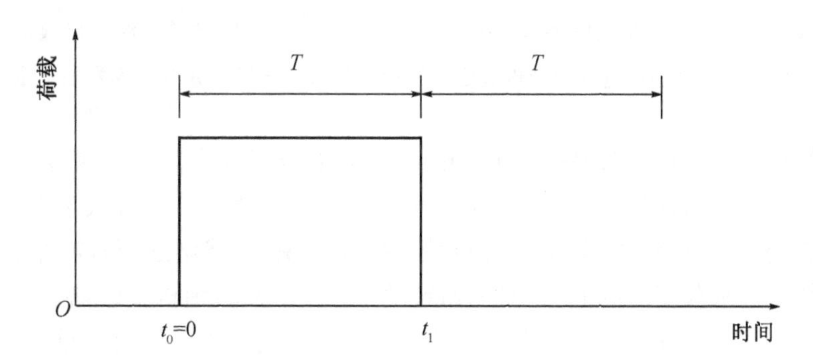

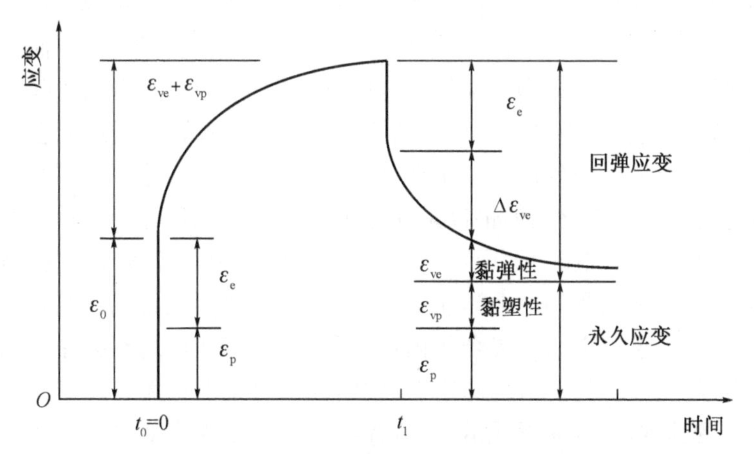

图 9-25 加载卸载过程中沥青混合料的应变发展曲线示意图

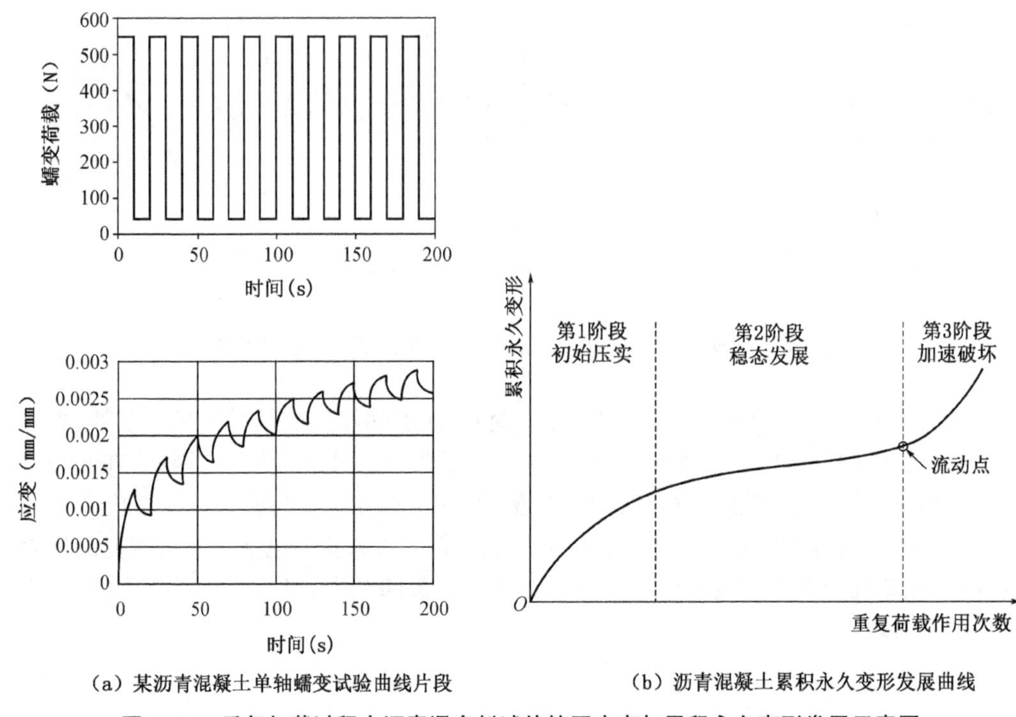

（a）某沥青混凝土单轴蠕变试验曲线片段　　（b）沥青混凝土累积永久变形发展曲线

图 9-26　反复加载过程中沥青混合料试件的压应变与累积永久变形发展示意图

从材料学角度看，只有当矿料结构变形时，沥青混合料才会产生宏观变形。因此，沥青混凝土抵抗变形的能力首先取决于矿料结构的稳定性，这意味着具有低塑性变形的非黏结性矿料结构有利于保持沥青混凝土的稳定性。换句话说，虽然增强沥青胶结料的性能可起到改善混合料抵抗永久变形的能力，但是如果没有合适的矿料结构设计，想制备具有良好抵抗永久变形能力的沥青混合料是非常困难的。这并不是说沥青胶结料不重要，恰恰相反，因表面裹覆有沥青胶浆膜，沥青胶浆既可能对矿料结构的塑性变形能力起到约束限制作用，也可能起到润滑作用，这主要取决于沥青胶浆高温黏滞度与沥青胶浆膜厚度（或者说沥青胶浆含量）。在中低温度条件下，因沥青胶浆劲度增加，它可承担大多数应力，而随着温度上升，其劲度下降，所能承担的应力与约束作用大为降低，颗粒间的相互滑动风险增大，某些粒子间滑动/错动将不可逆转，从而形成不可逆的永久变形。沥青胶结料可能会自我修复，但矿料骨架将永久变形。因此，应保证沥青在路面服役温度范围内不会产生明显的塑性变形，通过规定沥青的高温等级高于路面的最高可能温度可以实现此目标。另一潜在的风险在于，混合料中的沥青可产生孔隙压力效应，这与非黏结料粒料中水所表现出的孔隙压力效果相同。在受荷载作用时，矿料骨架产生弹性应变。由于集料的几何形状不同，其中有些空隙尺寸会变小，有些空隙则会变大。在混合料内部有足够的空隙时，这不会导致问题，因为空气很容易膨胀和收缩。但是，当矿料间隙中充满沥青时，由于沥青无法改变其体积，这意味着它必须承受更多的荷载，这容易形成滑动，因此混合料的塑性应变更大。实际上，许多沥青路面形成车辙的一个重要原因就在于沥青混合料中空隙率太低，没有足够的空间来防止这种孔隙压力效应。也正是基于这一点，大多数技术规范均要求沥青混合料的空隙率通常不低于 2%～3%。由于交通荷载可对路面进一步压密，当空隙率低于 2%时，对于热塑性沥青混合料，路面出现永久变形或车辙的可能性极高。

从力学角度看，沥青混合料的变形一般认为包含黏弹性、微结构损伤以及应变硬化黏塑性三种机制。在塑性屈服前，沥青混合料的行为以黏弹性主导。微结构损伤指因微裂纹的形成导致混合料内部结构的变化，通常用率相关的内变量表示。应变硬化的黏塑性模型则决定了后屈服行为的塑性变形与材料硬化的变形速率。黏弹性应变与应力状态和损伤无关，仅取决于加载速率与温度，可用时温等效法则进行换算。构成黏塑性本构方程的要件有三：(1)屈服函数，决定黏塑性流动的大小；(2)硬化法则，描述材料在累积黏塑性应变的材料强度变化；(3)位势函数，控制黏塑性应变增量的方向，有兴趣的读者请参阅相关力学教材。

在中低温条件下，层状沥青混凝土结构(如沥青路面或沥青混凝土道床)的破坏以疲劳开裂、低温收缩开裂为主。沥青路面的静态应力分析结果表明，汽车荷载作用下，轮迹带下三处位置的沥青混凝土处于受拉状态，如图 9-27 所示。而在动态荷载作用下，沥青路面结构中某点的应力状态并非一成不变，随着轮胎驶过，该点应力状态发生如图 9-28 所示的偏转，在估计沥青路面的车辙与损伤等应充分考虑这一基本特征。

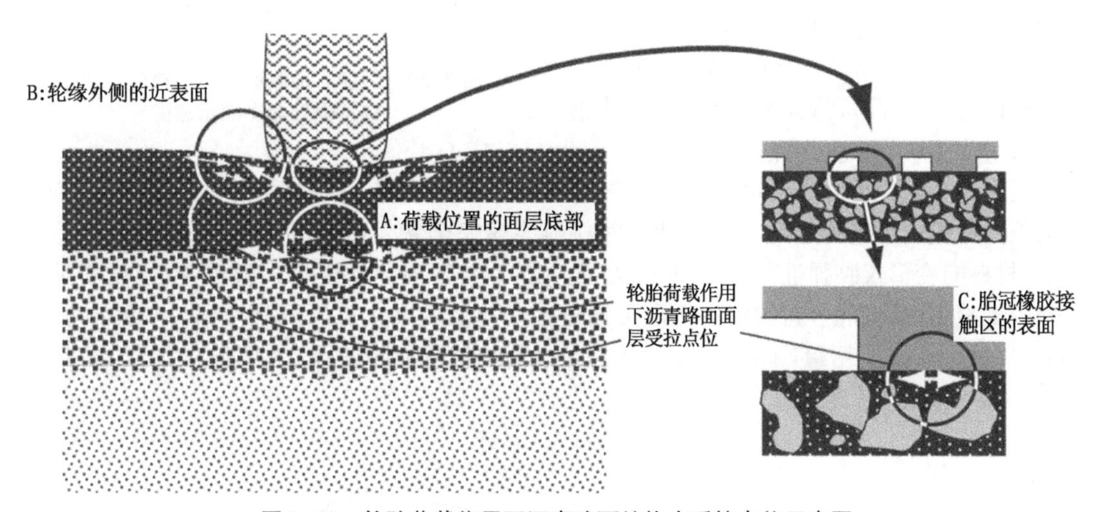

图 9-27　轮胎荷载作用下沥青路面结构中受拉点位示意图

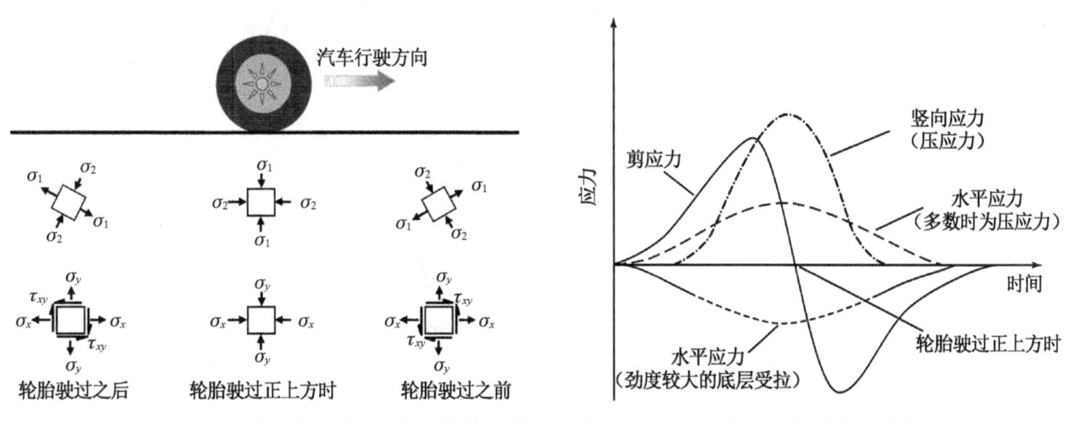

图 9-28　轮胎驶过沥青路面结构中某点应力状态变化及应力时程曲线示意图

位于荷载作用区域的面层底部一直是世界范围内各路面结构设计方法重点关注的位置，轮缘外侧浅表层的高剪应力区，以及轮胎荷载的非均布特性与泊松比效应的联合作用也会导致轮迹带上的沥青混凝土出现“自顶向下”发展的裂纹(top-down cracking)。路面的抗裂设计就是通过合适的层厚与模量组合设计降低交通荷载引起面层结构中的拉应力或拉应变，并运用合适的措施增加沥青混凝土的抗裂能力。

沥青混合料的抗拉强度是温度与加载速率的函数。通常，随着温度的下降，沥青混合料的抗拉强度逐渐增加，在沥青脆点温度附近，其抗拉强度达到峰值，之后略有降低，如图 9-29，加载速率的快慢会对峰值点对应的温度和峰值强度有一定影响。

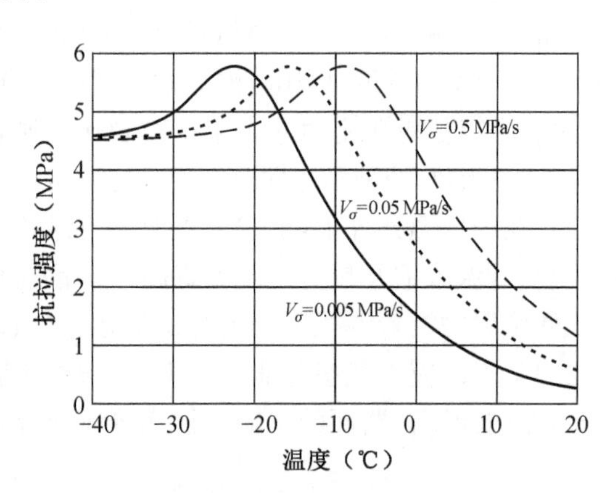

图 9-29　温度与加载速率对沥青混合料抗拉强度的影响示意图

沥青混合料常温时的拉伸断裂特征曲线如图9-30所示。沥青混合料的断裂行为与应力水平密切相关，随着应力水平不断增加，沥青混合料依次经历线黏弹性、非线性黏弹性、损伤和屈服等阶段。在线黏弹性(线 OA 段)与非线性黏弹性阶段(线 AB 段)，荷载作用不会在沥青混合料内部造成损伤，越过 B 点后，裂纹开展萌生，沥青混合料开始经历微裂纹增长与扩展直到屈服。因此，该点也称为裂纹萌生临界点或耐久极限。材料内部应力达到 B 点前卸载时材料能够完全恢复(如线 BKO)。内应力超过 B 点后，材料的变形仅黏弹性部分能够恢复(线 MN)，结构内会形成永久塑性变形(线 ON)。在室内试验中，沥青混合料的耐久极限可通过控制应变的反复拉压试验得到。一般自采用 40 $\mu\varepsilon$ 起，以 10 $\mu\varepsilon$ 为增量，采用 1 Hz 的正弦荷载对圆柱体试件进行 200 循环的加载，每个应

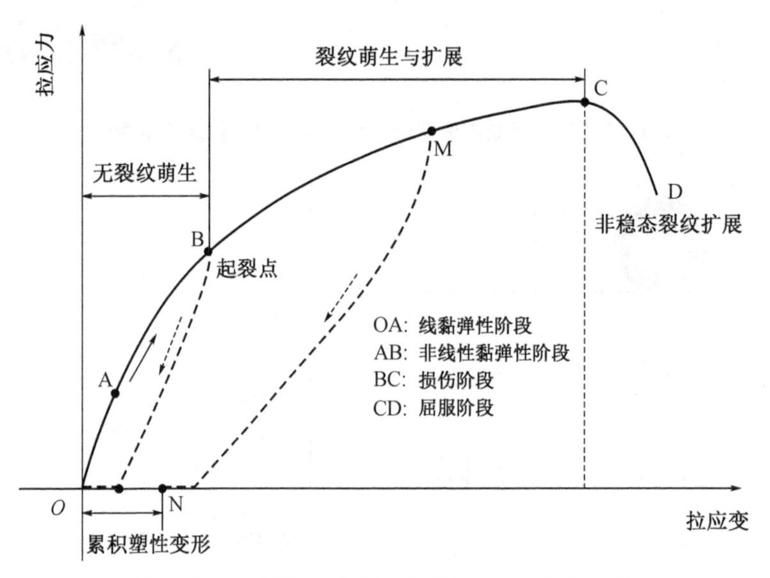

图 9-30　沥青混合料的拉伸断裂特征曲线示意图

变水平的试验间歇不低于15 min，以确保黏弹性变形能够恢复。当沥青混合料内未形成损伤时，反复疲劳过程中其弹性模量与相位角等特征参数不会随循环次数的增加而发生改变，反过来，若材料的弹性模量与相位角在循环过程中发生改变，则材料必然处于损伤状态。基于这一准则，通过一系列不同应变水平下的重复拉伸试验，可确定出沥青混合料的耐久极限。对绝大多数沥青混凝土而言，当应变水平低于70～100 $\mu\varepsilon$时，通常可认为它们将均处于线黏弹性状态。因此，通过合理的结构组合设计使面层沥青混凝土的层底拉应变低于70～100 $\mu\varepsilon$是很多长寿命路面的基本要求，法国高模量沥青混合料的疲劳极限按100万次的疲劳应变不低于130 $\mu\varepsilon$设计。当然，也有学者认为应变水平不高于200 $\mu\varepsilon$即可。

沥青自身的线收缩系数约为1.8×10^{-5}/℃左右，这意味着降温会引起显著的体积变形。如果沥青本身较软，则沥青混合料自身能够调节，但当沥青较硬时，自身调节会导致较高的内应力，内应力累积到一定程度即会引起断裂。在持续降温的影响下，受约束试件的温度应力不断累积，沥青混合料依次经历黏性软化、黏性—玻璃化转变、玻璃态硬化、起裂与屈服阶段，如图9-31所示。沥青混合料的抗拉强度随温度的变化规律与此类似。当然，如前所述，沥青混合料的抗拉强度还与加载速度密切相关。

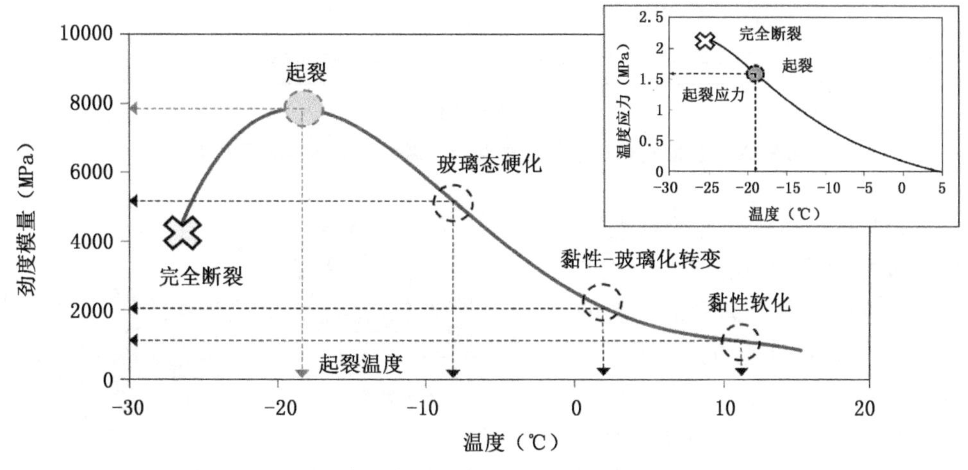

图9-31　某沥青混合料约束试件的温度应力试验特征曲线

在反复拉伸状态（疲劳）下，随着荷载作用次数的增加，沥青混合料依次经历微裂纹萌生、微裂纹稳态聚结与集中形成宏观裂纹并快速扩展三个阶段，如图9-32所示。通常认为，沥青混合料中裂纹萌生始于混凝土的空隙，这些空隙相当于原始缺陷，在受拉伸时从中会有微裂纹萌生。随着微裂纹增多并扩展，它们将汇集并形成一条宏观主裂纹，最终导致沥青混合料的屈服。以能量观点来看，外力对材料所做的功，一部分因材料的内耗形成自热温升和断裂过程中的声发射等现象，其余能量被沥青混合料耗散，沥青混合料的耗散能就是应力-应变滞回圈所包围的面积。反复疲劳过程实际上是能量不断被耗散形成材料内部损伤与微裂纹过程，其耗散能变化率依次经历快速下降、稳态变化和快速上升三个阶段。

根据耗散能变化率曲线，耗散能变化率开始快速增加时对应的荷载循环次数即为沥青混合料的疲劳寿命。不同应力/应变水平下的疲劳寿命服从威布尔分布，在双对数坐标下，在一定的应变范围内，疲劳寿命与应变/应力水平遵循线性规律。在较小的拉伸应变或应

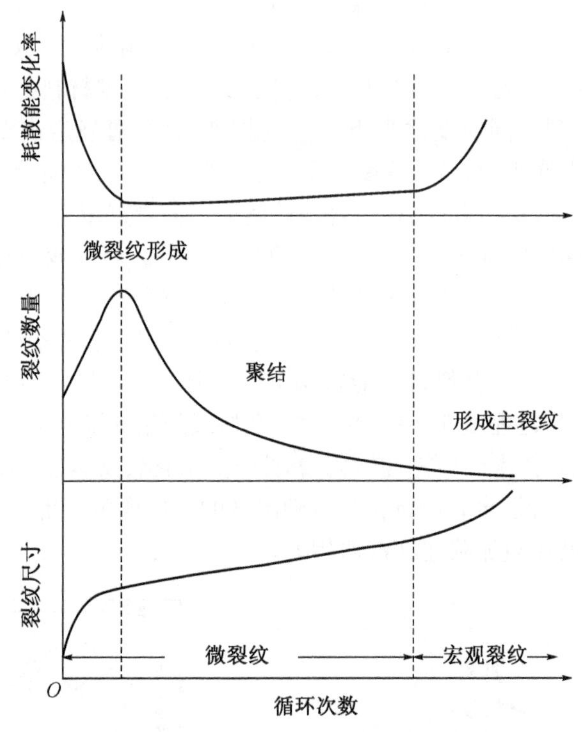

图 9-32 反复拉伸过程中沥青混合料裂纹的扩展与能量变化率

力水平下，沥青混合料表现为线黏弹性，过了线黏弹性极限，沥青混合料进入非线性黏弹性阶段。沥青混合料的断裂是一个非常复杂的问题。Di Benedetto 指出，根据沥青混凝土的 $S—N$ 曲线，结合实际路面中沥青混凝土层所处的应力/应变值，可判断它们所处的状态不同属性对应的线性区域以及相应的"典型"行为类型，如图 9-33 所示。

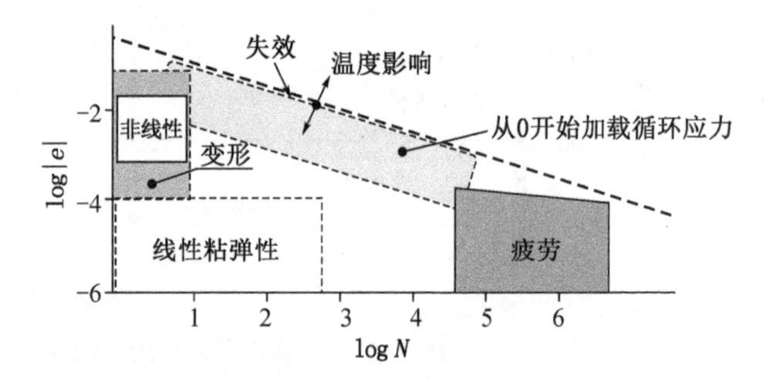

图 9-33 沥青混合料的行为域(ε，应变；N，荷载循环次数)

9.3.5 沥青混合料的细观力学表征

在沥青混合料变形过程中，集料结构可能会产生变形。非粘结性材料的变形机制有两种：颗粒接触处的压缩、颗粒间的滑移(包括颗粒转动和分离)。如果颗粒间未发生滑移，则材料的刚度可根据制备集料的基岩劲度模量、接触法则和考虑胶结料的附加效应来加以预测。实际上水稳材料的刚度估计就是采用这种思路。对于沥青混合料，在交通荷载作用频率下，20℃时沥青的劲度值通常在 20～50 MPa，沥青胶浆的劲度模量可按 2.5 倍估计，因此，混合料的劲度模量约为 5 300～7 000 MPa，这仅略大于未损伤材料的劲度模量值。由于沥青允许初始产生极小的颗粒间滑移或分离，在此情况下仅有损伤产生。

以典型的密级配沥青混合料为例，其集、细集料体积占比约为 80%，矿粉占比约为 5%，沥青体积比约为 10%，另含有 5%左右的空隙。由于矿粉视为沥青的增强剂，因此，混合料中，80%的体积为集料骨架，剩余空间的 3/4 由沥青胶浆填充，如图 9-34 所示为颗粒接触示例。若颗粒间滑移产生，这必然在沥青胶浆中产生应变，可以想象，越接近接触点，相应的应变值越大。实际上，接触点处的应变在理论上为无穷大，这在物理机制上就是局部破裂。沥青混合料的损伤，其外在表现为劲度值不断变小，而在颗粒接触区会形成局部破裂，这将允许滑移与转动产生，因此，从理论上讲在刚受到荷载作用时，沥青混合料中就会出现微观损伤。

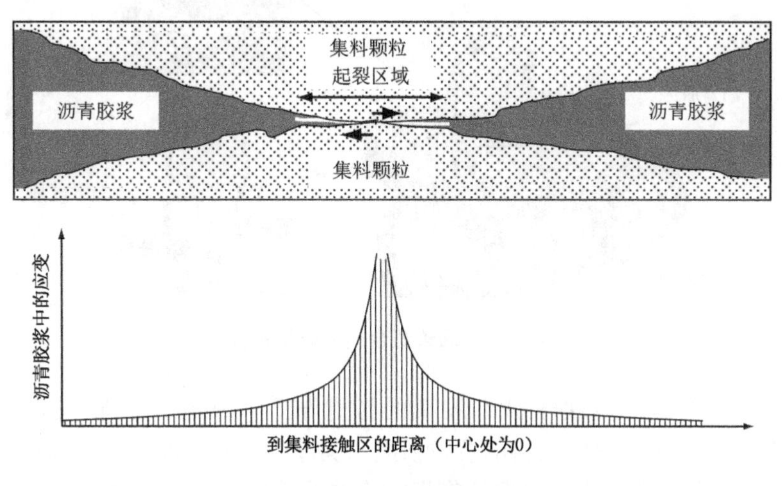

图 9-34 沥青混凝土中颗粒接触示意图

非粘结性集料具有高度非线性，而沥青则呈现出黏弹性，但若因此认为沥青混合料的劲度易表现出高度非线性，则与事实相差甚远。为什么呢？首先，发生在集料结构中的应变水平相对较小，对于非黏结性集料而言，在小应变区域里其劲度大体是恒定的。其次，交通荷载的作用频率通常相对较高，这使得沥青砂浆的行为更接近于黏弹性谱中的弹性端。这两个组合效应使得多数状态下沥青混合料的应力-应变响应为线性的。当然沥青混合料的劲度模量会随沥青的性质发生显著变化，而后者则取决于温度和荷载频率等。

当滑移(转动或分离)产生时，破裂区会自接触点扩展，直扩展至胶浆所能维护相互作用的低应变区域。于是每次施加荷载时它们都能产生小滑移。但目前对该区域的理解尚不够。首先，这些局部破裂区并非静态的。低温会使得胶浆劲度增加，从而限制了颗粒间的运动，这意味着胶浆将承受额外的应力，因此增加了断裂风险，也使得既有破裂区的扩展风险增加。当然，高温时胶浆所承受的应力则会相应地降低甚至消失，从而会出现所谓的愈合(healing)现象。沥青是液体或半固体，无论是否完全断裂，随时间的推移，其断裂面两边的分子都可能重新结合再次形成连续胶浆相，这在沥青处于较低黏度时极易发生，而沥青在较高温度条件下的黏度通常较低，是一种动态流体。因此，冬季沥青混合料的劲度会增加，但损伤也会增加，夏季则会导致低劲度与愈合。理论上，它们可以达到一个动态平衡，当然这取决于交通荷载所能引发的损伤程度与荷载作用速度。

上述微观力学的解释有一个最基本的假设，就是假设矿料与沥青之间为理想的完全黏结状态。在此状态下，胶结料中无优势断裂面，在颗粒接触区内胶浆的断裂抗力仅决定于胶浆自身的内聚强度。然而，一旦界面黏结不完全，沿着该处集料的表面会形成优势断裂面从而产生界面断裂，这种断裂很容易产生。因此，沥青与集料之间的黏结强度至关重要。当然，沥青混合料的损伤与破坏既可发生在沥青胶浆中，也可能发生在集料-沥青胶浆的界面上，前者称为内聚破坏，后者称为黏附破坏，如图 9-35 所示。由于矿料的强度通常比沥青大得多，一般可认为，在沥青混合料破坏过程中不会发生贯穿集料的穿筋破坏。

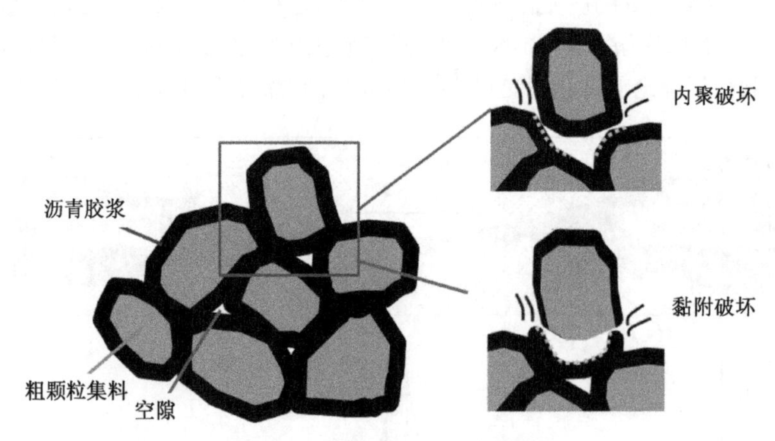

图 9-35　沥青混合料的破坏模式

发生何种模式的破坏取决于沥青胶浆的特性与集料颗粒间的胶浆膜厚。1968 年，Marek 与 Herrin 建立了沥青胶结料的抗拉强度与膜厚的关系。2004 年 Lytton 运用微观力学方法进一步确定了失效模式与沥青胶浆膜厚的关系，如图 9-36 所示。无论是内聚强度还

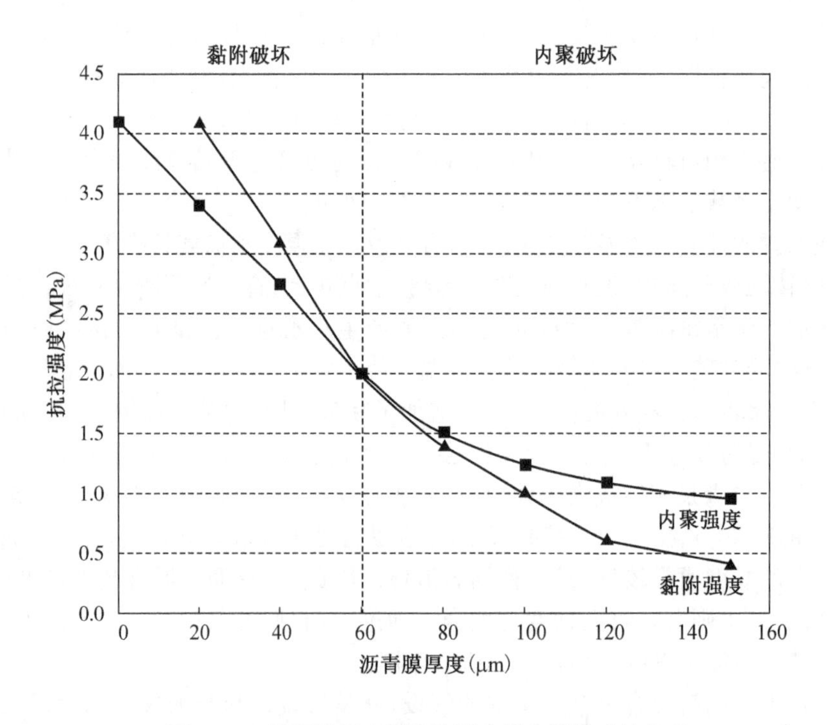

图 9-36　沥青膜厚度与抗拉强度及失效模式的关系

是黏附强度，二者均随着沥青薄膜的增厚而迅速下降至相对稳定状态；在膜较薄时，黏附强度低于内聚强度，而当膜较厚时，内聚强度低于黏附强度。由于真实沥青混合料中集料颗粒间的沥青胶浆厚度分布极为不均匀，在受荷载作用时，胶浆内部的内聚破坏与集料/胶浆界面的黏附破坏几乎会同时发生，当然，其中必有一种占主导模式。

沥青胶浆的内聚强度与黏附强度不仅受膜厚的影响显著，还受水分扩散、加载速率等因素的影响，特别是水分，对二者存在显著影响。研究表明，随着含水量的增加，内聚强度呈单调变化，快速下降后趋于稳定值，而黏附强度则呈反 S 型变化趋势，如图 9-37 所示。由于沥青为典型的温度敏感型材料，无论内聚强度与黏附强度受温度的影响同样显著。

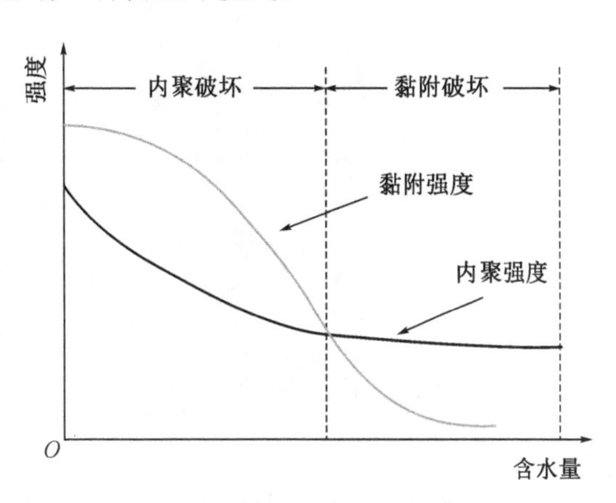

图 9-37　特定膜厚下沥青胶浆内聚强度与黏附强度随含水量的变化规律

沥青胶浆的内聚强度可通过间接的低温测力延度或直接拉伸法表征，而沥青对集料的黏附强度并不易测量。AASHTO TP91 发展了基于拉拔试验的沥青黏附强度测试装置，如图 9-38 所示。基于沥青胶结料的动态剪切试验平台，欧洲的学者发展了可在直接拉伸与扭转方式加载的集料/沥青黏附强度测试方法，如图 9-39 所示。基于 DSR 平台，甚至可以考虑动态加载方式下的影响。当然，这些试验都尚没有发展成标准试验方法。

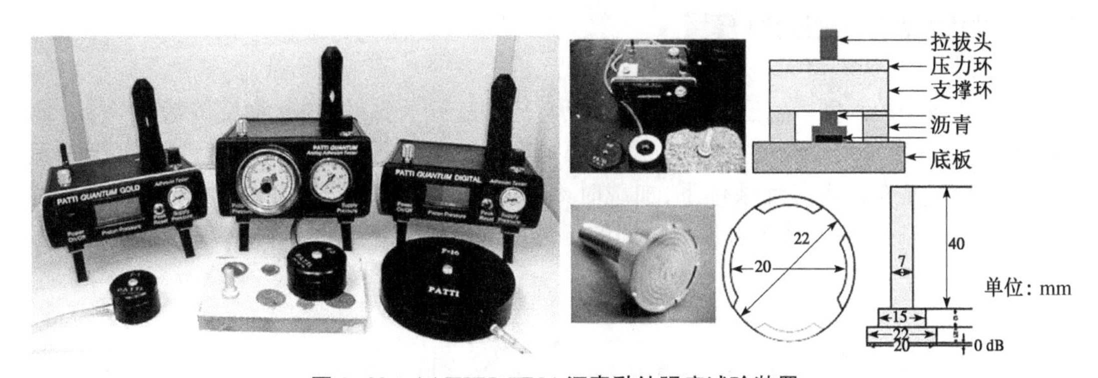

图 9-38　AASHTO TP91 沥青黏结强度试验装置

如前所述，由于沥青胶浆的内聚强度与黏附强度受膜厚的影响显著，在试验中如何有效控制沥青膜厚至关重要。沥青与集料黏附与它在集料表面的铺展过程有关，很显然该过程受集料表面纹理特性、集料及沥青的温度影响。因此，如何模拟真实的集料表面特性也黏附强度试验中需解决的关键问题，而评估水分的影响则更为复杂。当然，通过一些混合料的试验也可以间接推定黏结强度是否足够，而失效的沥青路面更能证明界面黏结强度的不足。一般地，试验中混合料表现出低劲度、低疲劳寿命或者在重复荷载作用下产生较大永久变形时，都说明在工作状态下该混合料极易产生内部断裂。

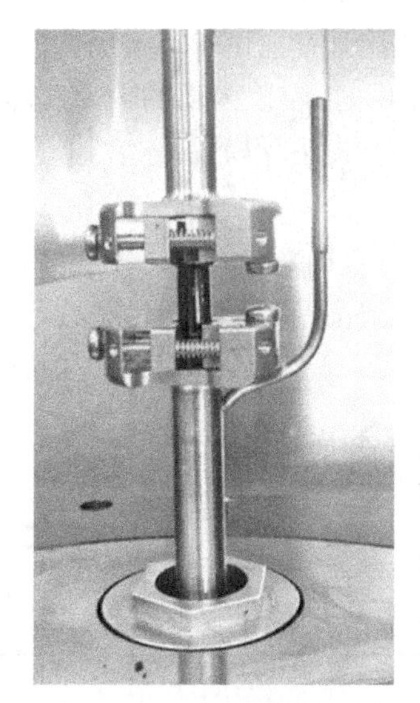

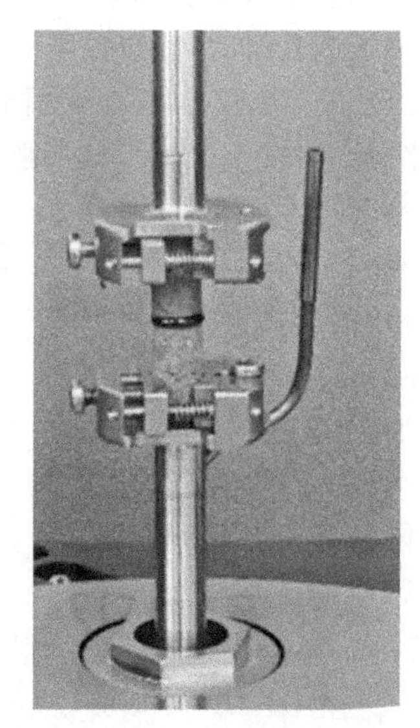

图 9-39　基于 DSR 试验平台沥青胶浆黏附强度与内聚强度的测试照片

9.4　沥青混合料的模量特性

9.4.1　沥青混合料的劲度模量

沥青是典型的温度敏感型材料，为描述沥青应力应变关系的时间、温度依赖性，Van der Poel 1954 年提出了劲度模量的概念。劲模模量的定义类似于固体材料的弹性模量，某时刻的劲度模量就是在特定温度条件下、加载时刻为 t 时，作用于沥青中的应力与沥青应变之比。因此，沥青的劲度表示为温度与时间的函数

$$S(t,\ T)=\frac{\sigma}{\varepsilon_{t,\ T}} \tag{9-19}$$

沥青混合料的劲度模量是指沥青混凝土应力-应变曲线的斜率，它是材料的固有属性，也就是说，劲度值与试验测试装置、试件几何形状或尺寸无关。换言之，如果一个测试结果随试验测试装置、试件几何形状或尺寸的变化而变化，该测试结果不是也不能成为材料的特性。劲度模量是预测路面结构中沥青混凝土行为的关键参数，它既用于计算其基本响应如在荷载、温度及水分场综合作用下路面结构层的特征变形、应力与应变，也用于混凝土疲劳、断裂与塑性流动等劣化行为的分析，它们在计算时都需要用到能量的概念。沥青混凝土在受荷过程中，一部分能量被储存并恢复，而另一部分能量则在加载卸载过程中被消耗。被耗散的能量一部分用于克服材料的黏性阻力、剩余部分则会对材料造成损伤。

沥青混合料劲度的主要影响因素可从温度、加载速率、混合料所处的应力状态、混合料

的空隙率，以及沥青混合料的组成原材料等方面进行分析，以下进行简要论述。

1. 温度与加载速率

沥青混合料的劲度取决于温度和加载速率。对任一恒定温度，当加载速率很慢时，沥青混合料会缓慢变形并产生永久变形；若加载速率较快，则因刚度变大材料可能会脆断。在恒定加荷速率下，都存在某一特定温度值，高于该温度时，沥青混合料将较快地松弛，使得混合料内部无应力累积。这两个基本事实可用应变速率与温度坐标系下沥青混合料的损伤曲线定量描述，如图 9-40 所示。由图中可看出导致材料产生微裂纹与愈合现象的应力松弛温度和加载速率。在曲线上方，沥青混合料经历微裂纹愈合与断裂，而在曲线下方，材料将产生塑性流动，此时集料的特性是限制塑性区的大小和流动类型的关键。

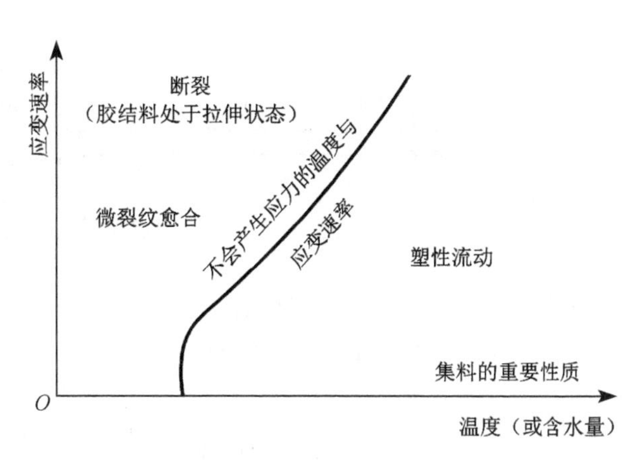

图 9-40　沥青混合料损伤对温度和应变速率的依赖性

水分对沥青混合料的劲度和损伤类型的影响与此类似。尽管其作用机制完全不同，高含水量与高温都会导致混合料的塑性流动。对任一应变加载速率，沥青混合料的含水量亦存在某一阈值，高于该阈值时，沥青混合料也会呈现出较快的松弛效应。因此，在应变加载速率与含水量坐标系中，同样也会出现相似的零应力边界，位于该边界上方的沥青混合料多表现为脆性断裂行为，而在其下方则以软的塑性流动行为占主导。

2. 应力状态

沥青混凝土所处的应力状态会改变其劲度。对于各向同性混合料，劲度大小取决于第一主应力 I_1 与第二偏应力不变量 J'_2 的水平。对于各向异性混合料，其劲度通常具有方向性，并且取决于 I_1、J'_2 及应力张量的分量。沥青混合料在厚度方向与水平方向表现出明显的横观各向异性，其竖向模量与水平向模量各不相同。同样地，泊松比在竖向和水平向亦不同。加上剪切模量，这五个参数是表征沥青混合料横观各向异性的重要参数，在评估路面开裂与永久变形时尤为重要，它们必须通过三轴试验测定。

对弹性模量恒定的材料来说，其泊松比最大值为 0.5。但对应力相关的材料来说，如沥青混合料和非黏结性粒料基层材料，经常会观察到泊松比大于 0.5 的情形。实际上，沥青混合料的泊松比还与加载频率和荷载方向有关，如图 9-41 所示。无论何种工况，沥青混合料的拉伸泊松比均小于 0.5，而其压缩泊松比在加载频率超过 1 Hz 时即会超过 0.5，而道路交通荷载的典型作用频率为 8 Hz 以上，这意味着当交通荷载以正常速度驶过时，沥青混凝土层会产生横向扩展变形。当此横向扩展受限时，沥青混凝土层内会发展出约束应力，该约束压力起加劲作用，阻碍横向塑性变形，并使得沥青混凝土内可能生长的微裂纹彼此靠近，如图 9-42 所示。沥青混合料的泊松比受温度的影响也很大，通常随着温度的升高，其泊松比逐渐增大。在 MEPDG 中，沥青混合料的泊松比与温度（单位：华氏度）的关系如式(9-20)所示，该关系通过间接拉伸试验结果得出。

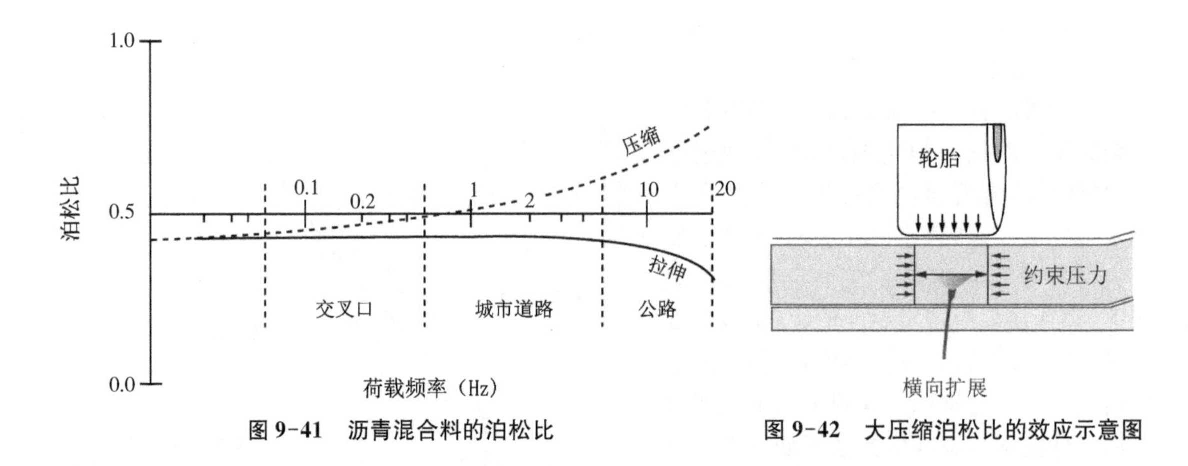

图 9-41　沥青混合料的泊松比　　　　图 9-42　大压缩泊松比的效应示意图

$$v = 0.15 + \frac{0.35}{1 + \exp(3.184\,9 - 0.042\,33T)} \tag{9-20}$$

采用有效泊松比来描述横观各向异性的沥青混合料在弹性状态下形成的较大横向应变是十分有用的。需要说明的是，单独使用三轴试验中的轴向和径向应力-应变关系并无法确定横观各向异性材料的五个特征参数，它还需要增加一组额外的关系来求解剪切模量，对剪切模量则需运用偏应变能进行求解，也可通过约束优化方法获取对剪切模量的真实估计。

3. 集料颗粒

沥青混合料的横向各向异性主要是由于集料颗粒形状和成型方式所致。在压实过程中，非立方与非球形颗粒多趋于平躺从而导致竖向模量大于水平向。除颗粒形状外，颗粒大小、级配和集料的表面纹理也会影响各方向上的劲度值以及有效泊松比。图 9-43 显示了级配对有效泊松比的影响。级配曲线越接近最大理论密度线，沥青混凝土的有效泊松比越大。

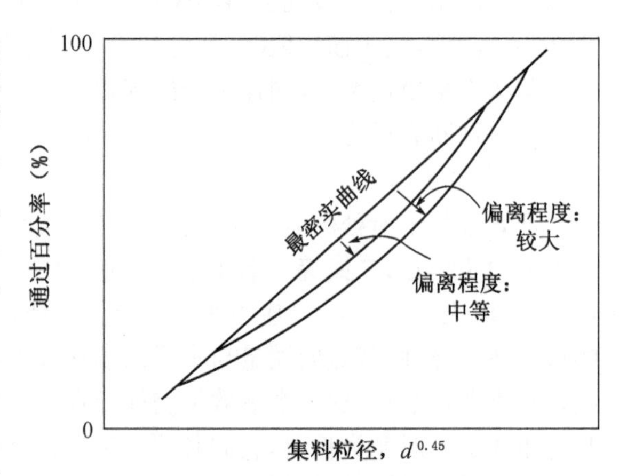

图 9-43　集料级配对有效泊松比的影响

4. 沥青胶结料的性质

沥青胶结料的性能，如蠕变柔量、沥青胶浆膜厚、老化程度、表面能中的润湿与非润湿分量大小等均会影响沥青混凝土的劲度。蠕变柔量是材料在常应力状态下，随时间发展的应变值与常应力之比值。沥青混凝土的蠕变柔量随加载时间的发展规律常用如式(9-21)所示的修正幂律法则描述：

$$D(t) = D_0 + \frac{D_\infty - D_0}{\left(1 + \frac{\tau_0}{t}\right)^n} \tag{9-21}$$

式中，D_∞，D_0 为最大与最小蠕变柔量，τ_0 与 n 分别为修正幂律系数与指数，n 小于 1。

在双对数坐标系中，修正幂律模型的曲线呈 S 型，在短时内几乎保持水平而后线性增长，最终达到稳定状态，无限接近最大蠕变柔量，如图 9-44 所示。

与蠕变柔量相关的是松弛模量。松弛是单轴常应变试验中，试件内部的应力随时间逐渐减小的现象。松弛模量就是试件内部应力与常应变之比值。松弛模量 $E(t)$ 与蠕变柔量 $D(t)$ 在时间域内的关系由下列积分式定义：

$$\int_0^t E(t-\tau)\frac{\mathrm{d}D(\tau)}{\mathrm{d}\tau}\mathrm{d}\tau = 1 \quad (9\text{-}22)$$

对上式进行 Laplace 变换可得：

$$\bar{E}(s)\,\bar{D}(s) = \frac{1}{s^2}\ (t > 0) \quad (9\text{-}23)$$

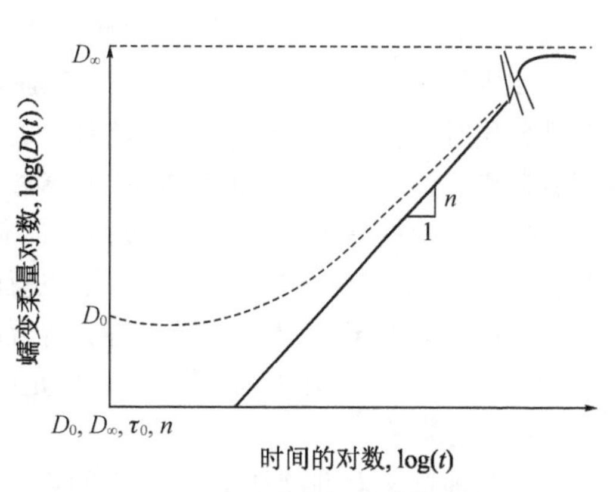

图 9-44　沥青混合料的蠕变柔量

式中，$\bar{f}(s) \equiv \int_0^\infty f(t)\,\mathrm{e}^{-st}\,\mathrm{d}t$ 表示 $f(t)$ 的 Laplace 变换，s 表示变换因子。

5. 沥青的表面能

沥青的表面能由非极性部分或范德华力、lewis 酸性部分和 lewis 碱性部分组成。润湿表面能和非润湿表面能之间存在滞后效应。润湿表面能与沥青微裂缝愈合相关，而非润湿表面能与沥青的断裂相关。总表面能 Γ 是极性组分的综合效果和非极性部分的加和。

$$\Gamma = \Gamma^{LW} + 2\sqrt{\Gamma^{+}\Gamma^{-}} \quad (9\text{-}24)$$

式中，Γ^{LW} 为非极性的 Lifshitz-van der Waals 表面能，Γ^{+} 为极性表面能中的酸性部分，Γ^{-} 为极性表面能中的碱性部分。

随着沥青老化，润湿表面能的非极性部分变大和极性部分减少。这导致沥青的愈合能力变差；同时，非润湿表面能的两个部分均变小，从而降低了沥青所需的断裂功。因此，表面能的这种变化导致沥青易于开裂。一旦沥青中产生了微裂纹或宏观裂纹，裂纹面上的表面能将通过相互作用来提供内聚黏结强度、抵抗断裂和促进愈合。

水损坏对沥青混合料的劲度影响主要表现为两方面，其一为浸泡导致的损伤，其二为重复受载使沥青胶结料沿集料表面产生脱黏或分离。浸泡损伤取决于水分扩散率和沥青膜可容纳的水量大小。水分在沥青胶浆中的扩散率取决于在相邻集料颗粒间的蒸汽压力和包围颗粒的沥青胶浆膜厚。每种沥青中水的相对蒸汽压特性曲线都是不同的，有些沥青在同样的蒸汽压力下能容纳更多的水。研究表明，该蒸汽压特性曲线决定了水分扩散对沥青混凝土的损伤程度。持水较多的沥青会因浸泡效应产生更多的损伤。在潮湿条件下，反复荷载作用将使水易沿界面微损伤区扩散，导致严重的水损害。

6. 矿粉与掺和料

沥青混合料中矿粉的体积通常占沥青胶浆的一半左右，其劲度很显然受矿粉与沥青的相互作用程度、矿粉的粒径和级配、矿粉在胶浆中的分散程度，以及它们在有水和无水条件下与沥青的相容性等因素影响。当微裂纹很小时，粒径、级配和分散状态能够共同阻止微裂纹并很容易使其停止生长。微裂纹始于随机分散在胶浆中的点云状缺陷，混合料受到重复荷载作用时，它们会扩展。在扩展路径上的矿粉颗粒将成为微裂纹捕获器从而阻断其生长。当胶浆中有许多分散良好的矿粉时，很多微裂纹都将被捕获。沥青混合料中微裂纹生长的一个重要影响就是使混合料的劲度持续降低，而良好分散的矿粉则可捕获大量微裂纹阻碍其发展，从而使混合料保持其劲度。这也意味着，矿粉颗粒在任何条件下都必须与沥青形成良好的粘结。粉煤灰、水泥等可改善沥青混凝土的劲度、强度和延性。为切实提高混合物的力学性能，无论何种外加剂，其颗粒均应足够小、易分散并能与沥青牢固地粘接。

(7) 空隙率

从某种意义上讲，沥青混合料中的空隙可视为劲度为零的颗粒。内部存在一定数量且分散均匀的小尺寸空隙，对沥青混合料是有利的，这些小尺寸空隙同样也可视为微裂纹捕获器，而在高温下它们还可为沥青的扩展提供空间。当然，过多的空隙会加速微裂纹生长，而空隙量过低则易导致泛油和过大的塑性变形。空隙率过大的沥青混合料其渗透性急剧增大，这使空气和水易于进入沥青混凝土内部从而加速其老化和水损坏。因此，为了使混合物的刚度达到预期的效果，沥青混合料中的空隙尺寸应尽可能小，并均匀分散于混合料内部。

9.4.2 沥青混合料的动态模量

弹性模量与泊松比是弹性层状结构理论中的两种重要参数，在力学经验法中，表征沥青混合料的最重要参数为复模量。所谓复模量是指在较低水平的动态荷载作用下，黏弹性材料所承受的动应力与材料所产生的动应变之比值，其绝对值称之为动态模量，包括拉压动态模量与剪切动态模量。以动态模量取代回弹模量使得路面结构设计中可充分考虑沥青混凝土模量的温度、加载频率与应力水平的依赖性，更好地反映沥青混凝土的现场工作状态，提高结构力学响应分析的精度。

1. 动态模量

以线黏弹性材料的单轴试验为例，受正弦荷载作用 $\sigma^* = \sigma_0 \sin(\tilde{\omega} t) = \sigma_0 e^{i\tilde{\omega} t}$，则其动应变为 $\varepsilon^* = \varepsilon_0 \sin(\tilde{\omega} t - \varphi) = \varepsilon_0 e^{(i\tilde{\omega} t - \varphi)}$，因此，单轴动态模量 E^* 的定义式为：

$$E^*(i\tilde{\omega}) = \frac{\sigma^*}{\varepsilon^*} = \left(\frac{\sigma_0}{\varepsilon_0}\right) e^{i\varphi} = E' + iE''$$

式中，σ_0 为动应力幅值，ε_0 为动应变幅值，$\tilde{\omega}$ 为角速度，$\tilde{\omega} = 2\pi f$，f 为荷载频率，φ 为黏弹性材料的相位角，当 $\varphi = 0°$ 时，材料为完全弹性的，当 $\varphi = 90°$ 时，材料为完全黏性的(流体)，E' 为储能模量(弹性部分)，E'' 为损耗模量(黏性部分)。动态模量的绝对值与其储能分量与损耗分量的关系如图 9-45 所示。

$$|E^*(i\tilde{\omega})| = \sqrt{E'^2 + E''^2} = \frac{\sigma_0}{\varepsilon_0},\ \tan\varphi = \frac{E''}{E'} \tag{9-25}$$

沥青混合料作为典型的黏弹性材料，其黏性流动变形是时间的函数，而沥青弹性与流动特性也与温度密切相关，因此，沥青混合料的动态模量具有明显的温度与加载频率依赖性。

研究表明，不同温度、不同时间(荷载作用频率)下所测得的特征函数曲线具有大致相同的形状，通过平行移动的方式可使得在不同温度下测定的两条曲线大致重叠。也就是说，对于黏弹性材料，它们的特征响应函数与时间和温度之间存在一定的换算关系，这就是时间-温度等效换算法则。有了该法则，就可以将黏弹性力学中的应力-应变-时间-温度四维空间问题简化为应力-应变-时间或应力-应变-温度的三维空间加以研究，这降低了研究难度，同时也为试验研究提供了极大的方便。由于实际结构中沥青混合料所处的温度范围变化较大，而所承受的荷载作用时间包括 10^{-2} s 量级的瞬时动态荷载以及数以年计的自重蠕变荷载，要在如此宽泛的荷载作用时间与温度范围内直接测定沥青混合料的力学行为是不现实的。在有限温度与荷载作用频率范围内开展测试，再结合时温等效法则，就可实现对全温度域较宽时间范围内的力学行为预测。

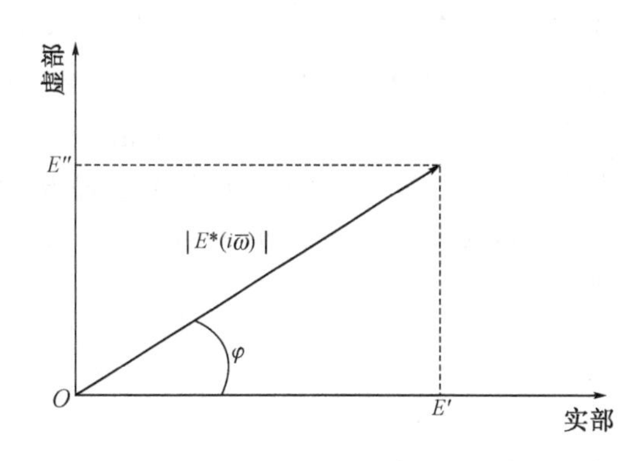

图 9-45　复模量及其实部与虚部的关系

时间相关性是黏弹性材料力学行为的一个基本特征，这一特征的本质在于黏弹性材料普遍存在一个内部时钟或特征时间，这是以材料的短期蠕变行为预测其长期力学行为的基础。对于同一松弛现象，既可以在较高的温度和较短时间的受力后观测到，也可以在较低的温度和较长荷载作用时间后表现出来，也即延长加载时间与升高温度对沥青混合料的力学松弛是等效的。与时间-温度等效换算法则类似，研究者还发现并证实时间-应力等效法则的存在，并进一步与时间-温度等效法则相结合，发展出时间-温度-应力等效法则，该法则在许多工程材料长期力学行为的研究与预测中得到广泛应用，有兴趣的读者请自行阅读相关文献。本教材仅针对时间-温度等效法则进行介绍。

在实际应用中，沥青混合料的时温依赖性可通过构建动态模量主曲线的方法进行描述。在力学-经验法中，动态模量主曲线通常采用如图 9-46 所示的 S 型函数：

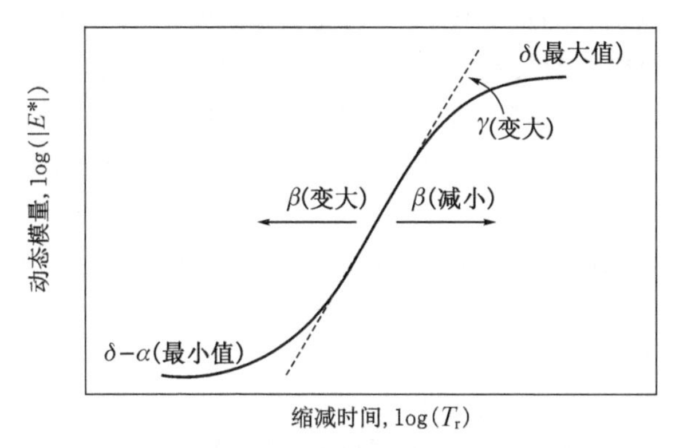

图 9-46　S 型动态模量主曲线中各参数的物理意义

$$\log(|E^*|)=\delta+\frac{\alpha}{1+\exp^{\beta+\gamma\log(f_r)}} \tag{9-26}$$

式中，f_r 为参考温度 T_r 下的缩减频率，$f_r=a_T(T)\cdot f$，f 为温度 T 时所对应的频率，$a_T(T)$ 为温度移位因子，α、β、γ 为拟合参数。δ 代表了动态模量值所能达到的最小值，$\delta+\alpha$ 代表了动态模量所能达到的最大值，β、γ 为 S 型函数的形状参数。研究表明 δ 与 α 主要取决于沥青含量、空隙率和矿料级配，而 β、γ 则与沥青胶结料的黏度密切相关。

温度移位因子 $a_T(T)$，可通过 Arrhenius 公式(9-27)、WLF 公式(9-28)或二阶多项式描述。

$$\log(a_T(T_i))=\frac{\Delta E_a}{2.303R}\left(\frac{1}{T_i}-\frac{1}{T_{ref}}\right) \tag{9-27}$$

式中，ΔE_a 为表观活化能(J/mol)，R 为通用气体常数 ($R=8.314\ \mathrm{J/(K\cdot mol)}$)，$T_{ref}$ 为参考温度(K)，T_i 为所研究的温度(K)。

$$\log(a_T(T_i))=\frac{C_1(T_i-T_{ref})}{C_2+(T_i-T_{ref})} \tag{9-28}$$

式中，C_1、C_2 为拟合系数。

$$\log(a_T(T_i))=a\,T_i^2+bT_i+c \tag{9-29}$$

式中，$a_T(T_i)$ 为 T_i 温度下的移位因子值，T_i 为待研究的温度，a、b、c 为回归系数。

由上二式可知，以移位因子为二次多项式的 S 型主曲线为例，要得到沥青混合料的动态模量主曲线，需要用到式(9-26)中的 4 个参数 (δ、α、β、γ) 和式(9-29)中的 3 个参数 (a、b、c)，这需要用非线性回归方法对不同温度条件下的频率扫描数据进行参数拟合。

对于松弛模量，以缩减时间替换上述公式中的缩减频率即可。将缩减时间表示为沥青结合料黏度的函数，就可以将沥青结合料在使用过程中的全局老化考虑进来。

$$\log(t_r)=\log(t)-c\{\log(\eta)-\log(\eta_{T_r})\} \tag{9-30}$$

式中，T_r 为参考温度，η 为沥青的黏度，η_{T_r} 为在参考温度 T_r 下的沥青黏度，c 为拟合常数。

2. 动态模量与材料构成的关系

沥青混合料是典型的复合材料，根据复合材料的观点，可根据各相组分的特性与相关体积参数估计混凝土的力学行为。早在 1962 年，Hirsch 提出水泥混凝土的弹性模量估算模型，详见表 5-8。

基于 Hirsch 模型，Christensen 等(2003)发展了根据沥青结合料模量和沥青混凝土的体积参数估计混凝土弹性模量的公式，他通过接触函数定义矿粉与沥青等各组分对沥青混合料弹性模量的贡献，如下式所示：

$$E_{mix}=P_c[E_{agg}(1-\mathrm{VMA})+E_b\times\mathrm{VMA}\times\mathrm{VFA}]+\frac{1-P_c}{\dfrac{1-\mathrm{VMA}}{E_{agg}}+\dfrac{\mathrm{VMA}}{E_b\times\mathrm{VFA}}} \tag{9-31}$$

所采用的经验接触函数 P_c 的定义如下：

$$P_c = \frac{\left(P_0 + \frac{\text{VFA}}{E_b \times \text{VMA}}\right)^{P_1}}{P_2 + \left(\frac{\text{VFA}}{E_b \times \text{VMA}}\right)^{P_1}} \tag{9-32}$$

式中，E_{agg} 为矿料的弹性模量，E_b 为沥青的弹性模量，VMA 为矿料间隙率，VFA 为沥青饱和度，矿料的体积分数为 $(1-VMA)$，而沥青的体积分数为 VMA×VFA，P_0、P_1、P_2 为经验常数。当 $P_c=1$ 时，上式转变为 Voigt 公式，而当 $P_c=0$ 时，上式转变为 Reuss 公式。

Christensen 测试的沥青混合料，其 VMA 范围从 0.137～0.216、VFA 的范围从 0.387～0.68、混合料的空隙率在 5.6%～11.2%，动态模量的加载频率从 0.1 rad/s 到 5 rad/s，试验温度范围为－9～54℃，其数据包括动态剪切循环加载（Superpave 剪切试验机，SSP）和单轴压缩循环加载（简单性能试验机 SPT）两种试验方法，包括最大粒径为 9.5、19、37.5 mm 的三种混合料，沥青的动态模量采用 DSR 试验按与沥青混合料相同的温度和加载频率的方式测出，根据这些试验结果，运用非线性最小二乘法拟合得到经验常数 P_0、P_1、P_2。由于接触函数中 P_0、P_2 取决于沥青的模量，按 MPa 为单位重新计算后得到 $P_0=0.138$、$P_1=0.58$、$P_2=36.25$。

公式(9-32)、(9-33)同样可适用于估计沥青混合料动态模量的绝对数值，只需将沥青的模量替换为不同温度与加载频率 $\tilde{\omega}$ (rad/s)下的动态模量 $E_{bd(\tilde{\omega}}$，相应地，沥青混合料的模量值 E_{mix} 用 $E_{mixd(\tilde{\omega}}$ 替换即可，$E_{d(\tilde{\omega}}=|E^*(\tilde{\omega}|$，此时集料的平均弹性模量需由 Christensen 提出的 29 000 MPa 降为 19 000 MPa。

$$E_{bd(\tilde{\omega}} = \frac{E_g}{\Gamma(1+m(\tilde{\omega}))}\left[1+\left(\frac{E_g}{3\eta\tilde{\omega}}\right)^{\beta}\right]^{-\frac{1}{\beta}}, m(\tilde{\omega}) = \frac{(E_g/3\eta\tilde{\omega})^{\beta}}{1+(E_g/3\eta\tilde{\omega})^{\beta}} \tag{9-33}$$

式中，E_g 为沥青玻璃化温度时的单轴模量(MPa)，η 为沥青的黏度(MPa·s)，β 为与 PI 相关的指数，$\beta = \frac{0.1794}{1+0.2084PI-0.00524\,PI^2}$，对常用沥青，因其针入度指数通常在 －3 至 ＋2，因此 β 的取值范围为[0.128 5，0.547 6]。

另外，根据上式可计算沥青的相位角 $\delta_b = m(\tilde{\omega})\pi/2$。沥青混合料的相位角用如下公式估算：

$$\delta_{mix} = -21\,[\log(P_c)]^2 - 55\log(P_c) \tag{9-34}$$

9.4.3 沥青混合料的松弛模量

温度型裂缝是沥青路面等层状沥青混凝土结构在使用过程中所面临的主要病害之一。因底部受基层约束，随着路面温度的下降，沥青混凝土面层内将逐渐发展出温度应力，该应力随着降温速率的增大而增加。当某温度下所发展累积的温度应力超过材料在该温度下的抗拉强度时，面层即出现温度裂缝。而反复的温度升降则可能使沥青路面产生温度型疲劳开裂。

沥青混凝土面层内温度应力的大小主要取决于外部降温速率、所受约束，以及沥青混凝土的松弛能力。所谓松弛是指黏弹性材料在常应变加载条件下其应力随时间逐渐变小的现象，材料内部的应力衰减至初始应力的 $1/e$ 所需要的时间称为松弛时间。松弛模量就是在松弛试验中应力与常应变之比值。沥青混合料的松弛能力可用松弛模量与松弛时间谱表征。沥青混合料的松弛模量与松弛时间谱均可根据动态模量函数估计出。而根据松弛模量，则可以分析沥青混凝土的温度应力。以下引用 Boris 与 Bagdat 等人的成果进行论述。

沥青混凝土的松弛模量 $E_{mix}(t)$ 同样可用公式(9-31)估计，仅需将式中沥青结合料的模量 E_b 替换成其松弛模量 $E_b(t)$ 即可：

$$E_b(t)=E_g\left[1+\left(\frac{E_g t}{3\eta}\right)^b\right]^{-\left(1+\frac{1}{b}\right)} \tag{9-35}$$

式中，t 为荷载持续时间，b 为与 PI 相关的指数，具体表达式如下：

$$b=\frac{1}{\frac{1}{\beta}+\frac{\ln\pi}{\ln 2}-2}$$

在 2015 年 Cristensen 与 Bonaquist 提出了改进的松弛模量模型，忽略式(9-31)中等号右边的第二项，并重新定义经验接触函数，得到改进的沥青混合料松弛模量预测公式，如下式所示：

$$E_{mix}(t)=P_c\left[E_{agg}(1-\text{VMA})+E_b(t)\times\text{VMA}\times\text{VFA}\right] \tag{9-36}$$

$$P_c=0.006+\frac{0.994}{\left[1+\exp(-(0.663+0.586\ln\left(\text{VFA}\,\frac{E_b(t)}{3}\right)-12.9\text{VMA}-0.17\ln(\varepsilon_s)\right]} \tag{9-37}$$

式中，ε_s 为标准目标微应变，通常为 $\varepsilon_s=100\,\mu\varepsilon$。该公式同样可以用于估计沥青混凝土的劲度模量，当然，模型中需要用到沥青的劲度模量。

为估计临界断裂温度，需了解沥青混合料的抗拉强度随温度与加载速率的变化规律。Heukelom(1966)证实，沥青混凝土的抗拉强度与沥青的性质密切相关，他测试了 8 组密级配沥青混凝土的抗拉强度，结果表明，所有混合料的相对抗拉强度(抗拉强度与最大值之比)可用一条曲线表示，该曲线为沥青结合料恢复劲度的函数，如下式所示：

$$R=\frac{0.774+0.039r+0.141\,r^{4.547}}{1+0.026\,r^{3.608}\times\exp(1.245r)} \tag{9-38}$$

式中，$r=\log(E_g/S)$，S 为沥青混合料的劲度模量(MPa)

Molenaar 与 Li(2014)测试了 7 种沥青混合料的抗拉强度，并将其抗拉强度表示为沥青混合料劲度与体积组成的函数：

$$P_h=0.505\times S_{mix}^{0.308}\times\text{VFA}^{0.849} \tag{9-39}$$

将上两式合并得到沥青混合料抗拉强度与温度和加载时间经验关系：

$$f=P_h\times R=0.505\times S_{mix}^{0.308}\times\text{VFA}^{0.849}\times\frac{0.774+0.039r+0.141\,r^{4.547}}{1+0.026\,r^{3.608}\times\exp(1.245r)} \tag{9-40}$$

上式通过沥青结合料的蠕变劲度模量 $S(t_f)$，将沥青混凝土在某温度与加载时间下的抗拉强度同屈服时间 t_f 关联起来。在常应变率 V_ε 加载时，式中左边的抗拉强度可表示为屈服时间、应变率和屈服时的割线模量 $H_{\text{mix}}(t_f)$，割线模量 $H_{\text{mix}}(t)$ 与松弛模量 $E_{\text{mix}}(t)$ 的关系如下：

$$H_{\text{mix}}(t)=\frac{1}{t}\int_0^t E_{\text{mix}}(t-\tau)\mathrm{d}\tau \tag{9-41}$$

运用上述关系式，可发现屈服时间 t_f 为以下方程的根：

$$t_f V_\varepsilon H_{\text{mix}}(t_f)=0.505\times S_{\text{mix}}^{0.308}\times \text{VFA}^{0.849}\times\frac{0.774+0.039r+0.141\,r^{4.547}}{1+0.026\,r^{3.608}\times\exp(1.245r)} \tag{9-42}$$

式中，$r=\log(E_g/S(t_f))$。

因此，沥青混合料在常应变率下的抗拉强度为：

$$f_\varepsilon=t_f V_\varepsilon H_{\text{mix}}(t_f) \tag{9-43}$$

为验证上述公式，制备密级配沥青混凝土，其基本材料组成如下：花岗岩集料 15～20 mm(10%)、5～10 mm(20%)，0～5 mm 的砂(50%)，活化矿质填料(7%)，氧化沥青经短期老化后的针入度为 70(0.1 mm)，软化点为 25℃，PI＝－0.91，油石比为 4.8%。试件采用轮碾法成型，空隙率 3.6%，拉伸试件尺寸 50 mm×50 mm×160 mm，拉伸试验的加载速率为 1 mm/min，也即常应变率 V_ε = 100 $\mu\varepsilon$/s，试验温度 20℃、10℃、0℃、－10℃、－20℃、－30℃。图 9-47 为根据公式(9-40)和(9-43)预测的沥青混合料抗拉强度与实测结果的对比，式中，常应变加载速率 $V_\varepsilon=1\times10^{-4}$ s，VMA＝0.144，VFA＝75%。集料的毛体积相对密度按G_{sb}＝2.760 计，用以估算集料的弹性模量 $E_{\text{agg}}=7\,650G_{\text{sb}}^{1.59}=36\,000$ MPa。

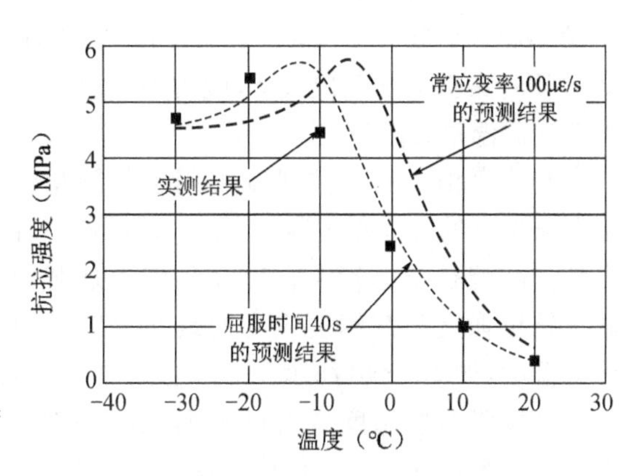

图 9-47　根据公式(9-43)预测的沥青混合料抗拉强度与实测结果对比

由图 9-47 可见，最大抗拉强度及抗拉强度随温度变化的曲线形状预测结果与实测值一致，但预测曲线与实测曲线相比向右发生了偏移，也即最大拉抗强度的预测温度高于实测值。导致这一现象的可能原因是在常应变率下加载系统的追从性影响。在低温下进行抗拉试验时，材料显示出更多的脆性，为了能够采集数据，通常采用更慢的加载速率以延长加载时间。因此，在常应变速率下，即便加载头以 1 mm/min 的速率固定加载，由于低温时材料的刚度更高，实际施加于试件中的应变率并不是固定的。这从试验破坏的时间也可看出，在－20～20℃温度下，试件屈服时的时间约为 40～50 s，而在－30℃下，试件在 20～25 s 左右就破坏了。为检验这一原因的正确性，根据公式(9-43)计算试件屈服时间为 40 s 时的抗拉强度，式中，PI＝－0.91，沥青软化点为 48℃，VMA＝0.144，VFA＝75%，得到的抗拉强度曲线与实测值更为接近。因此关于上述猜测是正确的。

若要保持真实的常应变率加载测试，加载单元的反馈控制必须基于安装于试件上的LVDTs，而不能基于加载压头的行程控制。这种控制相对复杂，很多实验室的测试系统均难以达到。常应变控制虽然被经常使用，但不少研究者质疑该法在低温下的优越性，因为它无法考虑沥青路面降温条件下产生的纵向收缩应变。对低温抗裂性分析来说，基于应力控制的抗拉强度更合适。

在常应力 V_σ 加载模式下时，屈服时间等于抗拉强度与常应力速率之比 $t_f = f_\sigma / V_\sigma$。此时，式(9-40)中沥青胶结料的劲度模量取决于抗拉强度与应力加载速率。抗拉强度变为：

$$f_\sigma = 0.505 \times S_{\mathrm{mix}}^{0.308} \times \mathrm{VFA}^{0.849} \times \frac{0.774 + 0.039r + 0.141\, r^{4.547}}{1 + 0.026\, r^{3.608} \times \exp(1.245r)} \tag{9-44}$$

式中，$r = \log(E_g / S(t_f))$。

以下举例进一步说明。在 $T = -2$℃、应力加载速率 $V_\sigma = 0.05$ MPa 时测得混合料的抗拉强度为 3.1 MPa，屈服时间 $t_f = 62$ s，沥青胶结料在 $T = 20$℃、$t = 0.06$ s 时的劲度为 6.02 MPa，则根据式(9-36)计算得到在 $T = 20$℃、$t = 0.06$ s 时沥青混合料的劲度为 6 040 MPa，参数 $r = \log(2\,460/6.02) = 2.611$，从而式(9-44)的右边得到抗拉强度为 3.1 MPa。常应力加载模式下，应力加载速率增长 10 倍，会导致抗拉强度随温度变化的峰值位置向高温端移动近 7℃。

与速率相关的抗拉强度可用于估计单纯降温条件下的临界断裂温度 T_{cr}。所谓的临界开裂温度就是指沥青混合料在常应力加载模式下抗拉强度与其温度应力曲线相交时所对应的温度，如图 9-48 所示。

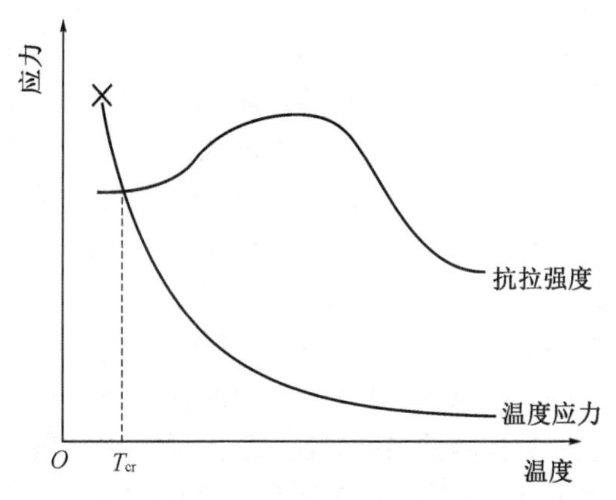

图 9-48　沥青混合料临界断裂温度的确定示意图

沥青路面的温度应力可根据光滑基础上的无限长黏弹性梁进行估算。在时间 τ 至 $\tau + \mathrm{d}\tau$ 的时间内，设温度的变化为 $\mathrm{d}T = \left[\frac{\partial T(\tau)}{\partial \tau}\right]\mathrm{d}\tau$，对于无约束的无限长梁，相应温度应变的增量为 $\mathrm{d}\varepsilon = \alpha_{\mathrm{mix}}(T(\tau))\mathrm{d}T$，式中，$\alpha_{\mathrm{mix}}$ 为沥青混合料的温度收缩系数，与温度相关。当温度下降时，梁会在其长度方向收缩，但温度应变不会在光滑基础上的连续无限长梁中出现，而在路面中因受约束而引起温度应力，相应的应力增量为 $\mathrm{d}\sigma(\tau) = -E_{\mathrm{mix}}(\tau)\mathrm{d}\varepsilon(\tau)$，因此，在整个 $\mathrm{d}\tau$ 时间内的温度应力变化量为：

$$\mathrm{d}\sigma(\tau) = -E_{\mathrm{mix}}(\tau)\mathrm{d}\varepsilon(\tau) = -E_{\mathrm{mix}}(\tau)\,\alpha_{\mathrm{mix}}(T(\tau))\left[\frac{\partial T(\tau)}{\partial \tau}\right]\mathrm{d}\tau \tag{9-45}$$

式中，$E_{\mathrm{mix}}(\tau)$ 为沥青混合料的松弛模量(MPa)。

将式(9-45)在 $0 \sim t$ 时间段内进行积分，即得到在经历时间 t 后路面中的纵向温度应力：

$$\sigma(t) = -\int_0^t \alpha_{\mathrm{mix}}(T(\tau)) E_{\mathrm{mix}}(\xi(t)-\xi(\tau)) \left[\frac{\partial T(\tau)}{\partial \tau}\right] \mathrm{d}\tau \tag{9-46}$$

式中，t 为当前时刻(s)，τ 为过去的时间(s)，$T(\tau)$ 为温度随时间的变化函数(℃)，$\xi(t)$ 为缩减时间，$\xi(t)=\int_0^t \mathrm{d}\tau / a_T(T(\tau))$。

以下举例说明用该方法估算临界断裂温度。假定沥青混合料的线收缩系数 $\alpha_{\mathrm{mix}}=2.5\times 10^{-5}$/℃，为常数。沥青胶结料和混合料的基本性质均与之前所举例中相同，也即：PI＝－0.91，沥青软化点为48℃，VMA＝0.144，VFA＝75%，E_{agg}＝36 000 MPa，沥青混合料的松弛模量根据式(9-36)估计。假定每天正负温变化为正弦变化，温度自5℃降至－35℃并在24 h回升至5℃。按式(9-46)估算温度应力。根据式(9-44)，拉应力速率 $V_\sigma(t)=\mathrm{d}\sigma(t)/\mathrm{d}t$ 自 $0\sim3.8\times10^{-4}$ MPa之间，平均值为 2.0×10^{-4} MPa，则温度应力曲线与沥青混合料抗拉强度曲线相交时的临界温度为－33℃。

9.4.4 沥青混合料模量的测试与评估

模量作为沥青混合料的重要特性参数，常用的试验方法有单轴拉/压、间接拉伸试验、四点弯曲试验等，如图9-49所示。

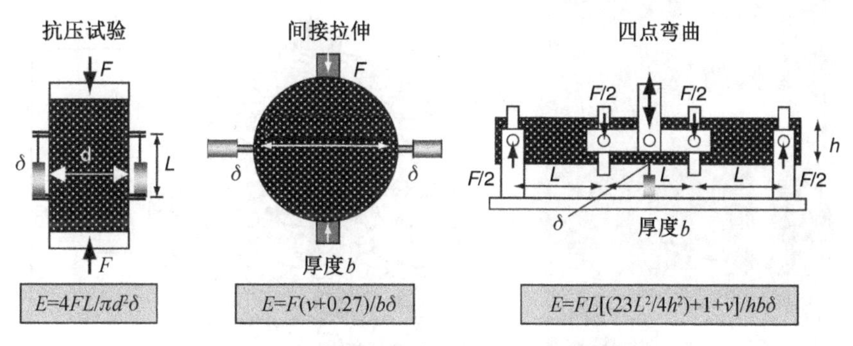

图9-49 沥青混合料劲度模量的常用测试方法

单轴拉伸试件的应力状态最为简单，因而单轴拉伸试验被许多研究者所喜爱，但该试验却是最不易实施的，因为要确保试件端面与加载头垂直且牢固连接，无偏心加载。当采用黏结连接时，即使黏结效果牢固，在黏胶与试件界面的圆周上将因可能的应力集中而使试件过早破坏。采用哑铃型试件能避免此问题，但哑铃型沥青混合料试件的加工非常复杂。

间接拉伸试验通过在圆柱体试件径向施加垂直压缩荷载，从而使试件中心的水平方向产生张拉作用，如图9-50所示。间接拉伸方式简便易行，在工业界被经常使用，但试件的应力状态比单轴拉伸时复杂，而加载头附近的应力尤为复杂。使用间接拉伸试验确定模量需要预知材料的泊松比。这要求试验过程中应同步测量试件中心的竖向变形与水平变形，如图9-51所示。这在很多实验室都难以做到，因此，很多研究机构在进行间接拉伸试验时，往往假定沥青混合料的泊松比为0.3～0.35。如前所述，沥青混合料的泊松比并非定值。

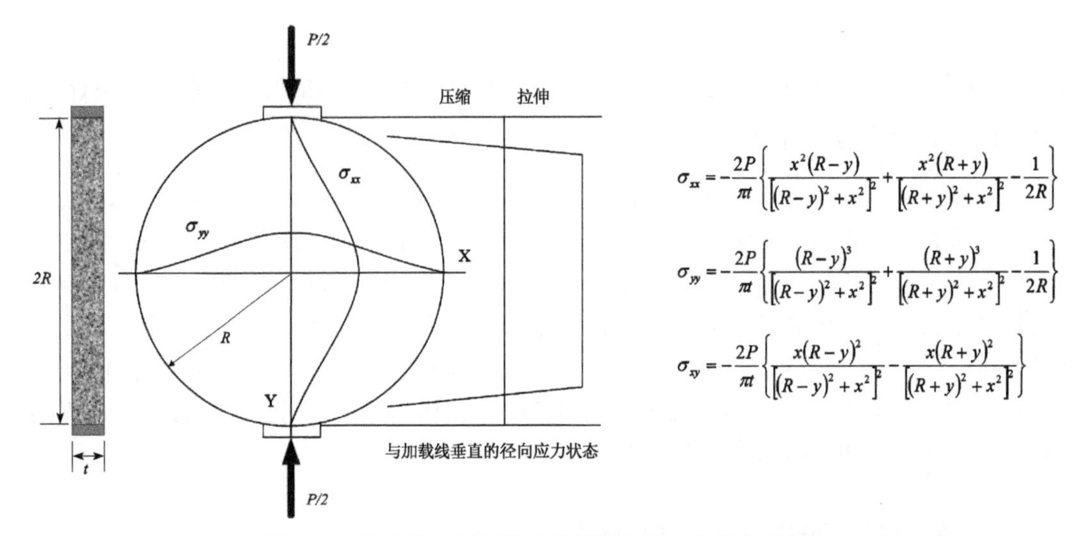

图 9-50　沥青混合料间接拉伸试验及其应力分布示意图

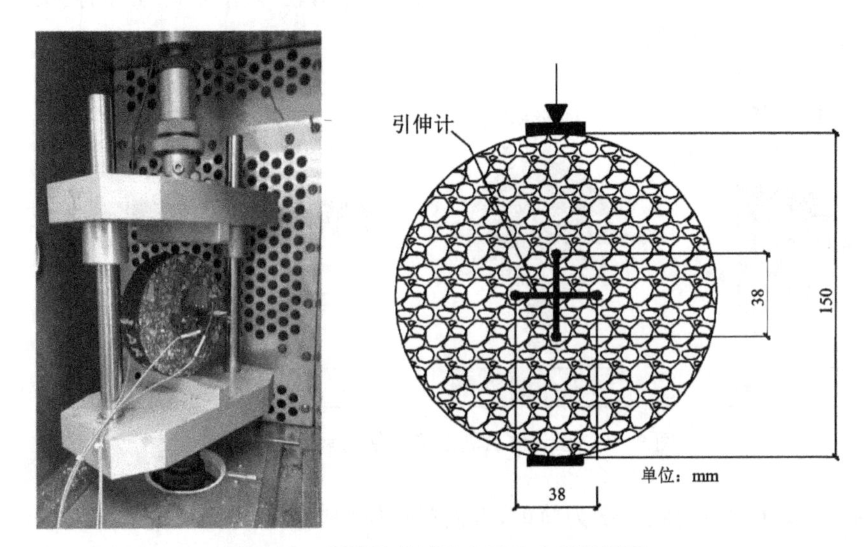

图 9-51　间接拉伸试验中正交变形的测量

四点弯曲试验是衡量材料弯曲模量的很好方式，但它多用于测试沥青混凝土的疲劳性能，一般都不用单独用于沥青混凝土模量的测试。四点弯曲与间接拉伸试验都可以基于现场芯样进行测试，而单轴拉伸试验则要求试件的长径比不小于 1∶1。

需要强调的是，无论哪种方式获得的模量，在未经修正之前，这些值都不能直接用于路面结构分析与设计。因为模量受加载速率与加载水平影响非常大。汽车以正常速度行驶时，作用于路面的脉冲荷载在 10～15 ms 即达到峰值，而在绝大多数室内试验中，加载速率则相对较慢，达到峰值时间通常在 100 ms 以上。因此实际路面中材料的模量往往比室内测试结果大。据估计，室内测试结果约为实际工作状态的 70%左右，如表 9-7 所示。

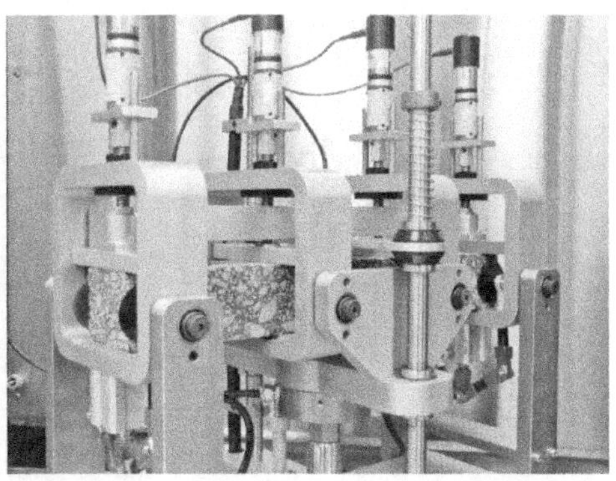

图 9-52　四点弯曲试验

表 9-7　典型沥青混合料劲度模量

混合料类型	20℃的劲度模量(MPa)	
	试验室测试结果	路面结构的反算结果
某密级配基层 ATB(50 号沥青)	5 000	7 000
某密级配基层 ATB(100 号沥青)	3 500	5 000
某面层沥青混合料	2 000	3 000
某冷拌沥青混合料基层	2 000	2 500

在低应力或小应变水平下，运用单轴试件、间接拉伸试验或剪切试验进行重复加载，可得到沥青混合料的动态模量与相位角等参数。由动态模量与相位角的概念可知，动态模量可分为储能模量与损耗模量，相位角即为复模量与储能模量之夹角。以储能模量与损耗模量为坐标轴可构成 Cole-cole 图(图 9-53)、以动态模量与相位角为坐标轴可构成 Black-space 图(图 9-54)，从而得到特征各异的曲线。这些特征曲线可用于评估不同类型沥青混合料的特性以及老化的影响等，也可用于实验数据的检验。当然，前面所述的模量主曲线、相位角主曲线也是分析沥青混合料动态力学特性的常用方法。

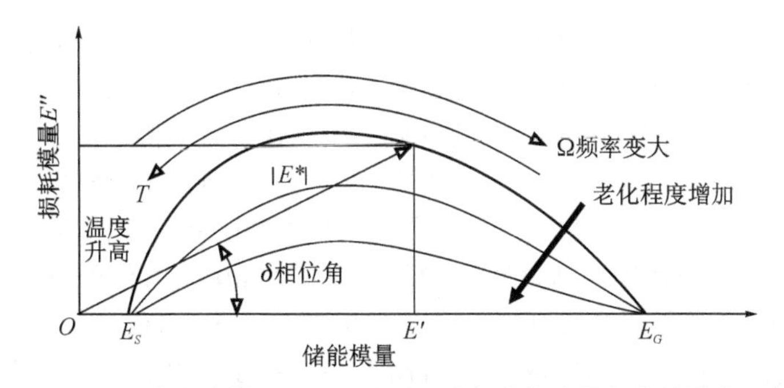

图 9-53　沥青混合料 Cole-cole 图及温度频率与老化程度的影响示意图

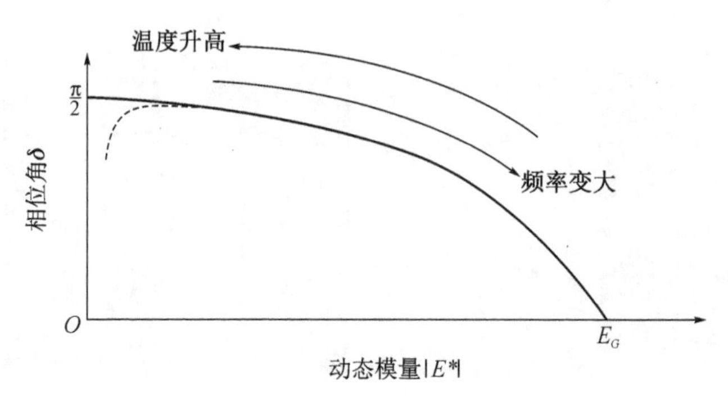

图 9-54　沥青混合料 Black-space 图及温度频率的影响示意图

9.5　沥青混合料路用性能的室内试验评价

沥青混合料的路用性能通常指在服役状态下抵抗荷载与环境耦合作用的能力。车辙、开裂、水损害与老化是沥青路面服役期间所面临的最主要挑战，如何在室内模拟评价沥青混合料的路用性能是沥青混合料应用中的关键问题。

9.5.1　沥青混合料的室内成型方法

沥青混合料的最终性能与其成型方式和压实程度密切相关，在室内研究沥青混合料路用性能的最理想方法是从新铺好的路面上钻孔或切割获取试件，但这在实际工作中并不易实现。因此，如何在室内有效模拟现场工艺是路用性能评价首先需要解决的技术问题。室内制作沥青混合料试件的常用方法有击实法、静压法、振动成型法、旋转压实法（揉搓挤密法）与轮碾成型法等多种，图 9-55 为国内常用的沥青混合料室内成型设备。实践表明，击实法、静压法制备的试件与实际沥青路面芯样的力学性能的相关性较差，旋转压实法和轮碾法成型试件的相关性更高。

旋转压实法能有效模拟实际路面碾压过程与压实效果，通常认为该法适宜于制作高度不超过 20 cm 的圆柱体试件。旋转压实成型可按旋转次数或试件高度控制，前者多用于沥青混合料的配合比设计，而按高度控制的方式则用于制作特定空隙率的试件。旋转压实时，将拌和好温度符合要求的混合料分层装入试模，将试模就位后通过金属压头给试件施加一定的静压力，压头尺寸略小于试模内径，能够伸入试模中并刚好完全覆盖试件表面。然后试模以较小的倾角和一定的速度旋转，使混合料内部的集料在压力作用下重新分布与就位。旋转压实成型的静压力与旋转速度通常为 600 kPa 与 30 r/min，而不同规范中所采用的试模倾角略有不同，法国规范为 1°，美国的 ASTM 与 AASHTO 规范中则采用 1.25°。

轮碾法在很多国家也是标准成型方法。采用轮碾法制作的试板可用于轮辙试验，还用于加工制作棱柱体试件等或钻取芯样。轮碾成型机采用与钢滚筒压路机相似的圆弧形碾压

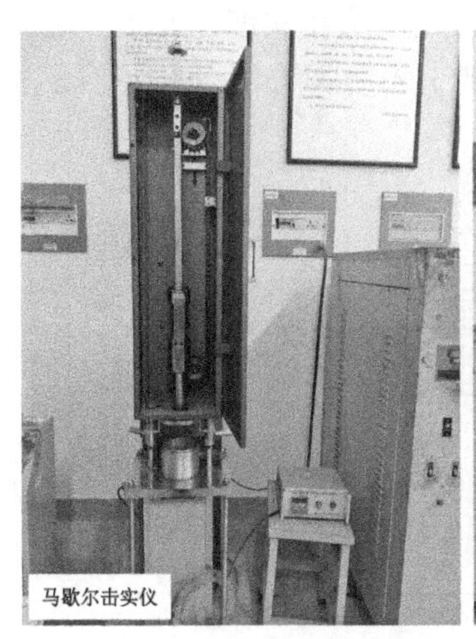

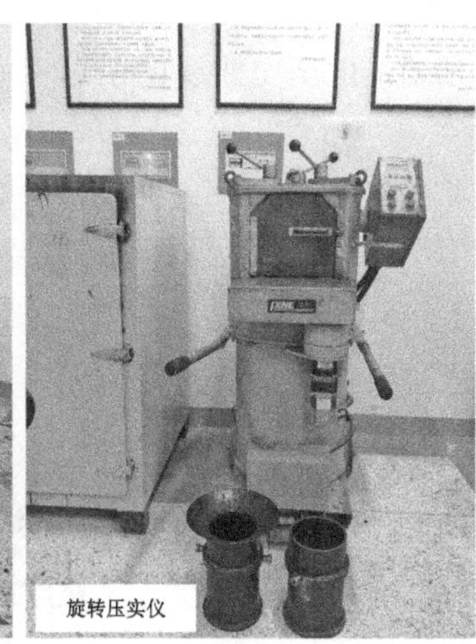

图 9-55 国内常用沥青混合料室内成型设备

头,我国标准试验中轮碾法的压实线荷载为 300 N/cm,碾压行程等于试件长度。试板装料时,把拌和好的混合料小心沿试模边侧向中间装入试模,并使中部略高于四周,待温度达到压实温度时即放下碾压头开始碾压。通常先在一个方向上碾压 2 个往返,然后再将试模掉转 180 度,再用相同的荷载碾压至马歇尔击实法得到的试件标准密度的 100%±1%,通常约 12～15 个往返可达要求。当然,这只能事后检验。

轮碾板的层厚通常应超过集料公称最大粒径的 2.5 倍。因此,5 cm 与 6 cm 厚的板只能分别适用于公称最大粒径小于 19 mm 和 26.5 mm 的沥青混合料,更大粒径的沥青混合料试板时需采用 8～10 cm 的试模,这对成型设备提出了更高要求。欧盟标准 EN12697-33 采用小型压路机成型试板,这种方式更接近实际,但因成本等原因并没有得到广泛应用。

9.5.2 沥青混合料的施工和易性评估

施工和易性指沥青混合料在特定设备与工艺条件能够被均匀地拌制、摊铺压实和稳定成型的能力,它是沥青混合料的重要施工特性,对于获得一致可接受的产品至关重要。影响沥青混合料施工和易性的主要因素有:(1)沥青的黏温特性、沥青用量与粉胶比;(2)矿料级配、颗粒形状与类型;(3)混合料的拌和工艺与温度。以下措施常用于改善沥青混合料的施工和易性:(1)适当增加沥青用量并控制粉胶比,以增加自由沥青的含量;(2)降低沥青在施工温度区间的黏度;(3)使用棱角性不太丰富的集料;(4)确保铺筑层厚为公称最大粒径的 3 倍以上;(5)开展精细化施工与动态监控,确保在合适的温度下生产、摊铺和压实。

沥青混合料的施工和易性可结合拌和效果的观察并通过旋转压实试验加以评价。旋转压实仪可获得不同旋转次数下试件的高度变化曲线,由此可判断混合料的压实特性。相同旋转压实条件下,试件的高度下降速度越快的沥青混合料越容易被压实。一些国家如法国采用固定旋转压实次数下的试件空隙率作为评估施工和易性的指标,并要求高模量沥青混合料(EME2)旋转压实 100 次时的空隙率应不大于 6%。也有学者提出施工压实指数与交通压密指数,其中施工压实指数是压实度(也即实际毛体积密度与混合料理论最大密度之比)为 92%时压实曲线与横坐标所包围的面积,交通压密指数定义为压实度在 92%～98%时所对应的压实曲线的阴影面积,如图 9-56 所示。指数越小表明沥青混合料越容易被压实。

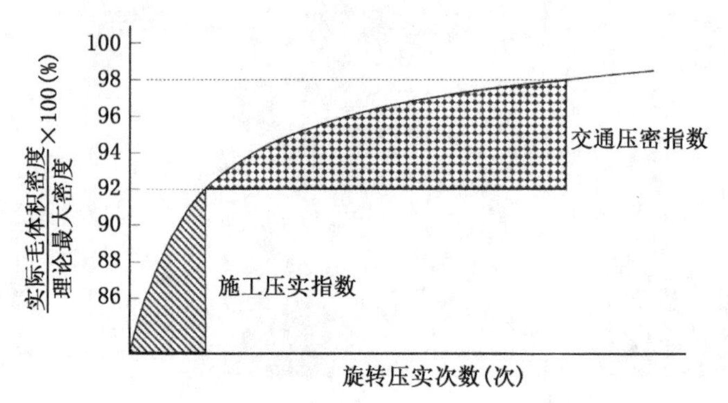

图 9-56 沥青混合料压实曲线与相关压实指数的定义

9.5.3 沥青混合料抗永久变形能力评价

沥青混合料为温度敏感型黏弹塑性材料,在静态荷载的长时间作用或动态荷载反复作用下,会发展出不可恢复的塑性变形。沥青路面中塑性变形不断累积,这将改变路表横断面的形状,形成永久型辙槽,如图 9-57 所示,该辙槽在路面工程中也称为车辙 RUT。这种永久变形的大小及其发展速度不仅取决于沥青混凝土的抗永久变形能力,也与结构层厚度、温度及应力状态以及荷载持续时间及重复作用次数等因素密切相关。通常认为,沥青路面产生车辙的最主要原因,是由于混合料在温度与荷载耦合作用下发生剪切流动,交通荷载的压密作用与车轮的磨耗作用也是可能的原因之一,压密作用多发生在路面运营初期,磨耗型车辙多发生在中后期。过大的车辙不仅影响行驶舒适性,也改变了路面材料在横断面上的均匀性,并对雨天行车安全产生较不利影响。因此,高温时的抗永久变形能力是沥青混合料路用性能评估首先需要关注的性能。

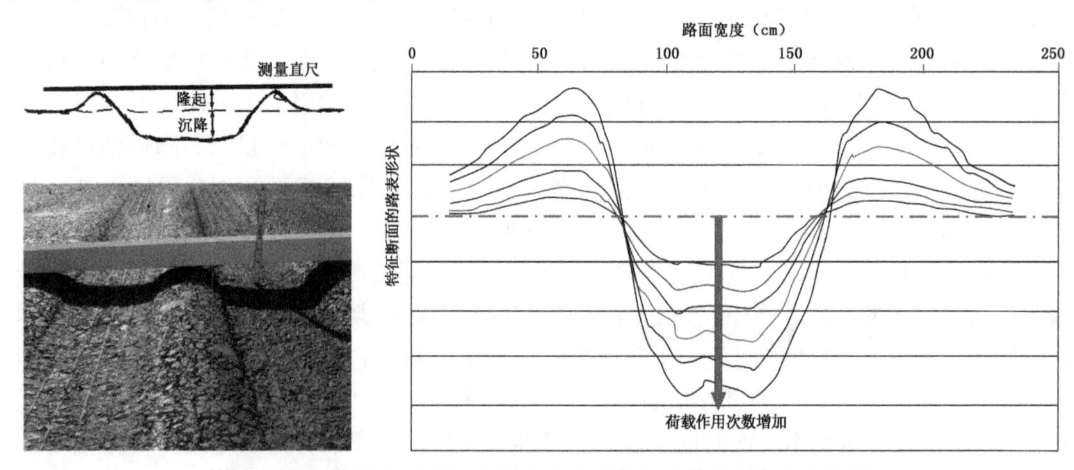

图 9-57 沥青路面车辙及其随汽车轮载作用次数发展变化示意图

评估沥青混合料抵抗永久变形能力的常用试验方法有单轴压缩蠕变或蠕变恢复试验、静态贯入试验或重复加载试验、三轴压缩试验、剪切疲劳试验和轮辙试验等。前四种试验将复杂的路面结构受力状态简化为单纯的材料性能试验，它们可评估沥青混合料抵抗永久变形的能力，也能为沥青混合料本构模型的建立提供直接依据，如图 9-58 所示。三轴试验毫无疑问能更准确地模拟路面结构中的真实应力状态，在理论上可通过调整围压来模拟任意深度上的材料行为。但与单轴试验相比，三轴试验装置非常复杂，何为合适的围压水平仍存在争议。将单轴试验的压头缩小至单轴压缩试件截面直径的 1/3～1/2 时，即得到局部贯入试验。局部贯入加载过程中，试件的受压部分同时也受到周围部分的约束，这起到了类似三轴试验的效果，其试验加载设备要求不高，因而受到不少研究者青睐。我国的道路工作者研究了不同气候与交通条件下沥青混合料的贯入强度与沥青混合料结构层永久变形的关系模型，进而提出了验算沥青混合料贯入强度的关系式。现行公路沥青路面设计规范(JTG D50—2017)采用单轴贯入试验测试沥青混合料的贯入强度(抗剪强度)，用于沥青混合料的配合比设计或工后检验沥青混合料的高温稳定性。Superpave 剪切试验机能够为 Superpave 沥青混合料设计提供参数，它测试剪切加载过程中的弹性、黏性与黏弹性应变，具备直接表征沥青混合料抵抗永久变形的能力。

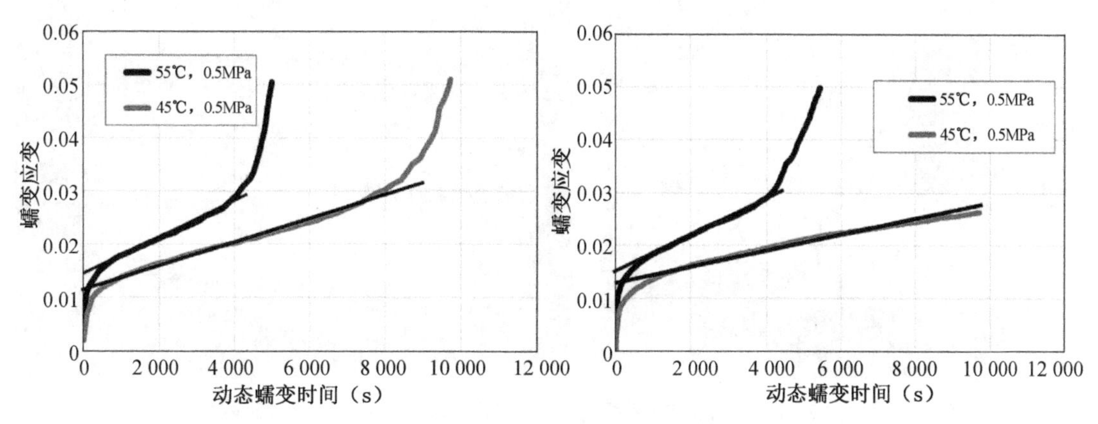

图 9-58　某两种沥青混合料在不同温度下的动态压缩蠕变试验曲线

沥青混合料的累积永久变形发展通常分为快速增加、稳态发展和加速破坏三个阶段，如图 9-59 所示。多数回归公式均针对第一阶段与第二阶段，第三阶段的抗永久变形能力则被忽略，这导致预测结果往往比实际低。在第三阶段，材料不再经历体积变化，但蠕变柔量迅速增加。因此，了解第三阶段起始点所对应的时间对于预测混合料的抗永久变形性能至关重要。这就是沥青混合料的流动时间，其概念为试件在剪切变形过程中体积不再发生任何变化时所对应的加载时间。对于

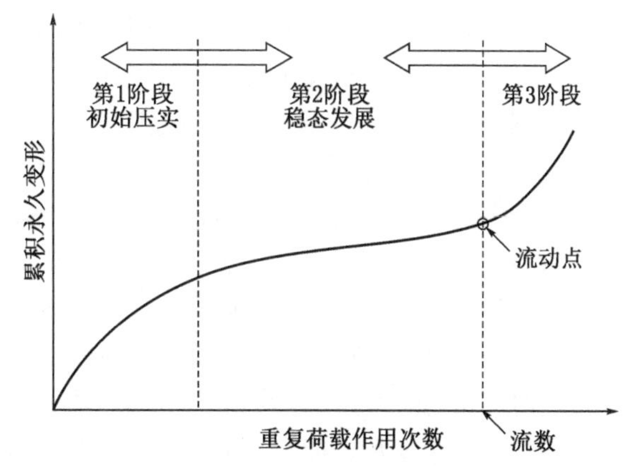

图 9-59　沥青混合料在重复荷载作用下的累积永久变形

动态蠕变试验，流动时间也称为流数，是指第三阶段蠕变开始快速增长时所对应的加载次数。为得到试件的流动时间或流数，通常应加载 3 h 以上确保作用次数达到 10 000 次，以半正弦方式加载，荷载作用时间 0.1 s，间歇时间 0.9 s。

Kaloush 与 Witczak(2000)建立了流数 F_N 的经验关系，如式(9-47)所示：

$$F_N = 1.007\,88E5 \times \eta^{0.217\,9} \times \frac{1}{T^{1.680\,1}} \times \frac{1}{\sigma_0^{0.150\,2}} \times \frac{1}{V_{be}^{3.644\,4}} \times \frac{1}{VV^{0.942\,1}} \tag{9-47}$$

式中，T 为试验温度，σ_0 为蠕变应力，η 为沥青黏度，V_{be} 为有效沥青体积，VV 为空隙率。

轮辙试验是模拟汽车轮载对沥青路面反复作用的直接方法，包括野外试验路(如国内交通运输部公路科学研究院建造的 RIOTRACK、美国的 Westrack 等)，大型全尺寸的道路加速加载系统(图 9-60)，中等尺寸的直道或环道试槽，以及基于室内小尺寸试板的轮辙试验机(如图 9-61)。野外试验路、全尺寸与中等尺寸的试验可测试完整路面结构包括车辙、疲劳等在内的多项路用性能，并可为路面结构设计提供参数，但试验周期较长，且成本高昂。

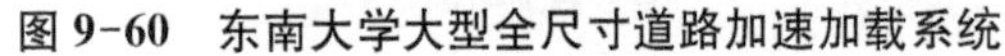

图 9-60　东南大学大型全尺寸道路加速加载系统

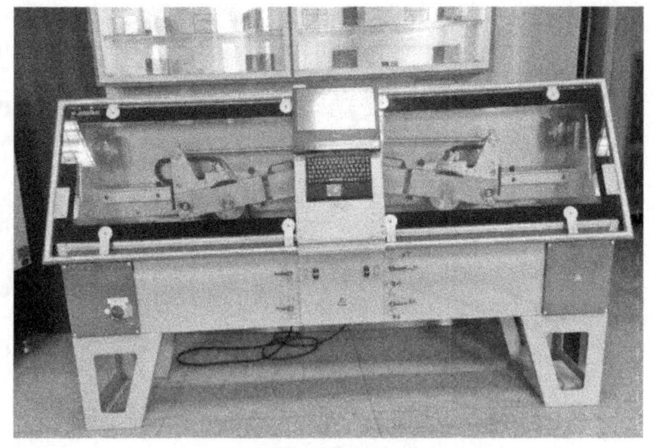

图 9-61　东南大学道桥实验室汉堡车辙仪

小尺寸试件的轮辙试验适用于沥青混合料抵抗永久变形能力的横向比较，其试验周期短，成本低廉，为众多规范所采用，但各国的轮辙试验方法不尽相同，表 9-8 列举了部分规范中的细节。轮辙试验机几乎都是采用尺寸比单轴或三轴试验大的板式试件进行加载，有时也采用圆柱体试件拼接而成。试验温度与初始空隙率显著影响累积永久变形的测试结果，多数规范中的试验温度均为 60℃左右，空隙率可参考现场压实度按 7%控制，或者取 4%以评估沥青混合料因剪切失效导致的车辙空隙率。试验加载模式、加载速度与接触压力也是影响试验结果的重要因素。加载越慢，接触压力越大，对试件的考验越大，FRT 试验轮尺寸最大，采用充气轮胎能够更好地模拟实际道路中轮胎与路面间剪切作用。为了评估高温时水的影响，也可将试件置于 60℃的水浴环境中进行试验。试验过程中测量轮迹带上的竖向变形随时间(行走次数)的发展规律。在我国的规范中，以动稳定度与车辙深度来表征沥青混合料抵抗永久变形的能力。所谓动稳定度是指在试验条件下，试件每发展 1 mm 累积永久变形所需经历的试验轮加载次数。试验时测试试件中部截面的累积永久变形(轮辙深度)，按第 45 min 与第 60 min 的累积变形差除以该时间内试验轮的行走次数得到动稳定度。

表 9-8 不同规范中室内轮辙试验技术细节比较表

试验方法	APA	HWTD	FRT	UK WTM	JTG
测试温度	PG高温等级,通常58或64℃	50或60℃(可浸水)	60℃	45或60℃	60℃
试件尺寸(cm)	φ15/30×7.5	φ15×3.8－10/32×26×3.8－10	50×18×5/10	φ20厚度可变或30×30×5	30×30×5/6
试件成型方法,目标空隙率	旋转压实(圆柱体试件)或振动压实(板) 空隙率7%	旋转压实(圆柱体试件)轮碾机,空隙率7%	轮碾机成型,确保试件空隙率在现场压实度范围	轮碾成型	轮碾成型
试验轮类型	钢轮外包硬橡胶	实心光面橡胶胎(EN)或钢轮(AASHTO)	充气轮胎	实心光面橡胶胎,方型截面	实心光面橡胶胎,方型截面
试验轮尺寸(mm)	φ295	φ200×50	φ400×80	φ200×50	φ200×50
荷重(N)	445	700(EN)或705(AASHTO)	5 000	700	700
加载次数	8 000	10 000	30 000	1 000	2 512
试验轮往复频率(次/min)	60	26.5	60	26.5	42
试验时长(min)	135	380	500	38	60
平均加载速度(m/s)	0.60	0.20	0.82	0.20	0.21

实践表明,在现行试验条件下,多数沥青混合料在60 min的轮辙试验中均不会出现加速破坏阶段,因此按现行规范条件计算得到的动稳定度值仅为稳态发展阶段的速率,无法得到沥青混合料何时进入第三阶段以及第三阶段抵抗变形能力的相关信息。为了获得相应的信息,必须延长试验时间。需要注意的是,不同的轮辙试验所得到的结果之间不能直接比较,它们仅可用于对不同种材料抵抗永久变形能力的横向比较或分级,无法直接用于实践路面结构的车辙发展的预估。

9.5.4 沥青混合料低温抗裂性能评价

沥青混合料的低温抗裂性指沥青混合料在低温下抵抗断裂破坏的能力。沥青混合料面层中出现贯穿整个路面宽度的横向裂缝是沥青路面的常见病害,如图9-62所示。这种裂缝可能是一次温度骤降导致,也可能是反复的温度变化导致的温度疲劳裂缝。前者主要见于寒冷地区温度陡降的天气中;后者则多发生在太阳照射强烈、日温差较大的地区,裂缝自路表向下扩展,可能发生在冬季,也可能发生在别的季节,北方冰冻地区可能出现这种裂缝,南方非冰冻地区也可能发生。

图 9-62　沥青路面中常见的温度型裂缝(横向裂纹)

沥青路面的温度型裂缝(thermal cracking)与沥青混合料的低温变形能力和松弛能力关系密切,它们主要受混合料中沥青胶浆性能与体积分数(决定沥青膜厚度)控制。随着温度的下降,材料变硬变脆,沥青胶浆的劲度模量并伴随着体积收缩;通常沥青的标号越高,沥青混合料的收缩量越大,如图 9-63 所示。

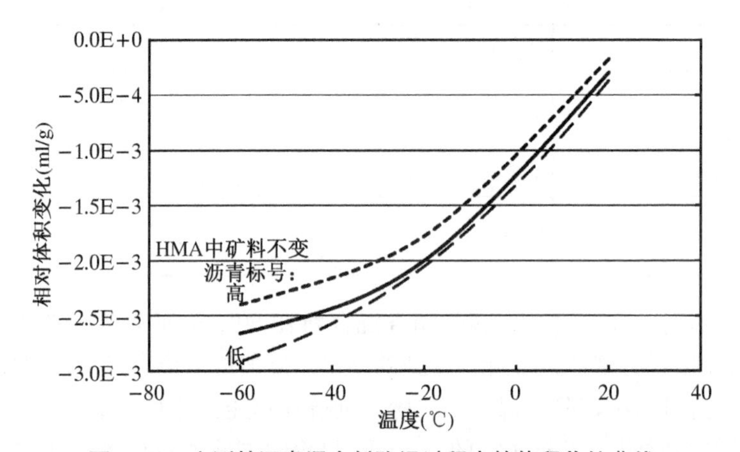

图 9-63　实测某沥青混合料降温过程中的体积收缩曲线

在体积收缩过程中,当变形受限时,混合料内部逐渐发展出一定的温度应力。以沥青路面为例,在温度下降时,面层沥青混合料由于受到基层的约束,其温度应力自顶面向下逐渐降低,如图 9-64 所示。由于沥青的流变特性,在此过程中沥青混合料也发生松弛并持续消耗因温度变化所引起的应力。当发展温度应力的时间短于耗散该应力所需的时间时(或者说温度应力的发展速率超过材料的应力松弛能力时),混合料内部将出现显著的累积温度应力。当累积温度应力超过材料的抗拉强度时,即产生温度型裂缝。

室内评估沥青混合料低温抗裂能力的试验有:(1)低温弯曲试验;(2)温度收缩试验;(3)约束试件的温度应力试验;(4)低温蠕变或松弛试验。低温弯曲试验是包括中国在内的很多国家用于评估沥青混凝土低温抗裂性能的常用方法,采用棱柱体试件进行三点弯曲加载,几种规范中用于低温弯曲试验的棱柱体试件尺寸与试验温度等略有不同。

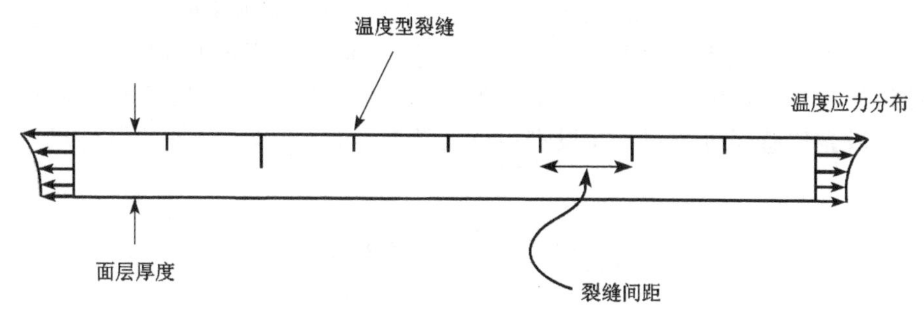

图 9-64　沥青路面中面层温度应力分布示意图

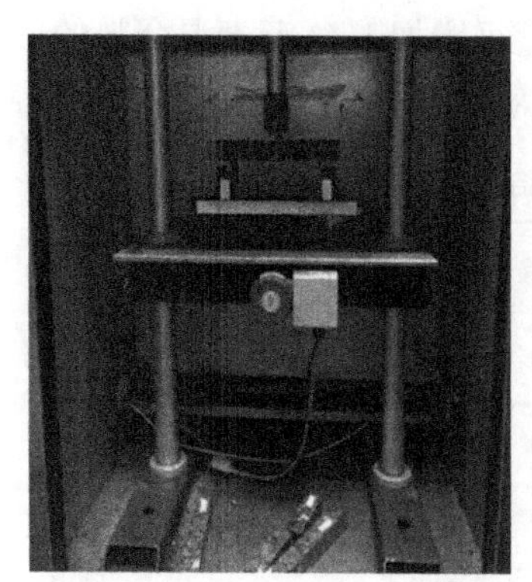

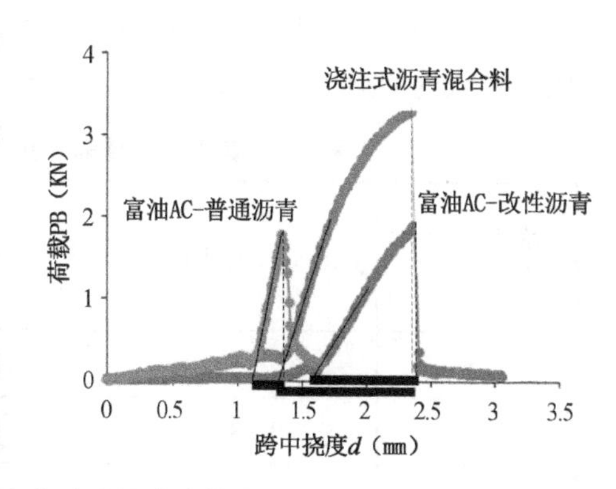

图 9-65　几种沥青混合料的低温弯曲试验及试验曲线

沥青混合料低温弯曲试验及试验曲线如图 9-65 所示。根据弹性梁理论，跨中加载时，梁跨中变形量为：$\delta=\dfrac{PL^3}{48EI}$，而惯性矩 $I=\dfrac{bh^3}{12}$，因此，梁的弹性模量 $E=\dfrac{PL^3}{4bh^3\delta}$，最大弯曲应力与弯曲应变均出现在梁跨中截面的顶部与底部，它们为 $\sigma=\dfrac{3PL}{2bh^2}$、$\varepsilon=\dfrac{6\delta h}{L^2}$。对于线黏弹性梁，其应力分布与弹性梁相同，而应变与变形则与时间相关；根据弹性-黏弹性对应法则，弹性模量变为劲度模量，因此，劲度模量为 $S(t)=\dfrac{PL^3}{4bh^3\delta(t)}$。

极限弯曲应变是规范中用于评价沥青混凝土低温变形能力的直接指标。需要注意的是，沥青混合料的极限应变同样只适用于不同材料的横向比较，无法判断沥青混合料在结构中的开裂风险。另外，该指标受试件尺寸与加工方式的影响较大，通常尺寸大的试件极限应变值会大。由于现场取样时获得棱柱体试件较为困难，基于圆形试件的半圆弯曲试验在近十几年来受到道路工程学者们的重视，相关成果请读者自行检索。

沥青混合料的温度收缩系数与约束条件下混合料内部的温度应力发展曲线可为沥青混合料的抗裂性评估提供直接参数。沥青混合料的温度收缩系数也是评估结构低温抗裂风险的关键参数，用于计算沥青混合料结构的温度应力。温度收缩系数（简称温缩系数）可采用间断降温法或连续降温法来测定。所谓间断降温法是指温度降到某一预定值后保持恒温 1～2 h，读取收缩形变后再降温。试验所测得的指标为沥青混合料的平均线收缩系数，它是以规定尺寸的棱柱体试件在特定温度区间内，以恒定速率降温时所测得的试件收缩变形量与试件初始长度的比值。线收缩系数的大小与降温区间和降温速率密切相关，如表 9-9 所示。JTG E20 中规定的降温区间为[+10℃，−20℃]，降温速率根据我国北方地区的实际降温速率统计结果取中值为 5℃/h。收缩仪的构造简单，收缩量可采用接触式量表、位移计或非接触式激光传感器等测量。在没有条件实测时，可根据 Jones 等的研究成果按下式估算

$$\alpha_{HMA}=\frac{\alpha_{bit}\times VMA+\alpha_{agg}\times V_{agg}}{3V_{HMA}} \tag{9-48}$$

式中，α_{HMA}、α_{bit}、α_{agg} 分别为沥青混合料、沥青和矿粉的线收缩系数，VMA 为矿料间隙率，V_{agg} 为混合料中矿料的体积分数，V_{HMA} 为混合料的总体积分数，为 100%。

沥青的胀缩系数比矿料胀缩系数大得多，一般来说，沥青含量每增加 1%，沥青混合料的胀缩系数约增加 10%～20%。典型沥青混合料的线收缩系数约为 $1.54\sim6.39\times10^{-5}$/℃。

表 9-9　某高铁基床表层用沥青混凝土线收缩系数试验结果($\times10^{-5}$)

温度区间(℃)	浇注式沥青混凝土	富油密级配沥青混凝土		改性沥青 SMA
		聚合物改性沥青	90 号石油沥青	
5～−5	2.150	1.963	3.444	3.044
−5～−15	1.983	1.750	3.312	2.230
−15～−25	1.656	1.442	3.055	1.806
均值	1.930	1.720	3.270	2.360

约束试件的温度应力试验(TSRST)相对复杂，需要有专用试验仪器，且对试验降温速率的要求较高。研究表明，TSRST 试验中棱柱体试件的横截面积不宜小于2 600 mm²、长宽比应不低于 4。在恒定降温速率下，沥青混合料的温度应力发展曲线如图 9-66 所示。自常温开始，随着温度的降低，沥青混合料逐渐由黏弹态向玻璃态转变，试件内部的温度应力发展速率逐渐增加，至玻璃化转变温度以后，温度应力的增长速率达到最大值并保持稳定，随着温度的继续下降，混合料内部开始萌生出温度裂纹，此时混合料的温度应力增长速率达到

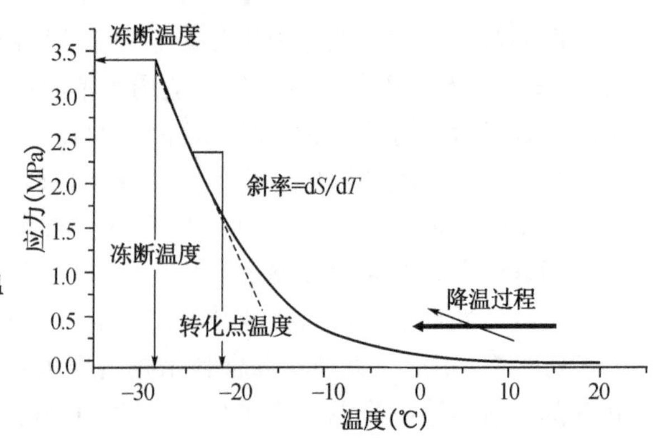

图 9-66　约束试件温度应力试验与典型试验曲线

最大，温度应力快速线性增加，试件很快被拉断。由于常温时沥青混合料的松弛能力较强，沥青混合料的温度应力发展曲线与固定试件的起点温度有关，也与降温速率密切相关，通常以 20℃为基准温度，并按－10℃/h 的速率进行冷却降温。

根据约束试件的温度应力发展曲线，可得到沥青混合料的冻断温度与破裂强度、转折点温度与温度应力的稳态增长速率等特征指标。冻断温度指受约束试件在不断降温中断裂时的温度，它直观反映了沥青混合料试件在特定降温速率下所能承受的最低温度。破裂强度指试件发生冻断破坏时的最大内应力值，它反映了沥青混合料所受的最大温度应力。转折点温度指沥青混合料丧失松弛能力时的温度，低于该温度，沥青混合料的松弛能力几乎丧失，在不断降温条件下受约束试件的温度应力呈线性增长态势，其温度应力的变化率趋于稳定。由于沥青混合料的抗拉强度与温度密切相关，根据不同温度下的抗拉强度与温度应力发展曲线，可进一步判断沥青混合料的剩余抗拉强度，如图 9-67 所示。沥青混合料在不同温度下的抗拉强度可通过试验测定，也可根据 9.4.3 节的知识进行估算。

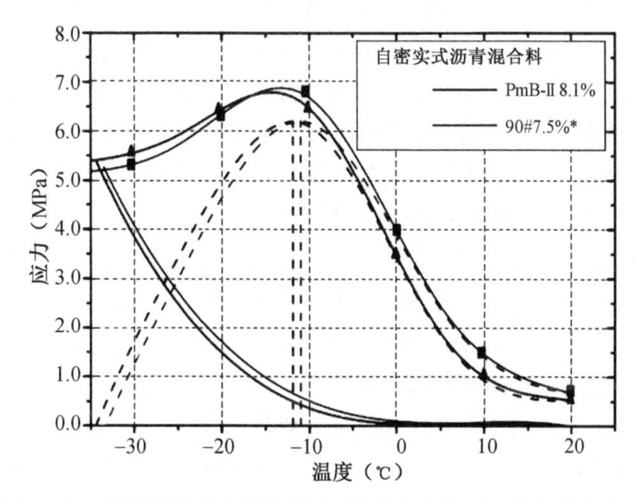

图 9-67　某沥青混凝土抗拉强度、温度应力与剩余抗拉强度曲线

9.5.5　沥青混合料的疲劳特性

沥青混合料的疲劳是荷载重复作用下材料内部反复受弯拉产生不可恢复的损伤导致刚度衰减并最终开裂的现象。沥青路面自下向上扩展疲劳裂纹，以及在轮迹带内自路表向下的纵向裂纹，在后期它们可能发展成为的块状裂纹或不规则的网状裂纹。这些现象均与沥青路面的应力状态有关。在汽车轮载作用下，面层底部受拉状态，而轮胎边缘处的沥青混合料则承受着较大的剪应力(图 9-28)。

室内评估沥青混合料的疲劳特性并建立可供沥青混凝土结构寿命预估方法是沥青路面中的重要课题。室内疲劳试验就是将沥青混合料加工成特定的模型尺寸，在一定的温度条件下按特定的荷载模式进行反复加载，并根据特定的力学状态作为沥青混合料疲劳破坏的判断标准，从而得到测试对象的疲劳寿命和特征参数在反复加载过程中的发展曲线，由此建立不同荷载水平条件下的疲劳方程，为材料的性能评价和路面结构设计提供依据。沥青混合料的疲劳特性多采用基于疲劳加载的直接拉压试验、弯曲试验(两点、三点或四点弯曲，半圆弯曲)或间接拉伸试验加以评估。

疲劳试验通常分为控制应力或控制应变两种模式，具体根据结构层厚度进行选择。对于厚层结构，随着沥青混凝土劲度的下降，其应变迅速增大，此时以常应力模式进行疲劳试验。反之，对于薄层结构，其应变几乎保持不变，且主要是因下层承的刚度导致，此时适用于控制应变模式。在控制应力模式的疲劳试验中，所施加荷载(或应力)的峰谷值始终保持不变，试件在出现初始裂纹后，很快完全断裂。因此，控制应力模式通常以试件的完全断裂作为疲劳破坏的标准。对于控制应变模式，反复加载过程中始终保持挠度或试件底部应变峰谷值不变。在此模式中，试件通常不会出现明显的断裂破坏，裂纹扩展至整个截面厚度方向所需的时间很长，在较小应变水平下甚至难以观察到完全断裂的现象。因此，为了节约时间和试验成本，控制应变模式下，一般以混合料的劲度下降至初始劲度的50%时作为疲劳破坏标准。当沥青混合料层厚度小于 15 cm 时，通常采用应变控制模式加载。

疲劳试验荷载，通常采用正弦波型。在公路工程中，由于持续驶过的车辆在沥青路面中的作用波形在时间上并不连续，而沥青混凝土具有一定的自我愈合能力，很多研究者提出疲劳试验过程中应考虑间歇时间的影响。在公路工程中，通常在一个完整波形内，加载按半正弦波考虑，持续时间约 0.1 s 左右，间歇时间为 0.4～0.9 s，具体间歇时长根据车速等因素确定。在铁路工程中，高速行驶的列车荷载在沥青混凝土基床中的作用波形更接近连续波形，因此，其加载波形宜根据列车轴数采用荷载块设计。

评估沥青混合料的疲劳特性时，通常需要先获知沥青混合料的弯曲强度或极限应变，根据此特征值按 0.2～0.6 倍的弯曲强度确定初始疲劳应力，或者按 200～600 $\mu\varepsilon$ 的应变水平(四点弯曲)进行分组疲劳加载。由于沥青混合料是一种细观上非均匀的复合材料，室内的疲劳试验结果也会受到裂缝扩展的影响，而造成同一种混合料的疲劳试验结果相差可能有较大的离散度。一般认为，沥青混凝土的疲劳寿命分布符合双参数或三参数威布尔分布，为了获得可靠的预测结果，一种荷载水平下的沥青混合料疲劳试验数据应不少于 5 个。根据每个荷载水平下试件达到疲劳破坏标准时荷载作用次数，可采用唯象学方法建立沥青混合料的疲劳方程，将疲劳寿命表示为初始应力/应变的函数，如式(9-49)所示。

$$N_f = K\left(\frac{1}{x}\right)^n \tag{9-49}$$

式中：N_f ——试件破坏时加载次数；

K，n ——取决于沥青混合料成分和特性的常数；

x ——对试件每次施加的常量应力/应变最大幅值。

上述疲劳方程仅考虑了初始应力/应变对沥青混合料疲劳寿命的影响。研究表明，沥青混合料的劲度模量对其疲劳寿命也有重要影响。因此，沥青混合料的疲劳方程宜计入劲度模量的影响，如式(9-50)所示。该公式分别被 Shell 及 AI 用在其设计程序中。

$$N_f = K\left(\frac{1}{x}\right)^m\left(\frac{1}{S}\right)^n \tag{9-50}$$

式中，K，m，n ——取决于沥青混合料成分和特性的非负常数；

x ——对试件每次施加的常量应力/应变最大幅值；

S ——试件的初始劲度模量。

国内道路工程的研究人员借鉴国外研究成果，经过多年努力，采用唯象学方法建立了沥青混合料结构的疲劳寿命预估方程，如式(9-51)所示。该方程已被沥青路面设计规范(JTG D50)所采用。

$$N_{f1}=6.32\times 10^{15.96-0.29\beta}k_a k_b k_{T1}^{-1}\left(\frac{1}{\varepsilon_a}\right)^{3.97}\left(\frac{1}{E_a}\right)^{1.58}(\mathrm{VFA})^{2.72} \tag{9-51}$$

式中：N_{f1} ——沥青混合料层疲劳开裂寿命(轴次)；

β ——目标可靠指标，根据公路等级按规范表 3.0.1 取值；

k_a ——季节性冻土地区调整系数，按规范表 B.1.1 采用内插法确定；

k_b ——疲劳加载模式系数，$k_b=\left[\frac{1+0.3E_a^{0.43}(\mathrm{VFA})^{-0.85}\mathrm{e}^{0.024h_a-5.41}}{1+\mathrm{e}^{0.024h_a-5.41}}\right]^{3.33}$

E_a ——沥青混合料 20℃时的动态压缩模量(MPa)；

VFA ——沥青混合料的沥青饱和度(%)；

h_a ——沥青混合料层厚度(mm)；

k_{T1} ——温度调整系数；

ε_a ——沥青混合料层层底拉应变(10^{-6})，根据弹性层状体系理论计算。

该模型考虑了材料因素(沥青混合料的 VFA、劲度模量)、沥青混合料结构因素(层厚、所受的应变水平)、以及环境因素(温度修正系数)等，总体上框架比较完善，但各影响因素与疲劳寿命之间的逻辑关系值得商榷。如根据该公式，沥青混合料的劲度模量或结构层厚越大，其疲劳寿命越小，这与工程实践严重不符。不同类型的混合料疲劳寿命相差巨大。一般而言，矿料对疲劳寿命的影响，以 0.075 mm 筛的通过量影响最大，达到最佳含量时沥青的疲劳性能会显著增加，否则会显著降低；细集料的棱角性越好，其抵抗疲劳的能力越强；而无论沥青的性质还是沥青含量均对疲劳寿命产生显著影响。

自 Inglis 发表了滞回能与疲劳特性的关系以来，人们逐渐注意到疲劳损伤的产生、累积以及疲劳破坏都与疲劳过程中的能量吸收和累积有关。疲劳过程中观察到的 Bauschinger 效应和迟滞现象都证明了在这个过程中耗散了能量。随着疲劳实验方法和测试技术的完善，人们能够精确地测量疲劳过程中的能量耗散，这为疲劳能量理论的发展奠定了实验基础。采用能量法研究沥青混合料的疲劳特性，其基本思想是将沥青混合料的疲劳寿命与失效前的累积耗散能相关联，并回归出如式(9-52)所示的关系式：

$$W_N=A\,(N_f)^z \tag{9-52}$$

式中，N_f 为疲劳寿命，W_N 为疲劳屈服前的累积耗散能，A、z 为由试验数据拟合的常数。

该模型将累积耗散能与材料的疲劳寿命联系起来。沥青混合料是一种典型的黏弹性材料，在正弦载荷作用下，混合料中将产生一个相同频率的正弦响应，并且该响应与载荷滞后 φ 相位。将载荷与响应绘制在直角坐标系中可得到沥青混合料的荷载-响应滞回曲线，耗散能即为此滞回圈的面积。第 i 循环的耗散能可用下述公式(9-53)表示：

$$W_i=\pi\sigma_i\varepsilon_i\sin\varphi_i=\pi\varepsilon_i^2 S_i\sin\varphi_i \tag{9-53}$$

式中，W_i 为第 i 循环的耗散能，ε_i 为第 i 循环所施加的拉应变幅值，S_i 为第 i 循环混合料的劲度，$S_i=\sigma_i/\varepsilon_i$，$\varphi_i$ 为第 i 循环的应力 σ_i 与应变 ε_i 的相位角。

疲劳破坏时的累积能耗为所有滞回圈的面积之和，也即：

$$W_f=\sum_{i=1}^{Nf}W_i \tag{9-54}$$

沥青混合料的疲劳是一个十分复杂的不可逆热力学过程。在该过程中，出现了多种形式的能量，包括弹性应变能、塑性应变能、滞弹性内耗、热耗散、储能、声发射等，各种形式的能量在疲劳损伤中所起的作用各不相同。无论哪种类型的材料，从宏观角度讲，疲劳过程中所耗散的塑性功 W_p 将转化为两部分：热耗散 Q 与损伤能耗 E_s。热耗散是伴随所有不可逆热力学过程而必然发生的，疲劳过程也不例外。耗散热的不断累积将使得混合料内部的温度不断升高，形成所谓的滞后加热或疲劳温升现象，如图 9-68 所示。

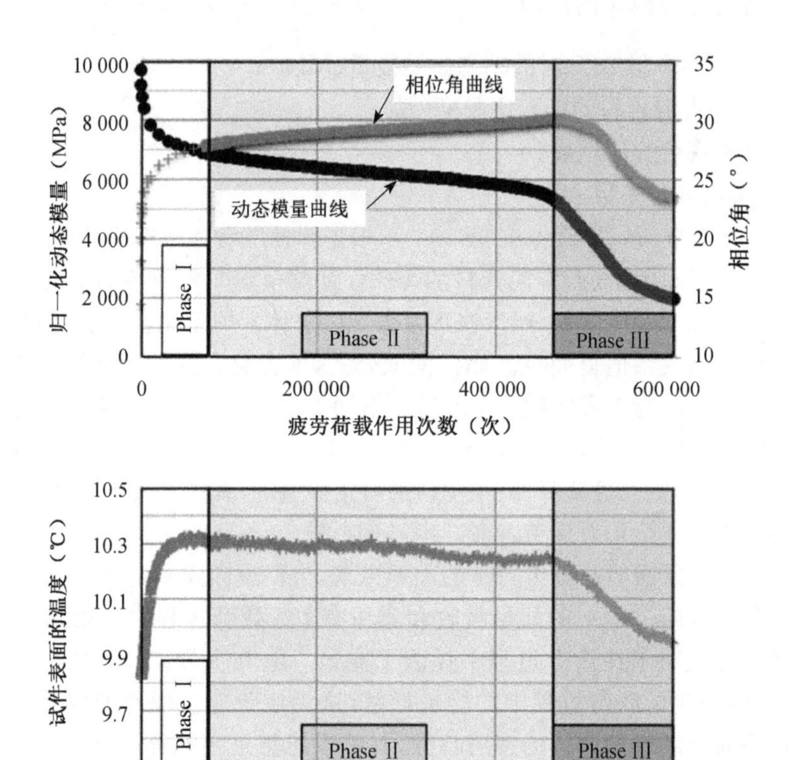

图 9-68　某沥青混合料疲劳试验过程中实测指标发展曲线

沥青混合料是典型的温度相关的黏弹性材料，其劲度模量是温度与加载速率的函数。因此，在疲劳过程中，混合料的劲度不仅是损伤的函数，而且还与疲劳温升有关。沥青混合料的导热性较差，在疲劳荷载水平较低、试件的疲劳寿命较短时，其累积疲劳温升现象并不显著，此时忽略疲劳过程中的热耗散不会造成太大误差。在疲劳荷载水平较高、试件的疲劳寿命较长时，因滞后加热所导致沥青混合料的劲度下降现象是不可忽略的。沥青混合料疲劳过程中的热耗散与温升现象应引起足够的重视。断裂力学与损伤力学也是研究沥青混合料的疲劳特性和建立沥青混合料的疲劳寿命方程的常用方法,请读者参阅相关教材。

室内得到的沥青混合料疲劳方程并不能直接应用于实际路面结构的疲劳寿命预估,其原因在于,室内弯曲试验中试件的应力状态与实际路面结构中的应力状态存在显著差别,室内疲劳试验即便考虑了间歇期的影响,其加载方式仍为连续加载,而沥青路面存在明显的间歇期与愈合期。因混合料中沥青的黏性流动和分子的重新混合,沥青混合料具有一定的自愈合能力,这意味着在足够的休息期间,荷载作用在沥青混凝土层内所造成的损伤因沥青的自愈能力而得到恢复。从理论上讲,当沥青混合料的自愈能力超过外荷载造成的层底疲劳损伤时,该荷载作用下就不会导致沥青混合料出现疲劳破坏。因此,将室内试验结果映射到实际结构中的疲劳寿命估算时,通常乘以4～100倍的转换系数来加以修正。

疲劳试验结果表明,当荷载水平降低至某一水平时,沥青混合料试件可承受高达上百万次的疲劳作用而不会出现破坏,这在 $S-N$ 曲线上表现为低荷载水平区域内的曲线斜率显著小于正常荷载范围内的曲线斜率。许多服役超过40 a的全厚式沥青混凝土路面在使用过程中未见自底向上扩展的疲劳裂纹,这也证明通过合适的材料与路面结构设计可实现路面的超长服役寿命。因此,通过疲劳试验了解沥青混合料的自愈合能力与疲劳极限对于沥青混凝土层结构设计相当重要。沥青的自愈行为非常复杂,而疲劳极限的概念则相对明了。所谓疲劳极限(fatigue limit或fatigue endurance limit)就是使沥青混合料可承受无限次反复作用的最大疲劳荷载。理论上讲,采用低于疲劳极限以下的荷载进行疲劳试验时,即便加载无限次数试件也不会破坏,但在实践中不可能进行无限次加载。因此,疲劳极限的实践定义非常重要。根据理论分析,在最小安全间距下,一个100%的货车车道在40 a最多可以通过的车辆数折合成标准轴次约13.2亿次。以上是理论估计值,实践最大轴次最多可达约5亿次。按照室内疲劳试验与实际结果的映射关系,通常可取转换系数为10,则实验室测试到5 000万次循环将相当于大约5亿次现场当量轴载作用。这就是很多研究中所提到的疲劳极限实际目标。也有学者提出,在四点弯曲状态下以100 $\mu\varepsilon$ 的控制应变水平进行疲劳加载,试件的疲劳寿命超过1 000万次即可。而对于多数沥青路面而言,通常认为,通过路面结构组合设计使沥青混凝土面层的层底拉应变小于70 $\mu\varepsilon$(有研究认为不高于200 $\mu\varepsilon$)时即可。

9.5.6 沥青混合料的耐久性

道路结构的耐久性指在设计年限内,适当维护的前提下,道路结构能保持良好的服役水平而无需对全部结构(面层、基层、底基层、土基)进行维修的能力。很多国家的路面设计年限为40a,当然这通常是分阶段实现,如图9-69所示。

沥青路面的耐久性主要决于沥青结合料。沥青材料以多种方式劣化,如沥青在太阳辐照、氧气和温度等作用下变硬变脆。因品质较差集料颗粒破碎,或者沥青和骨料颗粒之间的粘附力可能丧失。这些形式的劣化往往由风化(水分)和交通综合作用引起的,对于路面表层而言,更易受到影响。当然,路面材料的内部也会发生劣化,这通常是由沥青混合料的空隙与渗透性以及沥青膜厚度等因素控制的。

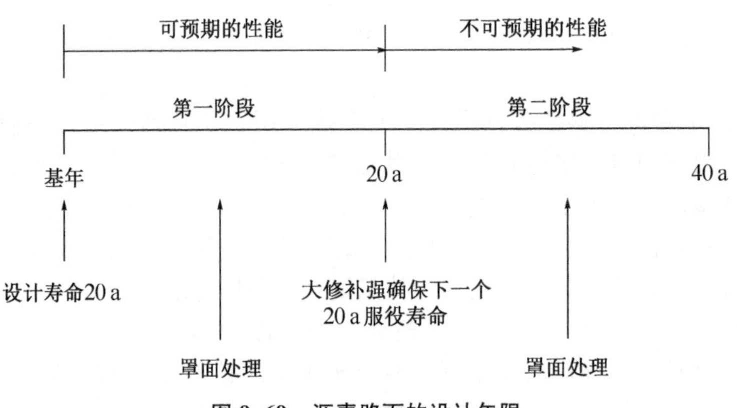

图 9-69　沥青路面的设计年限

1. 抗老化能力

所有的沥青均会老化，随着时间的推移沥青会会变硬变脆，针入度指数增加。沥青的老化是沥青暴露在空气中必然会发生的现象，老化速率与暴露环境和沥青的特性有关。在老化过程中，通常会发生氧化硬化以及可挥发性组分的散失。在氧化进程中，空气中的氧分子会与沥青中的芳香分和树脂组分结合形成大分子量的沥青质，这一进程增加了大分子量的极性组分，导致沥青的黏度增加，同时也打破了饱和分和其余组分之间的连续状态，导致沥青的稳定性变差。这种不稳定性会导致沥青的内聚力降低，过量的氧化将使得沥青易开裂，极端氧化会使得沥青粉化。

沥青的氧化速率高度依赖于温度、与氧气的接触面积和接触时间。HMA 施工时，混合料中沥青的老化程度主要取决于沥青的贮存温度与时间、沥青混合料的拌和温度、混合料自拌和至摊铺所经历的时间等。而在使用过程中的长期老化则与沥青混合料的层位、沥青混合料空隙率与沥青用量，以及光、氧等自然气候条件有关。沥青在 HMA 的拌和、摊铺期间氧化速率相对较快，而道路服役期间，路面沥青混合料中的老化进程则要慢得多(参见图 8-26)。这是由于路面的温度要低得多，而氧气向内部的扩散受到沥青混合料的空隙率和渗透性限制。对于空隙率较大的沥青混合料，由于内部存在大量的连通空隙，空气易渗透到材料内部，从而发生氧化。而对于密实型沥青混合料，如 AC 和 SMA、浇注式沥青混凝土等，其渗透性较低，仅有少量空气能向材料内部渗透。当然，无论哪种沥青混合料，暴露在最外层的表面因与大气持续接触，且表面层的温度通常较高，因此表层的老化通常要比内部更快；在长时间作用下，路面沿深度方向的老化将呈现出明显的梯度特征。另外，值得注意的是，行车道的路面由于交通荷载作用往往更加密实，空隙率降低，而非行车道部分则无此二次压实作用，因此，道路边缘或紧急停靠带上的沥青混合料往往可能要比行车道部分的老化更严重。

如前所述，沥青的全寿命周期老化过程一般分为两个阶段，即施工过程中加热老化和路面使用过程中的长期老化。沥青材料的短期老化一般用蒸发损失、薄膜烘箱或旋转薄膜烘箱试验来评价；而长期老化性能则用压力老化试验来评价。而对于沥青混合料，目前尚无专门的方法进行评价。在很多国家的规范体系中，通常采用空隙率、沥青饱和度等指标来确保沥青混合料的耐久性。由于沥青老化后，其黏弹特性、变形能力与自愈能力均变差，这将导致沥青路面抗裂性与抗疲劳性能降低。为了在室内评估短期与长期老化对沥青混合料性能的影响,很多研究机构采用将拌和好的松散沥青混合料置于高温烘箱中保持一定时间,然后再成型混合料,然后对比标准制备程序与经过模拟老化后的沥青混合料相关性能指标的影响。用此方法模拟需要注意,温度过高或保温时间过长的沥青混合料可能会松散而无法成型。

2. 抗水损性能

沥青路面的水损害是与车辙、开裂并列的沥青路面三大病害之一,通常表现为路面的颗粒剥落、沥青混合料松散、坑洞、唧浆等形式。相比于车辙与开裂,沥青路面的水损害发生范围更为广泛。对于我国来说,无论是南方多雨地区还是西北干旱地区,无论是重载交通路段还是轻交通路段,很多沥青路面均存在不同程度的水损害。

沥青路面的水损害通常与以下两种过程有关。首先水能缓慢扩散至沥青中降低沥青的内聚力,在动水压力作用下沥青甚至可能产生乳化现象,这会导致沥青混合料的强度和劲度减小;其次当水到达集料表面后,由于集料表面对水的吸附比沥青强,从而阻断沥青与集料表面的相互黏结,最终会导致沥青薄膜从集料表面剥落。存在于沥青混合料内部的水,在路面内部温度较高时可能会部分汽化形成较大的体积膨胀,这将使得沥青混合料受到较大的张拉作用,而沥青的内聚力及其与集料的黏结也会受到不利影响,持续高温作用将易导致沥青路面中出现鼓包或放射状裂纹等破坏,该鼓包在汽车荷载等作用下易被压碎,从而形成环状裂纹;而当路面温度降至负温时,混合料内部的水可能发生相态变化凝结成冰,体积也会产生膨胀,若混合料内部足够的空隙不足以容纳这些体积变形,混合料的强度与劲度将都会受到影响。在反复冻融作用下,混合料最终可能完全丧失强度。

剥落破坏包括两种状态,其一是自身的剥落破坏,其二是在交通荷载作用下路面的颗粒或沥青膜被移除破坏。许多沥青路面在混合料内部发生剥落破坏时,而路面结构并没有发生破坏。如果在路面内部的剥落增加,在荷载重复作用下可能发生路面变形和坑洞、剥蚀等破坏。沥青与集料的粘附性同沥青和集料的物理化学性质有关,一般认为亲水集料比憎水集料更容易引起剥落。

在很多国家,评估沥青混合料水损害的标准方法有浸水马歇尔试验和冻融劈裂试验,它们均是通过条件试件与标准试件的测试结果比值来表征,具体指标为残留稳定度与冻融劈裂强度比。所谓残留稳定度为条件试件与标准试件的马歇尔稳定度之比,冻融劈裂强度比为条件试件与标准试件的劈裂强度比。浸水马歇尔试验的条件试件需在60℃水里浸泡48 h,用于模拟高温季节浸水时的影响。冻融劈裂试验的条件试件需经过"对试件进行真空饱水处理,放入−18℃的低温箱冷冻16 h,再转入60℃水中浸泡24 h,最后在与标准试件相同的水浴中保温2～4 h"的程序,用于评估反复冻融的影响。

在实际道路中,水损害的发生往往还与高温时水的汽化,以及高速行车引起的动水压力等有关。为了模拟这些作用,除了前述的简单浸泡或冻融程序外,有学者提出采用高压渗透仪、蒸汽与水混合浴的模拟程序(图9-70),然后测试经过模拟作用的试件劲度模量与强度等,以此来评估水损害的影响,一些国家还采用浸水车辙试验进行评估。动水压力的冲刷等模拟更为复杂,这里不作描述。

一般认为,沥青路面结构内部水的存在、动荷载作用产生的动水压力以及沥青与集料之间的黏附水平是决定沥青混合料水损害的三大关键因素。前二者主要与沥青混合料的渗水

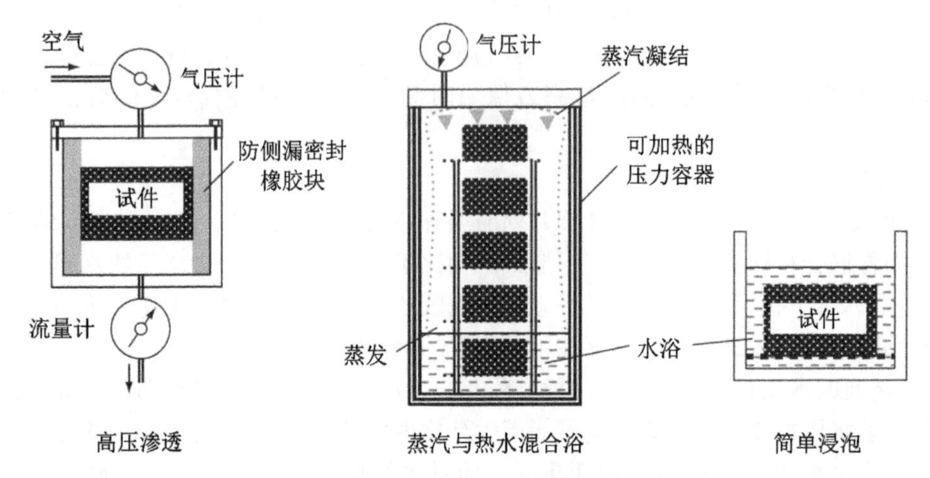

图 9-70　沥青混合料水损害非常规模拟方法

系数有关，且受沥青混合料的空隙结构和空隙率控制，后者则与集料表面的沥青膜厚度、沥青的黏度、集料的干燥与洁净程度、沥青与集料的相互作用等因素密切相关。因此，提高沥青混合料的抗水损害能力可以从防止水对沥青混合料的侵蚀以及减少沥青膜的剥离这两个途径来寻求对策。这在一方面，应从结构上尽可能隔水或实现尽快排水；另一方面，从原材料上，适当增加沥青在中高使用温度区间的黏度甚至使用高黏沥青，尽量选用干燥洁净且与沥青有较好黏附性的碱性集料，在沥青混合料层次，通过适当增加沥青用量、优化粉胶比与空隙率加以控制，必要时采用消石灰或表面活性剂类等增进集料与沥青黏附和抗剥落性能，并在施工过程中严控拌和质量与现场压实度。

3. 抗滑与耐磨性能

在道路工程中，表征沥青路面的抗滑性能通常采用构造深度与摩擦摆值、动摩擦系数、横向力系数、侧向力系数等指标。沥青混合料的粗糙度主要取决于混合料的级配类型与沥青用量，以及较大颗粒集料的表面性质，成型工艺也有一定影响。为保证沥青路面的粗糙度不致很快降低，应选择棱角性好的硬质耐磨石料。沥青用量对抗滑性的影响相当敏感，当沥青用量超过最佳用量 0.5%时易形成泛油，这会导致其抗滑性能明显降低。

沥青路面的抗滑性能从物理作用机制上讲，主要取决于轮胎与路面的接触状态和相互作用程度，它们不仅取决于混合料的粗糙度，还受路面的干湿状况、路面受污染程度、路面温度、路面的磨光程度等道路因素影响，并且与车辆行驶速度密切相关，轮胎的状态特别是胎冠橡胶的特性也对胎路接触作用产生重要影响。

潮湿路面的抗滑性能会降低，这是由于水分在路面形成润滑水膜，阻隔了轮胎与路面间的接触所致。若水膜较厚，水分未能迅速排除，轮胎与路面间形成完整水膜，造成轮胎与路面相分离，完全处于由水支持的状态，摩擦系数急剧降低，行车易发生滑溜，这层水膜要在很大的压力下才能排除。欲提高沥青路面的摩擦系数，就要使用表面粗糙、多棱角的硬质耐磨骨料，并且应尽量增加路面与轮胎接触表面层的空隙率，以避免路面积水形成水膜。

当沥青材料用量偏多时，摩擦系数会降低。因此，在沥青路面施工中，严格控制沥青用量也是确保路面抗滑性能的关键。

矿质骨料的性质对路面摩擦系数有很大影响。沉积岩类矿料的强度和耐磨性较差，用以修筑路面时，在早期虽有一定的抗滑能力，但矿料磨耗之后易形成光滑表面，摩擦系数大为降低。所以，从提高路面的抗滑性来看，沥青路面也应选择坚硬和耐磨的矿质骨料。

试验表明，路面的温度对摩擦系数也有一定的影响。在干燥的路面上，温度低时，温度每增加1℃，摩擦系数约降低0.01，这种倾向随温度的上升而减小。在40℃左右，温度变化就几乎没有影响。对潮湿路面温度要上升到50℃附近，温度变化才没有影响。

为了提高沥青混合料的抗滑性能，混合料中骨架型矿料宜选用耐磨的硬质粒料。若当地的天然石料达不到耐磨和抗滑要求时，可采用烧铝矾土、矿渣等人造石料。矿料的级配组成宜采用开级配，并尽量选用与集料黏附性好的沥青，同时适当减少沥青用量，使骨料露出路面表面。优化沥青混合料的表面纹理与排水特性是更为复杂的科学技术问题，这需要深入理解混合料类型-路面纹理-排水状况-轮胎路面相互作用的物理模型，把握路面纹理在使用进程中的磨光规律，而3D打印等智能建造技术使得基于路面抗滑水平的纹理调控成为可能。

4. 空隙与渗透特性

渗透性是沥青混合料的重要性质，通常用渗水系数表示。渗透性大小决定了空气和水在沥青混合料中的可渗入深度与扩散速度。沥青混合料内部的空气暴露程度决定了混合料内部老化进程，这在上一节已进行了描述。水可使沥青从骨料颗粒上剥离（导致黏附破坏）或削弱沥青或沥青胶浆的黏聚力（导致内聚破坏），从而引起沥青混合料的破坏。

沥青混合料渗水系数的测量并不复杂，试验时在压力下将流体施加到沥青混合物样本的一侧，然后在相对的一侧测量流体的最终流量，水和空气都可作为渗透介质，相应地得到透水系数与透气系数。表9-10列出了常见类型沥青混合料的渗透率典型范围。

表9-10 沥青混合料渗水性的经验描述

渗水系数(m/s)	渗水状态	空隙描述	典型混合料类型
$<10^{-4}$	不透水	不透水	AC、SMA
$10^{-4}\sim10^{-2}$	排水不良	半开放空隙	排水性基层
$>10^{-2}$	排水性良好	连通空隙	多孔沥青混合料

沥青混合料的渗透性取决于许多因素，最重要的是空隙率、不同尺寸空隙的分布（也即空隙级配）和连通状况。图9-71显示了典型沥青混合料的渗水系数与空隙率的回归关系。可以看出，渗水系数和空隙率之间呈现指数关系，而不同类型的沥青混合料，即便它们的空隙率相同，混合料的渗水系数仍存在显著差异。究其原因，它们的空隙级配和连通性存在显著差异。沥青混合料的空隙分布与连通性等参数可运用CT扫描与图像处理技术重构得到。颗粒的形状，纹理和级配等决定了堆积效果，并因此控制着特定沥青含量下的空隙含量。当然，压实工艺也有重要影响。

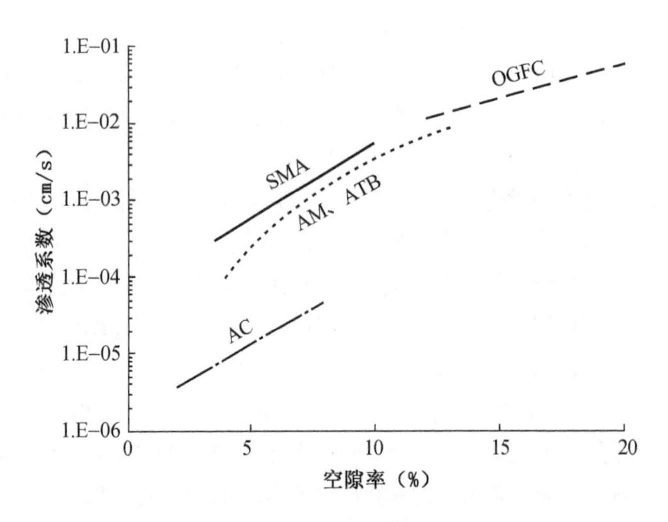

图 9-71　几种常用沥青混合料的渗水系数与空隙率关系

9.6　热拌沥青混合料的配合比设计

制备高品质沥青混凝土时，优质原材料必不可少，但仅有优质的原材料，并不能保证混合料和路面结构的性能优良。最终产品的质量不仅仅取决于原材料的质量。通过合适的方法来选定组成合适的原材料并确定其组成比例，以确保混合料具有预期的路用性能和工艺性能更为重要，这就是沥青混合料的配合比设计。完整的沥青混合料配合比设计包括根据项目预期使用需求和实施条件在规范框架下确定混合料的设计目标，然后选定合适的原材料，再开展矿料级配优化、沥青用量设计，以及沥青混合料的生产工艺设计等工作。现代沥青混合料设计的最大挑战就是使用并不优质的原材料设计出符合预期性能且经济性好的沥青混合料。

9.6.1　沥青混合料配合比设计的基本原理

如上所述，配合比设计的主要目标是通过选择合适的原材料，确定其级配类型与组成比例，使沥青混合料能够经济地满足预期性能要求。对于路面用沥青混合料，就是确定一个经济的矿料掺配比例与沥青用量，使混合料能满足以下性能要求：

(1) 有足够量的沥青以保证结构的耐久性；

(2) 有足够的承载能力与稳定性，能够满足设计年限内的交通荷载需求，并且不会产生明显的永久变形或推移等；

(3) 压实混合料的空隙处于合适的范围，确保混合料在车辆反复碾压作用下不泛油，且路面结构无明显渗水；

(4) 有良好的抗疲劳与抗裂能力，在特定载荷作用次数前不产生疲劳开裂，同时具有较优良的低温抗裂能力，在低温收缩或反复温降条件下不致产生间距过密的温度裂缝；

(5) 能够抵抗反复冻融损伤以及因水分侵入沥青-集料界面导致的沥青剥离破坏；

(6) 具有足够的表面粗糙度以确保路面的抗滑性能；

(7) 有足够的施工和易性，使得混合料在拌和、摊铺与压实过程中既能高效地施工，又不易产生离析、推移、开裂或压实度不够等施工缺陷。

从宏观角度看，沥青混凝土是一种包含空隙、沥青砂浆和粗颗粒矿料的均匀混凝土材料。在原材料一定的情况下，沥青混合料的设计就是通过优化矿料级配与沥青用量来优化混合料的综合性能。这往往需要结合对特定工程服役环境和实施条件进行针对性分析，折中处理混合料的性能要求，以确保所设计的混合料易于施工，在承载力、稳定性和耐久性等性能之间取得平衡，并具有足够的经济性。

近些年来，干法添加外掺剂的方式被广泛运用，它通过在沥青混合料拌和过程中加入适量的外掺剂以实现对沥青混合料特定功能的改善。外掺剂对混合料的改性主要体现在以下几方面：(1)增强沥青砂浆高温或低温性能；(2)改善沥青与矿料的相互作用；(3)降低混合体系的黏度，提高拌和物的流动性。该法的操作较为简便，风险可控，工程灵活度高，使沥青混凝土的设计具有很强的灵活性，但需要关注外掺剂的分散与均匀性等关键问题。

沥青混合料的配合比设计方法一直是近百年来路面工程的研究热点之一，其总体发展情况如图 9-72 所示。沥青混凝土中矿料的最终结构状态不仅取决于原材料组成以及颗粒特性，混合料的拌制和成型工艺亦有着至关重要的影响。因此，如何在室内有效模拟现场工艺、采用何种设计指标和指标值来实现对沥青混合料关键路用性能的控制是沥青混合料设计方法中的核心问题。沥青混合料设计方法，大致可分为体积设计法和力学设计法两大类，体积设计法为当前的主流方法。体积设计法就是以混合料的体积特性为基本设计依据，对混合料性能进行检验评价的设计方法。基于体积设计的常见方法有马歇尔(Marshall, JTG F40, ASTM D1559)法和维姆法(Hveem, ASTM D1560)和 Superpave 设计法。Marshall 法具有简便易行、便于现场控制的特点，包括中国在内的很多国家均基于马歇尔法。这两种方法能够确保所设计的路面具有较好的耐久性，但它们都是经验性方法。虽然它们均强调通过调整空隙率来获得耐久的混合料，但稳定度、流值等设计指标与路用性能之间无直接关联，而击实成型方式与沥青路面的压实工艺亦有较大差别。另外，实践证明，Marshall 法与 Hveem 法对于黏度较大的改性沥青、大粒径集料和较重的交通负荷均不适用。Superpave 设计法属于基于体积参数的混合料性能设计，采用旋转压实成型，其性能验证试验以水稳性、高温稳定性和低温性能为主，通常认为 Superpave 设计法比 Marshall 和 Hveem 法更合理。力学设计法的典型代表为 GTM 法，它是从混合料的抗剪强度出发，在一定的压实方法与压实功作用下，直接评价混合料的抗剪性能，从而确定混合料的级配、油石比等工程参数。

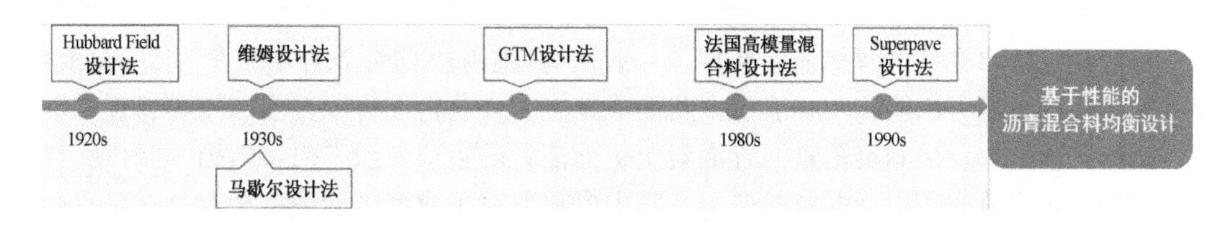

图 9-72 沥青混合料配合比设计法发展简况

抗剪强度是混合料的重要力学参数，对于改善沥青混合料的抗车辙性能十分重要，但这只是确保了混合料一方面的性能需求，仅仅通过该指标无法保证混合料的抗疲劳性能、抗裂性能与水稳定性等其他方面的性能。而且在该方法中，混合料的体积指标也不明确，因此，GTM 法的缺陷十分明显，应用面较窄。高模量沥青混合料设计法是法国提出的基于性能设计的方法，而沥青混合料的均衡设计则是近些年来受到高度重视，这些方法将在后文简要介绍。

9.6.2 常见的热拌沥青混合料配合比设计方法

1. 维姆设计法

维姆设计法由 20 世纪 20 年代加州公路局的 Francis Hveem 提出，其最初目的是用于设计最大粒径达 1 in 的混合料，主要用于密级配混合料的设计。

维姆设计法包含以下六个主要步骤：

(1) 选择合适的矿料、级配与沥青胶结料，并估算矿料的表面积；

(2) 采用离心煤油当量试验估计沥青用量，以油石比表示；

(3) 根据步骤(2)所估计的油石比为基准，上下浮动，采用揉搓压实仪制作直径 4 in、高 2.5 in 的圆柱体试件；

(4) 使用维姆稳定度仪和膨胀试验仪测试沥青混合料，计算稳定度、膨胀量。

试件的维姆稳定度值 S 按下式计算：

$$S=\frac{22.2}{\dfrac{P_h\times D}{P_v-P_h}+0.222} \tag{9-55}$$

式中，P_h 为竖向压力 $P_v=2\ 800$ kPa 时的水平向压力(kPa)、由稳定度计的压力表读出，P_v 为竖向压力(kPa)、一般地，$P_v=2\ 800$ kPa，D 为试件的变形量(mm)。

(5) 测试其毛体积密度，并根据最大相对密度计算空隙率；

(6) 确定最小空隙率所对应的最大油石比，以及符合维姆稳定度值、最大膨胀量与流值要求(表 9-11)的最佳油石比。

表 9-11　维姆设计法交通分级与技术要求

交通状况	重交通	中交通	轻交通
维姆稳定度(kPa)	37	35	30
膨胀量(in)	<0.030	—	—

维姆设计法多在美国西部地区使用。一般认为，维姆法有两个主要优点：其一是实验室压实的搓揉压实方法能够较好地模拟路面成型工艺并获得沥青混凝土的压实特性；其二是维姆稳定度能够直接测定衡量沥青混凝土抗剪能力的重要参数—内摩阻力，同时还可以测量试件在垂直荷载作用下的横向变形。其主要缺点在于成型试验设备相对复杂，价格较贵，且不易携带，且一些同耐久性相关的重要沥青混合料体积参数未作为设计中的常规性指标进行控制(图 9-73)。另外，很多工程师认为维姆设计法中选择沥青用量的方法过于主

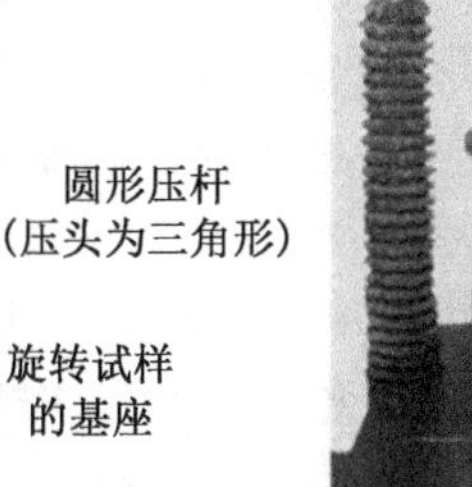

图 9-73　维姆设计法试件成型与维姆稳定度试验装置

观，而过少的沥青用量往往易造成混合料的耐久性不足。

2. 马歇尔设计法

马歇尔设计最初由密西西比州公路部门的 Bruce Marshall 于 20 世纪 30 年代提出，在 40 年代与 50 年代美国工程兵团进行了改进。它最初也是针对最大粒径不超过 1 in 的沥青混合料，经过改进后，可用于最大粒径为 1.5 in 的沥青混合料设计。该法已被很多国家的规范所采用，沥青混凝土工程施工质量控制也常用此法。

马歇尔设计法主要基于击实法和马歇尔稳定度试验。击实法是使 10 lb 重的铁锤自 18 in 高处沿滑杆或链条机构竖直下落，双面击实合适的次数，以制备直径 101.1 mm、高 63.5 mm 的圆柱体试件。马歇尔稳定度指的是在使用马歇尔设备测试时材料可承载的最大压缩载荷，以 kN 计，流值是指试件达到峰值承载力时试件的竖向压缩变形，以0.1 mm为单位，如图 9-74 所示。试验加载速率为 50 mm/min，试验温度为 60℃，采用水浴。

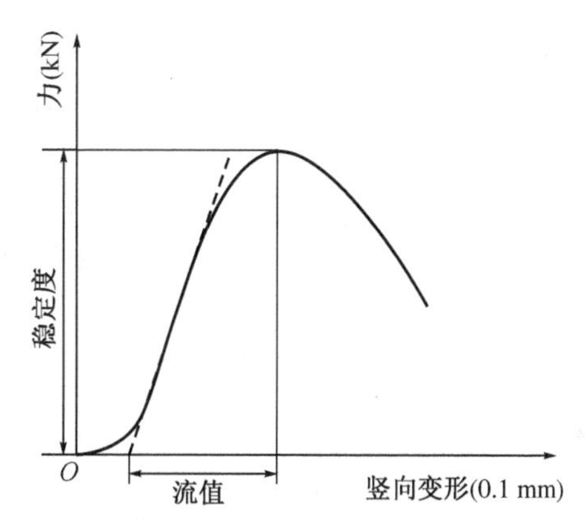

图 9-74　马歇尔试验及加载曲线示意图

马歇尔设计法的基本依据是使室内用某一击实功下得到的试件密度与使用多年的沥青路面密度相等。对沥青混合料的击实试验表明，随击实功增加，沥青混合料中集料的密度(G_s)、沥青混合料的毛体积相对密度(G_{mb})增大，空隙率减小，矿料间隙率(VMA)减小，饱和度(VFA)增大。随着双面击实次数的增加，沥青混合料试件最大理论相对密度增加的同时，与其相应的沥青含量将减小。因此，对于重交通道路，特别是重交通高速公路沥青混凝土面层混合料设计需要增加击实功。在很多国家，在重交道路上采用两面各击实 75 次，而在轻交道路上两面各击实 50 次。

标准马歇尔法适用于公称最大粒径不超过 1 in 的密级配设计，而改进的马歇尔设计方法(ASTM D5581)使用更大的模具和更重的压实锤，公称最大粒径可达 2 in。在相同的击实功下，改进的马歇尔设计法所确定的最佳沥青用量比改进前略小。击实次数相同时，用大型马歇尔击实仪时，沥青混合料的密度较用标准马歇尔击实仪得到的密度大些、空隙率相应小一些。为了适应重载交通，可以适当减小设计沥青用量。

马歇尔设计法的主要步骤如下：

(1) 对集料与沥青进行比选与评估。集料尤需关注级配、矿料间隙率等，沥青还需测试不同温度下的黏度，以根据黏度随温度变化的曲线确定混合料的拌和与击实温度。

(2) 变化沥青用量，拌制五组的沥青混合料，沥青用量分别为经验预估沥青用量，±0.5%、±1.0%。拌制好的沥青混合料大部分用于制备标准圆柱体试件，少部分混合料不成型，用于测定最大理论密度。

(3) 测定松散混合料的最大理论密度和击实试件的毛体积密度；

(4) 测试试件的马歇尔稳定度和流值。

(5) 根据最大理论密度和毛体积密度计算试件的空隙率、矿料间隙率和沥青饱和度；

(6) 绘制不同油石比的空隙率、矿料间隙率、沥青饱和度和马歇尔稳定度与流值曲线，确定最佳沥青含量。

设计沥青用量通常是满足所有预定标准的最经济沥青用量，我国公路沥青路面施工技术规范和美国沥青协会的设计标准分别如表 9-12 与表 9-13 所示。沥青用量可在满足这些指标的狭窄范围内进行调整选择。有的机构以 4%的空隙率所对应的沥青用量为设计值，再检查其他因素是否符合标准。如果马歇尔稳定度、马歇尔流值、VMA 或 VFA 超出允许范围，该级配必须使用经调整的集料配比或采用新材料重新设计。

表 9-12　我国热拌密级配沥青混合料设计要求(JTG F40)

技术指标		高速公路、一级公路、城市快速路、主干路				其他等级道路	行人道路
		夏炎热区		夏热区及夏凉区			
		中、轻交通	重载交通	中、轻交通	重载交通		
击实次数		双面各 75 次				双面各 50 次	
稳定度(kN)		8				5	3
流值(×0.1 mm)		20～40	15～40	20～40	20～40	20～45	20～50
空隙率(%)	深 9 cm 以内	3～5	4～6	2～4	3～5	3～6	2～4
	深 9 cm 以上	3～6	3～6	2～4	3～6	3～6	—

(续表)

技术指标		高速公路、一级公路、城市快速路、主干路				其他等级道路	行人道路
		夏炎热区		夏热区及夏凉区			
		中、轻交通	重载交通	中、轻交通	重载交通		
最小 VMA (%)	设计 VV	相应于下列公称最大粒径的最小 VMA 的要求					
		4.75 mm	9.5 mm	13.2 mm	16 mm	19 mm	26.5 mm
	2	15.0	13.0	12.0	11.5	11.0	10.0
	3	16.0	14.0	13.0	12.5	12.0	11.0
	4	17.0	15.0	14.0	13.5	13.0	12.0
	5	18.0	16.0	15.0	14.5	14.0	13.0
	6	19.0	17.0	16.0	15.5	15.0	14.0
VFA(%)		70～85		60～75			55～70

表 9-13 美国沥青协会规范对 HMA 设计要求

交通等级		轻		中		重	
击实次数		双面各 35		双面各 50		双面各 75	
		最小值	最大值	最小值	最大值	最小值	最大值
稳定度(kN)		3.34	—	5.34	—	8.01	—
流值(×0.25 mm)		8	18	8	16	8	14
空隙率(%)		3	5	3	5	3	5
不同公称粒径混合料的 VMA (%)	2.36 mm	19.0	21.0	19.0	21.0	19.0	21.0
	4.75 mm	16.0	18.0	16.0	18.0	16.0	18.0
	9.5 mm	14.0	16.0	14.0	16.0	14.0	16.0
	12.5 mm	13.0	15.0	13.0	15.0	13.0	15.0
	19.0 mm	12.0	14.0	12.0	14.0	12.0	14.0
	25.0 mm	11.0	13.0	11.0	13.0	11.0	13.0
VFA(%)		70	80	65	78	65	75

马歇尔设计法采用击实法成型试件，用马歇尔稳定度、流值、毛体积密度、空隙率、矿料间隙率和沥青饱和度指标获得合适的沥青混合料。其主要优点是通过对沥青混合料的密度、空隙率等特征分析，确保所设计的混合料具有合适的体积特性，从而获得相对耐久的沥青混凝土。另外，该法所需的试验设备相对价格便宜，简便易行，特别适于现场质量控制。实际上，马歇尔稳定度不仅用于混合料的设计，在施工质量控制中也得到大量应用。当然，关于马歇尔设计法的存在不少质疑：首先，冲击成型的方式与路面的实际压实工艺相差甚远；其次，马歇尔稳定度、流值指标与路面结构的实际工作状态和破坏模式没有必然联系，且它们并不能保证沥青混合料的抗车辙能力。因此，很多工程师认为马歇尔设计法已难以适用于现代重载交通条件下的沥青混合料设计需求。

3. SuperPave 设计法

SuperPave 设计法是 SHRP 的成果，发展于上世纪 90 年代，目的在于增强美国道路的耐久性与安全性。该法也以体积指标为设计指标，与维姆法和马歇尔法的最大区别在于它试图将实验室分析与现场性能关系建立关联。SuperPave 设计法包括基于性能分级的沥青技术标准、集料规范、旋转压实成型法，以及混合料设计分析程序。

SuperPave 设计法中有几个关键名词：

(1) 累计当量轴次(ESAL, Equivalent single-axle loads)，为 20 a 内设计车道预计承受的标准轴载数(80 kN 的单轴荷载)。无论路面设计是否为 20 a，均按 20 a 预计其 ESAL。

(2) 主控筛，与公称最大粒径(NMAS)相关，用于确定混合料级配类型粗、细的筛孔尺寸。混合矿料级配在主控筛上的通过量超过表 9-14 时，为粗级配，否则为细级配。

表 9-14　Superpave 的级配分类

公称最大粒径(mm)	37.5	25.0	19.0	12.5	9.5
对应的主控筛孔(mm)	9.5	4.75	4.75	2.36	2.36
主控筛孔通过百分率(%)	47	40	47	39	47

(3) 粉胶比，矿料在 0.075 mm 筛的通过百分率与有效沥青含量之比。

(4) 级配控制点，混合矿料的级配在特定筛孔必须满足通过百分率的上下限要求(表 9-15)。SuperPave 采用控制点和限制区来初选级配。控制点是级配曲线必须穿过的区域，其目的在于避免粗、细集料含量过多或过少，使级配曲线呈 S 型。一般情况下，在控制点范围内的级配，各粒径集料比例较为适当，在施工过程中不易产生离析。限制区则是建议级配曲线不要穿过的范围，该范围也称为级配禁区。SHRP 的报告认为，级配穿过限制区的混合料在施工过程中难以压实且易离析，在路面使用中抗变形能力差。同时，该级配混合料对沥青用量敏感，易塑性化。SuperPave 没有规定混合料的级配必须从限制区下方穿过，但对于大交通量的工程，建议混合料的级配向粗的控制点靠近。

表 9-15　级配控制点

筛孔尺寸(方孔筛，mm)	不同公称最大粒径(方孔筛，mm)控制点的通过量(%)					
	37.5	25	19	12.5	9.5	4.75
50	100	—	—	—		
37.5	90～100	100	—	—		
25.0	90	90～100	100	—		
19.0	—	90	90～100	100		
12.5	—	—	90	90～100	100	100
9.5	—	—	—	90	90～100	95～100
4.75	—	—	—	—	90	90～100
2.36	15～41	19～45	23～49	28～58	32～67	—
1.18	—	—	—	—	—	30～55
0.075	0～6	1～7	2～8	2～10	2～10	6～13

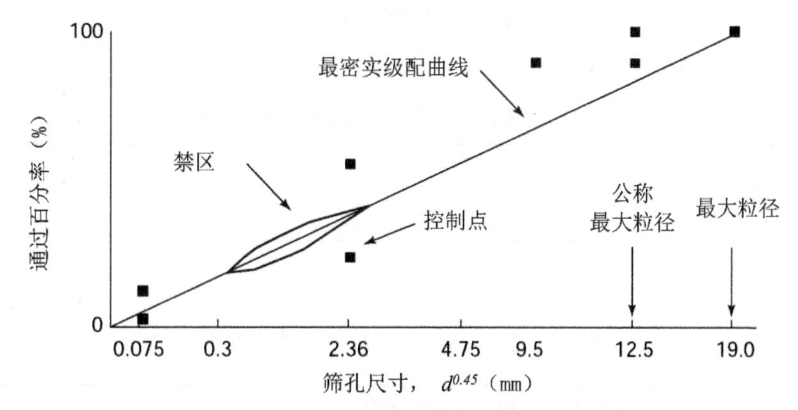

图9-75 公称最大粒径为12.5 mm时最大密度曲线的级配禁区与控制点示意图

SuperPave沥青混合料的设计，主要包括5部分：(1)集料选择；(2)胶结料选择；(3)集料级配设计；(4)沥青用量确定；(5)沥青混合料的水稳定性评价。在完成原材料选择后，首先根据交通量的大小来选择混合料的压实次数，然后根据控制点和限制区来选择粗、中、细级配。根据旋转压实试验结果确定级配，以设计空隙率为4.0%的目标确定沥青用量，并根据交通量选择混合料设计时的压实功。

根据AASHTO R35-15，SuperPave设计法的关键步骤如下：

(1) 根据环境与交通状况选择符合要求的集料、胶结料和RAP料；

(2) 测定预混集料和沥青的毛体积密度；

(3) 对于RAP料，假定沥青的吸收率，测定最大理论密度，并运用二者计算毛体积密度。在计算时RAP料应采用有效毛体积密度而非毛体积密度，有时可假定二者相等。

(4) 按料堆法准备至少三种试混比例的混合矿料，经验丰富时也可只准备一种。

(5) 估计每种试混比例混合矿料的初始沥青用量；

(6) 采用T312方法，按预估沥青用量下各试混比例的最小数量准备试件；

(7) 根据AASHTO M232和选定的矿料结构，检查在设计旋转压实次数(N_{des})和初始压实次数N_{ini}下试件的空隙率、矿料间隙率、沥青饱和度，以及粉胶比；

(8) 确定矿料比例后，以预估沥青用量为中心，分别变化±0.5%、±1.0%，制作试件；

(9) 根据设计压实次数N_{des}下的空隙率、矿料间隙率、沥青饱和度与粉胶比，以及依据AASHTO M323测定的初始压实次数N_{ini}下和最大压实次数N_{max}下的相对密度，选定设计沥青用量。

(10) 根据AASHTO R30中7.1节的要求对拌和好的沥青混合料进行烘箱老化，然后按AASHTO T312成型，确保试件的目标空隙率为7.0±0.5%。

(11) 按AASHTO T283所述的标准劈裂与冻融劈裂试验方法测试试件的水稳定性，确保冻融劈裂强度比满足AASHTO M323的要求。

SuperPave设计法试件使用旋转压实仪压实，压实过程中的回转角为1.16度，压头与试件的垂直接触压力可调，一般为600 kPa。以旋转压实次数反映压实功的变化，设计时需首先根据交通量来选择相应的旋转压实次数，通过初始次数N_{ini}，设计次数N_{des}和最大压实次数N_{max}的三个关键值控制，具体如表9-16所示。初始压实次数用来标定新拌混合物的基准状态，设计压实次数对应于施工完成时的预期压实程度，最大压实次数对应于路面经受多年交通荷载作用后的最终压实状态。

表 9-16　与交通等级相对应的初始、设计和最大压实次数

旋转压实次数	交通等级(10^6 ESAL*)			
	<0.3	0.3～3	3～30	>30
N_{ini}	6	7	8	9
N_{des}	50	75	100	125
N_{max}	75	115	160	205

* ESAL 指以 80 kN 单轴双轮组荷载为当量轴载，它是路面设计的重要指标。

在确定设计集料结构的初始阶段，样品压实使用的是 N_{des}。体积参数通过测量压实混合料的毛体积密度与松散混合料的最大理论密度 G_{mm} 来确定。根据表 9-17 中的标准确定 VV、VMA 和 VFA 等体积参数。SuperPave 方法还需要测量 N_{ini} 处的 G_{mm} 百分比与粉胶比这两个附加参数。N_{ini} 处的 G_{mm} 的百分比计算如公式(9-56)所示，其值等于 100 − VV：

$$G_{mm,\ Nini} = G_{mm,\ Ndes}\frac{h_{des}}{h_{ini}} \times 100 \tag{9-56}$$

式中，h_{ini} 和 h_{des} 分别为达到初始和设计旋转次数时的试件高度。

表 9-17　SuperPave 的沥青混合料设计标准

设计空隙率				4%		
矿粉与有效沥青之比：0.6～1.2(NMAS<4.75 mm)；0.9～2.0(NMAS≥4.75 mm)						
冻融劈裂强度比				≥80%		
最小 VMA(%)	最大公称粒径(mm)					
	37.5	25	19	12.5	9.5	4.75
	11	12	13	14	15	16
G_{mm} 和 VFA 要求						
设计当量轴次(百万)	最大理论密度百分比			沥青填隙率(%)*		
	N_{ini}	N_{des}	N_{max}			
<0.3	≤91.5	96	≤98.0	70～80		
0.3～3	≤90.5	96	≤98.0	65～78		
3～10	≤89.0	96	≤98.0	65～75		
10～30	≤89.0	96	≤98.0	65～75		
≥30	≤89.0	96	≤98.0	65～75		

注：对公称最大粒径为 9.5 mm 的混合料且 ESALs 大于等于 300 万次时，VFA 范围为 73%～76%，对 4.75 mm 的混合料，其范围为 75%～78%；对公称最大粒径为 25 mm 的混合料，当 ESALs 小于 30 万次时，VFA 的下限取 67%；对公称最大粒径为 37.5 mm 的混合料，VFA 的下限取 64%。

实际工程中的混合料设计根据交通等级可分三 1 级、2 级与 3 级水平实施。其中 1 级为低交通量或轻交通量水平，仅通过体积指标设计和水稳定性测试完成混合料的设计。2 级水平的最低 ESAL 为 10^6，3 级水平不低于 10^7，它们在 1 级水平的基础上，还应估计和检验混合料抵抗永久变形能力、疲劳特性与低温抗裂性等路用性能，具体流程如图 9-76 所示。水平 2 与水平 3 的主要区别列于表 9-18。

表 9-18　水平 2 与水平 3 的主要区别表

技术项目	永久变形/疲劳开裂	低温开裂
试验类型	水平 3 需考虑更多的应力状态，并需要额外的两种试验方法	无区别
试验温度	水平 3 需在 4～40℃范围内考虑 水平 2 仅在一个有效温度下测试疲劳，另一个温度测试永久变形	水平 3 需考虑三个温度 水平 2 只考虑一个温度下的抗拉强度
性能预测	水平 3 需要将 1 年分为 4 个季节 水平 2 将 1 年视为 1 个季节	无差别

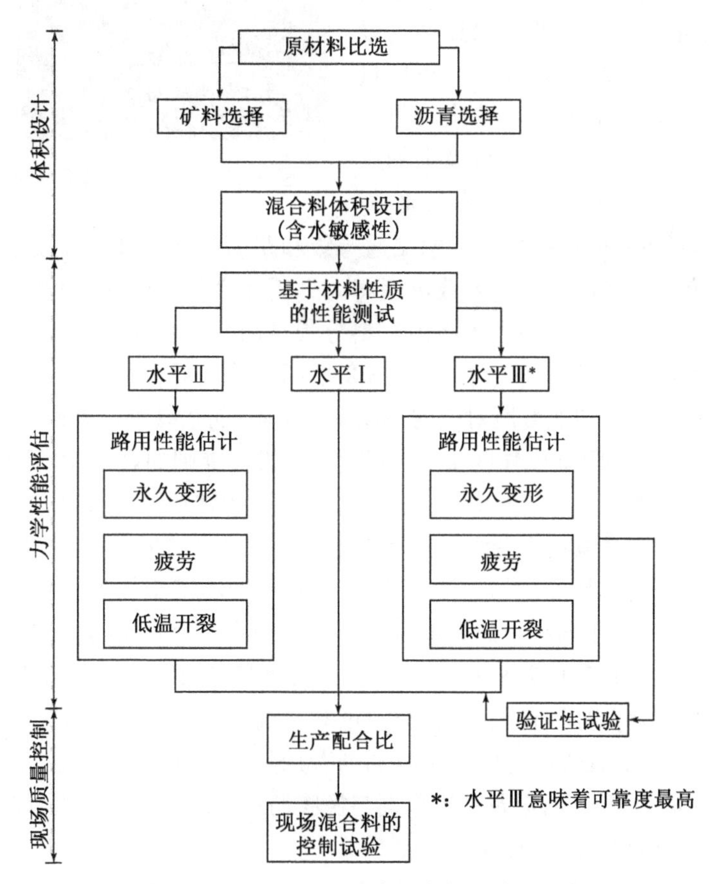

图 9-76　SuperPave 沥青混合料设计流程图

Superpave 是美国沥青混合料设计的主流方法，它以旋转压实后沥青混合料的空隙率等于4%作为设计目标。这导致很多工程的沥青混合料最佳沥青含量相对较低，实际路面易出现疲劳开裂纹和水损害等病害。一些机构建议沥青混合料的设计空隙率增加0.5%～1%，以降低 N_{ini} 和 N_{max} 的压实要求，并提高 N_{des} 的 VMA 要求。另外，关于级配控制点与限制区的争议较大，实践也表明，它们不适用于 SMA 与开级配沥青混合料。

9.6.3 国内外典型沥青混合料设计系统简介

法国道路管理局在20世纪90年代初制定了一套与性能有关的沥青混合料设计体系，通常称为高模量沥青混合料设计法。法国的经验表明，沥青混合料设计的主要问题是处理好模量、高温稳定性和疲劳寿命之间的关系，这可通过增强沥青混合料的模量、适当增加沥青用量进行协调处理。因此，该设计体系中包括水稳定性、温度稳定性、模量和疲劳强度等路用性能测试，其模量和疲劳试验结果还作为设计参数直接应用于路面结构设计中。高模量沥青混合料的设计分为四个级别，依次编号为水平1、水平2、水平3与水平4。高级别的设计的测试项目在低级别的基础上不断增加，如图9-77所示。实际级别的选择主要考虑交通等级和路面的重要性。高模量沥青混合料的沥青用量基于丰度系数确定。丰度系数可理解为裹覆在集料表面的当量沥青膜厚，其定义式如式(9-57)所示。根据丰度系数可将混合料分为富油混合料与贫油混合料，丰度系数而大于3.2的为富油混合料，丰度系数在2.5～3.2之间为贫油混合料。混合料的可压实性通过在旋转压实机中特定旋转次数所对应的空隙率来检验，而水敏感性则通过 Duriez 试验(干燥和浸水7 d试件的无侧限抗压强度比)进行评估，其设计准则如表9-19所示。使用 LCPC 轮辙仪测试评估沥青混合料的抗车辙潜力。动态模量使用梯形悬臂梁试件的两点弯曲动态测试结果或圆柱体试样在恒定应变水平的单轴动态拉伸试验结果，所有试样均为板式试件，采用带充气轮胎的压实机制备(图9-78)。疲劳试验则采用基于梯形悬臂梁试件的两点弯曲测试，在10℃和25 Hz下对梯形悬臂梁进行控制应变的疲劳加载，至少在三个应变水平下进行测试以建立 N-S 疲劳曲线，然后确定100万次疲劳寿命所对应的应变 ε_6。高模量沥青混合料应用的早期，为增强沥青混合料的模量和高温稳定性多采用针入度较低的硬质沥青，混合料的抗裂性与抗疲劳性能则通过提高沥青用量来保证。实践表明，添加岩沥青、湖沥青或PE类高模量剂等方式，以及高模量剂与橡胶沥青等复合的方式也可获得高低温性能和疲劳性能较为均衡的高模量沥青混合料。

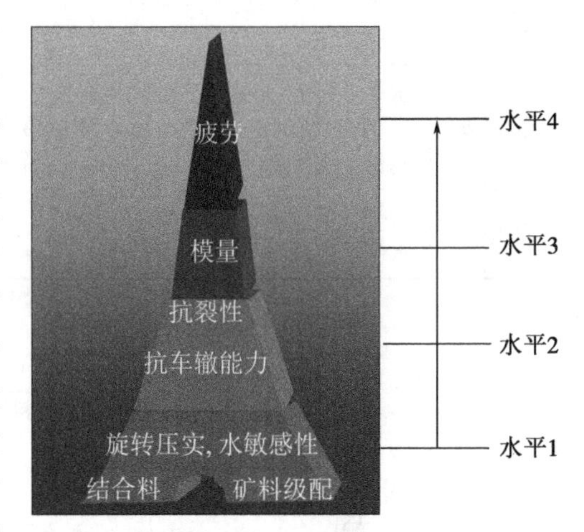

图9-77　高模量沥青混凝土的设计水平

$$k=\frac{P_b/(100-P_b)}{\alpha\sqrt[5]{\Sigma}} \tag{9-57}$$

图 9-78　法国 LCPC 轮碾成型仪

式中，P_b 为沥青用量(%)；α 为与集料密度相关的修正系数，$\alpha = 2.65/\rho_G$；Σ 为比表面积(m^2/kg)，$100\Sigma = 0.25G + 2.3S + 12s + 150f$；$G$ 为粒径大于 6.3 mm 的颗粒质量百分比(筛余量)，S 为 6.3～0.25 mm 的颗粒质量百分比，s 为 0.25～0.075 mm 的颗粒质量百分比，f 为小于 0.075 mm 的颗粒质量百分比。

表 9-19　法国高模量沥青混合料设计准则

技术指标	试验方法	限制	EME2 的指标值
旋转压实试件的空隙率	EN12697-31	不大于	6%
水损敏性	EN12697-12	不低于	70%
轮辙变形(60℃，30 000 次)	EN12697-22	不大于	7.5%
劲度模量(10℃，10 Hz)	EN12697-24 方法 A	不低于	14 000
疲劳极限(10℃，25 Hz，10 万次)	EN12697-26 方法 A	不低于	130 με
丰度系数	N/A	不低于	3.4

注：1. 试件的毛体积密度通过直接测量模具中的试件高度计算；
2. 轮辙变形以车辙深度与试件厚度的百分比表示；
3. 劲度模量试验与疲劳试验的试件空隙率必须在 3%～6%范围内。

南非的沥青混合料设计基于 Marshall 法，并测试劈裂强度、动态蠕变、静态蠕变和水敏感性等关键路用性能指标，具体试验项目根据工程需要进行排序确定。该系统还使用 MMLS3 进行抗车辙评估，并建议通过现场试拌试铺检验混合和压实工艺的适用性。MMLS3 特别适用于模拟慢速重载交通路段。混合料的设计也是先选择级配和目标沥青用量，然后根据特征体积参数确定沥青用量。矿料级配的选择基于替代机制或填充机制。替代机制指由细骨料填充的空间因粗骨料组分的增加而被代替，填充机制则是指粗骨料之间的间隙随细骨料的增加而被填充。选用何种机制取决于设计目标，如为确保稳定性宜选择填充机制，为确保耐久性和施工可压实性偏向于填充机制。

我国现行规范的热拌沥青混合料设计以马歇尔法为基础,在体积参数的选定与计算上则吸收了 SuperPave 等方法的先进成果,其中设计空隙率、VMA 与旋转压实试验等均受到高度重视,同时注重对沥青混合料路用性能的检验。我国的热拌沥青混合料设计分为目标配合比设计、生产配合比设计和生产配合比验证(试拌试铺检验)三个阶段。热拌密级配沥青混合料的目标配合比设计流程如图 9-79 所示。当混合料路用性能满足规范要求后,可进入施工配合比设计阶段。

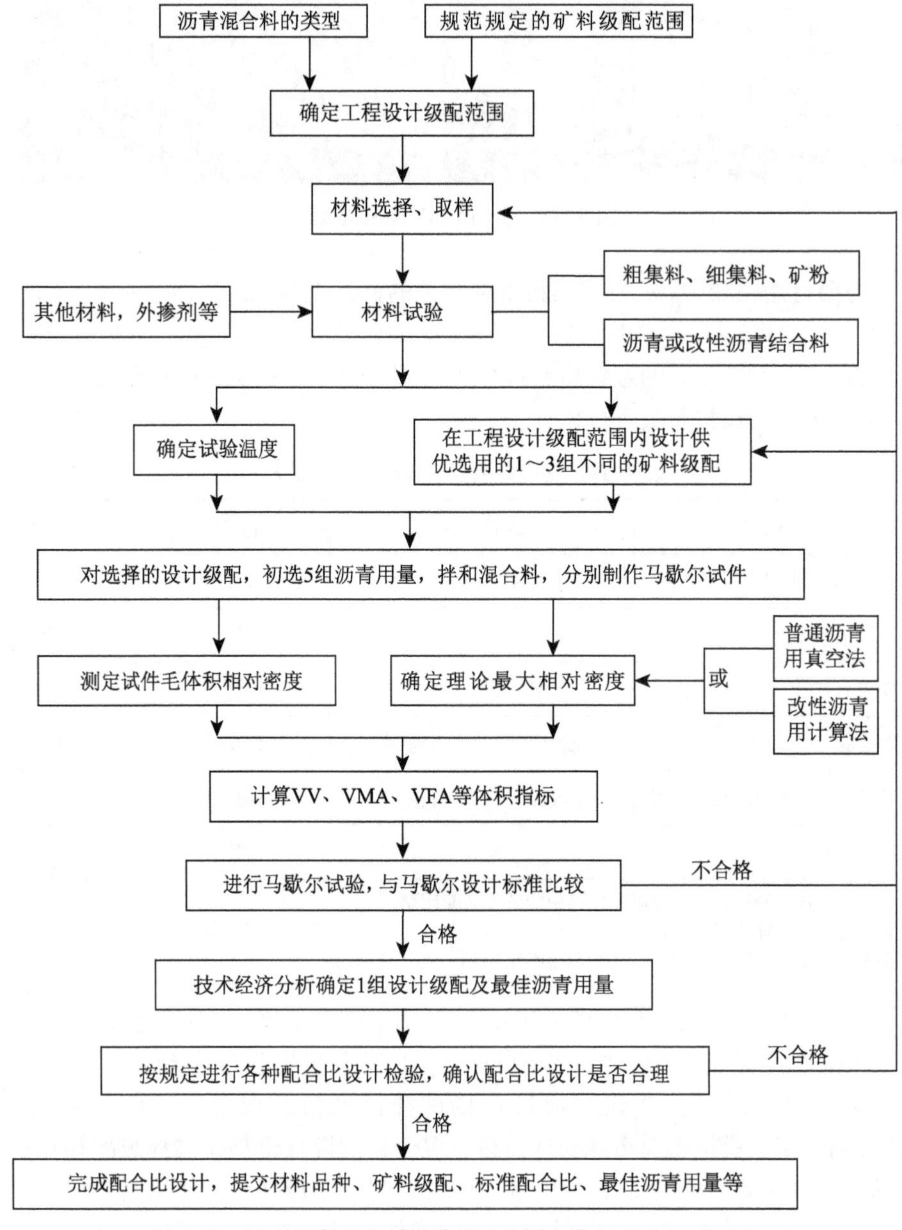

图 9-79　我国热拌密级配沥青混合料的目标配合比设计流程

目标配合比设计可分为混合矿料的级配设计和最佳沥青用量确定两部分。矿料级配设计的目的是选配一个具有足够密实度且内摩阻力较大的矿料级配，通常是在规范的级配范围内选择。由于规范中所推荐的级配范围相对较宽，具体工程应用时，应在调研同类工程的基础上，结合工程所用原材料特点、施工技术与质量控制水平等因素，制定出适合于本工程项目的工程设计级配范围。具体级配设计时，对于高等级公路，宜在工程设计级配范围内选择1～3组粗细不同的级配，通过级配分析与评价，确定设计目标级配。在此基础上，根据预估沥青用量以0.5%的间隔变化，采用标准击实法制作五组不同沥青用量的圆柱体试件，每组试件不少于6个，然后分别测试各组试件的毛体积密度、最大理论密度等参数，并计算其矿料间隙率、空隙率、沥青饱和度等体积参数，然后进行马歇尔稳定度试验。最佳沥青用量根据马歇尔稳定度、流值以及毛体积密度、空隙率和沥青饱和度等指标确定。最后以最佳沥青用量制作板式试件与圆柱体试件，检验沥青混合料的高温抗车辙性能、水稳定性、低温抗裂性和渗水性能。当路用性能不符合要求时，必须更新材料或重新进行配合比设计，SMA与OGFC的配合比设计流程总体上与此类似。

在生产配合比设计阶段，首先应根据混合料类型选择拌和楼振动筛规格，使各热料仓的材料供应大致平衡，在生产过程中不至于出现溢料串仓的问题。生产配合比设计时需调用沥青拌和楼。首先使用拌和楼按目标配合比确定的冷料比例上料，粗细集料经集料干燥筒加热干燥后再经拌和楼顶部的振动筛筛分后分别进入各热料仓，其次从拌和楼的热料仓分别取样，冷却后进行室内筛分试验，然后根据目标配合比的设计级配和筛分结果计算确定各热料仓材料的混合比例，因矿粉未经过加热干燥筒，筛分试验时直接从矿粉仓取样。矿料比例确定后，以目标配合比所确定的最佳沥青用量为基准，沥青用量以0.3%的间隔变化在室内拌制和成型三组不同沥青用量的试件，测试试件的各项体积参数并进行马歇尔试验，得到生产配合比阶段的最佳沥青用量。生产配合比完成后即可进入试拌试铺阶段，即完全在现场材料与设备和预定工艺条件下开展试拌试铺工作。在此过程中，一方面需从拌和楼各摊铺机上对所拌制好的沥青混合料直接取样并送实验室用成型马歇尔试件和车辙板试件，以检验相应的体积参数与马歇尔稳定度、车辙，同时采用松散的混合料进行抽提试验与抽提后的筛分试验，检验实际级配与油石比是否合格；另一方面也需要加强对拌和楼试拌的混合料和试摊铺与压实过程的观察，待试铺段自然冷却后进行现场检测，同时通过钻芯切割等方式获取试样送至实验室检测其密度、稳定度等指标。当全部满足要求时，即可进入正常生产阶段。

9.6.4　沥青混合料的均衡设计

SuperPave体积设计法主要基于沥青混合料的空隙率、VMA和VFA等特征体积参数来设计和接受沥青混合料。早期的注意力多集中在改善抗车辙性能上，中高级路面的设计旨在通过使用棱角性更丰富的集料、调整沥青结合料等级和增加压实度来提高混合料的抗车辙性能，同时增加车辙测试要求。这虽然使路面的车辙得到了控制，但裂缝病害却成为控制沥青路面使用寿命的主要因素。因此美国的许多公路部门对混合料设计方法进行了修改，包括降低设计压实次数、降低设计空隙率、增加最小VMA值，并要求在所有混合物中使用聚合物改性沥青等。但是，仅通过对现有程序或标准进行调整难以克服体积设计法的缺点。

SuperPave 体积设计的核心是通过沥青混合料的体积参数确定矿料和沥青等组成比例。这些体积参数的计算结果高度依赖于各组分相对密度的准确测定。集料密度测量的可变性与再生材料密度测定的挑战，都给 VMA 带来了很大的不确定性。旧沥青路面回收料的使用引发了更多关于新旧沥青之间相互作用的质疑，而 WMA 添加剂、聚合物、纤维和再生剂的使用甚至还引发了有关体积参数是否适用的争论。体积设计法在更深层面仍存在的根本性问题主要有：(1)体积标准和现场性能之间的关系尚未建立；(2)无法评估抗车辙和抗裂性；(3)无法评估混合物的可加工性和致密性；(4)混合料设计与路面设计之间没有联系。(5)缺乏对混合物耐久性的评估。(6)未考虑路面的其他重要特性，如滚动阻力、抗滑性能等。

沥青混合料的很多性能可能相互制约甚至互相矛盾，如高温稳定性与低温抗裂性，合理的沥青混合料设计应基于使用条件与服役环境，确保沥青混合料的路用性能均衡。所谓的均衡设计既不是偏颇一端，也不是平均用力、面面俱到，而是针对客观使用需求，在突出某一或某几方面性能的同时，其他技术性能也能够同时得到保障或改善，从而使混合料的总体性能达到一种综合优势。这不仅涉及对沥青混合料矿料级配与沥青用量的确定程序，还涉及室内模拟试验条件和试验方法的确定，更不仅仅是依靠体积准则在抗车辙和抗裂性能之间实现最佳平衡。NCHRP 的 20-07 项目任务 406 工作组确定了使用 BMD 的三种潜在方法，其基本流程如图 9-80 所示。

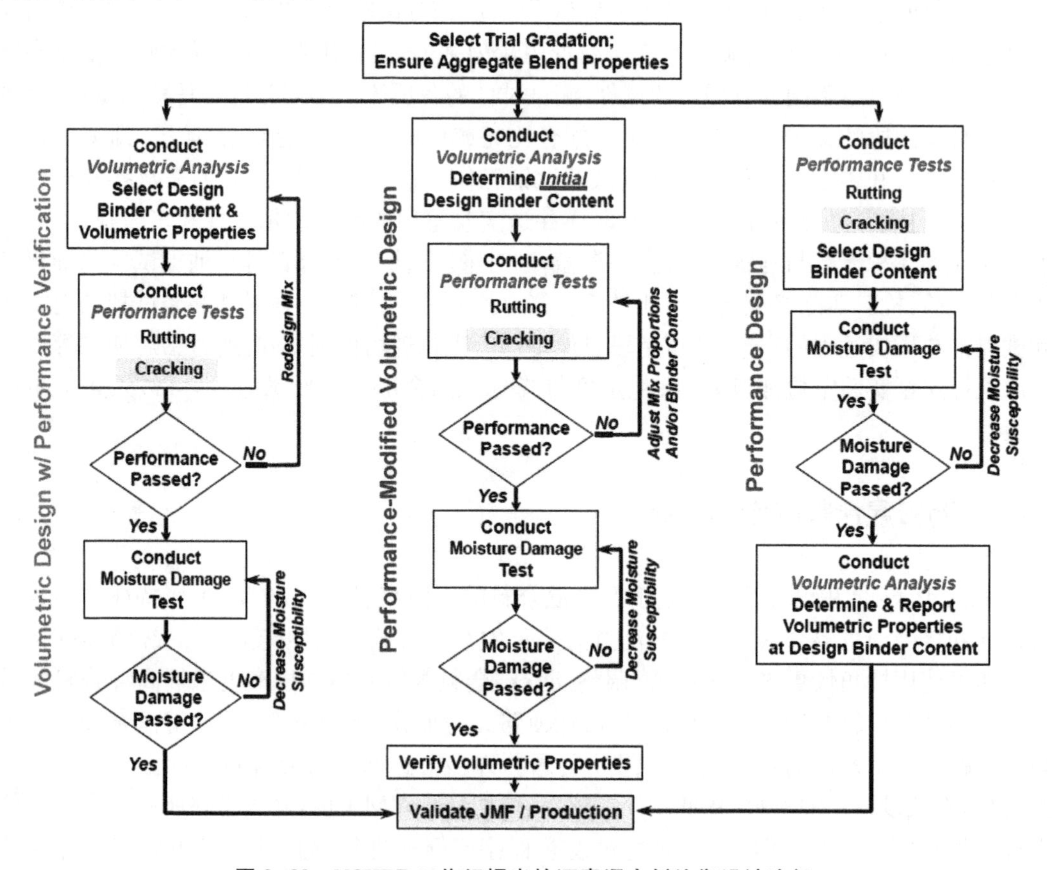

图 9-80　NCHRP 工作组提出的沥青混合料均衡设计途径

(1) 具有性能验证的体积设计。该方法运用 SuperPave 法,确定最佳沥青用量。然后使用特定性能试验评估混合料的抗车辙、抗裂和抗水损性能。混合料的体积参数必须满足现有 AASHTO M323 的要求。而当混合料的性能符合标准时,即确定施工配合比并进入生产;否则,需调整材料或者调整混合比例重新开始设计,直到满足所有性能标准。采用该流程的州有伊利诺伊州、路易斯安那州、新泽西州、得克萨斯州和威斯康星州。

(2) 性能改进的体积设计。该方法从 SuperPave 法开始,先根据 AASHTO M323/R35 选择初始沥青用量和确定初始矿料结构。然后将性能测试结果用于调整沥青用量或混合组分的性能和比例,直到满足性能标准。这种方法的最终设计目标在于混合料满足性能标准,但不需要满足全部的 SuperPave 体积标准。因此最终混合料的体积参数可能会偏离现有的 AASHTO M323 限值。采用该法的州有加利福尼亚。

(3) 性能设计。这种方法基于性能分析来建立和调整混合物的成分和比例,为沥青粘合剂和骨料的性能设定最低要求,而对混合料的体积特性不设要求或者仅提有限要求。待实验室的测试结果符合性能标准后,测定混合物的体积参数以供生产控制用。在此法中,体积参数仅作报告用,无须遵守现有的 AASHTO M323 限制。该方法为新泽西州所提的草案,目前未无任何州使用此方法。

关于沥青混合料的均衡设计,最近 AASHTO 发布了 R 与 M 标准实践框架。AASHTO 标准实践的框架包括四种 BMD 方法。方法 A-具有性能验证的体积设计法。方法 B-具有性能优化的体积设计将仅允许一些自由度来调整最佳沥青含量,最高可达 0.5%,以满足混合物性能测试标准。方法 C-性能改进的体积混合料设计将从 R 35 中的步骤开始,这些步骤将通过对试验混合料的评估来进行,此时进行性能测试以确定用于设计级配的最佳沥青含量。只要符合性能测试标准,代理商可以选择放宽 M 323 中的某些混合设计标准。方法 D-性能设计将仅依靠混合性能测试结果来选择所有混合成分的比例。这种方法的限制最少,可以实现最高水平的创新。每种方法都允许设计机构选择相应的性能测试方法。在美国,用于均衡设计的常用室内试验测试方法如表 9-20 所示,抗裂与抗车辙测试方法的优缺点如表 9-21 所示。需要注意的是,如前所述,不同试验方法之间的数据往往不能直接比较,它们与工程实际情况的对应法则更为复杂。

国内自上世纪 80 年代末开始,沙庆林院士以粗集料间断级配密实性沥青混合料为研究对象,开展了适用于我国重载交通使用环境的沥青混合料设计方法研究,至 2003 年,提出了多碎石沥青混凝土 SAC 的设计方法。该法包括两阶段,第一阶段对矿料进行检验,称为干捣粗集料间隙率 VCA_{DRF},第二阶段对沥青混合料中的粗集料间隙率进行检验,以检验沥青混合料是否为骨架密实结构。其基本假定是沥青混合料中粗集料骨架的间隙,扣除 3%~4%的空隙后,刚好被沥青砂浆和填满,同时保留部分在上世纪 90 年代末,张肖宁教授提出了主集料空隙填充的 CAVF 设计法。虽然目前主流设计方法仍是基于体积设计的方法,但混合料的体积指标最佳并不意味着其路用性能最佳,沥青混合料的高低温性能、疲劳抗裂性与抗水损性能往往存在着相互制约和矛盾之处,但在混合料的设计过程中,提升混合料某方面性能的基础前提应是保证与其相矛盾的性能不受影响。因此,国内学术界普遍认为,关于沥青混合料均衡设计,宜以矿料级配优化为出发点,去完善沥青混合料的设计方法。交通部公路学科研究院王旭东、张蕾等人提出了基于最紧密状态的沥青混合料设计方法。他们将沥青混合料的体积指标分为一次指标、二次指标和三次指标三个层次。所谓一次指标指理论密度与毛体积密度，二次指标指空隙率和 VMA，描述沥青混合料的密实性与紧密性；三次指标包括沥青饱和度、有效沥青含量、沥青膜厚度，用于描述沥青混合料中矿料与沥青的相互作用关系。他们定义混合料的最紧密状态为一定压实状态下，对于任意选定的矿料结构，存在沥青用量增加至混合料的骨架结构被撑开前的临界状态，该状态通过 VMA、VCA 以及混合料的干密度指标确定。他们认为，处于最紧密状态的沥青混合料，其高低温性能、抗水损性能及疲劳性能等均得到综合改善，因此可实现沥青混合料的均衡设计目标。

上述这些方法，究其实质仍是以体积设计为基础，只是考虑体积指标的角度不同。当然体积设计仅是沥青混合料设计的基础，混合料的性能设计才是沥青混合料设计的最终目标。由于沥青混合料本身的复杂性和使用要求的多元性，可以预见的是，沥青混合料设计方法的研究仍将是未来几十年内国际道路工程界的主要研究方法之一。

表 9-20　沥青混合料均衡设计的常用性能测试方法

混合料特性	室内试验名称	试验方法	技术指标	技术要求
Thermal Cracking（温缩开裂）	圆盘试件拉伸试验*	ASTM D7313-13	断裂能	有
	间接拉伸(IDT)蠕变与强度试验	AASHTO T 322-07	蠕变柔量与劈裂强度	有
	半圆弯曲试验(SCB)*	AASHTO TP 105-13	断裂能	有
	约束试件的温度应力试验	BS EN12697-4	断裂温度与断裂强度	无
Reflection Cracking（反射裂缝）	盘形紧凑拉伸试验*	ASTM D7313-13	断裂能	无
	Texas 加铺层试验*	TxDOT Tex-248-F；NJDOT B-10	失效次数与断裂参数	有
	Illinois 柔性指数试验	AASHTO TP 124-16	柔性指数	有
Bottom-Up Fatigue Cracking（自底向上的疲劳开裂）	直接拉伸疲劳试验	AASHTO TP 107-14	损伤曲线与疲劳方程	无
	弯曲梁疲劳试验*	AASHTO T 321；ASTM D7460	失效次数与疲劳方程	无
	IDT 断裂能试验	N/A	断裂能	无
	Illinois 柔性指数试验	AASHTO TP 124-16	柔性指数	有
	中温 SCB*	LaDOTD TR 330-14；ASTM D8044-16	应变能释放率	有
	Texas 加铺层试验*	TxDOT Tex-248-F	失效次数与断裂参数	有
Top-Down Fatigue Cracking（自顶向下的疲劳开裂）	直接拉伸试验	N/A	断裂参数	无
	IDT 能量比试验*	N/A	蠕变应变耗散能与能量比	无
	Illinois 柔性指数试验	AASHTO TP 124-16	柔性指数	有
Rutting（抗车辙能力）	沥青路面分析试验	AASHTO T 340	车辙深度	有
	流数试验	AASHTO T 378	流数	有
	汉堡轮辙试验	AASHTO T 324	车辙深度	有
	Superpave 剪切试验	AASHTO T 320-07	永久剪应应变	无
	重复加载永久变形	AASHTO TP 116-15	最小应变率	有
Moisture Susceptibility（抗水损性能）	汉堡轮辙试验	AASHTO T 324	车辙深度，剥落转折点	有
	IDT 强度试验	AASHTO T 283	TSR，饱水劈裂强度	有
	水损应力试验	ASTM D7870	密度变化及可视剥落	无

备注：* 根据 NCHRP Project 09-57 选择。

表 9-21 混合料抗裂与抗车辙能力的室内试验方法优缺点比较

试验方法	试验原理	复杂程度	仪器费用	测试时间	与现场性能的相关性	在混合料设计与 QA 中的实用性
小梁弯曲疲劳试验	力学-经验	简单	高	长	相关性好	差
间接拉伸试验(IDT)断裂能	经验	中等	高	短	相关性好	一般
Illinois 柔性指数试验	经验	简单	低	短	相关性好	好
中温半圆弯曲试验(SCB)	经验	中等	低	短	一般	好
直接拉伸疲劳试验	力学	复杂	高	长	相关性好	差
IDT 能量比	经验	中等	高	长	相关性好	一般
盘形紧凑拉伸试验	经验	中等	适中	短	相关性好	好
IDT 蠕变柔量与强度	力学-经验	复杂	高	长	相关性好	一般
低温半圆弯曲试验	经验	中等	高	短	相关性好	一般
约束试件温度应力试验	经验	中等	高	适中	一般	差
Texas 加铺层测试	经验	简单	适中	适中	相关性好	好
Cantabro 试验	Crude	简单	低	短	N/A	好
沥青路面分析仪	经验	简单	高	短	相关性好	好
流数试验	经验	中等	高	适中	相关性好	一般
汉堡车辙试验	经验	简单	适中	短	相关性好	好
Superpave 剪切试验	力学	复杂	高	长	相关性好	差
逐级重复加载永久变形	力学	复杂	高	长	相关性好	一般

9.7 沥青混合料的施工质量控制

如同水泥混凝土工程一样,施工也是决定沥青混凝土工程质量的关键过程。沥青混凝土本质上是一种高度可变的材料,在沥青混合料的生产、运输、摊铺和压实的施工过程中,涉及面广,影响因素多,管理难度大,施工组织不当或施工质量控制不良是导致路面早期病害的主要原因之一。沥青混合料的施工质量控制目标就是运用合适的技术与管理方法,在施工前、实施过程中,以及施工完成后的全过程进行全员覆盖的动态控制,以确保沥青混凝土工程质量的稳定性与均匀性。从更深层次上来说,确保所实施的沥青混凝土与结构设计的一致性或符合性也是重要内容。

9.7.1 原材料的控制

沥青混合料是由沥青、粗集料、细集料、填料、外加剂组成的，各组成材料的质量、相容性与分散性对沥青混合料生产质量有很大影响。集料的粒径超出规格要求时，会导致废料增加、称重等待时间延长、溢料较多，成品出料时间也大大延长，对生产效率也造成影响。集料淋雨后含水量过高，会造成堵料斗、烘干不均匀，温度不易控制，易出现花白料等质量问题。另外矿粉变潮易结团成块，受潮的矿粉直接影响混合料的油石比。集料来源不一或有混杂现象，也导致级配不稳定进而影响沥青混合料的生产质量。因此原材料的质量控制要避免以上现象的发生。对涉及采购、贮存、运输、装卸、检验各个环节应强化管理，提高质检人员的工程质量意识。材料在采购上要随机抽检，从料源上加强预防控制，确保原材料的质量满足技术标准要求。

集料的堆放场地应硬化且排水良好，场地采取硬化措施，可提高集料的洁净度，减少集料的含尘量。材料严格按品种、规格分类堆放，并采取防雨措施，搭棚或覆盖集料以有效控制其含水率。

集料进场堆放时要注意控制离析。细集料和单一粒径的粗集料，可用各种方法装运和堆放。而掺配集料应分层堆放不应堆成锥体，这样可以减少集料的离析。自卸车放料时应在集料堆表面一车紧挨一车地卸下，这种方法可以把材料层层堆积起来。对于已发生明显粗料离析的部位，上料时应重新混合后再行装料。

对沥青而言，在材料进场检验合格后，主要避免因反复加热可能导致的老化和改性沥青长时间存放或加热所导致的离析风险等问题。

9.7.2 拌和设备的选型与控制

沥青混合料生产质量与拌和设备的质量是紧密相关的。沥青拌和楼通常有滚筒式的连续拌和机与分批拌和的间歇式拌和机两种。国内多采用产量较高、生产品质更稳定的间歇式沥青拌和机拌制热拌沥青混合料。

在工程施工前需对拌和设备进行彻底检查并调试，对各种计量电子秤等计量设备进行定期标定。为控制沥青混合料的生产质量，在设备操作时要注意以下几点：

(1) 集料的冷喂：主要做好冷喂料的均匀性，冷集料的配料及冷喂料的检查，要保证任何时候料斗中有足够的冷料均匀的流入喂料机。热料中集料的级配主要取决于冷集料。

(2) 集料的烘干加热：集料的温度要随时进行检测，具体的加热温度时间与加热温度取决于设计和相关规范。

(3) 集料除尘：除尘系统会影响混合料拌和质量，其回收粉尘的成分较为复杂，含有多种规格成分的粉料和杂质，极易与沥青黏附结团，在混合料中使用时会导致沥青用量增加，而且所生产出来的混合料色泽暗淡，降低混合料的粘结力。因此，除非确有必要，且有充分的试验证明，应尽量避免使用回收粉。

(4) 热集料的筛分：振动筛对沥青混合料能否达到设计级配曲线的要求影响较大。要控制好振动筛分过程，选择适合的筛网和调整好筛振幅很有必要。首先筛网面积要足够大，

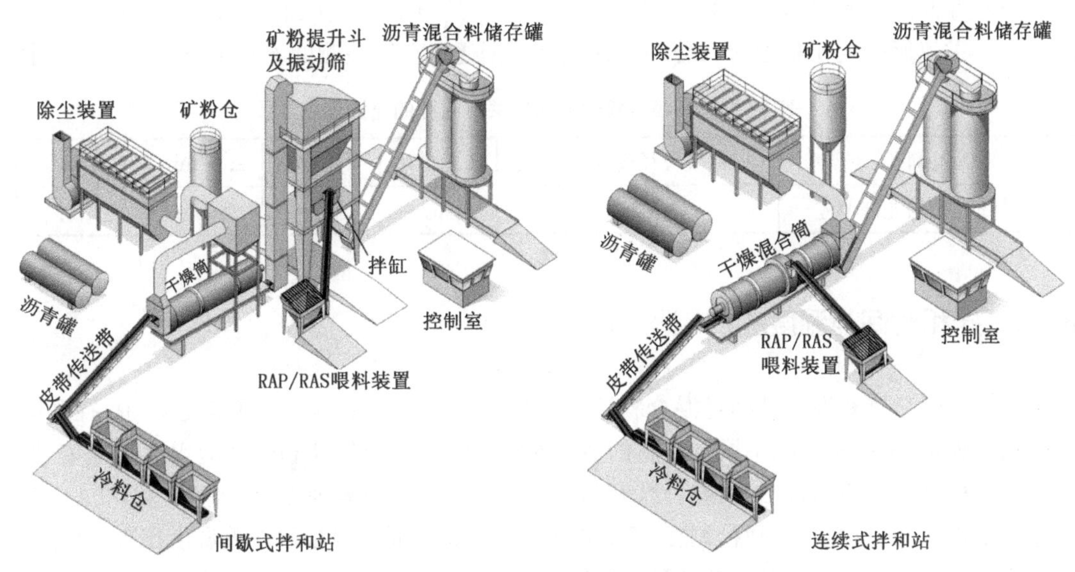

图9-81　沥青拌和站的布置与工作原理示意图

保证能筛分输送来的全部集料。其次筛网必须清洁完好，筛网无堵塞。为防止筛分时出现混仓或窜料现象，筛网不得出现破孔。热筛分后不同规格的集料暂时存放不同的料斗中，热料仓不得出现“空仓”现象。

(5) 确定每盘沥青混合料的用量后，将热集料按从粗到细的顺序依次投入搅拌机，每批投入搅拌机的数量应按拌和机厂商提供的数据执行，因为搅拌机内装料过多或过少都会影响混合料拌和的均匀性。除上述几点外还应注意，选择适宜的油气比充分燃烧，否则燃烧不完全，不但增加成本，而且过多的燃油附着在集料表面会造成与沥青的黏附性降低。由于计量装置在使用和停止过程中也会因温度变化、碰撞、气候等原因造成失准或变异，应经常检校计量装置的称量误差。

9.7.3　严格控制沥青用量和矿料级配

合适的沥青用量和良好的矿料级配是保证沥青混合料质量的关键，这就要求试验室加强对组成沥青混合料的检验力度，使得沥青用量符合设计要求。生产环节沥青含量准确性的控制主要取决于搅拌设备的计量准确度、配比准确度及拌和均匀性三个方面。

对间歇式拌合机，为了使级配符合规范要求且与设计级配曲线更逼近，偏差在规范允许的误差范围内，必须从热料仓的材料中取样筛分，以确定各热料仓的材料比例，供控制室使用。

每台拌和机每天上午、下午应至少各取一组混合料试样做马歇尔试验和抽提筛分试验，检验油石比、矿料级配和沥青混凝土的物理力学性质。沥青用量除采取燃烧法或离心抽提法检测样品外，还应通过拌和楼当天的记录进行校验。以各仓用量及各仓筛分结果，在线抽查矿料级配；计算平均施工级配和油石比，与设计结果进行校核，每天结束后，用拌和楼打印的各料数量，校核总量和平均值。对于较重要的工程，通常实验室检测的油石比与设计值的允许偏差宜保持±0.1 %,通过拌和机逐盘在线检测的方式所获取的油石比偏差应不超过±0.3%,关键筛孔的矿料通过百分率允许偏差根据逐盘在线检测的方式可按表 9-22 控制。

表 9-22 在线检验时拌和楼关键筛孔的允许偏差

关键筛孔	最大粒径的次级筛	9.5 mm	4.75 mm	2.36 mm	0.075 mm
与设计级配的允许偏差	±3%	±5%	±5%	±4%	±1.5%

9.7.4 拌和时间与温度的控制

拌和时间与拌和温度是沥青混合料达到均匀的两个基本要素。在施工过程中,拌和时间由试拌确定,依据机型的不同和材料的情况而定。沥青混合料拌和时间应以拌和均匀、所有矿料颗粒全部裹覆沥青结合料为度,有明亮度、有色泽,呈现蠕动变化,一般选择 5 s 作为石料的干拌时间,总搅拌时间控制在 45～60 s 之间。沥青混合料必须注重温度控制,具体可参照表 9-23。沥青、集料的加热温度应综合沥青品种、等级、黏度、气候条件、运距和铺筑层厚度等因素,根据不同温度条件下沥青的黏度曲线确定。生产时须严格掌握沥青和集料的加热温度以及沥青混合料的出厂温度。普通石油沥青的加热温度宜为 130～160℃,改性沥青的加热温度宜为 160～180℃,不宜多次加热以免老化。普通沥青混合料用砂石加热温度为 140～170℃,改性沥青用集料加热温度约 190～200℃。

表 9-23 沥青混合料的施工温度

沥青加热温度	145～170℃(普通石油沥青,与沥青的标号有关);165～175℃改性沥青
混合料出厂温度	145～170℃(普通石油沥青);适宜温度 170～185℃,超过 190℃者应废弃
混合料运至现场的温度	出厂温度－10℃以内
开始摊铺时的温度	出厂温度－15℃以内
初压开始温度	摊铺温度－20℃以内
复压最低温度	初压温度－20℃以内
碾压终了表面温度	不低于 90℃

9.7.5 生产质量的监控

拌和场应配置足够的试验设备以加强沥青混合料生产质量监控。试验室对每天生产的成品料按规定要求抽提和做马歇尔试验,检验沥青混合料性能、矿料级配组成和沥青用量。拌和楼控制室应利用计算机的控制数据经常保持对混合料质量的监控。对混合料经常进行目测检查,通过目测发现混合料质量有无问题,以便及时找出原因纠正解决。

(1) 混合料冒蓝烟:表明拌和温度过高;

(2) 混合料在料车中易坍平:可能是因为沥青过量或矿料残余含水率大;

(3) 混合料易堆积:可能是混合料温度偏低或沥青含量少;拌和出现花白料则可能是集

料温度低、拌和时间短、干燥过程中的除尘不理想或骨料仓卸料门关闭不严；

(4) 沥青混合料枯料或无光泽：可能是细集料的含水量过大，造成细集料加热温度到规定值时，粗集料温度已大大超过规定值；也可能是沥青加热温度偏高，加热时间长，造成沥青严重老化。

(5) 沥青混合料试件密度试验方法：中面层沥青混合料统一用表干法的毛体积相对密度。

(6) 沥青混合料理论最大相对密度，以每天总量检验的平均筛分结果及油石比平均值计算获得，并与生产配合比设计值进行验证，差值应不大于 0.005，否则应分析原因，论证后取值。

9.7.6　现场施工与质量监控

1. 沥青混合料的装载与运输

拌合机向运料车放料时，汽车应前后移动，分几堆装料，以减少分离现象。条件许可时应采用数显插入式热电偶温度计检测沥青混合料的出厂温度和运到现场温度。插入深度要大于 150 mm。在运料卡车侧面中部设专用检测孔，孔口距车厢底面约 300 mm。运料车应有篷布覆盖等保温措施，卸料过程中取走篷布，防止被倾倒的混合料卷入摊铺机中。连续摊铺过程中，运料车在摊铺机前 10～30 cm 处停住，不得撞击摊铺机。卸料过程中运料车应挂空挡，靠摊铺机推动前进。

2. 沥青混合料的摊铺

连续稳定地摊铺，是提高路面平整度的最主要措施。摊铺机摊铺前，必须先预热使熨平板温度达 100℃以上；摊铺机的摊铺速度应根据拌合机的产量、施工机械配套情况及摊铺厚度、摊铺宽度等相匹配，按 2～4 m/min 予以调整选择，做到缓慢、均匀、不间断地摊铺、不停机待料；此外，为了保证压实度，摊铺速度不宜过快。争取做到每天收工停机一次。

机械摊铺的混合料在未压实前，施工人员不得进入踩踏。一般不用人工不断地整修，只有在特殊情况下，如局部离析，需在现场主管人员指导下，允许用人工找补或更换混合料，缺陷较严重时应予铲除，并调整摊铺机或改进摊铺工艺。

摊铺机应采用自动找平方式，宜采用非接触式平衡梁。下面层或基层宜采用钢丝绳引导的高程控制方式，上面层宜采用平衡梁或雪橇式摊铺厚度控制方式。当摊铺宽度较大时，宜采用两台摊铺机全宽度以梯队作业形式实施摊铺施工，两台摊铺机前后间距不宜过长，一般不超过 20 m。摊铺机应调整到最佳工作状态，调好螺旋布料器两端的自动料位器，并使料门开度、链板送料器的速度和螺旋布料器的转速相匹配。螺旋布料器的内混合料表面略高于螺旋布料器 2/3 为度，使熨平板的挡板前混合料的高度在全宽范围内保持一致，避免摊铺层出现离析现象。

摊铺过程中应随时检测松铺厚度是否符合规定，以便及时进行调整。摊前熨平板应预热至规定温度。摊铺机熨平板必须拼接紧密，不许存有缝隙，防止卡入粒料将铺面拉出条痕。

3. 沥青混合料的压实成型

碾压是保证沥青混合料使用性能的最重要工序之一。碾压工序不仅可将沥青混合料层压实到规定的密实度，同时也可有效消除施工过程中的材料离析、摊铺不均匀等现象。沥青混合料的碾压流程如表 9-24 所示，具体碾压遍数与环境温度、摊铺层厚度等密切相关。初压为摊铺后铺层的进一步整平，并防止铺装温度散失过快。复压是沥青混合料的各相材料均匀、稳定和密实地就位，是形成结构层的关键工序，必须选择合理的压路机类型（不同吨位大小的振动压路机与轮胎压路机等）、调整压路机的振频振幅、碾压速度和碾压遍数等参数，以使沥青混合料达到预定的压实效果。终压主要是消除复压留下的轮迹，形成平整的压实面。需要在一定的温度和压实工艺下才能取得良好的压实度。所谓压实度就是指现场工艺条件下沥青混合料毛体积密度与室内标准试件的密度之比。在工程实施中，压实度通常采用所谓的双指标控制方式，即分别与马歇尔标准试件密度之比和与最大理论密度之比所得到的压实度，对于前者，以设计空隙率为 4%的 AC-13 为例，一般要求现场芯样的毛体积密度与马歇尔标准试件密度应不小于 98%，与最大理论密度之比的压实度保持在 93%～97%，实测空隙率应在 3%～7%范围内。

表 9-24　沥青混合料的常见碾压工艺

碾压工序	建议的压路机类型与碾压方式
初压	钢轮压路机（10～12 t），静压 1～2 遍
复压	胶轮压路机（不低于 25 t），先碾压不低于 2～6 遍； 钢轮振动压路机（10～12 t），再振压 2～6 遍
终压	钢轮压路机（10～12 t），静压 1～2 遍

沥青是典型的温度敏感型材料，沥青的黏度大小和沥青用量直接决定了沥青混合料的可压实性。在摊铺与压实过程中，过高的黏度会阻碍矿料颗粒的移动导致混合料没法充分压实，黏度太低则碾压后的矿料依旧容易移动，易在表面形成鱼尾纹甚至推移裂纹。因此，温度是控制沥青混合料压实效果的最关键因素。沥青用量的影响类似。通常可将沥青混合料自可摊铺至达到理想压实度时的终碾温度范围称为有效压实温度范围，自开始摊铺至混合料下降至终碾温度时所经历的时间称为有效压实时间。沥青混合料的碾压工艺设计就是在有效压实时间内合理布置初压、复压和终压的工艺流程，以获得预期的压实效果。注意不同类型的沥青混合料、或同一混合料在不同的摊铺压实厚度下的有效压实时间不尽相同。当有效压实时间不足以保证压实效果时，有必要调整工艺与设备组合或采取必要的降黏措施来加以处理，当然这些工作必须在试拌试铺阶段完成。为保证压实度和平整度，初压应在混合料不产生推移、开裂等情况下尽量在摊铺后较高温度下进行。压路机应以缓慢而均匀的速度碾压，压路机的适宜碾压速度随初压、复压、终压及压路机的类型而别，按表 9-24 选用。为避免碾压时混合料推挤产生拥包，碾压时应将驱动轮朝向摊铺机；碾压路线及方向不应突然改变；压路机起动、停止必须减速缓行，不准刹车制动。压路机折回不应处在同一横断面上。压路机应匀速碾压，碾压工程中出现拥挤、推挤或裂纹现象时应适当减速，具体可参考表 9-25；此外，宜采用梯队作业，初压复压同进同退。压实过程中应随时观察现场情况，要对初压、复压、终压段落设置明显标志，便于司机辨认。对松铺厚度、碾压顺序、压路机组合、碾压遍数、碾压速度及碾压温度应设专岗管理和检查，使面层做到既不漏压也不超压。

宜在压路机上加装红外测温仪和振动加速度计等方式实时监测碾压过程中的温度与压实情况，并视具体的情况在有效压实时间内及时进行动态调整。条件许可时应采取智能压实技术。

表 9-25 沥青混合料的碾压速度 单位：km/h

压路机类型	初压(静压或振动)		复压(振动)		终压(静压)	
	适宜	最大	适宜	最大	适宜	最大
钢筒式压路机	2～3	4	3～5	6	3～6	6
轮胎压路机	2～3	4	3～5	6	4～6	8
振动压路机	2～3	3	3～4.5	5	3～6	6

9.7.7 试拌试铺与连续稳定生产

沥青混凝土本质上是一种高度可变的材料。保持连续施工，对于确保生产质量的稳定性与均匀性至关重要，这要求确保材料在生产与向摊铺机卸料、摊铺压实过程中连续供应，不会产生停机待料的情况，同时要求所有设备均具有良好的状态、油料等充足，施工温度稳定，人员配合有条不紊。因此，一方面需要对所有人才进行岗前合格培训，对试验量具、仪器进行标定，设备校准，设备检查等工作。另一方面，在施工前根据气象预报做好施工方案和不利条件下的应急预案。同时根据现场温度、风速与设备情况选择确定合适的碾压工艺，必要时根据供料、现场天气、温度与压实度的估计动态调整施工速度。前场或后场发现问题应及时反馈并进行动态调整。条件许可时宜采用多种信息化手段对沥青混合料的温度和压实度进行实时监控，以实现智能压实。

沥青各面层施工开工前，均需先做试铺路面。每个面层施工单位，通过合格的沥青混合料组成设计，拟定试铺路面铺筑方案，采用重新调试的正式施工机械，铺筑试铺路面。通过试拌确定适宜的施工机械，按生产能力决定机械数量与组合方式，通过拌合机的上料速度、拌和数量与拌和时间、拌和温度等。同时验证沥青混合料的配合比设计和沥青混合料的技术性质，决定正式生产用的矿料配合比和油石比。

通过试铺确定合适的摊铺温度、摊铺速度、初步振捣夯实的方法和强度、自动找平方式等，确定压实机具的选择、组合，压实顺序，碾压温度，碾压速度及遍数，获取沥青混合料层的松铺系数。完成对以及现场材料、设备和人员条件下的最终施工质量的全面检查。并检验施工组织及管理体系、质保体系、人员、机械设备、检测设备、通讯及指挥方式。

试铺路面的质量检查频率应根据需要比正常施工时适当增加(一般增加一倍)。试铺结束后，试铺路面应基本上无离析和石料压碎现象，经检测各项技术指标均符合规定，施工单位应立即提出试铺总结报告，由驻地监理工程师审查，总监代表和总监助理确认，经总监批准后即可作为申报正式开工的依据。

沥青混合料装卸料以及摊铺碾压过程中的离析问题是施工中最典型的不均匀性问题，沥青路面的很多早期损坏和局部破坏均与施工期间的离析有关。沥青混合料的离析通常是指拌和均匀稳定的沥青混合料在施工过程中发生了材料组成的非均质变化或者发生物理力学特性不均匀变化的现象。由于沥青混合料的最终状态与成型方式和温度密切相关，因此通常所说的沥青混合料离析分为材料离析和温度离析两种类型。材料离析指混合料中粗颗粒集料的分离、粉料结团或沥青富集等现象,温度离析则指在摊铺压实过程中工作面上局部部位的混合料温度显著较低的现象。在受到相同的压实功作用时,温度较低的混合料将不易被压实,从而导致局部空隙率较大。另外,由于现有工艺与设备条件下难以保证工作面上的碾压功完全相同,这也会导致沥青混合料的压实度与空隙率在工作面内的分布也不均匀,这种现象也称为碾压离析,它是由于现有作业特性所必然产生的,温度离析会加重碾压离析。通过运用对混合料的温度、密度(或空隙率、振动加速度)等压实过程中混合料状态参数的实时在线检测与压路机的实时反馈控制可有效避免温度离析与碾压离析等不均匀现象,这就是近些年来受到高度重视的智能压实原理,相关技术尚在积累之中。

总之,各种实验室测试方法获得的数据对于路面铺装作业必须是有效的。QC 和质量保证(QA)计划是沥青混合料所有分析方案的关键组成部分。这些计划要求实验室遵循一套明确的指导方针,在可接受的范围内高度可靠和准确地获得有效的分析结果。

复习思考题

9-1 简述沥青混合料的常见类型及其分类准则。

9-2 简述沥青混凝土与沥青碎石的基本差别。

9-3 简述沥青混合料在全温度域的破坏模式与作用机理。

9-4 旧沥青混合料的厂拌热再生与厂拌冷再生是如何实现的,它们各自的特点与优缺点是什么?

9-5 在沥青混合料的再生中需要重点关注 RAP、RAS 的哪些性能,为什么?

9-6 简述热拌沥青混合料的各组成原材料及其功能。

9-7 简述热拌沥青混合料与冷拌沥青混合料的特点与实现途径。

9-8 简述温拌沥青混合料的实现方式及其优缺点。

9-9 简述旧沥青路面材料循环再利用的优缺点。

9-10 为何不能将 RAP 料与集料混在一起加热使用?利用传统拌和楼生产含 RAP 料的沥青混凝土时可能的途径有哪些,如何实现?

9-11 定义沥青混合料的矿料结构,如何判断矿料是否形成骨架结构?

9-12 定义沥青混合料空隙率、矿料间隙率与沥青饱和度。

9-13 定义有效沥青的概念及其与矿料吸收率的关系。

9-14 简述沥青混合料中结构沥青与自由沥青的概念,如何区分结构沥青与自由沥青?

9-15 沥青混合料的空隙率必须保持在一定的范围,既不能太大,也不能过小,请简述原因。

9-16 沥青混合料的最大理论相对密度会随沥青用量的变化而改变吗?为什么?

9-17 何为最佳沥青用量,如何确定,如果沥青混合料的沥青用量大于该最佳用量,预计路用性能会怎么?如果低于最佳沥青用量呢?

9-18 为何强度并不是沥青混合料的最重要特性?

9-19 简述沥青混合料的组成结构与强度形成机理。

9-20　定义沥青混合料的黏附破坏与内聚破坏,并设计试验方案测试相应的参数。

9-21　为了达到以下目标,应采用何种准则来选择填料:

(1) 增强沥青混合料的抗疲劳开裂能力;

(2) 增强沥青混合料抵抗永久变形的能力;

(3) 增强沥青混合料的低温抗裂性;

(4) 增加沥青混合料的水稳定性。

9-22　填料主要用于增加沥青胶浆的劲度,因此也会增加沥青混合料的劲度,但在一些极端情况下,增加填料的含量可能导致沥青混合料的劲度下降,请解释导致这种现象的可能原因。(提示:参照第2章Rigden空隙率的有关概念)

9-23　请简述熟石灰是如何影响沥青混合料抗水损性能的,并指出钙离子在硅质矿物表面的作用以及熟石灰颗粒在沥青胶结料中分散度的影响。

9-24　请简述在沥青中使用熟石灰作填料降低老化的作用机制,它们对设计使用寿命超10 a的路面疲劳抗裂性、低温抗裂性与抵抗永久变形方面的能力有何影响。

9-25　简述在沥青混合料中使用粉煤灰部分或完全替代石灰石粉的潜在效果。

9-26　骨架型和悬浮型的沥青混合料,它们对矿料的要求是否相同,为什么?如果不同,原因又是什么?请解释。

9-27　解释温度与加载速率对沥青混合料流变特性的影响。

9-28　请简述评估沥青混合料永久变形发展的特性常用试验方法及其优缺点。

9-29　请简述影响沥青混合料抗永久变形能力的主要因素。

9-30　沥青混合料的疲劳试验控制模式有哪些,它们对试验结果有什么样的影响?

9-31　影响沥青混合料疲劳开裂的关键因素有哪些,它们是如何影响的?

9-32　简要描述增强沥青混合料抗水损性能的可能途径。

9-33　简述沥青混合料低温开裂的原因,设计试验方案,评估沥青混合料的低温抗裂性。

9-34　简述沥青混合料动态模量的重要性以及模量主曲线的构建方法。

9-35　简述空隙率对密级配沥青混合料关键路用性能的影响。

9-36　简述沥青混合料配合比设计的基本目标。

9-37　简述长寿命路面中沥青混合料的设计原理。

9-38　简述实验室制备沥青混合料试件的击实法、轮碾法以及旋转压实法的优缺点。

9-39　下表给出了某沥青混合料的矿料级配,其沥青用量为5.4%。根据该表确定代表该沥青混合料的沥青砂浆的级配与沥青用量。假设没有沥青被粗集料所吸收,沥青砂为胶结粗集料的基质(也即假设FAM与粗集料表面之间无需额外的胶结料进行润湿)

筛孔尺寸	累计筛余(%)
19.5 mm	0
9.5 mm	15.0
No.4	40.0
No.8	64.9
No.30	84.3
No.50	88.4
No.200	96.4

9-40　在工程中，沥青混合料可视为三相复合材料，其中粗集料为夹杂相，沥青砂浆为基体，空隙为第三相。也可视为两相复合材料，其中粗集料为夹杂相，沥青砂浆为包含空隙的基体。为了确定基体材料的性能，需要在室内制备试件。以题 9 中所述的沥青混合料为例，简述上述两种场景下试件制作有何不同，如何实现？

9-41　实验室采取标准方法测量沥青混合料的理论最大相对密度，得到以下数据：
混合物中沥青用量为 4.2%，沥青的相对密度 $G_b=1.003$，矿料的毛体积相对密度为 $G_{sb}=2.61$，松散混合物重为 1 501.3 g，比重瓶＋水重 3 002.4 g，比重瓶＋水＋松散沥青混合料总重 3 895.2 克。而压实试样重 2 970.1 g，压实试样水中重为 1 680.9 g，试样饱和表面干重 2 997.2 g。
试计算混合物的最大理论相对密度、压实试样的毛体积相对密度，以及压实试样的空隙率。

9-42　假定沥青每吨 4 500 元，集料每吨 180 t，则铺筑 6 cm 厚，宽 15 m 的路面层沥青混合料，请估算每公里的材料造价范围，假定沥青混合料的空隙率为 6%。

9-43　请根据 SuperPave 体积设计法确定最佳沥青用量，试验所测得的基础数据如下表：

沥青用量	G_{mb}			G_{mm}
	N_{ini}	N_{des}	N_{max}	
4.5%试件 1	2.151	2.383	2.416	2.483
4.5%试件 2	2.158	2.388	2.421	
4.0%试件 1	2.152	2.379	2.410	2.505
4.0%试件 2	2.157	2.382	2.415	
3.5%试件 1	2.115	2.338	2.373	2.550
3.5%试件 2	2.117	2.341	2.376	

预计 ESAL 在 300 万至 3 000 万次之间，沥青混合料的公称最大粒径为 19 mm。

9-44　根据你所在区域中最近的气象站观测资料，计算所在区域中沥青路面不同深度的路面温度。为了进行相对保守的路面材料，从低温抗裂性角度，请根据所计算的路面温度说明直接使用气温是否合适。若从高温抗永久变形角度呢，请分别简述原因。

9-45　列出你所在地区（市或省）规范中对沥青混合料的性能及其测试方法的针对性要求，这些测试方法是指示型试验还是基础试验。

9-46　估算下述混合料在不同温度与频率条件下的动态模量。

试验温度(℃)	沥青的黏度(10^{-6}Pa·s)	试验温度(℃)	沥青的黏度(10^{-6}Pa·s)
−28	237 870 351.6	26	1.805 759 608
−22	11 729 449.93	32	0.514 587 666
−16	783 062.073 7	38	0.162 871 888
−10	68 238.232 60	44	0.056 654 775
−4	7 521.773 921	50	0.021 457 668
2	1 020.675 735	56	0.008 776 083
8	166.541 251 7	62	0.003 847 795
14	32.014 945 97	64	0.002 965 245
20	7.122 800 176		

沥青混合料的基本数据如下：

空隙率	有效沥青体积含量(%)	各级方孔筛(mm)的累计筛余量(%)			0.075 mm 筛的通过百分率(%)
		19	9.5	4.75	
5.8	12	0	3	37	6

9-47 已知某 HMA 压实试件的毛体积相对密度为 2.351，理论最大相对密度为 2.460，矿料的毛体积相对密度为 2.565，沥青含量为 5.6%，沥青的相对比重为 1.03。试确定该试样的 VV、VMA 和 VFA。

9-48 某组沥青混合料的空隙率与沥青用量对应关系如下表，则混合物的最佳沥青含量是多少？

沥青用量(%)	4.5	5	5.5	6
空隙率(%)	6.7	5.2	3.4	2.4

9-49 从某新建沥青路面工程中钻取了 10 个芯样，并测试了其压实度(毛体积相对密度与最大理论相对密度之百分比)，结果如下表所示，使用 z 分布表，估计结果低于 92% 的概率。如果技术手册规定压实度的 PWL(percent within limits，落在限值范围内的概率)达到 90%时即可全款支付，压实度最低限值为 91%，则该工程中的承包商是否可以使到全款？

芯样号	1	2	3	4	5	6	7	8	9	10
压实度(%)	95.0	92.1	91.2	93.3	92.5	95.0	95.5	92.2	92.6	93.2

9-50 某混合矿料由 59%的粗集料与 36%的细集料和 5%的填料组成，它们的毛体积相对密度分别为 2.635、2.710、2.748，压实试件中含 6%的相对密度为 1.088 的沥青(质量比)，不计毛体积对沥青的吸收，试计算该混合料试件的空隙率、矿料间隙率以及沥青填隙率。

9-51 某沥青路面经过两年的运营后，出现严重的车辙与泛油现象，从该路面取回样品进行分析，测得芯样的毛体积相对密度与最大理论相对密度分别为 2.561、2.847，则计算芯样的空隙率，若设计空隙率为 4%，请解释所计算的空隙率对路面车辙与泛油的影响。

9-52 某沥青混合料芯样的基本测试结果如下：
沥青含量 5%，芯样的毛体积相对密度 2.500，最大理论相对密度 2.610，矿料的毛体积相对密度为 2.725，不考虑沥青被吸收的情况，请计算芯样的 VV、VMA 和 VFA。

9-53 某沥青混合料根据马歇尔法设计，所用沥青为 PG58-28，相对密度为 1.02，采用密实型级配，最大粒径 19 mm，混合矿料的毛体积相对密度为 2.696。沥青用量为 5.0% 的混合物最大理论相对密度为 2.470。制备不同沥青用量的混合料试件，测得试件的基本指标如下表所示。绘制相应的曲线，根据我国的规范方法确定适合于中等交通条件和重交通条件的最佳沥青用量。

沥青用量(%)	试件的毛体积相对密度	马歇尔稳定度(N)	流值(mm)
4.0	2.303	7 076	2.3
4.5	2.386	8 411	2.5
5.0	2.412	7 565	3.0
5.5	2.419	5 963	3.8
6.0	2.421	4 183	5.5

9-54 某沥青混合料根据马歇尔法设计，所用沥青为PG58-28，相对密度为1.032，采用密实型级配，公称最大粒径 19 mm，混合矿料的毛体积相对密度为 2.654。沥青用量为 4.5% 的混合物最大理论相对密度为 2.482。制备不同沥青用量的沥青混合料试件，测得各组试件的基本指标如下表所示。绘制相应的曲线，根据我国的规范方法确定适合于重交通条件的最佳沥青用量。假定目标空隙率为 4%。

沥青用量(%)	试件的毛体积相对密度	马歇尔稳定度(kN)	流值(mm)
3.5	2.367	8.2	1.8
4.0	2.371	8.6	2.4
4.5	2.389	7.5	2.9
5.0	2.410	7.2	3.1
5.5	2.422	6.9	3.4

9-55 简述 SuperPave 体积设计法的基本流程。

9-56 简述我国热拌沥青混合料配合比设计的基本步骤。

9-57 请简要列举马歇尔法设计沥青混合料的基本步骤。

9-58 某工地在施工时发现所生产的热拌沥青混合料非常软，易推挤，请分析导致这一状况的可能原因及潜在解决方案。

9-59 马歇尔设计法被很多国家所采用，简述马歇尔设计法的基本步骤、基本参数，以及设计的典型曲线随沥青用量的变化规律。

9-60 简述法国高模量沥青混合料的配合比设计方法及其特点。

9-61 为开展 SuperPave 设计，采用粒堆设计法成型了 3 组混合料，基本参数的测试结果如下表。请根据该表的数据，选择符合矿料结构的料堆，假设沥青混合料需承受的累计当量轴次为百万次级，混合料的公称最大粒径为 19 mm。

技术指标	料堆编号		
	1	2	3
G_{mb}	2.451	2.465	2.467
G_{mm}	2.585	2.654	2.584
G_{b}	1.030	1.030	1.030
P_{s}	5.9	5.5	5.8
P_{d}	94.1	94.5	94.2
G_{sb}	4.5	4.5	4.5
H_{ini}	2.657	2.667	2.705
H_{des}	127	135	124
G_{mb}	113	114	118

9-62　某沥青混合料预计需承受的累计当量轴次为1500万次。现制作了不同沥青用量的试件，并测得其基本数据如下表，确定其沥青用量，假定混合料的公称最大粒径为12.5 mm。

技术指标	沥青用量(%)			
	5.5	6.0	6.5	7.0
G_{mb}	2.351	2.441	2.455	2.469
G_{mm}	2.579	2.558	2.538	2.518
G_b	1.025	1.025	1.025	1.025
P_s(%)	94.5	94.0	93.5	93.0
P_d(%)	4.5	4.5	4.5	4.5
G_{sb}	2.705	2.705	2.705	2.705
H_{ini}(mm)	129	131	131	128
H_{des}(mm)	112	113	116	115

9-63　某公称最大粒径为19 mm的沥青混合料，预计需承受的累计当量轴次为500万次，根据下表的测试结果，选定矿料组合与设计沥青用量。

技术指标	料堆编号		
	1	2	3
G_{mb}	2.457	2.441	2.477
G_{mm}	2.598	2.558	2.664
G_b	1.025	1.025	1.025
P_b(%)	5.9	5.7	6.2
P_s(%)	94.1	94.3	93.8
P_d(%)	4.5	4.5	4.5
G_{sb}	2.692	2.688	2.665
H_{ini}(mm)	125	131	125
H_{des}(mm)	115	118	115

技术指标	沥青用量(%)			
	5.4	5.9	6.4	6.9
G_{mb}	2.351	2.441	2.455	2.469
G_{mm}	2.570	2.558	2.530	2.510
G_b	1.025	1.025	1.025	1.025
P_b(%)	94.6	94.1	93.6	93.1
P_s(%)	4.5	4.5	4.5	4.5
P_d(%)	2.688	2.688	2.688	2.688
G_{sb}	125	131	126	130
H_{ini}(mm)	115	118	114	112

9-64 审核你所在省交通运输厅所发布的路面常用沥青混合料的施工技术规范或指南，请提出一些改进的建议，并给出支持改进的理由。

9-65 简述沥青混合料的马歇尔设计法与 SuperPave 设计法的优缺点。

9-66 简述沥青混合料均衡设计的必要性、基本思想与可能的实现途径。

主要参考文献

[1] Robert W. Cahn. The Coming of Materials Science[M]. Elsevier Science Ltd., 2001.

[2] 冯端. 材料科学导论:融贯的论述[M]. 北京：化学工业出版社，2002.

[3] Donald R. Askeland, Pradeep P, Wendelin J. Wright. Fulay. The Science and Engineering of Materials (6TH Ed)[M]. Cengage Learning, 2010.

[4] Callister W D, Rethwisch D G. Materials science and engineering-an introduction. 8th ed[M]. John Wiley & Sons, Inc., 2010.

[5] Hosford W F. Mechanical behavior of materials[M]. Cambridge: Cambridge University Press, 2005.

[6] Rösler J, Harders H, Bäker M. Mechanical behaviors of engineering materials[M]. Springer-Verlag Berlin Heidelberg, 2007.

[7] Meyers M A, Chawla K K. Mechanical Behavior of Materials[M]. Cambridge University Press, 2009.

[8] 张君，阎培渝，覃维祖. 建筑材料[M]. 北京：清华大学出版社，2008.

[9] 黄晓明，赵永利，高英. 土木工程材料[M]. 3 版. 南京：东南大学出版社，2013.

[10] Gonçalves M C, Margarido F. Materials for construction and civil engineering[M]. Cham: Springer International Publishing, 2015.

[11] 李立寒，孙大权，朱兴一. 道路工程材料[M]. 6 版. 北京：人民交通出版社，2018.

[12] 翟玉春. 材料化学[M]. 哈尔滨：哈尔滨工业大学出版社，2017.

[13] 朱和国，尤泽升，刘吉梓. 材料科学研究与测试方法[M]. 3 版. 南京：东南大学出版社，2016.

[14] Suresh S. 材料的疲劳[M]. 2 版. 王中光，等，译.北京：国防工业出版社，1999.

[15] 金彦任，黄振兴. 吸附与孔径分布[M]. 北京：国防工业出版社，2015.

[16] 郭子政，云国宏. 那么小，那么大:为什么我们需要纳米技术？[M]. 北京：清华大学出版社，2015.

[17] 董炎明. 奇妙的高分子世界[M]. 北京：化学工业出版社，2018.

[18] Khatib J M. Sustainability of construction materials[M]. Woodhead Publishing Limited, 2009.

[19] 干勇，等. 材料延寿与可持续发展战略研究[M]. 北京：化学工业出版社，2016.

[20] 刘明华，等. 废旧高分子材料高值利用[M]. 北京：化学工业出版社，2018.

[21] Gopalakrishnan K, Birgisson B, Taylor P, et al. Nanotechnology in civil infrastructure[M]. Berlin, Heidelberg: Springer Berlin Heidelberg, 2011.

[22] Han B G, Zhang L Q, Ou J P. Smart and multifunctional concrete toward sustainable

infrastructures[M]. Singapore: Springer Singapore, 2017.

[23] Barksdale R D. The Aggregate Handbook[M], Washington, DC: National Stone Association. 1991.

[24] Pierre-Colles de Gennes, Francoise Brochard-Wyart, David Quere. Capillarity and Wetting Phenomena: Drops, Bubbles, Pearls, Waves[M]. Springer, 2002.

[25] Starov V M, Velarde M G, Radke C J. Wetting and spreading dynamics[M]. Taylor & Francis Group, 2007.

[26] Law K Y, Zhao H. Surface wetting: Characterization, contact angle, and fundamentals [M]. Springer International Publishing Switzerland, 2016.

[27] Lambert P. Capillary forces in microassembly[M]. Boston, MA: Springer US, 2007.

[28] Smith M R. ,Collis L. Aggregates: sand, gravel and crushed rock aggregates for construction purposes[M], London: Geological Society. 2001.

[29] Alexander M, Mindess S. Aggregates in concrete [M]. Taylor & Francis e-Library, 2010.

[30] 中华人民共和国交通部. 公路工程岩石试验规程: JTG E 41—2005[S]. 北京: 人民交通出版社, 2005.

[31] 中华人民共和国交通部. 公路工程集料试验规程: JTG E 42—2005[S]. 北京: 人民交通出版社, 2005.

[32] 中华人民共和国建设部. 普通混凝土用砂、石质量及检验方法标准: JGJ 52—2006[S]. 北京: 中国建筑工业出版社, 2007.

[33] ASTM. 2020 Annual Book of ASTM Standards Volume 04.03 Road and Paving Materials, Vehicle-Pavement Systems[S]. ASTM International, 2020. 01.

[34] AASHTO. Standard Specifications for Transportation Materials and Methods of Sampling and Testing,40th ed)[S]. 2020.

[35] 中华人民共和国交通运输部. 公路水泥混凝土路面再生利用技术细则: JTG/T F31—2014[S]. 北京: 人民交通出版社, 2014.

[36] 宋少民, 刘娟红. 废弃资源与低碳混凝土[M]. 北京: 中国电力出版社, 2016.

[37] 杨丙雨, 冯玉怀. 石灰史料初探[J]. 化工矿产地质, 1998, 20(1): 55-60.

[38] 郭汉杰. 活性石灰生产理论与工艺[M]. 北京: 化学工业出版社, 2014.

[39] ACI concrete terminology: An ACI STANDARD [S]. American Concrete Institute, 2013.

[40] 梁乃兴. 现代无机道路工程材料[M]. 北京: 人民交通出版社, 2011.

[41] 中华人民共和国国家标准. 通用硅酸盐水泥(GB175-2020)[S].

[42] Wieslaw Kurdowski. Cement and Concrete Chemistry [M]. Springer Science + Business Media B.V., 2014.

[42] Kurdowski W. Cement and concrete chemistry. Springer Science+Business Media B. V., 2014.

[43] Powers T. A discussion of cement hydration in relation to the curing of concrete [C]. Proceedings of the Highway Research Board, 1947, 27: 178-188.

[44] Sidney Mindess, J. Francis Young, David Darwin. Concrete (2nd Ed). Prentice Hall, 2003.

[45] Steven H. Kosmatka, Michelle L.Wilson. Design and Control of Concrete Mixtures: The guide to applications, methods, and materials(15th ed)[M]. Portland Cement Association, 2011.

[46] A.M. Neville, J.J.Brooks. Concrete Technology(2 th ed)[M]. Pearson Education Limited, 2010.

[47] A.M. Neville. Properties of Concrete(5 th ed)[M]. Pearson Education Limited, 2011.

[48] Ollivier J P, Torrenti J M, Carcassès M. Physical properties of concrete and concrete constituents[M]. Hoboken, NJ, USA: John Wiley & Sons, Inc., 2012.

[49] van Damme H. Concrete material science: Past, present, and future innovations[J]. Cement and Concrete Research, 2018, 112: 5-24.

[50] 施惠生，郭晓潞，阚黎黎. 水泥基材料科学[M]. 北京：中国建材工业出版社，2011.

[51] 中华人民共和国交通部. 公路工程水泥及水泥混凝土试验规程：JTG E30—2005[S]. 北京：人民交通出版社，2005.

[52] 中华人民共和国住房和城乡建设部. 普通混凝土配合比设计规程：JGJ 55—2011[S]. 北京：中国建筑工业出版社，2011.

[53] 中华人民共和国交通运输部.公路工程混凝土结构耐久性设计规范:JTG/T 3310—2019[S]. 北京：人民交通出版社，2019.

[54] 中华人民共和国交通运输部.公路水泥混凝土路面设计规范:JTG D40—2011[S]. 北京：人民交通出版社，2011.

[55] 石田哲也.漫画工程材料之混凝土[M]. 单美玲，译.北京：科学出版社，2012.

[56] P. Kumar Mehta, Paulo J. M. Monteiro. Concrete Microstructure, Properties, and Materials(3rd Ed)[M]. McGraw-Hill, 2006.

[57] Thomas M. Supplementary cementing materials in concrete[M]. CRC Press, 2013.

[58] Aïtcin P C, Flatt R J. Science and Technology of Concrete Admixtures[M]. Woodhead Publishing, Elsevier, 2016.

[59] Roussel N. Understanding the rheology of concrete[M]. Woodhead Publishing, 2012.

[60] Pierre-Claude Aitcin. Binders for durable and sustainable concrete[M]. Taylor & Francis, 2008.

[61] François de Larrard. Concrete mixture proportioning: a scientific approach[M]. E & FN SPON, 2011.

[62] 徐世烺，李庆华. 超高韧性水泥基复合材料在高性能建筑结构中的基本应用[M]. 北京：科学出版社，2010.

[63] 徐定华，徐敏. 混凝土材料学概论[M]. 北京：中国标准出版社，2002.

[64] 汪澜. 水泥混凝土：组成・性能・应用[M]. 北京：中国建材工业出版社，2005.

[65] P.C. Aïtcin. High-Performance Concrete [M]. E & FN SPON, 2004.

[66] D.A.St John, A.B.Poole, I. Sims. Concrete Petrography: A handbook of investigative techniques[M]. Arnold, 1998.

[67] Wu H C. Advanced civil infrastructure materials [M]. Woodhead Publishing Limited, 2006.

[68] Bungey J H, Grantham M G. Testing of concrete in structures[M]. Taylor and Francis, London, UK, 2006.

[69] Li V C. Engineered cementitious composites (ECC): Bendable concrete for sustainable and resilient infrastructure [M]. Springer-Verlag, https://doi.org/10.1007/978-3-662-58438-5.

[70] LI Victor C. 高延性纤维增强水泥基复合材料的研究进展及应用[J]. 硅酸盐学报, 2007, 35(4): 531-536.

[71] Wu K R, Zhang D. Cement-based composite materials[M]//Composite Materials Engineering, Volume 2. Singapore: Springer Singapore, 2017: 489-529.

[72] Broomfield J P. Corrosion of steel in concrete: Understanding, investigation and repair.2ed[M]. Taylor & Francis, 2007.

[73] Malhotra V M, Carino N J. Handbook on nondestructive testing of concrete[M].2ed [M]. ASTM International and CRC Press, 2004.

[74] 林宗寿. 水泥工艺学[M]. 2 版. 武汉：武汉理工大学出版社，2017.

[75] 林宗寿. 矿渣基生态水泥[M]. 北京：中国建材工业出版社，2018.

[76] 张巨松. 混凝土学[M]. 哈尔滨：哈尔滨工业大学出版社，2011.

[77] 钱春香，何智海. 混凝土体积稳定性和抗裂性理论与技术[M]. 南京：东南大学出版社，2015.

[78] 冯乃谦. 混凝土与混凝土结构的耐久性[M]. 北京：机械工业出版社，2009.

[79] Luis Emilio Rendon Diaz Miron, Dessi A. Koleva Editors Concrete Durability Cementitious Materials and Reinforced Concrete Properties, Behavior and Corrosion Resistance[M]. Springer International Publishing AG, 2017.

[80] 刘中林，赵振祥，冯金东. 混凝土冻害研究与防冻施工[M]. 北京：中国建筑工业出版社，2009.

[81] Arnon Bentur, Sidney Mindess. Fibre Reinforced Cementitious Composites [M]. Elsevier Applied Science, 1990. Taylor & Francis, 2005.

[82] 姚山，戴玲，马丽. 工程用水泥基复合材料(ECC)的研究进展与工程特性[J]. 混凝土，2010(11): 87-91.

[83] 徐世烺，李贺东. 超高韧性水泥基复合材料研究进展及其工程应用[J]. 土木工程学报，2008, 41(6): 45-60.

[84] Li V C. On engineered cementitious composites (ECC) [J]. Journal of Advanced Concrete Technology, 2003, 1(3): 215-230.

[85] Koichi Maekawa, Tetsuya Ishida, Toshiharu Kishi. Multi-scale Modeling of Structural Concrete[M]. Taylor & Francis, 2009.

[86] Loukili A. Self-compacting concrete[M]. Hoboken, NJ, USA: John Wiley & Sons, Inc, 2011.

[87] Daczko J A. Self-consolidating concrete: applying what we know [M]. Spon

Press，2012.
[88] 柳永行，范耀华，张昌祥. 石油沥青[M]. 北京：石油工业出版社，1984.
[89] 张德勤，范耀华，师洪俊. 石油沥青的生产与应用[M]. 北京：中国石化出版社，2001.
[90] 虎增福. 道路用乳化沥青的生产与应用[M]. 北京：人民交通出版社，2012.
[91] Mehta Y，Najafi F. Teaching methodology of flexible pavement materials and pavement systems [J]. Journal of STEM Education,2004，5(1-2)：30-34.
[92] 王旭东，张蕾. 基于骨架嵌挤型原理的沥青混合料均衡设计方法[M]. 北京：人民交通出版社，2014.
[93] Hunter R N，Self A，Read J. The shell bitumen handbook. 6th ed) [M]. ICE Publishing，2015.
[94] Rigden P J. The use of fillers in bituminous road surfacings. A study of filler-binder systems in relation to filler characteristics[J]. Journal of the Society of Chemical Industry，1947，66(9)：299-309.
[95] 沥青生产与应用技术手册编委会. 沥青生产与应用技术手册[M]. 北京：中国石化出版社，2010.
[96] McNally T. Polymer modified bitumen[M].Woodhead Publishing Limited，2011.
[97] Partl M N，Bahia H U，Canestrari F，et al. Advances in interlaboratory testing and evaluation of bituminous materials[M]. Dordrecht：Springer Netherlands，2013.
[98] Papagiannakis A T，Masad E A. Pavement design and materials：Road materials[M]. John Wiley & Sons，Inc.，2008.
[99] 孙立军,等. 铺面工程学[M]. 2 版. 上海：同济大学出版社，2019.
[100] Carl L. Monismith. Evolution of Long-Lasting Asphalt Pavement Design Methodology：A Perspective[C]. Distinguished Lecture，International Society for Asphalt Pavements，International Symposium on Design and Construction of Long Lasting Asphalt Pavements，June 7-9 2004，Alabama，USA.
[101] Thom N. Principles of pavement engineering，2nd ed[M]. ICE Publishing，2014.
[102] Huang S C，Benedetto H D. Advances in asphalt materials：Road and pavement construction [M]. Woodhead Publishing Limited，2015.
[103] Mallick R B，El-Korchi T. Pavement Engineering-Principles and Practice.3rd ed[M]. CRC Press，2018.
[104] Little D N，Allen D H，Bhasin A. Modeling and design of flexible pavements and materials[M]. Cham：Springer International Publishing，2018.
[105] Anderson R M，Carpenter S H，Daniel J S，et al. Validating the fatigue endurance limit for hot mix asphalt[M]. Washington，D.C.：National Academies Press，2010.
[106] Partl M N，Porot L，di Benedetto H，et al. Testing and characterization of sustainable innovative bituminous materials and systems：State-of-the-Art Report of the RILEM Technical Committee 237-SIB[M]. Rilem，Springer，2018.
[107] Nicholls C，Hannah A. Asphalt Mixture Selection[M]. CRC Press，2020.
[108] Nicholls J C. Asphalt mixture specification and testing[M]. Boca Raton ：CRC

Press, 2017.: CRC Press, 2017.

[109] Samuel Booth Cooper III, Evaluation of Volumetric and Mechanistic Properties of Asphaltic Mixtures: Design, Production and Construction [D] [Doctoral Dissertations]. Louisiana State University, 2015.

[110] Radovskiy B, Teltayev B. Viscoelastic Properties of Asphalts Based on Penetration and Softening Point[M]. Springer International Publishing AG, 2018.

[111] 中华人民共和国交通运输部. 公路沥青路面设计规范: JTG D50—2017[S]. 北京: 人民交通出版社, 2017.

[112] 中华人民共和国交通部. 公路沥青路面施工技术规范: JTG F 40—2004[S]. 北京: 人民交通出版社, 2005.

[113] 中华人民共和国交通运输部. 公路工程沥青及沥青混合料试验规程: JTG E20—2011[S]. 北京: 人民交通出版社, 2011.

[114] 中华人民共和国行业标准. 公路工程沥青及沥青混合料试验规程(征求意见稿)(JTG E20-2019)[S].

[115] 中华人民共和国交通运输部. 公路钢桥面铺装设计与施工技术规范: JTG/T 3364-02-2019[S]. 北京: 人民交通出版社, 2019.

[116] 中华人民共和国交通运输部. 公路沥青路面养护技术规范: JTG 5142—2019[S]. 北京: 人民交通出版社, 2019.

[117] 中华人民共和国交通运输部. 公路沥青路面再生技术规范: JTG/T 5521—2019[S]. 北京: 人民交通出版社,2019.

[118] 张肖宁. 沥青路面施工质量控制与保证[M]. 北京: 人民交通出版社, 2009.

[119] 郭大进, 沙爱民,等. 沥青路面施工质量过程控制技术[M]. 北京: 人民交通出版社, 2011.